华章图书

一本打开的书，一扇开启的门，

通向科学殿堂的阶梯，托起一流人才的基石。

数据结构编程实验

大学程序设计课程与竞赛训练教材

第3版

Data Structure Practice

for Collegiate Programming Contests and Education

Third Edition

吴永辉 王建德 编著

图书在版编目（CIP）数据

数据结构编程实验 / 吴永辉，王建德编著 . --3 版 . -- 北京：机械工业出版社，2021.7
大学程序设计课程与竞赛训练教材
ISBN 978-7-111-68742-9

I. ① 数… II. ① 吴… ② 王… III. ① 数据结构 - 程序设计 - 高等学校 - 教材 IV. ① TP311.12

中国版本图书馆 CIP 数据核字（2021）第 138344 号

本书针对大学程序设计竞赛和课程教学，基于数据结构的知识体系和循序渐进的原则组织内容，包括训练基本编程能力的实验、线性表的编程实验、树的编程实验和图的编程实验四篇，分别介绍了简单计算编程、简单模拟编程、递归与回溯法编程、直接存取类线性表编程、顺序存取类线性表编程、广义索引类线性表编程、线性表排序的编程、采用树结构的非线性表编程、经典二叉树编程、图的遍历算法编程、最小生成树算法编程、最佳路算法编程、二分图和网络流算法编程，以及状态空间搜索编程。每一章在介绍相关的数据结构知识后，均给出相应的实验范例，并在章末给出相关题库。

本书实用性强，既可以用作高校数据结构、程序设计语言以及离散数学相关课程的实验教材，也可以用作程序设计竞赛选手的系统训练参考书籍。

出版发行：机械工业出版社（北京市西城区百万庄大街 22 号　邮政编码：100037）

责任编辑：朱　劼	责任校对：殷　虹
印　　刷：北京诚信伟业印刷有限公司	版　　次：2021 年 8 月第 3 版第 1 次印刷
开　　本：185mm × 260mm　1/16	印　　张：41.75
书　　号：ISBN 978-7-111-68742-9	定　　价：139.00 元

客服电话：(010) 88361066　88379833　68326294　　投稿热线：(010) 88379604
华章网站：www.hzbook.com　　读者信箱：hzjsj@hzbook.com

前　言

《数据结构编程实验》是"大学程序设计课程与竞赛训练教材"系列的第一部著作。在出版本书第1版的时候，我们的初心是基于程序设计竞赛的试题，以全面、系统地磨炼和提高学生通过编程解决问题的能力为目标，出版既能用于大学程序设计类课程的教学和实验，又能用于程序设计竞赛选手训练的系列著作。

经过多年的努力，"大学程序设计课程与竞赛训练教材"系列不断完善。这套教材基于以下指导思想：

1）程序设计竞赛是"通过编程解决问题"的竞赛。国际大学生程序设计竞赛（International Collegiate Programming Contest，ICPC）和中学生国际信息学奥赛（International Olympiad in Informatics，IOI）在20世纪80年代中后期走向成熟之后，30多年来积累了海量的试题。这些来自全球各地、凝聚了无数命题者心血和智慧的试题，不仅可以用于程序设计竞赛选手的训练，而且可以用于程序设计类课程的教学和实验，能够系统、全面地提高学生通过编程解决问题的能力。

2）我们认为，评价一个人的专业能力要看两个方面：①知识体系，他能用哪些知识去解决问题，或者说，哪些是他真正掌握并能应用的知识，而不仅仅是他学过什么知识；②思维方式，当他面对问题，特别是不太标准化的问题的时候，解决问题的策略是什么。对于程序设计竞赛选手，要求的知识体系可以概括为1984年图灵奖得主Nicklaus Wirth提出的著名公式"算法＋数据结构＝程序"，这也是计算机学科知识体系的核心部分。因此，本系列的前两部著作分别是《数据结构编程实验》和《算法设计编程实验》。对于需要采用某些策略进行求解的程序设计试题，比如，不采用常用的数据结构或者解题的算法要进行优化等，我们对相关试题进行分析、整理，编写了本系列的第三部著作《程序设计解题策略》。

3）从本质上说，程序设计是技术。所以，首先牢记学习编程要不断"实践，实践，再实践"。本系列选用大量程序设计竞赛的试题，以案例教学的方式进行教学实验并安排学生进行解题训练。其次，"以系统的方法实践"。本系列基于高校通常采用的教学大纲，以系统、全面提高学生通过编程解决问题的能力为目标，以程序设计竞赛的试题以及详细的解析、带注解的程序作为实验，在每一章的结束部分给出相关题库以及解题提示，并对大部分试题给出官方的测试数据。

基于上述指导思想，我们在中国大陆出版了本系列的简体中文版，在中国台湾地区出版了繁体中文版，在美国由CRC Press出版了英文版。

对于本书，我们在机械工业出版社出版了第1版和第2版，在中国台湾地区出版了繁体版的第1版和第2版。2016年，我们在CRC Press出版了本书的英文版 *Data Structure Practice: for*

Collegiate Programming Contest and Education。在本书的中、英文版广泛使用的基础上，我们对第 2 版进行了脱胎换骨的改进，编写了本书的第 3 版。

本书基于数据结构课程的知识体系，采用循序渐进的原则编写而成。全书分四篇（共 15 章），即训练基本编程能力的实验、线性表的编程实验、树的编程实验和图的编程实验。在每一章中，首先介绍相关的数据结构知识，然后给出相应的实验范例，并在章末给出相关题库。

第一篇“训练基本编程能力的实验”适合刚学会程序设计语言的读者。这部分包括 3 章：第 1 章“简单计算的编程实验”、第 2 章“简单模拟的编程实验”和第 3 章“递归与回溯法的编程实验”。与本书第 2 版相比，这一篇对正确处理多个测试用例、在实数和整数之间转换、二分法、实数精度、递归、回溯的实验做了较大改进。

数据结构分为 3 类，即线性表、树和图，分别在本书的第二篇“线性表的编程实验”、第三篇“树的编程实验”和第四篇“图的编程实验”中按知识体系展开实验，而排序和搜索的实验则是和具体的数据结构结合，在相应的章节里加以介绍。

第二篇“线性表的编程实验”包括 4 章：第 4 章“应用直接存取类线性表编程”给出数组和字符串的实验；第 5 章“应用顺序存取类线性表编程”介绍链接存储结构（指针）、栈、队列的实验；第 6 章“应用广义索引类线性表编程”包含词典解题和散列技术的实验；第 7 章“线性表排序的编程实验”从使用 STL 完成排序以及编程实现排序算法两方面给出线性表排序的实验。与本书第 2 版相比，本篇对高精度运算、栈、队列等的实验做了较大改进，并增加了 Manacher 算法和应用散列技术处理字符串的实验。

第三篇“树的编程实验”包括 3 章：第 8 章“采用树结构的非线性表编程”、第 9 章“应用二叉树的基本概念编程”和第 10 章“应用经典二叉树编程”。相比于本书第 2 版，本篇对并查集、树状数组、二叉树路径和遍历、二叉搜索树、树堆、赫夫曼树的实验做了较大改进，并增加了用 Trie 树查询字符串、用 AC 自动机进行多模式匹配、应用典型二叉树、AVL 树、伸展树的实验。

第四篇“图的编程实验”包括 5 章：第 11 章“应用图的遍历算法编程”、第 12 章“应用最小生成树算法编程”、第 13 章“应用最佳路算法编程”、第 14 章“二分图、网络流算法编程”和第 15 章“应用状态空间搜索编程”。相比于本书第 2 版，本篇对 BFS、DFS、拓扑排序、最佳路、二分图、网络流、优化状态空间搜索、游戏树的实验做了较大改进，并增加了计算图的连通性、Tarjan 算法、最大生成树的实验。

本书可用作高校数据结构、程序设计语言以及离散数学等课程的实验教材，也可用作程序设计竞赛选手的系统训练参考书籍。对于本书，我们的使用建议是：书中各章的实验范例可以用于数据结构、程序设计语言以及离散数学相关课程的教学、实验和上机作业，以及程序设计竞赛选手掌握相关知识点的入门训练；每章最后给出的相关题库中的试题可以作为程序设计竞赛选手的专项训练试题，以及学生进一步提高编程能力的练习题。

我们对浩如烟海的 ACM-ICPC 程序设计竞赛区预赛和总决赛、各种大学生程序设计竞赛、在线程序设计竞赛以及中学生信息学奥林匹克竞赛的试题进行了分析和整理，从中精选出 306 道试题作为本书的试题。其中，160 道试题为实验范例试题，每道试题不仅有详尽的解析，还给出标有详细注释的参考程序；另外的 146 道试题为题库试题，所有试题都有清晰的提示。

在华章网站（www.hzbook.com）上提供了本书所有试题的英文原版描述以及大部分试题的官方测试数据和解答程序。限于篇幅，书中部分实验范例试题的参考程序未放在书中，而是以 PDF 文件的形式和试题的英文原版描述一起作为本书附加资源，读者可从华章网站下载这些资源。

这些年来，我们秉承“不忘初心，方得始终”的思想，不断地完善和改进系列著作。我们也得到了海内外各位同人的鼎力相助。感谢石溪大学的 Steven Skiena 教授和 Rezaul Chowdhury 教授，得克萨斯州立大学的 C. Jinshong Hwang 教授、Ziliang Zong 教授和 Hongchi Shi 教授，德国科技大学阿曼分校的 Rudolf Fleischer 教授，他们为本书英文版书稿的试用和改进做了大量工作。

感谢组织程序设计训练营集训并邀请我使用本书书稿讲学的香港理工大学曹建农教授、台北商业大学彭胜龙教授、西北工业大学姜学峰教授和刘君瑞教授、宁夏理工学院副校长俞经善教授、中国矿业大学毕方明教授，以及中国矿业大学徐海学院刘昆教授等。感谢卢森堡大学博士生张一博、香港中文大学博士生王禹对于本书第 3 版的编写提出的建设性意见。

特别感谢中国大陆及中国台湾、中国香港、中国澳门的同人和我一起创建 ACM-ICPC 亚洲训练联盟，联盟的创建不仅为本书书稿，也为系列著作及其课程建设提供了一个实践的平台。

由于时间和水平所限，书中难免存在缺点和错误，表述不当和笔误也在所难免，欢迎学术界同人和读者不吝指正。如果你在阅读中发现了问题，恳请通过电子邮件告诉我们，以便我们在课程建设和中、英文版再版时改进。联系方式如下：

通信地址：上海市邯郸路 220 号复旦大学计算机科学技术学院 吴永辉（邮编：200433）

电子邮件：yhwu@fudan.edu.cn

吴永辉

2020 年 9 月 30 日于上海

注：本书试题的在线测试地址如下。

在线评测系统	简称	网址
北京大学在线评测系统	POJ	http://poj.org/
浙江大学在线评测系统	ZOJ	https://zoj.pintia.cn/home
UVA 在线评测系统	UVA	http://uva.onlinejudge.org/　http://livearchive.onlinejudge.org/
Ural 在线评测系统	Ural	http://acm.timus.ru/
HDOJ 在线评测系统	HDOJ	http://acm.hdu.edu.cn/

目　录

前言

第一篇　训练基本编程能力的实验

第 1 章　简单计算的编程实验 ………… 2
1.1　改进程序书写风格 ………… 2
1.2　正确处理多个测试用例 ………… 4
1.3　在实数和整数之间转换 ………… 10
1.4　二分法、实数精度 ………… 13
1.5　相关题库 ………… 20
第 2 章　简单模拟的编程实验 ………… 30
2.1　直叙式模拟 ………… 30
2.2　筛选法模拟 ………… 33
2.3　构造法模拟 ………… 35
2.4　相关题库 ………… 37
第 3 章　递归与回溯法的编程实验 ………… 44
3.1　计算递归函数 ………… 45
3.2　求解递归数据 ………… 47
3.3　用递归算法求解问题 ………… 49
3.4　回溯法 ………… 55
3.5　相关题库 ………… 63
本篇小结 ………… 69

第二篇　线性表的编程实验

第 4 章　应用直接存取类线性表编程 ………… 72
4.1　数组应用的四个典型范例 ………… 72
4.1.1　日期计算 ………… 72
4.1.2　高精度运算 ………… 78
4.1.3　多项式的表示与处理 ………… 86
4.1.4　数值矩阵运算 ………… 91
4.2　字符串处理 ………… 96
4.2.1　使用字符串作为存储结构 ………… 96
4.2.2　字符串的模式匹配 ………… 97
4.2.3　使用 Manacher 算法求最长回文子串 ………… 103
4.3　在数组中快速查找指定元素 ………… 107
4.4　通过数组分块技术优化算法 ………… 109
4.5　相关题库 ………… 113
第 5 章　应用顺序存取类线性表编程 ………… 149
5.1　顺序表的应用 ………… 149
5.2　栈应用 ………… 158
5.3　队列应用 ………… 166
5.3.1　顺序队列 ………… 166
5.3.2　优先队列 ………… 176
5.3.3　双端队列 ………… 180
5.4　相关题库 ………… 183
第 6 章　应用广义索引类线性表编程 ………… 192
6.1　使用词典解题 ………… 192
6.2　应用散列技术处理字符串 ………… 197
6.3　使用散列表与散列技术解题 ………… 202
6.4　相关题库 ………… 210
第 7 章　线性表排序的编程实验 ………… 217
7.1　利用 STL 中自带的排序功能编程 ………… 217
7.2　应用排序算法编程 ………… 222
7.3　相关题库 ………… 226
本篇小结 ………… 247

第三篇　树的编程实验

第 8 章　采用树结构的非线性表编程 ………… 250
8.1　用树的遍历求解层次性问题 ………… 250
8.2　用树结构支持并查集 ………… 258
8.3　用树状数组统计子树权和 ………… 266
8.4　用四叉树求解二维空间问题 ………… 272
8.5　用 Trie 树查询字符串 ………… 280
8.6　用 AC 自动机进行多模式匹配 ………… 284
8.7　相关题库 ………… 292

第 9 章　应用二叉树的基本概念编程 ····· 324
9.1　普通有序树转化为二叉树 ·············· 324
9.2　应用典型二叉树 ··························· 327
9.3　计算二叉树路径 ··························· 333
9.4　通过遍历确定二叉树结构 ·············· 339
9.5　相关题库 ···································· 344
第 10 章　应用经典二叉树编程 ··············· 348
10.1　二叉搜索树 ································ 348
10.2　二叉堆 ······································ 355
10.3　树堆 ··· 363
10.3.1　树堆的概念和操作 ·········· 363
10.3.2　非旋转树堆 ···················· 370
10.4　赫夫曼树 ··································· 379
10.4.1　赫夫曼树 ························ 379
10.4.2　多叉赫夫曼树 ················· 381
10.5　AVL 树 ······································ 384
10.6　伸展树 ······································ 389
10.7　相关题库 ··································· 397
本篇小结 ··· 411

第四篇　图的编程实验

第 11 章　应用图的遍历算法编程 ··········· 414
11.1　BFS 算法 ··································· 414
11.2　DFS 算法 ··································· 425
11.3　拓扑排序 ··································· 433
11.3.1　删边法 ··························· 433
11.3.2　采用 DFS 计算拓扑排序 ···· 436
11.3.3　反向拓扑排序 ················· 440
11.4　计算图的连通性 ·························· 443
11.5　Tarjan 算法 ································ 450
11.6　相关题库 ··································· 468
第 12 章　应用最小生成树算法编程 ········ 489
12.1　Kruskal 算法 ······························ 489
12.2　Prim 算法 ··································· 491
12.3　最大生成树 ································ 496
12.4　相关题库 ··································· 500
第 13 章　应用最佳路算法编程 ·············· 507
13.1　Warshall 算法和 Floyd-Warshall 算法 ··· 507
13.2　Dijkstra 算法 ······························ 514
13.3　Bellman-Ford 算法 ······················ 519
13.4　SPFA 算法 ································· 523
13.5　相关题库 ··································· 527
第 14 章　二分图、网络流算法编程 ······· 535
14.1　二分图匹配 ································ 535
14.1.1　匈牙利算法 ···················· 535
14.1.2　Hall 婚姻定理 ················· 541
14.1.3　KM 算法 ························ 544
14.2　计算网络最大流 ·························· 551
14.2.1　网络最大流 ···················· 551
14.2.2　最小费用最大流 ·············· 560
14.3　相关题库 ··································· 570
第 15 章　应用状态空间搜索编程 ··········· 583
15.1　构建状态空间树 ·························· 583
15.2　优化状态空间搜索 ······················· 590
15.2.1　剪枝 ······························ 591
15.2.2　定界 ······························ 595
15.2.3　A* 算法 ························· 603
15.2.4　IDA* 算法 ······················ 612
15.3　在博弈问题中使用游戏树 ············· 623
15.4　相关题库 ··································· 638
本篇小结 ··· 658

第一篇

训练基本编程能力的实验

程序设计是技术。正因为程序设计是技术，所以程序设计、数据结构、算法等与用编程解决问题相关的课程不是听会的，也不是看会的，而是练会的。在编程实践的过程中，同学们可以逐步基于所学的知识，系统、全面地磨炼通过编程解决问题的能力。程序设计语言是数据结构的先导课程，其教学的目的是让同学们学会用程序设计语言编写程序。因此，在系统地介绍数据结构编程实验之前，本篇先引领同学们温故知新，进行如下三个方面的编程实验。

- 简单计算
- 简单模拟
- 递归和回溯

这三方面的实验既是程序设计语言课程的实践，也是数据结构编程实验课程的基础。

第 1 章

简单计算的编程实验

所谓简单计算，指的是在“输入—处理—输出”的模式中，“处理”这一环节所涉及的运算规则比较浅显，学过程序设计语言的同学就能够解决。本章编程训练的重点是如何正确地处理输入和输出，以及如何分析问题、优化计算。读者可以通过简单计算的编程实验，掌握 C、C++ 或 Java 程序设计语言的基本语法，熟悉在线测试系统和编程环境，初步学会怎样将一个用自然语言描述的实际问题抽象成一个计算问题，给出计算过程，继而通过编程实现计算过程，并将计算结果还原成对初始问题的解答。

虽然简单计算题的运算相对简单，但还是应该秉持“举轻若重”的科学态度。因为试题的输入和输出格式是多样的，而计算精度和时效一般有严格的定义。“细节决定成败”，编程细节若处理不好，则会导致整个程序功亏一篑。本章将在以下几个方面展开实验：

- 改进程序书写风格。
- 正确处理多个测试用例。
- 提高实数的计算精度。
- 用二分法提高计算效率。

一般来讲，较复杂的问题是由一些包含简单计算的子问题组合而成的。“万丈高楼平地起”，要磨炼编程能力，就要从解答简单计算题开始。

1.1 改进程序书写风格

如果一个程序具有良好的书写风格，不仅能在视觉上给人以美感，也会给程序的调试和检查带来方便。初看程序，往往可以从程序的书写风格判断出编程者的思路是否清晰。但是，怎样的程序书写风格才算“好”呢？对于这个问题，仁者见仁，智者见智，不过这并不意味着程序的书写风格无章可循。我们通过下面的例子来说明这个问题。

【1.1.1 Financial Management】

Larry 今年毕业，找到了工作，也赚了很多钱，但 Larry 总感觉钱不够用。于是，Larry 准备用财务报表来解决他的财务问题：他要计算自己能用多少钱。现在可以通过 Larry 的银行账号看到他的财务状况。请你帮 Larry 写一个程序，根据他过去 12 个月每个月的收入计算要达到收支平衡，每个月平均能用多少钱。

输入

输入 12 行，每一行是一个月的收入，收入的数字是正数，精确到分，没有美元符号。

输出

输出一个数字，该数字是这 12 个月收入的平均值。精确到分，前面加美元符号，后面加行结束符。在输出中没有空格或其他字符。

样例输入	样例输出
100.00	$1581.42

（续）

样例输入	样例输出
489.12 12454.12 1234.10 823.05 109.20 5.27 1542.25 839.18 83.99 1295.01 1.75	

试题来源：ACM Mid-Atlantic 2001

在线测试：POJ 1004，ZOJ 1048，UVA 2362

试题解析

本题采用了非常简单的“输入—处理—输出”模式：

1）通过结构为 for(*i*=0; *i*<12; *i*++) 的循环输入 12 个月的收入 *a*[0..11]；

2）累计总收入 sum= $\sum_{i=0}^{11} a[i]$；计算月平均收入 avg= $\frac{\text{sum}}{12}$；

3）输出月平均收入 avg。

参考程序

```
#include<iostream>                           // 预编译命令
using namespace std;                         // 使用 C++ 标准程序库中的所有标识符
int main( )                                  // 主函数
{                                            // 主函数开始
    double avg, sum=0.0, a[12]={0};          // 定义双精度实数变量 avg、sum 和实数数组 a 的初始值
    int i;                                   // 声明整型循环变量 i
    for(i=0; i<12; i++){                     // 依次读入每个月的收入，并累计年收入
            cin>>a[i];
            sum+=a[i];
        }
    avg=sum/12;                              // 计算月平均收入
    printf("$%.2f",avg);                     // 输出月平均收入
    return 0;
}
```

我们可从上述程序范例中得到 4 点启示。

1）严格按照题目要求的格式来设计输入和输出。本题要求输入的月收入是精确到分的正数，因此程序中用提取操作符“ >>”，将键盘输入的月收入存储到双精度实数类型的数组元素 *a*[*i*] 中。同样，程序中采用 printf("$%.2f",avg) 语句使得输出的月平均收入精确到分，且前有美元符号，后有行结束符。当程序运行于在线测试系统时，决定成败的首要因素是程序的输入和输出格式是否符合题意。如果没有按照题目要求的格式进行输入和输出，即使算法正确，结果也是“Wrong Answer”。

2）同一结构程序段内的所有语句（包括说明语句）与本结构程序段的首行左对齐。

3）程序行按逻辑深度呈锯齿状排列。例如，循环体缩进几个字符、用缩进表示选择结构等。这种锯齿形的编排格式能够清晰地反映程序结构，改善易读性。

4）在程序段前或开始位置加上描述程序段功能的注释；对于变量及其变化也应该加上注释，因为理解变量是理解程序的关键。这样做，不仅是为了便于调试程序和日后阅读，更重要的是能够培养团队合作的精神。在将来的工作中，一个研发团队内会有多人一起合作编程、互相协助，这就更需要将注释写得清清楚楚，以便让其他人能理解程序。

1.2　正确处理多个测试用例

【1.1.1 Financial Management】仅给出了一个测试用例，该测试用例中的数据个数是已知的（12 个月的收入），且运算十分简单（累加月收入，计算月平均值）。但在通常情况下，为了全面检验程序的正确性，大多数试题都要求测试多个测试用例，只有通过所有测试用例，程序才算正确。如果测试用例的个数或每个测试用例中数据的个数是预先确定的，则处理多个测试用例的循环结构比较简单；若测试用例的个数或每组测试用例中数据的个数未知，仅知测试用例内数据的结束标志和整个输入的结束标志，应如何处理呢？在数据量较大、所有测试用例都采用同一运算且数据范围已知的情况下，有无提高计算时效的办法呢？对于这两个问题，在本节中先给出两个实例。

【1.2.1　Doubles】

给出 2 ～ 15 个不同的正整数，计算这些数中有多少个数对满足一个数是另一个数的两倍。比如，有下列正整数

1　4　3　2　9　7　18　22

那么符合要求的数对有 3 个，因为 2 是 1 的两倍、4 是 2 的两倍、18 是 9 的两倍。

输入

输入包括多个测试用例。每个测试用例一行，给出 2 ～ 15 个两两不同且小于 100 的正整数。每一行的最后一个数是 0，表示这一行的结束，这个数不属于那 2 ～ 15 个给定的正整数。输入的最后一行仅给出整数 -1，这一行表示测试用例的输入结束，不用进行处理。

输出

对每个测试用例，输出一行，给出有多少对数满足其中一个数是另一个数的两倍。

样例输入	样例输出
1 4 3 2 9 7 18 22 0 2 4 8 10 0 7 5 11 13 1 3 0 -1	3 2 0

试题来源：ACM Mid-Central USA 2003

在线测试：POJ 1552，ZOJ 1760，UVA 2787

试题解析

本题包含多个测试用例，因此需要循环处理每个测试用例，整个输入的结束标志是当前测试用例的第一个数是 -1。在循环体内做两项工作：

1）通过一重循环读入当前测试用例的数组 a，并累计数据元素个数 n。当前测试用例的结束标志是读入数据 0。

2）通过两重循环结构枚举 $a[]$ 的所有数据对 $a[i]$ 和 $a[j]$（$0 \leqslant i<n-1$，$i+1 \leqslant j<n$），判断 $a[i]$ 和 $a[j]$ 是否呈两倍关系（$a[i]*2==a[j]$ || $a[j]*2==a[i]$）。

参考程序

```
#include <iostream>                                 // 预编译命令
using namespace std;                                // 使用 C++ 标准程序库中的所有标识符
int main()                                          // 主函数
{                                                   // 主函数开始
    int i, j, n, count, a[20];                      // 声明整型变量 i、j、n、count 和整型
                                                    // 数组 a
    cin>>a[0];                                      // 输入第 1 个测试用例的首个数据
    while(a[0]!=-1)                                 // 若输入未结束，则输入下一个测试用例
    {  n=1;                                         // 读入当前数据组
        for( ; ; n++)
            {
                cin>>a[n];
                if (a[n]==0) break;
            }
        count=0;                                    // 处理：计算当前测试用例中有多少数对满
                                                    // 足一个数是另一个数的 2 倍
        for (i=0; i<n-1; i++)                       // 枚举所有数对
        {
            for (j=i+1; j<n; j++)
            {
                if (a[i]*2==a[j] || a[j]*2==a[i])// 若当前数对满足 2 倍关系，则累计
                    count++;
            }
        }
        cout<<count<<endl;                          // 输出当前测试用例中满足 2 倍关系的数对
        cin>>a[0];                                  // 输入下一个测试用例的首个数据
    }
    return 0;
}
```

本题的测试用例数和测试用例长度都是未知的，其求解程序采用双重循环结构。

- 外循环：枚举各组测试用例，结束标志为输入结束符（本题的输入结束符为 -1）。
- 内循环：输入和处理当前测试用例中的数据，输入的结束标志为测试用例的结束符（本题的测试用例以 0 为结束符）。

在处理多个测试用例的过程中，可能会遇到这样一种情况：数据量较大，所有测试用例都采用同一运算，并且数据范围已知。在这种情况下，为了提高计算效率，可以采用离线计算方法：预先计算出指定范围内的所有解，存入某个常量数组；以后每测试一个测试用例，直接从常量数组中引用相关数据就可以了，这样就避免了重复运算。

【1.2.2　Sum of Consecutive Prime Numbers】

一些正整数能够表示为一个或多个连续素数的和。给出一个正整数，有多少个这样的表示？例如，整数 53 有两个表示，即 5+7+11+13+17 和 53；整数 41 有三个表示，即 2+3+5+7+11+13、11+13+17 和 41；整数 3 只有一个表示，即 3；整数 20 没有这样的表示。注意，加法操作数必须是连续的素数，因此，对于整数 20，7+13 和 3+5+5+7 都不是有效的表示。

请写一个程序，对于一个给出的正整数，程序给出连续素数的和的表示数。

输入

输入一个正整数序列，每个数一行，在 2 ～ 10 000 之间取值。输入以 0 表示结束。

输出

除了最后的 0，输出的每一行对应输入的每一行。对于一个输入的正整数，输出的每一行给出连续素数的和的表示数。输出中没有其他字符。

样例输入	样例输出
2 3 17 41 20 666 12 53 0	1 1 2 3 0 0 1 2

试题来源：ACM Japan 2005

在线测试：POJ 2739，UVA 3399

试题解析

由于每个测试用例都要计算素数，且素数上限为 10 000，因此：

1）首先，离线计算出 [2..10001] 内的所有素数，按照递增顺序存入数组 prime[1.. total]。

2）然后，依次处理每个测试用例：

设当前测试用例的输入为 *n*，连续素数的和为 cnt，*n* 的表示数为 ans。

采用双重循环计算 *n* 的表示数 ans：

- 外循环 *i*：枚举所有可能的最小素数 prime[*i*]（for (int *i*=0; *n*>=prime[*i*]; *i*++)）。
- 内循环 *j*：枚举由 prime[*i*] 开始的连续素数的和 cnt，条件是所有素数在 prime[] 中且 cnt 不大于 *n*（for (int *j*=*i*; *j* < total && cnt<*n*; *j*++) cnt += prime[*j*]）。内循环结束后，若 cnt==*n*，则 ans++。

外循环结束后得出的 ans 即问题解。

参考程序

```
#include <iostream>                                   // 预编译命令
using namespace std;                                  // 使用 C++ 标准程序库中的所有标识符
const int maxp = 2000, n = 10000;                     // 设定素数表长和输入值的上限
int prime[maxp], total = 0;                           // 素数表和表长初始化为 0
bool isprime(int k)                                   // 判定 k 是否为素数
{
    for (int i = 0; i < total; i++)
        if (k % prime[i] == 0)
            return false;
    return true;
}
int main(void)                                        // 主函数
{
    for (int i = 2; i <= n; i++)                      // 预先建立素数表
```

```
        if (isprime(i))
            prime[total++] = i;
    prime[total] = n + 1;
    int m;
    cin >> m;                                   // 输入第 1 个正整数
    while (m) {                                 // 循环，直到输入正整数 0 为止
        int ans = 0;                            // 和初始化为 0
        for (int i = 0; m >= prime[i]; i++) {   // 枚举最小素数
            int cnt = 0;                        // 求连续素数的和
            for (int j = i; j < total && cnt < m; j++)
                cnt += prime[j];
            if (cnt == m)                       // 若和恰好等于 m，则累计答案数
                ++ans;
        }
        cout << ans << endl;                    // 输出答案数
        cin >> m;                               // 输入下一个正整数
    }
    return 0;
}
```

所谓算法就是编程解决问题的方法。有些“输入–处理–输出”的计算题，尽管学过程序设计语言的读者能够解决，但“处理”这一环节的算法比较复杂，要求读者对于问题描述进行分析，推导出解题的算法。

【1.2.3　Game of Flying Circus】

反重力技术的发现改变了世界。反重力鞋（Grav 鞋）的发明使人们能够在空中自由飞翔，从而催生了一项新的空中运动：“飞行马戏（Flying Circus）”。

参赛者穿着反重力鞋和飞行服进行比赛。比赛在一个特定的场地内进行，并要求参赛者在特定的时间内争取得分。比赛场地是一个边长为 300 米的正方形，正方形的四个角上都漂浮着浮标，这四个浮标按顺时针顺序编号为 1、2、3、4，如图 1.2-1 所示。

图　1.2-1

两名选手将浮标 #1 作为比赛起点。比赛开始后，他们按顺时针顺序触碰四个浮标。（因为浮标 #1 是起点，所以他们要触碰的第一个浮标是浮标 #2，此后，他们要按顺序触碰浮标 #3、#4、和 #1。）这里要注意，他们可以在比赛场地内自由飞行，甚至可以在正方形场地的中央飞行。

在以下两种情况下，选手可以得一分。

1）如果你比你的对手先触碰到浮标，你得一分。例如，在比赛开始后，如果对手比你先触碰了浮标 #2，那么他得一分；而你触碰到浮标 #2 的时候，你就不会得分。还要注意，在触碰浮标 #2 之前，你不能触碰浮标 #3 或其他浮标。

2）不考虑浮标得分，而是靠格斗得分。如果你和对手在同一位置相遇，你可以和对手

进行一场格斗，如胜利则得一分。考虑到游戏的平衡性，在浮标 #2 被触碰之前，两名选手不得格斗。

通常，有三种类型的选手：

1）Speeder：这类选手擅长高速运动，他们会通过触碰浮标来得分，尽量避免格斗。

2）Fighter：这类选手擅长格斗，他们会尽量通过和对手格斗来得分，因为 Fighter 的速度比 Speeder 慢，所以如果对手是一个 Speeder，则 Fighter 很难通过触摸浮标来得分。

3）All-Rounder：综合了 Fighter 和 Speeder 的平衡型选手。

现在，在 Asuka（All-Rounder 选手）和 Shion（Speeder 选手）之间将进行一场训练赛。由于这场比赛只是一场训练赛，因此规则很简单：任何人触碰到浮标 #1 后，比赛结束。Shion 是 Speeder 选手，他的策略非常简单：沿最短路径触碰浮标 #2、#3、#4、#1。

Asuka 擅长格斗，所以她和 Shion 格斗就会得 1 分，而对手在格斗之后会昏迷 T 秒。由于 Asuka 的速度比 Shion 慢，她决定在比赛中只和 Shion 格斗一次。本题设定，如果 Asuka 和 Shion 同时触碰浮标，则 Asuka 得分，并且 Asuka 还可以与 Shion 在浮标处格斗。在这种情况下，格斗发生在浮标被 Asuka 或 Shion 触碰之后。

Asuka 的速度是 V_1 米 / 秒，Shion 的速度是 V_2 米 / 秒。请问 Asuka 是否有赢的可能？

输入

输入的第一行给出整数 t（$0<t \leqslant 10000$），然后给出 t 行，每行给出 3 个双精度变量 T、V_1 和 V_2（$0 \leqslant V_1 \leqslant V_2$，$T \geqslant 0$），表示一个测试用例。

输出

如果存在 Asuka 赢得比赛的策略，则输出“Yes”，否则输出“No”。

样例输入	样例输出
2 1 10 13 100 10 13	Case #1: No Case #2: Yes

 **提示**

Asuka 可以飞到连接浮标 #2 和浮标 #3 的边的中点，然后在那里等待 Shion 到来。当他们相遇时，Asuka 和 Shion 格斗。此时，Shion 会被击昏（这意味着 Shion 在 100 秒内不能移动），Asuka 会飞回浮标 #2，因为浮标 #2 已经被触碰了，她触碰浮标 #2 不会得分。但在那之后，她可以沿连接浮标的边飞到浮标 #3、浮标 #4、浮标 #1，得 3 分。

试题来源：2015 ACM-ICPC Asia Shenyang Regional Contest

在线测试：HDOJ 5515，UVA 7244

 **试题解析**

在 Asuka 和 Shion 之间进行的训练赛一共有 5 分可得：触碰 4 个浮标的 4 分和一场格斗的 1 分。

对于 Asuka，要赢得比赛，可能有如下 3 种情况：

情况 1：Asuka 和 Shion 的速度一样（$V_1=V_2$），则 Asuka 和 Shion 同时到达浮标 #2；然后 Asuka 和 Shion 进行一场格斗，Shion 会被击昏；Asuka 沿正方形场地的边到达浮标 #3、浮标 #4、浮标 #1，赢得比赛。

情况 2：Asuka 的速度使得她在浮标 #2 和浮标 #3 之间的连线上的某点（未到浮标 #3）和 Shion 相遇，即 Shion 沿正方形场地的边触碰浮标 #2，然后沿连接浮标 #2 和浮标 #3 之间的连线向浮标 #3 飞行，Asuka 则走直线，从浮标 #1 飞向该点。如图 1.2-2 所示。

Asuka 和 Shion 在浮标 #2 与浮标 #3 间相遇的条件为 $\frac{300\sqrt{2}}{V_1}<\frac{600}{V_2}$。

设 Asuka 和 Shion 的相遇点与浮标 #2 的距离是 x。在该点 Asuka 和 Shion 进行一场格斗，Shion 会被击昏；然后 Asuka 沿直线飞到浮标 #2，再飞向浮标 #3 和浮标 #4。显然，相遇后，Asuka 花费 $\frac{x+600}{V_1}$ 时间到达浮标 #4，而 Shion 花费 $T+\frac{600-x}{V_2}$ 时间到达浮标 #4。所以，如果 Asuka 能够先于 Shion 到达浮标 #4，或者 Asuka 和 Shion 同时到达浮标 #4，即 $\frac{x+600}{V_1}\leqslant T+\frac{600-x}{V_2}$，则 Asuka 获胜。

情况 3：Asuka 的速度使得她在浮标 #3 和浮标 #4 之间的连线上的某点（包括浮标 #3，未到浮标 #4）和 Shion 相遇，设该点与 #4 的距离为 x，即 Shion 沿正方形场地的边已经触碰浮标 #2 和浮标 #3；Asuka 则走直线，从浮标 #1 飞向该点。如图 1.2-3 所示。在该点 Asuka 和 Shion 进行一场格斗，Shion 会被击昏；然后 Asuka 沿直线飞到浮标 #2，再沿正方形场地的边飞向浮标 #3、浮标 #4、浮标 #1。也就是说，相遇后 Asuka 花费 $\frac{\sqrt{(300-x)^2+300^2}+3\times300}{V_1}$ 时间到达浮标 #1，Shion 花费 $T+\frac{300+x}{V_2}$ 时间到达浮标 #1。如果 Asuka 能比 Shion 先到达浮标 #1，或者 Asuka 和 Shion 同时到达浮标 #1，则 Asuka 获胜。也就是说，如果 $\frac{\sqrt{(300-x)^2+300^2}}{V_1}\leqslant T+\frac{300+x}{V_2}$，则 Asuka 获胜。

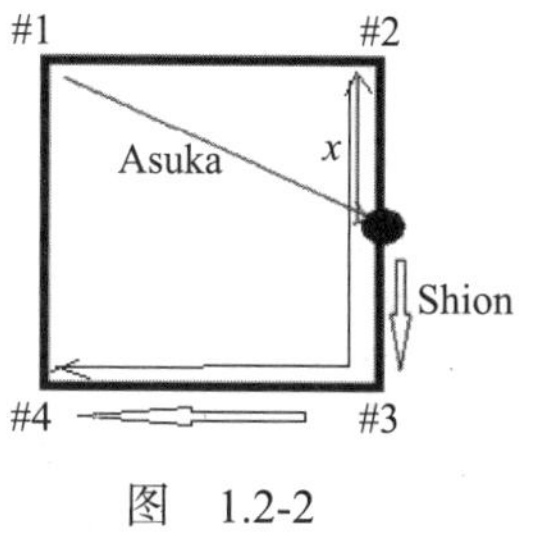

图 1.2-2

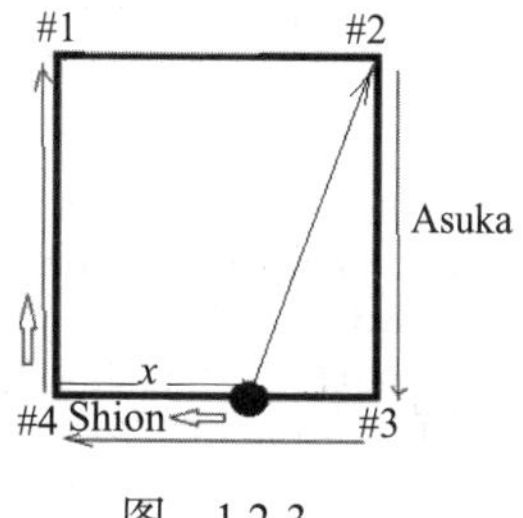

图 1.2-3

对于上述情况，如果 Asuka 能够获胜，则输出“Yes”，否则输出“No”。

参考程序

```
#include <bits/stdc++.h>
using namespace std;
typedef long long LL;
typedef pair<int, int> PI;
const int N=1e5;
const double eps=1e-5;
const LL mod=1e9+7;
int main()
{
    int t, ca=1;                                    // 测试用例编号初始化
    scanf("%d", &t);                                // 输入测试用例数
```

```
    while(t--)                                  // 依次处理每个测试用例
    {
        double t, v1, v2;                       // Shion 格斗之后的昏迷时间为 t，Asuka 和
                                                // Shion 的速度分别为 v1、v2
        scanf("%lf%lf%lf", &t, &v1, &v2);       // 输入 Shion 格斗之后的昏迷时间
        printf("Case #%d: ", ca++);             // 输出测试用例编号，计算下一个测试用例编号
                                                // 分析 Asuka 赢得比赛的第一种情况
        if(v1==v2)
        {
            puts("Yes");
            continue;
        }
        // 分析 Asuka 赢得比赛的第二种情况
        double tt1=300*sqrt(2.0)/v1;            // 计算 Asuka 从浮标 #1 沿对角线至浮标 #3 所用
                                                // 的时间
        double tt2=600.0/v2;                    // 计算 Shion 走浮标 #1- 浮标 #2- 浮标 #3 所用
                                                // 的时间
        double v12=v1*v1, v22=v2*v2;            // 计算两者速度的平方
        double t1=300.0/v1;                     // 计算 Asuka 走浮标 #1- 浮标 #4 所用的时间 t1
        double t2=900.0/v2;                     // 计算 Shion 走浮标 #1- 浮标 #2- 浮标 #3- 浮标
                                                // #4 所用的时间
        if(t1>=t2)                              // 若在两者都走连线情况下，Asuka 未先到达浮标
                                                // #4，则 Asuka 失败
        {
            puts("No");
            continue;
        }
        if(tt1<=tt2)                            // 若 Asuka 和 Shion 在浮标 #2 与浮标 #3 之间相
                                                // 遇，则计算相遇点与浮标 #2 的距离 x
        {
            double dt=(600*v12)*(600*v12)-4*(v12-v22)*(v12*90000-90000*v22);
            double x=(-600.0*v12+sqrt(dt))/2.0/(v12-v22);
            if((x+600)/v1<=t+(600-x)/v2)  // 若 Asuka 先于 Shion 到达浮标 #4，则获胜
            {
                puts("Yes");
                continue;
            }
        }
        // 分析 Asuka 赢得比赛的第三种情况
        // 计算 Asuka 和 Shion 在浮标 #3 与浮标 #4 之间的相遇点与浮标 #4 的距离 x
            double dt=(1800*v12)*(1800*v12)-4*(v12-v22)*(v12*810000-90000*v22);
            double x=(1800.0*v12-sqrt(dt))/2.0/(v12-v22);
        // 若 Asuka 比 Shion 先到浮标 #1，则 Asuka 获胜；否则失败
            if(sqrt((300.0-x)*(300.0-x)+90000.0)/v1+900.0/v1<=t+(300+ x)/v2)
                puts("Yes");
            else
                puts("No");
    }
    return 0;
}
```

1.3 在实数和整数之间转换

程序设计语言的基本数据类型有整数型、实数型、字符型等。有些试题的数据对象是实数和整数，并且要进行实数和整数之间的转换运算。

【1.3.1 I Think I Need a Houseboat】是实数向整数转换的实验范例，【1.3.2 Integer Approximation】则是在整数运算过程中产生实数的实验范例。

【1.3.1　I Think I Need a Houseboat】

Fred Mapper 计划在 Louisiana 购买一块土地，并在这块土地上建造他的家。在对土地调查后，他发现，由于 Mississippi 河的侵蚀，Louisiana 州的土地每年减少 50 平方英里。因为 Fred 准备在他所建的家中度过后半生，所以他要知道他的土地是否会因为河流的侵蚀而消失。

在做了大量研究后，Fred 发现正在失去的土地构成一个半圆形（半圆如图 1.3-1 所示）。这一半圆形是一个圆的一部分，圆心在 (0, 0)，二等分这个圆的线是 x 轴，x 轴的下方是河水。在第 1 年开始的时候，这个半圆的面积为 0。

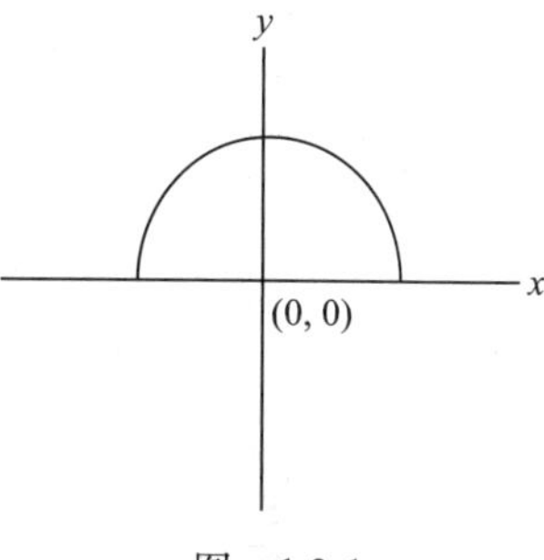

图　1.3-1

输入

输入的第一行是一个正整数，表示有多少个测试用例 (N)。后面有 N 行，每行给出笛卡儿坐标 x 和 y，表示 Fred 考虑购买的土地的位置。这些数是浮点数，以英里为单位。y 坐标非负。不会给出坐标（0, 0）。

输出

对每个输入的测试用例，输出一行。这一行的形式为“Property N: This property will begin eroding in year Z.”，其中 N 是测试用例编号（从 1 开始记数），Z 表示 Fred 的土地在第 Z 年结束的时候要落到半圆形中（从 1 开始记数），Z 必须是一个整数。在最后一个测试用例后，输出“END OF OUTPUT.”。

样例输入	样例输出
2 1.0 1.0 25.0 0.0	Property 1: This property will begin eroding in year 1. Property 2: This property will begin eroding in year 20. END OF OUTPUT.

说明

1）购买的土地不会在半圆形的边界上，它或者落在半圆形内，或者位于在半圆形外。

2）这一问题被自动裁判，所以输出要精确匹配，包括大小写、标点符号和空格，以及到行末的完整的句子。

3）所有的地点都以英里为单位。

试题来源：ACM Mid-Atlantic 2001

在线测试：POJ 1005，ZOJ 1049，UVA 2363

试题解析

由于测试用例的个数 N 预先确定，且每个测试用例是笛卡儿坐标，因此可直接采用 for 循环处理所有测试用例。第 i 个测试用例（x_i, y_i）与圆心（0, 0）构成的半圆面积即土地被河流侵蚀的范围。由于每年减少 50 平方英里土地，而年份是整数，因此淹没（x_i, y_i）的年份应为大于 $\frac{\text{半圆面积}}{50}$ 的最小整数，这个取整过程应使用向上取整函数 ceil(x)。若使用向下取整函数 floor(x)，则会提前 1 年失去土地。

参考程序

```
#include <stdio.h>                    // 预编译命令
```

```
#include <math.h>
#define M_PI 3.14159265
int num_props;                          // 定义测试用例数为整数
float x, y;                             // 定义笛卡儿坐标为单精度实数
int i;
double calc;                            // 定义半圆面积 /50 为双精度实数
int years;                              // 定义失去土地的年份为整数
int main(void)                          // 主函数
{                                       // 主函数开始
    scanf("%d", &num_props);            // 输入测试用例数
    for (i = 1; i <= num_props; i++)
    {
        scanf("%f %f", &x, &y);         // 输入第 i 个考虑购买的土地位置，计算和输出半圆面积 /50
                                        //（向上取整后即土地失去的年份）
        calc = (x*x + y*y)* M_PI / 2 / 50;
        years = ceil(calc);
        printf("Property %d: This property will begin eroding in year %d.\n", i,
            years);
    }
    printf("END OF OUTPUT.\n");
}
```

【1.3.2 Integer Approximation】

FORTH 程序设计语言不支持浮点数的算术运算。它的发明者 Chuck Moore 坚持认为浮点数的运算太慢，而且在大多数时候都可以用适当的整数比来仿真浮点数。例如，要计算半径为 R 的圆的面积，他建议使用 $R\times R\times 355 / 113$ 这一公式，这实际上是非常精确的。整数比 $355/113 \approx 3.141593$ 是 π 的近似值，绝对值误差约为 2×10^{-7}。给出一个浮点数 A 和一个整数限制 L，请找出在范围 $[1, L]$ 内的两个整数 N 和 D（$1 \leqslant N, D \leqslant L$），使得 N 和 D 的比是 A 的最佳整数近似，即找到绝对值误差 $|A-N/D|$ 最小的两个整数 N 和 D。

输入

输入的第一行给出浮点数 A（$0.1 \leqslant A<10$），精度达 15 位小数。第二行给出整数限制 L（$1 \leqslant L \leqslant 100000$）。

输出

输出给出两个用空格分隔的整数：N 和 D。

样例输入	样例输出
3.14159265358979 10000	355 113

试题来源：ACM Northeastern Europe 2001, Far-Eastern Subregion

在线测试：POJ 1650

试题解析

本题采用“追赶法”，在分子和分母不超过整数限制的前提下不断枚举 a 和 b。设最小绝对值误差为 Min，整数限制为 n。初始时取 a、b 为 1，Min 为 n+1；然后每次对 a、b 求商，调整 Min：

- 在 $a/b>x$ 的情况下，若 $a/b-x$ 小于 Min，则 Min 调整为 $a/b-x$，记录下此时的 a 和 b 值；为了使下一次枚举时的 a/b 更趋近 x，b 增加 1。

- 在 $a/b \leqslant x$ 的情况下，若 $x-a/b$ 小于 Min，则 Min 调整为 $x-a/b$，记录下此时的 a 和 b 值；为了使下一次枚举时的 a/b 更趋近 x，a 增加 1。

本题处理的数据是精度达 15 位小数的浮点数，因此变量 x、a、b、n 和 Min 采用双精度类型。

参考程序

```
#include <stdio.h>
int main()
{
    double x, a, b, n, Min, n1, n2; // 浮点数 x，整数限制 n，当前分母和分子为 a 和 b，绝对值的最
                                    // 小误差为 Min，绝对值误差为 Min 时的分母和分子为 n1 和 n2
    scanf("%lf%lf", &x, &n);        // 输入浮点数 x 和整数限制 n
    a = 1;                          // 绝对值误差最小的两个整数初始化
    b = 1;
    Min = n + 1;                    // 最小误差值初始化
    while(a <= n && b <= n)         // 若两个整数未超过限制
    {
        if (a / b > x)              // 若 a/b 在数轴上位于 x 右方且与 x 的距离值目前最小，
                                    // 则记下 a 和 b 并将 a/b － x 调整为最小绝对值误差
        {
            if (a / b - x < Min)
            {
                Min = a / b - x;
                n1 = a;
                n2 = b;
            }
            b++;                    // 增大分母 b，使 a/b 更趋近 x
        }
// 若在数轴上，a/b 位于 x 左方且与 x 的距离值目前最小，则记下 a 和 b 并将 x-a/b 调整为最小绝对值误差
        else
        {
            if (x - a / b < Min)
            {
                Min = x - a / b;
                n1 = a;
                n2 = b;
            }
            a++;                    // 增大分子 a，使 a/b 更趋近 x
        }
    }
    printf("%.0f %.0f\n", n1, n2);  // 输出绝对值误差 |x-n1/n2| 最小的 n1 和 n2
    return 0;
}
```

1.4　二分法、实数精度

在有些情况下，问题的所有数据对象为一个有序区间。二分法将这个区间等分成两个子区间，根据计算的要求决定下一步计算是在左子区间进行还是在右子区间进行；然后根据计算的要求等分所在区间，直至找到解为止。显然，对一个规模为 $O(n)$ 的问题，如果采用盲目枚举的办法，则效率为 $O(n)$；若采用二分法，则计算效率可提高至 $O(\log_2(n))$。

许多算法都采用了二分法，例如二分法查找、减半递推技术、快速排序、合并排序、最优二叉树、线段树等。其中比较浅显的算法是二分法查找和减半递推技术，使用这两种方法解简单计算题，可以显著提高计算时效。

假设数据是按升序排序的，二分法查找的基本思想是对于待查找值 x，从序列的中间位

置开始比较：

1）若当前中间位置值等于 x，则查找成功。

2）若 x 小于当前中间位置值，则在数列的左子区间（数列的前半段）中查找。

3）若 x 大于当前中间位置值，则在右子区间（数列的后半段）中继续查找。

以此类推，直至找到 x 在序列中的位置（查找成功）或子区间不存在（查找失败）为止。若查找失败，则当前子区间右指针所指的元素是序列中大于 x 的最小数。

【1.4.1　Pie】

我的生日快到了，按传统，我用馅饼招待朋友。我用的不是一块馅饼，而是有很多块馅饼，口味、大小各异。有 F 位朋友要来参加我的生日聚会，每个朋友会得到一块馅饼，而不是几小块馅饼，因为这样的话，看起来很乱。也就是说，这一块馅饼是一整块的馅饼。

我的朋友们都很烦人，如果他们中的一个得到了比其他人更大的一块馅饼，他们就会开始抱怨。因此，他们所有人都应该得到同样大小（但不一定是同样形状）的馅饼，即使这会导致一些馅饼被浪费，但这比破坏了聚会要好。当然，我也要留一块馅饼给自己，而且那块馅饼也应该是同样大小的。

我们能得到的最大尺寸的馅饼是多少？所有的馅饼都是圆柱形的，它们都有相同的高度1，但是馅饼的半径可以是不同的。

输入

输入的第一行给出一个正整数：测试用例的数量。然后，对于每个测试用例：

1）在一行中给出两个整数 N 和 F（$1 \leqslant N, F \leqslant 10\,000$），分别为馅饼的数目和朋友的数目。

2）在一行中给出 N 个整数为 r_i（$1 \leqslant r_i \leqslant 10\,000$），即馅饼的半径。

输出

对于每个测试用例，在一行中输出最大可能体积的 V，使我和我的朋友们都可以得到一个大小为 V 的馅饼。答案是一个浮点数，误差绝对值不超过 10^{-3}。

样例输入	样例输出
3 3 3 4 3 3 1 24 5 10 5 1 4 2 3 4 5 6 5 4 2	25.1327 3.1416 50.2655

试题来源：ACM Northwestern Europe 2006

在线测试：POJ 3122，UVA 3635

试题解析

每个朋友都会得到一整块馅饼，也就是说，每个朋友得到的那块馅饼必须是从同一个馅饼上得到的，而馅饼被分后，剩下的部分就会被浪费。

有 F 位朋友和我得到一整块馅饼，所以，馅饼要分成 F+1 块。采用二分法求解馅饼的最大尺寸。

初始时，区间下界 low=0，上界 high=maxsize（所有馅饼里最大馅饼的体积），对当前区间的中间值 mid，计算如果按照 mid 的尺寸分馅饼，能分给多少人？即对每个馅饼（设其体积为 size），按照 mid，计算能够分给的人数 size / mid，并舍弃小数。如果每个朋友可以分一块，则 low=mid，否则 high=mid，继续二分。

本题的关键在于实数精度控制。本题要求误差绝对值不超过 10^{-3}。为此，设定实数的最小精度限制值 esp=10^{-6}，π=3.14159265359，否则，即使算法正确，也会得到 Wrong Answer。

参考程序

```
#include<iostream>
#include<iomanip>
using namespace std;
const double pi=3.14159265359;              // 最短的 π 长度，再短就会得到 Wrong Answer
const double esp=1e-6;                      // 根据题目要求的精度，为了实数二分法设定的最小
                                            // 精度限制值

int main(void)
{
    int test;
    cin>>test;
    while(test--)
    {
        int n,f;                            // 馅饼数为 n，朋友数为 f
        cin>>n>>f;
        double* v=new double[n+1];          // 每个馅饼的大小
        f++;                                // 加上自己的总人数
        double maxsize=0.0;
        for(int i=1;i<=n;i++)
        {
            cin>>v[i];
            v[i]*=v[i];                     // 半径平方，计算馅饼体积时先不乘 π，以提高精
                                            // 度和减少时间

            if(maxsize<v[i])
                maxsize=v[i];
        }
        double low=0.0;                     // 下界，每人都分不到馅饼
        double high=maxsize;                // 上界，每人都得到整个馅饼，而且是所有馅饼中最
                                            // 大的

        double mid;
        while(high-low>esp)                 // 实数精度控制作为循环结束条件
        {
            mid=(low+high)/2;               // 计算按照 mid 的尺寸分馅饼，能分给多少人
            int count_f=0;                  // 根据 mid 尺寸能分给的人数
            for(int i=1;i<=n;i++)           // 枚举每个馅饼
                count_f+=(int)(v[i]/mid);   // 第 i 个馅饼按照 mid 的尺寸去切，最多能分的人
                                            // 数（向下取整）
            if(count_f < f)                 // 当用 mid 尺寸分，可以分的人数小于朋友数
                high=mid;                   // 说明 mid 偏大，上界优化
            else
                low=mid;                    // 否则 mid 偏小，下界优化（注意 '=' 一定要放在
                                            // 下界优化，否则精度会出错）
        }
        cout<<fixed<<setprecision(4)<<mid*pi<<endl; // 之前的计算都只是利用半径平方去计
            // 算，最后的结果要记得乘 π
        delete v;
    }
    return 0;
}
```

二分法不仅可用于数据查找，也可用于函数计算。例如有变量 x_1、x_2、x_3，已知函数值是 x_1，x_2、x_3 是函数的自变量，即存在函数关系式 $x_1=f(x_2, x_3)$。如何在函数值 x_1 和自变量值 x_2 确定的情况下，求满足函数式的 x_3 值？下面介绍一种算法——减半递推技术。

所谓“减半”是指将问题的规模（例如 x_3 的取值范围）减半，而问题的性质（例如 $x_1=f(x_2, x_3)$）不变。假设原问题的规模为 n，则可以采用与问题有关的特定方法将原问题化为 c 个（c 是与规模无关而只与问题有关的常数）规模减半的问题，然后通过研究规模为 $\frac{n}{2}$ 的问题（显然与原问题性质相同，只是规模不同而已）来解决问题。问题的规模减少了，会给解决问题带来不少方便。但是，在规模减半过程中，势必增加某些辅助工作，在分析工作量时必须予以考虑。所谓“递推”是指重复上述“减半”过程。因为规模为 $\frac{n}{2}$ 的问题又可以转化为 c 个规模为 $\frac{n}{4}$ 的相同性质的问题。以此类推，直至问题的规模减少到最小，能够很方便地解决为止。

【1.4.2　Humidex】

湿热指数（humidex）是加拿大气象学家用来表示温度和湿度的综合影响的度量衡。它不同于美国所采用的露点（dew point），露点表示酷热指数而不表示相对的湿度（摘自维基百科）。

当温度为 30℃（86 ℉）且露点为 15℃（59 ℉）时，湿热指数是 34（注意，湿热指数是一个没有度量单位的数，这个值表示大约的摄氏温度值）。如果温度保持在 30℃并且露点上升到 25℃（77 ℉），湿热指数就上升到 42.3。

在温度和相对湿度相同的情况下，湿热指数往往比美国酷热指数高。

目前确定的湿热指数的公式是 1979 年由加拿大大气环境服务局的 J.M. Masterton 和 F.A. Richardson 给出的。

根据加拿大气象局的观点，湿热指数达到 40 会使人感到“非常不舒服”；湿热指数达到 45 以上就是“危险”状态；当湿热指数达到 54，人就会马上中暑。

在加拿大，湿热指数的最高纪录是，1953 年 6 月 20 日在加拿大安大略省温莎地区出现的，达到 52.1。（温莎地区的居民并不知道，因为在当时尚未发明湿热指数。）1995 年 7 月 14 日湿热指数在温莎和多伦多两地达到 50。

湿热指数的公式如下：

$$湿热指数 = 温度 + h$$
$$h = (0.5555) \times (e - 10.0)$$
$$e = 6.11 \times \exp[5417.7530 \times ((1/273.16) - (1/(露点+273.16)))]$$

其中，$\exp(x)$ 以 2.718281828 为底，x 为指数。

由于湿热指数只是一个数字，电台播音员会像宣布气温一样宣布它，例如“那里气温 47 度……[暂停]……湿热指数”。有时天气预报会给出温度和露点，或者温度和湿热指数，但很少同时报告这三个测量值。请编写一个程序，给出其中两个测量值，计算第 3 个值。

本题设定，对于所有的输入，温度、露点和湿热指数的范围在 −100 ～ 100°C 之间。

输入

输入包含许多行，除最后一行之外，每行由空格分开的 4 个项组成：第一个字母，第一个数字，第二个字母，第二个数字。每个字母说明后面跟着的数字的含义：T 表示温度，D 表示露点，H 表示湿热指数。输入结束行只有一个字母 E。

输出

除最后一行之外，每行输入产生一行输出。输出的形式如下。

T 数字 D 数字 H 数字

其中的 3 个数字给出温度、露点和湿热指数。每个数字都是十进制数，精确到小数点后一位，所有温度以摄氏度表示。

样例输入	样例输出
T 30 D 15 T 30.0 D 25.0 E	T 30.0 D 15.0 H 34.0 T 30.0 D 25.0 H 42.3

试题来源：Waterloo Local Contest, 2007.7.14

在线测试：POJ 3299

试题解析

由题目给出的湿热指数公式可以看出，h 与露点呈正比关系。显然，已知露点和温度（或湿热指数），则可先由露点推出 h 值，再由"湿热指数 = 温度 $+h$"这一公式得出湿热指数；或者由公式"温度 = 湿热指数 $-h$"得出温度。

若已知的两个测试量是温度和湿热指数，则我们采取减半递推技术计算露点值。

最初假设露点值为 0，然后进入循环：露点的增量值从 100 开始，每次循环减半。若根据公式得出的湿热指数大于预报的湿热指数，则露点值减少一个增量（即 $h\searrow$，使公式得出的湿热指数向下逼近预报值）；否则露点值增加一个增量（即 $h\nearrow$，使公式得出的湿热指数向上逼近预报值）。这个循环过程直至增量值小于等于 0.0001 为止，此时得出应预报的露点值。

参考程序

```
#include <stdio.h>                  // 预编译命令
#include <math.h>
#include <assert.h>
char a,b;                           // 定义两个测试标志字符
double A,B,temp,hum,dew;
double dohum(double tt,double dd){ // 根据温度 tt 和露点 dd 计算湿热指数
    double e = 6.11 * exp (5417.7530 * ((1/273.16) - (1/(dd+273.16))));
    double h = (0.5555)*(e - 10.0);
    return tt + h;                  // 返回湿热指数
}
double dotemp(){                    // 根据露点 dew 和湿热指数 hum 计算温度
    double e = 6.11 * exp (5417.7530 * ((1/273.16) - (1/(dew+273.16))));
    double h = (0.5555)*(e - 10.0);
    return hum - h;                 // 返回温度
}
double dodew(){                     // 根据温度 temp 和湿热指数 hum 计算露点
    double x = 0;                   // 露点值及其增量初始化
    double delta=100;
// 循环：增量值从 100 开始，每次循环减少一半，若根据当前温度 temp 和露点 x 得出的湿热指数大于 hum，
// 则露点 x 减少一个增量值，否则露点 x 增加一个增量值，这个循环过程直至增量值小于等于 0.0001 为止
    for (delta=100;delta>.00001;delta *=.5) {
        if (dohum(temp,x)>hum) x -= delta;
        else x += delta;
```

```
    }
    return x;                            // 返回露点 x
}
int main()                               // 主函数
{   // 循环：依次输入每次天气预报的两个测试量，直至结束标志 'E'
    while (4 == scanf(" %c %lf %c %lf",&a,&A,&b,&B) && a != 'E'){
        temp = hum = dew = -99999; // 温度、湿热指数和露点值初始化
        if (a == 'T') temp = A;      // 预报的第 1 个测量值是温度
        if (a == 'H') hum = A;       // 预报的第 1 个测量值是湿热指数
        if (a == 'D') dew = A;       // 预报的第 1 个测量值是露点
        if (b == 'T') temp = B;      // 预报的第 2 个测量值是温度
        if (b == 'H') hum = B;       // 预报的第 2 个测量值是湿热指数
        if (b == 'D') dew = B;       // 预报的第 2 个测量值是露点
        if (hum== -99999) hum=dohum(temp,dew); // 若缺失湿热指数，则根据温度和露点计算
        if (dew == -99999) dew=dodew();         // 若缺失露点，则根据温度和湿热指数计算
        if (temp == -99999) temp = dotemp();    // 若缺失温度，则根据湿热指数和露点计算
        printf("T %0.1lf D %0.1lf H %0.1lf\n",temp,dew,hum); // 输出温度、露点和湿热
                                                               // 指数
    }
    assert(a == 'E');                    // 遇到结束标志 'E' 时使用断言
}
```

在实数运算中，有时需要判断实数 x 和实数 y 是否相等，如果编程者把判断条件简单设成 $y-x$ 是否等于 0，就有可能产生精度误差。避免精度误差的办法是设一个精度常量 delta。若 $y-x$ 的实数值与 0 之间的区间长度小于 delta，则认定 x 和 y 相等，这样就可将误差控制在 delta 范围内，如图 1.4-1 所示。显然，判断实数 x 和实数 y 是否相等的条件应设成 $|y-x| \leq$ delta。

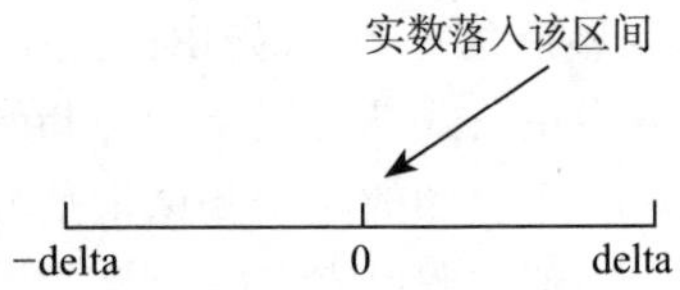

实数落入该区间

−delta　　　0　　　delta

图　1.4-1

【1.4.3 Hangover】的解答涉及离线计算、二分法和实数精度的控制。

【1.4.3　Hangover】

你能使一叠在桌子上的卡片向桌子外伸出多远？如果是一张卡片，这张卡片能向桌子外伸出卡片的一半长度（卡片以直角伸出桌子）。如果有两张卡片，就让上面一张卡片向外伸出下面那张卡片的一半长度，而下面的那张卡片向桌子外伸出卡片的三分之一长度，所以两张卡片向桌子外延伸的总长度是 1/2 + 1/3 = 5/6 卡片长度。依次类推，n 张卡片向桌子外延伸的总长度是 1/2 + 1/3 + 1/4 + ⋯ + 1/(n + 1) 卡片长度：最上面的卡片向外延伸 1/2，第二张卡片向外延伸 1/3，第三张卡片向外延伸 1/4，……，最下面一张卡片向桌子外延伸 1/(n + 1)，如图 1.4-2 所示。

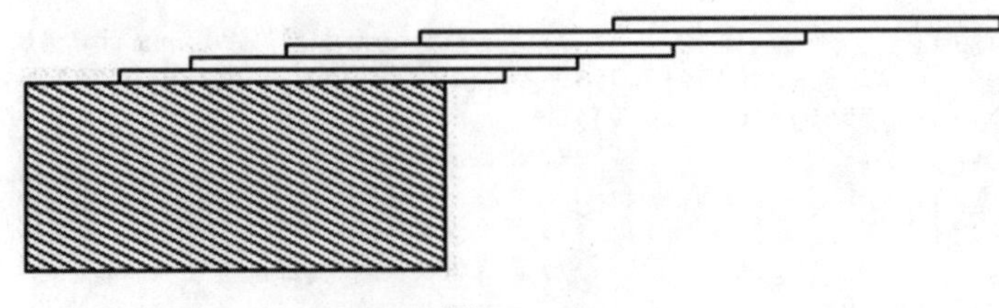

图　1.4-2

输入

输入由一个或多个测试用例组成，最后一行用 0.00 表示输入结束，每个测试用例一行，

是一个 3 位正浮点数 c，最小值为 0.01，最大值为 5.20。

输出

对每个测试数据 c，输出要伸出卡片长度 c 最少要用的卡片的数目，输出形式见样例输出。

样例输入	样例输出
1.00 3.71 0.04 5.19 0.00	3 card(s) 61 card(s) 1 card(s) 273 card(s)

试题来源：ACM Mid-Central USA 2001

在线测试：POJ 1003，UVA 2294

试题解析

由于数据范围很小，因此先离线计算向桌子外延伸的卡片长度不超过 5.20 所需的最少卡片数。设 total 为卡片数，len[i] 为前 i 张卡片向桌子外延伸的长度，即 len[i] = len[i − 1] + $\frac{1}{i+1}$，$i \geqslant 1$，len[0]=0。显然 len[] 为递增序列。

注意：由于 len 的元素和被查找的要伸出卡片长度 x 为实数，因此要严格控制精度误差。设精度 delta=1e−8。zero(x) 为实数 x 是正负数和 0 的标志。

$$\text{zero}(x)=\begin{cases}1 & x>\text{delta，即}x\text{为正实数}\\-1 & x<-\text{delta，即}x\text{为负实数}\\0 & \text{否则，即}x\text{为0}\end{cases}$$

初始时 len[0]=0，通过结构为 for(total=1; zero(len[total−1]−5.20)<0; total++) len[total]=len[total−1]+1.0/double(total+1) 的循环，递推计算 len 序列。

在计算出 len 数组后，先输入第 1 个测试用例 x，并进入结构为 while (zero(x)) 的循环，每一次循环，使用二分法在 len 表中查找伸出卡片长度 x 最少要用的卡片数，并输入下一个测试用例 x。这个循环过程直至输入测试数据 x=0 .00 为止。

二分查找的过程如下。

初始时区间 [l，r]=[1，total]，区间的中间指针 min=$\left\lfloor \frac{l+r}{2} \right\rfloor$。若 zero(len[mid] − x) < 0，则所需的卡片数在右区间（l=mid）；否则所需的卡片数在左区间（r=mid）。继续二分区间 [l，r]，直至 l+1 ⩾ r 为止。此时得出的 r 即最少要用的卡片数。

参考程序：

```
#include <iostream>                      // 预编译命令
using namespace std;                     // 使用 C++ 标准程序库中的所有标识符
const int maxn = 300;                    //len 数组容量
const double delta = 1e-8;               // 设定精度
int zero(double x)                       // 在精度 delta 的范围内，若 x 是小于 0 的负实数，
                                         // 则返回 -1；若 x 是大于 0 的正实数，则返回 1；若
                                         //x 为 0，则返回 0
{
    if (x < -delta)
```

```
        return -1;
    return x > delta;
}
int main(void)                              // 主函数
{                                           // 主函数开始
    double len[maxn];                       // 定义 len 数组和数组长度
    int total;
    len[0] = 0.0;                           // 直接计算出截止长度不超过 5.20 所需的最少卡片数
    for (total = 1; zero(len[total - 1] - 5.20) < 0; total++)
        len[total] = len[total - 1] + 1.0 / double(total + 1);
    double x;
    cin >> x;                               // 输入第 1 个测试用例 x
    while (zero(x)) {                       // 用二分法在 len 表中查找不小于 x 的最少卡片数
        int l, r;
        l = 0;                              // 设定查找区间的左右指针
        r = total;
        while (l + 1 < r) {                 // 循环条件是查找区间存在
            int mid = (l + r) / 2;          // 计算查找区间的中间指针
            if (zero(len[mid] - x) < 0)     // 若中间元素值小于 x，则在右区间查找；否则在左区
                                            // 间查找
                l = mid;
            else
                r = mid;
        }
        cout << r << "card(s)" << endl;     // 输出至少伸出 x 长度最少要用的卡片数
        cin >> x;                           // 读下一个测试用例
    }
    return 0;
}
```

1.5　相关题库

【1.5.1　Sum】

请你求出在 1 ～ n 之间的所有整数的总和。

输入

输入是一个绝对值不大于 10 000 的整数 n。

输出

输出一个整数，是所有在 1 ～ n 之间的整数的总和。

样例输入	样例输出
−3	−5

试题来源：ACM 2000 Northeastern European Regional Programming Contest (test tour)

在线测试：Ural 1068

提示

根据等差数列 s=1+2+⋯n 的求和公式，如果 n 是大于 0 的正整数，则 $s=\frac{1+n}{2}*n$，否则 $s=\frac{1-n}{2}*n+1$。

【1.5.2　Specialized Four-Digit Numbers】

找到并列出所有具有如下特性的十进制的 4 位数字：4 位数字的和等于这个数字以十六

进制表示时的 4 位数字的和，也等于这个数字以十二进制表示时的 4 位数字的和。

例如，整数 2991（十进制）的 4 位数字之和是 2+9+9+1 = 21，因为 2991 = 1 × 1728 + 8 × 144 + 9 × 12 + 3，所以其十二进制表示为 1893_{12}，4 位数字之和也是 21。但是 2991 的十六进制表示为 BAF_{16}，并且 11+10+15 = 36，因此 2991 被程序排除了。

下一个数是 2992，3 种表示的各位数字之和都是 22 (包括 $BB0_{16}$)，因此 2992 被列在输出中。(本题不考虑少于 4 位数字的十进制数——排除了前导零——因此 2992 是第一个正确答案。)

输入

本题没有输入。

输出

输出为 2992 和所有比 2922 大的满足需求的 4 位数字（以严格的递增序列），每个数字一行，数字前后不加空格，以行结束符结束。输出没有空行。输出的前几行如样例所示。

样例输入	样例输出
本题无输入	2992 2993 2994 2995 2996 2997 2998 2999 ...

试题来源：ACM Pacific Northwest 2004

在线测试：POJ 2196，ZOJ 2405，UVA 3199

 **提示**

首先设计一个函数 calc(*k*, *b*)，计算并返回 *k* 转换成 *b* 进制后的各位数字之和。然后枚举 [2992..9999] 内的每个数 *i*，若 calc(*i*, 10)== calc(*i*, 12)==calc(*i*, 16)，则输出 *i*。

【1.5.3　Quicksum】

校验是一个扫描数据包并返回一个数字的算法。校验的思想是，如果数据包发生了变化，校验值也随之发生变化，所以校验经常被用于检测传输错误、验证文件的内容，而且在许多情况下可用于检测数据的不良变化。

本题请你实现一个名为 Quicksum 的校验算法。Quicksum 的数据包只包含大写字母和空格，以大写字母开始和结束，空格和字母可以以任何组合出现，可以有连续的空格。

Quicksum 计算在数据包中每个字符的位置与字符的对应值的乘积的总和。空格的对应值为 0，字母的对应值是它们在字母表中的位置。A=1，B=2，依次类推，则 Z=26。例如 Quicksum 计算数据包 ACM 和 MID CENTRAL 如下：

- ACM：1*1 + 2*3 + 3*13 = 46。
- MID CENTRAL ：1*13 + 2*9 + 3*4 + 4*0 + 5*3 + 6*5 + 7*14 + 8*20 + 9*18 + 10*1 + 11*12 = 650。

输入

输入由一个或多个测试用例（数据包）组成，输入最后给出仅包含“#”的一行，表示输入结束。每个测试用例一行，开始和结束没有空格，包含 1 ～ 255 个字符。

输出

对每个测试用例（数据包），在一行中输出其 Quicksum 的值。

样例输入	样例输出
ACM	46
MID CENTRAL	650
REGIONAL PROGRAMMING CONTEST	4690
ACN	49
A C M	75
ABC	14
BBC	15
#	

试题来源：ACM Mid-Central USA 2006

在线测试：POJ 3094，ZOJ 2812，UVA 3594

提示

设计一个函数 value(*c*)，若字符 *c*== '_'，则返回 0，否则返回字母 *c* 的对应值 *c*−'A'+1。

整个计算过程为一个循环，每次循环输入当前测试用例，计算和输出其 Quicksum 值。

字符位置和 Quicksum 值初始化为 0，当前测试用例所对应的字符串 *s* 设为空，然后反复读入字符 *c*，并将 *c* 送入 *s*，直至 *c* 为文件结束标志（EOF）或行结束符（'\n'）为止。字符串 *s* 的 Quicksum 值可边输入边计算，即 Quicksum= $\sum_{i=0}^{s.\text{size}-1}(i+1)*\text{value}(s[i])$。

若 *s* 为输入结束符“#”，则退出程序。

【1.5.4　A Contesting Decision】

程序设计竞赛的裁判是一项艰苦的工作，要面对要求严格的参赛选手，要做出相关的决定，并要重复单调的工作。不过，这其中也可以有很多的乐趣。

对于程序设计竞赛的裁判来说，用软件使评测过程自动化有很大的帮助作用，而一些比赛软件存在的不可靠因素使人们希望比赛软件能够更好、更可用。如果你是竞赛管理软件开发团队的一员，基于模块化设计原则，你所开发的模块功能是为参加程序设计竞赛的队伍计算分数并确定冠军。给出参赛队伍在比赛中的情况，确定比赛的冠军。

记分规则如下。

一支参赛队的分数由两个部分组成：第一部分是解出的题数；第二部分是罚时，表示解题的总耗时和试题没有被解出前因错误的提交所另加的罚时。对于每个被正确解出的试题，罚时等于该问题被解出的时间加上每次错误提交的 20 分钟罚时。在问题没有被解出前不加罚时。

因此，如果一支队伍在比赛 20 分钟的时候第二次提交解出第 1 题，他们的罚时是 40 分钟。如果他们提交第 2 题 3 次，但没有解决这个问题，则没有罚时。如果他们在 120 分钟提交第 3 题，并一次解出的话，该题的罚时是 120 分钟。这样，该队的成绩是罚时 160 分钟，解出了两道试题。

冠军队是解出最多试题的队伍。如果两队在解题数上打成平手，那么罚时少的队为冠军队。

输入

程序评判的程序设计竞赛有 4 题。本题设定，在计算罚时后，不会导致队与队之间不分胜负的情况。

第 1 行为参赛队数 *n*。

第 2 ～ *n*+1 行为每个队的参赛情况。每行的格式如下：

< Name > < p1Sub > < p1Time > < p2Sub > < p2Time > … < p4Time >

第一个元素是不含空格的队名。后面是 4 道试题的解题情况（该队对这一试题的提交次数和正确解出该题的时间（都是整数））。如果没有解出该题，则解题时间为 0。如果解出一道试题，提交次数至少是一次。

输出

输出一行。给出冠军队的队名、解出题目的数量，以及罚时。

样例输入	样例输出
4 Stars 2 20 5 0 4 190 3 220 Rockets 5 180 1 0 2 0 3 100 Penguins 1 15 3 120 1 300 4 0 Marsupials 9 0 3 100 2 220 3 80	Penguins 3 475

试题来源：ACM Mid-Atlantic 2003

在线测试：POJ 1581，ZOJ 1764，UVA 2832

提示

设冠军队的队名为 wname，解题数为 wsol，罚时为 wpt；当前队的队名为 name，解题数为 sol，罚时为 pt；当前题的提交次数为 sub，解题时间为 time。

我们依次读入每个队的队名 name 和 4 道题的提交次数 sub，解题时间 time。

若该题成功解出（time>0），则累计该队的解题数（++sol），统计罚时 pt(pt += (sub − 1) * 20 + time)。

计算完 4 道题的解题情况后，若当前队解题数最多，或虽同为目前最高解题数但罚时最少（sol > wsol || (sol == wsol && wpt > pt)），则将当前队暂设为冠军队，记下队名、解题数和罚时（wname=name; wsol = sol; wpt = pt）。

显然，处理完 *n* 个参赛队的信息后，wname、wsol 和 wpt 就是问题的解。

【1.5.5　Dirichlet's Theorem on Arithmetic Progressions】

如果 a 和 d 是互素的正整数，从 a 开始增加 d 的算术序列，即 $a, a + d, a + 2d, a + 3d, a + 4d, \cdots$包含无穷多的素数，这被称为 Dirichlet 算术级数定理。这一猜想由 Johann Carl Friedrich Gauss（1777 ～ 1855）提出，Johann Peter Gustav Lejeune Dirichlet（1805 ～ 1859）在 1837 年证明它。

例如，由 2 开始增加 3 的算术序列，即：

2, 5, 8, 11, 14, 17, 20, 23, 26, 29, 32, 35, 38, 41, 44, 47, 50, 53, 56, 59, 62, 65, 68, 71, 74,

77, 80, 83, 86, 89, 92, 95, 98,…

包含了无穷多的素数：

2, 5, 11, 17, 23, 29, 41, 47, 53, 59, 71, 83, 89,…

给出正整数 a、d 和 n，请你编写一个程序给出算术序列中的第 n 个素数。

输入

输入是一个测试用例的序列，每一个测试用例一行，包含 3 个用空格分开的正整数 a、d 和 n。a 和 d 互素。设定 $a \leqslant 9307$、$d \leqslant 346$、$n \leqslant 210$。

输入用 3 个由空格分开的 0 结束，这不是测试用例。

输出

输出的行数与输入的测试用例的行数相同。每行给出一个整数，并且不包含多余的字符。

输出的整数对应于测试用例中的 a、d、n，是从 a 开始每次增加 d 的算术序列中第 n 个素数。

在输入的条件下可知结果总是小于 10^6（一百万）。

样例输入	样例输出
367 186 151	92809
179 10 203	6709
271 37 39	12037
103 230 1	103
27 104 185	93523
253 50 85	14503
1 1 1	2
9075 337 210	899429
307 24 79	5107
331 221 177	412717
259 170 40	22699
269 58 102	25673
0 0 0	

试题来源：ACM Japan 2006 Domestic

在线测试：POJ 3006

提示

由于测试用例由算术序列的起始值 a、增量 d 和素数顺序数 n 构成，输入以“0 0 0”结束，因此程序在输入第 1 个算术序列的起始值 a、增量 d 和素数顺序数 n 后，进入了结构为 while (a || d || n) 的循环。循环体内的计算过程如下：

1）当前算术序列中的素数个数 cnt 初始为 0。

2）通过结构为 for (m = a; cnt < n; m += d) 的循环构造含 n 个素数的算术序列（循环变量 m 的初始值为 a；循环条件为 cnt<n，每循环一次，若判定 m 是素数，则 cnt++。循环变量 m 增加一个 d）。

3）输出第 n 个素数 $m - d$（for 循环多进行一次，应减去多加的 d）。

4）输入下一个算术序列的起始值 a、增量 d 和素数顺序数 n。

【1.5.6　The Circumference of the Circle】

计算圆的周长似乎是一件容易的事，只要知道圆的直径就可以计算。但是，如果不知道直径怎么计算呢？给出平面上的 3 个非共线点的笛卡儿坐标。你的工作是计算与这 3 个点相交的唯一圆的周长。

输入

输入包含一个或多个测试用例，每个测试用例一行，包含 6 个实数 x_1、y_1、x_2、y_2、x_3 和 y_3，表示 3 个点的坐标。由这 3 个点确定的直径不超过 1 000 000。输入以文件结束终止。

输出

对每个测试用例，输出一行，给出一个实数，表示 3 个点所确定圆的周长。输出的周长精确到两位小数。Pi 的值为 3.141592653589793。

样例输入	样例输出
0.0 −0.5 0.5 0.0 0.0 0.5 0.0 0.0 0.0 1.0 1.0 1.0 5.0 5.0 5.0 7.0 4.0 6.0 0.0 0.0 −1.0 7.0 7.0 7.0 50.0 50.0 50.0 70.0 40.0 60.0 0.0 0.0 10.0 0.0 20.0 1.0 0.0 −500000.0 500000.0 0.0 0.0 500000.0	3.14 4.44 6.28 31.42 62.83 632.24 3141592.65

试题来源：Ulm Local 1996

在线测试：POJ 2242，ZOJ 1090

 **提示**

此题的关键是求出与这 3 个点相交的唯一圆的圆心。设 3 个点分别为 (x_0, y_0)、(x_1, y_1) 和 (x_2, y_2)，圆心为 (x_m, y_m)。有以下两种解法。

（1）使用行列式

计算与这 3 个点相交的唯一圆的圆心：

$$x_m=\frac{x_1+x_2}{2}+(y_2-y_1)\times\frac{\begin{vmatrix} y_1-y_0 & \dfrac{x_2-x_0}{2} \\ x_0-x_1 & \dfrac{y_2-y_0}{2}\end{vmatrix}}{\begin{vmatrix} y_1-y_0 & y_1-y_2 \\ x_0-x_1 & x_2-x_1\end{vmatrix}},\ y_m=\frac{y_1+y_2}{2}+(x_1-x_2)\times\frac{\begin{vmatrix} y_1-y_0 & \dfrac{x_2-x_0}{2} \\ x_0-x_1 & \dfrac{y_2-y_0}{2}\end{vmatrix}}{\begin{vmatrix} y_1-y_0 & y_1-y_2 \\ x_0-x_1 & x_2-x_1\end{vmatrix}}$$

由此得出唯一圆的半径 $r=\sqrt{(x_m-x_0)^2+(y_m-y_0)^2}$，$2\pi r$ 即为相交于 (x_0, y_0)、(x_1, y_1) 和 (x_2, y_2) 的唯一圆的周长。

那么，如何证明与 (x_0, y_0)、(x_1, y_1) 和 (x_2, y_2) 相交的唯一圆的圆心为 (x_m, y_m) 呢？

证明：设圆心为 $P=(x_m, y_m)$，P 分别向 $\overline{AB}$、$\overline{BC}$ 引中垂线 $\overline{PN}$ 和 $\overline{PM}$，$\overline{PN}$ 交 $\overline{AB}$ 于 N 点，$\overline{PM}$ 交 $\overline{BC}$ 于 M 点。显然，M 点的坐标为 $\left(\frac{x_1+x_2}{2},\frac{y_1+y_2}{2}\right)$，$(y_2-y_1, x_2-x_1)$ 经过 $\overline{PM}$，如图 1.5-1 所示。

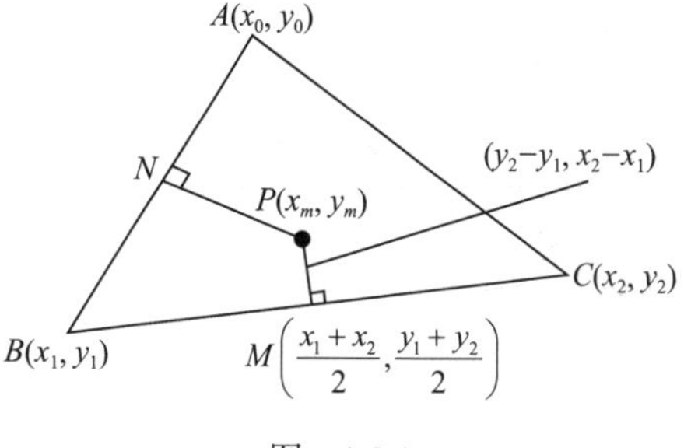

图 1.5-1

$\because \overline{PM} \perp \overline{BC}$，$\therefore \dfrac{y_m-\dfrac{y_1+y_2}{2}}{x_m-\dfrac{x_1+x_2}{2}} \times \dfrac{y_2-y_1}{x_2-x_1}=-1$，设 $k=\dfrac{y_m-\dfrac{y_1+y_2}{2}}{x_2-x_1}=\dfrac{x_m-\dfrac{x_1+x_2}{2}}{y_2-y_1}$。现在只需

证明 $k=\dfrac{\begin{vmatrix} y_1-y_0 & \dfrac{x_2-x_0}{2} \\ x_0-x_1 & \dfrac{y_2-y_0}{2} \end{vmatrix}}{\begin{vmatrix} y_1-y_0 & y_1-y_2 \\ x_0-x_1 & x_2-x_1 \end{vmatrix}}$（*）。

$\because \overline{PN} \perp \overline{AB}$，$\therefore \dfrac{y_m-\dfrac{y_0+y_2}{2}}{x_m-\dfrac{x_0+x_2}{2}} \times \dfrac{y_1-y_0}{x_1-x_0}=-1$。将 $x_m=\dfrac{x_1+x_2}{2}+(y_2-y_1)\times k$、$y_m=\dfrac{y_1+y_2}{2}+$ $(x_1-x_2)\times k$ 代入上式，有 $\dfrac{(x_1-x_2)k+\dfrac{y_2-y_0}{2}}{(y_2-y_1)k+\dfrac{x_2-x_0}{2}} \times \dfrac{y_1-y_0}{x_1-x_0}=-1$，因此（*）式成立。

（2）使用初等几何知识

设 $a=|\overline{AB}|$、$b=|\overline{BC}|$、$c=|\overline{CA}|$、$p=\dfrac{a+b+c}{2}$，根据海伦公式 $s=\sqrt{p(p-a)(p-b)(p-c)}$、三角形面积公式 $s=\dfrac{a\times b\times \sin(\angle ab)}{2}$ 和正弦定理 $\dfrac{a}{\sin(\angle bc)}=\dfrac{b}{\sin(\angle ac)}=\dfrac{c}{\sin(\angle ab)}=$ 外接圆直径 d，得出外接圆直径 $d=\dfrac{a\times b\times c}{2\times s}$ 和外接圆周长 $l=d\times \pi$。

【1.5.7 Vertical Histogram】

请编写一个程序，从输入文件读取由 4 行大写字母组成的文本输入（每行不超过 72 个字符），并输出一个垂直柱状图以显示在输入中的所有大写字母（不包括空格、数字或标点符号）出现了多少次。输出格式如输出样例所示。

输入

第 1 行到第 4 行为 4 行大写字母的文本，每行不超过 72 个字符。

输出

第 1 行到第 n 行为由星号和空格组成的若干行，后面跟着一行，由被空格分开的大写字母组成。在任意一行结束时不要输出不需要的空格，也不要输出前导空格。

<table>
<tr><th>样例输入</th><th>样例输出</th></tr>
<tr><td><pre>THE QUICK BROWN FOX JUMPED OVER THE LAZY DOG.
THIS IS AN EXAMPLE TO TEST FOR YOUR
HISTOGRAM PROGRAM.
HELLO!</pre></td><td><pre>   *
                            *
        *   *
        *   *   *   *
        *   *   *   *
*   *   *   *   *   *
*   *   * *   * *   *   * * *
*   *   * * *   * *   * *   * * * *
*   * * * * * *   * * * * *   * * * *   * *
* *
A B C D E F G H I J K L M N O P Q R S T U V W X Y Z</pre></td></tr>
</table>

试题来源：USACO 2003 February Orange

在线测试：POJ 2136

 提示

画统计图的顺序是自上而下、自左至右的，“自上而下”指的是按频率递减顺序处理每一行，“自左至右”指的是按序数递增的顺序处理当前行的每个字母。

设 cnt 为各字母的频率数组，其中 cnt[0] 为字母“A”的个数，……，cnt[25] 为字母“Z”的个数。Maxc 为字母的最高频率 Maxc= $\max_{0\le i\le 25}\{cnt[i]\}$，即统计图上最高的“柱子”。

计算过程如下：

1）边输入边计算各字母的频率数组 cnt。

2）计算字母的最高频率 Maxc。

3）从统计图上最高的“柱子”出发，自上而下计算并画统计图，即进入结构为 for (int i = 1; i <= Maxc; i++) 的循环。在循环体内：

①寻找当前行的右边界，即按照 cnt[25..0] 的顺序寻找第 1 个频率大于 Maxc−i 的字母序号 $l1-1$（即 cnt[$l1-1$]> Maxc − i））。

②搜索序号区间 [0..$l1-1$] 的字母。若字母 j 的频率 cnt[j] 大于 Maxc−i（$0\le j\le l1-1$），则输出“*_”，否则输出“_ _”。

4）输出底行“A_B_… _Z”。

【1.5.8　Ugly Numbers】

丑陋数（Ugly Number）是仅有素因子 2、3 或 5 的整数。序列 1, 2, 3, 4, 5, 6, 8, 9, 10, 12…给出了前 10 个丑陋数。按照惯例，1 被包含在丑陋数中。

给出整数 n，编写一个程序输出第 n 个丑陋数。

输入

输入的每行给出一个正整数 n ($n\le 1500$)。输入以 n=0 的一行结束。

输出

对于输入的每一行，输出第 n 个丑陋数，对 n=0 的那一行不做处理。

样例输入	样例输出
1 2 9 0	1 2 10

试题来源：New Zealand 1990 Division I

在线测试：POJ 1338, UVA 136

 提示

由于不知道有多少个测试数据，因此采用离线求解的办法，先通过三重循环计算出前 1500 的丑陋数 a[1..1500]。

设最大丑陋数的上限 limit=1 000 000 000。

第一重循环（循环变量为 i）：枚举 2 的倍数，每循环一次，$i\leftarrow i\times 2$，循环的终止条件为

$i \geqslant$ limit。

第二重循环（循环变量为 j）：枚举 3 的倍数，每循环一次，$j \leftarrow j \times 3$，循环的终止条件为 $i \times j \geqslant$ limit。

第三重循环（循环变量为 k）：枚举 5 的倍数，每循环一次，将丑陋数 $i \times j \times k$ 记入 a[ ] 中，$k \leftarrow k \times 5$，循环的终止条件为 $i \times j \times k \geqslant$ limit。

然后，排序数组 a，使 $a[x]$ 为第 x 大的丑陋数（$1 \leqslant x \leqslant 1500$）。这样对于每测试一个数据 x，只要从 a 表中直接取出 $a[x]$ 即可，十分高效。

【1.5.9 排列】

大家知道，给出正整数 n，则 1 ～ n 这 n 个数可以构成 n！种排列，把这些排列按照从小到大的顺序（字典顺序）列出，如 n=3 时，可以列出 1 2 3、1 3 2、2 1 3、2 3 1、3 1 2、3 2 1 六个排列。

任务描述如下。

给出某个排列，求出这个排列的下 k 个排列，如果遇到最后一个排列，则下一个排列为第 1 个排列，即排列 1 2 3…n。

比如 n = 3、k=2，给出排列 2 3 1，则它的下 1 个排列为 3 1 2，下 2 个排列为 3 2 1，因此答案为 3 2 1。

输入

第一行是一个正整数 m，表示测试数据的个数，下面是 m 组测试数据，每组测试数据第一行是 2 个正整数 n（$1 \leqslant n < 1024$）和 k（$1 \leqslant k \leqslant 64$），第二行有 n 个正整数，是 1,2 … n 的一个排列。

输出

对于每组输入数据，输出一行，n 个数，中间用空格隔开，表示输入排列的下 k 个排列。

样例输入	样例输出
3 3 1 2 3 1 3 1 3 2 1 10 2 1 2 3 4 5 6 7 8 9 10	3 1 2 1 2 3 1 2 3 4 5 6 7 9 8 10

试题来源：2004 人民大学 ACM 选拔赛

在线测试：POJ 1833

提示

设当前排列为 num[0] ～ num[n−1]。如何找它的下一个排列呢？

1）从 num[0] 出发，从左向右找第 1 个非递增的数字的位置 b。

2）在 b 位置之后寻找大于 num[b] 的最小的数 num[k]：num[k]= $\min\limits_{b+1 \leqslant i \leqslant n-1}$ {num[i] | num[i]≥ num[b]}，将 num[b] 与 num[k] 交换；

3）重新递增排序 num[b+1] ～ num[n−1]，即为 num 的下一个排列。

例如排列 2 3 1 5 4，从左向右找到第 1 个非递增的数字 1；1 之后大于它的最小数为 4，交换 1 和 4 后得到 2 3 4 5 1；递增排序 5 1 后得到 2 3 4 1 5。2 3 4 1 5 即 2 3 1 5 4 的下一个排列。

使用上述方法连续对排列 num 进行 k 次运算，即可得到 num 后的第 k 个排列。

【1.5.10　Number Sequence】

给出一个正整数 i。编写一个程序，在数组序列 $S_1S_2\cdots S_k$ 中找到第 i 个位置的数字。每组 S_k 由从 1 到 k 的正整数序列组成，序列中从 1 到 k 一个接一个地给出。

例如，这个序列的前 80 个数字如下：

11212312341234512345612345671234567812345678912345678910123456789101112345678910

输入

输入的第一行给出一个整数 t（$1 \leqslant t \leqslant 10$），表示测试用例的个数，后面每行给出一个测试用例。每个测试用例给出一个整数 i（$1 \leqslant i \leqslant 2\ 147\ 483\ 647$）。

输出

输出每行处理一个测试用例，给出在第 i 个位置的数字。

样例输入	样例输出
2 8 3	2 2

试题来源：ACM Tehran 2002, First Iran Nationwide Internet Programming Contest

在线测试：POJ 1019，ZOJ 1410

提示

首先，完成两个函数。第一个函数计算前 j 个组的总长度（也就是说，前 j 个组有多少位数），并将结果存入数组中。第二个函数返回在组 S_m 中的第 l 位的数。

然后，采用二分法找到包含第 i 个位置数字的组 S_n。

最后，返回在组 S_n 中的第 i 个位置的数字。

第2章

简单模拟的编程实验

模拟法是科学实验的一种方法，首先在实验室里设计出与研究现象或过程（原型）相似的模型，然后根据模型和原型之间的相似关系，间接地研究原型的规律性。

这种实验方法也被引入计算机编程中作为一种程序设计的技术来使用。在现实世界中，许多问题可以通过模拟其过程来求解，这类问题被称为模拟问题。在这类问题中，求解过程或规则在问题描述中给出，编写的程序则基于问题描述、模拟求解过程或实现规则。

本章给出三种模拟方法的实验：

- 直叙式模拟
- 筛选法模拟
- 构造法模拟

2.1 直叙式模拟

直叙式模拟就是要求编程者按照试题给出的规则或求解过程，直接进行模拟。这类试题不需要编程者设计精妙的算法来求解，但需要编程者认真审题，不要疏漏任何条件。

由于直叙式模拟只需严格按照题意要求模拟过程即可，因此大多属于简单模拟题。当然，并非所有直叙式模拟题都属于简单模拟题，关键是看模拟对象所包含的动态变化的属性有多少。动态属性越多，难度越大。

【2.1.1 Speed Limit】

Bill 和 Ted 踏上行程，但他们汽车的里程表坏了，因此他们不知道驾车走了多少英里[⊖]。幸运的是，Bill 有一个正在运行的跑表，可以记录他们的速度和驾驶了多少时间。然而，这个跑表的记录方式有些古怪，需要他们计算总的驾驶距离。请编写一个程序完成这项计算。

例如，他们的跑表显示如下：

时速（英里 / 小时）	总的耗费时间（小时）
20	2
30	6
10	7

这表示开始的 2 小时他们以 20 英里的时速行驶，然后的 6−2=4 小时他们以 30 英里的时速行驶，再以后的 7−6=1 小时他们以 10 英里的时速行驶，所以行驶的距离是 $2 \times 20 + 4 \times 30 + 1 \times 10 = 40+120+10=170$ 英里。总的时间耗费是从他们旅行开始进行计算的，而不是从跑表计数开始计算的。

输入

输入由一个或多个测试用例组成。每个测试用例开始的第一行为一个整数 n（$1 \leqslant n \leqslant 10$），后面是 n 对值，每对值一行。每对值的第一个值 s 是时速，第二个值 t 是总的耗

⊖ 1 英里 = 1609.344 米。——编辑注

费时间。s 和 t 都是整数，$1 \leqslant s \leqslant 90$ 且 $1 \leqslant t \leqslant 12$。$t$ 的值总是增序。n 的值为 -1 表示输入结束。

输出

对于每一个数据集合，输出行驶距离，然后是空格，最后输出单词“miles”。

样例输入	样例输出
3 20 2 30 6 10 7 2 60 1 30 5 4 15 1 25 2 30 3 10 5 -1	170 miles 180 miles 90 miles

试题来源：ACM Mid-Central USA 2004

在线测试：POJ 2017，ZOJ 2176，UVA 3059

试题解析

本题是一道十分简单的直叙式模拟题，计算过程就是模拟跑表的运行来计算总里程：若上一个记录的驾驶时间为 z，当前记录的速度为 x、驾驶时间为 y，则当前驾驶的距离为 $(y-z) \times x$，将该距离累计入总里程 ans。

参考程序

```
#include <iostream>                         // 预编译命令
using namespace std;                        // 使用 C++ 标准程序库中的所有标识符
int main( )                                 // 主函数
{                                           // 主函数开始
    int n, i, x, y, z, ans;                 // 声明整型变量 n、i、x、y、z、ans
                                            // 多个测试用例，每次循环处理一个
    while (cin >> n, n > 0)                 // 反复输入当前组的数据对数，直至输入结束
    {
        ans = z = 0;
        // 模拟跑表运行来计算
        for (i = 0; i < n; i++)             // 输入和计算当前测试用例
        {
            cin >> x >> y;                  // 输入当前时速和总耗费时间
            ans += (y - z) * x;             // 累计总里程
            z = y;                          // 记下当前总耗费时间
        }
        cout << ans << "miles" << endl;     // 输出当前数据组的总里程
    }
    return 0;
}
```

【2.1.2　Ride to School】

北京大学的许多研究生都住在万柳校区，距离主校区——燕园校区有 4.5 公里。住在万

柳的同学或者乘坐巴士，或者骑自行车去主校区上课。由于北京的交通情况，许多同学选择骑自行车。

假定除 Charley 以外，所有的同学从万柳校区到燕园校区都以某个确定的速度骑自行车。Charley 则有一个不同的骑车习惯——他总是要跟在另一个骑车同学的后面，以免一个人独自骑车。当 Charley 到达万柳校区的大门口的时候，他就等待离开万柳校区去燕园校区的同学。如果他等到这样的同学，他就骑车跟着这位同学；如果没有这样的同学，他就等待去燕园校区的同学出现，然后骑车跟上。在从万柳校区到燕园校区的路上，如果有骑得更快的同学超过了 Charley，他就离开原先他跟着的同学，加速跟上骑得更快的同学。

假设 Charley 到万柳校区大门口的时间为 0，给出其他同学离开万柳校区的时间和速度，请你给出 Charley 到达燕园校区的时间。

输入

输入给出若干测试用例，每个测试用例的第一行为 N（$1 \leqslant N \leqslant 10000$），表示除 Charley 外骑车同学的数量。以 N=0 表示输入结束。每个测试用例的第一行后面的 N 行表示 N 个骑车同学的信息，形式为：

$$V_i\ [\ 空格\ ]\ T_i$$

V_i 是一个正整数，$V_i \leqslant 40$，表示第 i 个骑车同学的速度（kph，每小时公里数），T_i 则是第 i 个骑车同学离开万柳校区的时间，是一个整数，以秒为单位。在任何测试用例中总存在非负的 T_i。

输出

对每个测试用例输出一行：Charley 到达的时间。在处理分数的时候进 1。

样例输入	样例输出
4 20　0 25　−155 27　190 30　240 2 21　0 22　34 0	780 771

试题来源：ACM Beijing 2004 Preliminary

在线测试：POJ 1922，ZOJ 2229

试题解析

本题没有数学公式和规律，通过直接模拟每个同学去往燕园校区的情景，得出 Charley 从万柳校区到燕园校区的时间。所以对每个测试用例，从 Charley 到万柳校区大门的时间 0 开始计时，求出每个同学到达燕园校区所用的时间，最少的时间就是 Charley 从万柳校区大门到燕园校区的时间。

设前 i−1 个同学中最早到达燕园校区的时间为 min；第 i 个同学的车速为 v，离开万柳校区的时间为 t，则该同学到达燕园校区的时间 $x=t+\dfrac{4.5\times 3600}{v}$。若 x<min，则调整 min 为

x。显然，按照这一方法依次计算所有同学的到达时间，最后得出的 min 即 Charley 到达的时间。

需要提醒的是，本题测试用例中有一个陷阱：当 T_i 取负值时，对于 Charley 到达燕园校区的时间没有影响，应予剔除。

参考程序

```
#include <iostream>                        // 预编译命令
#include <cmath>
using namespace std;                       // 使用 C++ 标准程序库中的所有标识符
int main()                                 // 主函数
{
    const double DISTANCE = 4.50;          // 定义两个校区的距离
    while(true)                            // 循环处理每个测试用例
    {
        int n;                             // 定义整型变量 n
        scanf("%d", &n);                   // 输入除 Charley 外的骑车同学数
        if (n == 0) break;                 // 若输入结束，则退出
        double v, t, x, min = 1e100;       // 定义双精度实数 v、t、x，min 初始化为 10^100
        for(int i = 0; i < n; ++i)         // 循环处理组内的每个骑车同学
        {
            scanf("%lf%lf", &v, &t);       // 输入第 i 个骑车同学的速度和离开万柳校区的时间，计
                                           // 算该同学到达燕园校区的时间 x。若小于 min，则 min
                                           // 调整为 x
            if (t >= 0 && (x = DISTANCE * 3600 / v + t) < min)
            min = x;
        }
        printf("%.0lf\n", ceil(min)); // 输出 Charley 到达的时间
    }
    return 0;
}
```

2.2　筛选法模拟

（1）筛选法模拟的思想

筛选法模拟是先从题意中找出约束条件，并将约束条件组成一个筛；然后将所有可能的解放到筛中，并将不符合约束条件的解筛掉，最后在筛中的即问题的解。

（2）筛选法模拟的特点

- 结构和思路简明、清晰，但带有盲目性，因此时间效率并不一定令人满意。
- 关键是给出准确的约束条件，任何错误和疏漏都会导致模拟失败。
- 筛选规则通常不需要很复杂的算法设计，因此属于简单模拟。

【2.2.1　Self Numbers】

1949 年，印度数学家 D. R. Kaprekar 发现了一类被称为自数（self-number）的数。

对任意的正整数 n，定义 $d(n)$ 是 n 与 n 每一位数再相加的总和。d 表示位相加（digitadition），是由 Kaprekar 创造的术语。例如，$d(75) = 75 + 7 + 5 = 87$。给出任意正整数 n 作为起始点，可以构造整数 n 的无限增量序列：$d(n), d(d(n)), d(d(d(n))),\cdots$。例如，如果以 33 作为起始点，下一个数是 $33 + 3 + 3 = 39$，再下一个数是 $39 + 3 + 9 = 51$，再下一个数是 $51 + 5 + 1 = 57$，可以产生序列 33, 39, 51, 57, 69, 84, 96, 111, 114, 120, 123, 129, 141, $\cdots$。

整数 n 被称为 $d(n)$ 的生成数，在上述序列中，33 是 39 的生成数，39 是 51 的生成数，51 是 57 的生成数，等等。一些数有一个以上的生成数，例如，101 有两个生成数 91 和

100。没有生成数的数称为自数（self-number）。在 100 以内有 13 个自数：1、3、5、7、9、20、31、42、53、64、75、86 和 97。

输入

本题没有输入。

输出

写一个程序，以递增的顺序输出所有小于 10 000 的自数，每个数一行。

样例输入	样例输出
本题没有输入	1 3 5 7 9 20 31 42 53 64 | |　<-- 许多数字 | 9903 9914 9925 9927 9938 9949 9960 9971 9982 9993

试题来源：ACM Mid-Central USA 1998

在线测试：POJ 1316，ZOJ 1180，UVA 640

试题解析

本题采用筛选法模拟。设筛子为数组 g，其中 $g[y]=x$ 表明 y 是 x 的递增序列中的一个数。按照“$d[x]=x+x$ 的每位数”，我们先设计一个子程序 generate_sequence(x)，从 x 出发，构造整数 x 的无限增量序列 $[d(x), d(d(x)), d(d(d(x))), \cdots]$，将序列中每个数的生成数设为 x，则

$$g[d(x)]=g[d(d(x))]=g[d(d(d(x)))]=\cdots=x$$

x 的增量序列中的所有数都不是自数，应从筛子 g 中筛去。这个过程一直进行到产生的数大于等于 10 000 或者已经产生过（$g[x] \neq x$）为止，因为若 x 已经产生过，则继续构造下去会发生重复。

有了核心子程序 generate_sequence(x)，便可以展开算法了。

首先，将 $g[i]$ 初始化为 i（$1 \leqslant i \leqslant 10\,000$）；然后，依次调用 generate_sequence(1)，…，generate_sequence(10 000)，计算出 $g[1..10000]$ 后，筛中剩下的数（满足条件 $g[x]==x$）即自数。

参考程序

```
#include <stdio.h>                          // 预编译命令
#define N 10000                             // 定义 N 为常数 10000
unsigned g[N];                              // 定义无符号数组 g
unsigned sum_of_digits (unsigned n)         // 计算 n 的各位数字之和
{
    if (n < 10)
        return n;
    else
        return (n % 10) + sum_of_digits (n / 10);
}
void generate_sequence (unsigned n)         // 构造整数 n 的无限增量序列
{
    while (n < N)                           // 若 n 未达到上限，则循环
    {
        unsigned next=n+sum_of_digits(n); // 计算 d[n]
        if (next >= N || g[next] != next) // 若 d[n] 超过上限或者非自数，则返回
            return;
        g[next] = n;                        // 将 d[n] 放入 n 的无限增量序列
        n = next;                           //  继续扩展 d[n]
    }
}
int main ()
{
    unsigned n;
    for (n = 1; n < N; ++n)                 // 最初假设所有数为自数
        g[n] = n;
    for (n = 1; n < N; ++n)                 // 计算 g[1..10 000]
        generate_sequence (n);
    for (n = 1; n < N; ++n)                 // 输出筛中满足 g[x]==x 条件的自数
        if (g[n] == n)
            printf ( "%u\n", n);
    }
```

2.3　构造法模拟

构造法模拟属于一种比较复杂的模拟方法，因为它需要完整而精确地构造出反映问题本质的数学模型，根据该模型设计状态变化的参数，计算模拟结果。

由于数学模型建立了客观事物间准确的运算关系，因此其效率一般比较高。

若模拟对象、过程变化和数学模型比较简单，则构造法模拟就非常类似于递推，也属于简单模拟。

【2.3.1　Bee】

在非洲，有一个非常特殊的蜂种。每年，这个蜂种的一只雌性蜜蜂会生育一只雄性蜜蜂，而一只雄性蜜蜂会生育一只雌性蜜蜂和一只雄性蜜蜂，生育后它们都会死去。

现在科学家意外地发现了这一特殊蜂种的一个“神奇的雌蜂”，它是不死的，而且仍然可以像其他雌蜂一样每年生育一次。科学家想知道在 n 年后会有多少蜜蜂。请写一个程序，计算 n 年后雄蜂的数量和所有的蜜蜂数。

输入

每个输入行包含一个整数 n（$\geqslant 0$），输入以 $n=-1$ 结束，程序不用对 $n=-1$ 进行处理。

输出

输出的每行有两个数字，第一个数字是 n 年后雄蜂的数量，第二个数字是 n 年后蜜蜂的

总数。这两个数字不会超过 2^{32}。

样例输入	样例输出
1 3 −1	1 2 4 7

在线测试：UVA 11000

试题解析

从蜜蜂繁衍的时间顺序看，本题似乎是一道过程模拟题。但由于蜜蜂按规律繁衍，需要构造相应的数学模型，因此本题实际上属于构造性模拟题。

由于每个测试用例仅一个整数 n，输入的结束标志为 −1，因此在输入第 1 个测试用例的年数 n 后，程序进入 while (n>−1) 的循环结构。循环体计算过程如下：

1）设雌蜂数 a 的初始值为 1，雄蜂数 b 的初始值为 0。注意答案可能超过标准整数类型的上限，因此 a 和 b 的类型设为长整型。

2）i 从 0 递推至 n−1，i+1 年后的雌蜂数为上一年的雄蜂数 +1，雄蜂数为上一年的蜜蜂总数。注意辗转赋值（$c = 1 + b; d = a + b; a = c; b = d$）。

3）输出 n 年后的雄蜂数 a 和蜜蜂总数 a+b。

4）输入下一个测试组的年数 n。

参考程序

```
#include <iostream>                        // 预编译命令
using namespace std;                       // 使用 C++ 标准程序库中的所有标识符
int main(void)
{
    int n;
    cin >> n;                              // 输入年数
    while (n > -1) {
        long long a = 1;                   // 雌蜂数的初始值为 1，雄蜂数的初始值为 0。注意答案
                                           // 可能超过长整型数据上限
        long long b = 0;
        for (int i = 0; i < n; i++) {      // 递推
            long long c, d;
            c = 1 + b;                     // 计算下一年雌蜂和雄蜂的数量
            d = a + b;
            a = c;
            b = d;
        }
        cout<<b<<' '<<a+b<<endl;           // 输出 n 年后雄蜂的数量和蜜蜂的总数
        cin >> n;                          // 输入下一个年数
    }
    return 0;
}
```

构造法模拟的关键是找到数学模型。问题是，能产生正确结果的数学模型并不是唯一的，从不同的思维角度看问题，可以得出不同的数学模型，而模拟效率和编程复杂度往往因数学模型而异。即便有了数学模型，求解该模型的准确方法是否有现成算法、编程复杂度和时间效率如何，也都是在模型选择中需要考虑的问题。

2.4 相关题库

【2.4.1 Gold Coins】

国王要给他的忠诚骑士支付金币。在他服务的第一天，骑士将获得 1 枚金币。在后两天的每一天（服务的第二和第三天），骑士将获得 2 枚金币。在接下来 3 天中的每一天（服务的第四、第五和第六天），骑士将获得 3 枚金币。在接下来 4 天中的每一天（服务的第七、第八、第九和第十天），骑士将获得 4 枚金币。这种支付模式将无限期地继续下去：在连续 N 天的每一天获得 N 枚金币之后，在下一个连续的 $N+1$ 天的每一天，骑士将获得 $N+1$ 枚金币，其中 N 是任意的正整数。

请编写程序，在给定天数的情况下，求出国王要支付给骑士的金币总数（从第一天开始计算）。

输入

输入至少一行，至多 21 行。每行给出问题的一个测试数据，该数据是一个整数（范围为 1 ～ 10 000），表示天数。最后一行给出 0 表示输入结束。

输出

对于输入中给出的每个测试用例，输出一行。每行先给出输入的天数，后面是一个空格，然后是在这些天数中从第一天开始计算总共要支付给骑士的金币总数。

样例输入	样例输出
10 6 7 11 15 16 100 10000 1000 21 22 0	10 30 6 14 7 18 11 35 15 55 16 61 100 945 10000 942820 1000 29820 21 91 22 98

*试题来源：*ACM Rocky Mountain 2004

*在线测试：*POJ 2000，ZOJ 2345，UVA 3045

提示

我们将 n 天分成 p 个时间段，第 i 个时间段为 i 天，每天奖励 i 个金币（$1 \leqslant i \leqslant p$，$\frac{(1+p)}{2}p \leqslant n$，$\frac{(2+p)}{2}(p+1) > n$）。设 n 为总天数，ans 为奖励的金币总数，i 记录当前天数，j 记录时间段序号，即国王在该时间段内每天奖励的金币数，k 为该时间段内的剩余天数。

两重循环如下：

1）外循环：枚举每个时间段 j（for (int $i = 0$，$j = 1$；$i <= n$；j++)）。

2）内循环：计算时间段 j 内奖励的金币数（int $k = j$；while (k-- && ++$i <= n$) ans += j）。最后得出的 ans 即国王 n 天里奖励给骑士的金币总数。

【2.4.2　The 3n+1 problem】

计算机科学的问题通常被列为属于某一特定类的问题（如 NP、不可解、递归）。这个问题是请你分析算法的一个特性：算法的分类对所有可能的输入是未知的。

考虑下述算法：

```
1. input n
2. print n
3. if n = 1 then STOP
4. if n is odd then n <-- 3n+1
5. else n <-- n/2
6. GOTO 2
```

给出输入 22，打印下述数字序列：22 11 34 17 52 26 13 40 20 10 5 16 8 4 2 1。

人们推想，对于任何完整的输入值，上述算法将终止（当 1 被打印时）。尽管这一算法很简单，但还不清楚这一猜想是否正确。然而，目前已经验证，对所有整数 n（$0<n<1\ 000\ 000$），该命题正确。

给定一个输入 n，可以确定在 1 被打印前被打印数字的个数。这样的个数被称为 n 的循环长度。在上述例子中，22 的循环长度是 16。

对于任意两个整数 i 和 j，请计算在 i 和 j 之间的整数中循环长度的最大值。

输入

输入是整数 i 和 j 组成的整数对序列，每对一行，所有整数都小于 10 000 大于 0。

输出

对输入的每对整数 i 和 j，请输出 i、j 以及在 i 和 j 之间（包括 i 和 j）的所有整数中循环长度的最大值。这三个数字在一行输出，彼此间至少用一个空格分开。在输出中 i 和 j 按输入的顺序出现，然后是最大循环长度（在同一行中）。

样例输入	样例输出
1 10 100 200 201 210 900 1000	1 10 20 100 200 125 201 210 89 900 1000 174

试题来源：Duke Internet Programming Contest 1990

在线测试：POJ 1207, UVA 100

 **提示**

本题也是一道经典的直叙式模拟题，因为整数循环一次的计算步骤是给定的。若输入的整数对为 a 和 b，则给定的整数区间为 [min(a, b), max(a, b)]。设置两重循环：

1）外循环：枚举区间内的每个整数 n（for(n=min(a, b); n<=max(a, b); n++)）。

2）内循环：计算 n 的循环长度 i（for (i=1, m=n; m>1; i++) if (m % 2 == 0) m /= 2; else m = 3*m+1;）。

显然，在 [min(a, b), max(a, b)] 内所有整数的循环长度的最大值即问题解。

【2.4.3　Pascal Library】

Pascal 大学要翻新图书馆大楼，因为经历了几个世纪后，图书馆开始显示它无法承受馆藏的巨大数量的书籍的重量。

为了帮助重建，大学校友协会决定举办一系列的筹款晚宴，邀请所有的校友参加。这些事件被证明是非常成功的，在过去几年举办了几次。（成功的原因之一是上过 Pascal 大学的学生对他们的学生时代有着美好的回忆，并希望看到一个重修后的 Pascal 图书馆。）

组织者保留了电子表格，表明每一场晚宴都有哪些校友参加了。现在，他们希望你帮助他们确定是否有校友参加了所有的晚宴。

输入

输入包含若干测试用例。一个测试用例的第一行给出两个整数 N 和 D，分别表示校友的数目和组织晚宴的场数（$1 \leqslant N \leqslant 100$ 且 $1 \leqslant D \leqslant 500$）。校友编号从 1 到 N。后面的 D 行每行表示一场晚宴的参加情况，给出 N 个整数 X_i，如果校友 i 参加了晚宴，则 $X_i = 1$，否则 $X_i = 0$。用 $N = D = 0$ 表示输入结束。

输出

对于输入中的每个测试用例，程序产生一行输出，如果至少有一个校友参加了所有的晚宴，则输出“yes”，否则输出“no”。

样例输入	样例输出
3 3 1 1 1 0 1 1 1 1 1 7 2 1 0 1 0 1 0 1 0 1 0 1 0 1 0 0 0	yes no

试题来源：ACM South America 2005

在线测试：POJ 2864，UVA 3470

提示

设 yes 为有校友全出席的标志；校友的出席情况为 att，其中 att[j]=1 表示校友 j 到目前为止尚未缺席过。

先输入第 1 个测试用例的校友数 n 和晚宴场数 d，然后进入 while (n || d) 循环。循环体内的计算过程如下。

1）初始时设所有校友全出席所有晚宴，即 att[0] = att[1] =⋯ =att[$n-1$] =1。

2）使用双重循环枚举每场晚宴校友的出席情况：

①外循环枚举晚宴场次 j（$0 \leqslant j \leqslant d-1$）；

②内循环枚举校友 i（$0 \leqslant i \leqslant n-1$）；

③循环体内输入第 i 场晚宴中校友 j 的出席情况 k，计算校友 j 目前为止的全出席情况 att[j]=att[j]&k。

3）计算是否有校友全出席的标志 yes= $\bigcup_{0 \leqslant i \leqslant n-1} \text{att}[i]$。

4）若 yes==true，则输出“yes”，否则输出“no”。

5）输入下一测试用例的校友数 n 和晚宴场数 d。

【2.4.4 Calendar】

大多数人都会有一个日历，我们会在日历上记下生活中重要事件的细节，诸如去看牙医、售书、参加程序设计竞赛；还有一些固定的日期，如合作伙伴的生日、结婚周年纪念日等，我们需要记住这些日期。通常情况下，当这些重要的日期临近的时候，我们需要得到提醒；事情越重要，我们就越希望事先能记下这些事。

请你编写一个提供这种服务的程序。输入给出这一年的重要日期（年份范围为 1901 ～ 1999）。要注意的是，在给出的范围内，所有被 4 整除的年份是闰年，因此要加入额外的一天（2 月 29 日）。输出将给出今天的日期、即将到来的事件和这些事件的相对重要性的列表。

输入

输入的第一行给出一个表示年份的整数（范围为 1901 ～ 1999）。后面几行表示周年纪念日或服务所要求的日期。

一个周年纪念日由字母 A、表示这一事件的日期 / 月份 / 重要性的三个整数（*D*, *M*, *P*）和一个描述事件的字符串组成，这些项用一个或多个空格分开。*P* 在 1 到 7 之间取值，表示在事件前要开始提醒服务的天数。给出的描述事件的字符串以非空字符开始。

一个日期行由一个字母 D 及如上所述的日期和月份组成。

所有周年纪念日在日期行之前，每行不超过 255 个字符。文件以仅包含一个“#”的行结束。

输出

输出由若干部分组成，输出的每一行对应输入中的一个日期行，由要求的日期和后面给出的必要的事件列表组成。

输出给出事件的日期（*D* 和 *M*，每项宽度为 3），以及事件的相对重要性。今天发生的事件标识如样例所示，明天发生的事件有 *P* 颗星，后天发生的事件有 *P*−1 颗星，等等。如果几个事件在同一天发生，则按其重要性排列。

如果还存在冲突，则按其在输入流中出现的顺序排列。格式见样例，在块之间留一个空行。

样例输入	样例输出
1993 A 23 12 5 Partner's birthday A 25 12 7 Christmas A 20 12 1 Unspecified Anniversary D 20 12 #	Today is: 20 12 20 12 *TODAY* Unspecified Anniversary 23 12 *** Partner's birthday 25 12 *** Christmas

试题来源：New Zealand Contest 1993

在线测试：UVA 158

提示

本题属于一道典型的过程模拟，模拟方法是直译试题要求。

设 *e* 为事件序列，其中事件 *i* 的日期为 *e*[*i*].month 月 *e*[*i*].day 天，重要性参数为 *e*[*i*].level，输入次序为 *e*[*i*].index，描述事件的字符串为 *e*[*i*].*a*。

直接根据试题要求模拟处理输入信息：

1）输入年份 year，计算 year 是否是闰年。

2）反复处理输入和输出信息，直至输入“#”为止。

若输入周年纪念日标志“A”，则累计周年纪念日数 *n*，输入第 *n* 个周年纪念的日期（*e*[*n*].month，*e*[*n*].day）、重要性参数 *e*[*n*].level、描述事件的字符串 *e*[*n*].*a*、输入顺序 *e*[*n*].index=*n*。

若输入服务标志“D”，分两种情况处理：

1）若第 1 次输入“D”，则按照周年纪念的日期为第 1 关键字、重要性参数为第 2 关键字、输入顺序为第 3 关键字的递增顺序排列事件序列 *e*[1..*n*]。

2）若非第 1 次输入“D”，则首先读服务日期 (month，day)，并将日期计数器 cnt 初始化为 −1，然后进入循环，直至 cnt 到达提醒天数的上限 7 为止：

- 若当天服务（cnt==−1），则将 *e* 序列中周年纪念日期为 (month，day) 的事件存储在 *s* 中，按照输入次序递增的顺序重新排列 *s*，然后以重要性参数为 *TODAY* 的名义依次输出 *s* 中事件的日期和描述事件的字符串。
- 若非当天服务（cnt ≠ −1），则依次寻找 *e* 序列中周年纪念日期为 (month，day) 的事件 *e*[*i*]（*e*[*i*].month == month && *e*[*i*].day == day，$1 \leqslant i \leqslant n$），计算该事件剩余的提醒时间 num=*e*[*i*].level−cnt。若 num ≤ 0，则说明该事件已过提醒时间；否则输出服务标识（num 个“*”和 8−num 个空格）和描述事件的字符串 *e*[*i*].*a*。
- 累计过去的天数（cnt++）。若过了提醒期限（cnt == 7），则退出循环；否则获取 month 月 day 日的下一天日期 (month，day)。

【2.4.5 MANAGER】

并行处理的程序设计范型之一是生产者 / 消费者（producer/consumer）范型，可以用一个管理者（manager）进程和几个客户（client）进程的系统来实现。管理者记录客户进程的过程。每个进程用它的耗费来标识，耗费是一个 1 ～ 10 000 的正整数，相同耗费的进程数目不会超过 10 000。按如下请求来管理队列：

- a *x* ——将一个耗费为 *x* 的进程加到队列中；
- r ——如果可能，按照当前管理者的策略，删除一个进程；
- p *i* ——执行管理者的策略 *i*，其中 *i* 是 1 或 2，默认值为 1；
- e ——请求列表终止。

两个管理者的策略：

- 1 ——删除最小耗费进程；
- 2 ——删除最大耗费进程。

只有当被删除的进程的序号在删除列表中，管理者才打印被删除进程的耗费。

你的工作就是写一个程序来模拟管理者进程。

输入

输入为标准输入，输入的每个数据集合形式如下：

1）耗费最大的进程；

2）删除列表的长度；

3）删除列表——显示被删除进程的顺序号的列表，例如 1 4 表示第 1 个和第 4 个被删除的进程的耗费要被显示；

4）在一个单独的行里给出一个请求的列表。

每个测试用例以一个请求 e 为结束，测试用例之间用空行分开。

输出

程序标准输出，给出要删除的每个进程的耗费，在队列不为空的情况下，给出列表中删除请求的顺序数。如果队列为空，输出 -1。结果输出在单独的行上，用空行分开不同测试用例的结果。

样例输入	样例输出
5 2 1 3 a 2 a 3 r a 4 p 2 r a 5 r e	2 5

试题来源：ACM Southeastern Europe 2002

在线测试：POJ 1281，UVA 2514

 **提示**

设进程的最小耗费为 minp=1；进程的最大耗费为 mapx；Print 为进程删除的标志序列，Print[*k*]=true 表示进程 *k* 被删除；plen 为删除的进程数；np 为当前被删除的进程数；cnt 存储各耗费的进程数，其中 cnt[*k*] 为耗费 *k* 的进程数；req 为请求类别（a、r、p、e）；condition 为管理者的策略（1 或 2）。

每个测试数据组的格式为：

- 进程的最大耗费值 maxp。
- 删除的进程数 plen。
- plen 个被删除的进程序号。
- 请求命令序列为 (a*x*，r，p*i*，e)，以 e 结束。

整个输入以测试数据组的首个整数为 0（mapx==0）结束。显然，主程序应为 while (cin >> maxp) 的外循环结构。外循环体内的计算过程如下：

1）输入删除的进程数 plen 和 plen 个被删除的进程序号，将这些进程的 Print 标志设为 true。

2）当前被删除的进程数 np 设为 0，输入第 1 个请求类别，进入结构为 while (req != "e") 的内循环，依次处理请求命令。内循环的计算过程如下：

①若增加新进程（req 为“a”），则读新增进程的花费 *x*，cnt[*x*]++。

②若按照当前管理者策略删除一个进程（req 为“r”），则分析管理者策略 condition：

- 若 condition==1，为删除最小耗费的进程，让 *k* 从 minp 递增枚举至 maxp，第 1 个 cnt[*k*] $\neq$ 0 的进程被删除，cnt[*k*]−−。

- 若 condition==2，为删除最大耗费的进程，让 k 从 maxp 递减枚举至 minp，第 1 个 cnt[k] $\neq 0$ 的进程被删除，cnt[k]−−。

累计被删的进程数 np++。若该进程在被删计划之列（print[np]=true），则输出该进程的花费 k。

③若执行管理者的策略（req 为“p”），则读 condition（1 或 2）。

读下一个请求类别 req。

第 3 章

递归与回溯法的编程实验

程序调用自身的编程技巧称为递归（recursion），是子程序在其定义或说明中直接或间接调用自身的一种方法。

首先，用视觉形式来说明递归。我们来看德罗斯特效应（Droste effect）：一张图片的某个部分与整张图片相同，如此产生无限循环。例如，图 3-1 就是德罗斯特效应的一个实例。

图 3-1

递归就是将一个大型复杂的问题层层转化为一个与原问题相似的规模较小的问题来求解，因此只需少量的程序代码就可描述出解题过程所需要的多次重复计算，使程序更为简洁和清晰。

在递归过程实现的时候，系统将每一层的返回点、局部变量等用栈来进行存储。调用递归时，当前层的返回点和局部变量入栈；回溯时，当前层的返回点和局部变量出栈。利用这种特性设计递归算法，程序就会变得十分简洁。需要注意的是，如果递归过程无法到达递归边界或递归次数过多，则会造成栈溢出。例如，设初始时 n 为大于 0 的自然数，对于函数 $f(n)=\begin{cases}1 & n=1\\ n+f(n-2) & n>1\end{cases}$，当 n 为偶数时，递归函数 $f(n)$ 无法到达递归边界 $f(1)$，程序也会因栈溢出而失败退出。

递归算法一般用于解决三类问题：

- 函数的定义是递归的（如阶乘 $n!$ 或 Fibonacci 函数）；
- 数据的结构形式按递归定义（如二叉树的遍历、图的深度优先搜索）；
- 问题的解法是递归的（如回溯法）。

回溯（backtracking）是一种穷举的搜索尝试方法。假定一个问题的解能够表示成 n 元组 $(x_1, x_2, \cdots, x_n), x_i \in S_i, n$ 元组的子组 $(x_1, x_2, \cdots, x_i)$ 称为部分解，应满足一定的约束条件（$i<n$）。回溯法的基本思想是，若已有满足约束条件的部分解，添加 $x_{i+1} \in S_{i+1}$，检查 $(x_1, x_2, \cdots, x_i, x_{i+1})$ 是否满足约束条件，如果满足则继续添加 $x_{i+2} \in S_{i+2}$；如果所有的 $x_{i+1} \in S_{i+1}$ 都不能得到部分解，就去掉 x_i，回溯到 $(x_1, x_2, \cdots, x_{i-1})$，添加尚未考察过的 $x_i \in S_i$，看其是否满足约束条件。如此反复，直至得到解或者证明无解。

采用递归方法求解回溯问题是递归算法的一个应用。回溯法从初始状态出发，运用题目给出的条件和规则，按照纵深搜索的顺序递归扩展所有可能情况，从中找出满足题意要求的解。所以，回溯法就是走不通就退回再走的技术，非常适合采用递归方法求解。

递归与回溯的综述如下。递归是一种算法结构。递归出现在程序的子程序中，形式上表现为直接或间接地自己调用自己。而回溯则是一种算法思想，它是以递归实现的。回溯的过程类似于穷举法，但回溯有“剪枝”功能，即自我判断过程。

3.1　计算递归函数

数学上常用的阶乘函数、幂函数、斐波那契数列，其定义和计算都是递归的。例如，对于自然数 n，阶乘 $n!$ 的递归定义为 $n!=\begin{cases}1 & n=0\\ n\times(n-1)! & n\geqslant 1\end{cases}$。按阶乘 $n!$ 的递归定义，求解 $n!$ 的递归函数 fac(n) 如下。

```
int  fac(int n);
{
    if (n==0) return 1;              // 判断递归边界
    if (n>=1) return n*fac(n-1);     // 处理递归并返回结果
}
```

显然，递归程序的最大优点是程序简明、结构紧凑。这种直接从问题定义出发编程的方法最便于人们阅读和理解。但问题是，递归过程中的状态变化比较难掌握，效率也比较低。以 fac(3) 为例，它的执行流程如图 3.1-1 所示。

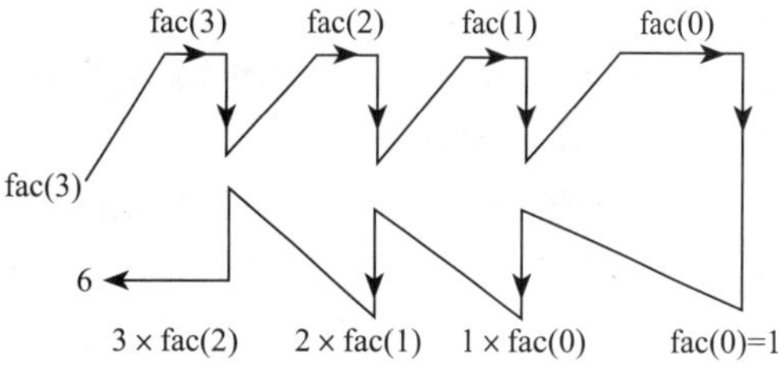

程序中 fac(0)=1 称为递归边界。fac(3) → fac(2) → fac(1) → fac(0) 称为递归过程，接下来的 fac(0) → fac(1) → fac(2) → fac(3) 是一个回代过程（fac(0)=1 回代给 fac(1)，fac(1) 的值回代给 fac(2)……直至求出 fac(3)=6）。

图　3.1-1

类似地，对于自然数 n，计算斐波那契数列的函数 fib(n) 递归定义为 $\text{fib}(n)=\begin{cases}n & n=0,1\\ \text{fib}(n-1)+\text{fib}(n-2) & n>1\end{cases}$，根据递归定义的形式，可写出如下递归函数：

```
int fib(int n);
{ if (n<=1) return  n;                     // 递归边界
    if (n>1) return  fib(n-1)+fib(n-2);    // 递归步骤
}
```

从上述两个例子可以得到如下启示。

1）用递归过程求解递归定义的函数，递归过程可直接按照递归函数的定义结构编写。

2）对于一个较复杂的问题，若能够分解成几个相对简单且解法相同或类似的子问题，只要解决了这些子问题，则原问题就迎刃而解，这就是递归求解。例如，计算阶乘 4! 时先计算 3!，将 3! 的结果值回代就可以求出 4!（4!=4*3!）了。这种分解 – 求解的策略叫“分治法”。

3）当分解后的子问题可以直接解决时，就停止分解，可直接求解的子问题称为递归边界。递归的过程就是不断地向递归边界靠近，若递归函数无法到达边界，则程序会因栈溢出而失败退出。例如，阶乘的递归边界是 fac(0)=1，斐波那契数列的递归边界是 fib(0)=0，fib(1)=1。

【3.1.1　放苹果】

把 m 个同样的苹果放在 n 个同样的盘子里，允许有的盘子空着不放，问共有多少种不同的分法？用 k 表示不同的分法。5、1、1 和 1、5、1 是同一种分法。

输入

第一行是测试用例的数目 t（$0\leqslant t\leqslant 20$）。以下每行均包含两个整数 m 和 n，以空格分开，$1 \leqslant m, n \leqslant 10$。

输出

对输入的每个测试用例 m 和 n，用一行输出相应的 k。

样例输入	样例输出
1 7 3	8

试题来源：lwx@POJ

在线测试：POJ 1664

试题解析

设 $f(m, n)$ 是 m 个同样的苹果放在 n 个同样的盘子里的方法数，对 $f(m, n)$ 的分析和递归定义如下。

1）$n>m$：至少有 $n-m$ 个盘子会空着，去掉这 $n-m$ 个盘子对放苹果的方法数不会产生影响，即 $f(m, n)=f(m, m)$。

2）$n \leqslant m$：不同的放法可以分成两类。

- 至少有一个盘子没有放苹果，即 $f(m, n)= f(m, n-1)$。
- 所有盘子里都有苹果，如果从每个盘子里拿走一个苹果，不会影响方法数，即 $f(m, n)=f(m-n, n)$。

所以，当 $n \leqslant m$ 时，根据加法原理，放苹果的方法数等于上述两者的和，即 $f(m, n)= f(m, n-1)+ f(m-n, n)$。

对 $f(m, n)$ 的递归边界分析如下：

1）当 n==1 时，所有苹果都必须放在一个盘子里，所以 $f(m, n)$ 返回 1；

2）当 m==0 时，没有苹果可放，定义为 1 种放法，$f(m, n)$ 返回 1。

递归过程，或者是 n 减少，向递归边界逼近，最终到达递归边界 n==1；或者是 m 减少，当 $n>m$ 时，$f(m, n)$ 返回 $f(m, m)$，最终到达递归边界 m==0。

参考程序

```
#include<cstdio>
using namespace std;
int f(int m,int n)              // 递归函数：计算 m 个同样的苹果放在 n 个同样的盘子里的方法数
{
    if(n==1||m==0)              // 处理递归边界
        return 1;
    if(m<n)                     // 处理情况 n>m
        return f(m,m);
    else                        // 处理情况 n ≤ m
        return f(m,n-1)+f(m-n,n);
}
int main()
{
    int t;
    scanf("%d",&t);             // 输入测试用例数
    while(t--)                  // 依次处理每个测试用例
    {
        int m,n;
        scanf("%d%d",&m,&n);    // 输入苹果数和盘子数
```

```
        printf("%d\n",f(m,n)); // 计算和输出m个苹果放在n个盘子里的方法数
    }
    return 0;
}
```

3.2 求解递归数据

我们在构造问题的数学模型时，有时会发现数据的结构形式是一种递归关系。例如，二叉树的遍历或图的深度优先遍历本身就是按递归定义的，有关这方面内容将在第三篇和第四篇阐释。下面给出一个浅显而有趣的实例。

【3.2.1 Symmetric Order】

你在 Albatross Circus Management 工作，刚写了一个以长度非递减的顺序输出姓名列表的程序（每个姓名至少要和前面的名字一样长）。然后，你的老板不喜欢这样的输出方式，他要求改为看上去对称的输出形式，最短的字符串在顶部和底部，最长的在中间。他的规则是每一对姓名在列表对等的地方，每一对姓名中的第一个在列表的上方。如在下面的样例输入的第一个例子中，Bo 和 Pat 是第一对，Jean 和 Kevin 是第二对，等等。

输入

输入由一个或多个字符串集合组成，以 0 结束。每个集合以一个整数 *n* 开始，表示该集合中字符串的个数，每个字符串一行，字符串以长度的非递减顺序排列。字符串不含空格。每个集合中的字符串至少有 1 个，至多有 15 个。每个字符串至多有 25 个字符。

输出

对每个输入的集合输出一行“SET *n*”，其中 *n* 从 1 开始，后面跟着输出集合，如样例输出所示。

样例输入	样例输出
7 Bo Pat Jean Kevin Claude William Marybeth 6 Jim Ben Zoe Joey Frederick Annabelle 5 John Bill Fran Stan Cece 0	SET 1 Bo Jean Claude Marybeth William Kevin Pat SET 2 Jim Zoe Frederick Annabelle Joey Ben SET 3 John Fran Cece Stan Bill

试题来源：ACM Mid-Central USA 2004

在线测试：POJ 2013，ZOJ 2172，UVA 3055

试题解析

以长度非递减的顺序输出的姓名列表为 $s[1]\cdots s[n]$。要求输出的格式是对称的，最短的字符串在顶部和底部，最长的在中间。也就是说，在输出的上半区，姓名的长度是递增的；而在输出的下半区，姓名的长度是递减的。本题有两种解法：非递归的方法和递归的方法。

（1）非递归的方法

输入的字符串集合中的字符串以长度非递减的顺序排列。输出是对称的，最短的字符串在顶部和底部，最长的在中间，所以，上半区的输出如下：

```
s[1]
s[3]
s[5]
…
s[n]，如果 n 是奇数；s[n-1]，如果 n 是偶数
```

也就是说，循环语句“for (int i=1; i<=n; i+=2) cout<<$s[i]$<<endl;”实现上半区的输出。

下半区的输出如下：

```
s[n-(n%2)]
s[n-(n%2)-2]
s[n-(n%2)-4]
…
s[2]
```

也就是说，循环语句“ for (int i= n-(n%2); i>1; i-=2) cout<<$s[i]$<<endl;”实现下半区的输出。

（2）递归的方法

n 个字符串被划分为 $\left\lceil\frac{n}{2}\right\rceil$ 组，每组由两个相邻的字符串 $s[1]s[2]$，$s[3]s[4]$，…，$s[2\times k-1]s[2\times k]$，…组成，$1\leqslant k\leqslant\left\lceil\frac{n}{2}\right\rceil$。我们通过递归函数 print($n$)，输入字符串数组 $s[]$，计算和输出其对称形式。

设字符串数组 $s[]$ 为递归子程序 print() 的局部变量，使之成为编译系统的一个栈区，$s[]$ 中的字符串呈这样的递归关系：

- 直接输入，并输出当前组的第一个字符串 $s[2\times k-1]$。
- 若当前组存在第二个字符串 $s[2\times k]$ 的话，则输入；若存在下一组的话，则通过递归调用 print() 将其送入系统栈区。执行完 print() 后回溯时，栈中的字符串按先进后出的顺序出栈并输出。

计算过程如下。

直接输入 / 输出当前组的第一个字符串 $s[2\times k-1]$，$s[]$ 的长度 $n--$；如果 $n>0$，则输入当前组的第二个字符串 $s[2\times k]$，$s[]$ 的长度 $n--$。若存在下一组（$n>0$），则通过递归调用 print(n) 将 $s[2\times k]$ 压栈，继续处理下一组……这个过程进行至 $n==0$ 为止。然后回溯，按先进后出的顺序依次处理栈中的字符串。显然，若 n 是偶数，则 $s[n-1]s[n-3]\cdots s[2]$ 出栈并输出；若 n 是奇数，则 $s[n]s[n-2]\cdots s[2]$ 出栈并输出。

参考程序

```
#include <iostream>                          // 预编译命令
using namespace std;                         // 使用 C++ 标准程序库中的所有标识符
void print(int n)                            // 输入 n 个字符串，并按对称格式输出
{
    string s;                                // 当前字符串
    cin >> s;                                // 输入和输出当前组的第一个字符串
    cout << s << endl;
    if (--n) {                               // 输入当前组的第二个字符串并通过递归压入系统栈区
        cin >> s;
        if (--n) print(n);
        cout << s << endl;                   // 回溯，栈首字符串出栈后输出
    }
}
int main(void)
{
    int n, loop = 0;                         // 字符串集合序号初始化
    cin >> n;                                // 输入第一个字符串集合的字符串个数
    while (n) {
        cout<<"SET "<<++loop<<endl;  // 输出当前字符串集合的序号
        print(n);                            // 按照对称格式输出当前字符串集合中的 n 个字符串
        cin >> n;                            // 输入下一个字符串集合的字符串个数
    }
    return 0;
}
```

3.3　用递归算法求解问题

如果由问题可以给出初始状态、目标状态，且扩展子状态的规则和约束条件，则可以使用递归算法找出一个由初始状态至目标状态的求解方案。使用递归算法时需要注意：求解过程中每一步的状态由哪些参数组成？其中哪些参数需要主程序传入初始值？哪些参数不需要？因为这些参数在递归时需要计算新状态，而回溯时需要恢复递归前的状态。

对于不需要主程序传入初始值的参数，设为递归程序的局部变量，以免与同名的全局变量混淆；对于需要由主程序传入初始值的参数，则按照存储量分类。

- 存储量小的参数，设为递归子程序的值参，由编译系统自动实现递归和回溯时的状态转换，即递归时值参入栈，回溯时值参出栈。
- 存储量大的参数（例如数组），设为全局变量，以避免系统栈区溢出，但需在递归语句后（回溯位置）加入恢复递归前状态的语句。

【3.3.1　Fractal】

分形（fractal）是物体在数量上、内容上“自相似”的一种数学抽象。

一个盒分形（box fractal）定义如下。

- 1 度的盒分形为：

```
X
```

- 2 度的盒分形为：

```
X X
 X
X X
```

- 如果 $B(n-1)$ 表示 $n-1$ 度的盒分形，则 n 度的盒分形递归定义如下：

$$
\begin{matrix}
B(n-1) & & B(n-1) \\
 & B(n-1) & \\
B(n-1) & & B(n-1)
\end{matrix}
$$

请画出 n 度的盒分形的图形。

输入

输入由若干测试用例组成，每行给出一个不大于 7 的正整数，最后一行以一个负整数 −1 表示输入结束。

输出

对于每个测试用例，输出用 'X' 标记的盒分形。注意 'X' 是大写字母。在每个测试用例后输出包含一个短横线的一行。

<table>
<tr><th>样例输入</th><th>样例输出</th></tr>
<tr><td><pre>
1
2
3
4
−1
</pre></td><td><pre>
X
-
X X
 X
X X
-
X X   X X
 X   X
X X   X X
   X X
    X
   X X
X X   X X
 X   X
X X   X X
-
X X   X X   X X   X X
 X   X   X   X
X X   X X   X X   X X
   X X   X X
    X   X
   X X   X X
X X   X X   X X   X X
 X   X   X   X
X X   X X   X X   X X
         X X   X X
          X   X
         X X   X X
            X X
             X
            X X
         X X   X X
          X   X
         X X   X X
X X   X X   X X   X X
 X   X   X   X
X X   X X   X X   X X
</pre></td></tr>
</table>

（续）

<table>
<tr><th>样例输入</th><th>样例输出</th></tr>
<tr><td></td><td><pre>
  XX   XX
   X   X
  XX   XX
XX XX XX XX
 X X   X X
XX XX XX XX
-
</pre></td></tr>
</table>

试题来源：ACM Shanghai 2004 Preliminary

在线测试：POJ 2083，ZOJ 2423

试题解析

n 度的盒分形图的规模为 3^{n-1}，即 n 度的盒分形图是一个边长为 3^{n-1} 个单位长度的正方形。因为 $n \leqslant 7$，而 3^6=729，所以定义一个 731 × 731 的二维字符数组 map 来存储度数不超过 7 的盒分形图。我们通过递归函数 print(n, x, y) 生成以 (x, y) 格为左上角的 n 度的盒分形图。

1）递归边界：若 n=1，则在 (x, y) 格填一个 'X' 并返回。

2）若 n>1，则分别在左上方、右上方、中间位置、左下方、右下方填 5 个 $n-1$ 度的盒分形图，且 $n-1$ 度的盒分形图的规模 $m=3^{n-2}$。

- 对于左上方 $n-1$ 度的盒分形图，其左上角的位置为 (x, y)，递归 print($n-1$, x, y) 生成；
- 对于右上方 $n-1$ 度的盒分形图，其左上角的位置为 (x, $y+2 \times m$)，递归 print($n-1$, x, $y+2 \times m$) 生成；
- 对于中间位置 $n-1$ 度的盒分形图，其左上角的位置为 ($x+m$, $y+m$)，递归 print($n-1$, $x+m$, $y+m$) 生成；
- 对于左下方 $n-1$ 度的盒分形图，其左上角的位置为 ($x+2 \times m$, y)，递归 print($n-1$, $x+2 \times m$, y) 生成；
- 对于右下方 $n-1$ 度的盒分形图，其左上角的位置为 ($x+2 \times m$, $y+2 \times m$)，递归 print($n-1$, $x+2 \times m$, $y+2 \times m$) 生成。

递归调用 print(n, 1, 1)，即可生成 n 度的盒分形图。

参考程序

```
#include<iostream>
#include<cmath>
using namespace std;
char map[731][731];              // 二维字符数组 map 用来存储度数不超过 7 的盒分形图
void print(int n,int x,int y) // print(n, x, y) 生成以 (x, y) 格为左上角的 n 度的盒分形图
{
    int m;
    if(n==1)                     // 递归边界
    {
        map[x][y]='X';
        return ;
    }
    m=pow(3.0,n-2);              // m=3^(n-2), n-1 度的盒分形图的规模
    print(n-1,x,y);              // 左上方
    print(n-1,x,y+2*m);          // 右上方
    print(n-1,x+m,y+m);          // 中间位置
```

```
        print(n-1,x+2*m,y);        // 左下方
        print(n-1,x+2*m,y+2*m);    // 右下方
    }
    int main(void)
    {
        int i,j,n,m;               // n 度的盒分形图
        while(scanf("%d",&n)!=EOF)
        {
            if(n==-1)
                break;
            m=pow(3.0,n-1);        // m=3^(n-1), n 度的盒分形图的规模
            for(i=1;i<=m;i++)      // n 度的盒分形图初始化
            {
                for(j=1;j<=m;j++)
                    map[i][j]=' ';
            }
            print(n,1,1);          // print(n, 1, 1), 生成 n 度的盒分形图
            for(i=1;i<=m;i++)      // 输出 n 度的盒分形图
            {
                for(j=1;j<=m;j++)
                    printf("%c",map[i][j]);
                printf("\n");
            }
            printf("-\n");
        }
        return 0;
    }
```

【3.3.2 Fractal Streets】

随着我们对城市现代化的渴望越来越强烈，对新街道设计的需求也越来越大。Chris 是负责这些设计的城市规划师之一。每年的设计需求都在增加，今年他被要求完整地设计一个全新的城市。

Chris 现在不希望做更多的工作，因为他非常懒惰。他非常亲密的朋友之一 Paul 是一名计算机科学家，Paul 提出了一个让 Chris 在同龄人中成为英雄的绝妙想法：分形街道（Fractal Streets）。通过使用希尔伯特曲线（Hilbert curve），他可以很容易地填充任意大小的矩形图，而工作量很少。

一阶希尔伯特曲线由一个“杯形曲线”组成。在二阶的希尔伯特曲线中，这个杯形曲线的杯子被四个更小但相同的杯子和三条连接这些杯子的道路所代替。在三阶的希尔伯特曲线中，这四个杯子再依次被四个相同但更小的杯子和三条连接道路等所代替。在杯子的每个角落都有一条供住房使用的带邮箱的车道，并且每个角落有一个简单的连续编号。左上角的房子是 1 号，两个相邻的房子之间的距离是 10 米。

一阶、二阶和三阶希尔伯特曲线如图 3.3-1 所示。正如你所见，分形街道的概念成功地消除了烦人的街道网格，只需要我们做少许的工作。

为了表示感谢，市长在 Chris 新计划建造的许多社区中为他提供了一栋房子。Chris 现在想知道这些房子中的哪一栋离当地城市规划办公室最近（当然每个新的社区都有一个）。幸运的是，他不必在街上开车，因为他的新“汽车”是一种新型的飞行汽车。这辆高科技的汽车使他可以直线行驶到新办公室。请你编写一个程序来计算 Chris 必要的飞行距离（不包括起飞和着陆的垂直距离）。

输入

输入的第一行给出一个正整数，表示测试用例的数量。

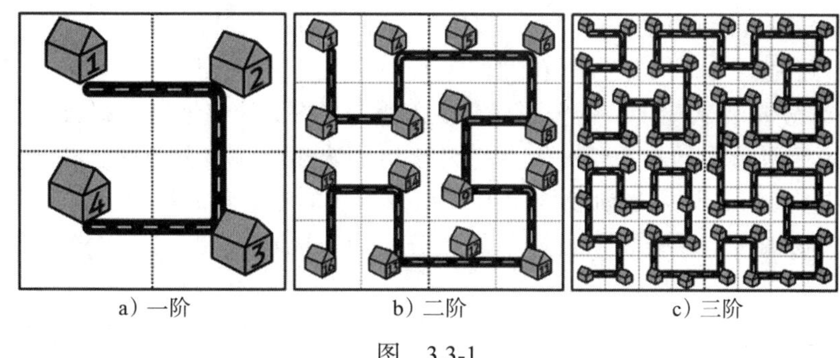

图　3.3-1

然后，对于每个测试用例，在一行中给出三个正整数 n（$n<16$）、h 和 o（$o<2^{31}$），分别表示希尔伯特曲线的阶数，以及提供给 Chris 的房屋和当地城市规划办公室的房屋编号。

输出

对于每个测试用例，在一行中输出 Chris 飞到工作地点的距离，单位为米，四舍五入为最接近的整数。

样例输入	样例输出
3 1 1 2 2 16 1 3 4 33	10 30 50

试题来源：BAPC 2009

在线测试：POJ 3889

试题解析

本题给出一个分形图，输入给出 3 个数 n、h、o，其中 n 为希尔伯特曲线的阶数（分形图的级数），h 和 o 分别是提供给 Chris 的房屋和当地城市规划办公室的房屋编号。求在 n 阶希尔伯特曲线（n 级分形图）的情况下，编号为 h 和 o 的两个点之间的欧几里得距离 $\times 10$ 是多少？

其中，n 阶希尔伯特曲线（n 级分形图）的形成规则如下：

1）首先，在右下角和右上角复制 $n-1$ 阶希尔伯特曲线（$n-1$ 级分形图）；

2）然后，将 $n-1$ 阶希尔伯特曲线顺时针旋转 90°，放到左上角；

3）接下来，将 $n-1$ 阶希尔伯特曲线逆时针旋转 90°，放到左下角；

4）编号是从左上角那个点开始计 1，沿着道路计数。

设递归函数 calc(int n, LL id, LL &x, LL &y) 用于计算 n 级分形图的编号为 id 的点的坐标为 (x, y)，分析如下。

递归边界：当 n 等于 1 时，即如图 3.3-1a 所示的 1 级分形图，分四种情况。当 id 等于 1 时，坐标 (x, y) 为 (1, 1)；当 id 等于 2 时，坐标 (x, y) 为 (1, 2)；当 id 等于 3 时，坐标 (x, y) 为 (2, 2)；当 id 等于 4 时，坐标 (x, y) 为 (2, 1)。

对 calc(int n, LL id, LL &x, LL &y) 的分析和递归定义如下：

1）当前编号 id 不大于上一级分形图（$n-1$ 级分形图）的编号的总数时，说明当前编号 id 是在 n 级分形图的左上角，而左上角分形图是 $n-1$ 级分形图逆时针旋转 90° 得到的，所以在代入递归式时，需要将 x 和 y 互换，递归函数为 calc($n-1$, id, y, x)。例如，在 1 级分形图中，按点的编号，坐标的道路为 (1, 1) → (1, 2) → (2, 2) → (2, 1)。而在 1 级分形图的左上角中，坐标的道路为 (1, 1) → (2, 1) → (2, 2) → (1, 2)。在这两种情况中，x 和 y 互换了。

2）当前编号 id 不大于上一级分形图（$n-1$ 级分形图）的编号的总数的 2 倍时，说明当前编号 id 在 n 级分形图的右上角；而当前编号 id 不大于上一级分形图（$n-1$ 级分形图）的编号的总数的 3 倍时，说明当前编号 id 在 n 级分形图的右下角。相应于 $n-1$ 级分形图，这两种情况的分形图没有旋转，所以递归函数分别为 calc($n-1$, id−_id, x, y) 和 calc($n-1$, id−2 × _id, x, y)。

3）当前编号 id 不大于上一级分形图（$n-1$ 级分形图）的编号的总数的 4 倍时，说明当前编号 id 在 n 级分形图的左下角。而左下角分形图是 $n-1$ 级分形图顺时针旋转 90° 得到的，通过比较坐标，x 映射为 (1<<n)+1−x，y 映射为 (1<<($n-1$))+1−y，递归函数为 calc($n-1$, id−3 × _id, y, x)。

参考程序

```
#include<cstdio>
#include<cmath>
using namespace std;
typedef long long LL;                          // 定义超长整型
void calc(int n, LL id, LL &x, LL &y){         // 计算和返回 n 级分形图编号为 id 的点的坐标 (x, y)
    if(n == 1){                                // 处理递归边界
        if(id==1) x=1,y=1;
        if(id==2) x=1,y=2;
        if(id==3) x=2,y=2;
        if(id==4) x=2,y=1;
    }else{
        LL _id = (1<<(n-1))*(1<<(n-1));        // 计算 n-1 级分形图的编号总数
        if(id <= _id){                         // 编号 id 不大于 n-1 级分形图的编号总数时的情况
                                               // 处理
            calc(n-1,id,y,x);
        }else if(id <= 2*_id){                 // 编号 id 不大于 n-1 级分形图的编号总数 2 倍时的
                                               // 情况处理
            calc(n-1,id-_id,x,y);
            y += 1<<(n-1);                     //  y 映射为 y +2^(n-1)
        }else if(id <= 3*_id){                 // 编号 id 不大于 n-1 级分形图的编号总数 3 倍时的
                                               // 情况处理
            calc(n-1,id-2*_id,x,y);
            x += 1<<(n-1);                     // x 映射为 x +2^(n-1), y 映射为 y +2^(n-1)
            y += 1<<(n-1);
        }else{                                 // 编号 id 小于 n-1 级分形图的编号总数的 4 倍时的
                                               // 情况处理
            calc(n-1, id-3*_id, y,x);
            x = (1<<n)+1-x;                    // x 映射为 2^n+1-x, y 映射为 2^(n-1)+1-y
            y = (1<<n-1)+1-y;
        }
    }
}
int main(){
    int _w;  scanf("%lld", &_w);               // 输入测试用例数
    while(_w--){                               // 依次处理每个测试用例
        int n; LL h,o;
        scanf("%d%lld%lld", &n, &h, &o);  // 输入曲线阶数 n、住房编号 h 和办公室编号 o
        LL sx, sy, ex, ey;
        calc(n,h,sx,sy);                       // 计算住房编号 h 的坐标 (sx, sy)
        calc(n,o,ex,ey);                       // 计算办公室 o 的坐标 (ex, ey)
        printf("%.0f\n",sqrt((sx-ex)*(sx-ex)+(sy-ey)*(sy-ey))*10);
                                               // 输出 h 与 o 点间的距离
```

```
    }
    return 0;
}
```

使用递归算法求解的方式很多。下面将介绍其中应用非常广泛的一种方法——回溯法。

3.4 回溯法

回溯法是搜索算法中的一种控制策略，该算法从初始状态出发，运用题目给出的条件、规则，按选优条件向前搜索，以到达目标。当搜索到某一步时，发现原先选择并不优或者达不到目标，就退回一步重新选择。这种方法与第四篇中图的深度优先搜索（DFS）在本质上是一致的，只不过深度优先搜索一般用于显式图，而回溯法一般用于递归问题的求解，因此回溯法也被称为隐式图的深度优先搜索。

回溯法的应用范围很广：可用于计数，也可用于方案枚举；可用于计算最优性问题，也可用于求解所有的解答路径。

因此，本节通过实验阐述以下问题：回溯法的程序流程一般有什么特征？使用回溯法解题需要考虑哪些因素？怎样将这些思考变成回溯法的程序实现？

回溯法在求解最优性问题时的一般流程如下：

```
void  run（当前状态）；
{
    if  （当前状态为边界）
        {
            if（当前状态为最佳目标状态）
                    记下最优结果；
            return;
        }
    for （ int i= 算符最小值； i<= 算符最大值； ++i  ）
        {
            算符 i 作用于当前状态，扩展出一个子状态；
                if  （ 子状态满足约束条件 ） &&  （ 子状态满足最优性要求 ）
                    run（ 子状态 ）；
        }
}
```

上述算法流程需要根据试题要求做适当调整。例如，对非最优性问题，可略去当前状态是否为最佳目标状态和扩展出的子状态是否满足最优性要求的判断；若是求最长路径，可略去边界条件的判断；等等。

在使用回溯法解题时，一般需要结合题意考虑如下因素。

1）定义状态：如何描述问题求解过程中每一步的状况。为了精简程序，增加可读性，我们一般将参与子状态扩展运算的变量组合成当前状态列入值参或局部变量，以便回溯时能恢复递归前的状态，重新计算下一条路径。若这些参数的存储量大（例如数组），为避免内存溢出，则必须将其设为全局变量，且回溯前需恢复其递归前的值。

2）边界条件：在什么情况下，程序不再递归下去。如果是求满足某个特定条件的一条最佳路径，则当前状态到达边界时并不一定意味着此时就是最佳目标状态，因此还须增加判别最优目标状态的条件。

3）搜索范围：若当前子状态不满足边界条件，则扩展子状态。在这种情况下，应如何设计扩展子状态的算符值范围？换句话说，如何设定 for 语句中循环变量的初值和终值？

4）约束条件和最优性要求：扩展出的子状态应满足什么条件方可继续递归下去？如果

是求满足某个特定条件的一条最佳路径，那么在扩展出某子状态后是否继续递归搜索下去，不仅取决于子状态是否满足约束条件，还取决于子状态是否满足最优性要求。

【3.4.1 Red and Black】是一个应用回溯法求解计数问题的简单实例。

【3.4.1 Red and Black】

有一个矩形房间，地上覆盖着正方形瓷砖。每个瓷砖都被涂成红色或黑色。一位男士站在黑色的瓷砖上，他可以向这块瓷砖的四块相邻瓷砖中的一块移动，但他不能移动到红色的瓷砖上，只能移动到黑色的瓷砖上。请编写一个程序来计算通过重复上述移动，他所能经过的黑色瓷砖数。

输入

输入包含多个测试用例。一个测试用例在第一行给出两个正整数 W 和 H，W 和 H 分别表示矩形房间的列数和行数，W 和 H 不超过 20。

每个测试用例接下来给出 H 行，每行包含 W 个字符。每个字符的含义如下所示：

- “.”表示黑砖；
- “#”表示红砖；
- “@”表示男子的初始位置（在每个测试用例中仅出现一次）。

两个零表示输入结束。

输出

对每个测试用例，程序输出一行，给出男子从初始瓷砖出发可以到达的瓷砖数。

样例输入	样例输出
6 9 ....#. .....# .... #@...# .#..#. 11 9 .#......... .#.#######. .#.#.....#. .#.#.###.#. .#.#..@#.#. .#.#####.#. .#.......#. .#########. .... 11 6 ..#..#..#.. ..#..#..#.. ..#..#..### ..#..#..#@.	45 59 6 13

（续）

样例输入	样例输出
..#..#..#..	
..#..#..#..	
7 7	
..#.#..	
..#.#..	
###.###	
...@...	
###.###	
..#.#..	
..#.#..	
0 0	

试题来源：ACM Japan 2004 Domestic

在线测试：POJ 1979

试题解析

采用回溯法求解男子经过的瓷砖数。设 n、m 分别为矩形房间的行数和列数；(row, col) 为男子的出发位置；ans 为男子经过的瓷砖数，初始为 0；map 为房间的瓷砖图，其中 map[i][j] 为瓷砖 (i, j) 的字符；visited 为访问标志，其中 visited[i][j]=true，表明男子已经到过瓷砖 (i, j)，递归过程为 search(i, j)。其中：

1）状态为男子的当前位置 (i, j)：(i, j) 为子程序的值参。显然，递归调用 search (row, col) 后，便可得到男子经过的瓷砖数 ans。

2）约束条件为 (i<0||i>=n||j<0||j>=m||map[i][j]=='#'||visited[i][j])：若当前瓷砖在房间外或不可通行（“#”表示红砖）或已经访问过 (visited[i][j]==true)，则回溯；否则设瓷砖 (i, j) 访问标志（visited[i][j]=true），男子经过的瓷砖数 +1（++ans）。

3）搜索范围为（i, j）的四个相邻格点：依次递归（search(i−1, j)；search(i+1, j)；search (i, j−1)；search(i, j+1)）。

参考程序

```
#include <iostream>                                       // 预编译命令
#include <string>
using namespace std;                                      // 使用 C++ 标准程序库中的所有标识符
const int maxn=20+5, maxm=20+5;                           // 行数和列数的上限
int n, m, ans;                                            // 当前测试用例的行数、列数和男子经过
                                                          // 的瓷砖数
string map[maxn];                                         // 当前测试用例的瓷砖图
bool visited[maxn][maxm];                                 // 访问标志
void search(int row, int col)                             // 递归计算男子由 (row, col) 出发经过
                                                          // 的瓷砖数
{
    if (row<0||row>=n||col<0||col>=m||map[row][col]=='#'||visited[row][col])
        return; // 若当前瓷砖在房间外、不可通行或已经访问过，则回溯
        visited[row][col] = true;                         // 设当前格点访问标志
        ++ans;                                            // 累计经过的瓷砖数
        search(row - 1, col);                             // 递归 (row, col) 的四个相邻方向的格点
        search(row + 1, col);
        search(row, col - 1);
```

```
            search(row, col + 1);
}
int main(void)
{
    cin >> m >> n;                                   // 输入第 1 个测试用例的房间规模
    while (n || m) {
        int row, col;
        for (int i = 0; i < n; i++) {                // 输入当前测试用例
            cin >> map[i];
            for (int j = 0; j < m; j++)
                if (map[i][j] == '@') {             // 记录男子初始位置
                    row = i; col = j;
                }
        }
        memset(visited, false, sizeof(visited)); // 访问标志和经过的瓷砖数初始化
        ans = 0;
        search(row, col);                           // 递归计算男子由 (row, col) 出发经过
                                                    // 的瓷砖数
        cout << ans << endl;                        // 输出男子经过的瓷砖数
        cin >> m >> n;                              // 输入下一个测试用例的房间规模
    }
    return 0;
}
```

回溯法也可以枚举满足条件的所有方案。【3.4.2 The Sultan's Successors】给出了一个经典回溯问题——八皇后问题的应用实例。

【3.4.2 The Sultan's Successors】

Nubia 的苏丹没有子女，所以她决定在她去世后把她的国家分成 k 个不同的部分，每个部分将由在一些测试中表现最好的人来继承，有可能某个人继承多个部分或者全部。为了确保最终只有智商最高的人成为她的继承者，苏丹设计了一个巧妙的测试。在一个喷泉飞溅和充满异香的大厅里放着 k 个国际象棋棋盘。在棋盘中，每一个方格用 1 ～ 99 范围内的数字进行编号，并提供 8 个宝石做的皇后棋子。每一个潜在的继承人的任务是将 8 个皇后放置在棋盘上，使得没有一个皇后可以攻击另一个皇后，并且对于棋盘上所选择的皇后占据的方格，要求方格内的数字总和要和苏丹选择的数字一样高。（这就是说，在棋盘上的每一行和每一列只能有一个皇后，并且在每条对角线上最多只能有一个皇后。）

请编写一个程序，输入棋盘的数量以及每个棋盘的详细情况，并确定在这些条件下每个棋盘可能的最高得分。（苏丹是一个好的棋手，也是一个优秀的数学家，她给出的数字是最高的。）

输入

输入首先在一行中给出棋盘的数量 k，然后给出 k 个由 64 个数字组成的集合，每个集合由 8 行组成，每行 8 个数字，每个数字是小于 100 的正整数。棋盘的数量不会多于 20。

输出

输出给出 k 个数字，表示你的 k 个得分，每个得分一行，向右对齐，占 5 个字符的宽度。

样例输入	样例输出
1 1 2 3 4 5 6 7 8 9 10 11 12 13 14 15 16 17 18 19 20 21 22 23 24	260

（续）

25 26 27 28 29 30 31 32 33 34 35 36 37 38 39 40 41 42 43 44 45 46 47 48 48 50 51 52 53 54 55 56 57 58 59 60 61 62 63 64	

试题来源：ACM South Pacific Regionals 1991

在线测试：UVA 167

试题解析

对 8×8 的棋盘来说，八皇后的放置方案有多种（共 92 种），在每种方案中放置 8 个皇后的位置不尽相同。由于在每个棋盘中，每一个方格用不同的数字进行编号，因此每种放置方案的得分也会不同。所以，在输入棋盘数据前，先离线计算出八皇后在棋盘上所有可能的放置方式。然后对每一个棋盘数据，计算每种放置方式中的得分，并获得其中的最高得分。

（1）回溯搜索 8 个皇后在棋盘上的所有可能放置方式

我们自上而下搜索每一行。由于棋盘上每一行和每一列只能有一个皇后，并且在每条对角线上最多只能有一个皇后，因此需要标志每一列、每一条对角线是否被皇后选中。8×8 的棋盘共有 8 列、15 条左对角线和 15 条右对角线。

设 col[i] 为 i 列选中的标志（$0 \leqslant i \leqslant 7$），left[ld] 为左对角线 ld 选中的标志（$0 \leqslant$ ld<15），right[rd] 为右对角线 rd 选中的标志（$0 \leqslant$ rd<15）。

经过 (r, c) 的右对角线序号为 rd=r+c，左对角线序号为 ld=c−r+7（如图 3.4-1 所示），这样做可使 15 条左对角线和 15 条右对角线的序号互不相同。

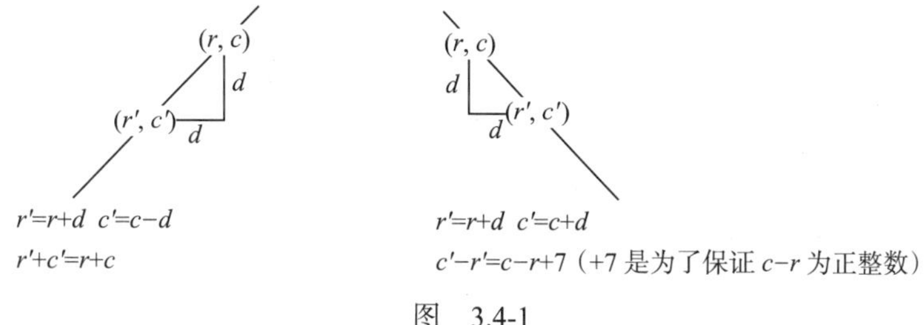

图　3.4-1

当前皇后在 r 行的列位置为 tmp[r]（$0 \leqslant r \leqslant 7$），$p[n][i]$ 存储第 n 种方式中 8 个皇后的列位置（$0 \leqslant n \leqslant 91$，$0 \leqslant i \leqslant 7$）。

我们采用回溯法计算八皇后的所有可能放置方式。考虑的因素如下。

1）状态：当前行序号 r 作为递归过程的值参；col[c]、left[ld] 和 right[rd] 反映了求解过程中每一步的状况，但这些参数的存储量大，为避免内存溢出，将其设为全局变量，回溯时需恢复其递归前的值。

2）边界条件 r == 8：若搜索了所有行，则记下第 n 种方式中 8 个皇后的列位置（$P[n][i]$= tmp[i]，$0 \leqslant i \leqslant 7$），方式序号 n++，回溯。

3）搜索范围 $0 \leqslant c \leqslant 7$：若当前状态不满足边界条件，则依次搜索 r 行的每一列 c，计算 (r, c) 的左、右对角线序号（ld=(c−r)+7，rd=c+r）。

4）约束条件（!col[c] && !left[ld] && !right[rd]）：若满足约束条件，则选中 c 列、左

对角线 ld 和右对角线 rd（col[c]=1,left[ld]=1,right[rd]=1），(r, c) 放置皇后（tmp[r]=c），递归（r+1）。注意，递归回溯时需恢复递归前的参数（col[c] = 0, left[ld] = 0, right[rd] = 0）。

显然，从 0 行出发递归，便可计算出所有方案中 8 个皇后的位置。

（2）主程序

1）递归计算 8 个皇后的 n 种放置方式 $P[i][j]$（$0 \leqslant i \leqslant n-1$，$0 \leqslant j \leqslant 7$）。

2）依次处理 k 个棋盘：

- 读入当前棋盘数据 board[ ][ ];
- 计算和输出当前棋盘的最高得分 $\text{ans} = \max\limits_{0 \leqslant i \leqslant n-1}\left\{\sum_{j=0}^{7}\text{board}[j][P[i][j]]\right\}$。

参考程序

```
#include <cstdio>
using namespace std;
int P[1000][9];                                    // 方式 i 中第 j 行皇后的列位置为 P[i][j]
int tmp[8];                                        // 当前方式中第 i 行皇后的列位置为 tmp[i]
int n = 0;                                         // 方式数初始化
bool col[8] = {0}, left[15] = {0}, right[15] = {0}; // 所有列和左、右对角线未被选中
void func(int r)                                   // 从 r 行出发，递归计算所有方案中 8 个
                                                   // 皇后的位置
{
    if (r == 8) {                                  // 若搜索了所有行
        for (int i = 0; i < 8; ++i)                // 记下当前方式中 8 个皇后的列位置
            P[n][i] = tmp[i];
        ++n;                                       // 方式数 +1
        return;                                    // 回溯
    }
    for (int c = 0; c < 8; ++c) {                  // 依次搜索 r 行的每一列
        int ld = (c - r) + 7;                      // 计算 (r, c) 的左、右对角线序号
        int rd = c + r;
        if (!col[c] && !left[ld] && !right[rd]) {  // 若第 c 列和左、右对角线未选中，则选
                                                   // 中 c 列和左、右对角线
            col[c] = 1, left[ld] = 1, right[rd] = 1;
            tmp[r] = c;                            //(r, c) 放置皇后
            func(r + 1);                           // 递归下一行
            col[c]=0, left[ld]=0, right[rd]=0;     // 撤去第 c 列和左、右对角线的选中标志
        }
    }
}
int main()
{
    func(0);                                       // 从 0 行出发，自上而下递归计算所有
                                                   // 方案中的 8 个皇后位置
    int Case;
    int board[8][8];
    scanf("%d", &Case);                            // 输入棋盘数
    while (Case--) {
        for (int i = 0; i < 8; ++i)                // 输入当前棋盘中每格的数字
            for (int j = 0; j < 8; ++j)
                scanf("%d", &board[i][j]);
        int ans = 0;
        for (int i = 0; i < n; ++i) {              // 依次搜索每个方式
            int sum = 0;                           // 第 i 个方式的得分初始化
            for (int j = 0; j < 8; ++j)            // 搜索每一行，累计第 i 个方式的得分
                sum += board[j][P[i][j]];
            if (sum>ans) ans=sum                   // 若当前方式的得分目前最高，则调整
                                                   // 棋盘最高得分
```

```
        }
        printf("%5d\n", ans);                         // 输出当前棋盘的最高得分
    }
}
```

【3.4.2 The Sultan's Successors】题解中的子程序 func(r)，就是一个使用回溯法计算所有方案的程序范例。

【3.4.3 The Settlers of Catan】是一个使用回溯法求解最优性问题的范例。

【3.4.3 The Settlers of Catan】

1995 年，在 Settlers of Catan 举办了一场游戏，玩家们要在一座岛屿的未知荒野上，通过构建道路、定居点和城市来控制这个岛屿。

你受雇于一家软件公司，该公司刚刚决定开发这款游戏的电脑版，要求你实现这款游戏的一条特殊规则：当游戏结束时，建造最长的道路的玩家将获得额外的两分。

问题是，玩家通常建造复杂的道路网络，而不是一条线性的路径。因此，确定最长的路不是容易的（虽然玩家们通常可以马上看出）。

和原始的游戏相比，我们仅要解决一个简化的问题：给出一个节点（城市）的集合和一个边（路段）的集合，这些连接节点的边的长度为 1。

最长的道路被定义为网络中每条边都不会经过两次的最长的路径，虽然节点可以被经过超过一次。

例如，图 3.4-2 中的网络包含一条长度为 12 的道路。

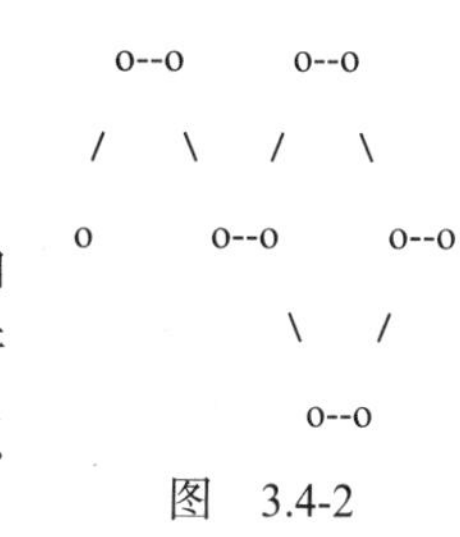

图 3.4-2

输入

输入包含一个或多个测试用例。

每个测试用例的第一行给出两个整数：节点数 n（$2 \leqslant n \leqslant 25$）和边数 m（$1 \leqslant m \leqslant 25$）。接下来的 m 行描述 m 条边，每条边由这条边所连接的两个节点的编号表示，节点编号为 $0 \sim n-1$。边是无向边。节点的度最多为 3。道路网不一定是连通的。

输入以 n 和 m 取 0 结束。

输出

对每个测试用例，在单独的一行中输出最长道路的长度。

样例输入	样例输出
3 2 0 1 1 2 15 16 0 2 1 2 2 3 3 4 3 5 4 6 5 7 6 8 7 8	2 12

（续）

样例输入	样例输出
7 9 8 10 9 11 10 12 11 12 10 13 12 14 0 0	

试题来源：University of Ulm Local Contest 1998

在线测试：POJ 2258，ZOJ 1947，UVA 539

试题解析

道路网是一个无向图。由于最长道路中的每条边仅允许经过一次，因此设定无向图的相邻矩阵为 $a[i][j]=\begin{cases}0 & \text{节点}i\text{和节点}j\text{之间没有边或者边}(i,j)\text{已经被经过}\\1 & \text{边}(i,j)\text{没有被经过}\end{cases}$。

由于试题并未规定路径的起始点，因此需要将每个节点设为路径起始点计算路长，从中调整最长路长 best。采用回溯法计算以 i 节点为首的路径长度，并调整 best 是比较适合的。

状态：求解过程中每一步的状况为目前路径的尾节点 i 和路长 l，各条边的访问标志为 $a[][]$。为了避免内存溢出，我们设递归过程的值参为 (i, l)，将 $a[][]$ 设为全局变量，但回溯时需恢复其递归前的未访问标志。

由于本题是求最长道路，路径能长则长，因此不设边界条件。

搜索范围 $0 \leqslant j \leqslant n-1$：可能与 i 节点关联的所有节点。

约束条件 $a[i][j]==1$：若 (i, j) 是没有被经过的边，则撤去 (i, j) 的访问标志（$a[i][j]=a[j][i]=0$），递归 $(j, l+1)$，回溯时恢复其递归前的未访问标志（$a[i][j]=a[j][i]=1$）。

搜索完与 i 节点关联的所有节点后，便得出以 i 节点为首的路径长度 l。此时，调整最长路长 best=max{best，l}。

显然，在主程序中设 best=0，依次计算以每个节点为首的路径（即递归 $(i, 0)$，$0 \leqslant i \leqslant n-1$），便可以计算出最长路长 best。

参考程序

```
#include <stdio.h>
#include <assert.h>
#define DBG(x)
FILE *input;
int n,m,best;                           // 节点数为 n，边数为 m，最长路的长度为 best
int a[32][32];                          // 无向图的邻接矩阵
int read_case()                         // 输入测试用例信息，构造无向图的邻接矩阵
{
    int i,j;
    fscanf(input,"%d %d",&n,&m);        // 输入节点数和边数
    DBG(printf("%d nodes, %d edges\n",n,m));
    if (m==0 && n==0) return 0;         // 输入以 n 和 m 取 0 结束
    for (i=0; i<n; i++)                 // 邻接矩阵初始化为空
        for (j=0; j<n; j++) a[i][j] = 0;
```

```
    while (m--)                              // 依次输入 m 条边信息，构造无向图的邻接矩阵
        {
            fscanf(input,"%d %d",&i,&j);
            a[i][j] = a[j][i] = 1;
        }
    return 1;
}
void visit (int i, int l)                    // 递归计算当前路径（目前行至节点 i，路长为 l），调整
                                             // 最长路长
{
    int j;
        for (j=0; j<n; j++)                  // 搜索 i 节点相关的未访问边
            if (a[i][j])                     // 若（i, j）未访问，则设访问标志
                { a[i][j]= a[j][i]=0;
                visit(j,l+1);                // 沿 j 节点递归下去
                a[i][j] = a[j][i] = 1;       // 恢复（i, j）未访问标志
                }
    if (l>best) best=l;                      // 若当前路长为最长，则调整最长路的长度
}
void solve_case()                            // 计算和输出当前测试用例的解
{
    int i;
    best = 0;                                // 最长路的长度初始化
    for (i=0; i<n; i++)                      // 依次递归以每个节点为首的路径，调整最长路长
        visit(i,0);
    printf("%d\n",best);                     // 输出最长路长
}
int main()
{
    input = fopen("catan.in","r");           // 输入文件初始化
    assert(input!=NULL);
    while (read_case()) solve_case();        // 反复输入测试用例，计算和输出解，直至程序结束
    fclose(input);                           // 关闭输入文件
    return 0;
}
```

3.5 相关题库

【3.5.1 Transportation】

Ruratania 在包括运输业在内的多个领域中，正在建立新型的企业化的运作机制。运输公司 TransRuratania 要开设从城市 *A* 到城市 *B* 的一趟新的特快列车，途中要停若干站。车站依次编号，城市 *A* 编号为 0，城市 *B* 编号为 *m*。公司要进行一项实验，以改进乘客的运输量，并增加其收入。这列火车的最大容量为 *n* 位乘客。火车票的价格等于出发站和目的地站（包括目的地站）之间的停车次数（也就是站的数量）。在列车从城市 *A* 出发之前，从线路上所有站订票的信息已经被获取完毕。一份车站 *S* 的订票订单是从车站 *S* 出发到一个确定的目的地站的所有预订。如果因为乘客容量的限制，公司有可能不能接受所有的订单，公司的策略是，对于每个站的每一份订票订单，要么完全接受，要么完全拒绝。

请编写一个程序，基于城市 *A* 到城市 *B* 的线路上的车站给出的订单，确定 TransRuratania 公司最大可能的总收入。一个被接受订单的收入是订单中乘客的数量和他们的车票价格的乘积。公司总收入则是所有被接受的订单收入的总和。

输入

输入被划分为若干个测试用例。每个测试用例的第一行包含 3 个整数：列车乘客的最大容量 *n*、城市 *B* 的编号和所有车站被预订的车票总数。下面的行给出订票订单。每份订单包

含 3 个整数：出发站、目的地站和乘客数量。在每个测试用例中，最多有 22 份订单，城市 B 编号最多为 7。测试用例以第一行的 3 个整数全部取 0 作为输入结束。

输出

除输入结束标志以外，对每个测试用例，输出一行，每行给出最大可能的总收入。

样例输入	样例输出
10 3 4 0 2 1 1 3 5 1 2 7 2 3 10 10 5 4 3 5 10 2 4 9 0 2 5 2 5 8 0 0 0	19 34

试题来源：ACM Central European Regional Contest 1995

在线测试：POJ 1040，UVA 301

 **提示**

显而易见，本题应采用回溯法求解。

（1）回溯搜索前的预处理

最大收入 best，初始时为 0；订单数，即所有车站被预订的车票总数为 count。

订单序列为 orders[]，其中第 i 份订单的起始站为 orders[i].from，目的地站为 orders[i].to，旅客数为 orders[i].passangers。若公司接受该订单，则收入为 orders[i].price=(orders[i].to−orders[i].from) *orders[i].passangers（$0 \le i \le$ count−1）。

我们以 price 域为关键字，按递增顺序排列订单序列 orders[]。计算接受剩余订单的收入总和 orders[i].remaining= $\sum_{k=i}^{count-1}$ orders[k].price，该域在回溯算法中列为最优性条件。回溯搜索时，我们按照 orders[ ] 的顺序枚举每份订单。

车站序列为 train[]，其中车站 i 的旅客数为 train[i]，初始时 train[] 清零。

（2）回溯搜索

我们按照接受订单的收入递增顺序搜索每份订单。

状态：求解过程中每一步的状况为当前订单 start，已接受的订单收入为 earnings，这两个参数被列为递归过程的值参 (start，earnings)。另外，各个车站的人数 train[] 也为状态，因为公司一旦接受订单，则需要累计途经火车站的人数，判断是否超载，回溯时需要恢复订单接受前途经火车站的人数。为了避免内存溢出，train[] 为全局变量。

最优目标状态的条件 earnings > best：若当前收入最大，则调整最大收入（best=earnings）。

搜索范围为 start ≤ k ≤ count−1。

订单 k 是否被接受，需要同时满足约束条件和最优性要求。

最优性要求 earnings+orders[k].remaining<best：若即使按收入最大化要求，全部接受剩

余订单也不可能更优，则拒绝 k 订单，回溯；否则进行判断。

约束条件：订单 k 途经的每个火车站 i（orders[k].from ≤ i ≤ orders[k].to−1）增加了订单 k 的旅客后没有超载，即 train[i] += orders[k].passangers) ≤ n。

- 若不满足约束条件，则拒绝订单 k，恢复先前订单 k 途经的每个火车站人数（for(; i >= orders[k].from; i--) train[i] −= orders[k].passangers）。
- 若满足约束条件，则接受订单 k，递归子状态 (k + 1, earnings + orders[k].price)。回溯时，恢复订单 start 接受前各车站的人数（for(; i >= orders[k].from; i--) train[i] −= orders[k].passangers）。

显然，递归状态（0，0）后得出的 best 即问题解。

【3.5.2　Don't Get Rooked】

在国际象棋中，车是一个可以纵向或横向移动任意个方格的棋子。本题我们仅考虑小棋盘（最多 4 × 4），棋盘上还设置了若干堵墙，车无法通过墙。本题的目标是使棋盘上的车两两之间不能相互攻击对方。在棋盘上，一个合法的车的放置方法是没有两个车在同一水平行或垂直行，除非至少有一堵墙将它们分隔开。

图 3.5-1 给出了五张相同的棋盘。第一张图是空的棋盘，第二和第三张图给出了合法放置车的棋盘，而第四和第五张图则是非法放置车的棋盘。这张棋盘可以合法放置的车的最大数量是 5；第二张图给出了一种放置方法，当然还有其他放置方法。

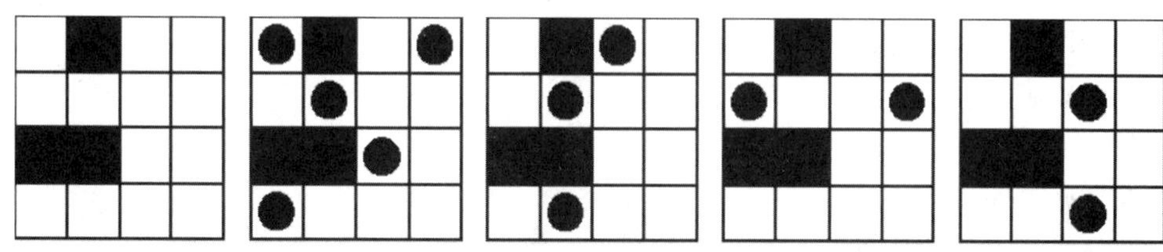

图　3.5-1

请编写一个程序，给出一张棋盘，计算在棋盘上可以合法放置车的最大数量。

输入

输入给出一张或多张棋盘的描述，然后在一行中给出数字 0 表示输入结束。每张棋盘的描述先在一行中给出一个正整数 n，表示棋盘的大小，n 最多为 4。接下来的 n 行每行描述棋盘的一行，一个“.”表示一个可以放置车的方格，而大写字母“X”表示墙。输入中没有空格。

输出

对于每一个测试用例，输出一行，给出在棋盘上可以合法放置的车的最大数量。

样例输入	样例输出
4 .X.. .... XX.. 2	5 1 5 2 4

（续）

样例输入	样例输出
XX .X 3 .X. X.X .X. 3 ... .XX .XX 4 0	

试题来源：ACM Mid-Central USA 1998

在线测试：POJ 1315，UVA 639

提示

我们给每个棋格定义 3 个标志：

- “.”标志；
- 合法放置车的“P”标志；
- 墙标志“X”。

在计算棋盘上合法放置的最大车的数量前，做预处理：在棋盘的外围（0 行、size+1 行和 0 列）添加一堵墙（如图 3.5-2 所示）。

按由上而下、由左而右的顺序搜索每个棋格。显然，若越过 (x, y) 左方和上方连续个“.”格后遇到的第 1 个格是“X”格，则 (x, y) 是车的安全放置位置，标志 (x, y) 是“P”格；否则 (x, y) 不是车的安全放置位置。

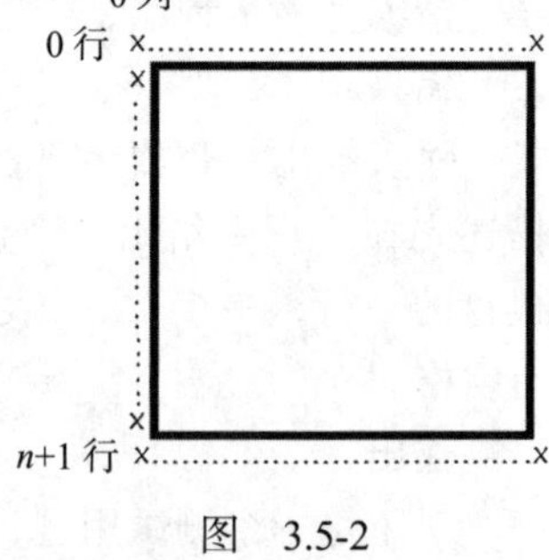

图 3.5-2

我们可以通过回溯法计算棋盘上可合法放置的最大车数。设 nPlaced 为当前合法放置的车数，mostPlaced 为可放置的最多车数，初始时 mostPlaced 为 0。

状态：求解过程中每一步的状况包括：

- 当前格 (x, y)，该参数被列为递归过程的值参；
- 棋盘 board[ ][ ]，为了避免溢出，将其设为全局变量，回溯时需恢复递归前的状态。

搜索范围 $x \leqslant n$：按照自上而下的顺序搜索 n 行。

约束条件 (x, y) 是“.”格且为车的安全放置位置：若满足该约束条件，则 (x, y) 置“P”标志；递归 $(x, y+1)$ 后得出的车数 +1 即当前方案合法放置的车 nPlaced。若该车数为目前最大（nPlaced>mostPlaced），则调整 mostPlaced=nPlaced。回溯时，需恢复递归前的棋盘状态，即恢复 (x, y) 递归前的“.”标志。

无论 (x, y) 是否满足约束条件，都需要计算下一个搜索位置：若 $y \geqslant n$，则下一个搜索位置为 $(x+1,1)$；否则下一个搜索位置为 $(x, y+1)$。

显然，从 (1, 1) 格出发进行回溯搜索，便可计算出可放置的最多车数 mostPlaced。

【3.5.3 8 Queens Chess Problem】

在国际象棋的棋盘上，可以放置 8 个皇后，使得没有一个皇后会被其他的皇后攻击。给出一个皇后的初始位置，请编写一个程序，确定所有可能的 8 个皇后的放置方法。

不要试图写一个程序计算 8 个皇后在棋盘上每一个可能的 8 种放置。这将要进行 8^8 次的计算，会使系统崩溃。对于你的程序，会有一个合理的运行时间约束。

输入

程序的输入是用一个空格分隔开的两个数字。这些数字表示在棋盘上 8 个皇后中的一个所占据的位置。给出的棋盘是合法的，程序不需要对输入进行验证。

为了规范表示，本题设定棋盘左上角的位置是 (1, 1)。水平行最上面的行是第 1 行，垂直列最左边的列是第 1 列。如图 3.5-3 所示，方格 (4,6) 意味着第 4 行第 6 列。

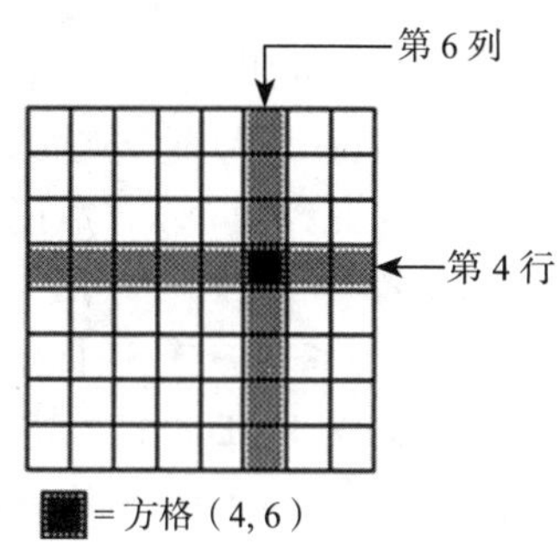

图 3.5-3

输出

程序的输出是一行一个解答。

每个解答是 1…N 的数字序列。每个解由 8 个数字组成。这 8 个数字每一个都是解答的行坐标。列坐标按 8 个数字的顺序给出。也就是说，第 1 个数字是在第 1 列的皇后的行坐标，第 2 个数字是在第 2 列的皇后的行坐标，以此类推。

下述的样例输入产生 4 个解答，下面给出每个解答的完整的 8 × 8 表示。

```
解答 1      解答 2      解答 3      解答 4
10000000   10000000   10000000   10000000
00000010   00000010   00000100   00001000
00001000   00010000   00000001   00000001
00000001   00000100   00100000   00000100
01000000   00000001   00000010   00100000
00010000   01000000   00010000   00000010
00000100   00001000   01000000   01000000
00100000   00100000   00001000   00010000
```

如上所述，每个解答仅输出一行，用 8 个数字表示。解答 1 将皇后放置在第 1 行第 1 列，第 5 行第 2 列，第 8 行第 3 列，第 6 行第 4 列，第 3 行第 5 列，…，第 4 行第 8 列。

按样例输出所示，输出两行列标题，并按字典序输出解答。

样例输入	样例输出
1 1	SOLN COLUMN # 1 2 3 4 5 6 7 8 1 1 5 8 6 3 7 2 4 2 1 6 8 3 7 4 2 5

（续）

样例输入	样例输出
	3　17468253 4　17582463

试题来源：ACM East Central 1988

在线测试：UVA 750

提示

（1）离线计算 8 个皇后的所有放置方案

在确定一个皇后位置的情况下，其余 7 个皇后的放置方案有多种。我们不妨先离线计算出 8 个皇后的所有放置方案，将这些方案存放在一个记录表中。以后，每输入一个皇后位置 (r, c)，就在记录表中查询所有含 (r, c) 的方案。

设方案数为 l；方案记录表为 sol[][]，其中 sol[*k*][*j*] 为第 k 个方案中位于第 j 列上皇后的行位置（$0 \leqslant k \leqslant l-1$，$0 \leqslant j \leqslant 7$）；当前方案为 temp[]，其中第 i 列上皇后的行位置为 temp[*i*]（$0 \leqslant i \leqslant 7$）；行标志为 row[]，其中 row[*i*]=true 标志第 i 行目前未放置皇后；左对角线标志为 leftDiag[]，其中 leftDiag[*k*]=true 标志第 k 条左对角线目前未放置皇后，经过 (r, c) 的左对角线序号 $k=r+c$；右对角线标志为 rightDiag[]，其中 rightDiag[*k*] =true 标志第 k 条右对角线目前未放置皇后，经过 (r, c) 的右对角线序号 $k=c-r+8$。计算左右对角线序号的思想方法可参阅例题【3.4.2 The Sultan's Successors】。

我们采用回溯法计算 8 个皇后的所有放置方案。

状态：求解过程中每一步的状况包括：

- 当前列 c，该参数列为递归过程的值参。
- 行标志 row[ ]、左对角线标志 leftDiag[ ] 和右对角线标志 rightDiag[]。为了避免溢出，将其设为全局变量，回溯时需恢复递归前的状态。

边界条件 c == 8：若 8 列搜索完，则第 9 列皇后的行位置设为 0（temp[8] = 0），当前方案记为第 l 个方案（strcpy (sol[*l*], temp)），下一个方案的序号 *l*++，回溯（return）。

搜索范围 $0 \leqslant r \leqslant 7$：若 8 列未搜索完，则按自上而下的顺序搜索 c 列的每一格。

约束条件 (row[*r*] && rightDiag[*c*−*r*+8] && leftDiag[*c*+*r*])=true：若 r 行和经过 (r, c) 的左右对角线目前没有皇后，则设定 r 行和经过 (r, c) 的左右对角线有皇后标志（row[*r*] = rightDiag[*c*−*r*+8] = leftDiag[*r*+*c*]=false），(r, c) 放置皇后（temp[*c*] =*r*），递归 c+1 列。回溯时，恢复递归前 row[]、leftDiag[] 和 rightDiag[] 的值（row[*r*]=rightDiag[*c*−*r*+8]=leftDiag[*r*+*c*]=true）。

显然从 0 列出发进行递归，便可得出 8 个皇后放置的方案记录表 sol[][]。

（2）从方案记录表 sol[][] 中找出含皇后位置 (r, c) 的放置方案

每输入 1 个皇后位置 (r, c)，则检索方案记录表 sol[ ][ ]：若 sol[*i*] 满足条件 (sol[*i*][*c*−1] == *r*−1)=true，则 sol[*i*][0]…sol[*i*][7] 是含皇后位置 (r, c) 的一个放置方案（$0 \leqslant i \leqslant l-1$）。

本篇小结

本篇既是程序设计语言课程的复习，也是数据结构实验课程的入门。我们引领读者进行简单计算、简单模拟和简单递归的编程实验。

所谓简单计算指的是在“输入－处理－输出”的编程模式中，计算处理过程相对简单，重心放在提高程序可读性并按照格式和效率要求输入/输出上。本篇通过编程解简单计算题的实验，引导读者初步实现“四个学会”。

1）学会如何编写结构清晰、可读性强的程序。

2）学会如何正确处理多组测试数据，例如根据输入结束标志和组内数据结束标志设计循环结构；在所有测试数据采用同一运算且运算结果的数据范围已知的情况下，采用离线计算方法提高计算时效。

3）学会如何通过设定和使用精度常量来减少实数运算的精度误差。

4）学会通过使用二分法来避免蛮力计算，例如采用减半递推计算求解问题，在数据有序的情况下进行二分查找。

要提高编程能力，需要从熟练掌握基本的编程方法做起。

所谓模拟法（simulation）指的是模拟某个过程，通过改变数学模型的各种参数，进而观察变更这些参数所引起过程状态的变化，展开算法设计。本篇所述的简单模拟，指的是问题描述详细地给出了完成某一过程的步骤或规则，程序只需严格按照题意要求模拟过程即可。模拟形式一般有随机模拟和过程模拟，由于随机模拟的效果有不确定因素，不适合在线测试，因此本篇侧重于结果无二义性的过程模拟，通过实例演示了过程模拟的3种基本方法——直叙式模拟、筛选法模拟和构造式模拟。

所谓递归（recursion）指的是子程序在其定义或说明中直接或间接调用自身，是程序调用自身的一种编程技巧。本篇主要讲解了计算递归形式的函数值、按递归算法求问题解和按数据结构形式的递归定义编写程序的基本方法，特别介绍了递归算法的经典应用——回溯法。在第三篇和第四篇中将详述树的遍历规则、图的深度优先搜索的遍历规则，其数据的结构形式就是按照递归定义的。

本篇中涉及二分法、递归、模拟等基础算法。所谓算法就是编程解决实际问题的步骤和方法。Pascal语言之父、结构化程序设计的先驱Niklaus Wirth写过一本非常著名的书——《算法+数据结构=程序》。从书名就可以看出，算法和数据结构有着千丝万缕的联系：算法表述了程序解决问题的行为特性；数据结构表述了程序中数据对象的结构特性；简捷高效的算法很大程度上出于对数据结构的正确选取，而施于数据的逻辑结构和物理结构上的操作也属算法之列。因此掌握数据结构的设计方法是编程解题的基础。

数据结构有三种表示形式：线性表、非线性的树和图。我们将在第二篇、第三篇和第四篇中分别展开这三类数据结构的编程实验。

第二篇

线性表的编程实验

线性的数据结构，也称为线性表，是由有限个数据元素组成的有序集合，每个数据元素有一个数据项或者多个数据项。这种数据结构是最简单、最常用的，其特征如下。

- 均匀性：在同一线性表中，各个数据元素的数据类型是相同的。例如，字符串是一个线性表，在字符串中，每一个数据元素为单个字符；又如，学生成绩表中的每个数据元素为一个包含学生姓名、学号、若干学科成绩等数据项的结构体，表征了一个学生的信息，因此学生成绩表也是一个线性表。
- 有序性：在线性表中，数据元素之间的相对位置是线性的，即存在唯一的“第一个”和“最后一个”数据元素。除第一个和最后一个元素之外，线性表中的其他元素前后均只有一个数据元素，称为直接前驱和直接后继。例如，字符串中的字符和学生成绩表中的前后元素间就存在着这种“一一对应”的关系。

根据存储方式的不同，本篇基于三类线性表，即直接存取类线性表、顺序存取类线性表和广义索引类线性表，展开编程实验和线性表的排序实验。

第 4 章

应用直接存取类线性表编程

直接存取类线性表，指的是可以直接存取某一指定项而不须先访问其前驱或后继的线性表。数组是这类数据结构的最典型代表。

数组是存储于一个连续存储空间中且具有相同数据类型的数据元素的集合，是一种定长的线性表。若数组元素不再有分量，则该序列是一维数组；若数据元素为数组，则称该序列为多维数组。在数组中，数据元素的下标间接反映了数据元素的存储地址，在数组中存取一个数据元素只要通过下标计算它的存储地址就行了，因此在数组中存取任意一个元素的时间都为 $O(1)$。从这个意义上讲，数组的存储结构是一个可直接存取的结构。字符串、表格都属于直接存取类线性表，例如，可以按下标直接存取字符串中的某一字符，也可以按记录号检索表格中的某一记录。

以数组为代表的直接存取类线性表是程序设计中使用最多的数据结构。

4.1 数组应用的四个典型范例

日期计算、多项式的表示与处理、高精度数的表示与处理、数值矩阵的运算是数组应用的四个典型范例。本节围绕这四个典型范例展开编程实验。

4.1.1 日期计算

日期由年、月、日来表示。日期类型的题目可以用数组作为数据结构，存储方式一般有两种：

- 用一个结构数组存储，数组元素为一个包含年、月、日等信息的结构体；
- 分别使用记录年、月、日的 3 个整数数组存储。

将输入的日期通过线性表组织起来，其结构特征不仅充分体现了线性表“有限性”（日期元素的个数有限）、“有序性”（日期元素一个接一个排列）、“均匀性”（各日期元素的类型相同）的性质，而且表长相对固定，可直接按下标存取日期元素。因此存储日期元素的线性表是一种典型的直接存取类线性表。

由于日期的计算和日历法的转换需要在表述日期的数据间进行运算，而输出的月份或周几一般需要相应的英文表述，因此可将这些英文表述设成一个线性的字符串常量表，其下标与日期数字对应。计算得出日期数据后，以它为下标，即可从表中找出对应的字符串。下面给出日期计算的两个实例。

【4.1.1.1 Calendar】

日历是用于表述时间的系统，从小时到分钟，从月到日，最后从年份到世纪。术语小时、日、月、年、世纪都是日历系统表述时间的单位。

按照目前国内使用的阳历，闰年被定义为能被 4 整除的年份，但是能被 100 整除而不能被 400 整除的年是例外，它们不是闰年。例如 1700、1800、1900 和 2100 年不是闰年，而 1600、2000 和 2400 年是闰年。给定公元 2000 年 1 月 1 日后的天数，请你计算这一天是哪年哪月哪日星期几。

输入

输入包含若干行，每行包含一个正整数，表示 2000 年 1 月 1 日后的天数。输入最后一行是 -1，程序不必处理。可以假设输出的年份不会超过 9999。

输出

对每个测试用例，输出一行，该行给出对应的日期和星期几。格式为“YYYY-MM-DD DayOfWeek”，其中“DayOfWeek”必须是下面中的一个：“Sunday”“Monday”“Tuesday”“Wednesday”“Thursday”“Friday”或“Saturday”。

输入样例	输出样例
1730 1740 1750 1751 -1	2004-09-26 Sunday 2004-10-06 Wednesday 2004-10-16 Saturday 2004-10-17 Sunday

试题来源：ACM Shanghai 2004 Preliminary

在线测试：POJ 2080，ZOJ 2420

试题解析

首先设计两个函数：

1）days_of_year(year)：计算 year 年的天数。若 year 能被 4 整除但不能被 100 整除，或者 year 能被 400 整除，则 year 年是闰年，全年 366 天；否则 year 年是平年，全年 365 天。

2）days_of_month(month, year)：计算 year 年 month 月的天数。在 month==2 的情况下，若 year 年是闰年，则该月天数为 29 天，否则，year 年是平年，该月天数为 28 天；在 month==1、3、5、7、8、10、12 的情况下，该月天数为 31 天；在 month==4、6、9、11 的情况下，该月天数为 30 天。

我们以 2000 年 1 月 1 日（星期六）为基准，按照如下方法计算 n 天后的年、月、日和星期的信息：设 year、month、day 为表示年、月、日变量，wstr 为星期几的字符串常量。初始时 year=2000，month=1，day=1。设 n 是 2000 年 1 月 1 日后的天数。

首先计算星期几：以 2000 年 1 月 1 日的星期六为每周周期的开始，即 wstr[0..6]={"Saturday", "Sunday", "Monday", "Tuesday", "Wednesday", "Thursday", "Friday"}。显然 wstr[n % 7] 即 2000 年 1 月 1 日的 n 天后的星期几。

接下来计算 year：在 n>0 的情况下，若 $n \geq$ days_of_year(year)，则 n-=days_of_year(year)，++year，直至 days_of_year(year) 大于 n 为止，此时的 n 为 year 内的天数。

最后计算 month 和 day：在 n>0 的情况下，若 $n \geq$ days_of_month(month, year)，则 n-=days_of_month(month, year)，++month，直至 year 年 month 月的天数大于 n 为止，此时的 n 为 year 年 month 月内的天数。显然 day=n+day，n=0。

参考程序

```
#include <iostream>                          // 预编译命令
using namespace std;                         // 使用 C++ 标准程序库中的所有标识符
const char wstr[][20]                        // 周几的字符串常量
```

```
    = {"Saturday", "Sunday", "Monday", "Tuesday", "Wednesday", "Thursday",
        "Friday"};
int days_of_year(int year)                                  // 返回 year 年的天数
{
    if (year % 100 == 0)
        return year % 400 == 0 ? 366 : 365;
    return year % 4 == 0 ? 366 : 365;
}
int days_of_month(int month, int year)                      // 返回 year 年 month 月的天数
{
    if (month == 2)
        return days_of_year(year) == 366 ? 29 : 28;
    int d;
    switch (month) {
        case 1: case 3: case 5: case 7: case 8:
        case 10: case 12:
            d = 31;
            break;
        default:
            d = 30;
    }
    return d;
}
int main(void)
{
    int n;
    cin >> n;                                               // 输入第 1 个测试用例
    while (n >= 0) {
        int year, month, day, week;
        week = n % 7; // 为方便起见，将星期六（2000 年 1 月 1 日为星期六）作为一个星期的开始
        year = 2000;
        month = 1;
        day = 1;
        while (n) {
            if (n >= days_of_year(year)) {                  // 先枚举到指定年份
                n -= days_of_year(year);
                ++year;
            } else if (n>=days_of_month(month, year)){ // 再枚举到指定月份
                n -= days_of_month(month, year);
                ++month;
            } else {                                        // 最后确定日期
                day += n;
                n = 0;
            }
        }
        // 按照格式要求输出对应的日期和星期几
        cout << year << '-' << (month < 10 ? "0" : "") << month << '-'
            << (day < 10 ? "0" : "") << day << ' ' << wstr[week] << endl;
        cin >> n;                                           // 输入下一个测试用例
    }
    return 0;
}
```

【4.1.1.2　What Day Is It?】

现在使用的日历是从古罗马时期演变来的。Julius Caesar 编纂了日历系统，后来被称为 Julius 历。在这个日历系统中，4 月、6 月、9 月和 11 月有 30 天；非闰年的 2 月有 28 天，闰年的 2 月则有 29 天；其他月份有 31 天。此外，在这个日历系统中，闰年是每 4 年 1 次。这是由于古罗马的天文学家计算出 1 年有 365.25 天，因此在每 4 年之后，需要添加额外的一天以保持季节的正常。为此，每 4 年要在一年中增加额外的一天（2 月 29 日）。

Julians 历规则：如果年份是 4 的倍数，则该年是闰年，即有额外的一天（2 月 29 日）。

在 1582 年，天文学家们注意到，该年不是 365.25 天，而是接近 365.2425 天。因此，闰年的规则被修订。

Gregorian 历（公历）规则：年份是 4 的倍数是闰年，但如果这一年是 100 而不是 400 的倍数，则不是闰年。

为了弥补在那个时候已经造成的季节与日历的差异，日历被挪后了 10 天：在第二天，1582 年 10 月 4 日被宣布为 10 月 15 日。

英国（当然，那时还包括美国）当时没有改用公历，一直到 1752 年，才将 9 月 2 日宣布为 9 月 14 日。

请你编写一个程序，对美国使用日历的日期进行转换，并输出是星期几。

输入

输入是一个大于零的正整数序列，每行 3 个代表日期的整数，一个日期一行。日期的格式是"月　日　年"，其中月是 1 ～ 12 的正整数（1 表示 1 月，12 表示 12 月，等等），日是一个 1 ～ 31 的正整数，而年则是一个正整数。

输出

输出按照样例输出中给出的格式给出输入的日期和星期几。在美国使用的日历中，无效的日期或不存在的日期则要输出一个指出无效日期错误消息。输入以三个 0 结束。

样例输入	样例输出
11 15 1997	November 15, 1997 is a Saturday
1 1 2000	January 1, 2000 is a Saturday
7 4 1998	July 4, 1998 is a Saturday
2 11 1732	February 11, 1732 is a Friday
9 2 1752	September 2, 1752 is a Wednesday
9 14 1752	September 14, 1752 is a Thursday
4 33 1997	4/33/1997 is an invalid date
0 0 0	

试题来源：ACM Pacific Northwest 1997

在线测试：ZOJ 1256，UVA 602

试题解析

由于输出转换后的日期中，月份和星期是字符串，因此给出月份和星期的字符串常量：

```
const  char wstr[ ][maxs]          //表示周几的字符串常量
={"Sunday","Monday","Tuesday","Wednesday","Thursday","Friday","Saturday"};
const  char mstr[ ][maxs]          //表示月份的字符串常量
    = {"", "January", "February", "March", "April","May","June", "July","August",
         "September", "October", "November", "December"};
```

一旦确定月份和星期的整数，将其作为对应字符串常量数组的下标，便可以直接取出表述日期的字符串。设 year、month 和 day 为当前日期的年月日整数；old 为当前日期属于 1752 年 9 月 2 日前的标志，即 old=（year < 1752 || (year == 1752 && month < 9) || (year == 1752 && month == 9 && day <= 2)）。

若 old==true 且 year 能被 4 整除，则 year 是闰年；否则若 year 能被 4 整除但不能被 100

整除，或者能被 400 整除，则 year 是闰年。

基于 old，设计如下 4 个函数：

- isLeap(year, old)：判断 year 是否为闰年。
- days_of_year(year, old)：计算 year 年的天数。
- days_of_month(month, year, isLeap(year, old))：计算 year 年 month 月的天数。
- valid(month, day, year, old)：判断 year 年 month 月 day 日是否为无效日期。若 (year ≥ 1) &&(1 ≤ month ≤ 12)&&(1 ≤ day ≤ days_of_month(month, year, isLeap(year, old)) &&(该日期不在 1752 年 9 月 3 ～ 13 日的范围内)，则有效。

有了以上基础，便可以展开主算法了：反复读入当前日期的 year、month、day，每读入一个日期，按照下述方式进行转换。

计算当前是否日期属于 1752 年 9 月 2 日前的标志 old；通过执行 valid(month, day, year, old) 函数判别该日期是否为无效日期。若是，则输出无效日期信息，并继续读下一个日期；否则计算累计公元 0 年至该日期的总天数；sum= $\sum_{i=1}^{year-1} day\_of\_year(i, old) + \sum_{i=1}^{month-1} day\_of\_month(i, year, isleap(yeat, old)) + day$；若该日期在 1752 年 9 月 2 日之后，则为星期 (sum % 7)；否则为星期 ((sum+5)% 7)，输出转换后的日期，并继续读下一个日期。

上述过程一直进行至 year、month 和 day 全为 0 为止。

参考程序

```
#include <iostream>                                   // 预编译命令
#include <cstdio>
#include <cstring>
using namespace std;                                  // 使用 C++ 标准程序库中的所有标识符
const int maxs = 20;                                  // 字符串常量表的容量
const char wstr[][maxs]                               // 表示周几的字符串常量
    = {"Sunday", "Monday", "Tuesday", "Wednesday", "Thursday", "Friday", "Saturday"};
const char mstr[][maxs]                               // 表示月份的字符串常量
    = {"", "January", "February", "March", "April","May", "June", "July",
        "August", "September", "October", "November", "December"};
bool isLeap(int year, bool old = false)               // 判断 year 是否闰年
{
    if (old)                                          //year 年 month 月 day 日在 1752 年 9
                                                      //月 2 日前
        return year % 4 == 0 ? true : false;
    return (year % 100 == 0 ? (year % 400 == 0 ? true : false) : (year % 4 == 0 ?
        true : false));
}
int days_of_month(int month, int year, bool leap) // 返回 year 年 month 月的天数
{
    if (month == 2)
        return leap ? 29 : 28;
    int d;
    switch (month) {
        case 1: case 3: case 5: case 7: case 8:
        case 10: case 12:
            d = 31;
            break;
        default:
```

```
            d = 30;
    }
    return d;
}
int days_of_year(int year, bool old)                // 返回year年的天数
{
    return isLeap(year, old) ? 366 : 365;
}
int getNum(char s[], const char ss[][maxs], int tot) // 返回s在ss中的位置，如果s在ss
                                                    // 中不存在，则返回-1
{
    int i = 0;
    while (i < tot && strcmp(s, ss[i]))
        ++i;
    return i < tot ? i : -1;
}
bool valid(int month, int day, int year, bool old) // 若year≥1且month∈{1..12}
    // 且day∈{1.. year年month月的天数}且year年month月day天不在1752年9月3日到
    // 1752年9月13日的范围内，则返回true；否则返回false
{
    if (year < 1)
        return false;
    if (month < 0 || month > 12)
        return false;
    if (day < 1 || day > days_of_month(month, year, isLeap(year, old)))
        return false;
    if (year == 1752 && month == 9 && 3 <= day && day <= 13)
        return false;
    return true;
}
bool isOld(int month, int day, int year)            // 若year年month月day日在1752
                                                    // 年9月2日前，则返回true；否则
                                                    // 返回false
{
    return year < 1752 || (year == 1752 && month < 9) ||
        (year == 1752 && month == 9 && day <= 2);
}
int main(void)                                      // 主函数
{                                                   // 主函数开始
    int month, day, year;
    cin >> month >> day >> year;                    // 读入日期
    while (month || day || year) {
        bool old = isOld(month, day, year);         // 计算该日期是否在1752年9月2日
                                                    // 前的标志
        if (!valid(month, day, year, old)) {        // 处理无效日期
            cout << month << '/' << day << '/' << year
                << " is an invalid date." << endl;
        } else {                                    // 累计公元0年至该日期的总天数
            int sum = 0;
            for (int yy = 1; yy < year; yy++)
                sum += days_of_year(yy, old);
            for (int mm = 1; mm < month; mm++)
                sum += days_of_month(mm, year, isLeap(year, old));
            sum += day;
            int week = sum % 7;                     // 计算周几
            if (old)                                // 若该日期在1752年9月2日前
                week = (week + 5) % 7;
            cout <<mstr[month]<<' '<<day<<", "<< year // 输出转换后的日期和星期几
                << " is a " << wstr[week] << endl;
        }
        cin >> month >> day >> year;                // 输入下一个测试组的日期
```

```
    }
    return 0;
}
```

4.1.2　高精度运算

程序设计语言所能表示和处理的整数和实数的精度通常是有限的，例如，在双精度方式下，计算机最多只能输出16位有效的十进制数，17位有效数字的正确性为90%（Double类型数据）。如果超过了这个范围，计算机就无法正确表示。在这种情况下，只能通过编程来解决。对于高精度数，有两个基本问题：

- 高精度数的表示；
- 高精度数的基本运算。

1. 高精度数的表示

用一个数组来表示一个高精度数：将数字按十进制位进行分离，将每位十进制数依次存储到一个数组中。在具体的实现中，先采用字符串来接收数据，然后将字符串中的各位字符转换为对应的十进制数，并按十进制位的顺序存储到一个数组中。例如，对于一个高精度正整数，接收与存储的程序段如下：

```
int a[100]={0};          // 数组a用来按位存储高精度正整数，初值全为0
int n;                   // n用来存储高精度正整数的位数
string s;                // 字符串s用来接收数据
cin>>s;                  //输入数串
n=s.length();            //计算位长
for (i=0; i<n; i++)      // 数组a从右向左，按位存储高精度正整数
    a[i]=s[n-i-1]-'0';
```

由上可见，高精度数按照十进制位的顺序存储在整数数组 a 中，数组下标对应高精度数的位序号，下标变量的元素值对应当前位的十进制数。因此 a 是一种典型的直接存取类线性表。

2. 高精度数的基本运算

高精度数的基本运算包括加、减、乘和除运算。

（1）高精度数的加减运算

高精度数最基本的运算是加和减。和算术的加减规则一样，程序中高精度数的加运算要考虑进位处理，高精度数的减运算则要考虑借位处理。

例如，求两个非负的高精度整数 x 和 y 相加的和。x 和 y 按如上的形式存储在数组 a 和数组 b 中，$n1$ 为 x 的位数，$n2$ 为 y 的位数，程序段如下：

```
for (i=0; i<( n1>n2 ? n1 : n2 ); i++ ){  //进行max{n1, n2}位加法
    a[i]=a[i]+b[i];                       //逐位相加
    if (a[i]>9) {                     // 进位处理
        a[i]=a[i]-10;
        a[i+1]++;
    }
}
```

再例如，求两个高精度正整数 x 和 y（$x>y$）相减的差。x 和 y 按如上的形式存储在数组 a 和数组 b 中，n 为 x 的位数。若 $x<y$，则 a 和 b 对换，相减后的差取负。数组 a 和数组 b 相减的程序段如下：

```
for (i=0; i<n; i++) {
```

```
if (a[i]>=b[i]) a[i]=a[i]-b[i];     //若对应位够减，则直接相减，否则借位相减
    else { a[i]=a[i]+10-b[i];
        a[i+1]--;
       }
    }
```

（2）高精度数的乘运算

在高精度数的加减运算的基础上，可以实现高精度数的乘运算。

要进行高精度数的乘法运算，首先要确定积的位数。设两个高精度正整数 a 和 b，LA 为 a 的位数，LB 为 b 的位数。a 和 b 乘积的位数至少为 LA+LB−1，若乘后的第 LA+LB−1 位有进位，则乘积位数为 LA+LB。所以，高精度正整数 a 和 b 的乘积的位数上限为 LA+LB。

高精度数乘运算的算法思想和算术的乘法规则一样：首先计算被乘数与乘数的每位数字的乘积，其中 $a[i]$ 乘 $b[j]$ 的积累加到数组 $c[i+j]$ 上，然后对累加结果 c 做一次性进位。

```
for (i=0; i<=LA-1; i++)  //被乘数 a 与乘数 b 的每位数字的乘积累加到积数组 c 的对应位上
for (j=0; j<=LB-1; j++)
    c[i+j] += a[i]*b[j];
for (i=0; i<LA+LB; i++)  //累加结果做一次性进位
if(c[i] >= 10)
    {
        c[i+1] += c[i]/10;
        c[i] %=10;
    }
```

【4.1.2.1　Adding Reversed Numbers】

Malidinesia 的古典喜剧演员（Antique Comedians of Malidinesia，ACM）喜欢演喜剧，而不太喜欢演悲剧。但不幸的是，大多数古典戏剧是悲剧。所以 ACM 的戏剧导演决定将一些悲剧改编为喜剧。显然，虽然所有的事物都改成了它们的反面，但因为必须保持剧本原有的意义，所以这项工作是很困难的。

反向数是将一个阿拉伯数字按相反的顺序写。把第一个数字写成最后一个数字，反之亦然。例如，在悲剧中主人公有 1245 只草莓，现在则有 5421 只草莓。在本题中，数字的所有前导零都要被省略。所以，如果数字结尾有零，写反向数时零要被略去（例如，1200 的反向数是 21）。此外，在本题中，反向数没有零结尾。

ACM 需要对反向数进行计算。请你将两个反向数相加，并输出它们的反向和。当然，结果不是唯一的，因为一个数可以是几个数的反向形式（例如 21 在反向前可以是 12、120 或 1200）。为此，本题设定没有 0 因为反向而丢失（例如，设定原来的数是 12）。

输入

输入由 N 个测试用例组成。输入的第一行仅给出正整数 N，然后给出若干测试用例。每个测试用例一行，由 2 个由空格分开的正整数组成。这是要相加的要被反向的数。

输出

对每个测试用例，输出一行，该行仅包含一个整数，将两个反向数进行求和，之后再反向。在输出时把前导 0 略去。

样例输入	样例输出
3 24 1	34 1998

（续）

样例输入	样例输出
4358 754 305 794	1

试题来源：ACM Central Europe 1998

在线测试：POJ 1504，ZOJ 2001，UVA 713

试题解析

设 Num[0][0] 为被加数的长度，被加数按位存储在 Num[0][1..Num[0][0]] 之中；Num[1][0] 为加数的长度，加数按位存储在 Num[1][1..Num[1][0]] 之中；Num[2][0] 为和的长度，和按位存储在 Num[2][1..Num[2][0]] 之中。

首先，分别输入被加数和加数的数串，在舍去尾部的无用 0 后将它们存入 Num[0] 和 Num[1]，再将它们反向存储。然后，Num[0] 和 Num[1] 相加得出和数组 Num[2]。最后反向输出 Num[2]，注意略去尾部的无用 0。

参考程序

```
#include <iostream>                              // 预编译命令
#include <cstdio>
#include <cstring>
#include <string>
using namespace std;                             // 使用 C++ 标准程序库中的所有标识符
int Num[3][1000]; //Num[0][0] 为被加数的长度，被加数为 Num[0][1..Num[0][0]]; Num[1][0]
    // 为加数的长度，加数为 Num[1][1..Num[1][0]]; Num[2][0] 为和的长度，和为 Num[2][1..
    // Num[2][0]]
void Read(int Ord)                               // Ord==0，输入和处理被加数；Ord==1，输入和
                                                 // 处理加数
{
    int flag=0;
    string Tmp;
    cin>>Tmp;                                    // 读数串
    for(int i=Tmp.length()-1;i>=0;i--)          // 由右而左分析每个数字符
    {
        if (Tmp[i]>'0') flag = 1;                // 舍去尾部的无用 0 后存入高精度数组 Num[Ord]

        if (flag) Num[Ord][++Num[Ord][0]] = Tmp[i] - '0';
    }
    for(int i=Num[Ord][0],j=1;i>j;i--,j++) // 计算反向数 Num[Ord]
    {
        flag = Num[Ord][i];
        Num[Ord][i] = Num[Ord][j];
        Num[Ord][j] = flag;
    }
}
void Add()
{
    Num[2][0] = max(Num[0][0],Num[1][0]); // 加数和被加数的最大长度作为相加次数
    for(int i=1;i<=Num[2][0];i++)               // 逐位相加
        Num[2][i] = Num[0][i] + Num[1][i];
    for(int i=1;i<=Num[2][0];i++)               // 进位处理
    {
        Num[2][i+1] += Num[2][i]/10;
        Num[2][i] %= 10;
    }
```

```
    if(Num[2][Num[2][0]+1] > 0)              // 处理最高位的进位
        Num[2][0] ++;
    int flag = 0;
    for(int i=1;i<=Num[2][0];i++)            // 反向输出和（去除前导0）
    {
        If (Num[2][i]>0) flag = 1;
        if (flag) printf("%d",Num[2][i]);
    }
    printf("\n");
}
int main()                                   // 主函数
{                                            // 主函数开始
    int N;                                   // 输入测试用例数
    cin>>N;
    for(N;N;N--)                             // 输入和处理每个测试用例
    {
        memset(Num,0,sizeof(Num));           // 高精度数组初始化为0
        Read(0);                             // 输入处理和被加数
        Read(1);                             // 输入处理和加数
        Add();                               // 相加后反向输出
    }
    return 0;
}
```

有时候，同类的高精度运算需要反复进行（例如计算乘幂或多项式）。在这种情况下，采用面向对象的程序设计方法可使程序结构更清晰、运算更简便。

【4.1.2.2 VERY EASY !!! 】

输入

输入有若干行，在每一行中给出整数 N 和 A 的值 $(1 \leqslant N \leqslant 150,\ 0 \leqslant A \leqslant 15)$。

输出

对于输入的每一行，在一行中输出级数 $\sum_{i=1}^{N} i * A^i$ 的整数值。

样例输入	样例输出
3 3 4 4	102 1252

试题来源：THE SAMS' CONTEST

在线测试：UVA 10523

试题解析

由级数 $\sum_{i=1}^{N} i * A^i$ 中项数 N 的上限（150）、底数 A 的上限（15）可以看出，计算乘幂、当前项以及数的和要采用高精度运算。由于计算过程需要反复进行高精度的乘法和加法，因此采用面向对象的程序设计方法是比较适合的。

定义一个名称为 bigNumber 的类，其私有（private）部分为长度一个为 len 的高精度数组 a，被 bigNumber 类的对象和成员函数访问；其公共（public）界面包括：

- bigNumber()——高精度数组 a 初始化为 0。
- int length()——返回高精度数组 a 的长度。
- int at(int k)——返回 $a[k]$。
- void setnum(char s[])——将字符串 s[] 转换成长度为 len 的高精度数组 a。

- bool isZero()——判断高精度数组 a 是否为 0。
- void add(bigNumber &x)——高精度加法运算：$a \leftarrow a+x$。
- void multi(bigNumber &x)——高精度乘法运算：$a \leftarrow a \times x$。

它们是程序可使用的全局函数。

有了上述类的定义，计算 $\sum_{i=1}^{N} i * A^i$ 的过程就变得非常简洁和清晰了。

1）首先，定义底数 a 和乘幂 ap 为 bigNumber 类的对象（bigNumber a, ap）；将底数串 s 转化为高精度数组 a（a.setnum(s)）；乘幂数组 ap 初始化为 1（ap.setnum(“1”)）；定义数的和 sum 为 bigNumber 类的对象（bigNumber sum）。

2）然后循环 n 次，每次循环计算当前项 $i*A^i$，并累加入数的和 sum：

- 定义当前项 num 为 bigNumber 类的对象（bigNumber num）；
- num 初始化为 i（sprintf(s, "%d", i; num.setnum(s)）；
- 计算乘幂 ap ← ap × a 和当前项 num ← num × ap（ap.multi(a)；num.multi(ap)；）；
- 累加当前项 sum ← sum+num（sum.add(num)）。

3）输出级数 $\sum_{i=1}^{N} i * A^i$。

参考程序

```
#include <cstdio>
#include <cstring>
const int maxlen = 500;                    // 高精度数组 a 的容量
const int maxs = 5;                        // 底数串 s 的容量
class bigNumber {                          //bigNumber 类的声明
    private:                               // 私有部分：长度为 len 的高精度数组 a
        int a[maxlen];
        int len;
    public:                                // 公共界面：
        bigNumber() {                      //a 数组初始化为 0
            memset(a, 0, sizeof(a));
            len = 1;
        }
        int length() {                     // 返回高精度数组 a 的长度
            return len;
        }
        int at(int k) {                    // 返回 a[k]
            if (0 <= k && k < len) return a[k];
            return -1;
        }
        void setnum(char s[]) {            // 将字符串 s[] 转换成长度为 len 的高精度数组 a
            len = 0;
            for (int i = strlen(s) - 1; i >= 0; i--)
                a[len++] = int(s[i] - '0');
        }
        bool isZero() {                    // 判断高精度数组 a 是否为 0
            return len == 1 && a[0] == 0;
        }
        void add(bigNumber &x) {                     // 高精度加法运算：a ← a+x
            for (int i = 0; i < x.len; i++) {        // 逐位相加
                a[i] += x.a[i];
                a[i + 1] += a[i] / 10;
                a[i] %= 10;
```

```
        }
        int k = x.len;                          // 处理高位的进位
        while (a[k]) {
            a[k + 1] += a[k] / 10;
            a[k++] %= 10;
        }
        len = len > k ? len : k;                // 计算和的实际位数
    }
    void multi(bigNumber &x) {                  // 高精度乘法运算:a←a×x
        if (x.isZero())
            setnum("0");
        int product[maxlen];
        memset(product, 0, sizeof(product));
        for (int i = 0; i < len; i++)           // 被乘数 a 与乘数 x 的每位数字的乘积累加
                                                // 到积数组 product 的对应位上
            for (int j = 0; j < x.length(); j++)
                product[i + j] += a[i] * x.at(j);
        int k = 0;                              // 按照低位至高位的顺序，将每一位规范为
                                                // 十进制数
        while (k < len + x.length() - 1) {
            product[k + 1] += product[k] / 10;
            product[k++] %= 10;
        }
        while (product[k]) {                    // 处理高位端的进位
            product[k + 1] += product[k] / 10;
            product[k++] %= 10;
        }
        len = k;                                // 设置乘积数位长度
        memcpy(a, product, sizeof(product));// 乘积 product 转赋给 a
    }
};
int main(void)
{
    int n;                                      // 项数
    char s[maxs];                               // 底数串
    while (scanf("%d%s", &n, s) != EOF) {       // 反复输入项数和底数
        bigNumber a, ap;                        // 定义底数 a 和乘幂 ap 为 bigNumber 类的
                                                // 对象
        a.setnum(s);                            // 将底数串转换为高精度数组 a
        ap.setnum("1");                         // 高精度数组 ap 初始化为 1
        bigNumber sum;                          // 定义数和 sum 为 bigNumber 类的对象
        for (int i = 1; i <= n; i++) {
            bigNumber num;                      // 定义当前项 num 为 bigNumber 类的对象
            sprintf(s, "%d", i);                // 将 i 转化为高精度数组 num
            num.setnum(s);
            ap.multi(a);                        // 计算乘幂 ap←ap×a
            num.multi(ap);                      // 计算当前项 num←num×ap
            sum.add(num);                       // 累加当前项 sum←sum+num
        }
        for (int i=sum.length()-1; i>=0; i--)   // 输出级数 ∑(i=1..N) i*A^i 的数值
            printf("%d", sum.at(i));
        putchar('\n');
    }
    return 0;
}
```

（3）高精度数的除运算

对于求解高精度正整数 A ÷ 高精度正整数 B 的商和余数，其算法思想如下。

先比较 A 和 B，如果 $A<B$，则商为 0，余数为 A；否则基于高精度正整数的减法开始整除，

根据 A 和 B 的位数之差 d_1 看 A 能够减 $B\times10_1^d$ 的次数 a_1，得到余数 $y_1=A-a_1\times B\times10_1^d$；然后计算 y_1 和 B 的位数之差 d_2，看 y_1 能够减 $B\times10_2^d$ 的次数 a_2，得到余数 $y_2=y_1-a_2\times B\times10_2^d$；……，以此类推，直至得出 y_{k-1} 够减 B 的次数 a_k 为止。最后得到余数 $y=y_{k-1}-a_k\times B$，$a_1(\ )a_2\cdots(\ )a_k$ 即商（注：( ) 表示若 $d_i-d_{i+1}>1$，则 a_{i+1} 前须补 $d_i-d_{i+1}-1$ 个 0，$2\leqslant i\leqslant k-1$）。

比如 A=12 345，B=12，位数之差 d_1=3，则 12 345 够减（12×10^3）的次数 a_1=1，得到余数 y_1=12 345−12×10^3=345；345 与 12 的位数之差 d_2=1，345 够减（12×10^1）的次数 a_2=2，得到余数 y_2=345−$2\times12\times10^1$=105；y_2 能够减 12 的次数 a_3=8，最终得到余数 y=105−8×12=9 和商 1028。

高精度整数除以高精度整数的计算比较复杂，而高精度整数除以整数的运算直接模拟除法规则就可以了。【4.1.2.3 Persistent Numbers】是一个高精度整数除以整数的实验。

【4.1.2.3　Persistent Numbers】

Neil Sloane 定义一个数的乘法持久性[⊖]（multiplicative persistence of a number）如下：将这个数各位数相乘，并重复这一步骤，最后达到个位数；所经历的步骤数被称为这个数的乘法持久性。例如：679 -> 378（6×7×9）-> 168（3×7×8）-> 48（1×6×8）-> 32（4×8）-> 6（3×2）。

也就是说，679 的乘法持久性是 6。个位数的乘法持久性为 0。人们知道有数的乘法持久性为 11 的数字，并不知道是否存在数的乘法持久性为 12 的数字，但是我们知道，如果有这样的数存在，那么它们中的最小数也将超过 3000 位。

本题请你解决的问题是：找到一个符合下述条件的最小数，使这个数各位数连续相乘的结果是题目所给的数，即该数的乘法持久性的第一步就得到给定的数。

输入

每个测试用例一行，给出一个最多可达 1000 位数字的十进制数。在最后一个测试用例后的一行给出 −1。

输出

对每个测试用例，输出一行，给出一个满足上述条件的整数；或者输出一个语句，说明没有这样的数，格式如样例输出所示。

样例输入	样例输出
0 1 4 7 18 49 51 768 −1	10 11 14 17 29 77 There is no such number. 2688

试题来源：Waterloo local 2003.07.05

在线测试：POJ 2325，UVA10527

⊖ 定义见：Neil J.A. Sloane in The Persistence of a Number published in Journal of Recreational Mathematics 6, 1973, pp. 97-98。——编者注

试题解析

由于输入的数字最多可以达到 1000 位，因此数字以字符串形式输入；然后模拟除法运算规则，将这个大整数从高位到低位依次对 9 ～ 2 的数 *i* 整除：

- 如果当前整数除以 *i* 的最后余数非零，则说明不能整除 *i*，换下一个除数；
- 如果能够整除（即除以 *i* 的最后余数为零），则将 *i* 存入一个规模为 3000 的数组 num[]，并且将整除 *i* 后的整商作为新的被除数。

重复上述运算，直至 9 ～ 2 间的所有数整除完毕。若最后整商的位数大于 1，则说明找不到满足上述条件的整数，失败退出；否则逆序输出数组 num[]。

参考程序

```
#include<stdio.h>
#include<string.h>
#define N 1010
char str[N],ans[N];                   // 数串 str[]；整商串 ans[]
int num[3*N];                         // 存储满足条件的整数
int count(int i)                      // 计算和返回 str[] 代表的整数除以 i 的结果：若能够整
                                      // 除，则返回 1 和整商串 str[]；若不能整除，则返回 0
{
    int j,mod=0,k=0;                  // 当前余数为 mod，ans[] 的指针为 k
    char *q;                          // 商对应的数串
    for(j = 0;str[j]!='\0';j ++)      // 模拟除法运算过程
    {
        mod = mod*10+str[j]-'0';      // 计算商的当前位，送入 ans[]
        ans[k++] = mod/i +'0';
        mod%=i;                       // 计算余数
    }
    ans[k] = '\0';                    // 形成商对应的数串 q
    q = ans;
    while(*q=='0')                    // 规整：去掉 q 前导的无用 0
        q++;
    if(mod!=0)                        // 若最后余数非零，则说明不能整除，返回失败信息 0
        return 0;
    for(j = 0; *q!='\0';j++,q++)      // 将商串转赋给 str，作为下一次运算的被除数
        str[j] = *q;
    str[j] = '\0';
    return 1;                         // 返回成功信息 1
}
int main()
{
    int i,j;
    while(scanf("%s",str),str[0]!='-') // 反复输入十进制整数，直至输入 -1 为止
    {
        j=0;
        if(str[1]=='\0')              // 若输入一位数字 'x'，则直接输出结果 '1x'
        {
            printf("1%s\n",str);
            continue;                 // 继续处理下一个测试用例
        }
        for(i = 9; i > 1; i--)        // 依次整除 9~2
            while(count(i))           // 若当前数（即上一次运算的整商）能够整除 i，则 i
                                      // 进入 num[]，直至当前数无法整除 i 为止
            {
                num[j++] = i;
            }
        if(strlen(str)>1)             // 若整商长度大于 1，则说明不能被除尽，继续下一个测
```

```
                                          // 试用例
        {
            printf("There is no such number.\n");
            continue;
        }
        while(j>0)                        // 逆序输出 num[] 中的数字
            printf("%d",num[--j]);
        printf("\n");
    }
    return 0;
}
```

4.1.3　多项式的表示与处理

多项式的表示与处理也是直接存取类线性表的一个重要应用。通常，一元 n 次多项式可表示成如下形式：

$$P_n(x)=a_0+a_1x+a_2x^2+\cdots a_nx^n=\sum_{i=0}^{n}a_ix^i$$

一元 n 次多项式的存储有两种方法：

1）用数值数组 a 来存储，各个项的系数按照指数递增的次序存储在 $a[0..n]$ 中（n 为最高阶数），a 的下标表示当前项的指数值。若第 i 项在多项式中为空项，即多项式中的系数 $a_i=0$，则对应的数组元素 $a[i]=0$。显然，数组 a 的长度取决于多项式中的最高次幂。

2）用结构数组 a 来存储，数组 a 的下标为项序号而非指数值，数组元素为包含当前项系数 $a[i]$.coef 和指数 $a[i]$.exp 的结构体。显然，数组 a 的长度为多项式的实际长度。

在上述数据结构的基础上，便可以展开多项式的运算，例如：

$$\sum_{i=0}^{k1}a_ix^i+\sum_{i=0}^{k2}b_ix^i=\sum_{i=0}^{\max\{k1,k2\}}(a_i+b_i)x^i,\ \sum_{i=0}^{k1}a_ix^i\times\sum_{j=0}^{k2}b_jx^j=\sum_{i=0}^{k1}\left(a_ix^i\times\sum_{j=0}^{k2}\left(b_jx^j\right)\right)$$

类似地，可以做两个多项式的减法和除法运算，以及其他运算。一般来讲，采用数值数组的存储方式，虽然内存用量较大，但算法简单；采用结构数组的存储方式，虽然内存用量减少，但算法的复杂度增加。

【4.1.3.1　Polynomial Showdown】

给出一个次数从 8 到 0 的多项式的系数，请以可读的形式将该多项式规范地输出，没有必要的字符就不用输出。例如，给出系数 0、0、0、1、22、−333、0、1 和 −1，输出 x^5 + 22x^4 − 333x^3 + x−1。

规范规则如下：

- 多项式的各项按照指数的递减顺序输出；
- 次数出现在“^”之后；
- 常数项仅输出常数；
- 如果所有的项都以 0 作为系数，则仅输出常数 0；否则仅输出非零系数的项；
- 在二元操作符“+”和“−”的两边要有一个空格；
- 如果第一个项的系数是正数，在该项前没有符号；如果第一个项的系数是负数，在该项前是减号，例如，−7x^2 + 30x + 66。
- 负系数项以被减的非负项的形式出现，（如上所述，第一个项是负系数项时是例外）。例如，不能输出 x^2 + −3x，应该输出 x^2 − 3x。

- 常量 1 和 −1 仅在常数项出现。例如，不能输出 −1x^3 + 1x^2 + 3x^1−1，应该输出 −x^3 + x^2 + 3x−1。

输入

输入包含一行或多行的系数，系数间由一个或多个空格分隔开。每行有 9 个系数，每个系数是绝对值小于 1000 的整数。

输出

输出给出格式化的多项式，每个多项式一行。

样例输入	样例输出
0 0 0 1 22 −333 0 1 −1 0 0 0 0 0 0 −55 5 0	x^5 + 22x^4 − 333x^3 + x − 1 −55x^2 + 5x

试题来源：ACM Mid-Central USA 1996

在线测试：POJ 1555，ZOJ 1720，UVA 392

试题解析

将指数为 $n-i-1$ 的系数 a_{n-i-1} 存储在数组元素 $a[i]$ 中，$a[n-1]$ 为常数项。初始时，按照指数由高到低的顺序读入 $a[0..n-1]$。

按照指数由高到低的顺序处理非零项 $a[i]$（$a[i] \neq 0$，i=0…$n-1$）。可分首项还是非首项两种情况处理。

1）$a[i]$ 是多项式首项。

- 处理系数：若 $a[i]$==−1 且非常数项（$i<n-1$），则直接输出 '−'；否则，若 $a[i] \neq 1$ 或者为常数项（i==$n-1$），则输出系数 $a[i]$。
- 处理次幂：若指数为 1(i==$n-2$)，则直接输出 'x'；否则在非常数项（$i<n-1$）的情况下，输出 'x^'($n-i-1$)。

首项标志取反。

2）$a[i]$ 不是多项式首项。

- 处理正负号：输出 ($a[i]$ < 0 ? '−' : '+')。
- 处理系数：在 $a[i] \neq 1$ 或 −1 或者为常数项的情况下，输出 $a[i]$ 的绝对值。
- 处理次幂：若指数为 1 时（i==$n-2$），则直接输出 'x'；否则在非常数项（$i<n-1$）的情况下，输出 'x^'($n-i-1$)。

若处理完多项式后，多项式的首项标志无变化，则说明所有系数都为 0，应输出 0。

参考程序

```
#include <iostream>                              // 预编译命令
using namespace std;                             // 使用 C++ 标准程序库中的所有标识符
const int n = 9;                                 // 定义多项式的项数
inline int fabs(int k)                           //  返回 k 的绝对值
{
    return k < 0 ? -k : k;
}
int main(void)                                   // 主函数
{                                                // 主函数开始
    int a[n];
    while (cin >> a[0]) {                        // 按照指数由高到低的顺序输入各项的系数
```

```
        for (int i = 1; i < n; i++)
            cin >> a[i];
        bool first = true;                          // 设首项标志
        for (int i = 0; i < n; i++)
            if (a[i]) {                             // 按照指数由高到低的顺序输出非零项
                if (first) {                        //  处理首项
                    if (a[i] == -1 && i < n - 1)    // 处理当前项为 -1 的情况
                        cout << '-';
                    else if (a[i] != 1 || i == n - 1) // 处理当前项非 1 的情况
                        cout << a[i];
                    if (i==n - 2)                   // 若指数为 1 时，不输出指数；指数
                                                    // 大于 1 时，输出指数
                        cout << 'x';
                    else if (i < n - 1)
                        cout << "x^" << n - i - 1;
                    first = false;                  // 首项标志取反
                } else {                            // 如果是第一个非零系数之后的非
                                                    // 零系数，先输出运算符号，接着
                                                    // 输出系数的绝对值
                    cout <<' '<<(a[i]< 0 ? '-' : '+') << ' ';  // 输出正负号
                    if (fabs(a[i]) != 1 || i == n - 1)// 不输出系数为 1 时的系数
                        cout << fabs(a[i]);
                    if (i == n - 2)                 // 指数为 1 时，不输出指数；指数
                                                    // 大于 1 时，输出指数
                        cout << 'x';
                    else if (i < n - 1)
                        cout << "x^" << n - i - 1;
                }
            }
        if (first)                                  // 若所有系数都为 0，则输出 0
            cout << 0;
        cout << endl;                               // 输出空行
    }
    return 0;
}
```

采用数组存储方式，不仅可以方便地规范多项式的输出，还可以方便地进行多项式的运算。

【4.1.3.2　Modular multiplication of polynomials】

本题考虑系数为 0 或 1 的多项式。两个多项式相加是通过对多项式中相应幂次项的系数进行相加来实现的。系数相加是加法操作后再除以 2 取余，即 (0+0) mod 2=0、(0+1) mod 2=1、(1+0) mod 2=1 且 (1+1) mod 2=0。所以，这也和或操作相似。

$(x\text{^}6 + x\text{^}4 + x\text{^}2 + x + 1) + (x\text{^}7 + x + 1) = x\text{^}7 + x\text{^}6 + x\text{^}4 + x\text{^}2$

两个多项式相减是相似的。系数相减是减法操作后再除以 2 取余，也是一个或操作，所以两个多项式相减和两个多项式相加是相同的。

$(x\text{^}6 + x\text{^}4 + x\text{^}2 + x + 1) - (x\text{^}7 + x + 1) = x\text{^}7 + x\text{^}6 + x\text{^}4 + x\text{^}2$

两个多项式相乘用通常的方法实现（当然，系数相加还是加法操作后再除以 2 取余）。

$(x\text{^}6 + x\text{^}4 + x\text{^}2 + x + 1)\ (x\text{^}7 + x + 1) = x\text{^}13 + x\text{^}11 + x\text{^}9 + x\text{^}8 + x\text{^}6 + x\text{^}5 + x\text{^}4 + x\text{^}3 + 1$

多项式 $f(x)$ 和 $g(x)$ 相乘，并除以 $h(x)$ 取模是 $f(x)g(x)$ 除以 $h(x)$ 的余数。

$(x\text{^}6 + x\text{^}4 + x\text{^}2 + x + 1)\ (x\text{^}7 + x + 1)$ modulo $(x\text{^}8 + x\text{^}4 + x\text{^}3 + x + 1) = x\text{^}7 + x\text{^}6 + 1$

多项式最高的次数称为它的度。例如，$x\text{^}7 + x\text{^}6 + 1$ 的度是 7。

给出 3 个多项式 $f(x)$、$g(x)$ 和 $h(x)$，请编写一个程序计算 $f(x)g(x)$ modulo $h(x)$。

本题设定 $f(x)$ 和 $g(x)$ 的度小于 $h(x)$ 的度，多项式的度小于 1000。

因为多项式系数是 0 或 1，一个多项式可以用 d+1 个 01 字符来表示，01 字符串长度为 d+1，其中 d 是多项式的度，01 字符串表示多项式的系数。例如，多项式 x^7 + x^6 + 1 可以表示为 8 1 1 0 0 0 0 0 1。

输入

输入由 T 个测试用例组成。在输入的第一行给出测试用例数（T）。每个测试用例由三行组成，分别表示多项式 $f(x)$、$g(x)$ 和 $h(x)$，多项式的表示如上所述。

输出

输出多项式 $f(x)g(x)$ modulo $h(x)$，每个多项式一行。

样例输入	样例输出
2 7 1 0 1 0 1 1 1 8 1 0 0 0 0 0 1 1 9 1 0 0 0 1 1 0 1 1 10 1 1 0 1 0 0 1 0 0 1 12 1 1 0 1 0 0 1 1 0 0 1 0 15 1 0 1 0 1 1 0 1 1 1 1 1 0 0 1	8 1 1 0 0 0 0 0 1 14 1 1 0 1 1 0 0 1 1 1 0 1 0 0

试题来源：ACM Taejon 2001

在线测试：POJ 1060，ZOJ 1026，UVA 2323

**试题解析**

设多项式 $f(x)$ 的字符串长度为 lf，各项的系数存储在 f[lf−1..0] 中；多项式 $g(x)$ 的字符串长度为 lg，各项的系数存储在 g[lg−1..0] 中；多项式 $h(x)$ 的字符串长度为 lh，各项的系数存储在 h[lh−1..0] 中；数组 sum 用于存储 $f(x)*g(x)$ 的乘积和 $(f(x)*g(x))$ modulo $h(x)$ 的结果，字符串长度为 ls，各项的系数存储在 sum[ls−1..0] 中。

1）计算 sum(x)= $f(x)*g(x)$。

由于 $f(x)$ 和 $g(x)$ 的系数为 0 或 1，因此 $f(x)*g(x)$ 的字符串长度为 ls=lf+lg−1。f 中 x_i 的系数 f[i] 与 g 中 x_j 的系数 g[j] 相乘，相当于位的与运算 f[i]&g[j]，结果加到乘积多项式的 x_{i+j} 的系数上去，相当于异或运算 sum[i+j]= sum[i+j] ^ (f[i] & g[j])（$0 \leqslant i \leqslant$ lf−1，$0 \leqslant j \leqslant$ lg−1）。

2）计算 sum(x)=sum(x) modulo $h(x)$。

sum(x) 对 $h(x)$ 取模，相当于 sum(x) 除 $h(x)$，直至余数小于 $h(x)$ 为止，这个余数即取模的结果。问题是怎样判别当前余数 sum(x) 与 $h(x)$ 的大小。

若 ls>lh，则 sum(x) 大；若 ls<lh，则 $h(x)$ 大；若 ls==lh，则从最高次幂 ls−1 开始由高到低逐项比较系数：若 sum[i]==1，h[i]==0，则 sum(x) 大；若 sum[i]==0，h[i]==1，则 $h(x)$ 大。

显然，若当前 sum(x) 大于 $h(x)$，则让 sum(x) 除一次 $h(x)$：从 h 的最低位开始，按照次幂由低至高的顺序进行相除运算，将 h[i] 异或到 sum[i+ls−lh] 上去，即 sum[i+d]=sum[i+d]^h[i]，i=0⋯ls−1。然后重新调整 sum 的最高次幂（while (ls && !sum[ls−1]) −−ls;）。

这个过程一直进行到 sum(x) 小于 $h(x)$ 为止。此时得出的 ls 即余数多项式的项数，各项的系数为 sum[ls−1..0]。

参考程序

```
#include <iostream>                                    // 预编译命令
using namespace std;                                   // 使用 C++ 标准程序库中的所有标识符
const int maxl = 1000 + 5;                             // 乘积数组 sum 的容量
int compare(int a[], int la, int b[], int lb)          // 比较多项式 a 和 b 的大小
{
    if (la > lb)                                       // 比较 a 和 b 的最高次幂
        return 1;
    if (la < lb)
        return -1;
    for (int i = la - 1; i >= 0; i--)                  // 在 a 和 b 的最高次幂相同的情况下，按照
                                                       // 次幂由高到低的顺序逐项比较
        if (a[i] && !b[i])
            return 1;
        else if (!a[i] && b[i])
            return -1;
    return 0;
}
int main(void)                                         // 主函数
{                                                      // 主函数开始
    int loop;
    cin >> loop;                                       // 读测试组数
    while (loop--) {
        int f[maxl], g[maxl], h[maxl];
        int lf, lg, lh;
        cin >> lf;                                     // 读多项式 f 的最高次幂
        for (int i = lf - 1; i >= 0; i--)              // 依次读 f 中每一项的系数
            cin >> f[i];
        cin >> lg;                                     // 读多项式 g 的最高次幂
        for (int i = lg - 1; i >= 0; i--)              //  依次读 g 中每一项的系数
            cin >> g[i];
        cin >> lh;                                     // 读多项式 h 的最高次幂
        for (int i = lh - 1; i >= 0; i--)              // 依次读 h 中每一项的系数
            cin >> h[i];
        int sum[maxl+maxl], ls=lf+lg-1;                // 乘积数组 sum 及其长度初始化
        for (int i = 0; i < ls; i++)
            sum[i] = 0;
        for (int i = 0; i < lf; i++)                   // 计算乘积数组 sum
            for (int j = 0; j < lg; j++)
                sum[i + j] ^= (f[i] & g[j]);
        // 计算乘积对 h[] 的取模
        while (compare(sum, ls, h, lh)>=0) {           // 若当前余数 sum 不小于 h，则继续除以 h
            int d = ls - lh;                           // 计算 sum 除以 h 的余数
            for (int i = 0; i < lh; i++)
                sum[i + d] ^= h[i];
            while (ls && !sum[ls - 1])                 // 确定 sum 的最高次幂
                --ls;
        }
        if (ls == 0)                                   // 计算和输出余数数组 sum 的长度
            ls = 1;
        cout << ls << ' ';
        for (int i = ls - 1; i > 0; i--)               // 输出 sum 中每一项的系数
            cout << sum[i] << ' ';
        cout << sum[0] << endl;
    }
    return 0;
}
```

4.1.4　数值矩阵运算

在利用计算机解决工程领域和其他领域问题时经常要对矩阵进行计算。数值矩阵通常用二维数组表示，假设整数矩阵的行数为 m、列数为 n，则可用整数数组 $a[m][n]$ 来存储，其中 $a[i][j]$ 代表矩阵中第 $i+1$ 行、第 $j+1$ 列的元素。由于存取矩阵中任何一个数字，可根据数组下标直接找到，因此存储数值矩阵的二维数组属于典型的直接存取类线性表。

利用二维数组可进行许多数值矩阵的运算。例如，判别布尔矩阵的某些特性（如每行、每列中 true 的元素个数是否都为偶数）；矩阵转置（行列对换）；两个同规模的数值矩阵相加或相减；两个规模分别为 $m \times n$ 和 $n \times l$ 的数值矩阵 $\boldsymbol{A}$ 和 $\boldsymbol{B}$ 相乘，乘积存入规模为 $m \times l$ 的数值矩阵 $\boldsymbol{C}$；等等。

【4.1.4.1　Error Correction】

当一个布尔矩阵的每行和每列总和为偶数时，该布尔矩阵具有奇偶均势的特性，即包含偶数个 1。例如，一个 4 × 4 具有奇偶均势特性的矩阵：

1 0 1 0

0 0 0 0

1 1 1 1

0 1 0 1

行的总和是 2、0、4 和 2。列的总和是 2、2、2 和 2。

请编写一个程序，输入矩阵，并检查其是否具有奇偶均势特性。如果没有，程序还要检查是否可以通过仅改变矩阵中的一个数字使矩阵具有奇偶均势特性。如果不能，则把矩阵归类为 Corrupt。

输入

输入包含一个或多个测试用例，每个测试用例的第一行是一个整数 n（$n<100$），表示矩阵的大小。后面的 n 行，每行 n 个数，矩阵中的每个数不是 0 就是 1。输入以 n 为 0 结束。

输出

对于输入的每个矩阵，输出一行。如果该矩阵具有奇偶均势特性，则输出“OK”。如果奇偶均势特性可以通过改变一个数字产生，则输出“Change bit (i, j)”，其中 i 是要改变数字所在的行，j 是要改变数字所在的列；否则输出“Corrupt”。

样例输入	样例输出
4 1 0 1 0 0 0 0 0 1 1 1 1 0 1 0 1 4 1 0 1 0 0 0 1 0 1 1 1 1 0 1 0 1 4 1 0 1 0 0 1 1 0 1 1 1 1 0 1 0 1 0	OK Change bit (2,3) Corrupt

试题来源：Ulm Local Contest 1998

在线测试：POJ 2260，ZOJ 1949

试题解析

设矩阵为 ***a***，其中 *i* 行的数的总和为 row[*i*]，*j* 列的数的总和为 col[*j*]。

首先，在输入矩阵为 ***a*** 的同时统计各行各列的数的总和 row 和 col。

然后，计算数的总和为奇数的行数 cr 与数的总和为奇数的列数 cc，并分别记下最后数的总和为奇数的行序号 *i* 和最后数的总和为奇数的行序号 *j*（若 row[*k*]&1=1，则 cr++，*i*=*k*；若 col[*k*]&1==1，则 cc++，*j*=*k*，$0 \leqslant k \leqslant n-1$）。

最后，判断矩阵 ***a*** 的奇偶均势特性：

1）若 *n* 行、*n* 列的数的和都为偶数（cc==0 且 cr==0），则矩阵 ***a*** 具有奇偶均势特性；

2）若矩阵 ***a*** 仅有 1 行和 1 列的数的总和为奇数（cc==1 且 cr==1），并设这一行列为 *i* 行和 *j* 列，则说明 (*i*, *j*) 中的数字使得 *i* 行和 *j* 列的数和为奇数，将其取反可恢复矩阵 ***a*** 的奇偶均势特性。注意，数组 ***a*** 中行列从 0 开始编号，因此应输出（*i*+1, *j*+1）；

3）出现其他情况，矩阵 ***a*** 归类为 Corrupt。

参考程序

```
#include <stdio.h>                              // 预编译命令
#include <assert.h>
#define MAXN 512                                // 定义矩阵容量
int n;                                          // 矩阵规模
int a[MAXN][MAXN], row[MAXN], col[MAXN]; // 矩阵为 a，其中 i 行的数和为 row[i]，j
                                                // 列的数和为 col[j]
FILE *input;                                    // 定义输入文件的指针变量
int read_case()                                 // 输入矩阵
{
    int i,j;
    fscanf(input,"%d",&n);                      // 输入矩阵大小
    if (n==0) return 0;                         // 若输入结束，则返回 0
    for (i=0; i<n; i++)                         // 输入矩阵并返回 1
        for (j=0; j<n; j++)
            fscanf(input,"%d",&a[i][j]);
    return 1;
}
void solve_case()                               // 判断矩阵的奇偶均势特性
{
    int cc,cr,i,j,k;
    for (i=0; i<n; i++)                         // 初始时各行各列的数的总和为 0
        row[i] = col[i] = 0;
    for (i=0; i<n; i++)                         // 统计各行各列的数的总和
        for (j=0; j<n; j++)
        {
            row[i] += a[i][j];
            col[j] += a[i][j];
        }
    cr = cc = 0;
    for (k=0; k<n; k++)                         // 累计数和为奇数的行数 cr 并记下最后数和为奇数的
        // 行序号 i；累计数和为奇数的列数 cc 并记下最后数和为奇数的列序号 j
        {
            if (row[k]&1) { cr++; i=k; }
            if (col[k]&1) { cc++; j=k; }
        }
```

```
    if (cc==0 && cr==0) printf("OK\n");   // 若所有行和列的数和都为偶数，则输出“OK”；若
        // 仅有 1 行和 1 列的数和为奇数，则可通过（i+1, j+1）位取反恢复矩阵奇偶均势特性；否则矩
        // 阵的特性为 Corrupt
    else if (cc==1 && cr==1) printf("Change bit (%d,%d)\n",i+1,j+1);
        else printf("Corrupt\n");
}
int main()
{
    input = fopen("error.in","r");          // 输入文件名串与输入文件变量连接
    assert(input!=NULL);                    // 初始时输入文件为非结束状态
    while(read_case()) solve_case();        // 反复输入和处理测试数据组，直至输入 0 为止
    fclose(input);                          // 关闭输入文件
    return 0;
}
```

【4.1.4.2　Matrix Chain Multiplication】

假设我们要评价诸如 $\boldsymbol{A}\times\boldsymbol{B}\times\boldsymbol{C}\times\boldsymbol{D}\times\boldsymbol{E}$ 这样的表达式，其中 $\boldsymbol{A}$、$\boldsymbol{B}$、$\boldsymbol{C}$、$\boldsymbol{D}$ 和 $\boldsymbol{E}$ 是矩阵。因为矩阵乘法满足结合律，所以乘法执行的次序可以是任意的。然而，相乘的次数则依赖于运算顺序。

例如，设 $\boldsymbol{A}$ 是一个 50×10 矩阵，$\boldsymbol{B}$ 是一个 10×20 矩阵，$\boldsymbol{C}$ 是一个 20×5 矩阵。计算 $\boldsymbol{A}\times\boldsymbol{B}\times\boldsymbol{C}$ 有两种不同的方法，即 $(\boldsymbol{A}\times\boldsymbol{B})\times\boldsymbol{C}$ 和 $\boldsymbol{A}\times(\boldsymbol{B}\times\boldsymbol{C})$。第一种方法有 15 000 次相乘，但第二种方法只有 3500 次相乘。

请你编写一个程序，对给出的运算顺序，确定需要相乘的次数。

输入

输入包含两个部分：矩阵列表和表达式列表。

输入的第一行给出一个整数 n $(1\leqslant n\leqslant 26)$，表示在第一部分中矩阵的个数。后面的 n 行每行包含一个大写字母，表示矩阵的名称；以及两个整数，表示矩阵的行数和列数。

输入的第二部分按下述语法说明（以扩展的巴科斯范式（EBNF）给出）：

```
SecondPart = Line { Line }
Line = Expression
Expression = Matrix | "(" Expression Expression ")"
Matrix = "A" | "B" | "C" | ... | "X" | "Y" | "Z"
```

输出

对于在输入的第二部分给出的每个表达式，输出一行。如果由于矩阵的不匹配使表达式运算错误，则输出“error”；否则输出一行，给出计算该表达式需要相乘的次数。

样例输入	样例输出
9	0
A 50 10	0
B 10 20	0
C 20 5	error
D 30 35	10000
E 35 15	error
F 15 5	3500
G 5 10	15000
H 10 20	40500
I 20 25	47500

（续）

样例输入	样例输出
A B C (AA) (AB) (AC) (A(BC)) ((AB)C) (((((DE)F)G)H)I) (D(E(F(G(HI))))) ((D(EF))((GH)I))	15125

试题来源：Ulm Local Contest 1996

在线测试：POJ 2246，ZOJ 1094

提示

两个规模分别为 $m\times n$ 和 $n\times l$ 的数值矩阵 $\boldsymbol{A}$ 和 $\boldsymbol{B}$ 相乘，乘积存入规模为 $m\times l$ 的数值矩阵 $\boldsymbol{C}$，其中 $\boldsymbol{C}$ 中每个元素 $\boldsymbol{C}[i][j]=\sum_{k=0}^{n-1}\boldsymbol{A}[i][k]\times\boldsymbol{B}[k][j]$ $(0\leqslant i\leqslant m-1,\ 0\leqslant j\leqslant l-1)$，即产生矩阵 $\boldsymbol{C}$ 中每个元素的相乘的次数为 n，矩阵 $\boldsymbol{C}$ 中一共有 $m\times l$ 个元素，所以总的相乘的次数为 $m\times n\times l$。如试题描述，$\boldsymbol{A}$ 是一个 50×10 的矩阵，$\boldsymbol{B}$ 是一个 10×20 的矩阵，$\boldsymbol{C}$ 是一个 20×5 的矩阵。计算 $\boldsymbol{A}\times\boldsymbol{B}$ 的相乘的次数为 $50\times 10\times 20$=10 000，$\boldsymbol{A}\times\boldsymbol{B}$ 是一个 50×20 的矩阵；$(\boldsymbol{A}\times\boldsymbol{B})\times\boldsymbol{C}$ 的相乘的次数为 $50\times 20\times 5$=5000；所以 $(\boldsymbol{A}\times\boldsymbol{B})\times\boldsymbol{C}$ 总共有 10 000+5000=15 000 次相乘。

设 e 为表达式的字符数组，p 为 e 的字符指针；将相乘次数 mults、乘积矩阵的行数 rows、列数 cols 组成一个结构体并将其定义为类 triple。计算表达式的相乘次数的函数 expression( )、目前得出的乘积矩阵 t、待乘的两个矩阵 $t1$ 和 $t2$ 都为类 triple 的实例。

我们在输入时，计算出各大写字母表示的矩阵的行数 rows[c] 和列数 cols[c]('A' $\leqslant c\leqslant$ 'Z')；然后反复输入表达式。每输入一个表达式 e，将 e 的字符指针 p 和出错标志初始化为 0，通过调用函数 expression( ) 计算乘积矩阵 t：

1）若当前字符为“(”，则字符指针 p+1，递归计算括号内的表达式 $t1$ 和 $t2$（$t1$=expression( ); $t2$=expression( )），字符指针 p+1。若 $t1$ 的列数不等于 $t2$ 的行数（$t1$.cols!=$t2$.rows)，则设失败标志（error=1）；否则计算 $t1$ 相乘 $t2$ 后的乘积矩阵 t（t.rows=$t1$.rows; t.cols=$t2$.cols; t.mults=$t1$.mults+$t2$.mults+$t1$.rows*$t1$.cols*$t2$.cols）

2）若当前字符为字母，则记下对应矩阵的行列数，相乘次数设为 0（t.rows=rows[e[p]]; t.cols=cols[e[p]]; t.mults=0），字符指针 p+1。

最后，返回乘积矩阵 t。显然调用 expression( ) 函数后，若 error==1，则表明表达式运算错误；否则需要相乘的次数为 t.mults。

参考程序

```
#include <stdio.h>                          // 预编译命令
```

```
typedef struct {int mults; int rows; int cols;} triple;  // 定义表达式的 triple 为一
    // 个包含相乘次数 mults、矩阵的行数 rows 和列数 cols 的结构体
int rows[256],cols[256];                 // 变量名为 c 的矩阵的行数为 rows[c], 列数为 cols[c]
char e[100];                             //  存储表达式的字符数组
int p;                                   //  e 的字符指针
char error;                              // 出错标志
triple expression()                      // 计算表达式 e 对应的乘积矩阵
{
    triple t;                            // 乘积矩阵
    if (e[p]=='(')                       // 若当前字符为 '(', 则字符指针 +1, 并取出括号
                                         // 内的表达式 t1 和 t2
        {
            triple t1,t2;
            p++;
            t1 = expression();
            t2 = expression();
            p++;                         // 字符指针 +1
            if (t1.cols!=t2.rows)  error = 1;// 若 t1 的列数不等于 t2 的行数, 则设失败标志
            t.rows  = t1.rows;           // 计算乘积矩阵的行列数和相乘次数
            t.cols  = t2.cols;
            t.mults = t1.mults+t2.mults+t1.rows*t1.cols*t2.cols;
        }
    else                                 // 若当前字符为矩阵名, 则记下矩阵的行列数, 相乘
                                         // 次数设为 0
        {
            t.rows = rows[e[p]];
            t.cols = cols[e[p]];
            t.mults = 0;
            p++;                         // 字符指针 +1
        }
    return t;                            // 返回乘积矩阵
    }
main()
{
    FILE* input = fopen("matrix.in","r"); // 定义输入文件的指针变量, 并将文件名串与该变量
                                         // 连接
    char c;
    int i,n,ro,co;
    triple t;                            // 乘积矩阵 t 为类 triple
    fscanf(input,"%d%c",&n,&c);          // 读矩阵个数
    for (i=0; i<n; i++)                  // 读 n 个矩阵的信息
        {
            fgets(e,99,input);
            sscanf(e,"%c%d %d",&c,&ro,&co); // 读第 i 个矩阵的名称、行数和列数
            rows[c] = ro;
            cols[c] = co;
        }
    while (1)                            // 输入和处理每个表达式
        {
            fgets(e,99,input);           // 输入表达式
            if (feof(input)) break;      // 若读至文件结束标志, 则退出循环
            p = error = 0;               // 字符指针和出错标志初始化
            t = expression();            // 计算表达式 e 对应的乘积矩阵
            if (error) puts("error");    // 若出错, 则输出失败信息; 否则输出相乘次数
                else printf("%d\n",t.mults);
        }
    fclose(input);                       // 关闭输入文件
    return 0;
}
```

4.2 字符串处理

字符串（String）是由零个或多个字符组成的有限序列。一般记为 s=“$a_0a_1\cdots a_{n-1}$”，其中 s 是字符串名，用双引号作为分界符括起来的 $a_0a_1\cdots a_{n-1}$ 称为串值，其中的 a_i（$0\leqslant i\leqslant n-1$）是字符串中的字符。字符串中字符的个数称为字符串的长度。字符串的串结束符 '\0' 不作为字符串中的字符，也不被计入字符串的长度。双引号间也可以没有任何字符，这样的字符串称为空串。显然，字符串是一种以字符为元素的线性表，具有线性表的有限性、有序性和均匀性；线性表可以为空，字符串也可以是空串。由于可以按下标直接存取字符串中的某一字符，因此字符串一般属于直接存取类的线性表。当然，字符串也可以采用链式存储结构，不过这样的情形并不多见。本节实验中的字符串主要以直接存取类线性表为存储结构。

本节给出字符串三个方面的实验：

- 使用字符串作为存储结构；
- 判断一个字符串是否为另一个字符串的子串；如果是，那么求出子串在主串的匹配位置，即模式匹配问题；
- 求最长回文子串的 Manacher 算法。

4.2.1 使用字符串作为存储结构

一般字符串以数组存储表示。因此一个字符串可以通过声明一个定长字符数组实现，也可以通过声明一个不定长字符数组实现。C++ 提供了许多字符串处理的库函数，利用这些库函数可简化字符串的运算。

【4.2.1.1　TEX Quotes】

TEX 是 Donald Knuth 开发的一种排版语言，它将源文本与一些排版指令结合，产生一个我们所希望的优美的文档。这些优美的文档使用左双引号和右双引号来划定引用句，而不是用大多数键盘所提供的一般的 "。通常键盘没有定向的双引号，但有左单引号（`）和右单引号（'）。请检查你的键盘找到左单引号（`）键（有时也被称为“反引号键”）和右单引号（'）键（有时也被称为“撇号”或称为“引号”）。注意不要混淆左单引号（`）与反斜杠键（/）。TEX 让用户键入两个左单引号（``）以产生一个左双引号，两个右单引号（''）以产生一个右双引号。然而，大多数打字员习惯于用无定向的双引号（"）来划定引用句。

如果原文包含 "To be or not to be, " quoth the bard, "that is the question."，那么 TEX 产生的排版文档不包含所要求的形式："To be or not to be," quoth the bard, "that is the question."。为了产生所要求的形式，原文要包含这样的句子：``To be or not to be,'' quoth the bard, ``that is the question.''。

请编写一个程序，将包含双引号（"）字符的原文的文字转换成相同文字，但双引号被转换为 TEX 所要求的划定引用句的两字符有方向的双引号。如果是开始一段引用句，双引号（"）字符被 `` 代替，如果是结束一段引用句，双引号（"）字符被 '' 代替。注意嵌套引用的情况没有出现：第一个 " 一定被 `` 替代，下一个被 '' 替代，再下一个被 `` 替代，再下一个被 '' 替代，再下一个被 `` 替代，再下一个被 '' 替代，依次类推。

输入

输入由若干行包含偶数个双引号（"）字符的文本组成。输入由 EOF 字符结束。

输出

除下述情况之外，输出的文本要和输入的一样：每对双引号中的第一个 " 被替换为两个 ` 字符，并且，每对双引号中的第二个 " 被替换为两个 ' 字符。

样例输入	样例输出
"To be or not to be," quoth the Bard, "that is the question". The programming contestant replied: "I must disagree. To `C' or not to `C', that is The Question!"	``To be or not to be," quoth the Bard, ``that is the question". The programming contestant replied: ``I must disagree. To `C' or not to `C', that is The Question!"

试题来源：ACM East Central North America 1994

在线测试：POJ 1488，UVA 272

试题解析

由于每对双引号的替换形式是交替出现的（第一个 " 被替换为两个 ` 字符，第二个 " 被替换为两个 ' 字符），因此设常量 $p[0]$ 为第一个 " 的替换形式 ``，$p[1]$ 为第二个 " 的替换形式 "。

初始时，从第一个 " 的替换形式出发（k=0），逐个字符地扫描字符串。若当前字符非双引号，则原样输出；否则用 $p[k]$ 替换之，然后取另一种替换形式（$k = !k$）。

参考程序

```
#include <cstdio>                          // 预编译命令
#include <cstring>
const char p[][5] = {"``", """ };          // p[0] 为两个 ` 字符，p[1]为两个 ' 字符
int main(void)
{
    int k = 0;                             // 第一个 " 被替换为两个 ` 字符
    char c;
    while ((c = getchar()) != EOF) {       // 反复读字符 c，直至输入结束
        if (c == '"') {                    // 若当前字符是双引号，则被替换成 p[k]，下一次双引
                                           // 号取另一替换形式；若当前字符非双引号，则原样输出
            printf("%s", p[k]);
            k = !k;
        } else
                putchar(c);
    }
    return 0;
}
```

4.2.2　字符串的模式匹配

字符串有一类重要的运算，称为模式匹配（Pattern Matching）。设 T 和 P 是两个字符串（T 的长度为 n，P 的长度为 m，$1 \leqslant m \leqslant n$），称 T 为目标（Target），P 为模式（Pattern），要求在 T 中查找是否有与 P 相等的子串。如果有，则给出 P 在 T 中的匹配位置，这个运算被称为模式匹配。模式匹配的方法主要有两种：

- 朴素的模式匹配算法，也称为 Brute Force 算法；
- D.E.Knuth、J.H.Morris 和 V.R.Pratt 提出的 KMP 算法。

1. Brute Force 算法

Brute Force 算法是模式匹配的一种最简单的做法，按顺序遍历 T 的字符串，将 T 的每

个字符作为匹配的起始字符，用 P 的字符依次与 T 中的字符做比较，判断是否匹配。如果 T 和 P 的当前字符匹配，则比较下一个字符；否则，以 T 的当前起始字符的下个字符为起始字符，重复上述步骤。如果 T 的一个子字符串与 P 匹配，则返回 T 中的匹配子串的起始字符的序号，匹配成功；如果在 T 中不存在与 P 匹配的子字符串，则匹配失败。

Brute Force 算法的时间复杂度为 $O((n-m+1)m)$。

【4.2.2.1　Blue Jeans】

地理项目是 IBM 和美国国家地理学会的合作研究项目，该项目基于成千上万捐献的 DNA，来分析地球上的人类是如何繁衍的。

作为一个 IBM 的研究人员，请你编写一个程序找出给定的 DNA 片段间的相同之处，使对个体的调查相关联。

一个 DNA 碱基序列是指把在分子中发现的氮基的序列罗列出来。有四种氮基：腺嘌呤（A）、胸腺嘧啶（T）、鸟嘌呤（G）和胞嘧啶（C）。例如，一个 6 碱基 DNA 序列可以表示为 TAGACC。

给出一个 DNA 碱基序列的集合，确定在所有序列中都出现的最长的碱基序列。

输入

输入的第一行给出了整数 n，表示测试用例的数目。每个测试用例由下述两部分组成：

- 一个正整数 m（$2 \leqslant m \leqslant 10$），给出该测试用例中碱基序列的数目。
- m 行，每行给出一个 60 碱基的碱基序列。

输出

对于输入的每个测试用例的所有碱基序列，输出最长的相同的碱基子序列。如果最长的相同的碱基子序列的长度小于 3，则输出“no significant commonalities”来代替碱基子序列。如果相同最长长度的子序列有多个，则仅输出按字母排序的第一个。

样例输入	样例输出
3 2 GATACCAGATACCAGATACCAGATACCAGATACC AGATACCAGATACCAGATACCAGATA AAAAAAAAAAAAAAAAAAAAAAAAAAAAAAAAAA AAAAAAAAAAAAAAAAAAAAAAAAAAAAAA 3 GATACCAGATACCAGATACCAGATACCAGATACC AGATACCAGATACCAGATACCAGATA GATACTAGATACTAGATACTAGATACTAAAGGAA AGGGAAAAGGGGAAAAAGGGGGAAAA GATACCAGATACCAGATACCAGATACCAAAGGAA AGGGAAAAGGGGAAAAAGGGGGAAAA 3 CATCATCATCCCCCCCCCCCCCCCCCCCCCCCCC CCCCCCCCCCCCCCCCCCCCCCCCCC ACATCATCATAAAAAAAAAAAAAAAAAAAAAAAA AAAAAAAAAAAAAAAAAAAAAAAAAAAAA AACATCATCATTTTTTTTTTTTTTTTTTTTTTTT TTTTTTTTTTTTTTTTTTTTTTTTTT	no significant commonalities AGATAC CATCATCAT

试题来源：ACM South Central USA 2006

在线测试：POJ 3080，ZOJ 2784，UVA 3628

试题解析

设最长公共子串为 ans，其长度为 len；m 个碱基序列为 $p[0]\cdots p[m-1]$。

由于公共子序列是每个碱基序列的子串，因此枚举 $p[0]$ 的每一个可能的子串 s，以 s 为模式、分别以 $p[1]\cdots p[m-1]$ 为目标，进行匹配计算。

若 s 为 $p[1]\cdots p[m-1]$ 的公共子串（strstr($p[k]$, s)!=NULL，$1 \leqslant k \leqslant m-1$），且（$s$ 串的长度 > len），或者 s 的长度虽等于 len，但字典序小于目前最长的公共子串 ans（strcmp(ans, s) > 0），则将 s 调整为最长公共子串（len = 串 s 的长度；strcpy(ans, s)）。

在 $p[0]$ 的所有子串被枚举后，最终得出的最长公共子串 ans 即问题解。

由于碱基序列的串长仅为 60，因此计算子串匹配时采用了 Brute Force 算法。另外使用了一些字符串库函数，例如字符串长度函数 strlen()、比较字符串大小的函数 strcmp()、字符串复制函数 strcpy() 等，使程序更加清晰和简练。

参考程序

```
#include <cstdio>                          // 预编译命令
#include <cstring>
const int maxm = 10 + 5;                   // 碱基序列数的上限
const int maxs = 60 + 5;                   // 串长上限
int main(void)
{
    int loop;
    scanf("%d", &loop);                    // 输入测试用例数
    while (loop--) {
        int m;
        char p[maxm][maxs];
        scanf("%d", &m);                   // 输入碱基序列的数目
        for (int i = 0; i < m; i++)        // 输入第 i 个碱基序列
            scanf("%s", p[i]);
        int len;                           // 最长公共子串的长度
        char ans[maxs];                    // 最长公共子串
        len = 0;
            // 枚举 p[0] 的每个子串，判断其是否为目标子串
        for (int i = 0; i < strlen(p[0]); i++)                 // 枚举子串的起始位置 i
            for (int j = i + 2; j < strlen(p[0]); j++) {       // 枚举子串的结束位置 j
                char s[maxs];                                  // 提取该子串 s
                strncpy(s, p[0] + i, j - i + 1);
                s[j - i + 1] = '\0';
                bool ok = true;            // 试探 s 是否为 p[1]..p[m-1] 的公共子串
                for (int k = 1; ok && k < m; k++)
                    if (strstr(p[k], s) == NULL) ok = false;
// 若 s 是目前最长的公共子串，或者虽然 s 同属最长公共子串但字典序小，则 s 被设为最长公共子串
                if (ok && (j - i + 1 > len || j - i + 1 == len && strcmp(ans, s)
                    > 0))
                {
                    len = j - i + 1;
                    strcpy(ans, s);
                }
            }
        if (len < 3)  // 若最长的公共子串的长度不足 3，则给出失败信息，否则输出最长公共子串
            printf("%s\n", "no significant commonalities");
```

```
        else printf("%s\n", ans);
    }
    return 0;
}
```

Brute Force 算法并不完美，存在着大量的重复运算，如图 4.2-1 所示。

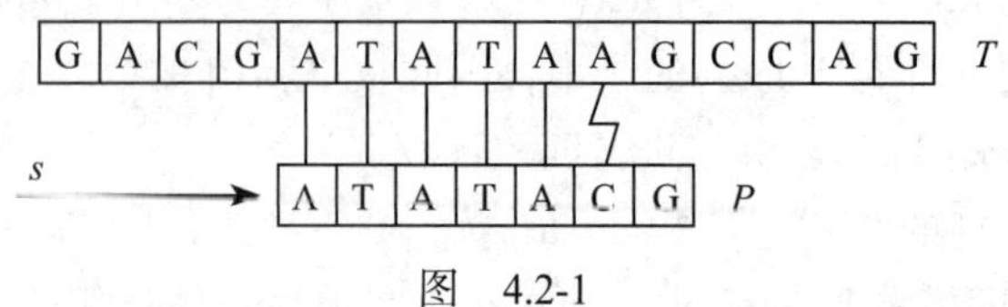

图　4.2-1

模式 P=“ATATACG”的第 6 个字符“C”在当前位置无法匹配，Brute Force 算法将指针 s 递增 1，再从 P 的第一个字符开始重新匹配，但实际上此时可以将指针 s 递增 2，从 P 的第 4 个字符开始匹配，如图 4.2-2 所示。因为在这之间的匹配肯定会失败。类似的例子会随着数据量的增大而越来越多，Brute Force 算法将做更多的重复工作。

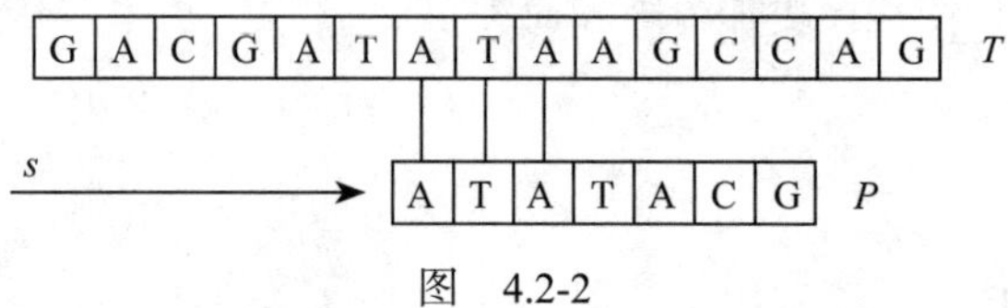

图　4.2-2

为了避免重复运算，提高匹配时效，基于上述讨论，给出模式匹配的 KMP 算法。

2. KMP 算法

分析图 4.2-2，为什么可以让指针 s 递增 2，从 P 的第 4 个字符开始匹配呢？这是由模式 P 的性质决定的。对于模式 P，在目标 T 中，P 的前缀“ATATA”已经匹配。

对已经匹配的 P 的前缀“ATATA”进行分析，如图 4.2-3 所示，P 的前缀“ATA”恰好是 P 已经匹配的前缀“ATATA”的后缀，所以如果直到“ATATA”都匹配成功，而“ATATAC”匹配失败，则目标 T 的子串 $T[s+2..s+4]$ 必定为“ATA”，因为“ATATA”在 s 处匹配成功，所以 $T[s..s+4]$=“ATATA”，于是 P 的前缀“ATA”肯定在 s+2 处匹配成功。KMP 算法正是利用了这种特性使算法的时间复杂度降为 $O(n+m)$。

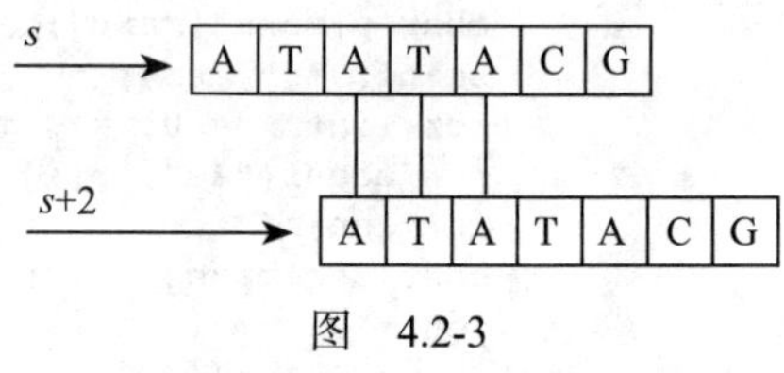

图　4.2-3

KMP 算法的关键是求 P 的前缀函数 suffix[]，其中，suffix[q]= $\max\{k \mid (k<q) \wedge (P[0..k-1]==P[0..q-1]$ 的后缀 $)\}$，也就是说，suffix[q] 表示 $P[0..q-1]$ 的后缀与 P 的前缀间的最长匹配子串的长度。求 suffix[] 实际上就相当于用 P 匹配 P 的过程，可写成一重循环的形式：

```
suffix[0] = -1;                          // 设置 P 的前缀函数 suffix[] 的边界值
suffix[1] = 0;
int k = 0;                               // 前缀函数指针初始化
for (int i = 2; i <= m; i++) {
    while (k>=0 && p[k]!=p[i - 1])       // 沿前缀函数指针追溯 P 中与 p[i-1] 相同的字符位置 k，即
                                         // 目标串当前字符与 p[i] 匹配失败时，应与 p[k+1] 比较；
                                         // 如果 p[k] 和 p[i-1] 不同，说明匹配失败，要把 k 的值退
                                         // 到 suffix[k]，直到两者相同才停止
        k = suffix[k];
```

```
    suffix[i] = ++k;
}
```

有了前缀函数 suffix[]，可将 P 匹配 T 的过程写成一重循环，从 $P[0]$ 出发，依次匹配 $T[0], T[1],\cdots, T[n-1]$：

- 若 $P[j]$ 与 $T[i]$ 匹配成功，则下一次匹配 $P[j+1]$ 与 $T[i+1]$。
- 若 $P[j]$ 与 $T[i]$ 匹配失败，则 $T[i]$ 不断匹配 $P[\text{suffix}[j]]$、$P[P[\text{suffix}[j]]]$，…，直至匹配成功（$T[i]==P[\cdots P[\text{suffix}[j]]]$）或者匹配失败（$P[\cdots P[\text{suffix}[j]]]==-1$）为止。若匹配成功，则下一次比较 $P[P[\cdots P[\text{suffix}[j]]]+1]$ 与 $T[i+1]$；若匹配失败，则下一次比较 $P[0]$ 与 $T[i+1]$（$0\leqslant i\leqslant n-1$，$0\leqslant j\leqslant m-1$）。

```
i=0;                          // T 和 P 的匹配指针初始化
j=0;
while (i<=n-1 && j<=m-1)
if (j==-1||T[i]==P[j])        // 若沿前缀函数指针匹配 T[i] 失败，则下一次比较 P[0] 与 T[i+1]；若匹
                              // 配成功，则下一次比较 P[j+1] 与 T[i+1]
    {
        i++; j++;
    }
else j= suffix[j];            // 若 T[i] 与 P[j] 匹配失败，则沿前缀函数指针回溯
if (j>m-1)                    // 若 P 中的所有字符配对成功，则返回 P 在 T 的匹配位置；否则返回 -1
    {
        return(i-(m-1));
    }
else return(-1);
```

【4.2.2.2　Oulipo】

法国作家 Georges Perec（1936—1982）曾经写过一本没有字母 e 的书 *La Disparition*，他是 Oulipo 组织的成员。从他的书中摘录如下：

Tout avait Pair normal, mais tout s'affirmait faux. Tout avait Fair normal, d'abord, puis surgissait l'inhumain, l'affolant. Il aurait voulu savoir où s'articulait l'association qui l'unissait au roman: stir son tapis, assaillant à tout instant son imagination, l'intuition d'un tabou, la vision d'un mal obscur, d'un quoi vacant, d'un non-dit: la vision, l'avision d'un oubli commandant tout, où s'abolissait la raison: tout avait l'air normal mais…

Perec 可能会在这样的比赛中取得高分（或更确切地说，低分）。这些比赛要求人们写一段有关某个主题的有意义的文字，某个给定的词要尽可能少地出现。我们的工作是给出一个评判程序，统计该词出现的次数，以给出参赛者的排名。这些参赛者通常会写很长的废话连篇的文本，一个带 500 000 个连续的 T 的序列是常见的，而且他们从来不使用空格。

因此，给出一个字符串，我们要快速发现这个字符串在一段文本中出现的次数。更规范地讲：给出字母表 {'A', 'B', 'C', …, 'Z'}，以及字母表上的两个有限的字符串，即一个单词 w 和一段文本 t，计算 w 在 t 中出现的次数。所有 w 的连续字符必须严格匹配 t 的连续字符。在文本 t 中，单词 w 的出现可能会重叠在一起。

输入

输入文件的第一行给出一个整数，该整数是后面给出的测试用例的个数。每个测试用例的格式如下。

一行给出单词 w 和一个在字母表 {'A', 'B', 'C', …, 'Z'} 上的字符串，其中 $1\leqslant |w|\leqslant 10\,000$（$|w|$ 表示字符串 w 的长度）。

一行给出文本 t 和一个在字母表 {'A', 'B', 'C', …, 'Z'} 上的字符串，其中 $|w| \leqslant |t| \leqslant 1\,000\,000$。

输出

对于输入文件中的每个测试用例，在一行中输出一个数字：单词 w 在文本 t 中出现的次数。

样例输入	样例输出
3 BAPC BAPC AZA AZAZAZA VERDI AVERDXIVYERDIAN	1 3 0

试题来源：BAPC 2006 Qualification

在线测试：POJ 3461

试题解析

由于是计算单词 w 在文本 t 中的出现次数，因此 w 是模式，t 是目标。我们先应用 KMP 算法计算出单词 w 的后缀函数 next，然后使用 next 计算单词 w 在文本 t 中出现的频率 cnt。计算方法如下。

设 w 的匹配指针为 p，t 的匹配指针为 cur。初始时，p=0，cur=0。然后，逐个字符地扫描 t：

1）若 t 和 w 的当前字符相同（t[cur]==w[p]），则 w 和 t 的指针各右移 1 个位置（++cur，++p）。

2）若 t 和 w 的当前字符不同（t[cur] $\neq$ w[p]），则分析：

- 若未分析完 w 的所有字符（$p \geqslant 0$），则根据 next 数组左移 w 的指针（p = next[p]）。
- 若分析完 w 的所有字符（p<0），则 t 的下一字符与 w 的首字符匹配（++cur，p=0）。

3）若匹配成功（p==w 的长度），则单词 w 在 t 中的频率 cnt++；根据 next 数组左移 w 的指针（p=next[p]），继续匹配 t 的下一个字符。

整个匹配过程进行至 cur $\geqslant$ t 的长度为止。此时得出的 cnt 即单词 w 在文本 t 中的出现次数。

参考程序

```
#include <cstdio>                                   // 预编译命令
#include <cstring>
const int maxw = 10000 + 10;                        // 单词 w 的长度上限
const int maxt = 1000000 + 10;                      // 文本 t 的长度上限
int match(char w[], char s[], int next[])
{                                                   // 统计 w[] 在 s[] 中出现的次数
    int cnt = 0;                                    // w[] 在 s[] 中的频率初始化
    int slen = strlen(s);                           // 计算 s 和 w 的串长
    int wlen = strlen(w);
    int p = 0, cur = 0;                             //w 和 s 的指针初始化
    while (cur < slen) {                            // 若未扫描完 s 的所有字符
        if (s[cur] == w[p]) {                       // 若 s 和 w 的当前字符相同，则 w 和 s 的指针
                                                    // 右移 1 个位置
```

```
            ++cur;
            ++p;
        } else if (p >= 0) {              // 若未分析完 w 的所有字符，则根据 next 数组
            // 左移 w 的指针；否则 s 的下一个字符与 w 的第 1 个字符匹配
            p = next[p];
        } else {
            ++cur;
            p = 0;
        }
        if (p == wlen) {                  // 若匹配成功，则 w[] 在 s[] 中的频率 +1；根
            // 据 next 数组左移 w[] 的指针，从 s[] 的下一个字符开始继续匹配
            ++cnt;
            p = next[p];
        }
    }
    return cnt;
}
int main(void)
{
    int loop;
    scanf("%d", &loop);                   // 输入测试用例数
    while (loop--) {
        char w[maxw], t[maxt];
        scanf("%s%s", w, t);              // 输入单词 w 和文本 t
        int suffix[maxw];                 // 应用 KMP 算法计算单词 w 的前缀函数
        suffix[0] = -1;
        suffix[1] = 0;
        int p = 0;
        for (int cur = 2; cur <= strlen(w); cur++) {
            while (p >= 0 && w[p] != w[cur - 1])
                p = suffix[p];
            suffix[cur] = ++p;
        }
        printf("%d\n", match(w, t, suffix)); // 计算和输出单词 w 在文本 t 中的出现次数
    }
    return 0;
}
```

4.2.3　使用 Manacher 算法求最长回文子串

回文串（palindromic string）是指这个字符串无论从左读还是从右读，所读的字符顺序是一样的。给出一个字符串，要求计算出这一字符串的最长回文子串的长度。如果遍历每一个字符，并以该字符为中心向两边查找，则其时间复杂度为 $O(n^2)$。

Manacher 算法，又被称为“马拉车”算法，可以在时间复杂度为 $O(n)$ 的情况下求解一个字符串的最长回文子串的长度。

由于回文分为偶回文（例如“bccb”）和奇回文（例如“bcacb”），而在处理奇偶问题上比较烦琐，例如，对于偶回文“bccb”，其对称中心是在两个“c”字符之间；对于奇回文“bcacb”，对称中心就是“a”字符。对此，Manacher 算法在字符串首尾及各字符间各插入一个字符，而这个字符并未出现在字符串里。例如，字符串 s 是“abbahopxpo”，用未出现在字符串里的“#”字符插入，得到新字符串 s_new 是“$#a#b#b#a#h#o#p#x#p#o#”，其中，“$”为了防止越界。在字符串 s 中，有一个偶回文“abba”和一个奇回文“opxpo”，它们分别被转换为“#a#b#b#a#”和“#o#p#x#p#o#”，回文的长度都成了奇数。

对于给出新字符串 s_new，定义一个辅助数组 int p[]，其中 $p[i]$ 表示以第 i 个字符为中

心的最长回文的半径，如下所示：

i	0	1	2	3	4	5	6	7	8	9	10	11	12	13	14	15	16	17	18	19	20	21
s_new[i]	$	#	a	#	b	#	b	#	a	#	h	#	o	#	p	#	x	#	p	#	o	#
$p[i]$		1	2	1	2	5	2	1	2	1	2	1	2	1	2	1	6	1	2	1	2	1

所以，$p[i]-1$ 是原字符串中以该字符所在位置为中心的回文串的长度。

对于数组 p，设置两个位置变量 mx 和 id，其中 mx 表示以 id 为中心的最长回文的右边界，即 mx=id+p[id]，如图 4.2-4 所示。

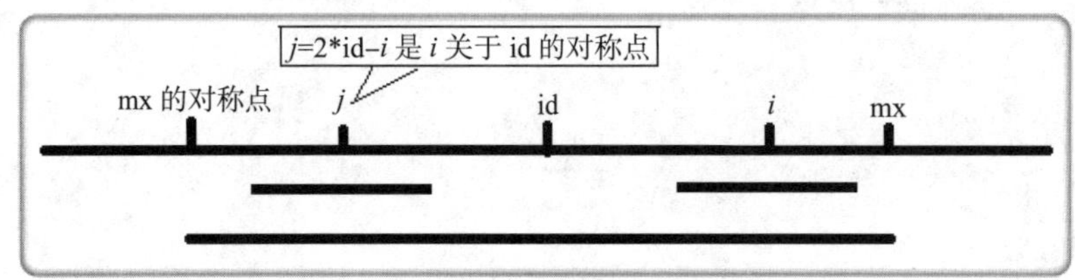

图　4.2-4

对于 $p[i]$，如果 i<mx，设 j 是 i 关于 id 的对称点，如图 4.2-4 所示，则基于以下三种情况可以求出 $p[i]$ 的值：

1）以 j 为中心的回文串有一部分在以 id 为中心的回文串之外。因为 mx 是以 id 为中心的最长回文的右边界，所以以 i 为中心的回文串不可能会有字符在以 id 为中心的回文串之外；否则 mx 就不是以 id 为中心的最长回文的右边界。所以，在这种情况下，$p[i]$=mx–i。

2）以 j 为中心的回文串全部在以 id 为中心的回文串的内部，则 $p[i]=p[j]$，而且 $p[i]$ 不可能再增加。

3）以 j 为中心的回文串的左端正好与以 id 为中心的回文串的左端重合。则 $p[i]=p[j]$ 或 $p[i]$=mx–i，并且 $p[i]$ 还有可能会继续增加，即 while (s_new[i–$p[i]$]==s_new[i+$p[i]$]) $p[i]$++;

所以，if (i < mx) $p[i]$ = min(p[2 * id – i], mx – i)；其中 2*id – i 为 i 关于 id 的对称点，即上面的 j 点，而 $p[j]$ 表示以 j 为中心的最长回文半径，因此可以利用 $p[j]$ 来快速求解 $p[i]$。

【4.2.3.1　Palindrome】

Andy 是一个计算机专业的学生，他正在上算法课，教授问学生一个简单的问题："你们能不能提出一个有效的算法，来找出一个字符串中最长回文的长度？"

如果一个字符串向前读和向后读是相同的，则称其为回文，例如 "madam" 是回文，而 "acm" 则不是回文。

同学们认识到这是一个经典的问题，但是他们无法找到一个比遍历所有子串并检查它们是否是回文更好的解决方案，但显然这样的算法根本没有效率。过了一会儿，Andy 举手说："OK！我有一个更好的算法。"在 Andy 开始解释他的想法之前，停了一会儿，然后说："好吧，我有一个更好的算法！"

如果你认为你知道 Andy 的最终解决方案，就证明它。给定一个最多 1 000 000 个字符的字符串，请查找并输出该字符串中最长回文的长度。

输入

你的程序将对最多达 30 个的测试用例进行测试，每个测试用例在一行中以最多 1 000 000 个小写字符的字符串形式给出。输入以字符串"END"开头的一行结束（为了清楚起见，用引号）。

输出

对于输入中的每个测试用例，输出测试用例编号和最长回文的长度。

样例输入	样例输出
abcbabcbabcba abacacbaaaab END	Case 1: 13 Case 2: 6

试题来源：Seventh ACM Egyptian National Programming Contest

在线测试：POJ 3974

试题解析

本题直接使用 Manacher 算法求解。

设原串为 str，长度为 L，在原串的基础上产生辅助串 str_new：str_new 是在 str 的首尾及各字符间各插入一个字符“#”，str_new 的首字符为“@”，尾字符为“\$”；以第 i 个字符为中心的最长回文的半径为 $p[i]$，初始时为 0；以 id 为中心的最长回文的右边界为 mx，即 mx=id+p[id]，初始时为 0；最长回文的半径为 ans，初始时为 0。

计算 ans 的方法如下。

枚举辅助串 str_new 的每一个字符位置 i（$1 \leqslant i \leqslant 2 \times L+1$），尝试该位置作为中心位置：若 mx 在 i 的右侧（mx>i），则 $p[i]$ 调整为 min(mx−i, p[id × 2−i])；否则调整为 1。以 i 位置为中心计算最长回文的半径 $p[i]$（for(; str_new[i−$p[i]$]==str_new[i+$p[i]$]; $p[i]$++)）；若其右边界（$p[i]$+i）大于 mx，则中心 id 调整为 i，重新计算右边界 mx（mx=$p[i]$+i, id=i;）；ans 调整为 max(ans, $p[i]$)。

枚举完 str_new 的每一个字符位置后，ans−1 即最长回文的半径。

参考程序

```
#include<iostream>
#define M 1000010
using namespace std;
char str[M],str_new[2*M];          // 原串和辅助串
int p[2*M],len;                    // p[i] 表示以第 i 个字符为中心的最长回文的半径，字符串长
                                   // 度为 len
void init()                        // 构造辅助串
{
    len=strlen(str);               // 计算字符串长度
    str_new[0]='@';                // 辅助串的首字符
    str_new[1]='#';                // 辅助串的间隔字符
    for(int i=0; i<len; i++)       // 逐个字符地构造辅助串
    {
        str_new[i*2+2]=str[i];
        str_new[i*2+3]='#';
    }
    str_new[len*2+2]='$';          // 辅助串的尾字符
}
void Manacher()                    // 计算和输出最长回文的半径
{
    memset(p,0,sizeof(p));         // p[i] 表示以第 i 个字符为中心的最长回文的半径，所有最长
                                   // 回文的半径初始化为 0
```

```
    int mx=0,di,ans=0;              // 以 id 为中心的最长回文的右边界为 mx，即 mx=id+p[id]，
                                    // mx 和最长回文的长度 ans 初始化为 0
    for(int i=1; i<len*2+2; i++)    // 枚举每一个可能的中心字符
    {
        if(mx>i)                    // 根据 i 位置在 mx 位置的左侧还是右侧，调整
                                    // 最长回文半径的初始值
            p[i]=min(mx-i,p[di*2-i]);
        else
            p[i]=1;
        for(; str_new[i-p[i]]==str_new[i+p[i]]; p[i]++); // 以 i 位置为中心计算最长回文
            // 半径 p[i]
        if(p[i]+i>mx)               // 若以 i 为中心的右边界大于 mx，则中心 id 调整为 i，重新
                                    // 计算右边界 mx
            mx=p[i]+i,di=i;
        ans=max(ans,p[i]);          // 调整最长回文的半径
    }
    printf("%d\n",--ans);           // 输出最长回文的半径
}
int main()
{
    int t=1;                        // 初始化测试用例编号
    while(~scanf("%s",str))         // 反复输入字符串，直至输入“END”为止
    {
        if(!strcmp(str,"END")) break;
        printf("Case %d: ",t++);    // 输出测试用例编号
        init();                     // 构造辅助串
        Manacher();                 // 计算和输出最长回文的半径
    }
}
```

【4.2.3.2　Best Reward】

经过一场艰苦的战斗，李将军取得了巨大的胜利。现在，国家元首决定用荣誉和财宝来奖励他所做的伟大贡献。

奖励李将军的一件财宝是一条由 26 种不同的宝石组成的项链，项链的长度为 n，也就是 n 颗宝石串在一起构成了这条项链，而每颗宝石都属于 26 种宝石中的一种。

按照传统的观点，项链是有价值的当且仅当项链是回文——项链在任何方向上看起来都一样。然而，这个项链可能一开始还不是回文。所以国家元首决定把项链切成两半，然后把它们都交给李将军。

同一种类的所有宝石的价值是相同的（因为宝石的质量，宝石的价值可能是正的，也可能是负的；有些种类的宝石很漂亮，而有些宝石则看起来像普通的石头）。回文项链的价值等于宝石的价值之和，而不是回文的项链的价值为零。

现在的问题是，如何切割给出的项链使两个项链的价值之和最大，并输出这个值。

输入

输入的第一行是一个整数 T（$1 \leqslant T \leqslant 10$），表示测试用例的数量。然后给出这些测试用例的描述。

对于每个测试用例，第一行是 26 个整数 $v_1, v_2, \cdots, v_{26}$（$-100 \leqslant v_i \leqslant 100$，$1 \leqslant i \leqslant 26$），表示每种宝石的价值。

每个测试用例的第二行是由字符“a”～“z”组成的字符串，表示项链，不同的字符表示不同的宝石，“a”的价值是 v_1，“b”的价值是 v_2，……，以此类推。字符串的长度不超过 500 000。

输出

输出一个整数，它是李将军可以从这串项链中获得的最大值。

样例输入	样例输出
2 1 1 1 1 1 1 1 1 1 1 1 1 1 1 1 1 1 1 1 1 1 1 1 1 1 1 aba 1 1 1 1 1 1 1 1 1 1 1 1 1 1 1 1 1 1 1 1 1 1 1 1 1 1 acacac	1 6

试题来源：2010 ACM-ICPC Multi-University Training Contest（18）——Host by TJU

在线测试：HDOJ 3613

试题解析

本题题意：对于字母表中的 26 个字母，每个字母都有一个价值。给出一个由字母组成的字符串，将该字符串切成两份，对于每一份，如果是回文串，就计算该子串的所有字符的价值之和，否则该子串的价值为 0。请求出将字符串切成两份后能够获得的最大价值。

本题求解步骤如下：首先，用 Manacher 算法求出以每个字符为中心的回文串的长度；然后，枚举切割点，得到两个子串，由此确定每个子串的中心点；检查以该子串的中心点作为中心点的回文串的长度，如果回文串的长度等于该子串的长度，则该子串的所有字符的价值之和加入两个项链的价值之和；并对所有的两个项链的价值之和取最大值。

计算方法如下。

首先，设原字符串 s，长度为 L，在原串的基础上产生辅助串 s_new：然后用 Manacher 算法求出以每个字符为中心的回文串半径序列 $p[]$，并计算原串 s 中以每个字符为尾的前缀价值和序列 sum[]。

然后枚举原字符串中每个可能的切割点 i（$0 \leqslant i \leqslant L-1$），得到两个子串 $s_{0\cdots i}$ 和 $s_{i+1\cdots L-1}$：

1）对于左子串 $s_{0\cdots i}$，在辅助串中的中心点为第 $i+2$ 个字符，若 $p[i+2]==i+2$，则左子串为回文串，其价值和为 sum[i]。

2）对于右子串 $s_{i+1\cdots L-1}$，在辅助串中的中心点为第 $i+L+2$ 个字符，若 $p[i+L+2]==L-i$，则右子串为回文串，其价值和为 sum[$L-1$]−sum[i]。

这样，我们就可以计算出切割点为 i 时的价值和了，然后和当前最优价值 Mx 比较，调整 Mx=max{Mx，切割点为 i 时的价值和}。显然，枚举完所有可能的分割点后，得出的最优价值 Mx 便是问题的解。

参考程序（略。本题参考程序的 PDF 文件和本题的英文原版均可从华章网站下载）

4.3　在数组中快速查找指定元素

在 1.4 节中给出了一种快速查找指定元素的二分法，但使用二分法需预先对序列中的数据进行排序，并按下述方法递归查找：由序列的中间元素划分出左右子序列。每次待查找元素与中间元素比较大小，确定该元素是否为中间元素或者可能属于哪个子序列内的元素。这个过程一直进行到找到待查元素位置或子区间不存在为止，二分查找可使得计算效率提高到 $O(\log(n))$。

但是，若序列中的数据重复出现，并且要避免预先排序的额外开销，要求按照出现次数给出被查数据的位置，怎么办？

使用 vector 类的动态数组不需要进行排序和递归，较为简便。下面，我们就通过一个实例来详述这种方法。

【4.3.1　Easy Problem from Rujia Liu?】

给出一个数组，请找到一个整数 v 的第 k 次出现（从左至右）。为了使问题更加困难、更加有趣，请回答 m 个这样的查询。

输入

输入给出若干测试用例。每个测试用例的第一行给出两个整数 n、m ($1 \leqslant n, m \leqslant 100\ 000$)，表示数组中元素的个数和查询的数目。下一行给出不大于 1 000 000 的 n 个正整数。接下来的 m 行每行给出两个整数 k 和 v ($1 \leqslant k \leqslant n, 1 \leqslant v \leqslant 1\ 000\ 000$)。输入以 EOF 结束。

输出

对于每个查询，输出出现的位置（数组起始位置为 1）。如果没有这样的元素，则输出 '0'。

样例输入	样例输出
8 4	2
1 3 2 2 4 3 2 1	0
1 3	7
2 4	0
3 2	
4 2	

试题来源：Rujia Liu's Present 3: A data structure contest celebrating the 100th anniversary of Tsinghua University

在线测试：UVA 11991

试题解析

本题要求按照出现次数查找指定元素值的下标位置。最为简便的计算方法是，使用 vector 类的动态数组存储每个整数值的下标位置。

设动态数组 $v[]$，其中 $v[x]$ 按照输入顺序依次存储整数 x 的下标位置，即 $v[x][k-1]$ 存储第 k 次出现 x 的下标位置，$v[x]$.size() 是原数组中 x 的最多出现次数。

在输入数组的同时构造动态数组 $v[]$：若输入数组的第 i 个元素 x，则通过 $v[x]$.push_back(i) 将其下标序号 i 送入容器 $v[x]$（$1 \leqslant i \leqslant n$）；$v[]$ 以原数组的元素值作为下标，数组元素为一个"容器"，依次存放该整数值的下标。

显然，每次查询可直接在这个记录表中找到结果，无须顺序查找或二分查找，时间复杂度为 $O(1)$。若第 j 个查询是第 k 次出现 x 的下标位置（$1 \leqslant j \leqslant m$），则分析：若 $v[x]$.size()<k，则说明 x 的出现次数不足 k 次，输出 0；否则输出数组中第 k 次出现 x 的下标位置 $v[x][k-1]$。

参考程序

```
#include<iostream>
#include<vector>
using namespace std;
const int MAXX=1000050;
vector<int> v[MAXX];
int main()
{
    int n,m;
    while (scanf("%d%d",&n,&m)==2)                  // 反复输入元素数和查询数
    {
        for (int i=1;i<MAXX;i++) v[i].clear(); // 动态数组初始化为空
        for (int i=1;i<=n;i++)                      // 输入原数组，构建动态数组
        {
            int x;
            scanf("%d",&x);                         // 输入第 i 个元素值 x
            v[x].push_back(i);                      // 将 x 的下标序号 i 送入容器 v[x]
        }
        for (int i=1;i<=m;i++)                      // 依次处理每个查询
        {
            int k,x;
            scanf("%d%d",&k,&x);                    // 第 i 个查询是第 k 次出现 x 的下标位置
            int ans=0;                              // 下标位置初始化为 0
            if (v[x].size()<k) ans=0;               // 若 x 的出现次数不足 k 次，则输出 0
                else ans=v[x][k-1];                 // 否则记下第 k 次出现 x 的下标位置
            printf("%d\n",ans);                     // 输出第 k 次出现 x 的下标位置
        }
    }
    return 0;
}
```

4.4　通过数组分块技术优化算法

如果直接在大容量的数组中进行增删元素的操作，或者计算指定子区间的最值，则效率不理想，因为增删元素需要花时间维护数组“有序性”的结构特征。例如，删除第1个元素，后面$n-1$个元素需要依次往前移动一个位置；再例如，将新元素插入第1个位置，n个元素需要依次往后移动一个位置，空出首位置，以便插入新元素；而计算子区间最值的效率取决于子区间的规模，子区间范围越大，顺序查找的效率越低。

为了优化算法，我们提出了一种数组分块技术。

将长度为 n 的数组等分成若干块，以块为单位进行块间检索。由于数组随插入操作而增大，因此块容量 L 取决于原数组长度 n 和插入操作的次数 p，n 和 p 越大，则 L 越大。一般来讲，数组可分成 $m=\lfloor\sqrt{n+p}\rfloor$块，每块长度 $L=m+1$。

我们可在输入数组的同时直接构造块数组，下标 x 的数组元素位于第$\left\lfloor\dfrac{x}{L}\right\rfloor$块的第（$x\%L$）个位置。如果要求区间的最值，则需要同时计算每块的最值，构造块数组的时间复杂度为 $O(n)$。

每次插入或删除一个元素，先找到对应的块，再用 $O(1)$ 时间在该块中进行插入或删除操作。每块采用动态数组，实际块长可随增删操作而变化。

如果求下标区间 $[x, y]$ 的最值，则先直接计算下标 x 和 y 所在的块（$O(1)$）：

- 若 $[x, y]$ 同属一块，则需要逐一比较计算 $[x, y]$ 的最值（如图 4.4-1a 所示）。

- 若下标 x 和下标 y 分属不同的块，则需要逐一比较以 x 为左端的块内元素，计算首块内属于区间元素的最值；逐一比较以 y 为右端的块内元素，计算尾块内属于区间元素的最值；至于中间跨越的块，直接取出这些块的最值即可。最后直接比较这些块的最值，即可得出下标区间 $[x, y]$ 的最值。显然，时间复杂度为 $O(L)$（如图 4.4-1b 所示）。

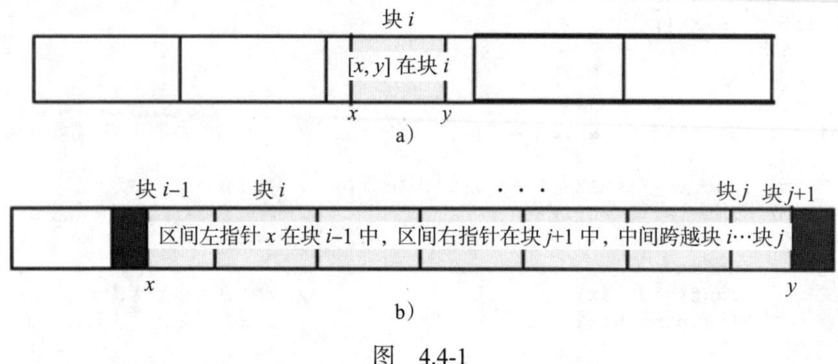

图 4.4-1

下面，我们通过一个实例看看怎样使用数组分块技术实现序列的查询和元素插入。

【4.4.1 Big String】

给出一个字符串，请完成一些字符串的操作。

输入

输入的第一行给出初始字符串。本题设定这个字符串是非空的，它的长度不超过 1 000 000。

输入的第二行给出操作指令的数目 N（$0<N \leqslant 2000$）。接下来的 N 行每行给出一条指令。两种指令的格式如下。

- I ch p：将一个字符 ch 插在当前字符串中第 p 个字符之前。如果 p 大于字符串的长度，则将字符添加在字符串的末端。
- Q p：查询当前字符串的第 p 个字符。输入保证第 p 个字符存在。

输入中的所有字符都是数字或英文字母表中的小写字母。

输出

对每条 Q 指令输出一行，给出被查询的字符。

样例输入	样例输出
ab 7 Q 1 I c 2 I d 4 I e 2 Q 5 I f 1 Q 3	a d e

试题来源：POJ Monthly--2006.07.30, zhucheng

在线测试：POJ 2887

试题解析

如果直接在初始串上进行操作，则极有可能失败。虽然使用直接寻址方式查询的时间复杂度为 $O(1)$，但插入操作颇为费时。插入位置越靠前，需要往后移动一个位置的元素越多，花费的时间越长，超时的风险越大。

由于操作数比较少，为了提高计算效率，可采用分块法解题。设：初始串为 str[]，其长度为 L，指令数为 n。将初始串等分成 $m=\lfloor \sqrt{L}+n \rfloor$ 块，每块长度 $l=m+1$。第 K 块子串存储在 block[K] 中 ($1 \leqslant K \leqslant m$)，可通过语句 for(int *i*=0; str[*i*]; ++*i*) block[*i*/*l*].push_back(str[*i*]) 直接将 str[] 中的每个字符依次放入对应的块中。

这样，每次插入前先找到对应的块，再用 $O(1)$ 时间在该块中进行插入操作。查询同样需要先找到对应的块。块内的子串用动态数组实现，可以花 $O(1)$ 的时间找到目标元素。如果用 STL 的链表来做，结果会超时。

计算效率估算如下：在最坏的情况下，一个块最多有 2000 个字母，最多有 1000 个块，当然操作不会超时。但是数组要足够大。

另外，为了快速找到当前串第 pos 个位置所在的串，另辟了一个块的前缀长度数组 sum[]，其中 sum[*i*] 为前 *i* 块的总长度（$1 \leqslant i \leqslant$ Maxn）。sum[] 可以直接采用递推法计算（for(int *i*=1; *i*<=Maxn; ++*i*) sum[*i*]=sum[*i*−1]+block[*i*].size）。

由于 sum[] 是递增的，因此可以使用二分查找的库函数 lower_bound()，在 sum[1]…sum[Max] 中直接找出第 pos 个位置所在的块序号 *p*（*p*=lower_bound(sum+1, sum+1+Maxn, pos) − (sum)）。显然，当前串第 pos 个字母对应 *p* 块中第 pos−sum[*p*−1] 个字母。

参考程序

```
#include <iostream>
#include <algorithm>
#include <cmath>
#define ll long long
using namespace std;
int Maxn, N ;                               // 指令数
int sum[1005];                              // 前 i 块的总长度为 sum[i]
struct BlockList                            // 块的结构定义
{
    int size;                               // 块长
    char dat[2005];                         // 块内字符串 dat[]
    int at(int pos)                         // 返回 dat[] 中第 pos 个字符
    {
        return dat[pos];
    }
    void insert(int pos,char c)             // 将字符 c 插入块内字符串 dat[] 中的第 pos 个位置
    {
        for(int i=++size; i>pos; --i) dat[i]=dat[i-1];  // 将 dat[] 中第 pos 个位置开
                                                        // 始的后缀右移一个位置
        dat[pos]=c;                         // 将 c 插入 dat[] 中第 pos 个位置
    }
    void push_back(char c)                  // 将字符 c 插入 dat[] 的串尾
    {
        dat[++size]=c;
    }
};
BlockList block[1005];                      // 定义块数组 block[]
```

```
char query(int s,int p)                         // 返回 s 块中第 p 个字符
{
    return block[s].at(p);
}
void insert(int s,int p,char c)                 // 将字符 c 插入 s 块的第 p 个位置前
{
    p=min(p,block[s].size+1);                   // 计算插入位置 p (不大于 s 块的串长 +1)
    block[s].insert(p,c);                       // 插入字符 c
}
void maintain()                                 // 递推块的前缀长度数组 sum[]
{
    for(int i=1;i<=Maxn;++i)sum[i]=sum[i-1]+block[i].size; // 计算前 i 块的总长度 sum[i]
                                                             //(1 ≤ i ≤ Maxn)
}
void MyInsert(int pos,char c)                   // 将字符 c 插入当前串的 pos 位置前
{
    int p=lower_bound(sum+1,sum+1+Maxn,pos)-(sum);      // 计算 pos 位置所在的块序号 p
    insert(p,pos-sum[p-1],c);                   // 将字母 c 插入 p 块的第 pos-sum[p-1] 位置前
    maintain();                                 // 调整前缀长度数组 sum[]
}
int MyQuery(int pos)                            // 返回当前串中第 pos 个字母
{
    int p=lower_bound(sum+1,sum+1+Maxn,pos)-(sum);      // 使用二分查找法计算 pos 在
                                                // sum[1]…sum[Maxn] 中的块序号 p
    return query(p,pos-sum[p-1]);               // 返回 p 块中位置为 pos-sum[p-1] 的字母
}
char str[1000005];                              // 初始串
void init()                                     // 构建块数组 block[]
{
    int len=strlen(str)+N;                      // 计算块数 Maxn= ⌊√(串长+指令数)⌋
    Maxn=sqrt(len*1.0)+1;
    for(int i=0; str[i]; ++i)                   // 依次将初始串的每个字母送入块中
        block[i/Maxn+1].push_back(str[i]);
    maintain();
}
int main()
{
    gets(str);                                  // 输入初始串
    int pos;
    char p[3],s[3];                             // 操作指令 p[], 插入字符 s[]
    scanf("%d",&N);
    init();                                     // 构建块数组 block[]
    while(N--)                                  // 依次处理每条操作指令
    {
        scanf("%s",p);                          // 输入当前操作指令 p
        if(p[0]=='I')                           // 若插入操作
        {
            scanf("%s%d",s,&pos);               // 输入插入字符 s 和插入位置 pos
            MyInsert(pos,s[0]);                 // 将字符 s[0] 插入当前串的 pos 位置前
        }
        else                                    // 当前指令为查询
        {
            scanf("%d",&pos);                   // 输入查询位置 pos
            printf("%c\n",MyQuery(pos));        // 输出当前串中第 pos 个字母
        }
    }
    return 0;
}
```

4.5 相关题库

【4.5.1 时间日期格式转换】

世界各地有多种格式来表示日期和时间。对于日期的表示，在我国常采用的格式是“年年年年 / 月月 / 日日”或写为英语缩略表示格式“yyyy/mm/dd”，此次编程大赛的启动日期“2009/11/07”就符合这种格式，而美国所用的日期格式则为“月月 / 日日 / 年年年年”或“mm/dd/yyyy”，如将“2009/11/07”改成这种格式，对应的则是“11/07/2009”。对于时间的格式，则常有 12 小时制和 24 小时制两种表示方法，24 小时制用 0 ～ 24 来表示一天中的 24 小时，而 12 小时制用 1 ～ 12 表示小时，用 am/pm 来表示上午或下午，比如“17:30:00”是采用 24 小时制来表示时间，而对应的 12 小时制的表示方法是“05:30:00pm”。注意 12:00:00pm 表示中午 12 点，而 12:00:00am 表示晚上 12 点。

对于给定的采用“yyyy/mm/dd”加 24 小时制（用短横线“–”连接）来表示日期和时间的字符串，请编程实现将其转换成“mm/dd/yyyy”加 12 小时制格式的字符串。

输入

第一行为一个整数 T（$T \leqslant 10$），代表总共需要转换的时间日期字符串的数目。接下来总共 T 行，每行都是一个需要转换的时间日期字符串。

输出

分行输出转换之后的结果。

样例输入	样例输出
2 2009/11/07-12:12:12 1970/01/01-00:01:01	11/07/2009-12:12:12pm 01/01/1970-12:01:01am

试题来源：2010“顶嵌杯”全国嵌入式系统 C 语言编程大赛初赛

在线测试：POJ 3751

 **提示**

时间日期的转换有两个关键点：

1）将小时 hour 由 24 小时制转换为 12 小时制：若 hour==0，则转换为 hour=12；否则 hour=（hour>12 ? hour−12 : hour）。

2）根据 24 小时制的 hour 信息，在时间后加上下午信息，即输出 hour >= 12 ? "pm" : "am"。

【4.5.2 Moscow Time】

在 E-mail 中使用下述的日期和时间设置格式：EDATE::=Day_of_week, Day_of_month Month Year Time Time_zone。

其中 EDATE 是日期和时间格式的名称，“::=”定义如何给出日期和时间的格式。EDATE 的有关项的描述如下。

Day-of-week 表示星期几，可能的值为：MON、TUE、WED、THU、FRI、SAT 和 SUN。后面给出逗号字符“,”。

Day-of-month 表示该月的哪一天，用两个十进制数表示。

Month 表示月份的名称，可能取的值为：JAN、FEB、MAR、APR、MAY、JUN、JUL、AUG、SEP、OCT、NOV 和 DEC。

Year 用两个或四个十进制数表示。如果年份用两个十进制数，则设定是 × × 世纪的年份。例如，74 和 1974 表示 1974 年。

Time：当地时间的格式是 hours:minutes:seconds，其中 hours、minutes 和 seconds 由两个十进制数表示。时间的范围从 00:00:00 到 23:59:59。

Time_zone：当地时间的开始从 Greenwich 时间计算。用“+”或“−”后面 4 位数。前两位表示小时，后两位表示分钟。时间的绝对值不超过 24 小时。时区用下述名字之一表示。

时区名	该时区对应 Greenwich 时间要增加或减少的数值
UT	−0000
GMT	−0000
EDT	−0400
CDT	−0500
MDT	−0600
PDT	−0700

EDATE 两个相邻的项用一个空格分开。星期几、月份和时区用大写给出。例如，St.Petersburg 的比赛日期的 10am 表示为：

TUE, 03 DEC 96 10:00:00 +0300

请编写一个程序，将 EDATE 格式给出的日期和时间转换为 Moscow 时区的相应的日期和时间。本题不考虑所谓的“夏季时间”。程序输入的 Day-of-week 和 Time_zone 是正确的。

请注意：

1）Moscow 时间比 Greenwich 时间差 3 小时（Greenwich 时区 +0300）。

2）January、March、May、July、August、October 和 December 有 31 天；April、June、September 和 November 有 30 天；February 一般有 28 天，在闰年时则是 29 天。

3）如果是闰年，则要满足条件：数字能被 4 整除，但不能被 100 整除；数字能被 400 整除。例如 1996 和 2000 是闰年，而 1900 和 1997 则不是闰年。

输入

输入在一行中给出以 EDATE 格式给出的日期和时间。输入数据中最小的年份是 0001，最大是 9998。在输入的 EDATE 字符串开始和结束不包含空格。

输出

输出一行以 EDATE 格式表示的 Moscow 时区的时间。在输出的 EDATE 字符串中 Year 用两种可允许的方式之一表示。输出字符串开始和结束不能有空格。

样例输入	样例输出
SUN, 03 DEC 1996 09:10:35 GMT	SUN, 03 DEC 1996 12:10:35 +0300

试题来源：ACM Northeastern Europe 1996

在线测试：POJ 1446，ZOJ 1323，UVA 505

 **提示**

首先，将以 EDATE 格式输入的日期和时间转换成相应的数字信息。

设 week 为周几的变量，week==0 对应“SUN”，week==1 对应“MON”，……，week==6 对应“SAT”；year 为年份变量，若输入的年份信息为两位，则应加上 1900，使之变成四位整数；month 为月份变量，month==1 对应“JAN”，……，month==12 对应“DEC”；day 为月内几号的变量；hour、minute、second 为时、分、秒。hour 和 minute 根据所在时区调整，second 无变化；zt 为时区变量。zt=0 对应 'UT'，……，zt=5 对应 'PDT'。对应于 Greenwich 时间，第 zt 个时区小时的调整量为 *d*[zt]。按照题意，*d*[0]=3，*d*[1]=3，*d*[2]=7，*d*[3]=8，*d*[4]=9，*d*[5]=10。若输入的时间属于时区 zt，则调整小时 hour+=*d*[zt]；否则属于 Greenwich 时间，需要输入正负号 *c* 计算小时的调整量 dh 和分钟的调整量 dm。若 *c* 的符号为负，则 hour−=dh，minute+=dm；若 *c* 的符号为正，则 hour+=dh，minute−=dm。

接下来，按照 60 分钟小时制和每日 24 小时制的要求规整时间和日期。规整分钟（minute）时，可能会影响小时（hour）；而规整时间可能会影响日期（day、month、week 和 year）。牵一发而动全身，因此必须审慎处理：

1）处理分钟越界的情况：若 minute<0，则 minute += 60，−−hour；若 minute ⩾ 60，则 minute−=60，++hour。

2）处理小时越界的情况：若 hour<0，则 hour+= 24，week=(week−1+7)% 7，−−day。若 day ⩽ 0，则 −−month。若 month−1 后小于 1，则 month=12，−−year。day=day + year 年 month 的天数；若 hour ⩾ 24，则 hour−=24，week=(week+1)% 7，++day。若 day+1 后大于 year 年 month 的天数，则 day=1，++month。若 month+1 后大于 12，则 month=1，++year。

此时，得出了以 EDATE 格式表示的 Moscow 时区的时间为：

week 对应的星期串，day、month 对应的月份串，year, hour, minute, second。

【4.5.3 Double Time】

在公元前 45 年，Julius Caesar 采用了标准的日历：每年有 365 天，每 4 年有额外的一天，即 2 月 29 日。然而，这是不太准确的日历，并不能反映真正的阳历，而且季节也在逐年恒定地变化。在 1582 年，Pope Gregory XIII 规范了反映这一变化的新型的日历。从此，世纪年如果能被 400 整除，这一世纪年才是闰年。因此，1582 年进行了调整，使得日历与季节符合。这种新的日历，以及对原来日历进行校正的要求，立即被某些国家所采用，那天的第二天是 1582 年 10 月 4 日星期四，被改为 1582 年 10 月 15 日星期五。英国和美国等国家一直到 1752 年才改了过来，把 9 月 2 日星期三改为 9 月 14 日星期四。（俄罗斯一直到 1918 年才改变，而希腊一直到 1923 年才改变。）因此在很长的一段时间内，历史以两个不同的时间来记录。

请编写一个程序，输入日期，先确定是哪一种日期类型，然后将其转换为另一种类型的日期。

输入

输入由若干行组成，每行给出一天的日期（例如 Friday 25 December 1992），日期的范围从 1600 年 1 月 1 日到 2099 年 12 月 31 日，被转换的日期可以超出这个范围。注意所有日期和月份的名字如样例所示，即第一个字母大写，其余字母小写。输入以一行给出一个字符“#”为结束。

输出

输出由若干行组成，每行与输入的一行对应。每行给出另一种类型的日期，其格式和间距如样例所示。注意在每两个数据之间输出一个空格。为了在类型之间有所区分，老的类型日期在月份的日期之后要有一个星号 (*)，该星号与月份日期之间没有空格。

样例输入	样例输出
Saturday 29 August 1992 Saturday 16 August 1992 Wednesday 19 December 1991 Monday 1 January 1900 #	Saturday 16* August 1992 Saturday 29 August 1992 Wednesday 1 January 1992 Monday 20* December 1899

试题来源：New Zealand Contest 1992

在线测试：UVA 150

 提示

我们将 Julius Caesar 日历简称为老日历，Pope Gregory XIII 日历简称为新日历。设输入的日期为 week（周几）、day（天）、month（月）、year（年）。按照题意，老日历中的 year 年能被 4 整除，则 year 年为闰年；新日历中的 year 年能被 4 整除但不能被 100 整除或者能被 400 整除，则 year 年为闰年。

按老日历计算 [公元 0000 年 1 月 1 日 ..year 年 month 月 day−1 日] 的总天数为

$$d1 = ((\text{year}-1)\times 365 + \frac{\text{year}-1}{4} + \sum_{i=1}^{\text{month}-1}(i)\ -2)+\text{day}-1$$

按新日历计算 [公元 0000 年 1 月 1 日 ..year 年 month 月 day−1 日] 的总天数为

$$d2=((\text{year}-1)\times 365+ \frac{\text{year}-1}{4} - \frac{\text{year}-1}{100} + \frac{\text{year}-1}{400} + \sum_{i=1}^{\text{month}-1}(i)\ )+\text{day}-1$$

1）若 $(1+d1)\ \%\ 7 == \text{week}$，则说明当前日历为老日历，应输出新日历的日期。计算方法如下：

- 按照新增的闰年数调整 $\text{day} =\text{day}+ \frac{\text{year}-1}{100} - \frac{\text{year}-1}{400} -2$。
- 规整日期：若 day 大于按老日历规定的 year 年 month 月的天数，则应减去该月天数，月份 month+1。若月份 month 大于 12，则调整为 month=1，年份 year+1。

2）若 $(1+d1)\ \%\ 7 \neq \text{week}$，则说明当前日历为新日历，应输出老日历的日期。计算方法如下：

- 按照减少的闰年数调整 $\text{day} =\text{day}- \frac{\text{year}-1}{100} + \frac{\text{year}-1}{400} +2$。
- 规整日期：若 day 小于 1，则月份 month−1。若月份 month 小于 1，则调整 month=12，年份 year−1。然后计算老日历下 year 年 month 月的天数 d，day=day+d。

【4.5.4　Maya Calendar】

M.A.Ya 教授对古老的玛雅有了一个重大发现。从一个古老的节绳（玛雅人用于记事的工具）中，教授发现玛雅人使用一个一年有 365 天的 Haab 历法。Haab 历法每年有 19 个月，在开始的 18 个月，一个月有 20 天，月份的名字分别是 pop、no、zip、zotz、tzec、xul、yoxkin、mol、chen、yax、zac、ceh、mac、kankin、muan、pax、koyab 和 cumhu。这些月份中的日期用 0 ～ 19 表示。Haab 历的最后一个月是 uayet，它只有 5 天，用 0 ～ 4 表示。

玛雅人认为这个日期最少的月份是不吉利的，在这个月法庭不开庭，人们不从事交易，甚至没有人打扫房屋中的地板。

玛雅人还使用了另一个历法，在这个历法中年被称为 Tzolkin (holly 年)，一年被分成 13 个不同的时期，每个时期有 20 天，每一天用一个数字和一个单词相组合的形式来表示。使用的数字是 1 ～ 13，使用的单词共有 20 个，它们分别是 imix、ik、akbal、kan、chicchan、cimi、manik、lamat、muluk、ok、chuen、eb、ben、ix、mem、cib、caban、eznab、canac 和 ahau。注意，年中的每一天都有着明确且唯一的描述。比如，在一年的开始，可如下描述日期：1 imix, 2 ik, 3 akbal, 4 kan, 5 chicchan, 6 cimi, 7 manik, 8 lamat, 9 muluk, 10 ok, 11 chuen, 12 eb, 13 ben, 1 ix, 2 mem, 3 cib, 4 caban, 5 eznab, 6 canac, 7 ahau, 8 imix, 9 ik, 10 akbal ……也就是说数字和单词各自独立循环使用。

Haab 历和 Tzolkin 历中的年都用数字 0，1，…表示，数字 0 表示世界的开始。所以第一天被表示成：

Haab: 0. pop 0

Tzolkin: 1 imix 0

请帮助 M.A.Ya 教授写一个程序把 Haab 历转化成 Tzolkin 历。

输入

Haab 历中的数据由如下方式表示：

日期 . 月份 年数

输入中的第一行表示要转化的 Haab 历日期的数据量。下面的每一行表示一个日期，年数小于 5000。

输出

Tzolkin 历中的数据由如下方式表示：

天数字 天名称 年数

第一行表示输出的日期数量。下面的每一行表示一个输入数据中对应的 Tzolkin 历中的日期。

样例输入	样例输出
3 10. zac 0 0. pop 0 10. zac 1995	3 3 chuen 0 1 imix 0 9 cimi 2801

*试题来源：*ACM Central Europe 1995

*在线测试：*POJ 1008，UVA 300

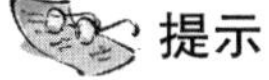 **提示**

设 Haab 历的日期为 year 年 month 月 date 天，则这一日期从世界开始计起的天数 day= 365 × year+(month−1) × 20+date+1。

对于第 day 天来说，Tzolkin 历的日期为 year 年的第 num 个时期内的第 word 天。由于 Tzolkin 历每年有 260 天（13 个时期，每时期 20 天），因此若 day % 260=0，则表明该天是 Tzolkin 历中某年最后一天，即 year=day/260−1；num=13，word=20 天；若 day % 260 ≠ 0，

则 year=day/260；num=(day % 13 == 0 ? 13 : day % 13)，word=(day−1) % 20+1。

【4.5.5　Time Zones】

直到 19 世纪，时间校准还是一个纯粹的地方现象。当太阳升到最高点的时候，每一个村庄把时钟调到中午 12 点。一个钟表制造商人家的时间或者村里主表的时间被认为是官方时间，市民们把自家的钟表和这个时间对齐。每周一些热心的市民会带着时间标准的表，游走在大街小巷为其他市民对表。在城市之间旅游的话，在到达新地方的时候需要把怀表校准。但是，当铁路投入使用之后，越来越多的人频繁地长距离地往来，时间变得越来越重要。在铁路运营的早期，时刻表非常让人迷惑，每一个所谓的停靠时间都基于停靠地点的当地时间。时间的标准化对于铁路的高效运营变得非常重要。

在 1878 年，加拿大人 Sir Sanford Fleming 提议使用一个全球的时区（这个建议被采纳，并衍生了今天使用的全球时区的概念），他建议把世界分成 24 个时区，每一个跨越 15° 经线（因为地球的经度为 360°，被划分成 24 块后，一块为 15°）。Sir Sanford Fleming 的方法解决了全球性时间混乱的问题。

美国铁路公司于 1883 年 11 月 18 日使用了 Fleming 提议的时间方式。1884 年一个国际子午线会议在华盛顿召开，其目的是选择一个合适的本初子午线。大会最终选定了格林威治为标准的 0°。尽管时区被确定了下来，但是各个国家并没有立刻更改它们的时间规范，在美国，尽管到 1895 年已经有很多州开始使用标准时区时间，国会直到 1918 年才强制使用会议制定的时间规范。

今天，各个国家使用的是 Fleming 时区规范的一个变种，我国一共跨越了 5 个时区，但是使用了一个统一的时间规范，比 Coordinated Universal Time（UTC，格林威治时间）早 8 个小时。俄罗斯也采用这个时区规范，尽管整个国家使用的时间和标准时区提前了 1 个小时。澳大利亚使用 3 个时区，其中主时区提前于按 Fleming 规范的时区半小时。很多中东国家也使用了半时时区（即不是按照 Fleming 的 24 个整数时区）。

因为时区是对经度进行划分，在南极或者北极工作的科学家直接使用了 UTC 时间，否则南极大陆将被分解成 24 个时区。

时区的转化表如下所示。

UTC	Coordinated Universal Time
GMT	Greenwich Mean Time, 定义为 UTC
BST	British Summer Time, 定义为 UTC+1 hour
IST	Irish Summer Time, 定义为 UTC+1 hour
WET	Western Europe Time, 定义为 UTC
WEST	Western Europe Summer Time, 定义为 UTC+1 hour
CET	Central Europe Time, 定义为 UTC+1
CEST	Central Europe Summer Time, 定义为 UTC+2
EET	Eastern Europe Time, 定义为 UTC+2
EEST	Eastern Europe Summer Time, 定义为 UTC+3
MSK	Moscow Time, 定义为 UTC+3
MSD	Moscow Summer Time, 定义为 UTC+4
AST	Atlantic Standard Time, 定义为 UTC−4 hours

ADT　Atlantic Daylight Time, 定义为 UTC−3 hours
NST　Newfoundland Standard Time, 定义为 UTC−3.5 hours
NDT　Newfoundland Daylight Time, 定义为 UTC−2.5 hours
EST　Eastern Standard Time, 定义为 UTC−5 hours
EDT　Eastern Daylight Saving Time, 定义为 UTC−4 hours
CST　Central Standard Time, 定义为 UTC−6 hours
CDT　Central Daylight Saving Time, 定义为 UTC−5 hours
MST　Mountain Standard Time, 定义为 UTC−7 hours
MDT　Mountain Daylight Saving Time, 定义为 UTC−6 hours
PST　Pacific Standard Time, 定义为 UTC−8 hours
PDT　Pacific Daylight Saving Time, 定义为 UTC−7 hours
HST　Hawaiian Standard Time, 定义为 UTC−10 hours
AKST　Alaska Standard Time, 定义为 UTC−9 hours
AKDT　Alaska Standard Daylight Saving Time, 定义为 UTC−8 hours
AEST　Australian Eastern Standard Time, 定义为 UTC+10 hours
AEDT　Australian Eastern Daylight Time, 定义为 UTC+11 hours
ACST　Australian Central Standard Time, 定义为 UTC+9.5 hours
ACDT　Australian Central Daylight Time, 定义为 UTC+10.5 hours
AWST　Australian Western Standard Time, 定义为 UTC+8 hours

下面给出了一些时间，请在不同时区之间进行转化。

输入

输入的第一行包含了一个整数 N，表示有 N 个测试用例。接下来 N 行，每一行给出一个时间和两个时区的缩写，它们之间用空格隔开。时间由标准的 a.m./p.m 给出。midnight 表示晚上 12 点（12:00 a.m.），noon 表示中午 12 点（12:00 p.m.）。

输出

假设输入行给出的时间是在第一个时区中的标准时间，要求输出这个时间在第二个时区中的标准时间。

样例输入	样例输出
4 noon HST CEST 11:29 a.m. EST GMT 6:01 p.m. CST UTC 12:40 p.m. ADT MSK	midnight 4:29 p.m. 12:01 a.m. 6:40 p.m.

试题来源：Waterloo 2002.09.28

在线测试：POJ 2351，ZOJ 1916，UVA 10371

 **提示**

（1）建立时区转化常量表

由于试题直接给出了 24 个时区转化表，因此我们事先建立一个字符常量表 $x[]$，表中连续 2 个元素为一组，对应一个时区，其中第 k 组中 $x[2\times k]$ 为第 k 个时区的缩写，$x[2\times k+1]$

为该时区时间相对格林威治时间的提前量，简称时间增量（$0 \leqslant k \leqslant 32$）

char *x[] ={"WET","0","UTC","0","GMT","0","BST","+1","IST","+1","WEST","+1","CET","+1","CEST","+2","EET","+2","EEST","+3","MSK","+3","MSD","+4","AST","-4", "ADT","-3","NST","-3.5","NDT","-2.5","EST","-5","EDT","-4","CST","-6","CDT", "-5","MST","-7","MDT","-6","PST","-8","PDT","-7","HST","-10","AKST","-9","AKDT","-8","AEST","+10","AEDT","+11","ACST","+9.5","ACDT","+10.5","AWST","+8","",""};

（2）将时区标准的 a.m./p.m. 时间统一转化为以分为单位的时间

设 a.m./p.m. 时间中的小时为 h，分钟为 m；以分为单位的时间为 time。显然：

- 中午 12 点（"noon"）：time=12 × 60。
- 晚上 12 点（"midnight"）：time=0。

其他时间：

- 上午（"a.m."）：time=(h%12) × 60+m。
- 下午（"p.m."）：time=(h%12) × 60+12 × 60+m。

（3）计算第一个时区的时间在第二个时区中的对应时间 time′

按上述方法分别将两个时区的 a.m./p.m. 时间转换为以分为单位的时间。设第一个时区的时间为 time。我们按照下述方法计算 time 在第二个时区中的对应时间 time′：

1）寻找第一个时区的时间增量 $x[k1+1]$。计算方法：输入第一个时区的缩写 $s1$ 后在 $x[]$ 中寻找对应的时区序号 $k1$，即 $x[k1]=s1$，则对应时区的时间增量为 $x[k1+1]$。

2）寻找第二个时区的时间增量 $x[k2+1]$。计算方法：输入第二个时区的缩写 $s2$ 后在 $x[]$ 中寻找对应的时区序号 $k2$，即 $x[k2]=s2$，则对应时区的时间增量为 $x[k2+1]$。

3）time′=time+$x[k2+1]$ × 60−$x[k1+1]$ × 60。

（4）将 time′ 转化为标准的 a.m./p.m. 时间

计算 t=(time′+24 × 60)%(24 × 60)。直接根据模的结果计算和输出解：

- 晚上 12 点：t==0。
- 中午 12 点：t==12 × 60。
- 上午 "a.m."：$t \leqslant 12 \times 60$。
- 下午 "p.m."：t>60 × 12。
- 小时 h：$h=\frac{t}{60}\%12$。若 h 为 0，则调整 h=12；m=t%60。

【4.5.6 Polynomial Remains】

给出多项式 $a(x)=a_nx^n+\cdots+a_1x+a_0$，计算 $a(x)$ 被 x^k+1 整除后的余数 $r(x)$。如图 4.5-1 所示。

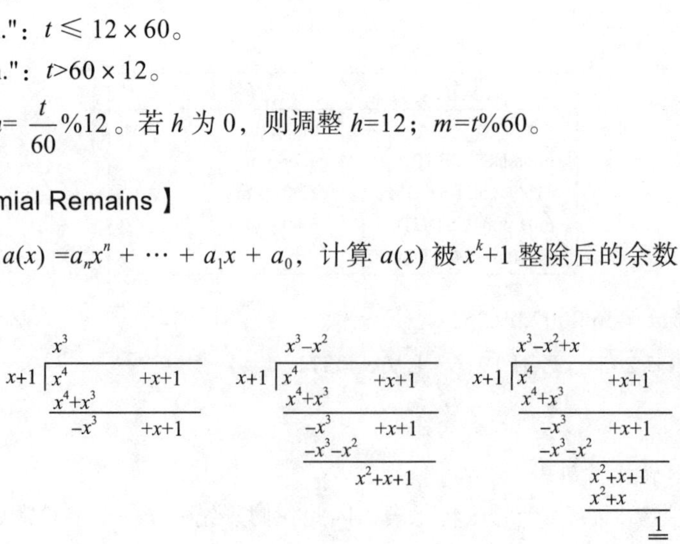

$$
\begin{array}{r|l}
 & x^3 \\
\hline
x+1 & x^4 \quad\quad +x+1 \\
 & x^4+x^3 \\
\hline
 & -x^3 \quad +x+1
\end{array}
\qquad
\begin{array}{r|l}
 & x^3-x^2 \\
\hline
x+1 & x^4 \quad\quad +x+1 \\
 & x^4+x^3 \\
\hline
 & -x^3 \quad +x+1 \\
 & -x^3-x^2 \\
\hline
 & x^2+x+1
\end{array}
\qquad
\begin{array}{r|l}
 & x^3-x^2+x \\
\hline
x+1 & x^4 \quad\quad +x+1 \\
 & x^4+x^3 \\
\hline
 & -x^3 \quad +x+1 \\
 & -x^3-x^2 \\
\hline
 & x^2+x+1 \\
 & x^2+x \\
\hline
 & 1
\end{array}
$$

图 4.5-1

输入

输入由多个测试用例组成，每个测试用例的第一行是两个整数 n 和 k ($0 \leqslant n, k \leqslant 10\,000$)。下一行 n+1 个整数给出 $a(x)$ 的系数，以 a_0 开始，以 a_n 结束。输入以 $n = k = -1$ 结束。

输出

对于每个测试用例，在一行中输出余数的系数。从常量系数 $r0$ 开始。如果余数是 0，则输出这一常量系数 0；否则，对一个 d 次的余数输出 d+1 个系数，每个系数用空格分开。

假设余数的系数可以用 32 位整数表示。

样例输入	样例输出
5 2 6 3 3 2 0 1 5 2 0 0 3 2 0 1 4 1 1 4 1 1 1 6 3 2 3 −3 4 1 0 1 1 0 5 1 0 0 7 3 5 1 2 3 4 −1 −1	3 2 −3 −1 −2 −1 2 −3 0 0 1 2 3 4

试题来源：Alberta Collegiate Programming Contest 2003.10.18

在线测试：POJ 2527

提示

设存储余数多项式的数组为 a，数组的长度为 n+1，多项式中各项的系数存储在 a[0..n] 中。

初始时，存储被除数多项式 $a(x)$：for (i=0; i<=n; i++) scanf ("%d", &a[i]);。

$a(x)$ 重复地被 x^k+1 除的算法如下。初始时 i=n。如果 $i \geqslant k$，则 $a(x)$ 被 x^k+1 重复除直到 $i<k$：

```
for (i=n; i>=k; i--)
    if (a[i]!=0)
        { a[i-k] += (-a[i]); a[i] = 0; }
```

然后数组 a 的长度被调整：while (n >= 0 && ! a[n]) n−−;。

最后，a[0..n-1] 为余数多项式中各项的系数，并被输出：for (i=0; i<n; i++) printf("%d", a[i]);。

【4.5.7　Factoring a Polynomial】

Georgie 最近在学习多项式，一元多项式的形式是 $a_nx^n+a_{n-1}x^{n-1}+\cdots+a_1x+a_0$，其中 x 是形式变量，a_i 是多项式的系数，使 a_i!=0 的最大的 i 称为多项式的度。如果对所有的 i，a_i 都为 0，则该多项式的度数是 $-\infty$。如果多项式的度数是 0 或者 $-\infty$，称该多项式是平凡的，否则称该多项式是非平凡的。

在 Georgie 学多项式时，让他印象深刻的是，对于整数多项式，可以应用不同的算法和技巧。例如，给出两个多项式，这两个多项式可以相加、相乘和相除。

在 Georgie 看来，多项式最有趣的特性就是它像整数一样，可以被因式分解。如果多项式不能被表示成两个或多个非平凡的实系数多项式的乘积，我们称这样的多项式是不可化简的；否则，该多项式称为可化简的。例如，多项式 $x^2 - 2x + 1$ 是可化简的，因为它可以表示为 $(x - 1)(x - 1)$，而 $x^2 + 1$ 则是不可化简的。众所周知，一个多项式可以表示为一个或多个不可化简的多项式的乘积。

给出一个整系数多项式，Georgie 希望知道该多项式是否是不可化简的。当然他也希望知道其因子，但这样的问题现在对他来说似乎太难，因此他只要知道多项式是否可化简即可。

输入

输入的第一行给出 n，表示多项式的度 $(0 \leqslant n \leqslant 20)$；后面一行给出 n+1 个整数 a_n , a_{n-1} ,⋯, a_1 , a_0，表示多项式系数（$-1000 \leqslant a_i \leqslant 1000, a_n != 0$）。

输出

如果输入给出的多项式是不可化简的，则输出“YES”，否则输出“NO”。

样例输入	样例输出
2 1 -2 1	NO

试题来源：ACM Northeastern Europe 2003, Northern Subregion

在线测试：POJ 2126

提示

若多项式的度 n<2，则无法化简；若多项式的度 n>2，则可以证明，多项式一定可以分解因式；若多项式的度 n=2，则根据韦达定理判断 ax^2+bx+c 是否可以分解因式：若 $b^2-4ac \geqslant 0$，则可以分解因式，否则无法分解因式。

【4.5.8　What's Cryptanalysis?】

密码分析是破解被其他人加密过的文本的过程，有时要对一个（加密）文本的段落进行某种统计分析。请编写一个程序，对一个给定的文本进行简单分析。

输入

输入的第一行给出一个十进制正整数 n，表示后面要输入的行数。后面的 n 行每行包含 0 个或多个字符（可以有空格），这是要被分析的文本。

输出

每个输出行包含一个大写字母，后跟一个空格，然后是一个十进制正整数，这个整数表示相应的字母在输入文本中出现的次数。在输入中大写字母和小写字母被认为是相同的。其他字符不必被计算。输出排序必须按计数的递减顺序，即出现次数最多的字母在输出的第一行，输出的最后一行则是出现次数最少的字母。如果两个字母出现次数相等，那么在字母表中先出现的字母在输出中先出现。如果某个字母没有出现在文本中，则该字母不能出现在输出中。

样例输入	样例输出
3 This is a test. Count me 1 2 3 4 5. Wow!!!! Is this question easy?	S 7 T 6 I 5 E 4 O 3 A 2 H 2 N 2 U 2 W 2 C 1 M 1 Q 1 Y 1

试题来源：University of Valladolid September '2000 Contest

在线测试：UVA 10008

提示

在字母集中，“A”（“a”）的序号值设为 0，“B”（“b”）的序号值设为 1，……，“Z”（“z”）的序号值设为 25。对于字母 c，无论大小写，其序号值应为 tolower(c) − 'a'。设 cnt[i] 为序号值为 i 的字母的频率（$0 \leqslant i \leqslant 25$）。

我们反复输入字符 c，统计出其中各字母的频率 cnt，直至输入“EOF”为止。

然后反复搜索 cnt 表：每次找出频率最高的字母序号 k，并输出对应的字母（其 ASCII 码为 k + 'A'）及其频率 cnt[k]，并将 cnt[k] 设为 0，避免重复搜索。重复这个过程直至 cnt 表全 0 为止。

【4.5.9　Run Length Encoding】

请编写一个程序，按下述规则对一个字符串进行编码。

在字符串中，2 ～ 9 个相同的字符组成的子串用两个字符来编码表示：第一个字符是这一字符串的长度，为 2 ～ 9；第二个字符是相同字符的值。如果一个字符串中存在一个相同字符多于 9 个的子串，就先对前 9 个字符进行编码，然后对其余相同字符组成的子串采用相同方法进行编码。

在字符串中，如果存在某个子串，其中没有一个字符连续重复出现，就表示为以字符 1 开始，后面跟着这一子串，再以字符 1 结束。如果在字符串中存在只有 1 个字符“1”出现的子串，则以两个字符“1”作为输出。

输入

输入是由字母（大写和小写）、数字、空格和标点符号组成的字符串。每行由换行符结束。输入中没有其他字符。

输出

输出中的每一行被单独编码。标志每行结束的换行符不会被编码，直接输出。

样例输入	样例输出
AAAAAABCCCC 12344	6A1B14C 11123124

试题来源：Ulm Local Contest 2004

在线测试：POJ 1782，ZOJ 2240

提示

本题也是一道模拟题，要求实现在题目描述中给出的规则。

输入被逐行处理。每次循环处理一行，从当前位置，根据题目给出的规则进行编码。

【4.5.10　Zipper】

给出 3 个字符串，确定第 3 个字符串是否由前两个字符串中的字符组成。在第 3 个字符串中，前两个字符串可以被任意地混合，但是每个字符还是以原来的次序排列。例如，字符串“tcraete”由“cat”和“tree”组成。

字符串 *A*：cat

字符串 *B*：tree

字符串 *C*：tcraete

如你所见，第 3 个字符串由通过交错地采用前两个字符串中的字符构成。如第 2 个例子，“catrtee”由“cat”和“tree”组成。

字符串 *A*：cat

字符串 *B*：tree

字符串 *C*：catrtee

不可能由“cat”和“tree”组成“cttaree”。

输入

输入的第 1 行是一个 1 ～ 1000 的正整数，表示后面给出的测试用例的数目。对每个测试用例的处理是相同的，在后面的行中给出测试用例，一个测试用例一行。

对每个测试用例，输入行有 3 个字符串，用 1 个空格将它们分开。第 3 个字符串的长度是前两个字符串长度之和。前两个字符串的长度在 1 ～ 200 之间。

输出

对于每个测试用例，如果第 3 个字符串由前两个字符串构成，则输出：

Data set *n*: yes

如果没有，则输出：

Data set *n*: no

n 表示测试用例的编号，参见样例输出。

样例输入	样例输出
3 cat tree tcraete cat tree catrtee cat tree cttaree	Data set 1: yes Data set 2: yes Data set 3: no

试题来源：ACM Pacific Northwest 2004

在线测试：POJ 2192，ZOJ 2401，UVA 3195

提示

设 $A=a_0a_1\cdots a_{n-1}$，其中前缀串 $A_i=a_0a_1\cdots a_i$（$0\leqslant i\leqslant n-1$）；$B=b_0b_1\cdots b_{m-1}$，其中前缀串 $B_j=b_0b_1\cdots b_j$（$0\leqslant j\leqslant m-1$）；$C=c_0c_1\cdots c_{n+m-1}$ 其中前缀串 $C_K=c_0c_1\cdots c_k$（$0\leqslant k\leqslant n+m-1$）；can[$i$][$j$] 为 A_{i-1}（A 中长度为 i 的前缀串）和 B_{j-1}（B 中长度为 j 的前缀串）成功组成 C_{i+j-1}（C 中长度为 $i+j$ 的前缀串）的标志。显然，can[0][0]=true。

1）当 $i\geqslant 1$ 且 $c_{i+j-1}=a_{i-1}$ 时，需要看 A_{i-2} 和 B_{j-1} 能否成功组成 C_{i+j-2}，即 can[i][j]= can[i][j] || can[$i-1$][j]，（$0\leqslant i\leqslant n, 0\leqslant j\leqslant m$）；

2）当 $j\geqslant 1$ 且 $c_{i+j-1}=b_{j-1}$ 时，需要看 A_{i-1} 和 B_{j-2} 能否成功组成 C_{i+j-2}，即 can[i][j]= can[i][j] || can[i][$j-1$]，（$0\leqslant i\leqslant n$，$0\leqslant j\leqslant m$）。

显然，最后得出的 can[n][m] 便是 A 和 B 能否组成 C 的标志。

【4.5.11　Anagram Groups】

A. N. Agram 教授当前研究如何对大量的变形词组进行处理，他为英语文本中字符的分布理论找到了一个新的应用。给出一段文本，请找到最大的变形词组。

一段文本是一个单词的序列。单词 w 是单词 v 的一个变形词，当且仅当存在某个字符位置的交换 p，将 w 变成 v，则 w 和 v 在同一变形词组中。变形词组的大小是在一个词组中单词的数量。请找出 5 个最大的变形词组。

输入

输入的单词由小写字母字符组成，单词由空格或换行符分开，输入由 EOF 终止。本题设定不超过 30 000 个单词。

输出

输出 5 个最大的变形词组。如果小于 5 个词组，则输出所有的变形词组。词组按大小的递减排序。相同大小按字典顺序。对每个词组，输出其大小和组内的单词。将组内单词按字典次序排列，相同的单词仅输出一次。

样例输入	样例输出
undisplay ed trace tea singleton eta eat displayed crate cater carte caret beta beat bate	Group of size 5: caret carte cater crate trace . Group of size 4: abet bate beat beta . Group of size 4: ate eat eta tea . Group of size 1: displayed . Group of size 1: singleton .

（续）

样例输入	样例输出
ate abet	

试题来源：Ulm Local 2000

在线测试：POJ 2408，ZOJ 1960

 提示

由变形词组成的词组可以被视为等价关系的类。

在每个单词输入的时候，如果该单词所在类已经存在，我们找到单词所在类的代表元，并将这个单词加入该类；否则，创建一个类，这个单词作为该类的代表元。然后，根据类的大小，以及类中按字典次序排列最小的单词，对产生的类进行排序。最后，根据题目要求输出结果。

【4.5.12　Inglish-Number Translator】

在本题中，给出英语中的一个或多个整数，请将这些数字翻译成它们的整数表示。这些数字的范围为 −999 999 999 ～ +999 999 999。下面给出程序要使用的完整的英语单词列表：

negative, zero, one, two, three, four, five, six, seven, eight, nine, ten, eleven, twelve, thirteen, fourteen, fifteen, sixteen, seventeen, eighteen, nineteen, twenty, thirty, forty, fifty, sixty, seventy, eighty, ninety, hundred, thousand, million。

输入

输入由若干测试用例组成。

负数在单词前加“negative”。

在能使用“thousand”时，不使用“hundred”。例如，1500 写作“one thousand five hundred”，而不是“fifteen hundred”。

输入以空行结束。

输出

一行输出一个答案。

样例输入	样例输出
six negative seven hundred twenty nine one million one hundred one eight hundred fourteen thousand twenty two	6 −729 1000101 814022

试题来源：CTU Open 2004

在线测试：UVA 486，POJ 2121，ZOJ 2311

提示

设单词常量表 Word 顺序存储（0、1、2、…、20、30、40、50、60、70、80、90、百、千、百万、负）的 32 个单词。Word[0]…Word[20] 中的数串与下标一一对应，即 Word[i] 代表正整数 i（$0 \leqslant i \leqslant 20$）；在 Word[21]…Word[27] 中，Word[i] 代表正整数 $(i-18) \times 10$

（$21 \leqslant i \leqslant 27$）；Word[28]…Word[30] 中的数串分别代表 100、1000、1000 000；s 为当前单词；Num 为当前测试用例代表的整数；负数标志为 isNeg。

我们按照下述方法输入和处理当前测试用例。

反复输入单词 s，直至 s 为空行为止。每输入 1 个单词 s，则：

1）负数标志 isNeg 被初始化为 false。若 s 为 Word[31]，则设负数标志 isNeg= true，读下一个单词 s。

2）计算数值部分：

num = 0;
进入循环：
计算 s 在 Word 的下标 r;

若 r ∈ [0, 27]，则 $num=num+\begin{cases} r & r \leqslant 20 \\ (r-18)\times 10 & 21 \leqslant r \leqslant 27 \end{cases}$;

若 r ∈ [28, 31]，则 $num=num \% b*b + \left\lfloor \frac{num}{b} \right\rfloor *b$（b 为 Word[r] 对应的数值）；

取一个字符 c。若 c 为换行符“\n”或文件结束符“EOF”，则退出循环；否则输入单词 s;

3）若 isNeg 为 true，则 num 取负；输出 num。

【4.5.13　Message Decowding】

奶牛们很高兴，因为它们学会了对信息的加密。它们认为它们能够使用加密的信息与其他农场的奶牛举行会议。

奶牛们的智力是众所周知的。它们的加密方法不是采用 DES 或 BlowFish 或任何其他好的加密方法。它们使用的是简单的替代密码。

奶牛有一个解密密钥和加密的消息。用解密密钥对加密的消息进行解码。解密密钥形式如下：

yrwhsoujgcxqbativndfezmlpk

这表示在加密消息中“a”实际表示“y”，“b”实际表示“r”，“c”实际表示“w”，依次类推。空格不被加密，字符所在的位置不变。

输入字母是大写或小写，解密都使用相同的解密密钥，当然相应地转化为对应的大写或小写。

输入

第 1 行：用于表示解密密钥的 26 个小写字母。

第 2 行：要被解码的多达 80 个字符的消息。

输出

一行已经被解码的消息。长度与输入第 2 行的长度相同。

样例输入	样例输出
eydbkmiqugjxlvtzpnwohracsf Kifq oua zarxa suar bti yaagrj fa xtfgrj	Jump the fence when you seeing me coming

试题来源：USACO 2003 March Orange

在线测试：POJ 2141

提示

设解密密钥为key。在加密消息中“a”实际表示为key[0]，……，“z”实际表示为key[25]。

我们反复输入字符 c，直至 c 为结束标志“EOF”为止。每输入一个字符 c，按照下述方法进行加密：

1）若 c 是非字母，则直接输出 c；

2）若 c 是字母，则分析：

- 若 c 是小写字母，则输出 key[c - 'a']；
- 若 c 是大写字母，则输出 key[c - 'A'] - 'a' + 'A'（因为各字符的密钥是小写字母，需转化为大写形式）。

【4.5.14 Common Permutation】

给出两个由小写字母组成的字符串 a 和 b，输出小写字母组成的最长的字符串 x，使得存在 x 的一个排列是 a 的子序列且存在 x 的一个排列是 b 的子序列。

输入

输入由若干行组成。连续的两行组成一个测试用例。也就是说，输入中的第1行和第2行是一个测试用例，第3行和第4行是一个测试用例，依次类推。每个测试用例的第一行给出字符串 a，第二行给出字符串 b。一个字符串一行，每个字符串至多由1000个小写字母组成。

输出

对于每个输入集合，输出一行给出 x，如果存在若干个满足上述标准的 x，则按字母排序选择第一个。

样例输入	样例输入
pretty women walking down the street	e nw et

试题来源：World Finals Warm-up Contest, Problem Source: University of Alberta Local Contest

在线测试：UVA 10252

提示

由于 x 是字符串 a 和字符串 b 的公共子串，因此 x 中每个字母出现的次数不能超过 a 和 b 的任一字符串中该字母的频率，即 x 中字母 c 的出现次数应为 min{a 中字母 c 的频率，b 中字母 c 的频率}。设 $a[i]$ 是字符串 a 中序号值为 i 的字母频率；$b[i]$ 是字符串 b 中序号值为 i 的字母频率（“a”的序号值设为0，“b”的序号值设为1，……，“z”的序号值设为25，因此字母序号范围为 $0 \leqslant i \leqslant 25$）。

我们在输入两个字符串的同时，分别计算出字母频率数组 a 和 b。然后枚举每个字母序号 i（$0 \leqslant i \leqslant 25$），该序号对应字母（其ASCII码为 i + 'a'）在公共字符串 x 中连续出现

min$\{a[i], b[i]\}$ 次。

【4.5.15　Human Gene Functions】

众所周知，人的基因可以被视为一个序列，由 4 种核苷酸组成，用 4 个字母来标识，即 A、C、G 和 T。生物学家对于识别人的基因以及确定基因的功能很感兴趣，因为这可以用于诊断疾病和设计新药。

一个人的基因可以通过一系列耗时的生物学实验来识别，经常需要计算机程序的帮助。一旦得到一个基因序列，接下来的工作就是确定其功能。

要确定一条刚被识别的新的基因序列的功能，生物学家使用的方法之一是用这条新的基因对数据库进行查询。被检索的数据库存储着许多基因序列及其功能。许多研究人员已经向数据库提交了他们研究的基因及其功能，可以通过互联网对该数据库进行自由的查询。

对数据库的检索结果是从数据库返回一个基因序列列表，这些基因与查询的基因相似。

生物学家认为序列的相似性往往意味着功能的相似性。因此，新基因的功能可能是列表中的基因所具有的功能之一。为了准确判断哪一个功能是新基因的功能，就需要另外进行一系列的生物学实验。

你的任务是编写一个程序，比较两个基因，并确定它们的相似性。如果你的程序有效，这个程序就将被用于数据库检索。

给出两种基因 AGTGATG 和 GTTAG，它们的相似性如何呢？衡量两个基因相似的方法之一被称为对齐。在对齐中，如果需要，空格被插入到基因的合适的位置上，使得两个基因长度相等，并且根据评分矩阵对产生的基因进行评分。

例如，将一个空格插入 AGTGATG 中，产生 AGTGAT-G，插入三个空格到 GTTAG 将产生 -GT--TAG，空格用减号 (-) 来标识。这两个基因目前长度相等。两个字符串对齐如下：

```
A G T G A T - G
- G T - - T A G
```

在这一对齐中，有 4 个匹配，即在第 2 个位置的 G、在第 3 个位置的 T、在第 6 个位置的 T，以及在第 8 个位置的 G。每对对齐的字符按照图 4.5-2 的评分矩阵给出分数。

	A	C	G	T	–
A	5	–1	–2	–1	–3
C	–1	5	–3	–2	–4
G	–2	–3	5	–2	–2
T	–1	–2	–2	5	–1
–	–3	–4	–2	–1	*

图　4.5-2

空格对空格的匹配是不允许的，上面对齐的得分是 (−3)+5+5+(−2)+(−3)+5+(−3)+5=9。

当然，也存在许多其他的对齐。一个对齐如下所示 (不同数量的空格被插入到不同的位置)：

```
A G T G A T G
- G T T A - G
```

这个对齐的分数是 (−3)+5+5+(−2)+5+(−1) +5=14。因此，这个对齐比前一个好。事实上这一对齐是最佳的，因为没有其他的对齐可以获得更高的分数。因此可以说这两个基因的相似度是 14。

输入

输入由 T 个测试用例组成，测试用例数（T）在输入的第一行给出。每个测试用例由两行组成：每行先给出一个整数，表示基因的长度，后面跟着基因序列。每个基因序列的长度至少为 1，不超过 100。

输出

输出给出每个测试用例的相似度，每个相似度一行。

样例输入	样例输出
2 7 AGTGATG 5 GTTAG 7 AGCTATT 9 AGCTTTAAA	14 21

试题来源：ACM Taejon 2001

在线测试：POJ 1080，ZOJ 1027, UVA 2324

 **提示**

我们将空格和 4 种核苷酸的字母标识 [“A”，“C”，“G”，“T”] 标记为整数 [0(空格)，1(A)，2(C)，3(G)，4(T)]，分别将基因序列 a 和基因序列 b 转化为整数序列 $s1$ 和 $s2$。为了便于计算任何一个基因序列的尾字符与空格配对的可能情况，分别在 $s1$ 和 $s2$ 的尾部加 1 个 0（代表空格），得出 $s1$ 的长度 len1+1 和 $s2$ 的长度 len2+1。

设评分矩阵为 score[][]。按照题意：

$$\text{score[][]}=\begin{vmatrix}0 & -3 & -4 & -2 & -1\\ -3 & 5 & -1 & -2 & -1\\ -4 & -1 & 5 & -3 & -2\\ -2 & -2 & -3 & 5 & -2\\ -1 & -1 & -2 & -2 & 5\end{vmatrix}$$

$f[i, j]$ 为基因序列 a 中长度为 i 的前缀与基因序列 b 中长度为 j 的前缀对齐的最大得分。显然对齐时 i 和 j 不能全为 0。

- 当 $i>0$ 时，a_{i-1} 与空格对齐的最大得分为 $f[i-1][j]$ + score[0][$s1[i-1]$]；
- 当 $j>0$ 时，b_{j-1} 与空格对齐的最大得分为 $f[i][j-1]$ + score[0][$s2[j-1]$]；
- 当 i 和 j 都大于 0 时，a_{i-1} 与 b_{j-1} 对齐的最大得分为 $f[i-1][j-1]$ + score[$s1[i-1]$][$s2[j-1]$]。

由此得出：$f[i][j]$=max{ $f[i-1][j]$ + score[0][$s1[i-1]$]，$f[i][j-1]$ + score[0][$s2[j-1]$]，$f[i-1][j-1]$ + score[$s1[i-1]$][$s2[j-1]$]}；$0 \leqslant i \leqslant$ len1+1，$0 \leqslant j \leqslant$ len2+1。

显然，两个基因序列的尾字符（$a_{\text{len1}-1}$ 与 $b_{\text{len2}-1}$）匹配时的最大得分为 f[len1][len2]。但这并代表最终答案，因为其中任何一个基因序列的尾字符有可能与空格匹配：

- $a_{\text{len1}-1}$ 与空格匹配时的最大得分为 f[len1][len2+1]；
- 空格与 $b_{\text{len2}-1}$ 匹配时的最大得分为 f[len1+1][len2]。

由此得出，基因序列 a 和 b 对齐的相似程度应为：max{f[len1][len2]，f[len1][len2+1]，f[len1+1][len2]}。

【4.5.16　Palindrome】

回文词（Palindrome）是一种对称的字符串，即一个字符串从左向右读和从右向左读是等同的。任意给出一个字符串，通过插入若干个字符，都可以变成回文词。本题的任务是，求出将给定字符串变成回文词所需要插入的最少的字符数。

比如，“Ab3bd”插入 2 个字符后可以变成回文词“dAb3bAd”或“Adb3bdA”，但是插入少于 2 个的字符无法变成回文词。

输入

程序从标准输入读入。第一行是一个整数，输入的字符串长度为 N，$3 \leqslant N \leqslant 5000$；第二行给出长度为 N 的字符串，该字符串由 A ～ Z 的大写字母、由 a ～ z 的小写字母和由 0 ～ 9 的数字组成，本问题区分大小写。

输出

标准输出。第一行给出一个整数，它是所要求的最小数。

样例输入	样例输出
5 Ab3bd	2

试题来源：IOI 2000

在线测试：POJ 1159

提示

设 $C(i, j)$ 是为了获得回文词而插入到字符串 $s_i \cdots s_j$ 中的最少字符数。所以，本题要计算 $C(1, n)$。

下述公式成立：

$$C(i,j)=\begin{cases}0 & i \geqslant j \\ C(i+1,j-1) & s_i = s_j \\ \min(C(i+1,j),C(i,j-1))+1 & s_i \neq s_j\end{cases}$$

【4.5.17　Power Strings】

给出两个字符串 a 和 b，我们定义 $a \times b$ 为它们的毗连。例如，如果 a =“abc”并且 b =“def”，那么 $a \times b$ =“abcdef”。如果把毗连视为乘法，非负整数的指数定义为：a^0 =“”（空串），a^(n+1) = $a \times$ (a^n)。

输入

每个测试用例是一个可打印字符组成的字符串 s。s 的长度至少是 1，不超过 1 000 000 个字符。最后一个测试用例后的一行为一个句号。

输出

对每个 s 输出最大的 n，使得对于某个字符串 a，s = a^n 。

样例输入	样例输出
abcd aaaa ababab	1 4 3

试题来源：Waterloo local 2002.07.01

在线测试：POJ 2406，ZOJ 1905

 提示

由 $s = a$^n 可以看出，s 由子串 a 重复 n 次而成。要使 n 最大，则重复子串 a 必须最短。问题转变为如何求 s 的最短重复子串 a。设 s 的长度为 len。

我们先用 KMP 算法的思想生成 s 的前缀函数 suffix[]。若 suffix[cur]=k，则 s[0..(k−1)]= s[(cur−k)..(cur−1)]，且 k 是 s 的前缀和 s[0..(cur−1)] 的后缀间的最长匹配子串的长度。由 s[0..suffix[len]−1]=s[(len−suffix[len])..(len−1)] 易知，如果 (len−suffix[len]) 是 len 的约数，则 s[0..(len−suffix[len]−1)] 必然是 s[] 的最短重复子串，其长度为 len−suffix[len]，重复次数 $n=\dfrac{\text{len}}{\text{len}-\text{suffix[len]}}$。

【4.5.18　Period】

给出一个由 N 个字符（每个字符的 ASCII 码在 97 ～ 126 之间）组成的字符串 S，对于 S 的每个前缀，我们希望知道该前缀是否是一个周期性的字符串，即对每个长度为 i 的 S 的前缀 ($2 \leqslant i \leqslant N$)，是否存在最大的一个 K(K>1)（如果有一个的话），使长度为 i 的 S 的前缀可以被写为 A_K，即存在某个字符串 A，A 连续出现 K 次以构成这个长度为 i 的 S 的前缀。当然，我们也要知道周期 K。

输入

输入由若干个测试用例组成，每个测试用例两行。第一行给出 N（$2 \leqslant N \leqslant 1\,000\,000$），表示字符串 S 的大小；第二行给出字符串 S，输入结束为一行，给出 0。

输出

对于每个测试用例，在一行内输出 “Test case #” 和连续的测试用例编号；对每个长度为 i 的前缀，有周期 K >1，输出前缀长度 i 和周期 K，用空格分开，前缀按升序。在每个测试用例后输出一个空行。

样例输入	样例输出
3 aaa 12 aabaabaabaab 0	Test case #1 2 2 3 3 Test case #2 2 2 6 2 9 3 12 4

试题来源：ACM Southeastern Europe 2004

在线测试：POJ 1961，ZOJ 2177，UVA 3026

提示

我们先用 KMP 算法的思想生成 S 的前缀数组 suffix[]。若 suffix[cur]=K，则 S[0..(K−1)]= S[(cur−K)..(cur−1)]，且 K 是 S 的前缀和 S[0..(cur−1)] 的后缀间的最长匹配子串的长度。

然后枚举 S 的每个前缀 $S[0]\cdots S[m-1]$ $(2 \leqslant m \leqslant n)$：由 $S[0..\text{suffix}[m]-1]= S[(m-\text{suffix}[m])..(m-1)]$ 易知，若 $(m-\text{suffix}[m])$ 是 m 的约数，则 $S[0..(m-\text{suffix}[m]-1)]$ 必然是 $S[]$ 的最短重复子串。

【4.5.19 Seek the Name, Seek the Fame】

小猫非常有名，许多夫妇都翻山越岭来到 Byteland，要求小猫给他们刚出生的婴儿取名字。他们不仅要小猫为婴儿取名字，而且他们要求取的名字是与众不同的响亮的名字。为了摆脱这种枯燥的工作，创新的小猫设计了一个容易但又神奇的算法：

1）连接父亲的名字和母亲的名字，产生一个新的字符串 S；

2）找到 S 的一个适当的前后缀字符串（不仅是 S 的前缀，而且是 S 的后缀）。

例如，父亲 = "ala"，妈妈 = "la"，则 S= "ala" + "la" = "alala"。S 的潜在的前后缀字符串是 { "a"，"ala"，"alala" }。给出字符串 S，你能帮小猫写一个程序来计算 S 的可能的前后缀字符串的长度吗？（他会通过给你的宝宝取名字来表示感谢。）

输入

输入包含多组测试用例，每个测试用例一行，给出一个如上所述的字符串 S。

限制：输入中只有小写字母可以出现，$1 \leqslant S$ 的长度$\leqslant 400\,000$。

输出

对于每个测试用例，在一行中以升序输出数字，给出新婴儿姓名的可能的长度。

样例输入	样例输出
ababcababababcabab aaaaa	2 4 9 18 1 2 3 4 5

试题来源：POJ Monthly--2006.01.22, Zeyuan Zhu

在线测试：POJ 2752

 提示

首先用 KMP 算法的思想生成 S 的前缀数组 suffix[]。若 suffix[cur]=K，则 $S[0..(K-1)]= S[(\text{cur}-k)..(\text{cur}-1)]$，且 K 是 S 的前缀和 $S[0..(\text{cur}-1)]$ 的后缀间的最长匹配子串的长度。

由 KMP 算法的原理可知，通过遍历 suffix[len], suffix[suffix[len]], suffix[suffix[suffix[len]]], …，可以得到所有满足同时是 $S[]$ 前缀和后缀的子串长度。

【4.5.20 Excuses, Excuses!】

法官 Ito 遇上一个问题：被征召参加陪审团的人们以相当蹩脚的借口逃避服务。为了减少听取这些愚蠢的借口所需要的时间，法官 Ito 要求你写一个程序，在一个被认为是站不住脚的借口列表中搜寻一个关键字列表。被匹配的关键字与借口无关。

输入

程序的输入由多个测试用例组成。每个测试用例的第一行给出两个整数。第一个数字（$1 \leqslant K \leqslant 20$）给出在搜寻中要使用的关键字的数目，第二个数字（$1 \leqslant E \leqslant 20$）给出要被搜寻的借口的数目。第 2 ～ K+1 行每行给出一个关键字，第 K+2 ～ K+1+E 行每行给出一个借口。在关键字列表中的所有关键字只包含小写字母，长度为 L（$1 \leqslant L \leqslant 20$），在输入行

中从第 1 ～ L 列。所有的借口都包含大写和小写字母、空格，以及下述括号中的标点符号（“.,!?），长度不超过 70 个字符。借口至少有 1 个非空格字符。

输出

对每个测试用例，从列表中输出最差的借口。最差借口是关键字出现最多的借口，如果一个关键字在一个借口中出现多于一次，每次出现被认为是一个独立的出现。一个关键字“出现”在一个借口中当且仅当它以连续的形式存在于一个字符串中，并由行开始、行结束、非字母字符或空格来给出这一关键字范围。

对每个测试用例，输出一行，在字符串“ Excuse Set #”后是测试用例的编号（见样例输出）。后面的行给出最差的借口，像输入一样，一个借口一行。如果有多于一个最差借口，按任意次序输出。在一个测试用例的输出之后，再输出一个空行。

样例输入	样例输出
5 3 dog ate homework canary died My dog ate my homework. Can you believe my dog died after eating my canary... AND MY HOMEWORK? This excuse is so good that it contain 0 keywords. 6 5 superhighway crazy thermonuclear bedroom war building I am having a superhighway built in my bedroom. I am actually crazy. 1234567890.....,,,,,0987654321?????!!!!!! There was a thermonuclear war! I ate my dog, my canary, and my homework ... note outdated keywords?	Excuse Set #1 Can you believe my dog died after eating my canary... AND MY HOMEWORK? Excuse Set #2 I am having a superhighway built in my bedroom. There was a thermonuclear war!

试题来源：ACM South Central USA 1996

在线测试：POJ 1598, UVA 409

 提示

设关键字集合为 key，其中第 i 个关键字的字符数组为 key[i]；关键字的前缀函数集合为 next，其中第 i 个关键字的前缀函数为 next[i]；当前借口在关键字集合中出现次数为 keycnt，其中在关键字 i 中出现次数为 keycnt[i]（$0 \leqslant i \leqslant e-1$）；借口集合为 sentence，其中第 j 个借口的字符数组为 sentence[j]（$0 \leqslant j \leqslant k-1$）。

试题要求找出在 k 个关键字中出现次数最多的借口。要达到这一点，必须求出每个借口在 k 个关键字中出现次数。于是，问题的关键变成了怎样计算借口 sentence[i] 在第 j 个关

键字 key[j] 中的出现次数 cnt。借助第 j 个关键字的前缀函数 next[j]，可以使计算变得十分高效。

设借口 sentence[i] 的字符数为 n，第 j 个关键字 key[j] 的字符数为 m，sentence[i] 的匹配指针为 cur，key[j] 的匹配指针为 p。

我们按照如下方法计算 cnt。将比较次数 cnt 初始化为 0，从 sentence[i] 和 key[j] 的首字符出发（p=0,cur=0），依次进行比较：

1）若 sentence[i][cur] 与 key[j][p] 为同一字母，则比较两个串的下一个字符（++cur; ++p）。

2）在 sentence[i][cur] 与 key[j][p] 非同一字母的情况下，若曾有匹配字符（$p \geqslant 0$），则 sentence[i][cur] 与 key[j] 的第 next[j][p] 个字符进行比较（p= next[j][p]），否则 sentence[i][cur+1] 与 key[j][0] 进行比较（++cur; p=0）。

3）在匹配成功的情况下（$p == m$），若 sentence[i][cur] 与 sentence[i][cur−p−1] 都为非字母，则累计比较次数（++cnt）。继续从第 r 个关键字中的第 next[j][p] 个字符比较下去（p = next[r][p]）。

上述比较过程一直进行到 cur $\geqslant n$ 为止。此时得出的 cnt 即借口 sentence[i] 在第 j 个关键字 key[j] 中的出现次数。

有了以上基础，便可以得出主算法：

1）在读入每个关键字 key[i] 的同时，计算其前缀函数 next[i]（$0 \leqslant i \leqslant k-1$）。

2）依次读入每个借口 sentence[i]（$0 \leqslant i \leqslant e-1$），统计 sentence[i] 在 k 个关键字的出现次数 $\text{keycnt}_i = \sum_{j=0}^{k-1}\text{keycnt}[j]$。

3）在 k 个关键字中出现最多次数 $\max_{0 \leqslant i \leqslant e-1}\{\text{keycnt}_i\}$ 的借口即问题解。

【4.5.21　Product】

本问题是两个整数 X 和 Y 相乘，$0 \leqslant X, Y<10^{250}$。

输入

输入是一个由一对对的行组成的集合。在每一对中，一行给出一个乘数。

输出

对于输入的每一对数，输出给出乘积的一行。

样例输入	样例输出
12 12 2 222222222222222222222222	144 444444444444444444444444

试题来源：Sergant Pepper's Lonely Programmers Club. Junior Contest 2001

在线测试：UVA 10106

 **提示**

本题是高精度乘法的程序实现。设 X 为被乘数的数串，长度为 $L1$；Y 为乘数的数串，长度为 $L2$；Ans 为积的高精度数组，其中 Ans[0] 为数组长度，上限为 $L1+L2$，Ans[Ans[0]..1] 为积的各位十进制数。

反复输入被乘数串 X 和乘数串 Y，直至文件结束为止。若数串 X 为“0”或数串 Y 为“0”，则直接输出结果 0；否则，计算 X 和 Y 的长度 $L1$ 和 $L2$；乘积 Ans 初始化为 0，长度初始化为 $L1+L2$，先将被乘数 X 与乘数 Y 的每位数字的乘积累加到积数组 Ans 的对应位上 (Ans[i+j−1]+= (X[i]−'0')*(Y[j]−'0')；i=$L1$−1…1，j= $L2$−1…1)，然后按照由低位到高位的顺序对 Ans 进行进位处理，最后看 Ans [Ans [0]+1] 是否大于 0，若是，则长度 Ans [0]+1。

【4.5.22　Expression Evaluator】

本题是关于计算 C 风格的表达式的。要计算的表达式仅包含简单的整数变量和一个有限的操作符集合，且表达式中没有常量。程序中有 26 个变量，用小写字母 a ～ z 命名。在运算前，这些变量的初始值是 $a = 1, b = 2,\cdots, z = 26$。

操作符可以是加和减 (二元 + 和 −)，其含义已知。因此，表达式“$a + c - d + b$”的值是 2 (1 + 3 − 4 + 2)。此外，在输入的表达式中也可以采用“++”和“−−”操作符，它们是一元操作符，可以在变量前，也可以在变量后。如果“++”操作符在变量前，那么在变量值用于表达式的值的计算之前，其变量值要增加 1，即“++ c − b”的值是 2。如果“++”操作符在变量后，那么在变量值用于表达式的值的计算之后，其变量值再增加 1，因此，“c ++ − b”的值是 1，虽然在整个表达式的值计算之后，c 的值会增加，但 c 的值也是 4。“−−”操作符除了对操作数的值减 1 之外，其他操作规则和“++”一样。

更形式化地说，表达式的运算是按下述步骤进行的：

1）识别每个前面“++”的变量，对每个这样的变量给出一句进行增 1 的赋值语句，然后在表达式中这样的变量前略去“++”。

2）对变量后的“++”执行相似的操作。

3）此时，在表达式中没有“++”操作符。新产生的语句将在步骤 1）给出的语句之后，并在步骤 2）给出的语句之前，计算结果。

4）执行步骤 1）给出的语句，然后执行步骤 3）确定的语句，最后是步骤 2）给出的语句。

按这样的方法，计算“++ a + b ++”和计算“a = a + 1, result = a + b, b = b + 1”结果一样。

输入

输入的第一行给出一个整数 T，表示测试用例的个数。后面的 T 行每行给出一个作为测试用例的输入的表达式。在输入的表达式中忽略空格。本题设定在输入的表达式中没有二义性（诸如“a+++b”）存在。相似地，“++ ”或“−−”操作符不会在同一个变量前面和后面同时出现（诸如“ ++a++”）。设定每个变量在一个表达式中仅出现一次。

输出

对每个测试用例，将输入中给出的表达式输出，然后给出整个表达式的值，然后将运算后每个变量的值逐行输出（按变量名排序）。仅输出在表达式中出现的变量。按照下面输出样例给出的形式输出。

样例输入	样例输出
2 a+b c+f−−+−−a	Expression: a+b value = 3 a = 1

（续）

样例输入	样例输出
	b = 2 Expression: c+f−−+−−a value = 9 a = 0 c = 3 f = 5

试题来源：ACM Tehran 2006 Preliminary

在线测试：POJ 3337

 **提示**

设变量 a 对应的序号为 0，变量 b 对应的序号为 1，……，变量 z 对应的序号为 25；$v[i]$ 是序号为 i 的变量值；occur[i] 是序号为 i 的变量在表达式中的出现标志；value 是表达式的值。

初始时，所有字母均未在表达式中出现，$a = 1, b = 2, \cdots, z = 26$，（occur[$i$]=false, $v[i]=i+1$，$0 \leqslant i \leqslant 25$）。

由左而右分析表达式串 s 的每个字符：

1）若 $s[k]$ 为“+”或者“−”，则分析：

- 若 $s[k]s[k+1]$ 是“++”或“−−”，则变量 $s[k+2]$+1(或 −1)，即 k += 2; v[int($s[k]$ − 'a')] += ($s[k]$ == '+' ? 1 : −1);
- 若 $s[k]$ 是运算符“+”或“−”，则将运算符值记入 b，准备处理 $s[k+1]$（b = ($s[k]$ == '+' ? 1 : −1); ++k）。

2）若 $s[k]$ 为变量：

- 当前项（$b \times v[c]$）计入表达式值 value（c 为变量 $s[k]$ 的序数值 int($s[k]$ − 'a')）;
- 若变量 $s[k]$ 为初始值且后置“++”或“−−”，则变量值 +1 或 −1（$v[c]$+=($s[k+1]$=='+' ? 1:−1)），字符指针 k 后移 2 位（k +=2);
- 标志 $s[k]$ 对应的字母已出现在表达式中（occur[c] = true);
- 字符指针 k 后移 1 位（++k）。

分析完表达式串 s 的所有字符后，最终得出表达式值为 value，并确定表达式中每个变量的值（occur[i]=true，其变量名为 char('a'+i)，值为 $v[i]$，$0 \leqslant i \leqslant 25$）。

【4.5.23 Integer Inquiry】

Chip Diller 是 BIT 的新型超级计算机的第一批用户之一。他的研究工作要求 3 的幂次在 0 ～ 333 之间，他要计算这些数字之和。

“超级计算机非常伟大，”Chip 评价道，“我希望 Timothy 能够在这里看到这些结果。”（Chip 搬进了一个新的公寓，位于 Third Street 上 Lemon Sky 公寓的第 3 层。）

输入

输入最多有 100 行文字，每行是一个单一的 VeryLongInteger。每个 VeryLongInteger 不多于 100 个字符，而且只包含数字（VeryLongInteger 不是负数）。

输入的结束是在单独的一行中给出一个 0。

输出

你的程序要输出在输入中给出的所有 VeryLongInteger 的总和。

样例输入	样例输出
123456789012345678901234567890 123456789012345678901234567890 123456789012345678901234567890 0	370370367037037036703703703670

试题来源：ACM East Central North America 1996

在线测试：POJ 1503，ZOJ 1292，UVA 424

 **提示**

由于每行数串的长度上限为 100，因此采用高精度数组存储。对所有行的高精度数组进行加法运算，累加结果即为解。

【4.5.24 Super long sums】

新的程序设计语言 D++ 的创造者看到，无论如何制订 SuperLongInt 类型的范围，有时候程序员还是需要在更大的数字上进行操作。1000 位的范围太小。你被要求计算出最大有 1 000 000 位的两个整数的和。

输入

输入的第一行是一个整数 N，然后是一个空行，后面是 N 个测试用例。每个测试用例的第一行给出一个整数 M（$1 \leqslant M \leqslant 1\ 000\ 000$）——整数的长度（为了使长度相等，可以加前导 0）。后面用列中给出数据，也就是说，后面的 M 行数据中每行给出两个用空格分开的一位数字。这两个给出的整数每个不会小于 1，并且它们和的长度不超过 M。

在两个测试用例之间有一个空行。

输出

对于每个测试用例，输出一行，该行是含 M 位的整数，是两个整数的和。在两个输出行之间有一个空行。

样例输入	样例输出
2 4 0 4 4 2 6 8 3 7 3 3 0 7 9 2 8	4750 470

试题来源：Ural State University collegiate programming contest (25.03.2000)，Problem Author: Stanislav Vasilyev and Alexander Klepinin

在线测试：UVA 10013，Ural 1048

提示

本题也是一道高精度加法题，只是被加数、加数的输入格式和高精度数组的生成方式有所不同：用 m 行表示被加数和加数，每行两个数字，按照由高位到低位的顺序依次给出被加数和加数当前十进制位的数字。因此可通过 for (int $i = m - 1$; i >= 0; i−−) 循环，将当前行的两个数字分别插入被加数和加数的第 i 位；然后相加，并去掉和的前导 0 后输出。

【4.5.25　Exponentiation】

对数值很大、精度很高的数进行高精度计算是一类十分常见的问题。比如，对国债进行计算就属于这类问题。

现在要你解决的问题是：对一个实数 R（$0.0 < R < 99.999$），要求写程序精确计算 R 的 n 次方（R^n），其中 n 是整数并且 $0 < n \leqslant 25$。

输入

输入包括多组 R 和 n。R 的值占第 1 ～ 6 列，n 的值占第 8 和第 9 列。

输出

对于每组输入，要求输出一行，该行包含精确的 R 的 n 次方。输出需要去掉前导的 0 后不要的 0 。如果输出是整数，不要输出小数点。

样例输入	样例输出
95.123 12 0.4321 20 5.1234 15 6.7592 9 98.999 10 1.0100 12	548815620517731830194541.899025343415715973535967221869852721 .00000005148554641076956121994511276767154838481760200726351203835429763013462401 43992025569.928573701266488041146654993318703707511666295476720493953024 29448126.764121021618164430206909037173276672 90429072743629540498.107596019456651774561044010001 1.126825030131969720661201

试题来源：ACM East Central North America 1988

在线测试：POJ 1001，UVA 748

提示

幂运算实际上是乘法运算，问题是本题要求进行实数的次幂运算，因此需要做一些特殊的处理：

1）将底数转化为高精度数组时，需要记下小数位置 dec，并删除整数部分的前导 0 和小数部分的后导 0。

2）两个实数数组 a 和 b 相乘（a 和 b 的长度分别为 l_a 和 l_b，小数位置分别为 k_a 和 k_b）时：

- 进行高精度乘法 $c=a \times b$，并记下乘积小数位的位置 k_a+k_b+1。
- 对乘积数组 c 作进位处理，并计算出实际长度 l_c（l_a+l_b-1 或者 l_a+l_b）。
- 删去小数部分末尾多余的 0。

【4.5.26　NUMBER BASE CONVERSION】

请编写一个程序，将一个进制的数转换为另一个进制的数。有 62 个不同的数字：{ 0 ～ 9, A ～ Z, a ～ z } 。

提示

如果使用一个转换的输出作为下一个转换的输入来进行一系列的进制转换，在将它转化为一个原始的进制的时候，你就得到一个原始的数字。

输入

输入的第一行给出一个正整数，表示后面会有几行。后面的每一行给出输入的进制（进制数用十进制表示）、输出的进制（进制数用十进制表示），以及用输入的进制表示的一个数。输入的进制数和输出的进制数的范围都在 2 ～ 62 之间，（进制数用十进制表示）。$A = 10, B = 11,\cdots, Z = 35$；$a = 36, b = 37,\cdots, z = 61$；0 ～ 9 则是其一般的含义。

输出

对于每个要求的进制转换，程序输出 3 行。第一行是以十进制表示的输入数据的进制，后面跟一个空格，然后是输入数据（以给出的输入数据进制表示）；第二行是输出数据的进制，后面跟一个空格，然后是以输出数据的进制表示的输入数据；第三行是一个空行。

样例输入	样例输出
8 62 2 abcdefghiz 10 16 1234567890123456789012345678901234567890 16 35 3A0C92075C0DBF3B8ACBC5F96CE3F0AD2 35 23 333YMHOUE8JPLT7OX6K9FYCQ8A 23 49 946B9AA02MI37E3D3MMJ4G7BL2F05 49 61 1VbDkSIMJL3JjRgAdlUfcaWj 61 5 dl9MDSWqwHjDnToKcsWE1S 5 10 42104444441001414401221302402201233340311 104212022133030	62 abcdefghiz 2 1101110000010001011111001001011001111100100110001101 0010001 10 1234567890123456789012345678901234567890 16 3A0C92075C0DBF3B8ACBC5F96CE3F0AD2 16 3A0C92075C0DBF3B8ACBC5F96CE3F0AD2 35 333YMHOUE8JPLT7OX6K9FYCQ8A 35 333YMHOUE8JPLT7OX6K9FYCQ8A 23 946B9AA02MI37E3D3MMJ4G7BL2F05 23 946B9AA02MI37E3D3MMJ4G7BL2F05 49 1VbDkSIMJL3JjRgAdlUfcaWj 49 1VbDkSIMJL3JjRgAdlUfcaWj 61 dl9MDSWqwHjDnToKcsWE1S 61 dl9MDSWqwHjDnToKcsWE1S 5 421044444410014144012213024022012333403111042120 22 133030 5 42104444441001414401221302402201233340311104212022 133030 10 1234567890123456789012345678901234567890

试题来源：ACM Greater New York 2002

在线测试：POJ 1220，ZOJ 1325，UVA 2559

提示

设初始进制为 ibase，以 ibase 进制表示的数串为 s，目标进制为 obase。

1）将 s 中的每位 ibase 进制的数符转化为对应的数字，存储在高精度数组 a 中；

2）将 a 由 ibase 进制数转化为 obase 进制数，办法是 ibase 进制的高精度数组转化为十进制数后，除 obase 取余：

- a 的每一位除 obase。每一次相除的余数乘 obase 后加 a 的下一位后再除 obase，直至得到整商 a_1 和余数 r_0。
- a_1 按照上述方法除 obase，得到整商 a_2 和余数 r_1。

  ……
- a_{i-1} 按照上述方法除 obase，得到整商 a_i 和余数 r_{i-1}。

  ……

直至整商 a_k=0 为止。由此得到 a 对应的 obase 进制数为 $r=r_{k-1}\cdots r_0$。

3）然后，将 r 中的每位 obase 进制数转化为字符表示后输出。

【4.5.27　If We Were a Child Again】

“噢！如果我能像我小学的时候一样做简单的数学题该多好！我可以毕业，而且我不会出任何错！”一个聪明的大学生这样说。

但他的老师更聪明：“Ok! 我就在软件实验室里给你安排这样一些课题，你不要悲伤。”

“好的！”这位同学感到高兴，他太高兴了，以至于没有注意到老师脸上的微笑。

这位可怜的同学做的第一个项目是实现一个能执行基本算术操作的计算器。

和许多其他大学生一样，他不喜欢自己来做所有的工作。他只是想从各处收集程序。因为你是他的朋友，他请你来写程序。但你也是一个聪明人。你只答应为他写整数的整除和取余（C/C++ 中的 %）运算。

输入

输入由一个行的序列组成。每行给出一个输入的数字，一个或多个空格，一个标志（整除或取余），再跟着一个或多个空格，然后是另一个输入的整数。两个输入的整数都是非负整数，第一个数可以任意长，第二个数的范围为 n（$0 < n < 2^{31}$）。

输出

对每个输入，输出一行，每行给出一个整数，见样例输出。输出不包含任何多余空格。

样例输入	样例输出
110 / 100 99 % 10 2147483647 / 2147483647 2147483646 % 2147483647	1 9 1 2147483646

试题来源：May 2003 Monthly Contest

在线测试：UVA 10494

提示

由于被除数任意长，除数的上限为 2^{31}，因此被除数和商应采用高精度数组存储，除数的数据类型为长整型，而余数不大于除数，亦应采用长整型。设被除数的数串为 x，其长度为 len；除数为长整数 y；商的长度为 Ans[0]，商存储在 Ans[1..Ans[0]] 中；算符为 op；余数为 ret。

我们反复输入两个操作数 x、y 和算符 op，直至读至文件结束符为止。每次读入被除数串 x、除数 y 和算符 op，就要首先计算被除数 x 的长度，而将余数 ret 和商的长度 Ans[0] 初始化为 0。按照 x[0]⋯x[len−1] 的顺序计算当前余数 ret 和 Ans 的当前位（ret = ret*10+x[i]−'0'; Ans[++Ans[0]] = ret / y; ret %= y;）。

若要求计算余数 (op[0] = '%')，则直接输出 ret；若要求计算商 (op[0] = '/')，则先计算 Ans 首部第 1 个非零位 Ans[j]。若 Ans 全零 (j>Ans[0])，则输出商为 0；否则输出商为 Ans[j..Ans[0]]。

【4.5.28　Simple Arithmetics】

新型 WAP 界面的一部分是一个计算长整数表达式的计算器。为了使输出看起来更好，结果要被格式化为和手写计算一样的形式。

请完成这个计算器的核心部分。给出两个数字以及要求的操作，你来计算结果，并按下述指定的形式打印。对于加法和减法，计算结果的数字写在两个数字的下方。乘法相对有些复杂：首先，给出一个数的每一位数字与另一个数相乘的部分结果，然后再把结果加在一起。

输入

第一行输入给出一个正整数 T，表示后面要给出的表达式的数目。每个表达式由一个正整数、一个运算符（+、- 和 * 之一）和第二个正整数组成。每个数字最多 500 位。行中没有空格。如果运算符是减号，则第二个数字总是小于第一个数字。没有数字以 0 开始。

输出

对于每个表达式，在两行中输出两个给出的整数，第二个数字必须在第一个数字之下，两个数字的最后一位数字必须在同一列对齐。把运算符放在第二个数的第一位前面。在第二个数字后，由多个短横线（-）构成一条水平线。

对每个加法和减法，将运算结果输出在水平线下，运算结果的最后一位与两个操作数的最后一位对齐。

对于每一个乘法，用第二个数的每一位数字去乘第一个数。从第二个数字的最后一位开始，将乘出来的局部结果单独在一行里输出。每个乘出来的局部结果要与相应的位对齐，即每个乘出来的局部结果的最后一位必须要与上一个乘出来的局部结果的第二个数对齐。这些局部结果不能有任何多余的零。如果第二个数的某一位数字是零，则产生的局部结果只有一位数字——0。如果第二个数多于一位，还要在最后一个局部乘积下输出一条水平线，然后输出总和。

空格只能出现在每一行的前面部分，并且在满足上述要求的条件下尽可能少。

分隔线要正好覆盖它的上一行和下一行的数字或运算符。就是左端要与上一行和下一行中最左边的非空格字符对齐，右端要与上一行和下一行的最右边一个字符对齐。

在每一次运算结束后，输出一个空行，包括最后一次运算。

样例输入	样例输出
4 12345+67890 324-111	12345 +67890 ------

（续）

样例输入	样例输出
325*4405 1234*4	80235 324 -111 ---- 213 325 *4405 ----- 1625 0 1300 1300 ------- 1431625 1234 *4 ---- 4936

试题来源：ACM Central Europe 2000

在线测试：POJ 1396，ZOJ 2017，UVA 2153

提示

从表达式串中取出运算符 c，并截出两个操作数串，将之转化为高精度数组 a 和 b，长度为 l_a 和 l_b。

1）若 c== “+”，则进行高精度的加法运算，得到 sum ← $a+b$，长度为 l_{sum}；计算行宽 $l=\max(l_{sum}，l_b+1)$；以 l 为行宽，向右靠齐，分 4 行输出 a、“+”、b、$\max\{l_b+1，l_{sum}\}$ 个 “−” 和 sum。

2）若 c== “−”，则进行高精度的减法运算，得到 delta ← $a-b$，长度为 l_{delta}；计算行宽 $l=\max\{l_a，l_b+1\}$；以 l 为行宽，向右靠齐，分 4 行输出 a、“−”、b、$\max\{l_b+1, l_{delta}\}$ 个 “−” 和 delta。

3）若 c== “*”，则进行高精度的乘法运算，得到 product ← $a*b$，长度为 $l_{product}$；然后计算中间运算过程，即 $p[0]=a*b[0]$，$p[1]=a*b[1]$，…，$p[l_b-1]= a*b[l_b-1]$，其中 $p[i]$ 的长度为 $l_{p[i]}$（$0 \leqslant i \leqslant l_b-1$）；调整行宽 $l=\max\{l_{product}，l_b+1，l_{p[i]}+i\}$（$0 \leqslant i \leqslant l_b-1$）；以 l 为行宽，向右靠齐，先分 3 行输出 a、“*”、b、$\max\{l_b+1，l_{p[0]}\}$ 个 “−”；然后分 l_b 行输出中间计算过程，其中第 i 行以 $l-(i-1)$ 为行宽，向右靠齐，输出 $p[i]$；若 $l_b>1$，则分两行，分别以 l 为行宽，向右靠齐，输出 $\max\{l_b+1, l_{p[0]}\}$ 个 “−” 和积 product。

【4.5.29　ab-ba】

给出自然数 a 和 b，求 a^b-b^a。

输入

输入常整数 a 和 b（$1 \leqslant a,b \leqslant 100$）。

输出

输出答案。

样例输入	样例输出
2 3	−1

在线测试：SGU 112

**提示**

由于需要高精度数组连乘，因此宜采用面向对象的程序设计方法。定义一个名为 bigNumber 的类，其私有（private）部分是一个长度为 len 的高精度数组 a，被 bigNumber 类的对象和成员函数访问；其公共（public）界面包括：

- bigNumber()——高精度数组 a 初始化为 0；
- int length()——返回高精度数组 a 的长度；
- int at(int k)——返回 $a[k]$；
- void setnum(char s[])——将字符串 s[] 转换成长度为 len 的高精度数组 a；
- isNeg()——判断高精度数组 a 是否为负数；
- void add(bigNumber &x)——高精度加法运算：$a \leftarrow a+x$；
- void multi(bigNumber &x)——高精度乘法运算：$a \leftarrow a*x$；
- int compare(bigNumber &x)——比较 a 与 x 之间的大小，返回 $\begin{cases} 1 & a>x \\ -1 & a<x \\ 0 & a=x \end{cases}$；
- void minus(bigNumber &x)——高精度减法运算：$a \leftarrow a-x$；
- void multi(bigNumber &x)——高精度乘法运算：$a \leftarrow a*x$；
- void power(int k)——高精度乘幂运算：num ← num^k。

有了 bigNumber 类的定义，主算法就变得十分清晰：

1）定义 bna 和 bnb 为 bigNumber 类（bigNumber bna, bnb），将 a、b 分别转化为数组 bna 和 bnb（bna.setnum(a); bnb.setnum(b)）；

2）计算 bna ← bna^b，bnb ← bnb^a（bna.power(b); bnb.power(a)），bna ← bna−bnb（bna.minus(bnb)）；

3）若 bna 是负数（bna.isNeg()=true），则输出加负号；输出 bna.at(bna.length()−1)⋯bna.at(0)。

【4.5.30　Fibonacci Number】

Fibonacci 序列的头两个数是 1，序列的计算是将前两个数相加。

$f(1)=1, f(2)=1, f(n>2)=f(n-1)+f(n-2)$

输入与输出

输入是每行一个数，输出该数的 Fibonacci 数。

样例输入	样例输出
3 100	2 354224848179261915075

注意：在测试数据中，Fibonacci 数没有超过 1000 位，即 $f(20) = 6765$ 有 4 位。

试题来源：UVa Local Qualification Contest 2003

在线测试：UVA 10579

 提示

显然，Fibonacci 数的上限为 1000 位，须采用高精度数组存储。由于递推 Fibonacci 序列的过程需要反复进行高精度的加法运算，因此不妨采用面向对象的程序设计方法：定义一个类，将加法运算涉及的函数放在类的公共（public）界面，将类的对象和成员函数访问的高精度数组放在类的私有（private）部分，使主程序的结构更清晰。

【4.5.31　How many Fibs】

Fibonacci 数的定义如下：

- $F_1 := 1$；
- $F_2 := 2$；
- $F_n := F_{n-1} + F_{n-2}$（$n \geqslant 3$）。

给出两个整数 a 和 b，请计算在区间 $[a, b]$ 中有多少个 Fibonacci 数。

输入

输入包含若干个测试用例。每个测试用例由两个非负整数 a 和 b 组成，输入以 a=b=0 结束。其他 $a \leqslant b \leqslant 10^{100}$。给出的整数 a 和 b 没有多余的前导 0。

输出

对于每个测试用例输出一行，输出满足 $a \leqslant F_i \leqslant b$ 的 Fibonacci 数 F_i 的数目。

样例输入	样例输出
10 100 1234567890 9876543210 0 0	5 4

试题来源：Ulm Local 2000

在线测试：POJ 2413，ZOJ 1962

提示

由于 Fibonacci 序列中第 500 个 Fibonacci 数将超过题目给出的上限 10^{100}，因此可采用离线计算方法，先通过高精度加法运算递推序列中前 500 个 Fibonacci 数 fib[1]…fib[500]；然后反复测试数据组。每输入一对整数 a 和 b，分别在 fib[] 中寻找第 1 个不小于 a 的整数 fib[left]（fib[left] $\geqslant a$）和第 1 个不大于 b 的整数 fib[[right]（fib[[right] $\leqslant b$）。显然，区间 $[a, b]$ 内 Fibonacci 数的个数为 right−left。

由于该题需要反复进行高精度加法和比较大小的运算，因此比较适宜采用面向对象的程序设计方法。

【4.5.32 Heritage】

富有的叔叔逝世了，他的遗产将由亲戚和教堂来继承（叔叔在遗嘱中坚持教堂要得到一些遗产）。在遗嘱中有 N 个亲戚（$N \leqslant 18$）被提到，他们是按照重要性递减顺序排列的（第一个人最重要）。因为你在家庭中是计算机专业人士，你的亲戚请你帮助他们。因为遗嘱中需要填写一些空格，所以他们需要你的帮助。空格的形式如下：

亲戚 #1 将获得全部遗产的 1 / ___，

亲戚 #2 将获得全部遗产的 1 / ___，

……

亲戚 #N 将获得全部遗产的 1 / ___。

亲戚们的愿望是填空时要保持叔叔的遗愿（即分数是非递增的，并且教堂要得到遗产），留给教堂的遗产数量要最少。

输入

只有一行，给出一个整数 N ($1 \leqslant N \leqslant 18$)。

输出

输出空格中要填写的数字，每个数字一行，使得留给教堂的遗产最少。

样例输入	样例输出
2	2 3

试题来源：Bulgarian Online Contest September 2001

在线测试：POJ 1405，Ural 1108

提示

设 $a[i]$ 为第 i+1 个亲戚对应空格的数字，即该亲属获得全部遗产的 $1/a[i]$（$0 \leqslant i \leqslant n-1$）。数学上可以证明 $a[i]=\begin{cases} 2 & i=0 \\ a[i-1]*a[i-1]-a[i-1]+1 & 1 \leqslant i \leqslant n-1 \end{cases}$。

教堂分得的遗产为 $l=1-\frac{1}{a[0]}-\frac{1}{a[1]}-\cdots-\frac{1}{a[n-1]}=\frac{1}{a[0]}-\frac{1}{a[1]}-\cdots-\frac{1}{a[n-1]}$。由于 $a[0]\cdots a[n-1]$ 均为正整数，因此要使 l 最少，则只要证明：

$$\frac{1}{a[0]}-\frac{1}{a[1]}-\cdots-\frac{1}{a[n-1]}=\frac{1}{a[0]a[1]\cdots a[n-1]}$$

证明：

由递推式可得：

$a[1]=a[0]*a[0]-a[0]+1=a[0]*(a[0]-1)+1=a[0]+1$；

$a[2]=a[1]*(a[1]-1)+1=a[0]*a[1]+1$；

…

依次类推，可得 $a[i]=a[0]*a[1]*\cdots a[i-1]+1$（$1 \leqslant i \leqslant n-1$）。

将此结论依次代入下式，可得：

$$\left(\frac{1}{a[0]}-\frac{1}{a[1]}\right)-\cdots-\frac{1}{a[n-1]}$$

$$=\left(\frac{1}{a[0]a[1]}-\frac{1}{a[2]}\right)-\cdots-\frac{1}{a[n-1]}$$

$$=\left(\frac{1}{a[0]a[1]a[2]}-\frac{1}{a[3]}\right)-\cdots-\frac{1}{a[n-1]}$$

$$\cdots$$

$$=\frac{1}{a[0]a[1]a[2]a[3]\cdots a[n-2]}-\frac{1}{a[n-1]}$$

$$=\frac{1}{a[0]a[1]a[2]a[3]\cdots a[n-2]a[n-1]}$$

证毕。

由于计算每个亲属的分数是一个递推过程，需要反复进行高精度的加减乘运算。因此可采用面向对象的程序设计方法。定义一个类，将这些运算涉及的函数放在类的公共（public）界面，将类的对象和成员函数访问的高精度数组放在类的私有（private）部分，这样可使主程序的结构变得比较清晰。

【4.5.33　Digital Fortres】

去年的 IIUPC 比赛，有一道试题“Da Vinci Code”，是有关 Dan Brown 的最佳售书的故事。本题则是基于他的另一项技术：Digital Fortress。本题给出一个密码文本。请你破译这个文本，使用的解密技术如下。例如，给出一个密码文本：

WECGEWHYAAIORTNU

输出为：

WEAREWATCHINGYOU

在上述实例中，在给出的密码文本“WECGEWHYAAIORTNU”中有 16 个字符，也就是 4 的平方。这些字母被放置在 $n \times n$（在本例中为 4×4）的网格中，并且每个字母从给定的输入中以行为主顺序被放置在网格中（第一行，第二行，第三行，……）。当给定的密码文本放置在网格中时，可以被视为：

W E C G

E W H Y

A A I O

R T N U

对于上面的网格，如果我们以列为主顺序输出字母（第一列，第二列，第三列，……），那么得到以下的解密文本：

WEAREWATCHINGYOU

输入

输入的第一行给出一个单一的数字 T，然后给出 T 个测试用例。每个测试用例一行，在这一行中给出密码文本。密码文本包含大写字母或空格。文本中的字符总数不会超过 10 000。

输出

对于每一个测试用例，输出一行，给出解密文本。如果在输入文本中的字符数不是任意数的平方，则输出“INVALID”。

样例输入	样例输出
3 WECGEWHYAAIORTNU DAVINCICODE DTFRIAOEGLRSI TS	WEAREWATCHINGYOU INVALID DIGITAL FORTRESS

试题来源：IIUPC 2009

在线测试：UVA 11716

提示

首先设计一个函数 judge(*x*)：若密码文本的长度 *x* 不是任意整数的平方，则返回 0；否则返回 *x* 的整数平方根。显然，若 judge(*x*) 返回 0，则应输出“INVALID”；否则应输出 *x* 的整数平方根对应的解密文本。

设 *x* 的整数平方根 *v*=4，则解密文本放置在 4×4 的网格中时，对应密码文本的字符指针如下：

0	4	8	12
1	5	9	13
2	6	10	14
3	7	11	15

以列为主顺序，解密文件的字母依次为密码文本中第 0 ～ 3 个字符（网格第 1 列）、4 ～ 7 个字符（网格第 2 列）、8 ～ 11 个字符（网格第 3 列）、12 ～ 15 个字符（网格第 4 列）。

显然，如果密码文本长度 *x* 有整数平方根 *v*，则可通过双重循环输出对应的解密文本：外循环 *i* 控制列（$0 \leqslant i \leqslant v$），内循环 *j* 控制行（$0 \leqslant j \leqslant v$），依次输出密码文本中的第 $i+v*j$ 个字符。

第5章 应用顺序存取类线性表编程

顺序存取类线性表是一种按顺序存储所有元素的线性表，这种线性表的第一个数据元素在表头位置，最后一个数据元素在表尾位置（如下图所示）。

第 1 个数据元素　第 2 个数据元素　第 3 个数据元素　……　第 n 个数据元素

表头　表尾

顺序存取类线性表有如下两个特点：

1）表长在创建时没有大小限制，这意味着它们可以动态地扩展和收缩。

2）对表中数据元素的存取只能顺序进行，不能直接存取。为了访问某个元素，需要从第 1 个数据元素（或者最后 1 个数据元素）出发，按从前至后的顺序或者从后至前的顺序逐个访问，直到指定的数据元素，也可以双向遍历，即从前向后和从后向前遍历。

顺序存取类线性表的一个简单实例就是购物清单。顺次写下要购买的全部商品，就会创建一张购物清单。在购物时，一旦找到某种商品就把它从清单中划掉。这类线性表既可以是有序的，也可以是无序的。无序线性表是由无序元素组成的，有序线性表具有顺次对应的有序值。表中数据元素的有序性对查找数据元素的效率会产生很大的影响。例如，在有序线性表中进行二分查找的效率比顺序查找高许多。按照存取方式分类，顺序存取类线性表包括：

1）按照数据元素位置存取的顺序表（包括数组和链表）。

2）存取位置有限制的队列和栈，其中队列包括顺序队列、优先队列和双端队列。

5.1 顺序表的应用

顺序表是一个顺序存储 n 个数据元素的线性表（n 是表长，可以为任意正整数，n=0 时为空表）。表中每个数据元素都是数据类型相同的单个对象，表长随增加或删除某些数据元素而发生变化。

顺序表中数据元素的前后趋关系是一一对应的，通常各个数据元素通过它的位置来访问，即顺序表只能顺序存取。顺序表的存储结构有两种：数组和链表。

1）数组：数组元素既可以是简单变量，也可以是结构类型变量。在以数组为存储结构的顺序表中，可以直接通过下标找出所需的数据元素，但在插入 1 个数据元素或删除 1 个已有的数据元素时，不仅表长 n 会加 1 或减 1，而且需要大量移动表中数据。例如，把数据元素 x 插入位置 i，必须把原表中位置 i ～位置 n 中的所有数据元素成块向后移动 1 个位置，腾出位置 i 供 x 插入（如图 5.1-1a 所示）；同理，删除表中第 i 个位置的元素时，必须把原表中位置 i+1 ～位置 n 中的所有数据元素成块向前移动 1 个位置，以覆盖第 i 个数据元素（如图 5.1-1b 所示）。

2）链表：在以链表为存储结构的顺序表中，要得到表中所要求的数据元素，必须从第 1 个数据元素开始，逐个访问数据元素，直至找到满足要求的数据元素为止。但在插入 1 个数据元素或删除 1 个已有的数据元素时，只需要修正链表指针即可，不必大量移动表中数据。

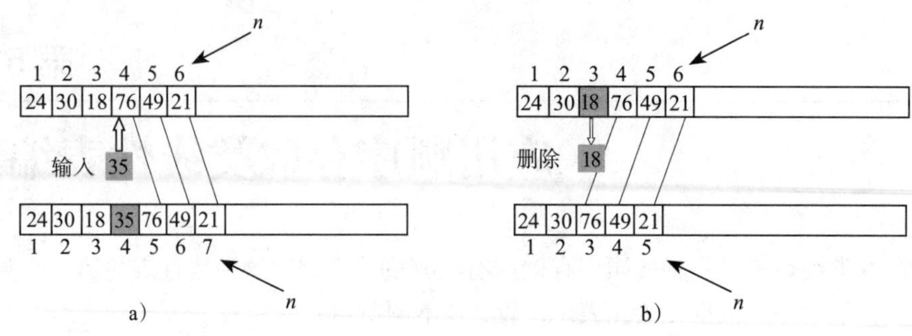

图　5.1-1

由此可以看出，两种存储结构的顺序表各有利弊，如下表所示。

操作 / 顺序表的存储结构	查找元素	插入新元素或删除元素
数组	直接根据下标检索	如果要保持其他数据元素的相对次序不变，则平均需要移动一半元素，效率很低。尤其是对于 k 个长度变化的有序表分配在同一存储空间的情况，按每个表的最大可能长度分配空间会造成内存的极大浪费
链表	需要从第 1 个表项起一个一个遍历	修改指针，不需移动

显然，采用链表（Linked List）形式的顺序表，就是为了适应插入 / 删除操作频繁、存储空间不定的情况。

单链表（Singly Linked List）是一种最简单、最典型的链表。单链表有一个指示链表开始地址的表头（head），简称为哨兵；表中每个数据元素占用一个节点（node），节点类型为一个结构体，含两个域：一个域为数据域（data），其数据类型取决于数据对象的属性；另一个域为后继指针域（next），给出下一个节点的存储地址。在空间需求较小的情况下，可以使用静态数组 node[] 存储链表，node[] 的下标为节点序号，哨兵 head 指示表首节点的下标。node[] 的规模取决于链长的上限；在空间需求较大的情况下，哨兵 head 和每个节点的后继指针域 next 可设为动态指针，以便根据实际需要申请和释放节点所占用的内存（如图 5.1-2 所示）。

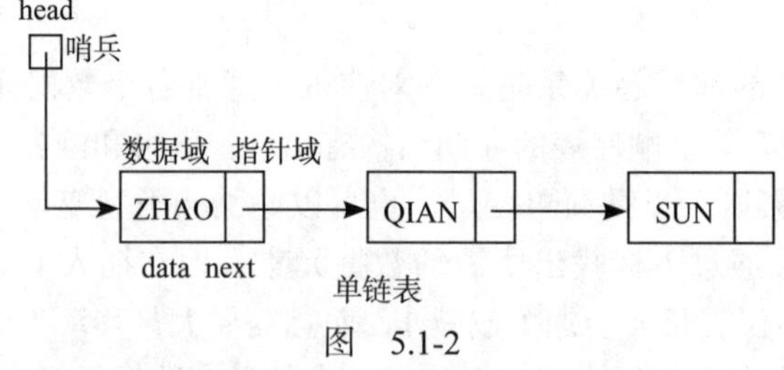

图　5.1-2

如果将最后一个节点的后继指针域指向哨兵，则单链表就变成了循环链表，这样只要知道表中任意一个节点的地址，就可以遍历表中其他任意一个节点（如图 5.1-3a 所示）；如果在循环链表的基础上，每个节点再增加一个指向直接前驱的 prev 指针，则循环链表就变成了双向循环链表，使得遍历顺序既可以向前也可以向后（如图 5.1-3b 所示）。

在单链表中插入一个地址为 newnode 的新节点，只要修改链中节点的后继指针值，无须移动表中的数据元素。图 5.1-4 分别给出了将新节点插入表首、中间位置和表尾三种情况。

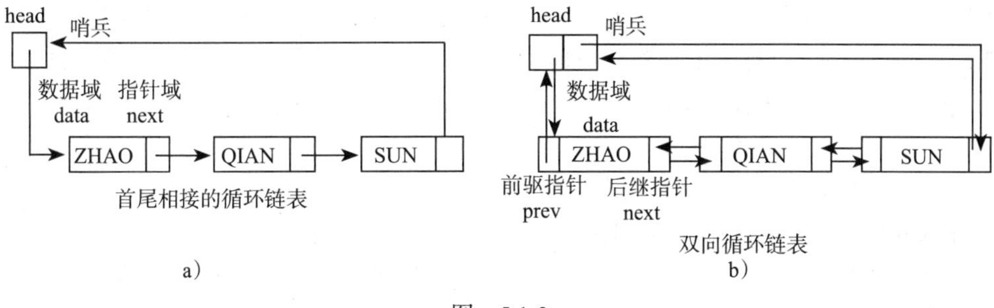

图 5.1-3

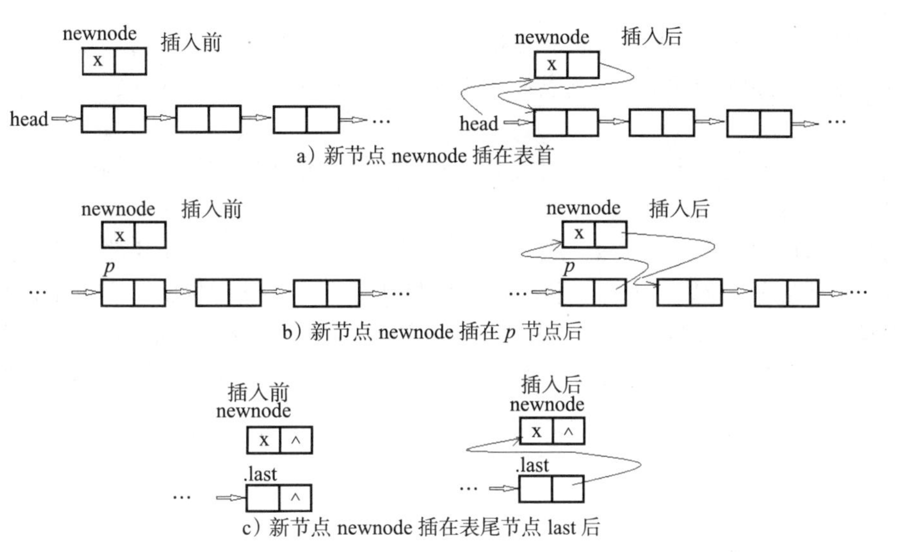

图 5.1-4

在单链表中删除一个节点的操作比较简单。若被删节点的地址为 q，其前驱节点的地址为 p，只要将 p 节点的后继指针指向 q 的后继节点地址，就可以使地址为 q 的节点从链中分离出来，达到删除它的目的（如图 5.1-5 所示）。

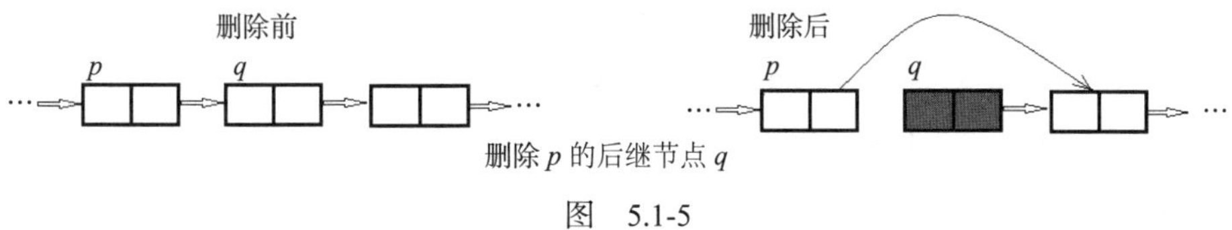

图 5.1-5

【5.1.1 The Blocks Problem】

输入整数 n，表示有编号为 0 ～ $n-1$ 的木块，分别放在顺序排列的编号为 0 ～ $n-1$ 的位置，如图 5.1-6 所示。

图 5.1-6 初始的木块排列

设 a 和 b 是木块块号。现对这些木块进行操作，操作指令有如下 4 种：

1）move *a* onto *b*：把 *a*、*b* 上的木块放回各自原来的位置，再把 *a* 放到 *b* 上。

2）move *a* over *b*：把 *a* 上的木块放回各自原来的位置，再把 *a* 放到包含了 *b* 的堆上。

3）pile *a* onto *b*：把 *b* 上的木块放回各自原来的位置，再把 *a* 以及在 *a* 上面的木块放到 *b* 上。

4）pile *a* over *b*：把 *a* 连同 *a* 上的木块放到包含 *b* 的堆上。

当输入 quit 时，结束操作并输出位置 0 ～ *n*−1 上的木块情况。

在操作指令中，如果 *a* = *b*，其中 *a* 和 *b* 在同一堆块，则该操作指令是非法指令。非法指令应忽略，并且不应影响块的放置。

输入

输入的第一行给出一个整数 *n*，表示木块的数目。本题设定 0 < *n* < 25。

然后，给出一系列操作指令，每行一个操作指令。程序要处理所有命令，直至遇到 quit 指令。

本题设定，所有的操作指令都采用上面给出的格式，不会有语法错误的指令。

输出

输出给出木块的最终状态。每个原始块位置 *i*（0 ≤ *i*<*n*，其中 *n* 是木块的数目）之后给出一个冒号。如果在这一位置至少有一个木块，则冒号后面输出一个空格，然后输出在该位置的一个木块列表，每个木块编号与其他块编号之间用空格隔开。在一行结束时不要在结尾加空格。

每个块位置要有一行输出（也就是说，要有 *n* 行输出，其中 *n* 是第一行输入给出的整数）。

样例输入	样例输出
10 move 9 onto 1 move 8 over 1 move 7 over 1 move 6 over 1 pile 8 over 6 pile 8 over 5 move 2 over 1 move 4 over 9 quit	0: 0 1: 1 9 2 4 2: 3: 3 4: 5: 5 8 7 6 6: 7: 8: 9:

试题来源：Duke Internet Programming Contest 1990

在线测试：POJ 1208，UVA 101

试题解析

本题的数据结构采用多链表。输入的第一行给出一个整数 *n*，表示木块的数目，也就是 *n* 条链表。例如，样例输入中 *n* 为 10，就有 10 条链表。链表中每个节点的数据类型是一个结构体 node，表示一个木块的类型。结构体内的数据域是一个整型变量 data，用于存放木块的编号；指针域是一个指向 node 的指针 next，用于存放下一个木块的地址。每个链表的初始化是在每个木块初始位置上设置一个节点，这个节点的 data 是这个位置的编号，next 为 NULL；每个链表表示这个位置上木块的放置情况，节点表示木块，并设定靠近链表头节点的节点是较下方的木块。例如，位置 3 上的链表初始化后只有一个节点，data 为 3，next 为 NULL。

对于输入的操作指令，算法根据操作指令实现其规则。

（1）操作指令 move *a* onto *b*

根据规则，先把 *a*、*b* 上的木块放回各自原来的位置，换言之，对于节点 *a*，将节点 *a* 的后面的节点都去掉，并放回编号为它们各自位置的链表。具体的算法是：首先，从节点 *a* 开始，向后遍历该链表，对于每个遍历到的节点，将 next 设为 NULL，并将编号为“该节点的 data”的链表的链表头节点设置为该节点；然后，将节点 *a* 的 next 设为 NULL，对节点 *b* 也采取同样的操作，此时已经把 *a*、*b* 上的木块放回各自初始的位置了；最后，将节点 *b* 的 next 指向节点 *a*，即把 *a* 放到 *b* 上。

（2）操作指令 move *a* over *b*

根据规则，先把 *a* 上的木块放回各自原来的位置，实现方法已经给出。然后，对节点 *b* 所在的链表，找到该链表的尾节点，将尾节点的 next 指向 *a*，表示将 *a* 放到包含 *b* 的堆上；并将 *a* 的 next 设为 NULL。

（3）操作指令 pile *a* onto *b*

根据规则，先把 *b* 上的木块放回各自原来的位置，实现方法已经给出。然后，把 *a* 以及在 *a* 上面的木块放到 *b* 上，即把指向节点 *a* 的节点的 next 设置为 NULL，节点 *b* 的 next 指向节点 *a*。

（4）操作指令 pile *a* over *b*

根据规则，把指向节点 *a* 的节点的 next 设置为 NULL，对节点 *b* 所在的链表，找到该链表的尾节点，将尾节点的 next 指向 *a*。

此外，求解本题需要注意两个问题：

- 本题需要判断操作指令是否合法：如果节点 *a*、*b* 在同一个链表里就算不合法。所以在执行指令之前，要先判断节点 *a*、*b* 所在链表的尾节点是否相同，相同即不合法，不相同即合法。
- 在执行每条指令之前，需要找到 4 个节点，将其保存在指针变量里，分别是节点 *a* 的地址、指向节点 *a* 的节点地址、节点 *b* 的地址和指向节点 *b* 的节点地址。

参考程序（略。本题参考程序的 PDF 文件和本题的英文原版均可从华章网站下载）

链表的存储结构既可以采用动态指针，也可以采用结构体类型的数组。数组下标为节点序号，元素含数据域和指针域。不过，这个“指针”不再指向后继节点（或前驱节点）的内存地址，而是指向后继节点（或前驱节点）的数组下标。

【5.1.2 Running Median】

本题要求编写一个程序，输入一个由 32 位有符号整数组成的序列，在输入每个奇数索引的值后，输出到目前为止输入的元素的中值（中间值）。

输入

输入的第一行给出一个整数 P（$1 \leqslant P \leqslant 1000$），这是后面给出的测试用例的数目。每个测试用例的第一行首先给出测试用例的编号，然后是一个空格，接着给出一个奇数十进制整数 M（$1 \leqslant M \leqslant 9999$），表示要处理的有符号整数的总数。测试用例中的其余行由值组成，每行有 10 个值，用一个空格分隔。测试用例中最后一行的值可能少于 10 个。

输出

对于每个测试用例，在第一行输出测试用例编号、一个空格和这个测试用例要输出的中间值的数目（即测试用例中输入值的数目加上 1 的一半）。在后面的行输出中间值，每行 10 个，用一个空格分隔。最后一行可能少于 10 个值，但至少有 1 个值。输出中不能有空行。

样例输入	样例输出
3 1 9 1 2 3 4 5 6 7 8 9 2 9 9 8 7 6 5 4 3 2 1 3 23 23 41 13 22 −3 24 −31 −11 −8 −7 3 5 103 211 −311 −45 −67 −73 −81 −99 −33 24 56	1 5 1 2 3 4 5 2 5 9 8 7 6 5 3 12 23 23 22 22 13 3 5 5 3 −3 −7 −3

试题来源：ACM Greater New York Regional 2009

在线测试：POJ 3784

试题解析

本题用数组实现双向链表。

首先对测试用例的 n 个数进行递增排序，构建一个链表。设 $d[i]$ 表示第 i 个数在链表中的位置，node[i].val 表示链表中第 i 个数的数值，node[i].pre 和 node[i].nxt 分别为链表中第 i 个数的前驱和后继，中位数位置为 x。

如果初始时整数个数 n 是奇数，则中位数位置应为 $x=n/2+1$；若 n 是偶数，则在递增序列 node[] 中删除最后输入的那个数（其大小顺序 $y=d[n]$），整数个数 n−−，使得序列长度变为奇数。若被删除数的大小顺序不在当前中位数的右方（$y \leqslant x=n/2+1$），则中位数的位置后移一位（x++）。中位数 node[x].val 进入中间值序列 ans[]。

然后，按照输入顺序从后往前每次删两个数，设这两个数在链表 node[] 中的位置分别是 a 和 b（$a=d[i]$，$b=d[i-1]$，i 为当前序列长度），这里有以下几种情况：

1）如果删去的两个数都大于当前中位数（$a \geqslant x \;\&\&\; b>x$），或者删去的两个数中一个大于当前中位数，一个等于当前中位数（$a > x \;\&\&\; b == x \;\|\; a == x \;\&\&\; b > x$），那么将中位数的位置前移一位（$x$ = node[x].pre）。

2）如果删去的两个数都小于当前的中位数 ($a < x \;\&\&\; b< x$)，或者删去的两个数中一个小于于当前中位数，一个等于当前中位数（$a < x \;\&\&\; b == x \;\|\; a == x \;\&\&\; b < x$），那么将中位数的位置后移一位（$x$ =node[x].nxt）。

3）如果删去的两个数中一个大于当前中位数，而另一个小于当前中位数（$a < x \;\&\&\; b > x \;\|\; a> x \;\&\&\; b < x$)），那么中位数位置 x 不动。

中位数 node[x].val 进入中间值序列 ans[]。

这个过程一直进行到 node[] 链仅剩一个节点为止。最后，按照 10 个数一行的要求，倒序输出 ans[]。

算法的时间复杂度是 $O(P * n\log n)$，其中为 P 测试用例数。

参考程序（略。本题参考程序的 PDF 文件和本题的英文原版均可从华章网站下载）

链表的应用很广泛，不仅可以用于顺序表，还可以用于队列和栈，甚至非线性结构中的树和图也可采用链表存储。例题【5.3.1.2 Team Queue】中的队列就采用了链表存储结构，这道题将展示链表的插入 / 删除操作，以后各章的实验范例中也不乏链表的应用实例。因此本章的实验范例主要采用的是数组存储结构，这里仅对链表做一个知识铺垫。

顺序表最典型的应用是解约瑟夫问题。约瑟夫问题出自两个经典故事。

故事 1：在罗马人占领乔塔帕特后，39 个犹太人与 Josephus 及他的朋友躲到一个洞中，39 个犹太人宁愿死也不要被敌人抓到，于是决定了一种自杀方式，41 个人排成一个圆圈，由第 1 个人开始报数，每报数到第 3 人，该人就必须自杀，然后再由下一个重新报数，直到所有人都自杀身亡为止。然而 Josephus 和他的朋友并不想遵从，Josephus 要他的朋友先假装遵从，他将朋友与自己安排在第 16 个与第 31 个位置，于是逃过了这场死亡游戏（著名犹太历史学家 Josephus 讲的故事）。

故事 2：15 个教徒和 15 个非教徒在深海上遇险，必须将一半的人投入海中，其余的人才能幸免于难，于是想了一个办法：30 个人围成一个圆圈，从第一个人开始依次报数，每数到第 9 个人就将他扔入大海，如此循环，直到仅余 15 个人为止。问怎样排法，才能使每次投入大海的都是非教徒（引自 17 世纪的法国数学家加斯帕在《数目的游戏问题》中讲的故事）。

这两个故事可以抽象成同一个数学模型：将 n 个元素围成一圈，从第一个元素开始报数，步长值为 M 的元素出列，最后剩下一个元素，其余元素都将离开圆圈。请计算出列顺序。

显然，上述圆圈可用数组存储，其长度随元素出列而发生变化，且元素出列后需保持剩余元素的相对次序不变。这个数组为典型的顺序表。数组下标代表圆圈中的位置，下标变量值代表该位置的元素值。元素出列可采用两种方法处理：

1）每出列一个元素，该元素后面的所有元素依次向前移动一个位置，元素数 −1。依次类推，直至圈中的剩余元素数达到要求为止。

2）每个元素设一个是否出列的标志，初始时 n 个元素的出列标志都设为 1，表示所有元素都在圈中。从起点元素开始对还未出列的元素计数，每数到 m 时，将元素的出列标志改为 0，表示该元素已出列。这样循环计数，直到剩余元素数达到要求为止。

显然，方法 1 的数据结构比较简单，但需要有计算出列位置的数学公式。

【5.1.3　小孩报数问题】

有 N 个小孩围成一圈，将他们从 1 开始依次编号，现指定从第 W 个小孩开始报数，报到第 S 个时，该小孩出列。然后，从下一个小孩开始报数，仍是报到第 S 个出列，如此重复下去，直到所有小孩都出列（总人数不足 S 个时将循环报数），求小孩出列的顺序。

输入

第一行输入小孩的人数 N（$N \leqslant 64$）。

接下来，每行输入一个小孩的名字（人名不超过 15 个字符）。

最后一行输入 W, S（$W<N$），用逗号“,”间隔。

输出

按人名输出小孩按顺序出列的次序，每行输出一个人名。

样例输入	样例输出
5 Xiaoming	Zhangsan Xiaohua

（续）

样例输入	样例输出
Xiaohua Xiaowang Zhangsan Lisi 2,3	Xiaoming Xiaowang Lisi

试题来源："顶嵌杯"全国嵌入式系统 C 语言编程大赛初赛

在线测试：POJ 3750

试题解析

本题是现实生活中的"约瑟夫问题"：N 个小孩围成一圈，每个小孩对应于圆圈中的一个元素，元素的数据类型是一个字符数组，用于存储小孩名字。我们采用模拟方法，通过模拟小孩报数的过程来解题。

存储圆圈的数据结构既可以是循环链表，也可以是数组，数组比循环链表简单一些，下面给出采用数组解题实验范例。

设圆圈第 i 个位置上孩子的姓名串为 name[i]，序号为 $p[i]$。初始时，name[i] 为第 i 个孩子的姓名，$p[i]=i$（$0 \leqslant i \leqslant n-1$）。

目前圆圈的人数为 n，出列孩子的位置为 w。初始时为开始报数位置 $w = (w+n-1)\%\ n$。每次出列的孩子位置为 $w = (w+s-1)\ \%\ n$，出列孩子的姓名为 name[$p[w]$]。出列的过程就是将 $p[w+1] \sim p[n]$ 顺次向前移动一个位置，n--。这个过程一直进行到 n<0 为止。

参考程序

```
int main(void)
{
    int n;
    cin >> n;                                   // 输入小孩人数
    string name[maxn];                          // 依次输入小孩名字
    for (int i = 0; i < n; i++)
        cin >> name[i];
    int p[maxn];                                // 记下每个位置的小孩序号
    for (int i = 0; i < n; i++)
        p[i] = i;
    int w, s;
    char c;
    cin >> w >> c >> s;                         // 输入开始报数的位置和步长
    w = (w + n - 1) % n;                        // 计算出发位置
    do {                                        //  每次有一个人出列，其后的人向前移动一位
        w = (w + s - 1) % n;                    // 计算出列孩子的位置，输出其姓名
        cout << name[p[w]] << endl;
        for (int i = w; i < n - 1; i++)         //w+1…n-1 位置的孩子依次向前移动 1 个位置
            p[i] = p[i + 1];
    } while (--n);                              // 圈内的孩子数量减少 1 个，直至 n<0 为止
    return 0;
}
```

约瑟夫问题的变化形式多样，例如任意指定起点元素、规定报数方向（顺时针或逆时针）、限定出列元素数、变换步长值或者两个方向同时报数等。求解的方法也很多。我们不妨再看一个实例。

【5.1.4 The Dole Queue】

为了缩减（减少）失业救济队列，某部门进行了认真的尝试，并决定采取下述措施。每天所有的救济申请将被排列成一个大圆圈，任选一人编号为 1，其余的人按逆时针方向进行编号，一直编号到 N（在编号 1 的左侧）。一位劳动部门的官员从 1 开始按逆时针方向清点到第 k 份申请，而另一位劳动部门的官员从 N 开始按顺时针方向清点到第 m 份申请。这两个人被选出去参加再培训。如果两位官员选择同一人，就送她（他）去从事某项工作。然后这两个官员再次开始找下一个这样的人，这个过程一直继续下去，直到没有人留下。请注意，被选出的两个人同时离开圆圈，因此有可能一个官员清点到的人已经被另一个官员选择了。

输入

请编写一个程序，按序连续输入 3 个整数 N、k 和 m，其中 $k, m > 0$，$0 < N < 20$，并确定送去再培训的申请表编号次序。每个 3 个整数组成一行测试用例，用 3 个 0 来标识测试用例结束。

输出

对于每个三元组，输出一行，给出按序选出的人的编号。每个数字占据 3 个字符的长度。每对数字先列出按逆时针方向选择的人，连续的每对数字（或单个数字）之间用逗号分开（但结尾没有逗号）。

样例输入	样例输出
10 4 3 0 0 0	Δ Δ4Δ Δ8,Δ Δ9Δ Δ5,Δ Δ3Δ Δ1,Δ Δ2Δ Δ6,Δ 10,Δ Δ7

其中 Δ 表示空格。

试题来源：New Zealand Contest 1990

在线测试：UVA 133

试题解析

本题与标准的约瑟夫问题有所不同：报数是从两个初始位置出发沿两个方向进行，且每个方向上的步长值可能不同。设目前圈内人数为 left，圈内标志为 exist，其中 exist[i]==true 表明第 i 个人未出队；官员 1 选择的第 i 个出队顺序为 p_i，官员 2 选择的第 i 个出队顺序为 q_i，相邻两个出队人员的实际间隔为 cnt。初始时，p_0=0，q_0=n+1，left=n，exist[1..n] 全为 true。

下面，我们分析两个官员选择的第 i 个出队顺序。

首先，计算官员 1 选择的出队顺序。在圈内 p_{i-1} 与 p_i 的相对间隔数 cnt=(k % $left$? k % left : left)。从 p_{i-1} 出发，按逆时针方向在原圈内连续点 cnt 个 exist 值为 true 的元素，得到 p_i。

然后，计算官员 2 选择的出队顺序。在圈内 q_{i-1} 与 q_i 的相对间隔数 cnt=(m % left ? m % left : left)。从 q_{i-1} 出发，按顺时针方向在原圈内连续点 cnt 个 exist 值为 true 的元素，得到 q_i。

将 exist[p_i] 和 exist[q_i] 设为 false。若 $p_i \neq q_i$，则输出第 i 个出队顺序分别为 p_i 和 q_i，否则仅输出 p_i 即可。计算圈内人数 left−= (p_i == q_i? 1 : 2)。

以此类推，直至 left==0 为止。

参考程序

```
#include <cstdio>                                    // 预编译命令
#include <cstring>
```

```
const int maxn = 20;                                    //设定圈内人数的上限
int main(void)
{
    int n, k, m;
    scanf("%d%d%d", &n, &k, &m);                        //输入圈内人数、官员 1 和官员 2 的出
                                                        //队间隔
    while (n || k || m) {
        bool exist[maxn];                               //用 exist[i] 表示第 i 个人是否还
                                                        //在圈中
        memset(exist, true, sizeof(exist));             //初始时所有人在圈中
        int p=0, q=n+1;                                 //官员 1 和官员 2 选择的出队顺序初始化
        int left = n;                                   //剩余人数初始化
        while (left) {                                  //循环计算出列队员，直至圈内人数为 0
            int cnt = (k % left ? k % left : left);     //计算逆时针第 k 个人的相对间隔
            while (cnt--)                               //连续点 cnt 个 exist 值为 true 的元素
                do {
                    p = ((p + 1) % n ? (p + 1) % n : n);
                } while (!exist[p]);
            cnt = (m % left ? m % left : left);         //计算顺时针第 m 个人的相对间隔
            while (cnt--)                               //连续点 cnt 个 exist 值为 true 的元素
                do {
                    q = ((q - 1 + n) % n ? (q - 1 + n) % n : n);
                } while (!exist[q]);
            if (left < n)                               // 输出出列队员
                putchar(',');
            printf("%3d", p);
            if (p != q)
                printf("%3d", q);
            exist[p] = exist[q] = false;                // 将第 p 个和第 q 个人标记为删除
            left -= (p == q ? 1 : 2);                   //计算圈内人数
        }
        putchar('\n');
        scanf("%d%d%d", &n, &k, &m);                    //输入下组测试数据的圈内人数、官员
                                                        //1 和官员 2 的出队间隔

    }
    return 0;
}
```

5.2 栈应用

栈（Stack）是一种只允许在表头（或顶端）存取数据的表，在表的顶端放入数据元素，而且只能从表的顶端移出数据元素。正是基于这种原因，栈也被称为后进先出结构。这里把向栈添加数据元素的操作称为入栈（push），把从栈移出数据元素的操作称为出栈（pop）。数据元素从栈底指针 bottom 所指的单元开始堆放，栈顶指针 top 指向最上面一个数据元素的地址。一个新元素入栈时，栈顶指针 top++，将新元素置入该地址；栈顶元素出栈时，只要将栈顶指针 top-- 即可（如图 5.2-1 所示）。

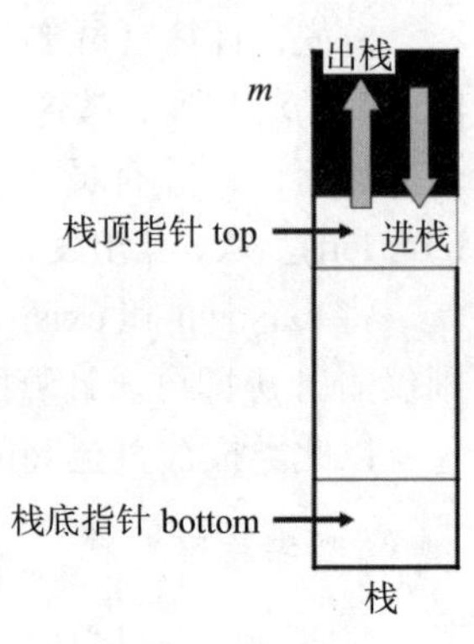

图 5.2-1

栈一般采用数组作为其存储结构，这样做可以避免使用动态指针，省去申请和释放内存的时间，简化程序。当然，数组需要预先声明静态数据区的大小，但这不是问题，因为即便频繁进行出入栈操作，任何时刻栈元素的实际个数都不会很多，为栈预留一个足够大而不至于浪费太多的空间通常没有什么困难。如果不能做到这一点，那么节省内存的办法是使用链表存储栈。

栈是一种常见的数据结构，凡是需要按照“先出现的事件后

处理”的顺序展开算法的场合都可使用栈。下面给出一个应用栈的实例。

【5.2.1 Rails】

在 PopPush 城有一个建于 20 世纪的著名的火车站，车站的铁路如图 5.2-2 所示。

每辆火车都从 A 方向驶入车站，再从 B 方向驶出车站，同时火车的车厢可以进行某种形式的重新组合。假设从 A 方向驶来的火车有 N 节车厢 ($N \leqslant 1000$)，分别按顺序编号为 1, 2, …, N。负责车厢调度的工作人员需要知道能否使它以 $a_1, a_2, \cdots, a_N$ 的顺序从 B 方向驶出。请为他写一个程序，用来判断能否得到指定的车厢顺序。假定在进入车站之前，每节车厢之间都是不相连的，并且它们可以自行移动，直到处于 B 方向的铁轨上。另外，假定车站里可以停放任意多节车厢。但是，一旦一节车厢进入车站，它就不能再回到 A 方向的铁轨上了，并且当它进入 B 方向的铁轨后，它就不能再回到车站。

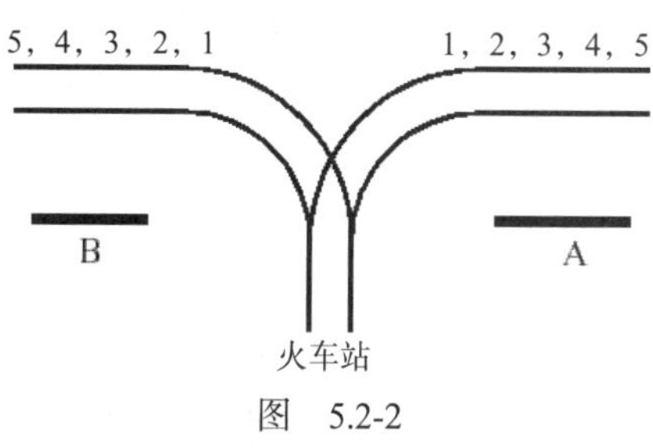

图 5.2-2

输入

输入文件包含很多段，每一段有很多行。除了最后一段外，每一段都定义了一辆火车以及很多需要的重组顺序。每一段的第一行是上面所说的整数 N，接下来的每一行都是 1, 2, …, N 的一个置换，每段的最后一行都是数字 0。

最后一段只包含数字 0。

输出

输出文件中的每一行都和输入文件中的一个描述置换的行对应，并且用“Yes”表示可以把它们编排成所需的顺序，否则用“No”表示。另外，用一个空行表示输入文件的对应段的结束。输入文件中最后的空段在输出文件中不需要有对应的内容。

输入样例	输出样例
5 1 2 3 4 5 5 4 1 2 3 0 6 6 5 4 3 2 1 0 0	Yes No Yes

试题来源：ACM Central Europe 1997

在线测试：POJ 1363，ZOJ 1259

试题解析

车站的铁路路线实际上是一个栈，A 方向驶来的火车为初始序列 [1，2，…，n]，B 方向驶出的火车顺序为初始序列的一个置换，这个置换通过出入栈操作实现。题目给出一组数，问你这是不是一组合法的出栈序列。

有两种计算方法。

1. 方法 1

按照“先进后出”规则，置换中的任何元素 x 出栈前，原来在栈中的所有大于 x 的元素必须出栈，而栈内元素值必须小于 x。因为大于 x 的元素在 x 之后入栈，小于 x 的元素先于 x 之前入栈。

设置换的合法标志为 valid，栈中或已出栈元素的最大值为 max，元素出入栈的标志序列为 p，其中

$$p[x]=\begin{cases}0 & \text{元素}x\text{未入栈}\\ 1 & \text{元素}x\text{在栈中}\\ 2 & \text{元素}x\text{已出栈}\end{cases}$$

计算过程如下：

1）初始时，所有元素未入栈，即 p 中所有元素设为 0，max=0。

2）依次读入当前置换的每个元素 x，按照下述办法判断置换是否合法。

在目前置换合法的情况下（valid==true）：

- 看栈中是否存在大于 x 的元素 t。如果有（$p[t]==1, x+1 \leqslant t \leqslant \max$），则按照后进先出规则，这些元素位于 x 上方，x 是无法出栈的，失败退出（valid=false）。
- 调整栈中和已出栈元素的最大值（max = (max > x ? max : x)）。
- 所有小于 x 且未入栈的元素 $p[j]$ 入栈（$p[j]$ 由 0 调整为 1，$1 \leqslant j \leqslant x-1$）。

3）按照上述方法输入和处理置换的 n 个元素后，根据 valid 标志输出解（valid ? "Yes" : "No"）。

这一方法的时间复杂度是 $O(n^3)$。

参考程序

```
#include <iostream>                        // 预编译命令
#include <cstring>
using namespace std;                       // 使用 C++ 标准程序库中的所有标识符
const int maxn = 1000 + 10;                // 车厢数的上限
int main(void)
{
    int n, p[maxn];                        // 测试用例的元素数和元素出入栈的标志序列
    cin >> n;                              // 读测试用例的元素数
    while (n) {
        int x, max = 0;                    // 置换的当前元素为 x，初始化栈中和已出栈元素的最大值
        cin >> x;                          // 读置换的第 1 个元素
        while (x) {
            memset(p, 0, sizeof(p));       // 所有元素未进栈（0 表示未进栈；1 表示在栈中；2 表
                                           // 示已出栈）
            bool valid = true;
            for (int i = 1; i <= n; i++) {
                if (valid) {               // 若目前出栈顺序合法，则搜索栈中是否存在大于 x 的
                                           // 元素。如果有，按照后进先出规则，这些元素位于 x 上
                                           // 方，x 是无法出栈的
                    bool ok = true;
                    for (int i = x + 1; i <= max; i++)
                        if (p[i] == 1) {
                            ok = false;
                            break;
                        }
                    if(!ok)                // 若栈中可能存在大于 x 的元素，则出栈顺序非法
                        valid = false;
                    else {                 // 调整栈中和已出栈元素的最大值
                        max = (max > x ? max : x);
```

```
                    p[x] = 2;      //x 出栈，所有小于 x 且未入栈的元素设入栈标志
                    for (int i = x - 1; i > 0 && !p[i]; i--)
                        p[i] = 1;
                }
            }
            if (i < n)
                cin >> x;                              // 读置换的下一个元素
        }
        cout << (valid ? "Yes" : "No") << endl;        // 输出置换是否合法的信息
        cin >> x;                                      // 读当前置换的下一个元素值
    }
    cout << endl;                                      // 输出空行
    cin >> n;                                          // 读下一个测试用例的元素数
  }
  return 0;
}
```

2. 方法 2

模拟进出栈，即按 1…n 进栈，同时比较置换序列，看按照这个顺序能否顺利出栈：

1）如果当前要进栈的元素是下一个要出栈元素，则直接让它入栈 / 出栈。

2）如果当前栈顶元素是下一个要出栈元素，则让它出栈。

3）否则当前元素进栈，分析下一个要进栈的元素。

若置换序列的 n 个元素顺利出栈，则置换序列为合法的出栈序列，否则不合法。算法复杂度仅为 $O(n)$。

参考程序

```
#include<stdio.h>
int main()
{
    int a[1005],b[1005],i,j,k,n;                   // 设 a[0..n-1] 存储入栈序列 [1..n]，栈
                                                   // 顶指针为 k; b[0..n-1] 存储待判断的出
                                                   // 栈序列，栈顶指针为 j
    while(scanf("%d",&n),n)                        // 反复输入序列长度 n，直至输入 0（程
                                                   // 序结束标志）为止
    {
        while(scanf("%d",&b[0]),b[0])              // 反复输入 b[0]，直至输入 0（长度为
                                                   //n 的序列结束标志）为止
        {
            for(j=1; j<n; j++)  scanf("%d",&b[j]); // 输入 b[1]…b[n-1]
                                                   // 计算和输出 b[0,n-1] 是否合法
            for(i=1,j=0,k=0; i<=n&&j<n; i++,k++)   // 依次将 [1..n] 送入 a[] 的同时，进
                                                   // 行模拟比较
            {
                a[k]=i;                            //i 进 a[] 栈
                while(a[k]==b[j])                  // 若入栈元素 a[k] 为当前出栈元素
                                                   //b[j]，则 a[] 直接出栈
                {
                    if(k>0) k--;
                    else   {  a[k]=0,k--;   }      //0 进入栈底 a[0]，设栈空标志 -1
                    j++;                           //b[j] 顺利出栈，分析下一个出栈元素
                    if(k==-1) break;               // 若 a[] 栈空，则退出 while
                }
            }
            if(j==n) printf("Yes\n");              //b[] 中的 n 个元素顺利出栈，则成功，
                                                   // 否则失败
            else  printf("No\n");
        }
```

```
        printf("\n");
    }
}
```

表达式求值是栈的典型应用。表达式一般有以下部分：

1）操作数，即合法的变量名或常数。

2）运算符，包括下面 4 类：

- 用于数值计算的算术运算符，包括双目运算符（+、-、*、/、%）和单目运算符（-）。
- 用于比较大小的关系运算符，包括 <、<=、==、!=、>、>=。
- 用于计算与（&&）、或（||）、非（！）关系的逻辑运算符。
- 用于改变运算顺序的括号。

为了正确执行表达式的计算，必须明确各个运算符的执行顺序，因此每个运算符都规定了一个优先级。C++ 中规定的各运算符的优先级如下表所示。

优先级	运算符	优先级	运算符
1	-、!（单目）	5	==、!=
2	*、/、%	6	&&
3	+、-	7	||
4	<、<=、>、>=		

表达式中相邻两个运算符的计算次序是：优先级高的运算符先计算；若运算符优先级相同，则自左向右计算；使用括号时，从最内层的括号开始计算。例如，表达式 $A+B*(C-D)-E/F$ 的计算顺序如图 5.2-3 所示，R_1、R_2、R_3、R_4、R_5 为中间计算结果。

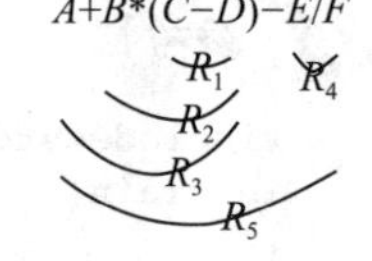

图　5.2-3

在计算表达式值的过程中，需要开设两个栈：运算符栈和数值栈。

1）运算符栈 op：存储运算符。

2）数值栈 val：存储操作数和中间运算结果。

若表达式中无优先级最高的单目运算符，则操作数或中间运算结果直接压入 val 栈；否则，操作数或中间运算结果入栈前，需要分析 op 栈顶有多少个连续的单目运算符。这些单目运算符被弹出 op 栈，并连续对操作数进行相应的单目运算，最后将运算结果压入 val 栈。

计算表达式的基本思想是顺序扫描表达式的每个字符，根据它的类型做如下操作：

1）若是操作数，则将操作数压入 val 栈。

2）若是运算符 <op>，则计算 op 栈顶中优先级比 op 高或优先级和 op 相同的双目运算符 $op_1 \cdots op_k$，弹出这些双目运算符。每弹出一个双目运算符 $op_i(1 \leqslant i \leqslant k)$，则从 val 栈中弹出两个操作数 a 和 b，形成运算指令 $a<op_i>b$，并将结果重新压入 val 栈。完成 $op_1 \cdots op_k$ 的运算后，op 压入运算符栈 op。

扫描完表达式的所有字符后，若运算符栈 op 不空，则栈中的运算符相继出栈。每弹出一个运算符，就从 val 栈中弹出两个操作数，在进行相应运算后，运算结果重新压入 val 栈。最后在 val 栈的栈顶元素就是表达式的值。

【5.2.2　Boolean Expressions】

本题的目标是计算如下布尔表达式：

(V | V) & F & (F | V)

其中“ V”表示 True，“ F”表示 False。表达式可以包含下述运算符：“ !”表示 not，

“&”表示 and，“|”表示 or。允许使用括号。

为了执行表达式的运算，要考虑运算符的优先级：not 的优先级最高，or 的优先级最低。程序要产生 V 或 F，即输入文件中每个表达式的结果。

输入

一个表达式不超过 100 个符号。符号间可以用任意个空格分开，也可以没有空格，所以表达式总的长度，也就是字符的个数，是未知的。

在输入文件中，表达式的个数是一个变量，不大于 20。每个表达式在一行中，如样例所示。

输出

对测试用例中的每个表达式，输出“Expression”，后面跟着序列号和“:”，然后是相应测试表达式的结果值。每个测试表达式一行。

使用如下所示的样例输出中的格式。

样例输入	样例输出
(V | V) & F & (F| V) !V | V & V & !F & (F | V) & (!F | F | !V & V) (F&F|V|!V&!F&!(F|F&V))	Expression 1: F Expression 2: V Expression 3: V

试题来源：ACM Mexico and Central America 2004

在线测试：POJ 2106

试题解析

用数字表示运算符的优先级，数字越大，优先级越高。

运算符	优先级	运算符	优先级
“(”	0	“!”	3
“|”	1	“)”	4
“&”	2		

其中，“!”为单目运算符，“|”和“&”为双目运算符。“)”的优先级最高，由于遇到“)”时需计算括号内的子表达式（由左方第 1 个“(”的右端字符到“)”的左端字符组成），因此程序不再为“)”设置优先级数字。设两个栈：

- 用于存储运算符的运算符栈 op，栈顶指针为 otop。
- 用于存储操作数或中间运算结果的数值栈 val，栈顶指针为 vtop。
- 由于表达式中有优先级最高的单目运算符“!”，因此操作数或中间运算结果入栈前，需要分析 op 栈顶有多少个连续的“!”，这些“!”出 op 栈，并连续对操作数进行相应非运算，最后将运算结果压入 val 栈。

具体计算过程如下：

1）数值栈 val 和运算符栈 op 初始化为空（vtop = otop = 0）。

2）依次分析表达式串的每个字符 c：

- 若 c == “(”，则 0 压入运算符栈 op。
- 若 c == “)”，则处理括号内的所有运算，结果入 val 栈，op 栈顶的“(”出栈。
- 若 c == “!”，则 3 压入运算符栈 op。

- 若 c ==“&”，则相继将 op 栈顶的“&”“!”弹出，进行相应运算，2 压入运算符栈 op。
- 若 c ==“|”，则相继将 op 栈顶的“|”“&”“!”弹出，进行相应运算，1 压入运算符栈 op。
- 若 c 是操作数“V”或“F”，则转化为数字（“V”为 1，“F”为 0）后压入 val 栈。

3）依次弹出 op 栈的栈顶元素，进行相应的运算。最后，val 的栈底元素即为当前表达式的值 (val[0] ? 'V' : 'F')。

参考程序

```
#include <cstdio>                               // 预编译命令
const int maxn = 100 + 10;                      // 表达式的长度上限
int val[maxn], vtop;                            // 数值栈和栈顶指针
int op[maxn], otop;                             // 运算符栈和栈顶指针
void insert(int b)                              // 操作数 b 压入数值栈 val
{
    while (otop && op[otop - 1] == 3) {         // 根据 op 栈顶的“!”对操作数 b 进行非运算
        b = !b;
        --otop;
    }
    val[vtop++] = b;                            // 操作数 b 压入数值栈 val
}
void calc(void)                                 // 进行双目运算
{
    int b = val[--vtop];                        // 数值栈 val 栈顶中弹出两个操作数 a 和 b
    int a = val[--vtop];
    int opr = op[--otop];                       // 运算符栈 op 弹出栈顶运算符 opr
    int c = (a & b);                            // 默认运算符为“&”
    if (opr == 1)                               // 处理运算符为“|”的情况
        c = (a | b);
    insert(c);                                  // 将运算结果插入值栈 val 中
}
int main(void)
{
    int loop = 0;                               // 测试用例序号初始化
    char c;
    while ((c = getchar()) != EOF) {            // 反复取表达式的第 1 个字符，直至输入结束
        vtop = otop = 0;                        // 数值栈 val 和运算符栈 op 为空
        do {                                    // 扫描当前表达式
            if (c == '(') {                     // 若 c ==“(”，则 0 压入运算符栈 op
                op[otop++] = 0;
            } else if (c == ')') {              // 若 c ==“)”，则处理括号内的所有运算，结果入 val 栈
                while (otop && op[otop - 1] != 0)
                    calc();
                --otop;                         // op 栈顶的“(”出栈
                insert(val[--vtop]);
            } else if (c == '!') {              // 若 c ==“!”，则 3 压入运算符栈 op
                op[otop++] = 3;
            } else if (c == '&') {              // 若 c ==“&”，则相继将 op 栈顶的“&”或“!”弹
                                                // 出，进行相应运算，2 压入运算符栈 op
                while (otop && op[otop-1] >= 2)
                    calc();
                op[otop++] = 2;
            } else if (c == '|') {              // 若 c ==“|”，则相继将 op 栈顶的“|”“&”“!”
                                                // 弹出，进行相应运算，1 压入运算符栈 op
                while (otop && op[otop - 1] >= 1)
                    calc();
                op[otop++] = 1;
            } else if (c == 'V' || c == 'F') { // 若 c 是操作数，则转化为数字后压入 val 栈
```

```
                insert(c == 'V' ? 1 : 0);
            }                                            // 空格被忽略
        } while ((c = getchar()) != '\n' && c != EOF); // 反复输入当前表达式的字符
        while (otop)                                     // 依次弹出 op 栈的栈顶元素,
                                                         // 进行相应运算
            calc();

        printf("Expression %d: %c\n", ++loop, (val[0] ? 'V' : 'F'));    //val 的栈
            // 底元素即当前表达式值
    }
    return 0;
}
```

上述实例给出了栈操作的程序实现。实际上，C++ 的 STL 为我们提供了方便的栈操作命令。准确地说，STL 中的 stack 不同于 vector、list 等容器，而是对这些容器的重新包装，使编程者能够在栈操作时直接调用相应的库函数，避免了计算栈指针的麻烦。

stack 模板类的定义在 <stack> 头文件中。stack 模板类需要两个模板参数，一个是元素类型，一个是容器类型。但只有元素类型是必要的，在不指定容器类型时，默认的容器类型为 deque。例如头文件：

```
stack<int> s1;                // 定义元素类型为整数的栈 s1
stack<string> s2;             // 定义元素类型为字符串的栈 s2
```

stack 的基本操作如下。

操作	命令形式	说明
入栈	*s*.push(*x*)	元素 *x* 入栈 *s*
出栈	*s*.pop()	删除 *s* 的栈顶元素，但不返回该元素
访问栈顶	*s*.top()	返回 *s* 的栈顶元素，但不删除栈顶元素
判断栈空	*s*.empty()	当 *s* 栈空时，返回 true

接下来给出一个利用 STL 中的 stack 模板解题的实例。

【5.2.3　Lazy Math Instructor】

一位数学教师不想在试卷上给一道题目打分，因为在试卷中，同学们为求解这道题目给出了复杂的公式。同学们可以用不同的形式写出正确答案，这也使评分变得非常困难。所以，这位教师需要计算机程序员的帮助，而你正好可以帮助这位教师。

请编写一个程序来读取不同的公式，并确定它们在算术上是否相等。

输入

输入的第一行给出一个整数 N（$1 \leqslant N \leqslant 20$），表示测试用例的数量。在第一行之后，每个测试用例有两行。一个测试用例由两个算术表达式组成，每个表达式一行，最多 80 个字符。在输入中没有空行。表达式包含以下一个或多个字符：

- 单字母变量（不区分大小写）。
- 一位数的数字。
- 相匹配的左括号和右括号。
- 二元运算符 +、- 和 *，分别表示加、减和乘。
- 在上述符号之间的任意数量的空格或制表符。

本题设定：表达式在语法上是正确的，并且从左到右按所有运算符的优先级相同进行计

算。变量的系数和指数是 16 位整数。

输出

程序要为每个测试用例输出一行。如果测试数据的输入表达式在算术上相同，则程序输出“YES”，否则程序输出“NO”。输出应全部使用大写字母。

样例输入	样例输出
3 (a+b-c)*2 (a+a)+(b*2)-(3*c)+c a*2-(a+c)+((a+c+e)*2) 3*a+c+(2*e) (a-b)*(a-b) (a*a)-(2*a*b)-(b*b)	YES YES NO

试题来源：ACM Tehran 2000

在线测试：POJ 1686

试题解析

本题要求判断两个表达式是否相等。利用栈对每个表达式求值，应设立运算符栈和操作数栈。顺序扫描表达式中的每个字符，根据它的类型做如下操作：

1）若是操作数，则操作数压入操作数栈。如果操作数是字母，则通过 salpha 函数将之转化为非零整数送入操作数栈。

2）若是运算符 <op>，则计算运算符栈顶中优先级比 op 高或优先级和 op 相同的双目运算符 $op_1 \cdots op_k$，弹出这些双目运算符。每弹出一个双目运算符 op_i（$1 \leqslant i \leqslant k$），则从操作数栈中弹出两个操作数 a 和 b，形成运算指令 a<op_i>b，并将结果重新压入操作数栈。完成 $op_1 \cdots op_k$ 的运算后，op 压入运算符栈。

扫描完表达式的所有字符后，若运算符栈不空，则栈中的运算符相继出栈。每弹出一个运算符，从操作数栈中弹出两个操作数，在进行相应运算后，运算结果重新压入操作数栈。最后操作数栈的栈顶元素就是表达式的值。

分别运用上述方法计算两个表达式的值。最后通过比较这两个值是否相同，便可得出问题的解。

参考程序（略。本题参考程序的 PDF 文件和本题的英文原版均可从华章网站下载）

5.3　队列应用

与栈一样，队列也是一种限定存取位置的线性表。本节将介绍三种队列形式：

- 顺序队列
- 优先队列
- 双端队列

5.3.1　顺序队列

和顺序表一样，顺序队列也必须用一个数组来存放当前队列中的元素。向队列添加数据元素是在表尾一端进行，从队列中移除数据元素在表头一端进行，因此它又被称为先进先出结构。这里把向队列添加数据元素称为入队，把从队列移出数据元素称为出队。

由于队列的队头和队尾的位置是变化的，因此要设两个指针，分别指示队头和队尾元素在队列中的位置（如图 5.3-1 所示）。

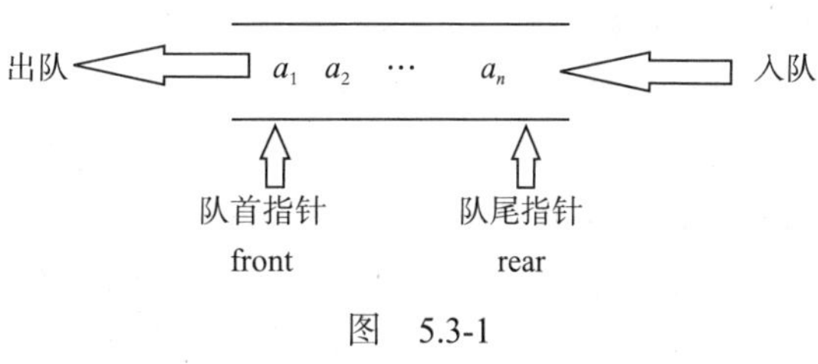

图　5.3-1

【5.3.1.1　A Stack or A Queue?】

你知道栈和队列吗？它们都是重要的数据结构。栈是“先进后出”（FILO）的数据结构，而队列是“先进先出”（FIFO）的数据结构。

现在有这样的问题：给出进入结构和离开结构的一些整数的次序（假定在栈和队列中都是整数），请确定这是哪种数据结构，是栈还是队列？

请注意，本题设定当所有的整数没有进入数据结构前，没有整数被弹出。

输入

输入包含多个测试用例。输入的第一行是一个整数 T ($T \leqslant 100$)，表示测试用例的个数。然后给出 T 个测试用例。

每个测试用例包含 3 行：第一行给出一个整数 N，表示整数个数 ($1 \leqslant N \leqslant 100$)；第二行给出用空格分隔的 N 个整数，表示进入结构的次序（即第一个数据最先进入）；第三行给出用空格分隔的 N 个整数，表示离开结构的次序（第一个数据最先离开）。

输出

对于每个测试用例，在一行中输出判定的结果。如果结构只能是一个栈，则输出“stack”；如果结构只能是一个队列，输出“queue”；如果结构既可以是栈，也可以是队列，则输出“both”，否则输出“neither”。

样例输入	样例输出
4 3 1 2 3 3 2 1 3 1 2 3 1 2 3 3 1 2 1 1 2 1 3 1 2 3 2 3 1	stack queue both neither

试题来源：The 6th Zhejiang Provincial Collegiate Programming Contest

在线测试：ZOJ 3210

试题解析

按照出入结构的次序，若第 i 个进入结构的元素在第 i 个离开，则该结构满足“先进先出”的性质，该结构为队列；若第 i 个进入结构的元素在倒数第 i 个离开，则该结构满足“先进后出”的性质，该结构为栈（$0 \leqslant i \leqslant n-1$）。

设 $a[i]$ 为第 i 个进入结构的整数，$b[i]$ 为第 i 个离开结构的整数（$0 \leqslant i \leqslant n-1$），issta 为结构的栈标志，isque 为结构的队列标志。初始时，issta 和 isque 设为 true。

判别结构性质的方法如下。

依次搜索 a 和 b 的每个元素，判断结构中的所有元素是否具备队列或栈的性质：若 $b[i] \neq a[i]$，则结构不符合“先进先出”的特性，该结构不是队列 (isque=false)；若 $b[i] \neq a[n-i-1]$，则结构不符合“后进先出”的特性，该结构不是栈 (issta=false)；$0 \leqslant i \leqslant n-1$。

最后，根据 issta 和 isque 的值确定结构的性质，如下表所示。

issta	isque	输出
false	false	neither
false	true	queue
true	false	stack
true	true	both

参考程序

```
#include <iostream>                              // 预编译命令
using namespace std;                             // 使用 C++ 标准程序库中的所有标识符
const int maxn = 100 + 10;                       // 结构的长度上限
int main(void)
{
    int loop;
    cin >> loop;                                 // 输入测试用例数
    while (loop--) {
        int n, a[maxn];                          // 整数个数和结构
        cin >> n;                                // 输入整数个数
        for (int i = 0; i < n; i++)              // 依次读进入结构的整数
            cin >> a[i];
        bool isque = true, issta = true;         // 队列和栈标志初始化
        for (int i = 0; i < n; i++) {
            int x;
            cin >> x;                            // 读第 i 个离开结构的整数
            if (x != a[i])                       // 若该整数非第 i 个进入结构的整数，则结构非队列
                isque = false;
            if (x != a[n - i - 1])               // 若该整数非倒数第 i 个进入结构的整数，则结构非栈
                issta = false;
        }
        if (issta && isque)                      // 结构既是队列也是栈
            cout << "both" << endl;
        else if (issta)                          // 结构是栈
            cout << "stack" << endl;
        else if (isque)                          // 结构是队列
            cout << "queue" << endl;
        else                                     // 结构既非队列也非栈
            cout << "neither" << endl;
    }
    return 0;
}
```

队列一般设两个指针，表头指针 front 指向队首元素的地址，表尾指针 rear 指向队尾元素的地址。若 front=rear，则队列空；若 rear=maxsize−1，则队列满。这里的 maxsize 指的是队列容量（如图 5.3-2 所示）。

显然，若队列 queue 采用数组存储结构，在 rear<maxsize−1 的情况下向队列插入数据

元素 x，只要执行 queue[++rear]=x 即可；在 front ≠ rear 的情况下，从队列中移出数据元素 y，只要执行 y= queue[++front] 即可。但是，这种简单的操作方法会产生一种“假溢出”现象（如图 5.3-3 所示）。

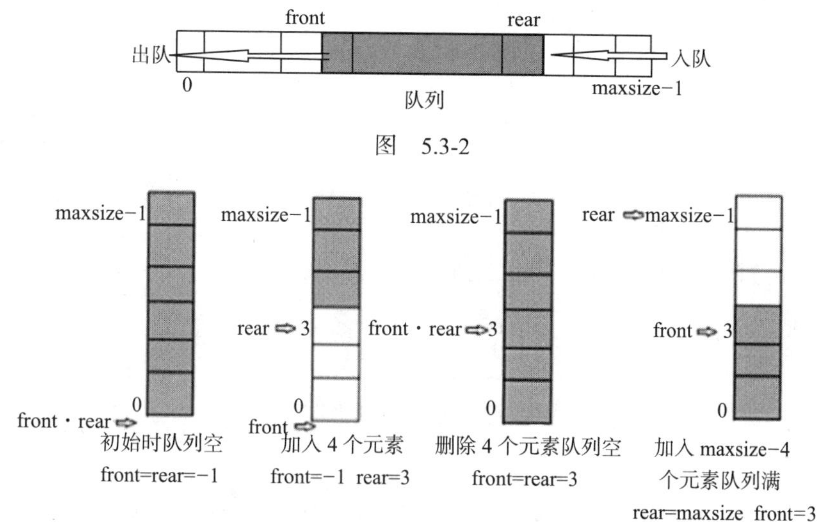

图 5.3-2

图 5.3-3

显然，对于一个空间为 maxsize 的队列，若按照上述办法先后插入和删除 k 个元素，则队首有长度为 k 的空间被闲置，这就是所谓的“假溢出”。解决“假溢出”的对策是采用循环队列，将队列存储空间的最后一个位置绕到第一个位置，形成逻辑上的环状空间，供队列循环使用，循环队列如图 5.3-4 所示。

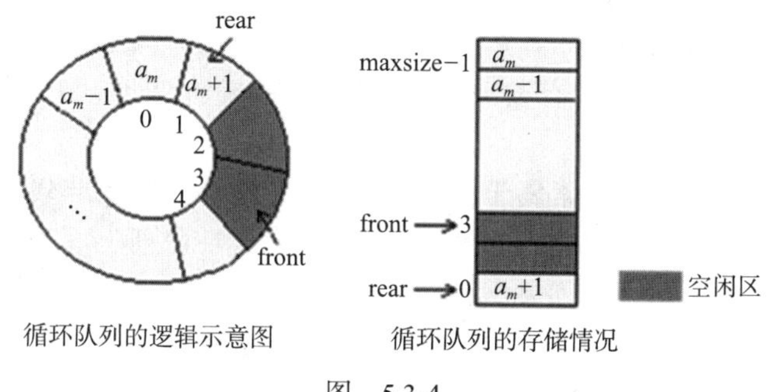

图 5.3-4

入队运算时，队尾指针循环加 1，即 rear ← (rear mod maxsize)+1；出队运算时，队首指针循环加 1，即 front ← (front mod maxsize)+1。在删除操作前，需判别队列空的标志 front=rear，插入操作前需判别队列满标志 front=(rear mod maxsize)+1。显然，改用“队尾指针追上队首指针”这一特征作为队列满标志，可以区分出队列空和队列满。

在数据元素变动较大且不存在队列满而溢出的情况下，适用以单链表为存储结构的队列；尤其是在需要使用多个队列的情况下，最好使用链式队列，以避免存储的移动和存储分配不合理的问题。

当需要使用 $k(k>1)$ 个队列时，若将 k 个元素数变化的队列分配到同一个连续的数组空间，按每个队列的元素数的上限分配所在队列的长度，会产生很大的浪费（如图 5.3-5a 所示）。

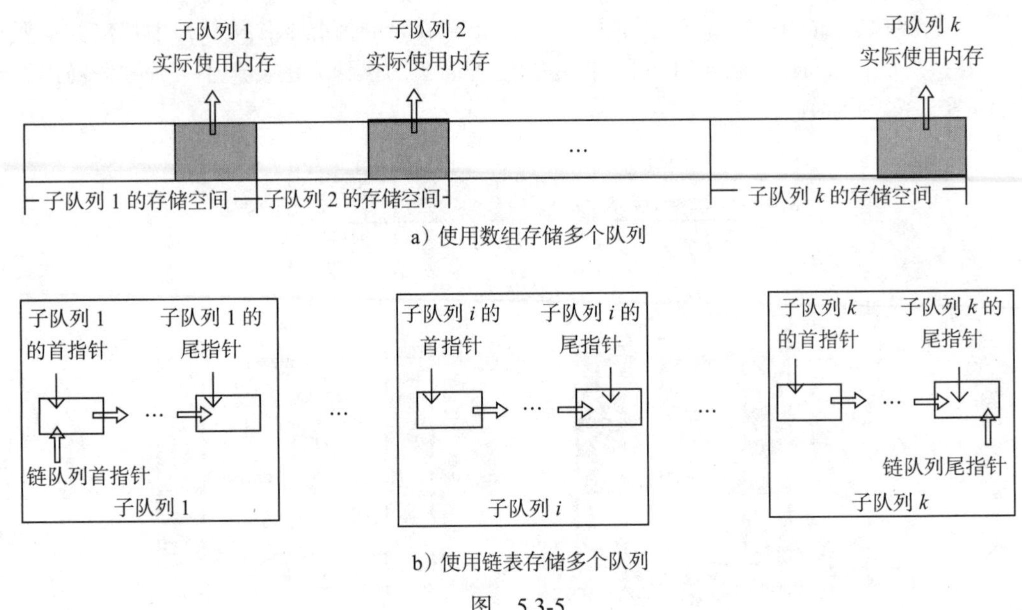

图　5.3-5

为此，用一个链表存储所有队列。所谓链式队列，指的是每个子队列的元素在队列中的位置是连续排列的，各个子队列按照入队的先后顺序依次排列，所有子队列组合成一个链式队列。从“先进先出”的规则来讲，每个元素入队时排在它所在子队的列尾，每个子队列自成一个单独的队列。因此，我们既要设定整个链式队列的首尾指针、每个元素的队列位置和后继指针，还要设定每个元素所在子队列的序号、每个子队列首尾元素在队列中的位置（如图 5.3-5b 所示）。下面来看一个实例。

【5.3.1.2　Team Queue】

队列和优先队列是计算机工作者熟知的数据结构。然而，团队队列（Team Queue）尽管在日常生活中经常出现，但并没有被大家所熟知。例如，午餐时间在 Mensa 前排队的队列就是一个团队队列。

在一个团队队列中，每个元素属于一个团队。当一个元素进入队列时，首先从队列的首部到尾部搜索，看它的队友（同一团队的元素）是否已经在队列中。如果有的话，该元素进入队列，并排在它的队友后面。如果没有，它进入队列，并排在队列的尾部，成为最后一个新元素（坏运气）。出队列则和正常的队列操作类似：按元素在团队队列中的顺序，从头部到尾部出队列。

请编写一个程序，模拟团队队列的过程。

输入

输入包含一个或多个测试用例。每个测试用例先给出团队数目 t ($1 \leqslant t \leqslant 1000$)。$t$ 个团队描述如下：每个团队的描述由该团队的元素数目和元素组成，元素是范围在 0 ～ 999 999 内的整数。一个团队最多由 1000 个元素组成。

最后，给出指令列表如下。有三类指令：

- ENQUEUE x——元素 x 进入团队队列。
- DEQUEUE ——将第一个元素移出队列。
- STOP ——该测试用例结束。

t 取 0 值时输入结束。

提醒：一个测试用例可以包含多达 200 000 条指令，因此团队队列的实现应该是高效的，元素的进队列和出队列应该仅用确定的时间。

输出

对每个测试用例，先输出一行 “Scenario #k”，其中 k 是测试用例的编号。然后，对每个 DEQUEUE 指令，用一行输出出队列的元素。在每个测试用例之后，输出一个空行，即使是最后一个测试用例也不例外。

样例输入	样例输出
2	Scenario #1
3 101 102 103	101
3 201 202 203	102
ENQUEUE 101	103
ENQUEUE 201	201
ENQUEUE 102	202
ENQUEUE 202	203
ENQUEUE 103	
ENQUEUE 203	Scenario #2
DEQUEUE	259001
DEQUEUE	259002
DEQUEUE	259003
DEQUEUE	259004
DEQUEUE	259005
DEQUEUE	260001
STOP	
2	
5 259001 259002 259003	
259004 259005	
6 260001 260002 260003	
260004 260005 260006	
ENQUEUE 259001	
ENQUEUE 260001	
ENQUEUE 259002	
ENQUEUE 259003	
ENQUEUE 259004	
ENQUEUE 259005	
DEQUEUE	
DEQUEUE	
ENQUEUE 260002	
ENQUEUE 260003	
DEQUEUE	
DEQUEUE	
DEQUEUE	
DEQUEUE	
STOP	
0	

试题来源：Ulm Local 1998

在线测试：POJ 2259，ZOJ 1948，UVA 540

试题解析

前面说过，团队队列指的是每个团队成员在队列中的位置是连续排列的，各个团队按照入队的先后顺序依次排列。从“先进先出”的规则来讲，所有团队构成一个队列，但从“该元素进入队列排在它的队友后面”的规则看，每个团队又自成一个队列。在这种情况下，我们使用链式队列的存储结构，因为将 t 个成员数变化的团队分配到同一个连续的数组空间，按每个团队的最多人数设定所在队列的长度，会产生很大的浪费。

设团队队列为 r，队首指针为 st，队尾指针为 ed。r 不同于一般队列，一个团队中的所有成员在队列中都是连续存储的，新队员入队只能排在所在团队的最后一个成员之后，而不像一般队列的入队操作（插入队尾）那样简单。为了便于团队队列的操作，我们将队列 r 的存储结构设为链式结构：$r[i].p$ 为成员序号；$r[i]$.pre 为前驱指针；$r[i]$.next 为后继指针，即队列 r 中下一个元素的下标；used 为 $r[]$ 中新节点的下标；队首指针 st 为队首元素在 r 中的下标；队尾指针 ed 为队尾元素在 r 中的下标。

元素 x 所在的团队序号为 belong[x]，pos[i] 为团队 i 中最后一个元素在队列中的位置。

初始时，在读入每个团队信息的同时记录每个元素所在的团队，生成 belong 数组。由于队列为空，因此队首指针 st 和队尾指针 ed 初始化为 −1，pos 数组中的每个元素值置为 −1，used =0。然后，依次输入和处理指令。

（1）处理 ENQUEUE x 命令

x 置入 $r[]$ 数组的新节点位置（r[used].p=x），并计算和分析最后一个元素的位置 s(=pos[belong[x]])。

1）若队列中没有所在团队的元素（s<0），则 used 插在队尾（r[used].pre =ed; r[used].next=−1）。注意处理两种特殊情况：

- 若插入元素前队列中有元素（ed ≥ 0），则原队尾的后继指针调整为 used (r[ed].next=used)。
- 若插入元素前队列中无元素 (st<0)，则调整 used 为队首指针（st=used）。

最后将 used 调整为队尾指针（ed=used）。

2）若队列中有所在团队的元素（s ≥ 0），则 used 插在 s 位置后（r[used].pre=s ；r[used].next =$r[s]$.next；$r[s]$.next=used）。注意处理两种特殊情况：

- 若插入元素前 s 恰好是队列中最后一个元素（s ==ed)，则将尾指针 ed 调整为 used。
- 若插入元素前 s 有后继元素（r[used].next ≥ 0），则该元素前驱设为 used(r[r[used].next].pre=used)。

最后标记 used 为所在团队的最后一个元素，并申请新节点内存（pos[belong[x]]=used++）。

（2）处理 DEQUEUE 命令

输出队首元素的序号 r[st].p。

若出队元素是所在团队在队列中唯一剩下的元素（st==pos[belong[r[st].p]]），则所在团队在队列中撤空（pos[belong[r[st].p]] =−1）。

调整队首指针（st=r[st].next）。

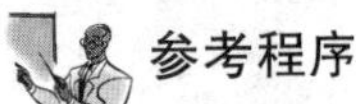

参考程序

```
#include <iostream>                         // 预编译命令
#include <string>
```

```
using namespace std;                        // 使用 C++ 标准程序库中的所有标识符
const int maxp = 1000000;                   // 元素个数的上限
const int maxt = 1000;                      // 团队数的上限
const int maxn = 200000 + 10;               // 队列的规模
struct node {                               // 定义队列及其节点的结构类型
    int p;                                  // 元素序号
    int pre, next;                          // 队列位置和后继指针
} r[maxn];
int used;                                   // 队列新节点的下标
int belong[maxp];                           // belong[x] 表示元素 x 所在的团队序号
int pos[maxt];                              // pos[i] 表示团队 i 中最后一个元素在队
                                            // 列中的位置
int st, ed;                                 // 队首指针和队尾指针
int main(void)
{
    int t, loop = 0;                        // 团队数目，测试用例编号初始化
    cin >> t;                               // 输入第一组测试数据的团队数目
    while (t) {
        for (int i = 0; i < t; i++) {
            int m;
            cin >> m;                       // 输入第 i 个团队的元素数
            for (int j = 0; j < m; j++) {   // 输入第 i 个团队中每个元素的序号
                int x;
                cin >> x;
                belong[x] = i;              // 记录元素 x 所在的团队序号
            }
            pos[i] = -1;                    // 初始时，队列中不存在第 i 个团队的元素
        }
        used = 0;                           // 重置 r[] 数组
        st = ed = -1;                       // 标记队列为空
        if (loop)                           // 若非第 1 个测试用例，则输出空行
            cout << endl;
        cout << "Scenario #" << ++loop << endl; // 输出测试用例编号
        string s;
        cin >> s;                           // 输入第 1 条命令
        while (s != "STOP") {               // 反复处理命令，直至“STOP”为止
            if (s == "ENQUEUE") {           // 若为入队命令，则读入队元素的编号 x
                int x;
                cin >> x;
                r[used].p = x;              // 从 r[] 数组中申请一个新节点的位置，
                                            // 下标为 used
                int s = pos[belong[x]];     // 取出队列中所在团队的最后一个元素的位置
                if (s < 0) {                // 若队列中没有所在团队的元素，则插在队尾
                    r[used].pre = ed;
                    r[used].next = -1;
                    if (ed >= 0)
                        r[ed].next = used;
                    ed = used;
                    if (st < 0)             // 处理当前插入元素是队列中唯一一个元素
                                            // 的特例
                        st = used;
                } else {                    // 若队列中存在所在团队的元素
                    r[used].pre = s;        // 插入 s 位置后
                    r[used].next = r[s].next;
                    if (s == ed)            // 处理 s 恰好是队列中最后一个元素的特例
                        ed = used;
                    r[s].next = used;
                    if (r[used].next >= 0)
                        r[r[used].next].pre = used;
                }
                pos[belong[x]] = used++;    // 标记当前元素为所在团队在队列中的最后
```

```
                                                  // 一个元素
            } else {                              // 处理出队命令
                cout << r[st].p << endl;          // 输出队首元素的序号
                if (st == pos[belong[r[st].p]]) // 若该元素是所在团队在队列中唯一剩下的
                                                  // 元素，则所在团队在队列中撤空
                    pos[belong[r[st].p]] = -1;
                st = r[st].next;                  // 调整队首指针
            }
            cin >> s;                             // 读下一条命令串
        }
        cin >> t;                                 // 读下一组测试数据的团队数目
    }
    return 0;
}
```

上述实例中，在顺序队列操作时，需要谨慎计算队首和队尾指针，稍一疏忽就会出错。实际上，C++ 的 STL 为我们提供了方便的队列操作命令。STL 中的 queue 对 vector、list 等容器进行了重新包装，使编程者不用纠缠于队列的指针计算和程序实现，直接调用 queue 模板类中的库函数就可方便地解决问题。

queue 模板类的定义在 <queue> 头文件中。与 stack 模板类相似，queue 模板类也需要两个模板参数，一个是元素类型，一个是容器类型。元素类型是必要的，容器类型是可选的，默认为 deque 类型。例如：

```
queue<int> q1;                          // 定义元素为整型的队列 q1
queue<double> q2;                       // 定义元素为实型的队列 q2
```

queue 的基本操作如下表所示

操作	命令	说明
入队	*q*.push(*x*)	从 *q* 的队尾插入 *x*
出队	*q*.pop()	弹出 *q* 队列的首元素，注意，不会返回被弹出元素的值
访问队首元素	*q*.front()	返回最早被压入 *q* 队列的元素
访问队尾元素	*q*.back()	返回最后被压入队列 *q* 的元素
判断队列空	*q*.empty()	当队列空时，返回 true
访问队列中的元素个数	*q*.size()	返回队列 *q* 中的元素数

下面我们给出一个利用 STL 中的队列操作命令的实例。

【5.3.1.3 Card Stacking】

Bessie 正在和她的 $N-1$（$2 \leqslant N \leqslant 100$）个朋友玩扑克牌游戏，一副扑克牌有 K（$N \leqslant K \leqslant 100\,000$，$K$ 是 N 的倍数）张牌。这副扑克牌包含 $M=K/N$ 张“好”牌和 $K-M$ 张“坏”牌。Bessie 是发牌者，当然，她想把所有的“好”牌都发给自己，她喜欢赢。

Bessie 的朋友怀疑她会作弊，所以设计了一个发牌系统，以防止 Bessie 作弊。他们让她按如下方式处理：

1）先把扑克牌堆顶上的牌发给她右边的玩家。

2）每次她发了一张牌后，要把接下来的 P（$1 \leqslant P \leqslant 10$）张牌放在扑克牌堆的底部。

3）继续以这种方式按逆时针方向依次给每个玩家发牌。

Bessie 希望获胜，请帮她弄清楚应该把“好”牌放在哪里，这样她就能拿到所有的“好”牌。本题设定，最顶端的牌是第 1 张牌，下一张是第 2 张牌，以此类推。

输入

输入一行，给出 3 个用空格分隔的整数：*N*、*K* 和 *P*。

输出

输出为从第 1 ～ *M* 行，即从扑克牌堆的顶部开始，按递增的顺序输出 Bessie 应该在其中放置“好”牌的位置，这样，当发牌的时候，Bessie 将拿到所有的“好”牌。

样例输入	样例输出
3 9 2	3 7 8

试题来源：USACO 2007 December Bronze

在线测试：POJ 3629

试题解析

本题是一道队列模拟题，用队列来模拟发牌过程，确定“好”牌的位置。

参考程序是用 C++ 的 queue 来实现的，虽然这可能比直接用数组实现队列的性能略逊一筹，但避免了出入队操作时运算队首 / 队尾指针的烦琐和失误，使程序简明了不少。

参考程序

```
#include <iostream>
#include <cstdio>
#include <algorithm>
#include <queue>
using namespace std;
const int maxn = 1e5 + 100;
int good_cards[maxn];                                    // 好牌序列
int main(void)
{
    int n, k, p;                                         // 输入打牌人数 n、牌数 k、每发一张
                                                         // 牌后放入牌堆底部的牌数 p
    scanf("%d %d %d", &n, &k, &p);
    queue<int>q;                                         // 牌的队列为 q
    for (int i = 1; i <= k; i++)                         // 将 k 张牌放入队列 q
        q.push(i);
    int loop_count = 1, good_card_count = 0;             // 初始化发牌数和好牌序列长度
    while (!q.empty())                                   // 反复操作，直至队列空
    {
        if (loop_count % n == 0)                         // 轮到自己发牌
        {
            good_cards[good_card_count++]=q.front();     // 队首元素进入好牌序列
            if (good_card_count == n / k)                // 若好牌数达到 n/k 张，则退出循环
                break;
        }
        loop_count++;                                    // 发牌数 +1
        q.pop();                                         // 队首元素出队
        for (int j = 0; j < p; j++)                      // 每次发牌后将接下来的 p 张牌放到
                                                         // 牌的最下面
        {
            int tmp = q.front();                         // 取出队首元素放到队尾
            q.push(tmp);
            q.pop();                                     // 队首元素出队
        }
```

```
    }
    sort(good_cards, good_cards + good_card_count);  //递增排序好牌序列
    for (int i = 0; i < good_card_count; i++)        //输出序列中的每张好牌
        printf("%d\n", good_cards[i]);
    return 0;
}
```

5.3.2 优先队列

顺序队列是一种特征为“先进先出”的数据结构，每次从队列中取出的是最早加入队列的元素。但许多应用需要另外一种队列，例如候诊的病人在医院急诊室门口排成队列，但医院一般按照病人病情的危险程度（生命越垂危，优先级越高）来安排就诊顺序，比如，应该先对心脏病突发的患者进行救护，再处理手臂骨折患者。再如，需要领导决策的任务接踵而来，但领导一般会按照任务的重要程度来安排工作先后顺序，而不是按照任务的提交时间来安排先后顺序。

显然，每次从上述队列中取出的应该是优先权（priority）最高的元素，这种队列就是优先队列。优先队列的插入操作只是把一个新的数据元素加到队尾，删除操作则是把最重要的（优先级最高的）元素从队列中删除。如果多个元素具有相同的最高优先级，则一般将这些元素视为一个先来先服务的队列，按它们加入优先队列的先后次序进行处理。

【5.3.2.1　Printer Queue】

在学生会里，唯一的一台打印机承担了非常繁重的工作。有时在打印机队列中有上百份文件要打印，你可能要等上几个小时才能打印出一页文件。

因为一些文件比其他文件重要，所以 Hacker General 发明和实现了打印工作队列的一个简单的优先系统。每个打印文件被赋予一个从 1 ～ 9 的优先级（9 是最高优先级，1 是最低优先级），打印机操作如下：

1）将队列中的第一个打印文件 J 从队列中取出。

2）如果在队列中有优先级高于 J 的打印文件，则不打印 J，而是将 J 移到队列最后。

3）否则，打印 J（不将 J 移到队列最后端）。

使用这一方法后，Hacker General 的所有重要文件会很快地被打印。当然，令人烦恼的是其他要打印的文件则不得不等待更久才能被打印，但这就是生活。

你要确定打印文件什么时候完成打印，请写一个程序来计算一下。给出当前队列（和优先级列表）以及文件在队列中的位置，计算需要多长时间你的文件才被打印，假定队列中不会加入其他文件。为了使事情简单化，我们设定打印一份文件恰好需要一分钟，向队列中添加一个打印文件以及移走一个打印文件是在瞬间完成的。

输入

第一行给出一个正整数，即测试用例的个数（最多为 100）。然后，对每个测试用例：

1）在一行中给出两个整数 n 和 m，其中 n 为队列中打印文件的数目 ($1 \leqslant n \leqslant 100$)，$m$ 为打印文件所在的位置 ($0 \leqslant m \leqslant n-1$)。队列中第一个文件的位置编号为 0，第二个文件的位置编号为 1，依次类推。

2）在一行中给出 n 个整数，范围从 1 ～ 9，给出队列中所有文件的优先级。第一个整数给出第一个打印文件的优先级，第二个整数给出第二个打印文件的优先级，依次类推。

输出

对每个测试用例，输出一行，给出一个整数，表示到文件打印完成需要多少分钟。假定

打印工作进行的时候没有其他打印文件插入队列。

样例输入	样例输出
3 1 0 5 4 2 1 2 3 4 6 0 1 1 9 1 1 1	1 2 5

试题来源：ACM Northwestern Europe 2006

在线测试：POJ 3125，UVA 3638

试题解析

由于打印文件是按照优先级由高到低的顺序进行打印的（优先级相同的文件则按照先来先打印的原则），因此本题属于优先队列的典型应用。

设 a 为存储待打印文件的优先循环队列，其容量为 maxn= 100+5，首尾指针为 st 和 ed。初始时，依次将 n 个打印文件的优先级存入 a，并初始化首尾指针 st = 0，ed=n。

当前你的打印文件的位置为 m。为了标识你的打印文件，$a[m]$ 取负。完成打印文件任务所需的时间为 cnt，初始时 cnt=0。

由于打印文件是按照任务优先级递减的顺序进行的，因此需要通过反复取队首打印文件任务（优先级为 k）来计算 cnt。

分析队列 a 中每个打印任务的优先级：一旦发现 $|\alpha[i]|>|k|$，则 k 进入队尾；若队列中没有优先级比 $|k|$ 更高的任务，则打印优先级 $|k|$ 的任务，cnt=cnt+1。若 k<0，则说明当前打印的是你的文件，应输出 cnt，否则继续取队首打印文件。

依次类推，直至队列空 ((ed+1) % maxn== st) 或者找到你的打印文件为止。

参考程序

```
#include <iostream>                                 // 预编译命令
using namespace std;                                // 使用 C++ 标准程序库中的所有标识符
const int maxn = 100 + 5;                           // 优先队列 a 的容量
inline int fabs(int k)                              // 返回 k 的绝对值
{
    return k < 0 ? -k : k;
}
int main(void)
{
    int loop;
    cin >> loop;                                    // 输入测试用例数
    while (loop--) {
        int n, m;
        cin >> n >> m;                              // 读队列中的对象个数和你的打印文件的位置
        int st, ed, a[maxn];                        // 优先队列为 a，首尾指针为 st 和 ed
        for (int i = 0; i < n; i++)cin>>a[i];       // 读 n 个打印文件的优先级
        a[m] = -a[m];                               // 将你的打印文件的优先级用负数标记出来
        st = 0;                                     // 初始化队列的首尾指针
        ed = n;
        int cnt = 0;                                // 初始化所需时间
        while ((ed + 1) % maxn != st) {             // 使用循环队列模拟打印队列
```

```
            int k = a[st];                          // 取出队首打印文件的优先级 k，并调整队首指针
            st = (st + 1) % maxn;
            bool print = true;
            for (int i = st; i != ed; i = (i + 1) % maxn)
                if (fabs(k) < fabs(a[i])) {         // 若队列中存在优先级更高的打印任务 i，则
                                                    // 设队列中存在优先级更高的打印任务的标志，
                                                    // 将 k 加入队尾后退出循环
                    print = false;
                    a[ed] = k;
                    ed = (ed + 1) % maxn;
                    break;
                }
            if (print) {                            // 若队列中不存在更高优先级的打印任务，则
                                                    // 打印优先级为 k 的任务
                ++cnt;
                if (k < 0) {                        // 若当前打印的是目标任务，则输出完成打印
                                                    // 任务需要的时间
                    cout << cnt << endl;
                    break;
                }
            }
        }
    }
    return 0;
}
```

上述优先队列是以数组作为存储结构的，因此出队操作需要花费 $O(n)$ 的时间 (n 是优先队列的当前元素个数) 扫描整个数组，以确定最高优先级的元素及其位置。为了提高时效，有经验的程序员会采用堆作为优先队列的存储结构，将出队操作的时间降为 $O(\log_2 n)$。堆是一种特殊类型的二叉树，属于层次类的非线性表。有关这方面的实验范例将在第三篇中展示。

实际上，STL 为我们提供了方便的优先队列的实现。 在 <queue> 头文件中，可定义一个非常有用的模板类 priority_queue(优先队列)。优先队列被定义后不再按照入队的顺序出队，而是按照队列中元素的优先级顺序出队（默认为大者优先，也可以通过指定算子来指定自己的优先顺序)。

priority_queue 模板类有三个模板参数，第一个是元素类型，第二个是容器类型，第三个是比较算子。其中，后两个参数可以省略，默认容器为 vector，默认算子为 less，即小的往前排，大的往后排，大的先出队。

定义 priority_queue 对象的示例代码如下：

```
priority_queue<int> q1;                                  // 定义元素类型为整数的优先队列 q1
priority_queue< pair<int, int> > q2;                     // 定义优先队列 q2，元素类型为一个
                                                         // 由两个整数组合成的结构体
priority_queue<int, vector<int>, greater<int> > q3;      // 定义优先队列 q3，元素类型为整数，
                                                         // 容器类型为 vector 类，定义小的
                                                         // 先出队
```

priority_queue 的基本操作与 queue 相同，这里不再赘述。下面提供一个使用 STL 的 stack、queue 和 priority_queue 模板类来实现栈、顺序队列和优先队列操作的范例。

【5.3.2.2　I Can Guess the Data Structure! 】

有一个类似包的数据结构，支持两种操作：

- 1 x：将元素 x 丢进包中。
- 2：从包中取出一个元素。

给出一个要求返回值的操作序列，请你猜测这是哪种数据结构，是一个栈（后进先出)、

一个队列（先进先出）、优先队列（总是先取出大的元素）或者是别的你难以想象的东西？

输入

输入给出若干测试用例。每个测试用例的第一行给出一个整数 n ($1 \leqslant n \leqslant 1000$)。接下来的 n 行中，每行或者是第一种操作；或者是整数 2 后面跟着一个整数 x，这表示执行了第二种操作后，可以准确无误地取出元素 x。x 的值是一个不大于 100 的正整数。输入以“EOF”结束。

输出

对每个测试用例，输出如下形式中的一种。

stack	这绝对是一个栈	impossible	不可能是栈、队列或优先队列
queue	这绝对是一个队列	not sure	在上述三种数据结构中，不止一种
priority queue	这绝对是一个优先队列		

样例输入	样例输出
6 1 1 1 2 1 3 2 1 2 2 2 3 6 1 1 1 2 1 3 2 3 2 2 2 1 2 1 1 2 2 4 1 2 1 1 2 1 2 2 7 1 2 1 5 1 1 1 3 2 5 1 4 2 4	queue not sure impossible stack priority queue

试题来源：Rujia Liu’s Present 3: A data structure contest celebrating the 100th anniversary of Tsinghua University

在线测试：UVA 11995

试题解析

C++STL 中的 stack、queue、priority_queue 容器提供了栈、队列和优先队列的全部操作，利用这些容器可以直接判断出操作序列是在哪种数据结构上实现的。

定义栈 st 为 stack 容器，队列 *q* 为 queue 容器，优先队列 heap 为 priority_queue 容器，这些容器的元素类型为整型：

```
stack<int> st;                      // 定义栈容器 st
queue<int> q;                       // 定义队列容器 q
priority_queue<int> heap;           // 定义优先队列容器 heap
```

设置栈为 flag1，队列标志为 flag2，优先队列标志为 flag3，初始时假设这三种数据结构存在（flag1、flag2 和 flag3 为 true）。

然后，依次在栈容器 st、队列容器 *q* 和优先队列容器 heap 上模拟 *n* 次操作。若当前操作为存数（操作类别 1），则将操作数存入容器；否则当前操作为取数（操作类别 2），分析：若容器空，或者容器中取出的元素非操作数，则所有操作无法在该容器上进行，设置非当前数据结构标志，并退出判断过程。

例如，操作序列 op[*i*], *x*[*i*](第 *i* 次操作的类别为 op[*i*]，操作数为 *x*[*i*]，$0 \leqslant i \leqslant n-1$)，根据这些操作能否在栈上实现确定 flag1 的值？

```
for (int i = 0; i < n; ++i)                                // 模拟 n 次操作
    if (op[i] == 1) st.push(x[i]);                         // 若存数，则当前操作数压栈
        else {                                             // 否则取数
            if (st.empty()) { flag1=false;break;}          // 若栈空，则设非栈标志，并退出判断过程
            int u = st.front();                            // 取栈顶元素
            st.pop();                                      //  出栈
            if (u != x[i]) { flag1 = false;break;}         // 若取出的栈顶元素非操作数，则设非栈
                                                           // 标志，并退出判断过程
    }
```

判断队列和优先队列的过程类似。最后根据 flag1、flag2 和 flag3 的值确定属于哪一种数据结构：

- 若 flag1=false，flag2=false，flag3=false，则数据结构非栈、队列和优先队列，输出“impossible”。
- 若 flag1=true，flag2=false，flag3=false，则数据结构为栈，输出“stack”。
- 若 flag1=false，flag2= true，flag3=false，则数据结构为队列，输出“queue”。
- 若 flag1=true，flag2=false，flag3= true，则数据结构为优先队列，输出“priority queue”。
- 否则说明在栈、队列或优先队列三种数据结构中，不止一种，输出“not sure”。

参考程序（略。本题参考程序的 PDF 文件和本题的英文原版可从华章网站下载）

5.3.3 双端队列

双端队列（double-ended queue）是一种兼具队列和栈性质的数据结构。双端队列中的元素可以从两端弹出，也可以从任意一端插入数据，双端队列是一种限定插入和删除操作在表的两端进行的线性表（如图 5.3-6 所示）。

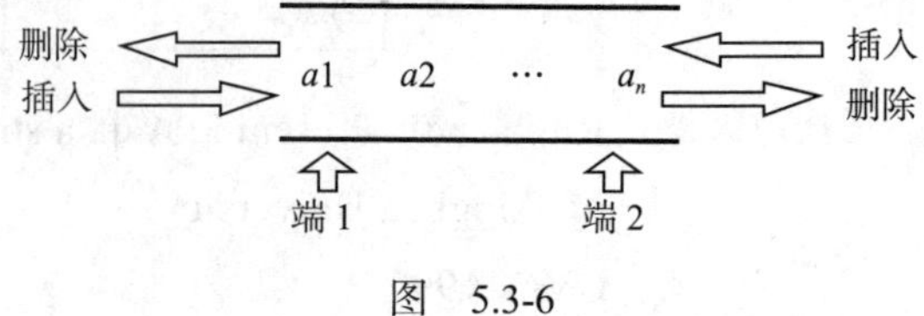

图　5.3-6

如果限定双端队列从某个端点插入、从另一端点删除，则该双端队列就是队列（如图 5.3-7a 所示）；如果限定双端队列从某个端点插入的元素只能从该端点删除，则该双端队列就蜕变为两个栈底相邻的栈（如图 5.3-7b 所示）。

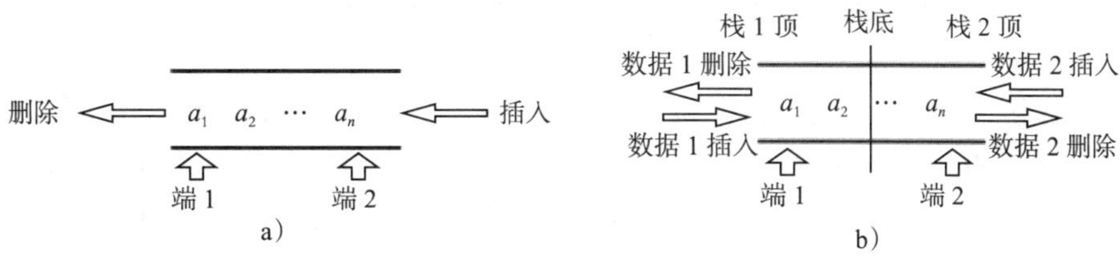

图　5.3-7

我们可以使用 VC++ 标准模板库 STL 中的容器 deque 实现双端队列的入队、出队等操作。程序首部需加头文件：#include <deque>。

双端队列的构造方法如下。

构造双端队列的命令	说明
deque<type> deq	创建一个没有任何元素的双端队列 deq
deque<type> deq(otherDeq)	用另一个类型相同的双端队列 otherDeq 初始化该双端队列 deq
deque<type> deq(size)	初始化一个大小为 size 的双端队列 deq
deque<type> deq(*n*, element)	初始化 *n* 个相同元素 element 的双端队列 deq
deque<type> deq(begin,end)	初始化双端队列 deq 中指针区间为 [begin ,end - 1] 的一段元素

由于 C++ 定义的双端队列 deque 是一种顺序容器，可采用迭代器模式，因此可以十分方便地使用系统提供的库函数实现双端队列的各种操作。

双端队列的操作命令	说明
deq.assign(*n*,elem)	赋值 *n* 个元素 elem 拷贝给双端队列 deq
deq.assign(beg,end)	赋值一段迭代器的值给双端队列 deq
deq.push_front(elem)	在双端队列 deq 的头端添加一个元素 elem
deq.pop_front()	删除双端队列 deq 的头端元素
deq.at(index)	取双端队列 deq 中 index 位置的元素
deq[index]	取双端队列 deq 中 index 位置的元素
deq.front()	返回双端队列 deq 中的头端元素（不检测容器是否为空）
deq.back()	返回双端队列 deq 中的尾端元素（不检测容器是否为空）

下面通过一个实例来说明双端队列的构造和操作，以便掌握使用迭代器模式的基本方法。

【5.3.3.1　That is Your Queue】

通过全民医保可以实现每个人（不论贫富）拥有相同的医疗保障的水平。

但这里存在一个小问题：所有的医院都被浓缩成一个位置，一次只能服务一个人。但别担心！有一个计划，可通过一个公平、高效的计算机系统来决定谁会被服务。请编程实现这个系统。

每一个公民都会被分配一个唯一的编号，编号从 1 ～ *P*（其中 *P* 是当前人口的数量）。人们将被放入一个队列中，1 在 2 的前面，2 在 3 的前面，依次类推。医院将按这个队列的顺序一个接一个地处理患者。一旦一个公民被服务，他就会立即从队列首部被移除，加到队尾。

当然，有时会发生突发事件。如果一个人生命垂危，不可能等到排在他前面的人完成检查之后才被救治，所以，对于这些（希望是罕见的）情况，就要有一条加快指令，可以把有紧急情况的人排到队列的前面。每个人的相对顺序将保持不变。

给出处理序列和若干加快指令，输出被医院治疗的公民的顺序。

输入

输入包含至多10个测试用例。每个测试用例的第一行给出 P，表示这个国家的人口（$1 \leqslant P \leqslant 1\,000\,000\,000$）；还要给出 C，表示加快指令的数目（$1 \leqslant C \leqslant 1000$）。

接下来的 C 行每行包含一条指令，“N”表示下一个公民进医院，“Ex”表示公民 x 被加快处理，移到队列首部。

最后一个测试用例之后，给出包含两个0的一行。

输出

对于每个测试用例，输出序列号，然后对每个“N”指令输出一行，给出要接受治疗的公民。详细情况见样例输入和输出。

样例输入	样例输出
3 6 N N E 1 N N N 10 2 N N 0 0	Case 1: 1 2 1 3 2 Case 2: 1 2

试题来源：ACM Dhaka 2009

在线测试：UVA 12207

试题解析

设双端队列的头端为服务端，尾端为入院端。由于指令数的上限为1000，每条指令服务一个公民，因此被服务的对象不超过1000人。初始时，依次将1～1000从尾端送进双端队列。这样，需要加快处理的对象从后面移到头端，其他人一律按照“后进后出”的顺序出现。接下来按顺序模拟执行 c 条指令。

有两种操作：

1）N：一个公民被服务，即输出双端队列中头端的编号，并将之移至尾端。

2）E x：公民 x 被加快处理，即找出双端队列中的元素 x，删除该元素 x，将之移至头端。

我们直接使用STL中的容器deque实现上述操作，可使程序简洁清晰。

参考程序

```
#include<stdio.h>
#include<string.h>
#include<deque>                                  // 添加双端队列的头文件
using namespace std;
```

```
deque<int> q;                                       // 定义元素为整型的双端队列
char in[10];                                        // 指令
int main (){
    // 输入包含至多 10 个测试用例。每个测试用例的第一行给出 P，表示国家的人口（1 ≤ P ≤ 1 000
    // 000 000）；以及 C，表示加快指令的数目（1 ≤ C ≤ 1000）。
    int n,c,ca=0,a,i;                               // 测试用例编号 ca 初始化为 0
    while(1){
        scanf("%d%d",&n,&c);                        // 反复输入国家人口数 n 和加快指
                                                    // 令数 c，直至输入 0  0 为止
        if(n == 0 && c == 0) break;
        ca++;                                       // 计算和输出测试用例编号
        printf("Case %d:\n",ca);
        while(!q.empty())q.pop_front();             // 反复删除头端元素，直至队列空
        for(i=1;i<=n && i<= 1000;i++){              // 将 1~max{1000, n} 依次送入尾端
            q.push_back(i);
        }
        while(c--){                                 // 依次执行每条指令
            scanf("%s",in);                         // 输入指令类别
            if(strcmp(in,"N") == 0){                // 若公民正常入院
                printf("%d\n",q.front());           // 输出头端元素
                q.push_back(q.front());             // 头端元素移入尾端
                q.pop_front();                      // 删除头端元素
            }else if(strcmp(in,"E") == 0){          // 若加快处理，则输入被处理的对象 a
                scanf("%d",&a);
                deque<int>::iterator it;            // 定义双端队列迭代器模式
                for(it=q.begin();it != q.end();++it){ // 顺序查找双端队列中的元素 a，删
                                                    // 除该元素并退出循环
                    if((*it) == a){
                        q.erase(it);
                        break;
                    }
                }
                q.push_front(a);                    // 将 a 插入头端
            }
        }
    }
    return 0;
}
```

5.4　相关题库

【5.4.1　Roman Roulette】

历史学家 Flavius Josephus 讲述了在罗马 – 犹太战争中，罗马人如何占领了他指挥防御的 Jotapata 镇。在撤退时，Jospehus 与 40 名同伴被困在一个山洞里。罗马人发现 Jospehus 以后，要他投降，但他的同伴不同意。因此，他建议大家一个接一个地互相残杀，被杀的顺序由运气决定，而确定运气的方法是大家站成一个圆圈，并从某个人开始计数，从 1 开始，每次数到 3 的人被杀死，剩下的人再从 1 开始。这个过程唯一的幸存者是 Jospehus，然后他向罗马人投降了。现在就有这样的问题：是否 Jospehus 事先已经用 41 块石头在黑暗的角落里悄悄地进行了实验，或者他已经进行了数学上的计算，得出他应该站在圆圈中的第 31 个位置才能幸存下来？

在读了这一恐怖事件的记录以后，你感觉在未来的某个时刻也可能遇到相似的情况。为了对这样的事情做好准备，你决定在电脑上编写一个程序，确定计数过程开始的时候自己的位置，以确保自己成为唯一的幸存者。

特别是，程序要能够处理有如下变化的 Josephus 所描述的过程：初始时，$n > 0$ 个人排列成一个圆圈，每人面向圆内，从 $1 \sim n$ 以顺时针方向给每个人连续进行编号。你被分配的编号是 1，从编号为 i 的人开始，以顺时针方向开始计数，数到第 k（$k > 0$）个人时，这个人被杀。然后我们从被杀者左边的那个人开始，继续按顺时针方向开始对后面的 k 个人进行计数，并选数到的第 k 个人来埋葬被杀者，然后返回到圆圈中，站到被杀者此前所在的位置上。从这个人开始继续向左计数，再数到第 k 个人时，第 k 个人被杀，并依次类推，直到只有一个人还活着。

例如，设 $n = 5$、$k = 2$，并且 $i = 1$，执行的次序是 2、5、3 和 1。幸存者是 4。

输入和输出

程序读入的行给出 n 和 k（按这样的次序），对于每个输入行输出一个编号，以保证按序计数时，你是唯一的幸存者。例如，在上述实例中安全的开始位置为 3。输入以 n 和 k 全部取 0 的一行作为结束。

程序设定最多 100 人参加这一事件。

样例输入	样例输出
1 1 1 5 0 0	1 1

试题来源：New Zealand Contest 1989

在线测试：UVA 130

提示

本题是一道模拟题，根据题目描述中给出的规则，模拟杀人过程和替换过程，计算最终未出列的元素位置。设圈内位置 i 的人员编号为 who[i]，初始时 who[i]=i+1（$0 \leqslant i \leqslant n-1$）；当前圈中的人数为 cnt，初始时 cnt=$n$；第 p 个被杀者位置为 i_p，$i_p=(i_{p-1}+k)\%$ cnt。初始时 $i_0=-1$。

杀人过程：将圈内（i_p+1）位置到 cnt 位置的人顺次前移 1 个位置，--cnt。若 i_p>cnt，则调整 i_p=0。

替换过程：计算替换者位置 $d=(i_p+k-1)\%$ cnt，记下圈内编号 s=who[d]。依次将圈内（d−1）位置到 i_p 位置的人向后移动一个位置，s 进入圈内 i_p 位置。

依次类推，直至 cnt==1 为止。此时幸存者是 who[0]（初始编号为 1）。为了最终使他处于幸存位置，应从 st=(n−who[0]+2)% n 位置开始编号（若 st=0，则调整为 n）。

【5.4.2　M*A*S*H】

Klinger 是野战外科医院的一员，他负责处理一些杂事。美军准备举行抽奖，选择一些幸运的人（X 个人）回国进行招兵宣传。Klinger 要你帮他处理这件事情。

这次抽奖是将本单位的所有成员排成一排，然后从一叠卡片的顶部取卡片，卡片号为 N；队列中的人从 $1 \sim N$ 进行报数，每次报到 N 时，第 N 个人离开队列，下一个人再从 1 开始报数。当报数到队列结束的时候，再从一叠卡片的顶部取下一张卡片，从剩余的队列中从第一人开始，根据新的卡片号进行报数。队列中最后的 X 个人可以回家。

Klinger 在选拔过程开始前叠好了一叠卡片。然而，到最后一分钟他才知道有多少人参加。请编写程序，基于 Klinger 的卡片和队列中人员的数量，告诉他队列中哪些位置的人可以回家。可以确定最多用 20 张卡片。

例如，队列中有 10 人，2 个幸运位置，卡片号码为 3、5、4、3、2，队列中位置 1 和 8 的人可以回家。过程如下。

队列 1 2 3 4 5 6 7 8 9 10，N=10，K=2，卡片次序为 3,5,4,3,2…

3：划掉 3、6、9，剩 1、2、4、5、7、8、10。

5：划掉 7，剩 1、2、4、5、8、10。

4：划掉 5，剩 1、2、4、8、10。

3：划掉 4，剩 1、2、8、10。

2：划掉 2，10；剩 1、8。

输入

每个测试用例在一行中给出 22 个整数。第一个整数（$1 \leqslant N \leqslant 50$）给出参加抽奖的人数，第二个整数（$1 \leqslant X \leqslant N$）给出有多少个幸运的位置 。后面的 20 个整数给出前 20 张卡片上的号码。卡片号码是从 1 ～ 11 的整数。

输出

对于每个输入行，在一行中输出 “Selection #*A*”，其中 *A* 是输入的测试用例编号，从 1 开始编号，下一行给出 Klinger 要获得的幸运位置的列表，幸运位置的列表后是一个空行。

样例输入	样例输出
10 2 3 5 4 3 2 9 6 10 10 6 2 6 7 3 4 7 4 5 3 2 47 6 11 2 7 3 4 8 5 10 7 8 3 7 4 2 3 9 10 2 5 3	Selection #1 1 8 Selection #2 1 3 16 23 31 47

试题来源：ACM South Central USA 1995

在线测试：POJ 1591，ZOJ 1326，UVA 402

 **提示**

本题是约瑟夫问题的一种变形：所有元素排成一个队列，而非围成一个圆圈；每次计算出列元素的步长可能不同（由当时的卡片号决定）；要求计算剩余 x 个元素的位置。设 del 为出队标志序列，其中 del[*i*]==true 表明位置 *i* 的士兵出队；cur 为剩余人数；*k* 为卡片顺序。初始时，cur=*n*，*k*=1，del 序列全为 false。

本题是一道模拟题，根据题目描述中给出的规则，在 cur>*m* 的条件下计算出队列的士兵，直至剩余人数 cur 为 *m* 为止。此时位置 1 到位置 *n* 中，del 值为 false 的位置即为幸运位置。

【5.4.3　Joseph】

Joseph 问题是很著名的，其原始的描述是：有 *n* 个人，记为 1，2，…，*n*，站成一圈。从第一个人开始报数，数到 *m* 的人将被处死，如此反复进行，直到只剩下一个人，而这个人会获救。Joseph 仔细地选择了他所站的位置，使自己幸存下来，这样他才能告诉我们这个故事。比如，当 n=6、m=5 时，这些人将以 5，4，6，2，3 的次序被处死，而 1 就获救了。

假设有 *k* 个好人和 *k* 个坏人站成一圈，其中 1 到 *k* 是好人，(*k*+1) 到 2*k* 是坏人。你必须选择 *m* 使所有坏人先被处死，然后才是第一个好人，并且要求是 *m* 的最小值。

输入

输入包含多个测试用例，每个测试用例给出一个正整数 k（$0<k<14$），以 0 作为输入结束。

输出

对于每个测试数据，输出一行，每行只包含一个正整数 m，与输入中的 k 相对应。

样例输入	样例输出
3 4 0	5 30

试题来源：ACM Central Europe 1995

在线测试：POJ 1012

提示

本题是一种特殊类型的约瑟夫问题：在保证前 k 个出列元素为元素 $k+1$ 到元素 $2k$ 的前提下，计算最小的步长值 m。为了避免超时，可采用离线计算方法，先计算出 Joseph 问题的所有可能解，即枚举所有可能的 k，判别每个 k 是否存在最小间隔 m，使得处死的前 k 个人全是“坏人”。计算方法如下。

最初圈长为 $2k$；处死第 1 个人后，圈长为 $2k-1$；……；处死第 i 个人后，圈长为 $2k-i$；……。显然，第 1 个被处死的人位置为 $r_0=(m-1)\%(2k)$，第 2 个被处死的人位置为 $r_1=(r_0+m-1)\%(2k-1)$，……，第 k 个被处死的人位置为 $r_{k-1}=(r_{k-2}+m-1)\%(2k-(k-1))$。若 $r_0\cdots r_{k-1}$ 中任何一个数小于 k，说明前 k 个被处死的人中有“坏人”，间隔值 m、好人和坏人的人数 k 不满足要求，否则 m 和 k 成立。

有了以上基础，便可以通过枚举好人和坏人的人数 k 以及间隔值 m 来计算 Joseph 问题的所有可能解。设 ans[k] 为 k 个好人和 k 个坏人围成一圈时先处死所有坏人的最小间隔值。

k 从 1 枚举至 13。由于只剩下一个坏人时，下一个报数的人或者是第 1 个人，或者是第 $k+1$ 个人，所以间隔或者是 $m=s*(k+1)$，或者是 $m=s*(k+1)+1$。

证明：仅剩的坏人为第 1 个人，圈长为 $k+1$。设下一个报数的人为第 1 个人时的间隔为 m_1，下一个报数的人为第$k+1$个人时的间隔为m_2，由 $(1+m_1)\%(k+1)=1$ 得出 $m_1=s*(k+1)$，由 $(k+1+m_2)\%(k+1)=1$ 得出 $m_2=s*(k+1)+1$。

我们从 0 开始依次枚举 s。若经过上述判断，能确定以 m 为间隔时最先处死的 k 个人全是“坏人”，则记录下 ans[k]=m。

接下来，在 ans 的基础上依次处理测试数据组。每输入一个好人和坏人的人数 k，便可直接输出最小间隔值 ans[k]。

【5.4.4　City Skyline】

对农夫约翰的奶牛来说，一天里最好的时刻是日落时分。它们可以看到远处城市的天际线。奶牛贝西很好奇：在城市里到底有多少幢大楼?

请编写一个程序，根据城市天际线，计算城市里大楼的最少数量。

城市的侧面特征是盒状大楼，从建筑上来说是相当单调的。地平线上城市的天际线用 N 和 W 描述，地平线的宽度是 W（$1\leqslant W\leqslant 1\ 000\ 000$）个单位。使用 N（$1\leqslant N\leqslant 50\ 000$）个连续的 x 和 y 坐标 ($1\leqslant x\leqslant W$，$0\leqslant y\leqslant 50$）来表示地平线在水平 x 点的高度变为 y。

例如，图 5.4-1 表示为连续的 x 和 y 坐标：(1，1)，(2，2)，(5，1)，(6，3)，(8，1)，(11，0)，(15，2)，(17，3)，(20，2)，(22，1)。

```
..........................
.....XX.........XXX.......
.XXX.XX.......XXXXXXX.....
XXXXXXXXXX....XXXXXXXXXXXX
```

图　5.4-1

天际线至少需要 6 幢大楼来组成，图 5.4-2 给出了由 6 幢大楼组成的天际线。

```
..........................  ..........................
.......................... .......................... ..........................
.....22.........333....... .....XX.........XXX....... .....XX.........XXX.......
.111.22.......XX333XX..... .XXX.XX.......5555555..... .XXX.XX.......XXXXXXX.....
X111X22XXX....XX333XXXXXXX 4444444444....5555555XXXXX XXXXXXXXXX....666666666666
```

图　5.4-2

输入

第 1 行给出两个用空格隔开的整数：N 和 W。

第 2 ～ n 行，每行为用空格隔开的整数 X 和 Y，表示使天际线改变的坐标。X 坐标须严格用递增，第一个 X 坐标总是 1。

输出

共 1 行，即形成天际线的大楼的最少数量。

样例输入	样例输出
10 26 1 1 2 2 5 1 6 3 8 1 11 0 15 2 17 3 20 2 22 1	6

试题来源：USACO 2005 November Silver

在线测试：POJ3044

 **提示**

由于天际线的坐标点是由左至右排列的，因此若当前坐标点的高度大于左邻坐标点的高度，则表明当前坐标点是一幢楼的开始位置（如图 5.4-3a 所示）；若当前坐标点的高度小于左邻坐标点的高度，则表明左邻坐标点是一幢楼的结束位置（如图 5.4-3b 所示）；若当前坐标点的高度等于左邻坐标点的高度，则表明左邻坐标点与当前坐标点同属于一幢楼（如图 5.4-3c 所示）。

按照由左至右的顺序分析每个使天际线改变的坐标。由于栈是先进后出的，因此可使用栈依次存储目前天际线高度互不相同的坐标点，每个坐标点代表一幢独立的楼。每读一个坐标点（x，y），其高度 y 与栈顶元素比较（栈顶元素即为左邻（x'，y'）的坐标点），有以下几种情况：

1）若栈顶坐标点的高度大于 y，说明栈顶坐标点是一幢楼的结束位置，栈顶坐标点出栈，楼房数 +1；再比较栈顶坐标点的高度与 y 的大小，……，以此类推，直至栈顶坐标点的高度不大于 y 为止。

2）若栈顶坐标点的高度小于 y，则说明（x，y）是一幢楼的开始位置，（x，y）入栈。

3）若栈顶坐标点的高度等于 y，则说明（x，y）与栈顶坐标同属一幢楼，不做任何操作。

读完 n 个坐标点后，将栈中剩余的坐标点数累计入楼房数，即可得出问题解。

如果已知初始序列和经出入栈操作后的目标序列，要求计算栈操作的顺序，则一般采用递归搜索的办法处理。因为初始序列和目标序列是任意设定的，很难找出一种数学规律，确定初始序列中哪些元素相继入栈后再出栈，是产生目标序列的当前元素。

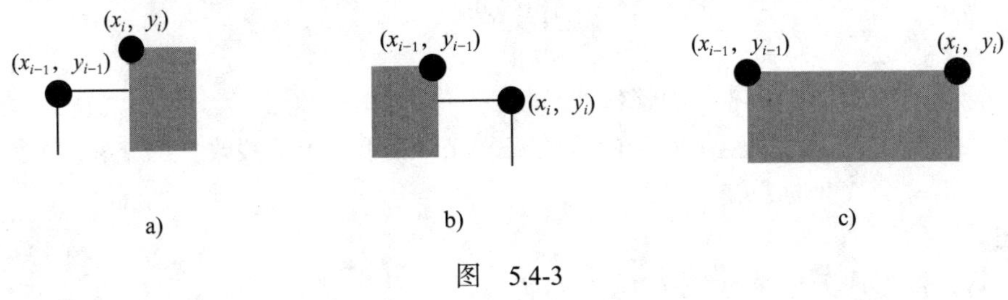

图　5.4-3

【5.4.5　Anagrams by Stack】

对单词进行一系列的栈操作会产生怎样的结果？以下的两个栈操作序列可以将 TROT 转换为 TORT：

```
[
i i i i o o o o
i o i i o o i o
]
```

其中 i 代表入栈，o 代表出栈。给出一对单词，请编写一个程序，给出所有将第一个单词转换为第二个单词要进行的栈操作的序列。

输入

输入由若干测试用例组成。每个测试用例有两行，第一行是源单词（不含行结束符），第二行是要转换成的目标单词（也不含行结束符），输入以文件结束符结束。

输出

对于每一对输入，程序输出将源单词转换为由目标单词的 i 和 o 有效序列组成的一个排序列表。每个排序列表用

```
[
]
```

分隔。序列以“字典序”排序。在每个序列中，每个 i 和 o 后面加空格符，每个序列以换行符结束。

样例输入	样例输出
madam adamm bahama bahama long short eric rice	[i i i i o o o i o o i i i i o o o o i o i i o i o i o i o o i i o i o i o o i o] [i o i i i o o i i o o o i o i i i o o o i o i o i o i o i o i i i o o o i o i o i o i o i o i o] [ ] [i i o i o i o o]

试题来源：Zhejiang University Local Contest 2001

在线测试：ZOJ 1004

 提示

设当前测试用例的源单词为 s，目标单词为 t；将 s 转换为 t 的 i 和 o 的有效序列为 ans，其长度为 len；存储原串字母的栈为 stack，栈顶指针为 top。

显然，在输入源单词 s 和目标单词 t 后，如果 s 和 t 的长度不等，则可确定转换失败；否则，ans 的长度 len 和 stack 的栈顶指针 top 初始化为 0，并从 s 和 t 的第 1 个字母出发，计算 i 和 o 的有效序列 ans。这个计算过程由递归函数 solve(ks, kt) 完成，其中 ks 和 kt 分别为 s 串和 t 串的当前指针。注意：ans 和 stack 在递归前后的状态发生变化，但由于存储容量大而不能设为递归参数，只能通过调整 len 和 top 来恢复递归前的值。

若 ks ≥ t 的串长，则说明转换成功，输出 ans 并退出程序，否则先尝试入栈后再尝试出栈。

1）在 ks <s 的串长的情况下尝试入栈：“i”进入 ans，s[ks] 进入 stack 栈，递归 solve(ks+1, kt)，恢复递归前的 ans 和 stack 状态 (−−len，−−top)。

2）在栈不空且栈顶元素为 t[kt] 的情况下尝试出栈：“o”进入 ans；栈顶元素出栈；递归 solve(ks, kt + 1)；恢复递归前的 ans 和 stack 状态（−−len，原出栈字符重新入栈）。

递归 solve(0, 0) 后便可得出问题的解。

递归函数 solve(ks, kt) 如下。

```
void solve(int ks, int kt)
{ // ks 表示当前原串中待入栈字母的位置，kt 表示当前目标串中待出栈字母的位置
    if (kt >= t.size()) { // 如果目标串已经全部出栈排列完毕，则输出可行解
        for (int i = 0; i < t.size() + t.size(); i++)
            cout << ans[i] << ' ';
        cout << endl;
        return;
    }
    if (ks < s.size()) { // 先尝试入栈
        ans[len++] = 'i';
```

```
        stack[top++] = s[ks];
        solve(ks + 1, kt);
        --len;
        --top;
    }
    if (top && stack[top - 1] == t[kt]) { // 后尝试出栈
        ans[len++] = 'o';
        char c = stack[--top];
        solve(ks, kt + 1);
        --len;
        stack[top++] = c;
    }
}
```

【5.4.6 "Accordian" Patience】

请模拟 "Accordian" Patience 游戏，规则如下。

玩家拿一副扑克牌一张一张地发牌，从左到右排成一排，不能重叠。只要一张扑克牌和左边的第一张牌或左边的第三张牌匹配，就将这张扑克牌移到匹配的牌上面。所谓两张牌匹配是指这两张牌的数值（数字或字母）相同或花色相同。每当移动一张牌之后，再检查这张牌能否继续往左移，每次只能移动在牌堆顶部的牌。本游戏可以将两个牌堆变成一个牌堆，如果根据规则，可以将右侧牌堆的牌一张一张地移到左侧牌堆，就可以变成一个牌堆。本游戏尽可能地把牌往左边移动。如果最后只有一个牌堆，玩家就赢了。

在游戏过程中，玩家可能会遇到一次可以有多种选择的情况。当两张牌都可以被移动时，就移动最左边的牌。如果一张牌可以向左移动一个位置或向左移动三个位置，则将其移动三个位置。

输入

输入给出发牌的顺序。每个测试用例由一对行组成，每行给出 26 张牌，由单个空格字符分隔。输入文件的最后一行给出一个“#”作为其第一个字符。每张扑克牌用两个字符表示。第一个字符是面值（A=Ace，2 ～ 9，T=10，J=Jack，Q=Queen，K=King），第二个字符是花色（C= Clubs（梅花），D=Diamonds（方块），H=Hearts（红心），S=Spades（黑桃））。

输出

对于输入中的每一对行（一副扑克牌的 52 张牌），输出一行，给出在对应的输入行进行游戏后，每一堆扑克牌中剩余扑克牌的数量。

样例输入	样例输出
QD AD 8H 5S 3H 5H TC 4D JH KS 6H 8S JS AC AS 8D 2H QS TS 3S AH 4H TH TD 3C 6S 8C 7D 4C 4S 7S 9H 7C 5D 2S KD 2D QH JD 6D 9D JC 2C KH 3D QC 6C 9S KC 7H 9C 5C AC 2C 3C 4C 5C 6C 7C 8C 9C TC JC QC KC AD 2D 3D 4D 5D 6D 7D 8D TD 9D JD QD KD AH 2H 3H 4H 5H 6H 7H 8H 9H KH 6S QH TH AS 2S 3S 4S 5S JH 7S 8S 9S TS JS QS KS #	6 piles remaining: 40 8 1 1 1 1 1 piles remaining: 52

试题来源：New Zealand 1989

在线测试：POJ 1214，UVA 127

提示

将一副扑克牌（52 张）从左往右一张张排列，然后从左往右遍历。如果该牌和左边第一张牌或左边第三张牌匹配，那么就将这张牌移到匹配的牌上，而且只能移动每堆牌最上面的一张。两张牌匹配的条件是数值相同或花色相同。每当移动一张牌后，应检查牌堆，看有没有其他能往左移动的牌，如果没有，则遍历下一个，直到不能移动牌为止。

根据游戏规则，将每一个牌堆用链表表示，按照题目给定的规则，模拟发牌和移动牌的过程。注意，根据题意应先比较左边第三张牌，再比较左边第一张牌。

第 6 章

应用广义索引类线性表编程

数组和广义索引本质上都属于索引类的数据结构。不同的是，数组直接通过整数下标进行索引，而广义索引则通过关键码（key）进行索引。一般设定数据记录中的某一项或某一组合数据项为关键码，通过关键码来识别记录。例如，对于区域内的居民记录，可设定居民的身份证号为关键码来识别居民的记录。因此广义索引是“关键字 – 数据值”对的集合。广义索引包括：

- 词典
- 散列表

6.1 使用词典解题

词典是我们生活中常用的工具，如英汉词典、电话号码簿、图书馆的检索目录、计算机的文件目录等。在计算机科学中，词典也可作为一种抽象的数据类型。这种数据类型把词典定义为 < 名字 – 属性 > 对的集合，根据问题的不同和解题的需要，可以为名字赋予不同的含义。例如：

场合	名字	属性
图书馆检索目录	书名	索引号和作者等信息
计算机活动文件表	文件名	文件地址、大小等信息
编译程序建立的变量表	变量名	变量的数据类型、存储地址等

通常用文件（或表格）表示实际的对象集合，其中文件中的记录（或表格中的表项）表示单个对象。这样词典中的 < 名字 – 属性 > 对将被存储在记录（或表项）中，通过记录（或表项）的关键码（即 < 名字 – 属性 > 中的名字）来标识该记录（或表项）。记录（或表项）的存储位置与关键码之间的对应关系可以用一个二元组表示：

（关键码 key，记录（或表项）的存储位置 adr）

这个二元组构成了搜索某一指定记录（或表项）的索引项。考虑到搜索效率，既可以采用顺序表的方式组织词典，也可以采用非线性结构的搜索树方式组织词典。由于后者将在第三篇中阐释，因此本章中词典的组织方式主要是顺序表。

【6.1.1　References】

电子杂志的编辑为文章的格式制定了文档模板。然而，出版时会遇到一些需求，特别是关于参考文献引用的规则。不幸的是，很多文章的草稿都违反了有关的规则。所以要求开发一个计算机程序，将文章草稿转换为满足所有规则的能出版的文章。

我们将文章中一个行的集合称为一个“段落”，段落至少由一个空行分开（空行是除了空格外不包含其他字符的行）。一个段落可以包含任意多个参考文献。一个参考文献是一个用方括号括起来的不超过 999 的正整数（例如 [23]）。在方括号和整数之间没有空格。方括号只用于参考文献，并不在其他文献中使用。

文章中有两类段落——常规段落和参考文献描述。参考文献描述不同于常规段落，因为它以要描述的参考文献开始，例如：

[23] 这是对参考文献的描述……

在参考文献描述段落的第一行的第一个位置是方括号的开始（即前面没有空格）。参考文献描述段落本身不包含参考文献。

每个参考文献只有一个相应的描述，并且每个描述至少有一个参考文献对应它。

将文章草稿转化为能出版的文章，要应用如下规则。

- 参考文献应以连续的整数重新编号，按照其在常规段落中源文本草稿首次出现，从 1 开始进行编号。
- 参考文献描述应按照它们编号的次序放在文章的末尾。
- 在文章中"常规段落"的顺序保留原样。
- 程序不能对段落做任何其他修改。

输入

输入是一个文本文件，包含一个程序要处理的草稿。所有的行不超过 80 个字符。所有参考文献的描述不超过 3 行。输入文件多达 40 000 行。

输出

输出文件给出处理结果。所有的段落由一个真正的空行（即根本不包含字符的行）分开。在第一个段落前没有空行。

样例输入	样例输出
[5] Brownell, D, "Dynamic Reverse Address Resolution Protocol (DRARP)", Work in Progress. The Reverse Address Resolution Protocol (RARP) [10] (through the extensions defined in the Dynamic RARP (DRARP) [5]) explicitly addresses the problem of network address discovery, and includes an automatic IP address assignment mechanism. [10] Finlayson, R., Mann, T., Mogul, J., and M. Theimer, "A Reverse Address Resolution Protocol", RFC 903, Stanford, June 1984. [16] Postel, J., "Internet Control Message Protocol", STD 5, RFC 792,　　USC/Information Sciences Institute, September 1981. The Trivial File Transfer Protocol (TFTP) [20] provides for transport of a boot image from a boot server. The Internet Control Message Protocol (ICMP) [16] provides for informing hosts of additional routers via "ICMP redirect" messages. [20] Sollins, K., "The TFTP Protocol (Revision 2)", RFC 783, NIC, June 1981. Works [10], [16] and [20] can be obtained via Internet.	The Reverse Address Resolution Protocol (RARP) [1] (through the extensions defined in the Dynamic RARP (DRARP) [2]) explicitly addresses the problem of network address discovery, and includes an automatic IP address assignment mechanism. The Trivial File Transfer Protocol (TFTP) [3] provides for transport of a boot image from a boot server. The Internet Control Message Protocol (ICMP) [4] provides for informing hosts of additional routers via "ICMP redirect" messages. Works [1], [4] and [3] can be obtained via Internet. [1] Finlayson, R., Mann, T., Mogul, J., and M. Theimer, "A Reverse Address Resolution Protocol", RFC 903, Stanford, June 1984. [2] Brownell, D, "Dynamic Reverse Address Resolution Protocol (DRARP)", Work in Progress. [3] Sollins, K., "The TFTP Protocol (Revision 2)", RFC 783, NIC, June 1981. [4] Postel, J., "Internet Control Message Protocol", STD 5, RFC 792,USC/Information Sciences Institute, September 1981.

试题来源：ACM Northeastern Europe 1997

在线测试：POJ 1706, UVA 765

试题解析

本题中的参考文献属于典型的词典，其名字为参考文献标号，属性为参考文献描述。在常规段落中，通过参考文献标号建立索引。编辑前常规段落中参考文献标号和参考文献描述顺序混杂。编辑的目的是使整篇文章的常规段落在前、参考文献描述在后，且按照正文顺序重新排列常规段落中的参考文献标号和参考文献描述的次序，使参考文献索引与正文顺序保持一致。

设 *p*[] 为参考文献序列，长度为 refCnt，数组元素为结构体。其中，*p*[*i*].desc 为文献描述。该参考文献在原文本中的标号为 *p*[*i*].oldno，简称原始标号；在正文顺序中的标号为 *p*[*i*].newno，简称新标号（$0 \leqslant i \leqslant \text{refCnt}-1$），当前新标号为 refSort 。对数组 *p* 的计算如下。

1）将原文本中标号为 oldno、描述为 desc 的参考文献插入 *p* 表中。

先在 *p* 表中寻找原始标号为 oldno 的文献在 *p*[] 数组中的下标 cur。若找到，则将标号 oldno 和文献描述 desc 记入 *p*[cur].oldno 和 *p*[cur].desc，*p*[cur].newno 不变；若找不到，则该参考文献插在 *p* 的尾部，新标号为 0（cur=refCnt++ ；*p*[cur].newno=0; p[cur].desc=desc ；*p*[cur].oldno=oldno）。

2）对标号为 oldno 的参考文献，按照正文顺序计算新标号 newno。

在 *p* 中查找标号为 oldno 的参考文献位置 *k*：若找不到，则说明该文献描述还未在正文出现，因此在 *p* 中插入一个文献描述为 ""、标号为 oldno 的参考文献记录，位置为 *k*；若找到了，但 *p*[*k*].newno=0，则说明该参考文献是第一次在正文中被引用，设 *p*[*k*].newno=++refSort。显然，*p*[*k*].newno 即为标号 oldno 的参考文献在正文顺序中的新标号 newno。

基于以上对数组 *p* 的计算，本题算法如下：

初始时 *p* 为空，设有新标号产生（refCnt=0，refSort=0），然后按照下述方法依次输入和处理当前行，直至文件结束（NULL）为止。

1）忽略所有空行。

2）若当前行 *s*[] 是文献描述的开始（*s*[0] =='['），则取参考文献编号 oldno 和文献描述 desc，将该参考文献插入 *p* 序列；否则，当前行 *s*[] 是常规段落的开始。按照如下办法处理当前段落的每一行正文：

分析当前行的每个字符，若是 '['，则取出参考文献标号 oldno，计算和输出新标号 newno；否则原样输出该字符。

3）显然，*p* 表中每个参考文献的新标号 newno 的大小，实际上是正文顺序中该参考文献的先后次序。因此以 newno 域为关键字排序 *p* 表，依次输出 *p* 表中参考文献的新标号 *p*[*i*].newno 和描述 *p*[*i*].desc（$0 \leqslant i \leqslant \text{refCnt}-1$）。

参考程序（略。本题参考程序的 PDF 文件和本题的英文原版均可从华章网站下载）

如果采用顺序查找的方法检索词典，查询一条信息需要花费时间 $O(n)$。在词典信息较大、检索次数较多的情况下，采用这种“蛮力查询”的方法相当耗时。为了提高查询效率，可以先按照字典序重新排列词典，然后通过二分查找的方法检索每条信息，使检索时间降为 $O(\log_2(n))$。

【6.1.2　Babelfish】

你离开 Waterloo 到另外一个大城市，那里的人们说着一种让人费解的外语。不过幸运的是，你有一本词典可以帮助你来理解这种外语。

输入

首先输入一个词典，词典中包含不超过 100 000 个词条，每个词条占据一行。每一个词条包括一个英文单词和一个外语单词，在两个单词之间用一个空格隔开。而且在词典中某个外语单词不会出现超过两次。词典之后是一个空行，然后给出不超过 100 000 个外语单词，每个单词一行。输入中出现的单词只包括小写字母，而且长度不会超过 10。

输出

在输出中，需要把输入的单词翻译成英文单词，每行输出一个英文单词。如果某个外语单词不在词典中，就把这个单词翻译成“eh”。

样例输入	样例输出
dog ogday cat atcay pig igpay froot ootfray loops oopslay atcay ittenkay oopslay	cat eh loops

试题来源：Waterloo local 2001.09.22

在线测试：POJ 2503

试题解析

设词典为 dict，长度为 n，其中第 i 个词条的英文单词为 dict[i][0]，外语单词为 dict[i][1]（$0 \leqslant i \leqslant n-1$）。显然，词典的索引项由 dict 的下标和对应词条的外语单词构成。

为了快捷地找出外语单词在词典中的词条序号，我们采用了二分查找法。预先将词典按照外语单词的字典序重新排列。每输入 1 个外语单词，在排序后的词典中二分查找对应词条的序号 k。若找不到（$k<0$），则输出“eh”；否则输出该词条的英文单词 dict[k][0]。

另外，由于词典词条数高达 100 000 条，建议使用 scanf 和 printf 语句分别输入和输出。

参考程序

```
#include <cstdio>                                   // 预编译
#include <cstring>
const int maxn = 100000 + 10;                       // 词条数的上限
const int maxs = 10 + 5;                            // 单词长度的上限
char dict[maxn][2][maxs];                           // 词典，其中第 i 个词条的英文单词为
                                                    // dict[i][0]，外语单词为 dict[i][1]
int n;                                              // 词条数
bool isblank(char s[])                              // 判断当前行是否为空行
{
    int k = strlen(s);
    while (--k >= 0)
        if (s[k] >= 'a' && s[k] <= 'z')
```

```
            return false;
    return true;
}
void swap(char a[], char b[])                              // 交换字符串 a 和 b
{
    char t[maxs];
    strcpy(t, a);
    strcpy(a, b);
    strcpy(b, t);
}
void sort(int a, int b, char s[][2][maxs])                 // 按外语单词的字典序重新排列词典
{
    if (a >= b)                                            // 若当前词条区间排列完，则回溯
        return;
    char t[maxs];
    strcpy(t, s[(a + b) / 2][1]);                          // 取中间词条的外语单词
    int i, j;
    i = a - 1, j = b + 1;                                  // 左右指针初始化
    do {        // 右移左指针，直至指向第 1 个外语单词不小于中间词条外语单词的词条 i
        do
            ++i;
        while (strcmp(t, s[i][1]) > 0);
        do      // 左移右指针，直至指向第 1 个外语单词不大于中间词条外语单词的词条 j
            --j;
        while (strcmp(t, s[j][1]) < 0);
        if (i < j) {                                       // 交换词条 i 和词条 j
            swap(s[i][0], s[j][0]);
            swap(s[i][1], s[j][1]);
        }
    } while (i < j);                                       // 直至中间词条找到插入位置
    sort(a, j, s);                                         // 递归左子序列
    sort(j + 1, b, s);                                     // 递归右子序列
}
int find(char s[])                                         // 使用二分法寻找外语单词 s 在词典中
                                                           // 的词条序号
{
    int l, r;
    l = 0;                                                 // 词条区间的左右指针初始化
    r = n;
    while (l + 1 < r) {
        int mid = (l + r) / 2;                             // 取中间词条的序号
        if (strcmp(dict[mid][1], s) <= 0)                  // 若 s 不小于中间词条的外语单词，则
                                                           // s 所在的词条在右区间；否则在左区间
            l = mid;
        else
            r = mid;
    }
    if (strcmp(dict[l][1], s)) // 若词典的外语单词不存在 s，返回 -1；否则返回所在的词条序号
        return -1;
    return l;
}
int main(void)
{
    char s[maxs + maxs];
    n = 0;                                                 // 词条数初始化
    gets(s);                                               // 读第 1 个词条
    while (!isblank(s)) {                                  // 读入字典中的所有词条，直至空行为止
        sscanf(s, "%s%s", dict[n][0], dict[n][1]);         // 读当前词条的英文单词和外语单词
        ++n;                                               // 词条数加 1
        gets(s);                                           // 读下一个词条
    }
```

```
    sort(0, n - 1, dict);                             // 根据外语单词的字典序重新排列词条
    while (scanf("%s", s) != EOF) {                   // 依次输入外语单词
        int k = find(s);                              // 计算该外语单词在词典中的词条序号
        if (k < 0)                                    // 若 s 在词典的外语单词中不存在，输
                                                      // 出失败信息；否则输出所在词条的英
                                                      // 文单词
            printf("%s\n", "eh");
        else
            printf("%s\n", dict[k][0]);
    }
    return 0;
}
```

6.2　应用散列技术处理字符串

字符串的散列是指通过某种字符串散列函数将不同的字符串映射到不同的数字，配合其他数据结构或 STL，进行判重、统计、查询等操作。

一个常用的字符串散列函数是 hash[i]=(hash[$i-1$]*p+idx(s[i]))%mod，即 hash[i] 是字符串的前 i 个字符组成的前缀的散列值，而 idx(s) 为字符 s 的一个自定义索引，例如，idx('a')=1，idx('b')=2，…，idx('z')=26。

例如，p=7，mod=91，把字符串 "abc" 映射为一个整数：hash[0]= idx('a')%91=1，字符串 "a" 被映射为 1；hash[1]=(hash[0]*p+idx('b'))%mod=9，表示字符串 "ab" 被映射为 9；hash[2]=(hash[1]*p+idx('c'))%mod=66，所以，字符串 "abc" 被映射成 66。

基于字符串散列函数，可以求字符串的任何一个子串的散列值：hash[$l..r$]=((hash[r]−hash[$l-1$]*p^{r-l+1}) %mod+mod) %mod。

如上例，对于字符串 "abab"，hash[2]=(hash[1]*p+idx('a'))%mod=64，表示字符串 "aba" 被映射为 64；hash[3]=(hash[2]*p+idx('b'))%mod=86，即字符串 "abab" 被映射为 86。则 hash[2..3]=((hash[3]−hash[1]*p^2)%mod+mod)%mod =9=hash[1]，即字符串 "abab" 的第一个 "ab" 子串和第二个 "ab" 子串所对应的散列值相同，都是 9。

p 和 mod 取值要合适，否则可能会出现不同字符串有相同的散列值。一般 p 和 mod 要取素数，p 取一个 6 ～ 8 位的较大素数，mod 取一个大素数，比如 10^9+7 或 10^9+9。

下面我们来分析几个应用散列技术处理字符串的实例。

【6.2.1　Power Strings】

给出两个字符串 a 和 b，定义 a*b 是它们的串联。例如，如果 a="abc"，b="def"，则 a*b="abcdef"。如果把串联视为相乘，非负整数指数则定义为：a^0=""（空串），而 a^(n+1)=a*(a^n)。

输入

每个测试用例是在一行中给出一个可打印字符的字符串 s。s 的长度至少为 1，并且不会超过 1 000 000 个字符。在最后一个测试用例后面，给出包含句点的一行。

输出

对于每个 s，请输出大的 n，使得对某个字符串 a，s=a^n。

提示

本题海量输入，为避免超时，请使用 scanf 替代 cin。

样例输入	样例输出
abcd aaaa ababab .	1 4 3

试题来源：Waterloo local 2002.07.01

在线测试：POJ 2406

试题解析

设字符串 s 的长度为 L=strlen(s+1)，字符串 s 的下标从 1 开始。

首先计算字符串 s 中每个前缀的散列函数值，即 hash[i]=(hash[i−1]*k+s[i])% mod（$1 \leqslant i \leqslant L$），然后按照长度递增的顺序枚举 s 中可能存在的相邻子串。若 L % x==0，则说明 s 中可能存在长度为 x 且满足相乘关系的相邻子串，即对于等长子串 $s_{1..x}$, $s_{x+1..2x}$,⋯, $s_{(n-1)*x+1..L}$，如果 hash[x]=hash[x+1..2x]=⋯=hash[(n−1)*x+1..L]，其中，子串 $s_{i-x+1..i}$ 的散列值为 (hash[i]−(hash[i−x]*k^x) %mod+mod)%mod，$n=\dfrac{L}{x}$，则相乘关系成立，即 s 为连续 n 个子串 a，s=a^n。由于此时子串长度 x 是最小的，因此次幂 $n=\dfrac{L}{x}$ 为最大，n 即为问题的解。

参考程序

```
#include <iostream>
#include <cstring>
using namespace std;
typedef long long ll;
char s[1001000];                          // 输入字符串
int mod=10009;                            // 模
int len,k=131;                            // s 的长度为 len
ll hash[1001000];                         // hash[i] 存储以第 i 个字符为尾的前缀的散列值
ll cal(int x,ll y)                        // 计算和返回 y^x % mod 的结果值
{
    ll re=1;                              // 结果值初始化
    while(x)                              // 分析次幂 x 的每一个二进制位
    {
        if(x&1) re=(re*y)%mod;            // 若当前位为 1，则累乘当前位的权并取模
        x>>=1;y=(y*y)%mod;                // 次幂 x 右移一位，计算该位的权后取模
    }
    return re;                            // 返回结果值
}
bool check(int x)                         // 若所有长度为 x 的相邻子串对应的散列函数值相
                                          // 等，则返回 true；否则返回 false
{
    ll cc=cal(x,(ll)k);                   // 计算 k^x % mod
    for(int i=(x<<1);i<=len;i+=x)         // 搜索字符 i（2*x ≤ i ≤ len）。若任一长度 i 的
        // 子串 s_{i-x+1..i} 的散列值不等于长度为 x 的前缀的散列值，则返回 false；否则返回 true
    {
        if((hash[i]-(hash[i-x]*cc)%mod+mod)%mod!=hash[x])
        {
            return false;
        }
    }
    return true;
```

```
}
int main()
{
    while(1)
    {
        scanf("%s",s+1);                    // 输入字符串
        len=strlen(s+1);                    // 计算字符串长度
        if(len==1 && s[1]=='.')             // 返回空串的次幂 0
        {
            return 0;
        }
        for(int i=1;i<=len;i++)             // 计算所有前缀的散列值
        {
            hash[i]=(hash[i-1]*k+s[i])%mod;
        }
        for(int i=1;i<=len;i++)             // 枚举可能的子串长度
        {
            if(len%i==0 && check(i))       // 若 s 能够划分出长度 i 的子串且所有相邻子串的散
                                           // 列值相等，则输出子串个数，并退出 for 循环
            {
                printf("%d\n",len/i);
                break;
            }
        }
    }
}
```

【6.2.2　Stammering Aliens】

Ellie Arroway 博士与一种外星文明建立了联系。然而，所有破解外星人信息的努力都失败了，因为他们遇上了一群口吃的外星人。Ellie 的团队发现，在每一条足够长的信息中，最重要的单词都会以连续字符的顺序出现一定次数的重复，甚至出现在其他单词的中间；而且，有时信息会以一种模糊的方式缩写，例如，如果外星人要说 bab 两次，他们可能会发送信息 babab，该信息已被缩写，在第一个单词中，第二个 b 被重用为第二个单词中的第一个 b。

因此，一条信息可能一遍又一遍地包含重复的相同单词。现在，Ellie 向你——S. R. Hadden 寻求帮助，以确定一条信息的要点。

给出一个整数 m 和一个表示信息的字符串 s，请你查找至少出现 m 次的 s 的最长子字符串。例如，在信息 baaaababababbababbab 中，长度为 5 个单词的 babab 包含 3 次，即在位置 5、7 和 12 处（其中下标索引从 0 开始），出现 3 次或更多次的子字符串不会比 5 更长（请参见样例输入中的第 1 个样例）；而且，在这条信息中，没有子串出现 11 次或更多次（请参见第 2 个样例）。如果存在多个解决方案，则首选出现在最右侧的子字符串（请参见第 3 个样例）。

输入

输入包含若干测试用例。每个测试用例在第一行给出一个整数 m（$m \geqslant 1$），表示最小重复次数；接下来的一行给出一个长度介于 m 和 40 000 之间（包括 m 和 40 000）的字符串 s。在 s 中，所有字符都是 a ～ z 的小写字符。最后一个测试用例由 m=0 标识，程序不用处理。

输出

对每个测试用例输出一行。如果无解，则输出 none；否则，在一行中输出两个用空格分隔的整数，第一个整数表示至少出现 m 次的子串的最大长度，第二个整数表示此子串的最右起始位置。

样例输入	样例输出
3 baaaababababbababbab 11 baaaababababbababbab 3 cccccc 0	5 12 none 4 2

试题来源：ACM 2009 South Western European Regional Contest

在线测试：HDOJ 4080，UVA 4513

 **试题解析**

本题给出一个整数 m 和一个字符串 s，寻找 s 的最长子串，使该子串在 s 中出现不小于 m 次；如果有多个不同子串满足条件，则选择最右侧开始的子串。输出子串的出现次数和最右侧子串的起始位置。

对于子串的长度采用二分法，如果当前长度的子串的重复次数超过 m 次，则二分右区间，看是否有更长的重复子串；否则二分左区间，找更短的重复子串。

用 hash 函数把字符串变成数字。

 **参考程序（略。本题参考程序的 PDF 文件和本题的英文原版均可从华章网站下载）**

【6.2.3　String】

给定一个字符串 s 及两个整数 L 和 M，我们称 s 的一个子串是"可恢复的"，当且仅当

1）子串的长度为 $M*L$；

2）这一子串通过串联 s 的 M 个"多样化"子串来构造，其中每个子串的长度为 L，而且这些子串不能有两个完全一样的串。

如果 s 的两个子串是从 s 的不同部分切下来的，则它们被认为是"不同的"。例如，字符串 "aa" 有 3 个不同的子串 "aa""a" 和 "a"。

请计算 s 的不同的"可恢复"子字符串的数量。

输入

输入包含多个测试用例，以 EOF 结束。

每个测试用例的第一行给出两个用空格分隔的整数 M 和 L。

每个测试用例的第二行给出一个字符串 s，它只包含小写字母。

s 的长度不大于 10^5，而且 $1 \leqslant M*L \leqslant s$ 的长度。

输出

对每个测试用例，在一行中输出答案。

样例输入	样例输出
3 3 abcabcbcaabc	2

试题来源：ACM 2013 Asia Regional Changchun

在线测试：HDOJ 4821，UVA 6711

试题解析

设字符串 s 的长度为 len，容器为 map[]，其中 map[i] 是 hash 值为 i 的块数。

首先，计算子串的 hash 值。

由右向左计算每个后缀的 hash 值，其中以第 i 个字符为首字符的后缀的 hash 值为 hash[i] = hash[i + 1] * base + (s[i] − 'a'+1)，i= len−1..0。

通过 hash[i]，可求出任意一个长度为 L 的子串的 hash 值：以 i 位置开始、长度为 L 的块 $s_{i..i+L-1}$，hash[i, i+L−1]= hash1[i] − hash1[i+L] * base^L，$0 \leqslant i \leqslant \text{len}-L$。

然后，计算不同的"可恢复"的子串数 ans。

枚举字符串起始位置 i，从 0 枚举到 L−1（$0 \leqslant i \leqslant L-1$）：将 map[] 初始化为空（mp.clear()）；以位置 i 为开始，每 L 个字符作为一块，计算每块的 hash 值，其中第 j 块为 $s_{i+j*L..i+(j+1)*L-1}$，$0 \leqslant j \leqslant \frac{\text{len}-i}{L}-1$。

将前 M 块插入到 map 中，同时记录不相同字符串的个数，如果不相同字符串的个数是 M，则满足要求。然后，将这个区间向右移，删掉第 1 块，加入第 M+1 块，同样记录不相同字符串的个数。过程如下。

每枚举 1 块，块数 cnt++，当前块进入 map[]（计算当前块的 hash 值 x；mp[x]++）。在 cnt ≥ M 的情况下：

- 若 cnt>M，则计算第 M+1 块的 hash 值 y，删除 hash 值为 y 的相同块（若 map[y] ≠ 0），map[y]−−。若 map[y] 变为 0，则 map[] 中 hash 值为 y 的元素全部清零）。
- 若 map[] 中的元素个数为 M（mp.size() == M），则不同的"可恢复"的子串数量 ans++。

枚举完块内的所有可能的首字符后，则 ans 即为问题的解。

参考程序

```
#include<iostream>
#include<map>
using namespace std;
#define maxn 100100
typedef unsigned long long  int ull;
char str[maxn];                                          // 字符串
ull xp[maxn];                                            // xp[i]=base^i
ull hash1[maxn];                                         // 散列表
ull base = 175;
map<ull, int>mp;                                         // 容器 map[]，其中 map[i] 是
                                                         // hash 值为 i 的块数
void init()                                              // 计算 xp[]，其中 xp[i]=base^i
{
    xp[0] = 1;
    for (int i = 1; i < maxn; i++) xp[i] = xp[i - 1] * base;
}

ull get_hash(int i, int L)                               // 计算以 i 位置开始、长度为 L
                                                         // 的子串 s_{i..i+L} 的 hash 值
{
    return hash1[i] - hash1[i+L] * xp[L];
}

int main()
```

```
{
    int M, L;
    init();
    while (scanf("%d%d",&M,&L)!=EOF)                    // 输入两个整数，直至输入 EOF 为止
    {
        scanf("%s", str);                               // 输入当前测试用例的字符串 s,
                                                        // 计算其长度 len
        int len = strlen(str);
        hash1[len] = 0;
        for (int i = len - 1; i >= 0; i--)              // 计算每个后缀的 hash 值
        {
            hash1[i] = hash1[i + 1] * base + (str[i] - 'a'+1);
        }
        int ans = 0;                                    // 不同的"可恢复"的子串数
                                                        // 初始化
        for (int i = 0; i < L; i++)                     // 枚举子串的首地址为 i、长度为
                                                        // L 的每一块
        {
            mp.clear();                                 // 容器 map[] 初始化为空
            int cnt = 0;                                // 首地址为 i、长度为 L 的块数初始化
            for (int j = 0; i + (j+1)*L-1 < len; j++)   // 枚举每一块，第 j 块为
                                                        // s_{i+j*L..i+(j+1)*L-1}
            {
                cnt++;                                  // 首地址为 i、长度为 L 的块数加 1
                ull tmp = get_hash(i + j*L,L);          // 计算第 j 块的 hash 值
                mp[tmp]++;                              // 第 j 块加入 map[]
                if (cnt >= M)                           // 若长度为 L 的块数不小于 M
                {
                    if (cnt > M)                        // 若长度为 L 的块数大于 M
                    {
                        ull tmp1=get_hash(i+(j - M)*L, L);// 计算第 M+1 块的 hash 值
                        if (mp[tmp1])                   // 若 map[] 存在相同块，则删去
                        {
                            mp[tmp1]--;
                            if(mp[tmp1]==0)mp.erase(tmp1);
                        }

                    }
                    if (mp.size() == M)ans++;           // 若 map[] 中的元素数为 M，则
                                                        // 不同的"可恢复"的子串数加 1
                }

            }
        }
        printf("%d\n", ans);                            // 输出不同的"可恢复"的子串数
    }
    return 0;
}
```

6.3　使用散列表与散列技术解题

与词典一样，散列表也是一种通过关键码（key）进行索引的广义类线性表。不同的是，词典索引项中的关键码 key 直接对应记录（或表项）的存储位置 address，需要通过顺序查找或二分查找检索词典中指定的记录（或表项）。而本节所介绍的方法则是在记录（或表项）的存储位置 address 与它的关键码 key 之间建立一个对应的函数关系 address=hash(key)，使每个关键码与结构中的唯一一个存储位置相对应。查找记录（或表项）时，首先计算 address=hash(key)，并在结构中取 address 位置的记录（或表项）。若关键码相同，则搜索成功。存储记录（或表项）时也同样计算 address=hash(key)，并将存储记录（或表项）存入

address 位置。这种方法即为散列方法，在散列方法中使用的函数即为散列函数，按照此方法构造出来的表或结构即为散列表。

问题是，不同关键字经散列函数可能计算出同一个散列值。如果当一个元素被插入时另一个元素已经存在（散列值相同），那么就产生一个冲突，需要消除这个冲突。有两种消除冲突的简单方法。

- 分离链接法：散列表 T 采用分离链接技术，即把散列函数值相同的关键字串成链表。
- 开放寻址法：散列表 T 的数据结构一般为一维数组，直接使用散列函数寻址。如果有冲突发生，那么就尝试选择另外的单元，直到找出空单元为止。散列函数一般按照线性探测法或二次线性探测法设计。

首先，我们介绍两个使用分离链接技术消除冲突的示例。

【6.3.1 Snowflake Snow Snowflakes】

你可能听说过没有两片雪花是相同的。请你编写一个程序来确定这个说法是否是真的。你的程序将输入一个雪花信息的集合，并寻找可能相同的一对雪花。每一片雪花有 6 个翼。对于每一片雪花，将会给出这 6 个翼的长度。相应地，翼长度相同的任何一对雪花被标识为可能相同。

输入

输入的第一行给出一个整数 n（$0 < n \leqslant 100\ 000$），表示后面要给出的雪花的片数。接下来给出 n 行，每行用 6 个整数描述一片雪花（每个整数至少为 0，小于 10 000 000），每个整数是这片雪花的一个翼的长度。翼的长度按环绕雪花的顺序（顺时针或逆时针）给出，从 6 个翼中的任何一个翼开始。例如，同一片雪花可以被描述为 1 2 3 4 5 6 或 4 3 2 1 6 5。

输出

如果所有的雪花都是不同的，则程序输出“No two snowflakes are alike.”。

如果有一对雪花是相同的，则程序输出“Twin snowflakes found.”。

样例输入	样例输出
2 1 2 3 4 5 6 4 3 2 1 6 5	Twin snowflakes found.

试题来源：Canadian Computing Competition 2007

在线测试：POJ 3349

 **试题解析**

每片雪花都有 6 个翼，用 6 个整数代表，这 6 个整数是从任意一个翼开始朝顺时针或逆时针方向遍历得到的。输入多个雪花，判断是否有形状一致的雪花。

我们使用散列技术求解。若雪花 6 个翼的长度为 $a_0a_1a_2a_3a_4a_5$，则散列值为：

$$h = \left(\sum_{i=0}^{5} a_i\right) \% 1\ 200\ 007$$

显然，不同的雪花可能产生同一个散列值。我们采用分离链接技术消除冲突，即把散列值相同的所有雪花串成一个链表，该链表的首指针设为 hash(h)。

这里要注意的是，每种雪花可以由多种数字组合表示。比如输入的是 1 2 3 4 5 6，则

2 3 4 5 6 1，3 4 5 6 1 2，…，6 5 4 3 2 1，5 4 3 2 1 6 等都是相同形状的。由于可从任一翼出发且可顺时针环绕或逆时针环绕一周，因此设顺时针的雪花序列为 num[0] 且逆时针的雪花序列为 num[1]。

num[0] 的指针序列设为 {0, 1, 2, 3, 4, 5, 0, 1, 2, 3, 4, 5}，从 num[0] 指针序列前 6 个数中的任一数 i（$0 \leqslant i \leqslant 5$）出发连数 6 个数，即可得到由 i 翼出发顺时针环绕一周的雪花。

num[1] 的指针序列设为 {5, 4, 3, 2, 1, 0, 5, 4, 3, 2, 1, 0}，从 num[1] 指针序列前 6 个数中的任一数 i（i=5…0）出发连数 6 个数，即可得到由 i 翼出发逆时针环绕一周的雪花。

解决了计算散列函数值和每种雪花的数字组合方案后，便可以展开算法：

```
依次读入每片雪花的数据：
  计算顺时针环绕和逆时针环绕一周的指针序列 num[0]、num[1]；
  顺序枚举出发翼 i（0 ≤ i ≤ 5）：
    if (i 翼出发顺时针或者逆时针 6 个翼的长度在散列表中存在)
      设雪花对相同标志为 true 并退出输入和计算过程
    else i 翼出发顺时针和逆时针的 6 个翼长度分别存入散列表；
      if 雪花对相同标志为 true
        输出 " Twin snowflakes found."
      else 输出 " No two snowflakcs are alike."
```

参考程序

```
#include <iostream>
using namespace std;

const int N=1200010;                                // 雪花数的上限
const int H=1200007;                                // 散列值的上限

struct Node                                         // 节点类型
{
    int num[6];                                     // 雪花的 6 个翼长
    int next;                                       // 后继指针
};
Node node[N];                                       // 雪花序列
int cur;                                            // 雪花指针
int hashTable[H];                                   // 散列表，其中散列值为 H 的链首指针为
                                                    //hashTable[H]

void initHash()                                     // 散列表初始化为空
{
    cur = 0;                                        // 雪花指针初始化为 0
    for (int i = 0; i < H; ++i) hashTable[i] = -1;  // 每条链的链首指针初始化为 -1
}

unsigned int getHash(int* num)                      // 返回雪花 num 的散列值
{
    unsigned int hash = 0;
    for (int i = 0; i < 6; ++i)    hash += num[i];
    return hash % H;
}

bool cmp(int* num1, int* num2)                      // 判断雪花对 num1 和 num2 是否相同
{
    for (int i = 0; i < 6; ++i)                     // 若雪花对 num1 和 num2 有任一翼的长度
                                                    // 不同，则返回 false
    {
        if (num1[i] != num2[i]) return false;
    }
```

```
    return true;                                    // 返回雪花对 num1 和 num2 的 6 个翼长度
                                                    // 完全相同的标志
}

void insertHash(int* num, unsigned int h)           // 将雪花 num 插入以 hashTable[h] 为首指
                                                    // 针的散列链首部
{
    for (int i = 0; i < 6; ++i) node[cur].num[i] = num[i];
    node[cur].next = hashTable[h];
    hashTable[h] = cur;
    ++cur;
}

bool searchHash(int* num)                  // 搜索雪花 num 对应的散列链 hashTable[h]: 链中出现
                                           // 与 num 相同的雪花，则返回 true; 否则 num 插入该链的首部
{
    unsigned h = getHash(num);             // 计算雪花 num 的散列值 h
    int next = hashTable[h];               // 搜索以 hashTable[h] 为首指针的散列链: 若链中出现与
                                           // num 相同的雪花，则返回 true
    while (next != -1)
    {
        if (cmp(num, node[next].num)) return true;
        next = node[next].next;
    }
    insertHash(num, h);                    // 将雪花 num 插入 hashTable[h] 的链首并返回 false
    return false;
}

int main()
{
    int num[2][12];                        // 顺时针序列 num[0] 和逆时针序列 num[1]
    int n;                                 // 雪花数
    bool twin = false;                     // 初始时标志雪花各不相同
    initHash();                            // 散列表初始化为空
    scanf("%d", &n);                       // 输入雪花片数
    while (n--)
    {
        for (int i = 0; i < 6; ++i) // 输入当前雪花 6 个翼的长度，计算顺时针序列 num[0]
        {
            scanf("%d", &num[0][i]);
            num[0][i + 6] = num[0][i];
        }
        if (twin) continue;                // 若出现过一对相同的雪花，则继续 while 循环
        for (int i = 0; i < 6; ++i) // 计算当前雪花的逆时针序列 num[1]
        {
            num[1][i + 6] = num[1][i] = num[0][5 - i];
        }
        for (int i = 0; i < 6; ++i) // 顺序枚举出发翼 i
        {
            if (searchHash(num[0] + i) || searchHash(num[1] + i)) // 若 i 翼出发顺时
                // 针或者逆时针的 6 个翼长度在散列表中存在，则设雪花对相同标志并退出当前 for 循环
            {
                twin = true;
                break;
            }
        }
    }
    if (twin) printf("Twin snowflakes found.\n");       // 输出有无相同雪花对的信息
    else printf("No two snowflakes are alike.\n");
    return 0;
}
```

【6.3.2　Eqs】

给出具有如下形式的等式：

$$a_1x_1^3+a_2x_2^3+a_3x_3^3+a_4x_4^3+a_5x_5^3=0$$

等式的系数是在区间 [−50，50] 内的整数。

满足等式的解 $(x_1, x_2, x_3, x_4, x_5)$ 会有多组，对于 $i\in\{1, 2, 3, 4, 5\}$，本题设定 $x_i\in[-50, 50]$，$x_i\neq 0$。

请确定有多少组解满足给出的等式。

输入

输入仅一行，给出用空格分开的 5 个系数 a_1、a_2、a_3、a_4 和 a_5。

输出

对于给出的等式，在一行中输出解的数目。

样例输入	样例输出
37 29 41 43 47	654

试题来源：Romania OI 2002

在线测试：POJ 1840

试题解析

我们使用散列技术求解本题。由于等式的系数是在区间 [−50，50] 内的整数，因此 x_1、x_2、x_3、x_4 和 x_5 的可能值有 100^5 个，存储量太大，必须精简。

$a_1x_1^3+a_2x_2^3+a_3x_3^3+a_4x_4^3+a_5x_5^3=0$ 等价于 $a_1x_1^3+a_2x_2^3+a_3x_3^3=-(a_4x_4^3+a_5x_5^3)$，不妨使用散列表存储 $a_1x_1^3+a_2x_2^3+a_3x_3^3$ 的数和，通过检索散列表中数和为 $-(a_4x_4^3+a_5x_5^3)$ 的元素个数来求解，这样，可将数组容量减少至 101^3=1 030 301。

关键是如何计算数和 num 对应的散列值 h。

由于散列表中存储的数和可以是负数，因此，我们使用两种方法计算散列值：

1）将数和 num 转换为正整数 numm：

$$\text{numm}=\begin{cases}\text{num} & \text{num}>0\\ -\text{num} & \text{否则}\end{cases}$$

2）设计数和 numm 对应的散列值 h：

$$h=(\text{numm}\%\text{MAXN}+\text{numm}/\text{MAXN})\%\text{MAXN}$$

后续参考程序中，MAXN 定义为 2 000 007。注意，模值不同，程序时效可能随之变化，散列函数的设计很多时候要靠运气。读者不妨试一试。

显然，不同的数和 num 可能产生同一个散列值 h。我们采用分离链接技术消除冲突，即把散列值相同的数和串成一个链表，该链表的首指针设为 hash(h)。

有了散列函数，我们便可以展开算法了。

首先，通过三重序号枚举 x_0、x_1 和 x_2 的可能值（$-50\leqslant x_0\leqslant 50$，$x_0\neq 0$；$-50\leqslant x_1\leqslant 50$，$x_1\neq 0$；$-50\leqslant x_2\leqslant 50$，$x_2\neq 0$；），将 $a_0*x_0^3+a_1*x_1^3+a_2*x_2^3$ 的所有可能数和存入散列链 h（$a_0*x_0^3+a_1*x_1^3+a_2*x_2^3$ 对应的散列值 h）中。

接下来，通过两重循环枚举 x_3、x_4 的所有可能值（$-50\leqslant x_3\leqslant 50$，$x_3\neq 0$；$-50\leqslant$

$x_4 \leqslant 50$，$x_4 \neq 0$），每枚举一对 x_3、x_4，统计散列链 h（$-(a_3*x_3^3+a_4*x_4^3)$ 对应的散列值 h）中的元素个数，并累计入 count。

显然，最后得出的 count 即为问题的解。

参考程序

```
#include<cstdio>                                          // 预编译命令
#include<cstring>
#define mem(a) memset(a,0,sizeof(a))                      // 定义数组变量清零命令
#define MAXN 2000007                                      // 散列值的上限
#define maxn 1030302                                      // 散列表的链长上限
#define lf(a) a*a*a                                       // lf(a)=a³
int hash[MAXN+5],next[maxn+5],index, sum[maxn+5];         // 关键字为 h 的链首指针为 hash[h],
                                                          // 链指针为 index，后继指针为
                                                          // next[index]，数和为 sum[index]

void insert(int num)                                      // 向散列表插入整数 num
{
    int numm=num>0?num:-num;                              // 将 num 转换为正整数 numm
    int h=(numm%MAXN+numm/MAXN)%MAXN;                     // 计算 numm 对应的散列函数关键字 h
    sum[index]=num;                                       // 将 num 插入 hash[h] 链的首部
    next[index]=hash[h];
    hash[h]=index++;
}
int is_find(int num)                                      // 计算散列表中数和为 num 的元素个数
{
    int number=0;                                         // 数和为 num 的数字个数初始化为 0
    int numm=num>0?num:-num;                              // 将 num 转换为正整数 numm
    int h=(numm%MAXN+numm/MAXN)%MAXN;                     // 计算 numm 对应的散列函数关键字 h
    int u=hash[h];                                        // 搜索 hash[h] 链，统计数和为 num
                                                          // 的数字个数

    while(u){
        if(sum[u]==num)number++;
        u=next[u];
    }
    return number;                                        // 返回数和为 num 的数字个数
}
int main()
{
    int a[5];
    while(~scanf("%d%d%d%d%d",&a[0],&a[1],&a[2],&a[3],&a[4]))// 反复输入 5 项系数，直
                                                          // 至输入 '0 0 0 0 0'
    {
        mem(sum); mem(hash);mem(next);                    // sum[]、hash[] 和 next[] 清零
        index=1;                                          // 链指针初始化
        int i,j,k,count=0;                                // 解的数目初始化
// 枚举 x0、x1 和 x2 的可能值，将 a0*x0³+a1*x1³+a2*x2³ 的数和存入散列表
        for(i=-50;i<=50;i++)if(i!=0)
           for(j=-50;j<=50;j++)if(j!=0)
            for(k=-50;k<=50;k++)if(k!=0) insert(a[0]*lf(i)+a[1]*lf(j)+a[2]*lf(k));
// 枚举 x3、x4 的可能值，将散列表中数和为 -（a3*x3³+a4*x4³）的元素个数累计入解的数目
        for(i=-50;i<=50;i++)if(i!=0)
          for(j=-50;j<=50;j++)if(j!=0) count+=is_find((-a[3])*lf(i)-a[4]*lf(j));
        printf("%d\n",count);
    }
    return 0;
}
```

使用散列技术会不可避免地产生冲突（不同关键字可能得到同一散列地址（即 key1 ≠ key2，hash(key1)=hash(key2)）。前两题介绍了消除冲突的分离链接技术，即把散列函数值相同的关键字串成链表。

下面介绍第二种方法——开放寻址法，即把散列表设计为一维数组，直接使用散列函数寻址。如果有冲突发生，那么就尝试选择另外的单元，直到找出空单元为止。

【6.3.3 10-20-30】

有一种称为10-20-30的用52张不考虑花色的纸牌的游戏。人头牌（K、Q、J）的值是10，A的值是1，任何其他牌的值是它们的面值（如2、3、4等）。牌从牌堆的顶端发起。先发7张牌，从左至右形成7组。当给最右边一组发了一张牌后，下一张牌就应发最左边的一组。每给一组发一张牌，查看这组牌的以下三张牌的组合的总和是否为10、20或30：

- 前两张和最后一张；
- 第一张和最后两张；
- 最后三张。

如果是这样，就抽出这三张牌并将其放在牌堆的底部。对于这个问题，总是按上面给出的顺序查看牌。按牌在组中出现的顺序将它们取出并放在牌堆的底部。当抽出三张牌时，又有可能出现三张可以抽出的牌。如果是这样，再将它们抽出。如此重复直至再也不能从这组牌中抽出符合条件的牌为止。

举例来说，假设有一组牌是5、9、7、3，5是第一张牌，然后发出6。前两张牌加最后一张牌（5+9+6）等于20。抽出这三张牌后，这组牌变成7、3。而牌堆的底部变成6，6上面的一张牌是9，9上面的一张牌是5（如图6.3-1所示）。

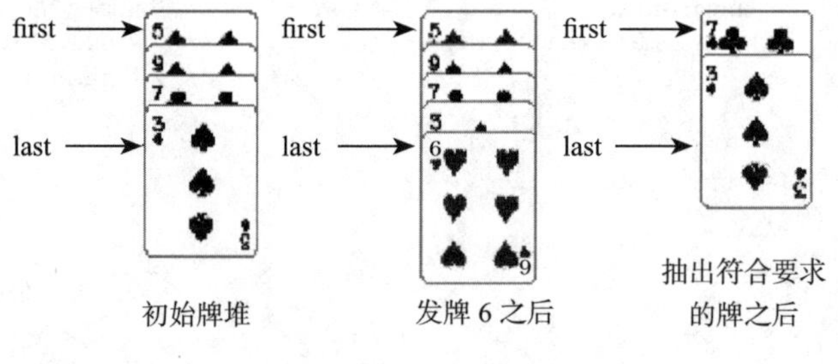

图 6.3-1

如果发的不是6而是Q，那么5+9+10=24，5+3+10=18，但7+3+10=20，因此最后三张牌可以抽走，剩下5、9（如图6.3-2所示）。

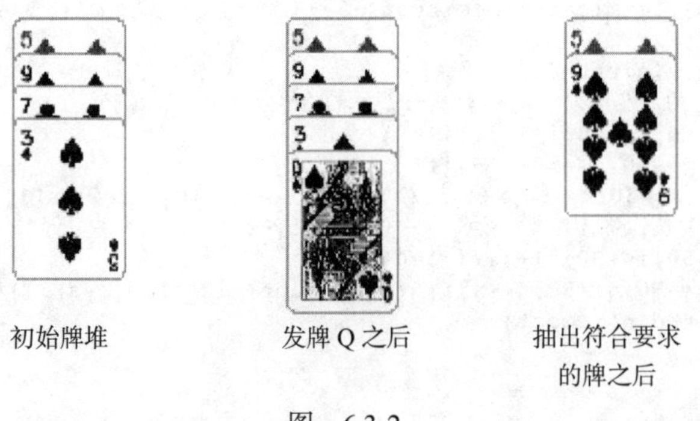

图 6.3-2

如果有一组只含有三张牌且这组牌的和为10、20或30，那么这组牌被抽走后就“消失”了。这就是说，随后的发牌将跳过现在成为空的这组牌的位置。当所有牌组都消失，你就获胜。当你无牌可发时，则游戏失败。当前两种情况都不发生时，则出现平局。编写一个程序，将初始的牌堆作为输入，完成 10–20–30 游戏。

输入

每组输入由 52 个整数组成，由空格和 / 或行结束（End Of Line）分开。整数表示初始牌堆的面值。第一个整数是牌堆顶端的牌。在最后一张牌后输入 0 标志输入结束。

输出

对每组输入，输出游戏结果是胜、负还是平局，并输出游戏结果决定前所发的牌数（假如游戏状态发生重复，意味着平局）。使用“输出范例”部分中的格式。

样例输入	样例输出
2 6 5 10 10 4 10 10 10 4 5 10 4 5 10 9 7 6 1 7 6 9 5 3 10 10 4 10 9 2 1 10 1 10 10 10 3 10 9 8 10 8 7 1 2 8 6 7 3 3 8 2 4 3 2 10 8 10 6 8 9 5 8 10 5 3 5 4 6 9 9 1 7 6 3 5 10 10 8 10 9 10 10 7 2 6 10 10 4 10 1 3 10 1 1 10 2 2 10 4 10 7 7 10 10 5 4 3 5 7 10 8 2 3 9 10 8 4 5 1 7 6 7 2 6 9 10 2 3 10 3 4 4 9 10 1 1 10 5 10 10 1 8 10 7 8 10 6 10 10 10 9 6 2 10 10 0	Win：66 Loss：82 Draw：73

*试题来源：*ACM 1996 *总决赛*

*在线测试：*UVA 246

试题解析

我们将游戏过程中手中牌和各堆牌的状况用字符串 s 表述。

（1）分隔定位每堆牌的区间

我们将 7 堆牌和手中的牌转化为字符串 s，并通过大写字母“ABCDEFGH”分隔的办法定位每堆牌的位置。例如，初始时输入 52 张牌的面值 $a[1..52]$，则

$$s="Aa[1]Ba[2]Ca[3]Da[4]Ea[5]Fa[6]Ga[7]Ha[8..52]"$$

$a[1..7]$ 为最先放入牌堆 1 ～牌堆 7 的七张牌，手中的牌为 $a[8..52]$，将之定义为牌堆 8。为了定位每堆牌在 s 中的首尾位置，设 sign[i] 为第 i 堆的标志（sign[1]='A', …, sign[7]='G', sign[8]='H'），该堆牌在 s 中的首尾指针分别为 $l[i]$ 和 $r[i]$。显然，$l[i]$ 为 s 中字符 sign[i] 的位置 +1，$r[i]$ 为 s 中字符 sign[i+1] 的位置 −1。

（2）使用散列技术判断重合情况

我们将字符串 s 设为状态。显然，当前状态若与先前状态重合，则说明继续玩下去是不可能有输赢的，应视为平局。为此，我们使用散列技术存储当前状态。状态 s 的散列函数设为

$$\text{hash}(s)=\left(\sum_{i=0}^{s.\text{size}-1}(s[i]-'0')*13^{s.\text{size}-1-i}\right)\%1\,999\,997$$

若不考虑花色，纸牌共有 13 个不同种类，我们将 s 中的每一位数码看作一个十三进制数。hash(s) 取 s 对应的十三进制数对素数 1 999 997（小于散列表长的最大素数）的余数。但这个散列函数并不完全可靠，因为不能保证散列值与状态一一对应。为此，我们采用开放寻址法消除冲突。

将 hash(s) 设为散列表中搜索状态 s 的首址；另外再设状态 s 的判重函数为 hash2(s)，该函数值取 s 对应的十三进制数对素数 10 000 009 的余数，即

$$\text{hash2}(s)=\left(\sum_{i=0}^{s.\text{size}-1}(s[i]-'0')*13^{s.\text{size}-1-i}\right)\%10\,000\,009$$

只有当 $\text{hash}(s_1)=\text{hash}(s_2)$、$\text{hash2}(s_1)=\text{hash2}(s_2)$ 时，才可确定状态 s_1 和 s_2 相同。

散列表为 h 和 key，其中 $h[f]$ 为状态存储标志。若 $h[f]==1$，则 key[f] 存储状态的判重函数值。

我们将对应同一散列函数值的所有状态存放在一个连续的存储空间中，即从单元 $f1$（$f1=\text{hash}(s)$）开始，设置一个连续的存储空间 $[f1, f1+1,\cdots]$，其中 $h[f1]=1$, key[$f1$]!=$f2$, $h[f1+1]=1$, key[$f1+1$]!=$f2$, …（$f2=\text{hash2}(s)$），即这些状态的判重函数值各不相同，都是非同一状态。若想要存储状态 s，则先计算 s 的散列值 $f1$ 和判重函数值 $f2$，然后从 $f1$ 单元开始，逐个单元搜索：若发现状态 s 已在散列表中（$h[f]==1$，key[f]=$f2$，$f1 \leqslant f$），则放弃存储；若发现状态 s 未在散列表中出现（$h[f]==0$，$f1 \leqslant f$），则设 $h[f]=1$，并将 s 的判重函数值存储在 key[f] 中（key[f]=$f2$）。

（3）模拟发一张牌给第 i 堆牌的过程

首先取手中的第 1 张牌（取出 s 中第 $l(8)$ 位置的字符 t，从 s 中删除该字符），放入第 i 堆牌尾（t 插入 s 的 $r(i)+1$ 位置）。

然后在第 i 堆牌中反复进行 3 种组合的处理，直至第 i 堆不少于 3 张牌（$r(i)-l(i) \geqslant 2$）或者无法组合为止。

若第 i 堆牌被取完（$r(i)<l(i)$），则标志该堆牌消失（$v[i]$=true）。

（4）模拟游戏过程

1）首先读入 52 张牌，计算初始状态 s；

2）计算 f=hash[s]，将 s 置入散列表（$h[f]=1$, key[f]=hash2[s]）；

3）堆序号 i 初始化为 1，发牌数 step 设为 7；

4）进入循环，直至产生结果为止。

累计所发牌数（step++），手中的首张牌发给第 i 堆，进行组合处理：

- 若状态 s 在散列表中存在，则输出“Draw”和发牌数 step，并退出程序；
- 若无牌可发（$l(8) \geqslant s$.size()），则输出“Loss”和发牌数 step，并退出程序；
- 若所有牌堆消失，则输出“Win”和发牌数 step，并退出程序。

寻找未消失的下一个牌堆 i（$i=(i\%7)+1$; while($v[i]$) $i=(i\%7)+1$），继续循环。

 **参考程序（略。本题参考程序的 PDF 文件和本题的英文原版均可从华章网站下载）**

6.4　相关题库

【6.4.1　Spell checker】

你是拼写检查程序开发团队的新成员。你要写一个模块，利用给出的字典，检查给出的单词的正确性。字典包括所有正确的单词。

如果某个单词在字典中不存在，那么你就从字典中用一个正确词来代替它，可以通过下述操作之一来获得这个词：

- 从单词中删去一个字母；
- 将单词中的一个字母用另一个字母替代；

- 在单词中插入一个字母。

请编写一个程序，对于给出的单词，从字典中找出所有可能的替代词。

输入

输入的第一部分给出字典中的所有单词。每个单词一行。这一部分以在单独一行中给出字符“#”为结束。所有的单词都是不同的，字典中至多有 10 000 个单词。

输入的下一部分则给出所有要被检查的单词。每个单词一行。这一部分也以在单独一行中给出字符“#”为结束。至多有 50 个单词要被检查。

输入中的所有单词（无论是字典中的单词还是要被检查的单词）都由小写字符组成，每个单词最多有 15 个字符。

输出

按照输入的第二部分中单词出现的顺序，对每个要被检查的单词输出一行。如果单词是正确的（即出现在字典中），则输出“<checked word> is correct”。如果该单词不正确，那么就先输出这个单词，然后输出字符“:”（冒号），接着输出一个空格，然后输出所有可能的替代单词，以空格分隔这些单词。这些替代的单词按其在字典（输入的第一部分）中出现的次序输出。如果这一单词没有替代词，则这一单词后面只有一个冒号。

样例输入	样例输出
i is has have be my more contest me too if award # me aware m contest hav oo or i fi mre #	me is correct aware: award m: i my me contest is correct hav: has have oo: too or: i is correct fi: i mre: more me

试题来源：ACM Northeastern Europe 1998

在线测试：POJ 1035，ZOJ 2040，UVA 671

提示

字典中每一个单词的名字或存储位置为单词序号，属性为单词串，这些构成了搜索匹配单词的索引项。由于字典中单词数的上限为 10 000，因此不妨采用顺序表的方式组织字典。

设字典为 dict[]，字典中的第 i 个单词为 dict[i]，字典的长度为 dictSize。首先，按照输入格式将 dictSize 个单词读入字典，然后依次输入被检查单词。每输入一个被检查单词 s，检查该单词在字典 dict[] 中是否存在。若字典中有单词 s，则输出正确信息（printf("%s is correct\n", s)）；若不存在，则按照下述方法依次分析字典中的每个单词。

1）dict[i] 与 s 等长的情况下，判断 dict[i] 是否与 s 仅有一个对应字母不同。若是，则表明 s 可通过替代一个字母达到正确。

2）dict[i] 的长度比 s 多 1 的情况下，判断可否在 s 中插入一个字母后达到与 dict[i] 相同。若可以，则 dict[i] 是一个替代单词。

3）s 的长度比 dict[i] 多 1 的情况下，判断可否在 s 中删去一个字母后与 dict[i] 相同。若可以，则 dict[i] 是一个替代单词。

3）和 2）本质上是一致的。在 s 中删去一个字母后与 dict[i] 相同，相当于 dict[i] 插入一个字母后与 s 相同。为此设计一个函数 match(s1[], slen1, s2[])，判断在 s1[] 的长度 slen1 比 s2[] 小 1 的情况下，可否在 s1[] 中插入一个字母后与 s2[] 相同。这个函数的算法如下。

先在 s1[] 和 s2[] 中按由左而右的顺序寻找第 1 个对应字符不同的位置 k；然后判断 s1[k]…s1[slen1] 是否与 s2[k+1]…s2[slen1+1] 相同。若是，则说明将字母 s2[k] 插入 s1 的 k 位置即可使 s1 和 s2 相同。

【6.4.2 Stack By Stack】

存在 n 个栈，按顺序命名为 s[1], s[2], s[3], ... ,s[n]。初始时所有的栈为空，执行下述步骤直到 s[n] 满。

如果没有一个栈是满的，则向 s[1] 加入数字 1, 2, 3, …直到它变满，否则，如果存在一个满栈 s[i]，则将其中的数据弹出并压入 s[i+1] 中 ，直到 s[i] 变空或 s[i+1] 变满。如果 s[i+1] 满了，而且在 s[i] 中还有数，则将 s[i] 中的数弹出。

输入

存在多个测试用例，每个测试用例有 3 行。第一行是一个整数 n（$1 \leqslant n \leqslant 1\,000$），表示栈的数量。第二行是 n 个整数 $c_1\ c_2 \cdots c_n$，其中 c_i（$1 \leqslant c_i \leqslant 1\,000\,000\,000$）是第 i 个栈的大小。第三行是两个整数 x 和 y（$1 \leqslant x \leqslant y \leqslant c_n$）。

处理到输入结束。

输出

对每个测试用例，输出一行，给出在 s[n] 中从下标 x 到下标 y 的数字的总和。下标从 1 开始，表示栈底。结果是带符号的 64 位整数。

样例输入	样例输出
1 100 1 100 2 2 4 1 3 3 5 3 5 3 4	5050 5 8

试题来源：ZOJ Monthly, May 2008

在线测试：ZOJ 2962

提示

给定 n 个栈，每个栈大小为 c_i（$1 \leqslant i \leqslant n$），现在进行如下操作：

1）若无栈满：将 $s[1]$ 装入 1, 2, …，即装满栈。

2）若有一个栈 $s[i]$ 已满：将 $s[i]$ 的内容逐个弹出，入栈 $s[i+1]$，直至 $s[i+1]$ 满或 $s[i]$ 空为止。注意：如果 $s[i+1]$ 先满且 $s[i]$ 非空，则清空 $s[i]$。

所有操作进行到栈 $s[n]$ 满为止。问：$s[n]$ 中从下标 x 到下标 y 的数字的总和是多少？

我们从栈 $s[n]$ 出发，按照出栈和入栈规则由后向前进行模拟，结果发现每个栈 $s[k]$ 的内容仅和它前一个栈 $s[k-1]$ 的内容有关，即为零个到多个的前一个栈倒置 + 前一个栈末尾的几个数倒置，也就是要知道栈 $s[k]$ 的内容，可以去栈 $s[k-1]$ 找。具体方法如下。

首先，计算 $s[k]$ 栈中区间的首尾下标 x 和 y 分别映射至 $s[k-1]$ 栈中的下标 nx 和 ny（$2 \leqslant k \leqslant n$）。

按照规则，若 $s[k]$ 栈中的下标 x 为 $s[k-1]$ 栈容量的整倍数（$x \% c_{k-1}==0$），则 x 对应 $s[k-1]$ 栈的下标 nx=1（图 6.4-1a）；否则 x 对应 $s[k-1]$ 栈的下标 nx=$c[k-1]-x \% c_{k-1}$（图 6.4-1b）。

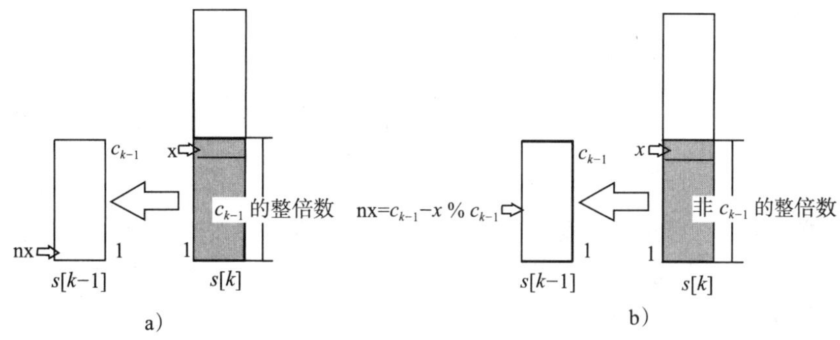

图　6.4-1

由此得到 $s[k]$ 栈中的区间 $[x, y]$ 对应 $s[k-1]$ 栈中的下标 nx 和 ny：

$$\text{nx}=\begin{cases}1 & x \bmod c_{k-1}=0 \\ C_{k-1}-x \bmod C_{k-1}+1 & x \bmod c_{k-1} \neq 0\end{cases}$$

$$\text{ny}=\begin{cases}1 & y \bmod c_{k-1}=0 \\ C_{k-1}-y \bmod C_{k-1}+1 & y \bmod c_{k-1} \neq 0\end{cases}$$

接下来，根据下标 nx 和 ny 计算 $s[k]$ 栈中的区间 $[x, y]$ 的数和。

1）若 $y-x$==nx−ny，则说明 $s[k]$ 栈中下标区间 $[x, y]$ 中的数字位于 $s[k-1]$ 栈中连续的下标区间 [nx, ny]，$s[k]$ 栈中区间 $[x, y]$ 的数和即为 $s[k-1]$ 栈中区间 [nx, ny] 的数和（图 6.4-2）。

2）若 $y-x\neq$nx−ny，则说明 $s[k]$ 栈中下标区间为 $[x, y]$ 的数字在 $s[k-1]$ 中是不连续的，其数和由三部分组成：

- $s[k-1]$ 栈中下标区间 [1, nx] 的数和 sum1；
- $s[k-1]$ 栈中下标区间 [ny, c_{k-1}] 的数和 sum2；

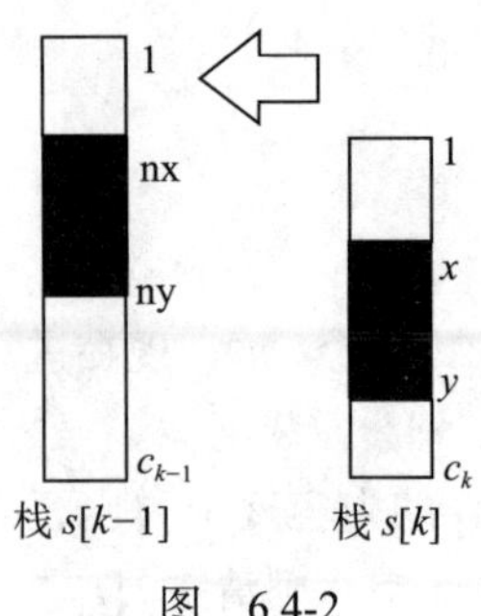

图　6.4-2

- $s[k-1]$ 栈满的数和的 $\left\lfloor \frac{(y-x+1)-\mathrm{nx}-(c_{k-1}-\mathrm{ny}+1)}{c_{k-1}} \right\rfloor$ 倍，sum3=($s[k-1]$ 栈满的数和)* $\left\lfloor \frac{(y-x+1)-\mathrm{nx}-(c_{k-1}-\mathrm{ny}+1)}{c_{k-1}} \right\rfloor$。

$s[k]$ 栈中下标区间 $[x, y]$ 的数和 sum=sum1+sum2+sum3（图 6.4-3）。

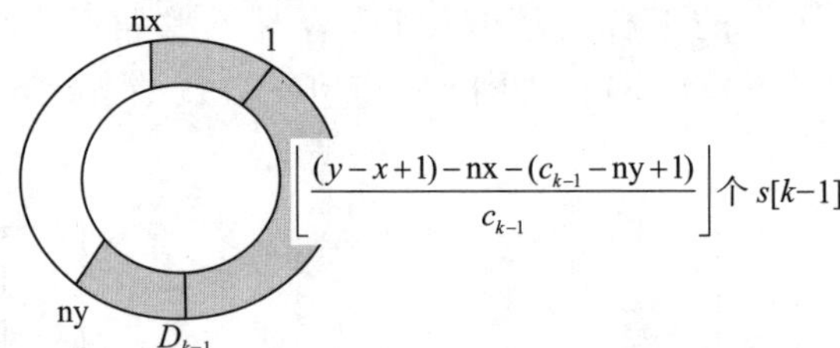

图　6.4-3

由上述分析，很容易想到使用回溯法来求解。为了缩短程序运行时间，采用散列表结构存储已计算出的答案。关键字为栈序号，由于栈数的上限仅为 1000，因此，栈序号直接作为散列表的存储位置，不必再经散列函数计算。散列表采用分离链接法，将栈 k 中所有下标区间及其数和存储在以 $f[k]$ 为表头的单链表中，其中单链表元素 $p[i].x$ 和 $p[i].y$ 为下标区间，数和为 $p[i].k$，后继指针为 $p[i]$.next。

我们设计一个递归函数 solve(x, y, k) 来计算和返回 $s[k]$ 中下标区间为 $[x, y]$ 的数和。程序 solve(x, y, k) 十分简练和清晰。

递归边界：

1）在 $f[k]$ 为表头的单链表中寻找区间 $[x, y]$ 的数和 sum（即满足 $x == p[i].x$ && $y == p[i].y$ 的 $p[i].k$）。若 $s[k]$ 中下标区间 $[x, y]$ 的数和已求出（sum $\neq 0$），则返回 sum。

2）若寻至第 1 个栈（k==1），则将数和 $\mathrm{sum} = \left\lfloor \frac{x+y}{2} \right\rfloor * (y-x+1)$ 和区间 $[x, y]$ 插入 $f[1]$ 为表头的单链表中，并返回 sum。

按照上述办法计算 x、y 对应 $s[k-1]$ 栈的下标 nx 和 ny。

若 [nx，ny] 为连续区间（$y - x$ == nx − ny），则递归计算和返回 $s[k-1]$ 栈中区间 [nx, ny] 的数和（solve(ny, nx, $k-1$)）。

按照上述办法，递归计算并返回下标 nx 和 ny 不连续的数和 sum= solve(ny, $c[k-1]$, $k-1$) + solve(1, nx, $k-1$)+ solve(1, $c[k-1]$, $k-1$) *((($y-x$ + 1)−nx−($c[k-1]$−ny + 1)) / $c[k-1]$) ｜ ($y-x$ + 1)−nx−($c[k-1]$−ny + 1) $\neq$ 0。

显然，在已知栈数 n、各栈容量 $c[i]$ 以及第 n 个栈的下标区间 $[x, y]$ 后，可直接调用 solve(x, y, n) 得到 $s[n]$ 中 $[x, y]$ 的数字总和。

【6.4.3　Squares】

正方形是一个四边形的多边形，每条边的长度相等，相邻的边形成 90° 角。而且，如果围绕它的中心旋转 90°，则产生相同的多边形。正方形并不是唯一具有后一种性质的多边形，正八边形也具有这样的性质。

我们都知道一个正方形是什么样的。但是，对于夜空中的一组星星，我们能找到所有由这些星星组成的正方形吗？为了简化这个问题，本题设夜空是一个二维平面，每个星星都由其 x 和 y 坐标标识。

输入

输入由若干测试用例组成。每个测试用例首先给出整数 n（$1 \leqslant n \leqslant 1000$），表示接下来给出的点数。接下来的 n 行每行给出一个点的 x 和 y 坐标（两个整数）。本题设定这些点是不同的，并且坐标的值小于 20 000。当 n=0 时，输入终止。

输出

对于每个测试用例，在一行中输出一个给出的星星所形成的正方形的数目。

样例输入	样例输出
4 1 0 0 1 1 1 0 0 9 0 0 1 0 2 0 0 2 1 2 2 2 0 1 1 1 2 1 4 -2 5 3 7 0 0 5 2 0	1 6 1

试题来源：ACM Rocky Mountain 2004

在线测试：POJ 2002

提示

给出 n 个点的坐标，请计算这些点能够形成多少个正方形。由于点数的范围是 [1, 1000]，如果通过枚举 4 个点判断是否构成正方形，就会超时。

本题算法如下。对所有点求散列值，构建点集的散列表。(x,y) 对应的散列值为

$$h = (x*x+y*y) \% 100\,007$$

由于不同点可能对应于同一散列值 h，因此采用分离链接法，即把散列函数值相同的所有点连成链表存放在散列表 hash[h] 中。链表采用数组结构，编号为 x 的点的后继点编号为 next[x]。

接下来，枚举所有可能的点对 (x_1, y_1) 和 (x_2, y_2)，计算出另外两个点的坐标 (x_3, y_3) 和 (x_4, y_4)，其中

$$x_3= x_1+(y_1-y_2)，y_3= y_1-(x_1-x_2)，x_4= x_2+(y_1-y_2)，y_4= y_2-(x_1-x_2)$$

或者

$$x_3= x_1-(y_1-y_2)，y_3= y_1+(x_1-x_2)，x_4= x_2-(y_1-y_2)，y_4= y_2+(x_1-x_2)$$

检查在点集的散列表中是否存在计算出来的两个点 (x_3, y_3) 和 (x_4, y_4)，若存在，则说明存在 (x_1, y_1)、(x_2, y_2)、(x_3, y_3) 和 (x_4, y_4) 构成一个正方形。算法的时间复杂度是 $O(n^2)$。

上述算法会使同一个正方形按照不同的顺序被枚举 4 次，因此最后的结果需除以 4。

第7章

线性表排序的编程实验

排序就是将一组杂乱无章的数据按一定的规律顺序排列起来。在计算机数据处理中，这是一项经常要做的基础性工作。

由于待排序对象的数据类型同一且需要标明位置，因此通常采用数组的存储结构。若待排序元素含多个数据域，则可采用结构类型数组，或者每个数据域用一个数组存储。在多个数据域中，其中的一个数据域或若干数据域构成关键字域 key，它是排序的依据，整数、实数、字符串等类型的数据都可以作为 key，在 key 的数据类型上定义了递增（或递减）的顺序关系，其他数据域称为卫星数据，即它们都是以 key 为中心的。例如学生成绩表有年级、班级、学号、各学科成绩、平均成绩等。如果按照平均分对学生排序的话，则平均成绩为 key，年级、班级、学号和各学科成绩为卫星数据。在一个实际的排序算法中，当对 key 值重排时，卫星数据也要跟着 key 值一起移动。对于排序算法来说，不论待排序对象是单个数值还是结构类型的元素，它们的排序方法都是一样的，都要求数组元素按照 key 值递增（或递减）的顺序重新排列。在排序时，待排序记录的 key 值可能有相同者，如果 key 值相同的记录是按照输入的先后顺序重排的话，则称排序有较好的稳定性。

排序算法是算法学习中最基本的问题。有些问题本身就是排序问题，例如在成绩统计中，根据平均分或某一学科的成绩对学生排序；而许多算法通常把排序作为关键子程序。例如使用贪心策略解题时，经常需要引用排序的子程序，对待处理的数据先进行排序。排序的算法很多，例如冒泡排序、计数排序、快速排序、合并排序等，各类数据结构教科书对这些排序算法都有详尽的阐释，本章不再赘述，本章主要是展开利用 STL 中自带的排序功能编程和应用排序算法求解问题。

7.1 利用 STL 中自带的排序功能编程

STL（Standard Template Library，标准模板库）是 C++ 标准程序库的核心，它封装了许多数据结构和算法，包括排序功能。例如，STL 的关联容器 map 提供一对一（关键字与关键字值一一映射）的数据处理能力，利用 map 可以简化数据处理的过程。我们不妨举一个实例。

学生的姓名与成绩存在一一映射的关系，用 map 类的基本容器就可以轻易描述这个模型：在程序首部通过预编译命令“#include<map>”导入 map 类的基本容器。程序中对容器 mapStudent 做出如下模板声明：

```
map<string, int>mapStudent
```

按照上述声明，学生的姓名用 string 描述，成绩用 int 描述，所有学生的信息以“mapStudent[姓名串]= 成绩”的形式存储在基本容器 mapStudent 中，编译系统自动按照姓名的字典序排列 mapStudent[]。正是这个特性，为处理姓名和成绩的一对一关系提供了编程捷径。

【7.1.1 Hardwood Species】

硬木是指能长出水果或坚果的阔叶树种，是在冬季不生长的树。

美国的温带气候使得森林中存在着数百种的硬木，这些树有着某些共同的生物学特性。虽然橡树、枫树、樱桃树都是阔叶树种，但它们是不同的物种。所有的阔叶树占美国树木的百分之四十。

而另一方面，软木或针叶树，来自拉丁语，意思是“锥体形状”，表示树叶是针状的。美国的软木包括软木杉、冷杉、铁杉、松、红杉、云杉和桧。软木主要在家庭中作为结构木材进行装饰应用。

利用卫星影像技术，自然资源部门编辑了某一天每一种树的清单。请你来计算每种树占树的总数的比例，以小数表示。

输入

输入包括卫星观测到的每一棵树的物种列表，每棵树占一行。没有任何物种名称超过30个字符。物种不会超过10 000种，树木的数目不超过1 000 000。

输出

按字母顺序输出每个物种，后面跟着该物种在树中所占的比例，结果精确到4位小数。

样例输入	样例输出
Red Alder Ash Aspen Basswood Ash Beech Yellow Birch Ash Cherry Cottonwood Ash Cypress Red Elm Gum Hackberry White Oak Hickory Pecan Hard Maple White Oak Soft Maple Red Oak Red Oak White Oak Poplan Sassafras Sycamore Black Walnut Willow	Ash 13.7931 Aspen 3.4483 Basswood 3.4483 Beech 3.4483 Black Walnut 3.4483 Cherry 3.4483 Cottonwood 3.4483 Cypress 3.4483 Gum 3.4483 Hackberry 3.4483 Hard Maple 3.4483 Hickory 3.4483 Pecan 3.4483 Poplan 3.4483 Red Alder 3.4483 Red Elm 3.4483 Red Oak 6.8966 Sassafras 3.4483 Soft Maple 3.4483 Sycamore 3.4483 White Oak 10.3448 Willow 3.4483 Yellow Birch 3.4483

提示：本问题有海量的输入，请使用scanf而不是用cin，以避免超时。

试题来源：Waterloo Local 2002.01.26

在线测试：POJ 2418

试题解析

设物种名为 x 的树木的棵数为 $h[x]$，树木总棵数为 n。我们首先根据输入信息统计每类物种的树木的棵数和树木总棵数，然后按照树木名的字典序输出每类物种在树中所占的比例 $\frac{h[x]}{n}$。

物种名（关键字）与该物种的棵数（关键字值）是一对一的数据关系。由于 map 库会自动排序关键字，因此 h 表采用 map 类的关联容器，使得表元素自动按照物种的字典序排列，这样可避免输出前编程排序物种名的麻烦。

参考程序

```
#include<iostream>                    // 预编译命令
#include<string>
#include<map>                         // 导入 map 类的基本容器
using namespace std;                  // 使用 C++ 标准程序库中的所有标识符
typedef map<string,int> record;       // record 为 map 类的基本容器
record h;                             // 树名 x 的棵数为 h[x]
string s;                             // 树名串
int n;                                // 树木总数
int main(){
    n=0;                              // 树木总数初始化
    while (getline(cin,s)){           // 输入物种列表，统计树木总数和每类物种的树木棵数
        n++;
        h[s]++;
    }
    for (record::iterator it=h.begin();it!=h.end();it++){      // 顺序搜索 h 表中的每
      // 个物种（h 表按照物种的字典序排列）
        string name=(*it).first;                               // 取当前树名
        int k=(*it).second;                                    // 取该类树的棵数
        printf("%s %.4lf\n",name.c_str(),double(k)*100/double(n)); // 输出树名
            // 和该树在树中所占的比例
    }
}
```

STL 中自带排序函数 sort，该函数对给定区间所有元素进行排序。要使用此函数只需在程序首部导入：

```
#include <algorithm>
```

即可使用 sort，因为头文件 algorithm.h 里包含 sort() 函数。sort() 函数有以下两种用法。

1）直接按升序排序。

语法描述：sort(l，r)。

对区间 [l，r] 内所有元素按升序进行排序。

2）自编比较函数。

语法描述：sort(l，r，compare)。

其中第 1、2 个参数表示区间 [l，r]，第 3 个参数 compare 是自己编写的比较函数。一般用于降序或多关键字的排序。

注意，被 sort 函数排序的对象都是可以随机访问的元素，例如数组元素，但不能是依次序访问的元素，如链表（list）、队列（queue）中的元素。

【7.1.2　Who's in the Middle】

FJ 调查他的奶牛群，他要找到最一般的奶牛，看最一般的奶牛产多少牛奶：一半的奶

牛产奶量大于或等于这头奶牛，另一半的奶牛产奶量小于或等于这头奶牛。

给出奶牛的数量：奇数 N ($1 \leqslant N<10\ 000$) 及其产奶量 (1 ～ 1 000 000)，找出位于产奶量中点的奶牛，要求一半的奶牛产奶量大于或等于这头奶牛，另一半的奶牛产奶量小于或等于这头奶牛。

输入

第 1 行：整数 N。

第 2 行到第 N+1 行：每行给出一个整数，表示一头奶牛的产奶量。

输出

一个整数，它是位于中点的产奶量。

样例输入	样例输出
5 2 4 1 3 5	3

试题来源：USACO 2004 November

在线测试：POJ 2388

试题解析

本题十分简单，只要递增排序 N 头奶牛的产奶量，排序后的中间元素即为位于中点的产奶量

我们可以直接使用头文件 algorithm.h 里的 sort() 函数进行排序，排序函数 sort(l，r) 将区间 [l，r] 内的奶牛按产奶量升序的要求排列。

参考程序：

```
#include<iostream>                          // 预编译命令
#include<algorithm>                         //algorithm.h 头文件里有函数 sort() 的定义
using namespace std;                        // 使用 C++ 标准程序库中的所有标识符
const int maxn=11000;                       // 奶牛数的上限
int a[maxn],n;                              // 产奶量序列和奶牛数
int main(){
    cin>>n;                                 // 输入奶牛数
    for (int i=1;i<=n;i++) cin>>a[i];       // 输入每头奶牛的产奶量
                                            // 将序列快速排序后输出中间项即可
    sort(a+1,a+n+1);
    cout<<a[(n+1)/2]<<endl;                 // 输出位于中点的产奶量
}
```

【7.1.3 ACM Rank Table】

ACM 比赛过程由一个特定的软件来管理。这一软件接收并判断参赛队的解答程序（试题的解答提交裁判称为运行），在排名表上显示结果。规则如下：

1）每一次运行会被判为正确或者错误；

2）一支队伍只要对一个问题提交的运行中有一个被判为正确，则这一问题被判定为被这一队解出；

3）每道被解出试题的用时是从竞赛开始到该试题的解答被第一次判定为正确为止（以分钟为单位），其间在被判定为正确前每一次错误的运行将被加罚 20 分钟的时间，未正确解答的试题不计时。

4）总用时是每道解答正确的试题的用时之和。

5）队伍根据解题数目进行排名，如果多支队伍解题数量相同，则根据总用时从少到多进行排名。

6）时间以分钟为单位，但实际的时间以秒为单位，在对队伍进行排名时精确到秒。

7）按上述规则，排名相同的队伍按队号的增序排名。

给出了 N 次运行及其提交时间和运行结果，请计算 C 支队伍的排名。

输入

输入给出整数 C 和 N，后面跟着 N 行，每行给出 4 个整数 c_i、p_i、t_i 和 r_i，其中 c_i 是队号，p_i 是题号，t_i 是以秒为单位的提交时间，r_i 是运行结果，正确为 1，其余为 0。其中 $1 \leqslant C, N \leqslant 1000$，$1 \leqslant c_i \leqslant C$，$1 \leqslant p_i \leqslant 20$，$1 \leqslant t_i \leqslant 36000$。

输出

输出为 C 个整数——按排名的队号。

样例输入	样例输出
3 3 1 2 3000 0 1 2 3100 1 2 1 4200 1	2 1 3

试题来源：ACM Northeastern Europe 2004, Far-Eastern Subregion

在线测试：POJ 2379

试题解析

设提交序列为结构数组 a，其中第 i 次提交的队号为 $a[i].c$、提交时间为 $a[i].t$、题号为 $a[i].p$、运行结果为 $a[i].r$（$1 \leqslant i \leqslant n$）；队伍序列为结构数组 t，其中第 i 支队伍的队号为 $t[i]$.id，解答正确的题数为 $t[i]$.ac，计时为 $t[i].t$，第 j 题解答错误的次数为 $t[i].p[j]$，第 k 题解答正确的标志为 $t[i]$. sol[k]（$1 \leqslant i \leqslant C$，$1 \leqslant k$，$j \leqslant n$）。

首先，按照提交时间先后排序 n 个提交操作，即以 a 序列元素的 t 域为关键字，按递增顺序重新排列 a。

然后依次处理 a 序列的每个提交（$1 \leqslant i \leqslant n$）：

1）计算第 i 次提交的队号 x（$=a[i].c$），题号为 y（$=a[i].p$）；

2）若先前 x 队未曾解出 y 题（$t[x]$.sol[y]==0），则：

- 若 y 题运行错误（$a[i].r$==0），则累计 x 队解 y 题的错误次数（$t[x].p[y]$++）；
- 若 y 题运行正确（$a[i].r$==1），则统计 x 队的计时（$t[x].t$+=1200*t[x].$p[y]$+a[i].t），累计正确题数（$t[x]$.ac++），并标记 x 队已解出 y 题（$t[x]$.sol[y]=1）。

最后按照正确解题数为第 1 关键字（递减顺序）、计时数为第 2 关键字（递增顺序）、队号为第 3 关键字（递增顺序）排列 n 支队伍，输出每支队伍的序号 $t[1]$.id…$t[n]$.id。

程序需要对 a 数组和 t 数组排序。在解答中为这两个排序分别编写比较函数，可直接利用 STL 中自带的 sort 函数排序，简化程序。

参考程序

```
#include<iostream>                                  // 预编译命令
#include<algorithm>
using namespace std;                                // 使用 C++ 标准程序库中的所有标识符
const int maxn=1100;
struct judgement{                                   // 提交的结构定义
    int c,t,p,r;                                    // 当前提交的队号、提交时间、题号、运行结果
};
struct team{                                        // 队伍的结构定义
    int id,ac,t;                                    // 队号为 id，解答正确的题数为 ac，计时为 t
    int p[25];                                      //p[i] 为 i 题解答错误的次数
    bool sol[25];                                   //sol[i] 为 i 题解答正确的标志
};
bool cmp_t(const judgement &a,const judgement &b){  // 按照提交时间的先后比较 a 和 b
    return a.t<b.t;
};
bool cmp_ac(const team &a,const team &b){ // 按照正确解题数为第 1 关键字（递减顺序）、计时数
                                          // 为第 2 关键字（递增顺序）、队号为第 3 关键字（递
                                          // 增顺序）比较 a 和 b

    if (a.ac!=b.ac) return a.ac>b.ac;
    if (a.t!=b.t) return a.t<b.t;
    return a.id<b.id;
};
judgement a[maxn];                                  // 提交序列
team t[maxn];                                       // 队伍序列
int n,m;                                            // 队伍数和提交次数
int main(){
    memset(a,0,sizeof(a));                          // 提交序列和队伍序列初始化
    memset(t,0,sizeof(t));
    cin>>n>>m;                                      // 输入队伍数和提交次数
    for (int i=1;i<=m;i++) cin>>a[i].c>>a[i].p>>a[i].t>>a[i].r;  // 输入每次提交的
       // 队号、题号、提交时间、运行结果
    for (int i=1;i<=n;i++) t[i].id=i;               // 记下每支队伍的序号
    sort(a+1,a+m+1,cmp_t);                          // 按照提交时间的先后排序 a 数组
    for (int i=1;i<=m;i++){                         // 按照时间先后处理每个提交
        int x=a[i].c,y=a[i].p;                      // 第 i 次提交的队号为 x，题号为 y
        if (t[x].sol[y]) continue;                  // 若先前 x 队已解出 y 题，则处理下一次提交
        if (a[i].r){                                // 若该题运行正确，则统计 x 队的计时，累计正确题
                                                    // 数并标记 x 队已解出 y 题；否则累计 x 队解 y 题的
                                                    // 错误次数
            t[x].t+=1200*t[x].p[y]+a[i].t;
            t[x].sol[y]=1;
            t[x].ac++;
        } else t[x].p[y]++;
    }
        sort(t+1,t+n+1,cmp_ac);                     // 按照正确解题数为第 1 关键字（递减）、计时数为第
                                                    //2 关键字（递增）、队号为第 3 关键字（递增）排序 t 数组
    for (int i=1;i<n;i++) cout<<t[i].id<<' ';       // 按排名输出队号
    cout<<t[n].id<<endl;
}
```

7.2　应用排序算法编程

STL 中自带的排序功能将排序函数“封装打包”，程序员只要“黑箱操作”——按接口的规范要求提供参数即可完成排序任务，被调用的函数仅提供结果，并不展示排序过程的实现细节。但有些排序问题既要求结果又要求过程，例如，列举排序过程中数据的最少交换次数、计算数据序列中逆序对的个数等。这就需要程序员自己编写序程序来解决问题。

【7.2.1　Flip Sort】

在计算机科学中，排序是一个重要的部分。如果给出已经被排序的数据，问题可以更有效地解决。已经有一些复杂度为 O（$n\lg n$）的优秀排序算法。本题讨论一种新的排序方法，在这个方法中只有一种操作（翻转），你可以交换两个邻接的项。也可以用这一方法对一个数据集合进行排序。

给出一个整数集合，使用上述方法将这些数据按升序排列。请给出要进行翻转的最小次数。例如，对“1 2 3”进行排序就不需要进行翻转操作，而对“2 3 1”进行排序，要进行至少两次翻转操作。

输入

输入开始给出一个正整数 N（$N \leqslant 1000$）。后面的若干行给出 N 个整数。输入以 EOF 结束。

输出

对每个数据集合输出“ Minimum exchange operations : M”，其中 M 是进行排序要执行的最小翻转操作。对每个测试数据输出一行。

样例输入	样例输出
3 1 2 3 3 2 3 1	Minimum exchange operations : 0 Minimum exchange operations : 2

在线测试：UVA 10327

试题解析

设初始序列为 $a[1]\cdots a[n]$，最小翻转次数 ans 初始化为 0。我们通过模拟冒泡排序过程计算最小翻转次数。

反复循环，其中第 i 次循环从 $a[1]$ 出发，逐一比较相邻两个数 $a[i]$ 和 $a[i+1]$($1 \leqslant i \leqslant n-1$))：若发现 $a[i]>a[i+1]$，则进行一次翻转操作（$a[i]$ 交换 $a[i+1]$），翻转次数 ans++, 直至第 i 大的数字放入 $a[n-i+1]$ 为止。

若某次循环过程中没有翻转操作，则说明递增序列产生，ans 即为问题解。

参考程序

```
#include<iostream>                                    // 预编译命令
using namespace std;                                  // 使用 C++ 标准程序库中的
                                                      // 所有标识符
const int maxn=1100;                                  // 整数个数的上限
int n,a[maxn];                                        // 整数个数为 n，初始序列为 a
int main(){
    cin>>n;                                           // 输入第 1 个测试用例的整
                                                      // 数个数
    while (!cin.eof()){
        for (int i=1;i<=n;i++) cin>>a[i];             // 输入初始序列
        bool flag=1;                                  // 数据交换标志初始化
        int ans=0;                                    // 最小翻转次数初始化
        while (flag){                                 // 模拟冒泡排序过程，直至
                                                      // 无数据交换为止
            flag=0;                                   // 数据交换标志初始化
```

```
            for (int i=1;i<n;i++) if (a[i]>a[i+1]) {          // 搜索所有相邻元素
                swap(a[i],a[i+1]);                             // 若出现逆序情况，则交换
                flag=1;                                        // 设数据交换标志
                ans++;                                         // 累计逆序对个数
            }
        }
        cout<<"Minimum exchange operations : "<<ans<<endl; // 输入逆序对个数
        cin>>n;                                            // 输入下一个测试用例
                                                           // 的整数个数
    }
    system("pause");
}
```

【7.2.2　Ultra-QuickSort】

在本题中，你要分析一个特定的排序算法 Ultra-QuickSort。这个算法是将 n 个不同的整数由小到大进行排序，算法的操作是在需要的时候将相邻的两个数交换。例如，对于输入序列 9 1 0 5 4，Ultra-QuickSort 产生输出 0 1 4 5 9。请你算出 Ultra-QuickSort 最少需要用到多少次交换操作，才能对输入的序列由小到大排序。

输入

输入由几组测试用例组成。每组测试用例第一行给出一个整数 n（n<500 000），表示输入序列的长度。后面的 n 行每行给出一个整数 $0 \leqslant a[i] \leqslant 999\ 999\ 999$，表示输入序列中第 i 个元素。输入以 n=0 为结束，这一序列不用处理。

输出

对每个测试用例，输出一个整数，它是对于输入序列进行排序所做的交换操作的最少次数。

样例输入	样例输出
5 9 1 0 5 4 3 1 2 3 0	6 0

试题来源：Waterloo local 2005.02.05

在线测试：POJ 2299，ZOJ 2386，UVA 10810

试题解析

如果用最直接、最简易的方法——“搜索思想”来设计算法，可以用两重循环枚举数列的每个数对（A_i，A_j）（$i<j$），检验 A_i 是否大于 A_j，然后统计“逆序对”的数目。这种算法虽然简洁，但时间复杂度为 $O(n^2)$，当 n 很大时，相应的程序速度非常慢。搜索思想并不是这道题的最佳选择。那么有没有更好的思路呢？有——分治思想。

下面用“分治思想”来设计算法，可成功地将时间复杂度降为 $O(n\log n)$。

假设当前求的是子数列 $A[l..r]$ 的逆序数，记为 $d(l, r)$。

1）分治：将子数列 $A[l..r]$ 等分成两部分 $A[l..\text{mid}]$ 和 $A[\text{mid}+1..r]$($\text{mid}=\left\lfloor \frac{l+r}{2} \right\rfloor$)。如果逆序对中的两个数分别取自子数列 $A[l..\text{mid}]$ 和 $A[\text{mid}+1..r]$，则该类逆序对的个数记入 $f(l, \text{mid}, r)$。显然 $d(l, r)=d(l, \text{mid})+d(\text{mid}+1, r)+f(l, \text{mid}, r)$。

2) 合并：计算 $f(l,\text{mid},r)$ 的快慢是算法时效的瓶颈，如果摆脱不了“搜索思想”的影响，依然用两重循环来算的话，其时效不会提高。下面的方法只是给数列加了一个要求，不仅使合并的时间复杂度降为线性时间，而且可以顺便将数列排序。

我们要求计算出 $d(l,r)$ 后，数列 $A[l..\text{r}]$ 已排序。这样一来，当求出 $d(l,\text{mid})$ 和 $d(\text{mid}+1,r)$ 后，$A[l，\text{mid}]$ 和 $A[\text{mid}+1，r]$ 已排序。

设指针 i、j 分别指向 $A[l..\text{mid}]$ 和 $A[\text{mid}+1..r]$ 中的某个数，且 $A[\text{mid}+1]$，…，$A[j-1]$ 均小于 $A[i]$，但 $A[j] \geqslant A[i]$，那么 $A[\text{mid}+1..r]$ 中比 $A[i]$ 小的数共有 $j-\text{mid}-1$ 个，如图 7.2-1 所示，将 $j-\text{mid}-1$ 计入 $f(l，\text{mid}，r)$。

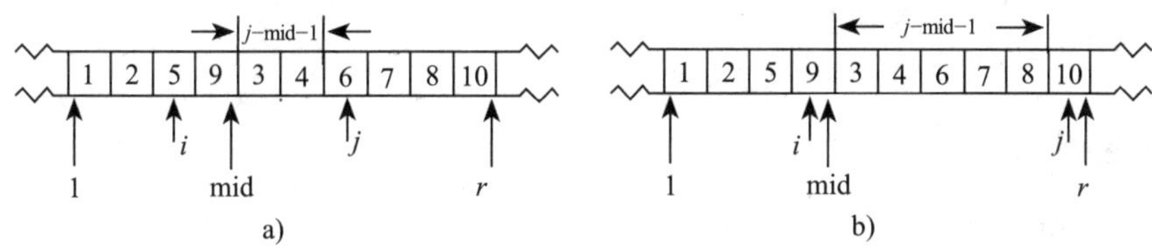

图　7.2-1

由于 $A[l..\text{mid}]$ 和 $A[\text{mid}+1..r]$ 均已排序，因此只要顺序移动 i、j 就能保持以上条件，这是合并的时间复杂度为线性时间的根本原因。例如由图 7.2-1a 的状态到图 7.2-1b 的状态只需将 i 顺序移动一个位置，将 j 顺序移动三个位置。

其实这与合并排序的合并过程是同样的（合并排序本身就是“分治思想”的例子），因此将合并排序稍做修改就得到求数列逆序数的代码。最后还要将 $A[l..r]$ 排序，使数列满足前面的要求，而这只需用合并排序的合并过程即可。紧凑的代码能将求逆序数和排序同时完成。

参考程序

```
#include<iostream>                                  // 预编译命令
#define lolo long long
using namespace std;                                // 使用 C++ 标准程序库中的所有标识符

const lolo maxn=510000;                             // 序列长度的上限

lolo n,a[maxn],ans,t[maxn];                         // 序列长度为 n，输入序列为 a，合并序列为 t，
                                                    // 逆序对个数为 ans

void Sort(lolo l,lolo r){                           // 用合并排序求逆序对
    if (l==r) return;                               // 若排序完成，则回溯
    lolo mid=(l+r)/2;                               // 计算中间指针
    Sort(l,mid);                                    // 排序左子区间
    Sort(mid+1,r);                                  // 排序右子区间
    lolo i=l,j=mid+1,now=0;                         // 左右区间指针和合并区间指针初始化
    while (i<=mid&&j<=r){                           // 若左右子区间未合并完，则循环
        if (a[i]>a[j]){
            ans+=mid-i+1;                           // 当 a[i]>a[j] 时，a[i] 以及之后的数都可以和
                                                    // a[j] 形成逆序对
```

```
            t[++now]=a[j++];                //a[j] 进入合并序列
        } else {
            t[++now]=a[i++];                //a[i] 进入合并序列
        }
    }
    while (i<=mid) t[++now]=a[i++];         // 左子区间的剩余元素进入合并区间
    while (j<=r) t[++now]=a[j++];           // 右子区间的剩余元素进入合并区间
    now=0;                                  // 合并区间 t 赋予 a
    for (lolo k=l;k<=r;k++) a[k]=t[++now];
}

int main(){
    cin>>n;                                 // 输入第一个测试用例的序列长度
    while (n){
        for (lolo i=1;i<=n;i++) cin>>a[i];  // 输入序列
        ans=0;                              // 所需操作次数等于序列中逆序对个数
        Sort(1,n);
        cout<<ans<<endl;                    // 输出排序所作的交换操作的最少次数
        cin>>n;                             // 输入下一个测试用例的序列长度
    }
}
```

7.3 相关题库

【7.3.1 Ananagrams】

大多数填字游戏迷都熟悉变形词（Anagrams）——一组有着相同的字母但字母位置不同的单词，例如 OPTS、SPOT、STOP、POTS 和 POST。有些单词没有这样的属性，无论怎样重新排列其字母，都不可能构造另一个单词。这样的单词被称为非变形词（Ananagrams），例如 QUIZ。

当然，这样的定义是要基于你所工作的领域的。例如，你可能认为 ATHENE 是一个非变形词，而一个化学家则会很快地给出 ETHANE。一个可能的领域是全部的英语单词，但这会导致一些问题。如果将领域限制在 Music 中，在这一情况下，SCALE 是一个相对的非变形词（LACES 不在这一领域中），但可以由 NOTE 产生 TONE，所以 NOTE 不是非变形词。

请编写一个程序，输入某个限制领域的词典，并确定相对非变形词。注意单字母单词实际上也是相对非变形词，因为它们根本不可能被“重新安排”。字典最多包含 1000 个单词。

输入

输入由若干行组成，每行不超过 80 个字符，且每行包含单词的个数是任意的。单词由不超过 20 个的大写和 / 或小写字母组成，没有下划线。空格出现在单词之间，在同一行中的单词至少用一个空格分开。包含相同的字母而大小写不一致的单词被认为彼此是变形词，如 tIeD 和 EdiT 是变形词。以一行包含单一的“#”作为输入终止。

输出

输出由若干行组成，每行给出输入字典中的一个相对非变形词的单词。单词输出按字典序（区分大小写）排列。至少有一个相对非变形词。

样例输入	样例输出
ladder came tape soon leader acme RIDE lone Dreis peat ScAlE orb eye Rides dealer NotE derail LaCeS drIed	Disk NotE

（续）

样例输入	样例输出
noel dire Disk mace Rob dries # 	derail drIed eye ladder soon

试题来源：New Zealand Contest 1993

在线测试：UVA 156

提示

若当前单词的升序串与某单词的升序串相同，则说明该单词是相对变形词；若当前单词的升序串不同于所有其他单词的升序串，则该单词是非相对变形词。由此给出如下算法。

设单词表为 a，其中第 i 个单词为 $a[i].s$，其升序串为 $a[i].t$（$1 \leqslant i \leqslant n$）。

1）初始化过程：计算每个单词的递增串 $a[i].t$，并按照 $a[i].s$ 的字典序排列 a 表。

2）依次确定每个单词是否为非相对变形词（$1 \leqslant i \leqslant n$）：

- 计算 a 表中是否存在其升序串与单词 i 的升序串相同的单词（have=0; for (int *j*=1; *j*<=*n*; *j*++) if (*i*!=*j*&&*a*[*i*].*t*==*a*[*j*].*t*) { have=1; break}）；
- 若没有单词的升序串与单词 i 的升序串相同 (!have)，则输出相对非变形词 $a[i].s$。

【7.3.2　Grandpa is Famous】

每个人都知道爷爷是这个年代非常优秀的桥牌选手，但是当他被宣布为吉尼斯世界纪录（Guinness Book of World Records）中最成功的选手的时候，还是令人非常震惊。

国际桥牌联合会（The International Bridge Association，IBA）这些年来每周要给出世界最佳选手的排名，一个选手在每周最佳选手排名中出现一次就获得一分，因为爷爷的分数最高，所以爷爷是最佳选手。

因为许多朋友在和他竞争，爷爷要知道哪个选手或哪些选手们现在是第二名。因为可以从互联网上获得 IBA 的排名，他就需要你的帮助。他需要这样的程序，当给出一个排名的时候，根据分值找到哪个选手或哪些选手是第二名。

输入

输入包含若干测试用例。选手编号从 1 ～ 10 000。每个测试用例的第一行给出两个整数 N（$2 \leqslant N \leqslant 500$）和 M（$2 \leqslant M \leqslant 500$），分别表示排名的数目和在每一个排名中选手的数目，后面的 N 行每行给出一周选手的排名，每个排名给出用空格分开的 M 个整数的序列，本题设定：在每个测试用例中仅有一个最优秀选手，至少有一个第二名选手；每周排名由 M 个不同的选手标识符组成。

输入结束以 $N = M = 0$ 标识。

输出

对于输入的每个测试用例产生一行输出，给出在出现的排名中获得第二名的选手的编号。如果有选手并列第二名，按号码的递增顺序打印出所有的第二名选手的编号，每个编号后面加一空格。

样例输入	样例输出
4 5 20 33 25 32 99 32 86 99 25 10 20 99 10 33 86 19 33 74 99 32 3 6 2 34 67 36 79 93 100 38 21 76 91 85 32 23 85 31 88 1 0 0	32 33 1 2 21 23 31 32 34 36 38 67 76 79 88 91 93 100

试题来源：ACM South America 2004

在线测试：POJ 2092

提示

选手的名次是根据上榜次数计算的，上榜次数越多，名次越高；上榜次数相同，则按照编号递增的顺序输出同名次的选手。

设选手序列为 a，其中选手 i 的编号为 $a[i]$.id，上榜次数为 $a[i].p$。

我们首先根据输入信息记录每位选手的编号（$a[i]$.id=i），统计每位选手的上榜次数 $a[i].p$。然后按照上榜次数为第 1 关键字（递减顺序）、编号为第 2 关键字（递增顺序）排序 a 表。最后从 $a[1]$ 出发，略过上榜次数最高的选手，依次输出 a 表中上榜次数次高的所有选手。

【7.3.3　Word Amalgamation】

在美国的很多报纸上，有一种单词游戏 Jumble。这一游戏的目的是解字谜，为了找到答案中的字母，就要整理 4 个单词。请编写一个整理单词的程序。

输入

输入包含 4 个部分：字典，包含至少 1 个、至多 100 个单词，每个单词一行；一行内容为“XXXXXX”，表示字典的结束；一个或多个你要整理的“单词”；一行内容为“XXXXXX”，表示文件的结束。所有的单词，无论是字典单词还是要整理的单词，都是小写英文字母，至少 1 个字母，至多 6 个字母（“XXXXXX”由大写的 X 组成），字典中单词不排序，但每个单词只出现一次。

输出

对于输入中每个要整理的单词，输出在字典里存在的单词，单词的字母排列可以不同，如果在字典中找到不止一个单词对应，则要把它们按字典序进行排序。每个单词占一行。如果没找到相对应的单词，则输出“NOT A VALID WORD”，每输出对应的一组单词或“NOT A VALID WORD”后要输出“******”。

样例输入	样例输出
tarp given score refund only	score ****** refund ****** part

（续）

样例输入	样例输出
trap work earn course pepper part XXXXXX resco nfudre aptr sett oresuc XXXXXX	tarp trap ****** NOT A VALID WORD ****** course ******

试题来源：ACM Mid-Central USA 1998

在线测试：POJ 1318

 **提示**

设字典表示为线性表 a，单词数为 n。在一个测试用例输入后，字典 a 就被建立了。

对于每个在 a 中的单词 $a[i]$，$a[i]$ 的字母按字典序排列并存入 $b[i]$，$1 \leqslant i \leqslant n$。然后依次输入待处理的单词，每输入一个单词，按字典序排列其字母，并存入字符串 t。

如果存在 $b[i]$，使 $b[i]==t$，则输出 $a[i]$；否则输出“NOT A VALID WORD”。

【7.3.4　Questions and answers】

数据库中包含着顶级机密的信息。我们并不知道这些信息是什么，但我们知道它的表示形式。这些信息的所有的数据都是用 1 ～ 5000 的自然数来编码的。主数据库非常大，我们将其大小标识为 N——包含了多达 100 000 个那样的数字。数据库对每次查询处理得非常快。最通常的查询是：按照数值大小的第 i 个元素是什么？ i 在从 1 ～ N 的自然数中取值。

你的程序用于管理数据库，也就是说，它能很快地处理这样的查询。

输入

本问题的标准输入由两部分组成：首先，给出数据库；然后，给出查询的序列。数据库的形式非常简单，第一行给出数字 N，后面的 N 行每行给出一个数据库的数字，以任意的次序给出。查询的序列也很简单，第一行给出查询的数目 K $(1 \leqslant K \leqslant 100)$，后面的 K 行每行给出一个查询，查询（按照数值大小的第 i 个元素是什么）用数字 i 表示。数据库与查询序列之间用 3 个“#”字符分开。

输出

输出 K 行。每行对应一个查询，查询 i 的回答是数据库中按照数值从小到大排列的第 i 个元素。

样例输入	样例输出
5 7	121 121

（续）

样例输入	样例输出
121 123 7 121 ### 4 3 3 2 5	7 123

试题来源：Ural State University Internal Contest October'2000 Junior Session

在线测试：POJ 2371

 提示

首先输入数据库中的 N 个自然数 $a[1]\cdots a[N]$，并对 $a[]$ 表进行递增排序。然后依次输入 K 个查询，每输入查询 i，则输出 $a[i]$。

【7.3.5　Find the Clones】

Doubleville 是 Texas 的一个小镇，它遭到外星人的袭击。外星人绑架了当地的一些居民，把他们带到了环绕地球飞行的宇宙飞船上。经过一番（相当不愉快的）实验之后，外星人克隆了受害者，并将他们的多份拷贝放回了 Doubleville。因此，现在可能有 6 个相同的名叫 Hugh F. Bumblebee 的人：原来的本人和 5 份拷贝。Federal Bureau of Unauthorized Cloning（FBUC）要求你来确定每个人被制作了多少份拷贝。为了帮助你完成任务，FBUC 收集了每个人的 DNA 样本，同一人的所有拷贝都有相同的 DNA 序列，不同的人有不同的序列（在这个小镇上没有双胞胎）。

输入

输入包含若干个测试用例。每个测试用例的第一行给出两个整数：人的数量 n（$1 \leqslant n \leqslant 20\ 000$）和 DNA 序列的长度 m（$1 \leqslant m \leqslant 20$）。后面的 n 行给出 DNA 序列：每行一个 m 个字符序列，每个字符是 “A”“C”“G” 或 “T”。

输入以 $n = m = 0$ 结束。

输出

对于每个测试用例，输出 n 行，每行一个整数。第一行是没有被拷贝的人的数目，第二行是仅被拷贝了一次的人的组的数目（即每个这样的组中的人有两份相同的拷贝），第三行给出有着三份相同拷贝的人的组的数目，依次类推：第 i 行给出有 i 份相同拷贝的人的组的数目。例如，存在 11 份样例，1 份是 John Smith 的拷贝，其余都是 Joe Foobar 的拷贝，则在第一行和第十行输出 “1”，其余行输出 “0”。

样例输入	样例输出
9 6 AAAAAA ACACAC	1 2 0

（续）

样例输入	样例输出
GTTTTG ACACAC GTTTTG ACACAC ACACAC TCCCCC TCCCCC 0 0	1 0 0 0 0 0

提示：巨量输入，推荐使用 scanf，以避免 TLE。

试题来源：ACM Central Europe 2005

在线测试：POJ 2945

提示

设 DNA 序列存储在 s 中，其中第 i 人的 DNA 序列被存储在 $s[i]$ 中，$1 \leqslant i \leqslant n$；共享第 k 份相同的 DNA 序列的人数被存储在 ans[k] 中。

首先，s 按字典序排列。然后，依序搜索 s，并累计共享相同的 DNA 序列的人数。最后，输出结果。

【7.3.6　487-3279】

企业喜欢用容易被记住的电话号码。让电话号码容易被记住的一个办法是将它写成一个容易记住的单词或者短语。例如，你需要给滑铁卢大学打电话时，可以拨打 TUT-GLOP。有时，只将电话号码中的部分数字拼写成单词。当你晚上回到酒店，可以通过拨打 310-GINO 来向 Gino's 订一份比萨。让电话号码容易被记住的另一个办法是以一种好记的方式对号码的数字进行分组。通过拨打必胜客的“三个十”号码 3-10-10-10，你可以从他们那里订比萨。

电话号码的标准格式是七位十进制数，并在第三、第四位数字之间有一个连接符。电话拨号盘提供了从字母到数字的映射，映射关系如下：

- A、B 和 C 映射到 2；
- D、E 和 F 映射到 3；
- G、H 和 I 映射到 4；
- J、K 和 L 映射到 5；
- M、N 和 O 映射到 6；
- P、R 和 S 映射到 7；
- T、U 和 V 映射到 8；
- W、X 和 Y 映射到 9。

Q 和 Z 没有映射到任何数字，连接符不需要拨号，可以随意添加和删除它。TUT-GLOP 的标准格式是 888-4567，310-GINO 的标准格式是 310-4466，3-10-10-10 的标准格式是 310-1010。

如果两个号码有相同的标准格式，那么它们就是等同的（相同的拨号）。

你的公司正在为本地的公司编写一个电话号码簿。作为质量控制的一部分，你要检查是否有两个或多个公司拥有相同的电话号码。

输入

输入的格式是：第一行是一个正整数，表示电话号码簿中号码的数量（最多 100 000）。余下的每行是一个电话号码。每个电话号码由数字、大写字母（除 Q 和 Z 之外）以及连接符组成。每个电话号码中刚好有 7 个数字或者字母。

输出

对于每个出现重复的号码产生一行输出，输出是号码的标准格式后紧跟一个空格，然后是它的重复次数。如果存在多个重复的号码，则按照号码的字典升序输出。如果输入数据中没有重复的号码，则输出一行：No duplicates.。

样例输入	样例输出
12 4873279 ITS-EASY 888-4567 3-10-10-10 888-GLOP TUT-GLOP 967-11-11 310-GINO F101010 888-1200 -4-8-7-3-2-7-9- 487-3279	310-1010 2 487-3279 4 888-4567 3

试题来源：ACM East Central North America 1999

在线测试：POJ 1002

 **提示**

设 $h[s]$ 是标准格式为 s 的电话号码出现的频率。由于最后按照字典序升序的要求输出电话号码，因此将 h 表设为 map 类的基本容器，使表元素自动按照电话号码的字典序排列，以避免编程排序的麻烦。

首先，在输入号码簿中 n 个号码同时将每个号码串 s 转化为标准格式：按照题意建立字母与数字间的映射表，根据映射表将 s 中的字母转化为数字，删除 s 中的“-”，在 s 的第 3 个字符后插入“-”。然后，对标准格式 s 的电话号码进行计数（$h[s]$++）。

最后顺序搜索 h 表：若出现次数大于 1 的电话号码，则输出电话号码的标准格式和次数。

【7.3.7　Holiday Hotel】

Smith 夫妇要去海边度假，在出发前，他们要选择一家宾馆。他们从互联网上获得了一份宾馆的列表，要从中选择一些既便宜又离海滩近的候选宾馆。候选宾馆 M 要满足两个需求：

1）离海滩比 M 近的宾馆要比 M 贵。

2）比 M 便宜的宾馆离海滩比 M 远。

输入

有若干组测试用例，每组测试用例的第一行给出一个整数 N ($1 \leqslant N \leqslant 10\ 000$)，表示宾馆的数目，后面的 N 行每行给出两个整数 D 和 $C(D \geqslant 1, C \leqslant 10\,000)$，用于描述一家宾馆，$D$ 表示宾馆距离海滩的距离，C 表示宾馆住宿的费用。设定没有两家宾馆有相同的 D 和 C。用 $N = 0$ 表示输入结束，不用对这一测试用例进行处理。

输出

对于每个测试用例，输出一行，给出一个整数，表示所有候选宾馆的数目。

样例输入	样例输出
5 300 100 100 300 400 200 200 400 100 500 0	2

试题来源：ACM Beijing 2005

在线测试：POJ 2726

提示

设宾馆序列为 a，其中第 i 家宾馆离海滩的距离为 $a[i].d$，住宿费用为 $a[i].c$（$1 \leqslant i \leqslant n$）。根据候选宾馆的需求，以离海滩距离为第 1 关键字、住宿费用为第 2 关键字对 a 表进行排序。在此基础上计算候选宾馆的数目 ans（设上一个候选宾馆为 pre）：

1）初始时，宾馆 1 进入候选序列（ans=pre=1）。

2）依次扫描宾馆 2 到宾馆 n：若当前宾馆 i 与宾馆 pre 相比，虽然离海滩的距离不近但费用低（$a[i].c<a[\text{pre}].c$），则宾馆 i 进入候选序列（ans++; pre=i）。

3）最后输出候选宾馆的数目 ans。

【7.3.8　Train Swapping】

在老旧的火车站，你可能还会遇到“列车交换员”。列车交换员是铁路的一个工种，其工作是对列车车厢重新进行安排。

一旦车厢要以最佳的序列被安排，列车司机要将车厢一节接一节地在要卸货的车站留下。

列车交换员是一个在靠近铁路桥的车站执行这一任务的人，不是将桥垂直吊起，而是将桥围绕着河中心的桥墩进行旋转。将桥旋转 90° 后，船可以从桥墩的左边或者右边通过。

一个列车交换员在桥上有两节车厢的时候也可以旋转。将桥旋转 180°，车厢可以转换位置，使得他可以对车厢进行重新排列。（车厢也将掉转方向，但车厢两个方向都可以移动，所以不用考虑这一情况。）

现在几乎所有的列车交换员都已经故去，铁路公司要将他们的操作自动化。要开发部分的程序的功能是对一列给定的列车按给定次序排列，要确定两个相邻车厢的最少交换次数，请你编写程序。

输入

输入的第一行给出测试用例的数目（N）。每个测试用例有两行，第一行给出整数 L（$0 \leqslant L \leqslant 50$），表示列车车厢的数量，第二行给出一个从 1 到 L 的排列，即车厢的当前排列次序。要按数字的升序重新排列这些车厢：先是 1，再是 2，……，最后是 L。

输出

对每个测试用例输出一个句子“ Optimal train swapping takes S swaps.”，其中 S 是一个整数。

样例输入	样例输出
3 3 1 3 2 4 4 3 2 1 2 2 1	Optimal train swapping takes 1 swaps. Optimal train swapping takes 6 swaps. Optimal train swapping takes 1 swaps.

试题来源：ACM North Western European Regional Contest 1994

在线测试：UVA 299

 **提示**

输入列车的排列次序 $a[1]\cdots a[n]$ 后，对 $a[]$ 进行递增排序，在排序过程中数据交换的次数即为问题的解。由于 n 的仅上限为 50，因此使用冒泡排序也能满足时效要求。

【7.3.9　Unix ls】

你所工作的计算机公司正在引进一个新的计算机生产线，并要为新计算机开发一个新的类似于 UNIX 的操作系统。因此，请编写程序，以规范其功能。

程序的输入是一个要进行排序的文件名列表 F（按 ASCII 字符值升序），并根据最长的文件名的长度 L 将这些文件名在 C 列进行格式化输出。文件名由 1 到 60 个字符组成，进行格式化输出时向左对齐。最右列的宽度取最长文件名的长度，其他列的宽度是最长文件名长度加 2。输出的每行长度小于等于 60 个字符。要求你的程序从左到右是尽可能少的行数 R。

输入

输入首先给出列表中文件名的数目 N ($1 \leqslant N \leqslant 100$)，后面的 N 行每行给出一个文件名，构成文件名的字符是 a ～ z、A ～ Z、0 ～ 9 和集合 { ., _, - }。在文件名中不存在非法字符，也没有空行。

在最后一个文件名后面或者是以 N 开始的下一个测试用例，或者是输入结束。

输出

对于每个文件名集合，先输出由 60 个短横线组成的一行，然后输出格式化的文件名列。第 1 个到第 R 个被排序的文件名被列在第 1 列中，第 R+1 个文件名到第 $2R$ 个文件名被列在第 2 列中，等等。

样例输入	样例输出
10 tiny 2short4me very_long_file_name shorter	-- 12345678.123　　size-1 2short4me　　　size2 mid_size_name　　size3 much_longer_name　tiny

（续）

样例输入	样例输出
size-1 size2 size3 much_longer_name 12345678.123 mid_size_name 12 Weaser Alfalfa Stimey Buckwheat Porky Joe Darla Cotton Butch Froggy Mrs_Crabapple P.D. 19 Mr._French Jody Buffy Sissy Keith Danny Lori Chris Shirley Marsha Jan Cindy Carol Mike Greg Peter Bobby Alice Ruben	shorter very_long_file_name -- Alfalfa Cotton Joe Porky Buckwheat Darla Mrs_Crabapple Stimey Butch Froggy P.D. Weaser -- Alice Chris Jan Marsha Ruben Bobby Cindy Jody Mike Shirley Buffy Danny Keith Mr._French Sissy Carol Greg Lori Peter

试题来源：ACM South Central Regional 1995

在线测试：UVA 400

 提示

按照文件名列的格式化要求，在每行 60 个字符的列宽内，并列 c 个文件名，所有行中 c 个文件名的起始位置一致，c 为文件名的列数。按照字典序升序的要求由上而下、由左而右地填入 n 个文件名，即先填第 1 列、然后填第 2 列……最后填第 c 列。

设 n 个文件名为 s[1]⋯s[n]。首先按照字典序升序的要求排列 s 表，并计算文件名的最大长度 $\max 1=\max\limits_{1\leqslant i\leqslant n}\{s[i].\text{size}\}$。显然文件名的列数 $c=\left\lfloor\dfrac{62}{\max 1+2}\right\rfloor$，$n$ 个文件名填写的行数为 $r=\left\lfloor\dfrac{n-1}{c}+1\right\rfloor$。

由于输出是自上而下进行的，因此设 ans[j] 为第 j（$1\leqslant j\leqslant r$）行的格式化输出。我们按照如下方法计算 ans。

从第 1 个文件名开始（k=0），填入 ans。按照先列后行，即外循环扫描列 i（$1\leqslant i\leqslant c$），内循环扫描行 j（$1\leqslant j\leqslant r$）：若处于行尾 (i==c)，则第 k+1 个文件名接入 ans[j] 尾（ans[j]+=s[++k]）；否则第 k+1 个文件名加空格（总长为 maxl+2）接入 ans[j] 尾（ans[j]+=s[++k]; for (int t=s[k].size( )+1; t<=maxl+2; t++) ans[j]+=" "）。若处理完 n 个文件名（k==n），则退出循环。

最后，逐行输出 ans[1]⋯ans[r]。

【7.3.10　Children's Game】

有许多儿童的游戏，这些游戏很容易玩，但是想出这些游戏并不容易。这里我们讨论一个有趣的游戏，给每个玩游戏的人 N 个正整数，她（或他）通过将这些数一个一个地接起来获得大数。例如，如果有 4 个整数 123、124、56 和 90，那么可以获得整数 1231245690、1241235690、5612312490、9012312456、9056124123 等 24 个这样的整数，其中 9056124123 是最大的整数。

你可能认为非常容易找到答案，但对于一个刚刚具有数字概念的儿童，这也是容易的吗？

输入

每个测试用例首先在第一行给出正整数 N（$N\leqslant 50$），在下一行给出 N 个正整数。输入以 $N=0$ 结束，不必处理这一测试用例。

输出

对于每个测试用例，输出将所有 N 个整数连接在一起能获得的最大数。

样例输入	样例输出
4 123 124 56 90 5 123 124 56 90 9 5 9 9 9 9 9 0	9056124123 99056124123 99999

试题来源：4th IIUC Inter-University Programming Contest, 2005；Problemsetter：Md. Kamruzzaman

在线测试：UVA 10905

 **提示**

设整数串序列为 s，其中第 i（$1\leqslant i\leqslant n$）个整数串为 $s[i]$。整数串 a 和 b 有两种拼接方式，即 a+b 和 b+a，拼接串的大小可能不同，因此按照串值递减的要求设计一个比较函数：

```
bool cmp(const string &a,const string &b){
    return (a+b>b+a);
}
```

将 cmp 作为 sort 函数的第 3 个参数（sort(s+1, s+n+1, cmp)），可以产生前 n 大的拼接串 $s[1]\cdots s[n]$，其中拼接串 $s[1]$ 对应的数值最大。

【7.3.11　DNA Sorting】

在一个字符串中，逆序数是在该串中与次序相反的字符对的数目。例如，字母序列“DAABEC”的逆序数是 5，因为 D 比它右边的 4 个字母大，而 E 比它右边的 1 个字母大。序列“AACEDGG”的逆序数是 1（E 和 D），几乎已经排好序了。而序列“ZWQM”的逆序数是 6，完全没有排好序。

你要对 DNA 字符串序列进行分类（序列仅包含 4 个字母 A、C、G 和 T）。然而，分类不是按字母顺序，而是按“排序”的次序从“最多已排序”到“最少已排序”进行排列。所有的字符串长度相同。

输入

第一行是两个正整数：n（$0<n \leqslant 50$）给出字符串的长度，m（$0<m \leqslant 100$）给出字符串的数目。后面是 m 行，每行是长度为 n 的字符串。

输出

对输入字符串按从“最多已排序”到“最少已排序”输出一个列表。两个字符串排序情况相同，则按原来的次序输出。

样例输入	样例输出
10 6 AACATGAAGG TTTTGGCCAA TTTGGCCAAA GATCAGATTT CCCGGGGGGA ATCGATGCAT	CCCGGGGGGA AACATGAAGG GATCAGATTT ATCGATGCAT TTTTGGCCAA TTTGGCCAAA

试题来源：ACM East Central North America 1998

在线测试：POJ 1007

提示

“最多已排序”的串指的是串中逆序对数最少的串，而串中逆序对数最多的串就是所谓的“最少已排序”的串。

设 DNA 序列为 a，其中第 i 个 DNA 串为 $a[i].s$，逆序对数为 $a[i].x$。

首先使用冒泡排序法统计每个 DNA 串的逆序对数 $a[i].x$（$1 \leqslant i \leqslant m$）；然后以逆序对数为关键字递增排序 a；最后输出 $a[1].s\cdots a[n].s$。

【7.3.12　Exact Sum】

这个星期，Peter 收到了他父母寄来的钱，他准备用所有的这些钱来购买书籍。但他读一本书的速度并不快，因为他喜欢享受书中的每一个字。因此，他需要一个星期才能读完一本书。

因为 Peter 每两个星期收一次钱，所以他准备买两本书，这样他可以读这两本书，一直读到下一次收到钱。因为他希望用掉所有的钱，所以他要选择的两本书价格之和等于他收到的钱。要找到这样的书有一点困难，因此 Peter 请你来帮助他找这样的书。

输入

每个测试用例的第一行给出书的数目 N，$2 \leqslant N \leqslant 10\ 000$。下一行给出 N 个整数，表示每本书的价格，每本书的价格小于 1 000 001。后面的一行给出一个整数 M，表示 Peter 有多少钱。在每个测试用例后有一个空行。输入以文件结束（EOF）终止。

输出

对每个测试用例输出一条信息“ Peter should buy books whose prices are *i* and *j*.”，其中 i 和 j 是书的价格，其总和为 M，并且 $i \leqslant j$。本题设定总能找到解，如果有多个解，则输出 i 和 j 之间的差最小的解。在每个测试用例后输出一个空行。

样例输入	样例输出
2 40 40 80 5 10 2 6 8 4 10	Peter should buy books whose prices are 40 and 40. Peter should buy books whose prices are 4 and 6.

试题来源：ACM ICPC::UFRN Qualification Contest 2006

在线测试：UVA 11057

提示

设 N 本书的价格为 $a[1]\cdots a[N]$，a 序列按照价格递增的顺序排列；选择的两本书价格为 ans1 和 ans2；搜索区间为 $[l, r]$，初始的搜索区间为 $[1, N]$。

我们按照下述方法搜索价格之和为 M 且数值之差最小的两本书。

若区间两端的数值和为 M（$a[l]+a[r]==M$），则记下，并右移左指针、左移右指针，以寻找两数之差更小的方案（ans1=$a[i{+}{+}]$；ans2=$a[j{-}{-}]$）；否则若区间两端的数值和大于 M（$a[l]+a[r]> M$），则左移右指针 ($j{-}{-}$)；若区间两端的数值和小于 M（$a[l]+a[r]<m$），则右移左指针（$i{+}{+}$）。

这个过程一直进行至 $l \geqslant r$ 为止。最后输出两本书的价格 ans1 和 ans2。

【7.3.13　ShellSort】

Yertle 让一只乌龟趴在另一只乌龟的背上。

这样，他把这些乌龟堆积成一个乌龟栈。

然后 Yertle 爬了上去。他坐在了这个堆上。

多么美妙的视角啊！他可以看到一英里远！

国王 Yertle 希望重新安排他的乌龟宝座，以使最高级别的贵族和最密切的顾问接近顶端。一个操作可以改变栈中的乌龟次序：一只乌龟可以爬出它在栈中的位置，爬到其他乌龟上面，坐在顶部。

给出一个乌龟栈原来的次序，以及这个乌龟栈所希望产生的次序，请你确定将乌龟栈原来的次序重新排列成所希望产生的次序所需要的最少操作次数。

输入

输入的第一行给出一个单一的整数 K，表示测试用例的个数。每个测试用例用一个整数 n 表示栈中乌龟的个数，然后的 n 行说明乌龟栈中初始的次序，每行给出一个乌龟的名字，顺序是从栈顶的乌龟开始逐个向下，一直到栈底的乌龟。乌龟的名字是唯一的，每个名字是一个不超过 80 个字符的字符串，由字母字符、空格和点（.）组成。后面的 n 行给出栈中所希望的次序，给出从栈顶到栈底的乌龟名字的序列。每个测试用例有 $2n+1$ 行。乌龟的数量（n）小于或等于 200。

输出

对每个测试用例，输出一个由乌龟名字组成的序列，每个名字一行，表示离开栈中的位置爬到顶上的乌龟的次序。这一操作序列将初始栈转换为所要求的栈，并要求尽可能短。如果最短长度的解多于一个，则输出任何一个解答。在每个测试用例后输出一个空行。

样例输入	样例输出
2 3 Yertle Duke of Earl Sir Lancelot Duke of Earl Yertle Sir Lancelot 9 Yertle Duke of Earl Sir Lancelot Elizabeth Windsor Michael Eisner Richard M. Nixon Mr. Rogers Ford Perfect Mack Yertle Richard M. Nixon Sir Lancelot Duke of Earl Elizabeth Windsor Michael Eisner Mr. Rogers Ford Perfect Mack	Duke of Earl Sir Lancelot Richard M. Nixon Yertle

在线测试：UVA 10152

 **提示**

设乌龟栈中初始的次序为 b，目标次序为 a，其中初始时向下第 i 个位置的乌龟名为

b[i]；最后向下第 i 个位置的乌龟名为 a[i]（$1 \leqslant i \leqslant n$）。我们按照自下而上的顺序计算最佳操作方案。

1）从栈底出发，向上找第 1 个不满足要求的栈位置 i（i=n; while (b[i]==a[i]&&i>=1) i−−）。

2）向上确定栈位置 i 及其上方每个位置 j 的操作：由于目标位置 a[j] 的乌龟高于现在位置，则它必须被移到最上面，故寻找满足上述要求且目标位置最低的乌龟，即 b 序列 i 位置上方名字为 a[j] 的乌龟 b[k]，b[k] 离开原位置爬到栈顶：

```
for (j=i; j>=1; j--)
    for (k=i; k>=j; k--)
        if (a[j]== b[k]){
            输出 b[k];
            temp=b[k];     // 初始序列中 k-1 位置到 1 位置的乌龟向下移动 1 个位置，原 k 位置的乌
                           // 龟移入栈顶
            for (int t=k-1; t>=1; t--) b[t+1]=b[t];
            b[1]=temp;
            break;         // 搜索下一个目标位置
        }
```

【7.3.14 Tell me the frequencies!】

给出一行文本，请给出其中 ASCII 字符出现的频率。给出的行不包含前 32 个和后 128 个 ASCII 字符。这行文本以“\n”和“\r”结束，但不考虑这些字符。

输入

给出的几行文本作为输入。每行文本作为一个测试用例。每行最大长度为 1000。

输出

按下面给出的格式输出出现的 ASCII 字符的 ASCII 值和它们出现的次数。测试用例之间用空行分开。按出现次数的升序输出 ASCII 字符。如果两个字符出现次数相同，则将 ASCII 值高的 ASCII 字符先输出。

样例输入	样例输出
AAABBC 122333	67 1 66 2 65 3 49 1 50 2 51 3

试题来源：Bangladesh 2001 Programming Contest

在线测试：UVA 10062

提示

首先，统计文本 s 中每种字符的频率（for (int i=0; i<s.size( ); i++) c[s[i]]++）。

然后进入循环，直至无 ASCII 码区间 [32..128] 中的字符：

1）按照 ASCII 码递减的顺序搜索频率最小的 ASCII 码 i（c[0]=2000; i=0; for (int j=128; j>=32; j--) if (c[j]>0&&c[i]>c[j]) i=j）;

2）若无该区间的字符，则退出循环（if (i==0) break）;

3）输出 ASCII 码 i 及其字符频率 $c[i]$；

4）撤去 ASCII 码为 i 的字符（$c[i]=0$）。

【7.3.15　Anagrams (II)】

某一时期，人们最喜欢玩填字游戏。几乎每一份报纸和杂志都要用一个版面来刊登填字游戏。真正的专业选手每周至少要进行一场填字游戏。进行填字游戏也是非常枯燥——存在许多的谜。有不少的比赛甚至有世界冠军来争夺。

请编写一个程序，基于给出的字典，对给定的单词寻找变形词。

输入

输入的第一行给出一个整数 M，然后在一个空行后面跟着 M 个测试用例。测试用例之间用空行分开。每个测试用例的结构如下：

```
<number of words in vocabulary>
<word 1>
...
<word N>
<test word 1>
...
<test word k>
END
```

<number of words in vocabulary> 是一个整数 N（$N < 1000$），从 <word 1> 到 <word *N*> 是词典中的单词。 <test word 1> 到 <test word *k*> 是要发现其变形词的单词。所有的单词小写（单词 END 表示数据的结束，不是一个测试单词）。本题设定所有单词不超过 20 个字符。

输出

对每个 <test word> 列表，以下述方式给出变形词：

```
Anagrams for: <test word>
<No>) <anagram>
...
```

其中，“<No>)”为 3 个字符输出。

如果没有找到变形词，程序输出如下：

```
No anagrams for: <test word>
```

在测试用例之间输出一个空行。

样例输入	样例输出

1
 	
8
atol
lato
microphotographics
 	
rata
rola
tara
tola
pies
	Anagrams for: tola
	  1) atol
	  2) lato
	  3) tola
	Anagrams for: kola
	No anagrams for: kola
	Anagrams for: aatr
	  1) rata
	  2) tara
	Anagrams for: photomicrographics
	  1) microphotographics

（续）

样例输入	样例输出
tola kola aatr photomicrographics END	

在线测试：UVA 630

提示

设“a”对应数字0，……“z”对应数字25；Cnt为字串*s*中各类字符的频率数组，其中Cnt[0]为*s*中“a”的出现次数，……，Cnt[25]为*s*中“z”的出现次数。Cnt为vector类的基本容器，其元素为整型；Map存储各频率数组Cnt对应的字串，由map类的基本容器组成。

首先输入词典中的*n*个单词，计算各个单词的频率数组Cnt，并将具有相同频率数组Cnt的所有单词放入基本容器Map[Cnt]中。

然后依次输入待查单词*s*。每输入一个待查单词*s*，计算其频率数组Cnt。若该频率数组在Map中存在，则说明*s*可变形，所有变形词在基本容器Map[Cnt]中；否则断定*s*不存在变形词。

【7.3.16　Flooded!】

为了让购房者能够估计需要多少的水灾保险，一家房地产公司给出了在顾客可能购买房屋的地段上每个10m×10m区域的高度。由于高处的水会向低处流，雨水、雪水或可能出现的洪水将会首先积在最低高度的区域中。为了简单起见，我们假定在较高区域中的积水（即使完全被更高的区域所包围）能完全排放到较低的区域中，并且水不会被地面吸收。

通过天气数据，我们可以知道一个地段的积水量。作为购房者，我们希望能够得知积水的高度和该地段完全被淹没的区域的百分比（指该地段中高度严格低于积水高度的区域的百分比）。请编写一个程序以给出这些数据。

输入

输入数据包含一系列的地段描述。每个地段的描述以一对整型数*m*、*n*开始，*m*和*n*不大于30，分别代表横向和纵向上按10m划分的块数。紧接着*m*行每行包含*n*个数据，代表相应区域的高度。高度用米来表示，正负号分别表示高于或低于海平面。每个地段描述的最后一行给出该地段积水量的立方数。最后一个地段描述后以两个0代表输入数据结束。

输出

对每个地段，输出地段的编号、积水的高度、积水区域的百分比，每项内容为单独一行。积水高度和积水区域百分比均保留两位小数。每个地段的输出之后打印一个空行。

样例输入	样例输出
3 3 25 37 45 51 12 34 94 83 27 10000 0 0	Region 1 Water level is 46.67 meters. 66.67 percent of the region is under water.

试题来源：ACM World Finals 1999

在线测试：POJ 1877

 **提示**

按照题意，每块的面积为 10m × 10m=100m^2。我们将 $n \times m$ 个区域的高度存入 $a[]$ 中，并按照递增顺序排序 a。

在 $a[i+1]$ 与 $a[i]$ 之间，高度差为 $a[i+1]-a[i]$，前 i 块的面积为 $i \times 100$，即增加积水 $100 \times (a[i+1]-a[i]) \times i$。设积水高度在 $a[k]$ 与 $a[k+1]$ 之间，即：

$$\sum_{i=1}^{k} 100 \times (a[i+1]-a[i]) \times i \leqslant w < \sum_{i=1}^{k+1} 100 \times (a[i+1]-a[i]) \times i$$

在高度 $a[k]$ 以上的积水量为 $w_k = w - \sum_{i=1}^{k} 100 \times (a[i+1]-a[i]) \times i$。由此得出积水高度为 $a[k] + \frac{w_k}{100 \times k}$，积水区域的百分比为 $100 \times \frac{k}{n \times m}\%$（$1 \leqslant k < n \times m$）。

【7.3.17　Football Sort】

给出足球锦标赛的流程，请编写一个程序，根据下面说明的格式，输出相应的比赛排名。对于一场比赛，胜、平和负分别得 3 分、1 分和 0 分。

排名的原则是：先根据积分排名，在积分相同的情况下再根据净胜球（进球数减失球数）排名，在前两者相同的情况下，最后根据进球数排名。当两支以上的队伍恰好积分相同，净胜球数相同，并且进球数也相同，则这些队伍的名次相同。

输入

输入由多个测试用例组成。每个测试用例的第一行给出两个整数 T（$1 \leqslant T \leqslant 28$）和 G（$G \geqslant 0$）。T 是队数，G 是比赛的场次数。后面的 T 行每行给出一个队名。队名最多 15 个字符，由字母和短横线（-）组成。然后给出的 G 行每行描述一场比赛，比分按如下格式输入：主队名，主队进球数，短横线，客队进球数，客队名。

输入以 $T=G=0$ 结束，程序不用处理这一行。

输出

程序输出对应于每个测试用例的排名表，排名表之间用空行分开。在每个表格中，队伍按名次顺序输出，当名次相同时，根据字典排序确定队伍次序。每个队的统计数据在一行上显示：队伍名次，队名，积分，比赛场次，进球数，失球数，净胜球数，以及获得积分占全胜积分的百分数（如果有的话），如果若干队伍的名次相同，则仅在输出第一个队的时候输出名次。输出格式如样例输出所示。

样例输入	样例输出
6 10	1.　　tA　　4 4 1 1 0 33.33
tA	tB　　4 4 1 1 0 33.33
tB	3.　　tC　　4 4 0 0 0 33.33
tC	td　　4 4 0 0 0 33.33
td	tE　　4 4 0 0 0 33.33
tE	6.　　tF　　0 0 0 0 0 N/A
tF	

（续）

样例输入	样例输出
tA 1 - 1 tB tC 0 - 0 td tE 0 - 0 tA tC 0 - 0 tB td 0 - 0 tE tA 0 - 0 tC tB 0 - 0 tE td 0 - 0 tA tE 0 - 0 tC tB 0 - 0 td 2 2 Botafogo Flamengo Botafogo 3 - 2 Flamengo Flamengo 2 - 3 Botafogo 5 10 tA tB tC tD tE tA 0 - 0 tB tC 0 - 0 tD tE 0 - 0 tA tC 0 - 0 tB tD 0 - 0 tE tA 0 - 0 tC tB 0 - 0 tE tD 0 - 0 tA tE 0 - 0 tC tB 0 - 0 tD 3 2 Quinze-Novembro Flamengo Santo-Andre Quinze-Novembro 6 - 0 Flamengo Flamengo 0 - 2 Santo-Andre 0 0	1.　Botafogo 6 2 6 4 2 100.00 2.　Flamengo 0 2 4 6 -2 0.00 1.　tA 4 4 0 0 0 33.33 　tB 4 4 0 0 0 33.33 　tC 4 4 0 0 0 33.33 　tD 4 4 0 0 0 33.33 　tE 4 4 0 0 0 33.33 1.Quinze-Novembro 3 1 6 0 6 100.00 2.　Santo-Andre 3 1 2 0 2 100.00 3.　Flamengo 0 2 0 8 -8 0.00

试题来源：2004 Federal University of Rio Grande do Norte Classifying Contest - Round 2

在线测试：UVA 10698

提示

设球队序列为 p，其中第 i 个队的队名为 $p[i]$.name，积分为 $p[i]$.pts，参赛场次数为 $p[i]$.gms，进球数为 $p[i]$.goal，失球数为 $p[i]$.suffer（$0 \leqslant i \leqslant n-1$）。

（1）初始化过程

读入 n 个球队名 $p[0]$.name…$p[n-1]$.name，将各队的积分、参赛场次数、进球数、失球数先初始化为 0，按照队名的字典顺序排序 p。

输入 m 场比赛的信息。若当前比赛的主队序号为 x，进球数为 u，客队序号为 y，进球数为 v，则 x 队和 y 队的比赛场次数 +1（$++p[x]$.gms, $++p[y]$.gms）；统计主客队的进球数和失球数（$p[x]$.goal += u, $p[x]$.suffer += v，$p[y]$.goal += v, p[y].suffer += u）；根据进球数计算积分：若 $u > v$，则 $p[x]$.pts += 3；若 $u < v$，则 $p[y]$.pts += 3；若 $u==v$，则 $++p[x]$.pts, $++p[y]$.pts。

（2）按名次排序球队

以积分 $p[i]$.pts 为第 1 关键字、净胜球数（$p[i]$.goal − $p[i]$.suffer）为第 2 关键字、进球数 $p[i]$.goal 为第三关键字排序球队，得出各球队的名次。由于本次排序是在先前按队名字典顺序排序的基础上进行的，且球队数较少（小于等于 28），为使名次相同的队依然保持队名的字典顺序，应使用稳定性较好的冒泡排序。

（3）输出排名表

由于同一名次 i+1（$0 \leqslant i \leqslant n-1$）的球队必须按照队名的字典顺序依次输出，因此先从球队 i 出发，计算下一个名次的球队 j，即在确定球队 i 和球队 $j-1$ 同属于同一名次的基础上，依次输出这些球队的队名 $p[k]$.name、积分 $p[k]$.pts、比赛场数 $p[k]$.gms、进球数 $p[k]$.goal、失球数 $p[k]$.suffer、净胜球数 $p[k]$.goal−$p[k]$.suffer。若该队的比赛场数 $p[k].\text{gms} \neq 0$，则输出积分占全胜积分的百分数 $\dfrac{p[k].\text{pts}}{3\times p[k].\text{gms}}\times 100$（$i \leqslant k \leqslant j-1$）。然后将 i 设为 $j-1$，即从球队 j 开始输出下一名次的球队。

【7.3.18　Trees】

某大学门外的路上有许多树，因为要修建地铁，许多树要被砍掉或移走。现在请你计算有多少棵树能被留下。

本题仅考虑路的一侧，假定从路的开端开始，每 1m 种 1 棵树。现在一些路段被指定要改为地铁车站、转线道路或者其他的建筑，因此这些路段上的树要被移走或砍掉。请你给出能留下的树的数目。

例如，路长 300m，从路的开端（0m）开始，每 1m 种 1 棵数，那么这一条路上有 301 棵树。现在从 100m 到 200m 的路段被指定要建地铁站，因此要移走 101 棵树，200 棵树留下。

输入

输入中有几组测试用例。每组测试用例第一行是整数 L（$1 \leqslant L < 2\,000\,000\,000$）和整数 M（$1 \leqslant M \leqslant 5000$），分别表示路的长度和有多少路段要被占用。

后面跟着 M 行，每行描述一段路段，格式如下：

```
Start End
```

这里 Start 和 End（$0 \leqslant \text{Start} \leqslant \text{End} \leqslant L$）是两个非负整数，表示这一路段的开始点和终止点，路段之间不会交叠。

以 $L = 0$ 和 $M = 0$ 作为输入结束。

输出

对每个测试用例，输出一行，表示有多少棵树留下。

样例输入	样例输出
300 1	200

（续）

样例输入	样例输出
100 200 500 2 100 200 201 300 0 0	300

试题来源：ACM Beijing 2005 Preliminary

在线测试：POJ 2665

提示

输入第一个测试用例的路长 l 和占用的路段数 m，然后进入结构为 while (l || m) 的循环，计算当前测试用例中有多少棵树留下，并输入下一个测试用例的路长 l 和占用的路段数 m。

对每个测试用例来说，关键是计算出被移走的树木数 total，因为剩余的树为总路长 + 1−total。但问题是，输入数据中的地铁区域可能出现重合，被移走的树不能重复计算。为此，我们首先将所有的地铁区域按起始点坐标递增的顺序排列，建立数组 p，其中 [$p[i,0]$, $p[i,1]$] 为序列中第 i 个地铁区域（$0 \leqslant i \leqslant m-1$）。设当前准备移走树的路段为 [$l$, r]。显然，初始时准备移走地铁区域 1 内的树，即 $l=p[1, 0]$，$r=p[1, 1]$，total=0。

接下来，依次处理每一个地铁区域。若地铁区域 i 与 [l, r] 重合（$l \leqslant p[i, 0] \leqslant r$），则 $r=\max\{p[i, 1], r\}$，如图 7.3-1a 所示；否则地铁区域 i 位于 [l, r] 的右方，路段 [l, r] 内的树被移走（total=total+r-l+1），准备移走地铁区域 i 内的树（$l=p[i,0]$, $r=p[i,1]$），如图 7.3-1b 所示。

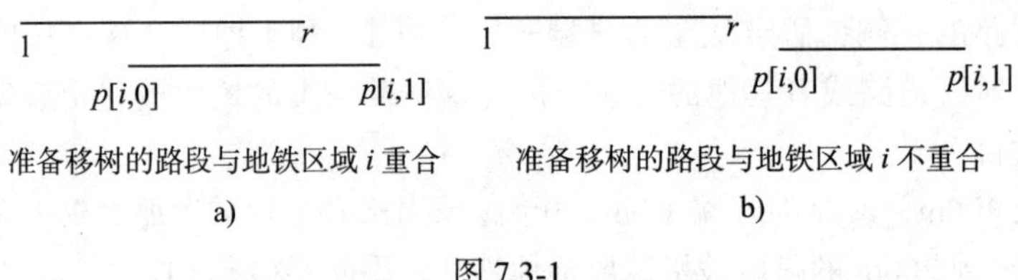

图 7.3-1

依次类推，直至处理完所有地铁区域，移走最后一个地铁区域内的树（total=total+$r-l$+1）为止。

本篇小结

线性结构是由有限个数据元素组成的有序集合，这种数据结构具有均匀性（表内元素的数据类型一致且数据项数相同）和有序性（表内元素间的前后关系一一对应）的特征。本篇根据存储方式的不同，展开了应用三种线性表的编程实验。

1）采用直接存取类的线性表编程：直接存取类线性表是一种可直接存取某一指定项而不须先访问其前驱或后继的线性表，数组和字符串是其中最典型的代表。本篇展开了采用数组存储结构进行日期计算、多项式的表示与处理、高精度数的表示与处理、数值矩阵的运算的编程实验；展示了应用 C++ 的库函数进行字串处理的实验范例；介绍了 KMP 算法在求解各类字串匹配问题上的用途。

2）采用顺序存取类的线性表编程：顺序存取类的线性表是一种按顺序存储所有元素的线性表，其典型代表是顺序表、链表、堆栈和队列。本篇以求解各类约瑟夫问题为背景，介绍了顺序表的应用；以链接式队列、分离链接法的散列表为实例展示了链表的操作；列举了“后进先出”的堆栈、“先进先出”的队列和“每次取优先级最高的元素”的优先队列在实际生活中的用途。

3）采用广义索引类的线性表编程：广义索引是通过关键码（key）进行索引的线性表，是“关键字 - 数据值”偶对的集合。本篇通过实例介绍了使用二元组（关键码 key，记录（或表项）的存储位置 adr）构建索引项，用顺序表组织词典的一般方法；展示了使用散列表与散列方法提升搜索效率的实验范例。

本篇还展开了线性表排序的编程实验，介绍了利用 STL 中自带的排序功能编程和应用排序算法编程的实验范例。如果排序只要求结果不讲究过程，则利用 STL 中自带的排序功能是一条编程的捷径；但如果要计算初始序列中逆序对的个数或排序过程中数据的交换次数，则需要编程者自编排序程序。

线性结构是一种最简单和最基础的数据结构。之所以说它简单，是因为它易于理解、易于编程实现；之所以说它是基础，是因为任何一个有意义的程序都至少直接或间接地使用了一种线性结构。例如，采用链表存储大容量的、需要频繁变动的数据；采用链表或数组作为散列表的存储结构。即便是非线性的数据结构也是以线性表的存储结构为基础的。例如，图的存储结构有二维数组的相邻矩阵和一维数组 + 单链表的邻接表；最优二叉树的存储结构是一个一维数组；图的宽度优先搜索使用队列存储待扩展节点；要编写好树的遍历和图的深度优先搜索的递归程序，就必须了解编译程序如何借助系统栈区来记录子程序调用的；等等。有时候，直接使用线性的数据结构来解决非线性问题，效果反而好。正因为线性数据易于实现、普遍适用，因此大多数编程者对线性数据结构情有独钟，难舍难离。

当然，世上事物间的联系并非一定是“一对一”的线性关系，更多的是“一对多”或“多对多”的非线性关系；从技术层面上来说，线性数据结构的并不是万能的，它也存在着自己的局限性，在某些情况下非得借助于非线性的数据结构不可。因此，我们在掌握了线性结构知识的基础上，必须学习非线性的数据结构。

要提醒读者的是，线性数据结构与非线性数据结构有着千丝万缕的联系。因此在掌握了非线性数据结构的知识后，也不妨尝试应用线性数据结构知识解决非线性问题。重新发现和挖掘线性数据结构作用的过程并不是一种简单的回归，而一种是螺旋式的发展，是基于对整个数据结构知识的再悟和升华。

第三篇

树的编程实验

在非线性表中，所有数据元素与其他元素之间不存在简单的线性关系。根据关系性质的不同，可分为树和图，本篇给出树的编程实验。

树是按层次划分的数据元素的集合，指定层次上的元素可以有0个或多个处于下一个层次上的直接后继。例如，复旦大学的教学管理体制就是一种典型的层次结构（如下图所示）。

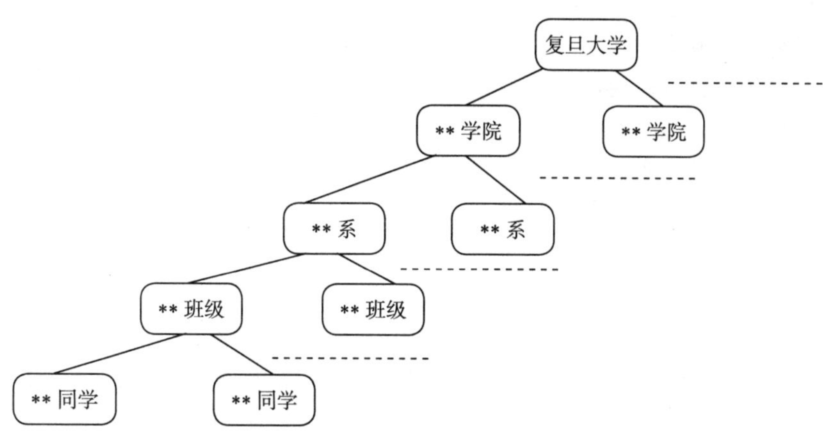

这种层次结构就像一棵倒长的树，因此通常称之为树。树在社会生活中有许多应用实例，例如人类社会的族谱可以用一棵树来表示。树在许多科学领域也有广泛的用途，例如用树表示数学公式的结构，用树描述数据元素之间自反、反对称和传递的偏序关系，用树组织数据库系统中的信息，以及用树分析编译系统中源程序的句法结构，等等。在本篇中，树的编程实验由两个部分组成，即树和二叉树，其中树的实验部分包括如下六个方面的实验：

- 用树的遍历求解层次性问题；
- 用树的存储结构支持并查集运算；
- 用树状数组统计子树权和；
- 用四叉树求解二维空间问题；
- 应用 Trie 树查询字符串；
- 应用 AC 自动机进行多模式匹配。

二叉树的实验部分包括如下两个方面的实验：

- 二叉树的基本概念；
- 二叉搜索树、赫夫曼树、堆等经典二叉树。

第8章

采用树结构的非线性表编程

树是 n（$n \geqslant 0$）个节点的有限集，$n=0$ 时称为空树，在任意一棵非空树中：

1）有且仅有一个节点没有前件（父亲节点），该节点称为树的根；

2）当 $n>1$ 时，其余节点可分为 m（$m>0$）个互不相交的有限集 $T_1, T_2, \cdots, T_m$，其中每一个集合本身又是一棵树，并且称为根的子树。

所以，从数据结构的角度，树具有如下性质：除根之外，其余的每个节点都有且仅有一个前件，从每个节点到根的路是唯一的，这条路由该节点开始，路上的每一个节点都是前一个节点的父亲节点；而与父亲节点相对应，前一个节点也被称为儿子节点。

本章将展开六个方面的实验：

- 用树的遍历求解层次性问题；
- 用树结构支持并查集；
- 用树状数组统计子树权和；
- 用四叉树求解二维空间问题；
- 应用 Trie 树查询字符串；
- 应用 AC 自动机进行多模式匹配。

8.1 用树的遍历求解层次性问题

层次性问题一般具备如下结构特征：有且仅有一个初始状态，所有相关因素都按照不同属性自上而下分解成若干个层次。除顶层的初始状态外，同一层次的诸因素都从属于上一层的某个因素或对这个上层因素有影响；除末层因素外，同一层次的诸因素同时又支配下一层的若干因素或受到这些下层因素的作用。这类层次性问题一般可采用树的存储方式，并且通过树的遍历途径来求解。

所谓树的遍历，是指按照一定的规律不重复地访问树中的每一个节点，或取出节点中的信息，或对节点作其他的处理；其遍历过程实质上是将树这种非线性结构按一定的规律转化为线性结构。树的遍历方式有两种。

- 先序遍历树：由上而下、由左而右地访问树中的节点。
- 后序遍历树：由下而上、由左而右地访问树中的节点。

（1）先序遍历树

遍历规则：若树为空，则退出；否则先序访问树的根节点，然后先序遍历根的每棵子树。例如，对图 8.1-1 中的树进行先序遍历。

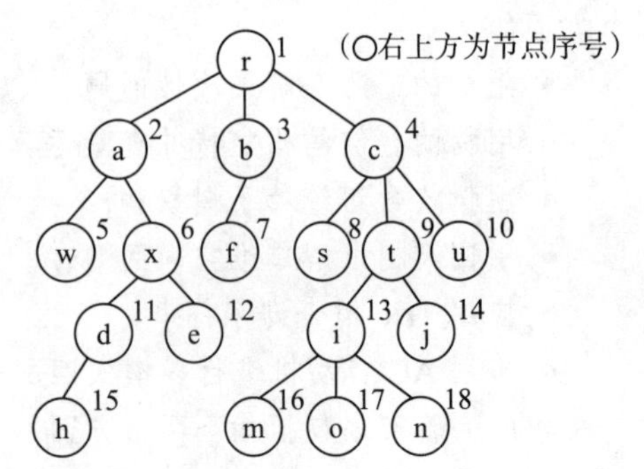

图 8.1-1

先序遍历按照由上而下、由左而右的顺序，访问 r 出发的每一条树枝。例如先序遍历图 8.1-1

中的树，先后得到了十条树枝："raw""r[a]xdh""ra[x]e""[r]bf""[r]cs""r[c]tim""rct[i]o""rct[i]n""rc[t]j""r[c]u"。先序遍历由下而上地沿前一树枝回溯至"[]"中的节点，"[]"后的下划线依次标出该节点向下顺序访问的节点。

由于在先序遍历中对任一节点的处理是在它的所有儿子节点被处理之前进行的，因此常用于计算树中节点的层次、节点至根的路径等运算。先序遍历的算法如下：

```
void preorder(int v);
{ 访问处理节点 v;
    for (i ∈ v 相邻的节点集)                    // 先序遍历每个与 v 相邻的未访问点
        if (节点 i 未被访问)
            preorder(i);
};
```

（2）后序遍历树

遍历规则：若树为空，则退出；否则先依次后序遍历每棵子树，然后访问根节点。

例如，对图 8.1-1 中的树进行后序遍历形成后序序列：w h d e x a f b s m o n i j t u c r。

后序遍历以 r 为根的子树时，先按照由下而上、由左而右的顺序访问 r 的每棵子树，最后访问 r。由于在后序遍历中任一个节点处的工作是在它的所有儿子节点被处理之后进行的，因此十分适宜于统计相连的下层节点的状态，例如计算节点高度、子树的节点总数和节点权和等。后序遍历的算法如下：

```
void postorder(int v);
{   for (i ∈ v 相邻的节点集)                    // 后序遍历每一个与 v 相邻的未访问点
        if (节点 i 未访问)
            postorder (i);
    访问处理节点 v;
};
```

需要说明的是，即便是使用同样一种遍历规则访问树，计算效率可能不一样，主要原因是存储结构上的差异性。例如，两种遍历都需要检索节点 v 的后件（for（*i* ∈ v 相邻的节点集）…）。如果通过搜索所有节点的"蛮力做法"来找出 v 的后件，则颇为费时；若向上检索通往根节点的路径时仅存储每个节点的前件信息，或向下检索通往叶节点的路径时仅存储每个节点的后件信息，则效率会提高许多。逻辑上讲，任何层次性问题都可用树表示。但关键是如何将树问题所对应的树存储到计算机里。关于树的存储表示有许多种，这里介绍最常用的 3 种。

1. 广义表表示

利用广义表来表示一棵树是一种非常有效的方法。树中的节点可以分为 3 种：叶节点、根节点、除根节点之外的其他非叶节点（也称为分支节点）。在广义表中也可以有 3 种节点与之对应：原子节点（ATOM）、表头节点（HEAD）、子表节点（LST）。树的广义表形式有两种：

1）括号表示法；将树的根节点写在括号的左边，除根节点之外的其余节点写在括号中，并用逗号间隔，以此来描述树结构。

2）广义表链表。

图 8.1-2a 给出了一棵树，它的括号表示法为 A(B(E，F)，C(G(K，L))，D(H，I，J(M)))，

其对应的广义表链表如图 8.1-2b 所示。树根节点 A 有三个非叶节点的子女，则在它的广义表链表中，表头节点为 A，它有 3 个子表节点。每个子表节点表示一棵树，各有一个广义表（子）链表：第一个广义表子链表的表头节点为 B，它有两个原子节点 E 和 F，分别表示子树 B 的两个属于叶节点的子女。以此类推，最后得到整棵树的广义表存储表示。树的括号表示为字符串，可以通过字符串处理和递归运算将之转化为对应的广义表链表。

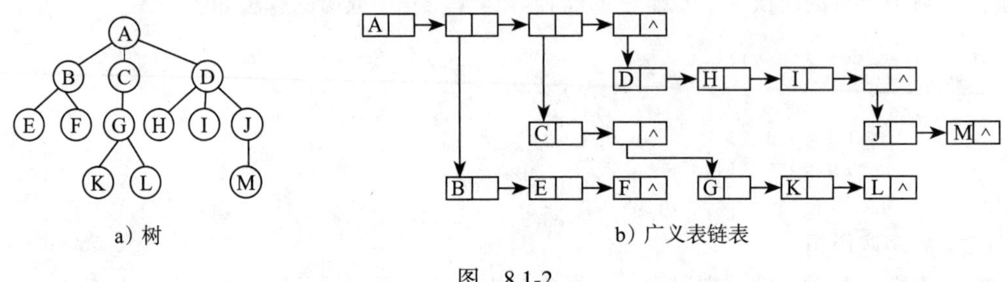

a）树　　b）广义表链表

图　8.1-2

2. 双亲表示

对树进行后序遍历时，一般采用双亲表示的存储方式，即以一组连续的存储单元来存放树中的节点。每一个节点有两个域，一个是数据域 data，用来存放数据元素；一个是父指针域 parent，用来存放指示其双亲节点位置的指针。如图 8.1-3 所示，图 8.1-3b 是图 8.1-3a 所示的树的双亲表示，树中节点的存放顺序一般不做特殊要求，但为了操作实现的方便，有时也会规定节点的存放顺序。例如，可以规定按树的先序次序存放树中的各个节点，并据此可以给出树的基于双亲表示法的类声明和各个成员函数的实现。图 8.1-3c 给出了双亲指针指示的方向。

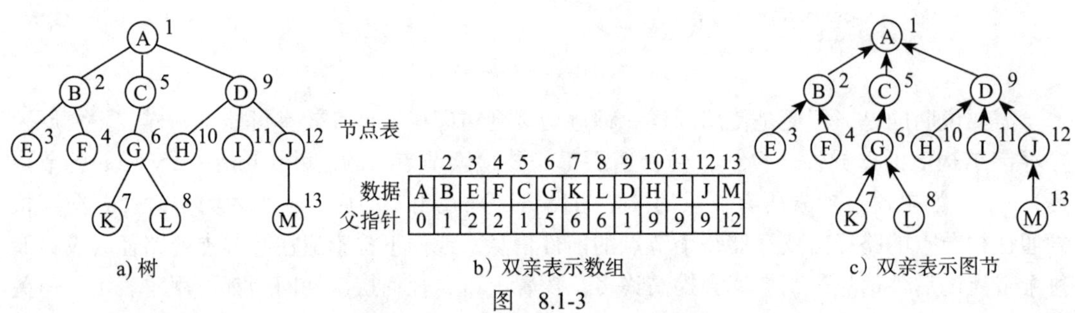

a）树　　b）双亲表示数组　　c）双亲表示图节

图　8.1-3

3. 多重链表

对树进行先序遍历时，一般采用多重链表的存储方式，即存储每个节点的数据和儿子指针。一棵树中每个节点具有的子树棵数可能不尽相同，因此如果用链接指针指示亲子树根节点地址的话，每个节点所需的链接指针各不相同。采用变长节点的方式为各个节点设置不同数目的指针域，将给存储管理带来很多麻烦。为解决这一问题，我们根据树的度 d 为每个节点设置 d 个指针域。

数据域 data	儿子指针 1（$child_1$）	儿子指针 2（$child_2$）	……	儿子指针 d（$child_d$）

采用这种节点格式的链表是固定长节点的链表，叫作多重链表。这种解决方案的好处是容易管理，坏处是空间浪费较大。由于树中有许多节点的度小于 d，就造成许多空指针域。

我们假设树中有 n 个节点，总共有 $n\times d$ 个指针域，其中只有 $n-1$ 个指针域有用，因为树中只有 $n-1$ 条分支，这样其余 $n\times d-(n-1)=(d-1)\times n+1$ 个指针域就是空的了，显然 d 越大，空间浪费越多。为了节省存储空间，可以将有序树转化为二叉树（参见 8.2 节）。

使用多重链表存储树，涉及儿子的指针运算。我们可以利用 C++ 标准模板库 STL 中的容器来定义树的多重链表，并利用其标准算法简化它。例如，将多重链表 adj[*n*] 定义成 vector 类，则可以通过 adj[*x*].push_back(*y*) 语句将 *y* 插入 *x* 的儿子链表；通过 *y*=adj[*x*].pop_back( ) 取出 *x* 的儿子链表中的一个节点，避免烦琐的指针运算。

【8.1.1 Nearest Common Ancestors】

在计算机科学与工程中，有根树是一个众所周知的数据结构。下面给出一个实例，如图 8.1-4 所示。

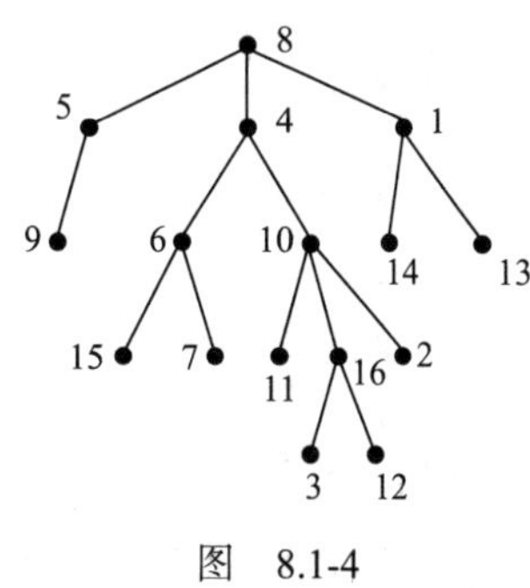

图 8.1-4

在图 8.1-4 中，每个节点用 {1, 2,⋯,16} 中的一个整数标识。节点 8 是树的根。如果节点 *x* 在根到节点 *y* 的路上，那么节点 *x* 是节点 *y* 的祖先。例如，节点 4 是节点 16 的祖先，节点 10 也是节点 16 的祖先，其实，节点 8、4、10 和 16 是节点 16 的祖先，请注意，一个节点也是它自己的祖先。节点 8、4、6 和 7 是节点 7 的祖先。如果节点 *x* 是节点 *y* 的一个祖先，也是节点 *z* 的一个祖先，那么节点 *x* 被称为两个不同节点 *y* 和 *z* 的共同祖先。因此，节点 8 和 4 是节点 16 和 7 的共同祖先。如果 *x* 是 *y* 和 *z* 的共同祖先并且在它们的所有共同祖先中离 *y* 和 *z* 最近，则节点 *x* 被称为节点 *y* 和 *z* 的最近共同祖先。所以，节点 16 和 7 的最近共同祖先是节点 4。节点 4 比节点 8 离节点 16 和 7 近。

再举其他的例子，节点 2 和 3 的最近的共同祖先是节点 10，节点 6 和 13 的最近的共同祖先是节点 8，并且节点 4 和 12 的最近的共同祖先是节点 4。在最后的例子中，如果 *y* 是 *z* 的一个祖先，那么 *y* 和 *z* 的最近的共同祖先是 *y*。

请编写一个程序，给出树中的两个不同节点的最近共同祖先。

输入

输入由 *T* 个测试用例组成，在输入的第一行给出测试用例数（*T*）。每个测试用例的第一行给出一个整数 *N*（$2\leqslant N\leqslant 10\ 000$），表示树中的节点数，节点用整数 1, 2,⋯, *N* 标识。后面的 *N*–1 行每行给出一对整数表示一条边：第一个整数是第二个整数的父母节点。一棵有 *N* 个节点的树恰有 *N*–1 条边。每个测试用例的最后一行给出两个不同的整数，请你计算它们的最近共同祖先。

输出

对每个测试用例仅输出一行，给出一个整数，表示最近的共同祖先。

样例输入	样例输出
2 16 1 14 8 5 10 16 5 9 4 6	4 3

（续）

样例输入	样例输出
8 4 4 10 1 13 6 15 10 11 6 7 10 2 16 3 8 1 16 12 16 7 5 2 3 3 4 3 1 1 5 3 5	

试题来源：ACM Taejon 2002

在线测试：POJ 1330，UVA 2525

试题解析

由于树中每个节点都有通往根的一条路径，因此任一节点对都存在公共祖先。我们在输入边的同时，构造树的双亲表示和多重链表，并通过先序遍历计算每个节点的层次（根处于0层，根所有儿子处于第1层，……，每个节点依据自身至根的路径长度确定层次）。为了计算的方便，树的多重链表采用vector类，双亲和层次表示采用整数数组。

有了以上的准备工作，便可以容易地计算每对节点 (x, y) 的最近公共祖先了。

若 x 与 y 不同，则分析 x 和 y 的层次：若 x 处于较深层次，则取 x 的父指针为 x；否则取 y 的父指针为 y；……；以此类推，直至 x==y 为止。此时的 x 即为最近公共祖先。

参考程序

```
#include <iostream>                              // 预编译命令
#include <vector>
using namespace std;                             // 使用 C++ 标准程序库中的所有标识符
const int N = 10000;
vector<int> a[N];                                // 多重链表，其中节点 i 的儿子链表 a[i] 为
                                                 // 一个 vector
int f[N], r[N];                                  // 双亲表示和层次序列，其中节点 i 的父指针
                                                 // 为 f[i]，层次为 r[i]
void DFS(int u,int dep)                          // 从 dep 层的 u 节点出发，通过先序遍历计算
                                                 // 每个节点的层次
{
    r[u]=dep;                                    // 节点 u 为 dep 层
    for (vector<int>::iterator it = a[u].begin(); it != a[u].end(); ++it)
        DFS(*it, dep + 1);                       // 递归 u 的每个儿子
}
int main( )
{
```

```
        int casenum, num, n, i, x, y;
        scanf("%d", &casenum);                          // 输入测试用例数
        for (num = 0; num < casenum; num++)
        {
            scanf("%d", &n);                            // 输入当前测试用例的节点数
            for (i = 0; i < n; i++) a[i].clear(); // 每个节点的儿子序列初始化为空
            memset(f, 255, sizeof(f));
            for (i = 0; i < n - 1; i++)
            {
                scanf("%d %d", &x, &y);                 // 输入边 (x, y)
                a[x - 1].push_back(y - 1);              // 将节点 y-1 压入 x-1 节点的儿子列表
                f[y - 1] = x - 1;                       // 节点 y-1 的父指针设为 x-1
            }
            for (i = 0; f[i] >= 0; i++);                // 搜索根节点 i
                DFS(i, 0);                              // 从根出发，计算每个节点的层次
            scanf("%d %d", &x, &y);                     // 输入节点对，计算这两个节点的序号
            x--; y--;
            while (x != y)                              // 若未找到公共祖先，则反复计算深层次节点
                                                        // 的父节点
            {
                if (r[x]>r[y]) x = f[x];
                else y = f[y];
            }
            printf("%d\n", x + 1);                      // 输出公共祖先的序号
        }
        return 0;
    }
```

【8.1.2 Hire and Fire】

在本题中，请你给出一个组织机构的人员变化时层次结构的变化情况。一个组织机构存在的首要条件是有一个首席执行官（Chief Executive Officer，CEO）。然后，雇用和解雇就可能多次发生。组织中的任何成员（包括 CEO）可以雇用任意数量的直接下属，组织中的任何成员（包括 CEO）也可以被解雇。组织的层次结构可以表示为一棵树，如图 8.1-5 所示。

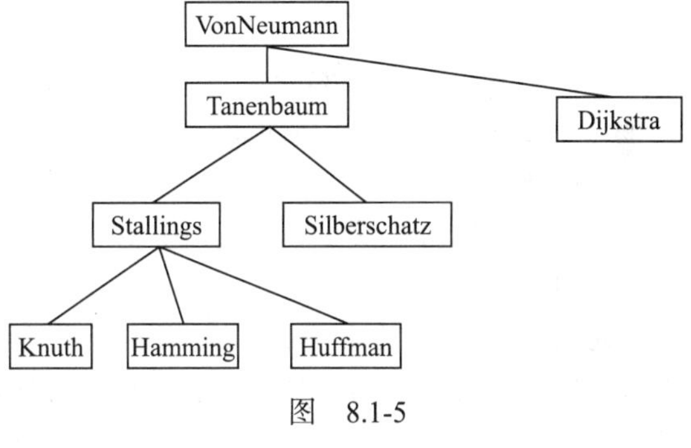

图　8.1-5

VonNeumann 是这个组织的 CEO。VonNeumann 有两个直接下属：Tanenbaum 和 Dijkstra。这个组织机构的成员如果是同一个人的直接下属，就要按他们各自资历来进行排行。在图 8.1-5 中，成员的资历从左到右递减，例如 Tanenbaum 的资历比 Dijkstra 高。

当一个成员雇用了一个新的直接下属时，新雇用的下属的资历比该成员其他直接下属的资历要低。例如，如果 VonNeumann 雇用了 Shannon，那么 VonNeumann 的直接下属按资历递减排列是 Tanenbaum、Dijkstra 和 Shannon。

当该组织机构的一个成员被解雇时，会有两种情况：如果这个被解雇的人没有下属，那么他 / 她就被简单地从组织层次中被除掉；如果这个被解雇的人有下属，那么他 / 她的按资历排名最高的直接下属将被提升，填入空缺。被提升的人将继承被解雇人的资历。如果被提升的人也有下属，那么他 / 她的排名最高的直接下属将被提升，并且这样的提升将沿着层次向下传，直到一个人没有下属会被提升。在图 8.1-5 中，如果 Tanenbaum 被解雇，那

么 Stallings 就被提升到 Tanenbaum 的位置，并继承 Tanenbaum 的资历，而 Knuth 被提升到 Stallings 以前的位置，并继承 Stallings 的资历。

图 8.1-6 给出图 8.1-5 进行了这样的操作后的层次结果：VonNeumann 雇用了 Shannon，Tanenbaum 被解雇。

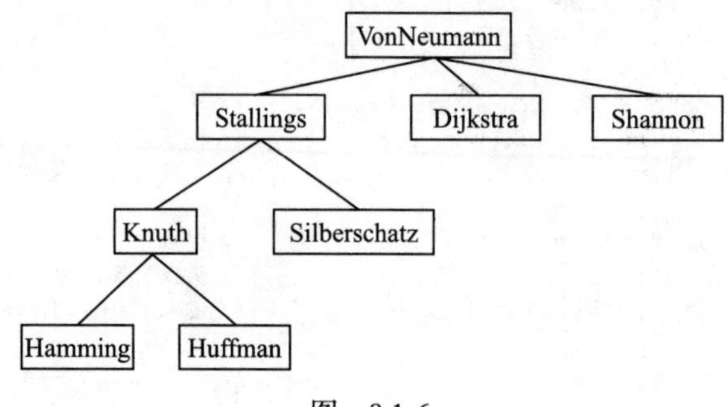

图　8.1-6

输入

输入的第一行仅给出初始时 CEO 的名字，输入中所有名字都由 2 ~ 20 个字符组成，可以是大写或小写字母、单引号和连字符（没有空格）。每个名字至少包含一个大写字母和一个小写字母。

在第一行后面跟着一行或多行。这些行每行的格式按下述三条语法规则中的一条确定：

```
[existing member] hires [new member]
fire [existing member]
print
```

这里的 [existing member] 是组织机构中已经存在的一个成员的名字，[new member] 是一个还不是该组织机构的成员的一个人的名字。三种类型（hires、fire 和 print）可以以任何次序，以任何次数出现。

可以设定任何时候在组织机构中至少有一个成员（CEO），且不会超过 1000 个成员。

输出

对每个 print 命令，输出该组织机构的当前层次，假定所有的雇用和解雇从输入开始的时候按上述过程进行。树的图（例如按图 8.1-5 和图 8.1-6 的形式）按下述规则被转换为文本格式：

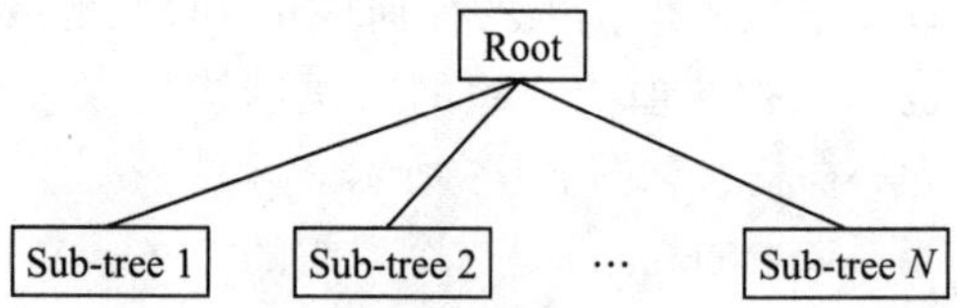

- 在树的文本表示中，每行仅给出一个名字；
- 第 1 行给出 CEO 的名字，开始于第 1 列。

Root
Sub-tree 1　Sub-tree 2　…　Sub-tree N

图　8.1-7

有如图 8.1-7 所示的一棵完整的树，或者任意子树：

表示为图 8.1-8 所示的文本形式：

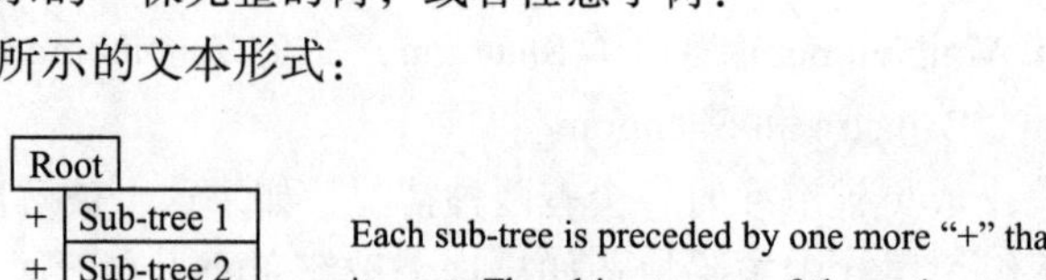

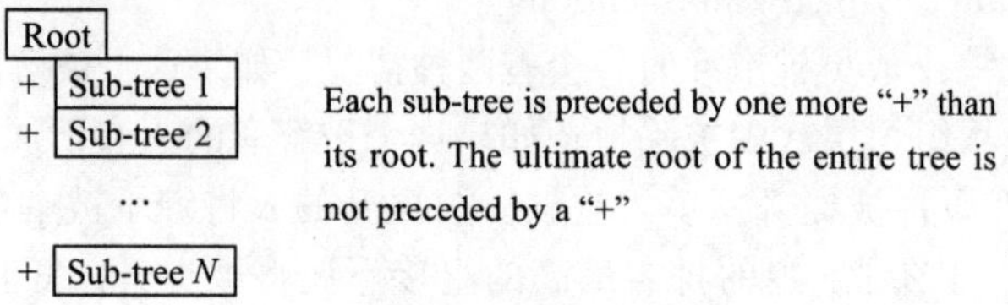

图　8.1-8

对输入中的每个 print 命令输出结果，输出以一行 60 个连字符终止。输出中没有空行。

样例输入	样例输出
VonNeumann VonNeumann hires Tanenbaum VonNeumann hires Dijkstra Tanenbaum hires Stallings Tanenbaum hires Silberschatz Stallings hires Knuth Stallings hires Hamming Stallings hires Huffman print VonNeumann hires Shannon fire Tanenbaum print fire Silberschatz fire VonNeumann print	VonNeumann +Tanenbaum ++Stallings +++Knuth +++Hamming +++Huffman ++Silberschatz +Dijkstra -------------------------- VonNeumann +Stallings ++Knuth +++Hamming +++Huffman ++Silberschatz +Dijkstra +Shannon -------------------------- Stallings +Knuth ++Hamming +++Huffman +Dijkstra +Shannon --------------------------

试题来源：ACM Rocky Mountain 2004

在线测试：POJ 2003，ZOJ 2348，UVA 3048

试题解析

这个组织机构的层次结构实际上是一棵以 CEO 为根的树，其文本形式是给出这个组织每个成员的姓名以及该成员在组织结构树中所处的层次，层次由“+”的个数表征。按照这一要求，组织结构树需要采用多重链表的存储方式。由于需要不断地增加和解雇成员 (hires 和 fire 命令)，因此随着人员变化，组织的层次结构也发生变化，变化过程中需要记下每个节点的双亲和层次。

下面，我们来研究树的结构特征和各类命令对树变化的影响。

1）由于增加或解雇需要讲资历的，因此这棵树是有序树：每个节点的第 1 个儿子资历最高，第 2 个儿子资历次高……所有儿子按照资历递减的顺序由左而右排列。我们可采用多重链表的存储方式，将每个节点的所有儿子放在一个队列中，该队列定义为 STL 中的 lis t类。

2）x hires y 命令（雇主 x 雇用新成员 y）：y 插入 x 的儿子队列尾，y 的父指针指向 x。

3）fire y 命令（解雇成员 y）：按照 y 下辈中资历最高的成员被提升的要求，y 的儿子队列的首节点上升 1 个层次，该儿子的儿子队列的首节点上升 1 个层次……即从 y 出发，向下左链的所有节点依次上升 1 个层次。

4）print 命令（打印树的文本形式）：关键是建立起多重链表。CEO 为根，处于 0 层次，从 CEO 出发进行先序遍历：若当前节点为 i，处于 p 层，则先打印 p 个“+”和节点 i 对应的成员名；然后依次递归 i 的儿子队列中的每个节点，它们都处于树的 p+1 层。

由于树中的节点不可能直接用姓名表征，且存储结构要满足“先进先出”的特征，因此，我们采用 STL 中的基本容器，即 string（字串）、map（映射）和 list（链表），在成员姓名和节点序号间建立一一映射的关系，并且在树增删节点的操作中充分利用 STL 中的基本容器提供的库函数，简化程序。

参考程序（略。本题参考程序的 PDF 文件和本题的英文原版均可从华章网站下载）

8.2　用树结构支持并查集

在现实中，存在“物以类聚，人以群分”的关系，定义如下。

定义 8.2.1　设 S 是任意一个集合。$S_i \subseteq S$，$S_i \neq \varnothing$，i=1,2, …, n。如果 $S_1 \cup S_2 \cup \cdots \cup S_n=S$，并且 $S_i \cap S_j=\varnothing$（i, j=1, 2, …, n，$i \neq j$），则称 $\pi=\{S_1, S_2, \cdots, S_n\}$ 是 S 的一个划分，其中每个 S_i 称为划分 π 的一个块。

由于这类问题主要涉及对集合的合并和查找，因此也称 $\pi=\{S_1, S_2, \cdots, S_n\}$ 为并查集。

并查集维护互不相交的集合 $S_1, S_2, \cdots, S_n$，每个集合 S_i 都有一个特殊元素 rep[S_i]，称为集合 S_i 的代表元。并查集支持如下三种操作。

1）make_set(x)：加入一个含单元素的集合 $\{x\}$ 到并查集 $\pi=\{S_1, S_2, \cdots, S_n\}$ 中，则 rep[$\{x\}$]=x。注意 x 不能被包含在任何一个 S_i 中，因为在 π 中任何两个集合都是不相交的。初始时，对每个元素 x 执行一次 make_set(x)。

2）join(x, y)：把 x 和 y 所在的集合 S_x 和 S_y 合并，也就是说，从 π 中删除 S_x 和 S_y，并加入 $S_x \cup S_y$。

3）set_find(x)：返回 x 所在集合 S_x 的代表元 rep[S_x]。

并查集的存储结构有两种。

1）链结构：每个集合用双向链表表示，代表元 rep[S_i] 在链表首部，集合中的每个节点除前后指针外，增加一个指向 rep[S_i] 的指针（如图 8.2-1 所示）。

并查集采用链式存储方式，不仅编程比较烦琐，而且合并操作的时间效率比较低。将 x 和 y 所在的链表合并成一个新链表，需要把 S_y 里所有元素的 rep 指针设为 rep[S_x]，花费时间为 $O(n)$。

2）树结构：每个集合用一棵树表示，集合中的每个元素表示为树中的一个节点，根为集合的代表元（如图 8.2-2 所示）。

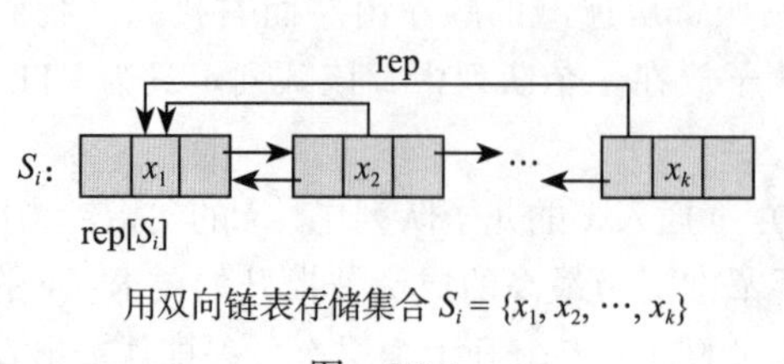

用双向链表存储集合 $S_i=\{x_1, x_2, \cdots, x_k\}$

图　8.2-1

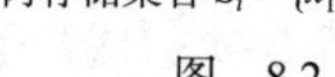

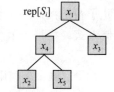

用树存储集合 $S_i=\{x_1, x_2, x_3, x_4, x_5\}$

图　8.2-2

每个节点 p 设一个指针 set[p]，记录它所在树的根节点序号。如果 set[p]<0，则表明 p 为根节点。初始时，为每一个元素建立一个集合，即 set[x]=−1（$1 \leqslant x \leqslant n$）。

对于查找操作，我们采用边查找边“路径压缩”的办法，在查找过程的同时，也减少树的深度。例如在图 8.2-3a 所示的集合中，查找元素 y_2 所在集合的代表元，就从 y_2 出发，沿路径 y_2−y_3−y_1−x_1 查找到 x_1，并依次将路径上的 y_2、y_3、y_1 的 set 指针设为 x_1（如图 8.2-3b 所示）。

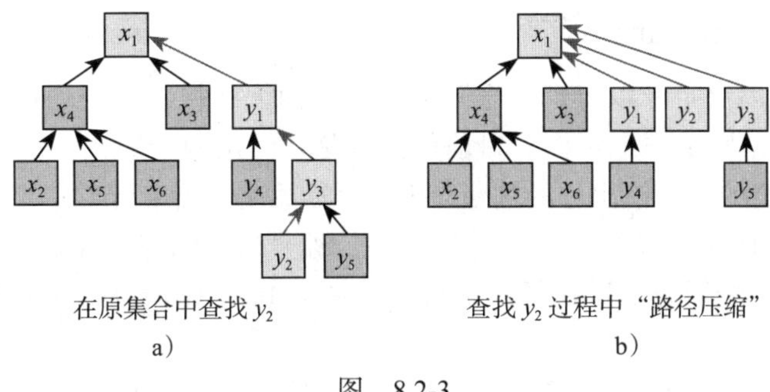

图　8.2-3

边查找边“路径压缩”的算法如下。

首先，从节点 x 出发，沿 set 指针查找节点 x 所在树的根节点 f（set[f]<0）。然后进行路径压缩，将 x 至 f 的路径上经过的每个节点的 set 指针都指向 f。查找过程如下：

```
int set_find(int p)                         // 查找 p 所在集合的代表元，用路径压缩优化
{
    if (set[p]<0)
        return p;
    return set[p]=set_find(set[p]);
}
```

合并操作只需将两棵树的根节点相连即可。例如，将 x 所在的集合（树根 fx）并入 y 所在的集合（树根 fy），即以 fx 为根的子树上根节点的 set 指针指向 fy（如图 8.2-4 所示）。

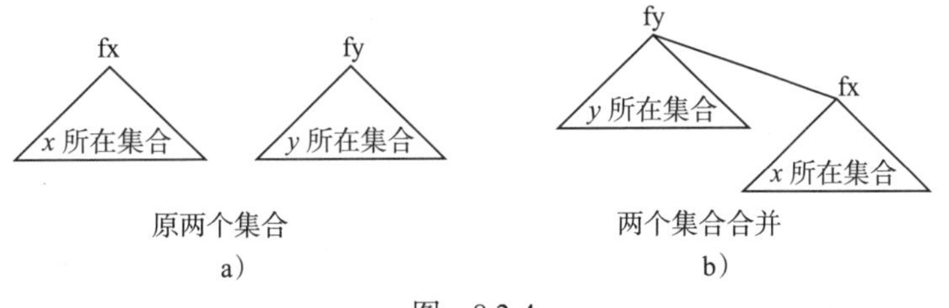

图　8.2-4

合并的算法如下。

计算 x 元素所在并查集的树根 fx 和 y 元素所在并查集的树根 fy。如果 fx==fy，则说明元素 x 和元素 y 在同一并查集中；否则将 x 所在的集合并入 y 所在的集合，也就是将 fx 的 set 指针设为 fy：

```
void join(int p, int q)                     // 将 p 所在的集合并入 q 所在的集合
{
    p=set_find(p);
    q=set_find(q);
    if (p!=q)
        set[p]=q;
}
```

那么，为什么“路径压缩”是在查找过程中进行，而不在合并过程中进行呢？这是因为合并需要查找待合并的两个集合的根节点，路径压缩实际上就是减少查找中树的深度，从而减少查找的时间消耗。

无论是编程的复杂度还是算法的时间效率，树的存储方式都要明显优于链表。这也是我们为什么要将并查集运算归入树的章节，而不放到链表或图的章节里阐释的根本原因。

【8.2.1　Find them, Catch them】

Tadu 市的警察局决定采取行动，根除城市中的两大帮派：龙帮和蛇帮。然而，警方首先需要确定某个罪犯属于哪个帮派。目前的问题是，给出两个罪犯，他们属于同一个帮派吗？你要基于不完全的信息给出你的判断，因为歹徒总是在暗中行事。

假设在 Tadu 市现在有 N（$N \leqslant 10^5$）个罪犯，编号从 1 到 N。当然，至少有一个罪犯属于龙帮，也至少有一个罪犯属于蛇帮。给出 M（$M \leqslant 10^5$）条消息组成的序列，消息有下列两种形式：

1）D [*a*] [*b*]，其中 [*a*] 和 [*b*] 是两个犯罪分子的编号，他们属于不同的帮派；

2）A [*a*] [*b*]，其中 [*a*] 和 [*b*] 是两个犯罪分子的编号，你要确定 *a* 和 *b* 是否属于同一帮派。

输入

输入的第一行给出一个整数 T（$1 \leqslant T \leqslant 20$），表示测试用例的个数。后面跟着 T 个测试用例，每个测试用例的第一行给出两个整数 N 和 M，后面的 M 行每行给出一条如上面所描述的消息。

输出

对于在测试用例中的每条“A [*a*] [*b*]”消息，你的程序要基于此前给出的信息做出判断。回答是如下之一：“In the same gang.”“In different gangs.”或“Not sure yet.”。

样例输入	样例输出
1 5 5 A 1 2 D 1 2 A 1 2 D 2 4 A 1 4	Not sure yet. In different gangs. In the same gang.

试题来源：POJ Monthly--2004.07.18

在线测试：POJ 1703

试题解析

龙帮和蛇帮的罪犯各组成一个集合，设 set[*d*] 为罪犯 *d* 所属集合的代表元，set[*d*+*n*] 为另一集合的代表元，$1 \leqslant d \leqslant n$。函数 set_find(*i*) 查找罪犯 *i* 所属并查集的代表元，同时进行路径压缩，$1 \leqslant i \leqslant 2n$。

初始时 set[*d*]=−1，即所有罪犯自成一个帮派。按照如下方法处理每条消息 *s*。

1）确定 *a* 和 *b* 是否属于同一帮派（*s*[0]=='A'）。

如果 *a* 和 *b* 不属同一帮派（set_find(*a*)!=set_find(*b*)），且 *a* 所属的帮派与 *b* 的另一帮派也不相同（set_find(*a*)!=set_find(*b*+*n*)），则不能确定 *a* 和 *b* 是否属于同一帮派；否则，如果

罪犯 a 所属集合的代表元与罪犯 b 所属集合的代表元相同（set_find(a)=set_find(b)），则确定 a 和 b 同属一个帮派；再否则，可以确定 a 和 b 属于不同的帮派。

2）设置 a 和 b 分属两个帮派（s[0]=='D'）。

若 a 所属的帮派不为 b 的另一帮派（set_find(a)!=set_find($b+n$)），则 a 的帮派设为 b 的另一帮派，b 的帮派设为 a 的另一帮派（set[set_find(a)]=set_find($b+n$); set[set_find(b)]=set_find($a+n$)）。

参考程序

```
#include <cstdio>                                  // 预编译命令
#include <cstring>
const int maxn = 100000 + 5;                       // 罪犯数是上限
int n, m;
int set[maxn + maxn];                              //k 所属的帮派为 set[k]，另一帮
                                                   // 派为 set[k+n]
int set_find(int d)                                // 带路径压缩的并查集查找集合代表
                                                   // 元过程
{
    if (set[d] < 0)                                // 若 d 为集合代表元，则返回
        return d;
    return set[d] = set_find(set[d]);              // 递归计算 d 所在集合的代表元
}
int main(void)
{
    int loop;
    scanf("%d", &loop);                            // 输入测试用例数
    while (loop--) {
        scanf("%d%d", &n, &m);                     // 输入罪犯数和消息数
        memset(set, -1, sizeof(set));              // 每个罪犯单独组成一个集合
        for (int i = 0; i < m; i++) {              // 依次处理每条消息
            int a, b;
            char s[5];
            scanf("%s%d%d", s, &a, &b);            // 输入第 i 条消息
            if (s[0] == 'A') {                     // 确定 a 和 b 是否属于同一帮派
                if (set_find(a) != set_find(b) && set_find(a) != set_find(b + n))
                    // 若 a 和 b 不属同一帮派，且 a 所属的帮派与 b 的另一帮派也不相同，则不能确定
                    printf("%s\n", "Not sure yet.");
                else if (set_find(a) == set_find(b))  // a 和 b 同属一个帮派
                    printf("%s\n", "In the same gang.");
                else                               //a 和 b 分属两个帮派
                    printf("%s\n", "In different gangs.");
            } else {                               //a 和 b 属于不同的帮派
                if (set_find(a) != set_find(b + n)){  // 若 a 所属的帮派不为 b 的另一帮派，
                                                   // 则 a 的帮派设为 b 的另一帮派；b
                                                   // 的帮派设为 a 的另一帮派
                    set[set_find(a)] = set_find(b + n);
                    set[set_find(b)] = set_find(a + n);
                }
            }
        }
    }
    return 0;
}
```

以上试题仅是判断任意两个元素是否同属一个集合的简单情况。如果要求计算每个集合中元素的个数和排列情况，则情况就会变得复杂一些。因为在合并集合的过程中，集合的数目、每个集合中元素的个数和排列情况可能会发生相应变化。

【8.2.2　Cube Stacking】

农夫 John 和 Betsy 在玩一个游戏，有 N（$1 \leqslant N \leqslant 30\ 000$）块相同的立方，标记从 1 到 N。开始时是 N 个栈，每个栈只有一个立方体。农夫 John 请 Betsy 执行 P（$1 \leqslant P \leqslant 100\ 000$）个操作，有两类操作：move 和 count。

在一个 move 操作中，农夫 John 请 Bessie 将包含立方体 X 的栈移到包含立方体 Y 的栈的栈顶。

在一个 count 操作中，农夫 John 请 Bessie 计算包含立方体 X 的栈中在 X 下的立方体个数，并返回值。

请你编写一个程序返回游戏结果。

输入

第 1 行：一个整数 P。

第 2 ～ P+1 行：每行给出一个合法的操作，第 2 行给出第一个操作，依次类推。每行开始时以“M”表示一个 move 操作，或以“C”表示一个 count 操作。对 move 操作，这一行还给出两个整数 X 和 Y；对 count 操作，这一行给出一个整数 X。

在输入文件中 N 的值不出现。Move 操作不会要求一个栈移到它自己的上面。

输出

按输入文件中的次序输出每一个 count 操作的结果。

样例输入	样例输出
6 M 1 6 C 1 M 2 4 M 2 6 C 3 C 4	1 0 2

试题来源：USACO 2004 US Open

在线测试：POJ 1988

试题解析

每个栈为一个集合，该集合中的元素为栈中的立方体。初始时，n 个栈各放 1 个立方体。设 set[k] 为元素 k 所在栈的栈底元素序号，也为该集合的代表元；cnt[k] 为“栈区间” [k..set[k]] 内的元素个数；top[k] 为元素 k 所在栈的栈顶元素序号。

count 操作：通过函数 set_find(p) 计算 p 所在栈中在 p 下方的元素个数和栈底元素，采用路径压缩优化。

注意：如果 set[p] 下方还有元素（set[set[p]] $\geqslant 0$），说明栈区间 [p..set[p]] 的元素移动前栈内有元素（如图 8.2-5 所示）。

p 下方的元素个数应调整为 cnt[p]+=cnt[set[p]]，栈底元素序号应调整为 set[p]=set_find(set[p])。

move 操作：通过 set_join(x, y) 过程，将 x 所在的栈移到 y 所在的栈顶上。

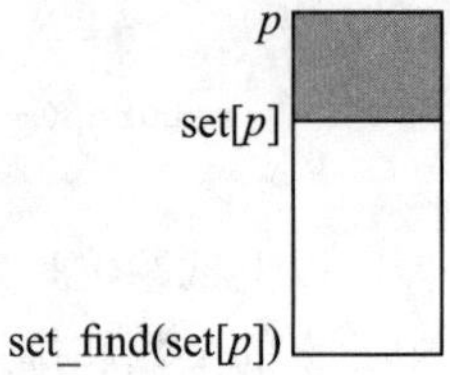

p
set[p]
set_find(set[p])

图　8.2-5

首先计算 x 和 y 所在栈的栈底元素（x=set_find(x); y=set_find(y)）；调整 x 所在栈的栈底元素（set[x]=y）；重新计算原 y 所在栈的栈顶元素到 y 之间的元素个数（set_find(top[y])）；将 y 所在栈的栈顶元素更新为 x 原先所在栈的栈顶元素（top[y]=top[x]）；调整原 x 所在栈的栈底元素下方的元素数（cnt[x]=cnt[top[y]]）。

参考程序（略。本题参考程序的 PDF 文件和本题的英文原版均可从华章网站下载）

上述并查集的元素不含任何权值信息，任何两个元素之间的关系没有量化，因此属于一般并查集。当并查集的元素包含权值信息时，这类并查集就属于带权并查集。

当两个元素之间的关系可以量化且可以推导时，就使用带权并查集来维护元素之间的关系。带权并查集每个元素的权值通常描述其与并查集中祖先的关系，这种关系如何合并，路径压缩时就如何压缩。带权并查集可以推算集合内元素的关系，而一般并查集只能判断属于某个集合。

【8.2.3　食物链】

动物王国中有三类动物 A、B、C，这三类动物的食物链构成了有趣的环形：A 吃 B，B 吃 C，C 吃 A。

现有 N 个动物，以 1 ～ N 编号。每个动物都是 A、B、C 中的一种，但是我们并不知道它到底是哪一种。

有人用两种说法对这 N 个动物所构成的食物链关系进行描述：

1）第一种说法是"1 X Y"，表示 X 和 Y 是同类。

2）第二种说法是"2 X Y"，表示 X 吃 Y。

此人对 N 个动物用上述两种说法，一句接一句地说出 K 句话，这 K 句话有的是真的，有的是假的。当一句话满足下列三条之一时，这句话就是假话，否则就是真话。

1）当前的话与前面的某些真的话冲突，就是假话。

2）当前的话中 X 或 Y 比 N 大，就是假话。

3）当前的话表示 X 吃 X，就是假话。

你的任务是根据给定的 N（$1 \leqslant N \leqslant 50\ 000$）和 K（$0 \leqslant K \leqslant 100\ 000$）句话，输出假话的总数。

输入

第一行是两个整数 N 和 K，以一个空格分隔。

以下 K 行每行是三个正整数 D、X、Y，两数之间用一个空格隔开，其中 D 表示说法的种类。

1）若 D=1，则表示 X 和 Y 是同类。

2）若 D=2，则表示 X 吃 Y。

输出

只有一个整数，表示假话的数目。

样例输入	样例输出
100 7 1 101 1 2 1 2	3

（续）

样例输入	样例输出
2 2 3 2 3 3 1 1 3 2 3 1 1 5 5	

试题来源：NOI 2001

在线测试：POJ 1182

试题解析

本题需要维护、推导集合内元素的关系，所以本题可以利用带权并查集来求解。

数组 pre 和数组 rela 表示集合的关系，其中，pre 表示并查集的代表元，rela 表示集合内元素的关系，本题给出的三类动物的食物链有三种关系，即同类、吃和被吃，显然这种关系是可以量化的，我们分别用 0、1、2 表示数组 rela 中元素的关系：

1）0 表示和父节点是同类关系；

2）1 表示和父节点是吃的关系（吃父节点）；

3）2 表示和父节点是被吃的关系（被父节点吃）。

需要维护和推导的关系论述如下。

首先是路径压缩时的关系维护：已知元素 b 和元素 a 的关系，以及元素 a 和所在集合代表元的关系，需要推导出元素 b 和所在集合代表元的关系，如图 8.2-6 所示。

此时，元素 a 和 b 与和所在集合代表元（根）的关系以及元素 b 与元素 a 的关系如下表所示。

元素 a 与根的关系	元素 b 与元素 a 的关系	元素 b 与根的关系
0	0	0
0	1	1
0	2	2
1	0	1
1	1	2
1	2	0
2	0	2
2	1	0
2	2	1

则关系 rela[b] = (rela[a] + relation[b->a]) % 3 成立。

然后是元素之间关系的查找。已知元素 a 和元素 b 在同一集合，即它们所在并查集的代表元相同，要求确定元素 a 和元素 b 之间的关系，如图 8.2-7 所示。

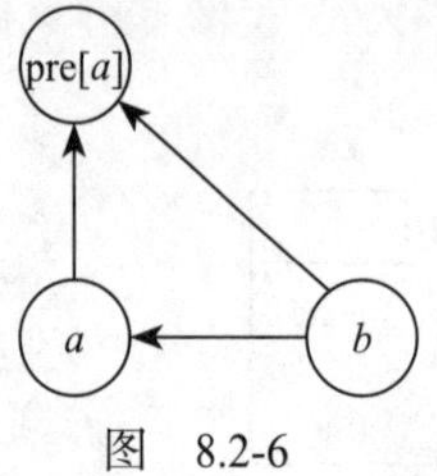

图　8.2-6

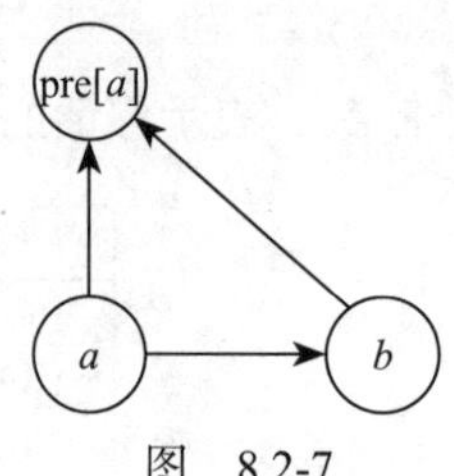

图　8.2-7

此时，元素 a 和 b 与和所在集合代表元（根）的关系以及元素 b 与元素 a 的关系如下表所示。

元素 *a* 与根的关系	元素 *b* 与根的关系	元素 *a* 与元素 *b* 的关系
0	0	0
0	1	2
0	2	1
1	0	1
1	1	0
1	2	2
2	0	2
2	1	1
2	2	0

则关系 relation[*a*->*b*] = (rela[a] − rela[*b*]+3) % 3 成立。

最后是两个集合进行并运算时关系的维护。已知元素 *a* 和其根节点的关系、元素 *b* 和其根节点的关系，以及元素 *b* 和元素 *a* 的关系，则当元素 *b* 和元素 *a* 所在集合进行并运算时，要给出 *b* 根节点和 *a* 根节点存在的关系，关系如图 8.2-8 所示。

则关系 relation[pre[*b*]->pre[*a*]] = (rela[*a*] − rela[*b*] + relation[*b* -> *a*]) % 3 成立。

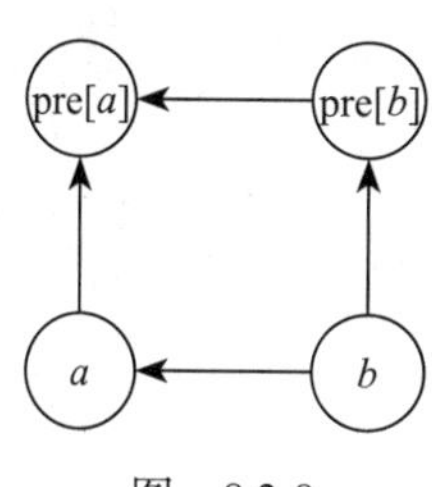

图　8.2-8

参考程序

```
#include<stdio.h>
#define MAX_ANIMAL_NUM 50010                        // 并查集的规模上限
int gPar[MAX_ANIMAL_NUM];
int gRel[MAX_ANIMAL_NUM]; // 带权并查集，其中 gPar[i] 为节点 i 所在集合的根；gRel[i] 为节点
    //i 和所属集合的根节点之间的关系：gRel[i] == 0，i 和它所在集合的代表元（根）是同类动物；
    //gRel[i] == 1，i 吃它所在集合的代表元（根）；gRel[i] == 2，i 所在集合的代表元（根）吃它

void Init(int n){                                   // 带权并查集初始化
    for (int i = 1; i <= n; i++){                   // 每个节点初始时单独组成并查集
        gPar[i] = i;
        gRel[i] = 0;
    }
}

// 计算和返回 c 所属集合的集合代表元（根），同时维护信息，主要是更新节点到根节点的关系数组 gRel[x]
int GetPar(int c){
    if (c != gPar[c]){                              // 若节点 c 非所属集合的根节点，则在路
                                                    // 径压缩前，取出所属集合的根节点 p
        int p = gPar[c];
        gPar[c] = GetPar(gPar[c]);                  // 调用递归函数进行路径压缩。返回时，
                                                    //p 已经设置了根节点，同时也设置了 p
                                                    // 和总集合的根节点的关系
        gRel[c] = (gRel[c] + gRel[p]) % 3;          // 根据 c 和 p 的关系以及 p 和总集合的
                                                    // 根节点的关系，设置 c 和总集合的根节
                                                    // 点的关系

    }
    return gPar[c];                                 // 返回路径压缩后节点 c 所在集合的代表元
}
int main(){
    int N, K;
    scanf("%d %d", &N, &K);                         // 输入动物数和说话句数
```

```
    int rel, x, y;
    int error_count = 0;                                  //假话数初始化
    Init(N);                                              //带权并查集初始化
    for (int i = 0; i < K; i++){                          //依次输入每句话
        scanf("%d %d %d", &rel, &x, &y);                  //第 i 句话为动物 x 和 y 呈 rel 关系
        if (x > N || y > N){                              //若任一动物越界，则假话数 +1，继续
                                                          //输入下一句话
            error_count++;
            continue;
        }
        rel--;
        int p1 = GetPar(x), p2 = GetPar(y);               //分别计算 x 和 y 所在集合的代表元（根）
        if (p1 == p2){                                    //若 x 和 y 在同一集合
            if ((gRel[x]+3-gRel[y]) % 3 != rel){          //若关系不一致，则假话数 +1
                error_count++;
            }
        }
        else{    //否则合并 x 和 y 所在的集合，同时需要注意，根据 x->p1、x->y、y->p2 的关系，
                 //得到 p1->p2 的关系
            gPar[p1] = p2;
            gRel[p1] = (3 - gRel[x] + rel + gRel[y]) % 3;
        }
    }
    printf("%d\n", error_count);                          //输出假话数
    return 0;
}
```

8.3　用树状数组统计子树权和

有时，从现实生活抽象出的树模型中节点被赋予了一个权值，而解题目标是动态统计子树的权和。8.1 节给出了通过树的后序遍历求解的方法，时间花费为 $O(n)$。如果节点的权值发生变化，则“牵一发而动全身”，相关子树的权和随之发生变化，就需要再次通过后序遍历统计子树的权和。显然，这种“蛮力搜索”的方法并不适合。

树的后序遍历实质上是按照自下而上的顺序将非线性结构的树转化为一个线性序列，每棵子树对应这个线性序列的一个连续的子区间。这就提醒了我们，是否可以用线性数据结构的方法解决动态统计子树权和的问题呢？是的，这就用到了树状数组。

树状数组（Fenwick Tree），也被称为二叉索引树（Binary Indexed Tree，BIT），是一个查询和修改复杂度都为 $\log_2 n$ 的数据结构，主要用于查询任意两位之间的所有元素之和。定义相关数据结构如下。

设数组 $a[]$，元素个数为 n，存储在 $a[1]\cdots a[n]$ 中。

子区间的权和数组为 sum，其中数组 a 中从 i 到 j 区间内的权和 $\text{sum}[i,j]=\sum_{k=i}^{j}a[k]$。

前缀的权和数组为 s，其中数组 a 中长度为 i 的前缀的权和 $s[i]=\sum_{k=1}^{i}a[k]$；显然，$\text{sum}[i,j]=s[j]-s[i-1]$。

$\text{lowbit}(k)$ 为整数 k 的二进制表示中右边第一个 1 所代表的数，在程序实现时，$\text{lowbit}(k)=k\&(-k)$；例如，12 的二进制是 1100，右边第一个 1 所代表的数字是 4；$-k$ 则是将 k 按位取反，然后末尾加 1；$k\&(-k)$ 则是 k 与 $-k$ 按位与；例如，1100 按位取反，然后末尾加 1 的结果是 0100，两者按位与的结果是 100，所代表的数是 4。

树状数组 c，其中 $c[k]$ 存储从 $a[k]$ 开始向前数 $\text{lowbit}(k)$ 个元素之和，即 $c[k]=\sum_{i=k-\text{lowbit}(k)+1}^{k}a[i]$，

显然，树状数组采用了分块的思想（如图 8.3-1 所示）。

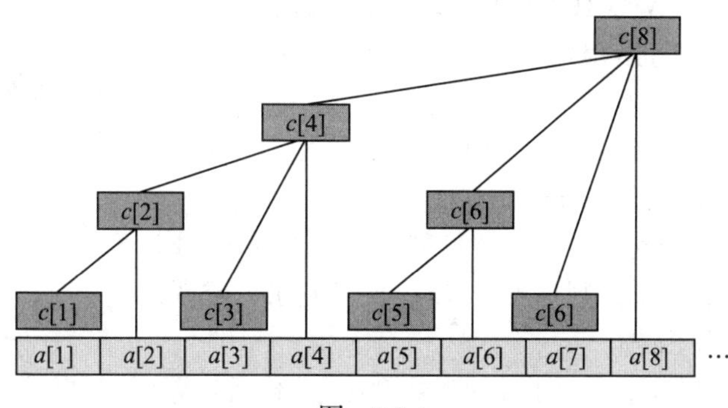

图　8.3-1

更改和查询数组 a 的元素直接在树状数组 c 中进行。例如，如果要更改元素 $a[2]$，影响到数组 c 中的元素有 $c[2]$、$c[4]$ 和 $c[8]$，我们只需一层一层往上修改就可以了，而这个过程的时间复杂度是 $O(\log_2 n)$。又例如，查找 $s[7]$，7 的二进制表示为 0111，右边的第一个 1 出现在第 0 位上，也就是说要从 $a[7]$ 开始数 1 个元素（$a[7]$），即 $c[7]$；然后将这个 1 舍掉，得到 6，二进制表示为 0110，右边第一个 1 出现在第 1 位上，也就是说要从 $a[6]$ 开始向前数 2 个元素 ($a[6]$、$a[5]$)，即 $c[6]$；最后舍掉用过的 1，得到 4，二进制表示为 0100，右边第一个 1 出现在第 2 位上，也就是说要从 $a[4]$ 开始向前数 4 个元素 ($a[4]$、$a[3]$、$a[2]$、$a[1]$)，即 $c[4]$，显然，$s[7]=c[7]+c[6]+c[4]$。

$a[x]$ 增加 k 后，树状数组 c 的调整过程如下：

```
for(i=x; i<cnt; i+=lowbit(i)) c[i]+=k;
```

$s[x]=\sum_{k=1}^{x} a[k]$ 的计算过程如下：

```
s[x]=0;
for(i=x; i>0; i-=lowbit(i)) s[x]+=c[i];
```

显然，计算 $s[x]$ 的复杂度是 $\log_2 n$，计算 $\text{sum}[x, y]=\sum_{i=x}^{y} a[i]=s[y]-s[x-1]$ 仅需花费时间 $2\log_2 n$。动态维护树状数组以及求和过程的复杂度通过树状数组 c 的定义都降到了 $\log_2 n$。

实际上，树状数组本来用于一维序列的“动态统计”，即作为统计对象的数据需要被频繁更新；被推广至统计子树权和问题，说明应用线性数据结构可以解决非线性问题。

【8.3.1　Apple Tree】

在 Kaka 的房子外面有一棵苹果树。每年秋天，树上要结出很多苹果。Kaka 很喜欢吃苹果，所以他一直精心培育这棵苹果树。

这棵苹果树有 N 个分岔点，连接着各个分支。Kaka 将这些分岔点从 1 到 N 进行编号，根被编号为 1。苹果在分岔点生长，在一个分岔点不会有两只苹果。因为 Kaka 要研究苹果树的产量，所以他想知道在一棵子树上会有多少苹果（如图 8.3-2 所示）。

问题在于，在一个空的分岔点上，过些时间可能会长出新苹果；而 Kaka 也可能会从树上摘苹果用来作为他的甜点。

输入

第一行给出整数 N（$N \leqslant 100\,000$），即树的分岔点的数目。

后面的 N–1 行，每行给出两个整数 u 和 v，表示分岔点 u 和 v 是由树枝连接的。

下一行给出整数 M（$M \leqslant 100\,000$）。

后面的 M 行，每行包含一条信息：

1）“C x”表示在分岔点 x 存在的苹果已经发生变化，即，如果在分岔点 x 原来有苹果，则苹果被 Kaka 摘了吃了；或者是新苹果在空的分岔点长出来了。

2）“Q x”表示查询在分岔点 x 上面的苹果的数量，包括分岔点 x 的苹果（如果有苹果的话）。

开始的时候，树上是长满苹果的。

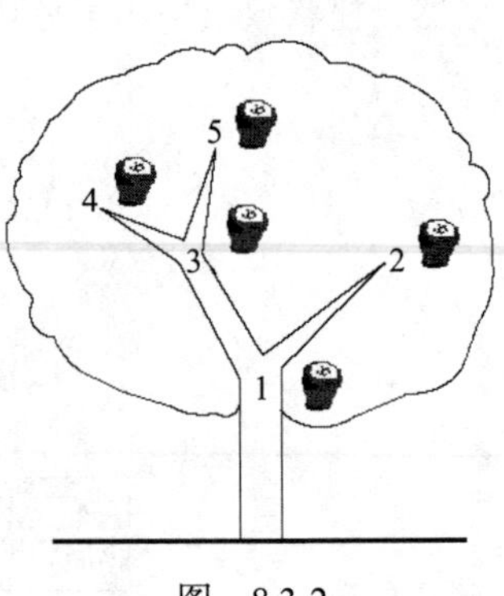

图　8.3-2

输出

对于每个查询，在一行中输出相应的回答。

样例输入	样例输出
3 1 2 1 3 3 Q 1 C 2 Q 1	3 2

试题来源：POJ Monthly

在线测试：POJ 3321

试题解析

苹果树就是一棵树，分岔点是树节点，分岔点上的苹果数为节点权值。指令“Q x”是计算以节点 x 为根的子树的权值和；指令“C x”表示节点 x 的权值发生变化，由 1 变成 0(分岔点 x 上的苹果被摘吃)，或者由 0 变成 1（空的分岔点 x 长出新苹果）。为了方便快捷地统计子树的权值和，我们引入了树状数组 c[]，以访问时间为顺序，通过在后序遍历的过程中给节点加盖时间戳的办法，将苹果树的非线性结构转化为线性序列。

设 $d[u]$ 为节点 u 的初访时间；$f[u]$ 为节点 u 的结束时间，即访问了以 u 为根的子树后回溯至 u 的时间。显然，区间 [$d[u]$ $f[u]$] 反映了以 u 为根的子树结构。例如，图 8.3-3 给出了一棵二叉树。

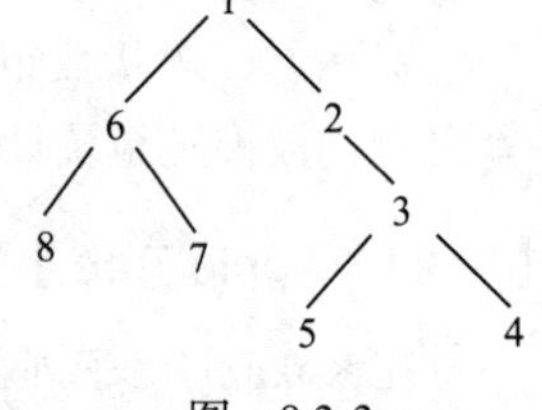

图　8.3-3

后序遍历该二叉树，$d[u]$ 和 $f[u]$ 如下表所示。

节点访问顺序	1	6	8	7	6	2	3	5	4	3	2	1
节点区间 [$d[u]$, $f[u]$]	[1,]	[1,]	[1, 1]	[2, 2]	[1, 3]	[4,]	[4,]	[4, 4]	[5, 5]	[4, 6]	[4, 7]	[1, 8]
说明	初访节点 1	初访节点 6	终访节点 8	终访节点 7	终访节点 6	初访节点 2	初访节点 3	终访节点 5	终访节点 4	终访节点 3	终访节点 2	终访节点 1

按照后序遍历的节点顺序，其 $f[]$ 值正好递增（$f[8]=1, f[7]=2, f[6]=3, f[5]=4, f[4]=5, f[3]=6, f[2]=7$），$f[1]=8$）。若 $[d[v], f[v]]$ 是 $[d[u], f[u]]$ 的子区间，则以 u 为根的子树包含了以 v 为根的子树。因此可用 $f[u]$ 标志 $c[]$ 的指针。计算 $[d[u], f[u]]$ 的方法十分简单：

```
void DFS(int u);
{
    d[u]=time;              // 初次访问 u 的时间设为区间左指针
    依次对 u 引出的每条出边的另一端点 v 进行 DFS(v);
    f [u]=time++;           // 遍访了 u 的所有后代后的时间为区间右指针，访问时间 +1
}
```

若命令为“C x”，即节点 x 的权值 $a[x]$ 发生变化（0 变 1 或者 1 变 0），则 $a[f[x]]$ 取反（($a[f[x]]=(a[f[x]]+1)\%2$），从 $c[f[x]]$ 出发向上调整树状数组 $c[]$。调整的方法如下：

```
void change(int x)
{
    int i;
    if(a[x]) for(i=x; i<cnt; i+=lowbit(i)) c[i]++;
        else for(i=x; i<cnt; i+=lowbit(i)) c[i]--;
}
```

由于最初时树上长满苹果，因此可按照如下方法构造最初的树状数组 $c[\,]$:

```
for(i=1; i<=n; i++){
    a[i] 设为 1;
    change(i);
}
```

若命令为“Q x”，则以节点 x 为根的子树的权值和为 $\text{sum}(f[x])\text{-sum}(d[x]-1)$。其中 $\text{sum}(x)$ 为前 x 个访问时间的前缀和。计算方法如下：

```
int sum(int x)
{
    int i, res=0;
    for (i=x; i>0; i-=lowbit(i)) res+=c[i];
    return res;
}
```

参考程序

```
#include<iostream>                  // 预编译命令
#include<cstring>
#define max 100002                  // 定义节点数的上限
using namespace std;
struct node1                        // 边表为 edge，其中第 i 条边相连的节点为 edge[i].tail；连
                                    // 接的下条边的序号为 edge[i].next
{
    int next,tail;
}edge[max];
struct node2                        // 苹果树为 apple，以节点 i 为根的子树在后序序列中的区间为
                                    //[apple[i].l，apple[i].r]
{
    int r,l;
}apple[max];
int s[max],cnt,c[max],a[max];       // 后序遍历中第 i 个节点的权值为 a[i]；后序遍历序号为 cnt；
                                    // 树状数组为 c；节点 i 相连的第 i 条边的序号为 s[i]
void DFS(int u)                     // 从节点 u 出发，计算每个节点为根的子树区间 [apple[].l，
                                    //apple[].r]
```

```
{
    int i;
    apple[u].l=cnt;
    for(i=s[u];i!=-1;i=edge[i].next)
        DFS(edge[i].tail);
    apple[u].r=cnt++;
}
inline int lowbit(int x)            // 计算二进制数 x 右方的第 1 位 1 对应的权
{
    return x&(-x);
}
void change(int x)                  // 从 a[x] 出发，调整树状数组
{
    int i;
    if(a[x])                        // 若 a 序列的第 x 个元素非零，则树状数组的相关元素值加 1;
                                    // 否则树状数组的相关元素值减 1
        for(i=x;i<cnt;i+=lowbit(i))
            c[i]++;
    else                            // 若权值和为 x 的子树根上的苹果被吃掉，则其通往根的路径上每
                                    // 棵子树的权值和减 1
        for(i=x;i<cnt;i+=lowbit(i))
            c[i]--;
}
int sum(int x)                                          // 计算 ∑(k=1..x) a[k]
{
    int i,res=0;
    for(i=x;i>0;i-=lowbit(i))
        res+=c[i];
    return res;
}
int main()                                              // 主函数
{
    int i,n,m,t1,t2,t;
    char str[3];
    scanf("%d",&n);                                     // 读树的节点数
    memset(s,-1,sizeof(s[0])*(n+1));                    //s 的每个元素初始化为 -1
    memset(c,0,sizeof(c[0])*(n+1));                     //c 的每个元素初始化为 0
    memset(apple,0,sizeof(apple[0])*(n+1));             // apple 的每个元素初始化为 0
    for(i=0;i<n-1;i++){
        scanf("%d%d",&t1,&t2);                          // 读第 i 条边 (t1, t2)
        edge[i].tail=t2;                                // 第 i 条边连接 t2，其后继指针指向 t1
                                                        // 连接的上一条边
        edge[i].next=s[t1];
        s[t1]=i;                                        // 设节点 t1 连接的边序号 i
    }
    cnt=1;
    DFS(1);                                             // 从节点 1 出发进行 DFS，计算每个节点
                                                        // 的后序值，节点权值设为 1
    scanf("%d",&m);                                     // 读信息数
    for(i=1;i<=n;i++){                                  // 构造长满苹果的树上对应的树状数组 c
        a[i]=1;                                         // 设 a[i] 为 1，由此出发调整树状数组
        change(i);
    }
    while(m--){
        scanf("%s%d",&str,&t);                          // 读命令标志 str 和节点序号 t
        if(str[0]=='Q')                                 // 输出节点 t 上的苹果数
            printf("%d\n",sum(apple[t].r)-sum(apple[t].l-1));
        else{                                           // 计算节点 t 上苹果的变化情况
            a[apple[t].r]=(a[apple[t].r]+1)%2;          // 节点 t 上的苹果数由 1 变成 0 或由 0 变成 1
            change(apple[t].r);
```

```
        }
    }
    return 0;
}
```

树状数组不仅可以统计子树权和，而且可以用于逆序对的计算。如果 $i>j$ 且 $a[i]<a[j]$，则 $a[i]$ 和 $a[j]$ 就是一个逆序对。

逆序对的计算，就是对序列中的每个数，找出排在其前面有多少个比自己大的数。显然，树状数组可以优化这种"需要遍历"的情况，方法如下。

首先，递增排序原序列。建立一个元素类型为结构体的数组 *a*[]，其中 *a*[*i*].val 为输入的数，id 为输入顺序。然后，按 val 域值为第一关键字、id 域值为第二关键字递增排序 *a*[]。如果没有逆序的话，递增序列 *a*[] 中每个元素的下标 *i* 与 id 域值相同；如果有逆序数，那么必然存在元素下标 *i* 与域值 id 不同的情况。所以利用树状数组的特性，可以方便地算出逆序数的个数。例如输入 4 个数 9、−1、18、5，设初始时的结构型数组 *a*[] 为：*a*[1].val=9，*a*[1].id=1；*a*[2].val=−1，*a*[2].id=2；*a*[3].val=18，*a*[3].id=3；*a*[4].val=5，*a*[4].id=4。

按 val 域值递增顺序给数组 *a* 排序，则数组 *a*[] 为：*a*[1].val =-1，*a*[1].id=2；*a*[2].val=5，*a*[2].id=4；*a*[3].val =9，*a*[3].id =1；*a*[4].val =18，*a*[4].id =3。

所以，*a*[] 的域值 id 组成序列（简称域值 id 序列）2、4、1、3，该序列的逆序数是 3。而且，3 也是原序列 9、−1、18、5 的逆序数。

下面，利用树状数组的特性求域值 id 序列的逆序数。

依次插入域值 id 序列的元素 *x*（即原序列中第 *x* 个元素设访问标志 1），通过 Modify(*x*) 调整树状数组：

```
void Modify(x)                        // 访问 x 位置，调整树状数组 c[]
{
    for(int i=x; i<=n; i+=lowbit(i)) c[i]+=1;
}
```

通过 getsum(*x*) 查询区间 [1, *x*] 的和，即得出前面有多少个不大于它的数（包括自己）：

```
int getsum (int x)                    // 计算和返回 ans = ∑(K=1..P) a[k]
{
    LL ans=0;
    for(int i=x; i>0; i-=lowbit(i)) ans+=c[i];
    return ans;
}
```

再用已插入数的个数减去 getsum(*x*)，就算出了前面有多少个数比它大。由此得出计算序列 *a*[] 的逆序对的个数 sum 的方法：

递增排序 *a*[1].val … *a*[*n*].val，得出排序后的域值 id 序列 *a*[1].id … *a*[*n*].id。

```
sum = 0;
for(i=1; i<=n; i++)
{
    Modify(a[i].id);
    sum+=(i-getsum(a[i].id));
}
```

【8.3.2　Japan】

日本计划迎接 ACM-ICPC 世界总决赛，在比赛场地必须修建许多条道路。日本是一个岛国，东海岸有 N（$N \leqslant 1000$）座城市，西海岸有 M（$M \leqslant 1000$）座城市，将建造 K 条高速公路。从北到南，每个海岸的城市编号为 1, 2, …。每条高速公路都是直线，连接东海岸城市和西海岸城市。建设资金由 ACM 提供担保，其中很大一部分是由高速公路之间的交叉口数量决定的。两条高速公路最多在一个地方交叉。请你编写一个计算高速公路之间交叉口数量的程序。

输入

输入首先给出 T，表示测试用例的数量。每个测试用例首先给出三个数字 N、M 和 K。接下来的 K 行每行给出两个数字，用于表示高速公路连接的城市编号，其中，第一个是东海岸的城市编号，第二个是西海岸的城市编号。

输出

对于每个测试用例，标准输出一行：Test case 用例编号：交叉口的数量。

样例输入	样例输出
1 3 4 4 1 4 2 3 3 2 3 1	Test case 1: 5

试题来源：ACM Southeastern Europe 2006

在线测试：POJ 3067，UVA 2926

试题解析

在东海岸和西海岸分别有 N 和 M 座城市，建造 K 条高速公路连接东、西海岸的城市，本题请你求交点个数。

因为连接东、西海岸城市的 K 条高速公路都是直线；所以东、西海岸城市用点表示，如果在东海岸的第 x 个城市与西海岸的第 y 个城市之间建造了一条高速公路，则在相应的第 x 个点与第 y 个点之间连一直线。那么，如果在第 x_1 个点与第 y_1 个点之间有一直线，在第 x_2 个点与第 y_2 个点之间有一直线，并且 $(x_1-x_2)\times(y_1-y_2)<0$，则对应的两条高速公路有交点。

以东海岸的 N 座城市的编号为第一关键字，以西海岸的 M 座城市的编号为第二关键字，对连接东、西海岸的 K 条高速公路进行排序。

设第 i 条高速公路的端点分别为 x_i 和 y_i。对前 $i-1$ 条高速公路的端点 x_k 和 y_k，$1 \leqslant k \leqslant i-1$，$x_k \leqslant x_i$，如果 $x_k<x_i$、$y_k>y_i$，则相应的高速公路和第 i 条高速公路相交。也就是说，在前 $i-1$ 条边中，与第 i 条边相交的边的 y_k 值必然大于 y_i 的值，所以此时只需要求出在前 $i-1$ 条边中有多少条边的 y_k 值在区间 $[y_i+1, M]$ 中即可，也就是求 y_i 的逆序数。这样，就将问题转化成区间求和的问题，可以用树状数组解决。

参考程序（略。本题参考程序的 PDF 文件和本题的英文原版均可从华章网站下载）

8.4 用四叉树求解二维空间问题

四叉树（Quad Tree，又称为 Q-Tree）是一种树形数据结构。四叉树的每个节点或者没有子节点，或者有四个子节点。

四叉树通常可以表示一个二维空间。一个二维空间用一个四叉树的节点表示，这个二维空间又可以被划分为四个象限或区域，而每个区域的相关信息可以存入四叉树的这个节点的四个子节点中。这样的区域可以是正方形、矩形或任意形状。

图 8.4-1 为一个 8 × 8 的二维空间结构（左）及其对应的四叉树（右），四叉树的子节点按照左上子区→右上子区→左下子区→右下子区的顺序排列。

四层完全四叉树结构示意图

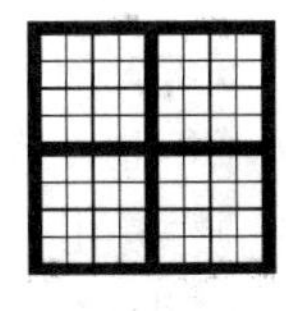

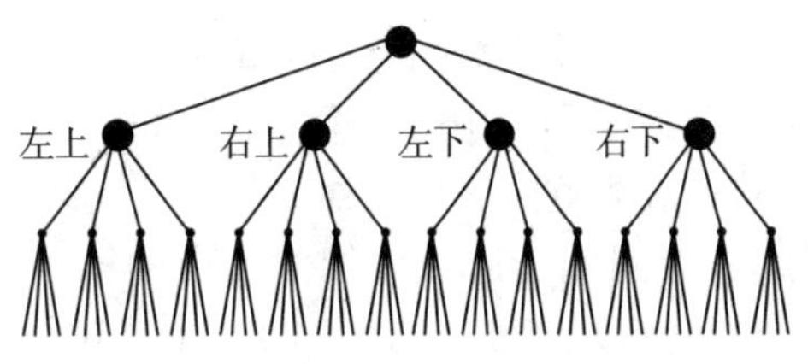

图　8.4-1

四叉树的每一个节点代表一个矩形区域，如图 8.4-1 所示，黑色的根节点代表最外围黑色边框的矩形区域；每一个矩形区域又可划分为四个小矩形区域，这四个小矩形区域是四个子节点所代表的矩形区域。

四叉树的数据结构给出了一种对二维空间进行压缩编码的方法。二维空间中的每个子区域都有一个属性值，例如，同色子区的颜色标志或不同色子区域的“灰色”标志，其数据结构的基本思想是将一个二维空间等分为 4 个部分，逐块检查其子区域的属性值；如果某个子区域的所有格都具有相同的属性值，则这个子区域就不再继续分割；否则这个子区域为“灰色”，继续分割成四个子区域。这样依次分割，直到每个子块都只含有相同的属性值为止。显然，在产生四叉树的过程中，产生的节点要么是叶节点，其对应二维空间中每格的属性值相同，也就是说，叶节点代表的子区域同色；要么是“灰色”的分支节点。一般，二维空间通常为边长为 2 的次幂的正方形。因为方格是一个单位，细分 $\log_2 n$ 次即可到方格（n 为正方形边长）。

对四叉树进行先序或者后序遍历，顺序记录下节点的属性值，便可以得到二维空间的压缩编码；同样，由四叉树的先序遍历或后序遍历的结果，也可以计算出二维空间的情形。因此，四叉树被广泛应用于计算机图形学、图像处理、地理信息系统（Geographic Information Systems，GIS）、空间数据索引等。

如同四叉树可以表示一个二维空间，八叉树（Octree）也可以表示一个三维空间。八叉树的定义是：如果一棵八叉树不是空树，那么树中任一节点的子节点只会是 8 个或零个，也就是说，对于任何树中的分支节点，恰有 8 个子节点。

例如，一个立方体最少可以划分成 8 个相同等分的小立方体。图 8.4-2 中给出了 2 × 2 × 2 的立方体对应的八叉树结构。

两层八叉树结构示意图

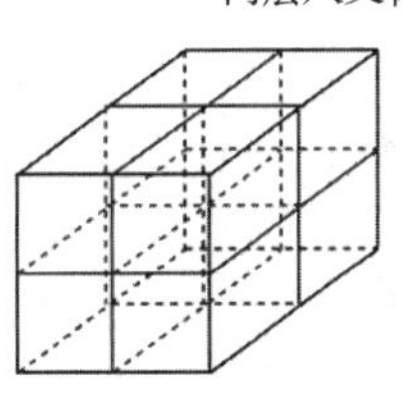

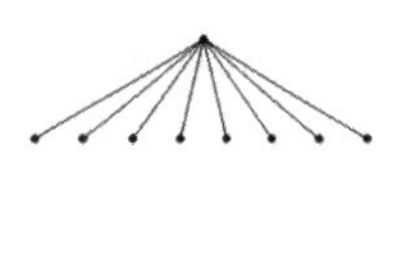

图　8.4-2

八叉树主要用于 3D 图形处理。对游戏编程，这会很有用。本节仅对四叉树进行详细介绍，八叉树的建立可由四叉树的建立推得。

首先，我们通过一个实例来分析怎样由一个二维空间图像得到其压缩编码，也就是对应四叉树的先序遍历或后序遍历结果。

【8.4.1 Creating a Quadtree】

四叉树最早由 Finkel 和 Bentley 提出，是一种树的数据结构，其中每个内节点都有四个孩子。四叉树通常用于解决可以被映射到一个二维空间的问题，而这个二维空间在一定条件下可以被递归地细分成四个同样大小的区域。这些问题包括：碰撞检测，空间数据索引，图像压缩，以及 Conway 生命游戏（Conway's Game of Life）。这样的问题以一个 $n\times n$ 矩阵表示的二进制图像为主要部分，其中 n>1 且 n 是 2 的幂次。这个二进制图像借助于只包含白色像素的矩形区域来说明，每个区域由其左上角和右下角的位置来标出。被压缩的图像用一棵四叉树给出，每个节点表示图像中的一个区域。如果一个区域不是像素，并且这个区域既有白色像素又有黑色像素，则这个区域就被细分。访问区域的顺序是由左到右，自上而下。

为了更好地理解这个问题，请看样例输入中的第三个测试用例，二进制图像是一个 8×8 的矩阵，由 5 个白色区域组成。在图 8.4-3 中，这样的区域用由粗线组成的矩形边显示。其相应的四叉树由 5 个内节点和 16 个叶节点（区域）组成。

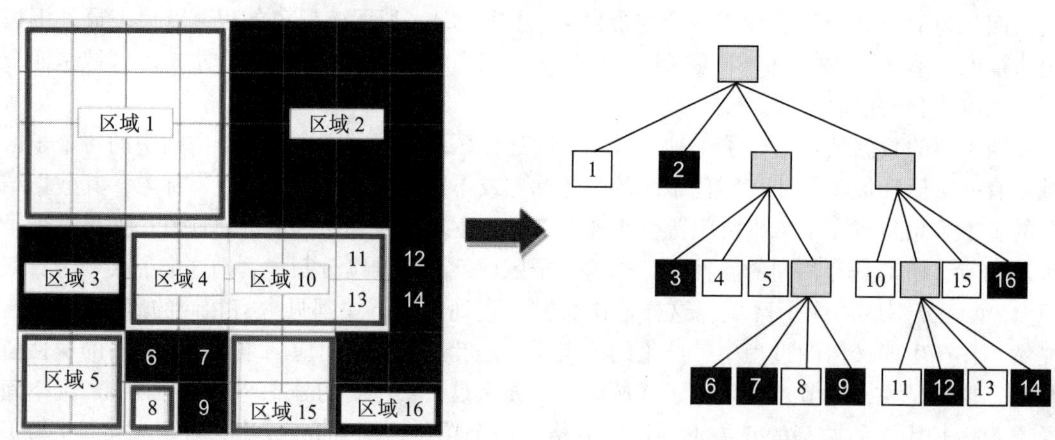

图 8.4-3

输入

第一行给出一个整数 $N>0$，表示测试用例的个数。接下来的 N 行给出一个用空格分隔的列表，首先给出一个整数 n（$n>1$），n 是 2 的幂次，表示矩阵的大小，然后给出 $m\times 2$ 对整数 (i_k, j_k)，使得：

- i_k 是列的下标；
- j_k 是行的下标；
- $1\leqslant i_k, j_k\leqslant n$；
- 两个连续对 (i_{k-1}, j_{k-1}) 和 (i_k, j_k)，其中 k 是偶数，分别表示第 $1/2^k$ 区域的左上角和右下角的位置；
- 如果 m 是奇数，则 (i_m, j_m) 被忽略。

输出

输出 N 行。每行或每个测试用例产生的四叉树；或者是“Size is invalid”，如果矩阵的大小不是 2 的幂。四叉树由一连串的 0 和 1 来表示。对每个黑色节点，在输出中添加一个

"0"；对每个白色节点，在输出中添加一个"1"；对每个灰色节点，在输出中添加一个"*"，并对每个子节点重复这一过程。在输出中不用考虑根。先序遍历这个四叉树。

样例输入	样例输出
3 4 (1,1) (1,1) (4,1) (4,1) (1,3) (2,4) 15 8 (1,1) (4,4) (3,5) (7,6) (1,7) (2,8) (3,8) (3,8) (5,7) (6,8)	*1000*010010 Size is invalid 10*011*0010*1*101010

试题来源：Guadalajara 2010 hosted by ITESO (A local contest from Mexico)

在线测试：UVA 11941

试题解析

本题解析如下。

1）判断矩阵是否合法。

设矩阵的规模为 n。如果 $n\times n$ 的矩阵能够按照"等分四个子区域"的规则递归至像素，则 n 一定是 2 的次幂，即 $n\geqslant 2$ 且 n 仅有 1 个二进制位为 1。否则 $n\times n$ 的矩阵是不可能细分至像素的，应输出非法信息（Size is invalid）并退出。

2）构造合法矩阵对应的四叉树。

首先，根据题目给出的每对坐标（同色子矩阵的左上角坐标和右下角坐标），构造 01 位图 $g[][]$，其中：

$$g[i][j]=\begin{cases}1 & (i,j)\text{为白像素}\\0 & (i,j)\text{为黑像素}\end{cases}\quad(0\leqslant i,j\leqslant n-1)$$

然后，按照后序遍历的方法构造与 01 位图 $g[][]$ 相对应的四叉树。

设四叉树的根节点为 1，代表左上角为 (0, 0)、右下角为 $(n-1, n-1)$ 的子矩阵；设根或分支节点 k，代表左上角为 (lx, ly)、右下角为 (rx, ry) 的子矩阵（$0\leqslant \text{lx}\leqslant \text{rx}\leqslant n-1$，$0\leqslant \text{ly}\leqslant \text{ry}\leqslant n-1$）。按访问区域的顺序由左到右、自上而下，节点 k 的 4 个孩子分别如图 8.4-4 所示：

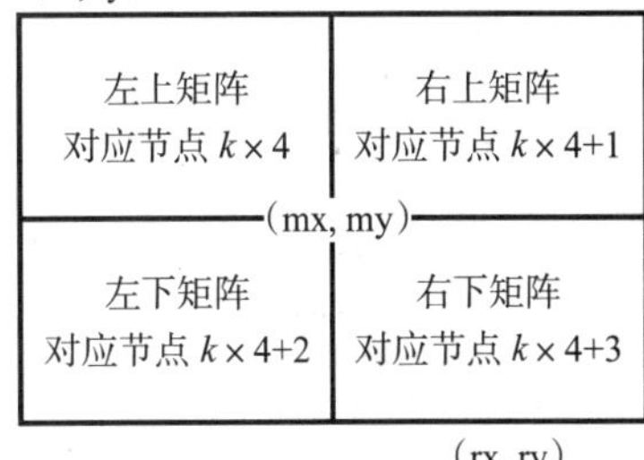

图　8.4-4

- 节点 $4\times k$ 代表左上子矩阵（以 (lx, ly) 为左上角、(mx, my) 为右下角）；
- 节点 $4\times k+1$ 代表右上子矩阵（以 (mx +1, ly) 为左上角、(rx, my) 为右下角）；
- 节点 $4\times k+2$ 代表左下子矩阵（以 (lx, my +1) 为左上角、(mx, ry) 为右下角）；
- 节点 $4\times k+3$ 代表右下子矩阵（以 (mx +1, my +1) 为左上角、(rx, ry) 为右下角）。

若节点 k 为像素（lx == rx && ly == ry），则节点 k 作为叶节点，根据像素颜色确定叶节点 k 的值：若（lx, ly）为白像素，则节点 k 的值为 2；若（lx, ly）为黑像素，则节点 k 的值为 1，即节点 k 的值为 1<<g[lx][ly]。

否则 k 为分支节点，递归计算 4 个孩子的值。而节点 k 的值为 4 个孩子或等的结果。显然，或等结果为 3，表明 k 节点对应的子矩阵既有白色像素又有黑色像素；或等结果为 1，表明 k 节点对应的子矩阵全为黑像素；或等结果为 2，表明 k 节点对应的子矩阵全为白像素。

3）计算四叉树的先序串。

我们从节点 u 出发，按照下述方法计算和输出以 u 为根的四叉树的先序串：

- 若节点 u 的值为 1，则输出对应子矩阵全黑标志“0”；
- 若节点 u 的值为 2，则输出对应子矩阵全白标志“1”；
- 若节点 u 的值为 3，则表明节点 u 对应的子矩阵既有白色像素又有黑色像素。若 u 非根（$u \neq 1$），则输出节点 u 对应的子矩阵灰色标志“*”(注意：若整个矩阵黑白相间，则略去输出根节点的灰色标志)。依次递归 u 的四个孩子，计算和输出对应子区间的颜色标志。

参考程序

```
#include <iostream>
#include <sstream>
#include <string.h>
using namespace std;

char g[1024][1024];                   // 整个区域的相邻矩阵 g[i][j] = {1  (i j)为白像素
                                      //                               {0  (i, j)为黑像素

                                      //                                  {3  节点k为分支节点
char node[1024 * 1024];               // 四叉树中节点 k 的值为 node[k]= {1  节点k为黑色节点
                                      //                                  {0  节点k为白色节点

int build(int k, int lx, int ly, int rx, int ry)  // 从节点 k（代表左上角为 (lx, ly),
   // 右下角为 (rx, ry) 的子矩阵）出发，构建以其为根的四叉树
{
    if (lx == rx && ly == ry)                     // 若当前区域为像素，则 k 节点值为 2^g[lx][ly]
        return node[k] = (1<<g[lx][ly]);
    int mx = (lx + rx)/2, my = (ly + ry)/2;       // 计算当前区域的中间坐标 (mx, my)
    int v = 0;                                    // 计算四个子矩阵或等的结果 v
    v |= build(k * 4, lx, ly, mx, my);
    v |= build(k * 4 + 1, mx + 1, ly, rx, my);
    v |= build(k * 4 + 2, lx, my + 1, mx, ry);
    v |= build(k * 4 + 3, mx + 1, my + 1, rx, ry);
    return node[k]=v;                             // 返回 k 节点值 v
}
void dfs(int u) {                                 // 先序遍历以节点 u 为根的四叉树，输出对
                                                  // 应的结果串
    if (node[u] == 3) {                           // 若节点 u 对应的矩阵既有白像素又有黑像素
        if (u > 1)putchar('*');                   // 若节点 u 为分支节点，则输出灰色标志
        dfs(u*4);                                 // 分别递归四个孩子
        dfs(u * 4 + 1);
        dfs(u * 4 + 2);
        dfs(u * 4 + 3);
    } else{
// 若 u 的值为 1，则输出对应子矩阵全黑标志；若 u 的值为 2，则输出对应子矩阵全白标志
        if (node[u] == 1)putchar('0');
            else putchar('1');
    }
}
int main()  {
    int testcase;                                 // 测试用例数
    int n, sx, sy, ex, ey;                        // 矩阵大小为 n，子区域左上角为 (sx, sy)、
                                                  // 右下角为 (ex, ey)
    char line[32767];                             // 列表串
    scanf("%d", &testcase);                       // 输入测试用例数
    while (getchar()!='\n');
    while (testcase--) {                          // 依次处理每个测试用例
```

```
        gets(line);                                  // 输入列表 line
        stringstream sin(line);                      // 将 line 中所包含的字符串放入 sin 对象中
        string token;
        sin >> n;                                    // 从列表串中截取矩阵大小 n
        if (__builtin_popcount(n) != 1 || n <= 1) { // 如果 n 不是 2 的幂（n 不大于 1 或者
            // 有不止一个二进制位为 1），则输出非法信息，继续处理下一个测试用例
            puts("Size is invalid");
            continue;
        }
    memset(g,0,sizeof(g));                           // 相邻矩阵初始化
        while (sin >> token) {                       // 从列表串中截取当前白色区域的左上角坐标
                                                     // (sx, sy)
            sscanf(token.c_str(), "(%d,%d)", &sx, &sy);
            if(sin>>token){                          // 从列表串中截取当前白色区域的右下角坐标
                                                     // (ex, ey)
                sscanf(token.c_str(), "(%d,%d)", &ex, &ey);
                sx--,sy--,ex--,ey--;                 // 图像坐标以左上角 (0, 0) 为基准
                for(int i=sx;i<=ex;i++)              // 在图像的相邻矩阵中，该区域填 1
                    for (int j = sy; j <= ey; j++) g[i][j] = 1;
            }
        }
        build(1, 0, 0, n - 1, n - 1);                // 从根（节点 1）构建左上角为（0, 0）、右
                                                     // 下角为 (n-1, n-1) 区域对应的四叉树
        dfs(1);                                      // 从根出发，计算和输出四叉树的先序串
        puts("");
    }
    return 0;
}
```

下面，我们通过一个实例反过来剖析怎样由一个四叉树的先序遍历的结果得到对应的二维空间图。

【8.4.2 Reading a Quadtree】

四叉树最早由 Finkel 和 Bentley 提出，是一种树的数据结构，其中每个内节点都有四个孩子。四叉树通常用于解决可以被映射到一个二维空间的问题，而这个二维空间在一定条件下可以被递归地细分成四个同样大小的区域。本题要求读入一个表示为四叉树的压缩二进制图像，并确定哪些像素被设置为白色。

为了更好地理解这个问题，请看样例输入中的第三个测试用例，未被压缩的二进制图像是一个 8 × 8 矩阵，其中 35 个像素是白色的。四叉树中的每个节点映射到一个目标图像中的正方形区域。白色节点表示只有白色像素构成的区域，黑色节点表示只有黑色像素构成的区域；而灰色节点则表示该区域由白色素和黑色像素构成，因此，灰色节点需要被细分为四个新的正方形区域。访问正方形区域的顺序是：由左至右，由上至下（如图 8.4-5 所示）。

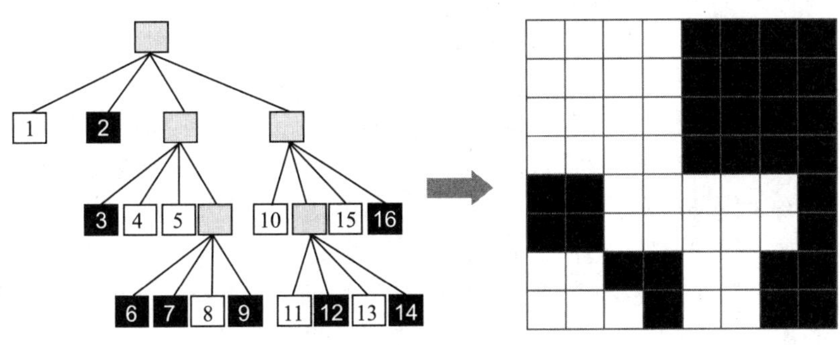

图 8.4-5

输入

第一行给出一个整数 $N > 0$，表示测试用例的个数。

接下来的 N 行，首先给出目标图像的长度 L，L 是 2 的幂。长度的后面跟着一个空格，和一个由“0”“1”和“*”组成的序列，分别表示四叉树的黑色、白色和灰色的树节点。四叉树的节点用对四叉树进行先序遍历的顺序给出。

输出

输出 N 行，每行给出一个逗号分隔的列表，列表中的元素为：

- 与黑色像素水平相邻的一个像素的位置 (x, y)；
- $(x_i–x_f, y)$，其中 $x_f>x_i$：一个在第 y 行被黑色像素包围的白色像素的序列。

下述条件成立：$1 \leqslant x, x_i, x_f, y \leqslant L$。从左到右、自上而下遍历二进制图。

如果 L 不是 2 的幂，则输出“Invalid length”。

样例输入	样例输出
3 4 **1000*010010 7 *101*0100 8 *10*011*0010*1*101010	(1,1),(4,1),(1-2,3),(1-2,4) Invalid length (1-4,1),(1-4,2),(1-4,3),(1-4,4),(3-7,5),(3-7,6),(1-2,7),(5-6,7),(1-3,8),(5-6,8)

试题来源：ACM Mexico Occidental and Pacific 2010 hosted by ITESO (A regional contest from Mexico)

在线测试：UVA 11948

试题解析

本题给出一棵四叉树的前序串，要求输出的列表实际上是一个连续白像素区间的序列，序列中的区间按由上而下、由左而右的顺序排列。如果有二进制图像 g[][]，便可很容易地计算出这张列表。

搜索每行连续的白像素区间：如果 $g[i][j]$ 是白像素，则往右搜索 i 行上连续的白像素区间 $[l=j, r]$。若区间仅包含一个白像素 $(l=r)$，则输出 (j, i)；若区间包含连续多个白像素（$l \neq r$），则输出 $(j\text{-}r, i)$。然后从 $g[i][r+1]$ 出发，继续往右搜索 i 行上的后一个白像素区间。

由此得出算法的核心——怎样根据四叉树的前序串构造出对应的二进制图像 g[][]。设四叉树的根节点为 1，代表左上角为 (0, 0)、右下角为 $(n-1, n-1)$ 的子矩阵；设根或分支节点 k，代表左上角为 (lx, ly)、右下角为 (rx, ry) 的子矩阵（$0 \leqslant \text{lx} \leqslant \text{rx} \leqslant n-1$，$0 \leqslant \text{ly} \leqslant \text{ry} \leqslant n-1$）。按访问区域的顺序由左到右、自上而下，节点 k 的 4 个孩子分别如图 8.4-4 所示。

- 节点 $4 \times k$ 代表左上子矩阵（以 (lx, ly) 为左上角、(mx, my) 为右下角）；
- 节点 $4 \times k+1$ 代表右上子矩阵（以 (mx +1, ly) 为左上角、(rx, my) 为右下角）；
- 节点 $4 \times k+2$ 代表左下子矩阵（以 (lx, my +1) 为左上角、(mx, ry) 为右下角）；
- 节点 $4 \times k+3$ 代表右下子矩阵（以 (mx +1, my +1) 为左上角、(rx, ry) 为右下角）。

从前序串的首字符出发，顺序扫描每个字符：

- 若当前字符是“0”或“1”，则说明节点 k 对应的子矩阵全黑或全白，因此 g[][] 中左上角为 (lx, ly)、右下角为 (rx, ry) 的子矩阵全部设为该字符；

- 若当前字符是“*”，则说明节点 k 对应的子矩阵黑白相间，因此递归计算孩子节点 $k\times4$、$k\times4+1$、$k\times4+2$ 和 $k\times4+3$。

参考程序

```
#include <stdio.h>                                        // 预编译命令
#include <iostream>
#include <sstream>
#include <string.h>
using namespace std;
char g[1024][1024];                                       // 二进制图
char line[32767];                                         // 四叉树的前序串
int idx;
void build(int k, int lx, int ly, int rx, int ry) { // 从四叉树的节点k(代表左上角为 (lx,
    //ly)、右下角为 (rx, ry) 的子矩阵) 出发，依据前序串构建二进制图像 g[][]
    char type = line[idx++];                              // 取出前序串的当前字符
    if (type == '*') {                                    // 若为灰色节点，则计算子矩阵的中心
                                                          // 坐标，递归 k 的四个孩子
        int mx = (lx + rx)/2, my = (ly + ry)/2;
        build(k * 4, lx, ly, mx, my);
        build(k * 4 + 1, mx + 1, ly, rx, my);
        build(k * 4 + 2, lx, my + 1, mx, ry);
        build(k * 4 + 3, mx + 1, my + 1, rx, ry);
    } else {                                              // 若为黑色或白色节点，则给子矩阵涂色
            for (int i = lx; i <= rx; i++)
                for (int j = ly; j <= ry; j++)g[i][j] = type;
            }
}
int main() {
    int testcase;                                         // 剩余的测试用例数
    int n, sx, sy, ex, ey;                                // 目标图像长度为 n
    scanf("%d", &testcase);                               // 输入测试用例数
    while(getchar()!= '\n');
    while (testcase--){                                   // 依次处理每个测试用例
        scanf("%d %s", &n, line);                         // 输入目标图像长度 n 和四叉树的前序
                                                          // 串 line
// 若 n 非 2 的幂次 (n 非 1 个二进制位值为 1 或者 n 小于 2)，则输出非法信息
        if (__builtin_popcount(n) != 1 || n <= 1) {
            puts("Invalid length");
            continue;                                     // 继续处理下一个测试用例
        }
        idx = 0;                                          // 前序串 line 的指针初始化
        build(1, 0, 0, n-1, n-1);                         // 根据前序串 line 构建二进制图像 g[]
                                                          //[]
        int f = 0;                                        // 逗号分隔标志初始化
        for(int i = 0; i < n; i++) {                      // 自下而上、由左而右遍历二进制图 ( 注
                                                          // 意：以左上角坐标 (0, 0) 为基准 )
            for (int j = 0; j < n; j++) {
        if (g[j][i] == '1') {                             // 若 (i, j) 为白色像素，则计算 i 行上
                                                          // 连续的白像素区间 [l, r-1]
            int l = j, r = j;                             // 白像素区间的首尾指针初始化
            while (r < n && g[r][i] == '1')r++;           // 递推白像素区间的尾指针
            if (f)putchar(',');                           // 逗号分隔
            f = 1;                                        // 设置逗号分隔标志
// 若区间含多个连续的白像素，则输出 (l+1-r, i+1)；否则输出 (r, i+1)。注意：输出要求以左上角坐
// 标 (1, 1) 为基准
            if(l+1 !=r)printf("(%d-%d,%d)", l+1, r, i+1);
            else printf("(%d,%d)", r, i+1);
            j = r;                                        // 从 i 行的 r 列出发，继续往右搜索下
                                                          // 一个白像素区间
```

```
                }
            }
        }
        puts("");
    }
    return 0;
}
```

8.5 用 Trie 树查询字符串

定义 8.5.1 （Trie 树） Trie 树，也被称为单词查找树、前缀树或字典树。其基本性质如下：

- 根节点不包含字符，除根节点外，每个节点只包含一个字符。
- 将从根节点到某一个节点的路上经过的节点所包含的字符连接起来，就是该节点对应的字符串。
- 对于每个节点，其所有子节点包含的字符是不相同的。

图 8.5-1 给出了 Trie 树的一个实例。

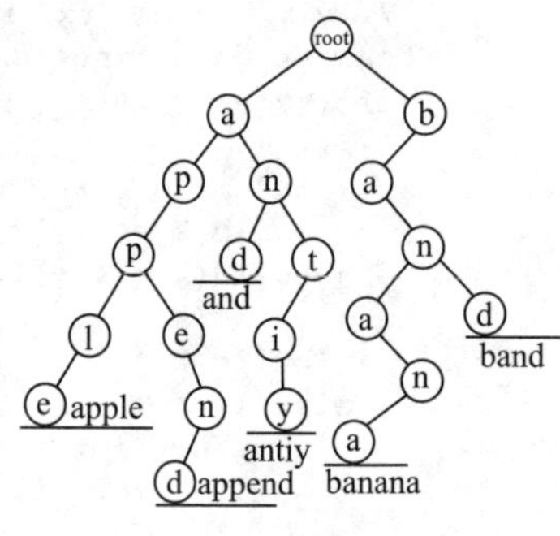

图　8.5-1

Trie 树的根节点 root 对应空字符串。一般情况下，不是所有的节点都有对应的值，只有叶节点和部分内节点所对应的字符串才有相关的值。所以，Trie 树是一种用于快速检索的多叉树结构，每个节点保存一个字符，一条路可以用于表示一个字符串、一个电话号码等信息。

表示一棵多叉树形式 Trie 树的存储方式是构建一个下标和字符一一映射的数组 int ch[maxnode][sigma_size] 来存储 Trie 树的节点，初始状态都为 0。其中 maxnode 为节点数上限，Trie 树的树根编号为 0，其余节点从 1 开始编号；sigma_size 为 Trie 树对应字符串的字符集的基数，比如，字符集是字符 a 到字符 z 的小写英文字母集，则 sigma_size=26，而相应的下标对应相应的字符，下标 0 对应字符 a，…，下标 25 对应字符 z；ch[*i*][*j*] 为节点 *i* 编号为 *j* 的子节点，比如，ch[0] 表示根节点；ch[0][0]=1，表示根节点编号为 0 的子节点是节点 1；ch[1][1]=2，表示节点 1 编号为 1 的子节点是节点 2；ch[2][2]=3，表示节点 2 的编号为 2 的子节点是节点 3，到这里，就表示存储了一个“abc”字符串；而如果 ch[2][0]=4；就表示还存了一个“aba”的串。也就是说，从根开始，通过 *T*[0].point[0] 可以找到 *T*[1]，通过 *T*[1] 里面 point 数组第二个元素的值（索引），找到 *T*[2]；再从 *T*[2] 的 piont 数组里面有第 0 个和第 2 个元素不为 −1 就表示存在字符串“aba”和“abc”。

Trie 树主要有两个操作：

- 将字符集构造成 Trie 树，简称插入操作；
- 在 Trie 树中查询一个字符串，简称查询操作。

本节实验的参考程序，详尽地给出了插入操作和查询操作的程序模板。

【8.5.1　Shortest Prefixes】

字符串的前缀是从给出字符串开头开始的子字符串。“carbon”的前缀是：“c”“ca”“car”“carb”“carbo”和“carbon”。在本题中，空串不被视为前缀，但是每个非空字符串都被视为其自身的前缀。在日常语言中，我们会用前缀来缩写单词。例如，“carbohydrate”（碳水化合物）通常被缩写为“carb”。在本题中，给出一组单词，请你为每个单词找出能唯一标识该单词的最短前缀。

在给出的样例输入中，“carbohydrate”可以被缩写为“carboh”，但不能被缩写为“carbo”(或者更短)，因为有其他单词以“carbo”开头。

完全匹配也可以作为前缀匹配。例如，给出的单词“car”，其前缀“car”与“car”完全匹配。因此，“car”是“car”的缩写，而不是“carriage”或列表中以“car”开头的其他任何单词的缩写。

输入

输入至少有两行，最多不超过 1000 行。每行给出一个由 1 ～ 20 个小写字母组成的单词。

输出

输出的行数与输入的行数相同。输出的每一行先给出输入对应行中的单词，然后给出一个空格，最后给出唯一（无歧义）标识该单词的最短前缀。

样例输入	样例输出
carbohydrate cart carburetor caramel caribou carbonic cartilage carbon carriage carton car carbonate	carbohydrate carboh cart cart carburetor carbu caramel cara caribou cari carbonic carboni cartilage carti carbon carbon carriage carr carton carto car car carbonate carbona

试题来源：ACM Rocky Mountain 2004

在线测试：POJ 2001，UVA 3046

试题解析

本题就是找能标识每个字符串自身的最短前缀，是一道基础的 Trie 树的试题。数组 val 记录每个节点的访问次数，则每个字符串的最短前缀是到访问次数为 1 的那个字符节点为止的字符串，或者遍历完毕还没有遇到访问次数为 1 的字符节点时，最短前缀就是其自身。

1）构建字符串 s 对应的 Trie 树。

设当前节点编号为 u，初始时为 0，表示从根节点开始构建 Trie 树；子节点编号为 sz，初始时为 1。

依次枚举字符串 s 的每个字母 $s[i]$($0 \leqslant i \leqslant s$ 的串长 -1)，按下述方法将之插入 Trie 树：

- 计算 $s[i]$ 的序数值 c（c= $s[i]$− 'a'）；
- 若节点 u 编号为 c 的子节点为空（ch[u][c]==0），则节点 sz 为叶节点（memset(ch[sz], 0, sizeof(ch[sz]))，访问次数为 0（val[sz] = 0），且作为节点 u 编号为 c 的子节点，下一个子节点编号为 sz+1（ch[u][c] = sz++）；
- 访问节点 u 的序值为 c 的子节点，沿该节点继续构建下去（val[u]++；u= ch[u][c]）。

2）计算和输出单词 s 的最短前缀。

从根出发（u = 0），依次枚举字符串 s 的每个字母 $s[i]$（$0 \leqslant i \leqslant s$ 的串长 -1）：

- 输出前缀字母 $s[i]$；
- 计算 $s[i]$ 的序数值 c（$c= s[i]$- 'a'）；
- 若节点 u 编号为 c 的子节点仅被访问 1 次（val[ch[u][c]] == 1），则说明 $s[i]$ 是最短前缀的尾字符，退出计算；否则继续沿序数值 c 的子节点搜索下去（u = ch[u][c]）。

参考程序

```
#include <cstdio>
#include <algorithm>
using namespace  std;
const int MAXN = 1000 + 10;
const int maxnode = 100005;
const int sigma_size = 26;
char str[MAXN][25];                  // 第 i 个单词为 str[i]
int tot;                             // 单词编号
int ch[maxnode][sigma_size];         // 节点 i 的编号为 j 的子节点为 ch[i][j]
char val[maxnode];                   // 节点 v 的访问次数

struct Trie {                                               // 定义名为 Trie 的结构体类型
    int sz;                                                 // 节点编号
    Trie() {sz = 1; memset(ch[0], 0, sizeof(ch[0]));}       // 初始化
    int idx(char c) { return c - 'a'; }                     // 返回字母 c 的序值

    void insert(char *s) {                                  // 构造单词 s 对应的 Trie 树
        int u = 0, n = strlen(s);                           // 根节点编号为 0，计算字符串 s
                                                            // 的长度 n
        for(int i = 0; i < n; i++) {                        // 依次插入字符串中的每一个字母
            int c = idx(s[i]);                              // 计算第 i 个字母的序值
            if(!ch[u][c]) {                                 // 若节点 u 编号为 c 的子节点空
                memset(ch[sz], 0, sizeof(ch[sz]));          // 节点 sz 为叶节点
                val[sz] = 0;                                //sz 的访问次数为 0
                ch[u][c] = sz++;                            //sz 设为节点 u 编号为 c 的子节
                                                            // 点，设下一个节点编号 sz++
            }
            u = ch[u][c];        // 取节点 u 序值为 c 的子节点编号，该节点的访问次数 +1
            val[u]++;
        }
    }

    void query(char *s) {                                   // 计算和输出单词 s 的最短前缀
        int u = 0, n = strlen(s);                           // 从根出发，计算单词 s 的长度
        for(int i = 0; i < n; i++) {                        // 依次搜索 s 的每个字母
            putchar(s[i]);                                  // 第 i 个字母作为前缀字符输出
            int c = idx(s[i]);                              // 计算第 i 个字母的序数值 c
            if(val[ch[u][c]] == 1) return ;                 // 若 u 的序数值 c 的子节点仅被访
                                                            // 问一次，则退出
            u = ch[u][c];                                   // 继续沿序数值 c 的子节点搜索下去
        }
    }
}

int main() {
    tot = 0;                                                // 单词数初始化
    Trie trie;                                              // trie 为 Trie 类型的结构体变量
    while(scanf("%s", str[tot]) != EOF) {                   // 输入编号为 tot 的单词
        trie.insert(str[tot]);                              // 构建对应的 Trie 树
        tot++;                                              // 计算下一个单词编号
    }
    for(int i = 0; i < tot; i++) {                          // 依次处理每个单词
```

```
        printf("%s ", str[i]);                          //输出编号为 i 的单词
        trie.query(str[i]);                             //计算和输出该单词的最短前缀
        printf("\n");                                   //换行
    }
    return 0;
}
```

【8.5.2　Phone List】

给定一个电话号码列表，确定它是否是一致的，即没有一个号码是另一个号码的前缀。假设电话目录中列出了这些号码：

Emergency 911

Alice 97 625 999

Bob 91 12 54 26

在这种情况下，不可能给 Bob 打电话，因为只要你拨了 Bob 的电话号码的前三位，程控交换机就会把你的电话转到 911，所以这份列表是不一致的。

输入

输入的第一行给出一个整数 t（$1 \leqslant t \leqslant 40$），表示测试用例的数目。每个测试用例首先的一行给出 n（$1 \leqslant n \leqslant 10000$），表示电话号码的数目。接下来的 n 行，每行给出一个电话号码。电话号码最多是十位数字的序列。

输出

对于每个测试用例，如果列表是一致的，则输出“YES”，否则输出“NO”。

样例输入	样例输出
2 3 911 97625999 91125426 5 113 12340 123440 12345 98346	NO YES

试题来源：Nordic 2007

在线测试：POJ 3630

试题解析

本题是 Trie 前缀树的基础训练题。算法如下。

每次输入一个字符串，则将其插入 Trie 树中，边插入边判断，会有下面的三种情况之一：

1）当前插入的字符串从来没有被插入过，返回未冲突标志，继续插入下一条字符串；

2）当前插入的字符串是已经插入过的字符串的前缀，停止插入，返回冲突标志，输出“NO”；

3）当前插入的字符的前缀已经作为单独的字符串插入过，停止插入，返回冲突标志，输出“NO”。

参考程序（略。本题参考程序的 PDF 文件和本题的英文原版均可从华章网站下载）

8.6 用 AC 自动机进行多模式匹配

AC 自动机（Aho-Corasick automation）是一种多模式匹配算法，给出一个目标 T 和多个模式 $P_1, P_2, \cdots, P_n$，问有多少个模式在 T 中出现过，并给出在 T 中匹配的位置。

如果对每个模式 P_i（$1 \leqslant i \leqslant n$）和 T，采用 KMP 算法，时间复杂度会比较高，当模式的个数比较多并且目标很长的情况下，就不能有效地解决模式匹配的问题。如果用 AC 自动机算法来解决多模式匹配，时间复杂度就可以优化到 $O(n)$，其中 n 是目标的长度。

AC 自动机算法建立在 Trie 树和 KMP 算法的基础之上，算法步骤如下。

步骤 1：构造一棵 Trie 树，作为 AC 自动机算法的数据结构。构造过程是将多个模式插入 Trie 树。

这棵 Trie 树不仅有此前介绍的 Trie 树的性质，而且节点增加了一个 fail 指针，如果当前点匹配失败，则将指向当前匹配的字符的指针转移到 fail 指针指向的地方，使得当前匹配的模式串的后缀和 fail 指针指向的模式串的前缀相同，这样就可以继续匹配下去了。例如，有模式“abce”和“bcd”，在目标 T 中有子串“abc”，但下一个字符不是“e”，则由 fail 指针跳到“bcd”中的“c”处，然后看 T 的下一个字符是不是“d”。

Trie 树节点的结构体类型定义如下：

```
struct node{
    node *next[26];                    // 后继指针，其中 next[i] 为序数值为 i 的子节点
    node *fail;                        // 匹配失败后，当前字符应与 fail 指针指向的字符匹配
    int sum;                           // 匹配完成标志（-1）以及匹配单词数
};
```

Trie 树的建立过程如下：

```
void Insert(char *s)                   // 将模式串 s 插入 Trie 树
{
    node *p = root;                    // 从根出发
    for(int i = 0; s[i]; i++)          // 依次搜索 s 的每个字符
    {
        int x = s[i] - 'a';            // 计算第 i 个字符的序数值 x
        if(p->next[x] == NULL)         // 若 p 不存在序数值为 x 的子节点，则申请一个后继指针域、
                                       //sum 域和 fail 域全 0 的子节点 newnode，将 p 的序数值
                                       // 为 x 的子节点设为 newnode
        {
            newnode=(struct node *)malloc(sizeof(struct node));
            for(int j=0;j<26;j++) newnode->next[j] = 0;
            newnode->sum = 0;newnode->fail = 0;
            p->next[x]=newnode;
        }
        p = p->next[x];                // 沿 p 的序数值为 x 的子节点继续搜索下去
    }
    p->sum++;                          // 模式串个数 +1
}
```

步骤 2：通过 BFS 构造 fail 指针。

以字符串“say”“she”“shr”和“her”构造的 Trie 树为例进行说明，如图 8.6-1 所示。

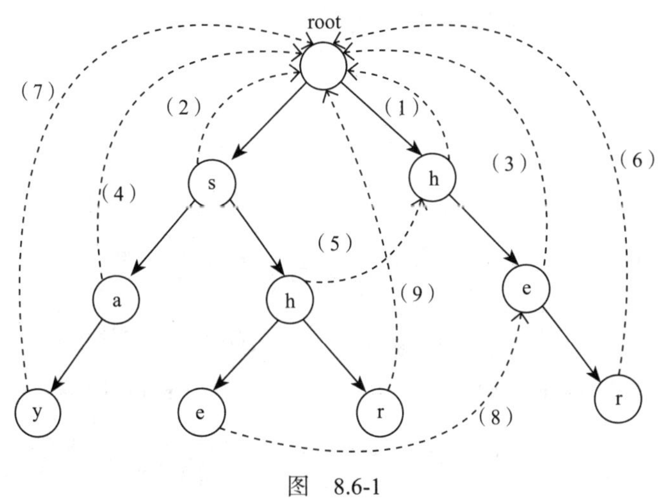

图　8.6-1

首先初始化，Trie 树的 root 入队；然后 root 出队；因为 root 是 Trie 树的入口，不包含字符，所以 root 的孩子的 fail 指针都指向 root。root 的孩子入队，即包含字符“h”和“s”的节点的 fail 指针都指向 root，如图 8.6-1 中的虚线（1）、（2）所示；同时这两个包含“h”和“s”的节点入队。

接下来，包含字符“h”的节点出队，构造该节点的孩子节点（即包含字符“e”的节点）的 fail 指针如下：字符“h”对应节点的 fail 指针指向 root，而且 root 没有包含字符“e”的孩子，所以包含字符“e”的节点的 fail 指针指向 root，如图 8.6-1 中的虚线（3）所示；并且包含“e”的节点入队。

然后，包含字符“s”的节点出队，同样，构造该节点的两个孩子（即包含字符“a”和“h”的节点）的 fail 指针，同理，因为字符“s”的节点的 fail 指针指向 root，而且 root 没有包含字符“a”的孩子，所以包含字符“a”的节点的 fail 指针指向 root，如图 8.6-1 中的虚线（4）所示；包含“a”的节点入队；而对于包含字符“h”的节点，因为 root 包含字符“h”的孩子，所以该节点的 fail 指针指向 Trie 树第二层包含字符“h”的节点，如图 8.6-1 中的虚线（5）所示；同时该节点入队。

此时，队列中有包含“e”“a”和“h”的 3 个节点。包含字符“e”的节点先出队，对于该节点的孩子（包含字符“r”）的 fail 指针，因为字符“e”的节点的 fail 指针指向 root，而且 root 没有包含字符“r”的孩子，所以包含字符“r”的节点的 fail 指针也指向了 root，如图 8.6-1 中的虚线（6）所示；该节点进队。然后包含字符“a”的节点出队，同样地，字符“a”的节点的 fail 指针指向了 root，而且 root 没有包含字符“y”的孩子，所以字符“a”的节点的孩子节点（包含字符“y”）的 fail 指针指向 root，如图 8.6-1 中的虚线（7）所示；并且该节点入队。然后包含字符“h”的节点出队，该节点的 fail 指针指向 Trie 树第二层的包含字符“h”的节点，而这个被指向的节点又有包含字符“e”的孩子节点；所以，该节点包含字符“e”的孩子节点的 fail 指针指向在 Trie 树中第三层的那个包含字符“e”的节点，如图 8.6-1 中的虚线（8）所示；并且该节点入队。对于另外一个包含字符“r”的节点，由于那个在第二层的包含字符“h”的节点没有包含“r”的孩子节点，沿 fail 指针继续找，则指向了 root，而且 root 没有包含字符“r”的孩子，所以，最后包含“r”的节点的 fail 指针指向了 root，如图 8.6-1 中的虚线（9）所示。

基于 BFS、队列构造 fail 指针的过程如下：

```
void build_fail_pointer()                        //构造 fail 指针
{
    head = 0;                                    //队首队尾指针初始化
    tail = 1;
    q[head] = root;                              //根入队
    node *p;                                     //p 和 temp 为辅助节点
    node *temp;
    while(head < tail)                           //若队列非空，则队首节点 temp 出队
    {
        temp = q[head++];
        for(int i = 0; i <= 25; i++)             //依次枚举每个序数值
        {
            if(temp->next[i])                    //若 temp 存在序数值为 i 的子节点
            {
                if(temp == root)                 //若 temp 为根，则序数值为 i 的子节点的 fail
                                                 //指针指向根
                {
                    temp->next[i]->fail = root;
                }
                else                             //在 temp 非根的情况下，沿 fail 指针搜索下
                                                 //去，直至当前节点 p 存在序数值为 i 的子节点，
                                                 //temp 的序数值为 i 的子节点的 fail 指针指
                                                 //向 p 的序数值为 i 的子节点
                {
                    p = temp->fail;
                    while(p)
                    {
                        if(p->next[i])
                        {
                            temp->next[i]->fail = p->next[i];
                            break;
                        }
                        p = p->fail;             //沿 fail 指针搜索下去
                    }
//若沿途任一节点都不存在序数值为 i 的子节点，则 temp 的序数值为 i 的子节点的 fail 指针指向根
                    if(p == NULL) temp->next[i]->fail = root;
                }
                q[tail++] = temp->next[i];       //temp 的序数值为 i 的子节点入队
            }
        }
    }
}
```

步骤 3：扫描目标进行匹配。

构造好 Trie 树和 fail 指针后，就可以对目标进行扫描了，这个过程和 KMP 算法很类似，但是也有一定的区别，主要是因为 AC 自动机处理的是多模式匹配。为了避免遗漏匹配，引入了 temp 指针。

AC 自动机多模式匹配过程分为两种情况：

- 当前的模式和目标字符匹配，表示沿着 Trie 树的边有一条路径可以到达当前匹配的字符（节点），则从该节点出发，沿 Trie 树的边走向下一个节点，目标字符串指针移向下一个字符，继续匹配；
- 当前的模式和目标字符不匹配，则模式指针转移到当前节点的父节点的 fail 指针所指

向的节点，目标指针前移一位，新的模式和目标继续匹配；匹配过程随着指针指向 root 结束。

重复上述两个过程，直到目标串指针指向结尾为止。

例如，Trie 树如图 8.6-1 所示，模式为“say”“she”“shr”“he”和”her”。目标为字符串“yasherhs”，AC 自动机多模式匹配过程如下。

设 *p* 为 Trie 树的指针，*i* 为字符串“yasherhs”的指针。

当 *i*=0, 1 时，目标串在 Trie 树中没有对应的路径，故不做任何操作；当 *i*=2, 3, 4 时，指针 *p* 指向 Trie 树最下层的包含“e”的节点。因为该包含“e”的节点的 count 值为 1，所以 cnt++，并且将该节点的 count 值设置为 -1，表示改单词已经出现过，防止重复计数；然后，为避免遗漏，temp 指向包含“e”的节点的 fail 指针所指向的节点继续查找，并以此类推，直到 temp 指向 root，而在这个过程中 cnt 增加了 2，表示找到了 2 个单词“she”和“he”。当 i=5 时，*p* 则指向包含“e”的节点的 fail 指针所指向的节点，也就是 Trie 树中第二层右边那个包含“e”的节点，随后，*p* 指向该节点的包含“r”的孩子节点，由于该节点的 count 值为 1，从而 cnt++；然后，循环直到 temp 指向 root 为止。最后当 *i*=6,7 时，找不到任何匹配，匹配过程结束。

利用 fail 指针进行多模式匹配的过程如下：

```
void ac_automation(char *ch)        // 对目标串 ch 进行多模式匹配
{
    node *p = root;                 // 从根出发
    int len = strlen(ch);           // 计算目标串长度
    for(int i = 0; i < len; i++)    // 依次匹配目标串中的每个字符
    {
        int x = ch[i] - 'a';        // 计算第 i 个字符的序数值
        while(!p->next[x] && p != root) p = p->fail;    // 沿 fail 指针搜索下去，直至当
            // 前节点 p 存在序数值为 x 的子节点为止，将该子节点设为 p。若不存在这样的节点 p，则将
            // 其序数值为 x 的子节点指针指向 root
        p = p->next[x];
        if(!p) p = root;
        node *temp = p;             //p 设为 temp
        while(temp != root)         // 从 temp 出发，沿 fail 指针一直搜索至根或者节点的 sum
                                    // 域值小于 0（匹配已完成）为止
        {
            if(temp->sum >= 0)      // 若当前节点的 sum 域值大于等于 0，则将 sum 域值累计入
                                    // 匹配单词数 cnt，并将 sum 域值置为 -1，
            {
                cnt += temp->sum;
                temp->sum = -1;
            }
            else break;
            temp = temp->fail;      // 沿 fail 指针继续搜索
        }
    }
}
```

【8.6.1　Keywords Search】

现在，搜索引擎已经走进了每个人的生活，比如，大家使用的 Google、百度等。

Wiskey 希望将搜索引擎引入到他的图像检索系统中。

每幅图像都有一段很长的文字描述，当用户键入一些关键字来查找图像时，系统会将关键字与图像的文字描述进行匹配，并显示出匹配关键字最多的图像。

本题要求，给出一段图像的文字描述和一些关键字，请你计算有多少个关键字匹配。

输入

输入的第一行给出一个整数，表示有多少个测试用例。

每个测试用例首先给出整数 N，表示关键字的数目；然后给出 N 个关键字（$N \leqslant 10\ 000$），每个关键字只包含从“a”到“z”的字符，长度不超过 50。

最后一行是图像的文字描述，长度不超过 1 000 000。

输出

输出给出在描述中包含了多少个关键字。

样例输入	样例输出
1 5 she he say shr her yasherhs	3

在线测试：HDOJ 2222

试题解析

本题是 AC 自动机入门题和模板题。本题给出 N 个模式串（长度不超过 50）和一个目标串（长度不超过 1 000 000），求出有多少个模式串在这个文本串中出现过。

按 AC 自动机算法，首先将 N 个模式串插入 Trie 树，然后采用 BFS 算法设置 fail 指针，最后扫描目标串，进行多模式匹配。

参考程序

```
#include<bits/stdc++.h>
using namespace std;
const int maxn = 1e7 + 5;
const int MAX = 10000000;
int cnt;
struct node{                                    //节点的结构类型
    node *next[26];                             //序数值为 i 的子节点为 next[i]
    node *fail;                                 //匹配指针
    int sum;                                    //匹配的模式数
};
node *root;                                     //根
char key[70];                                   //关键字
node *q[MAX];                                   //队列
int head,tail;                                  //队列的首尾指针
node *newnode;                                  //辅助节点
char pattern[maxn];                             //图像的文字描述
int N;                                          //关键字的数目
void Insert(char *s)                            //将关键字 s 插入 Trie 树
{
    node *p = root;                             //从根出发
    for(int i = 0; s[i]; i++)                   //依次插入每个字符
    {
```

```
        int x = s[i] - 'a';                    // 计算第 i 个字符的序数值
        if(p->next[x] == NULL)                 // 若 p 不存在序数值为 x 的子节点，则构造 next
                                               //[] 域、sum 域和 fail 域全 0 的子节点 newnode，
                                               // 并将其设为 p 的序数值为 x 的子节点
        {
            newnode=(struct node *)malloc(sizeof(struct node));
            for(int j=0;j<26;j++) newnode->next[j] = 0;
            newnode->sum = 0;newnode->fail = 0;
            p->next[x]=newnode;
        }
        p = p->next[x];                        // 从 p 的序数值为 x 的子节点继续搜索下去
    }
    p->sum++;                                  // 关键字的数目 +1
}
void build_fail_pointer()                      // 设置 Trie 树的 fail 指针
{
    head = 0;                                  // 队列的首尾指针初始化
    tail = 1;
    q[head] = root;                            // 根入队
    node *p;                                   // 辅助节点 p 和 temp
    node *temp;
    while(head < tail)                         // 若队列非空，则队首节点 temp 出队
    {
        temp = q[head++];
        for(int i = 0; i <= 25; i++)           // 枚举每个字母的序数值
        {
            if(temp->next[i])                  // 若 temp 存在序数值为 i 的子节点
            {
                if(temp==root)                 // 若 temp 为根，则序数值为 i 的子节点的 fail
                                               // 指针指向根
                {
                    temp->next[i]->fail = root;
                }
                else                           // 在 temp 为中间节点情况下，从 temp 出发，沿
                                               //fail 指针一直搜索至当前节点存在序数值为 i
                                               // 的子节点
                {
                    p = temp->fail;
                    while(p)
                    {
                        if(p->next[i])         // 若当前 p 节点存在序数值为 i 的子节点，则 temp
                                               // 的序数值为 i 的子节点的 fail 指针指向 p 的序
                                               // 数值为 i 的子节点
                        {
                            temp->next[i]->fail = p->next[i];
                            break;
                        }
                        p = p->fail;           // 沿 p 的 fail 指针继续搜索下去
                    }
                    if(p == NULL) temp->next[i]->fail = root; // 若沿途没有任一节点存
                        // 在序数值为 i 的子节点，则 temp 的序数值为 i 的子节点的 fail 指向根
                }
                q[tail++] = temp->next[i]; //temp 的序数值为 i 的子节点入队
            }
        }
    }
}
void ac_automation(char *ch)                   // 对图像文字描述进行多关键字匹配
{
    node *p = root;                            // 从根出发
    int len = strlen(ch);                      // 计算图像文字描述的长度
```

```
    for(int i = 0; i < len; i++)              //依次匹配每个字符
    {
        int x = ch[i] - 'a';                  //计算第i个字符的序数值x
        while(!p->next[x] && p != root) p = p->fail;  //沿fail指针搜索下去，直至当前
            //节点p存在序数值为x的子节点或者搜索至根
        p = p->next[x];                       //将p的序数值为x的子节点设为p
        if(!p) p = root;                      //若p不存在序数值为x的子节点，则将根设为序
                                              //数值为x的子节点
        node *temp = p;                       //从序数值为x的子节点出发，继续沿fail指针搜
                                              //索，直至搜索至根或者当前节点的sum域值为-1
                                              //为止
        while(temp != root)
        {
            if(temp->sum >= 0)                //若当前节点的sum域值不小于0，则sum域值
                                              //累计入匹配的关键字数，当前节点的sum域值设
                                              //为-1，以避免重复计算
            {
                cnt += temp->sum;
                temp->sum = -1;
            }
            else break;                       //当前节点的sum域值为-1，退出循环
            temp = temp->fail;                //继续沿fail指针搜索
        }
    }
}
int main()
{
    int T;
    scanf("%d",&T);                           //输入测试用例数
    while(T--)                                //依次处理每个测试用例
    {                                         //构造next[]域、fail域和sum域全0的根节
                                              //点root
        root=(struct node *)malloc(sizeof(struct node));
        for(int j=0;j<26;j++) root->next[j] = 0;
        root->fail = 0;
        root->sum = 0;
        scanf("%d",&N);                       //读关键字数
        getchar();
        for(int i = 1; i <= N; i++)           //依次读入每个关键字，构造Trie树
        {
            gets(key);                        //读第i个关键字
            Insert(key);                      //将该关键字插入Trie树
        }
        gets(pattern);                        //读图像的文字描述
        cnt = 0;                              //图像的文字描述中内含关键字的数目初始化
        build_fail_pointer();                 //设置Trie树的fail指针
        ac_automation(pattern);               //对图像文字描述进行多关键字匹配
        printf("%d\n",cnt);                   //输出图像文字描述中内含关键字的数目
    }
    return 0;
}
```

由上述实例可以看出，AC自动机首先是一个多模式匹配算法，简单来说就是有多个模式串，模式串之间可以互相重叠，要求查询主串中有多少个模式串。实际上，AC自动机就是在一棵Trie树上添加了一个fail指针，这个指针和KMP中Next数组的作用是一样的：代表着失配后应该转移的位置。如果fail指针指向了root，那么说明在Trie树中的前缀没有出现在主串的后缀中。

如果把Trie树上节点之间的连接和fail指针当成边，那么AC自动机所创建的实际上是

一张状态图。我们可以在 AC 自动机上进行 DP，即状态可以在这张图上进行转移。

一般来说，在 AC 自动机上 DP 需要进行状态压缩。在设计状态转移时，主要考虑的是 AC 自动机上的连接状态，即当前状态下一个可能转移到的状态一定是在 AC 自动机上进行的。在这一指导思想下，按照题意和方便计算的要求设计 DP 状态。例如，给每个节点创建一个状态矩阵，代表有多少个节点能到达目标。这种在 AC 自动机上进行 DP 的方法，在求诸如“不包含某些串的串有多少个”的问题上，相对比较方便。

【8.6.2 DNA repair】

生物学家终于发明了修复 DNA 的技术，这些 DNA 含有导致各种遗传性疾病的片段。为了简单起见，一条 DNA 被表示为一个包含字符“A”“G”“C”和“T”的字符串。修复技术就是简单地改变字符串中的一些字符，以消除所有导致疾病的片段。例如，我们可以通过改变两个字符将 DNA“AAGCAG”修复为“AGGCAC”，以消除最初的导致疾病的片段“AAG”“AGC”和“CAG”。要注意的是，修复后的 DNA 仍然只能包含字符“A”“G”“C”和“T”。

请你帮助生物学家通过改变最少的字符数来修复 DNA。

输入

输入由多个测试用例组成。每个测试用例的第一行给出一个整数 N（$1 \leqslant N \leqslant 50$），表示导致遗传性疾病的 DNA 片段数。

接下来的 N 行给出 N 个长度不超过 20 的非空字符串，字符串中只包含“AGCT”中的字符，这些字符串是导致遗传性疾病的 DNA 片段。

测试用例的最后一行是长度不超过 1000 的非空字符串，字符串中也只包含“AGCT”中的字符，表示要修复的 DNA。

在最后一个测试用例的后面给出一行，包含一个零。

输出

对于每个测试用例，输出一行，首先给出测试用例编号（从 1 开始），然后给出需要更改的字符数。如果无法修复给出的 DNA，则输出 -1。

样例输入	样例输出
2 AAA AAG AAAG 2 A TG TGAATG 4 A G C T AGT 0	Case 1: 1 Case 2: 4 Case 3: -1

试题来源：2008 Asia Hefei Regional Contest Online by USTC

在线测试：POJ 3691

试题解析

给出 N（$1 \leqslant N \leqslant 50$）个模式串，最大长度为 20；一个主串，最大长度为 1000；允许涉及的字符为 4 个，即“A”“T”“G”“C”。本题要求最少修改几个字符，使主串不包含所有模式串。

此前已经阐述：“把 Trie 树上的节点之间的连接和 fail 指针当成边，那么 AC 自动机所创建的实际上是一张状态图。我们可以在 AC 自动机上进行 DP，即状态可以在这张图上进行转移。”枚举下一个字符为“A”“T”“G”“C”中的一个为转移，注意转移的时候不能包含模式串中的节点，所以，数组 dan[i] 用于记录节点 i 结尾时是否包含了模式串：

$$\text{dan}[i]=\begin{cases}0 & \text{节点}i\text{结尾时未包含任何模式串}\\1 & \text{节点}i\text{结尾时包含了一个模式串}\end{cases}$$

状态转移方程 f[][] 表示在 Trie 树的节点 i 处匹配 DNA 主串的第 j 个字符的最少修改次数为 $f[i][j]$。方程如下：

$f[\text{son}[i]][j]$

$=\min\{f[\text{son}[i]][j]$, ($f[i][j-1]$ | 若 son[i] 节点的字符和 DNA 主串第 j 个字符相同)

或 ($f[i][j-1]+1$ | 若 son[i] 节点的字符和 DNA 主串第 j 个字符不同)}

如果要修复的 DNA 主串的长度为 l，Trie 树的节点数为 sz，则最少修改字符数 ans= $\min\limits_{(1\leqslant i\leqslant sz)\&\&(!\text{dan}[i])}\{f[i][l]\}$。

参考程序（略。本题参考程序的 PDF 文件和本题的英文原版均可从华章网站下载）

8.7 相关题库

【8.7.1 FRIENDS】

一个城市有 N 个市民。已知有若干对市民是朋友。根据著名的说法“我的朋友的朋友也是我的朋友”可以推导如果 A 和 B 是朋友，并且 B 和 C 是朋友，则 A 和 C 也是朋友。

请你计算在最大的朋友团体中有多少人。

输入

输入的第一行给出 N 和 M，其中 N（$1 \leqslant N \leqslant 30\,000$）是该城市的市民人数，而 M（$0 \leqslant M \leqslant 500\,000$）是构成朋友的对数。后面的 M 行每行给出两个整数 A 和 B（$1 \leqslant A \leqslant N$, $1 \leqslant B \leqslant N$, $A \neq B$），表示 A 和 B 是朋友。在这些对中可以有重复。

输出

输出给出一个整数，表示在最大的朋友团体中有多少人。

样例输入	样例输出
3 2 1 2 2 3 10 12 1 2	3 6

（续）

样例输入	样例输出
3 1 3 4 5 4 3 5 4 6 5 2 2 1 7 10 1 2 9 10 8 9	

试题来源：Bulgarian National Olympiad in Informatics 2003

在线测试：UVA 10608

 提示

朋友团体实际上就是一个集合，朋友关系的推导涉及集合合并的运算。设 set[k] 表示 k 所在的朋友团体中的代表元，$s[k]$ 为 k 所在朋友团体中的人数，max 为最大的朋友团体中的人数。函数 set_find(p)：查找 p 所在的朋友团体中的代表元，即计算 set[p]，用路径压缩优化。过程 join(p，q)：合并 p 和 q 所在的朋友团体。

首先，查找两个朋友团体中的代表元 p 和 q（p=set_find (p); q=set_find (q)）。若 p 和 q 分属不同的朋友团体（p!=q），则将 p 的朋友团体并入 q 的朋友团体（set [p]=q），累计 q 的朋友团体的人数（$s[q]$+=$s[p]$），并调整 max（max=$s[q]$> max ? $s[q]$: max）。

初始时，每个市民单独组成一个朋友团体，即 set [i]=−1，$s[i]$=1，max=1；然后每输入一对朋友 A 和 B，则调用过程 join(A, B)；最后得出的 max 即为问题的解。

【8.7.2 Wireless Network】

东南亚发生了地震，ACM（Asia Cooperated Medical team，亚洲协作医疗队）建立了一个由计算机构成的无线网络，但由于一个意外的余震袭击，网络上的所有计算机都坏了。这些计算机一个接一个地被修复，使网络逐渐开始工作。由于硬件限制，每台计算机只能与距离不超过 d 米的计算机直接联系。但是，每台计算机都可以被作为其他两台计算机之间的通信中介，即如果计算机 A 和计算机 B 可以直接通信，或者如果计算机 C 可以与计算机 A 和计算机 B 通信，则计算机 A 和计算机 B 可以通信。

在修复计算机的过程中，工人们在每个时间段可以执行两种操作：修复计算机，测试两台计算机是否可以通信。你的工作就是对所有的测试操作做出回答。

输入

第一行给出两个整数 N 和 d（$1 \leqslant N \leqslant 1001$，$0 \leqslant d \leqslant 20\ 000$）。这里 N 是计算机的数目，计算机编号从 1 到 N，d 是两台可以直接通信的计算机的最大距离。在后面的 N 行，每行给出两个整数 x_i 和 y_i（$0 \leqslant x_i$，$y_i \leqslant 10\ 000$），表示 N 台计算机的坐标。从第 N+1 行到输入结束，每行给出一个操作，给出操作的每一行形式如下：

1）"O p"（$1 \leqslant p \leqslant N$），表示修复计算机 p。

2）"S p q"（$1 \leqslant p, q \leqslant N$），表示测试计算机 p 和 q 是否可以通信。

输入不超过 300 000 行。

输出

对每个测试操作，如果两台计算机可以通信，则输出"SUCCESS"，否则输出"FAIL"。

样例输入	样例输出
4 1	FAIL
0 1	SUCCESS
0 2	
0 3	
0 4	
O 1	
O 2	
O 4	
S 1 4	
O 3	
S 1 4	

试题来源：POJ Monthly, HQM

在线测试：POJ 2236

 **提示**

我们将所有处于工作状态且可以直接通信的计算机归为一个集合。设计算机 p 所在集合的代表元为 set[p]，计算机 p 处于工作状态的标记为 valid[p]，函数 join(p, q) 将 p 所在的集合并入 q 所在的集合，函数 set_find(p) 查找 p 所在集合的代表元，用路径压缩优化。

（1）修复操作"O p"（$1 \leqslant p \leqslant N$）

计算机 p 进入工作状态（valid[p] = true）；搜索每一台处于工作状态且距离在通信范围内的计算机 i（valid[i] &&$((x_i- x_p)^2+(y_i- y_p)^2) \leqslant d^2$，$1 \leqslant i \leqslant n$），合并计算机 i 所在的集合与计算机 p 所在的集合（join(i, p)）。

（2）测试操作"S p q"（$1 \leqslant p, q \leqslant N$）

若计算机 p 和 q 同属一个集合（set_find(p)==set_find(q)），则计算机 p 和 q 可以通信；否则失败。

【8.7.3　War】

A 国和 B 国之间爆发战争。作为 C 国的公民，你决定帮助相关人员加入和平谈判中（当然是隐姓埋名参加谈判）。在谈判中有 n 个人（不包括你），而你不知道每一个人是属于哪个国家的。你可以看到这些人彼此间的谈话，并在他们的一对一谈话中通过观察他们的行为，你就可以猜出他们是朋友还是敌人。你的国家要知道的是某一对人是否来自同一个国家，或者他们是否是敌人。在和平谈判中，你会收到 C 国政府的问题，你要基于你当前的判断对这些问题做出回答。幸运的是，没有人和你谈话，也没有人注意你那并不引人注意的外表。

有下述操作：

- setFriends(x, y)：表示 x 和 y 来自同一个国家。
- setEnemies(x, y)：表示 x 和 y 来自不同的国家。
- areFriends(x, y)：如果你确定 x 和 y 是朋友，返回 true。

- areEnemies(x, y)：如果你确定 x 和 y 是敌人，返回 true。

如果前两个操作与你此前得到的结论相矛盾，这两个操作就要报错。两个关系 “friends”（用～标识）和 “enemies”（用 * 标识）有如下特性。

～是等价关系（即自反、对称、传递关系），即：

- If $x \sim y$ and $y \sim z$ then $x \sim z$　　（我的朋友的朋友也是我的朋友。）
- If $x \sim y$ then $y \sim x$　　（朋友是互相的。）
- $x \sim x$　　（每个人是他自己的朋友。）

* 是对称的和反自反的：

- If $x * y$ then $y * x$　　（仇恨是相互的。）
- Not $x * x$　　（没有人是他自己的敌人。）

此外：

- If $x * y$ and $y * z$ then $x \sim z$　　（一个共同的敌人产生两个朋友。）
- If $x \sim y$ and $y * z$ then $x * z$　　（敌人的朋友也是敌人。）

操作 setFriends(x, y) 和 setEnemies(x, y) 要保持这些特性。

输入

第一行给出一个整数 n，表示人数。

后面的每一行给出一个三元组整数 $c\ x\ y$，其中 c 是操作代码：

- $c = 1$ 表示 setFriends 操作。
- $c = 2$ 表示 setEnemies 操作。
- $c = 3$ 表示 areFriends 操作。
- $c = 4$ 表示 areEnemies 操作。

而 x 和 y 是参数，取值范围是 $[0, n)$，表示两个（不同的）人。最后一行给出 0 0 0。

在输入文件中所有的整数用至少一个空格或换行符分开。

输出

对每个 areFriends 和 areEnemies 操作输出 0（表示 no）或 1（表示 yes）。对每个 setFriends 或 setEnemies 操作，如果和以前的知识相矛盾，则输出 −1，注意这样的操作不会产生其他结果，执行将继续。一个成功的 setFriends 或 setEnemies 操作没有输出。

在输出文件中，所有整数必须用至少一个空格或者换行符分开。

限制：$n < 10\,000$，操作数没有限制。

样例输入	样例输出
10 1 0 1 1 1 2 2 0 5 3 0 2 3 8 9 4 1 5 4 1 2 4 8 9 1 8 9 1 5 2 3 5 2 0 0 0	1 0 1 0 0 −1 0

试题来源：Programming Contest for Newbies 2005

在线测试：UVA 10158

提示

设 set[k] 表示 k 的朋友所在集合的代表元，set[$k+n$] 表示 k 的敌人所在集合的代表元。初始时，所有人未确定敌我关系，即 set[k] 的初始值为 −1（$1 \leqslant k \leqslant 2n$）。

- 函数 set_find(p)：查找 p 所在集合的代表元，即计算 set[p]。
- 函数 areFriends(x, y)：计算 (x, y) 的关系。若未确定敌我关系 ((set_find(x)!=set_find(y))&&(set_find(x)!=set_find(y+n)))，则返回 −1；若 (x, y) 是朋友 (set_find(x)==set_find(y))，则返回 1；若 (x, y) 是敌人（set_find(x)!=set_find(y)），则返回 0。

（1）操作代码 1 x y

在预先得知 x 和 y 来自同一国家的情况下，若 (x, y) 是敌人（areFriends(x, y)==0），则新旧信息矛盾；若 (x, y) 未确定敌我关系（areFriends(x, y)==−1），则将 x 所在的集合并入 y 所在的集合，x 敌人所在的集合并入 y 敌人所在的集合（set[set_find(x)]=set_find(y); set[set_find(x+n)]=set_find(y+n)）。

（2）操作代码 2 x y

在预先得知 x 和 y 来自不同国家的情况下，若 (x, y) 是朋友（areFriends(x, y) == 1），则新旧信息矛盾；若 (x, y) 未确定敌我关系（areFriends(x, y)==−1），则将 x 敌人所在的集合并入 y 所在的集合，x 所在的集合并入 y 敌人所在的集合（set[set_find(x+n)]=set_find(y); set[set_find(x)] = set_find(y+n)）。

（3）操作代码 3 x y

直接根据 areFriends(x, y) 的值确定 x 和 y 是否为朋友。

（4）操作代码 4 x y

根据 areFriends(x, y) 的相反值确定 x 和 y 是否为敌人。

【8.7.4 Ubiquitous Religions】

你对于你所在的大学中学生信仰多少种宗教的数量感兴趣。

在你的大学里有 n（$0<n \leqslant 50\,000$）个学生。你直接询问每一个学生他们的宗教信仰是不可行的，许多学生还不太习惯表达自己的信仰。你采取的方法是询问 m（$0 \leqslant m \leqslant \frac{n(n-1)}{2}$）对同学是否信仰同一种宗教（例如，如果他们两人都上同一所教堂，他们就可能知道）。根据这些数据，你可能不知道每个学生信仰什么宗教，但是你可以知道在校园内有多少种不同的宗教被信仰的可能的上限。设定每个学生最多信仰一种宗教。

输入

输入包含若干个测试用例。每个测试用例的第一行给出整数 n 和 m。后面的 m 行每行给出两个整数 i 和 j，说明学生 i 和 j 信仰同一种宗教。学生从 1 到 n 编号。输入结束的一行是 n=m=0。

输出

对每个测试用例，输出一行，给出测试用例编号（从 1 开始编号），然后是在该大学中学生信仰的不同宗教的数目。

样例输入	样例输出
10 9 1 2 1 3 1 4 1 5 1 6 1 7 1 8 1 9 1 10 10 4 2 3 4 5 4 8 5 8 0 0	Case 1: 1 Case 2: 7

试题来源：Alberta Collegiate Programming Contest 2003.10.18

在线测试：POJ 2524，UVA 10583

 **提示**

信仰同一宗教的学生组成一个集合，试题要求计算所有学生中有多少个这样的集合。我们可以采用并查集的算法计算集合数。初始时 n 个学生每人组成一个集合，集合的代表元即为其本身。以后每输入一对信仰同一宗教的学生（x, y），x 所在的子集并入 y 所在的子集，即 y 所在子集的代表元即为 x 所在子集的代表元。

最后统计 n 个学生中有多少个学生成为子集的代表元，每个代表元代表一种信仰，显然其个数即为在该大学中学生信仰的不同宗教的数目。

【8.7.5　Network Connections】

Bob 是一个网络管理员，负责监控计算机网络。他要维护网络内计算机之间连接的日志。每个连接是双向的。如果两台计算机是直接连接的，或者与同一台计算机互联，则我们称这两台计算机是互联的。有的时候，需要 Bob 根据日志信息做出判断，确定给出的两台计算机是否直接或间接地互联。

请基于输入信息编写一个程序，回答下述问题的“是”和“否”的次数：$computer_i$ 是否与 $computer_j$ 互联？

输入与输出

输入的第一行给出测试用例的数目，后面是一个空行。每个测试用例定义如下：

1）网络中计算机的个数（一个正整数）。

2）一个列表，每句的形式如下：

① c $computer_i$ $computer_j$，其中 $computer_i$ 和 $computer_j$ 是整数，表示计算机的编号，编号取值从 1 到网络中计算机的个数。这句表示 $computer_i$ 和 $computer_j$ 是互联的。

② q $computer_i$ $computer_j$，其中 $computer_i$ 和 $computer_j$ 是整数，表示计算机的编号，编号取值从 1 到网络中计算机的个数。这句表示这样的问题：$computer_i$ 和 $computer_j$ 是互联

的吗？

测试用例之间用空行分开。

列表中每句一行。句中计算机出现的次序是任意的，与语句类型无关。在语句类型①被处理以后，修改日志；对于语句类型②，则根据当前网络设置进行处理。

例如，在样例输入中给出的实例表示网络有 10 台计算机和 7 条语句。有 N_1 个回答“是”和 N_2 个回答“否”。程序在一行中按次序输出两个数字 N_1 和 N_2，如样例输出所示。在两个测试用例之间有一个空行。

样例输入	样例输出
1 10 c 1 5 c 2 7 q 7 1 c 3 9 q 9 6 c 2 5 q 7 5	1,2

试题来源：ACM Southeastern European Regionals 1997

在线测试：UVA 793

 提示

这是一道典型的并查集试题。所有处于互联状态的计算机组成一个集合，初始时 n 台计算机各自组成一个子集。

处理 c $computer_i$ $computer_j$ 命令，就是将 $computer_i$ 所在的子集并入 $computer_j$ 所在的子集，即 $computer_i$ 所在子集的代表元设为 $computer_j$ 所在子集的代表元，使得两个子集中的所有计算机均处于互联状态。

处理 q $computer_i$ $computer_j$ 命令，就是询问 $computer_i$ 与 $computer_j$ 是否同属一个集合，即 $computer_i$ 所在子集的代表元是否相同于 $computer_j$ 所在子集的代表元：若相同，则累计“是”的次数；否则累计“否”的次数。

处理完列表中的所有命令后，“是”的次数和“否”的次数即为问题解。

【8.7.6 Building Bridges】

New Altonville 的市议会计划兴建一个连接城市里所有街区的桥梁系统，使人们能从一个街区走到另一个街区。请你编写一个程序，给出最佳的桥梁配置安排。

New Altonville 的城市结构是一个由正方形网格组成的矩形。每个街区覆盖着一个正方形或多个连通的正方形的集合。两个正方形如果拐角相连接就被认为是在同一个街区中，而不需要用桥梁连接。桥梁只能兴建在形成正方形的网格线上。每一座桥梁必须兴建成一条直线，而且只能连接两个街区。

对于一个给出的街区的集合，请找到连接所有街区的桥梁的最少数目。如果这是不可能实现的，就请找出这样一个解决方案，最大限度地减少不连通的街区的数量。在相同数量

的桥梁的所有可能解中，则选择一个桥梁长度总和最小的方案，桥梁长度按网格的边数来计算。两座桥梁可以交叉，但在这种情况下，认为桥梁在不同的层次，彼此间没有相交。

图 8.7-1 给出了 4 种可能的城市格局。City 1 由 5 个街区组成，由 4 座桥连接，总长度为 4。在 City 2 中，不可能有桥，因为不存在街区共享公共的网格边。在 City 3 中，因为只有一个街区，所以不需要桥。在 City 4 中，最佳解是用一座长度为 1 的桥连接两个街区，两个城区不连通（一个城区包含两个街区，一个城区仅包含一个单一的街区）。

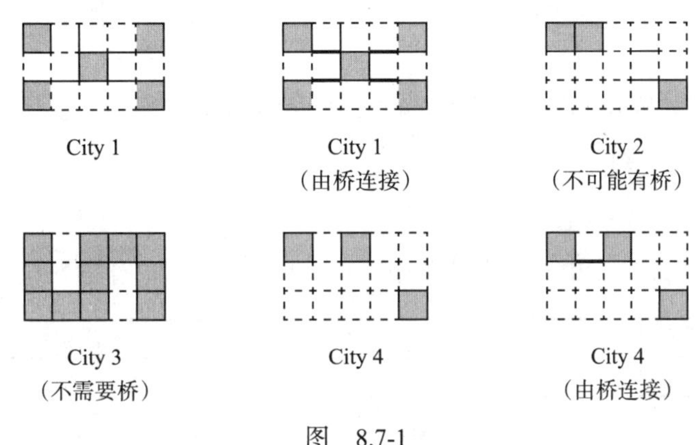

图 8.7-1

输入

输入数据集合描述了几个矩形的城市。每个城市描述的第一行是两个整数 r 和 c（$1 \leqslant r \leqslant 100$ 且 $1 \leqslant c \leqslant 100$），分别表示南北向和东西向的长度，以网格长度为单位。然后给出 r 行，每行包含 c 个“#”和“.”字符。每个字符表示一个正方形网格。一个“#”字符对应被街区覆盖的一个正方形网格，一个“.”字符则对应没有被街区覆盖的一个正方形网格。

在最后一个城市的输入数据后，给出一行，包含两个 0。

输出

对每个城市描述，按如下形式输出两行或三行。第一行给出城市编号。如果城市的街区少于 2，第二行输出句子“No bridges are needed.”；如果城市有两个或多个街区，但它们之间不可能用桥连接，第二行输出“No bridges are possible.”；否则，第二行输出“N bridges of total length L”，其中 N 是最佳解的桥的总数，L 是最佳解的桥的总的长度。（如果 N 是 1，则用单词“bridge”而不是用“bridges”。）如果解答给出存在两片或多片不连通的街区，则输出第三行，给出不连通的街区的数目。在两个测试用例之间输出一个空行。使用样例中给出的输出格式。

样例输入	样例输出
3 5	City 1
#...#	4 bridges of total length 4
..#..	
#...#	City 2
3 5	No bridges are possible.
##...	2 disconnected groups
.....	
....#	City 3
3 5	No bridges are needed.
#.###	

（续）

样例输入	样例输出
#.#.# ###.# 3 5 #.#.. ....# 0 0	City 4 1 bridge of total length 1 2 disconnected groups

试题来源：ACM World Finals - 2002/2003 Beverly Hills (USA)

在线测试：UVA 2721

 **提示**

首先，按照由上而下、由左而右的顺序给每个正方形编号，作为对应的节点序号。

1	2	…	m
m+1	m+2		$m\times 2$
	…		
$m\times(n\text{-}1)+1$	$m\times(n\text{-}1)+2$	…	$m\times n$

我们用合并集合的办法统计街区数：将所有被街区覆盖的相连方格组成一个集合，该集合中的所有方格即为一个街区。初始时，$n\times m$ 个节点自成单独的子集。

（1）按照上、下、左、右 4 个方向计算被街区覆盖的相连方格

按照自上而下、由左而右的顺序搜索每个被街区覆盖的方格 (i, j)，计算对应节点所在子集的代表元 Tmp，并查找 (i, j) 的 4 个相邻格中被街区覆盖的方格，将其所在子集的代表元设为 Tmp。

（2）计算街区数 part、构造缩点的距离表 Elist

按照自上而下、由左而右的顺序搜索每个被街区覆盖的方格 (i, j)，取出对应节点所在子集的代表元 Tmp。若对应节点正好为所在子集的代表元 Tmp，则街区数 part++。

由于两个被街区覆盖的正方形在拐角相连接亦被认为是在同一个街区，因此需要做如下的处理。

分析 i 行下面的每一行 k（$i+1\leqslant k\leqslant n$）：若 $(k, j+\text{det})$ $(-1\leqslant \text{det}\leqslant 1)$ 被街区覆盖，则在 $(k, j+\text{det})$ 与 (i, j) 分属不同街区的情况下，两个街区的最近距离为 $|k-j|-1$。我们将两个街区缩成两个节点，即方格 $(k, j+\text{det})$ 对应节点所在子集的代表元和 Tmp，将这两个缩点和最近距离值 $|k-i|-1$ 放入 Elist 表。

同样，分析 j 列右方的每一列 k $(j+1\leqslant k\leqslant m)$：若 $(i+\text{det}, k)$ $(-1\leqslant \text{det}\leqslant 1)$ 被街区覆盖，则在 $(i+\text{det}, k)$ 与 (i, j) 分属不同街区的情况下，两个街区的最近距离为 $|k-j|-1$。我们将两个街区缩成两个节点，即方格 $(i+\text{det}, k)$ 对应节点所在子集的代表元和 Tmp，将这两个缩点和最近距离值 $|k-i|-1$ 放入 Elist 表。

然后，按照缩点的最近距离值递增的顺序排列 Elist 表。

（3）根据 Elist 表分析结果

分析搜索 Elist 表中的每一项中的两个缩点：若两个缩点属于同一子集，则继续分析表

的下一项；否则两个缩点所在的子集合并，桥数 bridge++，两个缩点间的最近距离计入桥的总长 len。

在分析完 Elist 表的所有项后，若桥数 ==0，则输出“No bridges are possible.”；否则输出 bridge 和 len。若街区数 part ≠ bridge+1，则输出不连通的街区数为 part−bridge。

【8.7.7 Family Tree】

一个人类学的教授对于生活在孤岛的人和他们的历史感兴趣。他收集他们的家谱进行一些人类学实验。实验中，他需要用计算机来处理家谱。为了这个目的，他需要将家谱转换为文本文件。下面是表示家谱的文本文件的一个实例。

John
Robert
Frank
Andrew
Nancy
David

每一行包含一个人的名字。第一行中的名字是这个家谱中最早的祖先。家谱仅包含这个最早的祖先的后代，而其丈夫或妻子不出现在家谱中，一个人的子女要比他的父母多缩进一个空格。例如，Robert 和 Nancy 是 John 的子女，而 Frank 和 Andrew 是 Robert 的子女，David 比 Robert 多缩进一个空格，但他不是 Robert 的子女，而是 Nancy 的子女。为了用这一方法表示一个家谱，教授将一些人从家谱中排除，使得在家谱中没有人有两个父母。

在实验中，教授还收集了家庭的文件，并在每个家谱中提取了有关两个人关系的陈述语句。以下是有关上述家庭陈述语句的实例。

John is the parent of Robert.

Robert is a sibling of Nancy.

David is a descendant of Robert.

实验中，他需要检查每个陈述语句是真还是假。例如，上述前两句陈述语句为真，而最后一句陈述语句为假。由于这项工作是很乏味的，他想用计算机程序来检查这样的陈述语句。

输入

输入包含若干组测试用例，每个测试用例由一个家谱和一个陈述语句集合组成。每个测试用例的第一行给出两个整数 n（$0 < n < 1000$）和 m（$0 < m < 1000$），分别表示家谱中的名字和陈述语句的数目。输入的每行少于 70 个字符。

名字的字符串仅由字母字符组成，家谱中的名字少于 20 个字符。在家谱第一行中给出的名字没有前导空格，在家谱中其他的名字至少缩进一个空格，即他们是第一行给出的那个人的后代。可以设定，如果在家谱中一个名字缩进 k 个空格，那么在下一行，名字至多缩进 k+1 个空格。

本题设定，除了最早的祖先外，在家谱中，每个人都有他或她的父母。在同一个家谱中同样的名字不会出现两次。家谱中的每一行在结束的时候没有冗余的空格。

每个陈述语句占一行，形式如下，其中 X 和 Y 是家谱中不同的名字。

X is a child of *Y*.

X is the parent of *Y*.

X is a sibling of *Y*.

X is a descendant of *Y*.

X is an ancestor of *Y*.

在家谱中没有出现的名字不会出现在陈述语句中。在陈述语句中连续的单词被一个空格分开。每个陈述语句在行的开始和结束没有多余的空格。

用两个 0 表示输入的结束。

输出

对于测试用例中的每个陈述语句，程序输出一行，给出 True 或 False。

在输出中 True 或 False 的第一个字母要大写。每个测试用例后要给出一个空行。

样例输入	样例输出
6 5	True
John	True
Robert	True
Frank	False
Andrew	False
Nancy	
David	True
Robert is a child of John.	
Robert is an ancestor of Andrew.	
Robert is a sibling of Nancy.	
Nancy is the parent of Frank.	
John is a descendant of Andrew.	
2 1	
abc	
xyz	
xyz is a child of abc.	
0 0	

试题来源：Asia 2000, Tsukuba (Japan)

在线测试：ZOJ 1674，UVA 2146

 **提示**

家谱构成了一棵树，最早的祖先为树根（第 1 行人名串处于树的 0 层，名字前没有空格）；其儿子位于第 1 层，在家谱中的名字缩进 1 个空格……其第 *i* 代位于树的第 *i* 层，在家谱中的名字缩进 *i* 个空格……如果我们用双亲表示存储这棵树，则可以方便地确定任意两个节点之间的辈分关系。设 *x* 的父亲名为 parent[*x*]：

- 若 parent[*s*1]==*s*2，则表示 *s*1 是 *s*2 的孩子；
- 若 parent[*s*2]==*s*1，则表示 *s*1 是 *s*2 的父亲；
- 若 (parent[*s*1] 不空)&&(parent[*s*2] 不空)&&(parent[*s*1]==parent[*s*2])，则表示 *s*1 与 *s*2 是兄弟；
- 若沿着 *s*2 的 parent 的指针向上追溯可得到 *s*1，则表示 *s*1 是 *s*2 的祖先；
- 若 *s*2 是 *s*1 的祖先，则表示 *s*1 是 *s*2 的后代。

现在，问题的关键是如何计算每个节点的双亲表示，即 parent[*x*]。

设 *g* 为目前为止具有父亲的孩子列表，*h* 记录孩子名串前的空格数，*g* 和 *h* 组成家谱。

其中 $g[l]$ 和 $h[l]$ 分别列出第 l 个孩子的名字和孩子名前的空格数，即该孩子属于最早祖先的第 $h[l]$ 代后裔。

由于家谱中相邻两行的名字串缩进的空格数至多相差 1，因此当前行上方第 1 个缩进空格数较少的行即为其父亲。我们可在依次输入 m 个人名串的同时按下述方法计算 parent 表：

```
g 表和 h 表初始化为空（l=0）;
依次读入每行的名字串：
{ 统计当前名字串前的空格数 pos，并释放这些空格；
  在 g 表中自下而上寻找第 1 个小于 pos 的元素（while (pos<=g[l]&&l>0) l--);
  如果该元素存在 (l>0)，则对应的人名即为其父名（parent[name]=h[l]）；否则当前人名无法确定其父
     (parent[name]="");
家谱中新增一个成员，属于最早祖先的第 pos 代（h[++l]=name; g[l]=pos);
  }
```

有了 parent 表，便可以判断出每句陈述句成立与否。需要注意的是，如何从每句陈述句中截取有用的信息。陈述句包含 6 个字串：

$$s1\_t1\_t2\_relation\_t2\_s2\ '.'$$

其中 $s1$、$s2$ 和 relation（“child”或“parent”或“sibling”或“descendant”或“ancestor”）是有用的，$t1$、$t2$ 和 $s2$ 后的“.”是无用的，必须舍去。有了 $s1$、$s2$ 和 relation，便可以直接利用 parent[$s1$] 和 parent[$s2$] 判断当前陈述句真伪了。

【8.7.8 Directory Listing】

给出一棵 UNIX 目录和文件 / 目录大小的树，请你将它们以树的形式列出，给出其适当缩进和大小。

输入

输入包含若干测试用例。每个测试用例包括若干行，行表示目录树的层次。第一行给出根文件 / 目录。如果是一个目录，那么其子女将在第二行列出，里面用一对括号括起来。类似地，如果任何一个目录的子女是目录，则将目录的内容列在下一行，里面用一对括号括起来。文件 / 目录的形式如下：

name size 或 *name size

其中 name 表示文件 / 目录的名字，是一个不超过 10 个字符的字符串；size > 0 是一个整数，表示文件 / 目录的大小；“*”表示 name 是一个目录。name 不包含字符“(”“)”“[”“]”和“*”。每个测试用例不超过 10 层，每层不会多于 10 文件 / 目录。

输出

对每个测试用例，列出如样例所示形式的树。深度为 d 的文件 / 目录在它们的文件 / 目录名前缩进 $8d$ 个空格。不要输出制表符用于缩进。目录 D 的大小是所有在 D 中文件 / 目录的大小的和加上其本身的大小。

样例输入	样例输出

``*/usr 1
(*mark 1 *alex 1)
(hw.c 3 *course 1)
(hw.c 5)
(aa.txt 12)
*/usr 1
()```
	``|_*/usr[24]
	        |_*mark[17]
	        | |_hw.c[3]
	        | |_*course[13]
	        | |_aa.txt[12]
	        |_*alex[6]
	                |_hw.c[5]
	|_*/usr[1]```

试题来源：Zhejiang University Local Contest 2003

在线测试：ZOJ 1635

 提示

在目录树中，每个文件 / 目录文件为 1 个节点；若存在子女，则这些节点为其儿子节点。目录为根或分支节点，文件为叶节点。

（1）构造目录树

我们用一个结构数组 a 存储目录树，其长度为 tot。其中节点 i（$0 \leqslant i \leqslant$ tot）的文件 / 目录名为 $a[i]$.name，大小为 $a[i]$.size，父指针为 $a[i]$.up，儿子序列含 3 个指针：儿子序列的首指针 $a[i]$.first，尾指针 $a[i]$.last，后继指针 $a[i]$.next。

每往序列 a 添加一个目录名为 name、大小为 size 的节点，则 tot++，设定该节点的目录名和大小 (a[tot].name=name; a[tot].size=size)，父指针和儿子序列指针设空（a[tot].first= a[tot].last= a[tot].next= a[tot].up=0）。

一旦确定了目录 q 为目录 p 的儿子，则将 q 的父指针设为 p（$a[q]$.up=p）。若 p 的子节点序列空 ($a[p]$.first==0)，则 q 为子节点序列的第 1 个元素（$a[p]$.first=$a[p]$.last=q）；否则 q 插入 p 的子节点序列尾部（$a[a[p]$.last].next=q; $a[p]$.last=q）。

我们将序列 a 中尚未确定子目录的节点下标存储在一个队列 h 中，队首指针为 l，队尾指针为 r。计算过程如下：

```
读入根目录 / 文件名字 root 和大小 size;
  进入循环，直至读入 "EOF" 为止:
    { 初始时序列 a 和队列 h 为空 (tot=0, l=1, r=0);
      若根节点为目录 (root[0]=='*'), 则加入 a 序列，其位置入队列 h;
      若队列 h 非空 (l<=r), 则
        { 读子目录 / 文件名 s1;
          若为空目录 (s1=="()"), 则 h 的队首出队 (l++), 继续循环 (continue);
          否则读目录 / 文件大小 s2, 并将之转化为整数 size;
          若读入的是目录名 (s1[0]=='('), 则删除 s1 串前的 '(';
          将目录 / 文件名和大小添入 a 序列尾，返回其位置 k;
          若读入的是目录 (s1[0]=='*'), 则 k 加入 h 队列 (h[++r]=k);
          k 作为队首 h[l] 的儿子，设定 a[k] 的父指针和 a[h[l]] 的儿子序列指针;
          若队首的儿子全部确立 (s2[s2.size()-1]==')'), 则队首元素出队 (l++);
        }
    }
```

（2）统计每个节点的大小

按照题意“目录 D 的大小是所有在 D 中文件 / 目录的大小的和加上其本身的大小”，即每个节点的大小即为本身大小加上所有儿子的大小。这个计算过程是由下而上的。我们可以从 x 节点出发，通过后序遍历计算以其为根的子树上每个节点的大小：

```
makesize( x){
for ( t=a[x].first; t!=0; t=a[t].next) makesize(t); // 递归计算 x 的所有儿子的大小
a[a[x].up].size+=a[x].size;                          // 将 x 的大小累计入其父节点的大小上去
}
```

显然，在主程序中调用 makesize(1)，便可以计算出每个目录的大小。

（3）按照格式要求输出目录树

根据题意（“深度为 d 的文件 / 目录在它们的文件 / 目录名前缩进 $8d$ 个空格”）和输出样例，如果节点 x 的儿子是文件（$a[x]$.next==0），则在下行同列位置开始缩进 8 格后才打印

“|_ 文件名 [大小]”；否则节点 x 的儿子是目录，在下行同列位置开始打印“|________|_* 文件名 [大小]”。

我们将“|_ 文件（目录）名 [大小]”前的子串称为前缀 pre。由于输出的顺序是由上而下的，因此可以通过先序遍历输出目录树：

```
output(x, pre){                                              // 从 x 节点和前缀 pre
                                                             // 出发输出目录树
    输出 pre|_a[x].name[a[x].size];
    if (a[x].next==0)                                        // 根据儿子是文件还是目
                                                             // 录设定前缀
        pre+="        "; else pre+="|        ";
    for (int t=a[x].first; t!=0; t=a[t].next) output(t, pre);// 递归 x 的所有儿子
}
```

由于根目录的前缀为空，因此在主程序中调用 output(1,"") 即可按照样例格式输出目录树。

【8.7.9 Closest Common Ancestors】

请你编写一个程序，以一棵有根树和一个节点对的列表作为输入，对于每个节点对 (u,v)，程序确定 u 和 v 在树中的最近共同祖先。两个节点 u 和 v 的最近共同祖先是节点 w，w 不仅是 u 和 v 的祖先，而且在树中具有最大的深度。一个节点可以是它自己的祖先（例如，在图 8.7-2 中节点 2 的祖先是 2 和 5）。

输入

由标准输入读入的测试用例，一个测试用例开始是对树的描述，形式如下：

nr_of_vertices

vertex:(nr_of_successors) $successor_1$ $successor_2$ … $successor_n$

…

其中 vertex 用从 1 到 n（$n \leqslant 900$）的整数来表示。然后以节点对的列表给出树的描述，形式如下：

nr_of_pairs

$(u\ v)\ (x\ y)$ …

输入包含若干个测试用例（至少一个）。

注意在输入中存在多种空格（制表符、空格符和换行符），在输入中可以随意出现。

输出

对于测试用例中的每个共同祖先，程序输出这个祖先，以及节点对中以它为祖先的数目。结果在标准输出中按节点的升序逐行输出，格式为：ancestor:times。

样例输入	样例输出
5 5:(3) 1 4 2 1:(0) 4:(0) 2:(1) 3 3:(0) 6 (1 5) (1 4) (4 2) (2 3)(1 3) (4 3)	2:1 5:5

样例输入和输出对应如图 8.7-2 所示的树。

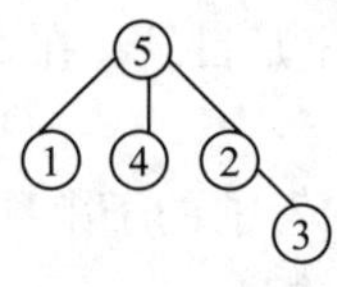

图 8.7-2

试题来源：ACM Southeastern Europe 2000

在线测试：POJ 1470，ZOJ 1141，UVA 2045

提示

已知每个节点的儿子，可以构造树的多重链表。本题要求计算节点对的公共祖先，因此必须将树的多重链表转化为双亲表示。设 query 为节点对列表，其中 a 为一端的节点对数目为 query[a][0]，第 j（$1 \leqslant j \leqslant$ query[a][0]）个节点对为（a，query[a][j]）；tree 为树的多重链表，其中节点 i 的儿子数为 tree[i][0]，第 j($1 \leqslant j \leqslant$ tree[i][0]) 个儿子为 tree[i][j]；树的双亲表示为 parent，高度序列为 rank，公共祖先在节点对的后裔表为 ancestor，具有同一祖先的节点对数序列为 ans。其中节点 i 的父指针为 parent[i]、高度为 rank[i]，节点对列表中以其为公共祖先的节点对数为 ans[i]，在节点对列表中的后裔为 ancestor[i]。

计算过程分 4 个步骤。

1）边输入每个节点的儿子信息边构建树的多重链表 tree，并计算出树根 root。root 的计算方法如下。

root 初始化为 0。每读一个节点 m（$1 \leqslant m \leqslant n$），root=root+$m$。然后 root=root $-\sum_{a\in m\text{的儿子}} a$。由于节点序号各不相同，根据树的特性（每个节点有且仅有一个前件），n 个节点的序号和减去 n-1 个分支节点的序号，最终剩下的 root 即为根序号。

2）输入节点对信息，构建节点对列表 query。注意，每对节点 (a, b) 是双向的，即每读入一对节点 (a, b)，b 进入 a 为一端的节点对列表（query[a][0]++; query[a][query[a][0]] =b)，a 进入 b 为一端的节点对列表（query[b][0]++; query[b][query[b][0]]=a）。

3）执行过程 Tarjan(root)，从根 root 出发，将树的多重链表转化为双亲表示，并计算每对节点的同一祖先。Tarjan(u) 的过程说明如下。

①初始时节点 u 单独组成一个集合，高度为 0，在节点对表中的后裔为其本身（parent[u]=u, rank[u]=0; ancestor[u]=u）。

②后序遍历以 u 为根的子树：递归 u 的第 i 个儿子（Tarjan(tree[u][i])）；通过 u 与第 i 个儿子间添边计算树的双亲表示（Union_Set(u, tree[u][i])）；设定节点对表中 u 的祖先为 u 所在子树的根（ancestor[Find_Set(u)]=u)，$1 \leqslant i \leqslant$ tree[u][0]。

注意：u 与第 i 个儿子间添边相当于 u 所在的子树与第 i 个儿子所在的子树合并，可使用并查集的计算方法。为了确定 u 所在的子树根 r_u 和第 i 个儿子所在的子树根 r_i 中谁是合并后的子树根，可以通过比较 r_u 的 r_i 的高度，谁高谁作为子树根，该节点为子树内任一对节点的最近公共祖先（如图 8.7-3 所示）。

上述计算过程可调用子程序 Union_Set(x, y) 完成。

计算 x 所在子树的根 xRoot 和 y 所在子树的根 yRoot（xRoot = Find_Set(x)；yRoot=Find_Set(y)）。

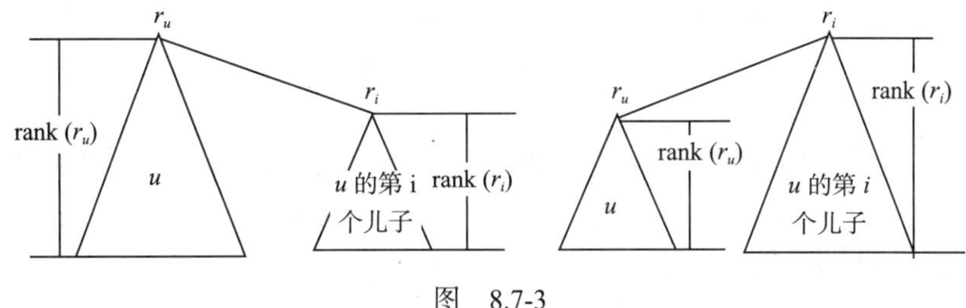

图　8.7-3

- 若 xRoot 比 yRoot 高 (rank[xRoot]>rank[yRoot])，则 yRoot 作为 xRoot 的儿子（parent[yRoot]=xRoot）。
- 若 xRoot 比 yRoot 矮（rank[yRoot]>rank[xRoot]），则 xRoot 作为 yRoot 的儿子（parent[xRoot]=yRoot）。
- 若 xRoot 和 yRoot 是高度相同的两个不同节点（(rank[yRoot]==rank[xRoot])＆(xRoot!=yRoot)），则 yRoot 作为 xRoot 的儿子（parent[yRoot] = xRoot;），xRoot 的高度 ++（rank[xRoot]++）。

其中 Find_Set(x) 函数返回 x 所在子树的根。

③统计 u 相关的节点对中具有同一祖先的节点对数。

设 u 访问标志（visit[u] = true）。

搜索同属一棵子树的节点对（visit[query[u][i]]==true，$1 \leqslant i \leqslant$ query[u][0]），子树根为该节点对的最近公共祖先，以其为公共祖先的节点对数 ++（ans[ancestor[Find_Set(query[u][i])]]++）。

4）依次搜索每个公共祖先 i(ans[i]>0，$1 \leqslant i \leqslant n$)，输出以 i 为公共祖先的节点对数目 ans[i]。

【8.7.10　Who's the boss?】

若干调查表明，你长得越高，你在企业里就能升到更高的职位。在 TALL 公司，这个“事实标准”已经被很好地规范化了：你的老板至少和你一样高，而且你可以确定你的老板的薪水比你多一点。你还可以确定，你的顶头上司是所有薪水挣得比你多的人中挣得最少的人，并且至少和你一样高；而且，如果你是某人的顶头上司，那个人就是你的下属，并且他的所有下属也是你的下属。如果你不是任何人的老板，那么你就没有下属。这些规则很简单，许多为 TALL 工作的员工都不知道应该把他们的每周进度报告交给哪些人，以及他们有多少下属。请你编写一个程序，对任何一个员工确定谁是这个员工的顶头上司，以及他有多少下属。为了保证质量，TALL 已制订了一系列测试，以确保你的程序是正确的。这些测试说明如下。

输入

输入的第一行是一个正整数 n，表示后面给出的测试用例的数目。每个测试用例的第一行给出两个正整数 m 和 q，其中 m（至多 30 000）是员工人数，q（至多 200）是查询次数。后面的 m 行每行用 3 个整数表示一个员工：员工 ID（6 位十进制数，第一位不是 0）、年薪（以欧元为单位）和高度（以 μm 为单位，$1\mu m = 10^{-6}m$，在 TALL，精度是很重要的）。总裁挣得的薪水比所有员工的薪水都多，并且他是公司里最高的人。后面的 q 行给出查询，每个查询给出一个合法的员工 ID。

薪水是正整数，最多达 10 000 000。不存在两个员工有相同的 ID，而且不存在两个员工的薪水相同。员工的身高至少 1 000 000μm，最多 2 500 000μm。

输出

对于在一个查询中给出的每个员工的 ID *x*，输出一行，给出用一个空格分开的两个整数 *y k*，其中 *y* 是 *x* 的老板的 ID，*k* 是 *x* 的下属的数目。如果查询给出总裁的 ID，那么你要输出 0 作为他或她的老板的 ID（因为总裁没有顶头上司）。

样例输入	样例输出
2 3 3 123456 14323 1700000 123458 41412 1900000 123457 15221 1800000 123456 123458 123457 4 4 200002 12234 1832001 200003 15002 1745201 200004 18745 1883410 200001 24834 1921313 200004 200002 200003 200001	123457 0 0 2 123458 1 200001 2 200004 0 200004 0 0 3

试题来源：ACM Northwestern Europe 2003

在线测试：POJ 1634，ZOJ 1989，UVA 2934

提示

企业的等级结构为一棵树，员工为节点，各个节点的层次按照员工的薪水和身高排列，员工的薪水和身高越高，层次数越小，树根代表总裁，层次数为 0。某员工的顶头上司即为对应节点的父节点，下属的数目是以其为根的子树的节点总数。

我们可根据每个员工的身高和薪水计算出其上司和下属数。计算方法如下。

（1）以薪水为关键字对员工序列排序

首先，我们将 *m* 个员工按照薪水递减的顺序排列成序列 emp，其中序列中第 *i* 个元素的 ID 为 emp[*i*].ID，薪水为 emp[*i*].sal，身高为 emp[*i*].hte，其上司在 emp 中的序号为 emp[*i*].boss，下属数为 emp[*i*].nsub。初始时 emp[*i*].boss= −1，emp[*i*].nsub=0（$0 \leqslant i \leqslant m-1$）。

（2）计算每个员工的上司

按照题意“你的老板的薪水比你多一点”“你的顶头上司是所有薪水挣得比你多的人中挣得最少的人，并且至少和你一样高”，因此对于 emp[*i*] 来说，右邻 emp[*i*+1] 的薪水与其最接近，emp[*i*] 的顶头上司必定是 emp[*i*+1] 和其上司序列（上司、上司的上司……）中第 1 个身高不低于他的员工。由此得出算法：

```
for (int i = m-2; i >= 0; --i) {      //按照薪水递增的顺序确定每个员工的上司
    int b=i+1;                         //在emp[i+1]及其上司序列中寻找第1个身高不低于
                                       //emp[i]的员工b
    while(emp[i].hte>emp[b].hte) b=emp[b].boss;
```

```
    emp[i].boss = b;                //emp[i] 的顶头上司设为 b
}
```

（3）计算每个员工的下属数

对于每个员工来说，本身及其下属都属于直接上司的下属。因此，可以按照等级下移（即薪水递减）的顺序，统计每个员工上司的下属数：

```
for (int i=0; i<=m-1; ++i) emp[emp[i].boss].nsub+=(1+ emp[i].nsub);
```

最后，按照下述方法处理 q 个询问：

1）读被询问员工的 ID 编号 x，取出其在 emp 中的序号 ix（emp[ix].ID=x）；

2）若无上司（emp[ix].boss== −1），则输出“0”，否则输出 emp[emp[*ix*]].boss].ID；

3）输出下属数 emp[ix].nsub。

【8.7.11　Disk Tree】

Bill 意外地丢失了他工作站的硬盘驱动器的所有信息，而且他没有内容的备份副本。他对文件本身的丢失并不痛惜，但对他多年来在工作中创建并使用的非常适合和方便的目录结构却非常珍惜。幸运的是，Bill 有几份来自他的硬盘驱动器的目录列表的拷贝，使用这些列表，他可以恢复一些目录的整个路径（例如“WINNT\SYSTEM32\CERTSRV\CERTCO～1\X86”）。他把所有的列表放在一个文件中，每条路径写在单独的一行上。请你编写一个程序，通过给出格式良好的目录树，帮助 Bill 来恢复他的目录结构。

输入

输入的第一行给出一个单一的整数 N（$1 \leqslant N \leqslant 500$），表示不同的目录路径的数目。后面的 N 行给出目录路径。每个目录路径一行，包括开头或结尾在内不含空格。没有路径超过 80 个字符。每条路径出现一次，由若干个由一个斜杠（“\”）分隔的目录名组成。

每个目录名由 1 到 8 个大写字母、数字或下述特殊符号组成：感叹号，“#”符号，美元符号，百分比符号，“&”符号，撇号，开闭括号，连字符的标志，“@”符号，“^”符号，下划线，“`”符号，开闭花括号，以及波浪线（即 !，#，$，%，&，‘，(，)，-，@，^，_，`，{，}，～）。

输出

将已经格式化的目录树输出。每个目录名列在一行中，目录名前有的若干空格表示目录层次的深度。子目录按字典次序排列，前面比它的父母目录多一个或多个空格。顶级目录在目录名前没有空格，按字典序排列。见样例输出的格式。

样例输入	样例输出
7	GAMES
WINNT\SYSTEM32\CONFIG	DRIVERS
GAMES	HOME
WINNT\DRIVERS	WIN
HOME	SOFT
WIN\SOFT	WINNT
GAMES\DRIVERS	DRIVERS
WINNT\SYSTEM32\CERTSRV\CERTCO～1\X86	SYSTEM32
	CERTSRV
	CERTCO~1
	X86
	CONFIG

试题来源：ACM Northeastern Europe 2000

在线测试：POJ 1760，ZOJ 2057，UVA 2223

 **提示**

输入的 n 条目录路径构成一个有向图，每条目录路径中的“\”为后件标志。要求从输入信息中计算出对应的森林，森林中每棵树的节点按照层次为第 1 关键字、目录名字典序为第 2 关键字排列，每个目录名前的空格数即为该节点在树中的层次。

我们采用面向对象的程序设计方法：为每条目录路径建立一个 Vector 类的队列容器 a，去除目录路径串中的“\”，依次将各子目录名放入队列容器 a 中。显然，队列容器 a 中各子目录名的前后顺序正好与目录树中节点层次递增的关系对应。

目录树的存储形式为多重链表，节点类型为结构类型：数据域为目录名串，儿子的指针域为一个 Vector 类的堆栈容器 child。目录树根的目录名串为空格，定义根的所有儿子为 0 层，往下的一层为 1 层，以此类推。

首先，建立一棵以“”为 root 的空目录树，当前指针 p 指向 root。然后依次输入 n 条目录路径。每输入一条目录路径，依次将路径中的子目录送入队列容器 a，然后按照下述方法扩展目录树。

搜索队列容器 a 中的每个子目录 a_i：搜索当前节点 p 的儿子堆栈容器 child 中与 a_i 相同的子目录：若 child 中的所有子目录与 a_i 不同，则 a_i 压入儿子堆栈容器 child，p 指向其栈顶；若儿子堆栈容器 child 中的某子目录与 a_i 相同，则 p 指向该子目录。

按照上述方法读入并处理 n 条目录路径后，便建立起一棵以 root 为根的目录树。我们可以通过先序遍历的规则将其格式化并输出：

```
print(&root, dep)  // 计算和输出以 root（处于 dep-1 层）为根的目录子树
{
    按照字典序排列 root 的儿子堆栈容器 child 中的所有子目录名;
    搜索 root 的儿子堆栈容器 child 中的每个子目录:
        { 输出 dep 个空格和子目录名串;
        递归该儿子（print( 儿子指针 , dep+1)）; };
};
```

显然，递归 print (root, 0) 后便可以得出问题解。

【8.7.12　Marbles on a tree】

n 个盒子被放置在有根树的顶点上，顶点从 1 到 n 编号，$1 \leqslant n \leqslant 10\,000$。每个盒子或者是空的，或者里面有若干颗弹子。弹子的总数是 n。

你的任务是移动弹子，使得每个盒子仅有一颗弹子。完成这项任务需要进行一系列的移动，而每次移动只能是将一颗弹子移到相邻的顶点。完成这项任务需要移动的弹子的最小数目是多少？

输入

输入包含多个测试用例。每个测试用例的第一行给出整数 n，后面跟着 n 行。每行至少包含 3 个整数：顶点编号 v，然后是在顶点 v 的弹子数，v 的孩子个数 d，以及表示 v 的孩子编号的 d 个整数。

输入以 $n = 0$ 结束，这一用例不需要处理。

输出

对于每个测试用例，输出使得树的每个顶点仅有一颗弹子而需要移动弹子的最小数目。

样例输入	样例输出
9 1 2 3 2 3 4 2 1 0 3 0 2 5 6 4 1 3 7 8 9 5 3 0 6 0 0 7 0 0 8 2 0 9 0 0 9 1 0 3 2 3 4 2 0 0 3 0 2 5 6 4 9 3 7 8 9 5 0 0 6 0 0 7 0 0 8 0 0 9 0 0 9 1 0 3 2 3 4 2 9 0 3 0 2 5 6 4 0 3 7 8 9 5 0 0 6 0 0 7 0 0 8 0 0 9 0 0 0	7 14 20

试题来源：Waterloo local 2004.06.12

在线测试：POJ 1909，ZOJ 2374，UVA 10672

提示

如果节点 c 的后裔节点数为 child[c]，并且其子树节点上的弹子总数为 tot[c] 的话，那么最终以节点 c 为根的子树上仅有 child[c]+1 颗弹子。要达到这一目标状态，则至少移动弹子 |tot[c]−(child[c]+1)| 次。

显然，我们可以通过后序遍历以 c 为根的子树，计算出 child[c] 和 tot[c]。

（1）从输入信息中计算有根树结构

设节点的编号序列 ele；节点 v 的孩子在 els 表中的首指针为 start[v]；节点 v 的孩子数为 child[v]；节点 v 有父亲的标志为 flag[v]，设置这个标志是因为 n 个节点组成的有根树可能是森林。若 flag[v]==false，则 v 是其中一棵有根树的根。

我们在输入信息的同时计算上述变量：

```
cnt=0;
for (int i = 0; i < N; i++) {
    输入第 i 个盒子的节点编号 v;
    输入 v 节点的弹子数 tot[v];
    设定节点 v 的孩子在 els 表的首指针 start[v]=cnt;
        输入节点 v 的孩子数 child[v];
    for ( k=child[v]; k>0; k--) {
        输入 v 的第 k 个孩子的编号 p, 将 p 送入 els 表 (ele[cnt++]=p-1) 并设定该孩子有其父
            标志 (flag[ele[cnt-1]]=true);
}
```

（2）后序遍历每棵有根树

计算上述变量之后，就可以编写后序遍历算法了：

```
dfs(c) {  // 从节点 c 出发, 通过后序遍历计算其子树上每个节点仅有一颗弹子而需要移动弹子的最
          // 小数目
for (int i=child[c]; i > 0; i--) {                    // 递归节点 c 的每个孩子
        dfs(ele[i + start[c] - 1]);
        child[c] += child[ele[i + start[c] - 1]];     // 累计节点 c 的后裔数
        tot[c]+= tot[ele[i+start[c]-1]];              // 累计其子树节点上的弹子总数
}
    ans += Math.abs(tot[c]-(child[c]+1));             // 累计以 c 为根的子树上达到目标
                                                      // 状态的最少移动次数
}
```

显然，依次搜索 flag 标志为 false 的节点，对其子树进行后序遍历，即可统计出至少移动弹子的次数。

【8.7.13 This Sentence is False】

最近国王发现了一份文件，这份文件被认为是恶作剧模式的一部分。文件给出一个语句的集合，这些语句陈述彼此为真或者为假。语句的形式为“ Sentence *X* is true/false”，其中 *X* 表示该集合中的一句语句。国王怀疑这些语句实际上是指另外一份尚未被发现的文件，因此，要建立文件的初始形态和目标形态，国王让你来判断这个集合包含的语句是否一致的，也就是说，是否存在语句成立。如果集合是一致的，国王要你确定文本中语句可以成立的最大数目。

输入

输入给出若干个测试用例。每个文件开始的第一行给出一个整数 *N*，表示文件中语句的个数 ($1 \leqslant N \leqslant 1000$)。后面的 *N* 行每行给出一个语句，语句按在输入中出现的次序编号（第一句语句编号 1，第二句语句编号 2，依次类推）。每个语句的形式为“ Sentence *X* is true.” 或“Sentence *X* is false.”，其中 $1 \leqslant X \leqslant N$。*N*=0 表示输入结束。

输出

对输入中的每个文本，程序输出一行。如果文本是一致的，输出文本中可以成立的语句的最大数目，否则程序输出“Inconsistent”。

样例输入	样例输出
1 Sentence 1 is false. 1	Inconsistent 1 3

（续）

样例输入	样例输出
Sentence 1 is true. 5 Sentence 2 is false. Sentence 1 is false. Sentence 3 is true. Sentence 3 is true. Sentence 4 is false. 0	

试题来源：ACM South America 2002

在线测试：POJ 1291，ZOJ 1518，UVA 2612

 提示

本题要求确定文件是否存在不一致，并且如果文件是一致的，程序要给出文件中为真的语句的最大数量。

设 *i*->*j* 表示语句 *i* 是“Sentence *j* is true”，而 *i*!>*j* 表示语句 *i* 是“Sentence *j* is false ”。

如果 *i*->*j*，则第 *i* 句语句和第 *j* 句语句同时为真或为假；如果 *i*!>*j*，则第 *i* 句语句和第 *j* 句语句则相反。所以采用并查集来解答本题。

对语句 *i* ($1 \leqslant i \leqslant n$)，设置一句对立的语句 $n+i$。那么这个文件不一致当且仅当语句 *j* 不仅在包含语句 $i+n$ 的集合中，而且还在包含语句 *i* 的集合中。所以：

1）如果 *i*->*j*：如果语句 *i* 和语句 $j+n$ 在同一集合中，或者语句 $i+n$ 和语句 *j* 在同一集合中，那么文件是不一致的，否则，包含语句 *i* 的集合和包含语句 *j* 的集合合并，包含语句 $i+n$ 的集合和包含语句 $j+n$ 的集合合并。

2）如果 *i*!>*j*：如果语句 *i* 和语句 *j* 在同一集合中，或者语句 $i+n$ 和语句 $j+n$ 在同一集合中，那么文件是不一致的，否则包含语句 *i* 的集合和包含语句 $j+n$ 的集合合并，包含语句 $i+n$ 的集合和包含语句 *j* 的集合合并。

在并查集建立之后，对于每个集合及其对立的集合，获取其最大的基数并累计，即 sum+=max{*v*[*i*], *v*[opt[*i*]]}，其中 *v*[*i*] 是包含 *i* 的树的顶点数（集合的基数），*v*[opt[*i*]] 是 *i* 的对立树的顶点数。最终，sum 是文件中为真的语句的最大数目。

【8.7.14　Spatial Structures】

计算机图形学、图像处理和 GIS（Geographic Information Systems，地理信息系统）都使用一种被称为四叉树的数据结构。四叉树高效地表示区域或数据块，并支持高效的算法，例如图像的并和交操作。

一棵黑白图像的四叉树是通过连续地将图像划分成四个相等的象限来构成的。如果在一个象限中的所有像素都是同一种颜色（全黑或全白），那么对这个象限的划分过程就停止。如果象限同时包含黑色像素和白色像素，那么象限将被继续被细分成四个相等象限，这一过程将继续进行，直到每个子象限或者只包含黑像素，或者只包含白像素。一些子象限仅是单个像素也是完全可能的。

例如，用 0 表示白像素，1 表示黑像素，图 8.7-4 中左边的区域用中间的 0 和 1 矩阵来表示，这一矩阵被划分为如右图所示的子象限，灰色方格表示全为黑像素的子象限。

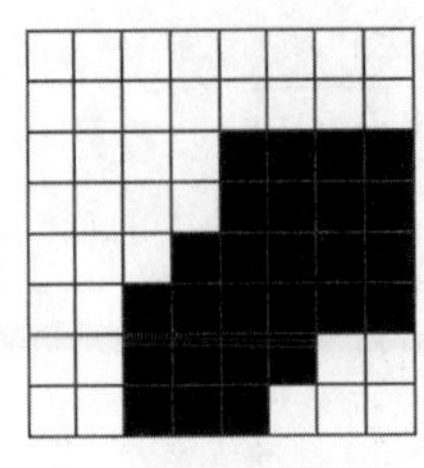

```
0 0 0 0 0 0 0 0
0 0 0 0 0 0 0 0
0 0 0 0 1 1 1 1
0 0 0 0 1 1 1 1
0 0 0 1 1 1 1 1
0 0 1 1 1 1 1 1
0 0 1 1 1 1 0 0
0 0 1 1 1 0 0 0
```

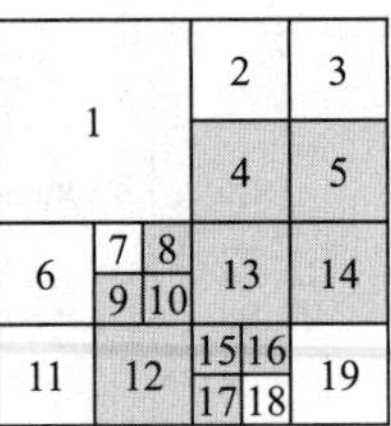

图 8.7-4

一棵四叉树是由一个图像的块结构构成的。树的根表示像素的整个数组。一棵四叉树的每个非叶节点有四个孩子，对应于由节点所表示的区域的四个子象限。叶节点表示的区域是由相同颜色的像素组成的，因此不再细分。例如，如图 8.7-4 所示右图所描述的块结构的图像，表示为图 8.7-5 中的四叉树。

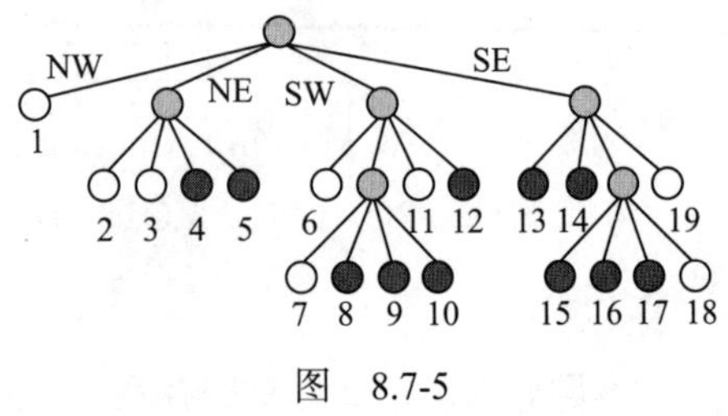

图 8.7-5

如果叶节点对应于全白像素的块，那么叶节点是白色的；如果叶节点对应于全黑像素的块，那么叶节点是黑色的。在树中，每个叶节点的编号对应于图 8.7-4 中的块。非叶节点的分支按如图 8.7-5 所示的由左到右的次序排列为西北（NW）、东北（NE）、西南（SW）、东南（SE）的象限（或左上、右上、左下、右下）。

一棵树可以表示为一个整数序列，这些整数表示黑节点从根到叶的路径。每条路径是一个五进制数，由分支的标号 1、2、3 或 4 构成，其中 NW=1，NE=2，SW=3，SE=4，五进制的最后一位是从根出发的分支。例如，标号为 4 的节点的路径为 NE、SW，表示为 32_5（五进制数）或 17_{10}（十进制数）；标号为 12 的节点的路径为 SW、SE，表示为 $43_5=23_{10}$；标号为 15 的节点的路径为 SE、SW、NW，表示为 $134_5 = 44_{10}$。而整棵树被表示为一个整数序列（十进制数）9 14 17 22 23 44 63 69 88 94 113。

请你编写一个程序，将图像转换为从根到叶的路径，以及将从根到叶的路径转换为图像。

输入

输入包含一个或多个图像。每个图像是一个正方形，首先给出一个整数 n，其中 $|n|$ 是正方形的边的长度（为 2 的幂次，$|n| \leqslant 64$）；然后给出这一图像的表示，一个图像表示或者是一个 n^2 个由 0 和 1 组成的序列，由 $|n|$ 行组成，每行有 $|n|$ 位数；或者是用四叉树来表示图像，给出一个表示黑节点从根到树叶路径的整数所组成的序列。

输出

对于输入中给出的每个图像，首先如样例输出所示，输出图像的编号。然后输出图像的另一种表示形式。

如果图像是由 0 和 1 来表示的，则输出图像的四叉树表示，即所有黑节点的由根到叶的路径，值是用十进制表示的五进制路径数，这些值按排序序列输出。如果黑色节点超过 12 个，则在每 12 个节点后，另起一行输出。在路径输出后，输出黑色节点的总数。

如果图像被表示为黑节点的由根到叶的路径，则输出图像的 ASCII 表示，字符“.”表示白色 /0，字符“*”表示黑色 /1。一个 $n \times n$ 图像每行有 n 个字符。

在两个测试用例之间输出一个空行。

样例输入	样例输出
8	Image 1
00000000	9 14 17 22 23 44 63 69 88 94 113
00000000	Total number of black nodes = 11
00001111	
00001111	Image 2
00011111	....
00111111	....
00111100	....****
00111000	....****
−8	...*****
9 14 17 22 23 44 63 69 88 94 113	..******
−1	..****..
2	..***...
00	
00	Image 3
−4	Total number of black nodes = 0
0 −1	
0	Image 4
	****
	****
	****
	****

试题来源：ACM-ICPC World Finals 1998

在线测试：UVA 806

 提示

本题的解题目标有两种类型：

1）输入 $n \times n$ 的二进制图像，要求输出四叉树中黑色节点的个数以及每个黑色节点至根的路径值序列（按照递增顺序排列），类型 1 以输入 n 为标志。

2）输入每个黑色节点至根的路径值序列，要求输出 $n \times n$ 的 ASCII 图像表示：“.”代表白像素，“*”表示黑像素，类型 2 以输入 $-n$ 为标志。

显然，这两种解题目标是互逆的。由于黑色节点至根的路径值序列是四叉树的一种表现形式，因此问题聚焦在一个核心上：怎样实现四叉树与二进制图像的互相转化。

设四叉树的根节点为 1，代表左上角为 (0, 0)、右下角为 $(n-1, n-1)$ 的二进制子图像；以此类推，对于根或分支节点 k 来说，代表左上角为 (lx, ly)、右下角为 (rx, ry) 的二进制子图像 ($0 \leqslant \mathrm{lx} \leqslant \mathrm{rx} \leqslant n-1$，$0 \leqslant \mathrm{ly} \leqslant \mathrm{ry} \leqslant n-1$)。节点 k 的 4 个孩子分别为（如图 8.7-6 所示）：

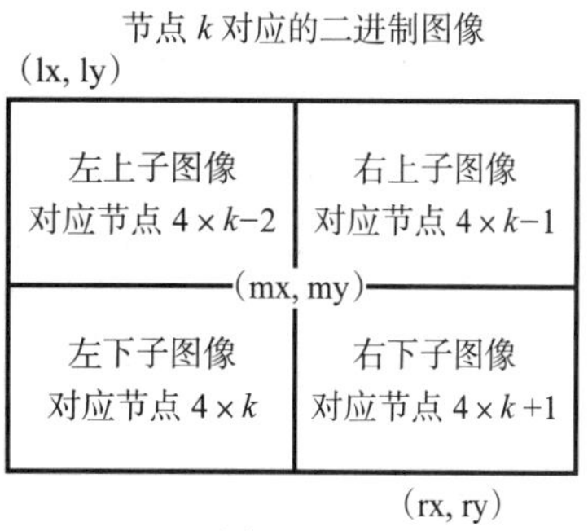

节点 k 对应的二进制图像

(lx, ly)

左上子图像 对应节点 $4\times k-2$	右上子图像 对应节点 $4\times k-1$
左下子图像 对应节点 $4\times k$	右下子图像 对应节点 $4\times k+1$

(mx, my)

(rx, ry)

图　8.7-6

- 节点 $4\times k-2$ 代表其中左上子图像（以 (lx, ly) 为左上角、(mx, my) 为右下角）；
- 节点 $4\times k$ 代表其中左下子图像（以 (mx +1, ly) 为左上角、(rx, my) 为右下角）；

- 节点 $4\times k-1$ 代表其中右上子图像（以 (lx, my +1) 为左上角、(mx, ry) 为右下角）；
- 节点 $4\times k+1$ 代表其中右下子图像（以 (mx +1, my +1) 为左上角、(rx, ry) 为右下角）。

1. 计算与二进制图像对应的黑色节点至根的路径值序列

由于二进制图像的元素为 0 或 1，因此需要构建与二进制图像对应的四叉树。然后从根出发，搜索每一条根至黑色节点的路径，计算路径值。

（1）构建与二进制图像对应的四叉树

由于目标是寻求根至黑色节点的路径，因此全白子图像对应的节点值设为 1，全黑子图像对应的节点值设为 2。我们从根（节点 1）出发，通过后序遍历的方法计算四叉树中每个节点值。

若节点 k 为像素（lx == rx && ly == ry），则节点 k 为叶节点，根据像素颜色确定叶节点 k 的值：若 (lx, ly) 为白像素，则节点 k 的值为 1；若 (lx, ly) 为黑像素，则节点 k 的值为 2。

否则 k 为分支节点，递归计算 4 个孩子的节点值，而节点 k 的值为 4 个孩子或等的结果。显然，或等结果为 3，表明 k 节点是灰色节点，即对应的子矩阵既有白色像素又有黑色像素；或等结果为 1，表明 k 节点对应的子矩阵全为白像素；或等结果为 2，表明对应的子矩阵全为黑像素。

（2）计算四叉树中所有根至黑色节点的路径值

从根出发到每个黑色节点仅有一条路径，由上往下的边标号（即五进制数的当前位值，如图 8.7-7 所示）按低位至高位的顺序形成一个五进制数，这个五进制数即为路径值。

但问题是，试题要求的路径值是十进制数而非五进制数，怎么办？我们用依次累加边标号乘以对应位权（根出发的第 1 条边的位权为 1，第 2 条边的位权为 5，第 3 条边的位权为 25，……，第 i 条边的位权为 5^{i-1}）乘积的办法转换，即根至黑色节点 k 的路径有 p 条边，则路径值 $s_k=\sum_{i=1}^{p}$ 第 i 条边的标号 $\times 5^{i-1}$。

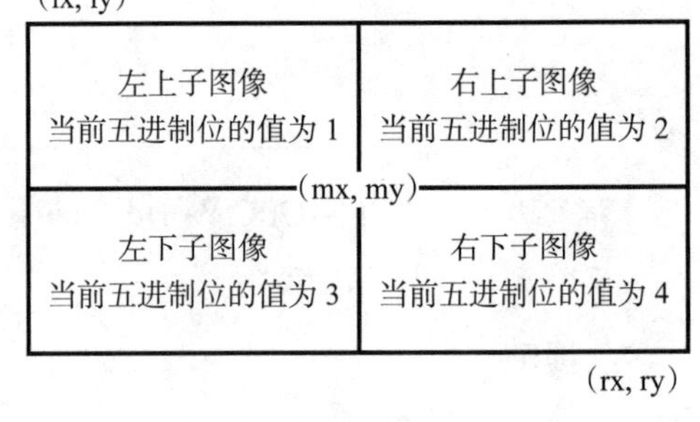

图　8.7-7

我们可以通过回溯法计算根至所有黑色节点的路径值。

设 x 为黑色节点数，初始时为 0；buf[1]…buf[x] 存储根至所有黑色节点的路径值，初始时为空。

```
void pdfs(k, num,base){                    // 计算根至所有黑色叶节点的路径值，其中 num 为根至
                                           // 黑色节点的路径值，base 为当前边的位权
    if  (k 的节点值为 1 或者 2  {          // k 为叶节点
        if (k 的节点值 2) buf[x++]=num;    // 若 k 为黑色叶节点，则记下根至 k 的路径值
           return;                         // 回溯
    }
    pdfs(k*4-2, num+base, base*5);         // 依次递归四个孩子
    pdfs(k*4-1, num+base*2, base*5);
    pdfs(k*4, num+base*3, base*5);
    pdfs(k*4+1, num+base*4,base*5);
}
```

显然，递归 pdfs(1, 0, 1) 后便可得出路径条数 x 和根至所有黑色节点的 x 个路径值序列 buf[]。然后递增排序 buf[]，按输出格式要求输出 b[] 和 x。

2. 计算与根至黑色节点的路径值序列对应的图像

一个黑色节点代表一个全黑的子图像，可以根据根至该节点的路径值找到对应的子图像，将其涂黑。在图像初始化为全白的基础上，依次处理序列中的每个路径值，便可最终得到原始图像。核心的问题是，怎样从一个路径值出发，将对应的子图像涂黑呢？

我们通过除五取余法得到边标号，即明确哪个子图像通向黑色节点，路径值不断整除5，直至0为止，便可得到黑色节点对应的全黑子图像：

```
void color(k, lx, rx, ly, ry, num) {        // 从节点k出发（代表左上角(lx, ly)、右下角
                                            //(rx, ry)的子图像），将路径值为num的黑色叶
                                            // 节点对应的子图像涂黑
    int mx = (lx+rx)/2, my = (ly+ry)/2;     // 计算子矩阵的中心坐标
    if (num == 0) {                         // k为黑色节点
                节点k的值设为2;
                左上角(lx, ly)、右下角(rx, ry)的子图像全部填'*';
                return;                     // 回溯
    }
    取边的位权v(=num%5);
    if (v == 1) color(k*4-2, lx, mx, ly, my, num/5);             //递归左上子图像
        else if (v == 2) color(k*4-1, lx, mx, my+1, ry, num/5);  //递归右上子图像
                else if (v == 3) color(k*4, mx+1, rx, ly, my, num/5); //递归
                    //左下子图像
                    else color(k*4+1, mx+1, rx, my+1, ry, num/5);     //递归
                        //右下子图像
}
```

显然，执行for(i=0; i<x; i++) color(1, 0, $n-1$, 0, $n-1$, buf[i]);后，便可得到与路径值序列对应的原始图像。

【8.7.15 Quadtrees】

四叉树是用于对图像编码的表示形式。四叉树的基本思想是任何图像可以被分为四个象限，每个象限可以再次分割为四个象限，等等。在四叉树中，图像由父节点表示，而四个象限以预定的顺序由四个子节点表示。

当然，如果整个图像是一种单一的颜色，它可以用单个节点的四叉树表示。在一般情况下，当一个象限包含不同颜色的像素的时候，这个象限才需要被细分。因此，四叉树不用统一深度。

一个现代的计算机艺术家用32×32单位的黑白图像工作，每个图像一共有1024个像素。他做的一个操作是将两个图像加在一起，形成一个新的图像。如果相加的两个像素中至少有一个是黑的，那么在所得到的图像中，得到的像素是黑色的，否则相应的像素是白色的。

这位特别的艺术家偏好所谓的丰满：对于一个有趣的图像，重要的属性是填充黑色像素的数量。所以，在将两个图像加在一起之前，他想知道在新产生的图像中有多少个像素会是黑色。请你编写一个程序，根据两个图像的四叉树表示，计算出将两个图像加在一起之后的图像中黑色像素的数量。

在图8.7-8中，样例输入/输出中的第一个样例自上而下地用图像、四叉树、先序串和像素数给出。

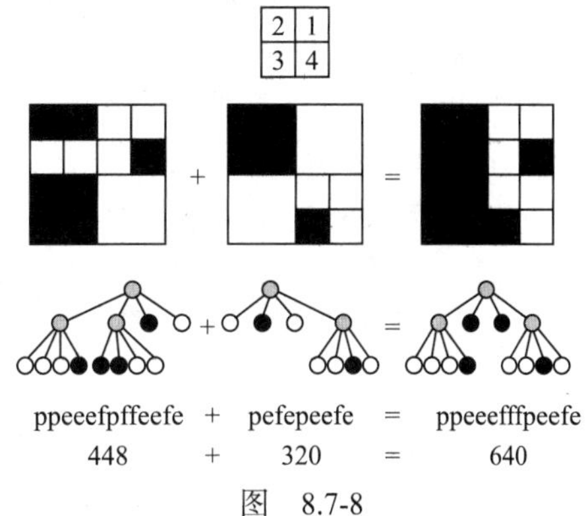

图 8.7-8

图的顶部给出象限的编号。

输入

输入的第一行给出程序要处理的测试用例数 N。

每个测试用例的输入是两个字符串，每个字符串一行。字符串是一棵四叉树的先序表示，其中字母“p”表示一个父母节点，字母“f”(full) 表示黑色象限，而字母“e”(empty) 表示白色象限。这保证了每个字符串表示一棵有效的四叉树，而树的深度不超过 5（因为每个像素只有一种颜色）。

输出

对于每一个测试用例，在一行中输出文字“There are X black pixels.”，其中 X 是在结果的图像中黑色像素的数目。

样例输入	样例输出
3 ppeeefpffeefe pefepeefe peeef peefe peeef peepefefe	There are 640 black pixels. There are 512 black pixels. There are 384 black pixels.

试题来源：ACM Western European Regionals (Northwestern) 1994

在线测试：UVA 297

 **提示**

试题给出了两幅图像对应四叉树的先序串，其中“p”对应四叉树的分支节点或根，“e”和“f”对应四叉树的叶节点。要求计算两幅图像加在一起后形成的新图像的黑色像素数。由此得出计算顺序。

依次处理每个测试用例：

1）建树：输入两幅图像的先序串，分别构建对应的四叉树。

2）对比：对比两棵四叉树，累计黑色像素数。

2）删树：分别删除两棵四叉树。

（1）建树

四叉树的节点分为 5 个域：值域（value）；4 个子节点的指针域（*rightup，*leftup，*leftdown，*rightdown）。

由于试题给出了图像的先序串，每个字符代表对应节点的值，因此可按照先序遍历的顺序，构造对应的四叉树 Tree：

1）为四叉树 Tree 申请内存；

2）当前字符设为对应节点的值，其 4 个孩子设为空；

3）若当前字符为“p”(即对应节点为分支节点)，则分别递归其 4 个孩子。

（2）对比

两个图像的规模同为 32，即像素数为 $32 \times 32=1024$。显然，若两个图像的先序串中出现仅 1 个黑色字符的字串，则结果图像中黑色像素的数目为 1024。否则需要顺序比较 4 个孩子的节点值，即顺序比较 4 个子矩阵（规模减半）的像素情况（如图 8.7-9 所示）。

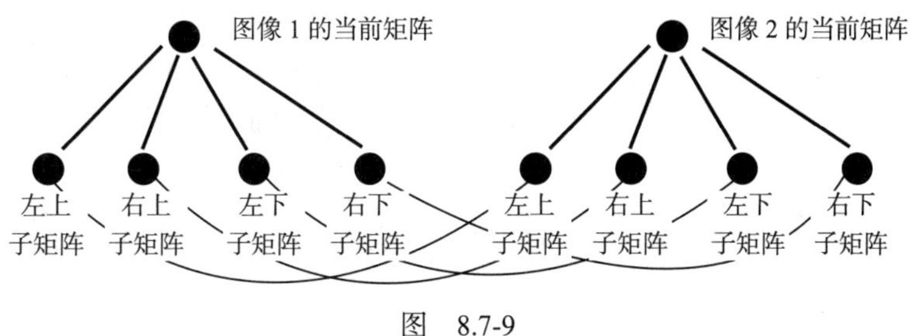

图 8.7-9

但问题是，可能出现两棵树不同层的情况，即一棵树当前层的某子节点 t 是叶节点，而另外一棵树当前层的对应节点 t' 是分支节点，怎么办？为了将这棵树加深至另外一棵树的深度，使得对比能够继续进行下去，虚拟一个白色的叶节点 t''，将 t' 的孩子与 t'' 对比。由此得出对比过程。

分析一棵树的当前节点值：

1）若当前节点值为“p”（分支节点），则分析另一棵树对应的节点值。

- 若为“p”（另一棵树对应的节点为分支节点），则分别递归对比两棵树节点的 4 个孩子；
- 若为“f”（另一棵树对应节点代表的子矩阵全黑），则累计该子矩阵的像素数；
- 若为“e”（另一棵树对应节点代表的子矩阵全白），则分别将当前树节点的 4 个孩子与 t'' 对比。

2）若当前节点值为“e”（对应子矩阵全白），则分析另一棵树对应的节点值。

- 若为“p”（另一棵树对应的节点为分支节点），则分别递归对比 t'' 与另一棵树对应节点的 4 个孩子；
- 若为“f”（另一棵树对应节点代表的子矩阵全黑），则累计该子矩阵的像素数；
- 若为“e”（另一棵树对应节点代表的子矩阵全白），则退出。

3）若当前节点值为“f”（对应子矩阵全黑），则累计该子矩阵的像素数。

（3）删树

我们按照后序遍历的顺序删除四叉树 Tree：

```
若四叉树 Tree 非空，则分析：
  若当前节点为分支节点，则递归删除其 4 个孩子；
  删除当前节点；
```

这个过程一直进行至四叉树 Tree 空为止。

【8.7.16 Word Puzzles】

对于所有年龄段的人来说，字谜游戏（Word Puzzle）都是简单而又有趣的。正因为字谜游戏非常有趣，Pizza-Hut 开始使用印有字谜的桌面，以尽量减少客户们感觉他们的订单被延误的情况。

尽管用手工解决字谜游戏很有趣，但当字谜游戏变得很大时，也会变得很令人厌倦。但计算机不会厌倦解决任务，因此请你编写一个程序来加速求解字谜游戏的答案。

图 8.7-10 给出一个 Pizza-Hut 字谜游戏，要求在拼图中找出的比萨的名字：MARGARITA、ALEMA、BARBECUE、TROPICAL、SUPREMA、LOUISIANA、CHEESEHAM、EUROPA、HAVAIANA、CAMPONESA。

	0	1	2	3	4	5	6	7	8	9	10	11	12	13	14	15	16	17	18	19
0	Q	W	S	P	I	L	A	A	T	I	R	A	G	R	A	M	Y	K	E	I
1	A	G	T	R	C	L	Q	A	X	L	P	0	I	J	L	F	V	B	U	Q
2	T	Q	T	K	A	Z	X	V	M	R	W	A	L	E	M	A	P	K	C	W
3	L	I	E	A	C	N	K	A	Z	X	K	P	O	T	P	I	Z	C	E	O
4	F	G	K	L	S	T	C	B	T	R	O	P	I	C	A	L	B	L	B	C
5	J	E	W	H	J	E	E	W	S	M	L	P	O	E	K	O	R	O	R	A
6	L	U	P	Q	W	R	N	J	O	A	A	G	J	K	M	U	S	J	A	E
7	K	R	Q	E	I	O	L	O	A	O	Q	P	R	T	V	I	L	C	B	Z
8	Q	O	P	U	C	A	J	S	P	P	O	U	T	M	T	S	L	P	S	F
9	L	P	O	U	Y	T	R	F	G	M	M	L	K	I	U	I	S	X	S	W
10	W	A	H	C	P	O	I	Y	T	G	A	K	L	M	N	A	H	B	V	A
11	E	I	A	K	H	P	L	B	G	S	M	C	L	O	G	N	G	J	M	L
12	L	D	T	I	K	E	N	V	C	S	W	Q	A	Z	U	A	O	E	A	L
13	H	O	P	L	P	G	E	J	K	M	N	U	T	I	I	O	R	M	N	C
14	L	O	I	U	F	T	G	S	Q	A	C	A	X	M	O	P	B	E	I	O
15	Q	O	A	S	D	H	O	P	E	P	N	B	U	Y	U	Y	O	B	X	B
16	I	O	N	I	A	E	L	O	J	H	S	W	A	S	M	O	U	T	R	K
17	H	P	O	I	Y	T	J	P	L	N	A	Q	W	D	R	I	B	I	T	G
18	L	P	O	I	N	U	Y	M	R	T	E	M	P	T	M	L	M	N	B	O
19	P	A	F	C	O	P	L	H	A	V	A	I	A	N	A	L	B	P	F	S

图　8.7-10

请你编写一个程序，给出字谜游戏和字谜中要找到的单词，为每个单词确定其第一个字母的位置及其在字谜游戏中的方向。

本题设定字谜游戏的左上角是原点 (0, 0)。而且，单词的方向以字母 A 开头，表示向北，按顺时针方向进行标记（注意：总共有 8 个可能的方向）。

输入

输入的第一行给出 3 个正数：行数 L（$0<L \leqslant 1000$）、列数 C（$0<C \leqslant 1000$）和要查找的单词数 W（$0<W \leqslant 1000$）。接下来的 L 行，每行给出 C 个字符，表示字谜游戏都包含单词拼图。最后输入 W 个单词，每行一个。

输出

程序要为每个单词（按与输入单词相同的顺序）输出一个三元组，首先给出单词的第一个字母的坐标，行和列；然后，再给出一个字母，该字母根据上面定义的规则表示单词的方向。三元组中的每个值之间用一个空格分隔。

样例输入	样例输出
20 20 10 QWSPILAATIRAGRAMYKEI AGTRCLQAXLPOIJLFVBUQ TQTKAZXVMRWALEMAPKCW LIEACNKAZXKPOTPIZCEO FGKLSTCBTROPICALBLBC JEWHJEEWSMLPOEKORORA LUPQWRNJOAAGJKMUSJAE KRQEIOLOAOQPRTVILCBZ QOPUCAJSPPOUTMTSLPSF LPOUYTRFGMMLKIUISXSW WAHCPOIYTGAKLMNAHBVA EIAKHPLBGSMCLOGNGJML LDTIKENVCSWQAZUAOEAL HQPLPGEJKMNUTIIORMNC LOIUFTGSQACAXMOPBEIO QOASDHOPEPNBUYUYOBXB IONIAELOJHSWASMOUTRK HPOIYTJPLNAQWDRIBITG LPOINUYMRTEMPTMLMNBO PAFCOPLHAVAIANALBPFS MARGARITA ALEMA BARBECUE TROPICAL SUPREMA LOUISIANA CHEESEHAM EUROPA HAVAIANA CAMPONESA	0 15 G 2 11 C 7 18 A 4 8 C 16 13 B 4 15 E 10 3 D 5 1 E 19 7 C 11 11 H

试题来源：ACM Southwestern Europe 2002

在线测试：POJ 1204，UVA 2684

提示

简述试题：给出一个 $L \times C$ 的字符矩阵和 W 个单词，对于每个单词串，输出首字母在单词拼图中的位置和单词方向，共有 8 个方向，用 A ～ H 表示。

采用 AC 自动机算法解题，但由于有 8 个方向，所以要把各种方向的可能性都试一遍。此外，由于要求出单词首字符在拼图中的坐标，所以在构造 Tire 树的时候就应该每个单词倒过来构造。具体步骤如下。

1）构建 W 个单词对应的 Trie 树。

注：每个单词按由右而左的顺序逐个字符地插入 Trie 树。每个字符对应的节点需标明所属单词的输入顺序。

2）从根 root 出发，设置 Trie 树的 fail 指针。

3）按照先行后列的顺序对单词拼图进行多模式匹配。

逐行匹配（$0 \leqslant i \leqslant L-1$）：

- 从（i，0）的字母出发，依次按右下、右、右上方向匹配（若该方向相邻格在界内）；
- 从（i，$C-1$）的字母出发，依次按左下、左、左上方向匹配（若该方向相邻格在界内）。

逐列匹配（$0 \leqslant j \leqslant C-1$）：

- 从（0，j）的字母出发，依次按右下、下、左下方向匹配（若该方向相邻格在界内）；
- 从（$L-1$，j）的字母出发，依次按右上、上、左上方向匹配（若该方向相邻格在界内）。

由于单词是由右而左插入 Trie 树的，因此一旦找到单词的起始位置，则单词方向应是其相反方向。

【8.7.17 Family View】

Steam 是 Valve 公司开发的数字化分布式平台，提供数字化的版权管理（DRM）、多人游戏和社交网络服务。其中，家庭视图（Family View）可以帮助你防止你的孩子访问某些不适合他们的内容。

以游戏 MMORPG 为例，给出一个句子 T 和一个禁止单词列表 $\{P\}$，如果句子的子字符串的一部分与列表中至少一个禁止单词相匹配（不区分大小写），就用“*”来替换其所有的字符。

例如，T 是“I love Beijing's Tiananmen, the sun rises over Tiananmen. Our great leader Chairman Mao, he leades us marching on.”，{P} 是 {“tiananmen”，“eat”}，则结果是“I love Beijing's *********, the sun rises over *********. Our gr*** leader Chairman Mao, he leades us marching on.”。

输入

第一行给出测试用例的数量。

下面给出测试用例。对于每个测试用例：第一行给出一个整数 n，表示禁止单词列表 P 的基数；接下来 n 行每行给出一个禁止单词 P_i（$1 \leqslant |P_i| \leqslant 1\,000\,000$，$\sum|P_i| \leqslant 1\,000\,000$），其中 P_i 只包含小写字母。

最后一行给出一个字符串 T（$|T| \leqslant 1\,000\,000$）。

输出

对每个测试用例，在一行中输出该句子。

样例输入	样例输出
1 3 trump ri o Donald John Trump (born June 14, 1946) is an American businessman, television personality, author, politician, and the Republican Party nominee for President of the United States in the 2016 election. He is chairman of The Trump Organization, which is the principal holding company for his real estate ventures and other business interests.	D*nald J*hn ***** (b*rn June 14, 1946) is an Ame**can businessman, televisi*n pers*nality, auth*r, p*litician, and the Republican Party n*minee f*r President *f the United States in the 2016 electi*n. He is chairman *f The ***** *rganizati*n, which is the p**ncipal h*lding c*mpany f*r his real estate ventures and *ther business interests.

试题来源：2016 ACM/ICPC Asia Regional Qingdao Online

在线测试：HDOJ 5880

提示

本题要求把文本串中所有的模式串换为等长度的“*”。

不妨用 AC 自动机求解：对所有禁止出现的单词建立自动机，然后进行文本串匹配，求出文本串的每个前缀所包含的最长后缀，并且是模式串，用 pos 数组记录位置，然后扫描一遍，输出即可。

第 9 章

应用二叉树的基本概念编程

二叉树是一种最重要的树类型，它的特点是每个节点最多有两棵子树（左子树和右子树）。

任何有序树都可以转化为对应的二叉树。一棵度为 k 的有序树存在 $n \times (k-1)+1$ 个空链域，转化为二叉树后，空链域减少为 $n+1$，浪费的内存空间是最少的。二叉树不仅有结构简单、节省内存的优点，更重要的是便于对数据二分处理。在二叉树的基础上发展出许多重要的数据结构，例如堆、赫夫曼树、线段树、二叉搜索树等，这些数据结构在数据处理中发挥着极其重要的作用。

我们可以通过遍历二叉树，将二叉树中呈层次关系的数据元素转化为线性序列。如果用 L、D、R 分别表示遍历左子树、访问根节点、遍历右子树，则对二叉树的遍历可以有六种（3!=6）组合：LDR、LRD、DLR、DRL、RDL、RLD。若再限定先左后右的次序，则只剩下三种组合：

- LDR（中序遍历）;
- LRD（后序遍历）;
- DLR（前序遍历）。

上述三种组合的定义是递归的，因此可直接根据定义编写二叉树遍历的程序，十分简洁。

本章将通过以下四个方面的实验，加深读者对二叉树基本概念的理解：

- 普通有序树转化为二叉树；
- 二叉树的性质；
- 计算二叉树中的路径；
- 通过两种遍历确定二叉树的结构。

9.1 普通有序树转化为二叉树

现实生活中的树状问题大都呈普通有序树结构。要节省存储内存，方便二分处理，可将普通有序树转化为对应的二叉树。所谓“对应关系”指的是，转化前后的节点数和节点序号不变，且普通有序树的先根遍历和后根遍历分别与转化后的二叉树的前序遍历和后序遍历相同。只有达到了这种对应关系，转换才有意义和价值。那么，怎样将普通有序树转化为有对应关系的二叉树呢？

设普通有序树为 T。将其转化成二叉树 T' 的规则如下：

1）T 中的节点与 T' 中的节点一一对应，即 T 中每个节点的序号和值在 T' 中保持不变；

2）T 中某节点 v 的第一个儿子节点为 v_1，则在 T' 中 v_1 为对应节点 v 的左儿子节点；

3）T 中节点 v 的儿子序列，在 T' 中被依次链接成一条开始于 v_1 的右链。

由上述转化规则可以看出，一棵有序树转化成二叉树的根节点是没有右子树的，并且除保留每个节点的最左分支外，其余分支应去掉，然后从最左的儿子开始沿右儿子方向依次链接该节点的全部儿子。这种转化规则称为左子女 – 右兄弟表示法（如图 9.1-1 所示）。

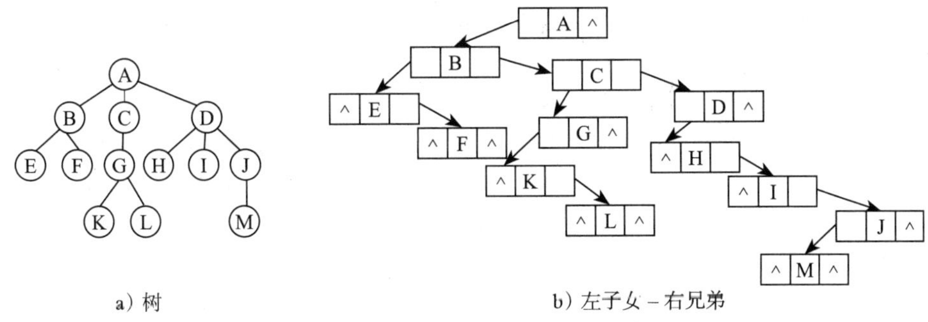

a）树　　b）左子女 – 右兄弟

图　9.1-1

左子女 – 右兄弟表示法可以将森林转化为二叉树，即先按照上述方法将森林（如图 9.1-2a 所示）中的每棵普通有序树转化为对应的二叉树（如图 9.1-2b 所示），然后从第一棵普通有序树的根出发，沿右儿子方向依次链接各棵普通有序树的根（如图 9.1-2c 所示）。

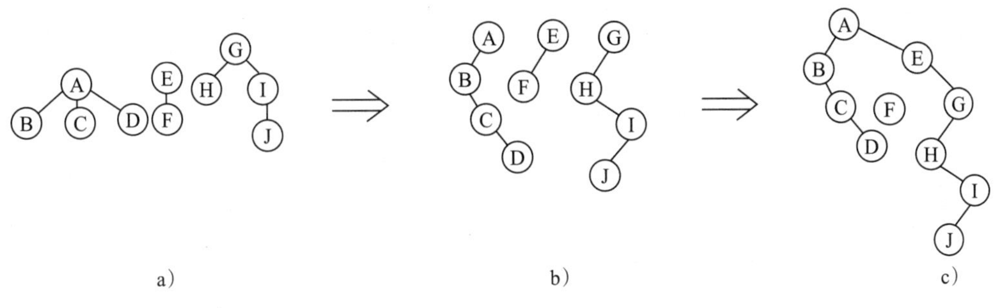

a）　　b）　　c）

图　9.1-2

【9.1.1　Tree Grafting】

在计算机科学领域中，树有许多应用。可能最常用的树是有根的二叉树，但其他类型的有根树也是非常有用的。例如有序树，对于任意的节点子树是有序的。每个节点的孩子的数目是变量，并且这一数量没有限制。从形式上讲，一棵有序树由一棵节点的有限集合 T 组成，使得：

- 有一个节点被指定为根，标识为 root(T)；
- 其余的节点被划分为子集 $T_1, T_2, \cdots, T_m$，每个子集也是一棵树（子树）。

此外，定义 root(T_1),⋯, root(T_m) 是 root(T) 的孩子，其中 root(T_i) 是第 i 个孩子，节点 root(T_1),⋯, root(T_m) 是兄弟。

将有序树用有根二叉树来表示也是非常方便的，树中的每个节点可以以相同大小的存储空间存储。转换由下述步骤实现：

1）删除每个节点到自己孩子的所有的边；

2）对每个节点，将其在 T 中的第一个孩子（如果有的话）作为左孩子，加一条边与之连接；

3）对每个节点，将其在 T 中的下一个兄弟（如果有的话）作为右孩子，加一条边与之连接。

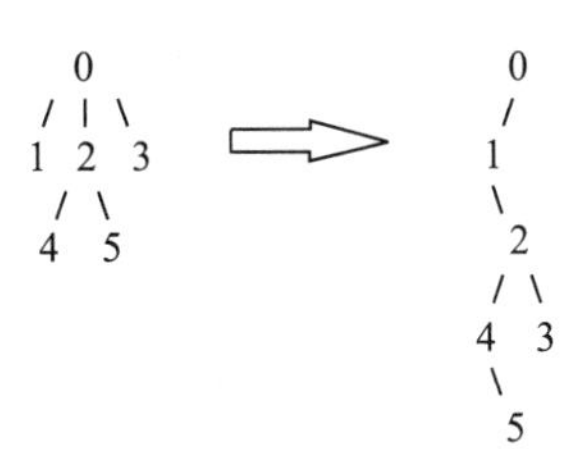

图　9.1-3

转换实例如图 9.1-3 所示。

在大多数情况下，转换后树的高度（从根到树叶的路上边的数目）会增加。因为许多树的算法的复杂性依赖于树的高度，所以这样并不合适。

请写一个程序，用于计算转换前后树的高度。

输入

输入包含很多行，给出了对树进行先根遍历的方向，每行给出一棵树的遍历。例如，图 9.1-3 这棵树的描述是“dudduduudu”，表示 0 向下（down）到 1，1 向上（up）到 0，0 再向下（down）到 2，等等。输入结束行的第一个字符是“#”，每棵数至少 2 个节点，至多 10 000 个节点。

输出

对每棵树，输出转换前后的高度。形式如下：

Tree *t*: *h*1 => *h*2

其中 *t* 是测试样例的编号（从 1 开始），*h*1 是转换前树的高度，*h*2 是转换后树的高度。

样例输入	样例输出
dudduduudu ddddduuuuu dddduduuuu dddduuduuu #	Tree 1: 2 => 4 Tree 2: 5 => 5 Tree 3: 4 => 5 Tree 4: 4 => 4

试题来源：ACM Rocky Mountain 2007

在线测试：POJ 3437，UVA 3821

试题解析

本题是将有序树转换为其相应的二叉树。图 9.1-3a 所示树的深度优先遍历是“dudduduudu”，转换的二叉树如图 9.1-3b 所示。

设树根在第 0 层，其孩子在第 1 层，以此类推。转换前后树的高度分别是 height1 和 height2，转换前后树的当前层数分别是 level1 和 level2。

为了计算转换前后树的高度，关键是计算转换前后树的所有节点的层数。

转换前树的高度计算基于树的优先遍历的方向。在树的优先遍历的方向中，每个 'd' 表示当前的层数增加 1，即 level1++。在图 9.1-3a 中，第一个 'd' 从节点 0（在第 0 层）访问节点 1（在第 1 层），当前树的层数是 1。第二个 'd' 从节点 0 访问节点 2（在第 1 层），当前树的层数是 1。第三个 'd' 从节点 2 访问节点 4（在第 2 层），当前树的层数是 2。以此类推。

转换前树的结构也可以基于树的优先遍历的方向来获得。每个 'd' 表示对于父母节点，孩子的数目增加 1。在图 9.1-3a 中，第一个 'd' 访问节点 0 的第一个孩子节点，第二个 'd' 访问节点 0 的第二个孩子节点。

转换后，树的高度计算基于下述公式：对于节点 *x* 及其在树的转换前的父母 *y*，level2(*x*) = level2(*y*) + 在树转换之前 *x* 作为孩子的序号。

例如，在图 9.1-3a 中，树转换之前，节点 0 是节点 3 的父母，节点 3 是节点 0 的第 3 个孩子。level2（节点 3）= level2（节点 0）+ 在树转换之前节点 3 作为孩子的序号 = 0+3=3。节点 2 是节点 5 的父母，节点 5 是节点 2 的第 2 个孩子。level2（节点 5）= level2（节点 2）+ 在树转换之前节点 5 作为孩子的序号 = 2+2=4。如图 9.1-3b 所示。

参考程序

```
#include <iostream>
#include<string>
using namespace std;
string s;                                   // 先根遍历的方向串
int i,n=0, height1, height2;                // 字符指针为 i，转换前后的树高分别为 height1
                                            // 和 height2

void work(int level1, int level2){          // 递归计算转换前后的树高（转换前后的当前层分别
                                            // 为 level1 和 level2）
    int tempson=0;                          // 转换前当前节点的儿子数初始化
    while (s[i]=='d'){                      // 若当前字符为 'd'，说明增加 1 个儿子
        i++;  tempson++;                    // 字符指针 +1，儿子数 +1
        work(level1+1, level2+tempson);     // 递归（转换前的当前层为 level1+1，转换后的
                                            // 当前层为 level2+tempson）
    }
    height1=level1>height1?level1:height1; // 调整转换前的树高
    height2=level2>height2?level2:height2; // 调整转换后的树高
        i++;                                // 字符指针 ++
        }

int main ( )
{
    while (cin>>s && s!="#"){               // 反复输入先根遍历的方向串，直至输入 "#"
    i=height1=height2=0;                    // 字符指针和转换前后的树高初始化
        work(0, 0);                         // 计算和输出转换前后的树高
        cout<<"Tree "<<++n<<": "<<height1<<" => "<<height2<<endl;
    }
    return 0;
}
```

9.2　应用典型二叉树

定义 9.2.1（二叉树，Binary Tree）　二叉树是每个节点最多有两棵子树（左子树和右子树）的树结构。

设具有 n 个节点、互不相似的二叉树的数目为 b_n，则 $b_0=1$ 的二叉树为空树，$b_1=1$ 的二叉树是只有一个根节点的树。$b_2=2$ 和 $b_3=5$ 的二叉树的形态分别如图 9.2-1a 和图 9.2-1b 所示。

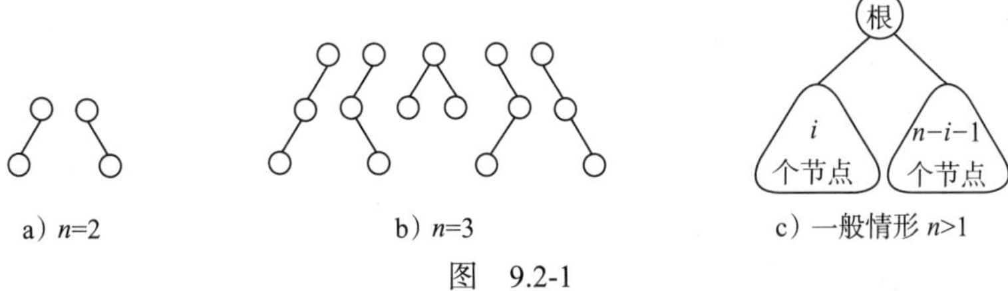

a）n=2　　b）n=3　　c）一般情形 n>1

图　9.2-1

当 n>3 时，二叉树可以看作由一个根节点、一棵具有 i 个节点的左子树和一棵具有 $n-i-1$ 个节点的右子树组成，如图 9.2-1c 所示，其中 $0 \leqslant i \leqslant n-1$。根据加法定理和乘法定理，$b_n = \begin{cases} 1 & n=0 \\ \sum_{i=0}^{n-1} b_i b_{n-i-1} & n \geqslant 1 \end{cases}$。

对于二叉树，可以推导叶节点与节点总数的关系。设 n 是二叉树的节点总数，n_0 是孩子数为 0 的节点数（即叶节点数），n_1 是孩子数为 1 的节点数，n_2 是孩子数为 2 的节点数，则得公式①：$n=n_0+n_1+n_2$。又因为一个孩子数为 2 的节点会有 2 个子节点，一个孩子数为 1 的节点会有 1 个子节点，除根节点之外其他节点都有父节点，则得公式②：$n=1+n_1+2\times n_2$。由①、②两式把 n_2 消去，得公式③：$n=2\times n_0+n_1-1$。

本节给出满二叉树、完全二叉树和完美二叉树的实验，这类二叉树的节点数、层数和形态有规律可循。

定义 9.2.2（满二叉树，Full Binary Tree）一棵二叉树的节点要么是叶节点，要么它有两个子节点，这样的二叉树就是满二叉树。

图 9.2-2 给出了一棵满二叉树的实例。

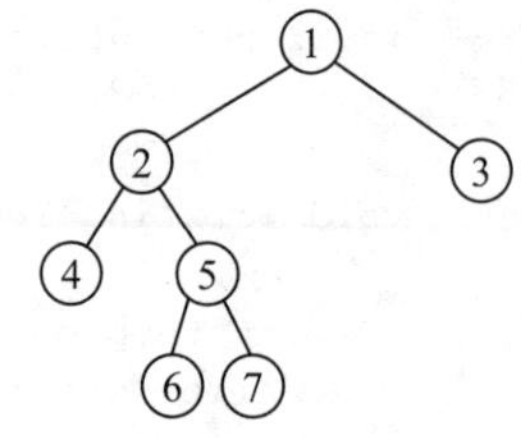

图　9.2-2

【9.2.1　Expressions】

算术表达式通常被写为运算符在两个操作数之间（这被称为中缀表示法）。例如，$(x+y)*(z-w)$ 是用中缀表示法表示的算术表达式。然而，如果表达式是用后缀表示法（也称为逆波兰表示法）写的，则编写程序计算表达式更容易。在后缀表示法中，运算符写在其两个操作数后面，这两个操作数也可以是表达式。例如，“$x\ y{+}z\ w{-}*$”是上面给出的算术表达式的后缀表示法。注意，在后缀表示法中不需要括号。

计算用后缀表示法写的表达式，可以使用在栈上操作的算法。栈是支持两种操作的数据结构：

- push：在栈的顶部插入一个数字。
- pop：从栈的顶部取走数字。

在计算过程中，我们从左到右处理表达式。如果遇到一个数字，我们就把它插在栈顶。如果遇到一个运算符，我们就从栈顶取出前两个数字，并对它们用运算符进行运算，然后将结果插回栈顶。更具体地说，下面的伪代码演示了在遇到运算符“O”时如何处理该情况：

```
a := pop();
b := pop();
push(b O a);
```

表达式运算的结果是留在栈中的唯一的数字。

现在，假设我们使用队列而不是栈。队列也有 push 和 pop 操作，但它们的含义不同：

- push：在队列的末尾插入一个数字。
- pop：将队列首部的数字从队列中取出。

你是否可以重写给出的表达式，使得使用队列的算法的结果与使用栈的算法计算该表达式的结果相同？

输入

输入的第一行给出一个数字 T（$T\leqslant 200$）。后面的 T 行每行给出一个后缀表示法的表达式。算术运算符用大写字母表示，数字用小写字母表示。本题设定每个表达式的长度小于 10 000 个字符。

输出

对于每个给出的表达式，当算法是用队列而不是用栈时，输出具有相等结果的表达式。为了使解唯一，运算符不允许是可结合的或可交换的。

样例输入	样例输出
2 xyPzwIM abcABdefgCDEF	wzyxIPM gfCecbDdAaEBF

试题来源：Ulm Local Contest 2007

在线测试：POJ 3367，UVA 11234，HDOJ 1805

试题解析

一个用中缀表示法表示的算术表达式，可以表示为一棵满二叉树，运算符为内节点，操作数为叶节点。中序遍历这棵满二叉树，即可得到用中缀表示法表示的算术表达式。本题输入给出一个后缀表示法的算术表达式，就是算术表达式所对应的满二叉树的后序遍历，要求依自下而上、由右至左的顺序遍历这棵二叉树。

我们可按照下述方法“重写”这个遍历串。

1）构建后序遍历对应的满二叉树。

这个计算过程要使用栈。顺序分析后序串中的每个字符：若当前字符为操作数，则赋值给当前节点，节点序号入栈；否则栈顶的两个节点序号出栈，分别作为当前节点的左右指针，当前字符（运算符）赋值给当前节点。处理完当前字符后，节点序号 +1。

2）从根出发，宽度优先搜索（即自上而下、由左至右的顺序）满二叉树。

这个计算过程则要使用队列：根序号进入队列；然后反复取出队首的节点序号，将节点的数据加入结果串；若节点存在左右指针，则将其送入队列。这个过程一直进行至队列空为止。

3）对结果串进行反转操作，形成自下而上、由右至左的遍历顺序。

其中步骤 2）、3）就是使用队列重写“后序遍历”。

参考程序

```
#include <iostream>
#include <stack>
#include <queue>
using namespace std;
const int maxn=11000;

struct node{                                    // 二叉树的节点类型为结构体
    int l,r;                                    // 左右指针
    char c;                                     // 数据域
}e[maxn];                                       // 二叉树序列

int cnt;                                        // 节点序号
char st[maxn];                                  // 后缀表达式串

void initial(){
    int len=strlen(st);                         // 计算字串 st 的长度
    for(int i=0;i<=len;i++){                    // 构建 len 棵空树，以便字符作为叶节点插入二叉树
        e[i].l=e[i].r=-1;
    }
    cnt=0;                                      // 节点序号初始化
}
```

```
void solve(){                                   //用栈构建满二叉树序列
    int len=strlen(st);                         //计算字串 st 的长度
    stack <int> v;                              //定义元素类型为整数（节点序号）的栈 v
    for(int i=0;i<len;i++){
        if(st[i]>='a' && st[i]<='z'){           //若第 i 个字符为操作数，则赋予节点数据域
            e[cnt].c=st[i];
            v.push(cnt);                        //节点序号入栈
            cnt++;                              //计算下一节点序号
        }else{                                  //否则第 i 个字符为运算符
            int r=v.top();                      //栈头部的两个操作数 r 和 l 出栈
            v.pop();
            int l=v.top();
            v.pop();
            e[cnt].l=l;                         //当前节点的左右指针为 l 和 r，数据域为运算符
            e[cnt].r=r;
            e[cnt].c=st[i];
            v.push(cnt);                        //节点序号入栈
            cnt++;                              //计算下一节点序号
        }
    }
}

void output(){                                  //用队列计算和输出具有相等结果的表达式串
    string ans;
    queue <int> q;                              //定义元素类型为整数（节点序号）的队列 q
    q.push(cnt-1);                              //根进入队列
    while(!q.empty()){                          //若队列非空，则取队首节点 s
        int s=q.front();
        q.pop();
        ans.push_back(e[s].c);                  // s 节点的数据加入 ans 尾部
        if(e[s].l!=-1) q.push(e[s].l);          //若 s 节点的左指针非空，则左指针入队
        if(e[s].r!=-1) q.push(e[s].r);          //若 s 节点的右指针非空，则右指针入队
    }
    reverse(ans.begin(),ans.end());             //对 ans 串进行反转操作，形成具有相等结果的表
                                                //达式
    printf("%s\n",ans.c_str());                 //输出结果串
}

int main(){
    int t;
    scanf("%d",&t);                             //输入测试用例数
    while(t-- >0){                              //依次处理每个测试用例
        scanf("%s",st);                         //输入后缀串
        initial();                              //为每个字符构造一棵空树
        solve();                                //用栈构建满二叉树
        output();                               //用队列计算和输出具有相等结果的表达式串
    }
    return 0;
}
```

定义 9.2.3（完全二叉树，Complete Binary Tree） 若一棵二叉树的深度为 h，除第 h 层外，其他各层（$1 \sim h-1$）的节点数都达到最大个数，第 h 层所有的节点都连续集中在最左边，则这样的二叉树被称为完全二叉树。

图 9.2-3 给出了一棵完全二叉树的实例。

在完全二叉树中，孩子数为 1 的节点数只有两种可能，即 0 或 1，由公式③ $n=2*n_0+n_1-1$，得 $n_0=n/2$ 或 $n_0=(n+1)/2$。所以，当 n 为奇数（即 $n_1=0$）时，$n/2$ 向上取整为 n_0；当 n 为偶数（$n_1=1$）时，n_0 为 $n/2$ 的整商。因此，可以根据完全二叉树的节点总数计算出叶

节点数。

定义 9.2.4（完美二叉树，Perfect Binary Tree）在一棵二叉树中，如果所有分支节点都存在左子树和右子树，并且所有叶子都在同一层上，这样的二叉树称为完美二叉树。

图 9.2-4 给出了一棵完美二叉树的实例。

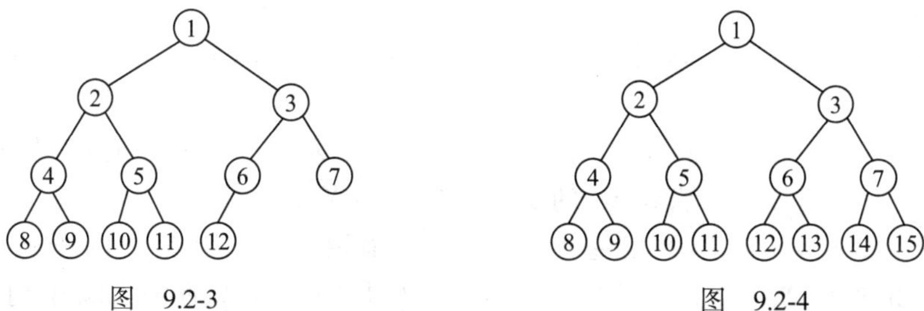

图　9.2-3　　　　图　9.2-4

完美二叉树具有如下性质。

定理 9.2.1　一棵层数为 k 的完美二叉树，总节点数为 2^k-1。

完美二叉树的总节点数一定是奇数个。例如，图 9.2-4 是一棵层数为 4 的完美二叉树，节点数为 $2^4-1=15$。

定理 9.2.2　一棵完美二叉树的第 i 层上的节点数为 2^{i-1}。

例如，图 9.2-4 中的完美二叉树，第 2 层的节点数为 $2^{2-1}=2$。一个层数为 k 的完美二叉树的叶节点个数（位于最后一层）为 2^{k-1}。例如，图 9.2-4 中的完美二叉树第 4 层的叶节点数为 $2^{4-1}=8$。

【9.2.2　Subtrees】

有 N 个节点的完全二叉树，有多少种子树所包含的节点数量不同？

输入

输入有多个测试用例，不超过 1000 个。

每个测试用例一行，给出一个整数 N（$1 \leqslant N \leqslant 10^{18}$）。

输出

对于每个测试用例，输出一行，给出不同节点数的子树有多少种。

样例输入	样例输出
5 6 7 8	3 4 3 5

试题来源：BestCoder Round #61 (div.2)

在线测试：HDOJ 5524

试题解析

一棵完全二叉树有可能是完美二叉树，否则完全二叉树的子树有一棵是完美二叉树，另一棵是完全二叉树。

一棵完美二叉树的不同节点的子树的个数就是它的层数，因为满二叉树的子树依然是满二叉树。

而对于一棵完全二叉树，但不是完美二叉树，其不同节点数的子树的数目是最大的完美二叉子树的深度 + 最大的非完美二叉子树对深度的贡献 +1（该树本身）。

根据给定节点数量，可轻易得知左右子树的形态，然后递归求解。由于 n 的数量太大，要用 long long 类型。具体方法如下。

我们通过递归过程 find(x) 计算完全二叉子树的棵数 ans 和最大完美二叉子树的深度 maxn。

从子根节点 x 出发，向左方向扩展一条深度为 k 的左分支，末端节点 l 的编号为 2^k；向右方向扩展一条右分支，末端节点 r 的编号为 2^k-1 或者 $2^{k+1}-1$。

- 如果 $l \leqslant r$（$r=l$ 时为单根完美二叉树），则说明以 root 为根的子树为完美二叉树（如图 9.2-5a 所示），根据其深度 k 调整目前为止所有满二叉子树的最大深度 maxn=max{maxn，k}。
- 如果 $l>r$，则说明以 x 为根的子树为完全二叉树（图 9.2-5b 所示）。分别递归 find(2*x) 和 find（2*x+1），完全二叉子树的棵数 ans+1。

递归结束后，ans+maxn+1 即为含不同节点数的子树种数（由于深度是从 0 开始计算的，所以最后结果 +1）。

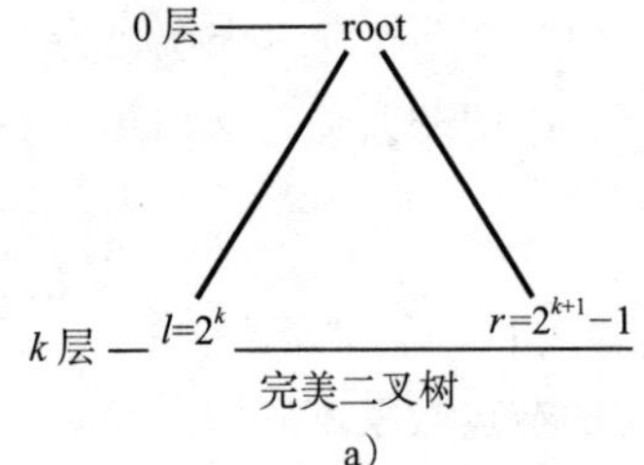

a)

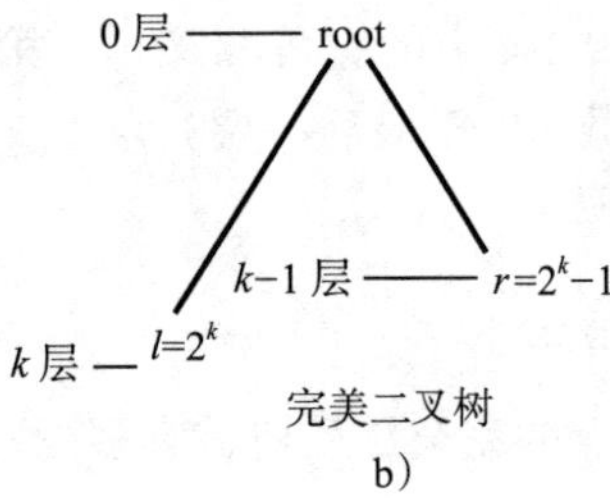

b)

图 9.2-5

参考程序

```
#include<iostream>
typedef long long ll;
using namespace std;
ll ans,maxn,n;                          //ans 为完全二叉子树的棵数; maxn 为最大的完美二叉子
                                        // 树的深度; 完全二叉树的节点数为 n

int max(int i,int j)                    // 返回 i 和 j 中的较大者
{
    return (i>j)?i:j;
}

void find(ll x)                         // 从 x 节点出发, 计算完全二叉子树的棵数 ans 和最大完
                                        // 美二叉子树的深度 maxn
{
    ll l=x,r=x;                         // 从 x 向下扩展前, 左右分支的末端节点 l 和 r 初始化为 x
    ll dep=0;                           // 左分支的深度为 0
    while(l*2<=n)                       // 计算左分支的深度 dep 和末端节点 l
    {
            l*=2;
            dep++;
    }
    while(r*2+1<=n)                     // 计算右分支的末端节点 r
```

```
        r=r*2+1;
    if(l<=r) maxn=max(maxn,dep);      // 若当前子树形态为满二叉树，则调整最大深度
    else                              // 否则当前子树形态为完全二叉树，递归左右子树，完全二
                                      // 叉子树的棵数 +1
    {
            find(2*x);
            find(2*x+1);
            ans++;
    }
}
int main()
{
    while(cin>>n)                     // 反复输入节点数直至输入 0 为止
    {
            ans=0; maxn=0;            // 最大完美二叉子树的深度 maxn 和完全二叉子树的棵数
                                      //ans 初始化
            find(1);                  // 从根 1 出发，计算 maxn 和 ans
            cout<<ans+maxn+1<<endl;   // 输出含不同节点数的子树种数
    }
    return 0;
}
```

9.3 计算二叉树路径

树的路径是指根到树中任意节点间的一条路。二叉树同普通树一样，也是一个无回路的连通图，根到树中任意节点的路径有且仅有一条。

一般情况下，计算二叉树的路径要根据需要添置节点的父子指针，因为找根至任意节点间的路径需要儿子指针指引，找任意节点至根的路径需要父指针指引。但完全二叉树就另当别论了。如果二叉树为一棵有 n 个节点的完全二叉树，且节点编号顺序是自上而下、由左至右，则任意分支节点 i 的双亲为节点 $\left\lfloor \frac{i-1}{2} \right\rfloor$（$1 \leqslant i \leqslant n-1$）；若节点 i 有左儿子（$2*i+1 \leqslant n-1$），则左儿子为节点 $2*i+1$；若节点 i 有右儿子（$2*i+2 \leqslant n-1$），则右儿子为节点 $2*i+2$；若节点序号 i 为偶数且 $i \neq 0$，则节点 i 的左兄弟为节点 $i-1$；若节点序号 i 为奇数且 $i \neq n-1$，则节点 i 的右兄弟为节点 $i+1$。节点 i 所在的层次为 $\lfloor \log_2(i+1) \rfloor$，即该节点至根的路径长度为 $\lfloor \log_2(i+1) \rfloor$。按照上述规律，完全二叉树可用一个一维数组存储，直接由数组下标指示父子节点间的关系，使路径计算简化了许多。

如果二叉树不是完全二叉树，但每个节点的标识与其左右儿子的标识呈一定数学规律，我们也有可能方便地计算出树中任意节点至根的路径。

【9.3.1 Binary Tree】

在计算机科学中，二叉树是一种普通的数据结构。在本题中，给出一棵无限的二叉树，节点被标识为一对整数，构造如下：

- 树根被标识为整数对 (1, 1)；
- 如果一个节点被标识为 (a, b)，那么其左子树树根被标识为 $(a+b, b)$，其右子树树根被标识为 $(a, a+b)$。

问题：给出上述二叉树的某个节点标识 (a, b)，假定从树根到这一给定的节点是沿着最短的路径走，你能给出多少次要向左子树走，多少次要向右子树走吗？

输入

第一行给出测试用例个数。每个测试用例占一行，由两个整数 i 和 j（$1 \leqslant i, j \leqslant 2 \times 10^9$）组成，表示节点的标识 (i, j)。假定给出的节点都是有效节点。

输出

对每个测试用例，第一行为“Scenario #*i*:”，其中 i 是测试用例编号，从 1 开始编号；然后输出一行给出两个整数 l 和 r，中间用一个空格隔开，其中 l 是从树根到该节点要向左子树走的次数，r 是从树根到该节点要向右子树走的次数。在每个测试用例结束后输出一个空行。

样例输入	样例输出
3 42 1 3 4 17 73	Scenario #1: 41 0 Scenario #2: 2 1 Scenario #3: 4 6

试题来源：TUD Programming Contest 2005 (Training Session), Darmstadt, Germany

在线测试：POJ 2499

试题解析

因为节点标识从 (1, 1) 开始增加，所以所有标识的值都是正数。又因一个节点被标识为 (a, b)，其左儿子被标识为 $(a+b, b)$，其右儿子被标识为 $(a, a+b)$，所以给出一个节点的标识，很容易根据两个数的大小判断它是左孩子还是右孩子。例如，对于 $(a+b, b)$，从 $a+b$ 减去 b 得到其双亲节点 (a, b)。因此，从一个节点出发，沿双亲节点方向的路径向上走，直至根节点为止，从中计算出向左走和向右走的步数。由于每个节点至根节点的路径是唯一的，因此向左走和向右走的步数也是唯一的。

对于任意的 (a, b) 来说，采用贪心策略来计算向左走和向右走的步数。若 $a>b$，则左走 $\left\lfloor \frac{a-1}{b} \right\rfloor$ 步，每走一步左参数 $-b$；否则右走 $\left\lfloor \frac{b-1}{a} \right\rfloor$ 步，每走一步右参数 $-a$。最终到达 (1, 1)。

参考程序

```
#include <iostream>                                    // 预编译命令
using namespace std;                                   // 使用 C++ 标准程序库中的所有标
                                                       // 识符

int main () {
    int SC;                                            // 输入测试用例数
    cin >> SC;
    for( int S=1; S<=SC; S++ ){
        cout<<"Scenario #"<< S<<":"<<endl;             // 输出测试用例编号
        int a, b;
        cin >> a >> b;                                 // 输入当前测试用例的节点标识
        int left = 0, right = 0;                       // 左走的步数和右走的步数初始化
        while( a > 1  ||  b > 1 ){                     // 若未走到根
```

```
            if( a > b ){
            int up = (a - 1) / b;                          // 左走 (a - 1) / b 步
            left += up;                                    // 累计左走的步数
            a -= up * b;
            } else {
                int up = (b - 1) / a;                      // 右走 (b - 1) / a 步
                  right += up;                             // 累计右走的步数
                b -= up * a;
                }
            }
        cout << left << „ „ << right << endl << endl; // 输出左走的步数和右走的步数
    }
}
```

【9.3.2 Dropping Balls】

从完美二叉树（Fully Binary Tree，FBT）的根一个接一个地向下落 K 个球。每次被落下的球到一个内节点后，球还会继续向下落，要么沿着左子树的路径，要么沿着右子树的路径，直到它落到了 FBT 的一个叶节点上。为了确定球的移动方向，在每个内节点都设置了一个标志，该标志有两个值，分别为 false 和 true。最初，所有的标志都是 false。当球落到一个内节点时，如果该节点上的标志当前值为 false，则首先切换该标志的值，即从 false 切换到 true，然后球向该节点的左子树继续向下落；否则，切换此标志的值，即从 true 切换到 false，然后球向节点的右子树继续向下落。而且，FBT 的所有节点都按顺序编号，先对深度为 1 的节点从 1 开始编号，然后对深度为 2 的节点开始编号，依次类推。任何深度上的节点都是从左到右编号。

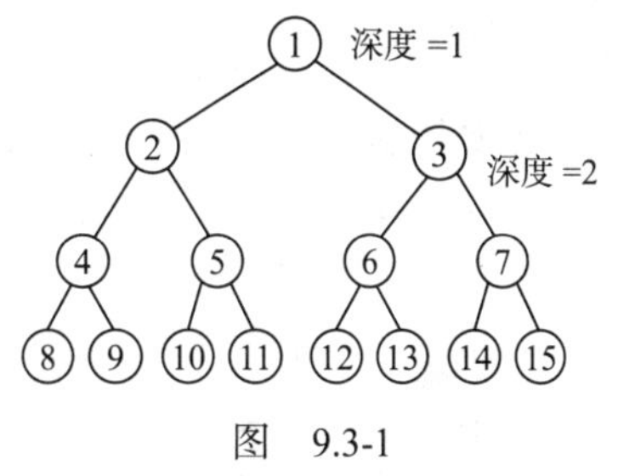

图 9.3-1

例如，图 9.3-1 表示具有节点号 1, 2, 3, ⋯, 15 的最大深度为 4 的 FBT。初始时，所有节点的标志都被设置为 false，因此第一个落下的球将在节点 1、节点 2 和节点 4 处切换标志值，最终在节点 8 停止。第二个落下的球将在节点 1、节点 3 和节点 6 处切换标志值，并在节点 12 停止。很明显，第三个落下的球将在节点 1、节点 2 和节点 5 处切换标志值，然后在节点 10 停止。

本题给出一些测试用例，每个测试给出两个值。第一个值是 D，即 FBT 的最大深度；第二个值是 I，表示第 I 个球被落下。本题设定 I 的值不会超过给出的完美二叉树的叶节点总数。

请你编写一个程序，计算每个测试用例的球最终所停的叶节点的位置 P。

对于每个测试用例，两个参数 D 和 I 的范围如下：$2 \leqslant D \leqslant 20$，$1 \leqslant I \leqslant 524\,288$。

输入

输入有 l+2 行。

第 1 行，给出 l，表示测试用例数。

第 2 行，给出 $D_1\ I_1$，表示第 1 个测试用例，用一个空格分隔的两个十进制数。

……

第 k+1 行，给出 $D_k\ I_k$，表示第 k 个测试用例。

第 l+1 行，给出 $D_l\ I_l$，表示第 l 个测试用例。

第 l+2 行，给出 −1，表示输入结束。

输出

输出 l 行。

第 1 行，第 1 个测试用例，球最终所停的叶节点的位置 P。

……

第 k 行，第 k 个测试用例，球最终所停的叶节点的位置 P。

……

第 l 行，第 l 个测试用例，球最终所停的叶节点的位置 P。

样例输入	样例输出
5 4 2 3 4 10 1 2 2 8 128 −1	12 7 512 3 255

试题来源：1998 Taiwan Collegiate Programming Contest, group A

在线测试：UVA 679

试题解析

首先要说明一点，对于满二叉树，国内外定义不同，国内的教材中，满二叉树就是完美二叉树。为了使本书在定义上保持一致，Fully Binary Tree 被译为完美二叉树。

简述题意：给出一棵深度为 D 的完美二叉树和 I 个球，初始时所有的节点标志都是 false，如果节点标志是 false，则球向左走，否则球向右走，小球接触节点后，该节点状态被置反。给定完美二叉树的深度 D 和小球编号 I，问第 I 个小球最终会落到哪个叶节点？

如果直接模拟 I 个小球的下落过程，结果会超时，因为 I 的上限为 2^{19}，每个小球最多下落 19 层，每组测试总下落次数可高达 $2^{19}\times 19$ 次，而测试数据最多有 1000 组。

对深度为 D 的完美二叉树，按自上而下、由左至右的顺序依次给节点编号 1 到 2^D-1，即编号为 k 的内节点，其左儿子和右儿子分别编号为 $2k$ 和 $2k+1$。

经过分析和模拟后，可以发现：对于当前测试用例给出的 I，如果 I 是奇数，则小球在根节点时，落向左子树，并且是第 $(I+1)/2$ 个落向左子树的小球；如果 I 是偶数，则小球在根节点时，落向右子树，并且是第 $I/2$ 个落向右子树的小球。因此，小球最后落入的节点的编号与第 I 个小球以及 I 的奇偶性有关。

例如，对于第 7 个小球，因为 7 是奇数，所以小球落向左子树，到达节点 2；往下相当于第 (7+1)/2=4 个小球，落向右子树，到达节点 5；再往下，则相当于第 2 个小球，落向右子树，到达节点 11。

所以，本题直接模拟小球的下落过程即可得出答案：直接对第 I 个小球进行一趟次数为 D 的循环，每次循环计算小球在当前层次落向左右子树以及落入下一层的节点编号，最终求出第 I 个小球停在 D 层的叶节点编号。

参考程序

```
#include<cstdio>
```

```
using namespace std;
int main(){
    int d,I,t;                              // 完美二叉树的深度 d，落下的球数 I，测试用例数 t
    while(scanf("%d",&t)==1){               // 输入测试用例数 t
        if(t==-1)break;                     // 直至输入 -1 为止
        for(int i=0 ;i<t ;i++){             // 依次处理 t 个测试用例
            int k = 1;                      // 小球由根往下落
            scanf("%d%d",&d,&I);            // 输入完全二叉树的深度 d 和落下的球数 I
            for(int i=0 ;i<d-1 ;i++){       // 自上而下计算每一层：如果 I 是奇数，则小球滚向
                                            // 左儿子 2*k，往下相当于第 (I+1)/2 个小球滚向
                                            // 下一层；如果 I 是偶数，则小球滚向右儿子 2*k+1，
                                            // 往下相当于第 I/2 个小球滚向下一层
                if(I%2){k = 2*k; I = (I+1)/2;}
                else{k = 2*k+1; I = I/2;}
            }
            printf("%d\n",k);               // 输出球最终所停的叶节点的位置
        }
    }
    return 0;
}
```

【9.3.3 S-Trees】

在变量集 $X_n=\{x_1, x_2, \cdots, x_n\}$ 上的一棵奇怪树（Strange Tree, S-tree），也称为 S- 树，是一棵二叉树，表示布尔函数 $f:\{0,1\}\text{->}\{0,1\}$。S- 树的每条路径都从根节点开始，由 n+1 个节点组成。每个 S- 树的节点都有一个深度，是它自身和根节点之间的节点数量（根节点的深度为 0）。深度小于 n 的节点称为非终端节点。所有非终端节点都有两个子节点：右子节点和左子节点。每个非终端节点都用变量集 X_n 中的某一变量 x_i 标记。所有深度相同的非终端节点都用相同的变量标记，不同深度的非终端节点用不同的变量标记。因此，相应于根，有一个唯一的变量 x_{i1}；相应于深度为 1 的节点，有唯一的变量 x_{i2}；以此类推。变量序列 x_{i1}, $x_{i2},\cdots, x_{in}$ 被称为变量排序。深度为 n 的节点被称为终端节点，它们没有孩子，被标记为 0 或 1。注意，变量顺序以及终端节点上 0 和 1 的分布足以完全地描述 S- 树。

如前所述，每个 S- 树表示一个布尔函数 f。如果给出一棵 S- 树和变量 $x_1, x_2, \cdots, x_n$ 的值，那么很容易计算出 $f(x_1, x_2, \cdots, x_n)$，即从根开始，重复如下过程：如果当前所在的节点被标记为变量 x_i，则根据变量的值是 1 还是 0，分别走向其右孩子或左孩子。一旦到达终端节点，节点值为 S- 树相应的布尔函数的值。

在图 9.3-2 中，给出了两个表示相同布尔函数 $f(x_1, x_2, x_3)=x_1$ and $(x_2$ or $x_3)$ 的 S- 树。对于左边的树，变量顺序是 x_1、x_2、x_3；对于右边的树，变量顺序是 x_3、x_1、x_2。

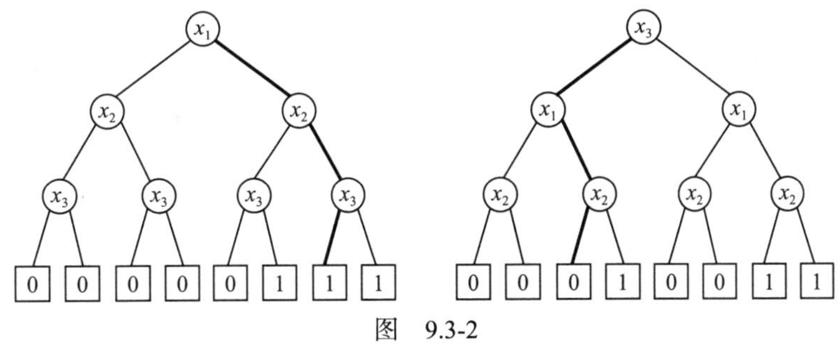

图　9.3-2

以变量值赋值（Variable Values Assignment，VVA）给出变量 $x_1, x_2, \cdots, x_n$ 的值 $(x_1 = b_1, x_2 = b_2,\cdots, x_n = b_n)$，其中 $b_1, b_2,\cdots, b_n$ 在 {0, 1} 中取值。例如 $(x_1 = 1, x_2 = 1, x_3 = 0)$ 是对 $n = 3$

的一个有效的 VVA，对于上述样例函数，结果值为 $f(1, 1, 0)$ = 1 and (1 or 0) = 1，相应的路径在图 9.3-2 中以粗线表示。

请你编写一个程序，给出一棵 S- 树和一些 VVA，按上述方法计算 $f(x_1, x_2, \cdots, x_n)$。

输入

输入给出若干 S- 树，以及相关的 VVA 的测试用例。每个测试用例的第一行给出一个整数 n（$1 \leqslant n \leqslant 7$），即 S- 树的深度。接下来的一行，给出 S- 树的变量顺序。这一行的格式是 $x_{i1}\ x_{i2} \cdots x_{in}$（$n$ 个完全不同的用空格分隔的字符串）。因此，对于 n=3，变量顺序为 x_3、x_1、x_2，则这一行如下所示：

$$x_3\ x_1\ x_2$$

接下来的一行给出了 0 和 1 在终端节点上的分布，给出 2^n 个字符（每个字符是 0 或 1），后面跟着换行符。这些字符按照它们在 S- 树中出现的顺序给出，第一个字符对应于 S- 树的最左边的终端节点，最后一个字符对应于其最右边的终端节点。

再接下来的一行给出一个整数 m，即 VVA 的数量，后面给出 m 行 VVA。在 m 行中的每一行给出 n 个字符（每个字符是 0 或 1），后跟一个换行符。不管 S- 树的变量顺序如何，第一个字符是 x_1 的值，第二个字符是 x_2 的值，以此类推。例如，一行中给出 110 相应于 VVA ($x_1 = 1, x_2 = 1, x_3 = 0$)。

输入以 n=0 开头的测试用例终止。程序不用处理该测试用例。

输出

对于每棵 S- 树，输出一行“S-Tree #j:”，其中 j 是 S- 树的编号。然后输出一行，对每个给定 m VVA，输出 $f(x_1, x_2,\cdots, x_n)$，其中 f 是 S- 树定义的函数。

在每个测试用例之后输出一个空行。

样例输入	样例输出
3 x1 x2 x3 00000111 4 000 010 111 110 3 x3 x1 x2 00010011 4 000 010 111 110 0	S-Tree #1: 0011 S-Tree #2: 0011

试题来源：ACM Mid-Central European Regional Contest 1999

在线测试：POJ 1105，UVA 712

试题解析

本题给出一棵完美二叉树，每个非叶节点层用一个变量 x_i 表示。有 m 条从根节点开始的路线，0 表示向左孩子走，1 表示向右孩子走，问 m 条路上最终节点的值。

可以把询问的序列看作二进制数，例如把 000 看成十进制的 0，把 010 看成十进制的 2。假设我们把最后的叶节点存储在字符数组 $a[]$ 中，则可以发现，分别把询问序列中的每个二进制数转换成十进制数 s，则 $a[s]$ 对应当前询问要访问的叶节点值。

参考程序（本题参考程序的 PDF 文件和本题的英文原版均可从华章网站下载）

9.4 通过遍历确定二叉树结构

二叉树含 3 个要素——根、左子树和右子树（如图 9.4-1 所示），由此得出二叉树的三种遍历规则：

1）前序遍历：根 – 左子树 – 右子树。

2）中序遍历：左子树 – 根 – 右子树。

3）后序遍历：左子树 – 右子树 – 根。

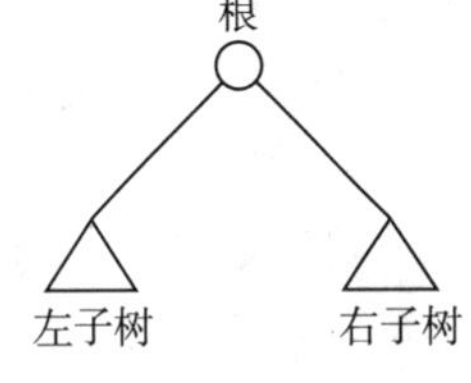

图 9.4-1

由于前序遍历的第一个字符和后序遍历的最后一个字符为根，中序遍历中位于根左方的子串和位于根右方的子串分别反映了左子树和右子树的结构，因此二叉树的形态可以由其中序遍历和后序遍历的结果，或者前序遍历和中序遍历的结果来唯一确定。而前序遍历和后序遍历的结果则无法反映左子树和右子树结构，因为这两个遍历的结果可对应多种二叉树的形态。

（1）由二叉树的中序遍历和后序遍历的结果确定前序遍历的结果

由二叉树的遍历规则可以看出，后序遍历结果的最后一个字符为根，中序遍历结果中位于该字符左侧的子串为中序遍历左子树的结果，中序遍历结果中位于该字符右侧的子串为中序遍历右子树的结果。设中序遍历的结果为 $s'=s_1'\cdots s_k'\cdots s_n'$，后序遍历的结果为 $s''=s_1''\cdots s_n''$。显然，后序遍历结果中的 s_n'' 为二叉树的根，在中序遍历的结果中，与 s_n'' 相同的字符为 s_k'。

按照前序遍历的规则，先输出根 s_n''（或 s_k'），然后分析左右子树：

1）若 $k>1$，说明左子树存在，位于 s_k' 左侧的子串 $s_1'\cdots s_{k-1}'$ 为左子树中序遍历的结果，后序遍历中的前缀 $s_1''\cdots s_{k-1}''$ 为左子树后序遍历的结果；

2）若 $k<n$，说明右子树存在，位于 s_k' 右侧的子串为右子树中序遍历的结果，后序遍历中的 $s_k''\cdots s_{n-1}''$ 为右子树后序遍历的结果。

分别递归二叉树的左子树和右子树（若存在的话）。

（2）由二叉树的中序遍历和前序遍历的结果确定后序遍历的结果

由前序遍历和中序遍历的递归定义可以看出，前序遍历结果的首字符是树的根。在中序遍历的结果中，位于该字符左侧的子串为左子树中序遍历的结果，而位于该字符右侧的子串为右子树中序遍历的结果。设中序遍历的结果为 $s'=s_1'\cdots s_k'\cdots s_n'$，前序遍历的结果为 $s''=s_1''\cdots s_n''$。显然，在前序遍历的结果中，s_1'' 为二叉树根；在中序遍历的结果中，与 s_1'' 相同的字符为 s_k'。按照后序遍历的规则，先分析左右子树：

1）若 $k>1$，说明左子树存在，位于 s_k' 左侧的子串 $s_1'\cdots s_{k-1}'$ 为中序遍历左子树的结果，在前序遍历的结果中，$s_2''\cdots s_k''$ 为前序遍历左子树的结果；

2）若 $k<n$，说明右子树存在，位于 s_k' 右侧的子串为中序遍历右子树的结果，在前序遍历的结果中，$s_{k+1}''\cdots s_n''$ 为前序遍历右子树的结果。

分别递归二叉树的左子树和右子树（若存在的话），最后输出根 s_1''（或 s_k'）。

【9.4.1　Tree Recovery】

Valentine 非常喜欢玩二叉树，她喜欢的游戏是随意构造一棵二叉树，用大写字母标识节点。图 9.4-2 是她构造的二叉树中的一棵。

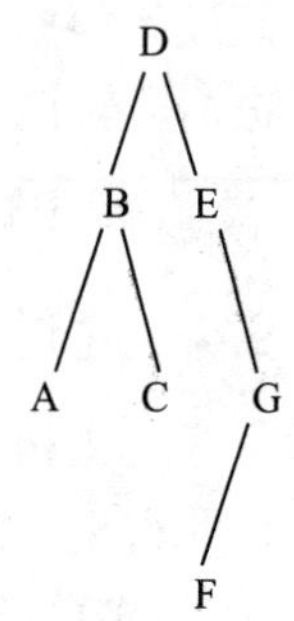

图　9.4-2

为了向她的后代记录她所创建的树，她给每棵树写下两个字符串，表示前序遍历（根、左子树、右子树）和中序遍历（左子树、根、右子树）的结果。

对于上面的树，前序遍历的结果是 DBACEGF，中序遍历的结果是 ABCDEFG。

她认为这样的一对字符串给出了重构这棵树的足够信息（但她从来没有尝试去重构二叉树）。

过了好些年，她认识到重构这些树的确是可能的。对于同一棵树，同一个字母不会用两次。

然而，如果手工来重构二叉树，那是非常乏味的。因此，请你编写一个程序来帮她完成这项工作。

输入

输入包含一个或多个测试用例。每个测试用例一行，给出两个字符串，表示对二叉树进行前序遍历和中序遍历的结果。这两个字符串都由大写字母组成（因此它们的长度不超过 26）。

输出

将每个测试用例转化为 Valentine 的二叉树，并在一行中输出树的后序遍历（左子树、右子树、根）的结果。

样例输入	样例输出
DBACEGF ABCDEFG BCAD CBAD	ACBFGED CDAB

试题来源：Ulm Local 1997

在线测试：POJ 2255，ZOJ 1944，UVA 536

试题解析

根据前序遍历和中序遍历的定义，子树前序串的首字符为子根。在子树的中序串中，该字符左方是其左子树的中序串，右方是其右子树的中序串。子树的后序遍历串按照递归左子树、递归右子树、访问根的顺序构造。

设前序串为 preord，首尾指针分别为 $preord_l$ 和 $preord_r$；中序串为 inord，首尾指针分别为 $inord_l$ 和 $inord_r$。

我们设计一个过程 recover($preord_l$, $preord_r$, $inord_l$, $inord_r$)，计算和输出 preord 和 inord 对应的后序串：

1）计算中序串中的根位置 root，该位置的字符与前序串的首字符相同（inord[root]==preord[$preord_l$]）；

2）计算左子树的规模 l_l（中序串中根左方的字符数 root-inord$_l$）和右子树的规模 l_r（中序串中根右方的字符数 inord$_r$- root）;

3）在左子树不空的情况下（l_l>0），递归左子树 recover(preord$_l$, preord$_l$+l_l, inord$_l$, root−1)，其中 preord$_l$、preord$_l$+l_l 为前序串中左子树的首尾指针，inord$_l$、root−1 为中序串中左子树的首尾指针；

4）在右子树不空的情况下（l_r>0），递归右子树 recover(preord$_l$+l_l+1, preord$_r$, root+1, inord$_r$), 其中 preord$_l$+l_l+1、preord$_r$ 为前序串中右子树的首尾指针，root+1、inord$_r$ 为中序串中右子树的首尾指针；

5）输出根 inord[root]。

参考程序

```
#include <stdio.h>                                       // 预编译命令
#include <string.h>
#include <assert.h>
FILE *input;                                             // 输入文件流的指针
char preord[30],inord[30];                               // 前序串和中序串
int read_case()                                          // 读前序遍历 preord 和中序遍历
                                                         //inord
{
    fscanf(input,"%s %s",preord,inord);
    if (feof(input)) return 0;                           // 若文件结束，则返回 0；否则返回 1
    return 1;
}
void recover (int preleft, int preright, int inleft, int inright)  // 输入前序串的首
    // 尾指针和中序串的首尾指针，计算和输出后序串
{
    int root,leftsize,rightsize;
    assert(preleft<=preright && inleft<=inright);        // 断言前序串和中序串未结束转化
    for (root=inleft; root<=inright; root++)             // 计算中序串中的根位置 root
        if (preord[preleft]==inord[root]) break;
    leftsize = root-inleft;                              // 计算左子树的规模和右子树的规模
    rightsize = inright-root;
    if(leftsize>0)                                       // 递归左子树
recover(preleft+1,preleft+leftsize,inleft,root-1);
    if(rightsize>0)                                      // 递归右子树
recover(preleft+leftsize+1,preright,root+1,inright);
    printf("%c",inord[root]);                            // 输出根
}

void solve_case()
{
    int n = strlen(preord);                              // 计算节点数
    recover(0,n-1,0,n-1);                                // 计算和输出后序遍历
    printf("\n");
}

int main()
{
    input = fopen("tree.in","r");                        // 输入文件名串与文件变量连接
    assert(input!=NULL);                                 // 断言输入文件未结束
    while (read_case()) solve_case();                    // 反复输入前序串和中序串，构造后
                                                         // 序串
    fclose(input);                                       // 关闭输入文件
    return 0;
}
```

【9.4.2　Tree】

给出一棵二叉树，请你计算二叉树中这样的叶节点的值：该节点是从二叉树的根到所有叶节点中具有最小路径值的终端节点。一条路径的值是该路径上节点的值之和。

输入

输入给出一棵二叉树的描述：该二叉树的中序和后序遍历的序列。程序将从输入中读取两行（直到输入结束）。第一行给出树的中序遍历的值的序列，第二行给出树的后序遍历的值的序列。所有值都大于 0 且小于 500。本题设定，任何二叉树没有超过 25 个节点或少于 1 个节点。

输出

对于每棵树的描述，请你输出具有最小路径值的叶节点的值。如果存在多条路径具有相同的最小值的情况，你可以选择任何合适的终端节点。

样例输入	样例输出
3 2 1 4 5 7 6 3 1 2 5 6 7 4 7 8 11 3 5 16 12 18 8 3 11 7 16 18 12 5 255 255	1 3 255

试题来源：ACM Central American Regionals 1997

在线测试：UVA 548

试题解析

本题输入一棵二叉树的中序和后序遍历的序列，输出二叉树的一个叶节点，要求该叶节点到根的路径值最小。

本题的解题算法如下。

1）根据中序遍历和后序遍历构造对应二叉树。方法如下：

由后序遍历确定当前子树的根节点，再在中序遍历中找到子根位置，则中序遍历中根的左侧是其左子树的中序遍历，根的右侧是其右子树的中序遍历。若左子树的长度为 len，则当前的后序遍历的前 len 个数据是左子树的后序遍历序列。右子树也是同理。

2）对二叉树进行深度优先搜索 dfs(r, m)，其中递归参数 r 为当前节点，m 为根至 r 的路径值。显然，递归到叶节点 r 时，m 保存的是 r 到根节点的路径值。

设记录最佳方案的全局变量为 ans 和 pos，ans 存储到目前为止叶节点至根的最小路径值，pos 存储这个叶节点。当递归至叶节点 r 时，如果 m 小于 ans，则 ans 调整为 m，pos 调整为当前的叶节点 r。显然，递归结束后的 ans 和 pos 即为本题要求的最佳方案。

参考程序（略。本题参考程序的 PDF 文件和本题的英文原版均可从华章网站下载）

【9.4.3　Parliament】

MMMM 州选出了一个新的议会。在议会注册过程中，每位议员都会获得其唯一的正整数的议员证号。数字是随机给出的，在数字序列中，两个相邻的数字之间可以隔着几个数。

议会中的椅子排列呈树状结构。当议员们进入礼堂时，他们按下列顺序就座：他们中的第一个人坐上主席的位子；对接下来的每一位代表，如果议员证号小于主席的证号，就向左走，否则就向右走，然后，坐上空位子，并宣布自己是子树的主席。如果子树主席的座位已被人占了，则坐上座位的算法以相同的方式继续：代表根据子树主席的证号向左或向右移动。

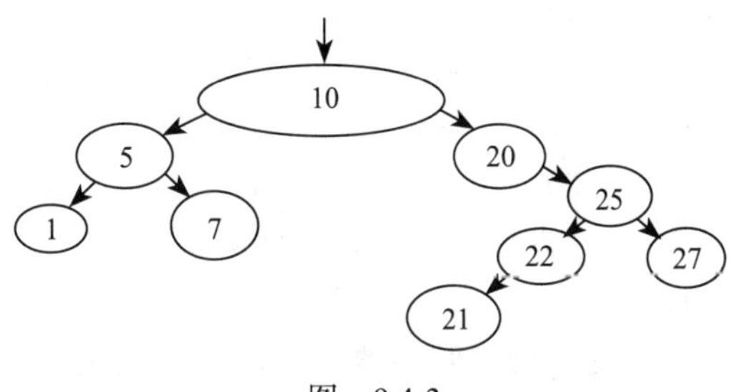

图　9.4-3

图 9.4-3 展示了按议员证号 10、5、1、7、20、25、22、21、27 的顺序进入礼堂的议员的座位示例。

议会在第一次会议上决定以后不改变座次，也确定了议员发言的顺序。如果会议的次数是奇数，那么议员的发言顺序如下：左子树、右子树和主席。如果一个子树有不止一个议员，那么他们的发言顺序也是一样的：子树的左子树、子树的右子树和子树主席。如果会议次数是偶数，发言顺序就不同了：右子树、左子树和主席。对于给定的示例，奇数次会议的发言顺序为 1、7、5、21、22、27、25、20、10，而偶数次会议的发言顺序为 27、21、22、25、20、7、1、5、10。

给出奇数次会议的发言顺序，请你确定偶数次会议的发言顺序。

输入

输入的第一行给出 N，表示议员总数。接下来的几行给出 N 个整数，表示按奇数次会议的发言顺序的议员证号。

议员总数不超过 3000 人。议员证号不超过 65 535。

输出

输出给出偶数次会议的发言顺序的议员证号。

样例输入	样例输出
9 1 7 5 21 22 27 25 20 10	27 21 22 25 20 7 1 5 10

试题来源：Quarterfinal, Central region of Russia, Rybinsk, October 17-18 2001

在线测试：Ural 1136

试题解析

由议员座位图（图 9.4-3）可以看出，左子树上的键值都比根小，右子树的键值都比根大，所以这是一棵二叉搜索树。试题给出了这棵二叉搜索树的后序遍历（即奇数次会议的发言顺序），要求输出这棵二叉树的“右子树 – 左子树 – 根”的遍历（即偶数次会议的发言顺序）。

我们用数组 $a[]$ 存储后序遍历，其中 $a[i]$ 为奇数次会议中第 i 个发言的议员证号。显然，数组最后一个元素 $a[n]$ 即为根，则在数组 $a[]$ 中第一个大于 $a[n]$ 的元素 $a[i]$（$1 \leqslant i \leqslant n-1$）即为根的右儿子，$a[i..n-1]$ 是右子树的后序遍历区间，而 $a[1..i-1]$ 是后序遍历区间的左子树区间，其中 $a[i-1]$ 为 $a[n]$ 的左儿子。

以试题的样例为例，后序遍历的最后一个数 10 是树根的键值，后序遍历中第一个比 10 大的数是 21，则以 21 为首的后缀是右子树的后序遍历。而后序遍历中以 21 左邻的数字 5 为尾的前缀是根的左子树的后序遍历，而 5 就是 10 的左儿子的键值，10 的左邻数字 20 就是 10 的右儿子的键值，以此类推，1 是 5 的左儿子，7 是 5 的右儿子。对于 10 的右子树也一样。

本题可用递归函数求解，首先确定左、右子树的范围，然后输出右子树，再输出左子树，最后输出根。

参考程序

```
#include <iostream>
#include <cstdio>
#include <cstring>
using namespace std;

int n;                              // 节点总数
int a[3010];                        // 存储后序遍历

void solve(int l,int r){            // 根据后序遍历 a[l..r]，计算和输出“右子树 - 左子树 - 根”
                                    // 的遍历
    int i = l;                      // 从 a[l] 出发，由左至右搜索区间内第一个大于 a[r] 的元素
                                    // a[i]
    while(i<l && a[i]<=a[r]) i++;
    if(i<r) solve(i,r-1);           // 若存在右子树区间 [i, r-1]，则递归右子树
    if(i>l) solve(l,i-1);           // 若存在左子树区间 [l, i-1]，则递归左子树
    printf("%d\n",a[r]);            // 输出根
}

int main()
{
    scanf("%d",&n);                 // 输入节点总数
    for(int i = 0;i<n;++i){         // 输入后序遍历
        scanf("%d",&a[i]);
    }
    solve(0,n-1);                   // 计算和输出“右子树 - 左子树 - 根”的遍历
    return 0;
}
```

9.5　相关题库

【9.5.1　Tree Summing】

LISP 是最早的高级程序设计语言中的一种，和 FORTRAN 一样，它也是目前还在使用的古老的语言之一。LISP 中使用的基本数据结构是列表，可以用来表示其他重要的数据结构，比如树。

本题判断由 LISP 的 S- 表达式表示的二叉树是否具有某项性质。

给出一棵整数二叉树，请你写一个程序判断是否存在这样一条从树根到树叶的路：路上的节点的总和等于一个特定的整数。例如，在如图 9.5-1 所示的树中有 4 条从树根到树叶的路，这些路的总和是 27、22、26 和 18。

在输入中，二叉树以 LISP 的 S- 表达式表示，形式如下。

```
empty tree ::= ()
tree ::= empty tree (integer tree tree)
```

图 9.5-1 中给出的树用表达式表示为 (5 (4 (11 (7 () ()) (2 () ()))) ()) (8 (13 () ()) (4 () (1 () ())))))。在这一表达式中树的所有树叶表示形式为 (整数 () ()) 。

因为空树（Empty Tree）没有从树根到树叶的路，对于在一棵空树中是否存在一条路总和等于特定的数的查询回答是负数。

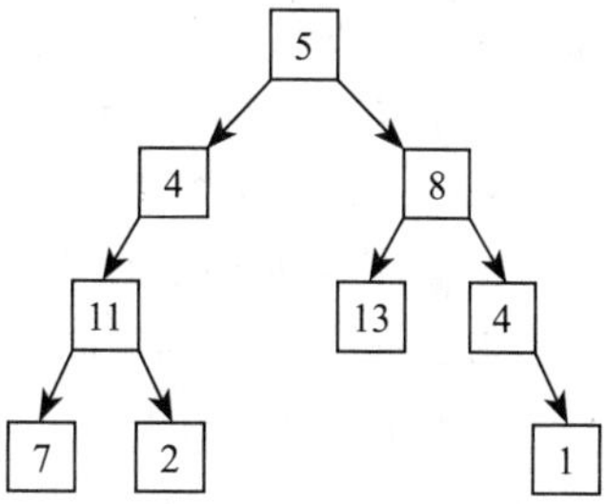

图　9.5-1

输入

输入包含若干测试用例，每个测试用例形式为整数 / 树，由一个整数开始，后面跟一个或多个空格，然后是一个以上述的 S- 表达式形式表示的二叉树。所有二叉树的 S- 表达式都是有效的，但表达式可能占据几行，也可能包含若干空格。输入文件中有一个或多个测试用例，输入以文件结束符结束。

输出

对输入中的每个测试用例（整数 / 树）输出一行。对每一个 I、T（I 是整数，T 是树），如果在 T 中存在从根到叶的总和是 I 的路，则输出字符串“yes”；如果没有从根到叶的总和是 I 的路，则输出字符串“no”。

样例输入	样例输出
22 (5(4(11(7()())(2()()))()) (8(13()())(4()(1()()))))	yes
20 (5(4(11(7()())(2()()))()) (8(13()())(4()(1()()))))	no
10 (3	yes
(2 (4 () ())	no
(8 () ()))	
(1 (6 () ())	
(4 () ())))	
5 ()	

试题来源：Duke Internet Programming Contest 1992

在线测试：POJ 1145，UVA 112

提示

输入由两部分组成。第 1 部分是根到叶的数和 s，第 2 部分是 S- 表达式，即树的括号表示：先将根节点的值放入一对圆括号中，然后把子树的节点值按由左至右的顺序放入括号中，而对子子树也采用同样方法处理，即同层子树与它的根节点用圆括号括起来，同层子树之间用括号隔开，最后用闭括号括起来。

设计一个递归函数 ParseTree(s)。该函数在输入 S- 表达式的同时，计算从根到叶存在数和为 s 的路径的标志，或者是空树的标志：

1）略去无用的空格符，取第 1 个非空字符 c。

2）若 c 非“(”，则报错；否则略过“(”后的无用空格，取第 1 个非空字符 c。c 有两种可能，要么是数字或正负号，要么是“)”。

3）若字符 c 属于数字或正负号，则取出对应的整数 v，分别检查左右子树中是否存在数和为 $s-v$ 的路径的标志（或子树空的标志）：l=ParseTree($s-v$)，r=ParseTree($s-v$)。然后略过无用空格，取第1个非空字符 c。若字符 c 非“)”，则报错；否则“)”标志以整数 v 为根的子树处理完毕。判断：

- 若 l 和 r 为空树标志且 $s==v$，则返回路径存在标志；
- 若 l 和 r 中至少存在一条数和为 $s-v$ 的路径，则返回路径存在标志；
- 除上述两种情况外，返回路径不存在标志。

若 c 非“)”，则表明当前子树在 S- 表达式中没有以“)”结尾，报错。

4）返回空树标志。

显然，每次读入根到叶的数和 s 后执行函数 ParseTree(s)。若返回路径存在标志，则输出“yes”；否则输出“no”。

【9.5.2 Trees Made to Order】

按下述步骤给二叉树编号：

1）空树编号为 0；

2）单根树编号为 1；

3）m 个节点的二叉树的编号小于 m+1 个节点的二叉树的编号。

m 个节点的二叉树，其左子树为 L，右子树为 R，编号为 n，使得这样的 m 个节点的二叉树的编号大于 n：或者左子树的编号大于 L；或者左子树的编号等于 L，右子树的编号大于 R（如图 9.5-2 所示）。

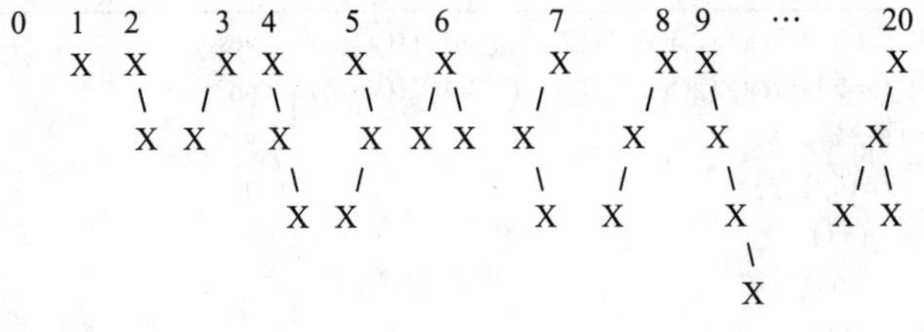

图 9.5-2

请根据给出的编号输出二叉树。

输入

输入给出多个测试用例。每个测试用例是一个整数 n，$1 \leqslant n \leqslant 500\ 000\ 000$。$n$=0 表示输入结束。（没有空树输出。）

输出

对于每个测试用例，按下述规范输出树：

- 无子女的树仅输出 X；
- 有左子树 L 和右子树 R 的树输出 (L')X(R')，其中 L' 和 R' 分别是 L 和 R 的树的表示；
- 如果 L 为空，则仅输出 X(R')；
- 如果 R 为空，则仅输出 (L')X。

样例输入	样例输出
1 20 31117532 0	X ((X)X(X))X (X(X(((X(X))X(X))X(X))))X(((X((X)X((X)X)))X)X)

试题来源：ACM East Central North America 2001

在线测试：POJ 1095，ZOJ 1062，UVA 2357

提示

根据二叉树的编号规则，任一棵具有 i 个节点的二叉树编号位于具有节点数 $i-1$ 的二叉树的编号之后。

设 h_i 为该规模二叉树的种类数，显然 h_i 为具有 i 个节点的二叉树编号个数。当 i==1 时，只有 1 个根节点，只能组成 1 种形态的二叉树，即 h_1=1，对应编号 1。当 i==2 时，1 个根节点固定，还有 2−1 个节点。这一个节点可以分成 (1, 0)、(0, 1) 两组，即左边放 1 个，右边放 0 个，或者左边放 0 个，右边放 1 个，即 $h_2=h_0*h_1+h_1*h_0=2$，能组成 2 种形态的二叉树，对应编号 2 和 3。当 i==3 时，1 个根节点固定，还有 2 个节点。这 2 个节点可以分成 3 组：(2, 0)、(1, 1)、(0, 2)。即 $h_3=h_0*h_2+h_1*h_1+h_2*h_0=5$，能组成 5 种形态的二叉树，对应编号 4、5、6、7、8。以此类推，当 $i \geqslant 2$ 时，可组成的二叉树数量为 $h_i=h_0*h_{i-1}+h_1*h_{i-2}+\cdots+h_{i-1}*h_0$ 种，即符合 Catalan 数的定义：

$$h_i=\begin{cases}1 & i=0,1\\ h_0*h_{i-1}+h_1*h_{i-2}+\cdots+h_{i-1}*h_0 & i\geqslant 2\end{cases}$$

另有递归和递推式：$h_i=\dfrac{4*i-2}{i+1}*h_{i-1}=\dfrac{c_{2i}^{i}}{i+1}$（$i=1,2,3,\cdots$）。

由于二叉树编号是按照节点数递增的顺序排列的（节点数为 0 的二叉树编号，节点数为 1 的二叉树编号，节点数为 2 的二叉树编号，…），因此对于编号为 m 的二叉树，其节点数 i 应满足条件 $\sum_{k=0}^{i}h_k\leqslant m<\sum_{k=0}^{i+1}h_k$，其特征值为 $n=m-\sum_{k=0}^{i}h_k$。如何根据节点数 i 和特征值 n，计算和输出该二叉树的括号表示呢？我们设计一个中序遍历过程 work(i, n)：

若子树无子女（i=0），仅输出 'X'；否则

计算左子树的节点数 ℓ 并调整特征值 n $\left(\sum_{k=0}^{l}h_k*h_{i-k-1}\leqslant n<\sum_{k=0}^{l+1}h_k*h_{i-k-1}, n=n-\sum_{k=0}^{l}h_k*h_{i-k-1}\right)$。若左子树存在（l>0），则输出左子树的括号表示（输出 '('，递归 work$\left(l,\dfrac{n}{h_{i-l-1}}\right)$，输出 ')'）；

输出子根 'X'；

若右子树存在（i−l−1>0），则输出右子树的括号表示（输出 "("，递归 work(i−l−1，n % h_{i-l-1})，输出 ')'）。

第 10 章

应用经典二叉树编程

二叉树不仅有结构简单、节省内存的优点，更重要的是便于对数据进行二分处理。在二叉树的基础上派生出一些经典的数据结构，本章给出如下经典二叉树的实验范例：

- 提高数据查找效率的二叉搜索树，优先队列的最佳存储结构二叉堆，以及在此基础上兼具二叉搜索树和二叉堆性质的树堆；
- 用于算法分析和数据编码的赫夫曼树，以及多叉赫夫曼树；
- 在二叉搜索树的基础上，为进一步提高数据查找效率而派生出的 AVL 树、伸展树。

10.1　二叉搜索树

查找是指在一个给定的数据结构中查找某个指定的元素。查找是数据处理过程中经常遇到的问题，查找时间直接影响数据处理的效率。查找方法一般有 3 种。

1）顺序查找：从线性表的第一个元素开始，依次将表中元素与被查元素比较：若相等，则查找成功；如果表中所有元素与被查元素进行了比较但都不相等，则表示表中没有要找的元素，查找失败。一个长度为 n 的线性表，最坏情况下的查找时间为 $O(n)$。

2）二分查找：线性表中的所有元素预先排好序，比如递增顺序；然后，首先取区间的中间元素，若被查元素等于中间元素，则查找成功；若被查元素小于中间元素，则该元素在左子区间查找；否则在右子区间查找。继续二分过程直至查找成功或区间仅剩 1 个元素 r 为止。查找时间为 $O(\log_2 n)$。

3）二叉搜索树，也称二叉排序树，定义如下。

定义 10.1.1（二叉搜索树，Binary Search Tree）　*二叉搜索树是一种具有下列性质的非空二叉树：*

- *若根节点的左子树不空，则左子树的所有节点值均小于根节点值；*
- *若根节点的右子树不空，则右子树的所有节点值均不小于根节点值；*
- *根节点的左右子树也分别为二叉搜索树。*

显然，对二叉搜索树进行中序遍历，结果为一个递增序列。在二叉搜索树中查找指定元素可遵循"左小右大"的规律，整个过程沿某一条路径进行，查找时间自然要少花许多，且二叉搜索树的深度越小，查找效率越高。二叉搜索树有三种类型。

1）普通二叉搜索树：边输入边构造的二叉搜索树，树的深度取决于输入序列。

2）静态二叉搜索树：按照二分查找的方法构造出的二叉搜索树，近似丰满，深度约为 $O(\log_2 n)$。但这种树一般采用离线构造的方法，即输入数据后一次性建树，不便于进行动态维护。

3）平衡树，在插入和删除过程中一直保持左右子树的高度至多相差 1 的平衡条件，且保证树的深度为 $O(\log_2 n)$。

【10.1.1　BST】

对于一个无穷的完美二叉搜索树（如图 10.1-1 所示），节点的编号是 1, 2, 3,…。对于一

棵树根为 x 的子树，沿着左节点一直往下到最后一层，可以获得该子树编号最小的节点；沿着右节点一直往下到最后一层，可以获得该子树编号最大的节点。现在给出的问题是“在一棵树根为 x 的子树中，节点的最小编号和最大编号是什么？”，请你给出答案。

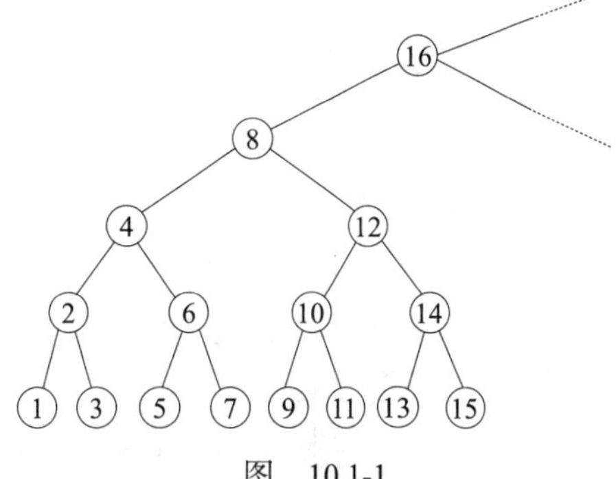

图　10.1-1

输入

在输入中，第一行给出整数 n，表示测试用例的数目。在后面的 n 行中，每行给出一个整数 x（$1 \leqslant x \leqslant 2^{31}-1$），表示子树树根的编号。

输出

输出 n 行，第 i 行给出第 i 个问题的答案。

样例输入	样例输出
2 8 10	1 15 9 11

试题来源：POJ Monthly, Minkerui

在线测试：POJ 2309

试题解析

由题意可以看出，若树根 x 为奇数，则对应的完美二叉搜索树仅含节点 x；若 x 为偶数且整除 2^k 后的商为奇数（$x \% 2^k{==}0$，$x \% 2^{k+1} \neq 0$），则对应的完美二叉搜索树含 k 层，共有 $2^{k+1}-1$ 个节点，其中最小编号的节点 min 位于第 k 层的最左端；最大编号的节点 max 位于第 k 层的最右端。根据满二叉搜索树的性质和题意给出的节点编号规则，可以发现：

- min 和 max 为奇数，否则 min 和 max 非叶子，还可以向下扩展；
- 根据完美二叉树的性质，x 的左右子树各含 2^k-1 个节点；
- 根据二叉搜索树的性质，左子树的编号区间为 [min，$x-1$]，右子树的编号区间为 [$x+1$，max]。

由此得出 min=$x-2^k+1$，max=$x+2^k-1$。

问题是，怎样确定偶数 x 整除 2^k 后的商为奇数，2 的最大次幂 k 如何计算。实际上 k 即为 x 对应的二进制数中左端第 1 个 1 的位置，其权为 2^k。x 整除 2^k 后自然变成了奇数。我们可直接通过位运算 $x\&(-x)$ 计算出 2^k。

参考程序

```
#include <iostream>                    // 预编译命令
using namespace std;                   // 使用 C++ 标准程序库中的所有标识符
long lowbit(long x)                    // 计算 x 对应的二进制数中右端第 1 个 1 的位置 k，返回权 2^k
{
    return x & -x;
}
int main(void)
{
    long n, x;
    cin >> n;                          // 读入测试用例数
```

```
    for (long i = 0; i < n; i++) {
        cin >> x;           // 读第 i 个测试用例的树根编号
        cout << x - lowbit(x) + 1 << ' ' <<  x + lowbit(x) - 1 << endl;  // 输出以
            //x 为根的完美二叉搜索树的最小节点编号和最大节点编号
    }
    return 0;
}
```

【10.1.2 Falling Leaves】

图 10.1-2 给出一个字母二叉树的图的表示。熟悉二叉树的读者可以跳过字母二叉树、二叉树树叶和字母二叉搜索树的定义，直接看问题描述。

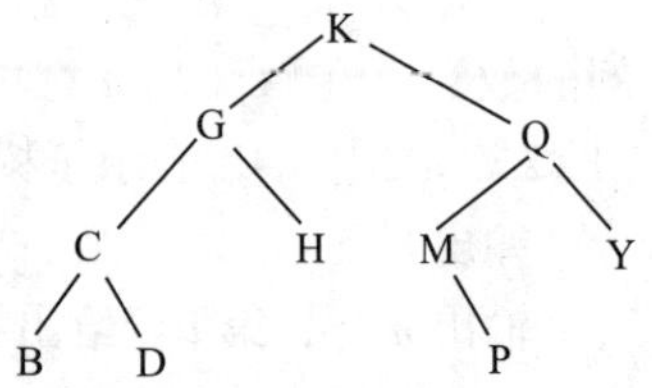

图 10.1-2

一棵字母二叉树可以是下述两者之一：

1）它可以是空树；

2）它可以有一个根节点，每个节点以一个字母作为数据，并且有指向左子树和右子树的指针，左右子树也是字母二叉树。

字母二叉树可以用图这样表示：空树忽略不计；节点包含字母数据；如果左子树非空，向左下方的线段指向左子树；如果右子树非空，向右下方的线段指向右子树。

二叉树的树叶是一个子树都为空的节点。在图 10.1-2 的实例中，有 5 个树叶节点，数据为 B、D、H、P 和 Y。

字母树的前序遍历定义如下：

1）如果树为空，则前序遍历也是空的；

2）如果树不为空，则前序遍历按下述顺序组成：访问根节点的数据；前序遍历根的左子树；前序遍历根的右子树。

图 10.1-2 中树的前序遍历的结果是 KGCBDHQMPY。

在图 10.1-2 中的树也是字母二叉搜索树。字母二叉搜索树是每个节点满足下述条件的字母二叉树：按字母序，根节点的字母在左子树的所有节点的字母之后，在右子树的所有节点的字母之前。

请考虑在一棵字母二叉搜索树上的下述的操作序列：删除树叶，并将被删除的树叶列出；重复这一过程直到树为空。

从图 10.1-3 中左边的树开始，产生树的序列如图所示，最后产生空树。

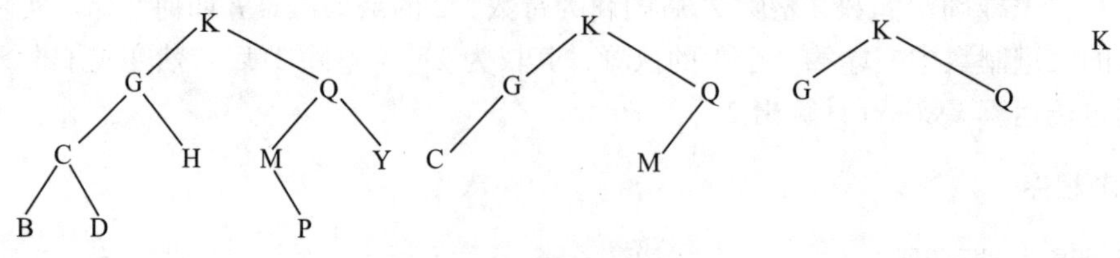

图 10.1-3

移除的树叶数据为：

BDHPY

CM

GQ

K

本题给出这样一个字母二叉搜索树的树叶的行的序列，输出树的前序遍历。

输入

输入给出一个或多个测试用例。每个测试用例是一个由一行或多行大写字母构成的序列。

每行给出按上述描述的步骤从二叉搜索树中删除的树叶。每行中给出的字母按字母序升序排列。测试用例之间用一行分隔，该行仅包含一个星号（“*”）。

在最后一个测试用例后，给出一行，仅给出一个美元标志（“$”）。输入中没有空格或空行。

输出

对于每个输入的测试用例，有唯一的二叉搜索树，产生树叶的序列。输出一行，给出该树的前序遍历，没有空格。

样例输入	样例输出
BDHPY CM GQ K * AC B $	KGCBDHQMPY BAC

试题来源：ACM Mid-Central USA 2000

在线测试：POJ 1577，ZOJ 1700，UVA 2064

试题解析

设移除树叶表为 leaves，表长为 levels，其中 leaves[i] 为第 i 次删除的树叶，按字母递增顺序排列（$1 \leqslant i \leqslant$ levels）。例如，给出移除树叶表 leaves：

序号	字母串	序号	字母串
1	BDHPY	3	GQ
2	CM	4	K

显然，最后删除的树叶（leaves[4]）K 为根。按照字母序分析 leaves 的前 3 项：

序号	K 的左子树	K 的右子树
1	BDH	PY
2	C	M
3	G	Q

由上表的第 3 项得出，K 的左儿子为 G，右儿子为 Q。按照字母序分析上表的前 2 项，得出以 G 为根的子树：

序号	G 的左子树	G 的右子树
1	BD	H
2	C	

按照字母序分析以 Q 为根的子树：

序号	Q 的左子树	Q 的右子树
1	P	Y
2	M	

由此得出 Q 的左儿子为 M，右儿子为 Y。

依次类推，最后得到如图 10.1-4 所示的二叉树。

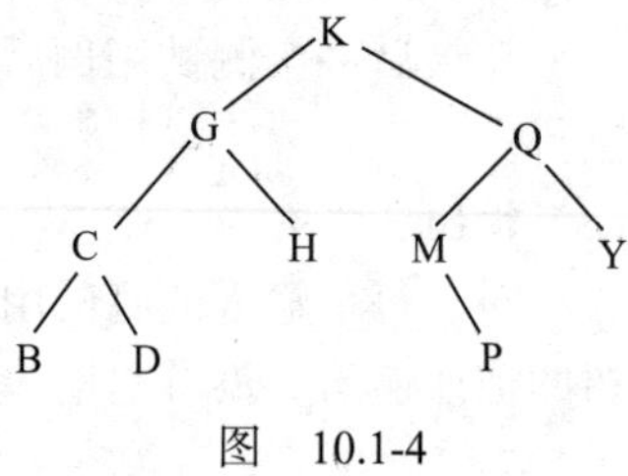

图　10.1-4

我们通过递归程序 preorder(leaves, levels) 计算和输出该树的中序遍历：

1）从 leaves 表尾出发，向上找第 1 个非空项 leaves [levels]。若 leaves 表空（levels<0），则返回 ""；否则 leaves [levels] 中的首字母即为子根 root。

2）搜索 leaves 表中的每个字母串 leaves[*i*]，构造该字母串的左子树 left[*i*] 和右子树 right[*i*]($0 \leqslant i \leqslant$ levels−1)：由左而右寻找 leaves[*i*] 串中第 1 个不小于 root 的字母位置 past，左子树 left[*i*] 为 leaves[*i*] 串中长度为 past 的前缀，right[*i*] 为以 past 为起始位置的后缀。

3）返回（root+preorder(left, levels) + preorder(right, levels)）。

参考程序（略。本题参考程序的 PDF 文件和本题的英文原版均可从华章网站下载）

【10.1.3　The order of a Tree】

众所周知，二叉搜索树的形状与插入的键的顺序有很大关系。准确地说：

1）在一棵空树上插入一个键 *k*，然后树就变成一棵只有一个节点的树。

2）在非空树中插入键 *k*，如果小于根，则在其左子树上插入 *k*；否则在其右子树上插入 *k*。

我们称键的顺序为“树的顺序”，给出一棵树的顺序，请你找一个序列，使之能产生与给出的序列相同形状的二叉搜索树；同时，这一序列的字典序最小。

输入

输入中有多个测试用例，每个测试用例的第一行给出一个整数 *n*（$n \leqslant 100\ 000$），表示节点的数目。第二行给出 *n* 个整数，从 k_1 到 k_n，表示树的顺序。为了简明起见，从 k_1 到 k_n 是一个 1 到 *n* 的序列。

输出

输出 *n* 个整数的一行，这是一个树的顺序，以最小的字典序生成相同形状的树。

样例输入	样例输出
4 1 3 4 2	1 3 2 4

试题来源：2011 Multi-University Training Contest 16 - Host by TJU

在线测试：HDOJ 3999

试题解析

首先，根据输入键的顺序，构造对应的二叉搜索树；然后，前序遍历这棵二叉树，得出的树的顺序就是以最小的字典序生成的相同形状的树。

注意：为了使得顺序值之间用空格隔开，设首节点标志 flag。递归前 flag 初始化为 true，随后改为 false。每搜索到一个节点，若 flag 为 false，则尾随一个空格，直至搜索到最后一个节点。

参考程序

```
#include <stdio.h>
typedef struct binTreeNode{                   // 元素类型为结构体的二叉搜索树
    int data;                                 // 顺序值
    struct binTreeNode *lchild,*rchild;       // 左右子树指针
} *BT;
void add( BT &T , int val ){                  // 将顺序值 val 插入二叉搜索树
    if( T==NULL ){                            // 若 T 为空，则找到插入位置
        T = new binTreeNode();                // 申请内存，构造值为 val 的叶节点
        T->data = val;
        T->lchild = T->rchild = NULL;
    } else if( T->data > val ){               // 若 val 小于根节点值，则沿左子树方向寻找插入位置
        add( T->lchild,val );
    } else{                                   // 若 val 不小于根节点值，则沿右子树方向寻找插入位置
        add( T->rchild,val );
    }
}
void preOrder( BT T , bool flag ){            // 前序输出树的顺序，参数 T 为当前节点，flag 为首
                                              // 节点标志
    if( T==NULL )
        return;
    else {
        if( !flag )                           // 若节点 T 非首节点，则尾随空格
            printf( " " );
        printf( "%d",T->data );               // 输出 T 的顺序值，分别递归左右子树
        preOrder( T->lchild , 0);
        preOrder( T->rchild , 0);
    }
}
int main(){
    BT T;                                     // 二叉搜索树的根节点
    int n,v;                                  // 节点数 n，当前顺序值 v
    while( ~scanf( "%d",&n ) ){               // 反复输入二叉搜索树的节点数，直至输入 0
        T = NULL;                             // 二叉搜索树初始化为空
        for( int i=0 ; i<n ; i++ ){           // 输入 n 个顺序值，并依次插入二叉搜索树
            scanf( "%d",&v );
            add( T,v );
        }
        preOrder( T , 1 );                    // 按照前序遍历的顺序输出树的顺序
        printf( "\n" );
    }
}
```

【10.1.4　Elven Postman】

精灵是非常奇特的生物。正如大家所知，他们可以活很长时间；他们的魔法让人不能掉以轻心；他们住在树上；等等。但是，精灵的有些事情你可能不知道：虽然他们能通过神奇的心灵感应非常方便地传送信息（就像电子邮件一样），但他们更喜欢其他更“传统”的方法。

所以，对于一个精灵邮递员，了解如何正确地把邮件送到树上的某个房间是很重要的。在精灵树的交叉处，最多两条分支，或者向东，或者向西。精灵树看起来非常像人类计算机

科学家定义的二叉树。不仅如此，在对房间编号时，他们总是从最东边的位置向西对房间进行编号。东边的房间通常更受欢迎，也更贵，因为可以看日出，这在精灵文化中非常重要。

精灵通常把所有的房间号都按顺序写在树根上，这样邮递员就知道如何投递邮件了。顺序如下：邮递员将直接访问最东边的房间，并记下沿途经过的每个房间。到达第一个房间后，他将去下一个没有访问过的最东边房间，并在途中记下每个未被访问过的房间；这样做直到所有房间都被访问过为止。

给出写在根上的序列，请你确定如何到达某个房间。

例如，序列 2、1、4、3 写在如图 10.1-5 的树的树根上。

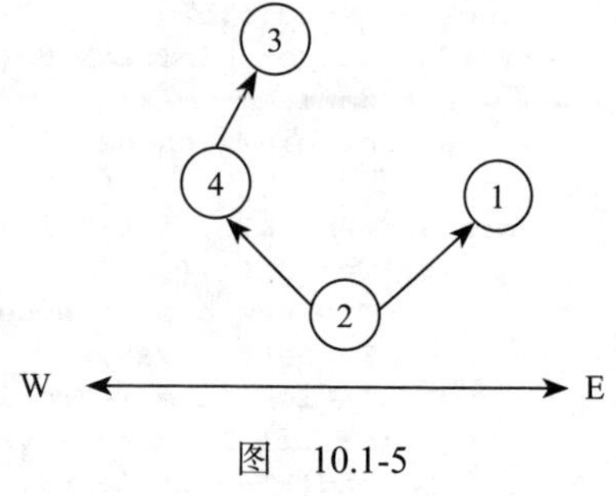

图　10.1-5

输入

首先给出一个整数 T（$T \leqslant 10$），表示测试用例的数目。

对于每个测试用例，在一行上给出一个数字 n（$n \leqslant 1000$），表示树上的房间数。然后的 n 个整数表示写在根上的房间号的序列，分别为 $a_1,\cdots,a_n$，其中 $a_1,\cdots,a_n \in \{1,\cdots,n\}$。

在接下来的一行，给出一个数字 q，表示要投递的邮件数。之后，给出 q 个整数 $x_1,\cdots,x_q$，表示每封邮件要送达的房间号。

输出

对于每个查询，输出邮递员送邮件所需的移动序列（由 E 或 W 组成）。E 表示邮递员向东分支走，而 W 表示向西分支走。如果目的地的房间在根上，就输出一个空行。

请注意，为了简便，我们设定邮递员总是从根开始，不管他要去哪个房间。

样例输入	样例输出
2 4 2 1 4 3 3 1 2 3 6 6 5 4 3 2 1 1 1	E WE EEEEE

试题来源：2015 ACM/ICPC Asia Regional Changchun Online

在线测试：HDOJ 5444

试题解析

本题给出线性排列的树节点值，第一个数字是根节点值，如果后面的数不大于当前值，则往东（E）走，否则往西（W）走。显然，这样的线性排列为二叉搜索树的前序遍历，而其中序遍历则为 $1\cdots n$。

本题是在已知这棵二叉搜索树的前序遍历和中序遍历的基础上，查询根至某些节点所要走的路径。由此得出解题步骤：

1）输入写在根上的房间序列，并构造二叉搜索树。注意，插入节点时需记录插入时的路径；

2）依次处理 q 个询问：每次询问按小（或相等）“东”、大“西”的规则，搜索由根至当前房间的路径。

参考程序（略。本题参考程序的 PDF 文件和本题的英文原版均可从华章网站下载）

10.2　二叉堆

定义 10.2.1（二叉堆 (Heap)）　二叉堆是一棵满足下列性质的完全二叉树：如果某个节点有孩子，则根节点的值都小于孩子节点的值，我们称之为小根堆。如果某个节点有孩子，则根节点的值都大于孩子节点的值，我们称之为大根堆。

所以，在二叉堆中，小根堆的根节点值是最小的，大根堆的根节点值是最大的。

二叉堆经常被用作优先队列的存储结构。优先队列与先进先出队列的相同之处在于它们的表现形式都是存取有限个元素的线性结构，删除操作在队首进行，而插入操作在队尾进行；不同之处在于，加入优先队列尾部的元素具有任意优先权，但被删除的队首元素必须具有最大优先权（或最小优先权）。如果采用数组作为优先队列的存储结构，每次删除队首元素前需要把整个数组扫描一遍，找出其中最大优先权（或最小优先权）的元素移至队首，显然这种做法颇为费时 ($O(n)$)。为此，引入了二叉堆，用它作为优先队列的存储结构，可以大大改善运算效率。

二叉堆为一棵完全二叉树，所有叶子都在同一层或者两个连续层；最后一层的节点是自左向右填入的。因此二叉堆的元素可保存在一维数组 heap[0..n−1] 中，其中，对于分支节点 heap[i]，其父节点是 heap[$\left\lfloor \frac{i-1}{2} \right\rfloor$]，左子节点是 heap[2*$i$+1]，右子节点是 heap[2*$i$+2]（$1 \leqslant i \leqslant \left\lfloor \frac{n-1}{2} \right\rfloor$）；若 $i > \left\lfloor \frac{n-1}{2} \right\rfloor$，则节点 i 为叶节点（如图 10.2-1 所示）。

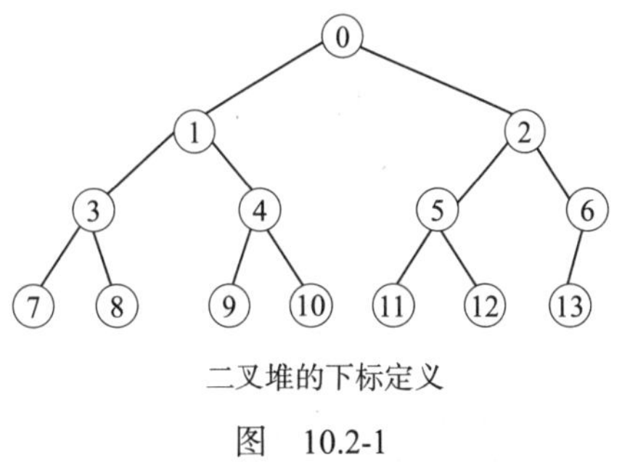

二叉堆的下标定义

图　10.2-1

在插入或删除节点操作前，完全二叉树保持着堆性质。当插入或删除一个节点后，堆的性质被破坏了，需要通过调整来恢复堆性质，这就是堆的动态维护。我们以小根堆为例，阐释动态维护堆的基本方法，大根堆的动态维护方法除了堆序性相反外基本相同。

1. 小根堆的插入操作

先将被插入元素添加到堆尾，再向上调整：被插入元素的值与其父节点值比较，若父节点的值大于插入元素的值，则父节点的值与插入元素的值交换位置，然后继续向上调整，直至父节点值不大于插入元素的值为止。显然，此时的完全二叉树恢复了小根堆性质。

```
int k = ++top;                        // 将该节点加入堆尾
heap[k] = 被插入元素的值 ;
while (k>0) {                         // 调整位置
    int t = (k-1)/2;                  // 计算 k 的父节点序号 t
    if  (heap[t]>heap[k])  {          // 若节点 t 的权值大于 k 节点的权值，则交换节点
                                      // k 和节点 t，并继续往上调整；否则维护结束
        交换 heap[t] 和 heap[k];
        k = t;
    } else
        break;
```

```
}
```

由于堆有$\lceil \log_2 n \rceil$层，因此插入 1 个节点的时间花费为 $O(\lceil \log_2 n \rceil)$。

2. 小根堆的删除操作

在堆中删除最小值元素，即删除根 heap[0]：首先，用 heap[$n-1$] 覆盖 heap[0]，堆长 $n--$，如图 10.2-2 所示。

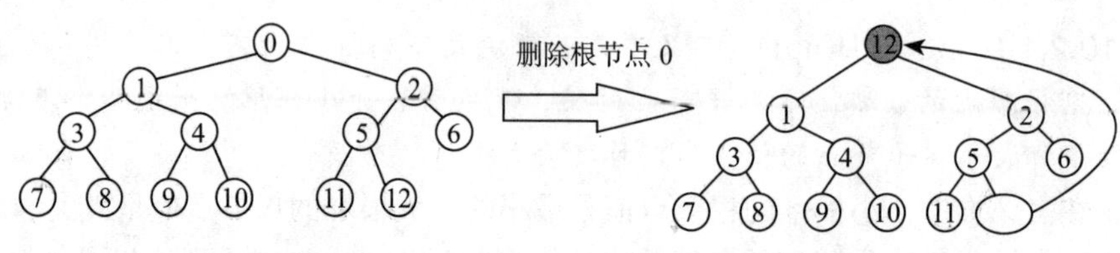

图　10.2-2

然后，向下调整，使数组 heap[0..$n-2$] 恢复小根堆性质。设 k=0，调整过程如下：

1）设 heap[t] 是 heap[k] 的最小的孩子；

2）如果 heap[k]>heap[t]，则 heap[k] 和 heap[t] 交换，k=t，然后继续从 k 出发向下调整；否则，完全二叉树恢复了小根堆的性质，调整结束。

例如，在图 10.2-2 的基础上，给出的根节点 12“下降”至小根堆的合适位置的过程（如图 10.2-3 所示）

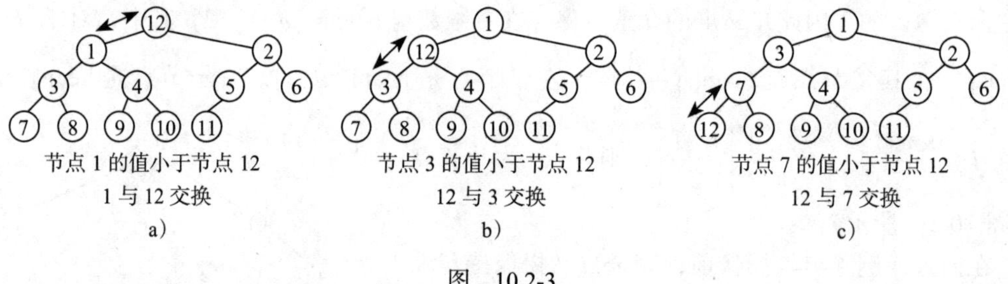

图　10.2-3

显然，删除 heap[0] 的关键是如何向下调整堆，其计算过程如下：

```
if (top) {                     // 堆非空
取出 heap[0];
int k =0;                      // 从根出发向下调整
heap[k] = heap[top--];         // 队列尾部的节点放入堆顶，长度 -1
while ((k * 2+1) <= top) { // 循环，直至整个堆或者当前节点 k 最小根性质为止
    int t = k * 2+1; {         // 计算 k 的最小孩子 t
    if (t < top && (heap[t+1] < heap[t]) ++t;
    if (heap[k]>heap[t]) { // 若节点 k 非最小，则与最小孩子交换
        heap[k] 和 heap[t] 互换；
        k = t;                 // 继续往下调整
    } else
        break;                 // 若 k 满足最小根性质，则退出循环
    }
} else output "the heap is empty";
```

由于堆有$\lceil \log_2 n \rceil$层，因此删除堆首节点并维护堆性质的时间花费为 $O(\lceil \log_2 n \rceil)$。

【10.2.1　Windows Message Queue】

消息队列是 Windows 系统的基础。对于每个进程，系统维护一个消息队列。如果在进

程中有些事情发生，如点击鼠标、文字改变，该系统将把这个消息加到队列中。同时，如果队列不是空的，这一进程循环地从队列中按照优先级值获取消息。请注意优先级值低意味着优先级高。在本题中，请你模拟消息队列，将消息加到消息队列中并从消息队列中获取消息。

输入

输入中只有一个测试用例。每一行是一个指令“GET”或“PUT”，分别表示从队列中取出消息或将消息加入队列中。如果指令是“PUT”，后面就有一个字符串，表示消息的名称，以及两个整型，表示参数和优先级。最多有 60 000 个指令。请注意，一条消息可以出现两次或多次，如果两者具有相同的优先级，则排在前面的消息先处理（即对于相同的优先级，FIFO）。处理直到文件结束为止。

输出

对于每个“GET”指令，在一行中输出消息队列中消息的名称和参数。如果在队列中没有消息，输出“EMPTY QUEUE!”表示“PUT”指令没有输出。

样例输入	样例输出
GET PUT msg1 10 5 PUT msg2 10 4 GET GET GET	EMPTY QUEUE! msg2 10 msg1 10 EMPTY QUEUE!

试题来源：Zhejiang University Local Contest 2006, Preliminary

在线测试：ZOJ 2724

试题解析

本题是典型的优先队列问题，队列中存储待处理的消息，这些消息按照优先级值递增的顺序存放。若优先级值相同，则先来者在前、后来者在后。由于指令数较多，为了提高时效，采用小根堆存储优先队列解答本题。

还需要注意的是，本题还有一个权值相同情况下比较谁先出现的优先条件，因此在构造小根堆时，需要在比较函数中设定权值为第一关键字、顺序为第二关键字，即权值小或者权值相等但先出现的消息为优先。

设 p 为存储消息的缓冲区，第 i 条消息的名字为 $p[i]$.name，参数为 $p[i]$.para，优先级为 $p[i]$.pri，顺序为 $p[i].t$，heap[t] 为堆节点 t 在缓冲区 p 中的序号，即 p[heap[t]] 为堆节点 t 的信息，堆长度为 top($0 \leqslant i, t \leqslant$ top)。

按照下述方法处理每行指令：

1）若当前命令为“GET”，则堆首消息输出后出堆（堆尾消息移至堆首，堆长 --），并维护堆性质（将堆首消息下移至合适位置）；

2）若当前命令为“PUT”，则将增加的消息插入堆中（新增消息插入堆尾，堆长 ++），并维护堆性质（将堆尾消息上移至合适位置）。

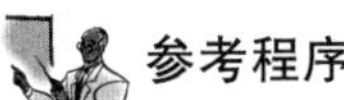
参考程序

```
#include <cstdio>                                  // 预编译命令
#include <cstring>
```

```
using namespace std;                         // 使用 C++ 标准程序库中的所有标识符
const int maxn = 60000 + 10;                 // 消息数的上限
const int maxs = 100;                        // 消息名字的上限
struct info {
    char name[maxs];                         // 消息的名字、参数、优先级和顺序
    int para;
    int pri, t;
} p[maxn];                                   // 存储消息的缓冲区
int heap[maxn];                              // 堆
int top, used;                               // 堆长度和缓冲区指针
inline void swap(int &a, int &b)             // 交换整数 a 和 b
{
    int tmp = a;
    a = b;
    b = tmp;
}
int compare(int a, int b)                    // 优先级为第一关键字，加入时间为第二关键字。若 a
                                             // 小则返回 -1；若 b 小则返回 1；若相等则返回 0
{
    if (p[a].pri < p[b].pri)
        return -1;
    if (p[a].pri > p[b].pri)
        return 1;
    if (p[a].t < p[b].t)
        return -1;
    if (p[a].t > p[b].t)
        return 1;
    return 0;
}
int main(void)                               // 由于使用数组存储优先队列不能在时限内解决本题，
                                             // 因此改用（小根）堆作为存储消息的数据结构
{
    used = 0;
    top = 0;
    int cnt = 0;
    char s[maxs];
    while (scanf("%s", s) != EOF) {          // 反复输入命令，直至文件结束
        if (!strcmp(s, "GET")) {             // 取消息指令
            if (top) {                       // 若堆不空，则输出堆首消息的名字和优先级
                printf("%s %d\n", p[heap[1]].name, p[heap[1]].para);
                int k = 1;                   // 将堆尾节点调至堆首，堆长 -1
                heap[k] = heap[top--];
                while (k * 2 <= top) {       // 将堆首节点下调至合适位置
                    int t = k * 2;           // 计算左右儿子中权值最小的节点 t
                    if (t < top && compare(heap[t + 1], heap[t]) < 0)
                        ++t;
                    if (compare(heap[t], heap[k]) < 0) { // 若节点 t 的权值比其父小，则交
                                             // 换并继续调整下去；否则调整结束
                        swap(heap[t], heap[k]);
                        k = t;
                    } else
                        break;
                }
            } else
                printf("EMPTY QUEUE!\n");
        } else {                             // 加入消息命令
            scanf("%s%d%d", p[used].name, &p[used].para, &p[used].pri); // 读消息
                                             // 的名字、参数和优先级
            p[used].t = cnt++;               // 记录该消息的顺序，顺序 +1
            int k = ++top;                   // 将该消息加入堆尾
```

```
                heap[k] = used++;
                while (k > 1) {              // 自底向上，将堆尾节点上调至合适位置
                    int t = k / 2;           // 计算 k 的父节点序号 t
                    if (compare(heap[t], heap[k]) > 0) { // 若节点 t 的权值大于 k 节点的
                                             // 权值，则交换节点 k 和节点 t，并继续往下调整；否则
                                             // 维护结束
                        swap(heap[t], heap[k]);
                        k = t;
                    } else
                        break;
                }
            }
        }
        return 0;
    }
```

【10.2.2　Binary Search Heap Construction】

堆是这样的一种树，每个内节点被赋了一个优先级（一个数值），使得每个内节点的优先级小于其父节点的优先级。因此，根节点具有最大的优先级，这也是堆可以用于实现优先队列和排序的原因。

在一棵二叉树中的每个内节点都有标号和优先级，如果相应于标号它是一棵二叉搜索树，相应于优先级它是一个堆，那么它就被称为树堆（Treap）。给出一个标号 – 优先级对组成的集合，请构造一个包含了这些数据的树堆。

输入

输入包含若干测试用例，每个测试用例首先给出整数 n，本题设定 $1 \leqslant n \leqslant 50\,000$；后面给出 n 对字符串和整数 l_1/p_1, …, l_n/p_n，表示每个节点的标号和优先级。字符串是非空的，由小写字母组成，数字是非负的整数。最后一个测试用例后面以一个 0 为结束。

输出

对每个测试用例，在一行中输出一个树堆，树堆给出节点的说明。树堆的形式为 (< left sub-treap >< label >/< priority >< right sub-treap >)，子树堆递归输出，如果是树叶就没有子树输出。

样例输入	样例输出
7 a/7 b/6 c/5 d/4 e/3 f/2 g/1	(a/7(b/6(c/5(d/4(e/3(f/2(g/1)))))))
7 a/1 b/2 c/3 d/4 e/5 f/6 g/7	(((((((a/1)b/2)c/3)d/4)e/5)f/6)g/7)
7 a/3 b/6 c/4 d/7 e/2 f/5 g/1	(((a/3)b/6(c/4))d/7((e/2)f/5(g/1)))
0	

试题来源： Ulm Local 2004

在线测试： POJ 1785，ZOJ 2243

试题解析

本题要求构造一个大根堆，并中序遍历这个大根堆。输出格式是用括号表示法描述的中序遍历。

由于标号和优先级的取值都是唯一的，每一个测试用例都有唯一的树堆解。因此，树堆可以用一种直接的方式构造：找到优先级最高的节点，作为树堆的根；然后，将剩余的节点

划分成两个集合：标号比根小的节点和标号比根大的节点。递归地采用这一方法，基于第一个集合构造左子树，基于第二个集合构造右子树。如果这两个节点集都是空的，则只是一个叶节点，递归结束。

上述方法基于列表来实现，就要用线性的时间找到具有最大优先级的节点，用线性时间划分节点集。在最坏情况下，运行时间为 $O(n^2)$，在 n 的值高达 50 000 时，运行速度就很慢。

因此，要对划分节点集合的过程进行优化，以减少运行时间。在初始时，按节点的标号对节点进行排序（时间复杂度为 $O(n*\log(n))$），这样，节点集就表示为一个区间，会有一个最大值和一个最小值。然后，对这个区间，用线性时间找到具有最大优先级的节点，以此将一个区间划分为两个子区间。此后，对每个区间递归上述步骤：该区间被划分为两个子区间，对于每个区间，用线性时间找到具有最大优先级的节点。

采用有序统计树（Order-Statistic Tree），通过扩大元素列表的方法，在 $\log(n)$ 时间内找到最大优先级。为此，构建一棵足够大的完全二叉树，在其底层的 n 个叶节点按标号递增顺序自左向右排序，并被标记优先级，树的每个内节点则被标记在该节点下面的节点的优先级的最大值。这样的树以自底向上的方式在线性时间内构造。所以，不用扫描整个区间来搜索最大优先级，可以使用存储在内节点中的子树的优先级最大值。因此，我们可以通过在有序统计树中由区间两端自底向上搜索在 $\log(n)$ 时间内找到最大优先级。然后，采用自顶向下搜索，在区间内查找具有该优先级的元素。因此，算法的总运行时间是 $O(n*\log(n))$。

设构造一个大根堆 ost。由于节点数的上限为 50 000，因此将长度为 n 的初始数据作为堆的叶节点放入 ost[$2^{16}..2^{16}+n-1$]，建堆过程中形成的 $n-1$ 个分支节点放入 ost[$2^{16}-n+1..2^{16}-1$]。计算过程如下：

1）输入 n 个节点的标号和优先级，建立 p 表和 l 表，其中第 i 个输入节点的标号为 $l[i]$，优先级为 $p[i]$。

2）创建堆的存储空间：按标号递增顺序建立 n 个节点的堆序号，放入 ost[$2^{16}..2^{16}+n-1$]。

3）自底向上构建初始堆：ost[$2^{16}..2^{16}+n-1$] 为叶子，上推双亲层 ost[$2^{15}..\left\lfloor\frac{2^{16}+n-1}{2}\right\rfloor$]，其中 ost[$i$] 为堆节点 $2*i+1$ 与 $2*(i+1)$ 间的大者的下标，即 $p[\text{ost}[i]]=\max\{p[\text{ost}[2*i+1]], p[\text{ost}[2*(i+1)]]\}$（$2^{15}\leqslant i\leqslant\left\lfloor\frac{2^{16}+n-1}{2}\right\rfloor$）。若 n 为奇数，则 $p[\text{ost}[\left\lfloor\frac{2^{16}+n-1}{2}\right\rfloor]]=p[2^{16}+n-1]$；按照上述方法上推倒数第 2 层，即 ost[$2^{15}..\left\lfloor\frac{2^{16}+n-1}{2}\right\rfloor$] 的双亲层 ost[$2^{14}..\left\lfloor\frac{2^{16}+n-1}{2}\right\rfloor$]；…；以此类推，向上倒推 16 层时，即可得到大根 ost[1]。例如，按标号递增顺序建立 8 个节点的堆序号，放入 ost[$2^{16}..2^{16}+7$]。按照上述方法得到如下结构的初始堆（如图 10.2-4 所示）。

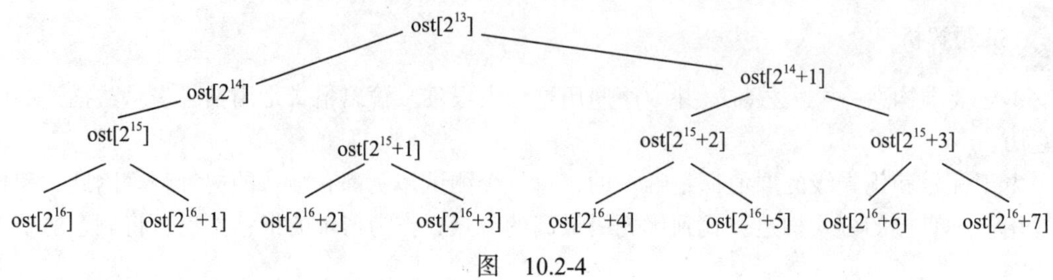

图　10.2-4

4）递归计算堆的括号表示法。通过递归过程 recurse(*f*, *t*)，计算和输出序号区间 [*f*..*t*] 对应子堆的括号表示法：

- 计算子根序号 *r*。首先计算区间两端优先级大者的下标 *r*，即 *p*[ost[*r*]]=max{*p*[ost[*f*]], *p*[ost[*t*]]}；然后按照自下而上的顺序，依次搜索每层节点区间两端的节点 *f*′ 和 *t*′：若 *f*′ 为左儿子 (*f*′%2==0)，且同层有优先级最大的右邻节点 ((*f*′+1<*t*′)&&(*p*[ost[*f*′+1]]>*p*[ost[*r*′]]))，则调整 *r*(*r*=*f*′+1)；若 *t*′ 为右儿子 (*t*′%2 ==1)，且同层有优先级最大的左邻节点 ((*t*′−1>*f*′)&& (*p*[ost[*t*′−1]] > *p*[ost[*r*]]))，则调整 *r*(*r*=*f*′+1)。接下来继续上推双亲层（*f*′=*f*′/2，*t*′=*t*′/2），直至上推到根为止（*f*′ ≤ *t*′）。
- 将 *r* 下调至合适位置：若 *r* 与左儿子的优先级相同 (ost[*r*]==ost[*r**2])，则 *r* 下调至左儿子 (*r* = *r**2)；若 *r* 与右儿子的优先级相同 (ost[*r*] == ost[*r**2+1])，则 *r* 下调至右儿子（*r*=*r**2+1）。
- 输出“(”，表示 [*f*..*t*] 对应堆的括号表示法开始；若 *r* 有左子树（*f*<*r*)，计算和输出左子树的括号表示法（recurse(from, *r*−1)）；输出子根 *r* 的标号（*l*[ost[*r*]]) 和优先级 (*p*[ost[*r*]])；计算和输出右子树的括号表示法（recurse(*r*+1, *t*))。

显然，递归调用 recurse(2^{16}, 2^{16}+*n*−1) 便可以得到问题解。

参考程序（略。本题参考程序的 PDF 文件和本题的英文原版均可从华章网站下载）

C++ 中的 STL 为堆和堆运算提供了一个非常好的容器 priority_queue。在程序首部通过预编译命令“#include <queue>”导入 queue 类的基本容器，因为容器 priority_queue 属于 queue 类的基本容器。

priority_queue 的模板声明十分简单：

```
priority_queue< 参数 1, 参数 2, 参数 3> 堆变量
```

其中参数 1 定义堆元素的数据类型；参数 2 定义存储堆元素的容器类别，比如 vector、deque，但不能是 list，如果把参数 2 省略的话，则表明容器类别为 vector；参数 3 定义比较方式（less 是大根堆，greater 是小根堆)，如果把参数 3 省略的话，则表明容器里存放的是大根堆。

priority_queue 容器封装了许多堆运算功能，例如：

- 堆变量 .front()——返回堆首元素；
- 堆变量 .empty()——判断堆是否为空的布尔函数；
- 堆变量 .push(*a*)——将 *a* 压入堆；
- 堆变量 .pop()——出堆操作。

编程中可以充分利用 STL 里面的这些堆算法，例如：

```
#include <iostream>      // 预编译命令，其中 queue 里含容器 priority_queue
#include <queue>
using namespace std;     // 使用 C++ 标准程序库中的所有标识符
int main()
{
priority_queue<int> q; // 定义大根堆 q，堆元素为整型
int a;
while(cin>>a)            // 反复读整数 a，并将之压入大根堆 q，直至读入输入结束标志 Ctrl+Z
    {
    q.push(a);
    }
```

```
while(!q.empty())         //反复输出堆首元素并进行出堆操作，直至堆空
    {
    cout<<q.front()<<endl;
    q.pop();
    }
return 1;
}
```

例如，输入“3 4 6 1 10 2 45 Ctrl+Z”，则输出：

```
45
10
6
4
3
2
1
```

显然使用 STL 的 priority_queue 定义，可直接调用 STL 里面的堆算法，省去了编程的麻烦。

【10.2.3 Decode the Tree】

给出一棵树（也就是一个连通无回路图），树的节点用整数 1, …, *N* 编号。树的 Prufer 码构造如下：取具有最小的编号的叶节点（仅和一条边关联的节点），将该树叶和它所关联的边从图中删除，并记下该叶节点所关联的节点的编号。在获取的图中重复这一过程，直到只有一个节点留了下来。很明显，这个唯一留下的节点编号为 *N*。被记下的 *N*−1 个数的序列被称为树的 Prufer 码。

给出 Prufer 码，请重构一棵树。树表示如下：

```
T ::= "(" N S ")"
S ::= " " T S | empty
N ::= number
```

即树用括号把它们括起来，用数字表示其根节点的标识符，后面跟用一个空格分开的任意多的子树（也可能没有）。图 10.2-5 中的树是样例输入中的第一行给出的测试用例。

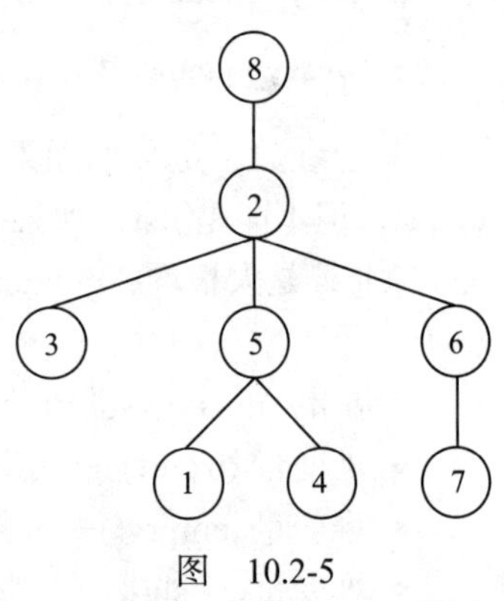

图 10.2-5

要注意的是，按上述定义，树的根也可能是树叶。这仅用于我们指定某个节点为树根的情况。通常，这里处理的树被称为“无根树”。

输入

输入包含若干个测试用例，每个测试用例一行，给出一棵树的 Prufer 码。给出用空格分隔的 $n-1$ 个数，设定 $1 \leqslant n \leqslant 50$，输入以 EOF 结束。

输出

对每个测试用例，输出一行，以上述的形式表示相应的树。一棵树有多种表示方式，选择你喜欢的一种。

样例输入	样例输出
5 2 5 2 6 2 8	(8 (2 (3) (5 (1) (4)) (6 (7))))
2 3	(3 (2 (1)))
2 1 6 2 6	(6 (1 (4)) (2 (3) (5)))

试题来源：Ulm Local 2001

在线测试：POJ 2568，ZOJ 1965

试题解析

试题输入 Prufer 码，要求构造对应的树，并输出其括号表示。本题的关键是如何构造与 Prufer 码对应的树。

在 Prufer 码中所有没有出现的节点编号都是树的叶节点编号（可能编号为 n 的节点除外）。根据 Prufer 码的定义，该码中的第一个数与编号最小数的叶节点相邻；这样，就可以构成树的一条边。如果在 Prufer 码中这个数字还会再次出现在 Prufer 码中，则在此时，该数字所对应的节点还不是叶节点；而如果该数字不再出现，则它已经变成了一个叶节点：在这种情况下，将该节点加入叶节点集合（优先队列）。重复同样的步骤 $n-2$ 次，就得到其他边。

为了使得计算过程更加简便，我们推荐使用面向对象的方法解题。设测试用例的节点序列为 v；度数序列为 deg，其中 deg[x] 是节点 x 的度数。

显然，v 和 deg 可定义为元素类型为整型的 vector 类；树的邻接表为 adj，其中 adj[x] 存储与 x 邻接的所有节点，邻接表为 vector 类，adj 也是 vector 类。

叶子序列 leafs 为一个小根堆，使用 STL 的 priority_queue 定义，leafs 堆的元素类型为整型，且存储在一个 vector 类的容器里，这样可直接调用 STL 里面的堆算法，省去了编程的麻烦。

计算过程如下：

```
将当前测试用例的节点序号依次送入 v 队列；
搜索 v 中每个节点 i，计算其度数（deg[v[i]]++；1 ≤ i ≤ n−1）；
将 deg 中每个度数为 0 的节点（deg[i]==0, 1 ≤ i ≤ n）压入小根堆 leafs；
  搜索 v 中的每个节点 i（1 ≤ i ≤ n−1）：
  { 取出小根堆 leafs 中节点序号最小的叶子 x；
    v[i] 与 x 邻接，v[i] 送入 adj[x] 容器，x 送入 adj[v[i]] 容器；
    若 v[i] 的度数 −1 后成为叶子 (--deg[v[i]] == 0)，则 v[i] 送入小根堆 leafs；
  }
从 n 节点出发，递归输出无根树的括号表示（print (adj, n)）；
```

其中过程 print 的说明如下：

```
print (&adj, x, p=0)    // adj 为邻接表，x 为当前节点；p 为前面输出的节点，初始时为 0
{   输出 '('x;
    for( adj[x] 容器中的每个节点 v)
        if (v!= p)
        { 输出空格；
            print (adj, v, x);
        }
    输出 ')'，表示 x 及其子树输出完毕；
```

参考程序（略。本题参考程序的 PDF 文件和本题的英文原版均可从华章网站下载）

10.3　树堆

10.3.1　树堆的概念和操作

定义 10.3.1.1（树堆 (Treap)）　树堆也被称为 Treap。对于一棵二叉搜索树，如果树节点带有一个随机附加域，使得这棵二叉搜索树也满足堆的性质，则这棵二叉搜索树被称为一棵树堆。

树堆节点 x 通常包含两个属性：关键字值 key[x]；优先级 priority[x]，一个独立选取的随机数。

树堆的节点采用结构体存储，定义如下：

```
struct node
{
    int key;        //关键字
    int priority;   //随机优先级
    node* left;     //左儿子节点
    node* right;    //右儿子节点
};
```

假设树堆所有节点的优先级是不同的，所有节点的关键字也是不同的。树堆的节点排列成让关键字遵循二叉搜索树性质，并且优先级遵循大根堆（或小根堆）顺序性质，即：

- 性质 1：如果 v 是 u 的左孩子，则 key[v]<key[u]。
- 性质 2：如果 v 是 u 的右孩子，则 key[v]>key[u]。
- 性质 3：如果 v 是 u 的孩子，则 priority[v]<priority[u] 或 priority[v]>priority[u]。

其中，性质 1 和性质 2 为二叉搜索树性质，性质 3 为堆性质。所以，树堆具有二叉搜索树和堆的特征，即“treap=tree+heap”。例如，二叉搜索树节点的关键字集合为 { A, B, E, G, H, K, I }，节点输入顺序不同，构成的二叉搜索树也不同；但如果为每个节点附加了一个随机的优先级，得到的具有二叉搜索树和小根堆性质的树堆如图 10.3-1 所示。

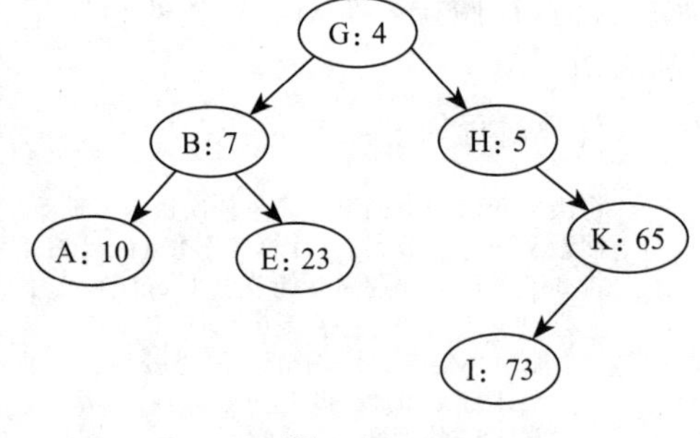

图　10.3-1

由图 10.3-1 可以看出，插入关联关键字的节点 x_1，x_2，…，x_n 到一棵树堆内，最终的树堆是将这些节点以优先级顺序插入一棵二叉搜索树而形成的，也就是说，以小根堆为例，如果 priority[x_i]<priority[x_j]，则树堆可以被视为节点 x_i 在节点 x_j 之前被插入而形成的二叉搜索树。相应于二叉搜索树，按照优先级顺序构建的树堆有如下改变。

（1）树堆的形态不依赖节点的输入顺序

按照优先级顺序构建的树堆是唯一的。树堆的根节点是优先级最高的节点，其左儿子是左子树里优先级最高的节点，右儿子亦然。所以，构造树堆，可以视为先把所有节点按照优先级由高到低排序，然后依次以构造二叉搜索树的算法插入节点。所以，当节点的优先级数确定的时候，这棵树堆是唯一的。

（2）树堆的操作更高效

基于随机给出的优先级构造的二叉搜索树的期望高度为 $O(\log_2 n)$，因而树堆的期望高度亦是 $O(\log_2 n)$，这可使二叉搜索树的任何操作变得更加高效。

（3）树堆的编程比平衡二叉搜索树更简便

为了维护堆性质和二叉搜索树的性质，树堆采用旋转操作，但仅需要左旋转和右旋转两种，相应于 AVL 树、伸展树（在后面论述），树堆的编程要简单很多，这正是树堆的特色之一。

以小根堆为例，当节点 X 的优先级数小于节点 Y 的优先级数时，右旋转；当节点 Y 的优先级数小于节点 X 的优先级数时，左旋转；左、右旋转如图 10.3-2 所示。

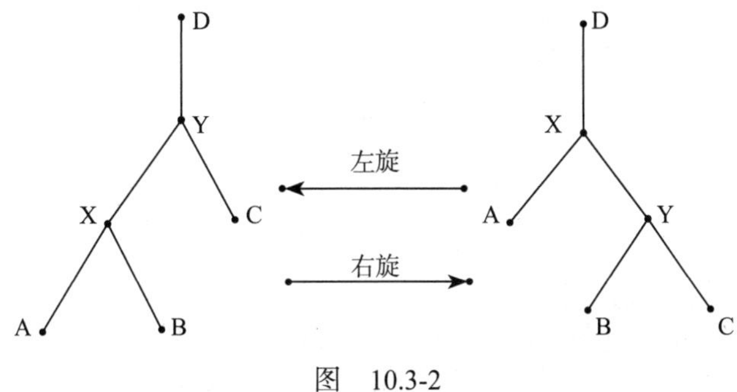

图　10.3-2

左旋转过程如下，node 为当前子树根节点。

```
void rotate_left(Node* &node)
{
    Node* x = node->right;
    node->right = x->left;
    x->left =node;
    node = x;
}
```

右旋转过程如下。

```
void rotate_right(Node* &node)
{
    Node* x = node->left;
    node->left = x->right;
    x->right = node;
    node = x;
}
```

树堆有如下 5 种基本操作，其中分离和合并是最为重要的操作，因为树堆的许多操作都是在这两种操作的基础上展开的。

（1）查找

与一般的二叉搜索树查找一样。但是由于树堆的随机化结构，在树堆中查找的期望复杂度是 $O(\log n)$。

（2）插入

首先，和二叉搜索树的插入一样，先把要插入的元素插入树堆，成为树堆的一个叶节点，然后，通过旋转来维护堆的性质。

以小根堆为例，如果当前节点的优先级数比其父节点小，则旋转：如果当前节点是左子节点，则右旋转；如果当前节点是右子节点，则左旋转。例如，图 10.3-1 的树堆中插入关键字为 D、优先级为 9 的节点，过程如图 10.3-3 所示。

插入过程实现如下。

```
void treap_insert(Node* &root, int key, int priority)
{
    if (root == NULL)           // 根为 NULL，则直接创建此节点为根节点
    {
        root = (Node*)new Node;
        root->left = NULL;
        root->right = NULL;
```

```
        root->priority = priority;
        root->key = key;
    }
    else if (key <root->key)  // 向左插入节点
    {
        treap_insert(root->left, key, priority);
        if (root->left->priority < root->priority)
            rotate_right(root);
    }
    else                              // 向右插入节点
        {
        treap_insert(root->right, key, priority);
        if (root->right->priority < root->priority)
            rotate_left(root);
    }
}
```

显然，对一个节点集合，按任意顺序输入节点，执行树堆的插入操作，结果是唯一的。

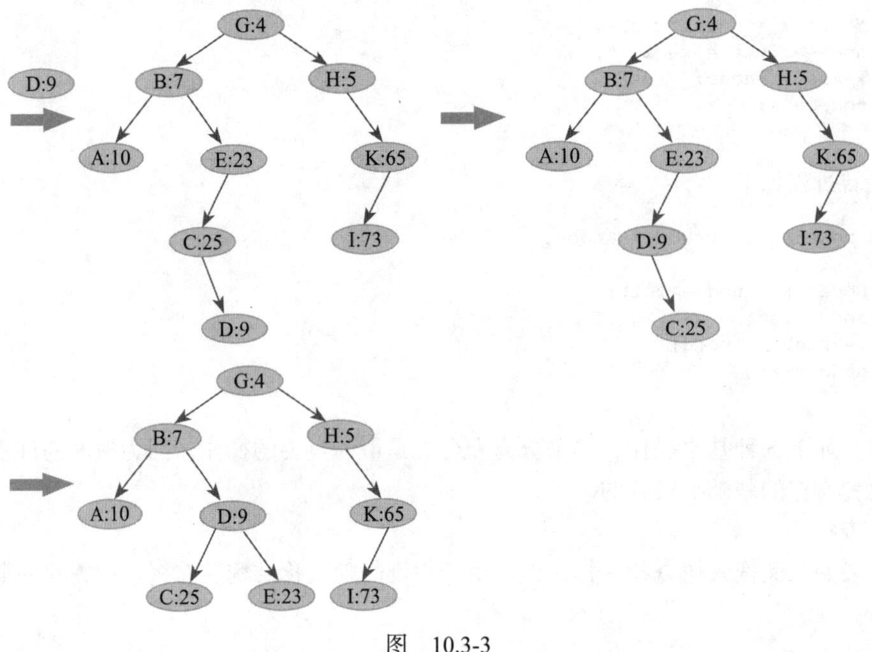

图 10.3-3

（3）删除

首先，和二叉搜索树的删除一样，找到相应的节点，然后，执行删除操作如下：

1）若该节点为叶节点（没有孩子节点），则直接删除；

2）若该节点仅有一个孩子节点，则将其孩子节点取代它；

3）否则，进行相应的旋转：以小根堆为例，每次找其优先级数最小的儿子，向与其相反的方向旋转，即左儿子优先级数最小，则右旋转；右儿子优先级数最小，则左旋转；直到该节点为上述情况之一，然后进行删除。

删除操作实现如下：

```
void treap_delete(Node* &root, int key)
{
    if (root != NULL)
```

```
        {
        if (key < root->key)
            treap_delete(root->left, key);
        else if (key > root->key)
            treap_delete(root->right, key);
        else
        {
            if (root->left == NULL)                                 //左孩子为空
                root = root->right;
                else if (root->right == NULL)                       //右孩子为空
                root = root->left;
            else                                                    //左右孩子均不为空
            {
                if (root->left->priority < root->right->priority)   //先旋转，然后再删除
                {
                    rotate_right(root);
                    treap_delete(root->right, key);
                }
                else
                {
                    rotate_left(root);
                    treap_delete(root->left,key);
                }
            }
        }
        }
    }
```

（4）分离

要把一个树堆按大小分成两个树堆，前 k 个节点划分给树堆 a，剩余节点划分给树堆 b。在要分开的位置加一个虚拟节点，关键字排序为第 $k+1$，优先级为最高；将该虚拟节点插入，待该节点旋转至根节点时，则左右两个子树就是两个树堆。时间复杂度是 $O(\log n)$。

（5）合并

合并是指把两个树堆合并成一个树堆，其中第一个树堆的所有节点的关键字都必须小于第二个树堆中的所有节点的关键字。合并的过程和分离的过程相反，要加一个虚拟的根，把两棵树分别作为左右子树，然后对根节点做删除操作。

下面给出树堆操作的一个经典范例。

【10.3.1.1　Double Queue】

新成立的巴尔干投资集团银行（Balkan Investment Group Bank，BIG-Bank）在布加勒斯特开设了一个新的办事处，配备了 IBM Romania 提供的现代计算环境，并使用了现代信息技术。与往常一样，银行的每个客户都用一个正整数 K 来标识，在客户到银行办理业务时，他或她会收到一个正整数优先级 P。银行的年轻管理人员的一项发明让银行服务系统的软件工程师非常吃惊，他们打破了传统，有时服务台会叫具有最低优先级的客户，而不是叫最高优先级的客户。因此，系统将接收以下类型的请求：

0	系统需要停止服务
1 K P	将客户 K 添加到等待列表中，其优先级为 P
2	服务具有最高优先级的客户，并将其从等待名单中删除
3	服务具有最低优先级的客户，并将其从等待名单中删除

请你编写一个程序，帮助银行的软件工程师实现所要求的服务策略。

输入

每行输入给出一个可能的请求，只有在最后一行给出停止请求（代码 0）。本题设定，当有一条请求是在等待列表中加入一个新客户时（代码 1），在列表中不会有其他的请求加入相同的客户或相同的优先级。标识符 K 总是小于 10^6，优先级 P 小于 10^7。客户可以多次办理业务，并且每次的优先级可以不同。

输出

对于代码为 2 或 3 的每个请求，你的程序要以标准输出的方式，在单独的一行中输出要服务的客户的标识符。如果发出请求时等待列表为空，则程序输出零（0）。

样例输入	样例输出
2 1 20 14 1 30 3 2 1 10 99 3 2 2 0	0 20 30 10 0

试题来源：ACM Southeastern Europe 2007

在线测试：POJ 3481，UVA 3831

试题解析

加入一个新客户（代码 1），则执行树堆的插入操作，插入节点的 v 值（顾客优先级，作为节点关键字值）、节点的 r 值（随机函数 rand 获得，作为节点优先级）和节点信息 info（顾客编号）。

服务一个客户（代码为 2 或 3），则是先用 find_max 找到最大 v 值的节点信息 info（代码为 2），或用 find_min 找到最小 v 值的节点信息 info（代码为 3），然后执行树堆的删除操作，删除（remove）该客户即可。

参考程序

```
#include<cstdio>
#include<cstdlib>
using namespace std;
struct Node
{
    Node *ch[2];                              // 左右指针
    int r,v,info;                             // v是客户优先级，info是客户的编号，r由rand()
                                              // 生成
    Node(int v,int info):v(v),info(info) // 产生一个叶节点，客户优先级为v，客户编号为
                                              // info，随机产生节点优先级为r，左右指针为空
    {
        r=rand();                             // 随机产生节点优先级
        ch[0]=ch[1]=NULL;                     // 左右指针为空
    }
    int cmp(int x)                            // 客户优先级v与x比较大小
```

```
                                                  // cmp(x){-1, x=v
                                                          { 0,  x<v
                                                          { 1,  x>v
    {
        if(x==v) return -1;
        return x<v? 0:1;
    }
};
void rotate(Node* &o,int d)
                                                  // 节点 o 旋转，方向 d={0, 左旋
                                                                      {1, 右旋
{                                                 //o 的（d^1）方向的儿子 k 成为父节点，o 成为其 d 方向的
                                                  // 儿子，而原 k 的 d 方向的儿子成为 o 的（d^1）方向的儿子
                                                  //（注：（d^1）方向为 d 的相反方向）
    Node *k=o->ch[d^1];
    o->ch[d^1]=k->ch[d];
    k->ch[d]=o;
    o=k;
}
void insert(Node* &o,int v,int info) // 将名为 info、优先级为 v 的客户插入树堆 o
{
    if(o==NULL) o=new Node(v,info);  // 若找到插入位置，则客户作为叶节点插入
    else
    {
        int d= v < o->v?0:1;         // 若 v 小于 o 节点的优先级，则在 o 的左方向插入；否则在
                                     //o 的右方向插入
        insert(o->ch[d],v,info);     // 该客户插入 o 的 d 方向子树
        if(o->ch[d]->r > o->r)       // 若 o 节点的优先级小于 d 方向儿子的优先级，则向（d^1）
                                     // 方向旋转
            rotate(o,d^1);
    }
}
void remove(Node *&o,int v)          // 在以 o 为根的树堆中，删除优先级为 v 的节点
{
    int d=o->cmp(v);                 //o 的优先级与 v 比较
    if(d==-1)                        // 若 o 与 v 的优先级相同
    {
        Node *u=o;                   // 记下原子根
        if(o->ch[0] && o->ch[1])     // 若 o 有左右子树，则计算被删节点的方向
                                     // d2={0, 左儿子优先级小，被删节点在左子树方向
                                     //    {1, 否则，被删节点在右子树方向
        {
            int d2 = o->ch[0]->r < o->ch[1]->r ?0:1;
            rotate(o,d2);            //o 向 d2 方向旋转
            remove(o->ch[d2],v);     // 在 o 的 d2 方向的子树中递归搜索
        }
        else                         // 若 o 节点仅有一个孩子，则将其孩子节点取代 o
        {
            if(o->ch[0]==NULL)o=o->ch[1];
            else o=o->ch[0];
            delete u;                // 删除原子根
        }
    }
    else remove(o->ch[d],v);         // 否则 o 节点为叶节点，直接将其删除
}
int find_max(Node *o)                // 在以 o 为根的子树堆中寻找最大的优先值
{
    if(o->ch[1]==NULL)               // 若 o 的右子树为空，则 o 的优先级最大，输出 o 的客户编
```

```
                                    //号，并返回 o 的客户优先级
    {
        printf("%d\n",o->info);
        return o->v;
    }
    return find_max(o->ch[1]);      //否则沿 o 的右子树方向继续寻找
}
int find_min(Node *o)               //在以 o 为根的子树堆中寻找最小的优先值
{
    if(o->ch[0]==NULL)              //若 o 的左子树为空，则 o 的优先级最小，输出 o 的客户编
                                    //号，并返回 o 的客户优先级
    {
        printf("%d\n",o->info);
        return o->v;
    }
    return find_min(o->ch[0]);      //否则沿 o 的左子树方向继续寻找
}
int main()
{
    int op;
    Node *root=NULL;
    while(scanf("%",&op)==1&&op)    //反复输入代码 op，直至输入 0 为止
    {
        if(op==1)                   //若需加入新客户，则输入客户名 info 和客户优先级 v
        {
            int info,v;
            scanf("%d%d",&info,&v);
            insert(root,v,info);    //将该客户插入以 root 为根的树堆
        }
        else if(op==2)              //若需删除最高优先级的客户
        {
            if(root==NULL) {printf("0\n"); continue;} //若树堆为空，则继续输入下一个请求
            int v=find_max(root);   //从树堆中找出最高优先级 v
            remove(root,v);         //删除优先级为 v 的节点
        }
        else if(op==3)              //若需删除最低优先级的客户
        {
            if(root==NULL) {printf("0\n"); continue;} //若树堆为空，则继续输入下一个请求
            int v=find_min(root);   //从树堆中找出最低优先级 v
            remove(root,v);         //删除优先级为 v 的节点
        }
    }
    return 0;
}
```

10.3.2　非旋转树堆

树堆可以通过旋转来保持其性质。

非旋转树堆的关键在于维护性质并不改变树的形态，所以也被称为可持久化树堆。分离和合并是非旋转树堆的重要操作。

（1）分离

分离操作 split(x, k) 将以 x 为根的树堆的前 k 个节点划分给树堆 a，剩余节点划分给树堆 b，返回树堆 a 和 b 的根。可分 4 种情况讨论：

1）若 k=0，则树堆 a 为空，树堆全部划入树堆 b（图 10.3-4a）。

2）若树堆的规模不大于 k，则树堆 b 为空，树堆全部划入树堆 a（图 10.3-4c）。

3）在树堆的规模大于 k 的情况下，若树堆的左子树的规模不小于 k，则对树堆的左子

树做递归分离 split(x', k)，其中 x' 为左子树的根，将左子树中的前 k 个元素划分给树堆 a，剩余元素划分给树堆 b 的左子树，树堆的右子树划分给树堆 b 的右子树（图 10.3-4b）。

4）在树堆的规模不大于 k 的情况下，若树堆的左子树的规模小于 k，则树堆的左子树作为给树堆 a 的左子树，对树堆的右子树做递归分离，将前（k−1− 树堆的左子树规模）个节点作为树堆 a 的右子树，剩余节点划分给树堆 b（图 10.3-4d）。

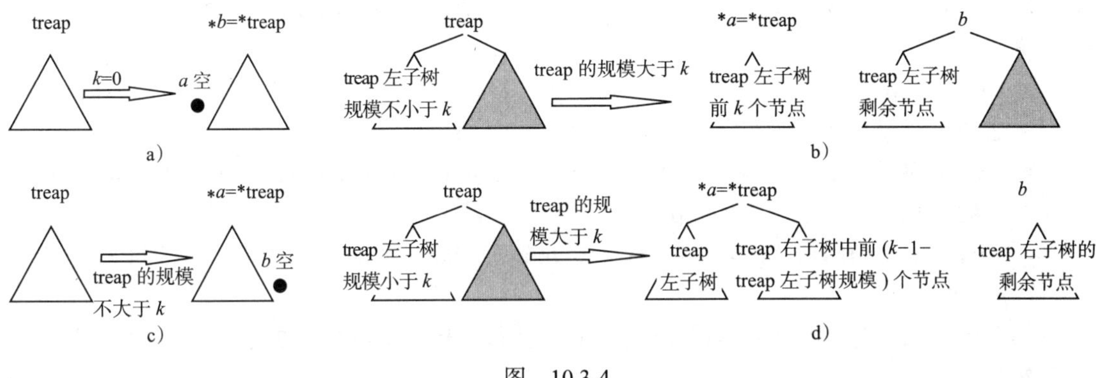

图　10.3-4

显然，这个分离方法可保证树堆 a 的每个节点的关键字都要小于树堆 b 的每个节点的关键字。期望复杂度是 O(log n)。

（2）合并

合并操作 merge(x, y) 将树堆 a 和树堆 b 合并成树堆 treap，返回树堆 treap 的根，其中 x 是树堆 a 的根，y 是树堆 b 的根。同样递归实现，分析 x 和 y 的优先级，设树堆 a 和树堆 b 是小根堆。

如果 x 的优先级数小于 y 的优先级数，则先将 b 与 a 的右子树合并，合并结果作为树堆 treap 的右子树，树堆 treap 的左子树即为 a 的左子树，如图 10.3-5a 所示，即递归调用 merge(rc(x), y)，其中 rc(x) 是 x 的右孩子；否则，先将 a 与 b 的左子树合并，合并结果作为树堆 treap 的左子树，而树堆 treap 的右子树即为 b 的右子树（图 10.3-5b），即递归调用 merge(x, lc(y))，其中 lc(y) 是 y 的左孩子。

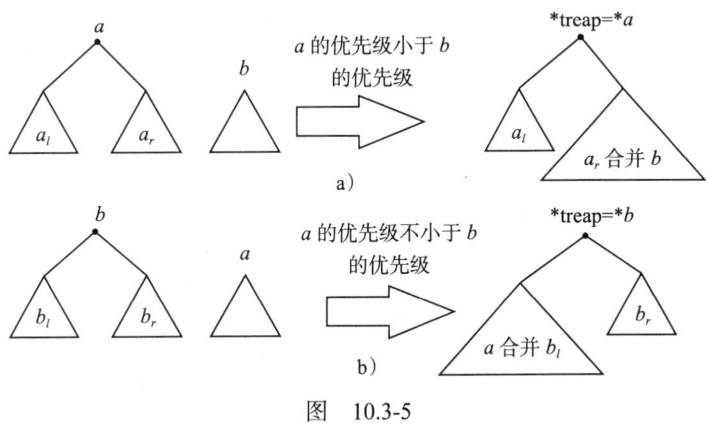

图　10.3-5

显然，合并方法可保证树堆的二叉排序树性质和堆性质。

利用分离和合并这两个基本操作进行插入、删除等运算，可使计算过程十分简便和清晰。

【10.3.2.1 Version Controlled IDE】

程序员使用版本控制系统来管理他们的项目中的文件，但是在这些系统中，只有当你手动提交文件时，该版本才被保存。你能实现一个 IDE，在你插入或删除一个字符串的时候，自动保存一个新的版本吗？

在缓冲区中的位置从左到右从 1 开始进行编号。最初，缓冲区是空的，版本为第 0 个版本。你可以执行以下 3 类指令（vnow 是执行命令之前的版本，$L[v]$ 是第 v 个版本在缓冲区的长度）。

- 1 p s：在位置 p 后插入字符串 s（$0 \leqslant p \leqslant L[\text{vnow}]$，$p$=0 表示插在缓冲区开始的位置之前）。$s$ 至少包含 1 个字母，至多包含 100 个字母。
- 2 p c：从位置 p 开始删除 c 个字符（$p \geqslant 1$；$p+c \leqslant L[\text{vnow}]+1$）。剩余的字符（如果有的话）向左移动，填入空格。
- 3 v p c：在第 v 个版本中（$1 \leqslant v \leqslant \text{vnow}$），从位置 p 开始打印 c 个字符（$p \geqslant 1$；$p+c \leqslant L[v]+1$）。

第一条指令肯定是指令 1（插入指令），每次执行了指令 1 或指令 2 之后，版本数增加 1。

输入

仅有一个测试用例。首先给出一个整数 n（$1 \leqslant n \leqslant 50\,000$），表示指令的数目。接下来的 n 行每行给出一条指令。所有插入的字符串的总长度不超过 1 000 000。

输出

按序对每条指令 3 输出结果。

为了防止你预处理命令，输入还采取以下的处理方案：

- 每条类型 1 的指令变成 1 $p+d$ s。
- 每条类型 2 的指令变成 2 $p+d$ $c+d$。
- 每条类型 3 的指令变成 3 $v+d$ $p+d$ $c+d$。

其中 d 是这条指令处理之前，你输出的小写字母“c”的数目。例如，在混淆之前，样例输入是：

6

1 0 abcdefgh

2 4 3

3 1 2 5

3 2 2 3

1 2 xy

3 3 2 4

你的程序读取下面给出的样例输入，而处理的真正的输入如上。

样例输入	样例输出
6 1 0 abcdefgh 2 4 3 3 1 2 5 3 3 3 4 1 4 xy 3 5 4 6	bcdef bcg bxyc

试题来源：ACM ICPC Asia Regional 2012:: Hatyai Site

在线测试：UVA 12538

试题解析

给出三种操作：

1）操作 1：在 p 位置插入一个字符串。

2）操作 2：从 p 位置开始删除长度为 c 的字符串。

对于前两个操作，每操作一次形成一个历史版本。

3）操作 3：输出第 v 个历史版本中从 p 位置开始的长度为 c 的字符串。

为此，我们为每个版本建立一个树堆。设树堆序列为 root[]，其中 root[i] 存储第 i 个版本。为了使算法更加简化，略去旋转运算，保留了两个基本操作。

基本操作 1：合并操作

将树堆 a 和树堆 b 合并成树堆 o，计算过程由子程序 merge(*&o, *a, *b) 完成：

```
void merge(&o, *a, *b)              // 将树堆 a 和 b 合并成树堆 o
{
    if (a==null) 将 b 复制给 o;      // 若 a 空，则将 b 复制给 o；若 b 空，则将 a 复制给 o
    else if (b==null)
        else                        // 在树堆 a 和 b 非空的情况下
            if (a 的优先级小于 b) {   // 若 a 的优先级小于 b
                将 a 复制给 o;
                merge(o_r, a_r, b);   // a 的右子树与 b 合并为 o 的右子树
                计算 o 对应区间的规模和最小值;
            }
            else{                   //a 的优先级不小于 b
                将 b 复制给 o;
                merge(o_l, a, b_l);   // 将 a 与 b 的左子树合并成 o 的左子树
                计算 o 对应区间的规模和最小值;
            }
}
```

基本操作 2：分离操作（split(*o, *&a, *&b, k)）

将树堆 o 中的前 k 个节点划分给树堆 a，剩余节点划分给树堆 b。计算过程由子程序 merge(*&o, *a, *b) 完成：

```
void split(*o, *&a, &b, k){
    if (!k){
        o 复制给 b;
        a 设空;
    }
    if (o 的规模 <=k){
            o 复制给 a;
            b 设空;
    }
    else                                        //o 的规模超过 k
            if (o 左子树的规模 >=k){
                o 复制给 b;
                split(o_l, a, b_l, k);          // 将 o 的左子树的前 k 个节点变成 a，剩下
                                                // 节点变成 b 的左子树
                计算 b 对应区间的大小和最小值 ;
            }
            else {                              //o 左子树的规模小于 k
                o 复制给 a;
                split(o_r, a_r, b, k-o_l 的规模 -1);  // 将 o 的右子树的前 (k- 树堆 o 的左子树规
```

```
                                             //模 -1）个节点变成 a 的右子树，剩下节
                                             //点变成 b
            计算 a 对应区间的大小和最小值；
    }
}
```

在分离和合并操作的基础上，我们便可以展开插入、删除和输出运算。

（1）插入运算

在树堆 pre 的 pos 位置处插入字串 *s*，形成新树堆 *o*。计算过程由子程序 ins(*o*, pre, pos) 完成：

```
void ins(*&o, *pre, pos)
{
    计算字串 s 的长度 len;
    分离：将树堆 pre 的前 pos 个节点变成树堆 a，剩下的节点变成树堆 b（split(pre, a, b, pos)）;
    为插入字串 s 构建树堆 c;
    合并：树堆 a 并入树堆 c（merge(a, a, c)）;
    合并：将树堆 a 和 b 合并成树堆 o（merge(o, a, b)）;
}
```

（2）删除运算

删除树堆 pre 中从 pos 位置开始的长度为 len 的字串，形成新树堆 *o*。计算过程由子程序 del(*o*, pre, pos, len) 完成：

```
void del(*&o, *pre, pos, len)
{
    分离：将树堆 pre 中前 pos-1 个节点划分给 a，剩余节点划分给树堆 b(split(pre, a, b, pos-1));
    分离：保留树堆 b 中 len 个节点，b 中的剩余节点划分给树堆 c（split(b, b, c, len)）;
    合并：将树堆 a 和 c 合并成树堆 o（merge(o, a, c)）;
}
```

（3）输出运算

输出树堆 *o* 中 pos 位置开始的 len 个元素。计算过程由子程序 out(*o*, pos, len) 完成：

```
void out(*o, pos, len)
{
    分离：将树堆 o 的前 pos-1 个节点变成树堆 a，剩余节点变成树堆 b（split(o, a, b, pos-1)）;
    分离：树堆 b 留取 len 个节点，剩余节点变成树堆 c（split(b, b, c, len)）;
    按照中序遍历的顺序输出树堆 b 的元素（out(b)）
};
```

其中，在过程 out(*b*) 中需要将树堆 *b* 中字符“c”的个数累计入 *d*，因为输入的版本号是 *v*+*d*，位置是 pos+*d*，长度是 len+*d*：

```
void out(node *o)            //按照中序遍历的顺序输出树堆 o 的元素，并统计当前指令处理前输出的
                             //小写字母“c”的数目 d
{
    if (o 堆空) return;
    递归 o 的左子树（out(o 左指针)）;
    if (o 的值为字符 'c') d++;
    输出 o 的值;
    递归 o 的右子树（out(o 的右指针)）;
}
```

由此得出主程序：

```
建立空树堆序列 root[ ];
```

```
版本号 nowv=0;
依次每条命令:
    if( 若当前命令为 '1 p s')
    {
        将第 nowv 个版本的 pos 位置处插入字符串 s，形成 nowv+1 版本（ins(root[nowv+1],
            root[nowv], pos-d));
        nowv++;
    }
    if ( 若当前命令为 '2 p c')
    {
        从第 nowv 个版本的 p 位置开始删除长度为 c 的字符串，形成新版本（del(root[nowv+1],
            root[nowv], p-d, c-d);
    nowv++;
    }
    if ( 若当前命令为 '3 v p c ')
    {
        输出版本 (v-d) 中位置 (pos-d) 开始的长度为 (len-d) 的子串（out(root[v-d], pos-d,
            len-d));
    }
```

参考程序

```
#include <cstdio>
#include <cstring>
#include <algorithm>
using namespace std;
const int maxn = 50005;
struct node;
node *null, *root[maxn];                    // 空指针 null，树堆序列 root[]，存储所有版本
struct node {
    node* c[2];                             // c[0] 为左指针；c[1] 为右指针
    char v;                                 // 值域，即字符
    int r, sz;                              // 随机优先级为 r，子树规模为 sz
    void up() {                             // 调整子树规模
        sz=c[0]->sz+c[1]->sz+1;
        }
    node(char v=0): v(v) {                  // 定义单节点
        sz=1,r=rand();                      // 树堆规模为 1，优先级为随机数
        c[0]=c[1]=null;                     // 左右指针空
    }
};
// 由于需要可持久化，即在版本 v 变到版本 v+1 的过程中，需要在版本 v 的基础上重构树堆，因此，设计将
// 树堆 b 复制到树堆 a 的子程序 copy(*&a, *b)，以方便构建
inline void copy(node* &a, node* b) {
    if (b==null) a=b;
    else a=new node( ), *a=*b;
}

void merge(node* &o, node* a, node* b) { // 将树堆 a 和 b 合并成树堆 o
    if (a==null) copy(o, b);             // 若其中 1 个树堆为空，则将另一个树堆复制给树堆 o
    else if (b == null) copy(o, a);
// 在树堆 a 和 b 非空的情况下，若 a 的优先级小，则先将 a 复制给 o，然后将 a 的右子树与 b 合并成 o 的右
// 子树，计算 o 对应区间的规模和最小值；否则先将 b 复制给 o，然后将 a 与 b 的左子树合并成 o 的左子树，
// 计算 o 对应区间的规模和最小值
            else if (a->r<b->r){
                copy(o, a);
                merge(o->c[1], a->c[1], b);
                o->up( );
                }
                else{
                    copy(o, b);
```

```
                    merge(o->c[0], a, b->c[0]);
                    o->up( );
                }
}
void split(node* o, node* &a, node* &b, int k){  // 将树堆 o 的前 k 个节点变成树堆 a，剩
    // 下节点变成树堆 b
    if (!k){                                    // 若 k=0，则 o 复制给 b，a 为空
    copy(b, o); a = null;
    }
    if(o->sz<=k){                               // 若 o 的规模不超过 k，则 o 复制给 a，b 为空
    copy(a, o);b = null;
    }
// 在 o 的规模超过 k 的情况下，若 o 左子树的规模不小于 k，则左移（先将树堆 o 复制给 b，然后将 o 的左
// 子树的前 k 个节点变成 a，剩下的节点变成 b 的左子树，计算 b 对应区间的规模和最小值）；否则右移（先将
// o 复制给 a，然后将 o 的右子树的前（k- 树堆 o 的左子树规模 -1）个节点变成 a 的左子树，剩下的节点变
// 成 b，计算 a 对应区间的规模和最小值）
    else if(o->c[0]->sz>=k){                    // 左移
            copy(b, o);
            split(o->c[0], a, b->c[0], k);
            b->up();                            // 计算 b 对应区间的大小和最小值
        }
        else {                                  // 右移
                copy(a, o);
                split(o->c[1], a->c[1], b, k-o->c[0]->sz-1);
                a->up();                        // 计算 b 对应区间的大小和最小值
        }
}
char s[203];
void build(node* &o, int l, int r){             // 构建字符区间 s[l]…s[r] 对应的树堆 o
    if(l>r) return;                             // 若字符区间不存在，则返回，否则计算中间指针 m
    int m = (l+r)>> 1;
    o = new node(s[m]);                         // 中间字符作为根
    build(o->c[0], l, m-1);                     // 递归构建树堆 o 的左子树（对应左子区间）
    build(o->c[1], m+1, r);                     // 递归构建树堆 o 的右子树（对应右子区间）
    o->up();                                    // 计算 o 对应区间的大小和最小值
}
void ins(node* &o, node* pre, int pos) {        // 在树堆 pre 的 pos 位置处插入字符串 s，
                                                // 形成新树堆 o
    node *a, *b, *c;
    int len = strlen(s);                        // 计算字符串 s 的长度
    split(pre, a, b, pos);                      // 将树堆 pre 的前 pos 个节点变成树堆 a，剩
                                                // 下的节点变成树堆 b
    build(c, 0, len-1);                         // 为插入字符串 s 构建树堆 c
    merge(a, a, c);                             // 将树堆 a 并入树堆 c
    merge(o, a, b);                             // 将树堆 a 和 b 合并成树堆 o
}
void del(node* &o, node* pre, int pos, int len) {
    node *a, *b, *c;
    split(pre, a, b, pos-1);
    split(b, b, c, len);
    merge(o, a, c);
}
int dlt;                                        // 先前版本中字符“c”的个数
void out(node *o){                              // 按照中序遍历的顺序输出树堆 o 的节点值，
                                                // 并累计“c”的个数 dlt
    if(o == null) return;
    out(o->c[0]);
    if(o->v == 'c') dlt++;
```

```
        printf(«%c», o->v);
        out(o->c[1]);
    }
    void out(node *o,int pos,int len){                    // 输出树堆 o 中 pos 位置开始的 len 个字符
     node *a, *b, *c;
     split(o,a,b,pos-1);                                   // 将树堆 o 的前 pos-1 个节点变成树堆 a，剩
                                                           // 余节点变成树堆 b
     split(b,b,c,len);                                     // 树堆 b 留取 len 个节点，剩余节点变成树堆 c
     out(b);                                               // 按照中序遍历的顺序输出树堆 b 的节点值
     puts("");
    }
    void init() {                                          // 建立空树堆序列
        null = new node();                                 // 构建空树堆 nil
        null->sz = 0;
        for(int i=0;i<maxn;i++)root[i]=null;               // 序列中的所有树堆初始化为空
    }
    int n;                                                 // 指令数
    int main() {
        scanf("%d", &n);                                   // 输入指令数
        init();                                            // 建立空树堆序列
        int op,pos,len,v,nowv=0;                           // 命令类型字为 op，位置为 pos，版本号为
                                                           // v，当前版本为 nowv
        while(n--) {                                       // 依次处理每条命令
         scanf("%d", &op);                                 // 输入命令类型字
         if(op==1){                                        // 若插入命令，则输入插入的相对位置 pos 和插
                                                           // 入字符串 s
           scanf("%d%s", &pos, s);
           pos -= dlt;                                     // 计算插入的绝对位置
           ins(root[nowv+1],root[nowv],pos);               // 将第 nowv 个版本（对应树堆 root[nowv]）
                                                           // 的 pos 位置处插入字符串 s，形成新版本
                                                           // （对应树堆 root[nowv+1]）
             nowv++;                                       // 计算新版本序号
          }
         else if(op==2){                                   // 若删除命令，则输入删除位置和长度的相对值
              scanf("%d%d", &pos, &len);
             pos-=dlt,len-=dlt;                            // 计算位置和长度的绝对值
              del(root[nowv+1],root[nowv],pos,len);  // 从第 nowv 个版本（对应树堆
                                                           // root[nowv]）的 pos 位置开始删除长度为
                                                           // len 的字符串，形成新版本（对应树堆
                                                           // root[nowv+1]）
              nowv++;                                      // 计算新版本序号
            }
            else{                                          // 输出命令：输入版本、开始位置和长度的相对值
                  scanf(«%d%d%d»,&v,&pos,&len);
                  v-=dlt,pos-=dlt,len-=dlt;                // 计算版本、位置和长度的绝对值
                  out(root[v], pos, len);                  // 输出版本 v（对应树堆 root[v]）中 pos 位
                                                           // 置开始的长度为 len 的字符串
            }
        }
        return 0;
    }
```

实际上对于本题而言，使用 Treap 并不是最优的。C++ 的标准模板库 STL 中有一个专用于块状链表计算的 rope 容器，由 codeblocks 编译器支持，库中模板的用法基本和 string 一样简单，但内部是用平衡树实现的，各种操作的用时都是 log(n)，十分方便和高效。

需要提醒的是，使用 rope 容器中的标准模板库 STL，需要将 ext/rope 的头文件包含到程序中来，并且需要使用 __gnu_cxx 名字空间内的标识符。因此在程序首部的预处理指令中，需要增加：

```
#include <ext/rope>                        // 将 ext/rope 的头文件包含到程序中来
using namespace __gnu_cxx;                 // 直接使用 __gnu_cxx 名字空间内的标识符
```

rope 库提供的基本操作有：

```
rope list;                                 // 定义 list 序列为 rope 容器
list.insert(p,str)                         // 在 list 的 p 位置后插入 str
list.erase(p,c)                            // 删除 list 的 p 位置开始的 c 个节点
list.substr(p, c);                         // 提取 list 的 p 位置开始的 c 个节点
list.copy(p,c,str)                         // 将 list 的 p 位置开始的 c 个节点复制给 str
```

有了这些基本操作，求解本题就不再需要 Treap 中的旋转、合并、分离等繁杂运算了，而是使用 rope 的模板库中类似字符串运算的指令直接求解，既简便又快捷。

参考程序

```
#include <iostream>
#include <ext/rope>                        // 将 ext/rope 的头文件包含到程序中来
using namespace std;                       // 使用 std 名字空间内的标识符
using namespace __gnu_cxx;                 // 直接使用 __gnu_cxx 名字空间内的标识符
crope ro,l[50005],tmp;                     // 当前版本 ro，版本序列 l[]，辅助变量 tmp，
                                           // 采用 crope 类（容纳字符的 rope 容器）
char str[205];                             // 被插字串
int main()
{
    int n,op,p,c,d,cnt,v;                  // 指令数为 n，命令字为 op，版本数为 cnt，
                                           // c 为版本序号
    scanf("%d",&n);                        // 输入指令数
    d = 0;                                 // 先前版本中“c”的个数初始化
    cnt = 1;                               // 版本号初始化
    while(n--)                             // 依次处理每条指令
    {
        scanf("%d",&op);                   // 输入命令字
        if(op==1)                          // 插入命令
        {
            scanf("%d%s",&p,str);          // 输入插入的相对位置 p 和被插的字串 str
            p-=d;                          // 计算插入的绝对位置
            ro.insert(p,str);              // 在版本 ro 的 p 位置后插入 str，形成新版本 ro
            l[cnt++]= ro;                  // 将 ro 送入 l[] 中，版本号 +1
        }
        else if(op == 2)                   // 删除命令
        {
            scanf("%d%d",&p,&c);           // 输入删除的相对位置
            p-=d,c-=d;                     // 计算删除的绝对位置和绝对长度
            ro.erase(p-1,c);               // 删除版本 ro 的 p 位置开始的 c 个字符，
                                           // 形成新版本 ro
            l[cnt++] = ro;                 // 将 ro 送入 l[] 中，版本号 +1
        }
        else                               // 打印命令
        {
          scanf("%d%d%d",&v,&p,&c);        // 输入版本号 v、开始位置 p 和长度 c（v、p、c 为相
                                           // 对值），计算 v、p、c 的绝对值
          p-=d,v-=d,c-=d;
          tmp=l[v].substr(p-1,c);          // 提取版本 v 中位置 p 开始的长度为 c 的子串 tmp
          d+=count(tmp.begin(),tmp.end(),'c');   // 累计子串 tmp 中字符“c”的个数
          cout<<tmp<<"\n";                 // 输出 tmp
        }
    }
}
```

10.4　赫夫曼树

10.4.1　赫夫曼树

定义 10.4.1.1（赫夫曼树）给定一组权 $w_1, w_2, \cdots, w_n$，且 $w_1 \leqslant w_2 \leqslant \cdots \leqslant w_n$。如果一棵二叉树的 n 片树叶带权 $w_1, w_2, \cdots, w_n$，称这棵二叉树为带权 $w_1, w_2, \cdots, w_n$ 的二叉树，记为 T。T 的权记为 $W(T)$，$W(T)=\sum_{i=1}^{n} w_i l_i$，其中 l_i 是从根到带权 w_i 的树叶的路的长度。在所有带权 $w_1, w_2, \cdots, w_n$ 的二叉树 T 中，使 $W(T)$ 最小的二叉树称为最优二叉树，也称为赫夫曼树。

设给出 n 个节点，其权值为 $w_1, w_2, \cdots, w_n$，构造以此 n 个节点为叶节点的赫夫曼树的赫夫曼算法如下。

首先，将给出的 n 个节点构成 n 棵二叉树的集合 $F=\{T_1, T_2, \cdots, T_n\}$，其中，每棵二叉树 T_i 中只有一个权值为 w_i 的根节点，其左、右子树均为空。然后重复做以下两步：

1）在 F 中选取根节点权值最小的两棵二叉树作为左右子树，构造一棵新的二叉树，并且置新的二叉树的根节点的权值为其左、右子树根节点的权值之和；

2）在 F 中删除这两棵二叉树，同时将新得到的二叉树加入 F 中。

重复 1）、2），直到在 F 中只含有一棵二叉树为止。这棵二叉树便是赫夫曼树。

例如，求带权为 1、1、2、3、4、5 的最优树。

解题过程由图 10.4-1 给出，$W(T)$=38。

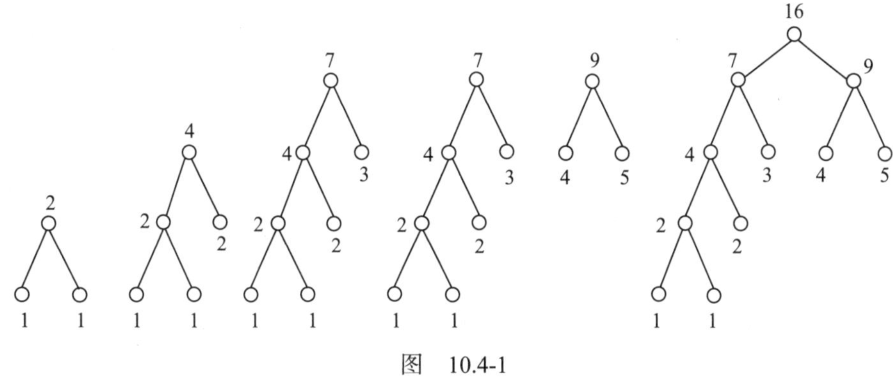

图　10.4-1

由构造过程可以看出，赫夫曼树是满二叉树。如果叶节点数为 n，则节点总数为 $2n-1$。其构造采用贪心策略，每次在待合并节点（即父指针为空的节点）中选择权值最小的两个节点合并。因此，通常采用小根堆来存储待合并的节点。

【10.4.1.1　Fence Repair】

农夫 John 要修理围着牧场的长度很小的一段栅栏，他测量了栅栏，发现他需要 N ($1 \leqslant N \leqslant 20\ 000$) 块木头，每块木头长度为整数 L_i ($1 \leqslant L_i \leqslant 50\ 000$) 个单位。于是他购买了一条很长的、能锯成 N 块的木头（即该木头长度是 L_i 的总和）。农夫 John 忽略“损耗”，也请你忽略锯的时候由于产生锯末而造成的额外长度的损耗。

农夫 John 没有锯子来锯木头，于是他就带了他的长木头去找农夫 Don，向他借锯子。

Don 是一个守财奴，他不把锯子借给 John，而是要 John 为在木头上锯 $N-1$ 次支付每一次锯的费用。锯一段木头要支付的费用等于这段木头的长度。锯长度为 21 的木头就要支付 21 美分。

例如，要将长度为 21 的木头锯成长度为 8、5 和 8 的三段。

第 1 次锯木头花费为 21，将木头锯成 13 和 8；第 2 次锯木头花费 13，将长度为 13 的木头锯成 8 和 5；这样的花费是 21+13=34。如果将长度为 21 的木头第一次锯成长度 16 和 5 的木头，则第二次锯木头要花费 16，总的花费是 37（大于 34）。

Don 让 John 决定在木头上切的次序和位置。请你帮助 John 确定锯 N 块木头所要花费的最少的钱。 因为产生的过程中锯的木头长度是不同的，所以 John 知道以不同的次序锯木头会导致不同的支付费用。

输入

第 1 行：一个整数 N，表示木头的块数。

第 2 ～ N+1 行：每行给出一个整数，表示一段需要的木块的长度。

输出

一个整数，表示锯 N−1 次需要支付的最少的费用。

样例输入	样例输出
3 8 5 8	34

试题来源：USACO 2006 November Gold

在线测试：POJ 3253

试题解析

由于木块锯一次产生两块木块，因此锯木过程可以用一棵满二叉树表述：根表示初始木板，初始木板的总长度为根节点的权，n 段目标木板为 n 个叶节点，其中第 i 个叶节点的权为第 i 段目标木板的长度 w_i。从初始木板中锯下为第 i 段目标木板，锯木的次数为根至第 i 个叶节点的路径长度 p_i。按照题意，锯下第 i 段目标木板的花费为 p_i*w_i（$1 \leqslant i \leqslant n$），所以总花费为 $\sum_{k=1}^{n} w_k p_k$。计算总花费最小的锯木方案，实际上就是计算带权路径长度和最小的赫夫曼树。计算方法如下。

以 n 段目标木板的长度为关键字，构建小根堆 p；每次分两次取出堆首节点，权分别为 a 和 b，合并成一个权为（$a+b$）的节点插入小根堆 p（表示总长为（$a+b$）的木块中锯出长度为 a 和 b 的两块木块），费用 ans 增加（$a+b$）。经过 n−1 次合并后，堆中仅剩一个节点。此时 ans 便为最小费用。

参考程序

```
#include <iostream>                      // 预编译命令
using namespace std;                     // 使用 C++ 标准程序库中的所有标识符
const long maxn = 20000 + 10;            // 堆的容量
long n, len;                             // 目标木板数，堆长
long long p[maxn];                       // 堆
void heap_insert(long long k)
{                                        // 将 k 插入小根堆，并维护堆性质
    long t = ++len;                      // 将 k 插入队尾
    p[t] = k;
```

```
    while (t > 1) {                    // 自下而上，将 k 上移至堆的合适位置
        if (p[t/2]>p[t]) {             // 若 p[t] 值大于其父，则交换，并继续向上调整；否则调整完毕
            swap(p[t], p[t / 2]);
            t /= 2;
        } else
            break;
    }
}
void heap_pop(void)                    // 取小根堆的堆首节点，并维护堆性质
{
    long t = 1;                        // 堆尾节点移至堆首，堆长 -1;
    p[t] = p[len--];
    while (t * 2 <= len) {             // 从堆首开始，自上而下调整
        long k = t * 2;                // 计算左右儿子中值较小的节点序号 k
        if (k < len && p[k] > p[k + 1])
            ++k;
        if (p[t]>p[k]){                // 若节点 k 的值比其父小，则交换，并继续往下调整；否则调
                                       // 整结束
            swap(p[t], p[k]);
            t = k;
        } else
            break;
    }
}
int main(void)
{
    cin >> n;                          // 输入木头的块数
    for (long i = 1; i <= n; i++)      // 输入 n 块目标木板的长度
        cin >> p[i];
    len = 0;                           // 堆长初始化为 0
    for (long i = 1; i <= n; i++)      // 将 n 块木板的长度加入小根堆
        heap_insert(p[i]);
    long long ans = 0;                 // 最小费用初始化
    while (len > 1) {                  // 构造赫夫曼树
        long long a, b;
        a = p[1];                      // 取堆首节点（权值 a），并维护堆性质
        heap_pop();
        b = p[1];                      // 取堆首节点（权值 b），并维护堆性质
        heap_pop();
        ans += a + b;                  // 将 a 和 b 值累计入最小费用
        heap_insert(a + b);            // 合并成 1 个权值为 a+b 的节点插入小根堆
    }
    cout << ans << endl;               // 输出最小费用
}
```

10.4.2　多叉赫夫曼树

赫夫曼树也可以是 k（k>2）叉的。k 叉赫夫曼树是一棵满 k 叉树，每个节点要么是叶子节点，要么它有 k 个子节点，并且树的权最小。因此，构造 k 叉赫夫曼树的思想是每次选 k 个权重最小的元素来合成一个新的元素，该元素权值为这 k 个元素权值之和。但是，如果按照这个步骤，可能最后剩下的元素个数会小于 k。

设给出 m 个节点，其权值为 $w_1, w_2, \cdots, w_m$。构造以此 m 个节点为叶节点的 k 叉赫夫曼树的算法如下。

首先，将给出的 m 个节点构成 m 棵 k 叉树的集合 $F=\{T_1, T_2, \cdots, T_m\}$。其中，每棵 k 叉树 T_i 中只有一个权值为 w_i 的根节点，子树为空，$1 \leqslant i \leqslant m$；如果 $(m-1)\%(k-1) \neq 0$，就要在集合 F 中增加 $k-1-(m-1)\%(k-1)$ 个权值为 0 的“虚叶节点”；然后，重复做以下两步：

1）在 F 中选取根节点权值最小的 k 棵 k 叉树作为子树，构造一棵新的 k 叉树，并且置新的 k 叉树的根节点的权值为其子树根节点的权值之和；

2）在 F 中删除选取的这 k 棵 k 叉树，同时将新得到的 k 叉树加入 F 中。

重复 1）、2），直到在 F 中只含有一棵 k 叉树为止。这棵 k 叉树便是 k 叉赫夫曼树。

如果 $(m-1)\%(k-1)=0$，不必增加权值为 0 的“虚叶节点”，第一次选 k 个权重最小的节点构造一棵 k 叉树；而如果 $(m-1)\%(k-1) \neq 0$，第一次选 $(m-1)\%(k-1)+1$ 个权重最小的节点，并虚拟 $k-1-(m-1)\%(k-1)$ 个权值为 0 的“虚叶节点”，构造一棵 k 叉树。

例 14.2.1　构造序列 1、2、3、4、5、6、7 对应的 3 叉赫夫曼树，则 m=7，k=3。因为 $(m-1)\%(k-1)$=6%2=0，第一次选当前 3 个权重最小的节点 1、2、3；第二次选当前 3 个权重最小的节点 4、5、6；第三次，最后 3 个节点 6、7、15；因此得到 3 叉赫夫曼树，如图 10.4-2a 所示。

构造序列 1、2、3、4、5、6 对应的三叉赫夫曼树，则 m=6，k=3。因为 $(m-1)\%(k-1)$=5%2=1 $\neq$ 0，第一次选当前 2 个权重最小的节点 1、2，并虚拟 1 个权值为 0 的“虚叶节点”，构造一棵 k 叉树；第二次选当前 3 个权重最小的节点 3、3、4；第三次，最后 3 个节点 10、5、6；因此得到 3 叉赫夫曼树，如图 10.4-2b 所示。

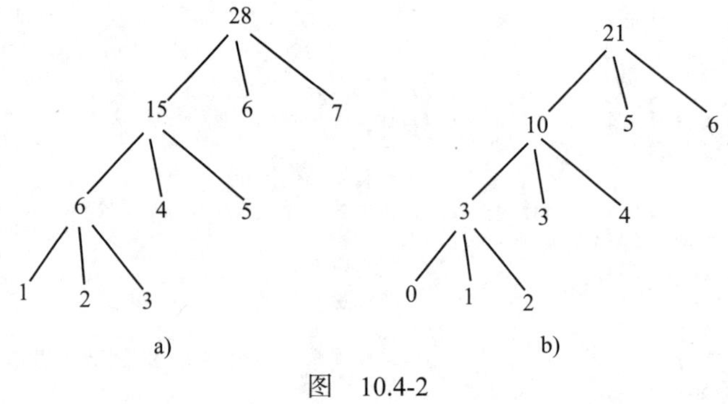

图　10.4-2

【10.4.2.1　Sort】

最近，Bob 刚刚学习了一种简单的排序算法：合并排序。现在，Bob 接受了 Alice 的任务。

Alice 给 Bob N 个排序序列，第 i 个序列包含 a_i 个元素。Bob 要合并所有这些序列。他要编一个程序，一次合并不超过 k 个序列。合并操作的耗费是这些序列的长度之和。而 Alice 允许这个程序的耗费不超过 T。因此，Bob 想知道可以使程序及时完成的最小的耗费 k。

输入

输入的第一行给出一个整数 t_0，表示测试用例的数量。接下来给出 t_0 个测试用例。对于每个测试用例，第一行由两个整数 N（$2 \leqslant N \leqslant 100\,000$）和 T（$\sum_{i=1}^{N} a_i < T < 2^{31}$）组成；下一行给出 N 个整数 $a_1, a_2, a_3, \cdots, a_N$（$\forall i,\ 0 \leqslant a_i \leqslant 1000$）。

输出

对于每个测试用例，输出最小的 k。

样例输入	样例输出
1 5 25 1 2 3 4 5	3

试题来源：2016 ACM/ICPC Asia Regional Qingdao Online

在线测试：HDOJ 5884

试题解析

对 n 个有序序列进行归并排序，每次可以选择不超过 k 个序列进行合并，合并代价为这些序列的长度和，总的合并代价不能超过 T，问 k 最小是多少。

解题思路：通过二分法计算最小 k，即设 k 的取值区间为 $[2, n]$，每次取区间中位数 mid，如果能够构造 mid 叉赫夫曼树，则在左子区间寻找更小 k 值；否则在右子区间寻找可行的 k 值。用两个队列来实现 k 叉赫夫曼树：表示 n 个有序序列的元素先进行排序，放在队列 $q1$ 中；并使用另外一个队列 $q2$ 来维护合并后的值，显然，队列 $q2$ 也是递增序列。每次取值时，从 $q1$ 和 $q2$ 两个队列的队头取小的值即可。

这里注意，对于 n 个数，构造 k 叉赫夫曼树，如果 $(n-1)\%(k-1) \neq 0$，要虚拟 $k-1-(n-1)\%(k-1)$ 个权值为 0 的叶节点。

解题算法的时间复杂度为 $O(n\log n)$。

参考程序

```
#include <iostream>
#include <queue>
using namespace std;
const int maxn = 1e5 + 100;
typedef long long ll;
queue<ll> q1;                                   // 存储叶节点的队列
queue<ll> q2;                                   // 存储当前合并结果的队列
int T,n;                                        // 测试用例数 T，序列数 n
ll a[maxn];                                     // 存储 n 个序列的规模
ll t;                                           // 程序的耗费上限
bool Hufman(int x)                              // 计算构造 x 叉赫夫曼树的可行标志
{
    while (!q1.empty()) q1.pop();               // 清空 q1 和 q2 队列
    while (!q2.empty()) q2.pop();
    int tt = (n - 1) % (x - 1);
    if (tt) // 若 n-1 非 x-1 的整倍数，则虚拟 (x-1-(n-1)%(x-1)) 个权值为 0 的叶子节点送入 q1 队列
        for (int i = 1; i <= x - 1 - tt; i++) q1.push(0);
    for (int i = 1; i <= n; i++) q1.push(a[i]);  // 将排序后的 n 个序列的规模送入 q1 队列
    ll sum = 0;                                 // 总耗费初始化
    while (1)
    {
        ll tem = 0;                             // 当前合并代价初始化
        for (int i = 1; i <= x; i++)            // 当前合并：进行 x 次取值处理
        {
            if (q1.empty() && q2.empty()) break; // 若 q1 和 q2 队列空，则退出循环
            if (q1.empty())                     // 若 q1 为空，则累加 q2 队列首元素，
                                                // 该元素出队
            {
                tem += q2.front();
                q2.pop();
            }
            else if (q2.empty())                // 若 q2 为空，则累加 q1 队列首元素，该
                                                // 元素出队
            {
                tem += q1.front();
                q1.pop();
            }
```

```
            else                                         //在q1和q2非空的情况下，比较q1和q2队
                                                         //列首元素，累计入较小的元素，且该元素出队
            {
                int tx, ty;
                tx = q1.front();
                ty = q2.front();
                if (tx < ty)
                {
                    tem += tx;
                    q1.pop();
                }
                else
                {
                    tem += ty;
                    q2.pop();
                }
            }
        }
        sum += tem;                                      //当前合并代价计入总耗费
        if (q1.empty() && q2.empty())break;              //若q1和q2队列空，则退出while循环
        q2.push(tem);                                    //当前合并代价进入q2队列，该队列一定是有
                                                         //序的
    }
    if (sum <= t)                                        //若总耗费不超过上限，则返回成功标志；否则
                                                         //返回失败标志
        return 1;
    else
        return 0;
}
int main()
{
    scanf("%d", &T);                                     //输入测试用例数
    while (T--)                                          //依次处理每个测试用例
    {
        scanf("%d%lld", &n, &t);                         //输入序列数n和程序的耗费上限t
        for (int i = 1; i <= n; i++)                     //输入每个序列的元素数
            scanf("%lld", &a[i]);
        sort(a + 1, a + 1 + n);                          //按照序列规模递增的顺序排序n个序列
        int st = 2, en = n;                              //使用二分法计算k的最小值st，设定初始的
                                                         //k值区间为[2, n]
        while (st < en)                                  //若区间存在，则计算中间值mid
        {
            int mid = (st + en) / 2;
            if (Hufman(mid)) en = mid;                   //若能够构造mid叉赫夫曼树，则在左区间寻找
                                                         //最小k值；否则在右区间寻找最小k值
             else  st = mid + 1;
        }
        printf("%d\n", st);                              //若区间仅剩元素st，即为最小k值，输出
    }
    return 0;
}
```

10.5 AVL 树

定义 10.5.1（平衡二叉树 (Balanced Binary Tree)） 平衡二叉树或者是一棵空二叉树，或者是具有以下性质的二叉树：它的左右两个子树的高度差的绝对值不超过 1，并且左右两个子树也都是平衡二叉树。

平衡二叉树的常用算法有红黑树、AVL 树、树堆、伸展树等。

平衡二叉搜索树（Self-Balancing Binary Search Tree）又被称为 AVL 树，定义如下。

定义 10.5.2（AVL 树 (Self-Balancing Binary Search Tree)） AVL 树是一棵二叉搜索树，并且每个节点的左右子树的高度之差的绝对值（平衡因子）最多为 1。

例如，图 10.5-1 是一棵 AVL 树。

AVL 树的节点类型为结构体，一般包括数据域 val、以其为根的子树高度 h、平衡因子 bf（左子树高度与右子树高度之差）、左指针 left 和右指针 right。其中，以 T 为根的子树高度 T->h=max(T->left->h, T->right->h)+1，平衡因子：

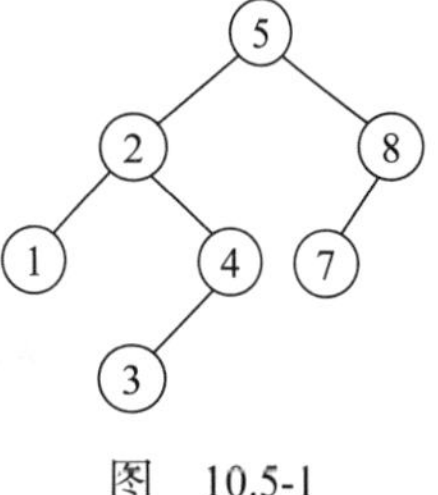

图　10.5-1

$$T->\text{bf}=\begin{cases}0 & T->\text{left}->h==T->\text{right}->h\\ -(T->\text{right}->h) & T->\text{left}==\text{null}\\ T->\text{left}->h & T->\text{right}==\text{null}\\ (T->\text{left}->h)-(T->\text{right}->h) & \text{否则}\end{cases}$$

AVL 树是带平衡功能的二叉搜索树。对于 AVL 树，在插入元素时，计算每个节点的平衡因子是否大于 1，如果大于，那么就进行相应的旋转操作以维持平衡性。在插入元素后，以插入的元素为起点，向上追溯，找到第一个平衡因子大于 1 的节点，该节点被称为不平衡起始节点。以不平衡起始节点向下给出插入节点的位置，则可以把不平衡性分为 4 种情况：

1）LL：插入一个新节点到不平衡起始节点的左子树的左子树，导致不平衡起始节点的平衡因子由 1 变为 2。

2）RR：插入一个新节点到不平衡起始节点的右子树的右子树，导致不平衡起始节点的平衡因子由 −1 变为 −2。

3）LR：插入一个新节点到不平衡起始节点的左子树的右子树，导致不平衡起始节点的平衡因子由 1 变为 2。

4）RL：插入一个新节点到不平衡起始节点的右子树的左子树，导致不平衡起始节点的平衡因子由 −1 变为 −2。

AVL 树有两种基本的旋转：

1）右旋转：将根节点旋转到其左孩子的右孩子位置。

2）左旋转：将根节点旋转到其右孩子的左孩子位置。

针对上述 4 种情况，可以通过旋转使 AVL 树变平衡，有 4 种旋转方式，分别为：右旋转，左旋转，左右旋转（先左后右），右左旋转（先右后左）。

对于 LL 情况，可通过将不平衡起始节点右旋转使其平衡。如图 10.5-2 所示，旋转前 A 的平衡因子大于 1 且其左孩子 B 的平衡因子大于 0（(A->bf>1)&&(A->left->bf>0)）；旋转后，原 A（不平衡起始节点）的左孩子 B 成为 A 的父节点，A 成为其右孩子，而原 B 的右子树成为 A 的左子树。

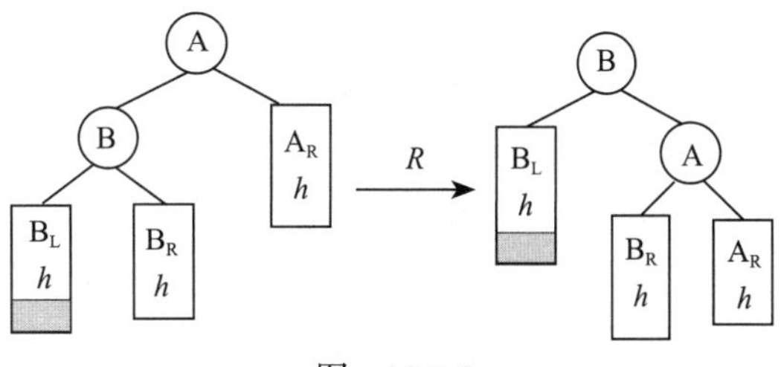

图　10.5-2

算法如下:

```
Node *LL_rotate(Node *A)    //在节点A的左子树插入节点，使A的平衡因子由1变为2，对*A进行
    //单向右旋平衡处理
    {
        Node *B=A->left;   A->left=B->right;   B->right=A;     // A左孩子B成为父节点，
            //A成为其右孩子，而原B的右子树成为A的左子树
        计算A、B的高度A->h和B->h;
        计算A、B的平衡因子A->bf和B->bf;
        返回根节点B;
    }
```

对于RR的情况，可通过将不平衡起始节点左旋转使其平衡。如图10.5-3所示，旋转前A的平衡因子小于-1，右子树B的平衡因子小于0((A->bf<-1)&&(A->right->bf<0))；旋转后，原A(不平衡起始节点)的右孩子B成为A的父节点，A成为其左孩子，而原B的左子树成为A的右子树。

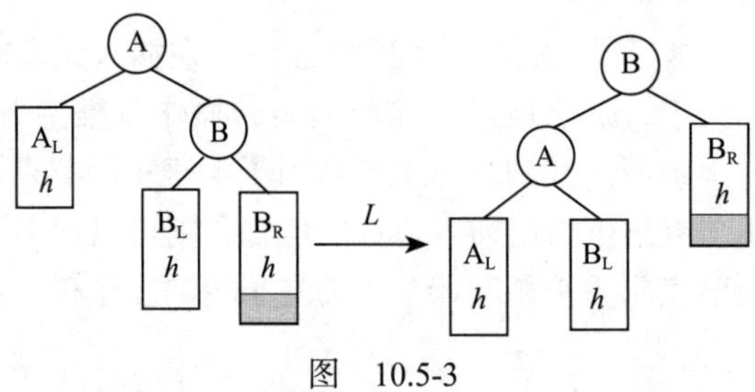

图 10.5-3

算法如下:

```
Node *RR_rotate(Node *A)     //插入一个新节点到A的右子树，使得A的平衡因子由-1变为-2，对
                             //*A进行单向左旋平衡处理
    {
        Node *B=A->right;   A->right=B->left;   B->left=A;     //原A的右孩子B成为父节
            //点，A成为其左孩子，而原B的左子树成为A的右子树
        计算A、B的高度A->h和B->h;
        计算A、B的平衡因子A->bf和B->bf;
        返回根节点B;
    }
```

对于LR的情况，则需要进行左右旋转：先左旋转，再右旋转，使AVL树平衡。如图10.5-4所示，旋转前，A的平衡因子大于1，B的平衡因子小于0((A->bf>1)&&(A->left->bf<0))；在节点B按照RR型向左旋转一次之后，二叉树在节点A(不平衡起始节点)仍然不能保持平衡，这时还需要再向右旋转一次。

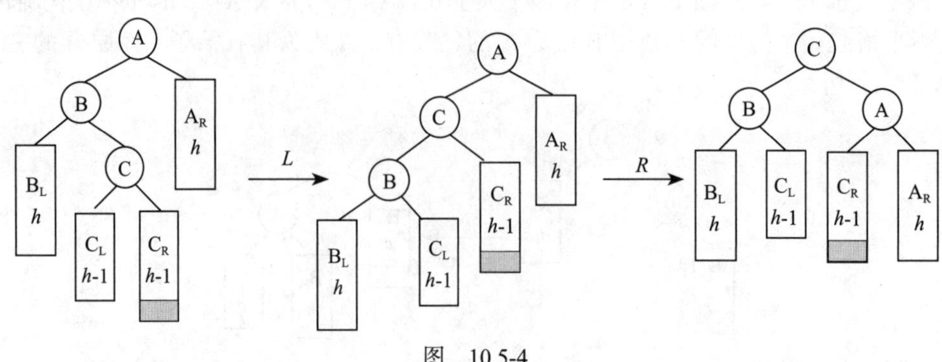

图 10.5-4

算法如下：

```
Node *LR_rotate(Node *A)                  // 在 A 的左儿子的右子树上插入节点，导致 A 的平衡因子
                                          // 由 1 变为 2，进行先左后右平衡处理
    {
        A->left=RR_rotate(A->left);       // 单向左旋 A 的左子树
        A=LL_rotate(A);                   // 单向右旋 A
        返回根节点 C;
    }
```

对于 RL 的情况，则需要进行右左旋转：先右旋转，再左旋转，如图 10.5-5 所示，旋转前 A 的平衡因子小于 −1，右子树 B 的平衡因子大于 0（(A->bf<−1)&&(A->right−>bf >0)）；先右后左旋转，旋转方向刚好同 LR 型相反。

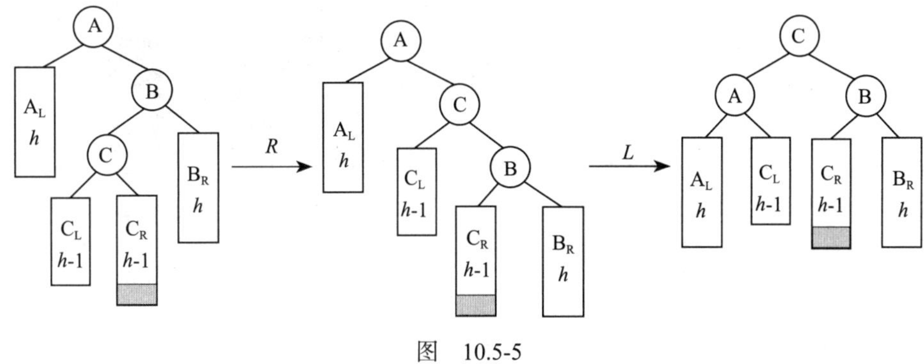

图　10.5-5

算法如下：

```
Node *RL_rotate(Node *A)                  // 在 A 的右儿子的左子树上插入节点，使得 A 的平衡因子
                                          // 由 -1 变为 -2，进行先右后左的平衡处理
    {
        A->right=LL_rotate(A->right);     // 单向右旋 A 的右子树
        A=RR_rotate(A);                   // 单向左旋 A
        返回根节点 C;
    }
```

综上所述，插入节点的算法如下。

```
void Insert(Node *&T, v)                  // 将数据值为 v 的节点插入 AVL 树 T
    {
        if (T==NULL)                      // 若指针空（树叶），则找到插入位置
        {
            构建数据值为 v，树高 h=1，平衡因子 bf= 0，T->left 和 T->right 为 null 的叶节点 T;
        }
// 若数据值 v 小于 T 节点的数据值，则沿左子树方向寻找插入位置；否则沿右子树方向寻找插入位置
        if (v<T->val) Insert(T->left, v);
            else Insert(T->right, v);
        计算 T 树的高度 T->h 和平衡因子 T->bf;
        if (T->bf>1||T->bf<-1)            // 若因插入导致不平衡
        分情形处理不平衡的 LL、RR、LR 和 RL 情况 ;
        }
    }
```

对于 AVL 树的删除操作，首先要确定被删除的节点，然后用该节点的右孩子的最左孩子替换该节点，并重新调整以该节点为根的子树为 AVL 树，具体调整方法与插入数据类似。算法如下：

```
void Delete(Node *&T, e)                       // 从 AVL 树 T 中删除数据为 e 的节点
{
    if (T==NULL) return;                       // 若树 T 为空，则返回
    if (e<T->val) Delete(T->left,e);           // 若数据小于当前节点，则沿左子树方向寻找
    else if (e>T->val) Delete(T->right,e);     // 若数据大于当前节点，则沿右子树方向寻找
    else                                       // 找到删除的节点 T
    {
        if (T->left&&T->right)                 // 若被删节点 T 有左右子树
        {
            Node *temp=T->left;                // 寻找 T 的左儿子为首的右链的尾节点 temp
                                               // (该节点数据最接近 T)，该节点覆盖 T
            while (temp->right) temp=temp->right;
            T->val=temp->val;
            Delete(T->left,temp->val);         // 在 T 的左子树 T->left 中删除 temp
        }
        else                                   // 若 T 仅有一个孩子
        {
            Node *temp=T;                      // 将被删节点赋予 temp
            if (T->left) T=T->left;            // 被删除节点 T 只有左子树
            else if (T->right) T=T->right;     // 被删除节点 T 只有右子树
            else                               // 被删节点 T 没有孩子
            {
                释放树 T 所占内存并将其指针设为 null;

            }
            if (T) free(temp);                 // 若 T 仅一个孩子，则释放 temp 所占内存
            return ;
        }
    }
    调整 T 的树高 T->h 和平衡因子 T->bf;
    if (T->bf>1||T->bf<-1)                     // 若删除操作导致不平衡
    {
        分情形处理不平衡的 LL、RR、LR 和 RL 情况 ;
    }
}
```

【10.5.1　Double Queue】

试题与【10.3.1.1】相同。

试题解析

在 10.3 节“树堆的实验范例”中，基于树堆求解本题。在本节，基于 AVL 树求解本题。由于计算过程需经常借助高度或平衡因子，因此元素结构（即节点的数据域）包含 val（顾客优先级，作为节点关键字值）、data（客户编号）、h（以当前节点为根节点的子树的高度）和 bf（平衡因子，即左子树高度与右子树高度之差）。

加入一个新客户（代码 1），则执行 AVL 树的插入操作。服务一个客户（代码为 2 或 3），则是先找到最大或最小 val 值的节点，然后执行 AVL 树的删除操作。为了在增删操作后保持树的平衡性，可能需要进行左旋转、右旋转、先左后右旋转和先右后左旋转。

参考程序（略。本题参考程序的 PDF 文件和本题的英文原版均可从华章网站下载）

【10.5.2　The *k*th great number】

小明和小宝在玩一个简单的数字游戏。在一轮游戏中，小明可以选择写下一个数字，或者问小宝第 k 个数字是什么。因为小明写的数字太多，小宝觉得头晕。现在，请你来帮小宝。

输入

本题给出若干测试用例。对于每个测试用例，第一行给出两个正整数 n、k，然后给出 n

行。如果小明选择写一个数字，就给出一个“I”，后面给出小明写下的那个数字。如果小明选择问小宝，就给出一个“Q”，你就要输出第 k 个数字。

输出

在一行中输出一个整数，表示一条询问要求的第 k 大的数字。

样例输入	样例输出
8 3	1
I 1	2
I 2	3
I 3	
Q	
I 5	
Q	
I 4	
Q	

提示：本题设定，当下的数字个数小于 k（$1 \leqslant k \leqslant n \leqslant 1\ 000\ 000$）时，小明不会问小宝第 k 个数字是什么。

试题来源：2011 ACM/ICPC Asia Dalian Online Contest

在线测试：HDOJ 4006

试题解析

本题以一棵 AVL 树实现。树的节点的数据域包含 key（小明写下的数字）、repeat（key 的重复次数）、size（以该节点为根的子树中数字的总数，即左儿子的 size + 右儿子的 size + 节点的 repeat）和 h（以该节点为根的子树的高度）。

对于“I”操作，在 AVL 树中插入一个数字 x。按照左小右大的顺序寻找插入位置。如果找到一个其 key 域值为 x 的节点 T(T.key==x)，则节点 T 的 repeat 域值 +1（++T->repeat）。

对于“Q”操作，则在 AVL 树中寻找第 k 个数字，方法如下：

```
int selectKth(Node *rt, int k)                          // 返回以 rt 为根的子树中第 k 个数字
{
    计算 rt 的左子树规模 lSize= rt->left->Size;
    if (k <= lSize) return selectKth(rt->left, k);      // 第 k 个数字在 rt 的左子树中，递归
                                                        // 搜索左子树中第 k 个数
    else if (lSize + rt->repeat < k)                    // 若第 k 个数字在 rt 的右子树中，则
                                                        // 递归搜索右子树中第（k- 左子树规
                                                        // 模 -rt 的重复次数）个数
        return selectKth(rt->right, k - lSize - rt->repeat);
    return rt->key;                                     // 返回以 rt 为根的子树中第 k 个数字
}
```

参考程序（略。本题参考程序的 PDF 文件和本题的英文原版均可从华章网站下载的压缩包中）

10.6 伸展树

定义 10.6.1（伸展树） 伸展树（Splay Tree），也被称为分裂树，是一种自调整的二叉搜索树。对于伸展树 S 中的每一个节点的键值 x，其左子树中的每一个元素的键值都小于 x，而其右子树中的每一个元素的键值都大于 x。而且，沿着从该节点到树根之间的路径，通过一系列的旋转（伸展操作）可以把这个节点搬移到树根。

为简明起见，键值为 x 和 y 的节点称为节点 x 和节点 y。

伸展操作（splay）是通过一系列旋转将伸展树 S 中节点 x 调整至树根。在调整的过程中，要分以下三种情况分别处理。

1）节点 x 的父节点 y 是树根节点。如果节点 x 是节点 y 的左孩子，则进行一次 Zig（右旋转）操作；如果节点 x 是节点 y 的右孩子，则进行一次 Zag（左旋转）操作。经过旋转，节点 x 成为 S 的根节点，调整结束。Zig 和 Zag 操作如图 10.6-1 所示。

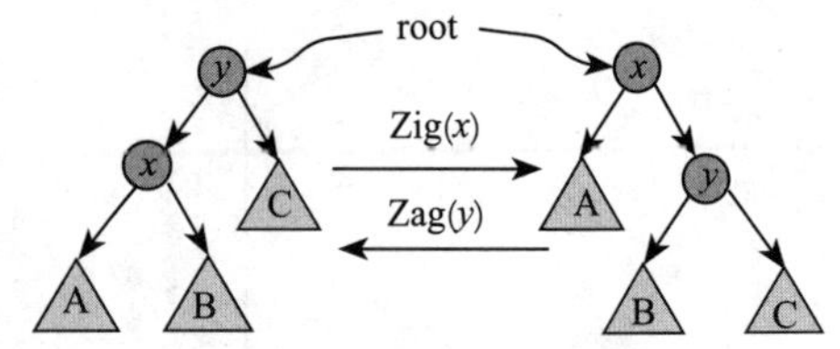

图 10.6-1

2）节点 x 的父节点 y 不是树根节点，节点 y 的父节点为节点 z，并且节点 x 与节点 y 都是各自父节点的左孩子或者都是各自父节点的右孩子，则进行 Zig-Zig 操作或者 Zag-Zag 操作。Zig-Zig 操作如图 10.6-2 所示。

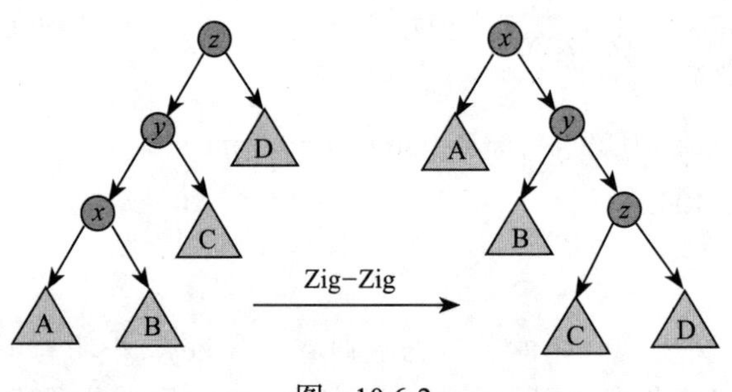

图 10.6-2

3）节点 x 的父节点 y 不是树根节点，节点 y 的父节点为节点 z，并且节点 x 与节点 y 中一个是其父节点的左孩子而另一个是其父节点的右孩子，则进行 Zig-Zag 操作或者 Zag-Zig 操作。Zig-Zag 操作如图 10.6-3 所示。

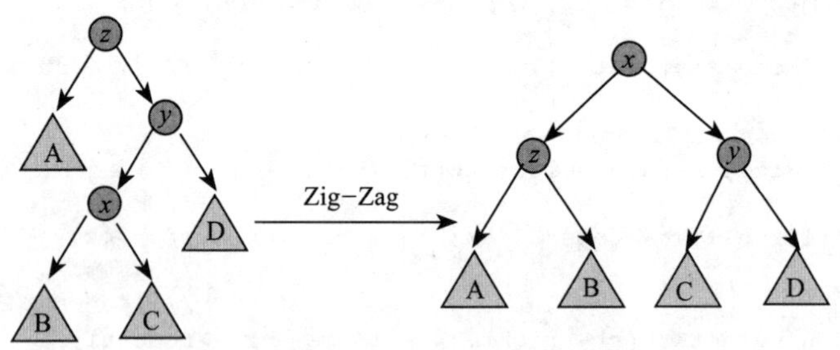

图 10.6-3

将节点的属性及相关运算定义为一个名为 Node 的结构体：

```
struct Node{                              // 伸展树节点为结构体类型
    Node* ch[2];                          //ch[0] 和 ch[1] 分别为左右指针
    int s;                                // 子树规模
    int v;                                // 数据值
    根据题目要求设懒惰标志;
    pushdown();                           // 定义调整懒惰标志的子程序
    {…}

                                                     ⎧-1  左子树规模为k-1，不需要旋转
    int cmp(int k)                        // cmp(k)= ⎨0   左子树规模不小于k，需要右旋转Zig
                                                     ⎩1   左子树规模小于k-1，需要左旋转Zag
```

```
    {
        int d=k-ch[0]->s;
        if(d==1) return -1;
        return d<=0?0:1;
    }
    void maintain(){                    // 子树规模 = 左子树规模 + 右子树规模 +1
        s=ch[0]->s+ch[1]->s+1;
    }
};
```

在定义结构体 Node 的基础上，旋转操作和伸展操作的子程序如下：

```
void rotate(Node* &o, int d)            // 旋转操作：节点 o 向 d 方向旋转（d={0 左旋转Zag ; 1 右旋转Zig}）
{
    o->pushdown();                      // 调整 o 的懒惰标志
    Node* k=o->ch[d^1];                 // o 的（d^1）方向的儿子 k 成为父节点，o 成为其 d 方向
                                        // 的儿子，而原 k 的 d 方向的儿子成为 o 的（d^1）方向的
                                        // 儿子（注：（d^1）方向为 d 的相反方向）
    k->pushdown();                      // 调整 k 的懒惰标志
    o->ch[d^1]=k->ch[d];                // o 的（d^1）的儿子位置被原 k 的 d 方向的儿子取代
    k->ch[d]=o;                         // k 的 d 方向的儿子调整为 o
    o->pushdown();k->pushdown();        // 调整 o 和 k 的懒惰标志
    o=k;                                // 旋转后 k 成为根
}
void splay(Node*& o, int k)             // 伸展操作，通过一系列旋转将第 k 个数值对应的节点调整
                                        // 至树根，返回树根 o
{
    o->pushdown();                      // 调整 o 的懒惰标志
    int d=o->cmp(k);                    // o 的左子树规模与 k 比较
    if(d==1) k-=o->ch[0]->s+1;          // 若左子树规模小于 k-1，则 k 减去（左子树规模 +1）
    if(d!=-1){                          // 若左子树规模非 k-1，则需要旋转
        Node* p=o->ch[d];               // 取 o 的 d 方向的儿子 p
        p->pushdown();                  // 调整 p 的懒惰标志
        int d2=p->cmp(k);               // p 的左子树规模与 k 比较
        int k2=(d2==0?k:k-p->ch[0]->s-1);   // k2={k  d2=0 ; k-(p的左子树规模k+1)  d2=1}
        if(d2!=-1){                     // 若 p 的左子树规模非 k-1，则需要旋转
            splay(p->ch[d2],k2);        // 将第 k2 大的数旋转至 p 的 d2 方向的儿子位置
            if(d2==d) rotate(o,d^1);    // 若 d 与 d2 相同，则 o 向（d^1）方向旋转 ；否则 o 的 d
                                        // 方向的儿子向 d 方向旋转
                else rotate(o->ch[d],d);
        }
        rotate(o,d^1);                  // o 向（d^1）方向旋转
    }
}
```

利用 splay 操作，可以在伸展树 s 上进行如下的伸展树基本操作。

1）merge($s1$, $s2$)：将两个伸展树 $s1$ 与 $s2$ 合并成为一个伸展树，其中 $s1$ 中所有节点的键值都小于 $s2$ 中所有节点的键值。

首先，找到伸展树 $s1$ 中包含最大键值 x 的节点；然后，通过 splay 将该节点调整到伸展树 $s1$ 的树根位置（执行子程序 splay($s1$, $s1$->s)）；最后，将 $s2$ 作为节点 x 的右子树。这样，就得到了新的伸展树 s，如图 10.6-4 所示。

程序段如下：

```
Node* merge(Node* s1, Node* s2){    // 将伸展树 s1 和 s2 合并成新的伸展树，返回其根
    splay(s1, s1->s);               // 将 s1 树中的最大值旋转至 s1 的树根位置
    s1->ch[1]=s2;                   // s2 调整为 s1 的右子树
    s1->maintain();                 // 计算 s1 的树规模
    return s1;                      // 返回合并后的 s1
}
```

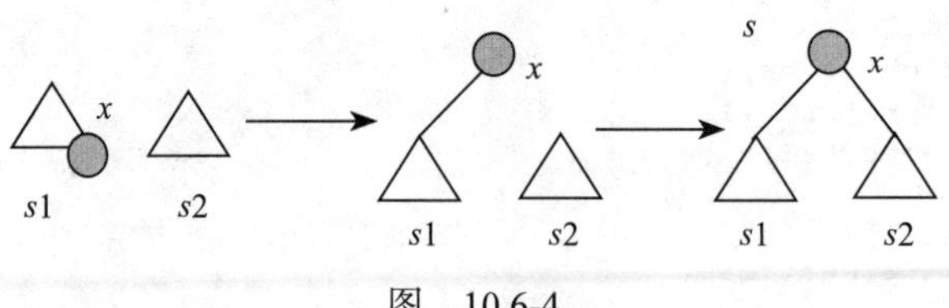

图 10.6-4

2）split(*o*, *x*, *s*1, *s*2)：将伸展树 *o* 分离为两棵伸展树 *s*1 和 *s*2，其中 *s*1 中所有节点的数值均小于第 *x* 个数，*s*2 中所有节点的数值均大于第 *x* 个数。

首先，通过执行 splay(*o*, *x*)，将第 *x* 个数旋转至 *o* 的根位置；然后，取其左子树为 *s*1（*s*1=*o*->ch[0]），取其右子树为 *s*2（*s*2=*o*->ch[1]），如图 10.6-5 所示。

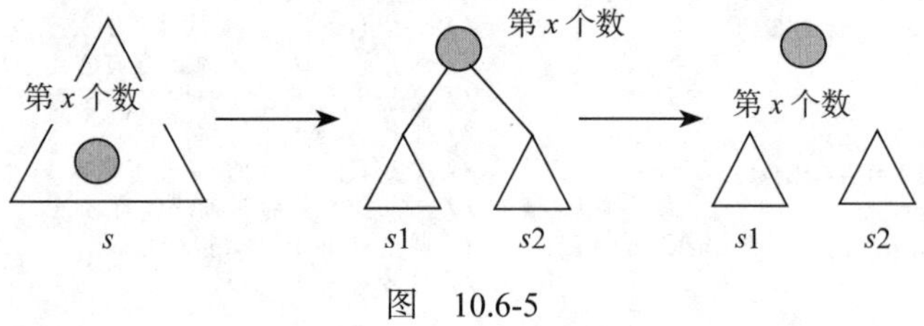

图 10.6-5

程序段如下：

```
void split(Node* o, int x, Node*& s1, Node*& s2){ // 将伸展树 o 分离为两棵伸展树 s1 和 s2,
    // 其中 s1 中所有节点值均小于第 x 个数，s2 中所有节点值均大于第 x 个数。
    splay(o, x);                                // 将第 x 个数旋转至 o 的根位置
    s1=o->ch[0];                                // o 的左子树为 s1
    s2=o->ch[1];                                // o 的右子树为 s2
    s1->maintain(); s2->maintain()              // 计算 s1 树和 s2 树的规模
}
```

3）delete(root, *x*)：将伸展树 root 中包含第 *x* 个数的节点删除。

首先，从伸展树 root 中分离出两棵子树：存储第 1 到第 *x*−1 的数的子树 left 和存储第 *x*+1 到第 *n* 的数的子树 right；然后，通过执行 root=merge(left, right) 合并伸展树 left 和 right，返回其根 root。

程序段如下：

```
void delete (Node* root, int x)          // 从伸展树 root 中删除第 x 个数
{
    split(root, x, left, right);         // 从伸展树 root 中分离出第 1~ x-1 的数，对应伸展
                                         // 树 left，第 x+1~n 的数对应伸展树 right
    root=merge(left, right);             // 合并伸展树 left 和 right，返回其根 root
}
```

4）insert(root, *x*, *v*)：将数值 *v* 插入伸展树 root 中包含第 *x* 个数的节点之后（第 *x* 个数 ≤ *v*< 第 *x*+1 的数）。

首先，通过执行 split(root, *x*+1, *s*1, *o*) 和 split(root, *x*, *m*, *s*2)，从伸展树 root 中分离出子树 *s*1（存储第 1 到第 *x* 的元素）和子树 *s*2（存储第 *x*+1 到第 *n* 的元素）；然后构建包含数据值为 *v* 的节点，左右指针为空，子树规模 1 的单根树 tt，顺序合并 *s*1、tt 和 *s*2，(root=merge(merge(*s*1, tt), *s*2))，并将含数据 *v* 的插入节点旋转至根（splay(root, *x*+1)）。

```
void insert(Node* root, int x, int v) // 按照有序性要求，将数值 v 插至第 x 的元素后
{
```

```
    split(root, x+1, s1, s2);          // 从伸展树 root 中分离出第 1~x 的元素对应的子树 s1,
                                       // 第 x+2~n 的元素对应的子树 s2
    split(root, x, o, s2);             // 从伸展树 root 中分离出第 1~x-1 的元素对应的子树 o,
                                       // 第 x+1~n 的元素对应的子树 s2
    构建数据值为 v，左右指针空，子树规模 1 的叶节点 tt;
    root=merge(merge(s1, tt), s2);     // 顺序合并 s1、tt 和子树 s2，返回其根 root
    splay(root, x+1);                  // 将插入节点旋转至根
}
```

【10.6.1　SuperMemo】

你的朋友 Jackson 被邀请参加一个名为“SuperMemo”的电视节目，在节目中，参加者被告知要玩一个记忆游戏。首先，主持人告诉参加者一个数字序列 $\{A_1, A_2, \cdots A_n\}$，然后，主持人对数字序列进行一系列操作和查询，这些操作和查询包括：

1）ADD x y D：对子序列 $\{A_x \cdots A_y\}$ 中的每个数加上 D。例如，对序列 {1, 2, 3, 4, 5} 执行“ADD 2 4 1”，结果是 {1, 3, 4, 5, 5}。

2）REVERSE x y：对子序列 $\{A_x \cdots A_y\}$ 进行翻转。例如，对序列 {1, 2, 3, 4, 5} 执行“REVERSE 2 4”，结果是 {1, 4, 3, 2, 5}。

3）REVOLVE x y T：对子序列 $\{A_x \cdots A_y\}$ 循环右转一位，转动 T 次。例如，对序列 {1, 2, 3, 4, 5} 执行“REVOLVE 2 4 2”，结果是 {1, 3, 4, 2, 5}。

4）INSERT x P：将 P 插在 A_x 后面。例如，对序列 {1, 2, 3, 4, 5} 执行“INSERT 2 4”，结果是 {1, 2, 4, 3, 4, 5}。

5）DELETE x：删除 A_x。例如，对序列 {1, 2, 3, 4, 5} 执行“DELETE 2”，结果是 {1, 3, 4, 5}。

6）MIN x y：查询子序列 $\{A_x \cdots A_y\}$ 中的最小值。例如，对序列 {1, 2, 3, 4, 5} 执行“MIN 2 4”，结果是 2。

为了让节目更有趣，参加者有机会场外求助其他人，这就是说，Jackson 在回答问题感到困难时，他可能会打电话给你寻求帮助。请你观看电视节目，并写一个程序，对每个问题给出正确的答案，以便在 Jackson 给你打电话时为他提供帮助。

输入

第一行给出 n（$n \leqslant 100\ 000$），接下来的 n 行描述序列，然后给出 M（$M \leqslant 100\ 000$），表示操作和查询的数目。

输出

对每个“MIN”查询，输出正确答案。

样例输入	样例输出
5 1 2 3 4 5 2 ADD 2 4 1 MIN 4 5	5

试题来源：POJ Founder Monthly Contest – 2008.04.13, Yao Jinyu

在线测试：POJ 3580

试题解析

本题的求解基于一棵伸展树。

伸展树节点的数据域除了包含 v（数据）以外，还包含懒惰标记 s（子树规模）、minn（子树最小值）、flip（翻转标志）和 add（累加值）；懒惰标记 flip 和 add 在子程序 pushdown 中维护。设区间 $x \sim y$ 为序列中第 x 个元素至第 y 个元素。

ADD 操作：为 $x \sim y$ 元素加一个 d 值。首先调用 split 切出 $x \sim y$ 元素，然后改变给切出的子树 root 的 root->add、root->min、root->v，再调用 merge 切出的子树 root 合并进原序列。

REVERSE 操作：把 $x \sim y$ 元素反转。首先用 split 切出 $x \sim y$ 元素，然后改变切出的子树 root 的 root->flip 标记，再调用 merge 将切出的子树 root 合并进原序列。

REVOLVE 操作：把 $x \sim y$ 元素偏移 T 位。注意 T 可以为负，负向左，正向右。首先，对 T 进行修正，T=(T%($r-l$+1)+($r-l$+1))%($r-l$+1)，这样正负方向就一致了，而且解决了没必要的偏移。所以，REVOLVE 把 $x \sim y$ 元素偏移 T 位，首先用 split 切出 $x \sim y$ 元素，左子树为 left，右子树为 right；然后，用 split 对 $x \sim y$ 元素切出 $x \sim y-T$；最后，调用 merge 按序合并左子树为 left、[$y-T$+1, y]、[x, $y-T$]，右子树为 right。注意 T=0 时要特判，不然等于切了个 0 空间。

INSERT 操作：在第 x 元素后插入 P。首先调用 split 切出左段 1 ～ x 的元素，然后调用 merge 合并这个新的元素 P，再 merge 右段 x+1 ～ n 的元素。

DELETE 操作：切出被删元素的左右两段，调用 merge 合并这两段即可。

MIN 操作：求 $x \sim y$ 元素最小值。依赖于 pushup(也就是 maintain)，每次变动都要维护 root-v、root->left、root->right 三部分的最小值。首先切出 [x, y]，root->minn 就是结果。

BUILD 操作：首先在 0 号位置加一个无穷大的前置节点，这样就可以调用 split 切出 $x \sim y$，如果没有前置节点，则在切 1 ～ x−1，当 x=1 时就会出错。函数 BUILD(0, n, &root) 构建区间 [0, n] 对应的伸展树 root。子程序 build 使用二分法，首先为中间元素 mid=(0+n)>>1 构造节点，然后分别递归构造左区间 [0, mid−1]、右区间 [mid+1, n] 对应的左子树和右子树。这样可在最初时控制伸展树的高度。

参考程序（略。本题参考程序的 PDF 文件和本题的英文原版均可从华章网站下载）

伸展树的节点不仅可以采用指针进行链接，而且可以采用数组存储：将伸展树的节点存储在元素类型为结构体的数组 t[] 中。由于在伸展过程中，需要分析当前节点与左右儿子及父亲的关系，因此设 t[].v 为数据域，t[].ch[0] 和 t[].ch[1] 为左右儿子的指针，即左右儿子在 t 数组的下标，t[].f 为其父亲的指针。

【10.6.2　Tunnel Warfare】

抗日战争时期，我国军民在华北平原的广大地区广泛地开展地道战。一般情况下，通过地道，将村庄连成一行。除了两头的村庄之外，每个村庄都与相邻的两个村庄相连。

日军会经常对一些村庄发动扫荡，捣毁其中的部分的地道。我军指挥官要求了解地道和村庄的最新连接状态。如果一些村庄被隔离了，就要立即恢复连接。

输入

输入的第一行给出两个正整数 n 和 m（$n, m \leqslant 50\,000$），表示村庄和事件的数量。接下来的 m 行每一行描述一个事件。

有三种不同的事件，以如下不同的格式描述：

1）D x：第 x 个村庄被扫荡。

2）Q x：我军指挥官要知道和第 x 个村庄直接或间接相连的村庄的数量，包括它自己。

3）R：最近被扫荡的那个村庄被重建。

输出

对于每次我军指挥官的请求，在一行中输出回答。

样例输入	样例输出
7 9 D 3 D 6 D 5 Q 4 Q 5 R Q 4 R Q 4	1 0 2 4

提示

样例输入图解如下：

```
     OOOOOOO
D 3  OOXOOOO
D 6  OOXOOXO
D 5  OOXOXXO
R    OOXOOXO
R    OOXOOOO
```

试题来源：POJ Monthly--2006.07.30, updog

在线测试：POJ 2892

试题解析

本题的求解基于一棵伸展树。由于试题要求重建最近被扫荡的村庄，因此需要设立一个栈，存储被扫荡的村庄。

初始的时候，构建一棵伸展树，插入 n+1 和 0。然后依次处理每个事件：

1）如果第 x 个村庄被扫荡，则 x 入栈，并把 x 插入伸展树中。

2）查询第 x 个村庄，则如果 x 被扫荡，则输出 0；否则，输出 x 的后继 − 前驱 −1（x 左边被扫荡的最近点和右边被扫荡的最近点之间的数字个数）。

3）如果重建最近被扫荡那个村，则栈顶元素出栈，并从伸展树中移出。

参考程序

```
#include<cstdio>
#define MAXN 50005
struct node {                       // 节点类型为结构体
    int v, ch[2], f;                // 村庄号 v；ch[0] 和 ch[1] 分别存储左右儿子在 t[] 中的下标
                                    //（左右指针）；父亲在 t[] 中的下标为 f（父指针）
```

```
}t[MAXN];                            // 伸展树序列
int rt, sz, n, m;                    // 树根 rt, t[] 的长度 sz, 村庄数 n, 事件数 m
void rot(int x)                      // 对伸展树中的节点 x 进行旋转操作
{
    int y = t[x].f, z = t[y].f; // 取 x 的父亲 y 和祖父 z
    bool f = (t[y].ch[1] == x); // 旋转前 x 在 y 的儿子方向 (旋转后调整为 x 在 z 的旋转方向)
                                // f = {0  x是y的左儿子, y右旋
                                //      1  x是y的右儿子, y左旋
 // x 的 f 相反方向的儿子转至 y 的 f 方向的儿子位置, 并将其父亲调整为 y ; x 的 f 相反方向的儿子调整为
   //y; y 的父亲调整为 x; x 的父亲调整为 z
    t[y].ch[f] = t[x].ch[f^1];
    if(t[y].ch[f]) t[t[y].ch[f]].f = y;
    t[x].ch[f^1] = y; t[y].f = x;
    t[x].f = z;
// 若原来 y 为 z 的右儿子, 则调整后 x 为 z 的右儿子; 否则 x 为 z 的左儿子
    if(z) t[z].ch[t[z].ch[1]==y] = x;
}
void Spaly(int r, int tp) {     // 通过一系列旋转, 将伸展树中的节点 r 调整至 tp 的儿子位置
    for(int y, z; (y = t[r].f) != tp; rot(r)) {
// 若 r 的父亲非 tp, 则执行循环体 (在 r 的祖父非 tp 的情况下: 若 z、y 和 r 位于同一方向的链上, 则旋转
   //y; 否则旋转 r)。每执行一次循环体后旋转 r, 直至 r 的父亲为 tp 为止
        z = t[y].f;                   // z 为 r 的祖父
        if(z == tp) continue;         // 若 z 为 tp, 则转去旋转 r
        if( (t[z].ch[0] == y) == (t[y].ch[0] == r) ) rot(y);  // 若 z、y 和 r 位于同一
           // 方向的链上, 则旋转 y; 否则旋转 r
        else rot(r);
    }
    if(!tp) rt = r;                   // 若 tp 为 0, 则调整 r 为伸展树的根
}
void Ins(int r, int x) {              // 将村庄 x 插入伸展树 r
    int y = 0;                        // 寻找 x 的插入位置 y (叶节点)
    while(r && t[r].v != x) { y = r; r = t[r].ch[x > t[r].v]; }
    r = ++ sz; t[r].v = x;            // 将 x 插入 t[] 的表尾 t[++sz]
    t[r].f = y;                       // 设定 y 是 r 的父亲
    if(y) t[y].ch[x > t[y].v] = r;    // 按照有序性设定 y 与 r 的父子关系
    Spaly(r, 0);                      // 通过一系列旋转将 r 调整至树根
}
void Find(int v) {                    // 将村庄为 v 的节点或者村庄序号最接近 v 的节点旋转至根
    int x = rt;                       // 从根 rt 出发查找
    if(!x) return;                    // 若树为空, 则失败返回; 否则按左≤中≤右原则寻找,
                                      // 直至找到数据域值为 v 的节点 x 或找到该方向上尾节
                                      // 点 x 为止
    while(t[x].ch[v > t[x].v] && t[x].v != v) x = t[x].ch[v > t[x].v];
    Spaly(x, 0);                      // 通过一系列旋转将节点 x 调整至树根 rt
}
int Nxt(int x, bool f)                // 计算并返回村庄 x 的前驱节点 (f==0) 和后继节点
                                      //(f==1)
{
    Find(x);                          // 将村庄为 xv 的节点或村庄序号最接近 x 的节点旋转至根
    if((t[rt].v>x&&f)||(t[rt].v<x&&!f)) return rt ;  // 若 rt 的 v 值与 x 的大小关系符合
        //f 方向要求, 则返回 rt (在 f 方向上, rt 的村庄最接近 x)
    int p = t[rt].ch[f];               //rt 的村庄为 x。从 rt 的 f 方向儿子出发, 寻找 f 相
      // 反方向的链尾节点 p, 该节点的村庄在 f 方向上最接近 x, 返回 p
    while(t[p].ch[f^1]) p = t[p].ch[!f];
    return p;
}
void Del(int v) {                     // 将包含 v 的节点从伸展树中删除
    int p = Nxt(v, 0), s = Nxt(v, 1);  // 找出包含 v 的前驱节点 p 和后继节点 s
    Spaly(p, 0); Spaly(s, p);         // 通过一系列旋转将节点 p 调整至根位置, 将节点 s 调
                                      // 整至 p 的儿子位置
```

```
    p = t[s].ch[0];                         // 取出 s 的左儿子 p，将 s 的左指针置空
    t[s].ch[0] = 0;
}
char c, f;
inline void GET(int &n) {                   // 输入操作对象，将之转化为十进制整数 n
    n = 0; f = 1;
    do {c = getchar(); if(c == '-') f = -1;} while(c > '9' || c < '0');
    while(c >= '0' && c <= '9') {n=n*10+c-'0';c=getchar();}
    n *= f;
}
int op[MAXN], tp;                           // 栈 op[ ] 存储被扫荡的村庄，栈顶指针为 tp
bool dsd[MAXN];                             // 村庄 i 被扫荡的标志为 dsd[i]
int main() {
    GET(n); GET(m);                         // 输入村庄数 n 和事件数 m
    char s[3]; int x;                       // 命令为 s，命令的操作对象为村庄 x
    Ins(rt, 0); Ins(rt, n+1);               // 分别将 0 和 n+1 插入伸展树
    while(m --) {                           // 依次处理每个事件
        scanf("%s", s);                     // 输入当前事件
// 分类处理当前事件
    // 扫荡：输入被扫荡的村庄号并入栈；将该村庄插入伸展树，并置扫荡标志；
    // 请求：输入村庄号；若该村庄已被扫荡，则输出 0；否则输出与该村庄直接或间接相连的村庄数（该村
        // 庄的后继 - 前驱 -1）；
    // 重建：设栈顶村庄未扫荡标志；在伸展树中删除该村庄，该村庄出栈
        if(s[0] =='D') GET(op[++ tp]), Ins(rt, op[tp]), dsd[op[tp]] = 1;// 处理扫荡命令
        else if(s[0] == 'Q') {                                          // 处理请求命令
            GET(x); if(dsd[x]) puts("0");
            else printf("%d\n", t[Nxt(x,1)].v-t[Nxt(x,0)].v-1);
        }
        else dsd[op[tp]] = 0, Del(op[tp --]);                           // 处理重建命令
    }
    return 0;
}
```

10.7 相关题库

【10.7.1 Cartesian Tree】

本题考虑一种特殊类型的二叉搜索树，被称为笛卡儿树。二叉搜索树是一种有根的有序二叉树，每个节点 x 满足以下条件：其左子树的每个节点的关键字小于节点 x 的关键字，其右子树的每个节点的关键字大于节点 x 的关键字。即如果我们用 $L(x)$ 和 $R(x)$ 表示节点 x 的左子树和右子树，用 k_x 表示节点 x 的关键字，则有：如果 $y \in L(x)$，则 $k_y<k_x$；如果 $z \in R(x)$，则 $k_Z>k_x$。

二叉搜索树被称为笛卡儿树，如果其每个节点 x 除了主关键字 k_x 外，还有辅助关键字，用 a_x 标识，对这些关键字满足堆的条件，即：如果 y 是 x 的双亲，则 $a_y<a_x$。

因此笛卡儿树是二叉有根有序树，其每个节点是由两个关键字组成的关键字对 (k, a)，并且要满足上述的三个条件。

给出一个关键字对的集合，基于该集合构造笛卡儿树，或者判定这一集合不可能构造笛卡儿树。

输入

输入的第一行给出一个整数 $N(1 \leqslant N \leqslant 50\,000)$——关键字的对数，基于这一关键字对的集合构造笛卡儿树。后面的 N 行每行包含两个数，表示一个关键字对 (k_i, a_i)，对每个对 $|k_i|$，$|a_i| \leqslant 30\,000$，所有的主关键字和所有的辅助关键字都是不同的，即：对每个 i != j，

k_i!= k_j 并且 a_i!= a_j。

输出

如果能够构造一棵笛卡儿树，就在第一行输出“YES”，否则就输出“NO”。如果能够构造一棵笛卡儿树，就在后面的 N 行输出这棵树，相应于在输入文件中给出的对，节点从 1 到 N 编号，每个节点由 3 个值表示：双亲、左孩子和右孩子，如果节点没有双亲或者没有相应的孩子，则用 0 来代替。

输入保证结果是唯一的。

样例输入	样例输出
7	YES
5 4	2 3 6
2 2	0 5 1
3 9	1 0 7
0 5	5 0 0
1 3	2 4 0
6 6	1 0 0
4 11	3 0 0

试题来源：ACM Northeastern Europe 2002, Northern Subregion

在线测试：POJ 2201

 **提示**

由于这棵笛卡儿树是关于 k_i 的二叉搜索树，所以先将所有的二元组根据 k_i 排序，这样就可以将题目简化为：一列 N 个数 a_i，要为这些数建立一个严格的最小二叉堆，但是对这个二叉堆进行中序遍历的结果必须和原序列相同。

首先必须明确，只要任意两个关键字对的 k_i 和 a_i 是不同的，那么这棵严格的笛卡儿树就一定是唯一存在的。

假设已经对所有节点的 k_i 排过序了，首先可以认为在 [1, 1] 范围内建立一棵笛卡儿树是“平凡”的：不过是一个根节点而已。假设已经在 $[1, i-1]$(i>1）范围内建立了一个笛卡儿树，那么我们试图得到 $[1, i]$ 范围内的笛卡儿树。由于这棵树有二叉搜索树的性质，所以可以从节点 i−1 出发，沿父指针向上搜索，找第一个其 a_i 值小于节点 i 的 a_i 值的节点 j，将节点 j 的右儿子调整为节点 i 的左儿子，节点 i 作为节点 j 的右儿子，即可使得 $[1, i]$ 同时满足二叉搜索树和二叉堆的性质；若父路径上所有节点的 a_i 值都不小于节点 i 的 a_i 值，则原树根调整为 i 节点的左儿子，节点 i 作为新树根，同样也可使得 $[1, i]$ 同时满足二叉搜索树和二叉堆的性质。由此得出算法：

```
按照 k_i 递增的顺序排列节点；
节点 0 作为根；
递推节点 1 ～节点 n-1，依照上述方法逐步扩展笛卡儿树的范围，依次记下每个节点的双亲和左右儿子；
输出成功信息以及每个节点的双亲和左右儿子；
```

【10.7.2　二叉搜索树】

判断两个序列是否为同一棵二叉搜索树序列。

输入

开始输入一个数 n，$1 \leqslant n \leqslant 20$，表示有 n 个序列需要判断，n=0 的时候输入结束。

接下去的一行是一个序列，序列长度小于 10，包含 0 ～ 9 的数字，其中没有重复数字。按这个序列输入，可以构造出一棵二叉搜索树。

接下去的 *n* 行有 *n* 个序列，每个序列格式跟第一个序列一样，请判断这两个序列是否能组成同一棵二叉搜索树。

输出

如果序列相同则输出“YES”，否则输出“NO”。

样例输入	样例输出
2 567432 543267 576342 0	YES NO

试题来源：浙江大学计算机研究生复试上机考试 -2010 年

在线测试：HDOJ 3791

 **提示**

根据二叉搜索树的“左小右大”的性质解题。

对给出的两个字符串，递归判断：如果两个字符串相等，则是两棵相同的二叉搜索树；否则，判断两个字符串的第一个字符（根）是否相等，如果不等，则不是相同的二叉搜索树；否则，递归判断以该字符为根的左右子树是否相等。

【10.7.3 Argus】

一个数据流是一个实时、连续、有序的条目序列。一些实例包括传感器数据、互联网贸易、金融报价、网上拍卖、交易日志、Web 使用日志和电话呼叫记录。同样，在数据流上的查询每隔一定时间就要连续运行，在产生新的数据的时候就要产生新的结果。例如，一家工厂的仓库的温度检测系统可以执行如下查询：

- 查询 1：“每五分钟，检索在过去 5 分钟内的最高温度。”
- 查询 2：“返回在过去 10 分钟各个楼层的平均气温。”

我们开发了一个名为 Argus 的数据流管理系统，以处理在数据流上的查询。用户可以在 Argus 上登记查询。Argus 将在不断变化的数据上持续执行查询，并以要求的频率向相应的用户返回结果。

对 Argus，我们以下述指令来登记查询：

```
Register Q_num Period
```

Q_num（$0 < Q\_num \leqslant 3000$）是查询的 ID 编号，Period（$0 < Period \leqslant 3000$）是两个连续的查询结果返回之间的时间间隔。在登记了 Period 秒之后，首次返回结果，此后，每隔 Period 秒返回一次结果。

在 Argus 上登记了几个不同的查询，所有的查询都有不同的 Q_num。你的任务是给出前 *K* 个查询的返回结果。如果两个或多个查询同时返回结果，则将它们按照 Q_num 的升序进行排列。

输入

输入的第一部分是在 Argus 上登记的指令，一条指令占一行，假定指令的编号不超过 1000，并且所有的指令同时开始执行。这一部分的结束用“#”表示。

第二部分是你的工作，只有一行，给出一个正整数 K ($\leqslant$ 10 000)。

输出

输出前 K 个查询的 ID 编号（Q_num），每个数字一行。

样例输入	样例输出
Register 2004 200 Register 2005 300 # 5	2004 2005 2004 2004 2005

试题来源：ACM Beijing 2004

在线测试：POJ 2051，ZOJ 2212，UVA 3135

提示

按照时序要求，查询时间越早的任务越先被查询。若查询时间最早的任务有多个，则先查询 ID 编号最小的任务。因此以查询时间 nt 为第 1 关键字、ID 编号为第二关键字设定查询任务的权值，每次取权值最小的任务查询。为了便于查询权值最小的任务，不妨按照权值递增的顺序将 n 个查询任务存储在一个小根堆中。

设第 i 条指令的 ID 编号为 id[i]，时间间隔为 per[i]，查询时间为 nt[i]（$1 \leqslant i \leqslant n$）。若 ID 编号为 id[$i$] 的查询被查询了 k-1 次，则下一次查询的时间 $\text{nt}[i]=\sum_{p=1}^{k}\text{pre}[i]$，即当某个查询任务 i 完成后，查询时间 nt[i] 增加 per[i]，重新回到任务序列，等待下一次查询。由此得出算法。

最初时每个任务的查询时间 nt[i]=per[i]（$1 \leqslant i \leqslant n$）。每次查询，取出队首任务 root，输出 id[root]，然后调整其权值 nt[root]+=pre[root]，并将 root 送回小根堆。这样的操作连续进行 k 次就可得到问题的解。

【10.7.4 Black Box】

Black Box 表示一个原始的数据库。 它可以保存一个整数数组，并具有一个特定的 i 变量。初始时 Black Box 为空，i 等于 0。Black Box 处理一个指令（事务）的序列。有两类事务：

- ADD(x)：将节点 x 放到 Black Box 的整数数组中。
- GET ：i 增加 1，并输出在 Black Box 中的所有整数中第 i 小的整数。 Black Box 中的节点在整数数组中按非降序排列，第 i 小的整数被放置在整数数组的第 i 个位置上。

下面给出 11 个事务的序列。

N	事务	i	事务执行后 Black Box 的内容（节点按非递减序排列）	输出
1	ADD(3)	0	3	
2	GET	1	3	3
3	ADD(1)	1	1，3	

（续）

N	事务	i	事务执行后 Black Box 的内容（节点按非递减序排列）	输出
4	GET	2	1，3	3
5	ADD(−4)	2	−4，1，3	
6	ADD(2)	2	−4，1，2，3	
7	ADD(8)	2	−4，1，2，3，8	
8	ADD(−1000)	2	−1000，−4，1，2，3，8	
9	GET	3	−1000，−4，1，2，3，8	1
10	GET	4	−1000，−4，1，2，3，8	2
11	ADD(2)	4	−1000，−4，1，2，2，3，8	

要求设计一个有效的算法来处理给出的事务序列：ADD 和 GET 事务的最大编号都是 30 000。

用两个整数数组来描述事务的序列：

1）$A(1), A(2), \cdots, A(M)$：一个被加入 Black Box 中的节点的序列，节点值是绝对值不超过 2 000 000 000 的整数，$M \leqslant 30\,000$。如上例，A=(3, 1, −4, 2, 8, −1000, 2)。

2）$u(1), u(2), \cdots, u(N)$：在执行第一次，第二次，……第 N 次 GET 事务时，在 Black Box 中已经加入的节点个数的序列，如上例，u=(1, 2, 6, 6)。

Black Box 算法假定自然数序列 $u(1), u(2), \cdots, u(N)$ 是按非递减序排列的，$N \leqslant M$，并且对每个 p ($1 \leqslant p \leqslant N$)，不等式 $p \leqslant u(p) \leqslant M$ 成立，这保证 u 序列要求获得第 p 个节点时，在 $A(1), A(2), \cdots, A(u(p))$ 序列中执行 GET 事务可以获取第 p 小的节点。

输入

输入按给出的次序包含 $M, N, A(1), A(2), \cdots, A(M), u(1), u(2), \cdots, u(N)$，由空格和（或）回车符号分开。

输出

对给出的事务序列输出 Black Box 的回答序列，每个数字一行。

样例输入	样例输出
7 4 3 1 −4 2 8 −1000 2 1 2 6 6	3 3 1 2

试题来源：ACM Northeastern Europe 1996

在线测试：POJ 1442，ZOJ 1319，UVA 501

提示

本题有两种指令：ADD(x) 和 GET。本题采用两个堆表示 Black Box：一个小根堆和一个大根堆。当前的前 i 个小的整数在大根堆中。所以，小根堆的根是当前第 i+1 个小的整数。

对于每个 ADD 指令 ADD (x)，首先，将元素 x 插入小根堆；然后，将小根堆的根插入大根堆，并将这个小根堆的根从小根堆中删除；最后将大根堆的根插入小根堆，并将这个大根堆的根从大根堆中删除。在执行这些操作之后，当前的前 i 个小的整数在大根堆中，小根堆的根大于或等于大根堆中的任何元素。也就是说，小根堆的根是当前所有在 Black Box 中的整数中的第 i+1 个小的整数。

对每个 GET 指令，首先，i 增加 1；也就是说，小根堆的根是当前第 i 个小的整数。所以 GET 指令返回小根堆的根。然后，删除小根堆的根，并把它插入大根堆中。

【10.7.5　Heap】

一个（二叉）堆是一个数组，可以被视为一棵近乎的完全二叉树。在本题中，我们讨论最大堆。

最大堆具有这样的特性：除了根以外，每个节点的关键码不会大于其双亲节点的关键码。在此基础上我们进一步要求，对于每个有两个孩子的节点，左子树的节点的关键码小于右子树的节点的关键码。

一个数组可以通过改变一些关键码被转换为满足上述需求的一个最大堆，请你找到要改变的关键码的最小数目。

输入

输入仅包含一个测试用例，测试用例由分布在多行的非负整数组成。第一个整数是堆的高度，至少是 1，至多是 20。后面给出的是要转换为上面描述的堆的数组节点，节点值不超过 10^9。被修改的节点保持完整，虽然不一定是非负的。

输出

输出要修改的节点（或关键码）的最小数目。

样例输入	样例输出
3 1 3 6 1 4 3 8	4

试题来源：POJ Monthly--2007.04.01

在线测试：POJ 3214

 **提示**

由于最大堆是一棵近乎的完全二叉树（即满二叉树），且除根之外的每个节点的关键码不会大于其双亲的关键码，每个有两个孩子的节点，其左子树的节点的关键码小于右子树的节点的关键码，因此后序遍历最大堆即可得出递增序列。

设 $a[1..n]$ 为堆的数组，其中 $a[1]$ 为根。若 $2*i \leqslant n$，则 $a[2*i]$ 为 $a[i]$ 的左儿子；若 $2*i+1 \leqslant n$，则 $a[2*i+1]$ 为 $a[i]$ 的右儿子。

我们通过后序遍历的方式统计存在右儿子的节点数 x，建立数组 b，其中 $b[i]=a[n-i+1]-x$（$1 \leqslant i \leqslant n$），使得数组 a 倒序，且左右儿子关键字大小的比较包含等于关系。显然，如果数组 a 构成最大堆，则 b 序列应该是递增的。则本题变成至少修改 b 序列的多少个节点，使得其变成递增序列。

设 $a[0..\text{len}]$ 存储不须修改的节点，初始时 len=0。

依次枚举 b 序列中的每个节点 $b[i](1 \leqslant i \leqslant n)$：若 $a[0..\text{len}]$ 中有 t 个不大于 $b[i]$ 的节点（t<len），则 $b[i]$ 插入 $a[t+1]$ 位置；否则说明 $a[0..\text{len}]$ 中的所有节点都小于 $b[i]$，区间尾新增

节点 $b[i]$，使得区间变为 $a[0..\text{len}+1]$。

在枚举了 b 序列的所有节点后，可得出要修改的最少节点（或关键码）数为 $n-(\text{len}+1)$。

【10.7.6 How Many Trees?】

平衡二叉树递归定义如下：

1）左子树和右子树的高度之差至多是 1；

2）其左子树是一棵平衡二叉树；

3）其右子树也是一棵平衡二叉树。

给出节点数和叶子数，请你计算平衡二叉树的个数。

输入

输入包含多个测试用例。每个测试用例一行，给出两个整数 n 和 $m(0 < m \leqslant n \leqslant 20)$，分别表示节点个数和树叶个数。

输出

正好有 n 个节点和 m 片树叶的平衡二叉树的个数。

样例输入	样例输出
5 2 15 9	4 0

试题来源：ZOJ Monthly, December 2002

在线测试：ZOJ 1470

 **提示**

题目仅给出平衡二叉树的节点个数和树叶个数，并没有给出高度信息，但计算平衡二叉树离不开高度，因为左右子树的高度差至多是 1 是其本质特征。

设 $f[i][j][k]$ 表示有 i 个节点和 j 个叶子、高度为 k 的平衡二叉树的个数。

有两种边界情况：

1）若节点数 i 或高度 k 中至少有一个 0，则仅有的一种情况是节点数 i、叶子数 j 和高度 k 全为零；

2）若节点数 i 或高度 k 中至少有一个 1，则仅有的一种情况是节点数 i、叶子数 j 和高度 k 全为 1。

由此得出边界：

$$f[i][j][k]=\begin{cases}(i==0)\&\&(j==0)\&\&(k=0) & (i==0)\|(k==0)\\(i==1)\&\&(j==1)\&\&(k=1) & (i==1)\|(k==1)\end{cases}$$

问题是，在节点数 i 和高度 k 大于 1 时怎么办？

设左子树的节点数为 l，$0 \leqslant l \leqslant i-1$，其中叶子数为 l_y，$0 \leqslant l_y \leqslant \min\{l, j\}$；

右子树的节点数为 r，$r=i-l-1$，其中叶子数为 r_y，$r_y=j-l_y$。

按照平衡二叉树的特征，左右子树的高度有三种情况：

1）左右子树高度相等，即左子树高度为 $k-1$，右子树高度为 $k-1$；

2）右子树比左子树高出 1，即左子树高度为 $k-2$，右子树高度为 $k-1$；

3）左子树比右子树高出 1，即左子树高度为 $k-1$，右子树高度为 $k-2$。

根据加法原理和乘法原理可得出：

$$f[i][j][k]=\sum_{l=0}^{i-1}\sum_{l_y=0}^{\min\{l,j\}}(f[l][l_y][k-1]*f[i-l-1][j-l_y][k-1]+f[l][l_y][k-2]*f[i-l-1][j-l_y][k-1]+f[l][l_y][k-1]*f[i-l-1][j-l_y][k-2])$$

由于输入给出了节点数 n 和树叶数 m，但未给出实际高度 k（仅知高度上限为 6），因此需要按照递增顺序枚举高度，即最后答案为 $\text{ans}=\sum_{k=1}^{6}f[n][m][k]$。

【10.7.7　The Number of the Same BST】

许多人知道二叉搜索树。二叉搜索树中的关键字的排序满足 BST 的特性：设 x 是二叉搜索树中的节点，如果 y 是 x 的左子树中的节点，则 key[y] ≤ key[x]；如果 y 是 x 的右子树中的节点，则 key[y]>key[x]。

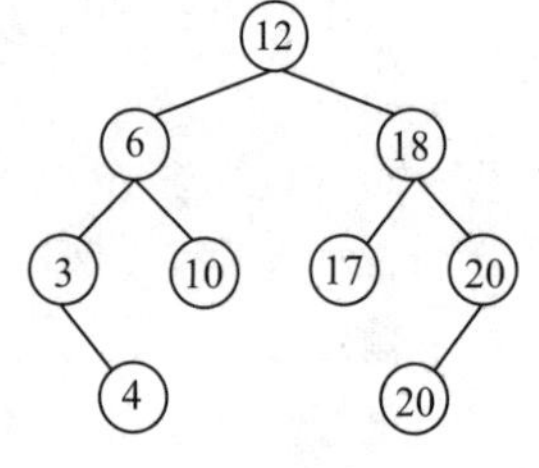

图　10.7-1

图 10.7-1 是一棵二叉搜索树，可以通过向量 ***A*** <12, 6, 3, 18, 20, 10, 4, 17, 20> 的次序插入节点来建立，也可以通过向量 ***B*** <12, 18, 17, 6, 20, 3, 10, 4, 20> 的次序插入节点来建立。

现在给出向量 ***X***，则可以由 ***X*** 建立二叉搜索树。请你计算多少不同的向量可以产生同样的二叉搜索树。为了简单，你只需要输出不同向量的数量除 9901 的余数。

输入

输入由若干组测试用例组成。每个测试用例的第一行给出一个正整数 n，表示测试向量的长度，n 小于 100；后面一行给出 n 个正整数，小于 10 000。输入以 $n=0$ 的测试用例结束，这个测试用例不用处理。

输出

对每个测试用例，输出一行，给出一个整数，该整数是不同的向量数除 9901 的余数。

样例输入	样例输出
3 2 1 3 9 5 6 3 18 20 10 4 17 20 0	2 168

试题来源：POJ Monthly--2006.03.26

在线测试：POJ 2775

提示

整个计算过程分两步。

步骤 1：根据输入的向量构造二叉搜索树 a，其长度为 tot。其中节点 i 的关键字为 $a[i]$.key，左右指针为 $a[i].l$ 和 $a[i].r$，以该节点为根的子树规模为 $a[i].s$（$0 \leqslant i \leqslant$ tot）。$a[0]$ 为树根，即 root=0。

步骤 2：计算形态如同二叉搜索树 a 的向量个数。

设 calculate(t) 对应以 t 节点为根子树形态的向量个数。我们通过后序遍历计算 calculate(t)：

1）若子树为空时（t==0）只可能有一种情况，即 calculate(0)=1。

2）若子树非空时（$t \neq 0$），有三种情况：

- 左子树形态的向量数为 calculate($a[t].l$)；
- 右子树形态的向量数为 calculate($a[t].r$)；
- 左右子树合并的向量个数为组合数 $C_{a[t].s-1}^{a[a[t].l].s}$。

其中 t 的左右子树的节点总数为 $a[t].s$-1，t 的左子树的节点数为 $a[a[t].l].s$。根据乘法原理和题目要求：

calculate(t)=(calculate($a[t].l$)*calculate($a[t].r$)* $C_{a[t].s-1}^{a[a[t].l].s}$)%9901

由此得出

$$\text{calculate}(t)=\begin{cases}1 & t=0\\ \text{calculate}(a[t].l)*\text{calculate}(a[t].r)*C_{a[t].s-1}^{a[a[t].l].s})\%9901 & t\neq 0\end{cases}$$

显然，递归函数 calculate(root) 即可得出问题解。

【10.7.8　The Kth BST】

定义 1：一棵二叉树（Binary Tree）是一个节点的有限集，或者是一个空集，或者由根和两棵不相交的二叉树组成，这两棵不相交的二叉树被称为左子树和右子树。

定义 2：一棵二叉搜索树（Binary Search Tree，BST）是一棵二叉树，可以为空。如果它不为空，则满足下述性质：

1）每个节点有一个关键字，不存在两个节点有相同的关键字，也就是说，关键字是唯一的；

2）在非空的左子树中的关键字必须小于在子树的根的关键字；在非空的右子树中的关键字必须大于在子树的根的关键字；

3）左右子树也是二叉搜索树。

在本题中，我们仅考虑二叉搜索树的前序遍历（Preorder Traversal of a BST）。前序遍历的代码如下：

```
void preorder(tree_pointer ptr) /* preorder tree traversal */
{
    if (ptr)
        { printf("%d", ptr->data);
            preorder(ptr->left_child);
            preorder(ptr->right_child);
        }
}
```

给出在一个 BST 中的节点数 n，以及 BST 的节点组成前 n 个小写字母。当然，除非 n 为 1，否则构造一个以上的 BST。请你对这些 BST 按照前序表示进行排序，并给出第 K 个 BST。

例如，当 n 为 2 时，有两棵 BST，构造如图 10.7-2 所示。

它们的前序表示为 ab 和 ba，因此第一个是 ab，第二个是 ba。

输入

本题有多组测试用例，输入以 EOF 结束。

对每组测试用例，有两个输入值 n 和 K，分别表示在 BST 中的节点数和程序要输出的 BST 的索引。

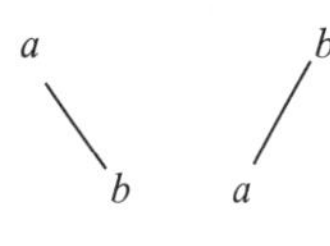

图　10.7-2

请注意：n 在 1 到 19 之间取值，K 在 1 到构造 BST 的方法数之间取值。

输出

对于每个输入，首先输出 BST 的第 K 个前序表示；然后，对每个节点（按 a, b, c, …的次序），先输出其本身，然后输出左子节点（如果不存在，输出“*”）和右子节点（如果不存在，输出“*”），用一个空格分开。K 不会大于给出 n 个节点的 BST 的表示数。在两个测试用例之间输出一个空行。

样例输入	样例输出
2 2 4 9	ba a * * b a * cbad a * * b a * c b d d * *

试题来源：Zhejiang Provincial Programming Contest 2006, Preliminary

在线测试：ZOJ 2738

 **提示**

由于试题需要输出每个节点的左右儿子情况，因此 BST 的存储形式为多重链表。

设 s 为每个节点及其后件的信息列表，其中字母序号为 i 的字母、左儿子字符和右儿子字符存储在 $s[i]$ 中（“a” 的字母序号为 1，……，“z” 的字母序号为 26；若节点不存在，则对应字符为“*”）；a 为 BST 树，其中 $a[t]$.key 为节点 t 的字母序号，$a[t].l$ 和 $a[t].r$ 为 t 节点的左右儿子指针。

$f[i][j]$ 表示以 j 为根、含 i 个节点的 BST 个数。其中左儿子为 l，以其为根的左子树含 j–1 个节点，即左子树的 BST 个数为 $f[j-1][l]$（$0 \leqslant l \leqslant$ j–1）；右儿子为 r，以其为根的右子树含 i–j 个节点，即右树的 BST 个数为 $f[i-j][r]$（$0 \leqslant r \leqslant i-j$）。显然

$$f[i][j]=\begin{cases}1 & (i=1)\&\&(j=0)\\ \sum_{l=0}^{j-1} f[j-l][l] * \sum_{r=0}^{i-j} f[i-j][r] & (i\geqslant 1)\&\&(j\geqslant 1)\end{cases}$$

含 i 个节点的 BST 个数为 catalan[i]，显然 catalan[i]= $\sum_{j=0}^{i} f[i][j]$。每个 BST 有一个前序表示，catalan[i] 个前序表示按照字典序递增的顺序排列。根据 BST 树的特征，根的字母越小，则 BST 的字典序越小。显然，对于含 n 个节点、前序表示的索引为 k 的 BST 子树来说，根的字母序号 key 应满足不等式 $\sum_{i=1}^{\text{key}} f[n][i] \leqslant k < \sum_{i=1}^{\text{key}+1} f[n][i]$。我们可以根据这一规律求出根的字母序号 key，并且由 BST “左小右大” 的特性得出：

1）左子树含 key−1 个节点，其左子树的前序表示的索引 k_l=(k−1)/catalan[n−key]+1；

2）右子树含 n−key 个节点，其右子树的前序表示的索引 k_r=(k−1)%catalan[n−key]+1。

我们通过递归过程 build(&t, n, k, plus) 计算和输出含 n 个节点的 BST 的第 k 个前序表示，并记录下每个节点及其后件的信息列表 s。第 k 个前序 BST 以节点 t 为根，由于 BST 树中左子树中节点的关键字小于根、右子树中节点的关键字大于根，因此设 t 的字母序号增量为 plus。当 t 为右儿子且左子树和根共有 key 个节点时，t 的字母序号加 key，即 plus=plus+key。build(&t, n, k, plus) 的计算过程如下：

```
build(lolo &t, lolo n, lolo k, lolo plus){
  if (n==0){ // 若节点数为 0，则设根为 0，回溯
      t=0;
      return;
  }
  t=++tot;      // 计算根节点序号
  计算节点 t 的字母序号 a[t].key=key+plus;（ Σ_{i=1}^{key} f[n][i]≤k < Σ_{i=1}^{key+1} f[n][i]，加上 plus 是为了区分节点 t 是否为右
      儿子）
  输出前序遍历中节点 t 的字母（char(a[t].key+'a'-1)）;
  计算左子树的前序索引 k_l 和右子树的前序索引 k_r（k_l=(k-1)/catalan[n-key]+1，k_r=(k-1)% catalan[n-key]+1 ）;
  递归左儿子（build(a[t].l, key-1, k_l, plus)）;
  递归右儿子（build(a[t].r, n-key, k_r, plus+key)）;
  记录节点 t 和左右儿子的信息 s[a[t].key]：
    • 记录节点 t 的字母（s[a[t].key]+=char(a[t].key+'a'-1)）;
    • 记录左儿子的信息（if (a[t].l) s[a[t].key]+=char(a[a[t].l].key+'a'-1); else s[a[t].key]+='*'）;
    • 记录右儿子的信息（if (a[t].r) s[a[t].key]+=char(a[a[t].r].key+'a'-1); else s[a[t].key]+='*'）;
}
```

显然，主程序中设置节点序号和根的初始值（tot=0; root=0），通过递归调用 build(root, n, k, 0) 输出第 k 个前序，最后输出 n 个节点及其后件的信息 $s[1]\cdots s[n]$。

【10.7.9　The Prufer code】

一棵树（也就是一个连通无回路图），节点数 $N \geqslant 2$。树的节点用整数 1, …, N 编号。树的 Prufer 码构造如下：将具有最小的编号树叶（仅和一条边关联的节点）和关联的边从图中删除，并记下关联于该树叶的节点的编号。在获取的图中，将具有最小编号的树叶删除，重复这一过程，直到只有一个节点留下来。很明显，这个唯一留下的节点编号为 N。被记下的整数集合 (N−1 个数，每个数取值范围是 1 到 N) 被称为图的 Prufer 码。

给出 Prufer 码，重构一棵树，即产生图中所有节点的邻接表。

设定 $2 \leqslant N \leqslant 7500$。

输入

相应于某棵树的 Prufer 码的一个编号集合。编号由空格和 / 或换行符分开。

输出

每个节点的邻接表，格式为：节点编号、冒号和用空格分开的相邻的节点。在列表和列表中的节点按节点编号的升序排列（见样例）。

样例输入	样例输出
2 1 6 2 6	1: 4 6 2: 3 5 6 3: 2 4: 1 5: 2 6: 1 2

试题来源：Ural State Univerisity Personal Contest Online February'2001 Students Session

在线测试：Ural 1069

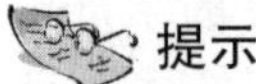提示

本题与【10.2.3 Decode the Tree】十分相似，两题都是输入树的 Prufer 码，但题目【10.2.3 Decode the Tree】要求输出树的括号表示法，而本题要求输出树的邻接表。

设某棵树的 Prufer 码为 $b[1]\cdots b[n]$，节点的入度序列为 $p[1]\cdots p[n]$。邻接表为 a，其中 $a[x]$ 存储 x 节点的所有儿子，可采用 vector 类容器。

我们按照如下方法计算树的邻接矩阵：

```
根据 Prufer 码序列计算节点的入度 p 序列（for (int i=1; i<n; i++) p[b[i]]++);
将所有入度为 0 的节点 i (p[i]==0) 插入小根堆 d（1 ≤ i ≤ n）;
依次顺序搜索 b[k](1 ≤ k ≤ n-1):
  { 取 d 堆的堆首节点 x，并维护堆性质;
  恢复原树形态：x 插入 a[b[k]] 容器，b[k] 插入 a[x] 容器;
  按照 Prufer 码的构造规则，b[k] 的入度数 -1 (p[b[k]]--);
  若 b[k] 成为叶子（p[b[k]]==0），则将其插入小根堆，并维护堆性质;
  };
每个 a[i] 容器中的儿子按节点编号递增的实现排列（1 ≤ i ≤ n);
依次输出每个 a[i] 容器中的儿子序列（1 ≤ i ≤ n);
```

【10.7.10　Code the Tree】

一棵树（也就是一个连通无回路图），树的节点用整数 1, …, N 编号。树的 Prufer 码构造如下：取具有最小编号的树叶（仅和一条边关联的节点），将该树叶和它所关联的边从图中删除，并记下关联于该树叶的节点的编号。在获取的图中重复这一过程，直到只留下一个节点。显然，这个唯一留下的节点编号为 N。被记下的 N−1 个数的序列被称为树的 Prufer 码。

给出一棵树，计算其 Prufer 码。树表示如下：

T ::= "(" N S ")"

S ::= " " T S | empty

N ::= number

即树用括号把它们括起来，用数字表示其根节点的标识符，后面跟用一个空格分开的任意多的子树（也可能没有）。图 10.7-3 中的树是样例输入中的第一行给出的测试用例。

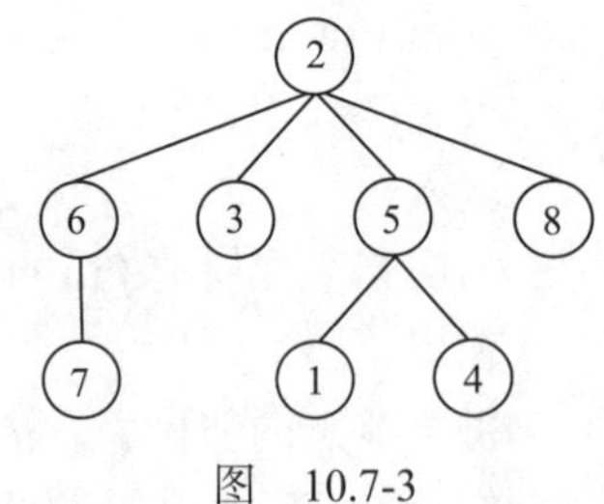

图　10.7-3

要注意的是，按上述定义，树的根也可能是树叶。这仅用于我们指定某个节点为树根的情况。通常，我们这里处理的树被称为“无根树”。

输入

输入包含若干测试用例，每个测试用例一行，按上述的方式描述一棵树。输入以 EOF 结束。设定 $1 \leqslant n \leqslant 50$。

输出

对每个测试用例输出树的 Prufer 码，每个用例一行。数字间用一个空格分开，行结束时不要打印空格。

样例输入	样例输出
(2 (6 (7)) (3) (5 (1) (4)) (8))	5 2 5 2 6 2 8
(1 (2 (3)))	2 3
(6 (1 (4)) (2 (3) (5)))	2 1 6 2 6

试题来源：Ulm Local 2001

在线测试：POJ 2567，ZOJ 1097

 提示

本题是【10.2.3 Decode the Tree】的逆运算，即输入树的括号表示，要求计算和输出的是对应的 Prufer 码。我们还是采用面向对象的方法解题。

1）根据树的括号表示构造邻接表 adj，其中与 x 邻接的所有节点存储在 vector 类的容器 adj[x] 中，adj 亦为 vector 类的容器。若存在边（x, y），则 x 存入容器 adj[y]，y 存入容器 adj[x]。构造 adj 的方法如下：

```
parse(&adj, p=0)          // 输入树的 Prufer 码，构造树根为 p（=0）的邻接表
{
    读整数 x(assert (in >> ws >> x));
    if p 非根（p>0）
    {
        在邻接表 adj 存在 p 和 x 的情况下（assert(0<=p && p<adj.size()assert (0<=x && x
            <adj.size())），x 进入 adj[p] 容器，p 进入 adj[x] 容器（adj[p].insert(x);adj[x].
            insert(p)）;
    }
    反复循环:
    { 读字符 ch（assert (in >> ws >> ch)）;
        if (ch == ')') 退出循环;
        在 ch 为 '(' 的情况下（assert (ch == '(')），构造以 p 的儿子 x 为根的子树（parse (adj, x)）;
    }
}
```

显然，在输入括号表示的首字符 ch(assert (ch == '(')) 后，通过调用 parse(adj) 便可得出树的邻接表 adj。

2）根据邻接表 adj 计算节点数 n，即统计 adj 表中 adj[i].size() ≥ 1（0 ≤ i ≤ adj.size()-1）的节点个数，并将其中所有叶子送入小根堆 leafs（即对于所有满足 adj[i].size ()==1 的节点 i 执行 leafs.push(i)）。

leafs 是一个 vector 类的容器，其节点为整型。模块声明为：priority_queue< int, vector <int>, greater<int> > leafs。

3）依次进行 $n-1$ 次操作，每次操作按下述方法计算和输出树的一个 Prufer 码：

```
leafs 的堆首节点 x 出堆（x =leafs.top(); leafs.pop()）;
取出 adj[x] 容器中的首节点 p（p = *( adj[x].begin())）;
输出 p;
释放 adj[p] 容器中的 x（adj[p].erase(x)）;
若 p 是树叶 (adj[p].size() == 1)，则送入小根堆 leafs（leafs.push (p)）;
```

【10.7.11　poker card game】

假设你有很多张扑克牌。众所周知，每张扑克牌的点数从 1 到 13 不等。用这些扑克牌，你可以玩如图 10.7-4 所示的一个游戏。游戏从一个被叫作“START”的地方开始。从

“START”，你可以向左或向右走到一个长方形的方框。每个方框都用一个整数标记，这是到“START”的距离。

现在要在这些方框上放置扑克牌，要遵循的规则如下：如果你在标有 i 的方框上放置一张 n 点的扑克牌，你将获得（$n \times i$）点；如果你将一张扑克牌放在方框 b 上，你就封闭了 b 后面的方框的路径。例如，在图 10.7-5 中，玩家将皇后 Q 放在和“START”距离 1 的右边方框上，玩家就得到 1 × 12 点，但皇后 Q 也封闭了它后面的方框的路径；也就是说，不允许再把扑克牌放在它后面的方框上。

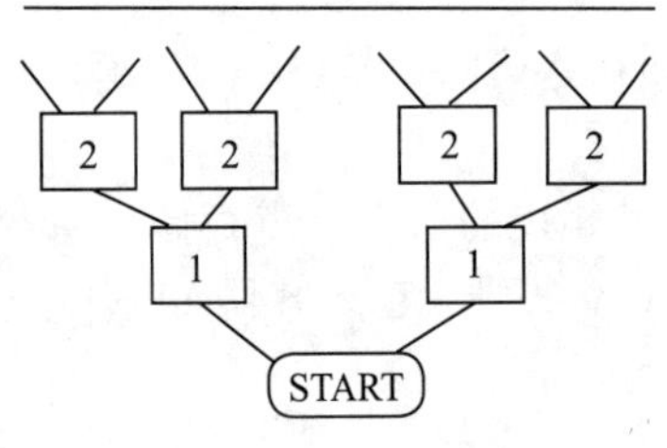

图 10.7-4　扑克牌游戏

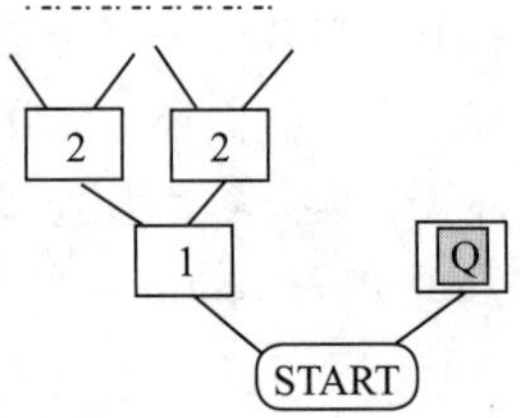

图 10.7-5　放置皇后 Q

本题要求：给出一些扑克牌，请你找到一种放置它们的方法，使得到的点数最低。例如，假设你有 3 张扑克牌 5、10 和 K。要获得最小点数，你可以如图 10.7-6 所示放置扑克牌，总的点数为 1 × 13+2 × 5+2 × 10=43。

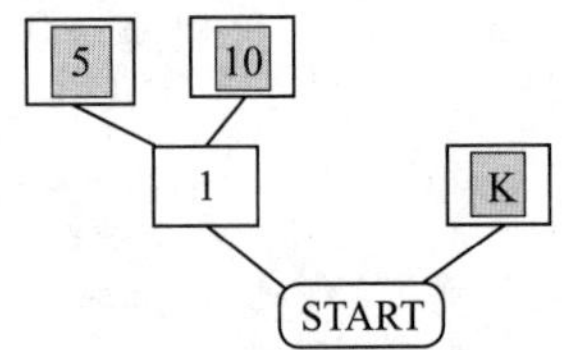

图 10.7-6　放置扑克牌的一个实例

输入

输入的第一行给出一个整数 n（$n \leqslant 10$），表示测试用例的数量。在每个测试用例中，以一个整数 m 开头，$m \leqslant 100\,000$，表示扑克牌的数量。接下来，以连续的序列给出扑克牌的序列，每张扑克牌由其数字表示。其中 Ace, 2, 3, …, K 的数字分别由整数 1, 2, 3, …, 13 表示。每个测试用例中最终的最小点数小于 5 000 000。

输出

逐行输出每个测试用例的最小点数。

样例输入	样例输出
3 3 5 10 13 4 3 4 5 5 5 7 7 10 11 13	43 34 110

试题来源：ACM Taiwan 2002

在线测试：POJ 1339

提示

本题是一个构造赫夫曼树求最小值的问题，由于扑克牌数的数据规模为 10^6，所以用优先队列，复杂度为 $O(n\log n)$。

本篇小结

树是一种具有层次结构的数据结构，可以通过先根次序遍历和后根次序遍历将这种非线性结构转化为线性结构。

当我们确定使用树形的逻辑结构作为数学模型时，根据对树中各个对象的操作要求设计存储结构，既可采用广义表、双亲表或多重链表存储原树，亦可通过左子女 – 右兄弟表示法将之转化为二叉树，存储方式的好坏将直接影响到程序的效率。

二叉树是一种最重要的树类型，任何有序树都可以转化为对应的二叉树，有序树的先根遍历与转化后二叉树的前序遍历对应，有序树的后根遍历与转化后二叉树的中序遍历对应。二叉树不仅有结构简单、节省内存的优点，更重要的是便于对数据二分处理。在二叉树的基础上可以派生出许多重要的数据结构，例如二叉搜索树、二叉堆、兼具二叉搜索树和二叉堆性质的树堆、赫夫曼树等。二叉树的深度越小、越"丰满"，则时空效率越高。高效的赫夫曼树和二叉堆都呈完全二叉树结构。完全二叉树可用一维数组存储，父子关系直接由下标指示。而静态二叉搜索树、平衡树和树堆是一种深度为 $O(\log_2 n)$ 二叉搜索树。静态二叉搜索树一般采用离线方法构造，不便于动态维护；一般二叉搜索树的形态取决于输入顺序，树堆的形态由优先级顺序决定，平衡树在插入和删除过程中一直保持左右子树的高度至多相差 1 的平衡条件。

树在数据处理中发挥着极其重要的作用。例如在数据通信中采用赫夫曼树编码和译码，一些可用线性数据结构实现的问题，亦可用树来解决；例如在节点入队和按照优先级出队的操作上（优先队列）可以采用二叉堆；又如在数据查找上可以采用静态二叉搜索树或平衡树，再如对需要频繁插入、删除和查找的二叉搜索树，采用树堆是比较合适的。一旦采用了树结构，时间效率至少可降低一个阶，通常采用线性数据结构需花费 $O(n^2)$ 的问题，改用树结构后可在 $O(n*\log_2 n)$ 的时间内解决问题。不仅如此，树结构亦可用于群聚类的非线性表。例如用树结构支持合并集合和查找节点所在集合的运算；在最小生成树、最短路径等图论问题上，采用二叉堆来维护优先队列。许多算法在 C++ 的 STL 中有标准模板，例如使用 STL 的 priority_queue 定义，可直接调用 STL 里面的堆算法；使用 rope 容器中的标准模板库，可以实现树堆的很多运算，为我们省去了编程的麻烦。

需要提醒的是，树结构的效率好于线性结构仅是从一般意义上讲，不同的树结构在算法效率上是有明显差异性的。树的高度越大，算法效率越低；当树退化为一条链时，其时效无异于线性结构。正因为如此，二叉搜索树往往带高度限制（AVL 树）或子树规模限制（SBT 树）两种平衡条件。这两类平衡树都能使二叉搜索树达到尽可能"丰满"的状态。不改变树结构的操作都可以使用平衡树结构；改变树结构的操作（例如插入或删除节点）必须维护树的平衡特性，平衡树的动态维护多少有点复杂。因此，在取舍哪种数据结构时，既要考虑时间复杂度和空间复杂度，又要兼顾编程复杂度和思维复杂度，权衡利弊，做出明智的选择。

第四篇

图的编程实验

群聚类的非线性结构包括集合与图。集合是具有相同性质的对象组成的一个整体。用树结构表示的并查集能够快捷地实现集合的合并和查询，在第三篇中我们已经给出并查集运算的实验，本篇展开图的编程实验。

同线性结构和树一样，图是由节点的集合以及节点间关系的集合构成的一种数据结构，但其结构定义更宽泛：图中的每一个节点可以与多个其他节点相关联，节点间的关系没有“线性结构中前后件关系唯一”和“树中每个节点仅允许一个前件（除根外）”的限制。因此，图提供了一个自然的结构，由此产生的数学模型几乎适合于所有科学（自然科学和社会科学）领域，只要这个领域研究的主题是“对象”与“对象”之间的关系。也正因为如此，在所有的数据结构中，图的应用最广泛。

图的存储方式一般可分为两类：相邻矩阵，存储节点间的相邻关系；邻接表，存储边的信息。

图的两种存储方式在编程复杂度和效率上有差异。至于具体选择哪一种存储方式比较合适，主要取决于具体的问题背景和要对图所做的操作。

本篇主要围绕5个方面展开图的编程实验。

- 图的遍历算法：首先，展开宽度优先搜索（Breadth-First Search，BFS）和深度优先搜索（Depth-First Search，DFS）的实验，这两种遍历算法是许多图算法的基础。然后，在此基础上，给出使用遍历算法进行拓扑排序和计算图的连通性的实验。
- 计算最小生成树的算法：给出Kruskal算法和Prim算法的实验。然后，在此基础上，给出计算最大生成树的实验。
- 计算最佳路的算法：Warshall算法、Floyd-Warshall算法、Dijkstra算法、Bellman-Ford算法和SPFA算法。
- 用于计算特殊类型图的几种典型算法：二分图的最大匹配、二分图的最佳匹配、网络流等。
- 状态空间树的构建方法、优化搜索的策略和用于博弈问题的游戏树。

图分为无向图和有向图。为了叙述方便起见，本篇将无向图简称为图。

第 11 章

应用图的遍历算法编程

在实际应用中，往往需要从图的某一节点出发访问图的所有节点，每个节点被访问一次且仅被访问一次，这一访问过程称为图的遍历。经过图中任一对节点间的路径可能有多条，在遍历图的过程中，每个已访问的节点要设访问标志，以避免沿其他路径重复访问该节点。

本章首先给出宽度优先搜索（Breadth-First Search，BFS）和深度优先搜索（Depth-First Search，DFS）的实验。任意给定图中的一个节点，用这两种方法都可以访问到与这个节点连通的所有节点，即可以遍历这个节点所在的连通分支。在此基础上，本章给出基于这两种遍历方法计算图的连通性和拓扑序列的实验。

11.1 BFS 算法

给定图 $G(V, E)$ 和一个源点 s（$s \in V$），按照由近及远的顺序，宽度优先搜索（BFS）逐层访问 s 可达的所有节点，并计算从 s 到各节点的距离（即 s 至各节点的路的边数），其中 s 至节点 v 的距离值为

$$d[v]=\begin{cases}-1 & s\text{与}v\text{之间不连通} \\ s\text{与}v\text{之间的最短路长} & s\text{与}v\text{之间连通}\end{cases}(v \in V)$$

初始时，$d[s]=0$，其他节点的 d 值为 -1。BFS 的过程如下。

顺序处理每个已访问的节点 u，遍访所有与 u 邻接的未被访问的节点 v（$(u, v) \in E$，$d[v]==-1$）。由于 u 是 v 的父亲或前驱，因此 v 的距离值为 $d[v]=d[u]+1$。

由于上述遍历顺序按层次进行，且通过“先进先出”的存取规则来实现，因此，使用一个队列 Q，按先后顺序存储被访问过的节点。首先，源点 s 入队列 Q，$d[s]=0$；然后，节点 s 出队列 Q，依次访问所有与 s 相邻的未被访问的节点 v（$(s, v) \in E$，$d[v]==-1$），$d[v]=d[s]+1=1$，并将 v 加入队列 Q；接下来，按“先进先出”的顺序扩展队首节点，每扩展一个队首节点 u，节点 u 出队列，对于所有与 u 相邻的未被访问的节点 v（$(u, v) \in E$，$d[v]==-1$），其距离值 $d[v]=d[u]+1$，v 入队列 Q。以此类推，直至队列 Q 为空。这样，BFS 从源点 s 出发，由近及远，依次访问和 s 连通且距离为 1，2，3，…的节点，最终形成一棵以 s 为根的 BFS 树。

所以，以 u 为起始点做一次宽度优先搜索，是逐层访问 u 可达的每个节点。其算法流程如下：

```
void BFS(VLink G[ ], int v)         // 从图 G 中的节点 v 出发进行 BFS
{ int w;
    处理节点 v;
    d[v]=0;                         // 设置节点 v 的距离值
    ADDQ(Q, v);                     //v 进入队列 Q
    while(!EMPTYQ(Q))               // 若队列不空，则循环（EMPTYQ(Q) 是判别队列空的布尔函数）
    { v=DELQ(Q);                    // 队首节点 v 出队（DELQ(Q) 为出队函数）
        取 v 的第 1 个邻接点 w（若 v 无邻接点，则 w 为 -1）
        while(w != -1)              // 反复搜索 v 的未访问的邻接点
        { if(d[w] == -1)            // 若节点 w 未访问
```

```
                { 处理邻接点 w;
                    d[w] =d[v]+1;       // 计算邻接点 w 的距离值
                    ADDQ(Q, w);         // 邻接点 w 入队 (ADDQ(Q, w) 为入队函数 )
                }
                取 v 的下一个邻接点 w;
            }
        }
}
```

调用一次 BFS(G, v)，按宽度优先搜索的顺序处理节点 v 所在的连通分支。整个图按宽度优先搜索的过程如下：

```
void TRAVEL_BFS(VLink G[ ], int d[ ], int n)
{
    int i;
    for (i = 0; i < n; i ++)          // 初始时所有节点未访问
        d[i] =-1;
    for (i = 0; i < n; i ++)          // 对每个未访问的节点进行一次 BFS，计算所在的连通分支
        if (d[i] == -1)
            BFS(G, i);
}
```

从 BFS 算法可以看出，每个被访问的节点仅入队列一次，所以 while 循环对每个节点仅执行一次，而每条边仅被检查两次，因此若图有 n 个节点和 e 条边，做宽度优先搜索所需的时间是 $O(\max(n, e))$。当 $e \geqslant n$ 时，算法所需的时间就是 $O(e)$。

【11.1.1　Prime Path】

内阁的部长们对于安全部门声称要改变他们办公室房间的 4 个号码非常烦恼；

——这只是一项安全措施，不时地改变这样的事物，使得敌人处于盲区。

——但是你看，我已经选了我的房间号 1033，我有很好的理由，我是总理，你知道的。

——我知道的，所以你的新房间号 8179 也是素数，你只要在办公室门上将新的 4 位数字贴在老的 4 位数字上就可以了。

——不，不那么简单。假如我把第一个数字改成 8，那么数字 8033 就不是素数！

——我知道，作为总理，你不能忍受一个非素数作为你的房间号，即使只有几秒。

——正确！我必须找到一个 1033 ～ 8179 的素数路径方案，从一个素数到下一个素数只要改变一位数。

一直在旁听的财政部长也加入了讨论。

——请不要产生不必要的开支！我知道，改一位数字的价格是 1 英镑。

——在这种情况下，我需要一个计算机程序使花费最少，你知道有非常便宜的软件开发者吗？

——我知道。有个程序设计竞赛马上要进行了。可以让他们帮助总理在两个四位素数之间找到最便宜的素数路径。当然，第一位是非零的。

上述实例有个解答：

1033

1733

3733

3739

3779

8779
8179

这个解答花费 6 英镑。注意，第 1 个位置在第 2 步被粘贴了“1”，在最后一步不能被重复使用，在最后一步被粘贴上的新值“1”是必须购买的。

输入

第一行给出一个正整数：测试用例的数目（最多 100）。每个测试用例一行，是两个用空格分开的数字，这两个数字都是 4 位素数（不以 0 作为首位）。

输出

对于每个测试用例，输出一行，或者是最小花费的数目，或者输出 Impossible。

样例输入	样例输出
3 1033 8179 1373 8017 1033 1033	6 7 0

试题来源：ACM Northwestern Europe 2006

在线测试：POJ 3126

试题解析

每个数字共有 4 位，每位数字有 10 种可能的改变值（[0..9]），但不允许最高位改变为 0。因此，本题可以用图来表示：初始素数和所有改变一位数得到的新素数为节点，若素数 a 改变一位数后得到新素数 b，则得到从 a 连向 b 的一条边 (a, b)。显然，若目标素数 y 在图中，则初始素数至目标素数的路径上的边数就是花费的数目，否则无解。所以，问题就转化为求初始素数 x 至目标素数 y 的最短路径，使用宽度优先搜索求这条最短路径是最适合的。

设数组 s[] 记录目前得到的所有素数的最短路径长度；队列 h[] 中的元素为结构类型，分别存储得到的素数 $h[].k$ 及其路径的长度 h[].step，h 的首尾指针分别为 l 和 r。为了提高搜索的效率，我们预先使用筛选法计算出 [2..9999] 间的所有素数，放入素数表 p。由于本题仅要求计算最小花费数，不需要列出解答方案，因此没有必要存储图，只需要计算最短路长。

算法过程如下。

1）初始化：如果初始素数 x 等于目标素数 y（x==y），则 ans=0，转步骤 3），否则，初始素数 x 进入队列 h，其路径的长度为 0（$h[1].k$=x；h[1].step=0）；ans 最小花费初始化为 −1。

2）按照下述方法依次处理队首节点 $h[l]$：枚举改变队首节点的每一种可能的改值方案，位序号 i 由 1 枚举至 4，位 i 的改变值 j 由 0 枚举至 9，但不允许最高位改值为 0（!((j==0)&&(i==4))）。

- 计算队首节点 $h[l].k$ 的第 i 位改变为 j 的数 tk。
- 若 tk 为合数（p[tk]==true），则继续枚举。
- 计算得到素数 tk 的路径的长度 ts（=$h[l]$.step+1）。
- 若路径的长度 ts 非最短（ts ≥ s[tk]），则继续枚举。
- 若 tk 为目标素数（tk==y），则记下路径长度（ans=ts）并退出循环。
- 记下得到素数 tk 的路径长度（s[tk]=ts）。

- 素数 tk 及其路径长度入队（r++; $h[r].k$=tk; $h[r]$.step=ts）。

若队列空（l==r）或者得到目标素数（ans ≥ 0），则退出循环。

队首节点出队（l++）。

3）输出结果：若得到目标素数（ans ≥ 0），则输出最短路径长度 ans，否则输出无解信息。

参考程序

```
#include<iostream>                             // 预编译命令
using namespace std;                           // 使用 C++ 标准程序库中的所有标识符
struct node{
    int k,step;                                // 当前素数为 k，路径长度（改变的位数）为 step
};
node h[100000];                                // 队列
bool p[11000];                                 // 筛子
int x,y,tot,s[11000];                          // 初始素数为 x，目标素数为 y，剩余的测试用例数
                                               // 为 tot，目前得到素数 x 的最短路长度为 s[x]
void make(int n){                              // 使用筛选法计算 [2..n] 中的素数
    memset(p,0,sizeof(p));                     // 初始时所有数为合数
    p[0]=1;                                    //0 和 1 为合数
    p[1]=1;
    for (int i=2;i<=n;i++) if (!p[i])          // 取出筛子最小数，将其倍数从筛中筛去
    for (int j=i*i;j<=n;j+=i) p[j]=1;
}
int change(int x,int i,int j){                 //x 的第 i 位数改为 j
    if (i==1) return (x/10)*10+j; else
    if (i==2) return (x/100)*100+x%10+j*10; else
    if (i==3) return (x/1000)*1000+x%100+j*100; else
    if (i==4) return (x%1000)+j*1000;
}
int main(){
    make(9999);                                // 生成 [2..9999] 间的质数
    cin>>tot;                                  // 输入测试用例数
    while (tot--){
        cin>>x>>y;                             // 输入初始素数和目标素数
        h[1].k=x;                              // 宽度优先搜索，初始素数进入队列
        h[1].step=0;
        int l=1,r=1;                           // 队列的首尾指针初始化
        memset(s,100,sizeof(s));               // 所有素数的路径长度初始化
        int ans=-1;                            // 最小花费初始化
        while (1){
            if (h[l].k==y) {                   // 若到达目标素数，则记下路径长度并退出循环
                ans=h[l].step;
                break;
            }
            int tk,ts;
            for (int i=1;i<=4;i++)             // 依次改变队首节点的每一位
            for (int j=0;j<=9;j++) if (!((j==0)&&(i==4))){   // 依次枚举第 i 位的改变值
                //（不允许最高位改变为 0）
                tk=change(h[l].k,i,j);         // 计算队首节点的第 i 位改变为 j 的数 tk
                if (p[tk]) continue;           // 若 tk 为合数，则继续枚举
                ts=h[l].step+1;                // 计算得到素数 tk 的路径长度
                if (ts>=s[tk]) continue;       // 若路径长度非最短，则继续枚举
                if (tk==y){                    // 若 tk 为目标素数，则记下路径长度并退出循环
                    ans=ts;
                    break;
                }
                s[tk]=ts;                      // 记下得到素数 tk 的路径长度
                r++;
```

```
                h[r].k=tk;                  //素数 tk 及其路径长度入队
                h[r].step=ts;
            }
            if (l==r||ans>=0) break;        //若队列空或者得到目标素数，则退出循环
            l++;                            //队首指针 +1
        }
        if (ans>=0) cout<<ans<<endl; else cout<<"Impossible"<<endl;    //若得到目标
            //素数，则输出最短路长度，否则输出无解信息
    }
}
```

【11.1.2　Pushing Boxes】

想象你正站在一个二维的迷宫中，迷宫由正方形的方格组成，这些方格可能被岩石阻塞，也可能没有。你可以向北、南、东或西移一步到下一个方格。这些移动称为行走（walk）。

在一个空方格中放置了一个箱子，你可以挨着箱子站立，然后沿某个方向推动箱子，这个箱子就可以被移动到一个邻近的位置。这样的一个移动称为推（push）。除了推以外，箱子不可能用其他方法被移动，这就意味着如果把箱子推到一个角落，就永远不能再把它从角落中推出。

一个空格被标识为目标空格。你的任务就是通过一系列行走和推把一个箱子推到目标方格中（如图 11.1-1 所示）。因为箱子非常重，你希望推的次数最少。你能编写一个程序来给出最佳的序列吗？

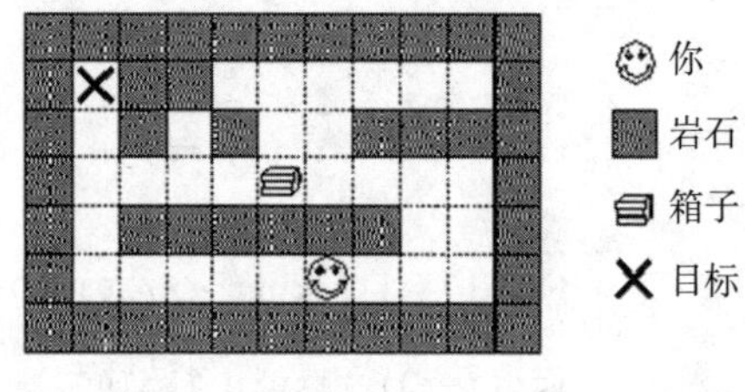

图　11.1-1

输入

输入文件包含若干个迷宫的描述，每个迷宫描述的第一行给出两个整数 r 和 c（都小于等于 20），分别表示迷宫的行数和列数。

后面给出 r 行，每行有 c 个字符。每个字符描述迷宫的一个方格。一个塞满岩石的方格用一个“#”表示，一个空方格用一个“.”表示。你开始时站的位置用“S”表示，箱子开始的位置用“B”表示，目标方格用“T”表示。

输入以两个为 0 的 r 和 c 结束。

输出

对输入的每个迷宫，第一行输出迷宫的编号，如样例输出。如果不可能把箱子推到目标方格，输出“Impossible.”；否则，输出推的数目最小化的序列。如果这样的序列多于一个，选择总的移动（行走和推）最小的序列。如果这样的序列依然多于一个，那么任何一个序列都是可以接受的。

输出序列是一个字符串，由字符 N、S、E、W、n、s、e 和 w 组成，其中大写字母表示推，小写字母表示行走，不同的字母代表不同的方向：北（north）、南（south）、东（east）和西（west）。

在每个测试用例处理后输出一个空行。

样例输入	样例输出
1 7 SB....T 1 7 SB..#.T	Maze #1 EEEEE Maze #2

（续）

样例输入	样例输出
7 11 ########### #T##......# #.#.#..#### #....B....# #.######..# #.....S...# ########### 8 4 .... .##. .#.. .#.. .#.B .##S .... ###T 0 0	Impossible. Maze #3 eennwwWWWWeeeeeesswwwwwwwwnNN Maze #4 swwwnnnnnneeesssSSS

试题来源：ACM Southwestern European Regional Programming Contest 1997

在线测试：UVA 589，ZOJ 1249，POJ 1475

试题解析

在一个二维的迷宫中，迷宫由正方形的方格组成，这些方格可能被岩石阻塞，也可能没有。所以，这个二维迷宫可以用一个无向图表示，本题要求计算图中的最短路径。我们采用双重 BFS 来求解最短路径，对于本题，要考虑两种情况：

- 推箱子，箱子所在的方格是你要走进的方格。
- 走到你可以推箱子的方格。

所以，程序的主干是移动箱子，并且对箱子的每次移动，要考虑你要行走到可以推箱子的方格。也就是说，一个 BFS 要嵌套在另一个 BFS 中。

程序要解决两个问题。

问题 1：如何行走到你可以推箱子的方格？

假定当前的位置是 (sr, sc)，当前箱子的位置是 (br, bc)。为了将箱子从 (br, bc) 推到它相邻的方格 (nextr, nextc)，你要从 (sr, sc) 行走到 (er, ec)，其中 (er, ec) 和 (br, bc) 也是相邻的，而且 (er, ec)、(br, bc) 和 (nextr, nextc) 要在同一行或同一列上。也就是说，(er, ec) 和 (nextr, nextc) 被 (br, bc) 隔开。

采用 BFS 来判断你是否可以从 (sr, sc) 行走到 (er, ec)，如果能，BFS 计算行走最少的步数的序列。

状态被定义为你和箱子所在的位置，以及你行走经过的方格序列。

矩阵 visPerson[][] 用于表示你行走经过的路径，以避免和你走到箱子所在的位置重复，其中：

$$\text{visPerson}[x][y]=\begin{cases}\text{true} & \text{箱子在}(x,y)\text{或者你已经经过}(x,y)\\ \text{false} & \text{其他}\end{cases}$$

初始时，visPerson[br][bc]=true，visPerson[][] 的其他值为 false。每次从队列中取出一个状态，分析如下：

1）如果你行走进入 (er, ec)，返回成功标志和行走的序列。

2）如果你已经走过当前位置，也就是说，visPerson[][] 的值已经为 true，则从队列中取出下一个状态。

3）否则，对于这一方格，visPerson[][] 的值设为真，并对四个方向进行枚举。

如果在方向 i ($0 \leqslant i \leqslant 3$)，相邻方格在迷宫中没有被岩石阻塞，并且 visPerson[][] 的值为 false，则产生一个新状态。在这个新状态中，你当前的位置是这个相邻的方格，方向 i 的字符被加入行走的序列中。这一新状态被加入队列中，然后枚举下一个方向。

重复这一过程，直到你行走进入 (er, ec) 或队列为空。如果队列为空，那么从 (sr, sc) 到 (er, ec) 不存在路径，返回失败标志。

问题 2：如何将箱子推到目标方格中？

相似地，状态被定义为你和箱子所在的位置，以及箱子被推行经过的方格序列。

用矩形 visBox[][] 表示箱子被推行经过的路径，其中：

$$\text{visBox}[x][y]=\begin{cases}\text{true} & \text{箱子被推行已经经过了}(x,y)\\ \text{false} & \text{其他}\end{cases}$$

初始时，visBox[][] 中的所有值都为假。初始状态是你和箱子的初始位置，以及一个空序列。初始状态被加入队列中。

从队列中取出一个状态，分析如下。

1）如果在这一状态中，箱子在此前已经到过这个位置，也就是说，visBox[ ][ ] 在这个位置的值为 true，则从队列中取出下一个状态；否则，visBox[ ][ ] 在这个位置的值被设为 true。

2）如果在这一状态中，箱子在目标方格中，那么输出移动数目最小化的序列，否则枚举 4 个方向。

计算箱子在 i ($0 \leqslant i \leqslant 3$) 方向的相邻方格 (nextr, nextc) 及其在相反方向的相邻方格 (backR, backC)。显然，你能够把箱子推到 (nextr, nextc) 当且仅当你能行走到 (backR, backC)。如果这两个方格在迷宫中没有被岩石阻塞，而且 visBox[nextr][nextc]==false，则采用 BFS 来确定你是否可以行走到 (backR, backC)。如果你能够行走到 (backR, backC)，则产生一个新状态。在这一新状态中，你的位置是箱子的位置，箱子的位置变成 (nextr, nextc)，而移动的序列 = 在旧状态中移动的序列 + 你从当前位置行走到 (backR, backC) 的序列 + 方向 i 的字符。这一新状态被加入到队列中。

重复上述过程，直到获得最小数目的移动序列或者队列为空。如果队列为空，则输出 “Impossible.”。

参考程序

```
#include <iostream>
#include <queue>
#include <string>
using namespace std;
const int MAX = 20 + 5;                         // 迷宫的上限
char map[MAX][MAX];                             // 迷宫
bool visPerson[MAX][MAX];                       // 在迷宫中你行走的路径
bool visBox[MAX][MAX];                          // 箱子被推行经过的路径
int R, C;                                       // 迷宫的大小 R×C
```

```
int dir[4][2] = {{0,1}, {0,-1}, {1,0}, {-1,0}}; // 在 4 个方向的位移
char pushes[4] = {'E', 'W', 'S', 'N'};          // 推箱子的字符
char walks[4] = {'e', 'w', 's', 'n'};           // 你行走的字符
string path;                                    // 最小移动的序列
struct NODE                                     // 状态的结构
{
    int br, bc;                                 // 箱子的位置
    int pr, pc;                                 // 你的位置
    string ans;                                 // 移动的序列
};
bool InMap(int r, int c)                        //(r, c) 是否在迷宫中
{
    return (r >= 1 && r <= R && c >= 1 && c <= C);
}
bool Bfs2(int sr, int sc, int er, int ec, int br, int bc, string & ans)
// 采用 BFS 解决你是否可以从 (sr, sc) 行走到 (er, ec) 的问题
// (er, ec) 必须与 (br, bc) 相邻
{
    memset(visPerson, false, sizeof(visPerson));// 初始化
    queue<NODE> q;                              // 队列 q 用于存储状态
    NODE node, tmpNode;                         // node 为 q 的队首 , tmpNode 为新的扩
                                                // 展的状态
    node.pr = sr;  node.pc = sc;  node.ans = "";
    // 初始状态 ( 你当前的位置为 (sr, sc), 移动序列为空 ) 被加入队列 q 中
    q.push(node);
    visPerson[br][bc] = true;                   // 箱子的当前位置 (br, bc)
    while (!q.empty())                          // 当 q 不为空时，取出队首
    {
        node = q.front();
        q.pop();
        if (node.pr==er && node.pc==ec) { ans = node.ans; return true; }
        // 如果你行走到 (er, ec)，返回成功标志和移动序列
        if (visPerson[node.pr][node.pc]) continue;
        visPerson[node.pr][node.pc] = true;
        for (int i=0; i<4; i++)                 // 枚举 4 个方向
        {  // 方向 i 的相邻方格 (nr, nc): 如果方格在迷宫中，没有被岩石阻塞，而你能够行走到它，
           // 则产生一个新状态 tmpNode （当前位置为 (nr, nc)），方向 i 的字符加入移动序列中，
           // 而且 tmpNode 加入队列 q 中
            int nr = node.pr + dir[i][0]; int nc = node.pc + dir[i][1];
            if (InMap(nr, nc) && !visPerson[nr][nc] && map[nr][nc] != '#')
            {
                tmpNode.pr  = nr; tmpNode.pc  = nc; tmpNode.ans  = node.ans  +
                    walks[i];
                q.push(tmpNode);
            }
        }
    }
    return false;
}
bool Bfs1(int sr, int sc, int br, int bc)      // 你的位置为 (sr, sc)，箱子的位置为 (br,
    // bc)。采用 BFS 确定是否箱子可以被推进目标方格
{
    memset(visBox, false, sizeof(visBox));      // 初始化
    queue<NODE> q;                              // 队列 q 用于存储状态
    NODE node, tmpNode;                         // node 为队列 q 的队首 , tmpNode 为新
                                                // 扩展的状态
    // 初始状态 ( 你当前的位置为 (sr, sc), 箱子的位置为 (br, bc), 移动序列为空 ) 加入队列 q 中
    node.pr = sr; node.pc = sc; node.br = br; node.bc = bc; node.ans = "";
    q.push(node);
    while (!q.empty())                          // 当 q 不为空时，取出队首
    {
```

```
        node = q.front();
        q.pop();
        if (visBox[node.br][node.bc]) continue;
        visBox[node.br][node.bc] = true;
        if (map[node.br][node.bc] == 'T')        // 目标方格
        {
            path = node.ans; return true;
        }
        for (int i=0; i<4; i++)                  // 枚举 4 个方向
        {
// 箱子在方向 i 的相邻方格为 (nextr, nextc), 其反方向的相邻方格为 (backR, backC)。箱子可以被
// 推到 (nextr, nextc) 当且仅当你可以走到 (backR, backC)
            int nextr = node.br + dir[i][0]; int nextc = node.bc + dir[i][1];
            int backR = node.br - dir[i][0]; int backC = node.bc - dir[i][1];
            string ans = "";                     // 初始化移动序列
// 如果 (backR, backC) 和 (nextr, nextc) 都在迷宫中, 没有被岩石阻塞, 而箱子能够被移动到
// (nextr, nextc), 则采用 BFS 确定你是否能行走到 (backR, backC)。如果成功, 则产生新状态
// tmpNode 并加入到队列 q 中
            if (InMap(backR, backC) && InMap(nextr, nextc) && map[nextr][nextc]
                != '#'
                && map[backR][backC] != '#' && !visBox[nextr][nextc])
            {
                if (Bfs2(node.pr, node.pc, backR, backC, node.br, node.bc, ans))
                {
                    tmpNode.pr = node.br; tmpNode.pc = node.bc;
                    tmpNode.br = nextr; tmpNode.bc = nextc;
                    tmpNode.ans = node.ans + ans + pushes[i];
                    q.push(tmpNode);
                }
            }
        }
    }
    return false;
}
int main()
{
    int sr, sc;                                  // 你的起始位置
    int br, bc;                                  // 箱子的位置
    int cases = 1;                               // 测试用例的数目
    while (scanf("%d%d", &R, &C) && R && C)      // 输入测试用例
    {
        for (int r=1; r<=R; r++)                 // 输入迷宫
        {
            for (int c=1; c<=C; c++)
            {
                cin >> map[r][c];
                if (map[r][c] == 'S'){ sr = r; sc = c; }            // 你的起始位置
                    else if (map[r][c] == 'B') { br = r; bc = c; }  // 箱子的位置
            }
        }
                path = "";                       // 初始化移动序列
// 如果箱子可以被推到目标方格中, 输出最小数目的移动序列; 否则输出 "Impossible."
        (Bfs1(sr, sc, br, bc)) ? cout << "Maze #" << cases << endl << path <<
            endl :
                                cout << "Maze #" << cases << endl <<
                                    "Impossible." << endl;
        cases++;
        cout << endl;
    }
    return 0;
}
```

【11.1.3　The Warehouse】

特工 007 找到了疯狂的科学家 Dr. Matroid 的秘密武器仓库。仓库里放满了大箱子（可能的致命武器就在箱子内）。在对仓库进行检查的时候，007 意外地触发了警报系统。仓库有一种针对入侵者非常有效的保护：如果触发警报，那么地板上会充满了致命的酸。因此，007 可以逃脱的唯一办法是站在箱子上面，从顶部的出口逃生。出口是一个在天花板上的洞，如果 007 爬上这个洞，便可以使用停在屋顶上的直升机逃脱。在洞的下方，有一个梯子和一个箱子，因此，007 的目标就是到达这个箱子。

仓库的地板是 $n \times n$ 单元格组成的一个网格，每个单元格的大小为 1m × 1m。每个单元格或者是完全被一个箱子占据或者没有放东西。每个箱子都是长方体，占地面积为 1m × 1m，高度可能是 2m、3m 或者 4m。在图 11.1-2a 中，可以看到一个仓库的实例，数字表示箱子的高度，E 表示出口，圆表示特工 007 目前在该箱子的顶部。

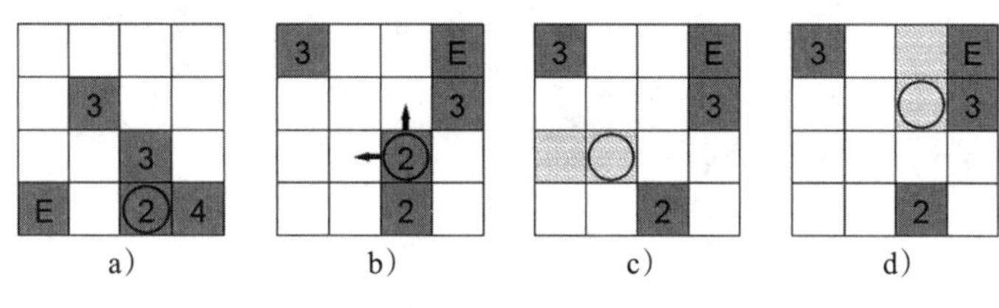

图　11.1-2

007 可以做两件事。

如果他正站在一个箱子的顶部，并且相邻的单元格中还有另外一个箱子，那么他可以移动到另一个箱子的顶部。例如，在图 11.1-2a 所示的情况中，他可以向北部或向东移动，但不能向西或向南移动。请注意，只允许向这四个方向移动，对角线方向的移动是不允许的。两个箱子之间的高度差并不重要。

007 能够做的第二件事情是他能够向 4 个方向推倒他所站的箱子。用一个例子来表示推倒箱子的情况。007 的情况如图 11.1-2b 所示，他可以向西推倒箱子（如图 11.1-2c 所示）或向北推倒箱子（如图 11.1-2d 所示）。如果箱子的高度为 H，向北（或向西、向南等）推倒箱子，则箱子在向北（或者向西、向南等）方向上占据连续的 H 个单元格。箱子原来占据的位置将被空置（但还可以推翻另外的箱子，重新占据这个位置）。如果箱子倒下的位置没有被其他箱子占据，箱子才可以朝这个方向被推倒，例如，在图 11.1-2a 中，007 所站的箱子不能朝任何一个方向被推倒。

推倒了一个箱子后，007 可以朝推倒箱子的方向上跳一步，跳到被推倒的箱子上（如图 11.1-2c 和图 11.1-2d 所示）。如果一个箱子被推倒，那么它不可能被再一次推倒。在出口的下方有一个箱子（在图中标记了 E 的单元格），因此不可能推翻一个箱子压在这个单元格上。警报系统还将放出毒蝙蝠，因此 007 必须尽快离开仓库。请编写一个确定能到达出口的步数最少的程序来帮助 007。跳上邻近的箱子、推倒一个箱子都被计算为一步。

输入

输入包含若干个测试用例。每个测试用例的第一行给出 3 个整数：仓库的大小 n ($1 \leqslant n \leqslant 8$)；给出了特工 007 的开始位置的两个整数 i，j，这些整数在 1 ~ n 之间，行数由 i 给出，列数由 j 给出。后面的 n 行描述仓库，每行给出一个 n 个字符组成的字符串。每个字符对应仓库的一个单元格，如果字符是“.”，则单元格没有被占据，字符“2”“3”和“4”

分别对应于高度为 2、3 和 4 的箱子。字符“E”表示出口的位置。

输入结束用 $n = i = j = 0$ 表示。

输出

对每个测试用例，输出一行，给出一个整数：到达出口的最少的步数。如果不可能到达出口，则输出“Impossible.”(没有引号)。

样例输入	样例输出
5 5 3 .2..E ...2. 4.... ....4 ..2.. 0 0 0	18

试题来源：ACM Central Europe 2005

在线测试：POJ 2946，UVA 3528

试题解析

本题要计算从出发位置至出口的最短路径。由于 007 推倒一次箱子被视为一步，因此仓库状态对应的图可以被表示为一个无权无向图，采用 BFS 搜索的方法计算这条最短路径是最合适的。

（1）采用散列技术判重

BFS 搜索的难点有两个。

1）存储量大：由于每一步是在先前仓库状态的基础上进行的，因此需要存储所有产生过的仓库状态，这也是出题者之所以将仓库上限设为 8 的原因。

2）需要判重：若当前的仓库状态和以前计算出的仓库状态重复，则继续搜索势必出现死循环。

我们采用散列技术判重。构造一个散列表来存储指向队列尾部的队列指针，也就是说，指针指向扩展的顶点。基于当前状态 a 获取散列地址。

坐标 (x, y) 是 007 在仓库中的位置，其中 $1 \leqslant x$、$y \leqslant 8$。仓库方格中的数字范围是 [0, 4]，其中 0 表示该方格未被占据，1 表示该方格不能被其他箱子占据，2 ～ 4 表示占据该方格的箱子的高度。对状态 a 计算散列地址如下。首先，按照自上而下、由左至右的顺序，方格中的数字表示为五进制数 $(a_{11}, \cdots, a_{1n}, \cdots a_{nn})_5$。其次，按如下方式获取整数 t：将这一五进制数转换为相应的十进制数，然后将两位数字添加到这个十进制数的末尾，这两位数字 x 和 y 是 007 的坐标。状态 a 的散列地址 k 是 t& (散列表的大小)。

采用直接寻址来确定状态是否重复。对于新扩展的状态 b，计算相应的散列地址 k。从 hash[k] 开始顺序查找：如果 queue[hash[k]] 和 b 不同，则 k=(k+1)&(散列表的大小)；……重复这一过程，直到 queue[hash[k]]==b 或 hash[k]==0。

如果存在重复的状态 (存在一个 k 使 queue[hash[k]]==b)，就要选择一个新方向。

如果 hash[k]==0，也就是说，对于 b，没有重复的状态，则将状态 b 和相应于 b 的步数加入队列中，指向队尾的指针存入 hash[k]。

（2）扩展队首节点的方法

采用一个队列来存储状态和当前的步数，其中状态包含仓库的地图和 007 的位置 (x, y)。从队列中取出状态 a，也就是说，取出队首，并且向四个方向扩展（上、下、左、右）：

对于方格 (x, y)，方向 d $(0 \leqslant d \leqslant 3)$ 的相邻方格 (x', y') 分析如下：

- 如果在状态 a 中，(x', y') 在仓库外，则这个方向不用考虑。
- 如果在状态 a 中，(x', y') 被一个箱子占据，则产生一个新状态 b，(x', y') 为状态 b 中 007 的位置。
- 如果在状态 a 中，占据 (x, y) 的箱子不能被推翻，也就是说，在方格 (x, y) 的数字小于 2，那么这一方向不用考虑。
- 如果在状态 a 中，占据 (x, y) 的箱子的高度为 k $(k \geqslant 2)$，并且这个箱子可以向方向 d 推倒，也就是说，在 (x, y) 朝方向 d 有 k 个连续的未被占据的方格，那么产生新状态 b，即在 (x, y) 的数字被设置为 0，在连续的 k 个方格的数字被设置为 1，而且 (x', y') 是 007 的新位置。

然后，采用散列法确定状态 b 在此前是否出现过。如果状态 b 在此前没有出现过，则状态 b 及其相应的步数（状态 a 的步数 +1）被加入队列中。

（3）主程序

```
输入测试用例，建立初始状态 a;
状态 a 和步数 0 被加入队列中;
while ( 队列非空 )  {
      队首从队列中取出，作为状态 a;
      for (d=0; d<4; ++d)
         if ( 状态 b 可以从状态 a 的方向 d 获得 )
            if ( 状态 b 在此前没有出现过 )
            {
               状态 b 及其相应的步数被加入队列中;
               if ( 状态 b 是出口 )
               {
                  输出步数;
                  return;
               }
               指向队列尾部的队列指针加入散列表中;
            }
}
输出 "Impossible.";
```

参考程序（略。本题参考程序的 PDF 文件和本题的英文原版均可从华章网站下载）

11.2　DFS 算法

用深度优先遍历来访问一个图类似于普通树的先根遍历或二叉树的前序遍历，这是树的两种遍历推广到图的应用。其搜索过程如下。

假设初始时所有节点未被访问。深度优先搜索从某个节点 u 出发，访问此节点。然后依次从 u 的未被访问的邻接点出发，深度优先遍历图，直至图中所有和 u 有路径相连的节点都被访问到。若此时图中尚有节点未被访问，则另选一个未曾访问的节点作为起始点，重复上述过程，直至图中所有节点都被访问为止。

由此可以看出，以 u 为起始点做一次深度优先搜索，实际上是由左至右依次访问由 u 出发的每条路径。其算法流程如下：

```
void  DFS(VLink G[ ], int v)     // 从图 G 中的节点 v 出发进行 DFS
{ int w;
    处理节点 v;
    visited[v] = 1;              // 节点 v 置访问标志
    取 v 的第 1 个邻接点 w（若 v 无邻接点，则 w 为 -1）;
    while(w != -1)               // 反复处理 v 的邻接点 w
        { if (visited[w] == 0)   // 若 w 未访问
            { 处理节点 w;
                visited[w]=1;
                DFS(G, w) ;      // 递归节点 w
            }
        取 v 的下一个邻接点 w（若 v 再无邻接点可访问，则 w 为 -1）;
    }
}
```

调用一次 $DFS(G, v)$，可按深度优先搜索的顺序访问处理节点 v 所在的连通分支（或强连通分支）。整个图按深度优先搜索顺序遍历的过程如下：

```
void TRAVEL_DFS(VLink G[ ], int visited[ ], int n)
{ int i;
    for(i = 0; i < n; i ++)      // 初始时所有节点未被访问
        visited[i] = 0;
    for(i = 0; i < n; i ++)      // 对每个未被访问的节点进行一次 DFS，计算所在的连通分支
        if(visited[i] == 0)
        DFS(G, i);
}
```

显然，在一个具有 n 个节点、e 条边的图上进行深度优先遍历时，为所有节点的访问标志赋初值用 $O(n)$ 时间，调用 DFS 共用 $O(e)$ 时间。事实上，只要一调用 $DFS(u)$，就设节点 u 访问标志，所以对每个节点 u，$DFS(u)$ 仅被调用一次。若用邻接表来表示图，则寻找所有邻接点共需 $O(e)$ 时间，因此调用 DFS 共用 $O(e)$ 时间。在 $n \leqslant e$ 时，若不计访问时间，则整个深度优先遍历所需的时间为 $O(e)$。

【11.2.1　The House Of Santa Claus】

在我们的童年时代，我们通常会玩一个游戏：一笔画出圣诞老人的家（the riddle of the house of Santa Claus），你还记得吗？要点就在于要一笔把家画完，而且一条边不能画两次。例如，圣诞老人的家如图 11.2-1 所示。

若干年后，请你在计算机上“画”这个房子。因为不会只有一种可能，要求给出从左下方开始一笔画出房子的所有的可能，例如图 11.2-2 给出的画法。

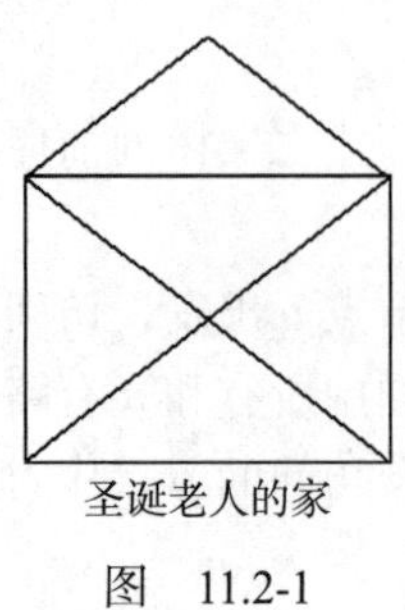

圣诞老人的家

图　11.2-1

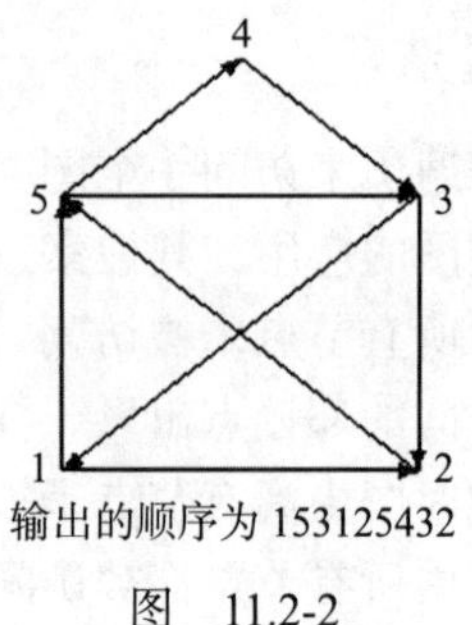

输出的顺序为 153125432

图　11.2-2

在输出中列出的所有可能性按增序排列，即 1234…要列在 1235…之前。

输入

无

输出

12435123

13245123

...

15123421

试题来源：ACM Scholastic Programming Contest ETH Regional Contest 1994

在线测试：UVA 291

试题解析

圣诞老人的家是一个含 8 条边的无向图（如图 11.2-3 所示）。我们用一个对称的相邻矩阵 map[][] 存储这个图，其中 map 的对角线和 map[1][4]、map[4][1]、map[2][4]、map[4][2] 为 0，其他元素为 1。由于该图为一个连通图，因此从任意节点出发进行一次 DFS，即可遍访所有节点和边。

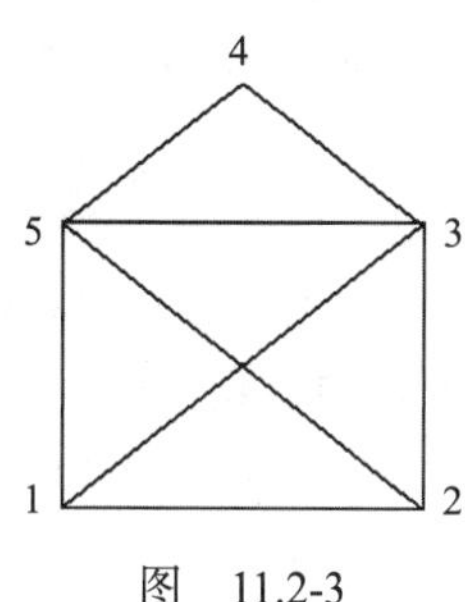

图　11.2-3

所谓一笔画，就是遍访所有边且每条边仅访问一次。显然，一笔画出上述图需途经 8 条边。试题要求按照节点序号递增的顺序，计算出由节点 1（左下方）出发的所有可能的访问序，因此 DFS 的出发点为节点 1，并且按照节点序号递增的顺序访问相邻节点。

参考程序

```
#include<iostream>                          // 预编译命令
#include<cstring>
using namespace std;                        // 使用 C++ 标准程序库中的所有标识符
int map[6][6];                              // 无向图的相邻矩阵
void makemap(){                             // 生成无向图的相邻矩阵
    memset(map,0,sizeof(map));
    for (int i=1;i<=5;i++)
    for (int j=1;j<=5;j++) if(i!=j) map[i][j]=1;
    map[4][1]=map[1][4]=0;
    map[4][2]=map[2][4]=0;
}
void dfs(int x,int k,string s){             // dfs 遍历。目前已生成长度为 k-1 的访问序列 s，准备
                                            // 将 x 扩展为 s 的第 k 个节点
    s+=char(x+'0');                         // 节点 x 进入访问序列
    if (k==8) {                             // 若完成了一笔画，则输出访问序列 s
            cout<<s<<endl;
            return;
    }
    for (int y=1;y<=5;y++)                  // 按照节点序号递增的顺序访问邻接 x 的未访问边
        if (map[x][y]){
            map[x][y]=map[y][x]=0;          // 置该边访问标志
            dfs(y,k+1,s);                   // 从 y 出发，递归计算访问序列 s 的第 k+1 个节点
            map[x][y]=map[y][x]=1;          // 恢复递归前该边的未访问标志
    }
}
int main(){                                 // 主函数
    makemap();                              // 生成无向图的相邻矩阵
    dfs(1,0,"");                            // 从节点 1 出发计算所有可能的访问序列
}
```

【11.2.2　Flip Game】

翻转游戏（Flip Game）是在一个 4×4 的矩形网格上进行的游戏。在 16 个方块中，每一个方块上都有一个双面棋子。棋子的一面是白色，另一面是黑色，所以每一个方块上的棋子要么是黑色的，要么是白色的。在游戏的每一轮，你翻转 3 ～ 5 枚棋子，被翻转的棋子朝上的那一面的颜色就从黑色变为白色，反之亦然。在每一轮，根据以下规则选择要翻转的棋子：

1）从 16 个棋子中任选一个棋子。

2）翻转所选的棋子，同时也翻转所选棋子的左、右、上、下相邻的棋子（如果有的话）。

例如，网格上棋子的摆放如下：

bwbw
wwww
bbwb
bwwb

其中，“b”表示黑色的一面朝上，而“w”表示白色的一面朝上。如果我们选择翻转第三行的第一个棋子（如图 11.2-4 所示），则网格上的棋子变为：

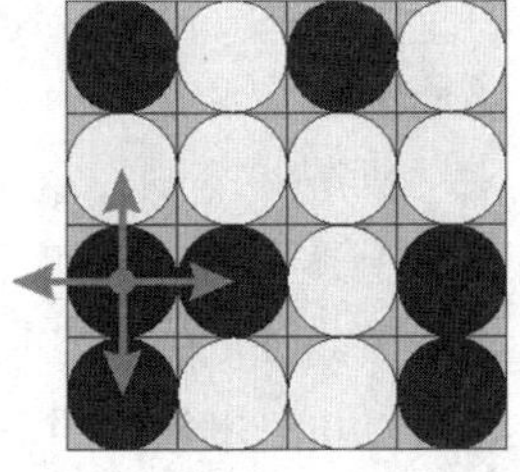

图　11.2-4

bwbw
bwww
wwwb
wwwb

这个游戏的目标是要么把所有的棋子都翻白，要么把所有的棋子都翻黑。请编写一个程序，搜索要达到这个目标所需的最少的轮次。

输入

输入由 4 行组成，每行 4 个字符，由“w”或“b”表示游戏开始时该位置的棋子状况。

输出

在输出文件中给出一个整数——从游戏开始时的状况到游戏目标所需的最少轮次。如果游戏开始时的状况就已经达到游戏目标，则输出 0。如果不能达到游戏目标，则输出“Impossible”（不加引号）。

样例输入	样例输出
bwwb bbwb bwwb bwww	4

试题来源：ACM Northeastern Europe 2000

在线测试：POJ 1753

试题解析

给出一个 4×4 的棋盘，棋盘的每一格要么是白色，要么是黑色。你可以选择任意一个格，使之变成相反颜色，那么这个格上、下、左、右的四个相邻格也变成相反的颜色（如果存在的话）。要把棋盘所有格变成同一个颜色，至少需要执行几次上述的操作？

很容易证明，棋盘中的每一格只能翻转 0 或 1 次，即问题空间含 2^{16}=4096 个状态，最多执行 16 次翻转操作，因此可采用枚举 +DFS 的方法求解。

按递增顺序枚举翻转步数 maxstep（0 ≤ maxstep ≤ 16），用 DFS 算法判断能否用 maxstep 步翻转使棋盘所有格同色。每次搜索，尝试翻转两个连续相邻格，如果递归结果是棋盘所有格同色，那么这个翻转是可行的；否则回溯（即恢复翻转前的棋盘状态），继续搜索下一个可能的翻转操作。本算法的时间复杂度是指数级别的，对于 4 × 4 的棋盘规模尚能应付，但对更大规模的棋盘就无能为力了。

参考程序（略。本题参考程序的 PDF 文件和本题的英文原版均可从华章网站下载）

【11.2.3　Sticks】

George 取了一些相同长度的木棒，然后随意切割，直到每段的长度都不超过 50 个单位。现在，他想把这些切割后的木条还原到最初的状态，但是他忘记了原先有多少木棒以及那些木棒原来有多长。请你帮助他编写一个程序来计算原先木棒的最小可能长度。

输入

输入包含多个测试用例。每个测试用例的第一行给出切割后的木条数量，最多 64 根。每个测试用例的第二行给出用空格分隔的每一根木条的长度。输入的最后一行是 0。

输出

对于每个测试用例，在单独的一行中输出一个整数，表示原来木棒的最小可能长度。

样例输入	样例输出
9 5 2 1 5 2 1 5 2 1 4 1 2 3 4 0	6 5

试题来源：ACM Central Europe 1995

在线测试：POJ 1011，UVA 307

试题解析

（1）解题的基本思路

基于题目描述，给出 n 根木条，将木条按长度递减顺序排列为 sticks[0..$n-1$]（注意，输入 n 根木条的长度后，需进行递减排序的预处理）。程序要求计算出原来木棒的最小可能长度。假设原来木棒的最小可能长度是 len，显然 len 具有如下特性。

首先，sum= $\sum_{i=0}^{n-1}$sticks[i] 一定会被 len 整除，也就是说，len 是 sum 的一个因子，满足条件 sum % len==0。其次，len 大于或等于任何一根木条的长度，也就是说，len ≥ sticks[0]。

如果至少有两根木棒，则 sticks[0] ≤ len ≤ $\frac{\text{sum}}{2}$。如果在此区间没有找到适合的长度，则这 n 根木条是从一根木棒上被切割下来的，即 len 为 sum。

于是，问题转化为在区间 [sticks[0], $\frac{\text{sum}}{2}$] 中寻找原来木棒的最小可能长度 len。由此得出解题的基本思路：从最长木条 sticks[0] 出发，按递增顺序枚举不大于 $\frac{\text{sum}}{2}$ 的每个长度 len（for(len=sticks[0]; len<=sum/2; ++len)）。如果 len 是 sum 的一个因子（sum%len==0），则判断 len 是否可以是原来木棒的长度。如果是，len 就是原来木棒的最小可能长度。

如果区间 [sticks[0], $\frac{\text{sum}}{2}$] 内不存在满足条件的木棒长度，则 n 根木条是从一根长度为 sum 的木棒上切割下来的。

对于给出的 n 根木条的长度，采用 DFS 来判断是否可以匹配长度为 len 的木棒。详细分析如下。

（2）采用 DFS 判断 len 是否为原来木棒的长度

判断过程由布尔函数 dfs( ) 实现。选择木条的方式采用贪心策略，即按照木条的长度递减顺序，以 DFS 的思想选择木条。DFS 求解过程中包括以下情况：

1）按长度递减，第一根可以被选择的木条序号为 i，当前木棒的剩余长度为 l，剩余木棒的长度和为 t。这 3 个参数存储量小，列为函数 dfs( ) 的值参。初始时，选择最长的、序号为 0 的木条，即调用函数 dfs(0, len, sum)。

2）木条被选择的标志为 used[ ]。为了避免内存溢出，将这个数组设为全局变量，回溯时需恢复递归前的状态。初始时，所有木条未被选，即 used[ ] 清零。

下面分情形处理。

情形 1：l==0，即对于一根长度为 len 的木棒，已经选择了一些长度总和为 len 的木条与之匹配，则计算剩余木棒的长度和 t−=len。有如下两种情况：

1）如果 t==0，则表明所有长度为 len 的木棒可以被切下 n 根木条，即 len 为原来木棒的最小可能长度，函数返回 true。

2）如果 $t \neq 0$，则按长度递减顺序寻找第一根未被选择的木条 i（for (i=0; used[i]; ++i);），设置木条 i 已经被选择标志（used[i]=1），而当前的木棒切下木条 i 后的剩余长度变为 len-sticks[i]，通过调用 dfs(i+1, len-sticks[i], t) 继续搜索下去。若递归结果为 true，则表明 len 就是原来木棒的最小可能长度，函数成功返回，否则恢复递归前的 used[ ] 和 t(used[i]=0; t+=len)。

情形 2：$l \neq 0$，即一根长度为 len 的木棒切割下木条后有剩余。

按长度递减顺序枚举长度不大于木条 i 的木条 j（for (int j=i; j<n; ++j)），即对剩余的木条进行 DFS：

1）如果木条 j−1 的长度和木条 j 的长度相同且木条 j−1 没有被选择 (j>0&&(sticks[j] ==sticks[j−1]&&!used[j−1]))，则木条 j 不用考虑，尝试下一根木条 j+1（continue）。

2）如果木条 j 没有被选择且木棒的剩余部分能切下木条 j (!used[j]&&l>=sticks[j])，则木条 j 被选择（l−=sticks[j]; used[j]=1），通过调用 dfs(j, l, t) 继续选择下去：如果递归结果为 true，则表明 len 就是原来木棒的最小可能长度，函数成功返回，否则恢复递归前的 used[ ] 和 l(used[i]=0; l+=sticks[j])。若当前木棒最后切出的是木条 j(sticks[j]==l)，但由于余下的木棒无法完成切割木条的任务（递归 dfs(j, l, t) 后的结果是 false），则函数失败返回。

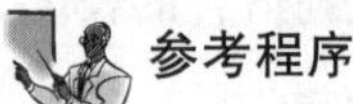
参考程序

```
#include <iostream>
```

```
#include <algorithm>
using namespace std;
int sticks[65];                              // 给出的 n 根木条的长度
int used[65];                                // n 根木条是否被选择的标志
int n,len;                                   // 木条数为 n，木棒长度为 len
bool dfs(int i, int l, int t)  // 判断长度为 len 的木棒能否切下 n 根木条。参数如下：待切割的
    // 木条序号为 i；当前木棒的剩余长度为 l；剩余木棒的长度和为 t（以 len 为单位计量）
{
    if (l==0)                                // 从一根长度为 len 的木棒上完整切下木条
    {
        t-=len;                              // 计算剩余木棒的长度和
        if (t==0) return true;               // n 根木条被切下
        for (i=0; used[i]; ++i);             // 按长度递减顺序枚举第一根未使用的木
                                             // 条 i
        used[i]=1;                           // 切下木条 i
        if(dfs(i+1,len-sticks[i],t)) return true; // 若能切下剩余的木条，则成功返回
        used[i]=0; t+=len;                   // 恢复递归前的参数
    }
    else
    {
        for (int j=i; j<n; ++j)              // 按长度递减顺序枚举木条 i 到木条 n-1
        {
            if (j>0&&(sticks[j]==sticks[j-1]&&!used[j-1])) continue;   // 若木条
            // j-1 的长度和木条 j 的长度相同且木条 j-1 没有被使用，则枚举木条 j+1
            if (!used[j]&&l>=sticks[j])      // 若木条 j 未切下且 l 不小于其长度，
                                             // 则切下木条 j
            {
                l-=sticks[j]; used[j]=1;
                if (dfs(j,l,t))return true;  // 若能切下剩余的木条，则成功返回
                l+=sticks[j]; used[j]=0;     // 恢复递归前的参数
                if (sticks[j]==l) break;     // 若当前木棒最后切出木条 j 后，余下木
                                             // 棒无法完成切割木条的任务，则失败返回
            }
        }
    }
    return false;                            // 失败返回
}
bool cmp(const int a, const int b)          // 木条长度的比较函数
{
    return a>b;
}
int main()
{
    while (cin>>n&&n)                        // 反复输入木条数，直至输入 0
    {
        int sum=0;
        for(int i=0;i<n;++i)                 // 输 n 根入木条的长度，累计长度和，
                                             // 标志所有木条未被切下
        {
            cin>>sticks[i]; sum+=sticks[i];
            used[i]=0;
        }
        sort(sticks,sticks+n,cmp);           // n 根木条按长度递减排序
        bool flag=false;                     // 初始时，标志木棒为一根
        for(len=sticks[0];len<=sum/2;++len)  // 在 [sticks[0], sum/2 ] 区间内按递
                                             // 增顺序枚举 sum 的因子 len
        {
            if(sum%len==0)
            {
                if(dfs(0,len,sum)) // 若长度为 len 的木棒能够切下 n 根木条，则标志木棒非 1 根
```

```
                {
                    flag=true;
                    cout<<len<<endl;  // 输出木棒的最小可能长度并退出计算
                    break;
                }
            }
        }
        if(!flag) cout<<sum<<endl;    // 输出长度为 sum 的一根木棒切出 n 根木条
    }
    return 0;
}
```

【11.2.4　Auxiliary Set】

给出一棵有 n 个节点的有根树，其中有一些节点是重要（important）节点。

辅助集（Auxiliary Set）是包含满足如下两个条件中至少一个条件的节点的集合：

- 重要节点。
- 两个不同的重要节点的最小共同祖先（Least Common Ancestor，LCA）。

给出一棵 n 个顶点的树（1 是根），以及 q 个查询。每个查询给出一个节点的集合，表示在树中的非重要（unimportant）节点。对于每个查询，计算查询集合对应的辅助集的基数（即集合中的节点数）。

输入

第一行仅给出一个整数 T（$T \leqslant 1000$），表示测试用例的数目。

每个测试用例的第一行给出两个整数 n（$1 \leqslant n \leqslant 100\,000$）和 q（$0 \leqslant q \leqslant 100\,000$）。接下来的 $n-1$ 行，在第 i 行给出两个整数 u_i 和 v_i（$1 \leqslant u_i, v_i \leqslant n$），表示在树中存在连接 u_i 和 v_i 的边。再接下来的 q 行，第 i 行首先给出一个整数 m_i（$1 \leqslant m_i \leqslant 100\,000$），表示在查询集中节点的数目，然后给出 m_i 个不同的整数，表示在查询集中的节点。

本题设定，$\sum_{i=1}^{q} m_i \leqslant 100\,000$，而且 $n \geqslant 1000$ 或 $\sum_{i=1}^{q} m_i \geqslant 1000$ 的测试用例数不超过 10。

输出

对每个测试用例，第一行输出“Case #x:”，其中 x 是测试用例编号（从 1 开始），然后给出 q 行，第 i 行给出第 i 个查询的辅助集的基数。

样例输入	样例输出
1 6 3 6 4 2 5 5 4 1 5 5 3 3 1 2 3 1 5 3 3 1 4	Case #1: 3 6 3

提示

对于样例，有根树如图 11.2-5 所示。对于第一个查询集 {1, 2, 3}，节点 4、5、6 是重要节点，所以辅助集的基数为 3。对于第二个查询集 {5}，节点 1、2、3、4、6 是重要节点，节点 5 是节点 4 和节点 3 的最小公共祖先，所以辅助集的基数为 6。对于第三个查询集 {3, 1, 4}，节点 2、5、6 是重要节点，所以辅助集的基数为 3。

试题来源：CCPC 东北地区大学生程序设计竞赛 2016

在线测试：HDOJ 5927

试题解析

本题的解题思路是求解在非重要节点中，有多少个节点是两个重要点的 LCA，然后加上重要节点的点数，就得到答案。

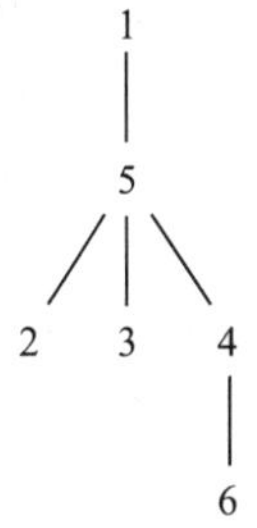

设节点总数为 n，查询集合中的非重要节点数为 t，则重要节点数为 $n-t$，辅助集的基数在此基础上计算。所以，本题就转化为“对查询集合中的一个非重要节点，如何判断其子树中是否含有重要节点。”

图 11.2-5

如果某个非重要节点的子树中没有重要节点，那么该节点对其父节点的贡献是 0，其父亲的有效子节点数可以减去 1；如果某个非重要节点至少有 2 个有效子节点，则该非重要节点是辅助集中的元素。

所以，本题的算法为：从树根节点 DFS 开始，对于每个节点，记录三个信息，即节点的层数、节点的子节点个数、节点的父节点，然后，从最底层从下向上更新节点的有效子节点数即可。算法复杂度为 $O(n*\log n)$。

参考程序（略。本题参考程序的 PDF 文件和本题的英文原版均可从华章网站下载）

11.3　拓扑排序

拓扑排序不同于通常意义上线性表排序。线性表排序是按照关键字 key 的值递增（或递减）顺序重新排列线性表；拓扑排序则是将有向无环图（Directed Acyclic Graph，DAG）G 中的所有节点排成一个线性序列，如果 G 包含有向边 (u, v)，则在这个序列中 u 出现在 v 之前；如果在图中包含回路，就不可能存在这样的线性序列。可以将拓扑排序看成是 G 的所有节点沿水平线排成的一个序列，使所有有向边均从左指向右；也可以将拓扑排序看成由某个集合上的一个偏序得到该集合上的一个全序。

在许多应用中，两个事件发生时间的先后经常用有向图中的有向边描述。如果图中出现回路，则表明发生了矛盾的情况。因此，拓扑排序常用于判别议题和假设成立与否，计算使议题和假设成立的可能方案。

计算拓扑排序的方法有两种：删边法和采用 DFS 方法。

11.3.1　删边法

由于每一条拓扑子路径的首节点的入度为 0，因此可以采取如下方法：

1）从图中选择一个入度为 0 的节点且输出之。

2）从图中删除该节点及其所有出边（即与之相邻的所有节点的入度减 1）。

反复执行这两个步骤，直至所有节点都输出，即整个拓扑排序就完成；或者直至剩下的图中再没有入度为 0 的节点，这说明此图中有回路，不可能进行拓扑排序。

下面分析算法的时间复杂度。统计所有节点入度的时间复杂性为 $O(VE)$，接下来删边花费的时间也是 $O(VE)$，所以总的花费时间为 $O(VE)$。

使用一次删边法可计算出一个拓扑方案。如果我们采用递归技术，依次对每个入度为 0 的节点使用删边法，则可以计算出所有可能的拓扑方案。

【11.3.1.1　Following Orders】

次序是数学和计算机科学中的一个重要的概念。例如，佐恩引理（Zorn's Lemna）表述为：在一个偏序集中的每个链（有序子集）都有一个上界，那么这个偏序集有一个最大元。次序在程序的不动点语义推理中也是非常重要的。

但是本题并不涉及佐恩引理和不动点语义这些复杂的理论，本题仅讨论次序。

给定一组变量及其形式为 $x<y$ 的约束，请编写一个程序，把所有与约束一致的变量依次输出。

例如，给出约束 $x<y$ 和 $x<z$，那么 x、y 和 z 三个变量就可以构成两个满足该约束的有序集：$x\,y\,z$ 和 $x\,z\,y$。

输入

输入包括一系列描述约束的测试用例。每个测试用例由两行组成：第一行是一组变量，第二行是一组约束。每个约束包含两个变量，$x\,y$ 表示 $x < y$。

所有变量都是单个小写字母。在一个测试用例中，至少有两个变量，最多不超过 20 个变量；最少有一个约束，最多不超过 50 个约束。存在的有序集最少一个，最多不超过 300 个。

输入由 EOF 表示结束。

输出

对应于每个约束的测试用例，输出所有满足该约束的有序集。

多个有序集满足约束，则按字典序输出，每行一个。

不同的测试用例之间以空行隔开。

<table>
<tr><th>样例输入</th><th>样例输出</th></tr>
<tr><td>a b f g
a b b f
v w x y z
v y x v z v w v</td><td>abfg
abgf
agbf
gabf

wxzvy
wzxvy
xwzvy
xzwvy
zwxvy
zxwvy</td></tr>
</table>

试题来源：Duke Internet Programming Contest 1993

在线测试：POJ 1270, UVA 124

试题解析

我们将约束组中的每一个字母设为一个节点，约束 $x<y$ 设为有向边 $<x, y>$，则一组约束可被表示为一个有向图。

（1）根据输入信息构造有向图

设输入的变量串为 var，由于串中字母用空格分隔，因此 var[0]、var[2]、var[4]…为节点，

节点数为 $\left\lfloor \frac{\text{var的串长}}{2} \right\rfloor+1$。

设 has 为图节点标志，则可通过下述办法从 var 串中取出节点，计算出 has：

```
for (int i=0; i < var 的串长 ; i+= 2) has[var 中第 i 个字母 ]=true;
```

设输入的约束组串为 v，按照输入格式，v 串中 $v[2]$、$v[6]$、$v[10]$ …对应的节点有入边。节点的入度序列为 pre，其中 pre[ch] 为节点 ch 的入度。我们可通过下述办法计算 pre：

```
for (int i=0; i<v 的串长 ; i+= 4) ++pre[v 中第 i+2 个字母 ];
```

（2）通过 DFS 计算所有的拓扑序列

通过 DFS 搜索计算出有向图中的所有拓扑序列。搜索状态是目前形成的长度为 dep−1 的子序列 res：

```
dfs(dep, res) {
  若拓扑序列完成 (dep==N+1)，则输出 res 后回溯（return）;
  依次在图中寻找入度为 0 的节点 i（has[i]&& pre[i]==0，'a' ≤ i ≤ 'z'）:
    { 在图中去除节点 i(has[i]=false);
      删除节点 i 的所有出边（for(int k=0; k<v 的长度 ; k+=4) if (v 的第 k 个字符 ==i)--pre[v 的第 k+2 个字
          符 ]);
      递归计算拓扑序列中第 dep+1 个节点（dfs(dep+1, res+i));
      恢复递归前的状态（for(int k=0; k<v 的长度 ; k+=4) if (v 的第 k 个字符 ==i)++pre[v 的第 k+2 个字符 ] ;
          has[i]=true);
    }
}
```

显然，递归调用 dfs(1, "") 即可得出所有的拓扑序列串。

参考程序

```
import java.util.*;                         // 导入 Java 下的工具包
import java.io.Reader;
import java.io.Writer;
import java.math.*;
public class Main {                         // 建立一个公共的 Main 类
    public static void print(String x) {  //Main 类内使用的 print(x) 函数：输出拓扑序列 x
        System.out.print(x);
    }
    static int N; // 定义 Main 类内使用的节点数 N、节点的入度序列 pre[ ]、图节点标志
                  // 序列 has[ ]、变量串 var 和约束组串 v
    static int[] pre;
    static boolean[] has;
    static String var, v;
    static void dfs(int dep, String res) { //Main 类内使用的 dfs(dep, res) 函数：从长
        // 度为 dep-1 的子序列 res 出发，递归计算拓扑序列
        if (dep == N + 1) {                 // 若拓扑序列完成，则输出后回溯
            print(res + "\n");
            return;
        }
        for (int i = 'a'; i <= 'z'; i++) // 在图中寻找入度为 0 的节点，释放该节点
            if (has[i] && pre[i] == 0) {
                has[i] = false;
                for (int k = 0; k < v.length(); k += 4) // 删除该节点的所有出边
                    if (v.charAt(k)==i)--pre[v.charAt(k + 2)];
                dfs(dep+1, res+(char)i); // 递归计算拓扑序列中第 dep+1 个节点
                for (int k = 0; k < v.length(); k += 4) // 恢复被删边
                    if (v.charAt(k)==i)++pre[v.charAt(k + 2)];
```

```
                has[i] = true;                                  //恢复图中的节点 i
            }
    }
    public static void main(String[] args) {                    //定义 main 函数的参数是一个
                                                                //字串类型的数组 args
        Scanner input = new Scanner(System.in);                 //定义 Java 的标准输入
        while (input.hasNextLine()) {       //若未输入"EOF", 则循环
            var = input.nextLine();         //输入变量串
            v = input.nextLine();           //输入约束组
            has = new boolean[1 << 8];      //为 has[0..2^8] 申请内存
            for (int i = 0; i<var.length();i+= 2)               //初始时所有节点在图中
                has[var.charAt(i)]=true;
            N = var.length() / 2 + 1;       //计算节点数
            pre = new int[1 << 8];          //为节点的入度序列 pre[2^8..1] 申请内存
            for (int i = 0; i < v.length(); i += 4)             //统计图中每个节点的入度
                ++pre[v.charAt(i+2)];
            dfs(1, "");                     //从空串出发，递归计算拓扑序列串
            print("\n");
        }
    }
}
```

11.3.2　采用 DFS 计算拓扑排序

一个有向图 G 是无回路的，当且仅当对 G 进行 DFS 遍历时没有反向边 B。

采用 DFS 计算拓扑排序的方法如下。

以访问一个节点作为一个时间单位，把遍访了 u 的后代的时间称为结束时间 $f[u]$。其中，$f[u]$ 可通过 DFS 算法得到。显然，对 G 进行 DFS 遍历时没有反向边 B，即对于图中的任意弧 (u, v)，都有 $f[v]<f[u]$。

拓扑序列表为栈 topo，topo 栈中的节点按照 $f[u]$ 递减的顺序由上而下排列，即拓扑排序的节点是以与其完成时刻相反的顺序出现的。

```
void  DFS-visit (u);                              //DFS 遍历以 u 为根的子树
    { u 设访问标志;
        time=time+1;
        对所有与 u 相邻的未访问的节点 v 进行一次 DFS-visit(v) (注意: 若存在 f[v]>f[u] 的弧 (u,
            v), 则失败退出);
        f[u]=time;
        节点 u 被压入 topo 栈;
};
```

初始时 time=0，所有节点设未访问标志。然后，对每个未访问节点 v 执行一次 *DFS-visit*(v)，便可得出 topo 栈和每个节点的结束时间。若图中发现弧 (u, v) 有 $f[v]>f[u]$，则 (u, v) 为反向边，拓扑排序失败；否则从 topo 栈顶开始往下，栈中所有节点组成一个拓扑方案。

DFS 的运行时间为 $O(E)$，每个节点压入 topo 栈的时间为 $O(1)$，因此执行拓扑排序所需的总时间为 $O(E)$。

【11.3.2.1　Sorting It All Out】

对于一些不同的值产生一个升序排列的序列，也就是说，根据小于关系操作符，将元素从最小到最大给出一个排列。例如，排序序列 A、B、C、D 蕴含 $A < B$、$B<C$ 和 $C<D$。在本题中，给出一个形如 $A<B$ 的关系集合，请确定是否存在这样一个升序排序的序列。

输入

输入由多个测试用例组成。每个测试用例的第一行是两个正整数 n 和 m，第一个值 n 给

出要排序的对象数目，其中 $2 \leqslant n \leqslant 26$，表示要排序的对象是字母表的前 n 个大写字母的字符。第二个值 m 给出在该测试用例中形如 $A<B$ 的关系的数目。后面的 m 行，每行包括 3 个字符：一个大写字母、一个“<”、第二个大写字母。不可能有字母表前 n 个字母之外的字母。用 $n=m=0$ 表示输入结束。

输出

对于每个测试用例，输出一行，包括下述 3 种情况之一：

- Sorted sequence determined after *xxx* relations: *yyy…y*。
- Sorted sequence cannot be determined。
- Inconsistency found after *xxx* relations。

其中“*xxx*”是已经处理的关系的数目，或者是已经排好了序，或者是发现了不一致。如果是第一种情况，则“*yyy…y*”是按照升序排好的序列。

样例输入	样例输出
4 6 A<B A<C B<C C<D B<D A<B 3 2 A<B B<A 26 1 A<Z 0 0	Sorted sequence determined after 4 relations: ABCD. Inconsistency found after 2 relations. Sorted sequence cannot be determined.

试题来源：ACM East Central North America 2001

在线测试：POJ 1094，ZOJ 1060，UVA 2355

试题解析

根据给出的关系式升序排列对象实际上就是进行拓扑排序。每读一个关系式，就是往有向图中添一条有向边。有三种可能：

1）若加入有向边 $<x, y>$ 后，发现 y 可达 x，则确定 $<x, y>$ 是反向边，出现了前后不一致的情况。

2）若加入有向边 $<x, y>$ 后，发现 n 个节点形成拓扑序列，则拓扑排序成功。对当前图使用删边法即可判断。

3）若填完 m 条边后，n 个节点尚未形成拓扑序列，则拓扑排序失败。

我们将升序排列转化为有向图。待排序的对象为节点，A 的节点序号为 0，B 的节点序号为 1，……，即对象的字母 − 'A' 即为对应的节点序号；关系为有向边，若 $x<y$，且对图进行 DFS 搜索后 y 不可达 x，则添加有向边 $<x, y>$。有向图的相邻矩阵为 g，其中：

$$g[i,j]=\begin{cases}1 & \text{存在有向边 } <i,j> \\ 0 & \text{不存在有向边 } <i,j>\end{cases} \quad (0 \leqslant i,j \leqslant n-1)$$

节点的访问标志序列为 go，其中 go[i]==true 标志节点 i 已访问。

节点的入度序列为 f，其中 $f[i]$ 为节点 i 的入度（$0 \leqslant i \leqslant n-1$）。

所有入度为 0 的节点存储在序列 Q 中，Q 序列的长度为 tot。

doit 为继续拓扑排序的标志。若拓扑排序发现不一致，则 doit=false。

finish 为拓扑方案产生的标志。在使用删边法时，若发现新增入度为 0 的节点数 >1，则说明尚有节点未进入拓扑序列，finish=false；若仅新增 1 个入度为 0 的节点（finish==true）且所有节点的入度变 0（tot==n），则说明拓扑方案产生。

计算过程如下：

```
输入节点数 n 和有向边数 k;
有向图的相邻矩阵 g 清零;
设拓扑排序进行标志（doit=true）;
依次输入和处理 k 个关系：
  { 输入第 k 个关系，并确定节点序号 x 和 y;
    节点的访问序列 go 初始化为 false;
    若需进行拓扑排序（doit==true）则
      { 从 y 出发 DFS，置所有可达节点访问标志;
        若 y 可达 x（go[x]=true），则输出处理了 i 个关系后发现不一致，设排序不再进行的标志（doit=
          false），继续输入处理下一个关系;
      设 x 通往 y 的有向边（g[x][y]=1），y 的入度 ++（f[y]++）;
      Q 序列初始化为空（tot=0）;
      将所有入度为 0 的节点置入 Q 序列（for (int k=0; k<N&&tot<=1; k++)if (f[k]==0) Q[++tot]=k）;
      若仅 1 个入度为 0 的节点（tot==1），则
        { 拓扑排序结束标志初始化（finish=true）;
          反复使用删边法：取出 Q 尾的节点 xx，删除 xx 的所有出边。统计新产生的入度为 0 的节点数
            tmp，这些节点进入 Q 序列，直至 Q 序列的长度 tot==n 或者 tmp>1 为止（若 tmp>1，则说明排
            序尚未结束，finish=false）;
          若排序结束（finish==true），且 n 个节点的入度全为 0(tot==N)，则输出处理了 i 个关系后拓扑排序
            完成，Q 序列中节点对应的字母即为拓扑序列，设排序不再进行的标志 (doit=false);
          恢复原图 g 中节点的入度序列 f;
        }
    }
  }
若处理 k 个关系后仍未确定拓扑序列（doit==true），则输出拓扑排序失败信息;
```

参考程序

```java
import java.util.*;                                  // 导入 Java 下的工具包
import java.math.*;
public class Main {                                  // 建立一个公共的 Main 类
    static boolean[] go;                             // 访问标志序列
    static int[][] g;                                // 相邻矩阵
    static int N,K;                                  // 节点数和有向边数
    public static void find(int x){                  // 从 x 出发，通过 find (x) 函数计算所有可达节点
        go[x] = true;                                // 设 x 节点访问标志
        for (int i=0;i<N;i++)                        // 递归与 x 相邻且未访问的节点
            if (g[x][i]==1&&!go[i]) find(i);
    }
    public static void main(String[] args){          // 定义 main 函数的参数是一个字串类型的
                                                     // 数组 args
        Scanner input = new Scanner(System.in);      // 定义 Java 的标准输入
        while (true){
            N = input.nextInt();                     // 输入节点数 n 和有向边数 k
            K = input.nextInt();
            if (N==0) break;                         // 若节点数为 0，则退出循环
```

```
g = new int [N][N];                    // 相邻矩阵初始化
for (int i=0;i<N;i++)
    for (int j=0;j<N;j++)
          g[i][j] = 0;
boolean doit = true;                   // 设拓扑序列未确定标志
int[] f = new int [N+1];
for (int i=1;i<=K;i++){                // 依次输入和处理 k 个关系
    String p = input.next();           // 输入第 k 个关系，并确定节点序号 x 和 y
    int x = p.charAt(0)-'A',c = p.charAt(1),y = p.charAt(2)-'A';
    if (c=='>'){                       // 若关系反向，则对换 x 和 y
        c = x;
        x = y;
        y = c;
    }
    go = new boolean[N];               // 访问序列初始化
    for (int j=0;j<N;j++) go[j] = false;
    if (doit){                         // 若未确定拓扑序列，则从 y 出发 DFS
        find(y);
        if (go[x]){                    // 若 y 可达 x（即（x, y）是反向边），则输
                                       // 出处理了 i 个关系后发现不一致，设排序
                                       // 不再进行的标志，继续输入处理下一个关系
            System.out.println("Inconsistency found after " + i +"
                relations.");
            doit = false;continue;
        }
        g[x][y] = 1;                   // 设 x 通往 y 的有向边
        f[y]++;                        // y 的入度 +1
        int[] Q = new int[N+1];
        int tot = 0;                   // 将所有入度为 0 的节点放入 Q 序列
        for (int k=0;k<N&&tot<=1;k++)
            if (f[k]==0) Q[++tot]=k;
        if (tot==1) {                  // 若仅 1 个入度为 0 的节点
            boolean finish = true;
            while (tot<N){
                int xx = Q[tot],tmp = 0; // 删边法：取出 Q 尾的节点 xx，
                // 删除 xx 的所有出边。统计新产生的入度为 0 的节点数 tmp，
                // 这些节点进入 Q 序列
                for (int k=0;k<N;k++)
                    if (g[xx][k]==1&&0==(f[k]-=g[xx][k])){
                        Q[++tot] = k;
                        ++tmp;
                    }
                if (tmp>1){  // 若新增入度为 0 的节点数 >1，则设排序未结束标志，
                             // 继续输入处理下一个关系
                    finish = false;
                    break;
                }
            }
            if (finish&&tot==N){     // 若排序结束，且 n 个节点的入度全为 0，
                // 则输出处理了 i 个关系后拓扑排序完成，Q 序列中节点对应的字母即
                // 为拓扑序列，设排序不再进行的标志
                System.out.print("Sorted sequence determined after "+
                    i + " relations: ");
                for (int k=1;k<=N;k++)
                        System.out.print((char)('A'+Q[k]));
                System.out.println(".");
                doit = false;
            }
            for(int k=0;k<N;k++)f[k]=0;   // 恢复原图中每个节点的入度
```

```
                    for (int j=0;j<N;j++)
                        for (int k=0;k<N;k++)
                            f[k] += g[j][k];
                }
            }
        }
        if (doit) //若处理所有关系后仍未确定拓扑序列，则输出拓扑排序失败信息
            System.out.println("Sorted sequence cannot be determined.");
    }
  }
}
```

11.3.3　反向拓扑排序

反向拓扑排序是在拓扑排序的基础上，增加了如下要求：

条件 1：编号最小的节点要尽量排在前面。

条件 2：在满足条件 1 的基础上，编号第二小的节点要尽量排在前面。

条件 3：在满足条件 1 和条件 2 的基础上，编号第三小的节点要尽量排在前面。

……

以此类推。

例如，有向图如图 11.3-1 所示，则反向拓扑序排序是 6 4 1 3 9 2 5 7 8 0。

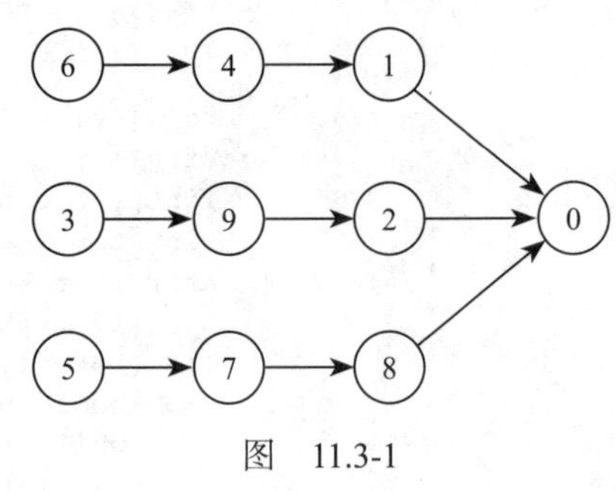

图　11.3-1

这里要说明，反向拓扑序与字典序拓扑是不同的。字典序的拓扑排序算法如下：

```
把所有入度为 0 的节点放进优先队列 PQ;
while (PQ 不是空队列)
{ 从 PQ 中取出编号最小的元素 a，把 a 添加到字典序的序
    列尾部;
  for(所有从 a 出发的弧 (a, b))
    { 把 b 的入度减 1;
      如果 b 的入度变为 0，则把 b 加入优先队列 PQ; }
}
```

字典序的拓扑排序与使用 BFS 进行拓扑排序的算法基本一样，只是把队列改成了优先队列。对于图 11.3-1，字典序的拓扑排序为 3 5 6 4 1 7 8 9 2 0。可以看出，在序列中，节点 1 的位置还不够靠前，不是反向拓扑排序。产生这一问题的原因是，算法使用了“每一步都找当前编号最小的节点”的贪心策略，而对于图 11.3-1，编号最小的节点不一定会先出队列。

“编号小的节点尽量排在前面”等价于“编号大的节点尽量排在后面”。反向拓扑就是从相反的方向，每一步找当前编号最大的节点。对于图 11.3-1，首先，出度为 0 的节点 0 先进入优先队列 PQ；然后，将当前在 PQ 中编号最大的节点（也就是节点 0）从 PQ 中取出，把节点 0 添加到反向拓扑排序的序列首部；对于所有指向节点 0 的弧 (1, 0)、(2, 0) 和 (8, 0)，把节点 1、节点 2、节点 8 的出度减 1，并把这 3 个出度变为 0 的节点加入 PQ 中；然后，从 PQ 中取出当前编号最大的节点 8，并把节点 8 添加到反向拓扑排序的序列首部，对于指向节点 8 的弧 (7, 8)，把节点 7 的出度减 1，并把出度变为 0 的节点 7 加入 PQ 中；以此类推，直到 PQ 为空。显然，应用这样的反向拓扑排序，对于节点 1，能够排在它后面的节点都排在了它的后面，也就是节点 1 被尽量地排在了前面；对于节点 2、节点 3 等也是这样。最后得到反向拓扑排序的序列为 6 4 1 3 9 2 5 7 8 0。

反向拓扑排序的算法如下：

```
把所有出度为 0 的节点放进优先队列 PQ;
while(PQ 不是空队列)
  { 从 PQ 中取出编号最大的元素 a，把 a 添加到反向拓扑排序的序列首部;
   for(所有指向 a 的弧 ( b, a))
     { 把 b 的出度减 1;
      如果 b 的出度变为 0，则把 b 放进优先队列 PQ 中; }
  }
```

【11.3.3.1　Labeling Balls】

Windy 有 N 个不同重量的球，重量从 1 个单位到 N 个单位。现在，他试图用 1 到 N 来标记这些球：

1）任意两个球的标记不同。

2）标记要满足一些约束：诸如标记为 a 的球比标记为 b 的球轻。

你能帮 Windy 找到答案吗？

输入

输入的第一行给出测试用例的数量。每个测试用例的第一行给出两个整数 N（$1 \leqslant N \leqslant 200$）和 M（$0 \leqslant M \leqslant 40\ 000$）。接下来的 M 行每行给出两个整数 a 和 b，表示标记 a 的球一定比标记 b 的球轻（$1 \leqslant a, b \leqslant N$）。在每个测试用例之前有一个空行。

输出

对于每个测试用例，输出一行，给出从标记 1 到标记 N 的球的重量。如果存在多个解，则输出标记 1 的重量最小的一个，然后输出标记 2 的重量最小的一个，接下来输出标记 3 的重量最小的一个，以此类推。如果不存在解，则输出 −1。

样例输入	样例输出
5 4 0 4 1 1 1 4 2 1 2 2 1 4 1 2 1 4 1 3 2	1 2 3 4 −1 −1 2 1 3 4 1 3 2 4

试题来源：POJ Founder Monthly Contest – 2008.08.31, windy7926778

在线测试：POJ 3687

试题解析

本题给出 N 个球，这些球的标记分别是从 1 到 N 中的某个数字，它们的重量分别是从 1

到 N 中的某个数字，任意两个球的标记不同，重量也不相等。本题还给出一些有序对 a、b，表示标记 a 的球比标记 b 的球轻。本题要求给出符合约束条件的各个球的重量。若答案有多种，则答案必须让标记为 1 的球重量尽量轻，接着是标记为 2 的球重量尽量轻，一直到标记为 N 的球尽量轻。

本题的原命题是“标记小的球重量尽量轻”，其等价的逆否命题是“重量大的球标记尽量大”。

设有 4 个球，约束为 4 1 和 2 3。如果采取字典序拓扑排序，编号小的球先出队，重量从小的球开始赋值，则出队的顺序是 2 3 4 1，球的重量为 $w[2]=1$、$w[3]=2$、$w[4]=3$、$w[1]=4$，即标记 1 到标记 4 的球的重量序列为 4 1 2 3。但如果采取反向拓扑排序，编号大的球先出队，重量也从大的开始赋值，则出队的顺序是 3 2 1 4，那么球的重量为 $w[3] = 4$、$w[2] = 3$、$w[1] = 2$、$w[4] = 1$，即标记 1 到标记 4 的球的重量序列为 2 3 4 1。

因此，如果采用字典序拓扑排序，可能就会把小重量赋值给了编号大的球，而后面编号小的球却被赋予了比较大的重量。但是，如果采用反向拓扑排序，每次编号大的球先出队，重量从编号大的开始赋值，产生的反向拓扑序列是符合本题要求的。

本题中还要注意，在测试用例中存在重边、自环等情况。

参考程序

```
#include<iostream>
#include<vector>
using namespace std;
#define MAX 205
struct Number {                               // 节点为结构类型
    vector<int> light;                        // 存储相连边端点的容器
    int in;                                   // 入度
    int weight;                               // 球的重量
}num[MAX];                                    // 图中节点的邻接表
int n, m;                                     // 球（节点）数为 n，有序对（边）数为 m
bool v[MAX][MAX];                             // v[i][j] 标志弧 (i, j)
bool TopSort()                                // 反向拓扑排序。若成功，则返回 true，否则返回 false
{
    for (int t = n; t > 0; t--)               // 按照由重到轻的顺序寻找第一个入度为 0 的节点 cur
    {
        int cur = n + 1;
        while (--cur && num[cur].in);
        if (cur == 0) return false;           // 若不存在入度为 0 的节点，则存在环，失败退出
        num[cur].weight = t;                  // 记录重量
        num[cur].in--;                        // 节点 cur 的入度 -1
        for (unsigned j = 0; j < num[cur].light.size(); j++)
                                              // 所有与 cur 相连边端点的入度 -1
            num[num[cur].light[j]].in--;
    }
    return true;                              // 成功返回
}
int main()
{
    int T;
    scanf("%d", &T);                          // 输入测试用例数
    while (T--)                               // 依次处理每个测试用例
    {
        memset(num, 0, sizeof(num));
        memset(v, false, sizeof(v));
        scanf("%d%d", &n, &m);                // 输入节点数 n 和边数 m
```

```
        for (int i = 0; i < m; i++)             // 依次输入 m 条弧，反向构图
        {
            int light, heavy;
            scanf("%d%d", &light, &heavy);      // 输入第 i 个有序对 (light, heavy)
            if (v[heavy][light]) continue;      // 若 (heavy, light) 已存在，则忽略
            v[heavy][light] = true;             // 标志有序对 (light, heavy) 存在
            num[heavy].light.push_back(light); // 将 light 存入 heavy 的邻接表
            num[light].in++;                    // light 的入度 +1
        }
        if (TopSort())                          // 若反向拓扑排序成功，则输出拓扑序列中
                                                // 每个球的重量；否则输出失败标志 -1
        {
            for (int i = 1; i < n; i++)
                printf("%d ", num[i].weight);
            printf("%d\n", num[n].weight);
        }
        else printf("-1\n");
    }
    return 0;
}
```

11.4 计算图的连通性

有五种方法可以进行图的连通性判断：BFS、DFS、并查集、将在 11.5 节讲授的 Tarjan 算法，以及第 13 章要讲授的 Warshell 算法。

首先，给出通过 BFS 和 DFS 判断图的连通性的实验。

1）BFS 判断：初始时，访问图的出发节点，并将该节点入队；然后，队首节点出队，访问与其关联的且未被访问过的所有节点，并将这些节点入队；重复此过程，直至队列为空。则被访问的节点构成一个连通分支。若该连通分支未包含所有节点，则该图不连通。

2）DFS 判断：从图的任一节点开始，进行一次深度优先遍历。深度优先遍历的结果是一个图的连通分支。如果一次 DFS 没有访问到所有节点，则该图不连通。

【11.4.1 Oil Deposits】

GeoSurvComp 地质勘探公司负责勘探地下油田。GeoSurvComp 一次处理一个大的矩形区域，该区域用一个网格表示，将土地划分为许多正方形地块。然后，它分析每个地块，使用传感设备来确定该地块是否蕴藏石油。一个蕴藏石油的地块被称为油袋。如果两个油袋相邻，则它们是同一个油田的一部分。油田的储量可能会比较大，并可能包含多个油袋。请你确定在一个网格中有多少个油田。

输入

输入给出一个或多个网格。每个网格的第一行给出 m 和 n，分别是网格中的行数和列数，用一个空格分隔。$1 \leqslant m \leqslant 100$，$1 \leqslant n \leqslant 100$，如果 $m=0$，则表示输入结束。接下来给出 m 行，每行 n 个字符（不包括行结束符）。每个字符对应一个地块，或者是表示没有油“*”，或者是表示油袋“@”。

输出

对于每个网格，输出不同油田的数量。如果两个油袋水平、垂直或对角相邻，则这两个油袋是同一个油田的一部分。一个油田包含的油袋不超过 100 个。

样例输入	样例输出
1 1 * 3 5 *@*@* **@** *@*@* 1 8 @@****@* 5 5 ****@ *@@*@ *@**@ @@@*@ @@**@ 0 0	0 1 2 2

试题来源：ACM Mid-Central USA 1997

在线测试：POJ 1562，HDOJ 2141

试题解析

自上而下、自左向右扫描每个地块，如果该地块是个油袋“@”，而且此前未被访问，则从该地块开始 DFS 或 BFS，遍历该点所在的油田，并标记该油田的所有地块访问标记。

进行了多少次 DFS 或 BFS，就有多少个油田。

参考程序 1（DFS）

```
#include<iostream>
using namespace std;
int  map[105][105];      // 图的相邻矩阵 map[i][j]= { 0  (i,j) 无油 "*"
                                                  { 1  (i,j) 为油袋 "@"
int  vis[105][105];      // 图的访问标志 vis[i][j]= { 0  (i,j) 未访问
                                                  { 1  (i,j) 已访问
int n,m;                 // 相邻矩阵的行列数
void  dfs(int x,int y)  // 从 (x, y) 出发，通过 DFS 将 (x, y) 可达的所有未访问油袋设访问标志
{
    vis[x][y]=1;         // 设 (x, y) 访问标志
    // 分别从 (x, y) 的 8 个相邻格（若相邻格在界内）中未访问的油袋出发，进行 DFS
    if(x+1<n&&y<m&&!vis[x+1][y]&&map[x+1][y])  dfs(x+1,y);
    if(x<n&&y+1<m&&!vis[x][y+1]&&map[x][y+1])  dfs(x,y+1);
    if(x+1<n&&y+1<m&&!vis[x+1][y+1]&&map[x+1][y+1])  dfs(x+1,y+1);
    if(x-1>=0&&y<m&&!vis[x-1][y]&&map[x-1][y])  dfs(x-1,y);
    if(x<n&&y-1>=0&&!vis[x][y-1]&&map[x][y-1])  dfs(x,y-1);
    if(x-1>=0&&y-1>=0&&!vis[x-1][y-1]&&map[x-1][y-1])  dfs(x-1,y-1);
    if(x-1>=0&&y+1<m&&!vis[x-1][y+1]&&map[x-1][y+1])  dfs(x-1,y+1);
    if(x+1<n&&y-1>=0&&!vis[x+1][y-1]&&map[x+1][y-1])  dfs(x+1,y-1);
}
void init()              // 清空所有边的访问标志
{
    memset(vis,0,sizeof(vis));
}
int main()
{
```

```
    char ch;
    while(cin>>n>>m)                // 反复输入网格中的行数 n 和列数 m
    {
        if(n==0&&m==0) break;       // 若行数 n 和列数 m 为 0，则退出程序
        init();                     // 清空所有边的访问标志
        for(int i=0;i<n;i++)        // 自上而下、从左至右输入每个地块的信息，构造图的相邻矩阵
            for(int j=0;j<m;j++)
            {
                cin>>ch;
                if(ch=='*')  map[i][j]=0;
                else map[i][j]=1;
             }
        int count=0;                // 不同油田的数量初始化
        for(int i=0;i<n;i++)        // 顺序枚举图中的每个网格
            for(int j=0;j<m;j++)
            {
        // 从未访问的油袋 (i, j) 出发，通过 DFS 计算所在油田，不同油田数 +1
                if(!vis[i][j]&&map[i][j])
                { dfs(i,j);count++; }
            }
        cout<<count<<endl;          // 输出不同的油田数
    }
}
```

参考程序 2（BFS）

```
#include<stdio.h>
struct                              // 队列元素为结构类型
{
    int i;                          // 网格位置
    int j;
}queue[10000];                      // 队列
int m,n;                            // 网格的行数为 n，列数为 m
char map[101][101];     // 相邻矩阵，其中 map[i][j] 为 (i, j) 的字符。注意：为避免重复计算，
                        // 搜索油袋 (i, j)（map[i][j]== '@'）后，将 (i, j) 设为无油状态
                        // （map[i][j]= "*"），这样可省略访问标志
int a[8][2]={{-1,0},{1,0},{0,-1},{0,1},{-1,-1},{-1,1},{1,-1},{1,1}};
                                    //8 个方向的位移增量
void BFS(int i, int j )             // 从油袋 (i, j) 出发，通过 BFS 将 (i, j) 可达的所有油袋设
                                    // 为无油状态
{
    int front=0, rear=1;            // 队列的首尾标志初始化
    int ii, jj, k;
    int t1, t2;
    queue[front].i=i;               // (i, j) 进入队列
    queue[front].j=j;
    map[i][j]='*';                  // 将油袋设为无油状态
    while( front!= rear )           // 若队列非空，则取出队首的格子 (ii, jj)
    {
        ii=queue[front].i;
        jj=queue[front].j;
        front++;                    // 队首指针 +1
        for(k=0; k<8; k++)          // 枚举 8 个相邻方向
        {
            t1=ii+a[k][0];          // 计算 k 方向的相邻格 (t1, t2)
            t2=jj+a[k][1];
            if( map[t1][t2]=='@')// 若 (t1, t2) 为油袋，则 (t1, t2) 进入队尾
            {
                queue[rear].i=t1;
                queue[rear].j=t2;
                map[t1][t2]='*'; //(t1, t2) 设为无油状态
```

```
                rear++;                  // 队尾指针 +1
            }
        }
    }
}
int main()
{
    int i, j;
    int num;
    while(scanf("%d %d", &m, &n) &&m) // 反复输入行数 m 和列数 n，直至行数为 0
    {
        num=0;                           // 不同的油田数初始化
        for(i=0; i<m; i++)               // 输入相邻矩阵
            scanf("%s",map+i);
        for(i=0; i<m; i++)               // 自上而下、从左至右搜索每个油袋
            for(j=0; j<n; j++)
            {
                if(map[i][j]=='@')       // 若 (i, j) 为油袋，则不同的油田数 +1，并从该格出发，
                                         // 通过 bfs 将 (i,j) 可达的所有油袋设为无油状态
                {
                    num++;
                    BFS(i, j);
                }
            }
        printf("%d\n", num);             // 输出不同的油田数
    }
}
```

【11.4.2　The Die Is Cast】

InterGames 是一家初创的高科技公司，专门开发在互联网上的游戏。市场调查分析显示，在潜在的客户群中，靠碰运气取胜的游戏相当受欢迎。无论大富翁（Monopoly、棋类游戏、玩家用虚拟货币买卖房地产）、卢多（Ludo，一种用骰子和筹码在特制板上玩的游戏）还是双陆棋（Backgammon，棋盘上有楔形小区，两人玩，掷两枚骰子决定走棋步数），大多是在游戏的每一步都要掷骰子。

当然，如果让玩家自己来掷骰子，然后将结果输入计算机，是不可行的，因为这样很容易作弊。因此，InterGames 决定为玩家提供一个摄像头，拍摄掷骰子的照片，并分析照片，然后自动传输掷骰子的结果。

因此，InterGames 就需要一个程序，给出一个包含若干个骰子的图像，要确定骰子上的点数。

我们对输入的图像做以下设定：这些图像只包含三个不同的像素值：背景、骰子和骰子上的点。我们认为如果两个像素共享一条边，则这两个像素是连通的；也就是说，两个像素如果仅仅共有一个角点是不够的。如图 11.4-1 所示，像素 A 和 B 是连通的，但 B 和 C 不是。

如果对于像素 S 中的每对像素 (a, b)，在 S 中存在序列 $a_1, a_2, \cdots, a_k$，使得 $a = a_1$，$b = a_k$，并且对于 $1 \leqslant i < k$，a_i 和 a_{i+1} 是连通的，则像素集合 S 是连通的。

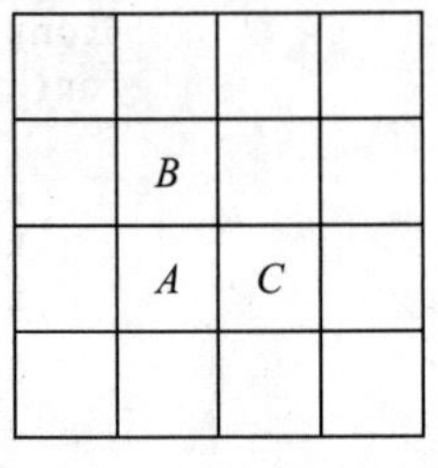

图　11.4-1

我们设定，所有由非背景的像素组成的一个最大连通集就是一个骰子。所谓“最大连通”表示如果在集合中添加任何其他在图中的非背景像素，就会使集合不连通。同样地，我们设定，每个点像素的最大连通集构成骰子上的一个点。

输入

输入由若干个掷骰子的图组成。每个图的描述的第一行给出两个数字 w 和 h，分别表示图的宽度和高度，其中 $w \geqslant 5$、$h \leqslant 50$。

接下来的 h 行每行包含 w 个字符。字符可以是：“.”，表示一个背景像素；“*”，表示一个骰子像素；“X”，表示一个骰子点的像素。

由于光学失真，骰子可能有不同的大小，也可能不是完全的正方形。在图中至少包含一个骰子，每个骰子的点数在 1 到 6 之间（包括 1 和 6）。

以 w=h=0 开始的图表示输入终止，该图不用处理。

输出

对于每次掷骰子，首先输出其编号，然后按递增顺序排序，输出图中骰子上的点数。

在每个测试用例之后输出一个空行。

样例输入	样例输出
30 15 ....*.............. ...*****......****............ ...*X***.....**X***........... ...*****....***X**............ ...***X*.....****............. ...*****.......*.............. ....***........******..... .......**X****.....*X**X*..... ......*******......******..... .....****X**.......*X**X*..... ........***........******..... .... 0 0	Throw 1 1 2 2 4

试题来源：ACM Southwestern European Regional Contest 1998

在线测试：POJ 1481，UVA 657

试题解析

本题采用双重 DFS 求解，也就是说，一个 DFS 嵌套在另一个 DFS 中。其中，外层 DFS 计算非背景像素组成的最大连通集，内层 DFS 计算其中由骰子点像素组成的最大连通子集，试题要求计算每个非背景像素组成的最大连通集中骰子点像素的个数。方法如下。

用二维数组 a 表示输入的一张图。由于一个骰子在图中是一个最大连通集，所以，自上而下、自左向右扫描二维数组 a，每扫描到一个“*”(骰子像素)，就把这个“*”变为“.”(背景像素)，并且向四个方向进行 DFS；如果 DFS 搜到“X”(骰子点像素)，则进行内层 DFS（DFS_X)，向四个方向搜索连通的骰子点像素“X”，将“X”变为“.”，骰子的点数 ++。

参考程序（略。本题参考程序的 PDF 文件和本题的英文原版均可从华章网站下载）

然后，给出通过并查集判断图的连通性的实验。

并查集判断：根据输入的边给出节点集合的划分。如果一条边关联的两个点是相连的，就被划分到同一个集合中。初始时，图中每个节点构成一个集合。然后，依次输入边；如果输入的边所关联的两个节点在同一个集合中，则这两个节点已经是连通的；如果输入的边所关联的两个节点在两个不同集合中，则这两个集合中的节点至少可以通过该边连通，就将这两个集合进行合并。重复以上过程，就可得到节点集合的划分。如果所有节点在一个集合中，则图是连通图；否则，图不连通，而节点集合的每个划分是一个连通分支。

【11.4.3　Is It A Tree?】

树是一种众所周知的数据结构，它要么是空的（null、void、nothing），要么是由满足以下特性的一个或多个节点组成的集合，节点之间通过有向边连接。

- 集合中只有一个节点被称为根节点，没有有向边指向该节点。
- 除了根节点之外，每个节点都有一条有向边指向它。
- 从根到每个节点有一个唯一的有向边序列。

例如图 11.4-2，其中节点由圆表示，有向边由带箭头的直线表示。前两个图是树，最后一个图不是树。

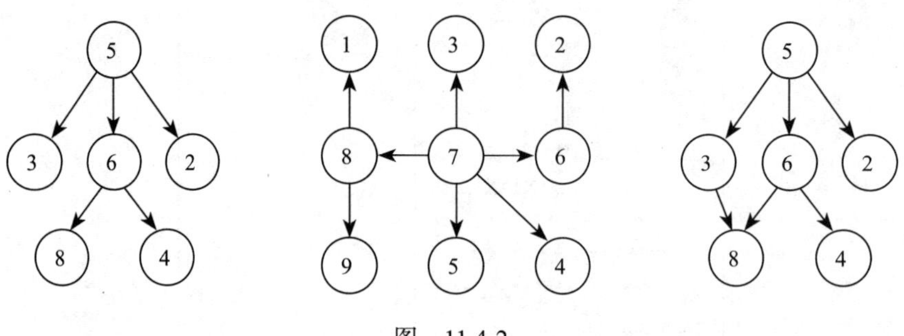

图　11.4-2

在本题中，给出若干个由有向边连接的节点集合的描述。对于每一个描述，请你确定该集合是否满足树的定义。

输入

输入将给出一系列描述（测试用例），然后给出一对负整数。每个测试用例将由一系列有向边的描述和一对零组成，每个有向边的描述由一对整数组成；第一个整数标识有向边出发的节点，第二个整数标识有向边指向的节点。节点编号大于零。

输出

对于每个测试用例，输出一行“Case *k* is a tree.”或“Case *k* is not a tree.”，其中 *k* 是测试用例编号（测试用例从 1 开始按顺序编号）。

样例输入	样例输出
68 53 52 64 56 00 81 73 62 89 75	Case 1 is a tree. Case 2 is a tree. Case 3 is not a tree.

（续）

样例输入	样例输出
7 4 7 8 7 6 0 0 3 8 6 8 6 4 5 3 5 6 5 2 0 0 -1 -1	

试题来源：ACM North Central North America 1997

在线测试：POJ 1308，UVA 615

试题解析

本题题意：给你一系列形如 u v 的有向边，请你确定这些点和有向边是不是一棵树。而树的特性是：除了根节点之外，每个节点入度为 1；只有一个根节点。

本题用并查集求解。初始时，图中每个节点构成一个并查集。然后，依次处理有向边；对于一条有向边，如果连接的两点在同一并查集中，则在该集合中的节点构成的无向图中存在回路，就直接判不是一棵树；否则，合并这两点所在的并查集，并按有向边的方向记录点的入度，如果存在某个点入度大于 1，则该点有多个父亲节点，则说明不是树。

在处理完所有有向边后，判断所有点是否都在同一并查集内。若是，则说明这棵树包含了所有点和有向边；否则，就说明不是树。

参考程序

```
#include <stdio.h>
#include <memory.h>
const int MAX_SIZE = 105;                   // 节点数上限
int parent[MAX_SIZE];                       // 节点 i 所在并查集的根节点为 parent[i]
bool flag[MAX_SIZE];                        // 节点 i 的访问标志为 flag[i]
void make_set(){                            // 初始化：每个节点为单根并查集且未被访问
    for(int x = 1; x < MAX_SIZE; x ++){
        parent[x] = x;
        flag[x] = false;
    }
}
int find_set(int x){                        // 寻找根节点，带路径压缩
    if(x != parent[x])
        parent[x] = find_set(parent[x]);
    return parent[x];
}
void union_set(int x, int y){               // 合并 x 和 y 所在的并查集
    x = find_set(x);                        // 计算 x 所在并查集的根 x
    y = find_set(y);                        // 计算 y 所在并查集的根 y
// 若 x 和 y 所在并查集同属一个根，则返回；否则合并，将 y 所在的并查集设为 x 的子树
    if(x == y) return;
    parent[y] = x;
}
bool single_root(int n){                    // 判断 n 个节点所在并查集是否只有一个根
    int i = 1;                              // 在 1 ~ n 个节点中寻找第一个已被访问的节点 i
    while (i <= n && !flag[i]){
        ++i;
    }
    int root = find_set(i);                 // 计算 i 所在并查集的根 root
    while (i <= n){                         // 搜索后面已被访问的节点：若存在所在并查集的根非 root
                                            // 的情况，则失败退出；否则返回成功标志
```

```
        if (flag[i] && find_set(i) != root){
            return false;
        }
        ++i;
    }
    return true;
}
int main(){
    int x, y;                                         // 有向边的两个端点
    bool is_tree = true;                              // 树标志初始化
    int range = 0;                                    // 搜索范围（即输入的有向边中端点序号的最大值）
                                                      // 初始化
    int idx = 1;                                      // 测试用例编号初始化
    make_set();                                       // 初始时每个节点为单根并查集且未被访问
    while (scanf("%d %d", &x, &y) != EOF){ // 反复输入有向边，直至边的端点出现负值为止
        if (x < 0 || y < 0){
            break;
        }
        if (x == 0 || y == 0){                        // 输入所有边后，若为树标志且前 range 个节点同
            // 属一个并查集，则输出"第 idx 个测试用例为树"，否则输出该测试用例非树的信息
            if (is_tree && single_root(range)){
                printf("Case %d is a tree.\n", idx++);
            }
            else{
                printf("Case %d is not a tree.\n", idx++);
            }
            is_tree = true;                           // 准备处理下一个测试用例：设树标志
            range = 0;                                // 搜索范围初始化
            make_set();                               // 初始时每个节点为单根并查集且未被访问
            continue;                                 // 转入下一个测试用例
        }
// 在测试用例未输入完毕的情况下，若发现非树标志，则直接转入下一个测试用例
        if (!is_tree){
            continue;
        }
        range = x > range ? x : range;                // 根据端点 x 和 y 的编号调整搜索范围 range
        range = y > range ? y : range;
        flag[x] = flag[y] = true;                     // 设 x 和 y 已被访问
        if (find_set(x) == find_set(y)){              // 若父子属一个集合（有共同祖先），则设非树标志
            is_tree = false;
        }
        union_set(x, y);                              // 合并 x 和 y 所在的并查集
    }
    return 0;
}
```

11.5　Tarjan 算法

Tarjan 算法是由 Robert Tarjan（罗伯特·塔扬）发明的，是用于求有向图中强连通分支、图的割点和桥，以及点（边）双连通分支的算法。所以，本节给出通过 Tarjan 算法求有向图中强连通分支、图的割点和桥，以及点（边）双连通分支的实验范例。

定义 11.5.1（强连通，强连通图，强连通分支）。如果在有向图 G 中，两个节点互相可达，则称这两个节点是强连通的。如果在有向图 G 中任何两个节点是互相可达的，则称 G 为强连通图。G 的极大强连通子图，被称为强连通分支。

Tarjan 算法基于 DFS。搜索时，把当前搜索树中未处理的节点加入一个栈，回溯时可以判断栈顶到栈中的节点是否为一个强连通分支。

在 Tarjan 算法过程中，会遇到如下 4 种边：

1）树枝边：DFS 搜索树上的边；即对于有向边 (u, v)，在 DFS 中 v 首次被访问，v 不在栈中，u 为 v 的父节点，则有向边 (u, v) 是树枝。

2）前向边：与 DFS 方向一致，即对于有向边 (u, v)，祖先节点指向子孙节点。

3）后向边：与 DFS 方向相反，即对于有向边 (u, v)，在 DFS 搜索树中，子孙 u 指向祖先 v；v 已经在栈中。

4）横向边：从某个节点 u 指向另一个搜索树中某节点 v 的有向边，即对于有向边 (u, v)，v 不在栈中，且 u 不是 v 的祖先节点。

Tarjan 算法如下。其中，dfn(u) 为节点 u 搜索的次序编号（时间戳），也就是第几个被搜索到的；low(u) 为 u 或 u 的子树能够追溯到的最早的栈中节点的次序号，也就是 low(u) 的初始值为 dfn(u)，此后可以持续更新，成为强连通分支子树的根节点的 dfn ；当 dfn(u)=low(u) 时，以 u 为根的搜索子树上的所有节点是一个强连通分支；数组 sta[] 用于实现栈；co[i]=x 表示节点 i 在第 x 个强联通分支中。

```
void tarjan(int u)
{   dfn[u]=low[u]=++num;                    // 节点 u 搜索的次序编号（时间戳）
    sta[++top]=u;                           // 节点 u 入栈
    for(int i=head[u]; i; i=nxt[i])         // 扫描节点 u 的出边，进行 DFS
    {   int v=ver[i];                       // 有向边 (u, v)
        if(!dfn[v])                         // 节点 v 没有被访问过，(u, v) 是树枝边
        {   tarjan(v);
            low[u]=min(low[u], low[v]);
        }
        else if(!co[v])                     // 节点 v 被访问过，而且还在栈内
            low[u]=min(low[u], dfn[v]);    // 遇到已入栈的点，就将该点作为强连通分支的根
    }
    if (low[u]==dfn[u])                     // low[u] 没有更新，在栈中节点 u 以及之上节点构成
                                            // 一个强连通分支
    {
        co[u]=++tot;                        // tot 记录强连通分支的个数
        while(sta[top]!=u)
        {   co[sta[top]]=tot;               // 栈中节点 u 以及之上节点在第 tot 个强连通分支中
            --top;
        }
        --top;                              // 节点 u 出栈
    }
}
```

如果 tarjan 只被调用一次，可能整个图没有被遍历完。所以，要循环调用 tarjan ；即如果某个节点没有被访问过，那么就从这个节点开始，调用 tarjan，这样整个图就能被遍历。

给出图 11.5-1，调用 tarjan(1)，Tarjan 算法流程演示如下。

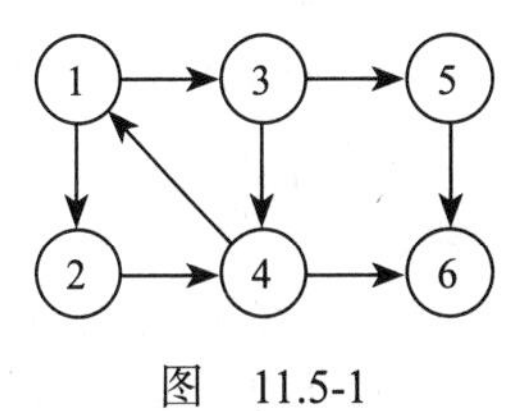

图　11.5-1

从节点 1 进入，dfn[1]=low[1]=++num=1，节点 1 入栈；再由节点 1 的出边到节点 3，dfn[3]=low[3]=2，节点 3 入栈；再由节点 3 的出边到节点 5，dfn[5]=low[5]=3，节点 5 入栈；再由节点 5 的出边到节点 6，dfn[6]=low[6]=4，节点 6 入栈；则此时由栈底到栈顶值为 1 3 5 6。

因为节点 6 没有出度，dfn[6]==low[6]，则节点 6 是一个强连通分支的根节点：栈中节点 6 以及之上节点作为一个强连通分支出栈，所以 {6} 作为一个强连通分支，此时由栈底到栈顶值为 1 3 5。

回溯到节点 5，由于节点 5 没有下一条出边，dfn[5]==low[5]，所以 {5} 作为一个强连通分支出栈，此时由栈底到栈顶值为 1 3。

回溯到节点 3，由节点 3 的下一条出边到节点 4，dfn[4]=low[4]=5，节点 4 入栈，此时由栈底到栈顶值为 1 3 4。节点 4 有两条出边：(4, 1) 是后向边，节点 1 已经被访问，而且在栈中，所以 low[4]=min(low[4], dfn[1])=1；(4, 6) 是横向边，节点 6 已经被访问，而且已经出栈。返回节点 3，因为 (3, 4) 是树枝边，所以 low[3]=min(low[3], low[4]) =1。

回溯到节点 1，由节点 1 的出边到节点 2，dfn[2]=low[2]=6，节点 2 入栈，此时由栈底到栈顶值为 1 3 4 2。边 (2, 4) 是后向边，4 还在栈中，所以 low[2]=min(low[2], dfn[4])=5。返回节点 1 后，因为 dfn[1]==low[1]=1，栈中节点 1 以及之上节点作为一个强连通分支出栈，所以 {1, 3, 4, 2} 作为一个强连通分支出栈。

至此，Tarjan 算法结束，求出了图中全部三个强连通分支 {6}、{5} 和 {1, 3, 4, 2}。

【11.5.1　Popular Cows】

每头奶牛的梦想就是成为牛群中最受欢迎的奶牛。存在一个有 N（$1 \leqslant N \leqslant 10\,000$）头奶牛的牛群，并给出 M（$1 \leqslant M \leqslant 50\,000$）个形式为 (A, B) 的有序对，表示奶牛 A 认为奶牛 B 受欢迎。这种“认为受欢迎”的关系是可传递的，如果 A 认为 B 受欢迎，B 认为 C 受欢迎，那么 A 也会认为 C 受欢迎，即使在输入中的有序对中没有 (A, C)。请你计算有多少头奶牛被所有其他的奶牛认为是受欢迎的。

输入

第 1 行：两个用空格分隔的整数 N 和 M。

第 2 ～ 1+M 行：两个用空格分隔的整数 A 和 B，表示 A 认为 B 受欢迎。

输出

输出 1 行：一个整数，表示有多少头奶牛被所有其他的奶牛认为是受欢迎的。

样例输入	样例输出
3 3 1 2 2 1 2 3	1

提示

奶牛 3 是唯一一头被所有其他的奶牛认为是受欢迎的奶牛。

试题来源：USACO 2003 Fall

在线测试：POJ 2186

试题解析

用一个有向图 G 来表示本题：每头奶牛表示为一个节点，如果奶牛 A 认为奶牛 B 受欢迎，则从 A 到 B 存在一条弧。

显然，在 G 的一个强连通分支内，每头奶牛都被分支内其他奶牛认为是受欢迎的。将 G 的每一个强连通分支缩为一个节点，则 G 就成为一个有向无环图（DAG）。对于 DAG，必然存在出度为 0 的节点。如果只有 1 个出度为 0 的节点，那么这个点所对应的强连通分支中的奶牛就是被所有其他的奶牛认为是受欢迎的奶牛，要输出这个强连通分量中节点的个数；如果存在两个以上出度为 0 的节点，那么这些节点肯定是不连通的，即所对应的强连通分支中的奶牛彼此不认为对方是受欢迎的，于是此时答案为 0。

参考程序

```
#include<iostream>
using namespace std;
const int MaxN=1e4+5,MaxM=5e4+5;            // 节点（奶牛）数的上限为 MaxN，边数（有序对）的
                                            // 上限为 MaxM
int head[MaxN],ver[MaxM],nxt[MaxM],tot;     // 边表为 ver[]，表长为 tot，其中第 i 条出边的
// 端点为 ver[i]；节点 x 的邻接表首指针为 head[x]（x 的第一条出边的边表序号），后继边指针为 nxt[i]
//（下一条出边的边表序号）
int sta[MaxN], top;                         // 栈为 sta[]，栈顶指针为 top
int co[MaxN], col;                          // 强连通分支序号为 col，节点 i 所在的强连通分支
                                            // 号为 co[i]
int dfn[MaxN], low[MaxN], num;              // 节点 i 的时间戳为 dfn[i]；i 或 i 的子树能够追
// 溯到的最早的祖先点的时间戳为 low[i]；dfs 的搜索次序为 num
int si[MaxN], n, m, de[MaxN];               // 第 k 个连通分支的节点数为 si[k]，缩图后出度为
                                            //de[k]；节点数为 n，边数为 m
void add(int x,int y)                       // 将 y 插入 x 的邻接表中
{
    ver[++tot]=y;                           // 将 y 送入 ver[]，并插入单链表 head[x] 的首部
    nxt[tot]=head[x];
    head[x]=tot;
}
void tarjan(int u)                          // 从 u 出发，通过 Tarjan 算法计算强连通分支
{
    dfn[u]=low[u]=++num;                    // 计算时间戳 num，记入 dfn[u]，并作为 low[u]
                                            // 的初始值
    sta[++top]=u;                           // u 入栈
    for(int i=head[u];i;i=nxt[i])           // 枚举 u 的每条出边 (u, v)
    {
        int v=ver[i];                       // 取第 i 条出边的端点 v
        if(!dfn[v]){                        // 若 v 未被搜索，则 (u, v) 是树枝边，递归 v
            tarjan(v);
            low[u]=min(low[v],low[u]);
        }
        else if(!co[v])                     // 若 v 不属于任何强连通分支，则 (u, v) 是反向边
            low[u]=min(low[u],dfn[v]);
    }
    if(low[u]==dfn[u]){                     // 遍历了 u 所有儿子后，若 low[u] 没有更新，则在
                                            // 栈中节点 u 以及之上节点构成一个强连通分支
        co[u]=++col;                        // 记录节点 u 所在的强连通编号
        ++si[col];                          // 累计第 col 个强连通分支的节点数
        while(sta[top]!=u){                 // 栈中 u 之上的节点数计入第 col 个强连通分支，这
                                            // 些节点所属的强连通分支编号设为 col，并相继出栈
            ++si[col];
            co[sta[top]]=col;
            --top;
        }
        --top;                              // 出栈
    }
}
int main()
{
    scanf("%d%d",&n,&m);                    // 输入节点（奶牛数）和边数（有序对数）
    for(int i=1,x,y;i<=m;i++){              // 依次输入 m 条有向边
        scanf("%d%d",&x,&y);
        add(y,x);                           // 将 x 插入 y 的邻接表中
```

```
    }
    for(int i=1;i<=n;i++){          // 为遍历整个图，对每个未访问的节点进行一次 tarjan 运算
        if(!dfn[i])
            tarjan(i);
}
// 计算每个强连通分支中出度为 0 的节点数：枚举每条出边 (u, v)，若 u 和 v 在不同的强连通分支，则确定
// 是所在强连通分支内入度为 0 的节点
    for(int i=1;i<=n;i++){          // 枚举每条出边 (u, v)
        for(int j=head[i];j;j=nxt[j]){
            if(co[i]!=co[ver[j]])   // 若 u 和 v 在不同的强连通分支，则确定 v 是所在强连通分支
                                    // 内入度为 0 的节点，该强连通分支中出度为 0 的节点数 +1
                de[co[ver[j]]]++;
        }
    }
    int ans=0,u=0;                  // 强连通分支内的节点数 ans 和存在出度为 0 节点的强连通
                                    // 分支数 u 初始化为 0
    for(int i=1;i<=col;i++)         // 搜索每个存在出度为 0 的节点的强连通分支，将该强连通分
                                    // 支的节点数记入 ans，并累计该类强连通分支的个数
        if(!de[i]) ans=si[i],u++;
    if(u==1)                        // 若仅一个强连通分支内有出度为 0 节点，则输出该强连通分
                                    // 支内的节点数；否则输出 0
        printf("%d",ans);
    else printf("0");
    return 0;
}
```

定义 11.5.2（割点）　在无向连通图 G 中，存在节点 x，如果从图中删去节点 x 及其所关联的边之后，G 不连通，则节点 x 被称为 G 的割点。

定义 11.5.3（桥，割边）　在无向连通图 G 中，存在边 e，如果从图中删去 e，G 不连通，则边 e 被称为 G 的桥或割边。

在无向连通图 G 中，有割点不一定有桥；如图 11.5-2 所示，节点 2 是割点，但没有桥。

但如果有桥，则一定存在割点，而且桥一定是割点所关联的边。如图 11.5-3 所示，节点 2 和节点 6 是割点，边 {2, 6} 是桥，也是节点 2 和节点 6 所关联的边。

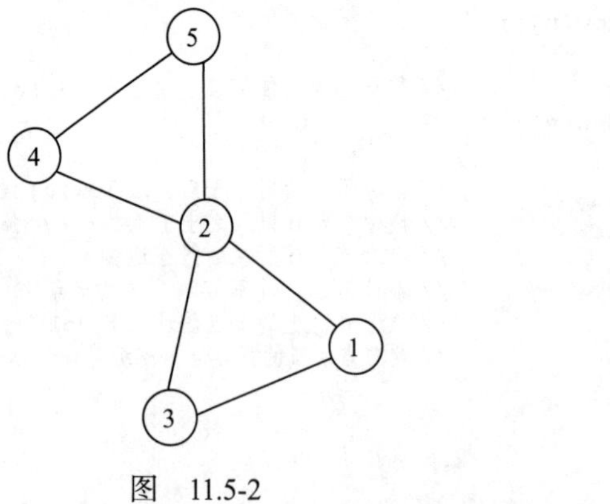

图　11.5-2

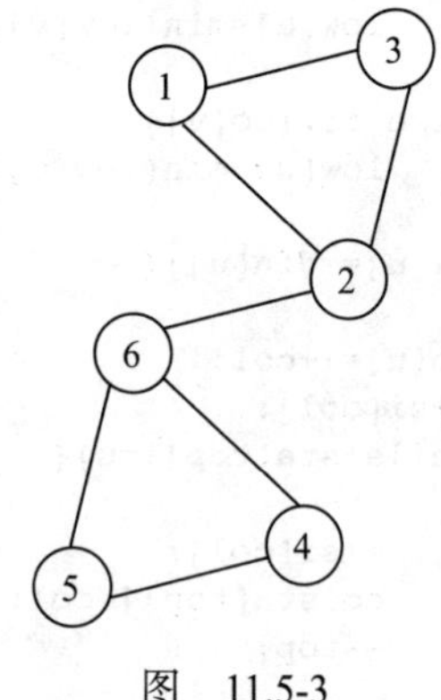

图　11.5-3

可以使用 Tarjan 算法求割点，算法思想如下。

首先，选定一个起始节点，从该节点开始 DFS，遍历整个图。

对于起始节点，判断它是不是割点很简单，计算其孩子的数量，如果有 2 个以上的孩子，它就是割点。因为如果去掉起始节点，图就不连通。

对于非起始节点 u，就用其 dfn 值和它的所有孩子的 low 值进行比较。如果存在树枝边

(*u*, *v*)，如果 low[*v*] ⩾ dfn[*u*]，则节点 *u* 就是一个割点。因为，如果 low[*v*] ⩾ dfn[*u*]，则在节点 *u* 之后遍历的点，通过后向边，最多只能到 *u*，而不能到 *u* 的祖先（如果能到 *u* 的祖先，那就有回路，去掉 *u* 之后，图仍然连通）。

如果一条边 (*u*, *v*) 是桥，当且仅当边 (*u*, *v*) 是树枝边的时候，low[*v*]>dfn[*u*] 成立，也就是说，在节点 *u* 之后遍历的点，不能通过后向边到 *u* 以及 *u* 的祖先。（如果 low[*v*]=dfn[*u*]，节点 *v* 还可以通过其他路径到 *u*，去掉 (*u*, *v*) 之后，图仍然连通。）

Tarjan 算法求割点如下，其中，fa 为当前节点的父亲节点。

```
vector<int>edg[maxn];                       // 存储节点 u 的所有出边的容器为 edg[u]，其中第 i 条
                                            // 出边的另一端点为 edg[u][i]
int dfn[maxn],low[maxn];                    // 节点 i 的时间戳为 dfn[i]，i 或 i 的子树能够追溯到
                                            // 的最早的祖先点的时间戳为 low[i]
int dep=0,child=0;                          // DFS 次序 dep 初始化为 0，根的子树个数 child 初始
                                            // 化为 0
void tarjan(int u,int fa)                   // 从有向边 (fa, u) 出发，递归计算割点和桥
{
    dfn[u]=low[u]=++dep;                    // DFS 的次序值 dep+1；赋予 u 节点的时间戳 dfn[u]
                                            // 和 low[u]
    for(int i=0;i<edg[u].size();i++)        // 枚举 u 的每条出边
    {
        int v=edg[u][i];                    // 第 i 条出边为 (u, v)
        if(dfn[v]==-1)                      // 若 v 首次被访问，则递归树枝边 (u, v)
        {
            tarjan(v,u);
            low[u]=min(low[u],low[v]);
            if(u==root) child++;            // 记录根的儿子数，用于判断根是否为割点
                else if(low[v]>=dfn[u])
                    { 输出割点 u;
                      if (low[v]>dfn[u]) 输出桥 (u,v);
                    }
        }
        else if(v!=fa) low[u]=min(low[u],dfn[v]); //(u, v) 是反向边
    }
}
```

Tarjan 算法求割点的实例 SPF 如下。

【11.5.2　SPF】

考虑图 11.5-4 所示的两个网络。本题设定数据在网络上的传输是在点对点的基础上，仅在直接连接的节点之间进行。在图 11.5-4 左侧所示的网络中，节点 3 的故障会中断一些节点彼此间的通信：节点 1 和节点 2，以及节点 4 和节点 5 之间还可以相互通信；但是任何其他的节点对之间就不可能进行通信。

因此，节点 3 是这一网络的故障单点（Single Point of Failure，SPF）。一个 SPF 节点是一个这样的节点：在一个之前完全连通的网络中，如果该节点故障，就会使得至少一对节点之间无法进行通信。在图 11.5-4 右侧所示的网络中，则没有这样的节点，在网络中没有 SPF 节点，至少要有两台计算机出故障，才会导致有节点之间无法通信。

输入

输入将包含多个网络的描述。一个网络描述由若干对整数组成，每行一对，用于标识连接的节点。整数对的顺序是无关的，1 2 和 2 1 表示相同的连接。节点号的范围从 1 到 1000。包含单个零的一行标识连接节点的列表的结束。空的网络描述标识输入的结束。输入中的空

行被忽略。

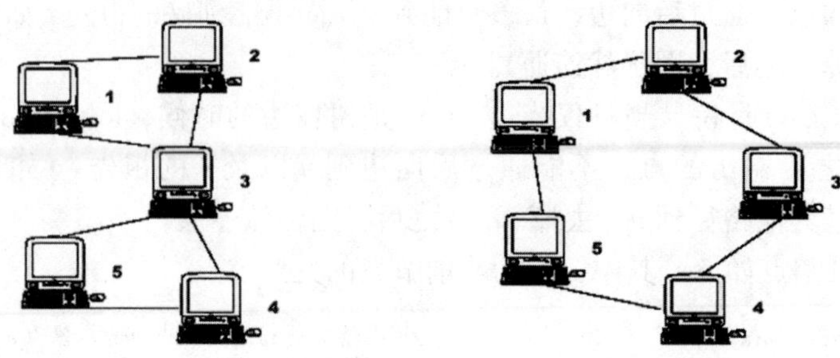

图　11.5-4

输出

对于输入中的每个网络，首先输出其编号，然后是 SPF 节点的列表。

对于输入中的第一个网络先输出“Network #1”，对第二个网络先输出“Network #2”，以此类推。对于每个 SPF 节点，输出一行，其格式如样例输出所示：输出该 SPF 节点，以及在该节点发生故障时产生的连通分支的数量。如果网络没有 SPF 节点，就输出“No SPF nodes”，以取代 SPF 节点的列表。

样例输入	样例输出

1 2
5 4
3 1
3 2
3 4
3 5
0
 	
1 2
2 3
3 4
4 5
5 1
0
 	
1 2
2 3
3 4
4 6
6 3
2 5
5 1
0
 	
0
	Network #1
	  SPF node 3 leaves 2 subnets
	
	Network #2
	  No SPF nodes
	
	Network #3
	  SPF node 2 leaves 2 subnets
	  SPF node 3 leaves 2 subnets

试题来源：ACM Greater New York 2000

在线测试：POJ 1523，UVA 2090

试题解析

本题给出一个无向连通图，要求找出所有的割点，以及删除割点后，可以生成几个连通分支。

因此，本题用 Tarjan 算法求割点。节点 u 是割点的充要条件：

1）节点 u 是具有两个以上子节点的 DFS 搜索树的树根；

2）节点 u 至少有一个子节点 v，使得 low[v] ≥ dfn[u]。

如果存在割点 u，则计算可以生成几个连通分支：

1）如果割点 u 是 DFS 搜索树的树根节点，则割点 u 有几个子节点，就生成几个连通分支；

2）如果割点 u 不是根节点，则有 d 个子节点 v，使得 low[v] ≥ dfn[u]；如果删除割点 u，就生成 d+1 个连通分支。

DFS 搜索树的根节点可以任取。参考程序选择节点 1 作为 DFS 搜索树的根节点。

参考程序

```
#include <iostream>
using namespace std;
typedef long long ll;
const int N = 40900;                      // 节点数的上限
const int M = 1090;                       // 边数的上限
struct Edge{                              // 出边表的元素为结构类型
    int node;                             // 另一端点序号
    Edge*next;                            // 后继指针
}m_edge[N];                               // 出边表
Edge*head[M];                             // head[u] 为 u 的邻接表（存储 u 的所有出边）的首指针
int low[M],dfn[M],Flag[M],Ecnt,cnt;       // 节点 u 的时间戳为 dfn[u]，访问标志为 Flag[u]，
// u 或 u 的子树能够追溯到的最早的祖先点的时间戳为 low[u]；边序号为 Ecnt，dfs 访问次序为 cnt
int subnet[M], son, r;                    // r 为根节点，其子树个数为 son；subnet[u] 记录 u
// 的子节点 v 中 low[v] ≥ dfn[u] 的个数 ，也就是说，若节点 u 发生故障，则产生 subnet[u]+1 个连通分支
void init()                               // 初始化
{
    r = 1;                                // 根节点为 1
    Ecnt = cnt = son = 0;                 // 边序号、dfs 访问次序 cnt 和根的子树个数 son 初始化
    fill( subnet , subnet+M , 0 );        // 每个节点的 subnet[ ]、访问标志 Flag[ ] 和邻接表
                                          // head[ ] 清零
    fill( Flag , Flag+M , 0 );            // 访问标志清零
    fill( head , head+M , (Edge*)0 ); // 清空所有节点的邻接表
}
void mkEdge( int a , int b )              // 将 (a, b) 插入节点 a 的邻接表 head[a] 的首部
{
    m_edge[Ecnt].node = b;
    m_edge[Ecnt].next = head[a];
    head[a] = m_edge+Ecnt++;
}
void tarjan( int u , int father )         // 从边 (father, u) 出发，使用 Tarjan 算法计算割点
{
    Flag[u] = 1;                          // 节点 u 设访问标志
    low[u] = dfn[u] = cnt++;              // DFS 的访问次序 cnt +1，赋予 low[u] 和 dfn[u]
    for( Edge*p = head[u] ; p ; p = p->next ){  // 枚举 u 的每一条出边 (u, v)
        int v = p->node;
        if( !Flag[v] ){                   // 若 v 未访问，则递归树枝边 (u, v)
            tarjan(v,u);
            low[u] = min(low[u],low[v]);  // 调整 low[u]
            if( low[v] >= dfn[u] ){       // 在 u 的儿子满足 low[v] ≥ dfn[u] 的
```

```
            //情况下，若u为分支节点，则累计u的满足这一条件的儿子数；若u为根，则计算根的儿子数
                if( u != r ) subnet[u]++;
                else son++;
            }
        }
        if( Flag[v] && v != father )                //(u, v)是一条后向边且v是u的祖先
            low[u] = min(low[u],dfn[v]);
    }
}
int main()
{
    int n,m,cas = 0;                                // 节点对n和m以及测试用例编号初始化
    while( ~scanf("%d",&n)&&n ){                    // 输入节点对(n, m)，直至输入n为0为止
        scanf("%d",&m);
        init();                                     // 初始化
        int node = 0;                               // node调整为目前为止节点序号的最大值
        node = max(node,max(m,n));
        mkEdge(n,m);                                // 将边(n, m)插入节点n的邻接表
        mkEdge(m,n);                                // 将边(m, n)插入节点m的邻接表
        while(1){                                   // 反复输入节点对(n,m)，直至输入n为0
                                                    // 为止
            scanf("%d",&n);
            if( n == 0 ) break;
            scanf("%d",&m);
            node = max(node,max(m,n));              // node调整为目前为止节点序号的最大值
            mkEdge(m,n);                            // 将边(m, n)插入节点m的邻接表
            mkEdge(n,m);                            // 将边(n, m)插入节点n的邻接表
        }
        tarjan(r,-1);  //从(r, -1)(假设根r的父亲为-1)出发，运用Tarjan算法计算割点
        if( cas != 0 ) printf("\n");                // 若非第一个测试用例，则空一行
        printf("Network #%d\n",++cas);              // 输出测试用例
        if( son >= 2 ) subnet[1] = son-1;           // 若根的儿子数不小于2，则根发生故障后
                                                    // 产生的连通分支数为儿子数
        int flag = 0;                               // 成功标志初始化
        for( int i = 1 ; i <= node ; ++i ){         // 搜索每个节点u，若其儿子v中存在
                                                    //low[v] ≥ dfn[u]的情况，则设成功
                                                    // 标志，输出满足这一条件的儿子数+1
            if( subnet[i] >= 1 ){
                flag = 1;
                printf("  SPF node %d leaves %d subnets\n",i,subnet[i]+1);
            }
        }
        if( !flag ) printf("  No SPF nodes\n"); // 若所有节点均不满足上述条件，则输出
                                                    // 失败信息
    }
    return 0;
}
```

Tarjan 算法求桥的实例如下。

【11.5.3　Caocao's Bridges】

曹操在赤壁之战中被诸葛亮、周瑜打败，但他没有放弃。曹操的军队仍然不擅长水战，所以曹操又想出了一个主意。他在长江上建造了许多岛屿，以这些岛屿为基地，曹操的军队可以轻易地攻击周瑜的军队。曹操还建造了连接这些岛屿的桥梁。如果所有的岛屿都通过桥梁连接起来，那么曹操的军队就可以很方便地部署在这些岛屿上。周瑜无法忍受，他想炸毁曹操的一些桥梁，使一个或多个岛屿与其他岛屿分离。但是周瑜只有一枚炸弹，那是诸葛亮留下的，所以他只能炸毁一座桥梁。周瑜要派士兵带炸弹炸毁桥梁。桥上可能有守卫。炸桥

的士兵人数不能少于桥梁上的守卫人数，否则任务就会失败。请你计算周瑜至少要派多少士兵去完成炸桥任务。

输入

测试用例不超过 12 个。

在每个测试用例中，第一行给出两个整数 N 和 M，表示有 N 个岛屿和 M 座桥梁。岛屿的编号从 1 到 N（$2 \leqslant N \leqslant 1000$，$0<M \leqslant N^2$）。

接下来的 M 行描述 M 座桥梁。每行给出三个整数 U、V 和 W，表示有一座桥梁连接岛屿 U 和岛屿 V，桥上有 W 个守卫（$U \neq V$，并且 $0 \leqslant W \leqslant 10\,000$）。

输入以 N=0 和 M=0 结束。

输出

对于每一个测试用例，输出周瑜要完成任务需要的最少士兵的数目。如果周瑜无法完成任务，就输出 -1。

样例输入	样例输出
3 3 1 2 7 2 3 4 3 1 4 3 2 1 2 7 2 3 4 0 0	-1 4

试题来源：2013 ACM/ICPC Asia Regional Hangzhou Online

在线测试：HDOJ 4738

试题解析

首先，判断图是否连通，如果图不连通，就不需要去炸桥，输出 0；如果图连通，则用 Tarjan 算法找割边；如果割边不存在，则周瑜无法完成任务，就输出 -1；否则，对于找到的所有的割边，只需炸毁其中守卫人数最少的桥梁。

如果桥的守卫人数为 0，也需要派出一个人去炸桥；并且，在使用 Tarjan 算法计算桥梁时，需要剔除重边的情况，即连接两点间的桥只允许是一条边，不允许重边。

参考程序（略。本题参考程序的 PDF 文件和本题的英文原版均可从华章网站下载）

双连通分支又分为点双连通分支和边双连通分支两种，定义如下。

定义 11.5.4（点（边）双连通图，点（边）双连通分支）　*如果在一个连通无向图 G 中删去任意一个节点（一条边），G 还是连通的，即在 G 中不存在割点（桥），则称 G 为点（边）双连通图。一个连通无向图 G 中的每一个极大点（边）双连通子图称为 G 的点（边）双连通分支。*

点双连通图的等价定义（性质）如下：对于点双连通图的任意两条边，存在一条包含这两条边的回路；不存在割点；对于至少 3 个点的图，在任意两点之间有至少两条点不重复的路。

边双连通图的等价定义（性质）如下：对于边双连通图，任意一条边都在一条回路中；不存在桥；在任意两点之间有至少两条边不重复的路。

连接两个边双连通分支的边即是桥。一个割点属于若干个点双连通分支。例如，对于图 11.5-5 给出的图 G：

节点集 {2, 3, 4, 9}、{6, 7, 8}、{1, 2}、{1, 5}、{5, 6} 的生成子图是点双连通分支，{1, 2, 5, 6} 为割点集。

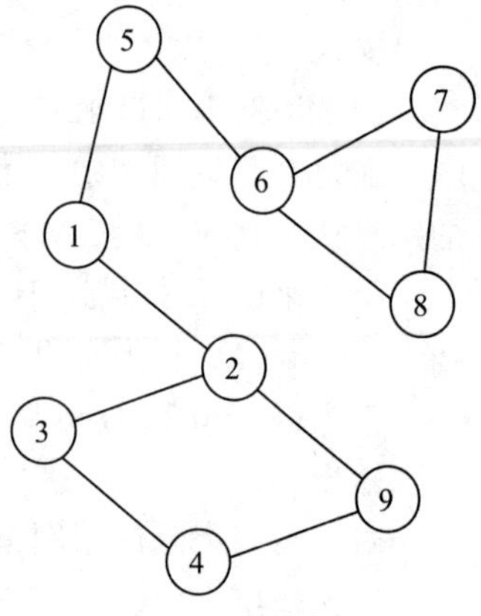

图　11.5-5

Tarjan 算法求点双连通分支的过程如下：

1）从起始点开始，DFS 搜索，将点按照访问顺序入栈；

2）当确定节点 x 是割点，即节点 x 的某个孩子节点 y 满足 low[y] ≥ dfn[x] 时，则将栈中的节点依次弹出，直到栈顶为节点 x；此时，节点 x 和弹出的节点构成的生成子图是一个点双连通分支。这里要注意，节点 x 并不出栈弹出，因为节点 x 可能属于多个点双连通分支。

对于图 11.5-5，Tarjan 算法求点双连通分支的过程如下。

用一个栈存储搜索到的节点。从节点 1 进入，然后先搜索节点 2，再依次搜索节点 3、4、9；由栈底到栈顶存储在栈中的节点为 1、2、3、4、9。

此时，发现节点 2 是割点，存在一个点双连通分支 {2, 3, 4, 9}，则将栈中的节点弹出，不过只弹出节点 3、4、9，因为节点 2 也可能与其他节点又构成一个点双连通分支。

然后，返回到节点 1，在栈中节点为 1、2，节点 1 是割点，存在一个点双连通分支 {1, 2}，弹出节点 2。

再依次搜索节点 5、6、7、8；由栈底到栈顶，存储在栈中节点为 1、5、6、7、8。

此时，先发现节点 6 是割点，存在一个点双连通分支 {6, 7, 8}，从栈中弹出节点 7、8，栈中节点由底到顶为 1、5、6。

再返回到节点 5，发现节点 5 也是割点，{5, 6} 的生成子图是一个点双连通分支；于是，从栈中弹出节点 6。

最后回到节点 1，节点 1 是割点，{1, 5} 构成一个点双连通分支，弹出节点 5。

【11.5.4　Railway】

公园里有一些景点，其中一些景点由道路相连。公园经理要沿着道路建造一些铁道，并且他想安排一些能形成回路的游览线路。如果一条铁道属于多条游览线路，就可能会发生冲突；如果一条铁道不属于任何的游览线路，则不需要建造。

现在我们知道了这一计划，你能告诉我们有多少条铁道不需要建造，又有多少条铁道可能发生冲突吗?

输入

输入由多个测试用例组成。每个测试用例的第一行给出两个整数 n（$0<n \leqslant 10\,000$）和 m（$0 \leqslant m \leqslant 100\,000$），分别是景点的数量和铁道的数量。接下来的 m 行，每行给出两个整数 u 和 v（$0 \leqslant u, v<n$），表示经理计划在沿景点 u 和景点 v 的道路上建造一条铁道。

本题设定没有自环和多重边。

最后一个测试用例之后，给出一行，包含两个零，表示输入结束。

输出

输出不需要建造的铁道的数量，以及可能会发生冲突的铁道的数量。如样例的格式所示。

样例输入	样例输出
8 10 0 1 1 2 2 3 3 0 3 4 4 5 5 6 6 7 7 4 5 7 0 0	1 5

试题来源：The 5th Guangting Cup Central China Invitational Programming Contest

在线测试：HDOJ 3394

试题解析

将公园表示为图：景点为节点，连接景点的道路为边，沿道路建造的铁道要形成回路。所以，不需要建造铁道的道路是桥，不在任何回路中；而可能会发生冲突的铁道的边只能在点双连通分支中。设一个双连通分支有 n 个节点和 m 条边，如果 $n=m$，则该双连通分支是一个回路，其中的边都不是冲突边；如果 $m>n$，则该双连通分支内的所有边都至少在两个以上的回路上，都是冲突边。

所以，不需要建造的铁道的数量，就是桥的数量；可能会发生冲突的铁道的数量，就是边数大于点数的点双连通分支的所有边的数量。

参考程序

```
#include <cstdio>
#include <vector>
#include <stack>
using namespace std;
const int maxn = 10005, maxm = 100005;    // 节点（景点）数的上限为 maxn，边数（道路）的上
                                          // 限为 maxm
int n, m, head[maxn], cnt, low[maxn], dfn[maxn], ans1, ans2, clo;    // 实际节点数为 n，
// 边数为 m；边序号为 cnt；节点 u 的邻接表首指针为 head[u]，low 值为 low[u]，时间戳为 dfn[u]；
//dfs 访问次序为 clo；不需要建造铁道的道路数量为 ans1，可能会发生冲突的铁道数量为 ans2
bool inbcc[maxn];       // 节点 i 在当前点双连通分支中的标志为 inbcc[i]
struct _edge {          // 出边为结构体类型
    int v, next;        // 另一端点序号为 v，后继指针为 next
} g[maxm << 1];         // 存储所有出边的边表为 g[]
stack<int> sta;         // 栈 sta 暂存目前得到的点双连通分支中的节点
vector<int> bcc;        // 容器 bcc 存储当前点双连通分支
inline int iread() {  // 内联函数：输入节点编号的字串，将之转化为整数并返回
    int f = 1, x = 0; char ch = getchar();
    for(; ch < '0' || ch > '9'; ch = getchar()) f = ch == '-' ? -1 : 1;
    for(; ch >= '0' && ch <= '9'; ch = getchar()) x = x * 10 + ch - '0';
    return f * x;
}
inline void add(int u, int v) { // 内联函数：将出边 (u, v) 插入 u 的邻接表 head[u]
    g[cnt] = (_edge) {v, head[u]};
    head[u] = cnt++;
```

```
}
inline void update() {  // 内联函数：计算可能发生冲突的铁道数（当前双连通分支内的边数若大于节
                        // 点数，则这些边作为冲突的铁道计入 ans2）
    for(int i = 1; i <= n; i++) inbcc[i] = 0; // 当前点双连通分支的节点标志序列初始化
    for(int i = 0; i < bcc.size(); i++) inbcc[bcc[i]] = 1;  // 标志双连通分支中的节点
    int tot = 0;                                // 当前点双连通分支的边数初始化
    for(int j = 0; j < bcc.size(); j++)         // 搜索双连通分支中的每条边，累计边数 tot
 for(int i = head[bcc[j]]; ~i; i = g[i].next) if(inbcc[g[i].v]) tot++;
    tot >>= 1;          // 由于每条边被计算了两次，因此双连通分支的实际边数为 tot/2
    if(tot>bcc.size()) ans2 += tot;             // 若当前双连通分支内边数大于节点数，则边
                                                // 数计入 ans2
}
void tarjan(int x, int f) {                     // 从 (f, x) 出发，使用 Tarjan 算法计算双
                                                // 连通分支
    low[x] = dfn[x] = ++clo;                    // 计算 DFS 的访问次序 clo，赋予 dfn[x] 和
                                                //low[x]
    sta.push(x);                                // 将 x 送入 sta 栈
    for(int i = head[x]; ~i; i = g[i].next) {  // 枚举 x 的每条出边 (x, v)
        int v = g[i].v;
        if(v == f) continue;                    // 若该边为 (f, x) 的反向边，则略去
        if(!dfn[v]) {                           // 若 v 未访问，则递归树枝边 (x, v)
            tarjan(v, x);
            low[x] = min(low[x], low[v]);
            if(low[v] > dfn[x]) ans1++;         // 若 (x, v) 为桥，则不需要建造的铁道数量
                                                //ans1+1
            if(low[v] >= dfn[x]) {              // 若 low[v] ≥ dfn[x]，则清空 bcc 容器，
            //sta 栈中 v 以及之上的节点构成一个点双连通分支，这些节点出栈并移入容器 bcc
                bcc.clear();
                while(1) {
                    int u = sta.top(); sta.pop();
                    bcc.push_back(u);
                    if(u == v) break;
                }
                bcc.push_back(x);               // x 送入容器 bcc 中
                update();                       // 根据当前点双连通分支调整冲突的铁路数
            }
        }
        else                                    // 反向边 (x, v)
            low[x] = min(low[x], dfn[v]);
    }
}
int main() {
    while(1) {                                  // 输入无向图信息，构造对应的有向图
        n = iread(); m = iread();               // 输入节点数 n 和边数 m
        if(n == 0 && m == 0) break;             // 若节点数 n 和边数 m 同时为 0，则退出程序
        for(int i = 1; i <= n; i++) low[i] = dfn[i] = 0; head[i] = -1; cnt = 0;
        // 每个节点的 low 值、时间戳和边序号初始化为 0，对应邻接表的首指针设为 -1
        while(m--) {                            // 依次处理每条边的信息
            int u = iread(), v = iread();       // 输入当前边 (u, v)
            u++; v++;                           // 节点编号从 1 开始
            add(u, v); add(v, u);               // 将 (u, v) 加入 u 的邻接表，将 (v, u) 加
                                                // 入 v 的邻接表
        }
        ans1 = ans2 = clo = 0;                  // 不需要建造铁道的边数、可能发生冲突的铁
                                                // 道数和边序号初始化为 0
    for(int i = 1; i <= n; i++) if(!dfn[i]) tarjan(i, 0);  // 递归每个未访问的节点，
    // 累计所在双连通分支中不需建造铁道的道路数和可能发生冲突的铁道数
    printf("%d %d\n", ans1, ans2);              // 分别输出不需建造铁道和可能发生冲突的铁
                                                // 道数
    }
    return 0;
}
```

在一个无向连通图 G 中，不同的边双连通分支之间没有公共边，而且桥不在任何一个边双连通分支中。因此，先用 Tarjan 算法求出 G 中所有的桥；把桥删除后，再对 G 进行 DFS，求出若干个连通分支，每一个连通分支就是一个边双连通分支。

【11.5.5　Redundant Paths】

有 F 个牧场，编号为 $1 \sim F$，其中 $1 \leqslant F \leqslant 5000$。为了从一个牧场到另一个牧场，Bessie 和牧群里其他的奶牛同伴们被迫在结着烂苹果的树下走。现在奶牛们已经厌倦了经常被迫走一条特定的道路，它们想建造一些新的道路，这样它们就可以在任何两个牧场之间选择至少两条不同的路线。现在，在两个牧场之间至少有一条路线，它们希望至少有两条路线。当然，它们只有在从一个牧场去另一个牧场时，才能走上牧场间的道路。

给出一组当前牧场间的道路描述，有 R 条道路，$F-1 \leqslant R \leqslant 10\,000$，每条道路连接两个不同的牧场，请你确定必须建造的新的道路（每条道路连接两个牧场）的最小数目，使得在任何两个牧场之间至少有两条不同的路线。如果两条路线经过的道路没有相同的，那么即使这两条路线中间会经过相同的牧场，也被视为不同的路线。

在同一对牧场之间可能已经有多条道路连接，你还可以在两个牧场之间建造一条新的道路，作为另一条不同的道路。

输入

第 1 行：两个用空格分隔的整数 F 和 R。

第 2 行到第 R+1 行：每行给出两个用空格分隔的整数，表示一条道路所连接的牧场。

输出

输出一行：一个整数，表示要建造的新的道路数。

样例输入	样例输出
7 7 1 2 2 3 3 4 2 5 4 5 5 6 5 7	2

 **提示**

下面是对样例的解释。

道路图示如下：

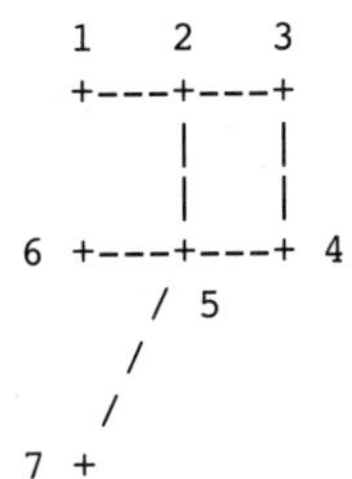

从 1 到 6，以及从 4 到 7 建造新的道路，以满足条件：

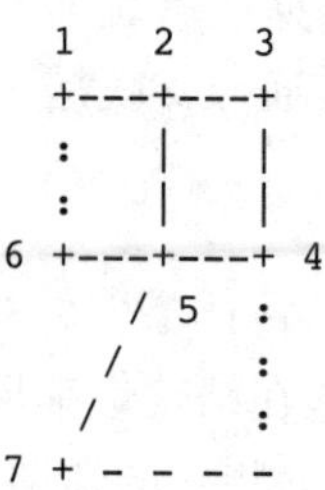

添加其他的道路也有可能解决问题（比如从 6 到 7 的道路）。但是，添加两条道路是最小值。

试题来源：USACO 2006 January Gold

在线测试：POJ 3177

试题解析

本题用图表示，牧场表示为节点，连接牧场的道路表示为边。

本题要求在任意两点之间至少有两条没有公共边的路线，而在一个边双连通分支中，任意两点之间都有至少两条没有公共边的路。因此，本题首先求图的边双连通分支，在每个边双连通分支内的各个牧场之间肯定存在至少两条没有公共边的路线。在求出图中的边双连通分支之后，每个边双连通分支缩为一个节点，则缩点后的图为树；此时，问题转化为在树中至少添加多少条边，能使树变为边双连通图。

添加边数 =（树中的叶节点数 +1）/ 2。具体做法是，每次在两个叶节点之间连一条边，这样就产生一条回路，回路一定是边双连通的，就这样每次处理一对叶节点，如果有奇数个叶节点，则最后一个叶节点任意连接一个节点。这样的次数是（树中的叶节点数 +1）/ 2。

参考程序

```
#include <iostream>
#include <stack>
using namespace std;
int n,m;                    // 节点（农场）数为 n，边（连接两个农场的道路）数为 m
const int MAXN = 1004;      // 节点数的上限
struct Edge{                // 出边为结构类型
    int next,to;            // 端点为 to，后继指针为 next
} edge[MAXN*5];             // 出边序列，其中 edge[i] 存储第 i 条出边
int head[MAXN];             // 节点 v 的邻接表首指针为 head[v]，即 v 的第一条出边的序号
int DFN[MAXN],low[MAXN],belong[MAXN],du[MAXN];  // 节点 u 的 low 值为 low[u]，时间戳为
// DFN[u]，所在的边双连通分支序号为 belong[u]；将边双连通分支缩为节点后，节点 i（双连通分支 i）
// 的出度为 du[i]
int ecnt = 1,ji,ans,cntt ;        // 出边序号 ecnt 初始化为 1，DFS 访问次序为 ji，添加 ans 条
                                  // 边后可使树变为边双连通图，边双连通分支的个数为 cntt
stack<int>s;                      // 堆栈 s，存储目前得到的双连通分支的节点
void add(int u,int v){            // 将 (u, v) 插入 u 的邻接表
    edge[ecnt].to = v;            // 设第 ecnt 条出边的端点为 v
    edge[ecnt].next = head[u];    // 将该出边插至 u 的邻接表的首部
    head[u] = ecnt++;             // 出边的序号 ecnt+1
}
void tarjan(int x,int fa){        // 从有向边 (fa, x) 出发，应用 Tarjan 算法计算边双连通分支
    low[x] = DFN[x] = ++ji;       // 计算 DFS 访问次序，赋予节点 x 的 low 值和时间戳
    s.push(x);                    //x 进入堆栈 s
```

```
    for(int i = head[x]; i; i = edge[i].next){  //枚举x的每一条出边(x, to)
        int to = edge[i].to;
        if(to != fa){                             //在出边(x, to)不与(fa, x)互为反向
                                                  //的前提下
            if(DFN[to] == -1){                    //若to未被访问，则递归树枝边(x, to),
            //调整low[x]; 否则调整反向边(x, to)的low[x]
                tarjan(to,x);
                low[x] = min(low[to],low[x]);
            }else{
                low[x] = min(low[x],DFN[to]);
            }
        }
    }
    if(low[x] > DFN[fa]){    // s栈中x以及之上的节点构成一个边双连通分支
        cntt++;              // 增加一个边双连通分支
        while(1){            // s栈中x以及之上的节点相继出栈，并将这些节点紧缩为节点cntt
            int temp = s.top();
            s.pop();
            belong[temp] = cntt;
            if(temp == x)break;
        }
    }
}
int lian[MAXN][MAXN];        // lian[u][v]=1标志(u, v)已在图中构建
int main(){
    scanf("%d %d",&n,&m);    //输入节点(农场)数和边(连接两个农场的道路)数
    for(int i = 1; i <= n; i++){                  //所有节点的时间戳初始化为-1
        DFN[i] = -1;
    }
    for(int i = 1; i <= m; i++){                  //依次输入每条边的信息，构造对应的有向图
        int u,v;
        scanf("%d %d",&u,&v);                     //输入第i条边(u, v)
        if(lian[u][v] == 1)continue;              //略去重边
        lian[u][v] = lian[v][u] = 1;              //标志(u, v)和(v, u)已在图中
        add(u,v);                                 //(u, v)插入u的邻接表的首部
        add(v,u);                                 //(v, u)插入v的邻接表的首部
    }
    tarjan(1,0);             //从(0, 1)出发，使用Tarjan算法计算边双连通分支
    for(int i = 1; i <= n; i++){                  //计算缩图，枚举每条边(i, to): 若i
    //和to所在的边双连通分支不同，则这两个边双连通分支缩成两个“节点”，每个“节点”的度加1
        for(int j = head[i]; j; j = edge[j].next){
            int to = edge[j].to;
            if(belong[to] != belong[i]){
                du[belong[to]]++;
                du[belong[i]]++;
            }
        }
    }
    for(int i = 1; i <= n; i++){                  //计算缩图后每个节点的度
        du[i] /=2;
    }
    for(int i = 1; i <= n; i++){                  //计算树中度数为1的叶节点数ans
        if(du[i] == 1){
            ans++;
        }
    }
    ans = (ans+1)/2;                              //将叶节点两两互连(添加(ans+1)/2条
                                                  //边)，即可使缩点后的树成为一个强联通图
    cout<<ans<<endl;                              //输出需要建造的新道路数。
}
```

【11.5.6 Knights of the Round Table】

成为一名骑士是非常有吸引力的：寻找圣杯、救助困境中的妇女，以及与其他骑士饮酒都是骑士要做的有趣的事情。因此，近年来，在亚瑟王的王国中，骑士的数量空前增加并不奇怪。现在，有了如此众多的骑士，以至于每个圆桌骑士在同一时间都来到 Camelot，并且围坐在圆桌旁是非常少见的；通常只有一小群骑士围坐在圆桌旁，而其余的骑士则在全国各地忙着他们的英雄事业。

骑士们在喝了几杯酒以后，很容易在讨论中过度兴奋。在经历了几次不幸的事件之后，亚瑟王请著名的巫师 Merlin 确保今后在骑士之间没有决斗发生。在仔细地研究这个问题之后，Merlin 认识到，只有骑士按以下两条规则坐座位，才能防止决斗发生：

1）在骑士围坐圆桌的时候，两个互相仇视的骑士不能坐在一起。Merlin 有一个名单，上面列出了谁恨谁。因为骑士们围坐一个圆桌，因此，每一个骑士都有左右两个邻座。

2）围坐圆桌的骑士的人数应该是奇数。这就保证了如果骑士不能就某项问题达成一致，那么他们就可以通过投票表决来解决问题。如果骑士的人数是偶数，则可能会发生“yes”和“no”票数相同的情况，争执将会继续下去。

只有在这两个规则得到满足的情况下，Merlin 才会让骑士们坐下来，否则他就取消会议。如果只来了一个骑士，那么会议也会被取消，因为一个人不可能围坐一张圆桌。Merlin 意识到，按照规则，就会有骑士无法被安排座位，而这些骑士也将无法参加圆桌会议（这种情况的一个特例是，如果一个骑士恨所有其他的骑士，但还有很多其他可能的原因）。如果骑士不能参加圆桌会议，那么他就不是圆桌骑士的成员，就要被驱逐，这些骑士将要被转为声望较低的骑士，如方桌骑士、八角桌骑士或香蕉形桌骑士。为了帮助 Merlin，请你编写一个程序，确定要被驱逐的骑士的数量。

输入

输入包含若干组测试用例。每组测试用例的第一行给出两个整数 n（$1 \leqslant n \leqslant 1000$）和 m（$1 \leqslant m \leqslant 1\,000\,000$），$n$ 为骑士数，后面 m 行给出在骑士之间谁恨谁。这 m 行的每行包含两个整数 k_1 和 k_2，表示编号为 k_1 和编号为 k_2 的骑士彼此仇恨（编号 k_1 和 k_2 取值在 1 到 n 之间）。

输入以 n=m=0 为结束。

输出

对每组测试用例，在一行输出一个整数：要被驱逐的骑士的数量。

样例输入	样例输出
5 5 1 4 1 5 2 5 3 4 4 5 0 0	2

试题来源：ACM Central Europe 2005

在线测试：POJ 2942，UVA 3523

试题解析

构造出一个“友好图”，将骑士看作节点，能够友好相处的骑士之间用边连接。构造方法是，先将图初始化为完全图，然后在完全图中删除互相仇视的骑士之间的连边。

本题对“友好图”进行块划分，使得图中的每条边都包含在某个子图中，不同的两个子图不含公共边，不同的两个子图最多只有一个公共节点，也就是“友好图”的割点。若划分出的子图包含一个奇回路，则该奇回路相应于一个圆桌，而奇回路上的点为圆桌骑士的成员。最后，统计不在回路中的节点的数目，这些节点是要被驱逐的骑士。

（1）对“友好图”进行划分

设 G 为“友好图”的邻接矩阵，其中 $G[i,j]=\begin{cases}\text{true} & \text{骑士}i\text{与骑士}j\text{友好}\\ \text{false} & \text{骑士}i\text{与骑士}j\text{互相仇视}\end{cases}$。

节点的先序序列和后代所能追溯到的最早（最先被发现）祖先点的先序值序列分别为 pre 和 low，其中节点 i 的先序值为 pre[i]，其后代所能追溯到的最早祖先点的先序值为 low[i]。

st 为栈，栈顶指针为 sp。

r 为“友好图”的块数；ans 存储“友好图”的块，其中第 t 块的所有节点存储于 ans[t][0]…ans[t][k]，ans[t][k+1]=−1（t 块的结尾标志，$1 \leqslant t \leqslant r$）。

我们通过子程序 dfs(c) 计算节点 c 所在图的块 ans，方法如前所述。依次对“友好图”中的未访问点进行一次 DFS 搜索，即可计算出图中所有的块（for (int i = 0; i < N; i++) if (pre[i] == 0)）。

（2）判别当前块是否包含奇回路

如果当前块包含了一条奇回路，即回路中的节点数为奇数，则这条回路相应于一个圆桌。采用 DFS 来判断是否当前块包含了一条奇回路。

设节点的标志为：

$$\text{color}[i]=\begin{cases}0 & \text{节点}i\text{不在当前块中}\\ 1 & \text{节点}i\text{为当前块中的未访问的节点}\\ -2 & \text{节点}i\text{为当前块内第偶数个访问的节点}\\ 2 & \text{节点}i\text{为当前块内第奇数个访问的节点}\end{cases}$$

当前块是否包含奇回路的标志为 flag。

初始时，设当前块 c 没有奇回路（flag = false），块内第一个被访问的节点的 color 值设为 2，块内其他节点的 color 值设为 1：

```
now = 0;
while (ans[c][now] != -1) { color[ans[c][now]] = 1; ++now };
color[ans[c][0]] = 2;
```

然后调用子程序 dfs(−1, ans[c][0], −2)，从 c 块内第一个被访问的节点出发，判断 c 块是否包含奇回路：

```
void dfs(pnt, c, col) { 已访问边 (pnt, c)，与 c 相邻的未访问点的标志为 col. 判断所在块是否包
    含奇回路
        if (flag)                       // 若块包含奇回路，则退出
            return;
        for (int i = 0; i < N; ++i) {   // 搜索 c 的后继节点 i (i 在块内且不同于 pnt 和 c)
            if (G[c][i] && color[i] != 0 && i != pnt && i != c) {
                if (color[i] == 1){     // 若 i 节点在路径外，则设 i 访问标志并从 (c, i) 递归
                                        // 下去
```

```
                    color[i] = col;
                    dfs(c, i, -col);
                } else if (color[i] == color[c]) { //若i节点在路径内且形成奇回路,
                                                    //则设块为奇回路标志并退出
                flag = true;
                return;
            }
        }
    }
}
```

（3）计算 *c* 块内节点是否被驱逐

如果 *c* 块包含奇回路的话，则回路中所有节点都为圆桌骑士的成员。设 ok[*i*] 为节点 *i* 的圆桌骑士标志。我们通过过程 solve(*c*) 计算 c 块内每个节点的 ok 值：

```
static void solve(int c) {
int now = 0;                //c块中节点的color值设1
while (ans[c][now] != -1) {
    color[ans[c][now]] = 1;
    ++now;
}
flag = false;
color[ans[c][0]] = 2;  //设块内首节点已访问
dfs(-1, ans[c][0], -2);// 从块内首节点出发，判断块中是否包含奇回路
now = 0;                //撤去块内节点的color值。若块包含奇回路，则每个节点为圆桌骑士的成员
while (ans[c][now] != -1) {
    color[ans[c][now]] = 0;
    if (flag)
      ok[ans[c][now]] = true;
        ++now;
    }
}
```

（4）主程序

输入信息，构造“友好图”*G*。

计算“友好图”内的所有块（for (*i* = 0; *i* < *N*; *i*++) if (pre[*i*] == 0) dfs(*i*) ）。

计算 *r* 个块中节点的被驱逐状态 (for (int *i* = 0; *i* < *r*; *i*++) solve(*i*))。

计算和输出被驱逐的骑士数 kick= $\sum_{i=0}^{n-1}$ (ok[*i*]==false)。

参考程序（略。本题参考程序的 PDF 文件和本题的英文原版均可从华章网站下载）

11.6　相关题库

【11.6.1　Ordering Tasks】

John 有 *n* 项任务要做。不幸的是，这些任务并不是独立的，有的任务只有在其他一些任务完成以后才能开始做。

输入

输入由几个测试用例组成。每个用例的第一行给出两个整数 *n*（$1 \leqslant n \leqslant 100$）和 *m*。*n* 是任务的数量 (从 1 到 *n* 编号)，*m* 是在两个任务之间直接优先关系的数量。然后是 *m* 行，每行有两个整数 *i* 和 *j*，表示任务 *i* 必须在任务 *j* 之前执行。以 *n*=*m*=0 结束输入。

输出

对每个测试用例，输出一行，给出 n 个整数，表示任务执行的一个可能的顺序。

样例输入	样例输出
5 4 1 2 2 3 1 3 1 5 0 0	1 4 2 5 3

试题来源：GWCF Contest 2（Golden Wedding Contest Festival）

在线测试：UVA 10305

提示

任务作为节点，两个任务之间的直接优先关系作为边：若任务 i 必须在任务 j 之前执行，则对应有向边 $<i-1, j-1>$，这样可将任务间的先后关系转化为一张有向图，使任务执行的一个可能的顺序对应这张有向图的拓扑排序。

设节点的入度序列为 ind[]，其中节点 i 的入度为 ind[i]($0 \leqslant i \leqslant n-1$)。

邻接表为 lis[]，其中节点 i 的所有出边的另一端点存储在 lis[i] 中，lis[i] 为一个 List 容器。

队列 q 存储当前入度为 0 的节点，队首指针为 h，队尾指针为 t。

我们在输入信息的同时构建邻接表 lis[]，计算节点的入度序列为 ind[]，并将所有入度为 0 的节点送入队列 q。

然后依次处理 q 队列中每个入度为 0 的节点：

```
取出队首节点 x;
lis[x] 容器中每个相邻节点的入度 -1，相当于删除 x 的所有出边;
新增入度为 0 的节点入 q 队列;
```

依次类推，直至队列空为止。相继出队的节点 $q[0]\cdots q[n-1]$ 即为一个拓扑序列。

【11.6.2　Spreadsheet】

在 1979 年，Dan Bricklin 和 Bob Frankston 编写了第一个电子制表应用软件 VisiCalc，这一软件获得了巨大的成功，并且在那时成为 Apple II 计算机的重要应用软件。现在电子制表软件是大多数计算机的重要应用软件。

电子制表的思想非常简单，但非常实用。一个电子制表由一个表格组成，每个项不是一个数字就是一个公式。一个公式可以基于其他项的值计算一个表达式。也可以加入文本和图形用于表示。

请编写一个非常简单的电子制表应用程序，输入若干份表格，表格中的每一个项或者是数字（仅为整数），或者是支持求和的公式。在计算了所有公式的值以后，程序输出结果表格，所有的公式都已经被它们的值代替。

输入

输入文件第一行给出测试用例中表格的数目。每个表格的第一行给出用一个空格分开的两个整数，表示表格的列数和行数，然后给出表格，每行表示表格的一行，每行由该行的项组成，每个项用一个空格分开。

一个项或者是一个数字值，或者是一个公式。一个公式由一个等号 (=) 开始，后面是一个或多个用加号 (+) 分开的项的名称，这样公式的值是在相应的项中所有值的总和。这些项也可以是一个公式，在公式中没有空格。

可以设定在这些项之间没有循环依赖，因此每个表格可以是完全可计算的。

每一个项的名字是由 1 到 3 个字母（按列）组成的，后面跟着的数字从 1 到 999(按行）组成。按列的字母构成如下序列：A, B, C, …, Z, AA, AB, AC, …, AZ, BA, …, BZ, CA, …, ZZ, AAA, AAB, …, AAZ, ABA, …, ABZ, ACA, …, ZZZ。这些字母相应于从 1 到 18278 的数字，如图 11.6-1 所示，左上角的项取名为 A1。

A1	B1	C1	D1	E1	F1	…
A2	B2	C2	D2	E2	F2	…
A3	B3	C3	D3	E3	F3	…
A4	B4	C4	D4	E4	F4	…
A5	B5	C5	D5	E5	F5	…
A6	B6	C6	D6	E6	F6	…
…	…	…	…	…	…	…

左上方的项的命名

图 11.6-1

输出

除了表格的数目以及列和行的数目不重复以外，程序输出和输入的格式一样。而且，所有的公式要被它们的值取代。

样例输入	样例输出
1 4 3 10 34 37 =A1+B1+C1 40 17 34 =A2+B2+C2 =A1+A2 =B1+B2 =C1+C2 =D1+D2	10 34 37 81 40 17 34 91 50 51 71 172

试题来源：1995 ACM Southwestern European Regional Contest

在线测试：UVA 196

提示

在表达式中各项的命名格式：字母 A…ZZZ 代表列，数字 1…999 代表行。需要将列字母转化为列序号，将行数串转化为行序号。转化方法为：

1）A 代表 1，……，Z 代表 26，字母序列 $c_k \cdots c_1$ 对应一个 26 进制的列序号 $y=\sum_{i=1}^{k}(c_i-64)\times 26^{i-1}$；

2）数串 $b_p \cdots b_1$ 应一个十进制的行序号 $x=\sum_{i=1}^{p}(b_i-48)\times 10^{i-1}$。

即表达式中的项 $c_k \cdots c_1\ b_p \cdots b_1$ 对应表格位置 (x, y)。

设数值表格为 $w[][]$；表达式项所在位置值为 d，(i, j) 对应位置值 $d=j\times 1000+i$，即 d % 1000 为行号，$\left\lfloor \frac{d}{1000} \right\rfloor$ 为列号。

我们将表格转化为一个有向图：每项为一个节点，数值项与表达式项间的关联关系为有向边。若数值项 (x, y) 对应表达式项 (i, j) 中的某一项，则 (x, y) 连一条有向边至 (i, j)。

设相邻矩阵为 g，其中 $g[x][y]$ 存储与数值项 (x, y) 关联的所有表达式项的位置值；表达式项的入度序列为 ind，即 (i, j) 中的表达式目前含 ind[i][j] 个未知项。显然 ind[i][j]==0，表明 (i, j) 为数值项。

（1）构造有向图

我们边输入表格边构造有向图：若 (i, j) 为数值项，则数值存入 w[i][j]；若 (i, j) 为表达式项，则取出其中的每一项，计算其对应的行号 x 和列号 y，(i, j) 的位置值送入 g[x][y] 邻接表，并累计 (i, j) 的入度（++ ind[i][j]）。

（2）使用删边法计算有向图的拓扑序列

首先将图中所有入度为 0 的节点（数值项）的位置值送入队列 q，然后依次按下述方法处理队列中的每一项。

取出队首节点的位置值，将之转化为 (x, y)。依次取 g[x][y] 中与数值项 (x, y) 相关联的每个表达式项的位置值，转化为表格位置 (tx, ty)，将（x,y）的值计入 (tx, ty) 中的表达式项（w[tx][ty]+=w[x][y]），(tx, ty) 的入度 −1（−−ind[tx][ty]）。若入度减至 0，则 (tx, ty) 的位置值送入 q 队列。

依次类推，直至队列空为止。最后输出数值表格 w。

【11.6.3　Genealogical Tree】

火星人的直系亲属关系系统非常混乱。火星人在不同的群体中群居生活，因此一个火星人可以有一个父母，也可以有十个父母，而且一个火星人有 100 个孩子也不会让人感到奇怪。火星人已经习惯了这样的生活方式，对于他们来说这很正常。

在行星理事会（Planetary Council）中，这样混乱的家谱系统导致了一些尴尬。这些火星人中的杰出人士去参加会议，为了不冒犯长辈，在讨论中总是辈分高的火星人优先发言，然后是辈分低的火星人发言，最后是辈分最低还没有子女的火星人发言。然而，这个秩序的维持确实不是一个简单的任务。一个火星人并不知道他所有的父母（当然也不知道他的所有的祖父母），但如果一个孙子在比他年轻的曾祖父之前发言，这就是一个重大的错误了。

请编写一个程序，对所有的成员定义一个次序，这个次序要保证理事会的每一个成员所在的位置先于他的所有后代。

输入

标准输入的第一行只包含一个整数 N（$1 \leqslant N \leqslant 100$），表示火星理事会（Martian Planetary Council）的成员数。理事会成员的编号从 1 到 N。在后面给出 N 行，而且第 i 行给出第 i 个成员的孩子的列表。孩子的列表是孩子编号按任意次序用空格分开的一个序列，孩子的列表可以为空。列表（即使是空列表）以 0 结束。

输出

标准输出仅给出一行，给出一个编号的序列，编号以空格分开。如果存在几个序列满足这一问题的条件，请输出其中任何一个。这样的序列至少存在一个。

样例输入	样例输出
5 0 4 5 1 0 1 0 5 3 0 3 0	4 5 3 1

试题来源：Ural State University Internal Contest October'2000 Junior Session

在线测试：Ural 1022

提示

将火星人设为节点，父亲与儿子之间连一条有向边。这个有向图的拓扑序列即为所有成员的次序。

我们边输入信息边构造邻接表 g，并统计节点的入度序列 ind（其中 $g[x]$ 存储 x 的所有儿子，ind[x] 为节点 x 的入度值）。

接下来，将所有入度为 0 的节点送入队列 q，然后依次处理队列 q 中的每个节点：取队首节点 x，x 的每个儿子的入度 -1，若减至 0，则该儿子进入队列 q；依次类推，直至队列空为止。

最后输出的拓扑序列即 q 的出队顺序。

【11.6.4　Rare Order】

一个珍稀书籍的收藏家最近发现了用一种陌生的语言写的一本书，这种语言采用和英语一样的字母。这本书有简单的索引，但在索引中条目的次序不同于根据英语字母表给出的字典排序的次序。这位收藏家试图通过索引来确定这个古怪的字母表的字符的次序（即对索引条目组成的序列进行整理），但因为任务冗长而乏味，就放弃了。

请编写程序完成这位收藏家的任务，程序输入一个按特定的序列排序的字符串集合，确定字符的序列是什么。

输入

输入是由大写字母组成的字符串的有序列表，每行一个字符串。每个字符串最多包含 20 个字符。该列表的结束标志是一个单一字符“#”的一行。并不是所有的字母都会被用到，但该列表蕴涵对于被采用的那些字母存在着一个完全的次序。

输出

输出一行大写字母，字母的排序顺序列按输入数据进行整理所给出。

样例输入	样例输出
XWY ZX ZXY ZXW YWWX #	XZYW

试题来源：1990 ACM ICPC World Finals

在线测试：UVA 200

提示

输入字符串的有序列表为 T[]（T 表的长度为 tot），按照下述方法将 T 表转化为有向图的相邻矩阵 v。

每个大写字母为一个节点，节点序号为字母对应的数值（大写字母序列 [A..Z] 映射为数值序列 [1..26]），T 表中同一位置上不同字母代表的节点间连有向边：

```
    for (int i = 0; i < tot; i++)
        for (int j = i + 1; j < tot; j++) {
            len = min(T[i] 的串长 , T[j] 的串长 );
            for (int k=0; k<len; k++)
                if (T[i] 中第 k 个字母 != T[j] 中第 k 个字母 ) {
                    v[T[i] 中第 k 个字母对应的节点序号 ][T[j] 中第 k 个字母对应的节点序号 ]=true;
                    break;
                }
        }
```

计算有向图的拓扑序列，拓扑序列中节点对应的字母即为字母表中字符的次序。计算方法如下。

初始化：置图中所有节点未访问标志，统计节点的入度（若 $v[i][j]$=true，则 inq[i]=inq[j]=true，++ind[j]，$1 \leqslant i, j \leqslant 26$）；将入度为 0 的节点（inq[$i$] && ind[$i$]==0）送入队列 q。

依次处理队列 q 中的节点：取出队首节点 x，x 的所有相邻节点 i 的入度减 1。若减至 0（$v[x][i]$ && --ind[i] == 0），则 i 节点入队。

依次类推，直至队列空为止。此时出队顺序对应的字母即为字母表中字符的次序。

【11.6.5　Basic Wall Maze】

在这个你要解决问题中，有一个非常简单的迷宫，组成如下：

- 一个 6×6 的方格组成的正方形。
- 长度在 1 到 6 的 3 面墙，沿着方格，水平或者垂直放置，以分隔方格。
- 一个开始标志和一个结束标志。

迷宫如图 11.6-2 所示。

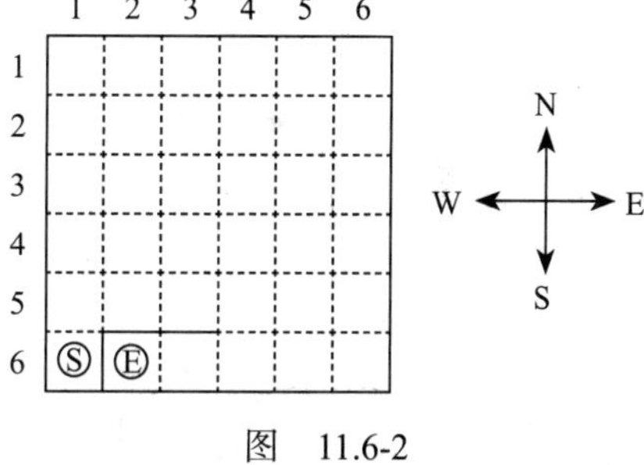

图　11.6-2

你要寻找从开始位置到结束位置的最短路。仅允许在邻接的方格间移动；所谓邻接就是指两个方格有一条公共边，并且它们没有被墙隔开。不允许离开正方形。

输入

输入由几组测试用例组成。每个测试用例由 5 行组成：第一行给出开始位置的列和行的值；第二行给出结束位置的列和行的值；第 3、4、5 行给出 3 面墙的位置。墙的位置或者是先给出左边的位置点，再给出右边的位置点（如果是水平的墙）；或者是先给出上方位置点，然后再给出下方位置点（如果是垂直墙）。墙端点的位置是以点与正方形左边的距离后面跟点与正方形上方位置的距离给出。

输出

3 面墙可以在方格的某一点上相交，但彼此不交叉，墙的端点在方格上。而且，从开始标志到结束标志一定会有合法的路。样例输入说明上图给出的迷宫。

最后一个测试数据后跟着一行，包含两个零。

样例输入	样例输出
1 6 2 6	NEEESWW

（续）

样例输入	样例输出
0 0 1 0 1 5 1 6 1 5 3 5 0 0	

试题来源：Ulm 2006

在线测试：POJ 2935

 提示

由于墙是沿方格线的一条线段，因此不仅要将方格作为节点，而且也要将方格线作为节点，使迷宫扩展为 13 × 13 的矩阵。显然，方格线的坐标值为偶数，通道的坐标值为奇数（如图 11.6-3 所示）。

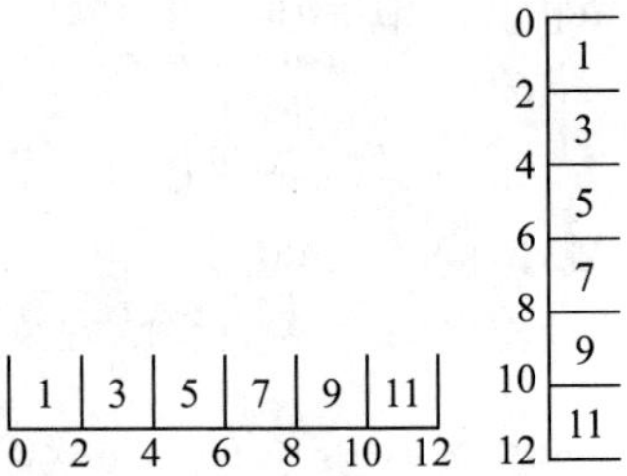

墙所在的节点设访问标志 visit，避免出现“翻墙而过”的情况。显然对四周的边墙：

visit[0][0] = visit[1][0]…visit[12][0] =true

visit[0][0] = visit[0][1]…visit[0][12] =true

visit[0][12] = visit[1][12]…visit[12][12] =true

visit[12][0] = visit[12][1]…visit[12][12] =true

图 11.6-3

对由方格 $(x1, y1)$ 至方格 $(x2, y2)$ 的垂直墙 $(x1==x2)$：

visit[2*x1][2*y1]= visit[2*x1][2*y1+1]=… visit[2*x1][2*y2]=true

对由方格 $(x1, y1)$ 至方格 $(x2, y2)$ 的水平墙 $(y1==y2)$：

visit[2*x1][2*y1]= visit[2*x1+1] [2*y1]=… visit[2*x2][2*y1]=true

入口方格 (sx, sy) 对应节点的坐标为（ sx × 2−1, sy × 2−1 ），出口方格 (ex, ey) 对应节点的坐标为（ex × 2−1, ey × 2−1 ）。

有了上述图，我们便可以使用宽度优先搜索计算起点至各节点的最短路的方向序列，其中队列 Q 存储已访问节点的坐标位置（除墙之外），prev[][] 存储队列中每个节点访问时的移动方向。

既然有了起点至目标节点的最短路的方向序列，我们就可以从目标节点出发，沿 prev[][] 指针的指示追溯目标节点至起始节点的路径：

```
取出当前节点的方向数 d= prev[x][y];
若 x 和 y 为奇数，则 d 对应的方向字符填入路径串 path 首部；
x-=d 方向的水平增量；y-=d 方向的垂直增量；
依次类推，直至（x, y）为起点坐标为止；
最后输出路径串 path；
```

【11.6.6 Firetruck】

中央城消防部门与交通部门协作，一起维护反映城市街道当前状况的地图。在某一天，一些街道由于修补或施工而被封闭。消防队员需要能够选择从消防站到火警地点的不经过被封闭街道的路线。

中央城被划分为互不重叠的消防区域，每个区域设有一个消防站。当火警发生时，中央调度向火警地点所在的消防站发出警报，并向该消防站提供一个从消防站到火警地点的可能路线的列表。请你编写一个程序，中央调度可以使用这个程序产生从区域的消防站到火警地点的路线。

输入

城市的每个消防区域有一个独立的地图，每张地图的街区用小于 21 的正整数标识，消防站总是在编号为 1 的街区。输入给出若干测试用例，每个测试用例表示在不同的区域发生的不同的火警。

测试用例的第一行给出一个整数，表示离火警最近的街区的编号。

后面的若干行每行由空格分开的正整数对组成，表示由未封闭街道连接的相邻的街区（例如，如果在一行给出一对数 4 7，那么在街区 4 和 7 之间的街道未被封闭且在街区 4 和 7 的路段上没有其他街区）。

每个测试用例的最后一行由一对 0 组成。

输出

对于每个测试用例，在输出中用数字来标识（CASE #1，CASE #2，等等），在一行中输出一条路线，按路线中出现的顺序依次输出街区；输出还要给出从消防站到火警地点的所有路线的总数，其中只包括那些不经过重复街区的路线（显而易见，消防部门不希望他们的车子兜圈子）。

不同的测试用例在不同的行上输出。

在样例输入和样例输出中，给出了两个测试用例。

样例输入	样例输出
6 1 2 1 3 3 4 3 5 4 6 5 6 2 3 2 4 0 0 4 2 3 3 4 5 1 1 6 7 8 8 9 2 5 5 7 3 1 1 8 4 6 6 9 0 0	CASE 1: 1 2 3 4 6 1 2 3 5 6 1 2 4 3 5 6 1 2 4 6 1 3 2 4 6 1 3 4 6 1 3 5 6 There are 7 routes from the firestation to streetcorner 6. CASE 2: 1 3 2 5 7 8 9 6 4 1 3 4 1 5 2 3 4 1 5 7 8 9 6 4 1 6 4 1 6 9 8 7 5 2 3 4 1 8 7 5 2 3 4 1 8 9 6 4 There are 8 routes from the firestation to streetcorner 4.

试题来源：1991 ACM World Finals

在线测试：UVA 208

提示

我们将街区作为节点，未封闭街道连接的相邻街区间连边，构造一个无向图。路线的起点为节点 1（即消防站所在的街区 1），终点为离火警最近的街区编号 en。试题要求计算这样的路线有多少条以及所有的路线方案。

显然，可以用回溯法计算所有可能的路线。但需要注意的是，在扩展路线时，新节点 *y* 不仅要满足与路线尾节点 *x* 相邻和未访问的约束条件，还要满足 *y* 是否与终点 en 连通的约束条件，否则消防车无法途径 *y* 到达火警地点。为了提高搜索效率，我们可以预先通过计算传递闭包的 Warshall 算法，计算出节点 2 到节点 *n* 中每个节点与节点 en 的连通性。设传递闭包为 *p*，其中 *p*[*i*][*j*] 为节点 *i* 与节点 *j* 间连通的标志：

```
p 初始化为相邻矩阵 ;
for (int i=1; i<=n; i++) p[i][i]=1;                              // 设定对角线元素
for (int k=2; k<=n; k++)                                          // 枚举路径的中间节点 k
for (int i=2; i<=n; i++)                                          // 枚举路径的起点 i
    if (p[i][k]) for (int j=2; j<=n; j++) p[i][j]|=p[k][j]; // 枚举路径的终点 j,
    // 确定 i 可否途径 k 到达 j
for (int i=2; i<=n; i++) if (!p[i][en]) cut[i]=1;    // 记录节点 i 与终点 en 不连通
```

这样，我们就可以将 cut[*y*] 作为关键的剪枝条件，即新节点 *y* 必须同时满足条件（相邻于路线尾节点 *x*）&&（*y* 未访问）&&(!cut[*y*])，方可添入路线中。

【11.6.7 Dungeon Master】

你正身陷一个三维的地牢中，需要找到最快的路径离开。地牢由立方体单元组成，这些单元或者是岩石，或者不是岩石。你可以用一分钟的时间向东、向西、向南、向北、向上或者向下，走到下一个单元中。你不能走对角线，迷宫的周围是坚硬的岩石。

你可能逃离地牢吗？如果可能，要多长时间？

输入

输入由许多地牢组成。每个地牢的描述的第一行是 3 个整数 *L*、*R* 和 *C*（大小限制在 30 以内）。*L* 表示地牢的层数。*R* 和 *C* 表示地牢的行和列。

后面跟着 *L* 块，每块包含 *R* 行，每行包含 *C* 个字符，每个字符表示地牢的一个单元。一个单元如果由岩石构成，用“#”表示；空的单元用“.”表示；你所在的起始位置用“S”表示；出口用“E”表示。每层地牢后跟一空行。输入以为 *L*、*R* 和 *C* 赋 0 结束。

输出

每个迷宫产生一行输出，如果可以到达出口，则输出形式为“Escaped in *x* minute(s).”。其中 *x* 是逃离的最短时间。如果不可能逃离，则输出“Trapped!”。

样例输入	样例输出
3 4 5 S.... .###. .##.. ###.#	Escaped in 11 minute(s). Trapped!

（续）

样例输入	样例输出
##### ##### ##.## ##... ##### ##### #.### ####E 1 3 3 S## #E# ### 0 0 0	Escaped in 11 minute(s). Trapped!

试题来源：Ulm Local 1997

在线测试：POJ 2251

 **提示**

三维地牢是一个长方体，每个单元在向东、向西、向南、向北、向上和向下 6 个方向上存在可能的相邻单元，其中某些单元为障碍物。我们将每个单元作为节点，相邻单元间连边，构建一个无向图。试题要求从起点 (sx, sy, sz) 出发，判断可否沿无障碍单元行走至出口 (ex, ey, ez)。如果可以，则计算其中的最短路。

显然可采用回溯法计算，设 $d[x][y][z]$ 为起点单元至 (x, y, z) 单元的最短路长。初始时，每个单元的 d 值设一个较大值 100。

递归函数为 dfs(x, y, z, k)，当前单元为 (x, y, z)，准备扩展最短路的第 k 个节点。计算过程如下：

```
dfs( x, y, z, k) {
   d[x][y][z]=k;
   if ((x, y, z) 为终点 (ex, ey, ez)) return;
   if (|x-ex|+|y-ey|+|z-ez| ≥ d[ex][ey][ez]) return;   // 重要剪枝：若当前点与终点的曼哈
                                                        // 顿距离过长则跳出
   分析 (x, y, z) 的 6 个方向上的相邻格，分情形递归：
      若当前方向的相邻格 (x', y' , z') 满足如下条件：
        ((x', y' , z') 在界内 )&&(k+1<d[x'][y'][z']) &&((x', y', z') 无障碍 )
      则递归 dfs(x', y' , z', k+1);
}
```

显然，通过递归调用 dfs(sx, sy, sz, 0)，便可计算出起点 (sx, sy, sz) 至每个节点的最短路长。若 d[ex][ey][ez] ≥ 1 600 000 000，则表明多次搜索亦未找到出口，应宣布不可能逃离；否则 d[ex][ey][ez] 即为逃离的最短时间。

【11.6.8　A Knight's Journey】

骑士对于一再看黑白方块非常厌烦，决定周游世界。只要骑士移动，他在一个方向上移动两个方块，并在垂直的方向上移动一个方块。骑士的世界就是他所生活的棋盘。我们的骑士生活的棋盘小于 8×8，但仍然是一个矩形（如图 11.6-4 所示）。你能帮助这个冒险的骑士制订旅行计划吗？

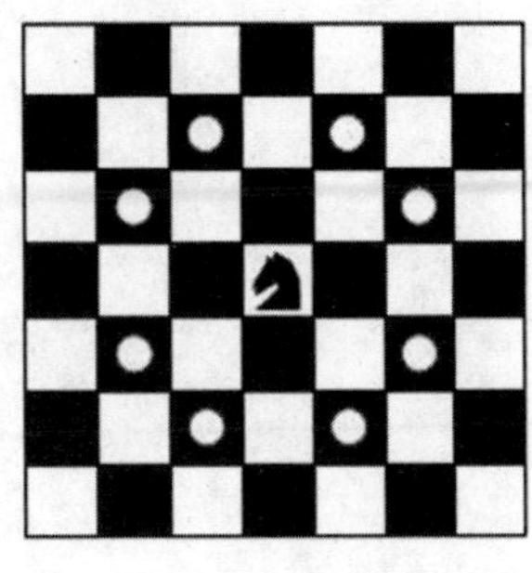

图　11.6-4

问题

寻找一条路径，使骑士能够访问每个方块一次。骑士可以在棋盘的任何一个方块开始和结束。

输入

输入的第一行是一个正整数 n，后面的行包含 n 个测试用例，每个测试用例包含两个正整数 p 和 q，使得 $1 \leqslant p \times q \leqslant 26$，这表示一个 $p \times q$ 棋盘，其中 p 表示有多少个方块的编号 1, …, p 存在，q 表示有多少个方块的字母编号存在，前 q 个拉丁字母是 A, … 。

输出

对于每个测试用例，输出第一行是"Scenario #*i*:"，其中 *i* 是测试用例编号，从 1 开始编号。然后输出一行，给出移动骑士访问棋盘所有方块的路径。这条路径由访问的方块组成，每个方块由大写字母和一个数字构成。

如果没有这样的路径存在，就要在这一行输出"impossible"。

样例输入	样例输出
3 1 1 2 3 4 3	Scenario #1: A1 Scenario #2: impossible Scenario #3: A1B3C1A2B4C2A3B1C3A4B2C4

试题来源：TUD Programming Contest 2005, Darmstadt, Germany

在线测试：POJ 2488

提示

显然，本题可采用回溯法计算遍访所有方格的访问路径。

设 $v[x][y]$ 为到达 (x, y) 的步数；递归函数为 dfs(x, y, step)，即路径上第 step 步走入 (x, y)，从这一状态出发，计算遍访所有方格的可行性。计算过程如下：

- step 置入 $v[x][y]$；
- 若遍访了所有方格（step==$n \times m$），则设成功标志，输出访问路径后退出程序；
- 否则枚举 (x, y) 的 8 个方向的相邻格 (x', y')：若 (x', y') 在界内且未访问（$v[x'][y']$==0），则递归 dfs(x', y', step+1)。

在主程序中，枚举所有可能的出发位置 (i, j)($1 \leqslant i \leqslant p$，$1 \leqslant j \leqslant q$)，一旦调用了 dfs($i$, j, 1) 后发现从 (i, j) 出发可遍访所有方格，则在输出访问路径后退出程序；若调用了 $p \times q$ 次 dfs(i, j, 1) 后仍未找到访问路径，则输出失败信息。

需要注意的是，为了保证输出字典序最小的访问路径，8 个方向的增量数组 dx[] 和垂直增量数组按照 dy[] 递增的顺序排列，即：

```
int dx[ ]={-1,1,-2,2,-2,2,-1,1};
int dy[ ]={-2,-2,-1,-1,1,1,2,2};
```

【11.6.9 Children of the Candy Corn】

玉米田迷宫是一种流行的万圣节快乐活动。访问者在进入入口之后，要通过面对僵尸、挥舞着电锯的精神病患者、嬉皮士以及其他恐怖手段的迷宫，最后找到出口。

有一种保证游客最终找到出口的流行的迷宫行走策略，只要选择是沿着左面的墙或者右面的墙，并一直走下去。当然，不能保证向左或者向右哪一个策略会更好，而且所走的路径很少是最有效的。（如果出口不是在边缘上，这一策略就不起作用，但这一类迷宫不是本题所论述的。）

作为一个玉米田迷宫的所有者，你想通过一个计算机程序确定除最短路径之外的向左和向右路径，使你可以计算出哪一种布局有最好的惊吓访问者的机会。

输入

问题输入的第一行给出整数 n，表示迷宫的数量。每个迷宫的第一行给出宽度 w 和高度 h（$3 \leqslant w, h \leqslant 40$），后面的 h 行，每行有 w 个字符，每个表示迷宫的布局。墙用散列标记“#”表示，空区域用“.”表示，开始用“S”表示，出口用“E”表示。

在每个迷宫中仅有一个“S”和一个“E”，它们位于迷宫的边墙，不在墙角。迷宫的四面是墙（“#”），还有“S”和“E”。“S”和“E”之间至少有一个“#”将它们分开。

从起点到终点是可达的。

输出

对于输入的每个迷宫，输出一行，按序给出沿靠左行走、靠右行走、最短路径行走一个人经过的方块（不一定是唯一的）的数量（包括“S”和“E”），用空格分开。从一个方块到另一个方块的移动仅允许水平和垂直方向，不允许对角线方向移动。

样例输入	样例输出
2 8 8 ######## #......# #.####.# #.####.# #.####.# #.####.# #...#..# #S#E#### 9 5 ######### #.#.#.#.# S.......E #.#.#.#.# #########	37 5 5 17 17 9

试题来源：ACM South Central USA 2006

在线测试：POJ 3083

提示

试题的难度是怎样计算游客沿左面墙或者右面墙一直走下去的路线。设方向 1…方向 4 如图 11.6-5 所示。

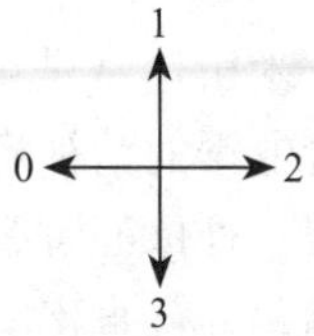

方向 t 逆时针转 90° 后的方向为 $t_1=(t+3)\%4$，顺时针转 90° 后的方向为 $t_2=(t+1)\%4$。

1
0　2
3

图　11.6-5

我们设计一个递归函数 dfs_left(x, y, t)，从游客沿 t 方向走入 (x, y) 的状态出发，计算沿左面墙走至出口的步数 step：

```
dfs_left(x, y, t){
    若(x, y)为边墙(x,y在界外)或内墙((x, y)为'#')，则返回2;
    步数step +1;
    若(x, y)为出口，则返回1;
    成功标志flag初始化为0;
    计算t逆时针转90° 后的方向 tt=(t+3)%4;
    for (int i=0; i<3; i++){        //tt顺时针转90° 4次
        计算dfs_left(x', y', tt)的返回值r((x', y')为(x, y)的tt方向的相邻格);
        若找到出口 (r==1)，则设成功标志(flag=1)并退出for循环;
        否则，若找不到出口(r==0)，则步数step +1; tt再顺时针转90° (tt=(tt+1)%4)
    }
    返回成功标志flag;
}
```

同样，可以采用类似方法计算游客沿右面墙走至出口的步数 step（递归函数为 dfs_right(x, y, t)），只不过是将 t 逆时针旋转 90° 改为顺时针旋转 90°，将 tt 顺时针旋转 90° 改为逆时针旋转 90°。

至于计算游客行走的最短路则比较简单。设 $d[x][y]$ 为游客从入口走至 (x, y) 的最短路长，简称 (x, y) 的距离值；递归函数为 dfs(x, y, k)，从游客第 k 步走至 (x, y) 的状态出发，计算最短路长 step：

```
dfs( x, y, k){
    若(x, y)为边墙或内墙，或者其距离值不大于k(k ≥ d[x][y])，则退出程序;
    设定(x, y)的距离值d[x][y] =k;
    若(x, y)为出口，则设定最短路长step为k并退出程序;
    枚举(x, y)四个方向的相邻格(x', y')，递归dfs(x', y', k+1);
}
```

在主程序中，我们对入口 (x_s, y_s) 的四个相邻格中非边墙或内墙的方块分别执行一次 dfs_left(x_s, y_s, t)，即可统计出人靠左行走经过的方块数；用同样的方法也可统计出人靠右行走经过的方块数；至于计算人走最短路经过的方块数，只要执行一次 dfs (x_s, y_s, 1) 即可。

【11.6.10　Curling 2.0】

在行星 MM-21 上，奥运会之后，冰壶（冰上溜石游戏）变得非常流行，但他们的规则和我们的有些不同，这一游戏是在一个用正方形方格划分的冰棋盘上进行的。他们只用一块石头。这一游戏的目标是将石头从开始位置用最少的移动次数移到目标位置。

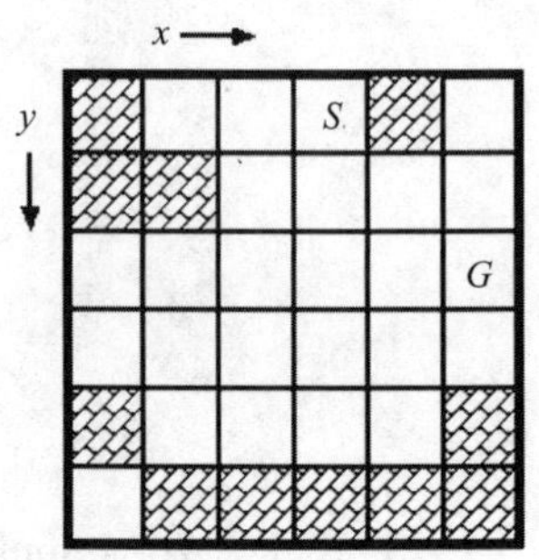

实例（S: 开始位置, G: 目标位置）

图　11.6-6

图 11.6-6 给出了一个游戏的实例。一些正方形方格被阻塞

了，存在两个特别的方格，即开始位置和目标位置，这两个方格不会被阻塞（这两个方格不会在同一位置）。一旦石头开始移动，它就会一直向前，直到撞上一块阻塞物。为了使石头移到目标位置，在石头停止在阻塞物前的时候，你要再次推动它。

石头的移动遵循以下规则：在开始的时候，石头在开始位置；石头的移动受限于 x 轴、y 轴方向，禁止沿对角线移动；当石头停滞的时候，你可以推动它让它移动。只要它没有没阻塞，你可以向任何方向推动它（如图 11.6-7a 所示）。

一旦推动了石头，石头就向前走同样的方向，直到出现下列情况之一：

1）石头遇上了阻塞（如图 11.6-7b、11.6-7c 所示）。

- 石头停在阻塞方块前。
- 阻塞物消失。

2）石头走出了棋盘。游戏结束，失败。

3）石头到达到了目标方格。石头停止那里，游戏成功结束。

在游戏中，你不能推动石头 10 次以上。如果在 10 次以内石头没有到达目标位置，游戏结束，失败。

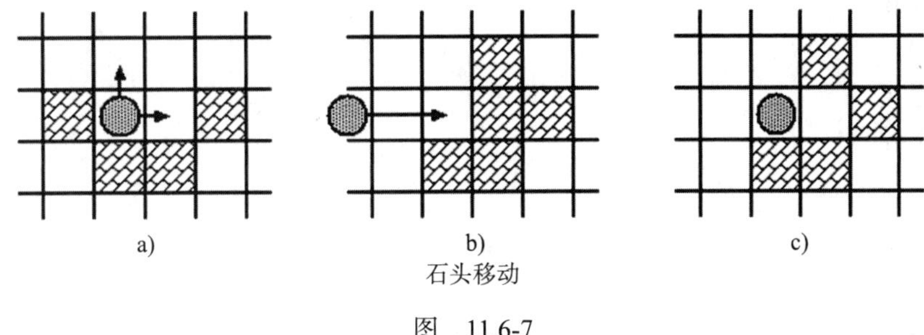

石头移动

图　11.6-7

根据这一规则，我们想知道是否在开始位置的石头可以到达到目标位置，如果可以到达，就要给出最低的推动次数。

实例如图 11.6-6 所示，将石头从开始位置移动到目标位置要推动石头 4 次，石头运动的路线如图 11.6-8a 所示。请注意当石头到达目标位置的时候，棋盘图结构变化如图 11.6-8b 所示。

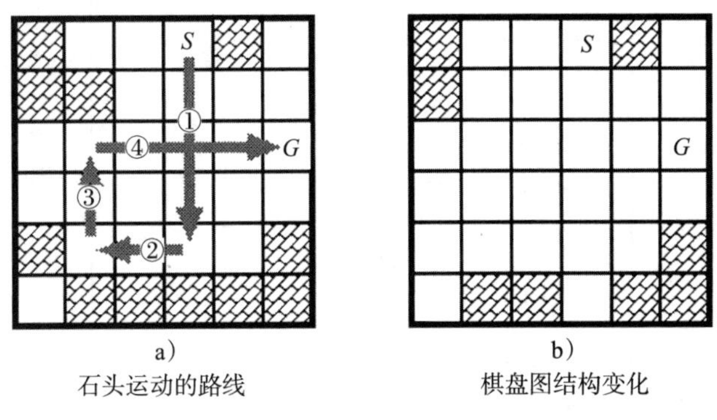

a）石头运动的路线　　b）棋盘图结构变化

图　11.6-8

输入

输入是一个数据集合的序列，输入结束是包含用空格分开的两个零的一行。数据集合的数目从未超过 100。

每个数据集合的格式如下：

- 冰棋盘的宽度和高度 h
- 冰棋盘的第 1 行
- ……
- 冰棋盘的第 h 行

冰棋盘的宽度和高度满足：$2 \leqslant w \leqslant 20$，$1 \leqslant h \leqslant 20$。

每行包含 w 个用空格分开的十进制数。这一数字描述相应的方块的状态。

- 0——空方块
- 1——阻塞
- 2——开始位置
- 3——目标位置

图 11.6-6 的数据集合如下：

6 6
1 0 0 2 1 0
1 1 0 0 0 0
0 0 0 0 0 3
0 0 0 0 0 0
1 0 0 0 0 1
0 1 1 1 1 1

输出

对于每个数据集合，打印一行，给出一个十进制整数，表示从开始位置到目标位置的路线的移动的最少次数。如果没有这样的路线，输出 -1。除了这个数字之外，输出行没有其他的任何字符。

样例输入	样例输出
2 1 3 2 6 6 1 0 0 2 1 0 1 1 0 0 0 0 0 0 0 0 0 3 0 0 0 0 0 0 1 0 0 0 0 1 0 1 1 1 1 1 6 1 1 1 2 1 1 3 6 1 1 0 2 1 1 3 12 1 2 0 1 1 1 1 1 1 1 1 1 3 13 1 2 0 1 1 1 1 1 1 1 1 1 1 3 0 0	1 4 -1 4 10 -1

试题来源：Japan 2006 Domestic

在线测试：POJ 3009

提示

设 ans 为从开始位置到目标位置的最少移动次数，初始值为 11。我们通过递归函数 dfs(x, y, k) 计算 ans，其中参数的意义是第 k 步行至 (x, y)。计算过程如下：

```
dfs( x, y, k){
    若移动次数不小于上限或者最少移动次数 (k>=10|| k>=ans)，则退出程序；
    枚举 (x, y) 的 4 个方向上的相邻格 (x', y')：
    { 若 (x', y') 为非同行或非同列上的阻塞，则去除； 从 (x', y') 递归下去 (dfs(x', y',k+1))；
    恢复递归前相邻格的阻塞状态；
        否则若 (x', y') 为目标位置 ，则更新答案 (ans=min{ans, k+1}) 并退出程序；
    }
}
```

我们从开始位置 (x_s, y_s) 出发，递归调用 dfs(x_s, y_s, 0)。若得出的 ans 仍为初始值 11，则说明无解；否则 ans 即为最少移动次数。

【11.6.11　Shredding Company】

你负责为碎纸机公司开发一种新的碎纸机。一台"一般"的碎纸机仅仅将纸张切成小碎片，使其内容不可读，而这种新的碎纸机需要有以下不同寻常的基本特性。

1）碎纸机要以一个目标数作为输入，并在要粉碎的那一张纸上写有一个数字。

2）碎纸机将纸张粉碎（或切割）成碎片，每张碎片上都有这个数字的一位或若干位。

3）每张碎片上数字的总和要尽可能地接近目标数，但不能超过目标数。

例如，假设目标数为 50，而纸张上的数字为 12346。碎纸机将纸张切碎成四张，第一张碎片上是 1，第二张上是 2，第三张上是 34，第四张是 6。它们的总和是 43（= 1+ 2+ 34+ 6），是所有可能的组合中最接近目标数 50 但不超过 50 的（如图 11.6-9 所示）。例如，组合 1、23、4 和 6 则不成立，因为这个组合的总和是 34（=1 +23 +4+ 6），小于上一个组合的总和 43。组合 12、34 和 6 也不成立，因为 52 (= 12 + 34 + 6) 大于目标数 50。

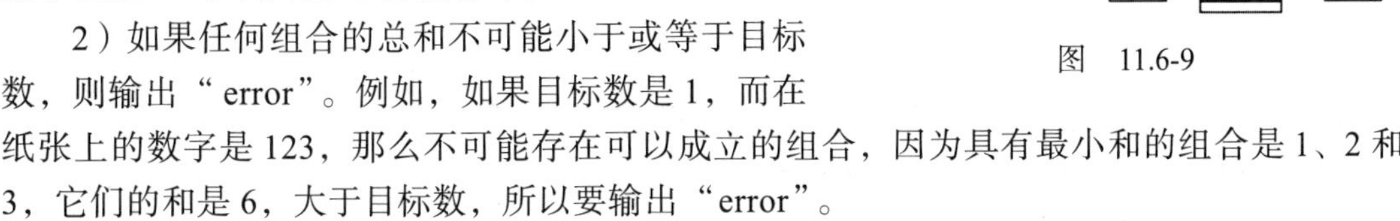

图　11.6-9

此外，还有 3 条特定的规则：

1）如果目标数和纸张上的数字相同，则这张纸就不要粉碎。例如，如果目标数是 100，而纸张上的数字也是 100，则纸张不会被粉碎。

2）如果任何组合的总和不可能小于或等于目标数，则输出"error"。例如，如果目标数是 1，而在纸张上的数字是 123，那么不可能存在可以成立的组合，因为具有最小和的组合是 1、2 和 3，它们的和是 6，大于目标数，所以要输出"error"。

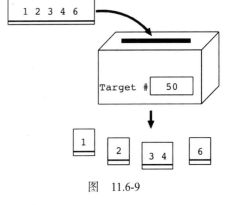

3）如果有多于一个总和最接近但没有超过目标数的组合，输出"rejected"。例如，如果目标数是 15，在纸张上的数字是 111，则有两个最高是 12 的组合，即 1 和 11、11 和 1，所以输出"rejected"。为了开发这样的碎纸机，请你编写一个小程序来模拟上述的特性和规则。给出两个数，第一个数是目标数，第二个数是写在要被粉碎的纸张上的数，程序要计算

出碎纸机如何“切割”第二个数。

输入

输入由若干测试用例组成，每个测试用例一行，形式如下：

t_1 num_1

t_2 num_2

…

t_n num_n

0 0

每个测试用例由两个正整数组成，用一个空格分开：第一个整数（上面标识为 t_i）是目标数；第二个整数（上面标识为 num_i）是要粉碎的纸张上的数字。

两个数不能将 0 作为第一位，例如 123 可以，但 0123 则不可以。可以设定两个整数长度最多 6 位。以一行中给出两个 0 作为输入结束。

输出

对于输入中的每个测试用例，相应输出为下述 3 种类型之一：

- sum $part_1$ $part_2$ …
- rejected
- error

在第一种类型中，$part_j$ 和 sum 的含义如下：

1）每个 $part_j$ 是一个在一张碎纸片上的一个数。$part_j$ 的次序相应于在纸张上原来的数字的次序。

2）sum 是纸张被粉碎后数字和，即 sum=$part_1$+$part_2$+…。

每个数字用一个空格分开。

如果不可能产生组合，输出“error”。如果存在一个以上的组合，输出“rejected”。

在每行的开始和结束没有其他的字符，包括空格。

样例输入	样例输出
50 12346 376 144139 927438 927438 18 3312 9 3142 25 1299 111 33333 103 862150 6 1104 0 0	43 1 2 34 6 283 144 139 927438 927438 18 3 3 12 error 21 1 2 9 9 rejected 103 86 2 15 0 rejected

试题来源：ACM Japan 2002 Kanazawa

在线测试：POJ 1416，ZOJ 1694，UVA 2570

 **提示**

设目标数为 limit，纸张上的数字为 n，目前所有碎纸片上的最佳数字和为 Max。试题要求将 n 按位的顺序拆分成若干个数，使其数字和 Max 为不超过 limit 的最大数，并判断出数

字和为 Max 的拆分方案数 r 是 1 还是大于 1，或者是根本无法拆分（r=0）。

那么，怎样求最佳数字和 Max 呢？

我们从 n 的最低位开始由右而左拆分，若当前拆分出 i 位数，则 $n\%10^i$ 为当前碎纸片上的数字，剩余数字 $\left\lfloor \frac{n}{10^i} \right\rfloor$ 待拆分。拆分有两种情况：

1）不断开情况：当前碎纸片上的数字需继续向左扩展。

2）断开情况：拆分出当前碎纸片上的数字。

显然，我们可以采用回溯法分头递归这两种情况。设递归函数为 dfs(n, sum, now, k, p)，其中 n 为待拆分的数字，sum 为已经拆分出的数字和，当前待拆分出的一个数字为 now，准备填入第 k 张碎纸片，p 为下一个十进制位的权。

```
dfs(n, sum, now, k, p){
    if (n==0){// 若拆分完毕，则最后拆分出的数字 now 填入第 k 张纸条，更新答案并回溯
        t[k]=now;
        if (sum+now >limit) return;     // 若拆分出的数字和大于目标数，则退出
        if (sum+now==Max) r++;          // 若拆分出的数字和相同于 Max，则数字和为 Max 的组合
                                        // 个数 +1`
        else if (sum+now >Max){         // 若拆分出的数字和更佳，则调整为 Max
        Max=sum+ now;
        r=1;                            // 数字和为 Max 的组合数为 1
        ansk=k;                         // 已填数的碎纸片数和各张碎纸片数的填数记入最佳方案
        for (int i=1; i<=k; i++) ans[i]=t[i];
        return;                         // 回溯
    }
    int m=n%10;                         // 取待拆分数的个位数
    dfs(n/10, sum, now+p*m, k, p*10); // 递归不断开的情况
    t[k]=now;                           // now 填入第 k 张碎纸片
    dfs(n/10, sum+now, m, k+1, 10);    // 递归断开后的情况
}
```

我们在主程序中初始化最佳数字和与组合数（Max=0; r=0），然后递归调用 dfs(n/10, 0, n%10, 1, 10)。若 r>1，则说明拆分出数字和为 Max 不止 1 个；若 r==1，则 Max 为最佳数字和，拆分出的数字为 ans[ansk]…ans[1]。

【11.6.12 Monitoring the Amazon】

一个由独立的、用电池供电的、用于数据采集的站所组成的网络已经建成，用于监测某地区的气候。发布指令的站将启动指令传输到测控站，使它们改变其当前的参数。为了避免电池过载，每个站（包括发布指令的站）只能传送指令给另外两个站。通常是选择与这个站最近的两个站。如果有多个站符合条件，则首先选择地图上的最西边（左边）的站，其次选择的最南端（在地图的最下方）的站。

你受政府委托编写一个程序，给出每个站的位置，确定信息是否可以传达到所有的站。

输入

输入给出一个整数 N，后面给出 N 对整数 X_i、Y_i，表示每个站的定位坐标。第一对坐标给出发布指令的站的位置，而剩下的 $N-1$ 对是其他站的坐标。给出下述限制：$-20 \leqslant X_i, Y_i \leqslant 20$, 以及 $1 \leqslant N \leqslant 1000$。输入以 N= 0 结束。

输出

对每个给出的表达式，输出一行，指出是否所有的站都可以到达（见样例输出的格式）。

样例输入	样例输出
4 1 0 0 1 -1 0 0 -1 8 1 0 1 1 0 1 -1 1 -1 0 -1 -1 0 -1 1 -1 6 0 3 0 4 1 3 -1 3 -1 -4 -2 -5 0	All stations are reachable. All stations are reachable. There are stations that are unreachable.

试题来源：2004 Federal University of Rio Grande do Norte Classifying Contest - Round 1

在线测试：UVA 10687

提示

设测控站为节点。根据题意（选择与这个站最近的两个站。如果有多个站符合条件，则首先选择地图上的最西边（左边）的站，其次选择的最南端（在地图的最下方）的站），每个节点 k（$0 \leqslant k \leqslant n-1$）的出度为 2（若仅有一个测控站，则出度为 1）。按照下述方法计算节点 k 的出边。

按照与节点 k 的欧氏距离为第 1 关键字、x 坐标为第 2 关键字、y 坐标为第 3 关键字的递增顺序排列坐标序列 w，节点 k 分别向节点 $w[1]$ 和节点 $w[2]$ 连边（若仅有一个测控站，则连边 $(k, w[1])$）。

构造出有向图后，使用回溯法计算节点 1（发布指令的站）可达的节点集合。若该集合囊括了除节点 1 之外的所有节点，则表明信息可以传达到所有的站；否则表明存在未能接受信息的站。

【11.6.13　Graph Connectivity】

考虑一个无向图 $G = <V, E>$，初始时图中无边，请写一程序判断两个不同节点间是否连通。程序还要有插入和删除边的功能。

输入

输入的第一行给出整数 N（$2 \leqslant N \leqslant 1000$），表示图 G 中的节点数。第二行给出指令数 Q（$1 \leqslant Q \leqslant 20\,000$）。后面的 Q 行每行给出一条指令，有三类指令：

1）I u v: 插入边 (u, v)，并保证在执行这一指令时，在节点 u 和 v 之间没有边。

2）D u v: 删除已有的边 (u, v)，并保证在执行这一指令时，在节点 u 和 v 之间存在边。

3）Q u v: 查询指令，在节点 u 和 v 之间是否连通。

节点的编号为 1 到 N。

输出

对每条查询指令输出一行。如果两个节点是连通的，则输出“Y”；否则输出“N”。

样例输入	样例输出
3 7 Q 1 2 I 1 2 I 2 3 Q 1 3	N Y N Y

（续）

样例输入	样例输出
D 1 2 Q 1 3 Q 1 1	

试题来源：POJ Monthly--2006.06.25, Zheng Zhao

在线测试：POJ 2838

提示

由于无向图是动态生成的，因此该图的存储结构采用邻接表为宜。我们按照下述方法依次处理每条命令：

1）若为插边指令 I *x y*：*y* 插入 *x* 的邻接表，*x* 的邻接表长 +1；*x* 插入 *y* 的邻接表，*y* 的邻接表长 +1。

2）若为删边指令 D *x y*：在 *x* 的邻接表中搜索 *y*，用表尾节点覆盖该位置，*x* 的邻接表长度 −1；在 *y* 的邻接表中搜索 *x*，用表尾节点覆盖该位置，*y* 的邻接表长度 −1。

3）若为查询指令 Q *x y*：若 *x*==*y*，则 *x* 和 *y* 之间连通；否则从 *x* 出发，通过 BFS 搜索计算 *x* 的所有可达节点，若 *y* 为可达节点，则节点 *x* 和 *y* 之间连通；否则不连通。

【11.6.14　The Net】

现在考虑 Internet 上的一个令人感兴趣的问题：快速的信息传送已经成为必需。信息传送工作由位于网络节点上的路由器来实现。每个路由器有它自己的一个路由器列表（也被称为“传输表”），给出它可以直接到达的路由器。很明显，信息传送要求经过的路由器最少（也被称为“跳数”）。

对于给出的网络，要求你的程序发现从信息源头到目标节点的最佳路线（最少跳数）。

输入

第一行给出网络中路由器的个数（*n*）。后面的 *n* 行给出网络的描述，每行给出一个路由器 ID，然后是一个连字符，以及用逗号分开的可以直接到达的路由器 ID 列表，这一列表按升序排列。下一行给出信息传送要走的路线数目（*m*），后面连续的 *m* 行每行给出一个路线的起始路由器和终点路由器，起始路由器和终点路由器用一个空格分开。输入数据包含多个网络的描述。

输出

对输入中给出的每个网络，先输出一行 5 个连字符，然后对每条路线，输出信息从起始路由器传送到目的路由器要经过的路由器列表。如果不可能进行信息传送（起始路由器和目的路由器不连通），输出字符串“ connection impossible”。如果存在多条有相同“跳数”的路线，输出 ID 低的路线 (由路由器 1 到 2 的路线是 1 3 2 和 1 4 2，则输出 1 3 2)。

数据范围设定为：网络中路由器的数目不超过 300，并且至少有 2 个路由器。每个路由器最多和 50 个路由器直接相连。

样例输入	样例输出
6 1-2,3,4 2-1,3	----- 1 3 6 1 3 5

（续）

样例输入	样例输出
3-1,2,5,6 4-1,5 5-3,4,6 6-3,5 6 1 6 1 5 2 4 2 5 3 6 2 1 10 1-2 2- 3-4 4-8 5-1 6-2 7-3,9 8-10 9-5,6,7 10-8 3 9 10 5 9 9 2	2 1 4 2 3 5 3 6 2 1 ----- 9 7 3 4 8 10 connection impossible 9 6 2

在线测试：UVA 627

提示

将路由器看作节点，则试题给出的路由器列表实际上是图的邻接表。我们可以使用Floyd-Warshall算法计算任意节点对之间的最短路矩阵dist[][]（最短路矩阵中元素的初始值为∞）。

计算“跳数”实际上就是计算指定节点对x和y之间的一条最短路。有了最短路矩阵dist[][]，计算便变得十分容易。

若dist[x][y]为∞，则路由器x和路由器y不连通；否则路由器x和路由器y连通。我们可按照下述方法计算和输出低ID的信息传送路线。

```
输出路线上的首节点 x;
while (dist[x][y] != 1)   //若 y 非最短路的尾节点
for (int k=1; k≤N; k++)   //按照 ID 递增的顺序搜索最短路上 x 的相邻节点 k
    if (dist[x][k]==1 &&  dist[x][k]+dist[k][y]== dist[x][y]) {
        输出节点 k;
        x=k;               // 继续找最短路上 k 的相邻节点
        break;
    }
输出最短路上的尾节点 y;
```

第 12 章

应用最小生成树算法编程

基于树的定义，一个具有 n 个节点的连通图的生成树是原图的最小连通子集，它包含 n 个节点和 n-1 条边。若在生成树中任意删去一条边，则生成树就变成非连通图；若在生成树中任意增加一条边，则在生成树中就会产生一条回路。对于连通图进行 DFS 或 BFS，可生成形态相异的 DFS 树或 BFS 树；而搜索的出发点不同，生成树的形态亦不同。本章所论述的是在一个带权的无向连通图中寻找边的权和为最小或最大的生成树，这类生成树被称为最小生成树或最大生成树。

最小生成树在求解图论问题或社会生活中，有着广泛的应用。现实生活中的许多问题都可以表示成带权连通图，并可转化为求边的权和最小的生成树的数学模型。例如，已知某乡管辖的村庄都是有路可通的且相邻村庄间公路的长度已知，现在要求求出沿公路架设电线，使各村之间都通电话且所用电线总长度最小的一个方案。显然，架线问题可以转化为一个带权的无向连通图：设村庄为节点，设相邻村庄间的公路为边，边权即为公路长度。由于希望找出一个权值和最小的且连接所有节点的子图，因此这个子图即为图的最小生成树。

计算最小生成树采用的是贪心策略，要保证每次添加的边同时满足下述两个条件：

1）不能形成回路；

2）在保证 1）的前提下添加权尽可能小的边。

这样的边称为安全边。实现贪心策略的算法有两种：

1）Kruskal 算法；

2）Prim 算法。

这两种算法实际上“殊途同归”：“同归”指的是两种算法都采用了扩展安全边的贪心策略；“殊途”指的是两种算法扩展安全边的方式和应用场合各不相同。

本章首先给出生成最小生成树的 Kruskal 算法和 Prim 算法的实验范例；然后，在此基础上，给出生成最大生成树的实验范例。

12.1 Kruskal 算法

给出一个 n 个节点的带权连通图 $G(V, E)$，初始时，由 n 个节点组成 n 棵树的森林。每次从图的边集中选取一条当前权值最小的边，若该条边的两个顶点分属不同的树，则将其加入森林，即把两棵树合成一棵树；若该条边的两个顶点已在同一棵树上，则不取该边。依次类推，直到森林中只有一棵树为止，而这棵树是给出的带权连通图的最小生成树。

设带权连通图的节点数为 n，边数为 m，Kruskal 算法如下。

```
按照边权值递增的顺序排序边集 e;
建立由 n 棵树组成的森林，每棵树包含图的一个节点 ;
最小生成树的权和 ans=0;
for ( int k=1; k ≤ m; k++ )        // 枚举 e 中的 m 条边
    if ( 第 k 条边 (i, j) 的两个端点分属于两棵子树 )
        {  节点 i 所在的子树并入节点 j 所在的子树;
           ans+=(i, j) 的权值 ; }
输出 ans;
```

如果把森林中的每棵树作为一个集合，而树根是所在集合的代表元，则算法中判断两个节点是否同属一棵树，以及合并两棵树的过程变成了并查集运算。

Kruskal 算法执行边排序的时间为 $O(E*\ln E)$，执行 $O(E)$ 次并查集运算所需的总时间约为 $O(E*\ln E)$，此 Kruskal 算法总的运行时间为 $O(E*\ln E)$。所以，Kruskal 算法的效率取决于边数 $|E|$，适用于稀疏图。

【12.1.1 Constructing Roads】

N 个村庄，从 1 到 N 编号，现在请你兴建一些路使得任何两个村庄彼此连通。我们称两个村庄 A 和 B 是连通的，当且仅当在 A 和 B 之间存在一条路，或者存在一个村庄 C，使得 A 和 C 之间有一条路，并且 C 和 B 是连通的。

已知在一些村庄之间已经有了一些路，你的工作是再兴建一些路，使得所有的村庄都是连通的，并且兴建的路的长度是最小的。

输入

第一行是一个整数 N（$3 \leqslant N \leqslant 100$），表示村庄的数目。后面的 N 行，第 i 行包含 N 个整数，这 N 个整数中的第 j 个整数是第 i 个村庄和第 j 个村庄之间的距离，距离值在 [1, 1000] 之间。

然后是一个整数 Q $\left(0\leqslant Q\leqslant\frac{N(N+1)}{2}\right)$。后面给出 Q 行，每行包含两个整数 a 和 b（$1 \leqslant a<b \leqslant N$），表示在村庄 a 和 b 之间已经兴建了路。

输出

输出一行仅有一个整数，表示要使所有的村庄连通要新建道路的长度的最小值。

样例输入	样例输出
3 0 990 692 990 0 179 692 179 0 1 1 2	179

试题来源：PKU Monthly, kicc

在线测试：POJ 2421

试题解析

将村庄以及村庄之间的道路用一个带权无向图表示，其中村庄作为节点，村庄间的道路作为边，设路的长度为边的权值。显然，本题要求在原有的图（已建成的道路）上添加边，使之变成连通图。由于添加的边的数目小于 $N-1$，因此采用 Kruskal 算法比较合适。这里要注意的是，试题要求计算的是所添加边的权和，而非最小生成树的边权和。

设相邻矩阵 p 存储所有边，一维序列 Fa 存储每个节点的父指针，利用父指针可以计算出节点所在子树的根：从节点 i 出发，沿 Fa 指针向上追溯 (Fa[Fa[⋯Fa[i]⋯])，直至 x==Fa[x] 为止，得出 x 为节点 i 所在的树的根，即 Fa[i]=x（$0 \leqslant i \leqslant n-1$）。

计算过程如下。

1）初始化。

输入村庄间的道路情况，构建无向连通图的相邻矩阵 p；N 个节点组成 N 棵生成树（Fa[i]=i，$0 \leqslant i \leqslant n-1$）；读 Q 条已建成的道路 (a, b)，Fa[b]=a（$1 \leqslant a<b \leqslant N$）；所添加边的权和 ans 初始化为 0。

2）计算所添加边的权和 ans。

按照递增顺序枚举边权 k（$1 \leqslant k \leqslant 1000$）：枚举所有边权为 k 且端点 i 和 j 分属两棵子树的边 (i, j)（$p[i][j]==k$ && 节点 i 所在的树的根 $\neq$ 节点 j 所在的树的根，$0 \leqslant i<j \leqslant n-1$），将节点 i 所在的树并入节点 j 所在的树（Fa[Fa[i]]=Fa[j]），k 计入新建道路的长度（ans += k）。

3）输出新建道路的长度 ans。

参考程序

```
import java.util.*;                                      // 导入 Java 下的工具包
import java.io.Reader;
import java.io.Writer;
import java.math.*;
public class Main{                                       // 建立一个公共的 Main 类
    public static void print(String x){                  // 输出最小生成树的边长和
        System.out.print(x);
    }
    static int[] Fa;                                     // 父指针序列 Fa
    public static int Get_father(int x){                 // 计算 x 节点所在子树的根
        return Fa[x]=Fa[x]==x?x:Get_father(Fa[x]);
    }
    public static void main(String[] args){              // 定义 main 函数的参数是一个字串类型的
                                                         // 数组 args
        Scanner input = new Scanner(System.in);  // 定义 Java 的标准输入
        while (input.hasNextInt()){                      // 反复输入测试用例
            int N = input.nextInt();                     // 输入节点数
            int[][] P = new int [N+1][N+1];              // 为相邻矩阵 p 申请内存
            for (int i=0;i<N;i++)                        // 输入邻接矩阵
                for (int j=0;j<N;j++)
                    P[i][j] = input.nextInt();
            Fa = new int[N+1];                           // 为父指针序列申请内存
            for (int i=0;i<N;i++) Fa[i]=i;               // 输入生成树初始时的 m 条边，建立父子关
                                                         // 系，生成树外节点的父指针指向自己
            for (int M=input.nextInt();M>0;M--)
                Fa[Get_father(input.nextInt()-1)]=Get_father(input.nextInt()-1);
            int ans = 0;                                 // 新建公路的长度初始化
            for (int k=1;k<=1000;k++)                    // 按照递增顺序枚举边长 k
                for (int i=0;i<N;i++)                    // 枚举任一对节点 i 和 j
                    for (int j=0;j<N;j++)
                        if (P[i][j]==k&&Get_father(i)!=Get_father(j)){ // 若 (i, j)
                        // 的边长为 k，且两个节点分属两棵子树，则 i 节点所在的子树并入 j 节点
                        // 所在的子树，k 计入新建道路的长度
                            Fa[Fa[i]]=Fa[j];
                            ans += k;
                        }
            print(ans+"\n");                             // 输出新建道路的长度
        }
    }
}
```

12.2 Prim 算法

给出一个 n 个节点的带权连通图 $G(V, E)$，在 Prim 算法执行过程中，集合 A 中的边形成一棵最小生成树。初始时 A 为空；接下来每次添加到 A 的边都是当前权值最小的边，这个

过程一直进行到生成树产生为止。

设 r 为出发节点；节点 i 是集合 A 外的节点，且 $d[i]$ 为节点 i 与集合 A 中的节点相连的最短边的权值，即 $d[i]=\min\limits_{j\in A}\{(i,j)\text{的权值}\}$，简称节点 i 的距离值；所有不在 A 中的节点按照 d 值递增的顺序组成一个最小优先队列 Q；$f[u]$ 为树中 u 节点的父母。在 Prim 算法执行过程中最小生成树的边集 A 隐含地满足 $A=\{(u,f[u])\mid u\in V-\{r\}-Q\}$。

当 Prim 算法结束时，最小优先队列 Q 是空的，而最小生成树的边集是 $\{(u,f[u])\mid u\in V-\{r\}\}$，最小生成树的权 ans= $\sum\limits_{u\in V-\{r\}}(u,f[u])$。

Prim 算法实现如下。

```
for (each v ∈ V)                              // 初始时，除出发节点的距离值为 0 外，其他节点的距离值为
                                              // ∞，最小优先队列 Q 包含所有节点，即所有节点未在生成树中
{ d[v]= ∞ ; f[u]=nil;};
d[r]=0; Q=V;
          while (Q!=∅)
    { 在 Q 中取出一个 d 值最小的节点 u;          // 节点 u 进入最小生成树
          if (u!=r) ans=ans+w[u, f[u]]; // 若节点 u 非起始节点（树根），则累计边权和
for (each v ∈ u 相邻的节点集 )                  // 更新每个与 u 邻接且不在树中的节点 v 的 d 值和父指针
if ((v ∈ Q)&&(w[u, v]<d[v]))
{ f[v]=u; d[v]= w[u, v];}
     };
输出最小生成树的权和 ans;
```

由上可见，while 循环 $|V|$ 次，每次循环需要对优先队列 Q 操作，算法的效率取决于 Q 的数据结构。如果采用数组实现 Q 的话，则每次 while 循环需要花 $O(V^2)$ 时间对 Q 进行排序，因此 Prim 算法的运行时间为 $O(V^3)$；如果采用小根堆实现 Q 的话，则可以在初始化部分增加一个建堆的操作，花费时间为 $O(V)$。每次 while 循环，从堆 Q 中取一个 d 值最小的节点需要 $O(\ln|V|)$ 时间；内循环 for 总共执行 $|E|$ 次（因为所有邻接表的长度和为 $2|E|$），每次对堆 Q 中 d 值的更新需要 $O(\ln|V|)$ 时间。因此 Prim 算法的整个运行时间为 $O(V^*\ln V+E^*\ln V)$。由于 $|E|<|V|^2$，因此运行时间的上限为 $O(|V|^*\ln|V|+|V|^{2*}\ln|V|)$。所以，Prim 算法的效率取决于节点数 $|V|$，一般适用于稠密图。

【12.2.1　Agri-Net】

农夫 John 被选为他所在市的市长。而他的竞选承诺之一是将在该地区的所有的农场用互联网连接起来。现在他需要你的帮助。

John 的农场已经连上了高速连接的互联网，现在他要将这一连接与其他农场分享。为了减少成本，他希望用最短长度的光纤将他的农场与其他农场连接起来。

给出连接任意两个农场所需要的光纤长度的列表，请你找到将所有农场连接在一起所需要光纤的最短长度。

任何两个农场之间的距离不会超过 100 000。

输入

输入包括若干组测试用例。每组测试用例的第一行给出农场数目 N ($3\leqslant N\leqslant 100$)。然后是 $N\times N$ 的邻接矩阵，其每个元素表示一个农场与另一个农场之间的距离。给出 N 行，每行有 N 个空格间隔的整数，一行接一行地输入，每行不超过 80 个字符。当然，矩阵的对角线为 0，因为一个农场到自己的距离为 0。

输出

对每个测试用例，输出一个整数，表示把所有农场连接在一起所需要光纤的最短长度。

样例输入	样例输出
4 0 4 9 21 4 0 8 17 9 8 0 16 21 17 16 0	28

试题来源：USACO

在线测试：POJ 1258

试题解析

本题用带权无向连通图表示，其中农场作为节点（其中 John 的农场为节点 0），任意两个农场之间以边相连，两个农场之间的距离为相连边的权值。显然，计算“将所有农场连接在一起所需要光纤的最短长度”，就是求这个带权无向连通图的最小生成树。由于节点数的上限仅为 100，因此采用 Prim 算法比较适宜。为了使编程更加简便，我们用数组存储优先队列 Q。

设 v 为图的相邻矩阵；dist 为优先队列 Q，其中 dist[i] 为节点的距离值，优先队列以距离值递增的顺序排列；初始时，dist[0]= ∞，dist[i]=v[0][i]（$1 \leqslant i \leqslant n-1$）；use 为节点进入生成树的标志。

初始时，除 John 的农场进入生成树外（use[0]=true），其余节点都不在生成树中（use[i]=false，$1 \leqslant i \leqslant n-1$）；我们按照如下方法依次扩展 $n-1$ 条边：

{ 寻找与生成树相连的权值最小的边的节点 tmp（dist[tmp]= $\min\limits_{1\leqslant i\leqslant n-1,usd[i]=false}\{dist[i]\}$）;
  边的权值计入生成树的权 (tot += dist[tmp]);
  节点 tmp 进入生成树（use[tmp]=true);
  调整生成树外节点与生成树相连的边的最小权值（dist[k]=min{ dist[k], v[k][tmp] | use[k]=false }, 1 ⩽ k ⩽ n−1);
}

输出最小生成树的权值 tot。

参考程序

```
import java.util.*;                               // 导入 Java 下工具包 util 中的所有类
public class Main {                               // 建立一个公共的 Main 类
    public static void main(String[] args){       // 定义 main 函数的参数是一个 String 类
                                                  // 型的数组 args
        Scanner input = new Scanner(System.in);   // 定义 Java 的标准输入
        while (input.hasNextInt()){               // 反复输入测试用例
            int n=input.nextInt(),tot=0;          // 输入节点数 n，最小生成树的权初始化
            int[][] v = new int[n][n];            // 为相邻矩阵 v、生成树外节点与生成树相
                                                  // 连的距离值序列 dist 和生成树的节点标
                                                  // 志序列 use
            int[] dist = new int[n];
            boolean[] use = new boolean[n];
            use[0] = true;                        // 出发点进入生成树，其余节点未在生成树内
            for (int i=1;i<n;i++)
                use[i] = false;
```

```
            for (int i=0;i<n;i++)               // 输入图的相邻矩阵
                for (int j=0;j<n;j++)
                    v[i][j] = input.nextInt();
            dist[0] = 0x7FFFFFFF;               // 定义出发点的 dist 值
            for (int i=1;i<n;i++)               // 其他节点与出发点的距离值该节点与生成树相连
                                                // 的边的最小权值
                dist[i] = v[0][i];
            for (int i=1;i<n;i++){              // 拓展生成树的 n-1 条边
                int tmp = 0;                    // 寻找与生成树相连边最短的节点 tmp
                for (int k=1;k<n;k++)
                    if (dist[k]<dist[tmp]&&!use[k]) tmp = k;
                tot += dist[tmp];               // 最小权计入生成树的权，节点 tmp 进入生成树
                use[tmp] = true;
                for(int k=1;k<n;k++)            // 调整生成树外节点与生成树相连的边的最小权值
                    if (!use[k])
                    dist[k] = min(dist[k],v[k][tmp]);
            }
            System.out.println(tot);            // 输出最小生成树的权
        }
    }
    private static int min(int i, int j) { // 返回两个整数的较小值
        if (i<j) return i;
        else  return j;
    }
}
```

【12.2.2 Truck History】

Advanced Cargo Movement（ACM）公司使用不同类型的卡车。一些卡车用于蔬菜的运输，其他卡车用于家具运输或者运砖块等。这家公司有自己的编码，用来描述卡车的每种类型。这一编码是由 7 个小写字母组成的字符串（在每个位置上的每个字母有其特定的含义，但对于本题并不重要）。在公司刚成立的时候，只有一种卡车类型，此后的其他类型由这一类型导出，然后再由新类型导出其他的类型。

现在，ACM 请历史学家来研究它的历史。历史学家们试图发现的一件事情被称为推导计划，即卡车的类型是如何被导出的。他们将卡车类型的距离定义为卡车类型代码中具有不同字母的位置的数目。他们假定每种卡车类型仅由一种其他的类型导出（除首个卡车类型不是由其他类型导出之外）。推导计划的值定义为 $1/\sum_{(t_0,t_d)} d(t_0,t_d)$，该公式对推导计划中所有这样的对求总和，$t_0$ 是原有类型，t_d 是由 t_0 导出的类型，$d(t_0, t_d)$ 是类型的距离。

因为历史学家未能完成这一工作，请你写一个程序帮助他们。给出卡车类型的编码，你的程序要给出推导计划的最高可能值。

输入

输入由若干个测试用例组成。每个测试用例的第一行是卡车类型数量 N（$2 \leqslant N \leqslant 2000$），后面的 N 行每行给出一种卡车类型（由 7 个小写字母组成的字符串）。描述卡车类型的编码是唯一的，即 N 行中没有两行是相同的。

输出

对于每个测试用例，输出文本“The highest possible quality is 1/Q.”，其中 1/Q 是最好的推导计划的值。

样例输入	样例输出
4 aaaaaaa baaaaaa abaaaaa aabaaaa 0	The highest possible quality is 1/3.

试题来源：CTU Open 2003

在线测试：POJ 1789，ZOJ 2158

试题解析

设每辆卡车为节点，卡车 i 的类型为 code[i]，节点 i 与节点 j 的边的权值为 $\sum_{k=1}^{7}$ code[i][k]!=code[j][k]，$0 \leqslant i, j \leqslant n-1$。由于“每种卡车类型仅由一种其他的类型导出（除首个卡车类型不是由其他类型导出之外）”，因此这个图是带权无向连通图。

按照推导计划值的定义为 $1/\ \Sigma_{(t_0,t_d)}\ d(t_0,t_d)$，要使得推导计划的可能值最高，则 $\Sigma_{(t_0,t_d)}\ d(t_0,t_d)$ 必须最小。所以，本题是求解带权无向连通图的最小生成树问题。

因为按照卡车类型导出的规则，本题的带权无向连通图极有可能是一个稠密图，所以本题使用 Prim 算法计算最小生成树。

本题使用 STL 的优先队列存储生成树外节点的距离值与生成树相连的边的最小权值。

参考程序

```
#include<iostream>
#include<algorithm>
#include<cstdio>
#include<queue>
#include<cstring>
#include<vector>
using namespace std;
bool vis[2100];
int m;                                                  // 点的个数
char tu[2105][8];
struct node
{
    node(int i=0,int j=0,int k=0):a(i),b(j),len(k){} // 构造函数
    int a,b,len;
};
struct cmp{ bool operator()(const node&a,const node&b) {return a.len>b.len;} };
                                                        // 比较函数类
int cal(int i,int j)                                    // 计算 2 个字串的距离
{
    int ans=0,ii=-1;
    while(++ii<7)
        if(tu[i][ii]!=tu[j][ii])
            ans++;
    return ans;
}
void read()
{
    for(int i=0;i<m;i++)
```

```
        scanf("%s",tu[i]);
}
void prim()//prim算法
{
    priority_queue<node,vector<node>,cmp>* que=new priority_queue<node,vector
        <node>,cmp>;
    memset(vis,0,sizeof(vis));
    int num=0,ans=0,e=0;
    node temp;
    while(++num<m)          // 加入n-1条边
    {
        vis[e]=1;           // 加入一个点
        for(int i=0;i<m;i++) // 加入新的边
            if(!vis[i]&&i!=e)
                que->push( node(i,e,cal(e,i)) );
        while(vis[e])       // 找到合适的最短边
        {
            temp=que->top();que->pop();
            e=temp.a;
            if(!vis[temp.b]) e=temp.b;
        }
        ans+=temp.len;      // 加上距离
    }
    delete que;
    printf("The highest possible quality is 1/%d.\n",ans);
}
int main()
{
    while(cin>>m,m)
    {
        read();
        prim();
    }
    return 0;
}
```

12.3　最大生成树

在一个图的所有生成树中，边权值和最大的生成树就是该图的最大生成树。

将Kruskal算法和Prim算法稍微修改，就是生成的最大生成树的算法：

1）对于Kruskal算法，将“按照边权值递增的顺序排序边集e”改为“按照边权值递减的顺序排序边集e”。

2）对于Prim算法，将“所有不在树中的节点按照d值递增的顺序组成一个优先队列Q”改为“所有不在树中的节点按照d值递减的顺序组成一个优先队列Q”。

【12.3.1　Bad Cowtractors】

Bessie受雇在农场主John的N个谷仓之间建立一个廉价的网络，为了方便，谷仓编号从1到N，$2 \leqslant N \leqslant 1000$。农场主John在事先做了一些调查，发现其中有$M$对谷仓之间可以直接进行连接，$1 \leqslant M \leqslant 20\,000$；每条这样的连接都有一个耗费$C$，$1 \leqslant C \leqslant 100\,000$。John想花最少的钱在连接网络上，他甚至不想付钱给Bessie。

Bessie意识到John不会给她钱，就决定采用最坏的方案。她设计一组连接，使得①这些连接的总耗费尽可能地大；②所有谷仓都被连接（通过连接的路径，从任何一间谷仓出发，可以到达任何其他的谷仓）；③在这些连接中没有回路（农场主John会很容易发现回路）。条件②和③确保最终的连接集合看起来像一棵“树”。

输入

第 1 行，给出两个用空格分隔的整数 N 和 M。

第 2 行到第 M+1 行，每行包含三个用空格分隔的整数 A、B 和 C，表示在仓库 A 和仓库 B 之间的连接要耗费 C。

输出

输出 1 行，给出一个整数，表示连接所有谷仓的最昂贵的树的耗费。如果无法将所有的谷仓连接在一起，则输出 -1。

样例输入	样例输出
5 8 1 2 3 1 3 7 2 3 10 2 4 4 2 5 8 3 4 6 3 5 2 4 5 17	42

提示

输出说明：最昂贵的树的耗费是 17 + 8 + 10 + 7 = 42，包含如下的连接：4 到 5，2 到 5，2 到 3，以及 1 到 3。

试题来源：USACO 2004 December Silver

在线测试：POJ 2377

试题解析

本题可以表示为一个带权图，谷仓为节点，谷仓间的连接为带权边。本题要求就带权图的最大生成树的权。

本题可以用 Kruskal 算法，也可以用 Prim 算法来求最大生成树。

下面用 Kruskal 算法来求解本题。初始状态是 N 个节点构成的森林。首先，按边的权值从大到小排序；如果两点间有多重边，则选择大的权值加入排序。然后，依次处理排了序的权值：用并查集的方式进行检测，如果边的两个端点分属于两棵子树，则合并两棵子树。

如果最后生成最大生成树，则输出最大生成树的权值；否则，输出 -1。

参考程序

```
#include<iostream>
#include<algorithm>
using namespace std;
const int MAXN = 1100;
const int MAXM = 40040;
struct EdgeNode                         //边表元素为结构类型
{
    int from;                           //边 (from, to) 的权为 w
    int to;
    int w;
```

```
}Edges[MAXM];                              // 边表
int father[MAXN];                          // 节点 x 所在的子树根为 father[x]
int find(int x)                            // 计算 x 节点所在子树的根
{
    if(x != father[x])
        father[x] = find(father[x]);
    return father[x];
}
int cmp(EdgeNode a,EdgeNode b)             // 比较函数
{
    return a.w > b.w;
}
void Kruskal(int N,int M)                  // 使用 Kruskal 算法计算和输出最大生成树的权值和
{
    sort(Edges,Edges+M,cmp);               // m 条边按权值递减顺序排列
    int ans = 0,Count = 0;                 // 最大生成树的权值和 ans 与边数初始化
    for(int i = 0; i < M; ++i)             // 按照权值递减的顺序添边
    {
        int u = find(Edges[i].from);       // 取第 i 条边两个端点所在的子树根
        int v = find(Edges[i].to);
        if(u != v)                         // 若第 i 条边的两个端点分属于两棵子树，则该边的权计入
                                           // 最大生成树，合并这两棵子树，累计最大生成树的边数
        {
            ans += Edges[i].w;
            father[v] = u;
            Count++;
            if(Count == N-1)               // 若已生成 n-1 条边，则成功退出
                break;
        }
    }
    if(Count == N-1)                       // 若生成 n-1 条边的最大生成树，则输出边权和；否则输
                                           // 出失败信息
        cout << ans << endl;
    else
        cout << "-1" << endl;
}
int main()
{
    int N,M;
    while(~scanf("%d%d",&N,&M))            // 输入节点（谷仓）数和边（连接的谷仓对）数
    {
        for(int i = 1; i <= N; ++i)        // 构建 n 棵单根树组成的森林
            father[i] = i;
        for(int i = 0; i < M; ++i)         // 输入 m 条边信息
            scanf("%d%d%d",&Edges[i].from, &Edges[i].to, &Edges[i].w);
        Kruskal(N,M);                      // 使用 Kruskal 算法计算和输出最大生成树的权值
    }
    return 0;
}
```

【12.3.2 Conscription】

Windy 拥有一个国家，他想建立一支军队来保卫他的国家。他收留了 N 个女人和 M 个男人，想雇佣他们成为他的士兵。每雇佣一个士兵，他必须支付 10 000 元人民币。在女人和男人之间存在一些关系，Windy 可以利用这些关系来减少费用。如果女人 x 和男人 y 有关系，其中一个被 Windy 雇佣，那么 Windy 可以用（10 000−d）元人民币雇佣另一个。现在给出所有的男人和女人之间的关系，请你计算 Windy 必须支付的最少的钱。注意，雇佣一个士兵时只能使用一个关系。

输入

输入的第一行给出测试用例的数量。每个测试用例的第一行包含三个整数 N、M 和 R；然后给出 R 行，每行包含三个整数 x_i、y_i 和 d_i；每个测试用例前面都有一个空行；其中，$1 \leqslant N, M \leqslant 10\ 000$，$0 \leqslant R \leqslant 50\ 000$，$0 \leqslant x_i<N$，$0 \leqslant y_i<M$，$0<d_i<10\ 000$。

输出

对于每个测试用例，在一行中输出答案。

样例输入	样例输出
2 5 5 8 4 3 6831 1 3 4583 0 0 6592 0 1 3063 3 3 4975 1 3 2049 4 2 2104 2 2 781 5 5 10 2 4 9820 3 2 6236 3 1 8864 2 4 8326 2 0 5156 2 0 1463 4 1 2439 0 4 4373 3 4 8889 2 4 3133	71071 54223

试题来源：POJ Monthly Contest – 2009.04.05, windy7926778

在线测试：POJ 3723

试题解析

有 N 个女人和 M 个男人，要雇佣他们成为士兵，需要支付 $10\ 000 \times (N+M)$ 元人民币；如果使用关系进行雇佣，则可以减少费用。

本题表示为一个带权图 G，每个人表示为一个节点；两个人之间有关系，则对应的节点之间连接一条权值为 d 的边；两个人之间没有关系，则对应的节点之间连接一条权值为 0 的边。

则本题就转化为在 G 中生成最大生成树，而 Windy 的费用就是 $10\ 000 \times (N+M)-$ 最大生成树的权值。

参考程序（略。本题参考程序的 PDF 文件和本题的英文原版均可从华章网站下载）

12.4 相关题库

【12.4.1 Network】

Andrew 是系统管理员，要在他的公司建网络。公司里有 N 个集线器，彼此间通过电缆连接。因为公司里的每个员工要访问整个网络，所以每个集线器都要能被其他集线器通过电缆访问到（可以通过中间的集线器）。

因为不同类型的电缆都是可用的，电缆越短越便宜，所以有必要做一个集线器连接的方案，使得所用电缆的总长度最小。本问题不存在兼容问题和建筑的几何限制问题。

Andrew 将提供给你有关电缆连接的必要的信息。

请你帮助 Andrew 找到一个满足上述所有条件的集线器连接的方案。

输入

输入的第一行包含两个整数 $N(2 \leqslant N \leqslant 1000)$ 和 $M(1 \leqslant M \leqslant 15\,000)$；其中 N 是网络中集线器的数量，M 是集线器之间可以进行连接的数量。所有集线器编号都是从 1 到 N。后面的 M 行给出可以进行的集线器连接的信息：两个可以连接的集线器，以及连接所需要的电缆的长度。长度是一个正整数，不超过 10^6。两个集线器之间最多有一条电缆相连。集线器不可能自己与自己相连。所有集线器之间至少要有一条连接路径。

输出

输出你的集线器连接方案所需要电缆总长度的最小值（输出所用电缆总长度最小时的最长电缆的长度）。然后输出你的方案：先输出 P，即使用的电缆数量；然后输出 P 对整数，即由相应电缆连接起来的集线器的编号。用空格或换行符将数字分开。

样例输入	样例输出
4 6 1 2 1 1 3 1 1 4 2 2 3 1 3 4 1 2 4 1	1 4 1 2 1 3 2 3 3 4

试题来源：ACM Northeastern Europe 2001, Northern Subregion

在线测试：POJ 1861，ZOJ 1542

提示

设集线器为节点，集线器间的连线为边。由于“两个集线器之间最多有一条电缆相连。集线器不可能自己与自己相连。所有集线器之间至少要有一条连接路径”，因此网络中集线器的连接情况构成了一个带权无向连通图。集线器连接方案要求电缆总长度最小，显然，这是一个最小生成树问题。由于图的最小生成树满足生成树的最大边权最小的性质（可由反证法证明），由此最小生成树中的最大边权即为电缆总长度最小时的最长电缆的长度。

本题建议使用 Kruskal 算法，原因如下：

1）节点数的上限为 1000，边数的上限为 15 000，因此稀疏图的可能性较大；

2）试题要求计算最小生成树的最长边（输出所用电缆总长度最小时的最长电缆的长

度），而 Kruskal 算法是按照边长递增顺序添边的，因此最后一条添加的边即为最小生成树的最长边。

【12.4.2　Slim Span】

给出一个无向带权图 G，请找出如下所述的生成树中的一棵。

图 G 表示为一个有序对 (V, E)，其中 V 是顶点集 $\{v_1, v_2, \cdots, v_n\}$，$E$ 是无向边的集合 $\{e_1, e_2, \cdots, e_m\}$，每条边 $e \in E$，其权值为 $w(e)$。

一棵生成树 T 是一棵由 $n-1$ 条边连接 n 个顶点的树（一个无回路的连通子图）。生成树 T 的瘦（slimness）值定义为在 T 的 $n-1$ 条边中最大权值和最小权值的差。

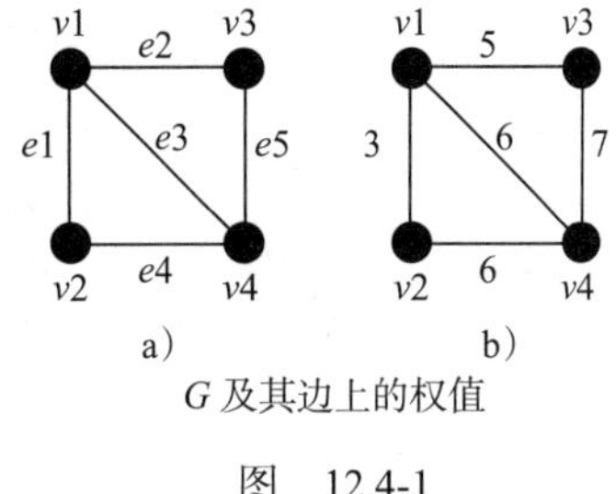

a)　b)
G 及其边上的权值

图　12.4-1

图 12.4-1 中的 G 有若干生成树，图 12.4-2a ～ d 给出了其中 4 棵生成树。在图 12.4-2a 中的生成树 T_a 有 3 条边，其权值是 3、6 和 7，最大权值是 7，最小权值是 3，因此该树的瘦值 T_a 是 4。图 12.4-2b、c 和 d 给出的生成树的瘦值分别是 3、2 和 1。可以容易地推出任何生成树的瘦值大于等于 1，而图 12.4-2d 给出的生成树 T_d 是最瘦的生成树，其瘦值是 1。

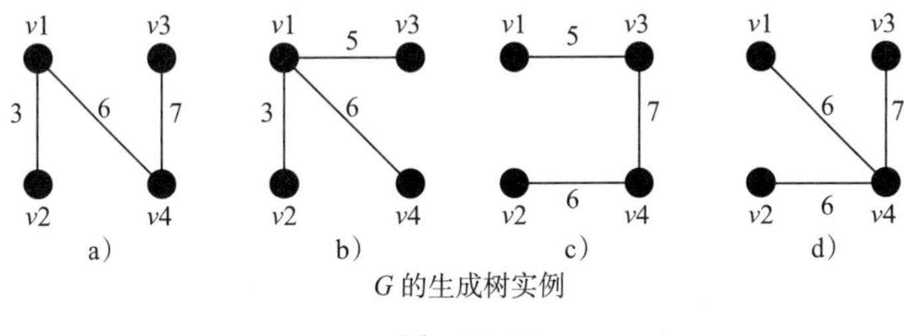

a)　b)　c)　d)
G 的生成树实例

图　12.4-2

请你编写一个程序，计算最小的瘦值。

输入

输入由多个测试用例组成，以包含由一个空格分开两个 0 的一行结束。每个测试用例的形式如下：

n　m

a_1　b_1　w_1

…

a_m　b_m　w_m

在测试用例中每个输入项都是非负整数，在一行中每个项用一个空格分开。n 是顶点数，m 是边数，设定 $2 \leqslant n \leqslant 100$，$0 \leqslant m \leqslant n(n-1)/2$，$a_k$ 和 b_k $(k = 1, \cdots, m)$ 是小于等于 n 的正整数，表示用第 k 条边 e_k 连接的两个顶点，w_k 是小于或等于 10 000 的正整数，表示 e_k 的权值。可以设定图 $G = (V, E)$ 是一个简单图，即一个无自环的非多重图。

输出

对每个测试用例，如果图有生成树，就输出最小的瘦值；否则，输出 -1。输出不包含额外的字符。

样例输入	样例输出
4 5 1 2 3 1 3 5 1 4 6 2 4 6 3 4 7 4 6 1 2 10 1 3 100 1 4 90 2 3 20 2 4 80 3 4 40 2 1 1 2 1 3 0 3 1 1 2 1 3 3 1 2 2 2 3 5 1 3 6 5 10 1 2 110 1 3 120 1 4 130 1 5 120 2 3 110 2 4 120 2 5 130 3 4 120 3 5 110 4 5 120 5 10 1 2 9384 1 3 887 1 4 2778 1 5 6916 2 3 7794 2 4 8336 2 5 5387 3 4 493 3 5 6650 4 5 1422 5 8 1 2 1 2 3 100 3 4 100 4 5 100	1 20 0 −1 −1 1 0 1686 50

（续）

样例输入	样例输出
1 5 50 2 5 50 3 5 50 4 1 150 0 0	

试题来源：ACM Japan 2007

在线测试：POJ 3522，UVA 3887

提示

设一维序列 x、y 和 w 存储边信息，其中第 i 条边为 (x_i, y_i)，边权为 w_i（$1 \leqslant i \leqslant m$）；一维序列 fa 存储每个节点的父指针，利用父指针可以计算出节点所在子树的根：从节点 i 出发，沿 fa 指针向上追溯（fa[fa[⋯fa[i]⋯]]），直至 x==fa[x] 为止，得出 x 为节点 i 所在子树的根，即 fa[i]=x（$0 \leqslant i \leqslant n-1$）。初始时，$f[j]=j$（$0 \leqslant j \leqslant n-1$）。

整个计算过程分两步。

1）在输入边信息的同时判断能否产生具有 $n-1$ 条边的生成树。

初始时，n 个节点各自为一棵树（fa[i]=i，$0 \leqslant i \leqslant n-1$），生成树的边数 tot=0。

依次输入和处理每条边的信息：

```
{ 计算 fa[x_i] 和 fa[y_i];
  若 x_i 和 y_i 分属不同的子树（fa[x_i]!=fa[y_i]），则添加边 (x_i, y_i)（++tot），x_i 所在的子树并入 y_i 所在的子树并入
    (fa[fa[x_i]]=fa[y_i]);
}
```

若 tot!=$n-1$，则说明图没有生成树，输出 −1 并退出当前测试用例的计算；否则计算生成树的最小瘦值。

2）采用 Kruskal 算法枚举具有最小瘦值的生成树。

m 条边按照边权为第 1 关键字、边序号为第 2 关键字递增的顺序重新排列 w。

生成树的最小瘦值 ans 初始化为 ∞。

枚举生成树中可能的最小权值边 i（$0 \leqslant i \leqslant m-1$）：

```
if (i == 0||w_i!=w_{i-1})
{ n 个节点各自为一棵树（fa[j]=j，0 ≤ j ≤ n-1），生成树的边数 tot=0;
  枚举生成树中可能的最大权值边 k（i ≤ k ≤ m-1）:
  { 计算 fa[x_k] 和 fa[y_k];
    若 x_k 和 y_k 分属不同子树 (fa[x_k]!=fa[y_k])，则
    { 添加边 k（++tot);
      x_k 所在的子树并入 y_k 所在的子树（fa[fa[x_k]]=fa[y_k]);
      若形成生成树 (tot==n-1)，则调整最小瘦值 ans=min(ans,w_k-w_i) 并退出 k 循环;
    }
  }
  若未形成生成树 (tot !=n-1)，则退出 i 循环;
}
```

输出最小瘦值 ans。

【12.4.3 The Unique MST】

给出一个连通无向图，请判断其最小生成树是否是唯一的。

定义 1（生成树） 给出一个连通无向图 $G=(V, E)$，G 的一棵生成树，被记为 $T=(V', E')$，具有如下性质：

1）$V'=V$；

2）T 是连通无回路的。

定义 2（最小生成树） 给出一个边带权的连通无向图 $G=(V, E)$。G 的最小生成树 $T=(V, E')$ 是具有最小总耗费的生成树。T 的总耗费表示 E' 中所有边的权值的和。

输入

第一行给出一个整数 t $(1 \leqslant t \leqslant 20)$，表示测试用例数。每个测试用例表示一个图，测试用例的第一行给出两个整数 n 和 m $(1 \leqslant n \leqslant 100)$，分别表示顶点和边的数目，后面的 m 行每行是一个三元组 (x_i, y_i, w_i)，表示 x_i 和 y_i 通过权值为 w_i 的边相连。任意两个节点间至多只有一条边相连。

输出

对于每个测试用例，如果 MST 是唯一的，则输出其总耗费；否则输出字符串“Not Unique!”。

样例输入	样例输出
2 3 3 1 2 1 2 3 2 3 1 3 4 4 1 2 2 2 3 2 3 4 2 4 1 2	3 Not Unique!

试题来源：POJ Monthly--2004.06.27 srbga@POJ

在线测试：POJ 1679

 **提示**

若 MST 是唯一的，则增加 MST 上任一条边的权值，边权和肯定会随之增加；否则增加 MST 上一条边的权值，按照 Kruskal 算法的思想，合并该边两个端点所在的子树时，可能会选择另一条权值更小的边，使边权和不变。由此得出算法：

1）采用 Kruskal 算法计算图 G 的最小生成树的边数 tot、边权和 ans，并按边权值递增顺序将 tot 条边的编号存入 res 序列；置 MST 的唯一标志 unique=(tot == n−1)。

2）搜索 res 序列中的每条边 c（$1 \leqslant c \leqslant$ tot）：

```
{ 找出图中序号为 res[c] 的边，其边权 +1，形成新图 G′；
  采用 Kruskal 算法计算 G′ 的最小生成树的边数 ttot、边权和 tans；
  若 G 和 G′ 的最小生成树边数 ttot、边权和完全相同（tans==ans && ttot == tot），则说明 MST 不是唯一的
    （unique=false），转 3）
      恢复图 G（即 G' 中序号为 res[c] 的边，其边权 −1）
}
```

3）若 MST 是唯一的 (unique==true)，则输出 ans；否则输出“Not Unique!”。

【12.4.4　Highways】

岛国 Flatopia 非常平坦，但是，Flatopia 没有高速公路，因此，Flatopia 的交通很困难。Flatopian 政府也意识到了这个问题，他们计划兴建一些高速公路，使得在任何两个城镇之间都能通过公路系统驾车通行。

Flatopian 城镇的编号是从 1 到 N。一条高速公路连接两个城镇。所有的高速公路都是直线，而且所有的高速公路都是双向的。高速公路可以彼此交叉，但是司机只能在城镇从一条高速公路转到另一条高速公路，城镇位于这两条高速公路的端点。

Flatopian 政府希望尽量减少高速公路的总长度。然而，他们还要保证任何一个城镇都可以通过高速公路从其他城镇到达。

输入

第一行给出一个整数 T，表示有多少个测试用例。每个测试用例的第一行是一个整数 N（$3 \leqslant N \leqslant 500$），给出城镇的数目。后面跟着 N 行，第 i 行包含 N 个整数，这 N 个整数中的第 j 个整数是城镇 i 和城镇 j 之间的距离（距离是一个在区间 [1, 65 536] 中的整数）。

输出

对于每个测试用例，输出一行，给出一个整数，表示使得所有城镇都被连接的要建的最长的一条高速公路的长度，这个值必须是最小的。

样例输入	样例输出
1 3 0 990 692 990 0 179 692 179 0	692

试题来源：POJContest,Author:Mathematica@ZSU

在线测试：POJ 2485

 **提示**

将岛国 Flatopia 的交通情况转化为带权无向连通图：城镇为节点，城镇间的公路为边，公路长度为边权。由于任一对城镇间的公路长度为区间 [1, 65 536] 中的整数，因此这个图又是一个完全图。

Flatopian 政府计划建造的高速公路连通 n 个城镇且总长度最短，因此对应一棵最小生成树。本题要求计算使得所有城镇都被连接的最长路的长度，也就是要求计算最小生成树的最大边，简称最小最大边。有两种方法：

（1）使用 Prim 算法计算最小生成树和最小最大边

由于岛国 Flatopia 的交通图是一个完全图，不适宜用 Kruskal 算法计算最小生成树。如果 Prim 算法中用数组实现优先队列 Q，则时间复杂度为 $O(V^3)$；若采用堆实现优先队列 Q，则时间复杂度为 $O(V \times \log_2 V + V^2 \times \log_2 V)$。

（2）使用 DFS+ 二分查找计算最小最大边

设节点的访问标志为 g，其中 $g[i]==\begin{cases}\text{true} & \text{节点 } i \text{ 已访问} \\ \text{false} & \text{节点 } i \text{ 未访问}\end{cases}$，$0 \leqslant i \leqslant n-1$；相邻矩阵为 v，其中 $v[i][j]$ 为 (i, j) 的边长，$0 \leqslant i, j \leqslant n-1$。

1）计算节点 c 经由权值不超过 up 的边可达的节点数。

在原图中去除权值超过 up 的边后，形成新图 G'。从节点 c 出发，可达 G' 的节点数是多少？这个计算可通过深度优先搜索的办法实现：

```
int dfs(c, up, tot){                    // 节点 c 经由权值不超过 up 的边可达的节点数（tot 为相邻矩
                                        // 阵规模）
      int ans = 1;                      // 访问节点 c
      g[c] = true;
      for (int i=0; i<tot; i++)         // 递归所有与 i 节点相连的权值不超过 up 的未访问边（即边的
                                        // 另一端点未访问），将访问到的节点数累计入 ans
          if (v[i][c]<=up &&!g[i])
              ans += dfs(i, up, tot);
      return ans;                       // 访问 ans
  }
```

2）二分计算最小最大边。

设最小最长边的权值的可能区间为 [l，r]，初始时为 [1, 65 536]。

反复二分查找：计算中间指针 min=$\left\lfloor \frac{l+r}{2} \right\rfloor$；若经由长度不超过 min 的边可遍访 n 个节点（dfs(0, mid, n)==n），则说明最小最长边的权值在左区间，r=mid；否则最小最长边的权值在右区间，l=mid。这个过程一直进行到 l==r 为止。

输出最小最长边的权值 r。

二分查找的时间复杂度为 $O(\log_2 65\ 536) \approx O(16)$，每次 DFS 的时间复杂度理论上讲是 $O(E)$，因此总的时间复杂度约为 $O(16 \times E)$。但实际上的运行时间远低于这个数，因为权值大于当前 min 的边不再被递归。

第 13 章

在最佳路问题中，给出一个有向加权图 $G=(V, E)$，边的权值为实型或整型。路 $p=(v_0, v_1, \cdots, v_k)$ 的权是其所组成的边的所有权值之和 $w(p)=\sum_{i=1}^{k} w(v_{i-1}, v_i)$，节点 u 到节点 v 的最短（长）路的权为 $\delta(u,v)=\begin{cases} \min(\max)\{w(p) \mid u \xrightarrow{p} v\} & \text{存在从}u\text{到}v\text{的路}p \\ \infty & \text{否则} \end{cases}$，从节点 u 到节点 v 的最佳路定义为 $w(p)=\&(u, v)$ 的路。

本章将给出如下三类算法的实验：

- Warshall 算法，用于计算图的传递闭包；
- Floyd-Warshall 算法，用于计算图中所有节点对之间的最佳路；
- Dijkstra 算法、Bellman-Ford 算法和 SPFA（Shortest Path Faster Algorithm）算法，用于计算图中的单源最短路。

13.1 Warshall 算法和 Floyd-Warshall 算法

首先，阐述计算图的传递闭包的 Warshall 算法。

设关系 R 的关系图为有向图 G，G 的顶点为 $v_1, v_2, \cdots, v_n$，则 G 的传递闭包 $t(R)$ 的关系图可用该方法得到：如果在 G 中从节点 v_i 到节点 v_j 有一条有向路，则在新图 G' 中存在一条从 v_i 到 v_j 的弧，而 G' 即为 $t(R)$ 的关系图。G' 的邻接矩阵 A 应满足：如果在图 G 中存在从 v_i 到 v_j 有向路，则 $A[i][j]=1$，表明 v_j 到 v_i 是可达的；否则 $A[i][j]=0$，即 v_j 到 v_i 是不可达的。这样，求 $t(R)$ 的问题就变为求图 G 中每一对顶点间是否可达的问题，这个问题也被称为图的传递闭包。

定义一个 n 阶方阵序列 $A^{(0)}$，$A^{(1)}$，$\cdots$，$A^{(n)}$，每个方阵中的元素值只能取 0 或 1。$A^{(0)}$ 是有向图 G 的邻接矩阵。对 $1 \leqslant k \leqslant n$，$A^{(k)}[i][j]=1$ 表示从 v_i 到 v_j 存在仅通过 $v_1,\cdots,v_k$ 中节点的有向路，而 $A^{(k)}[i][j]=0$ 则表示没有这样的有向路。

Warshall 算法如下。

```
A^(0) 是图 G 的邻接矩阵 ;
for (k=1; k<=n; k++)
    for (i=1; i<=n; i++)
        for (j=1; j<=n; j++)
            A^(k)[i][j]= =(A^(k-1)[i][k] & A^(k-1)[k][j]) | A^(k-1)[i][j];
```

Warshall 算法不仅可用于计算图的闭包问题，也可用于计算边长有限制的路问题。

【13.1.1 Frogger】

青蛙 Freddy 正坐在湖中间的一块石头上，突然它看见青蛙 Fiona 正坐在另一块石头上。Freddy 要去拜访 Fiona，但湖水很脏，它准备跳过去拜访 Fiona，而不是游过去。然而 Freddy 不太可能一跳就跳到 Fiona 所在的石头上。Freddy 要经过一系列的跳跃，先跳到其他石头上，然后从其他石头上跳到 Fiona 那里。为了完成一系列的跳跃，青蛙每次跳跃的长度必须在它能够跳跃的最长范围之内。也就是说，青蛙每次跳跃的两个石头之间的距离是要在青蛙一次跳跃所能够达到的最大距离范围之内。我们称青蛙一次跳跃所能够达到的最大距离为青蛙距离。

Freddy 所在的石头、Fiona 所在的石头和其他的石头都在湖中，请计算 Freddy 和 Fiona 之间的青蛙距离的最小值。

输入

输入包括一个或多个测试用例。每个测试用例第 1 行给出湖中的石头总数 n（$2 \leqslant n \leqslant 200$）。后面的 n 行每行给出两个整数 x_i 和 y_i（$0 \leqslant x_i, y_i \leqslant 1000$），表示石头 i 的坐标。石头 1 是 Freddy 所在的石头，石头 2 是 Fiona 所在的石头，其余 $n-2$ 块石头空着。每个测试用例用一个空行表示结束，以 0 表示输入结束。

输出

对每个测试用例，输出一行“Scenario #x”和一行“Frog Distance = y”，其中 x 是测试用例编号，（起始为 1），y 是一个实数，保留小数 3 位。每个测试用例后加一行。

样例输入	样例输出
2 0 0 3 4 3 17 4 19 4 18 5 0	Scenario #1 Frog Distance = 5.000 Scenario #2 Frog Distance = 1.414

试题来源：Ulm Local 1997

在线测试：POJ2253，ZOJ 1942，UVA 534

试题解析

我们用石头表示节点，石头对间的关系表示为边，其边长为欧几里得距离。节点 0 代表 Freddy 所在的石头，节点 1 代表 Fiona 所在的石头，这样可使得 Freddy 的跳跃过程转化为路径问题。试题中所讲的路径，实际上指的是节点 0 至节点 1 的所有路径中最长边最小的一条路径。显然本题的关键是，在边长不超过当前上限 K 的情况下，怎样判断节点 i 是否可达节点 j。

设边长矩阵为 $\boldsymbol{L}$，其中 (x_i, y_i) 与 (x_j, y_j) 的边长为 $\boldsymbol{L}[i][j]=\sqrt{(x_i-x_j)^2+(y_i-y_j)^2}$（$0 \leqslant i, j \leqslant n-1$）；可达标志矩阵为 con，其中在边长不超过当前上限 K 的情况下，节点 i 可达节点 j 的标志为 con[i][j]。

我们使用 Warshall 算法计算可达标志矩阵 con，即在删去边长超过 K 的所有边后，计算任意节点对间的连通情况；con 的初始值为剩余图（在原图中删去所有边长大于 K 的边）的相邻矩阵，其中

$$con[i][j]=\begin{cases} false & L[i][j]>K \\ true & L[i][j]\leqslant K \end{cases} \quad (0 \leqslant i,j \leqslant n-1)$$

然后通过 Warshall 算法计算剩余图的传递闭包：

```
for (int k=0; k<N; k++)                              // 枚举中间节点
    for (int i=0; i<N; i++)                          // 枚举路径的首尾节点
        for (int j=0; j<N; j++)
            con[i][j] |= con[i][k]&con[k][j];        // 若原路径 i→j 满足条件，或者子路径
//i→k 和 k→j 同时满足条件，则确定路径 i→j 满足条件；否则路径 i→j 不满足条件
```

既然能够得出当前上限 K 下的可达标志矩阵 con，我们就可以使用二分法计算最长边最小的一条路径。

设最大边长的可能区间为 $[l, r]$，初始时 $l=0$，$r=10^5$。

```
while (r-l>=10^-5){
    K=⌊(l+r)/2⌋;                                     // 计算区间中间值
    计算上限 K 下的可达标志矩阵 con;
    if (con[0][1])  r =K;   // 若节点 0 至节点 1 可达，则最长边的最小值在左子区间；否则在右子区间
        else l =K;
    }
输出最长边的最小值 r;
```

参考程序

```
import java.util.*;                                  // 导入 Java 下的工具包
import java.math.*;
public class Main {                                  // 建立一个公共的 Main 类
public static void main(String[] args){              // 定义 main 函数的参数是一个字串类型
                                                     // 的数组 args
    Scanner input = new Scanner(System.in);          // 定义 Java 的标准输入
        int N,testcase = 0;                          // 石头数为 0，测试用例编号初始化
        boolean[][] con=new boolean[1<<9][1<<9];     //  在边长不超过当前上限的情况下，i 节
                                                     // 点可达 j 节点的标志为 con[i][j]
    double[][] L = new double[1<<9][1<<9];           // (i, j) 的边长为 dis[i][j]
    while ((N=input.nextInt())!=0){                  // 反复输入石头数 n
        double[] x = new double [N];                 // 为石头的坐标序列申请内存
        double[] y = new double [N];
        for (int i=0;i<N;i++){                       // 输入每块石头的坐标
            x[i] = input.nextDouble();
            y[i] = input.nextDouble();
        }
        double l = 0,r = 1e5;                        // 区间的左右指针初始化
        for (int i=0;i<N;i++)                        // 计算边长矩阵 L
        for (int j=0;j<N;j++)
            L[i][j] = Math.sqrt((x[i]-x[j])*(x[i]-x[j])+(y[i]-y[j])*(y[i]-y[j]));
        while (r-l>=1e-5){
        double mid = (l+r)/2;                        //  计算区间的中间点
        for (int i=0;i<N;i++) // 计算 con[i][j]= {false  (i,j)的边长大于中间值
                                                 {ture   (i,j)的边长不大于中间值
        for (int j=0;j<N;j++)
            if (L[i][j]>mid) con[i][j] = false;
                else con[i][j] = true;
            for (int k=0;k<N;k++)// 在边长不超过 mid 的情况下计算可达的节点对标志 con
                for (int i=0;i<N;i++)
                for (int j=0;j<N;j++)
                    con[i][j] |= con[i][k]&con[k][j];
```

```
            if (con[0][1]) r = mid; //若节点0至节点1可达，则最长边的最小值在左子区间；
                                    //否则在右子区间
                else l = mid;
                }
            System.out.println("Scenario #"+(++testcase));//输出测试用例编号和最短边长
            System.out.println("Frog Distance="+ BigDecimal.valueOf(l).
                setScale(3,RoundingMode.HALF_UP));
            System.out.println("");
        }
    }
}
```

计算传递闭包问题与计算任意节点对的最佳路问题既有区别又有联系，区别在于传递闭包计算的是无权图的连通关系，而最佳路问题需要计算赋权图中路径的边权和；两个问题的相同之处在于每一对节点间存在最佳路径的前提是这对节点间连通。因此我们只要将Warshall公式中的布尔运算“&”运算改为算术“+”运算，将布尔运算“|”改为比较$A^{(k-1)}[i][k]+A^{(k-1)}[k][j]$与$A^{(k-1)}[i][j]$间数值大小的运算，即可得出Floyd-Warshall公式：

$A^{(0)}[i][j]=M$ 的邻接矩阵

$A^{(k)}[i][j]=\min(\max)\{A^{(k-1)}[i][k]+A^{(k-1)}[k][j], A^{(k-1)}[i][j]\}$，其中 $i, j, k=1\cdots n$

也就是说，$A^{(k)}[i][j]$是从v_i到v_j的仅经过$v_1,\cdots,v_k$中节点的路径的长度，$A^{(n)}[i][j]$是从v_i到v_j的最佳路径的长度。

但需要注意的是，虽然Floyd-Warshall算法能够找出每对节点间的最佳路，但时间效率低下($O(n^3)$)，且在求最短路径时不允许出现负权回路，在求最长路径时不允许出现正权回路。因为沿这样的回路长度就会无限制地变小或变大，导致算法陷入死循环。

【13.1.2　Arbitrage】

套汇是利用货币交换比率的差异将一个单位的货币转换为多于一个单位的相同的货币。例如，假设1美元买0.5英镑，1英镑买10.0法国法郎，1法国法郎买0.21美元，这样，通过货币的兑换，1个聪明的商人可以从开始的1美元，兑换到$0.5\times10.0\times0.21=1.05$美元，获利5%。

请你编写一个程序，货币兑换比率表为输入，确定套汇是否可行。

输入

输入包括一个或多个测试用例。每个测试用例第一行是一个整数n（$1\leqslant n\leqslant30$），表示不同的货币数目。在后面的n行中，每行给出了一种货币的种类。在最后的m行中，每行给出源货币名c_i，一个实数r_{ij}表示从c_i到c_j的兑换比率，目标货币名c_j。没有出现在列表中的兑换是不能进行交换的。

输出

对于每个测试用例，输出一行说明套汇是可行的或者是不可行的，格式分别为“Case case: Yes”，或者“Case case: No”。

样例输入	样例输出
3 USDollar BritishPound FrenchFranc	Case 1: Yes Case 2: No

（续）

样例输入	样例输出
3 USDollar 0.5 BritishPound BritishPound 10.0 FrenchFranc FrenchFranc 0.21 USDollar 3 USDollar BritishPound FrenchFranc 6 USDollar 0.5 BritishPound USDollar 4.9 FrenchFranc BritishPound 10.0 FrenchFranc BritishPound 1.99 USDollar FrenchFranc 0.09 BritishPound FrenchFranc 0.19 USDollar 0	

试题来源：Ulm Local 1996

在线测试：POJ 2240，ZOJ 1092，UVA 436

试题解析

我们将 n 种货币兑换情况表示为带权有向图：货币对应节点，货币兑换关系对应边，其中节点 i 代表第 i 个输入的货币种类 c_i，边 (i, j) 表示节点 i 代表的货币 c_i 与节点 j 代表的货币 c_j 兑换，边权为 c_i 到 c_j 的兑换比率 r_{ij}（$1 \leqslant i, j \leqslant n$）。

设 dist[i][j] 为货币 i 兑换至货币 j 的比率。按照兑换规则，若货币 i 能够兑换至货币 k，而货币 k 能够兑换至货币 j，则货币 i 经由货币 k 兑换至货币 j 的比率为 dist[i][k] × dist[k][j]，这可以视为节点 i 经由节点 k 至节点 j 的路径长度。

由于判别套汇的可行性需要枚举所有货币间兑换的最佳方案，因此本题是一道典型的求任意节点对的最长路径的试题。需要注意的是，图中含回路（否则不可能有套汇存在），但这不妨碍 Floyd-Warshall 算法的使用，只要在判别节点 i 经由节点 k 至节点 j 的路径是否更优时，加上限定条件（i!=j&&j!=k&&k!=i），就可以避免重复计算。计算过程如下：

```
for (int k=1; k<=N; k++)                        // 枚举中间节点 k
    for (int i=1; i<=N; i++)                    // 枚举互不相同的节点对 (i, j)
        for (int j=1; j<=N; j++)
            if (i!=j&&j!=k&&k!=i)               // 对 i 至 j 的最长路进行松弛操作
                if (dist[i][k]*dist[k][j]>dist[i][j])
                dist[i][j]= dist[i][k]*dist[k][j];
```

接下来枚举所有货币对：若存在这样一种货币，经由货币 i →货币 j →货币 i 的兑换过程后，最终达到获利（路径长度超过 1），则说明套汇是可行的；若不存在这样的货币，则说明套汇不可行。

```
flag = 0;                                               // 套汇可行标志初始化
```

```
    for (int i=1; i<=N; i++)                            //枚举每种货币
        for (int j=1; j<=N; j++)                        //枚举中间货币
            if (dist[i][j]*dist[j][i]>1) flag = 1;      //若赢利，则套汇可行
        当前测试用例的解为(flag?"Yes":"No")。
```

参考程序

```
#include<iostream>                                      //预编译命令
using namespace std;                                    //使用 C++ 标准程序库中的所有
                                                        //标识符
const int MaxN = 50;                                    //货币种类数的上限
const int MaxL = 1005;                                  //货币名串的上限
char str[MaxN][MaxL],strA[MaxL],strB[MaxL];             //货币种类序列为 str，源货币串为 strA，
                                                        //目标货币串为 strB
long double dist[MaxN][MaxN];                           //距离矩阵
int N,M;                                                //货币数和货币兑换数
int find(char *_str){                                   //计算货币种类 _str 的序号
    for (int i=1;i<=N;i++)
        if (strlen(_str)==strlen(str[i])&&strcmp(_str,str[i])==0) return i;
    return 0;
}
int main(){                                             //主函数
    while(scanf("%d",&N)&&N){                           //输入节点数(货币数)
            static int cnt = 0;                         //测试用例序号初始化
        for (int i=1;i<=N;i++)
            for (int j=1;j<=N;j++)
                dist[i][j] = 0;
        for (int i=1;i<=N;i++)                          //输入每个节点标志(货币种类)
            scanf("%s",str[i]);
        scanf("%d",&M);                                 //输入边数(货币兑换数)
        for (int i=1;i<=M;i++){                         //输入每条边的信息(端点为源货币和目标
                                                        //货币，边长为兑换比率)
            double w;
            scanf("%s %lf %s",strA,&w,strB);
            dist[find(strA)][find(strB)] = w;
        }
        for (int k=1;k<=N;k++)                          //计算任意节点对之间的最长路
            for (int i=1;i<=N;i++)
            for (int j=1;j<=N;j++)
                if (i!=j&&j!=k&&k!=i)
                    if (dist[i][k]*dist[k][j]>dist[i][j])
                    dist[i][j] = dist[i][k] * dist[k][j];
        bool flag = 0;                                  //判断是否有赢利的兑换方案
        for (int i=1;i<=N;i++)
            for (int j=1;j<=N;j++)
            if (dist[i][j]*dist[j][i]>1) flag = 1;
        printf("Case %d: %s\n",++cnt,flag?"Yes":"No");//根据是否赢利的结果输出套汇可
            //行与否的信息
    }
    return 0;
}
```

【13.1.3 Wormholes】

农夫 John 在探究他的多个农场的时候，发现了许多令人惊奇的虫洞。虫洞是非常奇特的，因为它是一条单向的路径，在你进入虫洞之前，它就已经把你送到目的地！农夫 John 的每个农场有 N 块田地（$1 \leqslant N \leqslant 500$），为方便起见，编号为 $1 \sim N$；M 条路径（$1 \leqslant M \leqslant 2500$）；以及 W 个虫洞（$1 \leqslant W \leqslant 200$）。

由于农夫 John 是一个狂热的时光旅行爱好者，他想做这样的事情：从某块田地开始，

通过一些路径和虫洞，在他出发之前，返回到他最初出发的那块田地。这样，也许他就能遇见他自己。

请你帮助农夫 John 来看是否会有这种可能。农夫 John 将向你提供他的 F 个农场的完整的地图（$1 \leqslant F \leqslant 5$）。任何路径都不需要超过 10 000 秒的行程，也没有虫洞可以将农夫 John 带回超过 10 000 秒的时间。

输入

第 1 行：一个整数 F。后面将给出农夫 John 的 F 个农场的描述。

每个农场描述的第 1 行：分别是三个用空格分隔的整数 N、M 和 W。

每个农场描述的第 2 ～ M+1 行：分别是三个空格分隔的数字（S、E 和 T），表示在 S 和 E 之间的双向路径，需要 T 秒才能遍历。在两个田地之间，可能有多条路径连接。

每个农场描述的第 M+2 ～ M+W+1 行：分别是三个空格分隔的数字（S、E 和 T），表示从 S 到 E 的单向路径，旅行者行走之后，时光要向后倒退 T 秒。

输出

第 1 ～ F 行：对于每个农场，如果农夫 John 能够实现目标，则输出“YES”；否则输出“NO”(不包括引号)。

样例输入	样例输出
2 3 3 1 1 2 2 1 3 4 2 3 1 3 1 3 3 2 1 1 2 3 2 3 4 3 1 8	NO YES

 **提示**

对于第一个农场，农夫 John 无法及时回来。

对于第二个农场，农夫 John 可以通过回路 1 → 2 → 3 → 1，在他离开前 1 秒回到他出发的地方。农夫 John 从任何地方出发，都有回路能实现目标。

试题来源：USACO 2006 December Gold

在线测试：POJ 3259

 **试题解析**

本题给出一个图，有 N 个点（田地）、M 条正权双向边（路径）、W 条负权单向边（虫洞），问是否能从某个点出发，通过负权回路回到出发的点。

解题思路：使用 Floyd-Warshall 算法求任一节点对间的最短路长。若存在这样的节点，即由此出发回到本身的回路的最短路长为负，则说明农夫 John 能在出发之前返回到他最初出发的那块田地，实现目标；否则失败。

注意：

1）初始时，每个节点回到本身的最短路长（即相邻矩阵对角线元素）初始化为 0；其他节点对之间的最短路长（即相邻矩阵对角线外的其他元素）初始化为∞；

2）若首次输入，或者为权值小的重边，则设置双向边，即滤去重边中权值大的那条边。

参考程序（略。本题参考程序的 PDF 文件和本题的英文原版均可从华章网站下载）

13.2 Dijkstra 算法

Dijkstra 算法用于有向加权图的最短路径问题，该算法的条件是该图所有边的权值非负，即对于每条边 $(u, v) \in E$，$w(u, v) \geqslant 0$。

Dijkstra 算法中设置了一个节点集合 S，从源节点 r 到集合 S 中节点的最终最短路径的权均已确定，即对所有节点 $v \in S$，有 dist[v]=&(r, v)。还设置了最小优先队列 Q，该队列包含所有属于 $V-S$ 的节点，这些节点尚未确定最短路径长，以 dist 值递增的顺序排列。

初始时，Q 包含除 r 之外的其他节点，这些节点的 dist 值为 ∞。r 进入集合 S，dist[r]=0。算法反复从 Q 中取出 dist 值最小的节点 $u \in V-S$，把 u 插入集合 S 中，并对 u 的所有出边进行松弛。这一过程一直进行到 Q 空为止。

```
void Dijkstra(int r);                                // 使用 Dijkstra 算法计算源节点 r 至各
                                                     // 节点的最短路长
{ for (i=0; i<n; i++){dist[i]= ∞ ; fa[i]=nil};      // 所有节点的最短路长估计 dist 和前驱 fa
                                                     // 初始化
    dist[r]=0;                                       // 源节点的最短路长为 0
    S=∅; Q=[0..n-1];                                 // 确定最短路长的节点集为空，所有节点进
                                                     // 入最小优先队列 Q
    while (Q ≠ ∅)                                    // 若最小优先队列 Q 非空，则取出 dist 值
                                                     // 最小的节点 u
        { 从最小优先队列 Q 中取出 dist 值最小的节点 u;
        S=SU{u};                                     // u 进入确定最短路长的节点集 S
        for (v ∈ u 相邻的节点集 )                     // 对 u 的所有出边的尾进行松弛：如果可以
           // 经过 u 来改进到节点 v 的最短路长，就对其估计值 dist[v] 以及前驱 fa[v] 进行更新
        if (dist[v]-wuv>dist[u])
            { dist[v]= dist[u]+ wuv; fa[v]=u; };
    };
}
```

因为 Dijkstra 算法总是在集合 $V-S$ 中选择 d 值最小的节点插入集合 S 中，因此我们说它使用了贪心策略。需要指出的是，虽然贪心策略并非总能获得全局意义上的最理想结果，但可以证明 Dijkstra 算法确实计算出了最短路径。

Dijkstra 算法需要 n 次从最小优先队列 Q 中取出 d 值最小的节点，并考察 v 的每条邻接边。由于所有邻接表中边的总数为 $|E|$，因此考察时间为 $O(E)$。显然，Dijkstra 算法的时间复杂度取决于最小优先队列 Q 的存储结构。若最小优先队列 Q 的存储方式为数组，则每次从最小优先队列 Q 中取出 d 值最小的节点需要的时间为 $O(V)$，总花费时间为 $O(V^2+E) \approx O(V^2)$；若采用二叉堆，则每次从最小优先队列 Q 中取出 d 值最小的节点的花费时间为 $O(\ln V)$，总花费时间为 $O((V+E) \times \ln V) \approx O(E \times \ln V)$。显然，对于规模不大的稠密图，可采用数组来实现优先队列 Q；在稀疏图的情形下用二叉堆来实现优先队列 Q 是比较实用的。

【13.2.1 Til the Cows Come Home】

奶牛 Bessie 在田里，它想回到谷仓，在农夫 John 叫醒它早晨挤奶之前尽可能多地睡一会。John 需要睡美容觉，所以它想尽快回来。

农夫 John 的田里有 N（$2 \leqslant N \leqslant 1000$）个地标，编号为 1 ～ N。地标 1 是谷仓；而奶牛 Bessie 整天站的地方是苹果树丛，是地标 N。在田里的地标之间有不同长度的 T 条双向奶牛小径（$1 \leqslant T \leqslant 2000$），奶牛在小径上行走。Bessie 对自己的导航能力不太自信，所以它一旦走上一条小径，就会从头走到底。

给出地标之间的小径，确定奶牛 Bessie 返回谷仓要走的最短距离。本题设定存在这样的路线。

输入

第 1 行：两个整数 T 和 N。

第 2 ～ T+1 行：每行将一条小径表示为由三个空格分隔的整数；前两个整数是小径连接的两个地标；第三个整数是小径的长度，取值范围为 1 ～ 100。

输出

输出 1 行：一个整数，Bessie 从地标 N 到地标 1 要经过的最短距离。

样例输入	样例输出
5 5 1 2 20 2 3 30 3 4 20 4 5 20 1 5 100	90

提示

样例输入，给出 5 个地标。

样例输出，Bessie 可以沿小径 4、3、2 和 1 返回谷仓。

试题来源：USACO 2004 November

在线测试：POJ 2387

试题解析

设小径为边，地标为节点，构造有向图。本题要求计算“奶牛 Bessie 返回谷仓要走的最短距离”，所以，本题是一个最短路问题，采用 Dijkstra 算法求最短路问题。

N 次循环，每次循环挑选距离起始点最短且未访问的点，然后更新与此点有关的所有未访问的点到起始点的距离。N 次循环后，便可得出起始点到任意一点的最短距离。

本题要注意重边的情况，若输入的是重边，则略去边权大的边，仅保留边权小的那一条。

参考程序

```
#include <iostream>
#define MAX_N 1010
#define MAX_M 2010
#define INF 1e9
using namespace std;
int d[MAX_N];                          // 最短路长序列，其中 d[i] 为源节
                                       // 点至节点 i 的最短路长
bool visited[MAX_N];                   // visited[i] 为已确定源节点至节点
                                       // i 的最短路长的标志
int w[MAX_M][MAX_M];                   // 相邻矩阵
```

```
int n,m;                                          // 小径（边）数 m 和地标（节点）数 n
void dijkstra(int s){                             // 从源点 s 出发，计算各可达节点与
                                                  // 源节点间的最短路长
    for(int i=1;i<=n;i++)                         // 最短路长序列初始化为∞
        d[i]=INF;
    d[s]=0;                                       // 源节点至本身的最短路长为 0
    for(int i=0;i<n;i++){                         // 计算 n 个节点与源节点间的最短路长
        int x=0,maxx=-1;                          // 在未确定最短路长的节点中，计算
                                                  // d[] 最小的节点 x
        for(int j=1;j<=n;j++)
            if(!visited[j]&&(maxx==-1||maxx>d[j]))    // 若 j 未确定最短路且未确定任一节
                // 点的最短路或者源节点至 j 的路长目前最短，则设定 d[j] 为目前最小
                maxx=d[x=j];
        visited[x]=true;                          // x 节点确定最短路
        for(int j=1;j<=n;j++)                     // 枚举每个未确定最短路的节点 j,
            // 对 j 进行松弛操作：若途径边 (x, j) 可使得 d[j] 更小，则调整 d[j] 为该路径长度
            if(!visited[j])
                d[j]=min(d[x]+w[x][j],d[j]);
    }
}
int main()
{
    scanf("%d%d",&m,&n);                          // 输入小径（边）数 m 和地标（节
                                                  // 点）数 n
    for(int i=1;i<=n;i++)                         // 相邻矩阵元素初始化为∞
        for(int j=1;j<=n;j++)
            w[i][j]=INF;
    for(int i=0;i<m;i++){                         // 输入 m 条边的信息
        int a,b,c;
        scanf("%d%d%d",&a,&b,&c);                 // 输入边的两个端点 a 和 b 以及边权 c
        if(w[a][b]>c)                             // 若该边首次输入（或边权小的重
                                                  // 边），则设置双向边
            w[a][b]=w[b][a]=c;
    }
    dijkstra(1);                                  // 从节点 1 出发，计算任一节点至
                                                  // 节点 1 的最短路
    printf("%d\n",d[n]);                          // 输出节点 n 与节点 1 间的最短路长
    return 0;
}
```

【13.2.2 Toll】

水手辛巴德（Sindbad）把 66 只银汤匙出售给了撒马尔罕（Samarkand）的苏丹（Sultan）。出售相当容易，但运货十分复杂。这些物品要在陆路上转运，通过若干个城镇和村庄。而每个城镇和村庄都要收取过关费，没有交费不准离开。一个村庄的过关费是 1 个单位的货物，而一座城镇的过关费是每 20 件单位的货物收取 1 个单位的货物。例如，你带了 70 个单位的货物进入一个城镇，则你必须缴纳 4 个单位的货物。城镇和村庄位于无法通行的山岩、沼泽和河流之间，所以你根本无法避免（如图 13.2-1 所示）。

预测在每个村庄或城镇收取的费用很简单，但要找到最佳路线（最便宜的路线）则是一个真正的挑战。最佳路线取决于运送货物的单位数量。货物的单位数量在 20 以内，村庄和城镇收取的费用是相同的。但是对于单位数量较大的货物，就要避免通过城镇，可以通过比较多的村庄，如图 13.2-2 所示。

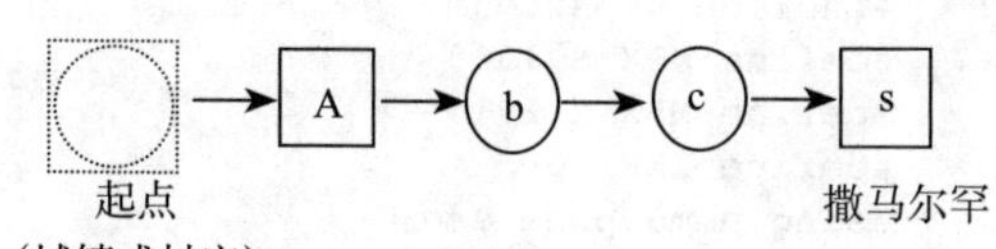

为了把 66 只银汤匙运送到撒马尔罕，要通过一个城镇，然后再通过两个村庄，出发时需要带 76 银只汤匙

图 13.2-1

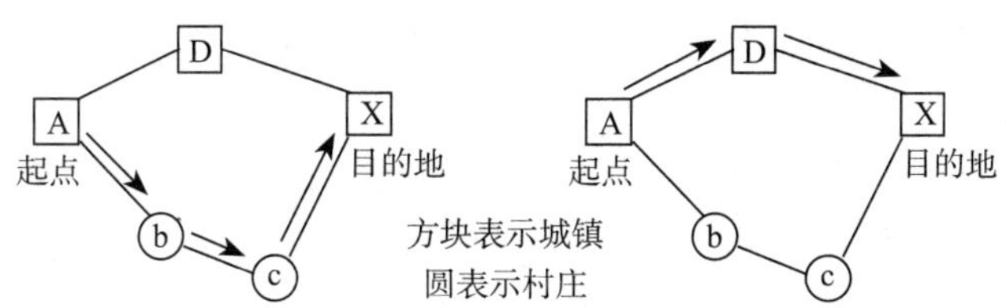

从 A 出发带 39 只银汤匙到达 X 的最佳路线是 A b c　　　　从 A 出发带 10 只银汤匙到达 X 的最佳路线是 A D X

图　13.2-2

请编写一个程序来解决辛巴德的问题。给出要运送到某个城镇或村庄的货物的单位数量和一张路线地图，程序必须确定通过最廉价的旅程在开始的时候需要带的货物的单位数量的总数。

输入

输入包含若干个测试用例。每个测试用例由两部分组成：路线地图，以及有关运送货物的细节。

路线地图的第一行给出一个整数 n（$n \geqslant 0$），表示在地图中路线的数量。

后面的 n 行每行有两个字母，表示一条路的两个端点。大写字母表示城镇，小写字母表示村庄，两个方向中的任何一个方向都可以行走。

在路线地图后给出一行，表示有关运送货物的细节，这一行有 3 个整数：整数 p（$0 < p \leqslant 1000$）表示要运送到目的地的货物的单位数量，一个表示开始位置的字母，一个表示要送达的目的地位置的字母。要求通过这样的路线地图使得这样的货物数量可以被送达。

在最后一个测试用例后，给出一行，包含一个数字 −1。

输出

对每个测试用例输出一行，给出测试用例编号和在出发的时候要带的货物的单位数量。在下面实例中给出输出格式。

样例输入	样例输出
1 a Z 19 a Z 5 A D D X A b b c c X 39 A X −1	Case 1: 20 Case 2: 44

试题来源：ACM World Finals - Beverly Hills - 2002/2003

在线测试：UVA 2730

试题解析

首先，本题的路线地图表示为无向图：城镇或村庄设为节点，其中城镇 A 对应节点

1，……，城镇 Z 对应节点 26；村庄 a 对应节点 27，……，村庄 z 对应节点 52。城镇或村庄间的行走路线设为无向边。

本题给出从起点 from 到达终点 to 时剩下的货物数 p；要求计算在起点 from 要带多少货物，走最佳路线，方可在到达终点 to 时剩下货物数 p。

本题采用二分搜索的办法计算出发时要带的最少货物数。

设区间 $[l, r]$，初始区间为 $[p, 2^{20}]$。

```
while (l!=r) {
计算中间元素 mid = ⌊(l+r-1)/2⌋
if (在 from 带 mid 个货物到达 to 时剩下的货物数≥ p)
  r=mid;          // 在 from 带的最少货物数在左区间，否则在右区间
else
  l = mid+1;
}
```

所以，本题的关键是怎样计算出发带 k 个货物，走最佳路线，到达终点时剩下多少货物（即到达终点时最多还剩下多少货物）？由于图中的边权非负且节点数较少（最多 52 个节点），因此采用 Dijkstra 算法计算，其中优先队列的存储方式为数组。

设 $g[]$ 为最佳路线货物数组，则 $g[\text{from}]=k$；flag[] 为节点在优先队列的标志，初始时所有节点在优先队列。计算过程如下：

```
while (true) {
  在优先队列中计算 g 值最大的节点 next，g[next]=w= max_{1≤i≤52,flag[i]=true} {g[i]}；
  if ( 优先队列空 )
      break;
    flag[next]=false; // 节点 next 退出优先队列
    for (int i = 1; i <= 52; i++)
    { if ( 节点 i 与 next 相邻 )
      { if (i<=26）  //i 是城镇
        剩余货物 l=w-(w-1)/20-1;
      else 剩余货物 l=w-1;
      g[i]=max{l, g[i]};
    };
  };
返回到达终点时剩下的最大货物数 g[to];
```

参考程序

```
import java.util.*;                                  // 导入 Java 下的工具包
import java.math.*;
public class Uva2730 {                               // 建立一个公共的 Uva2730 类
    static int Tot;                                  // 测试用例编号
    static boolean go[][];                           // 相邻矩阵
    static int turn(char x) {                        // 计算节点对应的节点序号
        return x < 'a' ? x - 64 : x - 70;
    }
    static int check(int from, int to, int o) {      // 出发点 from 带 o 个货物。计算到达终点
                                                     // to 时剩下多少货物
        int g[] = new int[55];
        boolean flag[] = new boolean[55];            // 节点退出优先队列的标志
        g[from] = o;                                 // 设置出发点的货物
        while (true) {
            int w = 0, next = -1;                    // 在优先队列中寻找 g 值最大的节点 next
```

```
            for (int i = 1; i <= 52; i++)
                if (!flag[i] && (next == -1 || w < g[i])) {
                    next = i;
                    w = g[i];
                }
            if (next == -1)                        // 若优先队列为空，则退出 while 循环
                //break;
            flag[next] = true;                     // 节点 next 退出优先队列
            for (int i = 1; i <= 52; i++)          // 对 next 所有出边端点的货物值进行松弛操作
                if (go[next][i])
                    g[i] = Math.max(w - (i < 27 ? (w - 1) // 20 + 1 : 1), g[i]);
        }
        return g[to];                              // 返回终点的货物数
    }
    public static void main(String args[]) {
        Scanner input = new Scanner(System.in);
        int tot = 0;                               // 测试用例编号初始化
        while (input.hasNextInt()) {
            int T = input.nextInt();               // 输入边数
            if (T == -1)                           // 测试用例结束
                break;
            go = new boolean[55][55];
            for (int i = 0; i < T; i++) {          // 输入边信息，构造无向图的相邻矩阵
                int x=turn(input.next().charAt(0)),y=turn(input.next().charAt(0));
                go[x][y] = go[y][x] = true;
            }
            Tot=input.nextInt();                   // 输入要运送到目的地的货物数、起点和终点
            int from=turn(input.next().charAt(0)),to=turn(input.next().charAt(0));
            int l = Tot, r = 1 << 20;              // 初始区间为 [Tot, 220];
            while (l != r) {
                int mid = (l + r - 1) >> 1;        // 计算区间的中间元素 mid
                if (check(from, to, mid) >= Tot)// 在 from 带 mid 个货物到达 to 时剩下的
                    // 货物数不少于 Tot ，则在 from 带的最少货物数在左区间；否则在右区间
                    r = mid;
                else
                    l = mid + 1;
            }
        System.out.println("Case" + ++tot + ":" + l); // 输出出发时要带的货物数
        }
    }
}
```

13.3 Bellman-Ford 算法

Dijkstra 算法是处理单源最短路的有效算法，但它局限于边的权值非负的情况，若图中出现权值为负的边，Dijkstra 算法就会失效，求出的最短路就可能是错的。

Bellman-Ford 算法能在更一般的情况下解决单源点最短路径问题。图可以是有向图，也可以是无向图，如果是无向图，则边 $\{u, v\}$ 可以视为有向边 (u, v) 和 (v, u) 同属于图的有向边集；图中边的权值可以为负。和 Dijkstra 算法一样，Bellman-Ford 算法也运用了松弛技术：对每一节点 $v \in V$，逐步减小从源节点 r 到 v 的最短路的距离值 dist[v]，直至其达到实际最短路长。如果图中存在负权回路，在算法结束时报告最短路不存在。

```
Bool Bellman_Ford(int r);                  // 使用 Bellman-Ford 算法计算源节点 r 至各节点的最
                                           // 短路长
{
    for (i=0; i<n; i++)                    // 所有节点的最短路距离值 dist 和父节点 fa 初始化
        { dist[i]=∞ ; fa[i]=nil;  };
```

```
        dist[r]=0;                              //设定源节点 r 的最短路距离值
        for (i=1; i<n; i++)                     //进行 n-1 次迭代
            for (each(u, v) ∈ E )               //每次迭代对图的所有边松弛一次
            if (dist[v] -wuv >dist[u])
                { dist[v]= dist[u]+ wuv; fa[v]=u; };
    for ( each (u, v) ∈ E)                      //若存在负权回路，则失败退出
        if (dist[v] -wuv > dist[u])  return  false;
        return  true;
    };
```

Bellman-Ford 算法的效率分析如下：执行初始化过程占用时间 $O(V)$，然后进行了 $n-1$ 次迭代，每次迭代的运行时间为 $O(E)$，最后花费了 $O(E)$ 时间判断负权回路。因此 Bellman-Ford 算法的运行时间为 $O(VE)$。

其实很多时候，我们的算法并不需要迭代 $n-1$ 次就能得到最优值，这之后的运行就是浪费时间。因此在迭代过程中，要是发现有一个节点的最短路径估计值没有更新，就可以退出了，因为下一次也不可能被更新。这个简单而显然的优化能大大提高程序的运行速度。虽然优化后的最坏情况依然是 $O(VE)$，但是对于多数情况而言，程序的实际运行效率变为 $O(kE)$，而其中的 k 是一个比 n 小很多的数。

【13.3.1　Wormholes】

与【13.1.3 Wormholes】相同。

试题来源：USACO 2006 December Gold

在线测试：POJ 3259

试题解析

本题给出一个图，有 N 个点（田地）、M 条正权双向边（路径）、W 条负权单向边（虫洞）。问是否能从某个点出发，通过负权回路回到出发点。

使用 Floyd-Warshall 算法求任一节点对间的最短路长。若存在负权回路，则说明农夫 John 能在出发之前返回到他最初出发的那块田地，返回成功标志 true；否则返回失败标志 false。

注意：

1）初始时，每个节点回到本身的最短路长（即相邻矩阵对角线元素）初始化为 0；其他节点对之间的最短路长（即相邻矩阵对角线外的其他元素）初始化为 ∞；

2）初始时，每个节点的距离值 $d[]$ 设为无穷大；

3）图中共有 $2\times m+w$ 条边，使用 Floyd-Warshall 算法计算出任一对节点间的最短路后，若发现存在权值为 c 的边 (u, v)，$d[v]>d[u]+c$，即农夫 John 最后走 (u, v) 这条边，能在出发之前返回到他最初出发的节点 v，因此存在一条经过 (u, v) 的负权回路。

参考程序

```
#include <iostream>
using namespace std;
#define INF 0x3f3f3f3f                          //无穷大
const int N=100005;                             //边数的上限
const int mod=1e9+7;
int f,n,m,w;                                    //测试用例（农场）数为 f，节点（田地）数为 n，边（正
                                                //权的双向边）数为 m，虫洞（负权的单向边）为 w
int d[505];                                     //节点 i 的距离值为 d[i]
```

```
struct Edge{                                   // 边表元素为结构类型
    int u,v,cost;                              // 边的两个端点为 u 和 v，边长为 cost
}edge[N];                                      // 边表

bool bellman_ford(){
    for (int i=1; i<n; i++)                    // 进行 n-1 次迭代
        for (int j=1; j<=2*m+w; j++)           // 每次迭代对图的所有边松弛一次
            if (d[edge[j].v]>d[edge[j].u]+edge[j].cost)
                d[edge[j].v]=d[edge[j].u]+edge[j].cost;
    bool flag=true;                            // 若存在负权回路，则返回 false；否则返回 true
    for (int j=1; j<=2*m+w; j++)
        if (d[edge[j].v]>d[edge[j].u]+edge[j].cost) {
            flag=false;
            break;
        }
    return flag;
}
int main(){
    int s,e,t;
    cin>>f;                                    // 输入测试用例（农场）数
    while (f--) {                              // 依次处理每个测试用例
        cin>>n>>m>>w;                          // 输入节点（田地）数 n、边（正权的双向边）数 m 和虫
                                               // 洞（负权的单向边）w
        memset(d, INF, sizeof(d));             // 各节点的距离值设为无穷大
        for (int i=1; i<=2*m; i+=2) {          // 输入正权的双向边
            scanf("%d %d %d",&edge[i].u,&edge[i].v,&edge[i].cost);
            edge[i+1].u=edge[i].v;
            edge[i+1].v=edge[i].u;
            edge[i+1].cost=edge[i].cost;
        }
        for (int i=1; i<=w; i++) {             // 输入负权的单向边
            scanf("%d %d %d",&edge[i+2*m].u,&edge[i+2*m].v,&edge[i+2*m].cost);
                                               // 输入路径的两个节点 a 和 b 以及边权的绝对值 c
            edge[i+2*m].cost*=-1;              // 建负权边
        }
        if (!bellman_ford())                   // 若存在负权回路，则返回“YES”；否则返回“NO”
            cout<<"YES\n";
        else
            cout<<"NO\n";
    }
    return 0;
}
```

【13.3.2　Cave Raider】

阿夫基耶亚（Afkiyia）是一座大山，山里面有许多洞穴，这些洞穴通过隧道相连。一个犯罪分子头目藏身在其中的一个洞穴里。每条隧道连接两个洞穴，两个洞穴之间可能有不止一条隧道连接。

在隧道和洞穴的交界处有一扇门。犯罪分子们不时通过关闭一条隧道两端的那两扇门来封闭隧道，并“清理”隧道。他们如何清理隧道仍然是个谜。然而，我们知道，如果一个人（或任何生物）被困在隧道中，当它被清理，那么这个人（或任何生物）就将死亡。清理完隧道后，门会打开，隧道可以再次使用。

现在情报人员已经查出了犯罪分子头目藏在哪个洞穴里，而且，他们还掌握了清理隧道的时间表。突击队员 Jing 要进入洞穴去抓犯罪分子头目。请你帮他找到一条路，使得他能在最短的时间内到达犯罪分子头目藏身的洞穴；而且要注意，不要被困在被清理的隧道中。

输入

输入由若干测试用例组成。测试用例的第一行给出四个正整数 n、m、s、t，正整数间至少有一个空格分隔，其中 n 是洞穴的数量（编号为 1, 2, ⋯ , n），m 是隧道数量（编号为 1, 2, ⋯, m），s 是 Jing 在时间 0 时所在的洞穴，t 是恐怖分子头目藏身的洞穴（$1 \leqslant s, t \leqslant n \leqslant 50$，$m \leqslant 500$）。

接下来的 m 行给出 m 条隧道的信息。每行最多由 35 个整数组成，整数之间至少有一个空格分隔。前两个整数是对应隧道两端的洞穴，第三个整数是从隧道一端到另一端所需的时间。接下来是一个正整数序列（每个整数最多为 10 000），它交替地给出隧道的关闭和打开时间。

例如，如果给出的内容是 10 14 5 6 7 8 9，就表示隧道连接 10 号洞穴和 14 号洞穴，从隧道的一端到另一端需要 5 个单位的时间。这条隧道在时间 6 关闭，在时间 7 打开，然后在时间 8 再次关闭，在时间 9 再次打开。也就是说，从时间 6 到时间 7 隧道被清理，然后从时间 8 到时间 9 隧道再次被清理，在时间 9 之后，这条隧道将一直开放。

如果给出的内容是 10 9 15 8 18 23，就表示这条隧道连接 10 号洞穴和 9 号洞穴，从一端到另一端需要 15 个单位的时间。隧道在时间 8 关闭，在时间 18 打开，然后在时间 23 再次关闭。时间 23 过后，这条隧道将永远关闭。

后一个测试用例在前一个用例的最后一行之后开始。以一个 0 表示输入结束。

输出

对每个测试用例，输出一行，或者给出一个整数，这是 Jing 到达洞穴 t 所需的时间，或者是一个符号“*”，表示 Jing 永远无法到达洞穴 t。这里要注意，开始时间是 0，所以如果 $s=t$，也就是说，Jing 和恐怖分子头目在同一个洞穴，那么输出是 0。

样例输入	样例输出
2 2 1 2 1 2 5 4 10 14 20 24 30 1 2 6 2 10 22 30 6 9 1 6 1 2 6 5 10 1 3 7 8 20 30 40 2 4 8 5 13 21 30 3 5 10 16 25 34 45 2 5 9 22 32 40 50 3 4 15 2 8 24 34 4 6 10 32 45 56 65 5 6 3 2 5 10 15 2 3 5 2 9 19 25 2 2 1 2 1 2 7 6 9 12 1 2 9 8 12 19 0	16 55 *

试题来源：ACM Asia Kaohsiung 2003

在线测试：POJ 1613，ZOJ 1791，UVA 2819

试题解析

设洞穴为节点，Jing 在时间 0 时所在的洞穴为源点，犯罪分子头目藏身的洞穴为终点，连接洞穴的隧道为边，即可将阿夫基耶亚山转化为图。所以，本题要求在最短的时间内到达犯罪分子头目藏身的洞穴，即图的最短路问题。

根据试题描述，在相同两个点之间会有不同权值的边，所以就不能用 Dijkstra 算法。用 Bellman-Ford 算法来解决本题，只要对边进行遍历就可以求出最短路。但是本题对边的使用有时间限制，所以在松弛的时候判断一下当前这条边能否使用。

每条隧道都有开闭的时间区间，用一个 vector 来存储时间点，按照奇偶来区分该段时间区间是否为开放时段。如果要从一条隧道的 v 端，走向隧道的另一端（u 端），且已知所需时间为 t，那么就要考虑到达 v 的时间点 tv，这个时候隧道可能处于关闭状态，也可能处于开放状态，用区间 $[t_{k-1}, t_k]$ 来表示开放时间，那么如果 $tv<t_{k-1}$，就要等到 t_{k-1} 才能进隧道；而如果 $t_{k-1}<tv< t_k$，则可以进入隧道；所以进入隧道的时间为 $T=\max(t_{k-1}, tv)$；同时，在隧道里的时间是有限制的，如果 $t_k-T<t$，则不能进入隧道，否则还没出来，通道就会关闭，人就会被“清理”。

参考程序（略。本题参考程序的 PDF 文件和本题的英文原版均可从华章网站下载）

13.4 SPFA 算法

SPFA（Shortest Path Faster Algorithm）算法是求单源最短路径的一种算法，它是 Bellman-Ford 的队列优化，是一种十分高效的最短路算法。在很多情况下，给定的图存在负权边，此时 Dijkstra 等算法便没有了用武之地，而 Bellman-Ford 算法的效率又低，在这种情况下，SPFA 算法便派上用场了。

SPFA 算法与 Dijkstra 和 Bellman-Ford 算法一样，用数组 dist 记录起始节点到所有节点的最短路距离值（初始值赋值，起始点到本身的距离为 0，其他节点赋为极大值），用邻接表来存储图 G。SPFA 算法的实现方法是动态逼近法：设立一个先进先出的队列 Q，用来存储待优化的节点，优化时每次取出队首节点 u，并基于 dist[u] 值对节点 u 出边所指向的节点 v 进行松弛操作，如果 dist[v] 值有所调整，并且节点 v 不在队列 Q 中，则节点 v 入队列 Q。这样不断从队列 Q 中取出节点来进行松弛操作，直至 Q 队列空为止。

此外，SPFA 算法还可以判断图 G 中是否有负权回路，如果一个节点进入队列的次数达到节点数 N，则 G 中有负权回路。

```
void spfa(int s)              // 使用 SPFA 算法计算起始节点 s 至各节点的最短路长
{
队列 Q 初始化为空 ;
for(i=0; i<101; i++)          // 所有节点的父节点为空，距离值为∞
    { dist[i] = ∞ ; fa[i]=nil }
dist[s]=0;                    // 起始节点 s 的距离值为 0
s 进入队列 Q;
while ( 队列 Q 非空 )
{
    Q 的队首元素 x 出队 ;
    for(i=1; i<=n; i++)       // 对 x 的所有出边进行松弛操作：如果可以经过 x 来改进到节点 i 的最
                              // 短路长，就对其距离值 dist[i] 以及父节点 fa[i] 进行更新
        if(dist[i]-wxi>dist[x])
```

```
                { dist[i]= dist[x]+ wxi; fa[i]=x;
                    if (节点i未在队列Q)
                        节点i进入队列Q;
            }
        }
    }
```

SPFA算法类似于宽度优先搜索，其中Q是先进先出队列，而非优先队列。每次从Q中取出队首节点u，并访问u的所有邻接点的复杂度为$O(d)$，其中d为点u的出度。运用均摊分析的思想，对于$|V|$个节点$|E|$条边的图，节点的平均出度为$\frac{|E|}{|V|}$，所以每处理一个节点的复杂度为$O\left(\frac{|E|}{|V|}\right)$。假设节点入队的次数为$h$，显然$h$随图的不同而不同，但它仅与边的权值分布有关。我们设$h=k|V|$，则算法SPFA的时间复杂度为$T=O(h\frac{|E|}{|V|})=O(k|E|)$。在平均的情况下，可以将$k$看成一个比较小的常数，所以SPFA算法在一般情况下的时间复杂度为$O(E)$。

SPFA算法稳定性较差，在稠密图中SPFA算法时间复杂度会退化。

SPFA和经过简单优化的Bellman-Ford无论在思想上还是在复杂度上都有相似之处。确实如此，两者都属于标号修正的范畴，计算过程都是迭代式的，最短路径的估计值都是临时的，都采用了不断逼近最优解的贪心策略，只在最后一步才确定想要的结果。但由于两者在实现方式上的差异性，使得时间复杂度存在较大的差异。在Bellman-Ford算法中，如果某个点的最短路距离值被更新了，那么就必须对所有边做一次松弛操作；在SPFA算法中，如果某个点的最短路距离值被更新，仅需对该点出边的端点做一次松弛操作。在极端情况下，后者的效率将是前者的n倍，一般情况下，后者的效率也比前者高出不少。基于两者在思想上的相似，可以这样说，SPFA算法其实是Bellman-Ford算法的一个优化版本。

【13.4.1　Wormholes】

与【13.1.3 Wormholes】相同。

试题来源：USACO 2006 December Gold

在线测试：POJ 3259

试题解析

这里，使用SPFA算法判断图G中是否有负权回路，如果一个节点进入队列的次数达到图的节点数N，则G中有负权回路。

参考程序

```
#include<stdio.h>
#include<queue>
using namespace std;
int map[501][501];
int dis[501];
int n, m, w;
int s, e, t;
bool spfa()                              //使用SPFA算法判别是否存在负权回
                                         //路。若不存在，则返回1；否则返回0
{
    bool flag[501] = {0};                // flag[i]为节点i在队列的标志
```

```
    int count[501] = {0};                          // count[i]为节点i入队的次数
    queue<int > q;                                 //队列q
    q.push(s);                                     //源点s入队
    dis[s] = 0;                                    //源点的最短距离值为0
    int curr;                                      //队首节点，即待扩展节点
    int i;
    while(!q.empty())                              //若队列非空，则取队首节点curr
    {
        curr = q.front();
        q.pop();                                   //队首节点出队
        for(i = 1; i <= n; i++)                    //枚举curr可达的节点i
            if(map[curr][i] < 100000)
                                                   //若途径边(curr,i)可使得源点至i
                                                   //的路径更短，则进行松弛操作
            if(dis[i] > map[curr][i] + dis[curr] )
            {
                dis[i] = map[curr][i] + dis[curr]; //调整源点至i的最短路
                if(flag[i] == 0)                   //若i节点未入队，则入队
                    q.push(i);
                    count[i] ++ ;                  //节点i的入队次数+1
                    flag[i] = 1;                   //设节点i入队标志
                    if(count[i] >= n)              //若i的入队次数不小于n，则存在负
                                                   //权回路，返回0
                        return 0;
            }
        flag[curr] = 0;                            //设节点curr不在队列标志
    }
    return 1;                                      //返回不存在负权回路标志1
}
int main()
{
    int f;
    scanf("%d", &f);                                       //输入测试用例（农场）数
    while(f--)                                             //依次处理每个测试用例
    {
        memset(dis,63, sizeof(dis));                       //最短距离值序列初始化
        memset(map, 127, sizeof(map));                     //相邻矩阵初始化
        scanf("%d %d %d", &n, &m, &w);                     //输入节点（田地）数n、边（正权
                                                           //的双向路径）数m和虫洞（负权的
                                                           //单向路径）w
        int i;
        for(i = 0; i < m; i++)                             //输入正权的双向路径
        {
            scanf("%d %d %d", &s, &e, &t);                 //输入边的两个节点e和s以及边权t
            map[s][e] = map[s][e] > t? t : map[s][e];      //设置双向边（剔除权值大的重边）
            map[e][s] = map[e][s] > t? t : map[e][s];
        }
        for(i = 0; i < w; i++)                             //输入负权的单向路径
        {
            scanf("%d %d %d", &s, &e, &t);                 //输入边的端点a和b以及边权的
                                                           //绝对值c
            map[s][e] = -t;                                //建负权边
        }
        if(spfa())                                         //使用SPFA算法判别是否存在负
                                                           //权回路。若不存在，则输出无解；
                                                           //否则输出有解
            printf("NO\n");
        else
            printf("YES\n");
    }
    return 0;
}
```

【13.4.2　Friend Chains】

对于一组人来说，有一种观点认为，通过认识的人介绍，每个人与组中任何其他人的认识距离都等于或小于6。也就是说，“一个朋友的朋友”的链可以连接两个人，任何一个链包含的人数不会超过7。

例如，如果XXX是YYY的朋友，YYY是ZZZ的朋友，但是XXX不是ZZZ的朋友，那么XXX和ZZZ之间有一个长度为2的朋友链。朋友链的长度比链中的人数少1。

这里要注意，如果XXX是YYY的朋友，那么YYY也是XXX的朋友。给出一群人以及他们之间的朋友关系。对于组中的任何两个人，都有一个连接他们的朋友链，链的长度不超过k。请你求出k的最小值。

输入

本题有多个测试用例。

对于每个测试用例，首先给出一个整数N（$2 \leqslant N \leqslant 1000$），表示组中的人数。接下来的$N$行，每行给出一个字符串，表示一个人的姓名。字符串由字母组成，长度不超过10。然后给出一个数字M（$0 \leqslant M \leqslant 10\,000$），表示组中的朋友关系数。接下来的$M$行每行都包含两个用空格隔开的名字，他们是朋友。

输入以N=0结束。

输出

对于每个测试用例，在一行中打印最小值k。

如果k的值是无穷大，则输出 -1。

样例输入	样例输出
3 XXX YYY ZZZ 2 XXX YYY YYY ZZZ 0	2

试题来源：2012 Asia Hangzhou Regional Contest

在线测试：HDOJ 4460，UVA 6378

 **试题解析**

本题给出N个人、M个关系，求连接任何两个人的朋友链的最小长度k，如果有两个人无法通过关系认识，则输出 -1。

本题是一道很明显的最短路问题。从一个源点s出发，通过最短路算法求出所有节点至s的最短路长，其中最大值$k_s = \max\limits_{1 \leqslant i \leqslant n}\{节点i至源点s的最短路长\}$，即$k_s$为$s$连接其他所有人的朋友链长的最小值。而题目要求计算连接所有人的朋友链长度的下限，只能使用N次最短路算法，每次选择一个源点i（$1 \leqslant i \leqslant N$），计算$i$连接其他所有人的朋友链长的下限，显然，连接所有人的朋友链长度的下限$k = \max\limits_{1 \leqslant i \leqslant n}\{k_i\}$。如果出现任一对人之间无法通过朋友链连接（他们之间的最短路长为无穷大），最终导致k为无穷大，则计算失败。

本题使用 Floyd-Warshall 算法、Dijkstra 算法求解会超时。本题可用 SPFA 算法求解，一次调用的时间复杂度为 $O(E)$，则调用 N 次 SPFA 算法，时间复杂度为 $O(E*N)$，可以在限定时间内出解。

 **参考程序（略。本题参考程序的 PDF 文件和本题的英文原版均可从华章网站下载）**

13.5　相关题库

【13.5.1　Knight Moves】

你的一个朋友正在研究骑士周游路线问题（Traveling Knight Problem ，TKP），在一个棋盘上，对于给出的 *n* 个方格，要找到骑士移动并访问每个方格一次且仅一次的最短回路。你的朋友认为这个问题最难的部分是确定在两个给出的方格之间骑士移动的最小步数，并认为如果完成了这一工作，找到周游路线就很容易了。

请你为他编写一个程序来解决这个“困难”部分。

程序输入两个方格 *a* 和 *b*，然后确定从 *a* 到 *b* 最短路上骑士移动的次数。

输入

输入包含一个或多个测试用例,，每个测试用例一行，给出两个方格，用一个空格分开。其中一个方格是一个字符串，由一个表示棋盘列的字母 (a ～ h) 和一个表示棋盘行的数字（1 ～ 8）组成。

输出

对每个测试用例，输出一行“To get from *xx* to *yy* takes *n* knight moves.”。

样例输入	样例输出
e2 e4 a1 b2 b2 c3 a1 h8 a1 h7 h8 a1 b1 c3 f6 f6	To get from e2 to e4 takes 2 knight moves. To get from a1 to b2 takes 4 knight moves. To get from b2 to c3 takes 2 knight moves. To get from a1 to h8 takes 6 knight moves. To get from a1 to h7 takes 5 knight moves. To get from h8 to a1 takes 6 knight moves. To get from b1 to c3 takes 1 knight moves. To get from f6 to f6 takes 0 knight moves.

试题来源：1996 University of Ulm Local Contest

在线测试：POJ 2243，ZOJ 1091，UVA 439

 **提示**

我们将棋盘上的每个方格视为节点，一次跳马可达的节点间连边，边权为 1，这样就可将骑士周游路线问题转化为求图的最短路径问题。设最短路矩阵为 $\boldsymbol{w}$，其中 $\boldsymbol{w}[x_1][y_1][x_2][y_2]$ 为骑士由方格 (x_1, y_1) 移动至方格 (x_2, y_2) 的最小步数，简称最短路矩阵。初始时：

$$\boldsymbol{w}[x_1][y_1][x_2][y_2]=\begin{cases}\infty & \text{否则}\\ 1 & (x_1,y_1)\text{通过跳马可达界内的}(x_2,y_2)\end{cases}$$

我们采用离线计算策略，先使用 Floyd-Warshall 算法计算任一对节点间的最短路：

```
for (int kx=1; kx<=8; kx++)                    // 枚举中间格坐标
```

```
for (int ky =1; ky <=8; ky++)
  for (int ix=1; ix<=8; ix++)         // 枚举起始格坐标
    for (int iy=1; iy<=8; iy++)
      for (int jx=1; jx<=8; jx++)     // 枚举目标格坐标
        for (int jy=1; jy<=8; jy++)
          if (w[ix][ iy][ kx][ ky]+w[kx][ ky][ jx][ jy]<w[ix][ iy][ jx][ jy])
w[ix][ iy][ jx][ jy]=w[ix][ iy][ kx][ ky]+w[kx][ ky][ jx][ jy];
```

以后每输入出发位置的列字母 a_1、行数符 b_1 和目标位置的列字母 a_2、行数符 b_2，即可直接从最短路矩阵 $\boldsymbol{w}$ 中找出解 $\boldsymbol{w}[a_1-96][b_1-48][a_2-96][b_2-48]$。

【13.5.2　Big Christmas Tree】

在 KCM 市，圣诞节即将到来。Suby 要准备一棵很大、很整齐的圣诞树。树的简单结构如图 13.5-1 所示。

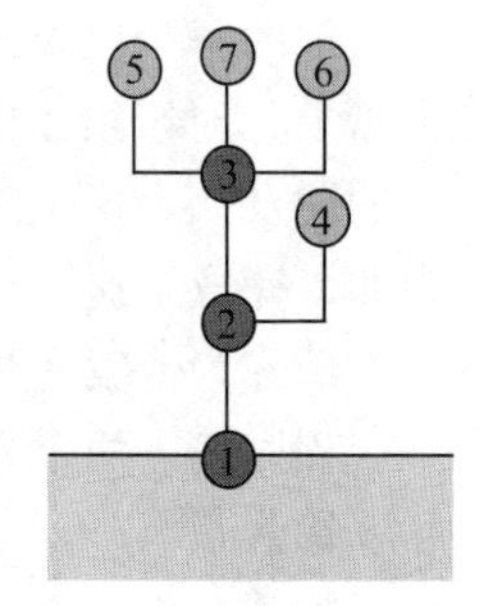

图　13.5-1

树可以表示为带编号的节点和一些边组成的集合。这些节点的编号从 1 到 n。根的编号总是 1。树中的每个节点都有其自己的权值，权值可以彼此间各不相同。另外，每两个节点之间可能存在的边的形状也是不同的，所以每条边的单价是不同的。由于搭建圣诞树存在技术难度，因此一条边的价格是（所有子孙节点的权重总和）×（该边的单价）。

Suby 要在所有可能的选择中最小化整棵树的成本。此外，因为他想要一棵大树，所以他希望用到所有节点。他要你帮助解决这个问题，找出整棵树的最小成本。

输入

输入包括 T 组测试用例。测试用例的数目 T 在输入文件的第一行给出。每个测试用例由若干行组成。两个数字 v、e ($0 \leqslant v, e \leqslant 50\ 000$) 在每个测试用例的第一行给出。在下一行中给出 v 个正整数 w_i 表示 v 个节点的权值。接下来的 e 行，每行包含三个正整数 a、b、c，表示连接两个节点 a 和 b 的边，以及该边的单价 c。

输入的所有数字小于 2^{16}。

输出

对于每个测试用例，在一行中输出一个整数，表示该树的最小成本。如果没有办法建立一颗圣诞树，则在一行中输出“No Answer”。

样例输入	样例输出
2 2 1 1 1 1 2 15 7 7 200 10 20 30 40 50 60 1 2 1 2 3 3 2 4 2 3 5 4 3 7 2 3 6 3 1 5 9	15 1210

试题来源：POJ Monthly--2006.09.29

在线测试：POJ 3013

 提示

圣诞树是一棵倒立的树，根位于最底层。每个节点的子孙在其与根的路径上。由于每两个节点之间可能存在单价不同的多条边，因此根至每个节点的路径可能有多条，这同数据结构意义上的树有本质的不同，只能作为图来处理。

我们将每条边的单价称作边权，节点 i 至根的路径上边的单价和称为路径长度。按照题意（一条边的价格是（所有子孙节点的权重总和）×（该边的单价）），可得出整棵树的成本 = $\sum_{i=1}^{n}$ 节点 i 至根的路径长度 × 节点 i 的权重。要使得树的成本最小，每个节点至根的路径长度必须最小。显然这是一个典型的单源最短路问题。

设节点数为 n，边数为 m；节点的权重序列为 weight，其中节点 i 的权重为 weight[i]。

边表为 E，M 条边互为反向后存入 E，其中第 k 条边为（$E[k].l$，$E[k].r$），边权为 $E[k]$.val。E 表按照边的左端点序号递增的顺序排列，即节点 i 的所有出边连续存储在 E 表中，首条出边在 E 表中的下标为 start[i]（$1 \leqslant E \leqslant 2 \times M$，$0 \leqslant i \leqslant n-1$）。

距离矩阵为 dist，其中根（节点 0）至节点 i 的最小边权和为 dist[i]。

优先队列为 Q，Q 的元素为节点序号和根至该节点的最小边权和。

我们使用 Dijkstra 算法计算距离矩阵 dist：

```
dist[1]= dist[2]=…dist[n-1]= ∞ ;
将节点 0 和 dist[0] 送入优先队列 Q;
while (Q 非空 ) {                                   // 反复循环，直至最小优先队列 Q 空为止
    从 Q 中取出距离值最小的节点 x;
    If x.val ≤ dist[x.l])                          // 若 x 的距离值小于出边左端点的距离值
    {
        for (int i = start[x.l]; i < 2 * M && E[i].l == x.l; i++) // 对 x 的所有 //
            出边进行松弛操作，调整右端点的距离值，并将右端点及其最小距离值送入队列
        if (dist[E[i].r] > x.val + E[i].val) {
            dist[E[i].r] = x.val + E[i].val;
            将节点 E[i].r 及其距离值 dist[E[i].r] 送入优先队列 Q;
        }
    }
}
```

若所有节点可达节点 0（即 dist[i] $\neq \infty$，$0 \leqslant i \leqslant n-1$），则最小成本为 $\sum_{i=0}^{n-1}$dist[i]×weight[i]；否则输出无解信息。

【13.5.3 Stockbroker Grapevine】

众所周知，股票经纪人对流言总是有过度的反应。请你设计开发在股票经纪人中传播假情报的方法，让你的雇主在股票市场上获胜。为了获得最好的效果，你必须以最快的方式传播谣言。

你需要考虑的是，股票经纪人只相信来自他们的“可信来源”的信息。这意味着你在开始传播谣言的时候，必须考虑到他们获取信息的结构。对于一个特定的股票经纪人，要花费一定的时间将谣言传播给他的每一位同事。你的任务是写一个程序，确定选择哪一位股票经纪人作为传播谣言的出发点，以及将谣言传播给整个股票经纪人团队所用的时间。时间段由

从第一个股票经纪人收到信息的时间到最后一个股票经纪人收到信息所需的时间来确定。

输入

程序输入多个股票经纪人集合的数据。每个集合的第一行是股票经纪人的数目。后面的每一行是每个股票经纪人的信息：和多少人联系，这些人是谁，将消息传给这些人需要多少时间。表示股票经纪人信息的每一行的格式如下：首先给出接触的人数（n），后面是 n 对整数，每对表示一个接触信息，每对的第一个数字表示接触者（例如，"1"表示集合中股票经纪人的编号），后面跟着以分钟为单位的时间，表示将消息传给此人需要多少时间。没有附加的标点符号和间距。

从 1 到经纪人总数对每个股票经纪人进行编号，传递消息的时间为 1 到 10 分钟，接触的人数在 0 到经纪人总数 -1 之间。经纪人的数目在 1 到 100 之间。输入以经纪人数目为 0 的经纪人集合为结束。

输出

对于每一组数据，程序输出一行，给出要使消息传输速度最快首先将消息传给哪个股票经纪人，以及在你给出消息后，到最后一个股票经纪人接收到消息所用的时间，时间以分钟为单位。

也存在这样的可能，给你的连接网络遗漏了某些股票经纪人，也就是说，消息无法传达给某些人。如果你的程序检测到这样的情况，就输出"disjoint"。注意从 A 到 B 传输消息的时间和从 B 到 A 传输信息的时间不一定相同。

样例输入	样例输出
3	3 2
2 2 4 3 5	3 10
2 1 2 3 6	
2 1 2 2 2	
5	
3 4 4 2 8 5 3	
1 5 8	
4 1 6 4 10 2 7 5 2	
0	
2 2 5 1 5	
0	

试题来源：ACM Southern African 2001

在线测试：POJ 1125，ZOJ 0182，UVA 2241

 **提示**

我们将股票经纪人设为节点，每个股票经纪人与相联系的人之间连边，边权为消息传递的时间，构造出一个有向带权图 G。

试题要求计算消息应首先传给哪个股票经纪人，方可使消息传输速度最快。对于股票经纪人 i 来说，要使得消息经由他传送给其他所有人，至少花费该节点至其他节点的最短路的最大值 $d_i=\max\limits_{1\le j\le n}\{\text{dist}[i][j]\}$，其中 dist[$i$][$j$] 为节点 i 至节点 j 的最短路长。

显然，消息传输给所有人的最快速度为 $\text{ans}=\min\limits_{1\le i\le n}\{d_i\}$，要达到这个速度，消息应首先传给满足 ans=$d_t$ 的股票经纪人 t。节点 t 就是所谓图 G 的中心。由此引出算法：

```
使用 Floyd 算法计算出任意节点对之间的最短路矩阵 dist[][];
ans= ∞ ; t=-1;          // 最短路长和出发点初始化
搜索 dist[][] 的每一行 i(1 ≤ i ≤ n):
  { 计算节点 i 至其他节点的最短路的最大值 d_i = max_{1≤j≤n}{dist[i][j]}
    if (ans>d_i) { // 若 i 节点为出发点使得可达所有节点的路长最小，则将 d_i 调整为最优解，并记下出发点 i
        ans=d_i;
        t = i;
    }
  }
if (ans == ∞ )  // 若最优解仍为初始值，则说明从任意节点出发都无法到达所有节点输出无解；
else
  输出 t 节点出发可达所有节点的最短路长为 ans;
```

【13.5.4　Domino Effect】

你知道除了玩骨牌以外，多米诺骨牌可以用于其他的事情吗？首先将许多的多米诺骨牌排成一行，彼此间的距离很小，然后，推倒第一块多米诺骨牌，引起所有其他的骨牌连续倒下（这也就是惯用语“多米诺效应”的出处）。

由于用少量的多米诺骨牌没有意义，在 20 世纪 80 年代的早期，一些人把这个游戏玩到了极致，他们创造了这样一个短暂的艺术：用几百万张不同颜色和不同材料的多米诺骨牌在整个大厅里以精美的样式摆满。在这样的构造中，通常是有不止一行的多米诺骨牌同时倒下。正如大家能想到的，时间的确定是必要因素。

请你编写一个程序，对于一个给出的多米诺骨牌的排列体系，计算在什么时候、什么地方，最后一块多米诺骨牌倒下。这一系统由几个“关键多米诺骨牌”组成，多米诺骨牌排成的简单行把这几个关键多米诺骨牌连接起来。当一块关键多米诺骨牌倒下的时候，所有连接这块多米诺骨牌的行也将开始倒下（除了已经倒下的之外），当倒下的行到达其他未倒下的多米诺骨牌的时候，这些其他的多米诺骨牌也将倒下，并将引起它们所连接的多米诺骨牌的行倒下。多米诺骨牌行可以在任一点开始倒。一行多米诺骨牌也可以从两个方面开始倒，在这一情况下该行中最后一块多米诺骨牌在两个关键多米诺骨牌之间的某处倒下。假设所有的骨牌行以一个统一的速率倒下。

输入

输入包含了若干个多米诺骨牌体系的测试用例。每个测试用例的第一行给出两个整数：关键多米诺骨牌的数量 n（$1 \leq n<500$）和关键多米诺骨牌间的行数 m，关键多米诺骨牌的编号是从 1 到 n。在每对关键多米诺骨牌之间至多有一行，多米诺图是连通的，即从一个关键多米诺骨牌到另一个关键多米诺骨牌之间至少有一条沿着一系列多米诺行的路径。

后面跟着 m 行，每行包含 3 个整数 a、b 和 l，表示这一行是在关键多米诺骨牌 a 和 b 之间，多米诺骨牌从一端到另一端倒下要 l 秒。

每个体系从编号为 1 的多米诺骨牌开始倒。

以一个空的多米诺骨牌体系（$n=m=0$）结束，程序不用处理这个空体系。

输出

对于每个测试用例，输出第一行以测试用例编号开始（“System #1”“System #2”等）。然后输出一行，给出在什么时间最后一块多米诺骨牌倒下，精确到小数点右边一位；以及最后一块多米诺骨牌倒下的地方，或者是某一块关键多米诺骨牌，或者是在两块关键多米诺骨牌之间（在这一情况下，以升序形式输出这两块多米诺骨牌编号）。形式如输出样例所示。测试数据保证有唯一解，在每个多米诺骨牌体系处理后输出一个空行。

样例输入	样例输出
2 1 1 2 27 3 3 1 2 5 1 3 5 2 3 5 0 0	System #1 The last domino falls after 27.0 seconds, at key domino 2. System #2 The last domino falls after 7.5 seconds, between key dominoes 2 and 3.

试题来源：ACM Southwestern European Regional Contest 1996

在线测试：POJ 1135，ZOJ 1298，UVA 318

提示

将骨牌作为节点，若骨牌 a 到骨牌 b 倒下要 l 秒的时间，则添加权为 l 的无向边（a,b）和 (b,a)，即 $w_{ab}=w_{ba}=l$，构造出无向图 G。

我们从节点 1（第 1 个被推倒的骨牌）出发，使用单源最短路算法计算节点 1 至其他节点的最短路长矩阵 down[ ]。若最后倒下的是一块骨牌，则全部骨牌倒下的时间为 $\text{time}_1=\max\limits_{1\leqslant i\leqslant n}\{\text{down}[i]\}$，最后倒下的骨牌为 $x(\text{down}[x]=\text{time}_1)$。

若最后在骨牌 i 与骨牌 j 之间倒下，则必须满足条件 $|\text{down}[i]-\text{down}[j]|<w_{ij}$，骨牌倒下的最后时间为 $\max\{\text{down}[i],\text{down}[j]\}+\dfrac{w_{ij}-|\text{down}[i]-\text{down}[j]|}{2}$。我们搜索最后在两块骨牌间倒下的所有可能情况，计算全部骨牌倒下的时间最短时间 $\text{time}_2=\max\limits_{1\leqslant i\leqslant n-1,i+1\leqslant j\leqslant n}\{\max\{\text{down}[i],\text{down}[j]\}+\dfrac{w_{ij}-|\text{down}[i]-\text{down}[j]|}{2}\}$ 和最后相继倒下的两块骨牌 x_1 和 x_2。

显然全部骨牌最后倒下的时间为 ans=min{ time_1，time_2}。若 ans= time_1，则最后倒下的骨牌为 x；若 ans= time_2，则全部骨牌最后在骨牌 x_1 和 x_2 之间倒下。

【13.5.5　106 miles to Chicago】

在电影《福禄双霸天》（*The Blues Brothers*）中，收养 Elwood 和 Jack 的孤儿院如果不向芝加哥的库克评估办公室支付 5000 美元的税款，就要被出售给教育委员会。Elwood 和 Jack 在皇宫酒店表演赚了 5000 美元后，他们要找一条回到芝加哥的路。然而，这并不是一件容易的事情，因为他们正被警察、黑帮和纳粹追逐；现在他们距离芝加哥有 106 英里，而且时值黑夜，他们还戴着太阳镜。

请你帮助他们找到回芝加哥的最安全的道路。在本问题中，最安全的道路就是他们不被抓的可能性最大的路线。

输入

输入包含多个测试用例。

每个测试用例第一行是两个整数 n 和 m（$2\leqslant n\leqslant 100$，$1\leqslant m\leqslant n\times(n-1)/2$），其中 n 是交叉路口的数目，m 是要加以考虑的街道的数目。

后面的 m 行给出对街道的描述，一条街道用一行描述，每行有 3 个整数 a、b 和 p（$1\leqslant a,b\leqslant n$，$a!=b$，$1\leqslant p\leqslant 100$）：$a$ 和 b 表示街道的两个端点，p 是布鲁斯兄弟（Blues Brothers）使用这条街道不被抓的可能性的百分数。每条街道两个方向都可以走，在两个端点之间最多只有一条街道。

在最后一个测试用例后用 0 表示结束。

输出

对每个测试用例，计算从路口 1（皇宫酒店）到路口 n（在芝加哥的目的地）走最安全的道路的不被抓的可能性。本题设定在路口 1 和路口 n 间至少有一条路。

输出百分数形式的概率，要求精确到小数点后 6 位。如果输出的百分比的值与裁判输出至多有 10^{-6} 不同，那么这一百分比的值被认为是正确的。请按照下面给出的输出格式，每组测试数据对应一行输出。

样例输入	样例输出
5 7 5 2 100 3 5 80 2 3 70 2 1 50 3 4 90 4 1 85 3 1 70 0	61.200000 percent

试题来源：Ulm Local 2005

在线测试：POJ 2472，ZOJ 2797

 **提示**

将本题表示为无向图 G：交叉路口作为节点，街道作为边。若交叉路口 a 和 b 之间通有街道，布鲁斯兄弟使用这条街道不被抓的可能性的百分数为 p，则 (a, b) 的权为 $\frac{p}{100}$，即 $w_{ab} = w_{ba} = \frac{p}{100}$（$\frac{p}{100}$ 是为了减少精度误差）。

若节点 i 至节点 k 的路径不被抓的概率为 p_{ik}，节点 k 至节点 j 的路径不被抓的概率为 p_{kj}，则节点 i 途径节点 k 至节点 j 的路线不被抓的概率为 $p_{ik} \times p_{kj}$。我们一一枚举节点 i 至节点 j 的路线上的每个中间节点 k，可得出从节点 i 至节点 j 的所有路径中，不被抓的最大概率为 $\max_{k \in i至j的路线} \{p_{ik} \times p_{k}\}$

显然，路口 1 到路口 n 的最安全的道路就是节点 1 至节点 n 的最长路。我们可以使用 Floyd 算法计算任意节点对间的最大路长，即所有可连通的路口之间不被抓的最大概率 $p[][]$，其中 $p[1][n] \times 100$ 即为问题的解。

【13.5.6　AntiFloyd】

你已被聘为一家大公司的系统管理员。该公司总部的 n 台计算机被 m 条电缆的网络连通。每条电缆连接两台不同的计算机，任何两台计算机之间至多只有一条电缆连接。每条电缆有一个延迟期，以微秒为单位，已知一条消息沿着一条电缆传输需要多长的时间。该网络协议是以一个巧妙的方法建立的，当从计算机 A 发送一条消息到计算机 B 时，该消息将沿着具有最小总延迟的路径，使得消息尽可能快地到达 B。电缆是双向的，在两个方向上都有相同的延迟期。

现在请你确定哪些计算机彼此连接，以及 m 条电缆中每条的延迟期。你很快发现这是一个困难的任务，因为建筑有许多层，并且电缆隐藏在墙内。因此，你决定这样做：你从每一台计算机 A 给每一台其他的计算机 B 发送一条消息，并测量延迟期，获得 $\frac{n(n-1)}{2}$ 个测量结果，然后根据这些数据，你来确定哪些计算机是由电缆连接的，以及每条电缆的延迟期。你希望你的模型简单，所以你希望使用的电缆尽可能少。

输入

第一行给出测试用例个数 N（最多为 20）。后面给出 N 个测试用例。每个测试用例的第一行给出 n（$0<n<100$），后面的 $n-1$ 行给出测量出来的消息延迟期。第 i 行给出 i 个整数，取值范围为 [1, 10 000]，第 j 个整数是将一条消息从计算机 i+1 发送到计算机 j（或相反）所需要的总的时间。

输出

对每个测试用例，在一行内输出"Case #x:"，下一行给出 m（电缆的条数）。后面的 m 行每行给出 3 个整数 u、v 和 w，表示在计算机 u 和计算机 v 之间存在一条延迟期为 w 的电缆。行首先按 u 排序，然后按 v 排序，$u<v$。如果存在多个答案，任何一个都可以。如果结果不可能，则输出"Need better measurements."，在每个测试用例后输出一个空行。

样例输入	样例输出
2 3 100 200 100 3 100 300 100	Case #1: 2 1 2 100 2 3 100 Case #2: Need better measurements.

试题来源：Abednego's Graph Lovers' Contest, 2006

在线测试：UVA 10987

提示

我们将计算机作为节点，计算机 i 分别与计算机 1 到计算机 $i-1$ 之间连边（$1 \leqslant i \leqslant n$），边权 w_{ij} 为两台计算机间测量出的消息延迟期，构造出具有一个 $\frac{n(n-1)}{2}$ 条带权边的无向图。

1）连接方案的存在条件：对于任何一对计算机来说，它们之间测量出的消息延迟期是最小的。即对于任何节点对 i 和 j（$1 \leqslant i \leqslant n$，$1 \leqslant j \leqslant i-1$, $i!=j$），不存在任何一个中间节点 k，使得 $w_{ik}+w_{kj}<w_{ij}$；否则存在更优的连接方案或可替代的连接方案，即在 $w_{ik}+w_{kj} \geqslant w_{ij}$ 时连接节点 i 和节点 k、节点 k 和节点 j。

2）计算机 i 和计算机 j 间是否铺设电缆的条件（$1 \leqslant i \leqslant n$，$1 \leqslant j \leqslant i-1$, $i!=j$）：两个节点间加入任何一个中间节点 k（$1 \leqslant k \leqslant n$），边权和 $w_{ik}+w_{kj}!=w_{ij}$，以避免测试结果的二义性。

由此得出算法：

```
枚举每个节点对 i 和 j（1 ≤ i ≤ n，1 ≤ j ≤ i−1，i!=j）:
枚举所有可能的中间节点 k（1 ≤ k ≤ n）：若在节点 i 和节点 j 间加入中间节点 k，使得 wik+wkj<wij，则设失
  败标志，并结束枚举节点对的过程；若 wik+wkj==wij，则 (i, j) 不铺设电缆；
若加入任何一个中间节点 k 都使得 wik+wkj!=wij，则电缆数 ++tot，设 (i, j) 铺设电缆标志；
若失败，则输出"Need better measurements."；否则输出电缆数 tot 和 tot 对铺设电缆的节点对；
```

第 14 章

二分图、网络流算法编程

二分图、网络流是两种最典型的特殊图，这两种特殊图的算法是图论的重要算法。本章将展开二分图匹配和网络流的编程实验。

14.1 二分图匹配

二分图匹配的基本概念如下。

定义 14.1.1 （二分图） 设 $G(V, E)$ 是一个无向图，其节点集 V 可被划分成两个互补的子集 V_1 和 V_2，并且图中的每条边 $e \in E$，e 所关联的两个节点分别属于这两个不同的节点集 V_1 和 V_2，则称图 $G(V, E)$ 为一个二分图。节点集 V 被划分成两个互补的子集 V_1 和 V_2，也被称为 G 的一个二划分，记为 (V_1, V_2)。

定义 14.1.2 （匹配） 在二分图 $G(V, E)$ 中，$M \subseteq E$，并且 M 中没有两条边相邻，则称 M 是 G 的一个匹配。M 中的边的节点被称为盖点，其余不与 M 中的边关联的节点被称为未盖点。M 中的边的两个节点称为在 M 下配对。

设 $G(V, E)$ 是一个二分图，G 具有二划分 (V_1, V_2)；M 是 G 的一个匹配。有下述定义。

定义 14.1.3 （完美匹配，完备匹配，最大匹配） 如果 G 中每个节点都是盖点，则称 M 为 G 的完美匹配。如果 M 在 V_1 中的全部节点和 V_2 中的一个子集中的节点之间有一一对应关系，则称 M 是 G 的完备匹配。如果 G 中不存在匹配 M'，使 $|M'|>|M|$，则称 M 为 G 的最大匹配。

定义 14.1.4 （交错路，增广路） 若在 G 中有一条路 p，p 的边在 E-M 和 M 中交错地出现，则称 p 为关于 M 的交错路。若关于 M 的交错路 p 的起点和终点都是未盖点，则称 p 为关于 M 的增广路。

本节将展开如下的二分图匹配的实验：计算二分图匹配的匈牙利算法，以及作为其理论基础的 Hall 婚姻定理，在增加边权因素的情况下计算最佳匹配的 KM 算法。

14.1.1 匈牙利算法

匈牙利算法（Hungarian Algorithm）由匈牙利数学家 Edmonds 提出，用于计算无权二分图的最大匹配，其思想就是应用增广路，每次寻找一条关于匹配 M 的增广路 p，通过 $M=M \oplus p$ 使得 M 中的匹配边数增加 1，其中 $M \oplus p=(M \cup p)-(M \cap p)$ 称为边集与边集的环和。依次类推，直至二分图中不存在关于 M 的增广路为止。此时得到的匹配 M 就是 G 的一个最大匹配。

可以通过 DFS 算法寻找增广路，搜索过程产生的 DFS 树是一棵交错树，树中属于 M 的边和不属于 M 的边交替出现。取 $G(V, E)$ 的一个未盖点作为出发点，它位于 DFS 树的第 0 层。假设已经构造到了树的第 i–1 层，现在要构造第 i 层：

1）当 i 为奇数时，将那些关联于第 i–1 层中一个节点且不属于 M 的边，连同该边关联的另一个节点一起添加到树上；

2）当 i 为偶数时，则添加那些关联于第 i–1 层的一个节点且属于 M 的边，连同该边关联的另一个节点。

设二分图 $G(V, E)$，G 具有二划分 (V_1, V_2)。基于 DFS 产生交错树，匈牙利算法的过程如下。

初始时，集合 V_1 中的所有节点都是未盖点。我们依次对集合 V_1 中的每个节点进行一次 DFS 搜索。在构造 DFS 树的过程中，若发现一个未盖点 v 被作为树的奇数层节点，则这棵 DFS 树上从树根到节点 v 的路就是一条关于 M 的增广路 p，通过 $M=M \oplus p$ 得到图 G 的一个更大的匹配，即 v 被新增的匹配边盖住；如果既没有找到增广路，又无法按要求往树上添加新的边和节点，则断定 v 未引出匹配边，于是在集合 V_1 的剩余的未盖点中再取一个作为出发点，构造一棵新的 DFS 树。这个过程一直进行下去，如果最终仍未得到任何增广路，则说明 M 已经是一个最大匹配。

例如，图 14.1-1 给出了二分图，实线表示匹配 M。在图 14.1-1a 中取未盖点 t_5 作为出发点，节点 c_1 是 DFS 树上第一层中唯一的节点，未匹配边 (t_5, c_1) 是树上的一条边。节点 t_2 处于树的第二层，边 (c_1, t_2) 属于 M 且关联于 c_1 边，也是树上的一条边。节点 c_5 是未盖点，可以添加到第三层。至此我们找到了一条增广路 $p=t_5c_1t_2c_5$。由此增广路得到图 G 的一个更大的匹配 $M \oplus p$，如图 14.1-1b 所示。此时，$M \oplus p$ 是一个完美匹配，从而也是 G 的一个最大匹配。

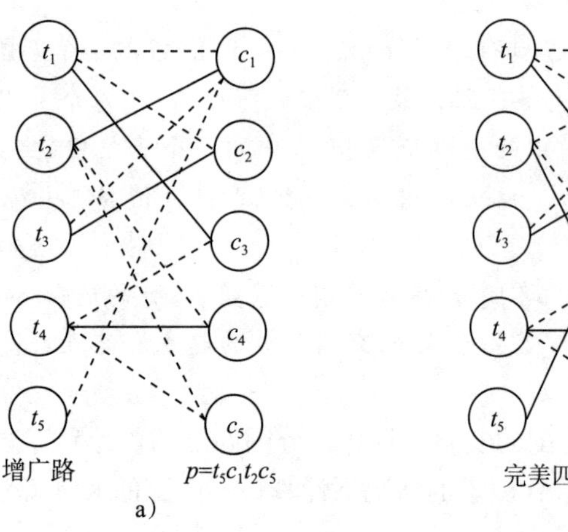

图　14.1-1

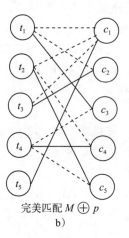

设二分图的相邻矩阵为 a，V_1 和 V_2 的节点数分别为 n 和 m；匹配边集为 pre，其中节点 i 所在的匹配边为 (pre[i], i)；集合 V_2 中节点的访问标志为 v，若集合 V_2 中的节点 i 已经被访问，则 $v[i]$=true。匈牙利算法的核心是判断以集合 V_1 中的节点为起点的增广路是否存在。这个判断过程由布尔函数 dfs(i) 完成。

```
bool dfs(int i){                          // 判断以集合 V1 中的节点 i 为起点的增广路是否存在
    for (int j=1; j<=m; j++)
        if ((!v[j])&&(a[i][j])){          // 搜索所有与 i 相邻的未访问点
        v[j]=1;                           // 访问节点 j
        if (pre[j]==0||dfs(pre[j])){      // 若 j 的前驱是未盖点或者存在由 j 的前驱出发的可增
                                          // 广路，则设定 (i, j) 为匹配边，返回成功标志
            pre[j]=i;
            return 1;
        }
```

```
    }
        return 0;                               // 返回失败标志
}
```

若 dfs(i) 函数返回 true，则表明节点 i 被匹配边覆盖。显然，我们依次对集合 V_1 中的每个节点做一次判断，即可得出二分图的最大匹配。由此得出匈牙利算法的计算流程：

```
int ans=0;                                  // 最大匹配边数初始化
for (int i=1; i<=n; i++){                   // 枚举集合 V1 的每个节点
    memset(v, 0, sizeof(v))                 // 设集合 V2 中的所有节点未访问标志
    if (dfs(i)) ans++;                      // 若节点 i 被匹配边覆盖，则匹配边数 +1
}
```

匈牙利算法的时间复杂度分析如下。设二分图 G 有 e 条边，V_1 和 V_2 各有 n 个节点，M 是 G 的一个匹配。求一条关于 M 的增广路需要 $O(e)$ 的时间。因为每找出一条新的增广路都将得到一个更大的匹配，所以最多求 n 条增广路就可以求出图 G 的最大匹配。由此得出总的时间复杂度为 $O(n \times e)$。

应用基于二分图的匈牙利算法，要考虑图的转化。转化的关键一般是从题目本身的条件出发，挖掘题目中深层次的信息，将关系复杂的运算对象分类成两个互补的子集，将之转化为二分图模型。

【14.1.1.1　Courses】

现在有 N 位同学和 P 门课程。每位同学可以选修零门、一门或多门课程。请你确定，是否可以成立一个恰好由 P 位同学组成，同时又满足以下条件的委员会：

- 在委员会中，每位同学担任一门不同课程的课代表（如果他 / 她选修了某门课程，则该同学可以担任该门课程的课代表）；
- 每一门课程在委员会中都有一名课代表。

输入

程序从输入中读取测试用例。输入的第一行给出测试用例的数目。每个测试用例的格式如下：

P N

Count1 $\text{Student}_{1\ 1}$ $\text{Student}_{1\ 2}$ ⋯ $\text{Student}_{1\ \text{Count1}}$

Count2 $\text{Student}_{2\ 1}$ $\text{Student}_{2\ 2}$ ⋯ $\text{Student}_{2\ \text{Count2}}$

⋯

Count$P$ $\text{Student}_{P\ 1}$ $\text{Student}_{P\ 2}$ ⋯ $\text{Student}_{P\ \text{Count}P}$

每个测试用例的第一行给出两个正整数，正整数之间由一个空格分隔：P（$1 \leqslant P \leqslant 100$）表示课程数，$N$（$1 \leqslant N \leqslant 300$）表示学生数。接下来的 P 行按课程顺序描述，从课程 1 到课程 P，每一行描述一门课程。课程 i 的描述是在一行中首先给出整数 Count$i$（$0 \leqslant \text{Count}i \leqslant N$），表示选修课程 i 的学生数；然后，在一个空格之后，给出选修这门课程的 Count$i$ 位同学，每两个连续值之间由一个空格分隔。用从 1 到 N 的正整数对同学们进行编号。

在连续的测试用例之间没有空行。输入的数据是正确的。

输出

对于运算的结果，标准输出。对于每个测试用例，如果可以组成委员会，则在一行上输出“YES”，否则输出“NO”。行的开始不能有任何的前导空格。

样例输入	样例输出
2 3 3 3 1 2 3 2 1 2 1 1 3 3 2 1 3 2 1 3 1 1	YES NO

试题来源：ACM Southeastern Europe 2000

在线测试：POJ 1469，UVA 2044，HDOJ 1083

试题解析

以 P 门课程和 N 位同学的关系构建二分图：以 P 门课程和 N 位同学组成互补的节点集，一位同学选修一门课程，则在课程和同学对应的节点之间连接一条边。以匈牙利算法计算该二分图的最大匹配；如果这个二分图的最大匹配数等于课程数，则可以组成委员会；否则，就不能组成委员会。

参考程序

```
#include <iostream>
using namespace std;
int a[110][310];                              // 二分图的相邻矩阵
int n, m, vis[310], pre[310];                 // 课程数为 n，学生数为 m，节点 i 的访问标志为
                                              // vis[i]，其关联的匹
                                              // 配边为 (pre[i], i)
bool dfs(int x)                               // 判断以课程集合中的节点 i 为起点的增广路是否存在
{
    int t;
    for(t=1; t<=m; ++t)                       // 搜索学生集合中的每个节点 t
        if(a[x][t]&&!vis[t])                  // 若 x 和 t 间有边相连且 t 未被访问
        {
            vis[t]=1;                         // 访问节点 t
            if(pre[t]==0||dfs(pre[t]))        //若 t 的前驱是未盖点或者存在由 t 的前驱出发的可增
                                              // 广路，则设定 (x, t) 为匹配边，返回成功标志
            {
                pre[t]=x;
                return true;
            }
        }
    return false;                             // 返回失败标志
}
int main()
{
    int T, i, t, j, s;
    scanf("%d", &T);                          // 输入测试用例数
    while(T--)                                // 依次处理每个测试用例
    {
        scanf("%d%d", &n, &m);                // 输入课程数 n 和学生数 m
        memset(a, 0, sizeof(a));              // 二分图的相邻矩阵初始化
        memset(pre, 0, sizeof(pre));          // 初始时所有节点为未盖点
        for(i=1; i<=n; ++i)                   // 构造二分图：搜索课程集的每个节点
        {
```

```
            scanf("%d", &j);                  // 输入选择课程 i 的学生数 j
            while(j--)
            {
                scanf("%d", &t);              // 依次输入选择课程 i 的每个学生 t
                a[i][t]=1;                    // i 和 t 相连为一条边
            }
        }
        for(i=1, s=0; i<=n; ++i)              // 搜索课程集的每个节点 i，匹配数 s 初始化为 0
        {
            memset(vis, 0, sizeof(vis)); // 初始时所有节点未访问
            if(dfs(i))                        // 若节点 i 被匹配边覆盖，则匹配边数 +1
                s++;
        }
        if(s==n) printf("YES\n");             // 若最大匹配数为课程数，则可组成委员会；否则失败
        else printf("NO\n");
    }
    return 0;
}
```

定义 14.1.5（边独立数） 设图 $G(V, E)$，最大匹配 M 的边数称为 G 的边独立数，记为 $\beta_1(G)$。

定义 14.1.6（边覆盖，最小边覆盖，边覆盖数） 设图 $G(V, E)$，$L\subseteq E$，使得 G 的每一个节点至少与 L 中一条边关联，称 L 是 G 的一个边覆盖。若 G 中不含有满足 $|L'|<|L|$ 的边覆盖 L'，则称 L 是 G 的最小边覆盖，它的边数称为 G 的边覆盖数，记为 $\alpha_1(G)$。

定理 14.1.1 对于 n 个节点的图 G，且图中节点最小度数 $\delta(G)>0$，则 $\alpha_1(G)+\beta_1(G)=n$。

证明： 设 M 是 G 的最大匹配，$|M|=\beta_1(G)$。设 F 是关于 M 的未盖点的集合，有 $|F|=n-2|M|$。又因为 $\delta(G)>0$，对于 F 中每个节点 v，取一条与 v 关联的边，这些边与 M 构成边集 L，显然 L 是一个边覆盖，且 $|L|=|M|+|F|$，则 $|M|+|L|=n$。又因为 $|L| \geqslant \alpha_1(G)$，所以 $\alpha_1(G) \leqslant n-\beta_1(G)$，即 $\alpha_1(G)+\beta_1(G) \leqslant n$。

设 L 是 G 的最小边覆盖，$L=\alpha_1(G)$。令 H 是 L 的生成子图，则 H 有 n 个节点。又设 M 是 H 的最大匹配，显然也是 G 的匹配，且 $M\subseteq L$。以 U 表示 H 中关于 M 的未盖点集合，且有 $|U|=n-2|M|$。因为 M 是 H 的最大匹配，所以 H 中 U 的节点互不相邻，即 U 中节点关联的边在 $L-M$ 中，因此 $|L|-|M|=|L-M| \geqslant |U|=n-2|M|$，于是 $\alpha_1(G)+\beta_1(G) \geqslant n$。

所以，$\alpha_1(G)+\beta_1(G)=n$。■

【14.1.1.2　Conference】

为了参加即将召开的会议，A 国派出 M 位代表，B 国派出 N 位代表（$M, N \leqslant 1000$）。A 国代表编号为 1, 2, …, M，B 国的代表编号为 1, 2, …, N。在会议召开前，选出了 K 对代表。每对代表必须一个是 A 国的，另一个是 B 国的。如果 A 国的代表 i 和 B 国的代表 j 之间构成了一对，则代表 i 和代表 j 之间可以进行谈判。每一个参加会议的代表至少被包含在某一对中。大会中心的 CEO 想在代表团的房间之间建立直接的电话联系，使得每个代表都至少跟对方代表团的一个代表建立联系，在两个代表之间建立联系时他们可以通过电话进行交谈。CEO 希望建立最少的电话联系。请你写一个程序，给出 M、N、K 和 K 对代表，找到需要的最小连接数目。

输入

输入的第一行给出 M、N 和 K。后面的 K 行每行给出构成一对的两个整数 P_1 和 P_2，P_1 是 A 国的代表，P_2 是 B 国的代表。

输出

所需的最少电话联系。

样例输入	样例输出
3 2 4 1 1 2 1 3 1 3 2	3

试题来源：Bulgarian Online Contest September 2001

在线测试：Ural 1109

试题解析

因为 A 国派出 M 位代表，B 国派出 N 位代表，选出的 K 对代表必须一个是 A 国的、另一个是 B 国的，因此本题可以表示成二分图 G，其中 A 国派出的 M 位代表组成集合 X，B 国派出的 N 位代表组成集合 Y。CEO 希望建立最少的电话联系。所以就要求计算在二分图中的边覆盖数。

由于每个代表至少跟对方代表团的一个代表建立联系，因此 $N+M$ 是图 G 的节点数。根据定理 14.1.1，边覆盖数 + 最大匹配边数 = $N+M$。

因此，对于本题，首先计算最大匹配边数 ans，然后获得边覆盖数 $N+M-$ans，也就是所需的最少电话联系数。

参考程序

```
#include<iostream>                          // 预编译命令
using namespace std;                        // 使用 C++ 标准程序库中的所有标识符
const int V=1100;                           // 节点数的上限
int n,m,k,x,y,pre[V];                       // 二分图中集合 X 和集合 Y 的节点数各为 n、m，边
                                            // 数为 k；匹配边集为 pre，其中节点 i 所在的匹配
                                            // 边为 (pre[i], i)
bool v[V],a[V][V];                          // 设二分图的相邻矩阵为 a；集合 Y 中节点的访问标
                                            // 志为 v,
                                            // 若集合 Y 中的节点 i 已访问，则 v[i]=true
bool dfs(int i){                            // 判断以集合 X 中的节点 i 为起点的增广路是否存在
    for (int j=1;j<=m;j++) if ((!v[j])&&(a[i][j])){  // 搜索所有与 i 相邻的未访问点
        v[j]=1;                             // 访问节点 j
        if (pre[j]==0||dfs(pre[j])){        // 若 j 的前驱是未盖点或者存在由 j 的前驱出发的可
                                            // 增广路，则设定 (i, j) 为匹配边，返回成功标志
            pre[j]=i;
            return 1;
        }
    }
    return 0;                               // 返回失败标志
}
int main(){
    cin>>n>>m>>k;                           // 输入 A 国代表数、B 国的代表数和代表对数
    memset(a,0,sizeof(a));                  // 二分图的相邻矩阵初始化
    memset(pre,0,sizeof(pre));              // 匹配边集初始化为空
    for (int i=1;i<=k;i++){                 // 输入代表对的信息，构造二分图的相邻矩阵
        cin>>x>>y;
```

```
        a[x][y]=1;
    }
    int ans=0;                          // 匹配边数初始化为 0
    for (int i=1;i<=n;i++){             // 枚举集合 X 中的每个节点
        memset(v,0,sizeof(v));          // 设集合 Y 中的所有节点未访问标志
        if (dfs(i)) ans++;              // 若节点 i 被匹配边覆盖，则匹配边数 +1
    }
    cout<<n+m-ans<<endl;                // 所需的最少电话联系为总人数 - 最大匹配数
}
```

14.1.2 Hall 婚姻定理

匈牙利算法的理论基础为 Hall 婚姻定理，该定理揭示了完备匹配的充分必要条件。我们可以利用其结论，直接判断二分图是否存在完备匹配。显然，这种数学分析方法相对盲目搜索要高效许多。

定义 14.1.7 （邻集） 图 G 的任意一个节点子集 $A\subseteq V$，所有与 A 中节点相邻的节点全体，称为 A 的邻集，记为 $\Gamma(A)$。

定理 14.1.2 （Hall 婚姻定理，Hall's Marriage Theorem） 设二分图 $G(V_1, V_2)$，G 含有从 V_1 到 V_2 的完备匹配当且仅当对于任何 $A\subseteq V_1$，有 $|\Gamma(A)| \geq |A|$。

【14.1.2.1 EarthCup】

2045 年，将举办“地球超级杯”足球赛（后面简称为 EarthCup）。

一届 EarthCup 有 n 支（$n \leqslant 50\ 000$）足球队参加，每两支队之间有一场比赛，这意味着每支球队都将与其他所有球队进行 $n-1$ 场比赛。

为了使比赛结果清楚，规定如果比赛结束时两队打成平手，就进行点球大战，直到有结果为止。

在 EarthCup 上，每支球队都有一个积分，赢了一场就得一分，输了一场就得零分。得分最高的队将获得冠军。

2333 年，有人发现，多年以来，一些球队雇用黑客攻击和篡改 EarthCup 的数据，也许是因为球队数量太多，几百年来没有人发现这种严重的作弊行为。

为了检查数据是否被修改，他们开始检查过去的“积分表”。

但由于年代久远，每队只保留最后的积分结果。没有人能记得每场比赛的确切结果。现在他们想找出肯定被篡改过的“积分表”。我们无法根据规则构造出每场比赛的结果，使得最后的积分表成立。

输入

输入首先给出一个正整数 T（$T \leqslant 50$），表示测试用例的数量。

对于每个测试用例，先给出一个正整数 n，表示参加 EarthCup 的球队的数量。接下来的 n 行描述“积分表”，第 i 个整数 a_i（$0 \leqslant a_i<n$）代表第 i 支球队的最终积分数。

输出

对于每个测试用例，如果积分表肯定被篡改，则输出“The data have been tampered with!”(不带引号)；否则输出“It seems to have no problem.”。

样例输入	样例输出
2	It seems to have no problem.

（续）

样例输入	样例输出
3 2 1 0 3 2 2 2	The data have been tampered with!

提示

对于第一个测试用例，一种可能的情况是：Team1 胜 Team2 和 Team3，积 2 分；Team2 胜 Team3，但负于 Team1，积 1 分；Team3 两场比赛皆负，积 0 分。

对于第二个测试用例，显然不可能所有的球队都赢得所有的比赛，所以积分表肯定被篡改了，输入的 a_i 是杂乱无章的。

试题来源：BestCoder Round #59 (div.1)

在线测试：HDOJ 5503

试题解析

用一个二分图 G 表示一个积分表，G 具有二划分 (V_1, V_2)，参加 EarthCup 的球队的数量为 n，每两支队之间有一场比赛，则一共要进行 $n(n-1)/2$ 场比赛，$n(n-1)/2$ 场比赛构成集合 V_1；把第 i 支球队的积分 a_i 拆分为 a_i 个点，n 支球队的积分所拆分的节点构成集合 V_2。n 支球队之间一共进行了 $n(n-1)/2$ 场比赛，每场比赛要分出胜负，那么这 n 支球队的积分和为 $n(n-1)/2$；即集合 V_2 中有 $n(n-1)/2$ 个节点。

如果一个积分表看上去没有问题，"It seems to have no problem."，则在相应的二分图 G 中存在完美匹配：V_1 中的节点和 V_2 中的节点一一对应。

根据 Hall 婚姻定理，G 中存在完美匹配当且仅当对于任何 $A \subseteq V_1$，有 $|\Gamma(A)| \geq |A|$。

所以，本题算法如下。

如果积分表中积分的总和不等于 $n \times (n-1)/2$，则数据肯定被篡改过。否则，应用 Hall 婚姻定理：首先，把所有队伍按积分排序；然后，k 从 1 到 n 循环，每次循环检查积分前 k 小的球队的积分总和是否大于等于 $k \times (k-1)/2$，如果循环过程中有积分总和小于 $k \times (k-1)/2$，则数据一定是被篡改过；否则，在循环结束后，输出"It seems to have no problem."。

参考程序

```
#include<bits/stdc++.h>
#define int long long
using namespace std;
#define in read()
int in{                                          // 输入数串，计算和返回对应的整数值
    int cnt=0,f=1;char ch=0;
    while(!isdigit(ch)){
        ch=getchar();if(ch=='-')f=-1;
    }
    while(isdigit(ch)){
```

```
        cnt=cnt*10+ch-48;
        ch=getchar();
    }return cnt*f;
}
int t,n;                                    // 测试用例数为 t，球队数为 n
int a[50003];                               // 每个球队的积分
signed main(){
    t=in;                                   // 输入测试用例数
    while(t--){                             // 依次处理每个测试用例
        n=in;int tot=0;                     // 输入球队数 n，积分总数 tot 初始化
        for(int i=1;i<=n;i++)tot+=a[i]=in;  // 输入每个球队的积分，累计积分总数 tot
        if(tot!=(n*(n-1)/2)){               // 若积分总数不等于 n×(n-1)/2，则断定数据被
                                            // 篡改
            printf("The data have been tampered with!\n");continue;
        }
        sort(a+1,a+n+1);                    // 所有队伍按积分排序
        int flag=0;                         // 数据篡改标志初始化
        int sum=0;                          // 前 i 个球队的积分总和 sum 初始化
        for(int i=1;i<=n;i++){              // 按照积分递增顺序枚举每个球队
        sum+=a[i];                          // 累计前 i 个球队的积分总和 sum
        if(sum<(i*(i-1)/2)){                // 若小于 i×(i-1)/2，则数据被篡改，退出循环
                printf("The data have been tampered with!\n");flag=1;break;
            }
        }
                                            // 若数据被篡改，则处理下一个测试用例；否则
                                            // 存在完美匹配，输出成功信息
        if(flag==1) continue;
        printf("It seems to have no problem.\n");
    }
    return 0;
}
```

推论 14.1.1 设二分图 $G(V_1, V_2)$，则二分图的最大匹配数为 $|M|=|V_1|-\max\{|S|-|\Gamma(S)|\}$，其中 S 是 V_1 的子集。

【14.1.2.2 Roundgod and Milk Tea】

Roundgod 是有名的奶茶爱好者。今年，他计划举办一个奶茶节。有 n 个班将参加这个节日，其中第 i 个班有 a_i 位同学，会做 b_i 杯奶茶。

Roundgod 希望有更多的同学品尝奶茶，所以他规定每位同学最多只能喝一杯奶茶。而且，一个同学不能喝他的班级做的奶茶。现在的问题是，能喝奶茶的学生最多是多少？

输入

输入的第一行给出一个整数 T（$1 \leqslant T \leqslant 25$），表示测试用例的数量。

每个测试用例的第一行给出一个整数 n（$1 \leqslant n \leqslant 10^6$），表示班的数量。接下来的 n 行，每行给出两个整数 a 和 b（$0 \leqslant a, b \leqslant 10^9$），分别表示该班学生人数和该班做的奶茶的杯数。

本题设定，所有测试用例的 n 的和不超过 6×10^6。

输出

对于每个测试用例，在一行中输出一个整数。

样例输入	样例输出
1 2 3 4 2 1	3

试题来源：2019 Multi-University Training Contest 8

在线测试：HDOJ 6667

试题解析

用一个二分图 G 表示同学喝奶茶，G 具有二划分 (V_1, V_2)，同学的集合为 V_1，奶茶的集合为 V_2，学生和奶茶按班级划分，一个班级的同学与别的班级做的奶茶之间有边相连。所以，任意两个不同班级的同学可连接全部的奶茶。因此，本题就转化为求二分图的最大匹配，利用 Hall 婚姻定理的推论：对二分图 $G(V_1, V_2)$，最大匹配数 $|M|=|V_1|-\max\{|S|-|\Gamma(S)|\}$，其中 $S\subseteq V_1$。计算出结果。

对于取得 $\max\{|S|-|\Gamma(S)|\}$ 的集合 S，共有三种情况：

- $S=\varnothing$，则 $|M|=|V_1|$；
- $S=V_1$，则 $\Gamma(S)=V_2$，$|M|=|V_2|$；
- $S\subset V_1$，以班级为单位，逐个班级进行考虑，当 S 是第 i 个班的同学的时，则 $|M|=|V_1|-(a_i-(|V_2|-b_i))$。这里，不考虑一个个学生或者若干个班级，因为求的是 $\max\{|S|-|\Gamma(S)|\}$，所以这些考虑都是无效的。

在上述三种情况中，取最小值作为结果。

参考程序

```
#include<stdio.h>
#include<algorithm>
using namespace std;
const int N=1e6+5;                          // 班级数的上限
long long a[N],b[N];                        // 第 i 班的学生数为 a[i]，制作的奶茶杯数为 b[i]
int main()
{
    int T,n;
    scanf("%d",&T);                         // 输入测试用例数
    while(T--)                              // 依次处理每个测试用例
    {
        scanf("%d",&n);                     // 输入班级数
        for(int i=1;i<=n;i++)               // 输入每班的学生数和制作的奶茶杯数
            scanf("%lld %lld",&a[i],&b[i]);
        long long ans1=0,ans2=0;            // 学生总数和奶茶总杯数初始化
        for(int i=1;i<=n;i++)               // 累计学生总数 ans1 和奶茶总杯数 ans2
        {
            ans1+=a[i];
            ans2+=b[i];
        }
        long long ans=min(ans1,ans2);              // 计算前两种情况的最小值
        for(int i=1;i<=n;i++)                      // 逐个班级分析
            ans=min(ans,ans1-(a[i]-(ans2-b[i])));  // 计算第三种情况，取最小值
        printf("%lld\n",ans);                      // 输出能喝奶茶的最多学生数
    }
    return 0;
}
```

14.1.3　KM 算法

在实际生活中，涉及二分图匹配的问题时，有的情况不仅要考虑匹配的边数，还要考虑“边权”的因素。例如，已知 m 个人、n 项任务和每个人从事各项工作的效益，能不能适当地安排，使得每个人均从事一项工作且产生效益的和最大。显然，可以将 n 和 m 作为两个

互补的节点集，节点间的边权设为工作效益，这是一个边加权的二分图。

Kuhn 和 Munkres 分别在 1955 年和 1957 年给出了一种通过调整完全二分图的节点标号来计算最佳匹配的方法，这种方法称为 Kuhn-Munkres 算法，也称为 KM 算法。KM 算法是用于寻找带权二分图最佳匹配的算法。所谓最佳匹配，就是完备匹配下的最大权匹配；如果不存在完备匹配，那么 KM 算法就会求最大匹配；如果最大匹配有多种，那么 KM 算法的结果是最大匹配中权重和最大的。

下面通过一个模拟 KM 算法的实例，说明 KM 算法的过程。

现在有 3 位员工 *A*、*B*、*C*，3 项工作 *a*、*b*、*c*，以及每个员工从事不同工作所产生的效益。我们希望通过适当的安排，使得每个员工均从事一项工作且产生效益的总和最大。将 3 位员工和 3 项工作作为两个互补的节点集，节点间的边权设为工作效益，如图 14.1-2 所示。

每个员工和每项工作有一个效益值，员工效益值的初值就是他能从事的工作中的最大效益值，而工作效益值的初值为 0，如图 14.1-3 所示。

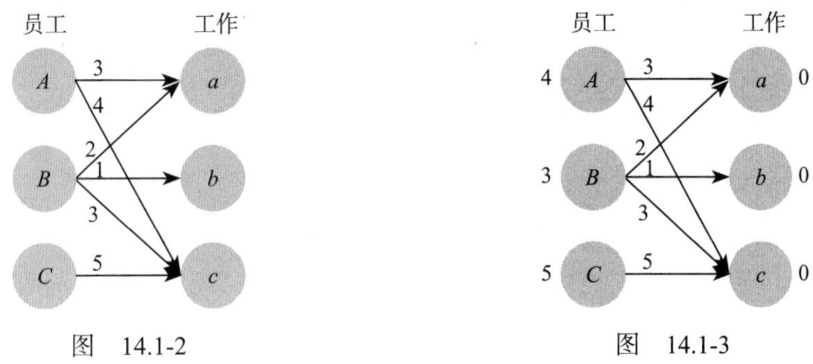

图　14.1-2　　　　图　14.1-3

接下来，对员工和从事的工作进行匹配。匹配的方法为：从第一个员工开始，分别为每一个员工分配工作，每次都从该员工第一个能从事的工作开始，选择一个工作，使员工和工作的效益的和要等于连接员工和工作的边的权值，若是找不到边匹配，对此条路径的所有员工（左边节点）的效益值 −1，工作（右边节点）的效益值 +1，再进行匹配，若还是无法匹配，则重复上述 +1 和 −1 操作。注意：每一轮匹配，每个工作只会被尝试匹配一次。

首先，对员工 *A* 进行匹配，有两条边：*Aa* 和 *Ac*。对于 *Aa*，员工和工作的效益的和为 4，而 *Aa* 的权值为 3，不符合匹配条件；对于 *Ac*，员工和工作的效益的和为 4，而 *Ac* 的权值为 4，符合匹配条件。如图 14.1-4 所示。

然后，对员工 *B* 进行匹配，有 3 条边：*Ba*、*Bb* 和 *Bc*。对于前两条边 *Ba* 和 *Bb*，员工和工作的效益的和大于边的权值，不符合匹配条件；对于 *Bc*，员工和工作的效益的和 = 边权重 =3，但 *A* 已经和 *c* 匹配；尝试让 *A* 换工作，但 *A* 也是只有 *Ac* 边满足要求，于是 *A* 也不能换边。此时，因为找不到边匹配，对此条路径 *BcA* 的左边节点的效益值 −1，右边节点的效益值 +1，再进行匹配，如图 14.1-5 所示。

进行上述操作后发现，如果左边有 n 个节点的效益值 −1，则右边就有 $n-1$ 个节点的效益值 +1，整体效率值下降 $1\times(n-(n-1))=1$。现在，对于 *A*，*Aa* 和 *Ac* 是可匹配的边；对于 *B*，*Ba* 和 *Bc* 是可匹配的边。所以，再进行匹配，*Ba* 边，员工和工作的效益的和（2+0）= 边权重 =2。所以，*Ac* 和 *Ba* 匹配，如图 14.1-6 所示。

现在，匹配最后一位员工 *C*，只有一条边 *Cc*，但 $5+1 \neq 5$，*C* 没有边能够匹配，所以员工 *C* 的效益值 −1，如图 14.1-7 所示。

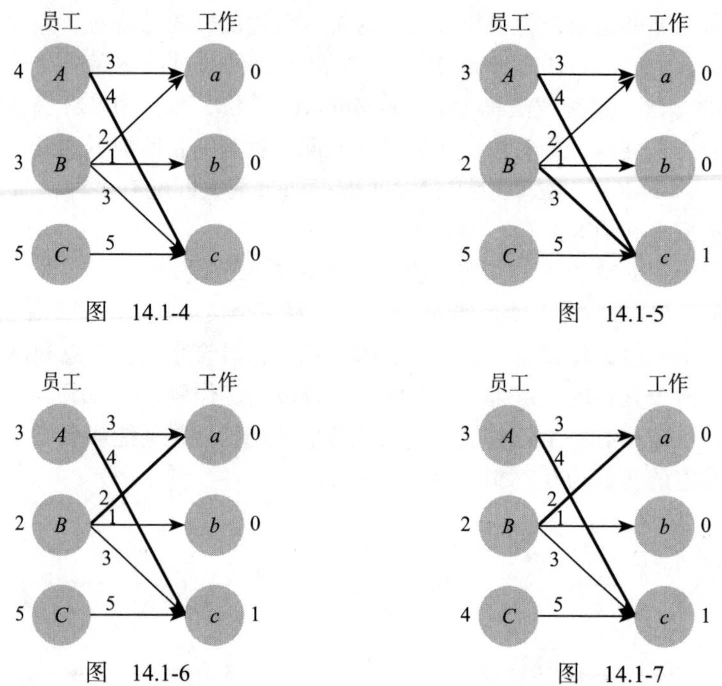

图　14.1-4　　图　14.1-5

图　14.1-6　　图　14.1-7

此时，对员工 C 匹配，只有边 Cc，员工和工作的效益的和（4+1）= 边权重 =5，但 A 已经和 c 匹配；尝试让 A 换工作，边 Aa 满足要求，但 B 已经和 a 匹配；而每一轮匹配，每个工作只会被尝试匹配一次，所以 B 不和 c 匹配；只有一条边 Bb，但 $2+0 \neq 1$；所以，找不到边匹配。对此条路径 $CcAaB$ 的左边节点的效益值 −1，右边节点的效益值 +1，再进行匹配，如图 14.1-8 所示。

对于 C，Cc 是可匹配的边；A 尝试换匹配边，Aa 是可匹配的边；B 接着换匹配边，Bb 是可匹配的边。如图 14.1-9 所示。

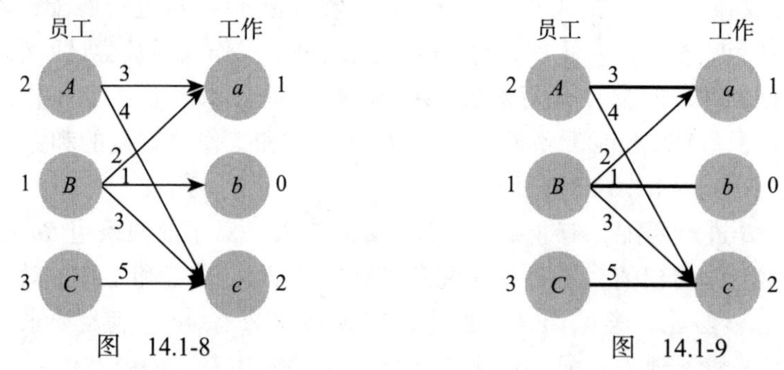

图　14.1-8　　图　14.1-9

由上例可知，KM 算法的整个过程就是每次为一个节点匹配最大权重边，利用匈牙利算法完成最大匹配，最终获得最优匹配。

设存在一个边带权二分图 G，G 具有二划分 (X, Y)，左边节点集合为 X，右边节点集合为 Y，$|X| \leqslant |Y|$，对于节点 $x_i \in X$，$y_j \in Y$，边 (x_i, y_j) 的权为 w_{ij}。

KM 算法给每个节点一个标号，被称为顶标，设节点 x_i 的顶标为 $A[i]$，y_j 的顶标为 $B[j]$，在 KM 算法执行过程中，对于图中的任意一条边 (x_i, y_j)，$A[i]+B[j] \geqslant w_{ij}$ 始终成立。

定义 14.1.8（相等子图）在一个边带权二分图 G 中，每一条边有左右两个顶标，相等子图就是由顶标的和等于边权重的边构成的子图。

定理 14.1.3 在一个边带权二分图 G 中，对于 G 中的任意一条边 (x_i, y_j)，$A[i]+B[j] \geqslant w_{ij}$ 始终成立；并且在 G 中存在某个相等子图有完美匹配，那么这个完美匹配就是 G 的最大权匹配。

证明： 因为在 G 中存在某个相等子图有完美匹配，因此，这个完美匹配所有边都满足 $A[i]+B[j]= w_{ij}$。又因为完美匹配包含了 G 的所有节点，因此这个属于相等子图的完美匹配的总权重等于所有顶标的和。

如果在 G 中存在另外一个完美匹配，如果它不完全属于相等子图，即存在某条边 $A[i]+B[j]>w_{ij}$，该匹配的权重和就小于所有顶标的和，即小于上述属于相等子图的完美匹配的权重和，那么这个完美匹配就不是 G 的最大权匹配。■

KM 算法过程如下。

首先，在边带权二分图 G 中选择节点数较少的集合为左边节点集合 X。为了使得对于 G 中的任意一条边 (x_i, y_j)，$A[i]+B[j] \geqslant w_{ij}$ 始终成立，初始时，对集合 X 中的每一个节点 x_i 设置顶标，顶标的值 $A[i]$ 为 x_i 关联的边的最大权值，集合 Y 中的节点 y_j 的顶标为 0。

对于集合 X 中的每个节点，在相等子图中利用匈牙利算法找完备匹配；如果没有找到，则修改顶标，扩大相等子图，继续找增广路。

如果在当前的相等子图中寻找完备匹配失败，则在集合 X 中存在某个节点 x，无法从 x 出发延伸交错路，则此时获得了一条交错路，起点和终点是集合 X 中的节点。我们把交错路中集合 X 中的节点的顶标全都减小某个值 d，集合 Y 中的节点的顶标全都增加同一个值 d，$d=\min\{A[i]+B[j]- w_{ij}\}$，其中 x_i 在交错路中，y_j 不在交错路中。KM 算法的核心思想就是通过修改某些点的标号，不断增加相等子图中的边数。

当集合 X 中每个节点都在匹配中时，即找到了二分图的完备匹配。该完备匹配是最大权重的完备匹配，即为二分图的最佳匹配。

KM 算法的时间复杂度分析如下：寻找一条增广路的时间复杂度为 $O(e)$，并且需要进行 $O(e)$ 次顶标的调整；而 KM 算法的目标是集合 X 中的每个节点都被匹配的最优完备匹配，因此 KM 算法的时间复杂度为 $O(n \times e^2)$。

如果是求边权和最小的完备匹配，则只需要在初始时边权取负，然后执行 KM 算法，最后将匹配边的权值和取反，就可得到问题解。

【14.1.3.1 Going Home】

在一张网格图上，有 n 个小男孩和 n 间房子。在一个单位时间内，每个小男孩只能移动一个单位步，或者水平，或者垂直，移动到相邻的那一点上。对于每个小男孩，你需要为他的每一步移动支付 1 美元的旅行费，直到他进入一间房子。由于有每间房子只能容纳一个小男孩的限制条件，本任务变得很复杂。

请你计算，让这些小男孩走进这 n 间不同的房子，你需要支付最低多少钱。输入是一个地图的情景，一个“.”表示一个空格，一个“H”表示在该点上的一间房子，一个“m”表示在该点上有个小男孩。

本题设定在网格图上的每个点是一个非常大的正方形，所以 n 个小男孩可以同时在一点上；此外，一个小男孩可以走到一个有房子的点上，但不进入这间房子。

输入

输入有一个或多个测试用例。每个测试用例的第一行给出两个整数 N 和 M，其中 N 是地图的行数，M是地图的列数。接下来输入N行描述地图。本题设定N和M在2和100之间，包括2和100。地图上标记“H”和“m”的方格的数量是相同的，并且最多有100间房子。输入以N和M等于0终止。

输出

对于每个测试用例，输出一行，给出一个整数，它是你需要支付的美元的最低数额。

样例输入	样例输出
2 2 .m H. 5 5 HH..m .... mm..H 7 8 ...H.... ...H.... ...H.... mmmHmmmm ...H.... ...H.... ...H.... 0 0	2 10 28

试题来源：ACM Pacific Northwest 2004

在线测试：POJ 2195，ZOJ 2404，UVA 3198

试题解析

在一个$N \times M$的网格中，有n个小男孩和n间房子，要使每个小男孩走进不同的房子，一个小男孩走进一间房子，所走的距离为小男孩的初始位置和进入房子的位置的行号差的绝对值和列号差的绝对值之和，求所有小男孩走的距离和的最小值。

本题用一个边带权的完全二分图G表示，n个小男孩组成左边节点集合X，n间房子组成右边节点集合Y，$|X|=|Y|$，对于$x \in X$、$y \in Y$，连接x和y的边的权值是男孩x进入房间y所走的距离。本题求二分图具有最小权值的完美匹配。因为用KM算法求的是最大权值匹配，所以先要将权值取负，然后用KM算法求最大权值匹配，最后结果再取反。

参考程序

```
#include<iostream>
using namespace std;
#define MAXN 102
#define max(x,y) ((x)>(y)?(x):(y))
int n,m,slack[MAXN],lx[MAXN],ly[MAXN],maty[MAXN],lenx,leny; // 地图的行数为 n, 列数为
    // m; X 集合中节点顶标的可调节量为 slack[],Y 集合中节点 i 关联的匹配边为 (maty[i], i); X 集合
    // 和 Y 集合节点的可行顶标为 lx[],ly[]; X 集合和 Y 集合的节点数为 lenx、leny
bool vx[MAXN],vy[MAXN];                              // X 和 Y 集合中节点 i 在增广路的标志为
                                                     // vx[i] 和 vy[i]
```

```
char map[MAXN][MAXN];                               // 地图矩阵
int a[MAXN][MAXN];                                  // 二分图的相邻矩阵
bool search(int u)                                  // 判断是否存在以 u 为起点的增广路
{
    int i,t;
    vx[u]=1;                                        // u 进入增广路
    for(i=0;i<leny;++i)                             // 搜索未在增广路的节点 i
        if(!vy[i])
        {
            t=lx[u]+ly[i]-a[u][i];                  // 计算二分图中 (u, i) 的可调节量 t
            if(t==0)                                // 若 (u, i) 满足条件，则 Y 集合中的节
                                                    // 点 i 进入增广路
            {
                vy[i]=1;
                if(maty[i]==-1||search(maty[i])){  // 若节点 i 未匹配或匹配边另一端点存
                    // 在增广路，则 (u, i) 设为匹配边并成功返回
                    maty[i]=u;
                    return 1;
                }
            }
            else if(slack[i]>t) slack[i]=t;         // 调整 Y 集合中节点 i 的顶标可调节量
        }
    return 0;
}
int KM()                                            // 使用 KM 算法计算二分图最小权值的完
                                                    // 美匹配
{
    int i,j,ans=0;                                  // 最佳匹配边的边权和 ans 初始化
    for(i=0;i<lenx;++i)                             // 计算 X 集合的节点顶标
        for(lx[i]=-INT_MAX,j=0;j<leny;++j)
            lx[i]=max(lx[i],a[i][j]);
    memset(maty,-1,sizeof(maty));                   // 初始时所有节点为未盖点
    memset(ly,0,sizeof(ly));                        // Y 集合的节点顶标初始化
    for(i=0;i<lenx;++i)                             // 找增广路：枚举 X 集合的每个节点
    {
        for(j=0;j<leny;++j)                         // Y 集合的节点顶标可调节量初始化
            slack[j]=INT_MAX;
        while(1)
        {
            memset(vx,0,sizeof(vx));                // X 和 Y 集合中的所有节点未在增广路
            memset(vy,0,sizeof(vy));
                                                    // 若找到 i 节点出发的增广路，则枚举下
                                                    // 一个节点；否则计算顶标的可改进量 d
            if(search(i)) break;
            int d=INT_MAX;
            for(j=0;j<leny;++j)     if(!vy[j]&&d>slack[j])d=slack[j];
                                                    // 调整增广路上 X 集合和 Y 集合中节点的
                                                    // 可行顶标
            for(j=0;j<lenx;++j)     if(vx[j]) lx[j]-=d;
            for(j=0;j<leny;++j)     if(vy[j]) ly[j]+=d;
        }
    }
            // 计算返回匹配边的权和。注意：KM 算法得出的最大匹配值取负即为完美匹配的最小权值
    for(i=0;i<leny;++i)
        if(maty[i]!=-1)ans+=a[maty[i]][i];
    return -ans;
}
int main()
```

```
{
    int i,j;
    while(~scanf("%d%d",&n,&m)&&n+m)        // 输入地图的规模，直至行列数均为 0 为止
    {
        lenx=leny=0;                        // 构造二分图：X 集合和 Y 集合中的节点数初始化为 0
        for(i=0;i<n;++i)                    // 依次输入地图的每行信息
        {
            scanf("%s",map[i]);
            for(j=0;j<m;++j)                // 依次分析第 i 行的 m 列字符
                if(map[i][j]=='H')          // 若 (i, j) 为房间，则 X 集合中节点 lenx 的可行顶
                                            // 标为 i，该节点的顶标可调节量为 j，X 集合的节点
                                            // 序号 +1
                    lx[lenx]=i,slack[lenx++]=j;
                else if(map[i][j]=='m') // 若 (i, j) 为男孩，则 Y 集合中节点 leny 的可行顶
                    // 标为 i，该节点的顶标可调节量为 j，Y 集合的节点序号 +1
                    ly[leny]=i,maty[leny++]=j;
        }
                    // 依次枚举 X 集合和 Y 集合的所有节点对 (i, j)，(i, j) 的边权值是男孩 j 进入
                    // 房间 i 所走的距离。由于求二分图具有最小权值完美匹配，因此边权值取负，然
                    // 后用 KM 算法求最大权值匹配
        for(i=0;i<lenx;++i)
            for(j=0;j<leny;++j) a[i][j]=-abs(lx[i]-ly[j])-abs(slack[i]-maty[j]);
        printf("%d\n",KM());                // 计算和输出需要支付的美元的最低数额
    }
    return 0;
}
```

【14.1.3.2　The Windy's】

The Windy's 是一家世界著名的玩具工厂，拥有 M 间顶级的生产玩具的车间。今年经理接到了 N 份玩具订单。经理知道在不同的车间完成一份订单要耗费不同的时间，更确切地说，第 i 份订单如果在第 j 间车间完成，则要耗费 Z_{ij} 小时。而且，每份订单的工作必须完全地在同一间车间内完成；一间车间要直到它完成了前一份订单后，才能去完成下一份订单；转换过程不耗费任何时间。

经理要求最小化完成这 N 份订单的平均时间。请你帮助他。

输入

输入的第一行给出测试用例的数量。每个测试用例的第一行给出两个整数 N 和 M（$1 \leqslant N, M \leqslant 50$）。接下来的 N 行每行给出 M 个整数，描述矩阵 $\boldsymbol{Z}_{ij}$（$1 \leqslant \boldsymbol{Z}_{ij} \leqslant 100\ 000$）。在每个测试用例前有一个空行。

输出

对于每个测试用例，在单独的一行中输出答案，结果应保留 6 位小数。

样例输入	样例输出
3 3 4 100 100 100 1 99 99 99 1 98 98 98 1 3 4	2.000000 1.000000 1.333333

（续）

样例输入	样例输出
1 100 100 100 99 1 99 99 98 98 1 98 3 4 1 100 100 100 1 99 99 99 98 1 98 98	

试题来源：POJ Founder Monthly Contest – 2008.08.31, windy7926778

在线测试：POJ 3686

试题解析

有 N 份订单需要由 M 间车间来完成，第 i 份订单在第 j 个车间完成需要花 Z_{ij} 小时，但是每个车间一次只能完成一个订单。求完成 N 份订单需要时间的最小平均值。

假设某个车间处理了 k 份订单，时间分别为 $a_1, a_2,\cdots, a_k$，那么该车间耗费的时间为 $a_1+(a_1+a_2)+(a_1+a_2+a_3)+\cdots+(a_1+a_2+\cdots+a_k)$，即 $a_1*k+a_2*(k-1)+a_3*(k-2)+\cdots+a_k$，所以，第 i 份订单在某个车间里倒数第 k 个处理，对于该车间，第 i 份订单所耗费全局的时间（导致其他订单等待时间 + 该订单完成时间）为 a_i*k。

对每个车间，最多可以处理 N 份订单，将每个车间拆成 N 个节点，节点 1 ～节点 N 分别代表某份订单在这个车间是倒数第几个被完成的，即对于第 i 份订单，第 j 个车间拆分的第 k 个节点，连接一条权值为 $Z_{ij}*k$ 的边。

这样，本题用一个边带权的完全二分图 G 表示。问题也转换成了带权二分图最小权完备匹配的计算。将边权值取负，采用 KM 算法求解本题，使得最佳匹配权值 ans 为负且数值部分最小。显然，$-\frac{\text{ans}}{N}$ 为完成 N 份订单的最小平均时间值。

参考程序（略。本题参考程序的 PDF 文件和本题的英文原版均可从华章网站下载）

14.2　计算网络最大流

14.2.1　网络最大流

当一个单源单汇的简单有向图引入流量因素，且要求计算满足流量限制和平衡条件的最大可行流时，就产生了最大流问题。本节将展开计算最大流的编程实验。

定义 14.2.1（网络）　设连通无自环的带权有向图 $G(V, E)$ 中有两个不同的节点 s 和 t，且在弧集 E 上定义一个非负整数值函数 $C=\{c_{ij}\}$，称该有向图为网络，记为 $G(V, E, C)$；s 被称为源点，t 为被称为汇点，除 s 和 t 以外的其他节点称为中间点；C 称为容量函数，弧 (i,j) 上的容量为 c_{ij}。

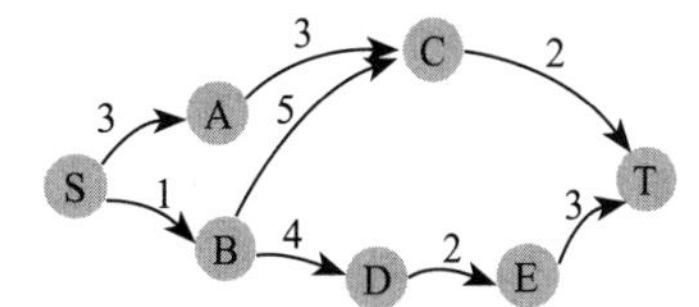

网络是一个含源点、汇点和弧容量的简单有向图

图　14.2-1

例如，图 14.2-1 即一个网络，指定 S 为源点，

T 为汇点，其他节点作为中间点，弧旁的数字为容量 c_{ij}。

定义 14.2.2（流量）　在网络 $N(V, E, C)$ 的弧集 E 上定义一个非负整数值函数 $f=\{f_{ij}\}$，称 f 为网络 N 上的流，称 f_{ij} 为弧 (i, j) 上的流量。若无弧 (i, j)，则 f_{ij} 定义为 0。设流 f 满足下列条件：

1）容量限制条件：对每一条弧 (i, j)，有 $f_{ij} \leqslant c_{ij}$。

2）平衡条件：除 s 和 t 外的每个中间点 k，有 $\sum_{i\in V} f_{ki} = \sum_{j\in V} f_{jk}$；对于 s 和 t，有 $\sum_{i\in V} f_{ki} - \sum_{j\in V} f_{jk} = \begin{cases} V_f & k=s \\ -V_f & k=t \end{cases}$。

则称 f 为网络 N 的一个可行流，V_f 为流 f 的值，或称 f 的流量。若 N 中无可行流 f'，使 $V_{f'} > V_{f'}$ 则称 f 为最大流。

定义 14.2.3（饱和的 / 未饱和的）　在网络 $N(V, E, C)$ 中，若 $f_{ij}=c_{ij}$，则称弧 (i, j) 是饱和的；若 $f_{ij}<c_{ij}$，则称弧 (i, j) 是未饱和的。

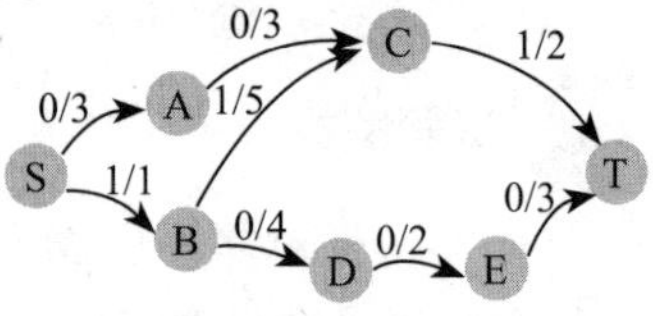

例如，图 14.2-2 所示的网络的可行流量为 1，弧上的标示为 f_{ij}/c_{ij}。

一个可行流量为 1 的网络

图　14.2-2

因此，就有了这样的问题：如何在网络 $G(V, E, C)$ 上寻找最大流量和一个有最大流量的可行流方案？这就是网络 G 的最大流问题。例如，对于图 14.2-3a 的网络（弧上数字为容量 c_{ij}），给出一个流量 2 的方案（图 14.2-3b，弧上标示为 f_{ij}/c_{ij}）。

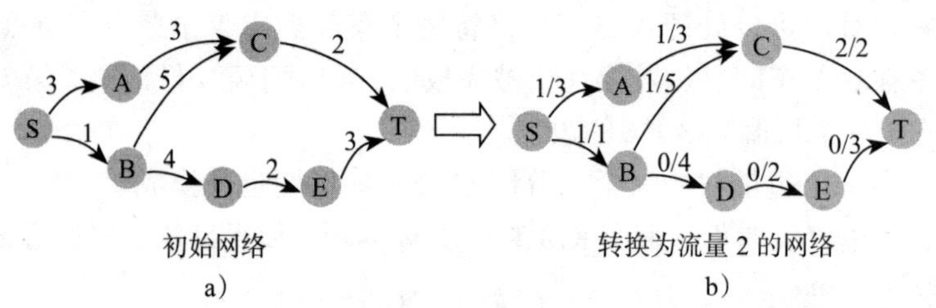

图　14.2-3

显然，图 14.2-3b 中每条弧的流量满足流的容量限制和流的平衡条件，因此方案可行。但问题是，怎样能够判断出这个流量是否已达到最大？如果还能增加，则需要通过怎样的改进过程来计算出网络的最大流量和最大流方案？

最大流算法的核心是计算增广路。要理解最大流算法，首先必须弄明白增广路是怎样的一条路径，该路径上包含了哪些类型的弧，以及在保证流的容量限制和平衡条件的前提下如何增大该路径上的流量。为了弄明白这些问题，我们先引入退流的概念，并在此基础上对 s 至 t 的路径上的弧进行分类。

分析图 14.2-3b，发现流量是可以增加的。把 B-C-T 上的一个流量退回到 B 点，改道走 B-D-E-T。此时的流量依然为 2，但在满足流的容量限制和流的平衡条件下，路径 S-A-C-T 上可增加一个流量，使得网络的流量增至 3，如图 14.2-4 所示。

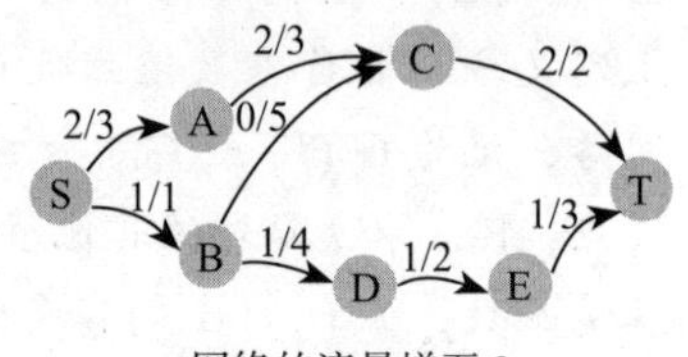

网络的流量增至 3

图　14.2-4

显然，不能直接在图 14.2-3b 上寻找增大流的路径，因为有些弧的流选择不恰当（例如 $f_{BC}=1$），要“退流”。为此，我们在保留以前工作的基础上“退流”，并重新分类出前向弧和后向弧，以便再次寻找可增大流量的路径。

定义 14.2.4（前向弧，后向弧）　若 p 是网络中连接源点 s 和汇点 t 的一条路，且路的方向是从 s 到 t，则路上的弧有两种：

1）前向弧——弧的方向与路的方向一致。前向弧的全体记为 $p+$；

2）后向弧——弧的方向与路的方向相反。后向弧的全体记为 $p-$。

有了前向弧和后向弧的分类，便可以引出增广路的定义。

定义 14.2.5（增广路）　设 f 是一个可行流，p 是从 s 到 t 的一条路，若 p 满足下述两个条件：

1）在 $p+$ 的所有前向弧 (u, v) 上，$0 \leqslant f(u, v)<C(u, v)$；

2）在 $p-$ 的所有后向弧 (u, v) 上，$0<f(u, v) \leqslant C(u, v)$。

则称 p 是关于可行流 f 的一条增广路，亦称可改进路。

例如，图 14.2-5a 中，S-A-C-B-D-E-T 为一条增广路；其中，(C, B) 为后向弧，其他为前向弧。后向弧 (C, B) 的流量“退流”后变为 0（图 14.2-5b）。

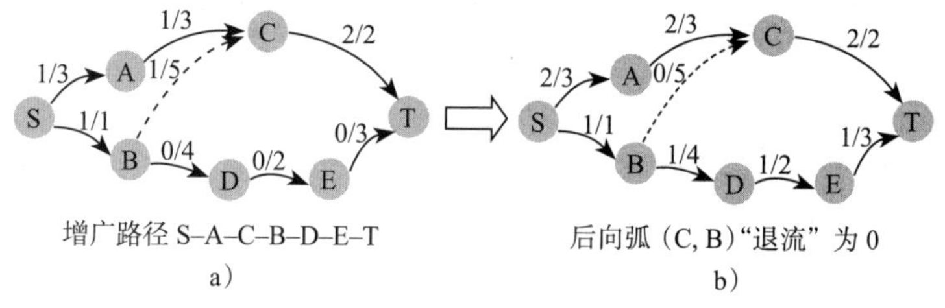

增广路径 S–A–C–B–D–E–T
a）

后向弧（C, B）“退流”为 0
b）

图　14.2-5

我们按照上述定义将增广路 p 上的弧划分为前向弧和后向弧后，便可以通过下述两个步骤增大路径 p 上的流量：

1）求增广路上流量的可改进量 $a=\min\limits_{(u,v)\in p}$ ｛前向弧的 $c(u,v)-f(u,v)$，后向弧的 $f(v,u)$｝；

2）修改增广路 p 上每条弧 (u, v) 的流量 $f(u,v)=\begin{cases} f(u,v)+a & (u,v)\in p^{+} \\ f(u,v)-a & (u,v)\in p^{-} \end{cases}$。

p 之所以称为增广路，是因为 p 的前向弧均未饱和，每条前向弧的流量可增加 a；p 的后向弧倒流量可减少 a；不属于 p 的弧的流量一概不变。这样可在保证每条弧的流量不超过容量上限且保持流平衡的前提下使网络的流量增加 a，同时也不影响 p 外其他弧的流量。例如，按照上述方法调整图 14.2-5a 中增广路 S-A-C-B-D-E-T 的流量，得到图 14.2-5b，使网络的流量由原来的 2 增至 3。

定义 14.2.6（割）　设 $N(V, E, C)$ 是有一个发点 s 和一个收点 t 的网络。若 V 划分为 P 和 $\overline{P}$，使 $s\in P$，$t\in \overline{P}$，则从 P 中的点到 $\overline{P}$ 中的点的所有弧集称为分离 s 和 t 的割，记为 $(P,\overline{P})$。

若从网络 N 中删去任一个割，则从 s 到 t 之间不存在有向路。

割 $(P,\overline{P})$ 的容量是它的每条弧的容量之和，记为 $C(P,\overline{P})$，即 $C(P,\overline{P})=\sum_{(i\in P,j\in \overline{P})} c_{ij}$。对于不同的割，它的容量显然不同。

若 N 中不存在割 $(P',\overline{P'})$，使 $C(P',\overline{P'})<C(P,\overline{P})$，则称 $(P,\overline{P})$ 为最小割。

网络中的流的值具有上界，如下面的定理所述。

定理 14.2.1　对于给定的网络 $N=(V, E, C)$，设 f 是任一个可行流，$(P,\overline{P})$ 是任一个割，

则 $V_f \leqslant C(P,\overline{P})$。

证明：根据流的平衡条件可知：对于发点 $s \in P$，有

$\sum_{i\in V} f_{si} - \sum_{j\in V} f_{js} = V_f$（1）

对于 P 中不是发点 s 的中间点 k 有

$\sum_{i\in V} f_{ki} - \sum_{j\in V} f_{jk} = 0$（2）

由（1）式加上对所有 $k \in P$ 的（2）式得到：

$$\sum_{(k\in p,i\in V)} f_{ki} - \sum_{(k\in P,j\in V)} f_{jk}$$
$$= \sum_{(k\in P,i\in P)} f_{ki} + \sum_{(k\in P,i\in \overline{P})} f_{ki} - [\sum_{(k\in P,j\in P)} f_{jk} + \sum_{(k\in P,j\in \overline{P})} f_{jk}]$$
$$= V_f$$

由于 $\sum_{(k\in P,i\in P)} f_{ki} = \sum_{(k\in P,j\in P)} f_{jk}$，所以 $\sum_{(k\in P,i\in \overline{P})} f_{ki} - \sum_{(k\in P,j\in \overline{P})} f_{jk} = V_f$（3）

因为 $\sum_{(k\in P,j\in \overline{P})} f_{jk}$ 是非负的，所以有 $V_f \leqslant \sum_{(k\in P,i\in \overline{P})} f_{ki} \leqslant \sum_{(k\in P,i\in \overline{P})} c_{ki} = C(P,\overline{P})$。■

上述证明中，（3）是一个有用的结论，它指出对于任何割 $(P,\overline{P})$，流的值等于从 P 中的节点到 $\overline{P}$ 中的节点的所有弧上流量之和减去从 $\overline{P}$ 中的节点到 P 中的节点的所有弧上流量之和。

Ford-Fulkerson 于 1956 年给出了最大流最小割定理。

定理 14.2.2（最大流最小割定理）*在任一网络 N 中，从 s 到 t 的最大流的值等于分离 s 和 t 的最小割的容量。*

证明：设 f 是一个最大流，用以下方法定义 P：令 $s \in P$，如果 $i \in P$ 且 $f_{ij}<c_{ij}$，则 $j \in P$；如果 $i \in P$ 且 $f_{ji}>0$，则 $j \in P$。任何不在 P 中的节点在 $\overline{P}$ 中。

设 δ_1 是路 μ 上所有前向弧上 $c_{i,i+1}-f_{i,i+1}$ 的最小值，δ_2 是所有后向弧上 $f_{j+1,j}$ 的最小值，$\delta=\min(\delta_1, \delta_2)$, $\delta>0$，则在前向弧上可增加流量 δ，在后向弧上可减少流量 δ，使得流 f 修改后得到的流 f' 仍满足流的条件，并且流的值增加 δ，这与 f 是最大流矛盾。因此 $t\notin P$，于是得到分离 s 和 t 的割 $(P,\overline{P})$。

由 $(P,\overline{P})$ 的构造可知，如果 $k\in P,i,j\in \overline{P}$，有 $f_{ki}=c_{ki}$ 和 $f_{jk}=0$；又对任一割 $(P,\overline{P})$，$\sum_{(k\in P,i\in \overline{P})} f_{ki} - \sum_{(k\in P,j\in \overline{P})} f_{jk} = V_f$。所以，对上述构造的割 $(P,\overline{P})$，有 $V_f = \sum_{(k\in P,i\in \overline{P})} c_{ki} = C(P,\overline{P})$。

因为 f 是最大流，由定理 14.2.1 可知，$(P,\overline{P})$ 是最小割，并且最小割的容量等于最大流的值。■

定理 14.2.3（最大流定理）*可行流 f 是最大流当且仅当不存在从 s 到 t 的关于 f 的增广路。*

基于定理 14.2.2 及其证明以及定理 14.2.3 的 Ford-Fulkerson 方法是寻找网络最大流的基本方法，其思想是每次通过寻找一条增广路来增加可行流的值，反复直至无法再找到增广路时，即获得网络的最大流。而此时必然从源点到汇点的所有路中至少有一条弧是饱和的。

Ford-Fulkerson 方法分为两个过程：标号过程和增广过程。通过标号过程找一条增广路，再由增广过程确定网络流量的增量，并且去掉标号。

（1）标号过程

1）给定初始流，不妨设初始流的值为 0；给发点标号 $(-, \Delta s)$，其中 $\Delta s=+\infty$。

2）选择一个已标号的节点 p，对于 p 的所有未标号的相邻点 q，按下列规则标号：

①如果弧 (p, q)，q 未标号，当 $c_{pq}>f_{pq}$ 时，则点 q 标号 $(p^+, \Delta q)$，其中 $\Delta q=\min\{\Delta p, c_{pq}-f_{pq}\}$；当 $c_{pq}=f_{pq}$ 时，则 q 不标号。

②如果弧 (q, p)，q 未标号，当 $f_{qp}>0$ 时，则点 q 标号 $(p^-, \Delta q)$，其中 $\Delta q=\min\{\Delta p, f_{qp}\}$；当 $f_{qp}=0$ 时，则 q 点不标号。

3）重复第 2）步直到收点 t 被标号或不再有节点可以标号为止。

如果 t 点给出标号，说明存在一条增广路，则转向增广过程。

如果 t 点未被标号，说明不存在增广路，则算法结束，所得的流为最大流。

（2）增广过程

如果在收点 t 已标号 $(y^+, \Delta t)$，已知其中 $\Delta t=\min\{\Delta y, c_{yt}-f_{yt}\}$，则存在一条从 s 到 t 的增广路 μ。

1）修改流 f，使得沿增广路 μ 在前向弧上流量增加 Δt，在后向弧上流量减少 Δt，于是得到新的流 f'，且有 $V_{f'}=V_f+\Delta t$。然后去掉节点上标号。

2）对流 f' 重新进行标号。

如果在收点 t 没有标号，标号算法结束，用 P 表示所有已标号的节点集，用 $\overline{P}$ 表示所有未标号的节点集，于是得到的 $(P,\overline{P})$ 便是最小割，它的容量等于最大流的值。

从上述算法可见，我们不仅得到了最大流，而且同时得到了最小割，要想提高总流量，只有增大最小割中弧的容量才行。

上述算法还要注意两点：

1）初始流量可以不为 0。

2）每次标号时，可能有多种情况，任选一种即可。

Ford-Fulkerson 方法的实例如图 14.2-6 所示。

计算最大流的关键在于怎样找增广路，因此 Ford-Fulkerson 也有多种算法实现。寻找一条增广路的常用方法有 BFS、DFS 和标号搜索 PFS（类似 Dijkstra 算法的标号法）。Edmonds-Karp 算法（简称 EK 算法）每次通过 BFS，在网络上找一条从源点到汇点的最短增广路，然后增加可行流的值，当通过 BFS 无法找到增广路时，算法结束。EK 算法的时间复杂度为为 $O(|V|\times|E|^2)$。

【14.2.1.1　Power Network】

一个电力网是由节点（发电站、用电场所和变电站）以及连接这些节点的电力传输线组成的。节点 u 可以具有提供总量为 $s(u)\geqslant 0$ 的电力的能力，可以实际产生 $0\leqslant p(u)\leqslant p_{\max}(u)$ 的电力，可以消耗 $0\leqslant c(u)\leqslant \min(s(u), c_{\max}(u))$ 的电力，也可以转发 $d(u)=s(u)+p(u)-c(u)$ 的电力。本题给出下述限制：对于发电站，$c(u)=0$，对于用电场所，$p(u)=0$；对于变电站，$p(u)=c(u)=0$。在电网中，从节点 u 到节点 v 至多有一条电力传输线 (u, v)，从 u 到 v 传输 $0\leqslant l(u, v)\leqslant l_{\max}(u, v)$ 的电力。设 $\text{Con}=\Sigma_u c(u)$ 是网络中消耗的电力，本题要计算 Con 的最大值。

如图 14.2-7 中的实例所示，标记了 x/y 的发电站 u 表示 $p(u)=x$，$p_{\max}(u)=y$；标记了 x/y 的用电场所 u 表示 $c(u)=x$，$c_{\max}(u)=y$；标记了 x/y 的电力传输线 (u, v) 表示 $l(u, v)=x$，$l_{\max}(u, v)=y$。电力耗费为 Con=6。网络可以有其他可能的情况，但 Con 的值不会超过 6。

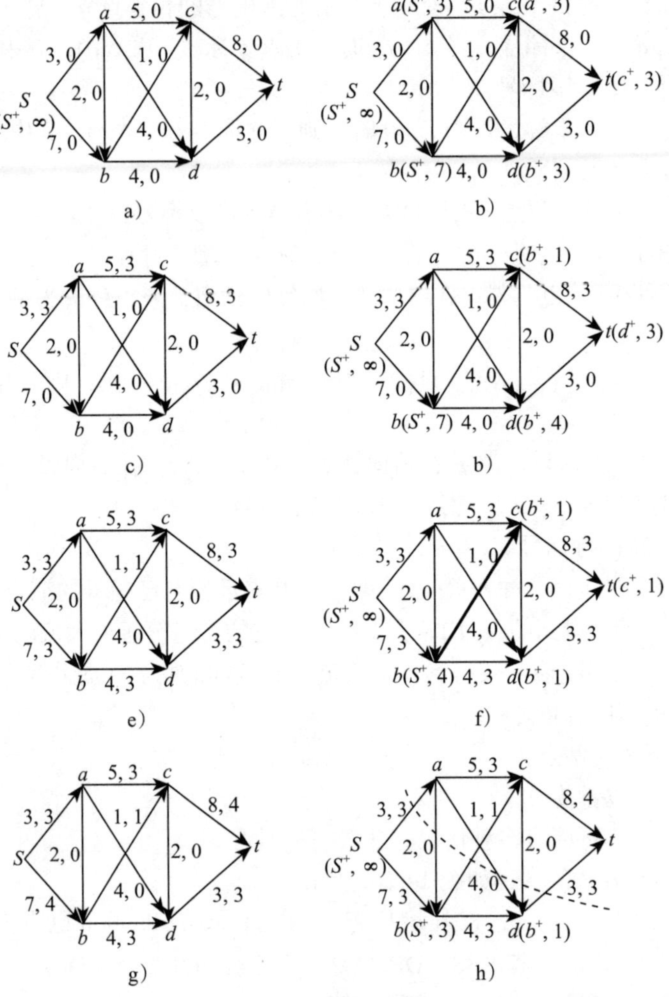

图　14.2-6

u	type	$s(u)$	$p(u)$	$c(u)$	$d(u)$
0	power	0	4	0	4
1	Station	2	2	0	4
3	consumer	4	0	2	2
4		5	0	1	4
5		3	0	3	0
2	dispatcher	6	0	0	6
6		0	0	0	0

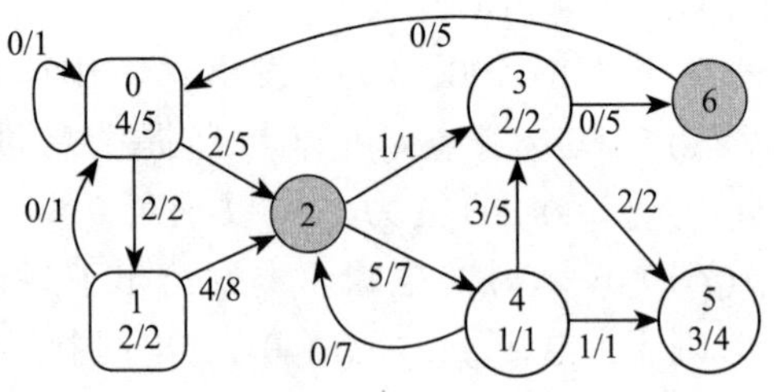

图　14.2-7

输入

输入中有若干组测试用例，每组测试用例相应于一个电力网，首先给出 4 个整数：n（$0 \leqslant n \leqslant 100$，节点数），$n_p$（$0 \leqslant n_p \leqslant n$，发电站的数目），$n_c$（$0 \leqslant n_c \leqslant n$，用电场所的数目），$m$（$0 \leqslant m \leqslant n^2$，电力传输线的数目）。然后给出 m 个数据三元组 $(u,v)z$，其中 u 和 v 是节点

标识符(从 0 开始编号)，z（$0 \leqslant z \leqslant 1000$）是 $l_{max}(u, v)$ 的值。接着给出 n_p 个二元组 $(u)z$，其中 u 是电站标识符，z（$0 \leqslant z \leqslant 10\,000$）是 $p_{max}(u)$ 的值。测试数据以 n_c 个二元值 $(u)z$ 结束，其中 u 是用电场所的标识符，z（$0 \leqslant z \leqslant 10\,000$）是 $c_{max}(u)$ 的值。所有的输入数字是整数。除了 $(u,v)z$ 三元组和 $(u)z$ 两元组不包含空格外，空格在输入中可以随意出现。输入数据以文件结束终止，所有输入数据都是正确的。

输出

对于输入的每组测试用例，程序标准输出可以供相应网络使用的最大电量。每个结果是一个完整的值，在一行中输出。

样例输入	样例输出
2 1 1 2 (0,1)20 (1,0)10 (0)15 (1)20	15
7 2 3 13 (0,0)1 (0,1)2 (0,2)5 (1,0)1 (1,2)8 (2,3)1 (2,4)7 (3,5)2 (3,6)5 (4,2)7 (4,3)5 (4,5)1 (6,0)5 (0)5 (1)2 (3)2 (4)1 (5)4	6

说明

样例输入中给出两个测试用例。第一个测试用例给出一个包含 2 个节点的网络，电站 0 的 $p_{max}(0)=15$，用电场所 1 的 $c_{max}(1)=20$，2 条电力传输线 $l_{max}(0,1)=20$ 和 $l_{max}(1,0)=10$。Con 的最大值是 15。第二个测试用例给出的网络如图 14.2-7 所示。

试题来源：ACM Southeastern Europe 2003

在线测试：POJ 1459，ZOJ 1734，UVA 2760

试题解析

这个题目可以采用网络流的模型来表示：在原图的基础上添加源点 s 和汇点 t。对于每个发电站，从源点 s 引一条容量为 p_{max} 的弧；对于每个用电场所，引一条容量为 c_{max} 的弧到汇点 t；对于题目中给的三元组 $(u, v)z$，从点 u 连一条容量为 z 的弧到点 v。显然，这样的构图是满足题目要求的，最大电力耗费 Con 就是这个网络的最大流。

我们采用相邻矩阵来存储网络中的流量 ($f[n][n]$) 和容量 ($c[n][n]$)，采用 Edmonds-Karp 算法求网络最大流。BFS 求增广路时需要用一个队列 $q[n]$ 和记录增广路的数组 fa[n]，其中 n 是指网络中的节点个数，fa[i] 为增广路上节点 i 的前驱。由于原图中的节点数不超过 100，再加源点 s 和汇点 t，因此 n 不超过 10^2+2。

由上面的分析可知：空间复杂度为 $O(n^2)$；求增广路的网络流算法的时间复杂度为 $O(n^2t)$，其中 n 为网络中的节点数，t 为增广次数，在本题中 t 远小于最大流的流量 Con。

参考程序

```
#include <stdio.h>                          // 预编译命令
#include <math.h>
#include <memory.h>
int n, np, nc, m, s, t;                     // 节点数为 n，源点为 s，汇点为 t，节点数为 n，
                                            // 发电站数目为 np，用电场所数目为 nc，电力传
                                            // 输线数目为 m
int fa[104], q[104], f[104][104], c[104][104]; // fa[ ] 存储增广路，其中 fa[j] 为增广路
    // 上节点 j 的前驱节点，正数表明该弧为前向弧，负数表明该弧为后向弧；q[] 为队列；f[][]、c[][]
    // 记录网络中的流量和容量，存储方式为相邻矩阵。
void Edmonds_Karp()                         // Edmonds-Karp 算法求最大流
```

```
{
    int qs, qt, d, d0, i, j, ans = 0;
    fa[t] = 1;                              // 汇点的前驱指针初始化
    while (fa[t] != 0)                      // 若增广路存在
    {
        qs = 0; qt = 1;                     // 队列的首尾指针初始化
        q[qt] = s;                          // 源点进入队尾
        memset(fa, 0, sizeof(fa));          // 增广路径初始化
        fa[s] = s;                          // 源点的前驱指针指向自己
        while (qs < qt && fa[t] == 0)       // 若队列非空且没有找到至汇点的增广路
        {
            i = q[++qs];                    // 取出队首节点
            for (j = 1; j <= t; j++)        // 枚举未在增广路上的节点 j
                if (fa[j] == 0)
                    if (f[i][j] < c[i][j]) // 若 (i, j) 的流量可增加，则 (i, j) 作为前向
                                            // 弧加入增广路，j 进入队列；若 (i, j) 可退流，
                                            // 则 (i, j) 作为后向弧加入增广路，j 进入队列
                    {
                        fa[j] = i;
                        q[++qt] = j;
                    }
                    else
                        if (f[j][i] > 0)
                        {
                            fa[j] = -i;
                            q[++qt] = j;
                        }
        }
        if (fa[t] != 0)                     // 如果找到一条从源点到汇点的增广路就改进当前流
        {
            d0 = 10000000;
            i = t;                          // 从汇点出发倒推计算最大可改进量 d0
            while (i != s)                  // 未倒推至源点
            {
                if (fa[i] > 0)              // i 节点为尾的弧是前向弧
                {
                    if ((d = c[fa[i]][i] -f[fa[i]][i]) < d0)
                        d0 = d;
                }
                else                        // i 节点为尾的弧是后向弧
                    if (f[i][-fa[i]] < d0)
                        d0 = f[i][-fa[i]];
                i = abs(fa[i]);             // 继续沿前驱指针倒推计算最大可改进量 d0
            }
            ans += d0;                      // 总流量增加 d0
            i = t;                          // 从汇点出发，倒推调整增广路上的流量
            while (i != s)
            {
                if (fa[i] > 0)              // 若 i 节点为尾的弧是前向弧，则该弧流量增加 d0
                    f[fa[i]][i] += d0;
                else                        // 若 i 节点为尾的弧是后向弧，则该弧流量减少 d0
                    f[i][-fa[i]] -= d0;
                i = abs(fa[i]);             // 继续沿前驱指针调整流量
            }
        }
    }
    printf("%d\n", ans);                    // 输出最大流
}
int main()
{
    int i, u, v, cc;
```

```
    while (scanf("%d%d%d%d", &n, &np, &nc, &m) == 4) // 反复输入节点数、发电站数目、
                                                     // 用电场所数目和电力传输线数目
    {
        s = n + 2; t = n + 1;                  // 设置源点和汇点
        memset(f, 0, sizeof(f));
        memset(c, 0, sizeof(c));
        for (i = 1; i <= m; i++)               // 对于原图中的边 (u, v) 连一条容量为 cc 的弧
        {
            while (getchar() != '(');
            scanf("%d,%d)%d", &u, &v, &cc);
            c[u + 1][v + 1] = cc;
        }
        for (i = 1; i <= np; i++)              // 源点向每一个发电站连一条容量为 cc 的弧
        {
            while (getchar() != '(');
            scanf("%d)%d", &u, &cc);
            c[s][u + 1] = cc;
        }
        for (i = 1; i <= nc; i++)              // 每个用电场所向汇点连一条容量为 cc 的弧
        {
            while (getchar() != '(');
            scanf("%d)%d", &u, &cc);
            c[u + 1][t] = cc;
        }
        Edmonds_Karp();                        // Edmonds-Karp 算法求最大流
    }
}
```

【14.2.1.2　PIGS】

Mirko 在一家大型养猪场工作，这家养猪场有 M 间可上锁的猪舍，但 Mirko 无法对任何一间猪舍上锁，因为他没钥匙。顾客一个接一个地到养猪场来，每个人都有一些猪舍的钥匙，他们要来买一定数量的猪。

每天早晨 Mirko 所关心的数据是这一天要来养猪场的顾客，以便做好销售计划，给出要卖的猪的最大数字。

确切地讲，过程如下：顾客到养猪场，打开所有他有钥匙的猪舍，Mirko 从被打开的猪舍里卖一定数量的猪给顾客，并且如果 Mirko 需要，他在被打开的猪舍中重新分配剩余的猪。

在每间猪舍中猪的数量没有限制。

请编写程序，给出在一天中，Mirko 可以卖出的猪的最大数量。

输入

输入的第一行给出两个整数 M 和 N（$1 \leqslant M \leqslant 1000$，$1 \leqslant N \leqslant 100$），分别是猪舍的数量和顾客的数量。猪舍编号从 1 到 M，顾客编号从 1 到 N。

下一行给出 M 个整数，表示每间猪舍在初始时猪的数量。每间猪舍里猪的数量大于等于 0，小于等于 1000。

然后的 N 行按如下形式给出顾客的记录（第 i 个顾客的记录在第（i+2）行）：$A\ K_1\ K_2 \cdots K_A\ B$ 表示顾客拥有的猪舍的钥匙编号为 K_1，K_2，$\cdots$，K_A（按非递减序排列），并且要买 B 头猪。数字 A 和 B 可以为 0。

输出

输出的第一行且唯一的一行给出要卖猪的头数。

样例输入	样例输出
3 3 3 1 10 2 1 2 2 2 1 3 3 1 2 6	7

试题来源：Croatia OI 2002 Final Exam - First day

在线测试：POJ 1149

试题解析

本题的关键是建立问题对应的网络流图 D：将每个顾客设为一个节点，其中节点 i 对应顾客 i（$1 \leqslant i \leqslant n$）。源点 s 表示为节点 0，汇点 t 表示为节点 n+1。

对于每个顾客来说，买的猪源于两条途径：

- 在这样的猪圈里买猪：他自己钥匙能打开的猪圈，并且他是第一个打开这个猪圈的顾客。
- 从之前的顾客打开的猪圈里买猪。

当顾客 i 的信息被输入时，如果有这样的猪圈，即他有钥匙，而且他是第一个可以打开这些猪圈的顾客，则从 s 到这个顾客有一条弧，其容量是顾客 i 可以从这些猪圈中买的猪的总和；从顾客 i−1 到顾客 i（$i \geqslant 2$）有一条弧，其容量是无穷大，因为顾客 i 可以从之前顾客打开的猪圈中买猪。还有一条从顾客 i 到 t 的弧，其容量是他要买的猪的数量。

显然，上述网络流图 D 的最大流量 f 即为 Mirko 可以卖出的猪的最大数量。

参考程序（略。本题参考程序的 PDF 文件和本题的英文原版均可从华章网站下载的压缩包中。）

14.2.2　最小费用最大流

以上讨论了如何寻找网络中的最大流问题。但在实际生活中，“流”的问题可能不仅仅涉及流量，还涉及“费用”，即网络 $N(V, E, C)$ 中的每一条弧 (v_i, v_j) 除给出容量 c_{ij} 外，还给出单位流量费用 $b_{ij} \geqslant 0$；不仅要求计算网络中的最大流 F，还要使流的总输送费用 $B(F)=\sum_{(i,j)\in E} b_{ij} f_{ij}$ 取极小值，这就是最小费用最大流问题（Minimum-Cost Flow Problem）。

计算网络最大流的 Ford-Fulkerson 方法是从某个可行流出发，通过搜索找到关于这个流的一条增广路 p，沿着 p 调整当前的可行流 F，然后，继续试图寻找新的增广路，如此反复直至求得最大流。求具有最小费用的最大流，首先分析：当沿着一条关于可行流 F 的增广路 p，调整量 a=1，调整 F，得到新的可行流 F'，调整前后流的总输送费用会增加多少。

设调整后流的总输送费用为 $B(F')$，调整前流的总输送费用为 $B(F)$。按照定义，调整前后的费用增加量应该为增广路 P 中前向弧输送费用的增加值 $\sum_{p+} b_{ij}(f'_{ij}-f_{ij})$ 减去后向弧输送费用的减少值 $\sum_{p-} b_{ij}(f_{ij}-f'_{ij})$。由于调整量为 1，因此

$$B(F')-B(F)=\left[\sum_{p+} b_{ij}(f'_{ij}-f_{ij})-\sum_{p-} b_{ij}(f_{ij}-f'_{ij})\right]=\sum_{p+} b_{ij}-\sum_{p-} b_{ij}$$

我们把 $\sum\limits_{p+} b_{ij} - \sum\limits_{p-} b_{ij}$ 称为这条可行路 p 的“费用”。

显然，如果 F 是流量为 $V(F)$ 的所有可行流中费用最小者，而 p 是关于 F 的所有增广路中费用最小的增广路，那么沿 p 去调整 F，得到可行流 F'，即流量为 $V(F')$ 的所有可改进流中的最小费用流。这样，当 F 是最大流时，流量为 $V(F)$ 就是所求的最小费用最大流。

注意到，由于 $b_{ij} \geqslant 0$，因此 F=0 必定是流量为 0 的最小费用流。这样，可以从 F=0 开始计算最小费用最大流。一般地，设已知 F 是流量 $V(F)$ 的最小费用流，那么问题就是寻找关于 F 的最小费用增广路。为此构造一个带权有向图 $W(F)$，它的节点是原网络 D 的节点，把 D 中的每一条弧 (v_i, v_j) 变成两个方向相反的弧 (v_i, v_j) 和 (v_j, v_i)。定义 $W(F)$ 中的权 w_{ij} 为：

$$\text{前向弧的权 } w_{ij} = \begin{cases} b_{ij} & f_{ij} < c_{ij} \\ \infty & f_{ij} = c_{ij} \end{cases}，\text{后向弧的权 } w_{ji} = \begin{cases} -b_{ij} & f_{ij} > 0 \\ \infty & f_{ij} = 0 \end{cases}$$

其中权值为∞的弧可以从 $W(F)$ 中略去。

于是，在网络中寻求关于 F 的最小费用增广路，就等价于在带权有向图 $W(F)$ 中寻求从 v_s 到 v_t 的最短路。因此有如下算法。

开始取 $F(0)$=0，一般地，若在第 k−1 步得到最小费用流 $F(k-1)$，则构造带权有向图 $W(F(k-1))$，在 $W(F(k-1))$ 中寻求从 v_s 到 v_t 的最短路径。若不存在最短路径（即最短路权是 +∞），则 $F(k-1)$ 即为最小费用最大流；若存在最短路径，则在原网络 D 中得到相应的增广路 p，在增广路 p 上对 $F(k-1)$ 进行调整，可改进量为 $a= \min\{\min\limits_{p+}\{c_{ij} - F_{ij}(k-1)\}, \min\limits_{p-}\{F_{ij}(k-1)\}\}$：

$$F_{ij}(K) = \begin{cases} F_{ij}(k-1)+a & (i,j) \in p+ \\ F_{ij}(k-1)-a & (i,j) \in p- \\ F_{ij}(k-1) & (i,j) \notin p \end{cases}$$

得到新的可行流 $F(k)$；然后，再对 $F(k)$ 重复上述步骤。例如，求图 14.2-8 的最小费用最大流。弧旁的数字表示为 (c_{ij}, b_{ij})。

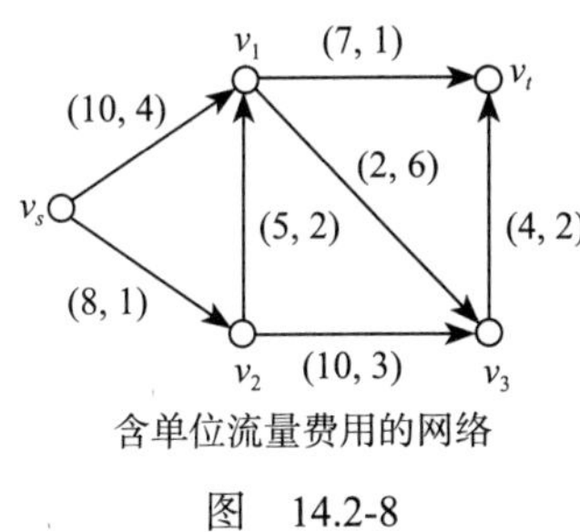

含单位流量费用的网络

图　14.2-8

1）取 $F(0)$=0 为初始可行流；

2）构造赋权有向图 $W(F(0))$，并求出从 v_s 到 v_t 的最短路 (v_s, v_2, v_1, v_t)，如图 14.2-9a 所示（双箭头即最短路径）；

3）在原网络 D 中，与这条最短路径相应的可改进流为 $p=(v_s, v_2, v_1, v_t)$；

4）在 p 上进行调整，a=5，得 $F(1)$（如图 14.2-9b 所示）。按照上述算法依次得 $F(1)$、$F(2)$、$F(3)$ 和 $F(4)$ 的流量分别为 5、7、10 和 11（如图 14.2-9b、d、f 和 h 所示）；构造相应的赋权有向图为 $W(F(1))$、$W(F(2))$、$W(F(3))$ 和 $W(F(4))$（如图 14.2-9c、e、g 和 i 所示）。由

于 $W(F(4))$ 中已不存在从 v_s 到 v_t 的最短路，所以 $F(4)$ 为最小费用最大流。

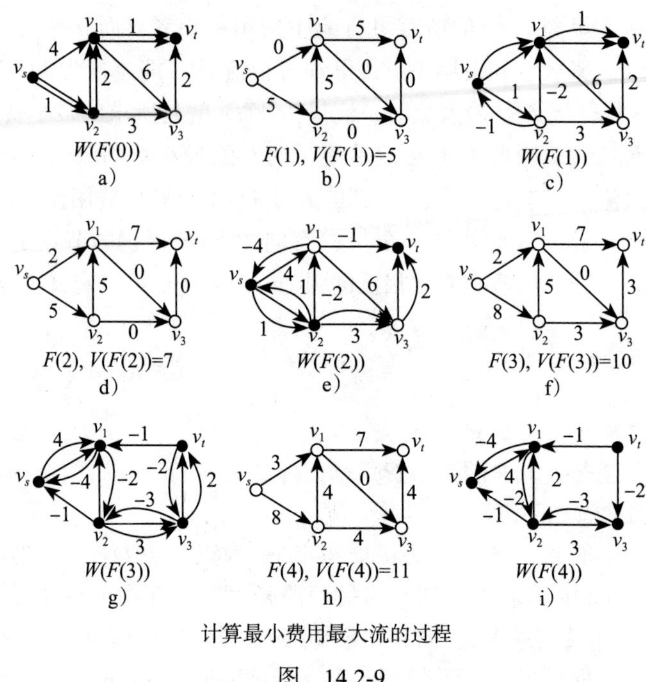

计算最小费用最大流的过程

图　14.2-9

下面给出计算最小费用最大流的数据结构和算法流程。

数据结构如下：

```
struct edge{                          // 边表元素的结构类型
    int x, y, next, c, b, op;         // 边为 (x, y)，流量为 c（初始时为容量），费用为 b，x 的下
                                      // 条出边的指针为 next，后继边指针为 op
};
edge a[E];                            // 边表
int tot, n, m, st, en;                // 边表长度为 tot，源点为 st，汇点为 en，集装箱数为 n
int fi[V], pre[V], d[V],h[V+10];      // v 的当前出边序号为 fi[v]，增广路上 v 的前驱为 pre[v]，源
                                      // 点至 v 的最短路长为 d[v]，队列为 h
bool v[V];                            // 节点 i 在队列的标志为 v[i]=true
```

算法流程如下。

步骤 1：构造网络流图的边表 a。

边表 a 为结构数组，每个数组元素为含 6 个成员的结构体变量。

$a[k].x$ 和 $a[k].y$ 表示第 k 条有向弧为 $(a[k].x，a[k].y)$，该边的流量为 $a[k].c$（初始时为容量），费用为 $a[k].b$。说明如下：

1）为了便于最短路径的计算，我们通过 $a[k]$.next 将所有以 x 为头的有向弧连接起来。边表 a 中 x 的上一条出边序号为 fi[x]。

2）对于初始容量为 c、费用为 b 的每条弧 (x, y) 拆分成两条弧插入边表 a：一条是容量为 c、费用为 b 的前向弧 (x, y)，一条是容量为 0、费用为 $-b$ 的后向弧 (y, x)。

3）为了按照流平衡的条件调整可增广路的流量，设置后继指针 $a[k]$.op：若为前向弧，$a[k]$.op=k+1；若为后向弧，$a[k]$.op=k−1。这样，当增广路的可调整量为 a 时，通过 $a[k].c$−=a，$a[a[k]$.op$].c$+=a，使流量达到平衡。

插边过程如下:

```
void Add( x, y, c, b){ // 初始容量为 c、费用为 b 的弧 (x,y)，拆分成两条正反两条弧插入边表 a
    Add(x,y,c,b,1);     // 前向弧的容量为 c，费用为 b
    Add(y,x,0,-b,-1);   // 后向弧的容量为 0，费用为 -b
}
```

其中 *Add*(*x*,*y*,*c*,*b*,1) 的过程说明如下:

```
void Add(x,y, c,b, op){ // 往边表 a 插入一条容量为 c、费用为 b 的弧 (x, y)，其正反向标志为 op
    a[++tot].x=x;       // 存储当前边的两个端点
    a[tot].y=y;
    a[tot].c=c;         // 存储当前边的容量和费用
    a[tot].b=b;
    a[tot].op=tot+op;   // 设置后继指针
    a[tot].next=fi[x];  // 连接以 x 为头的有向弧
    fi[x]=tot;          // 记下 x 的当前出边的序号
}
```

步骤 2：使用 SPFA 算法计算源点 st 至汇点 en 的增广路。

我们以网络流量为边权，计算源点 st 至汇点 en 的最短路径，该路径即为可增广路。设队列为 *h*，队首和队尾指针分别为 *l* 和 *r*；*v* 为节点在队列的标志；*d* 为节点的最短路长估计值序列；pre 为增广路上节点的前驱指针。

```
int spfa( st, en, n){                          // 计算和返回 st 至 en 的最短路长
    memset(h,0,sizeof(h));                     // 初始时队列空，所有节点未在队列
    memset(v,0,sizeof(v));
    memset(d, ∞ ,sizeof(d));                   // 所有节点的最短路长为一个较大值，且未在增广路上
    memset(pre,0,sizeof(pre));
    l=1,r=1;                                   // 队列的首尾指针初始化，设置循环队列长度
    h[1]=st;                                   // 源点进入队列
    v[st]=1;
    d[st]=0;                                   // 设置源点的最短路长
    while (1){
        int x=h[l];                            // 取队首节点 x
        for (int t=fi[x],y=a[t].y;t;t=a[t].next,y=a[t].y)  // 枚举 x 的所有出边 (x,y)
        if (a[t].c>0&&d[y]>d[x]+a[t].b){       // 若 x 的出边存在且可以松弛，则松弛该边
            d[y]=d[x]+a[t].b;
            pre[y]=t;                          // 该边记入增广路
            if (!v[y]){                        // 若 y 未在队列，则 y 入 h 队列
                v[y]=1;
                r=r+1; h[r]=y;
                }
        }
        if (l==r) break;                       // 若队列为空，则退出算法
        v[x]=0;                                // x 正式出队
        l=l+1;
    }
    return d[en];                              // 返回源点至汇点的最短路长
}
```

步骤 3：计算源点 st 至汇点 en 的增广路上新增的输送费用。

计算分两步:

1）从汇点 en 出发，沿增广路上计算边的最小流量 *a*;

2）从汇点 en 出发，调整增广路上各边的流量，将其“费用”计入输送费用 ans。

```
int aug( st, en, n){               // 计算和返回增广路上新增的输送费用
    int a= ∞, ans=0,k=pre[en]; // 最小流量和新增的输送费用初始化，取汇点的前驱
```

```
    while (k){                    // 从汇点出发，计算增广路上边的最小流量 a
        a=min(a,a[k].c);
        k=pre[a[k].x];            // 倒推增广路的前驱节点
    }
    k=pre[en];                    // 从汇点出发，调整增广路上各边的流量，累计新增的输送费用 ans
    while (k){
        ans+=a[k].b*a;
        a[k].c-=a;                // 按照流的平衡条件调整流量
        a[a[k].op].c+=a;
        k=pre[a[k].x];            // 继续沿增广路的前驱指针倒推
    }
    return ans;                   // 返回新增的输送费用
}
```

步骤 4：计算最小费用最大流。

反复计算源点 st 至汇点 en 的增广路。每计算一次，则累计新增的输送费用，直至增广路不存在为止。

```
int costflow( st, en, n){               // 计算和返回最小费用最大流
    int ans=0,temp=spfa(st,en,n);       // 总输送费用初始化，计算增广路
    while (temp< ∞ ){                   // 若增广路存在，则累计新增的输送费用
        ans+=aug(st,en,n);
        temp=spfa(st,en,n);             // 计算增广路
    }
    return ans;                         // 返回总输送费用
}
```

【14.2.2.1 Farm Tour】

当农夫 John 的朋友来他的农场拜访他时，他很喜欢带他们到处转转。农夫 John 的农场有 N（$1 \leqslant N \leqslant 1000$）块地，编号从 1 到 N。他的房子在第一块地上，在第 N 块地上有一个大谷仓。总共有 M（$1 \leqslant M \leqslant 10\,000$）条路径以各种方式连接这些地。每条路径连接两块不同的地，并且路径距离小于 35 000 且不会为零。

农夫 John 为了以最好的方式展示他的农场，他要为朋友们安排一段旅程：从他家开始走，可能经过一些地，最后到谷仓，然后，再回到他家里（可能又穿过一些地）。

他希望安排的旅程尽可能短，然而，他不想在任何一条路径上走一次以上。计算可能的最短行程。本题设定，在任何给出的农场中，可以安排这样的旅程。

输入

第 1 行给出两个空格分隔的整数 N 和 M。第 2 行到第 M+1 行：每行给出三个空格分隔的整数，以定义一条路径：起始的地，结束的地，以及路径的距离。

输出

在一行中给出最短旅程的长度。

样例输入	样例输出
4 5 1 2 1 2 3 1 3 4 1 1 3 2 2 4 2	6

试题来源：USACO 2003 February Green

在线测试：POJ 2135

试题解析

本题给出一个带权图：N 个节点，编号为 1 ～ N；M 条边，每条边的信息包括起点、终点和距离。要求从节点 1 走到节点 N，然后再从节点 N 走回节点 1，每条边只能走一次，本题要求计算这样走的最短旅程。

首先对给出的带权图构造网络：将边权作为费用，流量为 1（每条边只能走一次）。输入一条边要建 4 条弧，首先建 a->b 的弧，要同时建反向弧；再建 b->a 的弧，一样建立反向弧。再新建一个源点 s，从源点 s 到节点 1 有一条弧，边权为 0，流量为 2；新建一个汇点 t，有一条从节点 N 指向汇点 t 的弧，边权为 0，流量为 2。

本题基于最小费用最大流的算法求解。算法过程如下：

1）以边权（距离）为费用，用 SPFA 算法找一条存在流量的从源点到汇点的最短路 dis[t]；

2）若存在，则计算出最短路上能增加的最大流量 flow，然后前向弧 +flow，后向弧 −flow；

3）ans += dis[t]×flow；

4）重复步骤 1) ～ 3)。

参考程序

```
#include <cstdio>
#include <queue>
using namespace std;
const int INF = 0x3f3f3f3f;                          // 定义较大值
const int N = 1010;                                  // 节点数的上限
const int M = 40010;                                 // 弧数的上限
int dis[N],pre[N];                                   // 源点至 v 的最短路长为 dis[v]，在增广路
                                                     // 上以 v 为尾的弧为 (pre[v], v)
bool vis[N];                                         // 节点 v 在队列的标志为 vis[v]
int from[M],to[M],val[M],capacity[M],nxt[M];         // 存储节点所有出弧的弧表，其中第 i 条出弧
    // 的弧尾为 from[i]、弧头为 to[i]，费用为 val[i]，容量为 capacity[i]，后继指针为 nxt[i]
int head[N],tot;                                     // 存储 v 的所有出弧的弧表首指针为 head[v]
int n, m;                                            // 地块数为 n，路径数为 m
void addedge(int u, int v, int w, int c)             // 将费用为 w、容量为 c 的正向弧 (u, v) 插
    // 入以 head[u] 为首指针的弧表；将费用为 -w、容量为 0 的反向弧 (v, u) 插入以 head[v] 为首指针
    // 的弧表
{
    ++tot;                                           // 增加一条正向弧：弧尾为 u、弧头为 v，费
                                                     // 用为 w，容量为 c
    from[tot] = u;
    to[tot] = v;
    val[tot] = w;
    capacity[tot] = c;
    nxt[tot] = head[u];                              // 该弧插入节点 u 的弧表首部
    head[u] = tot;
    ++tot;                                           // 增加一条反向弧：弧尾为 v、弧头为 u，费
                                                     // 用 -w，容量为 0
    from[tot] = v;
    to[tot] = u;
    val[tot] = -w;
    capacity[tot] = 0;
    nxt[tot] = head[v];                              // 该弧插入节点 v 的弧表首部
```

```
    head[v] = tot;
}

bool spfa(int s, int t, int cnt)                    // 判断源点 st 与汇点 en 之间是否存在增广路
                                                    // (节点数为 cnt)
{
    // 初始时，所有节点未在队列里，所有弧未在增广路上，源点至每个节点的最短路长为一个较大值
memset(vis, 0, sizeof(vis));
    memset(pre, -1, sizeof(pre));
    for(int i = 1; i <= cnt; ++i) dis[i] = INF;
    vis[s] = 1, dis[s] = 0;                         // 源点进入队列，其最短路长为 0
    queue <int> q;
    q.push(s);
    while(!q.empty())                               // 若队列非空，则取出队首节点 u
    {
        int u = q.front();
        q.pop();
        vis[u] = 0;                                 // 设 u 未在队列标志
        for(int i = head[u]; ~i; i = nxt[i])        // 枚举节点 u 的每条出弧
            if(capacity[i])                         // 若存在出弧 i，则取出其弧头节点 v
            {
                int v = to[i];
                // 若经过出弧 i 可使得源点至 v 的路长更短，则调整 v 的最短路长
                if(dis[u]+val[i] < dis[v])
                {
                    dis[v] = dis[u]+val[i];
                    pre[v] = i;                     // 将 (i, v) 送入增广路
                    if(!vis[v])                     // 若 v 未在队列，则 v 入队，设定 v 在队列
                                                    // 标志
                    {
                        vis[v] = 1;
                        q.push(v);
                    }
                }
            }
    }
    return dis[t] != INF;                           // 若汇点 t 的最短路长被调整，则返回成功
                                                    // 标志
}
int getmincost(int s, int t, int cnt)               // 计算和返回最小费用最大流 (源点为 s，汇
                                                    // 点为 t，节点数为 cnt)
{
    int cost = 0;                                   // 总输送费用初始化
    while(spfa(s, t, cnt))                          // 若源点 s 与汇点 t 之间存在增广路，则从汇
        // 点 t 出发，计算增广路上弧的最小流量 flow，作为增广路上的流量调整值
    {
        int pos = t, flow = INF;
        while(pre[pos] != -1)
        {
            flow = min(flow, capacity[pre[pos]]);
            pos = from[pre[pos]];
        }
        pos = t;                                    // 从汇点 t 出发，调整增广路上各弧的流量
        while(pre[pos] != -1)
        {
            capacity[pre[pos]] -= flow;
            capacity[pre[pos]^1] += flow;
            pos = from[pre[pos]];
        }
        cost += dis[t]*flow;                        // 将新增的输送费用计入 cost
    }
```

```
    return cost;                               // 若不存在增广路，则成功返回总输送费用 cost
}
int main()
{
    while(~scanf("%d %d", &n, &m))             // 输入地块数 n 和路径数 m
    {
        memset(head, -1, sizeof(head));
        tot = -1;
        for(int i = 1; i <= m; ++i)            // 依次输入每条路径的信息
        {
          int u, v, w;
          scanf("%d %d %d", &u, &v, &w);       // 第 i 条路径是距离为 w 的 (u, v)
          addedge(u, v, w, 1);                 // 将费用为 w、流量为 1 的弧 (u, v) 及其对
                                               // 应的反向弧插入弧表
          addedge(v, u, w, 1);                 // 将费用为 w、流量为 1 的弧 (v, u) 及其对
                                               // 应的反向弧插入弧表
        }
        int s = n+1, t = n+2;
        addedge(s, 1, 0, 2);                   // 源点至节点 1 连一条费用 0、流量 2 的弧，
                                               // 将该弧及其对应的反向弧插入弧表
        addedge(n, t, 0, 2);                   // 节点 n 至汇点连一条费用 0、流量 2 的弧，
                                               // 将该弧及其对应的反向弧插入弧表
        printf("%d\n", getmincost(s, t, t));   // 计算和输出最短旅程长度（即总输送费用）
    }
    return 0;
}
```

最小费用最大流算法可以用于求解计算二分图的最佳匹配，方法如下。

首先，将带权二分图转化为相应的网络流图。

对于二分图 (X, Y, E)（其中 X 和 Y 为互补的节点集，E 为 $X\times Y$ 上的边集，$w(e)$ 是边 e 的费用），构造一个网络流图 D：

1）源点为 s，汇点为 t；

2）对于 $i \in X$，建立一条容量为 1、费用为 0 的有向边 (s, i)；

3）对于 $j \in Y$，建立一条容量为 1、费用为 0 的有向边 (j, t)；

4）对于 E 中的每一条边 $(i,j)(i \in X,\ j \in Y)$，建立一条容量为 1、费用为 0 的有向边 $(i,\ j)$。

容易看出，网络流图 D 的最小费用最大流恰好使 X、Y 中的节点两两配对起来，对应着二分图 (X, Y, E) 的最佳匹配。

【14.2.2.2　Trash】

你受聘担任当地的垃圾处理公司的 CEO，你的一项工作是处理收集来的垃圾，对垃圾进行分类，以便循环利用。每天，会有 N 个集装箱的垃圾运来，每个集装箱里装有 N 种垃圾。本题给出集装箱里各种垃圾的数量，请你找出最佳的方案对这些垃圾进行分类，就是把每种垃圾集中装到一个集装箱中。本题设定每个集装箱的容量是无限的。搬动一个单位的垃圾需要耗费一定的代价，从集装箱 i 搬动一个单位的垃圾到集装箱 j 的代价是 1（$i \neq j$，否则代价为 0），请你将代价减到最小。

输入

第一行为 N（$1 \leqslant N \leqslant 150$），其余行描述集装箱的情况，第 i+1 行描述第 i 个集装箱中的第 j 种垃圾的数量 amount($0 \leqslant$ amount $\leqslant 100$)。

输出

分类这些垃圾所需的最小代价。

样例输入	样例输出
4 62 41 86 94 73 58 11 12 69 93 89 88 81 40 69 13	650

在线测试：Ural 1076

试题解析

给出一个带权二分图，要求你计算这个带权二分图的最大匹配（完美匹配）。本题采用最小费用最大流进行求解。用 SPFA 算法计算最小费用最大流是最有效的。

本题的关键是建模。本题要求移动垃圾的数量最小。因为本题给出了集装箱里各种垃圾的数量，要求不移动的垃圾数量尽可能多。基于此，构建网络流 $G(V, E)$，其中 $|V|=2\times n+2$，源点 s 被表示为节点 1，汇点 t 被表示为节点 $2\times n+2$。节点集合 X 表示集装箱，集装箱 X_i 用节点 $i+1$ 表示，$1\leqslant i\leqslant N$；节点集合 Y 表示垃圾，Y_j 用节点 $N+j+1$ 表示，$1\leqslant i, j\leqslant n$。如果垃圾 Y_j 在集装箱 X_i 中的数量是 a，那么从 X_i 到 Y_j 的弧的权值是在集装箱 X_i 中的所有的垃圾数量 $-a$；从 Y_j 到 X_i 的弧的权值是 $-$（在集装箱 X_i 中的所有的垃圾数量 $-a$）；从 s 到 X_i 的弧的容量，以及从 Y_j 到 t 的容量都是 1。

显然，G 的最小费用最大流是分类这些垃圾所需的最小代价。

参考程序

```
#include<iostream>                    // 预编译命令
#define maxn 500                      // 节点数上限
#define maxq 10000                    // 队列长度上限
#define mx 1000000                    // 无穷大
using namespace std;                  // 使用 C++ 标准程序库中的所有标识符
long c[maxn][maxn]={0},g[maxn][maxn]={0},d[maxn]={0};    // 初始时赋权有向图的相邻矩阵
    //g[][]、最短路长矩阵 d[] 和网络流图的流量矩阵 c[][] 为空
int q[maxq]={0},pre[maxn]={0};  // 初始时队列为 q[]、增广路的前驱指针为空
bool vis[maxn]={0};                   // 初始时所有节点未在增广路
bool b=1;                             // 设增广路存在标志
long n,s=1,t;                         // 集装箱数和垃圾种类数为 n，源点 s=1，汇点为 t
long p=0;                             // 分类所有垃圾所需的最小代价初始化为 0
void augment()                        // 调整增广路上各边的流量
{
    int i=t;                          // 从汇点出发，计算增广路上边的最小流量 a
    long a=mx;                        // 最小流量 a 初始化为无穷大
    while (i>s)
    {
        if (c[pre[i]][i]<a)a=c[pre[i]][i];
        i=pre[i];                     // 沿前驱指针倒推
    }
    i=t;                              // 从汇点出发，调整增广路上各边的流量
    while (i>s)
    {
        c[pre[i]][i]-=a;c[i][pre[i]]+=a;
        i=pre[i];                     // 沿前驱指针倒推
    }
}
void SPFA()                           // 使用 SPFA 算法计算源点至汇点的最短路（增广路）
```

```
{
    memset(q,0,sizeof(q));                    // 初始时队列空，所有节点未在队列
    memset(vis,0,sizeof(vis));                // 初始时所有节点未访问
    memset(pre,0,sizeof(pre));                // 初始时所有节点未在增广路上
    int l=1,r=1;                              // 队列的首尾指针初始化
    for(int i=1;i<=t;++i)d[i]=mx;             // 初始时所有节点的最短路长为一个较大值
    d[s]=0;q[1]=s;vis[s]=1;                   // 设源点的最短路长为 0，源点入队并设访问标志
    while (l<=r)                              // 若队列非空，则循环
    {
        if (l==1 && r==maxq) break;           // 若循环队列满，则退出循环
        long x=q[l];                          // 取队首元素 x
        for (int i=1;i<=t;++i)                // 枚举 x 的所有出边 (x, i)
        if(d[x]+g[x][i]<d[i]&&c[x][i]>0)      // 若出边 (x, i) 存在且可松弛，则松弛该边
        {
            d[i]=d[x]+g[x][i];
            pre[i]=x;                         //(x, i) 记入增广路
            if (!vis[i])                      // 若 i 未在队列，则 i 进入循环队列
                {vis[i]=1;++r;if (r>maxq) r=1;q[r]=i;}
        }
        vis[x]=0;                             // x 正式出队
        ++l;if (l>maxq) l=1;
    }
if (d[t]!=mx)                                 // 若可达汇点 t，则累计总输送费用，调整增广路
                                              // 上各边的流量，设增广路存在标志后返回
{ p+=d[t];augment();b=1;return;}
    b=0;                                      // 设增广路不存在标志
}
int main(void)
{
    cin>>n;                                   // 输入集装箱数和垃圾种类数
    t=2*n+2;                                  // 设置汇点
    for (int i=1;i<=n;++i)                    // 枚举 X 集合中的每个集装箱
    {
        int s=0;
        for (int j=1;j<=n;++j)                // 枚举 Y 集合中的每类垃圾
        {
            c[1+i][1+n+j]=1;
            cin>>g[1+i][1+n+j];               // 输入集装箱 i 中 j 类垃圾的数量
            s+=g[1+i][1+n+j];                 // 累计集装箱 i 中的垃圾总数
        }
        for (int j=1;j<=n;++j)                // 枚举 Y 集合中的每类垃圾：X 集合中的集装箱 i 向
            //Y 集合中的垃圾 j 连一条有向边，长度为集装箱 i 除去垃圾 j 后的剩余量；Y 集合中的垃圾
            //j 向 X 集合中的集装箱 i 连一条有向边，长度为集装箱 i 除去垃圾 j 后的剩余量取负
        {
            g[1+i][1+n+j]=s-g[1+i][1+n+j]; g[1+n+j][1+i]=-g[1+i][1+n+j];
        }
    }
    for (int i=1;i<=n;++i)                    // 源点向 X 集合中的每个集装箱连一条容量为 1 的有
                                              // 向边；Y 集合中的每类垃圾向汇点 t 连一条容量为 1
                                              // 的有向边
    {
        c[1][1+i]=1;c[1+n+i][t]=1;
    }
    b=1;                                      // 设增广路存在标志
    while(b)SPFA();                           // 反复使用 SPFA 算法计算最小费用最大流，直至增
                                              // 广路不存在为止
    cout<<p<<"\n";                            // 输出分类所有垃圾所需的最小代价
    return 0;
}
```

14.3 相关题库

【14.3.1 A Plug for UNIX】

你负责为联合国互联网行政处（the United Nations Internet eXecutive，UNIX）的成立大会建立新闻室，其中有一项国际性的任务，就是使得海量的和官方的信息尽可能在互联网上自由流动。

新闻室的房间设计要满足来自世界各地的记者，所以在建造房屋的时候，就要在房间里配置多种插座，以符合各个国家使用的电器的不同的插座形状和电压。然而不幸的是，房间是许多年前建造的，那时的记者使用的电器和电子设备很少，所以每种类型的插座只有一个。而现在，记者也像其他人一样，要做工作，就需要许多这样的设备：笔记本电脑、手机、录音机、传呼机、咖啡壶、微波炉、吹风机、卷边熨斗、牙刷等。这些设备可以用电池，但由于会议很可能是漫长而乏味的，所以你希望插座尽可能多。

在会议开始之前，你收集了记者想要用的所有的设备，并尝试对它们进行接电处理。你发现一些使用插座的设备没有相应的插座，你知道在修建房间的时候，没有考虑这些设备来自的国家。而对于插座，有些插座，有使用相应的插座的设备；而另一些插座，则没有使用相应插座的设备。

为了解决这个问题，你去了附近的一家部件供应商店。这家商店出售允许一类插座在不同类型的插座上使用的转换连接器。此外，转换连接器也可以被插入到其他转换连接器上。这家商店没有对所有可能的插座和插座组合适用的转换连接器，但部件的数量是无限的。

输入

输入由一个测试用例组成。第一行给出一个正整数 n（$1 \leqslant n \leqslant 100$），表示房间里的插座数量。后面的 n 行给出房间里插座的类型，每个插座类型是由最多 24 个字母字符组成的字符串。下一行给出一个正整数 m（$1 \leqslant m \leqslant 100$），表示要接电的设备数。后面的 m 行每行给出一个设备名，然后给出使用的插座类型（与它所要使用的插座类型相同）。设备名是一个最多由 24 个字母字符组成的字符串。任何两个设备的名字不会相同。插座类型和设备名之间用一个空格分开。下一行给出一个正整数 k（$1 \leqslant k \leqslant 100$），表述可供使用不同类型的转换连接器的数量。后面的 k 行每行描述一类转换连接器，表示转换连接器提供的插座的类型，在一个空格后，是插座的类型。

输出

一行给出一个非负的整数，表示不能接电的设备的最小数量。

样例输入	样例输出
4 A B C D 5 laptop B phone C pager B	1

（续）

样例输入	样例输出
clock B comb X 3 B X X A X D	

试题来源：ACM East Central North America 1999

在线测试：POJ 1087，ZOJ 1157，UVA 753

提示

要接电的设备数 m- 可以接电的最多设备数 = 不能接电的最少设备数。显然，关键是求可以接电的最多设备数。

我们将接电情况转化为二分图：m 台设备组成集合 X，n 个插座组成集合 Y，每个设备与其原配插座和能转化的插座间连边。显然，可以接电的最多设备数对应这个二分图的最大匹配数，使用匈牙利算法即可求出。

这里要注意两点：

1）在读入接电的设备时，可能会出现不同设备使用同一类型的插座，读入转换连接器时，亦可能出现所有设备未使用的插座类型。因此，我们为每一种类型的插座定义一个节点序号，保证不同类型插座的节点序号各不相同，并确定每一个设备的原配插座序号。

2）在读入转换连接器信息的同时，建立相邻矩阵 t[][]，其中 $t[i][j]$==1 代表节点 i 和节点 j 对应的两个插座接入转换连接器。然后计算 t 的传递闭包 t'，若 $t'[i][j]$==1 代表节点 i 和节点 j 对应的两个插座可以经由转换连接器转换。有了传递闭包 t'，便可以构造二分图：枚举每个设备 x（$1 \leqslant x \leqslant m$），找出 x 的原配插座序号 i，i 与所有可经由转换连接器转换的插座序号 j 之间连边（$1 \leqslant i, j \leqslant n$，$t'[i][j]=1$）。

【14.3.2 Machine Schedule】

众所周知，机器调度是计算机科学中一个非常经典的问题，已经被研究了很长时间。调度问题由于要满足的约束以及所要求的调度类型不同，存在着很大的不同。本题我们考虑双机调度问题。

有两台机器 A 和 B。机器 A 有 n 种工作模式，被称为 mode_0, mode_1,⋯, mode_n−1，同样，机器 B 有 m 种工作模式，被称为 mode_0, mode_1,⋯, mode_m−1。初始时两台机器在 mode_0 工作。

给出 k 项工作，每项工作可以在两台机器中的任一台以特定的模式被处理。例如，job 0 可以或者在机器 A 以 mode_3 被处理，或者在机器 B 以 mode_4 被处理；job 1 可以或者在机器 A 以 mode_2 被处理，或者在机器 B 以 mode_4 被处理；等等。对 job i，约束可以表示为一个三元组 (i, x, y)，表示 job i 可以在机器 A 以 mode_ x 被处理，或者在机器 B 以 mode_ y 被处理。

显然，要完成所有的工作，我们就要一直转换机器的工作模式，但很不幸，机器工作模式的改变只有通过手工重启来进行。可通过改变工作的序列，把每项工作安排给一台适当的机器。请你编写一个最小化重启机器次数的程序。

输入

输入包含若干测试用例。每个测试用例的第一行给出 3 个正整数：n、m（n, m<100）和 k（k<1000）。后面的 k 行给出 k 项工作的约束，每行是一个三元组：i，x，y。

以一行给出单个 0 作为输入结束。

输出

输出一个整数一行，表示重启机器的最少次数。

样例输入	样例输出
5 5 10 0 1 1 1 1 2 2 1 3 3 1 4 4 2 1 5 2 2 6 2 3 7 2 4 8 3 3 9 4 3 0	3

试题来源：ACM Beijing 2002

在线测试：POJ 1325，ZOJ 1364，UVA 2523

 **提示**

我们先将机器 A 和机器 B 的工作模式转换成二分图，即机器 A 的 n 种工作模式组成集合 X，机器 B 的 m 种工作模式组成集合 Y，其中 mode_i 对应节点 i（$0 \leqslant i \leqslant n-1$）。如果在第 i 项工作约束中 job i 可以在机器 A 以 mode_ x 被处理，或者在机器 B 以 mode_ y 被处理，且两种工作模式非初始模式（$(x \&\& y) \neq 0$），则节点 x 与节点 y 间连一条边。

在上述二分图中，每条边代表一项工作约束。试题要求将每项工作安排给一台适当的机器，即重启机器方案不允许在任何一台机器上多次使用同一工作模式。对应到二分图上，就是计算最大匹配 M，M 中任意两条边都没有公共的端点，每条匹配边代表重启机器 1 次，要完成所有的工作，重启机器的次数至少为最大匹配边数。

【14.3.3 Selecting Courses】

众所周知，在大学里选课不是一件容易的事情，因为上课的时间会发生冲突。李明是一个很爱学习的学生，在每个学期开始，他总是想选尽可能多的课程。当然，他选的课程之间不能有冲突。

一天 12 节课，一个星期 7 天。大学里有好几百门课程，教授一门课程需要每个星期一节课。为了方便学生，尽管教授一门课程只需要一节课，但在一个星期中，一门课程会被讲授若干次。例如，某一门课程会在周二的第 7 节课和周三的第 12 节课讲授，这两堂课不会有不同，学生可以选任何一门课程去上。在不同的星期，学生可以按自己的要求去上不同的课。因为大学里有许多课程，对于李明，选课不是一件容易的事情。作为他的好朋友，你能帮助他吗？

输入

输入包含若干测试用例。每个测试用例的第一行给出一个整数 n（$1 \leqslant n \leqslant 300$），表示李明所在大学的课程数量。后面的 n 行描述 n 门不同的课程。在每一行中，第一个数是整数 t（$1 \leqslant t \leqslant 7 \times 12$），表示学生学习这门课程的不同的时段数；然后给出 t 对整数 p（$1 \leqslant p \leqslant 7$）和 q（$1 \leqslant q \leqslant 12$），表示该课程会在一周的第 p 天的第 q 节课被讲授。

输出

对每个测试用例，输出一个整数，表示李明可以选的最多的课程数。

样例输入	样例输出
5 1 1 1 2 1 1 2 2 1 2 2 2 3 2 3 3 1 3 3	4

试题来源：POJ Monthly

在线测试：POJ 2239

提示

时段组成集合 X，第 p 天的第 q 节课的时段代表集合 X 中的节点 $i=(p-1)\times 12+q$（$1 \leqslant p \leqslant 7$，$1 \leqslant q \leqslant 12$）；课程组成集合 Y，课程 j 代表集合 Y 中的节点 j（$1 \leqslant j \leqslant n$）。由于选课计划中，时段与课程一一对应（每个时段只能上一门课程，每门课程只能对应一个时段），因此最多选课数即为二分图的最大匹配。

【14.3.4　Software Allocation】

计算中心有 10 台不同的计算机（编号为 0 ～ 9），这些计算机运行不同的应用软件。这些计算机不是多任务的，因此每台计算机在任一时刻只能运行一个应用软件。有 26 个应用软件，命名为 $A \sim Z$。一个应用软件是否可以在一台特定的计算机上运行，要看下面给出的工作描述。

每天早上，用户将他们这一天要运行的应用软件送来，可能有两个用户送来的应用软件是相同的；在这种情况下，两台不同的、彼此独立的计算机将被分配运行这一应用程序。

一个职员收集了这些应用软件，并对每个应用软件给出一个计算机的列表，在这些计算机上可以运行这一应用软件。然后，他将每个应用软件分配给一台计算机。要特别注意：计算机不是多任务的，因此每台计算机最多只处理一个应用软件（一个应用软件要运行一天，因此在同一台计算机上运行序列，即应用软件一个接一个排队的情况是不可能的）。

工作描述由如下部分组成：一个大写字母（A ～ Z），表示应用软件；一个数字（1 ～ 9），表示用户送来的应用软件的数量；一个空格；一个或多个数字（0 ～ 9），表示可以运行应用软件的计算机；结束符“;”；行结束符。

输入

程序的输入是一个文本文件。对于每一天给出一个或多个工作描述，工作描述之间用行结束符分开。输入以标准文件结束符为结束。对于每一天，你的程序要确定是否可以将应用软件分配给计算机，如果可以，则产生一个可能的分配。

输出

输出也是一个文本文件，对于每一天，输出包含如下两者之一的内容：

1）来自集合 {'A'…'Z' , '_'} 的 10 个字符，表示如果可以进行分配，将这些应用软件分别分配给计算机 0 ～ 9。一个下划线“_”表示没有应用被分配到相应的计算机。

2）如果不存在可能的分配，输出一个字符“!”。

样例输入	样例输出
A4 01234; Q1 5; P4 56789; A4 01234; Q1 5; P5 56789;	AAAA_QPPPP !

在线测试：UVA 259

 **提示**

首先构造网络流图 D。

设 10 台机器分别对应节点 1 到节点 10，26 个软件字母对应节点 11 到节点 36；设源点 st 为节点 37，汇点 en 为节点 38。

依次读入当天每项工作的信息：若当前工作运行软件的节点序号为 x，该软件运行的次数是 f，则源点 st 与节点 x 之间连一条容量为 f 的有向弧 (st，x)；节点 x 与运行该软件的每个机器节点 y（$1 \leqslant y \leqslant 10$）之间连一条容量为 1 的有向弧 ($x$，$y$)；节点 y 与汇点 en 之间连一条容量为 1 的有向弧 (y，en)。

统计源点 st 流出的流量总和 sum= $\sum f_{\mathrm{st},x}$，sum 为所有软件运行的总次数。

然后计算网络流图 D 的最大流 f。根据最大流量 f 和软件节点 x 与机器节点 y 之间的流量分布情况判断是否有解，并在有解的情况下计算软件运行方案：若 f 不满载，即 $f \neq$ sum，则说明有软件未运行，无解退出。否则按照下述方法计算软件运行方案：依次搜索每个机器节点 y（$1 \leqslant y \leqslant 10$）：若 ($x$，$y$) 的流量为 1，则标志软件 char($x$−11+'A') 在机器 y 上运行。

【14.3.5　Crimewave】

Nieuw Knollendam 是一个非常现代化的城镇，从地图上看城市的布局很清晰，东西走向的街道和南北走向的街道构成矩形的格子。作为一个重要的贸易中心，Nieuw Knollendam 有许多银行。几乎在每个路口都可以看到一家银行（在同一个路口上不会有两家银行）。不幸的是，这也吸引了许多罪犯，因为银行比较多，一天里通常有几家银行被抢。这不仅给银行而且给罪犯带来了不少问题。在抢劫了银行后，盗匪要尽可能快地离开城镇，大多数时间是在警察的追逐中高速奔跑，有时两个正在奔跑的罪犯通过同一个路口，就会发生若干问题：撞在了一起，警察集中在同一地点，更大的被抓住的可能性。

为了防止不愉快的事情发生，盗匪同意进行共同商讨。每周六晚上，他们会面对下一周的计划作安排：谁在哪一天去抢劫哪一家银行。每一天，他们还要计划逃跑路线，使得没有两条路线使用相同的路口。有的时候按条件他们无法计划路线，虽然他们认为这样的计划可以存在。

给出一个 $s \times a$ 的长方形格子，以及要被抢劫的银行所在的路口，寻找是否有从每个被抢的银行到城镇边缘的逃跑路线，每个路口最多经过一次（如图 14.3-1 所示）。

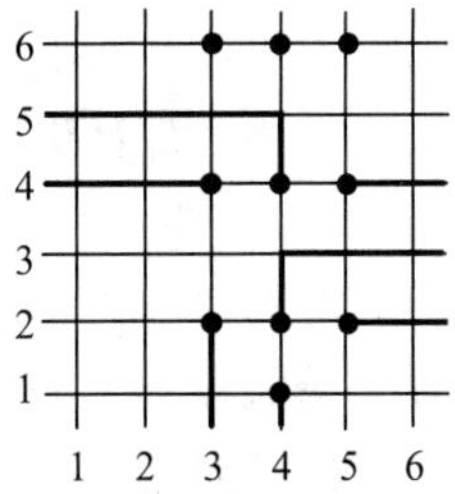

图　14.3-1

输入

输入的第一行给出要解决的测试用例数 p。

每个测试用例的第一行先给出东西走向的街道数 s（$1 \leqslant s \leqslant 50$），然后给出南北走向的街道数 a（$1 \leqslant a \leqslant 50$），最后给出要被抢劫的银行数 b（$b \geqslant 1$）。后面给出 b 行，每行给出一个银行的位置，形式为两个数 x（东西走向街道的编号）和 y（南北走向街道的编号），显然 $1 \leqslant x \leqslant s$，$1 \leqslant y \leqslant a$。

输出

输出 p 行，每行给出“possible”或“not possible”。如果可以计划无交叉的逃跑路线，则输出“possible”；如果不可以，则输出“not possible”。

样例输入	样例输出
2 6 6 10 4 1 3 2 4 2 5 2 3 4 4 4 5 4 3 6 4 6 5 6 5 5 5 3 2 2 3 3 3 4 3 3 4	possible not possible

试题来源：ACM Northwestern European Regionals 1996

在线测试：UVA 563

提示

1）构造对应的网络流图 D。

Nieuw Knollendam 城镇为一个 $s \times a$ 的矩形。我们按照由上而下、由左而右顺序给每个方格定义节点编号。

所谓划无交叉的逃跑路线，是指逃跑路线不允许重复经过同一方格。为了保证所有方格最多只经过一次，我们将矩形中的每个方格拆成两个节点，即一个入口节点和一个出口节点，即矩形中含节点 1 到节点 $2 \times s \times a$，其中方格（i, j）的出口节点序号为 label[i][j][1]，入口节点序号为 label[i][j][0]。源点序号 st=$2 \times s \times a+1$，汇点序号 en=$2 \times s \times a+2$。

①为了保证盗匪能够有逃出城镇的路线，四周边界上每个方格 (i, j)((1 ≤ i ≤ s, 1 ≤ j ≤ a)&&(i==1||j==1||i==s||j==a)) 的出口向汇点 en 连一条容量为 1 的弧（label[i][j][1], en）。

②为了保证每个方格“四通八达”，每个方格 (i, j) 的出口向界内四个相邻方格的入口间连一条流量为 1 的有向弧 (1 ≤ i ≤ s，1 ≤ j ≤ a)，即：

- (i, j) 的出口向 $(i+1, j)$（$i+1 \leqslant s$）的进口连一条容量为 1 的有向弧（label[i][j][1], label[i+1][j][0]）；
- (i, j) 的出口向 $(i-1, j)$（$i-1 \geqslant 1$）的进口连一条容量为 1 的有向弧（label[i][j][1], label[i−1][j][0]）；
- (i, j) 的出口向 $(i, j+1)$（$j+1 \leqslant a$）的进口连一条容量为 1 的有向弧（label[i][j][1], label[i][j+1][0]）；
- (i, j) 的出口向 $(i, j-1)$（$j-1 \geqslant 1$）的进口连一条容量为 1 的有向弧（label[i][j][1], label[i][j−1][0]）。

③为了保证盗贼有进入所有银行的路线，源点 st 向每个银行所在方格 (i, j) 的入口连一条流量为 1 的有向弧（st，label[i][j][0]）。

2）计算网络流图 D 的最大流量 f。

3）若 f== 被抢劫的银行数 b，则说明盗匪能够计划无交叉的逃跑路线，输出成功信息；否则输出失败信息。

【14.3.6　Drainage Ditches】

每次农夫 John 的地里下了雨，在 Bessie 最喜欢的三叶草地里就要形成池塘，这会让三叶草在一段时间内被水所覆盖，要过很长时间才能重新生长。因此，农夫 John 要建立一套排水的沟渠，使得 Bessie 的三叶草地一直不会被水覆盖，把水排到最近的溪流中。作为一个称职的工程师，农夫 John 在每条排水沟渠的开始端安装了调节器，因此他可以控制进入沟渠的水流速率。

农夫 John 不仅知道每条沟渠每分钟可以传输多少加仑的水，而且知道沟渠的精确布局，他能将水从池塘中排出，通过复杂的网络注入每条沟渠和溪流中。

给出所有的有关信息，确定可以从池塘中流出并流入溪流中的水的最大速率。对每个沟渠，水流的方向是唯一的，但水可以循环流动。

输入

输入包含若干测试用例。对于每个测试用例，第一行给出用空格分开的两个整数 N（$0 \leqslant N \leqslant 200$）和 M（$2 \leqslant M \leqslant 200$），$N$ 是农夫 John 挖的沟渠数量，M 是这些沟渠的交叉点的数量。交叉点 1 是池塘，交叉点 M 是溪流。后面的 N 行每行给出 3 个整数 S_i、E_i 和 C_i，S_i 和 E_i（$1 \leqslant S_i$，$E_i \leqslant M$）表示沟渠的两个交叉点，水从 S_i 流到 E_i；C_i（$0 \leqslant C_i \leqslant 10\,000\,000$）是这条通过沟渠水流的最大流量。

输出

对每个测试用例，输出一个整数，表示从池塘中排水的最大流量。

样例输入	样例输出
5 4 1 2 40 1 4 20 2 4 20 2 3 30 3 4 10	50

试题来源：USACO 93

在线测试：POJ 1273

 **提示**

本题给出的信息直接对应的网络流图 D。

沟渠的 m 个交叉点组成网络流图 D 的 m 个节点，n 条沟渠组成 D 的 n 条边，其中交叉点 i 对应节点 i（$1 \leqslant i \leqslant m$）。由于水从交叉点 1 流入，从交叉点 n 流出，因此源点为节点 1，汇点为节点 n。若第 k 条沟渠（$1 \leqslant k \leqslant n$）由交叉点 x 至交叉点 y，水流的最大流量为 f，则对应节点 x 至节点 y 的一条容量为 f 的有向弧 (x, y)。

直接对上述网络流图 D 计算最大流 f，f 即池塘中排水的最大流量。

【14.3.7　Mysterious Mountain】

M 个人在追一只奇怪的小动物。眼看就要追到了，那小东西却一溜烟蹿上一座神秘的山。众人抬头望去，那座山看起来的样子如图 14.3-2 所示。

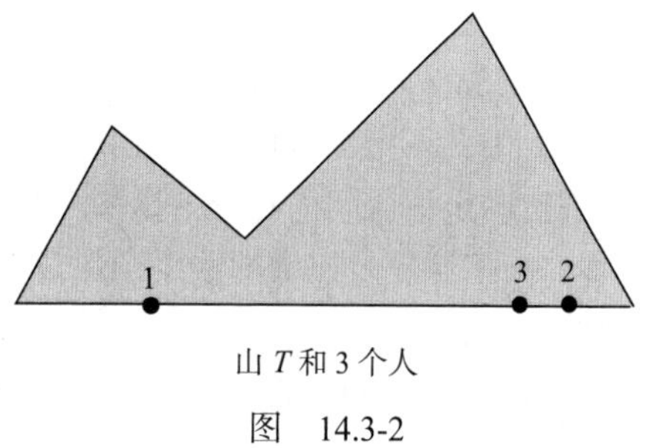

山 T 和 3 个人

图　14.3-2

那座山由 N+1 条线段组成，各个端点从左到右编号为 0 ～ N+1，即 $x[i] < x[i+1]$（$0 \leqslant i \leqslant n$）。而且有 $y[0]=y[n+1]=0$，$1 \leqslant y[i] \leqslant 1000$（$1 \leqslant y \leqslant n$）。

根据经验来说，那小东西极有可能藏在 1 ～ N 中的某个端点。有趣的是，大家很快发现了原来 M 恰好等于 N，这样，他们决定每人选一个点，看看它是否在躲那里。

一开始，他们都在山脚下，第 i 个人的位置是 $(s[i],0)$。他们每人选择一个中间点 $(x[i],0)$，先以速度 $w[i]$ 水平走到那里，再一口气沿直线以速度 $c[i]$ 爬到他的目的地。由于他们的数学不好，他们只知道如何选择一个最好的整数作为中间点的横坐标 $x[i]$。而且很明显，路线的任何一个部分都不能在山的上方（他们又不会飞）。

他们不希望这次再失败了，因此队长决定要寻找一个方案，使得最后一个到达目的地的人尽量早点到。他们该怎么做呢？

输入

输入最多包含 10 个测试点。每个测试点的第一行包含一个整数 N（$1 \leqslant N \leqslant 100$）。以下 N+2 行每行包含两个整数 x_i 和 y_i（$0 \leqslant x_i$，$y_i \leqslant 1000$），代表相应端点的坐标。以下 N 行每行包含 3 个整数 c_i、w_i 和 s_i（$1 \leqslant c_i<w_i \leqslant 100$，$0 \leqslant s_i \leqslant 1000$），代表第 i 个人的爬山速度、

行走速度和初始位置。输入以 N=0 结束。

输出

对于每个测试点，输出最后一个人到达目的地的最早可能时间，四舍五入到小数点后两位。

样例输入	样例输出
3 0 0 3 4 6 1 12 6 16 0 2 4 4 8 10 15 4 25 14 0	1.43

样例说明

在这里例子中，第一个人先到 (5,0)，再爬到端点 2；第 2 个人直接爬到端点 3；第 3 个人先到 (4,0)，再爬到端点 1（如图 14.3-3 所示）。

试题来源：OIBH Online Programming Contest #1

在线测试：ZOJ 1231

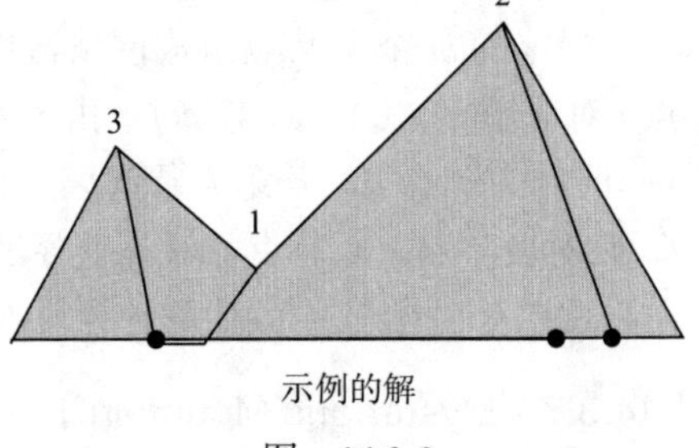

示例的解

图　14.3-3

提示

（1）计算可达山顶的地面位置

设 can[x][i] 为地面 (x, 0) 位置可攀至端点 i 的标志。由于 n+2 的端点坐标是由左而右排列的，因此 x 坐标区间为 [p[0].x，p[n+1].x]，其中 p[i] 为第 i 个端点坐标。我们依次按照下述方法确定该区间内每个 x 坐标可达的端点。

1）按照序号递增的顺序端点枚举每个端点 i：若端点 j 为端点 i 左方最近的一个 (x, 0) 可达的端点 ($0 \leqslant j \leqslant i-1$)，且线段 $\overrightarrow{p_{(x,0)}p[i]}$ 在线段 $\overrightarrow{p_{(x,0)}p[j]}$ 的顺时针方向（叉积 $p_{(x,0)} \times p[i] \geqslant 0$），则 ($x$, 0) 位置可攀至端点 i，即 can[x][i]=true;

2）按照序号递减的顺序端点枚举每个端点 i：若端点 j 为端点 i 右方最近的一个 (x, 0) 可达的端点 ($j=n+1 \cdots i+1$)，且线段 $\overrightarrow{p_{(x,0)}p[i]}$ 在线段 $\overrightarrow{p_{(x,0)}p[j]}$ 的逆时针方向（叉积 $p_{(x,0)} \times p[i] \leqslant 0$），则 ($x$, 0) 位置可攀至端点 i，即 can[x][i]=true。

（2）计算每个人至每个可达端点的最短时间

设 reach[i][j] 为第 i 个人到第 j 个端点的最短时间。

枚举第 i 个人可能的攀前位置为 (x, 0)（$p[0].x \leqslant x \leqslant p[n+1].x$）。若 ($x$, 0) 位置可攀至端点 j(can[x][j]=true)，则攀山和步行花费的总时间为 $\frac{\sqrt{(x-p[j]x)^2+p[j]^2}}{c_i}+\frac{x-s_i}{w_i}$。显然

$$\text{reach}[i][j]=\min_{[p[0].x\leqslant x\leqslant p[n+1].x}\frac{\sqrt{(x-p[j]x)^2+p[j]^2}}{c_i}+\frac{x-s_i}{w_i}\mid \text{can}[x][j]==\text{ture}\}$$

（3）构建问题对应的网络流图 D

设节点数为 2*n+2，其中节点 2*n+1 对应源点 st，节点 2*n+2 对应汇点 en；节点 1 ～节

点 n 对应人，其中第 i 个人为节点 i；节点 $n+1$ ～节点 $2*n$ 对应端点，其中第 i 个端点为节点 $i+n$（$1 \leqslant i \leqslant n$）。

源点 st 向每个人对应的节点 i（$1 \leqslant i \leqslant n$）连一条容量为 1、费用为 0 的有向弧 (st，i)。

每个端点对应的节点 j（$n+1 \leqslant j \leqslant 2*n$）向汇点 en 连一条容量为 1、费用为 0 的有向弧 (j, en)。

每个人对应的节点 i 向所有端点对应的节点 j（$1 \leqslant i \leqslant n$，$n+1 \leqslant j \leqslant 2*n$）引出连一条容量为 1、费用为 reach[$i$][$j$] 的有向弧 ($i, j$)。

显然，最多登山人数对应上述网络流图 D 的最大流，最后一个人到达目的地的最早可能时间对应 D 的最小费用。由此算法浮出水面：计算 D 的最小费用最大流。但是由于本题的特殊性，其计算方法与一般的计算最小费用最大流的方法有所不同。

（4）采用适宜本题的方法计算最小费用最大流

每次计算增广路时，不是寻找由 st 至 en 的最短路径（路径上边的费用和最小），而是寻找最大费用最小的一条增广路。因为所有人是同时追赶小动物的，最后一个人到达目的地的时间（最大费用）决定任务完成的时间，显然，尽早完成任务的方案对应最大费用最小的一条增广路。

设 $d[i]$ 为以节点 i 为尾的增广路上的最大边费用，增广路上 y 的前驱节点为 pre[y]。

```
double spfa( st, en){
  队列 h[ ]、节点在队列的标志 v[ ]、前驱指针 pre[ ] 初始化为 0；d 序列初始化为 66；
  源点 st 进入队列 h，d[st]=0；
  while (1){
    取出队首节点 x；
    枚举 x 的每条出边 (x,y)；
      { if ((x,y) 的流量 >0&&d[y]>max(d[x], (x,y) 的费用 )){
        d[y]=max(d[x], (x,y) 的费用 );
        pre[y]=x；
        if (y 未在队列中 ){
          y 进入 h 队列
        }；
      }
    if ( 队列空 ) break；
    }；
  }；
  return d[en]；
}
```

每次找到一条由 st 至 en 的增广路后，按照流平衡条件调整流量，并找出当前增广路上最大的边费用。如果共找了 k 次增广路，其中第 i 次增广路上得出的最大边费用为 aug[i]，则问题解 ans= $\underset{1<i\leqslant k}{\text{man}}\{\text{ang}[i]\}$ 。

参考程序

```
#include<iostream>
#include<math.h>
#include<cstdio>
#include<cstring>
#include<algorithm>
using namespace std;
const int V=300;                          // 节点数的上限
const int E=30000;                        // 邻接表的规模上限
const double big=1e10;                    // 无穷大
```

```
struct edge{                                    // 邻接表元素的结构类型
int x,y,next,f,op; // 弧为 (x, y), 流量为 f, x 的下条出弧指针为 next, 后继弧的指针为 op, 弧费
    // 用为 c
        double c;
    };
struct point{                                   // 山顶坐标
        int x,y;
    };
edge a[E];                                      // 邻接表 a[]
int tot,n,m,st,en;                              // 邻接表长度为 tot, 人数为 n, 源点为 st,
                                                // 汇点为 en
int fi[V],pre[V],h[V+10];                       // 节点 i 的首条出弧序号为 fi[i], 增广路上
    // 以节点 i 为尾的弧序号 (前驱指针) 为 pre[i], 队列 h[]
double d[V];    // 节点费用 d[], 其中 d[i] 存储以节点 i 为尾的子路径的最大弧费用的最小值
bool v[V];                                      // 节点 i 在队列的标志为 v[i]=true
void Add(int x,int y,int f,double c,int op){ // 在邻接表中新增一条的弧 (x,y), 该弧的容
                                                // 量为 f、费用为 c、正反向标志为 op }
        a[++tot].x=x;a[tot].y=y;a[tot].f=f;a[tot].c=c;
    a[tot].op=tot+op; a[tot].next=fi[x];    // 若正向弧, 则指向下条弧的序号; 若反向弧,
        // 则指向上条弧的序号。后继指针指向 x 的上一条出弧
    fi[x]=tot;                                  //x 的当前出弧记为首条出弧
    }
    void add(int x,int y,int f,double c){ // 在邻接表中新增一条容量为 f 的正向弧 (x,y)
                                                // 和一条容量为 0 的反向弧 (y,x)
        Add(x,y,f,c,1); Add(y,x,0,-c,-1);
    }

    double spfa(int st,int en){    // 采用 BFS 算法构造一条最大弧费用值最小的增广路, 返回路
        // 上的最大弧费用值队列为 h[]、节点在队列的标志为 v[]、前驱指针 pre[] 初始化为 0; d 序
        // 列初始化为 big
        memset(h,0,sizeof(h));memset(v,0,sizeof(v));
        memset(pre,0,sizeof(pre));
        for(int i=1;i<=N;i++) d[i]=big;
        int l=1,r=1,md=V+5;                     // 队列的首尾指针初始化, 设置队列容量
        h[1]=st;v[st]=1;d[st]=0;                // 源点 st 进入队列 h[], 其节点费用为 0;
        while (1){
            int x=h[l];                         // 取出队首节点 x, 枚举 x 的每条出弧 (x,y)
            for (int t=fi[x],y=a[t].y;t;t=a[t].next,y=a[t].y)
                if (a[t].f>0&&d[y]>max(d[x],a[t].c)){   // 若该弧为正向弧且经由该弧的
                    // 最大弧费用比 d[y] 更小, 则调整 d[y], 该弧进入增广路
                    d[y]=max(d[x],a[t].c); pre[y]=t;
                    if (!v[y]){                 // 若 y 尚未在队列, 则 y 进入队列, 设 y 在队列标志
                        r=(r+1)%md;h[r]=y;v[y]=1;
                    }
                }
            if (l==r) break;                    // 若队列空, 则退出循环
            v[x]=0;l=(l+1)%md;                  //x 出队
        }
        return d[en];  // 返回汇点的节点费用 ( 若 d[en]=dig, 则结束计算 )
}

double aug(int st,int en){     // 调整当前增广路上的弧流量, 返回最大弧费用
    int maxf=16000000,         // 弧流量的调整值初始化为无穷大, 最大弧费用初始化为 0
    double ans=0;
    k=pre[en];                 // 从汇点出发, 沿前驱指针倒推计算增广路上弧流量的调整值 maxf
    while (k){
        maxf=min(maxf,a[k].f);k=pre[a[k].x];
    }

    k=pre[en];                 // 从汇点出发, 沿前驱指针搜索增广路
    while (k){
```

```
        ans=max(a[k].c,ans);                          // 调整最大弧费用
        a[k].f-=maxf;a[a[k].op].f+=maxf;k=pre[a[k].x]; // 按照流平衡条件调整流量
        }
        return ans;                                   // 返回当前增广路上的最大弧费用
}

double costflow(int st,int en){
        double ans=0;
        double temp=spfa(st,en);              // 计算首条最大弧费用值最小的增广路
        while (temp<big){   // 若最大弧费用值最小的增广路存在，则计算当前增广路上的弧流量
            // 和最大弧费用，调整目前为止各增广路的最大弧费用
            ans=max(ans,aug(st,en));
            temp=spfa(st,en);                 // 计算最大弧费用值最小的增广路，若返回
                                              // big，则说明不存在增广路，计算结束
        }
        return ans;                           // 返回所有增广路的最大弧费用
}

int N,vc[110],vw[110],sx[110];    // 小东西藏身的山顶区间为 [1..n]，每个人的爬山速度为
        //vc[]，行走速度为 vw[]，初始位置为 sx[]

point p[110];                             //p[] 存储 N+2 个端点坐标
bool can[1100][110];                      // 地面坐标 x 可攀至山顶 i 的标志为 can[x][i]
double reach[110][110],dis[1100][110];    // 第 i 个人到第 j 个山顶的最短时间 reach[i]
                                          //[j]；地面坐标 x 与山顶 i 的距离为 dis[x][i]

int cross(int X1,int Y1,int X2,int Y2){ // 计算与的叉积
        return X1*Y2-X2*Y1;
}

double go(int i,int x,int j){   // 第 i 个人可攀至山顶 j，攀前的地面位置为 x，计算攀山和步行
    // 花费的总时间
        double dx=abs(x-sx[i]);
        return dx/vw[i]+dis[x][j]/vc[i]; // 步行时间 , 攀山时间
}

void build(){
        memset(fi,0,sizeof(fi));
        tot=0;                           // 邻接表长度初始化为 0
        st=2*N+1;en=2*N+2;               // 设置网络流图中源点和汇点的序号，节点总数
        n=2*N+2;
        for (int i=1;i<=N;i++) add(st,i,1,0);
        for (int i=1;i<=N;i++) add(i+N,en,1,0);
        for (int i=1;i<=N;i++)
        for (int j=1;j<=N;j++) add(i,j+N,1,reach[i][j]);
}

int main(){
        cin>>N;                          // 反复输入当前测试用例的人数，直至输入 0 为止
        while (N){
            for (int i=0;i<=N+1;i++) cin>>p[i].x>>p[i].y;     // 输入 N+2 个端点坐标
            for (int i=1;i<=N;i++) cin>>vc[i]>>vw[i]>>sx[i];  // 输入每个人的爬山速度，
                // 行走速度和初始位置

                                              // 计算地面坐标与山顶的可达关系
            int left=p[0].x,right=p[N+1].x;   // 计算地面坐标的区间范围
            for (int x=left;x<=right;x++){    // 从左而右枚举每个地面坐标 x
                point limit;                  // 当前山顶左邻的可达山顶 plimit 初始化
                limit.x=x;limit.y=1000;
              for(int i=1;i<=N;i++)           // 从左而右枚举 x 右方的每个山顶 p[i]：若在
                  // 线段的顺时针方向，则（x,0）位置可攀至山顶 p[i]；否则失败
```

```
                if (p[i].x>=x)
                    {  if (cross(p[i].x-x,p[i].y,limit.x-x,limit.y)>=0){
                            can[x][i]=1;limit=p[i];
                    } else can[x][i]=0;
                }
        }
        for (int x=right;x>=left;x--){     // 从右而左枚举区间内每个地面坐标 x
            point limit;                   // 当前山顶右邻的可达山顶 plimit 初始化
            limit.x=x; limit.y=1000;
            for (int i=N;i>=1;i--) if (p[i].x<x){   // 从右而左枚举每个位于 x 左方
                // 的山顶 p[i]：若在线段的逆时针方向，则（x,0）位置可攀至山顶 i；否则失败
               if (cross(p[i].x-x,p[i].y,limit.x-x,limit.y)<=0){
                       can[x][i]=1;limit=p[i];
               } else can[x][i]=0;
            }
    }

        memset(reach,66,sizeof(reach));  // 每个人登顶的最短时间初始化为 66
        for (int x=left;x<=right;x++)     // 计算每个地面坐标至各个山顶的距离
            for (int j=1;j<=N;j++)
                dis[x][j]=sqrt((x-p[j].x)*(x-p[j].x)+p[j].y*p[j].y);
                                          // 计算每个人登顶的最短时间
        for (int i=1;i<=N;i++)            // 枚举每个人
            for (int j=1;j<=N;j++)        // 枚举每个山顶
                for (int x=left;x<=right;x++)  // 枚举可攀至山顶 j 的地面坐标 x，从
                                               // 所有方案中取花费时间最少的方案
                    if (can[x][j]) reach[i][j]=min(reach[i][j],go(i,x,j));
        build();                               // 构建网络流图
        printf("%.2lf\n",costflow(st,en));     // 通过调用改进后的费用流算法计算和
                                               // 输出解
        cin>>N;                                // 输入下一个测试用例的人数
    }
}
```

第 15 章

应用状态空间搜索编程

本章给出应用状态空间搜索编程解题的实验。

在此前，本书讨论的树和图的经典算法都是基于理想的图和树的模型，但我们有时遇到的图论模型可能不是理想化的。而且，在此前，本书中涉及搜索的实验范例和试题，其搜索空间基本是静态的，但也有一些搜索空间是动态的，搜索的对象（也被称为状态）是在搜索过程中生成的。

对于这样的搜索题，我们“回到起点”，即回到初步分析处：对于问题如何表示？以此来重新定义问题。

虽然搜索题的解题目标都是搜寻一条由初始状态至目标状态的路径，比如，面对一盘棋局，要找出一系列的步骤来取胜。但给出的条件呈现出不确定性和不完备性，这样的问题无法用数学解析式线性推导或直接套用经典模型。这是因为在求解问题过程中出现了意想不到的分支，使得求解路径是非线性的和凌乱的，比如棋局对弈的中间棋局。所有这样的分支构成了一张错综复杂的图，我们称这样的图为状态空间。

所以，对于搜索题，我们要考虑的问题是，怎样在状态空间图中找到一条由初始状态至目标状态的路径。而在搜索过程中，由一个状态变成另一个状态，例如，一盘棋局变成另一盘棋局，我们称这样的搜寻过程为状态空间搜索。

在本篇中，我们给出了一些状态空间搜索的经典算法，其中最典型、最基础的状态空间搜索有 DFS 搜索和 BFS 搜索：

1）BFS 搜索是从初始状态一层一层向下找，直到找到目标为止；

2）DFS 搜索是按照一定的顺序先查找完一个分支，再查找另一个分支，直至找到目标为止。

我们回到这些起点上，重新联想，严谨推理，寻找问题解决的突破口。

15.1 构建状态空间树

一件事物，从宏观、全局的角度来看，其当前的状况可以称为一个“状态”（State）。一个状态可以是一盘棋的棋局，也可以是某个时刻马路上车辆行驶的情况。状态与状态之间的关系，可以是离散的，例如一盘棋局的连续的对弈；也可以是连续的，例如马路上的车辆行驶。

每一个状态都可以经过特定动作，改变现有状态，转移到下一个状态。例如棋局，我们可以移动一枚棋子到其他地方，或者吃掉对手的棋子；再如马路上的车辆行驶，每一辆车可以行进、停车、转弯。这些改变现有状态、转移到下一个状态的动作可以表示为“转移函数”（Successor Function）。我们可以从指定的一个或几个状态开始，通过转移函数不断衍生。所有的状态依照衍生关系相连，形成树或图，也就是整个状态空间（State Space）。如果从一个状态出发，则可以形成树；如果出发状态有多个，则可以形成图。在图上移动，搜寻所需要的状态，这样的过程称为状态空间搜索（State Space Search）。

选定一个状态，衍生各式各样的状态，形成的一棵树，被称为状态空间树。状态空间树无穷无尽衍生，同一个状态很可能重复出现、重复衍生。

另外，转移状态需要"成本"，制图时一般绘于分支上。每当转移状态就得累加成本（如图 15.1-1 所示）。

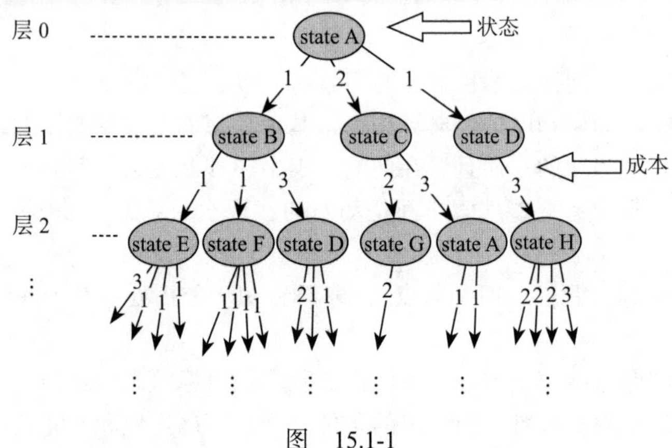

图　15.1-1

所以，面对应用状态空间搜索的问题，我们首先要定义好状态、转移函数、状态空间和成本等问题要素。例如下棋：

1）状态：一盘符合规则（棋子不迭合、位置不踰矩）的棋局。

2）转移函数：棋子移动规则。

3）状态空间：所有符合规则的棋局。

4）成本：转移状态的成本都是 1，代表走了一步。

再如单源最短路径：

1）状态：目前所在节点。

2）转移函数：图的连接，即每个节点所关联的弧。

3）状态空间：节点和带权弧所构成的带权有向图。

4）成本：带权有向图上各条弧的权值。

状态空间树的功能是计算一个特定状态到其他所有状态或者两个状态之间成本最小（最大）的转移过程。其中出发状态被称为"起始状态"，最终结果被称为"目标状态"，就像起点与终点一样。

一般来说，建立以起始状态为根的状态空间树，由于子状态会重复衍生，所以目标状态可能重复出现、散布在状态空间树当中，其搜索过程就是从状态空间树中搜寻目标状态，找到最佳路径的转移过程。由于状态空间树是无穷无尽衍生的，所以一般都是边建立、边搜寻的。要想找到最佳的转移过程，还得边累加成本。成本计算分两类：

1）评价函数（Evaluating Function）$g(x)$：起始状态转移到当前状态 x，实际的转移成本。

2）启发函数（Heuristic Function）$h(x)$：当前状态 x 转移到目标状态，预估的转移成本。

以图论的观点，状态空间树可以视作最短路径问题。以数值方法的观点，状态空间树可以视作优化问题。

【15.1.1　Robot】

机器人移动研究所（Robot Moving Institute，RMI）正在当地的一家商店使用一个机器人搬运货物，要求机器人用最少的时间从商店的一个地方移动到另一个地方。机器人只能沿着一条直线（轨道）移动。所有轨道构成了一个矩形网格。相邻的轨道距离 1 米。商店是一个 $N \times M$ 平方米的矩形，并完全被这个网格所覆盖。商店的四边和最近的轨道的距离是 1 米。这个机器人是一个直径 1.6 米的圆形。轨道通过机器人的中心。机器人可以面向北、南、西或东 4 个方向。轨道则是南北方向和东西方向。机器人向它所面对的方向移动。在每一个轨道交叉的十字路口，机器人所面对的方向可以被改变。初始时，机器人站在一个十字路口。在商店里每个障碍占据着由轨道构成的 1 × 1 平方米的方格（如图 15.1-2 所示）。

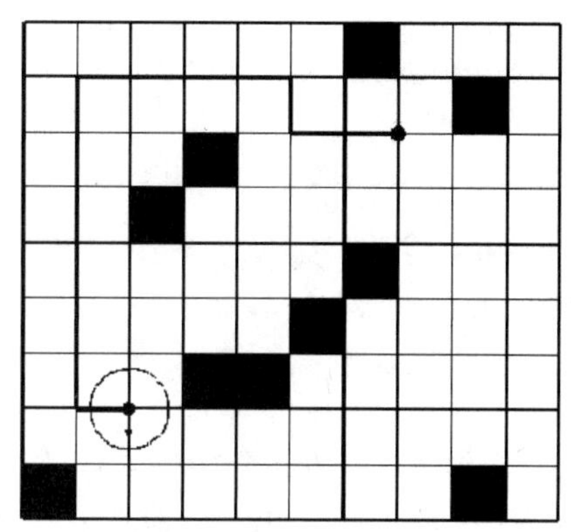

圆形为机器人，黑格为障碍，粗线为机器人行进的轨迹

图　15.1-2

机器人的移动是由 GO 和 TURN 两个指令控制的。GO 指令有一个整数参数 n，范围在 {1, 2, 3} 之中，在接收到这条指令之后，机器人朝它面对的方向移动 n 米。TURN 指令有一个参数，或者是 left，或者是 right。在收到该指令后，机器人按参数改变其面对的方向 90°。每条指令的执行持续 1 秒。

请你帮助 RMI 的研究人员写一个程序，给出机器人的起始点和终点，计算机器人从起点到终点的最少移动时间。

输入

输入包含若干测试用例。每个测试用例的第一行给出两个整数 $M \leqslant 50$ 和 $N \leqslant 50$，用一个空格分开。接下来的 M 行，每行是 N 个用一个空格分开的 0 或 1，1 表示障碍物，0 表示方格为空（轨道在方格之间）。一个测试用例用 4 个正整数 $B1$ $B2$ $E1$ $E2$ 和一个单词的一行结束，每个正整数后面有一个空格，单词表示机器人在起点所面对的方向，$B1$、$B2$ 是机器人的起点的西北角的方格坐标，$E1$、$E2$ 是机器人的终点的在西北角的方格坐标。当机器人到达目的地的时候，它所面对的方向没有规定。我们采用（行，列）类型的坐标，也就是说，左上角的（最西北角的）方格在商店里的坐标是（0,0），右下角的（最东南角的）方格的坐标是（$M-1, N-1$）。面对方向的单词是 north、west、south 或 east。最后一个测试用例仅有一行，$N=0$ 和 $M=0$。

输出

除了最后一个测试用例之外，对于每个测试用例，输出一行。行的顺序对应输入的测试用例的顺序。在行中给出机器人从起点到达终点的最少秒数。如果从起点到终点不存在任何路径，在行中给出 −1。

样例输入	样例输出
9 10 0 0 0 0 0 0 1 0 0 0 0 0 0 0 0 0 0 0 1 0 0 0 0 1 0 0 0 0 0 0 0 0 1 0 0 0 0 0 0 0 0 0 0 0 0 0 1 0 0 0 0 0 0 0 0 1 0 0 0 0 0 0 0 1 1 0 0 0 0 0 0 0 0 0 0 0 0 0 0 0 1 0 0 0 0 0 0 0 1 0 7 2 2 7 south 0 0	12

试题来源：ACM Central Europe 1996

在线测试：POJ 1376，ZOJ 1310，UVA 314

试题解析

首先根据输入的障碍物信息，计算出在左上角坐标为 (0, 0)、右下角坐标为（$M-1$, $N-1$）的矩形网格中哪些格子是机器人不可通行的。由于机器人是一个直径 1.6 米的圆形，其圆心不可能在 0 行和 $M-1$ 行，以及 0 列和 $N-1$ 列，因此设 0 行和 $M-1$ 行，以及 0 列和 $N-1$ 列为边界。按照由上而下、由左而右的输入顺序，在 (1,1) 为左上角、（$M-2$, $N-2$）为右下角的区域内，若 (i, j) 为障碍物，则机器人不可能通过 $(i-1, j)$、$(i. j-1)$ 和 $(i-1, j-1)$，所以，还要设 $(i-1, j)$、$(i. j-1)$ 和 $(i-1, j-1)$ 为障碍物，如图 15.1-3 所示。

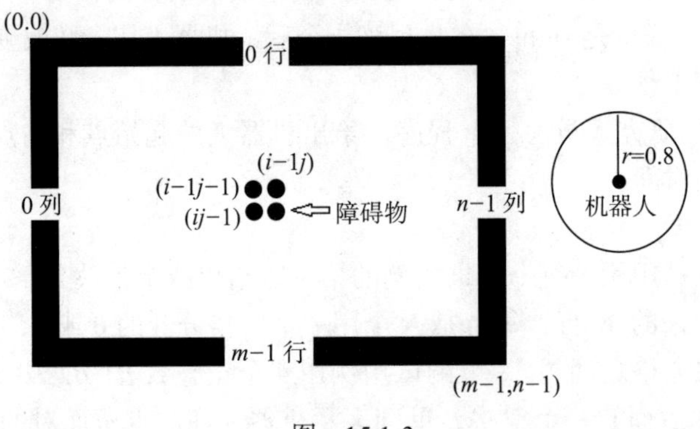

图　15.1-3

状态（x, y, s, step）：当前机器人的坐标（x, y）、面对的方向 s 和已经执行的指令条数 step；

转移函数 move[][][]：其中机器人沿方向 i 移动 j 步后的水平增量为 move[i][j][0]，垂直增量为 move[i][j][1]，移动后方向为 move[i][j][2]，即机器人由 (x, y) 出发，沿方向 i 移动 j 步后的坐标为 (x+move[i][j][0], y+move[i][j][1])，到达该格的方向变为 move[i][j][2]。为了避免重复搜索，若走入的位置和方向先前未访问过，则指令有效，生成新状态，新状态的指令条数为先前的指令条数 +1；否则应废弃该状态。

实际上，move[][][] 是一个常量，完全可以预先设定：

```
Byte move[4][5][4] = {// 机器人沿方向 i 移动 j 步后的水平增量为 move[i][j][0]，垂直增
                     // 量为 move[i][j][1]，移动后方向为 move[i][j][2]
    {{0, 0, 1}, {0, 0, 2}, {1, 0, 0}, {2, 0, 0}, {3, 0, 0}},
    {{0, 0, 0}, {0, 0, 3}, {0, 1, 1}, {0, 2, 1}, {0, 3, 1}},
    {{0, 0, 0}, {0, 0, 3} , {0, -1, 2}, {0, -2, 2}, {0, -3, 2}},
    {{0, 0, 1}, {0, 0, 2}, { -1, 0, 3}, { -2, 0, 3}, { -3, 0, 3}},
};
```

状态空间：所有合法指令执行后的状态图。

成本：机器人执行一条指令的成本为 1，可视作图中的一条边。机器人自起点至终点路径上的边数即为其花费的秒数。

显然在这样的状态空间中计算最佳路径，采用 BFS 搜索策略为宜。

首先，机器人的起点坐标、所面对的方向和步数 0 作为初始状态入队。然后反复取出队首状态，直至找到终点或队列空为止。

每从队列中取出一个队首状态，则枚举移动步数 i（$0 \leqslant i \leqslant 4$），计算移动后的格子 (x', y') 和方向 s'：

1）若 (x', y') 为障碍物，则出队状态无效，再取队首状态；

2）若 (x', y') 为目标格，则机器人从起点到达终点的最少秒数为走前步数 +1，成功返回；

3）否则，若 (x', y') 和 s' 先前未被访问过，则设访问标志，累计指令条数 step′= 走前的指令条数 step+1，(x', y')、s' 和 step′ 组合成新状态入队。

由于每执行一条指令的代价为 1 秒，而 BFS 的搜索是由起点出发逐层往下搜索的，因此一旦找到终点，则可根据执行的指令条数确定机器人从起点到达终点的最少秒数。

参考程序

```
#include <iostream>
using namespace std;
typedef int Byte;
struct Node {                                   // 状态的结构定义
    Byte x, y, s, step;                         // 当前坐标为 (x, y)，方向为 s，步数为 step
};
Node Qt[300000], start, end;                    // 队列 Qt[ ]，起点为 start，终点为 end
bool used[51][51][4];                           // 状态记忆表，其中 used[x][y][d] 标志
                                                // 机器人曾经以 d 方向走入 (x, y)
bool map[51][51];                               // 商店矩阵
Byte move[4][5][4] = {                          // 机器人沿方向 i 移动 j 步后的水平增量为
    //move[i][j][0]，垂直增量为 move[i][j][1]，移动后方向为 move[i][j][2]
    {{0, 0, 1}, {0, 0, 2}, {1, 0, 0}, {2, 0, 0}, {3, 0, 0}},
    {{0, 0, 0}, {0, 0, 3}, {0, 1, 1}, {0, 2, 1}, {0, 3, 1}},
    {{0, 0, 0}, {0, 0, 3} , {0, -1, 2}, {0, -2, 2}, {0, -3, 2}},
    {{0, 0, 1}, {0, 0, 2}, { -1, 0, 3}, { -2, 0, 3}, { -3, 0, 3}},
};
int n, m;                                       // 矩形规模为 n×m
int SearchAns() {   // 通过 BFS 搜索计算和返回机器人从起点到达终点的最少秒数
    if (start.x == end.x && start.y == end.y) return 0;  // 若起点和终点重合，则返回 0
    Node *cur = Qt, *next = Qt;                 // 队列的首尾指针初始化
    int i;
    memset(used, 0, sizeof(used));              // 标志所有状态未访问
    start.step = 0;                             // 起点步数为 0
    used[start.x][start.y][start.s] = 1;        // 设起点状态访问标志
    *next++ = start;                            // 起点状态入队
    while (cur!=next) {                         // 若队列非空，则循环
        for (i = 0; i < 5; i++) {               // 枚举移动步数
```

```
            next->x=cur->x+move[cur->s][i][0]; // 计算机器人移动 i 步后的坐标 (next-
                                               // >x, next->y) 和方向 next->s
            next->y = cur->y + move[cur->s][i][1];
            next->s = move[cur->s][i][2];
            if (map[next->x][next->y]) break;     // 若机器人移动 i 步后遇到障碍物, 则再
                // 取队首状态; 若到达目的地, 则返回移动步数
            if (next->x == end.x && next->y == end.y) return cur->step + 1;
            if (!used[next->x][next->y][next->s]) // 若机器人移动 i 步后的状态未曾访问
                                                  // 过, 则设访问标志, 并记下移动步数
                {
                used[next->x][next->y][next->s] = 1;
                next->step = cur->step + 1;
                next++;                           // 新状态入队
            }
        }
        cur++;                                    // 队首状态出队
    }
    return -1;                                    // 从起点到终点不存在任何路径, 返回 -1
}
int main()
{
    int i, j, t, t1, t2, t3, t4;   // 起点坐标为 (t1, t2), 终点坐标为 (t3, t4)
    char buf[10];                                 // 方向串
    memset(map[0], 1, sizeof(map[0]));
    while(scanf("%d%d", &n, &m)!= EOF){           // 反复输入商店规模, 直至输入 0 0 为止
        if (n == 0 && m == 0) break;
        for (i = 1; i <= n; i++) {                // 依次输入每行信息
            memset(map[i], 0, sizeof(map[i]));
            map[i][0]=map[i][m]=1;                // 设 i 行的 0 列和 m 列为障碍物
            for(j=1;j<=m;j++){                    // 输入 i 行每格的信息
                scanf("%d", &t);
                if (t == 1)                       // 若 (i, j) 为障碍物, 则设 (i-1, j)
                                                  //(i. j-1)(i-1, j-1) 为障碍物
                    map[i][j]=map[i-1][j]=map[i][j-1]=map[i-1][j-1]=1;
            }
        }
        memset(map[n], 1, sizeof(map[n]));        // 设 n 行为障碍物
        scanf("%d%d%d%d%s",&t1,&t2,&t3,&t4,buf);  // 输入起点坐标 (t1, t2)、终点坐标
            //(t3, t4) 和机器人在起点所面对的方向 buf
        start.x=t1; start.y=t2; end.x=t3; end.y=t4;// 记下起点和终点坐标
        if (buf[0] == 's') start.s = 0;           // 记下起点面对方向的数值表示
        else if (buf[0] == 'e') start.s = 1;
        else if (buf[0] == 'w') start.s = 2;
        else if (buf[0] == 'n') start.s = 3;
        printf("%d\n", SearchAns());   // 计算和输出器人从起点到达终点的最少秒数
    }
    return 0;
}
```

在状态空间搜索中，需要存储待扩展的状态，因此节俭每个状态的存储量是一个需要考虑的问题。有些试题只需“开关”即可改变状态。下一个实验用一个二进制整数记录状态，通过位运算实现状态转移，这样可以显著提高解题的时空效率。

【15.1.2　The New Villa】

Black 先生最近在乡下买了一栋别墅。只有一件事使他烦恼：虽然在大多数房间里有电灯开关，但这些开关控制的灯通常是在其他房间里的灯，而不是在自己房间里的灯。而他的房地产代理商却认为这是一个特征，Black 先生则认为是电工在连接开关插座的时候，有点

心不在焉（委婉的说法）。

一天晚上，Black 先生回家晚了。他站在走廊上，注意到所有其他房间里的灯都是关着的。不幸的是，Black 先生害怕黑暗，所以他从来不敢进入一间灯关着的房间，他也从来不会关掉他在的房间的灯。

经过一番思考之后，Black 先生能够使用不正确连接的电灯开关。他要设法进入他的卧室，并关掉除了卧室之外的所有的灯。

请你编写一个程序，给出别墅的描述，初始的时候只有走廊的灯是开着的，程序确定如何从走廊到卧室。你不能进入一个黑暗的房间，并在最后一步之后，除了在卧室里的灯之外，所有的灯都必须关闭。如果有若干条路径到达卧室，你必须找到一条步数最少的路径，其中“从一间房间到另一间房间”“开灯”和“关灯”都算一步。

输入

输入给出若干个别墅的描述。每个别墅描述的第一行给出 3 个整数 r、d 和 s；其中 r 是别墅里的房间数，最多有 10 间；d 是连接两间房间的门的数量；而 s 是别墅里灯的开关数。房间编号由 1 到 r；编号为 1 的房间是走廊，编号为 r 的房间是卧室。

后面给出的 d 行，每行给出两个整数 i 和 j，表示房间 i 和房间 j 有一扇门连接。然后给出的 s 行，每行给出两个整数 k 和 l，表示在房间 k 中有个开关控制房间 l 中的灯。

在两个别墅描述之间用一行空行分隔。输入以别墅描述 $r = d = s = 0$ 结束，程序对此不必处理。

输出

对于每栋别墅，首先在一行中输出测试用例的编号（“ Villa #1” “ Villa #2” 等）。如果 Black 先生的问题有解，则输出使得他进入卧室步数最少且只有卧室的灯开着的步序列（如果你找到的步序列不止一个，仅输出一条最短的步序列）。请按照输出样例中给出的输出格式。

如果没有解，则输出一行“The problem cannot be solved.”。

在每个测试用例之后，输出一个空行。

样例输入	样例输出
3 3 4 1 2 1 3 3 2 1 2 1 3 2 1 3 2 2 1 2 2 1 1 1 1 2 0 0 0	Villa #1 The problem can be solved in 6 steps: - Switch on light in room 2. - Switch on light in room 3. - Move to room 2. - Switch off light in room 1. - Move to room 3. - Switch off light in room 2. Villa #2 The problem cannot be solved.

试题来源：ACM Southwestern European Regional Contest 1996

在线测试：POJ 1137，ZOJ 1301，UVA 321

试题解析

为了计算方便，房间号区间设为 $[0, r-1]$。

状态 u：用一个 $r+4$ 位二进制数 u 表示当前状态，由于房间数的上限为 10，因此用 u 的后 4 位（整数 $u\%16$）记录当前房间号；r 位前缀（整数 $u/16$）记录每间房间的状态，每个二进制位代表一个房间的灯状态：1 代表该房间灯亮；0 代表该房间灯暗。显然，初始状态 $u_0=2^4$，代表初始时走廊（房间 0）灯亮，其余房间灯暗；目标状态 $u_{\text{target}}=(1<<(r+4-1))+r-1$，表示除卧室（房间 $r-1$）灯亮外，其余房间灯暗。

转移函数（生成合法新状态 u_new 的规则）：面对 u 状态，有三种操作。

1）移动：若 $u\%16$ 房间与 i 房间之间有门，则从 $u\%16$ 房间走入灯亮的 i 房间，生成子状态 u_new=$u-u\%16+i$，即当前房间变为 i。

2）关灯：若 $u\%16$ 房间有个开关控制房间 i 中的灯且该房间灯亮（$u/16$ 对应房间 i 的二进制位 $u_{4+i}=1$），则生成子状态 u_new= $u-2^{4+i}$，即房间 i 中的灯变暗。

3）开灯：若 $u\%16$ 房间有个开关控制房间 i 中的灯且该房间灯暗（$u/16$ 对应房间 i 的二进制位 $u_{4+i}=0$），则生成子状态 u_new= $u+2^{4+i}$，即房间 i 中的灯变亮。

无论哪种操作，生成的子状态 u_new 必须同时满足如下两个条件，才算是合法状态：

- u_new 状态未访问，以避免重复搜索；
- u_new 状态中当前房间的灯是亮的（((u_new/16)&($2^{\text{u\_new}\%16}$))=true）；

状态空间：从初始状态出发，衍生出的各式各样的合法状态，组成了一棵状态空间树。

成本：状态空间树上各条边的成本为 1，表示走出一步。

由于求最短步序列和房间数 r 很小，灯的状态可以用 01 表示，因此在这样的状态空间中计算最佳路径，采用 BFS 搜索策略比较简便。另外，一棵状态空间树中的状态最多有 1024*10 种，每种状态的操作数上限为 30（10 种移动方式 +10 种开灯方式 +10 种关灯方式），时间上也允许 BFS 搜索。

参考程序（略。本题参考程序的 PDF 文件和本题的英文原版均可从华章网站下载）

15.2　优化状态空间搜索

从【15.1.1 Robot】和【15.1.2 The New Villa】可以看出，搜索过程并非完全盲目和蛮力的，而是蕴含一定的智慧和玄机。建立状态空间树并在树中搜寻最佳路径的过程，需要有合适的策略和技巧。如果运用得当，则搜索效率就会显著提高。下面介绍六种状态空间搜索的优化策略。

1）建立分支（branching）

2）记录（memoization）

3）索引（indexing）

4）剪枝（pruning）

5）定界（bounding）

6）启发式搜索（A* 算法，IDA* 算法）

策略 1：建立分支

是不是可以先建立包含所有可能情况的状态空间树，然后在树中搜索解答路径呢？不可以。因为状态空间树可以漫无止境地衍生，而计算机内存和解题时间是有限的，所以搜索过程是一边访问状态空间树，一边衍生分支、建立状态空间树，一边搜索解答路径。也就是说，走到哪，建到哪，搜到哪。【15.1.1 Robot】和【15.1.2 The New Villa】都是使用了边走、边建、边搜的分支技术。可以这么说，几乎所有的状态空间搜索都采用了这种策略。

策略 2：记录

记录所有遭遇到的状态，避免状态空间树重复衍生相同状态。当起始状态固定不变时，亦可使用 Project Server 中用于管理的自定义域查阅表格和对应的代码掩码的方法。注意：当内存不足时，可仅记录一部分状态。通常配合分支技术使用，好处是减少搜寻时间。【15.1.1 Robot】中的 used[][][] 和【15.1.2 The New Villa】中的 visited[]，记录了扩展过程中所有衍生的状态，就是一种记录技术。

策略 3：索引

对所有状态进行编号，以数值、Python 元组（tuple）或 C++ 语言中位操作的类库（bitset）等形式呈现，好处是方便记录。当内存不足时，可以配合一致性散列算法（consistent hashing），达到压缩功效。【15.1.2 The New Villa】中使用二进制数表述状态，就是应用索引技术的一个范例。

使用记录和索引技术的主要目的，是方便状态检索、剔除无效状态，因此都是为配合剪枝、定界、A* 算法和 IDA* 算法而使用的。我们将在后面的例子中深入剖析它们的应用。

15.2.1 剪枝

剪枝就是参照题目给定的特殊限制，裁剪状态空间树，去掉多余子树，以减少搜寻时间。

剪枝可以记录技术和索引技术搭配使用：若发现当前扩展出的子状态为重复状态（在已扩展状态的记录表中或索引表存在），则采用剪枝技术，不再扩展以其为根的子树。例如【15.1.1 Robot】和【15.1.2 The New Villa】中不再扩展已访问过的状态、试题【15.1.2 The New Villa】中不扩展房间灯暗的状态，就是一种剪枝技术。

优化状态空间搜索的各种方法几乎都与“剪枝”相关联，包括后面章节中将要介绍的几种优化方法。15.2.2 节介绍的定界，是一种在 BFS 搜索的基础上将不能产生最优解的节点删除的剪枝算法；15.2.3 节的 A* 算法和 15.2.4 节的 IDA* 算法，是分别在 BFS 搜索和 DFS 搜索中利用启发式函数剪枝的策略；15. 3 节的基于 MinMax 的 α - β 算法，是一种应用于博弈问题的典型剪枝策略。

首先，给出在 DFS 过程中进行剪枝的实例。

【15.2.1.1　Sudoku】

数独是一个非常简单的游戏。如图 15.2-1 所示，一张 9 行 9 列的正方形网格被分成 9 个 3 × 3 小正方形网格。在一些方格中写着从 1 到 9 的数字，其他的方格为空。数独游戏是用从 1 到 9 的数字填入空的方格，每个方格填入一个数字，使得在每行、每列和每个 3 × 3 的小正方形网格中，所有从 1 到 9 的数字都会出现。请你编写一个程序来完成给出的数独游戏。

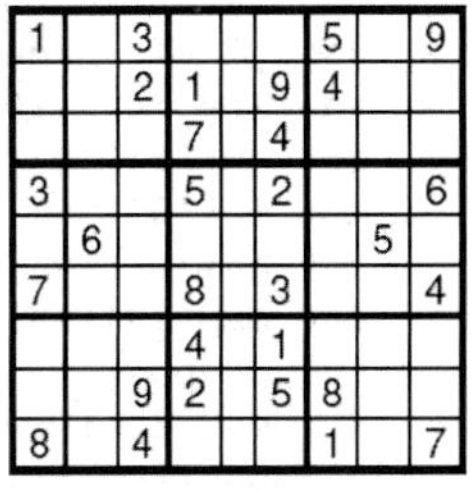

1		3				5		9
		2	1		9	4		
			7		4			
3			5		2			6
	6						5	
7			8		3			4
			4		1			
		9	2		5	8		
8		4				1		7

图　15.2-1

输入

输入首先给出测试用例的数目。每个测试用例表示为 9 行，相应于网格的行；在每一行上给出一个 9 位数字的字符串，对应于这一行中的方格；如果方格为空，则用 0 表示。

输出

对于每个测试用例，程序以与输入数据相同的格式输出解决方案。空的方格要按照规则填入数字。如果解决方案不是唯一的，那么程序可以输出其中任何一个。

样例输入	样例输出
1	143628579
103000509	572139468
002109400	986754231
000704000	391542786
300502006	468917352
060000050	725863914
700803004	237481695
000401000	619275843
009205800	854396127
804000107	

试题来源：ACM Southeastern Europe 2005

在线测试：POJ 2676，UVA 3304

试题解析

对于本题，采用在 DFS 过程中运用剪枝的方法来求解。

为了方便剪枝，采用记录技术，用三个数组 hn[10][10]、ln[10][10] 和 gn[10][10] 标记在给出的网格的每行、每列和每个子网格中，某数字是否可用；其中，第 i 行中数字 t 存在的标志为 hn[i][t]，第 j 列中数字 t 存在的标志为 ln[j][t]，第 n 个子网格中存在数字 t 的标志为 gn[n][t]。

所以，按照规则数字 t 可填入 (i, j)，必须同时满足如下三个条件：

- 第 i 行中不存在数字 t；
- 第 j 列中不存在数字 t；
- (i, j) 对应的第 n 个子网格中不存在数字 t。

即 !gn[n][t] && !hn[i][t] && !ln[j][t] 成立；否则，剪枝。

参考程序

```
#include <iostream>
#include <vector>
using namespace std;
#define maxn 102
int hn[10][10];                          // 第 i 行中数字 t 存在的标志为 hn[i][t]
int ln[10][10];                          // 第 j 列中数字 t 存在的标志为 ln[j][t]
int gn[10][10];                          // 子网格 n 存在数字 t 的标志为 gn[n][t]
int map[10][10];                         // 数独网格
struct pos{                              // 赋值行号 r 与列号 c
    int r,c;
    pos(int rr,int cc):r(rr),c(cc){}
};
vector<pos> b;                           // 容器 b 存储所有空格的行列位置
inline int gb(int r,int c){              // 内联函数 gb：计算和返回 (r, c) 对应的子网格、序号
    int rr=r/3;
    int cc=c/3;
    return rr*3+cc;
```

```
}
void saf(int i,int j,int num,int f){        // 设定 i 行和 j 列存在数字 num 的标志 f
    hn[i][num]=f;                           // 设置第 i 行存在数字 num 的标志 f
    ln[j][num]=f;                           // 设置第 j 列存在数字 num 的标志 f
    gn[gb(i,j)][num]=f;                     //设置对应子网格 gb(i,j) 存在数字 num 的标志 f
}
bool isk(int i,int j,int num){              // 计算和返回数字 num 可否置入 (i, j) 的标志
    return !gn[gb(i,j)][num] && !hn[i][num] && !ln[j][num];
}
int dfs(int n){                             // 从位置 n 出发，计算和返回数独方案的可行性
    if(n<0) return 1;                       // 若所有空格被填入数字，则返回成功标志
    int r=b[n].r;                           // 计算第 n 个空格对应的 (r, c)
    int c=b[n].c;
    for(int i=1;i<=9;++i){                  // 枚举每个数字
        if(isk(r,c,i)){                     // 若数字 i 可置入 (r, c)，则该位置放入 i
            map[r][c]=i;
            saf(r,c,i,1);                   // 设定 r 行和 c 列存在数字 i 的标志
// 若可按规则将数字填入剩余空格，则返回成功标志；否则回溯，恢复填前状态（r 行和 c 列不存在数字 i）
            if(dfs(n-1)) return 1;
            else saf(r,c,i,0);
        }
    }
    return 0;
}
int main()
{
    int t;
    cin>>t;                                 // 输入测试用例数
    while(t--){                             // 依次处理每个测试用例
        memset(hn,0,sizeof(hn));            // 每行和每列存在数字的标志初始化为 0
        memset(ln,0,sizeof(ln));
        memset(gn,0,sizeof(gn));            // 每个位置存在数字的标志初始化为 0
        b.clear();                          // 空格位置初始化为空
        for(int i=0;i<9;i++)                // 自上而下、从左而右枚举每个位置
        for(int j=0;j<9;j++){
            char c;
            cin>>c;                         // 输入 (i, j) 的数符 c
            map[i][j]=c-'0';                // 将 c 对应的数字存入 (i, j)
// 若 (i, j) 非空格，则设定 i 行和 j 列存该数字；否则将 (i, j) 存入容器 b
            if(map[i][j]) saf(i,j,map[i][j],1);
             else b.push_back(pos(i,j));
        }
        if(dfs(b.size()-1)){                // 若可按规则将数字填满空格，则输出解决方案
            for(int i=0;i<9;i++){           // 自上而下输出各行信息
                for(int j=0;j<9;j++) cout<<char(map[i][j]+'0');   // 输出 i 行的 9 个
                                                                  // 数符
                cout<<endl;                 // 回车
            }
        }
    }
    return 0;
}
```

然后，给出在 BFS 过程中进行剪枝的实例。

【15.2.1.2　Knight's Problem】

你一定听过骑士周游问题（Knight's Tour Problem）。骑士周游问题，就是一个骑士被放在一个空棋盘上，你要确定骑士是否能访问棋盘上的每个方格一次且仅一次。

现在我们考虑骑士周游问题的一个变体。在这个问题中，一个骑士被放置在一个无限的

棋盘上，它被限制只能做某些移动。例如，它被放置在 (0, 0) 处，并可以进行两种移动：设当前位置为 (x, y)，它只能移动到 $(x+1, y+2)$ 或 $(x+2, y+1)$。本题的目标是使得骑士尽快到达他的目的地（即尽可能少地移动）。

输入

输入的第一行给出一个整数 T（T<20），表示测试用例的数量。

每个测试用例首先给出包含四个整数的一行 fx 、fy、tx 和 ty（−5000 ≤ fx, fy, tx, ty ≤ 5000），表示骑士最初被放置在 (fx, fy)，而 (tx, ty) 是其目的地。

接下来的一行给出一个整数 m（0<m ≤ 10），表示骑士可以进行多少种移动。

然后给出的 m 行每行都包含两个整数 mx 和 my（−10 ≤ mx, my ≤ 10；|mx|+|my|>0），表示如果骑士站在 (x, y)，它可以移动到 $(x+\text{mx}, y+\text{my})$。

输出

为每个测试用例输出一行，给出一个整数，表示骑士到达目的地所需的最少移动次数。如果骑士无法到达目的地，则输出“IMPOSSIBLE”。

样例输入	样例输出
2 0 0 6 6 5 1 2 2 1 2 2 1 3 3 1 0 0 5 5 2 1 2 2 1	3 IMPOSSIBLE

试题来源：2010 Asia Fuzhou Regional Contest

在线测试：POJ 3985，HDOJ 3690，UVA 5098

试题解析

在无限大的棋盘上给出骑士的起点和终点的坐标，然后给定骑士 m（0<m ≤ 10）种可以进行的移动，问从起点走到终点骑士最少的步数是多少。

对于本题，采用在 BFS 过程中运用剪枝的策略来求解最少步数。为了避免“Time Limit Exceeded”和“Memory Limit Exceeded”，运用散列（Hash）技术来保存骑士访问过的点。

在搜索中采取散列技术，是将状态转换为大数的形式保存下来。散列技术分为无损散列和有损散列（分离链接法）。无损散列，不可能有多个状态对应一个散列值的情况，但缺点是存在状态转化的空间过大而无法保存的情况；有损散列（分离链接法）把散列函数值相同的状态串成链表。本题采取有损散列技术。

需要剪枝的 3 种情况分析如下。

1）如果在散列链表中存在具有同一散列值的节点，那么就需要剪枝这个重复节点。

2）如果骑士所在点在起点和终点的相反方向，那么这个点肯定是要被剪枝剪掉的。基于三角形的余弦定理 $\cos A = \dfrac{b^2 + c^2 - a^2}{2bc}$，如果夹角 A 为钝角，则 $\cos A$ 为负，即 $b^2+c^2<a^2$。使用这个方法来判断骑士所在点和起点构成的边，起点和终点构成的边的夹角是否为钝角；以及骑士所在点和终点构成的边，起点和终点构成的边的夹角是否为钝角。

3）如果这个点到起点和终点连线的距离，比骑士一步所能走的最大距离要大，说明骑士到这个点相对终点是走远了，要被剪枝剪掉。

参考程序（略。本题参考程序的 PDF 文件和本题的英文原版均可从华章网站下载）

15.2.2　定界

定界：搜寻时随时检查目前的成本。目前成本太坏，就不再往深处搜寻；目前的成本足够好，但搜索下去不可能产生更好的结果，也不必往深处搜寻。定界的好处是减少搜寻时间。

定界技术中为哪些状态定界，需要与索引技术和记录技术配合；对越界状态进行裁剪，需要与剪枝技术配合。所以，定界技术是一种综合性的技术，灵活性强，应用价值很高。下面，我们给出三个定界的实验范例。

【15.2.2.1　Catch That Cow】

农夫 John 已经知道了一头逃跑的母牛的位置，他想立即抓住它。开始时，农夫 John 在数轴上的点 N（$0 \leqslant N \leqslant 100\,000$），母牛在同一数轴上的点 K（$0 \leqslant K \leqslant 100\,000$）。农夫 John 有两种移动的方式：步行和远距离传送。

1）步行：农夫 John 可以在一分钟内从任意一个点 X 到点 $X-1$ 或点 $X+1$；

2）远距离传送：农夫 John 可以在一分钟内从任意一个点 X 到点 $2 \times X$。

如果母牛不知道农夫 John 在抓它，根本不动，农夫 John 要用多长的时间才能抓住它？

输入

输入 1 行，给出两个用空格分隔的整数：N 和 K。

输出

输出 1 行：农夫 John 抓到逃跑的母牛所需的最少时间，以分钟为单位。

样例输入	样例输出
5 17	4

提示

对农夫 John 来说，最快的方法就是沿着以下路径移动：5-10-9-18-17。需要 4 分钟。

试题来源：USACO 2007 Open Silver

在线测试：POJ 3278

试题解析

本题给出两个整数 N 和 K（$0 \leqslant N \leqslant 100\,000$，$0 \leqslant K \leqslant 100\,000$），通过 $N+1$、$N-1$ 或 $N \times 2$ 这 3 种操作，使得 $N==K$，输出最少的操作次数。

对于本题，采用 BFS 过程中运用分支定界方法来求解，并用队列 q 来储存每个搜索的状态，即农夫 John 移动后到达的位置。为可能的农夫 John 移动后到达的位置给出如下的定界。

1）定界 1：移动后的位置必须在界内；为便于判别越界情况，需要为数轴左右两端的位置（0 和 100 000）建立索引。

2）定界 2：如果当前农夫 John 所在节点的位置值大于母牛的位置值，则左走，X+1 和 2×X 这两种移动方式就不加入队列，即剪枝。

3）定界 3：移动后的位置是先前农夫 John 未曾到过的位置；在搜索中记录到过的位置，到过的位置不再进入。

参考程序

```
#include<iostream>
#include<queue>
using namespace std;
int vis[200010];              // 标记数组记录走过的位置
int main()
{
    int n,k;
    queue<int>q;              // 元素类型为整型的队列 q
    scanf("%d",&n);           // 输入农夫的数轴位置
    scanf("%d",&k);           // 输入母牛的数轴位置
    if(n==k)                  // 若农夫和母牛为同一位置，则输出农夫抓到母牛的时间为 0
    {
        cout<<0<<endl;
        return 0;             // 退出程序
    }
    q.push(n);                // 农夫的初始位置入队
    vis[n]=1;                 // 设定位置 n 已被访问标志
    q.push(-1);               // -1 入队
    int flag=0;
    int step=0;               // 时间初始化
    while(true)
    {
        int t,t1,t2,t3,t4;
        t=q.front();          // 队首元素出队
        q.pop();
        if(t==-1)             // 若队首元素为 -1，则 -1 入队，时间 +1，继续循环
        {
            q.push(-1);
            step++;
            continue;
        }
        t1=t*2;               // 远距离传送的位置
        t2=t+1;               // 往右走的位置
        t3=t-1;               // 往左走的位置
        t4=-1;
// 若任一种移动方式能抓住母牛，则时间 +1，输出该时间后成功退出
        if(t1==k||t2==k||t3==k)
        {
            step++;
            cout<<step<<endl;
            break;
        }
// 若传送前位置 t 在母牛左方且远距离传送的位置 t1 在界内且未访问，则 t1 入队；否则剪枝
        if(t1<0||t1>100000||t>k||vis[t1]==1);
            else  q.push(t1);
// 若走前位置 t 在母牛左方且右走的位置 t2 在界内且未访问，则 t2 入队；否则剪枝
        if(t2<0||t2>100000||t>k||vis[t2]==1);
            else  q.push(t2);
// 若左走的位置 t3 在界内且未被访问，则 t3 入队；否则剪枝
        if(t3<0||t3>100000||vis[t3]==1);
```

```
            else q.push(t3);
        vis[t1]=1;                    //设三种移动方式后的位置已访问
        vis[t2]=1;
        vis[t3]=1;
    }
    return 0;
}
```

【15.2.2.2　Fill】

有三个桶，它们的容量分别为 a 升、b 升和 c 升（a、b、c 都是正整数，而且不超过 200）。刚开始时，第一个桶和第二个桶是空的，而第三个桶却装满水。你可以将一个桶中的水倒入另一个桶里，直到或者是前者把后者装满，或者是前者的水全部倒光。这样倒水的步骤可以执行 0 次、1 次或很多次。

请你编写一个程序，计算在整个过程中最少要倒多少水，才能使得这三个桶中有一个桶恰好有 d 升的水（d 是一个正整数，而且不超过 200）。但是，如果你没有办法达成目标，也就是没有办法让任何一个桶有 d 升水，那么请计算 $d', d' < d$，但最接近 d；在计算出 d' 之后，请你计算整个过程最少要倒多少水才能产生 d' 升。

输入

输入的第一行给出测试用例的数目。接下来的 T 行给出 T 个测试用例。 每个测试用例在一行中给出用空格分开的 4 个整数 a、b、c 和 d。

输出

输出由一个空格隔开的两个整数组成。第一个整数是整个过程最少要倒多少容量的水（从一个桶把水倒入另一个桶的水量的总和）。第二个整数或者等于 d，如果可以通过这样的转换产生 d 升水；或者等于你的程序得出的最接近的较小的值 d'。

样例输入	样例输出
2 2 3 4 2 96 97 199 62	2 2 9859 62

试题来源：Bulgarian National Olympiad in Informatics 2003

在线测试：UVA 10603

试题解析

本题源自基础数论的一个经典问题——倒水问题（Three Jugs Problem），但数论中的倒水问题必须加上限制条件 $x>y>z$，y 和 z 互质，要求从容量为 x 的容器中量出 c 升水（$x>c>0$）。

求解方法：模数方程 $a \times x \equiv c \pmod{y}$ ，其中，解 a 的个数就是可行方案的总数。其中 a_i 表示第 i 种方案中容量为 z 的容器倒满的次数，代入 $a_ix+b_iy=d$ 就可以得出容量为 y 的容器被倒满的次数 b_i。

显然，这是一个理想的数学模型。实际的倒水问题并没有上述限制条件，无法使用数论公式直接推导，只能使用状态空间搜索的办法解决。

设 3 个桶的容量为 A、B、C，最终要使其中一个桶的水量为 D。

状态（a，b，c，tot）：目前 3 个桶的水量为 a、b、c，倒水总量为 tot。

转移函数：有 6 种可能的倒水情况。

1）若桶 1 的水能够全部倒入桶 2（$a<B-b$），则倒空桶 1，生成子状态 $(0, b+a, c, \text{tot}+a)$；否则桶 1 将桶 2 倒满，生成子状态 $(a-(B-b), B, c, \text{tot}+(B-b))$。

2）若桶 1 的水能够全部倒入桶 3（$a<C-c$），则倒空桶 1，生成子状态 $(0, b, c+a, \text{tot}+a)$；否则桶 1 将桶 3 倒满，生成子状态 $(a-(C-c), b, C, \text{tot}+(C-c))$。

3）若桶 2 的水能够全部倒入桶 1（$b<A-a$），则倒空桶 2，生成子状态 $(a+b, 0, c, \text{tot}+b)$；否则桶 2 将桶 1 倒满，生成子状态 $(A, b-(A-a), c, \text{tot}+(A-a))$。

4）若桶 2 的水能够全部倒入桶 3（$b<C-c$），则倒空桶 2，生成子状态 $(a, 0, c+b, \text{tot}+b)$；否则桶 2 将桶 3 倒满，生成子状态 $(a, b-(C-c), C, \text{tot}+(C-c))$。

5）若桶 3 的水能够全部倒入桶 1（$c<A-a$），则倒空桶 3，生成子状态 $(a+c, b, 0, \text{tot}+c)$；否则桶 3 将桶 1 倒满，生成子状态 $(A, b, c-(A-a), \text{tot}+(A-a))$。

6）若桶 3 的水能够全部倒入桶 2（$c<B-b$），则倒空桶 3，生成子状态 $(a, b+c, 0, \text{tot}+c)$；否则桶 3 将桶 2 倒满，生成子状态 $(a, B, c-(B-b), \text{tot}+(B-b))$。

状态空间：三个桶倒来倒去的过程中所衍生的子状态。

成本：每倒一次所增加的倒水量，可视作图中一条边的权。试题要求计算从初始状态（0，0，C，0）（桶 1 和桶 2 空，桶 3 满，倒水总量 0）至目标状态（最终一个桶的水量为 D 或者最接近 D 时的最少倒水总量）路径上的最少边权和。

显然这是一个最短路径问题，使用 BFS 搜索策略是较为适宜的。

设 QA、QB、QC 队列分别存储 3 个桶的当前水量；QTOT 队列存储当前倒水总量。

倒水总量上限矩阵为 dp[][][]，其中 dp[a][b][c] 为 3 个桶的水量分别为 a、b、c 时倒水总量的上限，初始时 dp[][][] 设为 ∞。

目标矩阵为 res[]，其中 res[D] 为最终一个桶内恰好有 D 升水时的最少倒水总量，初始时 res[] 设为 ∞。

dp[][][] 和 res[] 是为配合定界技术使用的，是为使倒水总量趋小而特意设置的两个“界”：若发现当前的倒水总量 tot 不小于一个桶的水量为 D 时的倒水总量 (tot ⩾ res[D])，或者不小于 3 个桶水量为 a、b、c 时的倒水总量上限 (tot ⩾ dp[a][b][c])，则放弃当前的倒水方案。

BFS 搜索的过程如下：

```
初始状态（0，0，C，0）分别进入 QA、QB、QC 和 QTOT 队列；
若 QA 队列非空，则反复进行下列过程，直至队列空为止：
    取出 QA，QB，QC 和 QTOT 队列的队首元素，组成状态 (a，b，c，tot)；
    if ((tot< res[D])&&(tot<dp[a][b][c]))    //tot 小于一个桶的水量为 D 时的倒水总量，且小
        // 于 3 个桶水量为 a、b、c 时的倒水总量上限 )
        {
            dp[a][b][c]=tot;     // 将 3 个桶的水量为 a、b、c 时倒水总量的上限调整为 tot
            res[a]=min(res[a], tot); res[b]=min(res[b], tot); res[c]=min(res[c],
              tot);              // 不允许 3 个桶的水量为 a、b、c 时的实际倒水总量超过 tot
            模拟 6 种倒水情况，将满足条件的子状态分别送入 QA、QB、QC 和 QTOT 队列；
    }
```

BFS 搜索结束后，根据得到的目标矩阵 res[] 搜索最佳解：从 D 出发，按照递减顺序搜索第一个使 res[D'] ≠ ∞ 成立的 D'，这个 D' 就是目标状态中一个桶内最接近 D 的水量，res[D'] 即为最小的倒水总量。

参考程序（略。本题参考程序的 PDF 文件和本题的英文原版均可从华章网站下载）

【15.2.2.3　Package Pricing】

绿色地球贸易公司（Green Earth Trading Company）销售 4 种不同规格的节能型荧光灯，这些灯具适用于家庭照明。灯泡很贵，但和普通的白炽灯泡相比，使用寿命要长得多，而且消耗的能源要少得多。为鼓励消费者购买和使用节能灯泡，这家公司在产品目录中列出了一些特别的包装盒，包装了各种灯泡的规格和数量。一个包装盒的价格总是低于包装盒中的单个灯泡的价格总和。顾客通常想买几种不同的规格和数量的灯泡。请你编写一个程序，确定能满足任何客户要求的最便宜的包装盒。

输入

输入给出多个测试用例。每个测试用例分为 2 个部分，第一部分描述在产品目录中列出的包装盒，第二部分描述客户的要求。在输入中，灯泡的 4 种规格用字符“a”“b”“c”和“d”标识。

每个测试用例的第一部分首先给出一个整数 n（$1 \leqslant n \leqslant 50$），表示目录中包装盒的数量。接下来的 n 行每行是一个包装盒的描述。包装盒的描述以一个目录编号（正整数）开头，然后给出一个价格（实数），接着给出在包装盒中的灯泡的规格和相应的数量。在 1 到 4 之间不同规格的灯泡会单独描述。这样的“规格 – 数量”组成的对的列表格式是一个空格，一个表示规格的字符（“a”“b”“c”或“d”），再一个空格，然后一个整数，表示这一大小的灯泡在包装盒中的数量。这些“规格 – 数量”的对没有特定的顺序，在包装盒中规格没有重复。例如，下面一行描述了一个包装盒的目录编号是 210，价格是 76.95 美元，其中包含了 3 个规格为“a”的灯泡、1 个规格为“c”的灯泡，以及 4 个规格为“d”的灯泡。

210 76.95 a 3 c 1 d 4

每个测试用例的第二部分的第一行给出一个正整数 m，表示客户要求的数量。接下来的 m 行每行给出一个客户的要求：灯泡的规格和相应数量的一个列表表示客户的要求。每一个列表仅给出若干对“规格 – 数量”，格式如同产品目录中的描述方式。然而，与产品目录描述不同的是，一个客户的要求可能会重复对某个规格的灯泡的需求。例如，下面的一行表示一个客户要求 1 个规格为“a”的灯泡、2 个规格为“b”的灯泡、2 个规格为“c”的灯泡，以及 5 个规格为“d”的灯泡。

a 1 d 5 b 1 c 2 b 1

输出

对每个测试用例，输出如下。

首先输出“Input set #*T*:”，其中 T 是测试用例的编号。对于每个请求，输出客户编号（从 1 到 m，第一个客户要求编号为 1，第 2 个客户要求编号为 2，……，第 m 个客户要求编号为 m），一个冒号，以最便宜的方式满足了客户要求的若干包装盒的总的价格，然后给出包装盒的组合。

价格显示到小数点右边的 2 位。包装盒的组合要以产品目录编号的升序给出。如果同一类型的包装盒要订购不止一个，则订购的数量要在目录编号后的圆括号中给出。本题设定每个客户请求都可以被满足。在某些情况下，满足客户的最便宜的方式可能包含的灯泡比的实际要求的灯泡多一些，这是可以接受的。重要的是客户收到了满足他们所的要求的灯泡。

样例输入	样例输出
5 10 25.00 b 2 502 17.95 a 1 3 13.00 c 1 55 27.50 b 1 d 2 c 1 6 52.87 a 2 b 1 d 1 c 3 6 d 1 b 3 b 3 c 2 b 1 a 1 c 1 d 1 a 1 b 1 b 2 c 3 c 1 a 1 d 1 b 3 c 2 d 1 c 1 d 2 a 1 0	Input set #1: 1: 27.50 55 2: 50.00 10(2) 3: 65.50 3 10 55 4: 52.87 6 5: 90.87 3 6 10 6: 100.45 55(3) 502

试题来源：ACM World Finals 1994

在线测试：POJ 1889，UVA 233

我们采用 DFS 搜索方法计算满足客户要求的最优价格和包装盒组合。在搜索过程中采用了如下策略。

1）记录技术：记录的内容为当前状态，包括存储当前包装盒序号 st、总价格 now、包装盒组合 nowmet[] 和 4 种规格灯泡的剩余需求 need[]。为避免溢出，将其中的 st 和 now 作为 DFS 的递归参数，将存储量大的数组 nowmet[] 和 need[] 设为全局变量，每次回溯时恢复其递归前的值。初始时，nowmet[] 清零，need[] 在输入客户要求时设置。从 st=0、now=0 出发，进行递归。

2）定界技术：随时检查目前的总价格。若继续搜索下去决不能够好于以往，则回溯。关键是如何判断目前总价格是否好于以往，这是算法的关键和核心。

试题分别给出了 n 个包装盒的价格和盒内 4 种规格灯泡的数量，但不知道盒内 4 种规格灯泡的单价，显然，第 j 个包装盒内 i 规格灯泡的单价范围为 $\left[0,\dfrac{\text{第}j\text{个包装盒的价格}}{\text{第}j\text{个包装盒中}i\text{规格灯泡的数量}}\right]$（$0 \leqslant j \leqslant n-1$，$0 \leqslant i \leqslant 3$），单价上限为 $\dfrac{\text{第}j\text{个包装盒的价格}}{\text{第}j\text{个包装盒中}i\text{规格灯泡的数量}}$。

我们对每一个规格的灯泡，按照单价上限递增的顺序排列包装盒。设 rankby[i][j] 存储 i 规格的灯泡在 n 个包装盒中单价上限第 j 小的包装盒序号；minave[i][j] 存储 i 规格的灯泡在包装盒 j…包装盒 n 中的最小单价上限；rankby[][] 和 minave[][] 可在输入包装盒信息时计算。

我们设计了两个“界”：

定界 1：若当前总价格 now 高于目前最便宜价格 ans，则直接回溯。

定界 2：搜索 4 种规格的灯泡，若发现余下包装盒中计入规格 i（$0 \leqslant i \leqslant 3$）灯泡的剩余数后，其最低可能价 now+minave[i][st] × need[i] 仍高于目前最优价格 ans，则回溯。

3）优化搜索顺序：为了提高效率，我们不是按照包装盒或灯泡规格的顺序进行搜索，而是采用了贪心策略，从剩余需求数最多的灯泡规格 br 出发，即 need[br]= $\max\limits_{0\leqslant i\leqslant 3}\{\text{need}[i]\}$。为使客户能以最便宜的价格买到所需的灯泡，我们按其单价上限递增的顺序，在 st 后寻找第一个有客户需求的灯泡的包装盒 p(p=rankby[br][i])&&(p>st)&&(need[j]>0)&&(包装盒 p 中存在 j 规格的灯泡)，$0 \leqslant i \leqslant n-1$，将其放入当前组合。

DFS 搜索由递归子程序 search(st，now) 实现：

若 now > ans，则直接回溯（定界 1）;
若 need[0]<=0 && need[1]<=0 && need[2]<=0 && need[3]<= 0，则 ans=now; memcpy(met, nowmet, sizeof(met))，回溯;
若在 4 种规格的灯泡中发现 now+minave[i][st]*need[i] > ans ($0 \leqslant i \leqslant 3$)，则回溯（定界 2）;
求满足 need[br]= $\max_{0\leqslant i\leqslant 3}$\{need[i]\} 的灯泡规格 br;
选择最合适的包装盒 p(p=rankby[br][i])&&(p>st)&&(need[j]>0)&&(包装盒 p 中存在 j 规格的灯泡)，$0 \leqslant i \leqslant n-1$;
买入包装盒 p：++nowmet[p]；need[j] − 包装盒 p 中 j 规格的灯泡数 ($0 \leqslant j \leqslant 3$);
递归 search(p，now + 包装盒 p 的价格);
恢复递归前的 need[ ] 和 nowmet[ ];

参考程序

```
#include <iostream>
#include <vector>
#include <algorithm>
#include <sstream>
using namespace std;
struct pacnode              // 包装盒的结构类型
{
    int q[4];               // 包装盒中 i 规格的灯泡数为 q[i]
    double price;           // 价格
    int id;                 // 目录编号
}pac[60];                   // 包装盒序列
int n, met[60], nowmet[60], need[4], rankby[4][60]; // 包装盒数 n；nowmet[] 为当前满足
   // 客户要求的包装盒组合，最优组合为 met[]，组合中分别记录下每种包装盒的数量；当前客户的剩余需
   // 求 need[ ]，其中需要规格 i 的灯泡数为 need[i]；单价上限序列 rankby[][]，其中规格 i 的灯
   // 泡在 n 个包装盒中单价上限第 j 小的包装盒序号为 rankby[i][j]
 double ans, ave[4][60], minave[4][60];    // 满足当前客户要求的最便宜价格为 ans；ave[i]
    //[j] 为第 j 个包装盒单装规格 i 的灯泡的单价上限（第j个包装盒的价格 / 第j个包装盒中i规格灯泡的数量）。若第 j 个包
    // 装盒没有规格 i 的灯泡，则 ave[i][j]= ∞；第 i 种规格的灯泡在包装盒 j…包装盒 n 中的最小单
    // 价上限为 minave[i][j]
void init();                          // 处理包装盒的信息
void work();                          // 处理当前客户的要求
void search(int st, double now);      // 从第 st 个包装盒和目前价格 now 出发，递归计算最优的价
    // 格和包装盒组合
int main()
{
    int testno = 0;
    while (true)                             // 反复输入包装盒数 n，直至文件结束或输入 0 为止
    {
        if (scanf("%d", &n) == EOF) break;
        if (n == 0) break;
        init();                              // 处理 n 个包装盒的信息
        ++testno;                            // 计算和输出测试用例编号
        printf("Input set #%d:\n", testno);
        int m;
        scanf("%d\n", &m);                   // 输入客户要求数
        for (int i = 0; i < m; ++i)          // 依次处理每个客户要求
        {
            printf("%d:", i + 1);            // 输出客户要求编号
            work();                          // 处理客户 i 的要求
        }
    }
```

```
    return 0;
}
void init()                                         // 处理n个包装盒的信息
{
    for (int i = 0; i < n; ++i)                     // 输入每个包装盒的信息
    {
        scanf("%d%lf", &pac[i].id, &pac[i].price);// 输入第i个包装盒的目录编号和价格
        memset(pac[i].q, 0, sizeof(pac[i].q));
        char tmp[1000];
        gets(tmp);                                  // 读第i个包装盒中灯泡的规格和数量
        istringstream in(tmp);                      // 字串输入流的名字定义为in
        while (true)                    // 反复取灯泡规格kind和数量x，直至行结束
        {
            char kind;
            int x;
            if (in >> kind >> x == NULL) break;
            pac[i].q[kind - 97] += x; // 累计第i个包装盒中规格kind的灯泡数
        }
    }
    for (int i = 0; i < 4; ++i)         // 枚举灯泡规格和包装盒：计算每个包装盒中每种规格灯
        // 泡的单价上限ave[ ][ ]
        for (int j = 0; j < n; ++j)
            if (pac[j].q[i] == 0) ave[i][j] = 1e100;
            else ave[i][j] = pac[j].price / pac[j].q[i];
    for (int i = 0; i < 4; ++i)         // 枚举每种规格i，按照单价上限为第一关键字、包装盒
        // 序号为第二关键字递增排序包装盒x[ ]
    {
        pair<double, int> x[60];        // 定义x[ ]的元素为一对对象，其中x[j]的第1个对
                                        // 象为ave[i][j]，第2个对象为j
        for (int j = 0; j < n; ++j)
        {
            x[j].first = ave[i][j]; x[j].second = j;
        }
        sort(x, x + n);
// 计算规格i灯泡单价上限第j小的包装盒序号rankby[i][j]和在包装盒j…包装盒n中的最小单价上限
// minave[i][j]
        for (int j = 0; j < n; ++j) rankby[i][j] = x[j].second;
        minave[i][n - 1] = ave[i][n - 1];
        for (int j = n - 2; j >= 0; --j) minave[i][j] = min(minave[i][j + 1],
            ave[i][j]);
    }
}
void work()                                     // 处理当前客户要求
{
    memset(need, 0, sizeof(need));
    char tmp[1000];
    gets(tmp);                                  // 读当前客户要求的灯泡规格和数量
    istringstream in(tmp);                      // 字串输入流的名字定义为in
    while (true)                                // 反复取灯泡规格kind和数量x，直至行结束
    {
        char kind;
        int x;
        if (in >> kind >> x == NULL) break;
        if (kind == 'a') need[0] += x;  // 累计4种规格灯泡的数量
        else if (kind == 'b') need[1] += x;
        else if (kind == 'c') need[2] += x;
        else if (kind == 'd') need[3] += x;
    }
    memset(nowmet, 0, sizeof(nowmet)); ans = 1e100; // 当前满足客户要求的包装盒组合初始
        // 化为空，满足当前客户要求的最便宜价格初始化为无穷大
    search(0, 0.0);                             // 从第0个包装盒和价格0出发，递归计算最优的
```

```
                                          // 价格和包装盒组合
    printf("%8.2lf", ans);                // 输出满足当前客户要求的最便宜价格
    vector<pair<int, int> > oa;           // 定义对象数组 oa 的元素是一对对象
    for (int i = 0; i < n; ++i)           // 将最优组合中每个包装盒的编号和数量送入对象数
                                          // 组 oa
        if (met[i] != 0) oa.push_back(make_pair(pac[i].id, met[i]));
    sort(oa.begin(), oa.end());           // 以编号为第一关键字、数量为第 2 关键字排序对象
                                          // 数组 oa
    for (int i = 0; i < oa.size(); ++i)   // 按照格式要求输出最优组合
        if (oa[i].second != 1) printf(" %d(%d)", oa[i].first, oa[i].second);
            // 输出被选中的多个同编号包装盒
        else printf(" %d", oa[i].first);  // 输出选中该编号的 1 个包装盒
    printf("\n");
}
void search(int st, double now)           // 从第 st 个包装盒和目前价格 now 出发，递归计算
                                          // 最优的价格和包装盒组合
{
    if (now > ans) return;                // 若当前价格高于目前最便宜价格，则回溯
    if (need[0] <= 0 && need[1] <= 0 && need[2] <= 0 && need[3] <= 0) // 若满足客户
        // 对四种规格的灯泡数，则将当前价格调整为最便宜价格，当前包装盒组合调整为最优组合，回溯
    {
        ans = now; memcpy(met, nowmet, sizeof(met)); return;
    }
    for (int i = 0; i < 4; ++i)           // 搜索每种规格的灯泡，一旦发现计入该规格灯泡的
                                          // 剩余数后，其价格高于目前最优价格，则回溯
        if (now + minave[i][st] * need[i] > ans) return;
    int br = 0;                           // 计算剩余需求数最多的灯泡规格 br
    for (int i = 1; i < 4; ++i)
        if (need[i] > need[br]) br = i;
    for (int i = 0; i < n; ++i)           // 按照 br 规格的灯泡在 n 个包装盒中单价上限递
                                          // 增的顺序搜索
    {
        int p = rankby[br][i];            // 第 i 小的包装盒序号为 p
        if (p < st) continue;             // 若包装盒 p 先前已搜索过，则尝试单价上限更大的
                                          // 包装盒
        bool use = false;                 // 判断包装盒 p 中是否有客户需求的灯泡类型
        for (int j = 0; j < 4; ++j)
            if (need[j] > 0 && pac[p].q[j] > 0)
            {
                use = true; break;
            }
        if (!use) continue;               // 若包装盒 p 中没有客户所需的灯泡，则尝试单价上
                                          // 限更大的包装盒
        ++nowmet[p];                      // 买入包装盒 p，即 p 添入当前组合，调整剩余需求
        for (int j = 0; j < 4; ++j) need[j] -= pac[p].q[j];
        search(p, now + pac[p].price);    // 从包装盒 p 和价格 now + 包装盒 p 的价格出发继
                                          // 续递归
        --nowmet[p];                      // 恢复递归前状态：当前组合撤去包装盒 p，恢复递
                                          // 归前的剩余需求
        for (int j = 0; j < 4; ++j) need[j] += pac[p].q[j];
    }
}
```

15.2.3 A* 算法

启发式搜索（Heuristically Search）就是在状态空间中的搜索要对每一个状态进行评估，得到最好的状态，再从这个状态进行搜索，直到目标。启发式搜索可以省去大量无谓的搜索，提高效率。在启发式搜索中，对状态的估价是十分重要的。采用了不同的估价就有不同的效果。

启发式搜索一般用于求最短路问题，其中最典型的方法是 A* 算法（A-Star Algorithm）。A* 算法在搜索过程中要为每个状态建立启发函数，用启发函数制约搜索沿着最有效率的方向行进：

状态 v 的启发函数 $f(v)=g(v)+h(v)$；

其中，$f(v)$ 是从初始状态经由状态 v 到目标状态的估价函数，该函数由两部分组成：$g(v)$ 是在状态空间中从初始状态转移到当前状态 v 的实际转移成本（前驱值），$g(v)$ 在搜索过程计算；$h(v)$ 是从状态 v 到转移到目标状态预估的转移成本（后继值），$h(v)$ 需要在搜索前建立估算的数学模型。

显然，对初始状态 s 来说，$f(s)=0+h(s)=h(s)$。

在搜索过程中，每次选择 f 值最小的状态扩展，扩展出子状态 v，然后计算 $f(v)$，因此 A* 算法又称最好优先算法。

纯的 BFS 是 A* 算法的一个特例。对于 BFS 算法，对于当前节点扩展出来的每一个节点，如果没有被访问过的话，则要放进队列进行进一步扩展。也就是说，BFS 的估计函数 h 等于 0，没有启发的信息。

基于 BFS 的 A* 算法，需要创建两个表：

1）OPEN 表：保存所有待扩展状态，一般采用以 $f(v)$ 为关键字的优先队列。

2）CLOSED 表：记录已访问过的状态，即该状态的所有子状态已被遍访，且该状态已离开了 OPEN 表。

之所以设立两个表，是为了区分当前状态是从未访问过的，还是已访问过的，或者是待扩展的。情况不同，计算 $f(v)$ 的方法也不同：从未访问过的状态 v 还没有 $f(v)$ 值，通过公式 $f(v)=g(v)+h(v)$ 计算；已访问过的或待扩展的状态 v，原先有 $f(v)$，扩展后需要调整 $f(v)$。

A* 算法的过程如下：

```
计算初始状态 s 的启发函数 f(s)=h(s)，s 进入 OPEN 表；
每次从 OPEN 表中选择 f 值最小的状态 u 扩展，扩展出合乎约束条件的子状态 v：若发现经由 u 至 v 的 g(v)
    比原先的 g(v) 好，则调整 f(v)（如果 v 未在队列中，则 f(v)= g(v)+ h(v)，否则 f(v)= f(v)-g(v) 的变化量）；
    设置 u 和 v 的"前驱 - 后继"关系；v 进入 OPEN 表；
这个过程一直搜索至目标状态或 OPEN 表空为止；
如果 OPEN 表空，则搜索失败；否则，从目标状态出发，沿前驱指针返回初始状态 s，即可找到最佳路径。
```

对于 A* 算法，注意如下两点。

1）要找到最短路，关键是估价函数 $h(v)$ 的选取。

①若 $h(v)\leqslant$ 状态 v 到目标状态的实际距离，则搜索的状态多、范围大、效率低，但能得到最优解；

②若 $h(v)>$ 状态 v 到目标状态的实际距离，则搜索的状态少、范围小、效率高，但不能保证得到最优解。

显然，$h(v)$ 越接近实际值，启发搜索的效果越好。

2）处理好 $h(v)$ 的计算量与解题效率间的平衡关系。

$h(v)$ 实际上是估计一个状态在最佳路上的约束条件，信息量越多或约束条件越多，则排除的无用状态就越多，估价函数越好或说这个算法越好。纯的 BFS 之所以是盲目搜索，是因为 $h(v)=0$，没有任何启发信息。然而，$h(v)$ 内的信息越多，计算量就越大，耗费的时间就越多，因为每扩展一个有用的子状态 v，就要计算或调整一次 $f(v)$，因此在保证效率的前提下，需要适当减小 $h(v)$ 的计算量，即减小约束条件。

【15.2.3.1 Knight Moves】

你的一位朋友正在研究旅行骑士周游问题（Traveling Knight Problem，TKP），这个问题是要在给出的 n 个方格的棋盘上找到骑士访问每个方格一次且仅一次的回路。你的朋友认为这个问题最困难的部分是确定两个给定的方格之间骑士移动的最小步数，一旦解决了这个问题，就很容易找到路线。

当然你知道反之亦然，所以你要为他写一个解决“困难”部分的程序。

请你编写一个程序，输入两个方格 a 和 b，然后确定骑士从 a 到 b 的最短路线上移动的次数。

输入

输入包含一个或多个测试用例。每个测试用例一行，这一行给出由一个空格分隔的两个方格。一个方格表示为一个字符串，由一个表示棋盘的列的字母（a ~ h）和一个表示棋盘的行的数字（1 ~ 8）组成。

输出

对每个测试用例，输出一行“To get from *xx* to *yy* takes *n* knight moves.”。

样例输入	样例输出
e2 e4 a1 b2 b2 c3 a1 h8 a1 h7 h8 a1 b1 c3 f6 f6	To get from e2 to e4 takes 2 knight moves. To get from a1 to b2 takes 4 knight moves. To get from b2 to c3 takes 2 knight moves. To get from a1 to h8 takes 6 knight moves. To get from a1 to h7 takes 5 knight moves. To get from h8 to a1 takes 6 knight moves. To get from b1 to c3 takes 1 knight moves. To get from f6 to f6 takes 0 knight moves.

试题来源：Ulm Local 1996

在线测试：POJ 2243，UVA 439

试题解析

本题练习 A* 算法的基本写法。

在 A* 算法中，状态 v 的启发函数 $f(v)=g(v)+h(v)$，$g(v)$ 是从初始状态（起点）转移到当前状态 v 的实际转移成本，即前驱值；$h(v)$ 是从状态 v 到转移到目标状态（终点）预估的转移成本，即后继值，预估的转移成本用曼哈顿估价函数来计算，即为曼哈顿距离 ×10（二维曼哈顿距离公式 = | 终点 .x − 当前点 .x| + | 终点 .y − 当前点 .y|）。以优先队列来维护启发函数 $f(v)$ 的最小值，每次取出当前最优解，一直迭代直到到达目标。

参考程序

```
#include<iostream>
#include<queue>
using namespace std;
#define LL long long
#define M(a,b) memset(a,b,sizeof(a))          // 将 a 变量所占的每个字节赋值 b
const int MAXN = 10;                          // 棋牌规模的上限
const int INF = 0x3f3f3f3f;                   // 定义较大值
int X[9] = {-2,-2,-1,-1,1,1,2,2};             //8 个方向的偏移量
```

```
int Y[9] = {1,-1,2,-2,-2,2,1,-1};
int ex,ey;                                          // 目标方格为 (ex, ey)
char str[MAXN];                                     // 输入串
int vis[MAXN][MAXN];                                // vis[i][j] 为曾到过方格 (i, j) 的标志
struct Node                                         // 节点为结构类型
{
    int x,y;                                        // 方格位置为 (x, y)
    int step;                                       // 移动步数
    int g, h, f;                                    // 前驱值为 g，后继值为 h，估价函数值为 f
    bool operator < (const Node &k) const          // 重载 < 操作符 (使用 < 操作符比较两个节点的
        // 估价函数值)，即优先队列节点按估价函数值为第一关键字，入队顺序为第二关键字排列
    {
        return f>k.f;
    }
} temp;                                             // 初始节点
priority_queue<Node> q;                             // 元素类型为 Node 的优先队列 q

int manhadun(Node temp)                             // 返回 temp 的方格与目标方格间的曼哈顿距离
{
    return (abs(ex - temp.x) + abs(ey - temp.y)) *10;
}
void init()                                         // 初始化
{
    M(vis,0);                                       // 初始时所有节点未曾到过
    // 初始节点的前驱值、后继值、估价函数值以及移动步数初始化为 0
    temp.g = temp.h = temp.f = temp.step  = 0;
    while(!q.empty()) q.pop();                      // 撤空优先队列 q
}
int Astar (Node temp)                               // 从初始节点 temp 出发，使用 A* 算法计算最
                                                    // 少移动步数
{
    q.push(temp);                                   // 初始节点 temp 入队
    while(!q.empty())                               // 若队列非空，则取出估价函数值最小的队首节
                                                    // 点 top
    {
        Node top = q.top();
        q.pop();
        vis[top.x][top.y] = true;                   // 设 temp 的方格曾到过
        if(top.x==ex && top.y==ey)                  // 若到达目标方格，则返回其移动步数
        {
            return top.step;
        }
        for(int i=0; i<8; i++)                      // 枚举 8 种移动方式
        {
            Node ss;                                //扩展出子节点 ss，其状态为第 i 种移动后的方格
            ss.x = top.x + X[i];
            ss.y = top.y + Y[i];
// 若移动后的方格在界内且未曾到过，则 ss 的前驱值增加马走日的距离 (22+1 = 5, √5 ×10 约等于 23)，
// 后继值为 ss 的方格与终点的曼哈顿距离，前驱值与后继值之和为 ss 的估价函数值，ss 的移动步数在 top
// 的移动步数上 +1，ss 入队
            if(ss.x<8&&ss.x>=0&&ss.y<8&&ss.y>=0&&vis[ss.x][ss.y] == 0)
            {
                ss.g = top.g + 23;
                ss.h = manhadun(ss);
                ss.f = ss.g + ss.h;
                ss.step  = top.step + 1;
                q.push(ss);
            }
        }
    }
}
```

```
int main()
{
    while(gets(str))                    // 反复输入测试用例串
    {
        init();                         //初始化
        temp.x = str[0] - 'a';          //计算初始节点 temp 的状态，包括出发方格
        temp.y = str[1] - '1';
        ex = str[3] - 'a';              //计算目标方格
        ey = str[4] - '1';
        temp.h = manhadun(temp);        //temp 的 h 值和估价函数值 f 为出发方格与目标方格的曼哈
                                        //顿距离
        temp.f = temp.g + temp.h;
        int ans = Astar(temp);          //使用 A* 算法计算输出初始格至目标格的最少移动次数
    printf("To get from %c%c to %c%c takes %d knight moves.\n",temp.x+'a',temp.
        y+'1',ex+'a',ey+'1',ans);
    }
    return 0;
}
```

【15.2.3.2 Eight】

15 拼图已经有超过 100 年的历史了，即使你不知道这个名字，你也看到过它。它是由 15 个可以滑动的方片组成，每个方片上面用从 1 到 15 的一个数字标识，所有的方片都被放置在一个 4 × 4 的框架之中，也就少了一块方片。我们称少了的方片为“x”，拼图的目标是要把这些方片排列好，使得它们的次序如图 15.2-2 所示。

1	2	3	4
5	6	7	8
9	10	11	12
13	14	15	x

图 15.2-2

而唯一合法的操作是“x”和与它共享一条公共边的方片交换位置。例如，图 15.2-3 给出的移动序列解决了一个稍微有些困难的拼图。

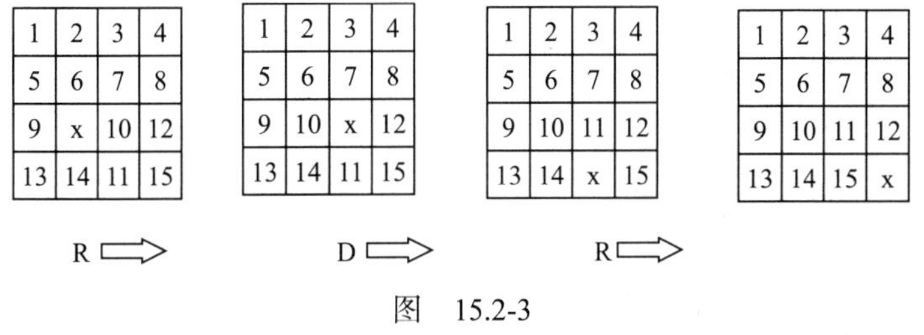

图 15.2-3

图中的字母表示与“x”相邻的方片和“x”交换的每个步骤，合法的值是“R”“L”“U”和“D”，分别表示右、左、上和下。

并非所有的拼图都可以被解；在 1870 年，一个名叫 Sam Loyd 的人给出了无法解决的拼图，难倒了很多人。事实上，使一个普通的拼图变成为一个无解的拼图，你所要做的就是交换两个方片（不包括“x”）。

本题请你编写一个程序解决不太知名的 8 拼图问题，方片在 3 × 3 的框架中。

输入

本题给出 8 拼图的结构的描述。该描述是方片在它们的初始位置的一个列表，按行从上到下，在一行中从左到右的顺序，给出用从 1 至 8 的数字标识的方片，以及“x”，例如如图 15.2-4 所示的拼图。

1	2	3
x	4	6
7	5	8

图 15.2-4

被描述为：

1 2 3 x 4 6 7 5 8

输出

如果拼图无解，则程序输出单词“unsolvable”；否则输出由字母“r”“l”“u”和“d”组成的字符串，表示产生解的一系列移动。字符串不包含空格，在行的开头开始。

样例输入	样例输出
2 3 4 1 5 x 7 6 8	ullddrurdllurdruldr

试题来源：ACM South Central USA 1998

在线测试：POJ 1077，ZOJ 1217，UVA 652

试题解析

本题源自著名的 8 或 15 拼图游戏（8 Puzzle Problem，15 Puzzle Problem）。如题所述，一个 8 拼图可以表示为一个 3 × 3 的矩阵，分别置放数字 1…9，其中 9 代表空格“x”；可以用一个长度为 9 的排列，按自左而右、自上而下的顺序，表示 8 拼图的状况，第 k 个数字为位于矩阵中 $(\left\lfloor\frac{k}{3}\right\rfloor, k\%3)$ 的数，$0 \leqslant k \leqslant 8$。而一个 15 拼图则可以表示为一个 4 × 4 的矩阵，也可以按自左而右、自上而下的顺序，表示成一个长度为 16 的一维的形式。

8 拼图问题（3 × 3 矩阵）有解还是无解，有以下结论。

一个 8 拼图状态，按自左而右、自上而下的顺序，表示成一维的形式，求出除空格“x”之外所有数字的逆序数之和，也就是每个数字前面比它大的数字的个数的和，称为这个状态的逆序。例如，图 15.2-4 的逆序为 2（5 小于前面的 6 和 7）。因为空格和相邻格上下每交换一次，逆序数改变偶次数，而左右交换逆序数不变，所以，如果两个状态的逆序奇偶相同，则这两个状态相互到达，否则相互不可达。

推广到 $N \times N$ 矩阵对应的拼图有解还是无解，可以推导出如下结论。

N 为奇数时，与 8 拼图问题相同。N 为偶数时，因为空格和相邻格上下每交换一次，逆序数改变奇次数，而左右交换不变；所以，如果两个状态的逆序奇偶相同且两个空格的行距离为偶数，或者逆序奇偶不同且两个空格的行距离为奇数，则两个状态相互到达；否则相互不可达。

例如，图 15.2-3 给出的 4 × 4 矩阵的初始状态，逆序数为 3（11 小于前面的 12、13、14），空格与目标状态空格的行距离为 1（空格和相邻格要上下交换一次，才能到达目标状态空格的行）；而目标状态的逆序数为 0。所以，初始状态和目标状态相互可达。

状态：1…9 的一个排列以及其中 9（即空格“x”）的位置可代表一个状态，状态数的上限为 9!= 362880。为了节省内存、计算方便，我们采用了索引技术，用排列的字典序记录状态，因为排列与字典序之间是可以互相转化的：

1,2,3.4,5,6,7,8,9：字典序 0

……

9,8,7.6,5,4,3,2,1：字典序 362879

显然，字典序 0 代表目标状态。

启发函数 $f(u)$：初始状态经由状态 u 至目标状态代价的估计值 $f(u)=d(u)+h(u)$，其中，$d(u)$ 为初始状态到状态 u 的最少移动步数；$h(u)$ 为中间状态 u 至目标状态的最坏情况，即状

态 u 中数字 1 ～ 8 与目标状态中对应数字位置的距离和 $h(u)=\sum_{i=1}^{8}|x_i'-x_i|+|y_i'-y_i|$（数字 i 在状态 u 中的位置为 (x_i, y_i)，在目标状态的位置为 (x_i', y_i')）。

显然，对初始状态 s 来说，$f(s)=h(s)$。

转移函数：若状态 u 的空格位置为 (x, y)，即该位置为数字 9，其上下左右 4 个方向上有数字为 k（$1 \leqslant k \leqslant 8$）的相邻格 (x', y')，则 (x, y) 和 (x', y') 内的数字交换，相当于空格由 (x, y) 移至 (x', y')，生成子状态 v。

状态空间：在扩展过程中所衍生的合法子状态及其关系。

成本：按照最优化要求扩展出一个子状态，代价为 1。

试题要求计算由初始状态到目标状态的代价和最少的一条路径。显然采用 BFS 是比较合适的。为了更快地找到这条路径，我们没有采用“先进先出”的传统队列，而是以启发函数 f 为关键字的优先队列作为存储结构，即每次取 f 值最小的状态扩展。

设 $d(u)$ 为初始状态至 u 的路径长度，如果 u 扩展出子状态 v 后，$d(u)+1<d(v)$ 成立，则说明初始状态经 u 至 v 的新路径成本比原来好，则应调整 $d(v)=d(u)+1$，将最佳路上 v 的前驱状态设为 u，记下移动方向，并且子状态 v 入队。A* 算法的关键是怎么估计初始状态经由 v 至目标状态的路径成本 $f(v)$。因为优先队列是以启发函数 f 为关键字的，所以分三种情况处理：

1）子状态 v 从未被访问过：$f(v)$ 应为初始状态至状态 v 的路径长度 $d(v)$ + 状态 v 到目标状态的最坏情况，即 $f(v)=d(v)+h(v)$。

2）子状态 v 已经在队列：$f(v)$ 已经存在了，由于路径现改为经由 u 至 v，使得这个估计值减少了 $d(v)-d(u)-1$，即 $f(v) = f(v) - d(v) + d(u)+1$。尽管状态 v 入队后出现冗余，但不会导致出错，因为路径上各个 v 的前驱状态是不一样的。

3）子状态 v 为已经搜索过 4 个方向的出队元素：$f(v) = f(v) - d(v) + d(u)+1$，同第 2 种情况，状态 v 重新入队。

A* 算法的具体过程如下：

```
    设初始状态 s 的前驱指针为 -1;
    d(s)=0; f(s)=h(s);
    s 入优先队列 q; s 设入队标志，其他状态设未在队列标志；
    while （优先队列 q 非空）
    {
        取优先队列 q 中启发函数值最小的状态 u;
        if  u 为目标状态（字典序 0）成功返回；
        状态 u 正式出队；
        计算状态 u 中的空格位置 (x, y);
        for(int i=0; i<4; ++i){                          // 搜索四个方向
            计算 (x, y) 在 i 方向上的相邻格 (a, b)
                if ((a, b) 在界内 ){
                    (x, y) 中的空格与 (a, b) 的数字交换，形成子状态 v;
                    if (d(u) + 1) < d(v))
                        { d(v)=d(u)+1;
                            将最佳路上 v 的前驱状态设为 u; 记下移动方向 i;
                            根据 v 的三种情况调整启发函数 f(v);
                            v 入优先队列 q; 设 v 在队列标志；
                        }
                    }
        设定 u 四个方向已搜索标志
}
if （目标状态已访问（字典序 0））
    根据前驱状态指针和移动方向计算和输出最佳移动序列;
else 输出失败信息;
```

参考程序（略。本题参考程序的 PDF 文件和本题的英文原版均可从华章网站下载）

【15.2.3.3　Remmarguts' Date】

“好男人从来不让女孩等待或者爽约！”鸳鸯爸爸轻抚他的小鸭子的头，在给大家讲故事。

“Remmarguts 王子生活在他的王国 UDF（United Delta of Freedom）里。有一天，他的邻国派他们的 Uyuw 公主来执行一项外交使命。”

“Erenow，公主给 Remmarguts 发了一封信，通知他说她会来大厅与 UDF 举行商贸洽谈，当且仅当王子通过第 K 短的路径去和她见面（事实上，Uyuw 根本不想来）。”

为了贸易的发展，也为了能够一睹这样一个可爱的女孩的芳容，Remmarguts 王子非常希望能够解决这一问题。因此，他需要你 —— 总理大臣的鼎力协助！

具体的细节如下：UDF 的首都由 N 个站组成。大厅的编号是 S，而编号为 T 的站是王子当前的位置。M 条泥泞的道路连接着一些站。Remmarguts 王子去迎接公主的路径可以经过同一个站两次或两次以上，甚至是编号为 S 或 T 的站。具有相同长度的不同路径将被视为是不同的。

输入

输入的第一行给出两个整数 N 和 M（$1 \le N \le 1000$，$0 \le M \le 100\,000$）。站的编号从 1 到 N。接下来的 M 行每行给出三个整数 A、B 和 T（$1 \le A, B \le N$，$1 \le T \le 100$），表示从第 A 站到第 B 站需要用时间 T。

最后一行给出三个整数 S、T 和 K（$1 \le S, T \le N$，$1 \le K \le 1000$）。

输出

在单独的一行中输出一个整数数字：欢迎 Uyuw 公主的第 K 短的路径的长度（所需要的时间）。如果第 K 短的路径不存在，则输出“-1”来代替。

样例输入	样例输出
2 2 1 2 5 2 1 4 1 2 2	14

试题来源：POJ Monthly, Zeyuan Zhu

在线测试：POJ 2449

试题解析

我们将站设为节点，站与站之间的可达关系设为有向边，用时设为有向边的权值，则 UDF 组成一个带权有向图，其中大厅 S 为起点，王子所在的站为终点，试题要求计算由 S 至 T 的第 K 短的路的长度。

计算方法：SPFA 算法 +A* 启发式搜索。

步骤 1：计算反向图中终点可达节点的最短路（用于估价函数），设：

$$H[i]=\begin{cases} i\text{到}T\text{的最短路长} & i\text{可达}T \\ \infty & i\text{不可达}T \end{cases}$$

构造 $H[]$ 的方法：建立对应的反向图，从终点出发，使用 SPFA 算法计算终点出发的每条反向路径的路长。

步骤 2：使用 A* 启发式搜索计算第 K 最短路的长度。

因为 A* 算法是以最快方法求出一条最短路，因此第 i 次算出的一条至终点的最短路一定是第 i 最短路。

A* 算法的关键是估价函数 $F[i]$，$F[i]=G[i]+H[i]$，其中 $G[i]$ 表示起点到节点 i 的路长，$H[i]$ 表示节点 i 到终点的最短路长，由步骤 1 求出。所以，估价函数 $F[i]$ 代表由起点出发，经由节点 i 到达终点的路径长度。

$F[]$ 是一个开放集合，每次从这个集合中取 $F[]$ 值最小的节点，显然，可用优先队列表示这个开放集合。

我们从起点出发，使用 A* 算法扩展优先队列中 $F[]$ 值最小的节点，计算每个相邻点的 $G[i]$，并利用先前得出的 $H[i]$ 得出 $F[i]$，累计相邻点的经过次数。注意：

1）对于每个节点，我们最多求出经由的 K 条路。若大于 K 条路就不必再往下走了，因为经由当前点的第 $K+1$ 条最短路到达终点时，一定不在终点的 K 条最短路之列。

2）若有的点走不到终点，则不用考虑。可列出一个名单，这张名单即为 $H[]$ 中值为 ∞ 的节点。

参考程序

```
#include<iostream>
#include<queue>
#include<vector>
using namespace std;
#define inf 99999999
#define N 1100
typedef struct nnn                                  // 定义优先队列的元素类型
{
    int F,G,s;                                      // 对应节点为 s，起点至该节点的距离为 G，经
                                                    // 过 s 的路长为 F
    friend bool operator<(nnn a,nnn b)              //定义优先队列的优先级(路长越小,优先级越高)
    {
        return a.F>b.F;
    }
}PATH;
typedef struct nn                                   // 邻接表节点的结构定义
{
    int v,w;                                        // 邻接点为 v，边长为 w
}node;
vector<node>map[N],tmap[N];    // 邻接表为 map[ ]，辅助邻接表为 tmap[ ]，其中 map[i] 和
    //tmap[i] 为存储节点 i 的所有相邻点信息的容器
int H[N];                                   // 反向距离表，即 end 至节点 i 的距离为 H[i]
void findH(int s)                           //使用 SPFA 算法计算 s 可达的每个节点的距离值 H[]
{
    queue<int>q;                            //q 为整数队列
    int inq[N]={0};                         // 设所有节点非队列元素标志
    q.push(s); inq[s]=1; H[s]=0;            //s 进入队列，距离值为 0
    while(!q.empty())                       // 若队列非空，则队首元素 s 出队
    {
        s=q.front(); q.pop(); inq[s]=0;
        int m=tmap[s].size();               // 计算 s 的出度（即 tmap[s] 容器的大小）
        for(int i=0;i<m;i++)                // 枚举 s 的每条出边
        {
            int j=tmap[s][i].v;             // 计算 s 的第 i 条出边的端点 j
            if(H[j]>tmap[s][i].w+H[s])
            {
                H[j]=tmap[s][i].w+H[s]; // 计算节点 j 的距离值
```

```
                if(!inq[j]) inq[j]=1,q.push(j); //若j非队列元素，则进入队列
            }
        }
    }
}
int Astar(int st,int end,int K)                    //计算由st至end的第K短的路径长度
{
    priority_queue<PATH>q;                         //定义优先队列q，元素类型为PATH
    PATH p,tp;                                     //被扩展的元素为p，扩展出的新元素为tp
    int k[N]={0};                                  //节点经过的次数k[ ]初始化为0
    findH(end);                                    //计算反向距离表H[ ]
    if(H[st]==inf)return -1;                       //若end不可达st，则返回失败信息
    p.s=st; p.G=0; p.F=H[st];                      //st对应的元素p（正向距离0，路长H[st]）
                                                   //进入优先队列
    q.push(p);
    while(!q.empty())                              //若优先队列非空，则取出路长（估价函数值）
                                                   //最小的元素p
    {
        p=q.top(); q.pop();
        k[p.s]++;                                  //走过该元素对应节点的次数+1
        if(k[p.s]>K)continue;                      //每个节点最多走K次，超过K条路不必走
        if(p.s==end&&k[end]==K) return p.F;        //若第K次走至终点，则返回路长
        int m=map[p.s].size();                     //计算对应节点p.s的度（出边数）
        for(int i=0;i<m;i++)                       //枚举p.s的每条出边
        {
            int j=map[p.s][i].v;                   //取第i条出边的端点j
            if(H[j]!=inf)                          //若节点j可通向终点，则计算j的估价函数
                                                   //值，送入优先队列
            {
                tp.G=p.G+map[p.s][i].w;
                tp.F=H[j]+tp.G;
                tp.s=j;
                q.push(tp);
            }
        }
    }
    return -1;
}
int main()
{
    int n,m,S,T,K,a,b,t;
    node p;
    scanf("%d%d",&n,&m);                           //输入节点数和边数
    for(int i=1;i<=n;i++)
        {
            map[i].clear(); tmap[i].clear(); H[i]=inf;  //邻接表和距离表初始化
        }
        while(m--)                                 //输入m条边信息
        {
        scanf("%d%d%d",&a,&b,&t);                  //将长度为t的正向边(a,b)存入容器map[a]
      p.v=b; p.w=t; map[a].push_back(p);           //将长度为t的反向边(b,a)存入容器map[b]
      p.v=a; tmap[b].push_back(p);
    }
    scanf("%d%d%d",&S,&T,&K);                      //输入起点、终点和最短路序号
    if(S==T) K++;                                  //若起点与终点重合，则每个节点走过的次数+1
    printf("%d\n",Astar(S,T,K));
}
```

15.2.4 IDA* 算法

IDA* 算法是基于迭代加深的 A* 算法（Iterative Deepening A*），在 DFS 过程中采用估

价函数，以减少不必要的搜索。IDA* 算法的状态 v 的启发函数也是 $f(v)=g(v)+h(v)$，其中 $f(v)$，$g(v)$ 和 $h(v)$ 的含义和 A* 算法的状态 v 的启发函数一样。

IDA* 算法的基本思路是：首先将初始状态节点的 h 值设为阈值 bound，然后进行 DFS，搜索过程中忽略所有估价函数值 f 大于 bound 的状态节点（即如果 $g+h$>bound，则进行剪枝）；如果没有找到解，则加大阈值 bound，再重复上述搜索，直到找到一个解。在保证 bound 值的计算满足 A* 算法的要求下，可以证明找到的这个解一定是最优解。在程序实现上，IDA* 要比 A* 方便，因为不需要保存节点，不需要判重复，也不需要根据估价函数值 f 对状态节点排序，占用空间小。但缺点是，求解问题可能需要重复调用 IDA* 算法，因为回溯过程中若 depth 变大就要再次从头搜索。

设起始状态为 A，目标状态为 B，用伪代码描述的 IDA* 算法如下：

```
bound = h(A);                          // 将初始状态节点的 h 值设为阈值 bound
while(true) {
    t = IDA_search(root, 0, bound); // 在阈值 bound 的限制下，计算 A 至 B 的可行性
    if (t == FOUND)                    // 若到达目标状态（函数值为成功标志），则返回阈值 bound
        return bound;
    if (t == ∞ )                      // 若函数值为无解标志，则返回失败信息
        return NOT_FOUND;
    bound = t;                         // 加大阈值 bound
}
```

其中，伪代码描述的函数 IDA_search 的过程如下：

```
function IDA_search(node, g, bound)      // node 为当前状态节点，g 为到达当前节点状态的路
                                         // 径消耗值，bound 为当前搜索的阈值
{   f = g + h(node);                     // 计算 A 途径 node 至 B 的估价函数值 f
    if (f > bound)                       // 搜索过程中忽略所有估价函数值 f 大于阈值 bound
                                         // 的状态节点
        return f;
    if (node == B)                       // 到达目标节点 B，则返回有解标志 FOUND
        return FOUND;
    min = r;                             // 阈值 min 调整赋初值
    for each succ in successors(node)    // DFS
        t = IDA_search (succ, g + cost(node, succ), bound)
    if (t == FOUND)                      // 当前阈值 bound 下有解
        return FOUND;
    if (t < min)                         // 调整当前阈值
        min = t;
    return min;                          // 返回调整后的阈值
}
```

【15.2.4.1　Eight】

与【15.2.3.2 Eight】相同。

试题来源：ACM South Central USA 1998

在线测试：POJ 1077，ZOJ 1217，UVA 652

 **试题解析**

本题分析如下。

1）排除无解的情况，直接判断出初始状态是否不可到达目标状态，方法如下：

按由上而下、由左而右顺序将初始的 8 拼图状态中除空格“x”之外的所有数字表示成一维的形式，求出所有数字的逆序数之和，也就是在每个数字的前面比它大的数字的个数的

和，称为这个状态的逆序。显然，目标状态的逆序数之和为偶数。如果初始状态的逆序数之和亦为偶数，则初始状态可以到达目标状态；否则目标状态不可达，无解。

2）定义状态 suc 的 h 值为状态 suc 至目标状态的最坏情况，即状态 suc 中的数字 1 ～ 8 与目标状态中对应数字位置的距离和 $h(\text{suc})=\sum_{i=1}^{8}|x_i'-x_i|+|y_i'-y_i|$，其中数字 i 在状态 suc 中的位置为 (x_i, y_i)，在目标状态 goal 中的位置为 (x_i', y_i')。

IDA* 算法开始时，出发状态的 h 值作为阈值 maxf 和评估函数 f 的初始值。

3）在当前阈值的条件下计算可解方案。

设定一个阈值 maxf，要求在途经节点的估价函数值不小于 maxf 的情况下，判断能否找到一个由初始状态至目标状态的移动方案。这个判断过程由 dfs(当前状态) 算法完成。当前状态包括以下参数：当前节点 cur、前驱值 g、后继值 h 和刚使用过的方向符 preDi。

显然，当 cur 可使用方向数 i 扩展出有效节点 next 时（即空方片沿 i 方向移动后的位置未越界），则继续递归 dfs(新状态)，其中新状态包括：新节点 next、next 的前驱值 g+1、next 的 h 值 nexth、方向数 i。

dfs(当前状态) 的基本过程如下：

```
bool dfs(cur, g, h, preDir)          // 从当前状态出发，使用 dfs 算法计算有解的可行性
{
    if (g+h > maxf) return false;   // 若途径 cur 的估价函数值超过阈值，则返回失败标志
    if ( 状态 cur 为目标状态 )
        {  移动方案串的尾部添回车；
           return true;             // 返回成功标志
        } ;
    for (除刚使用过的 preDir 方向外的方向 i)
    {
        计算 cur 中的空方片沿 i 方向移动后的位置 (next.r, next.c);
        if  ((next.r, next.c) 移出界外 ) continue;   // 略去非法状态
        交换数字矩阵中原空方片与 (next.r, next.c) 中的数字，生成新节点 next 中的数字矩阵；
            计算新节点 next 的 h 值 nexth;
            将刚使用过的方向 i 填入移动方案串尾；
        if (dfs(next, g+1, nexth, i) return true; // 若从新节点出发，能够找到初始状态至
            // 目标状态的路径且其估价函数值 g+1+ nexth 不大于阈值 maxf，则返回成功标志
    }
    return false;      //由于枚举了除 preDir 外的 3 个方向仍未找到解，因此返回失败标志
}
```

4）使用 IDA* 算法计算移动方案。

我们首先将初始状态节点的 h 值设为阈值 maxf，然后进行 DFS，搜索过程中忽略所有估价函数值 f 大于 maxf 的状态节点，即如果 g+h>maxf，则进行剪枝。如果当前 DFS 搜索没有找到解，则加大阈值 maxf，再重复 DFS 搜索，直到找到一个解为止。显然，在保证 maxf 的值计算满足 A* 算法的要求下，找到的解一定是最优解。

```
计算初始状态至目标状态的 h 值；
阈值 maxf 初始化为 h;
while (!dfs(start,0, h, '\0')) maxf++;          // 循环：若未找到可解方案，则阈值 +1
```

显然，最后得出的 maxf 为空方片的最少移动次数。

参考程序

```
#include <iostream>
```

```
#include <string>
using namespace std;
const unsigned int M = 1001;
int dir[4][2] = {                                        // 四个移动方向的偏移量
    1, 0,                                                // 下
    -1, 0,                                               // 上
    0,-1,                                                // 左
    0, 1                                                 // 右
};
typedef struct STATUS{                                   // 拼图状态 STATUS 为结构类型
    int data[3][3];                                      //8 拼图的数字矩阵，其中 0 代表空方片
    int r,c;                                             // 空方片所在的位置
}STATUS;
char dirCode[] = {"dulr"};                               // 下、上、左、右方向串
char rDirCode[] = {"udrl"};                              // 上、下、右、左方向串
char path[M];                                            // 由方向符组成的最优移动串
STATUS start, goal = { 1,2,3,4,5,6,7,8,0,2,2 };          // 起始状态 start，目标状态 goal
int maxf = 0;                                            // 阈值初始化
int dist(STATUS suc, STATUS goal, int k) {               // 计算状态 suc 中数字 k 位置与状态 goal
    // 中数字 k 位置的距离，作为 suc 的 h 值
    int si,sj,gi,gj;
    for(int i=0;i<3;i++) // 找出 suc 中 k 所处位置 (si, sj) 和 goal 中 k 所处位置 (gi, gj)
        for(int j=0;j<3;j++){
            if(suc.data[i][j]==k){
                si=i;sj=j;
            }
        if(goal.data[i][j]==k){
                gi=i;
                gj=j;
            }
        }
    return abs(si-gi)+abs(sj-gj);   // 返回数字 k 在状态 suc 与状态 goal 中的距离
}
int H(STATUS suc, STATUS goal) {   // 计算状态 suc 的 h 值，即状态 suc 中的数字 1 ~ 8 与目标
    // 状态 goal 中对应数字位置的距离和 h(suc)= $\sum_{i=1}^{8}|x'_i-x_i|+|y'_i-y_i|$，其中数字 i 在状态 suc 中的位置为
    //($x_i$, $y_i$)，在状态 goal 中的位置为 ($x'_i$, $y'_i$)
    int h = 0;
    for(int i = 1; i <= 8; i++) h = h + dist(suc, goal, i);
    return h;
}
bool dfs(STATUS cur,int g,int h,char preDir){    // 从当前状态 cur 出发，使用 dfs 计算有
    // 解的可行性（其中 cur 的前驱值为 g、后继值为 h，刚使用过的方向符为 preDir）
if(g+h>maxf)return false;                                // 若 cur 的估价函数值超过阈值，则剪枝
if(memcmp(&cur, &goal, sizeof(STATUS))== 0 )             // 若状态 cur 为目标状态 goal，则成功返回
    {
        path[g] = '\0';                                  // 移动串以回车结尾
        return true;
    }
    STATUS next;                                   // 子状态为 next
    for(int i=0;i<4;++i){                          // 枚举除刚使用过的 preDir 方向外的 3 个方向
        if(dirCode[i]==preDir)continue;            // 不能回到上一状态
        next=cur;                                  // 计算空方片的移后位置 (next.r, next.c)
        next.r = cur.r + dir[i][0];
    next.c = cur.c + dir[i][1];
    // 若 (next.r, next.c) 移出界外，则忽略；否则交换 (cur.r, cur.c) 和 (next.r, next.c)
    // 的数字，生成移动后的数字矩阵
    if( !( next.r >=0 && next.r <3 && next.c >=0 && next.c< 3) ) continue;
        swap(next.data[cur.r][cur.c], next.data[next.r][next.c]);
        int nexth=H(next,goal) ;                   // 计算子状态的 h 值 nexth
```

```
        path[g] = dirCode[i];           //将刚使用过的方向符填入移动串
      if(dfs(next, g + 1, nexth, rDirCode[i])) return true; //若从子状态出发，能够找到
        //初始状态至目标状态的路径，则返回成功标志
      }
    return false;                       //枚举了除preDir外的3个方向仍未找到解，返回失败标志
}
int IDAstar(){                          //使用IDA*算法计算移动方案
    int h = H(start,goal);              //计算初始状态start至目标状态goal的移动次数下限
    maxf = h;                           //阈值初始化
    while (!dfs(start,0, h, '\0'))      //循环：若未找到初始状态至目标状态的路径，则阈值+1
        maxf++;
    return maxf;                        //最终阈值作为最少移动次数返回
}
bool IsSolvable(const STATUS &cur)      //判别状态cur是否可达目标状态
{
    int i, j, k=0, s = 0;
    int a[9];
    for(i=0; i < 3; i++){               //按由上而下、由左而右的顺序将8个非空方片中的数字记
                                        //入a[]
        for(j=0; j < 3; j++){
            if(cur.data[i][j]==0) continue;
            a[k++] = cur.data[i][j];
        }
    }
    for(i=0; i < 8; i++){               //统计a[]中所有数字的逆序数之和s
        for(j=i+1; j < 8; j++){
            if(a[j] < a[i])
                s++;
        }
    }
    return (s%2 == 0);                  //若s为偶数，则返回初始状态可达目标状态标志；否则返
                                        //回不可达标志
}
void input(){                           //输入初始的8拼图
    char c;
    for(int i=0;i<3;i++){  //按照由上而下、由左而右的顺序输入方片信息。若(i,j)为空方片，
        //则该方片置入0，记下空方片的位置；否则将方片数字置入该位置
        for(int j=0;j<3;j++){
            cin>>c;
            if(c=='x'){start.data[i][j]=0;start.r=i;start.c=j;}
            else start.data[i][j]=c-'0';
        }
    }
}
int main(){
    input();                            //输入初始的8拼图结构start
//若初始状态start可达目标状态，则使用IDA*算法计算和输出移动串；否则输出无解
    if(IsSolvable(start)){
        IDAstar();
        cout<<path<<endl;
    }
    else  cout<<"unsolvable"<<endl;
    return 0;
}
```

【15.2.4.2　The Rotation Game】

旋转游戏使用一个“#”形的板，包含了24个方块（如图15.2-5所示）。这些方块用符号1、2和3标记，每种符号正好有8个。

最初，这些块是随机放置在板上的。请你移动块，使得放置在中心正方形中的8个块具

有相同的标记符号。只有一种类型的有效移动，就是旋转构成“#”形的四条方块带中的一条，每条方块带由 7 个方块组成。也就是说，带中的六个方块向块首的位置移一位，而位于块首的方块则移到带的末端。8 种可能的移动分别用大写字母 A ～ H 来标记。图 15.2-5 显示了两个连续的移动，从初始状态的块的放置，先执行移动 A，然后执行移动 C。

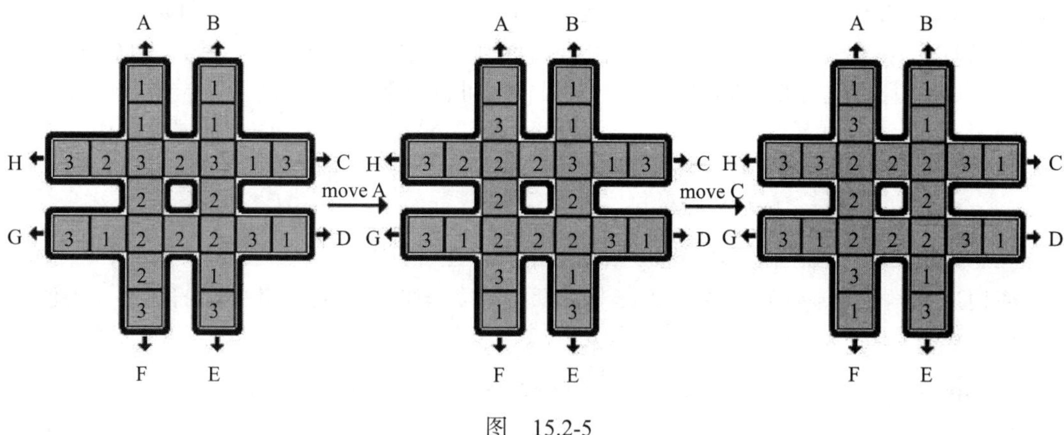

图 15.2-5

输入

输入不超过 30 个测试用例。每个测试用例只有一行，给出 24 个数字，这些数字是初始状态中块的符号。按行从上到下列出块的符号。对于每一行，块的符号从左到右列出。数字用空格隔开。例如，样例输入中的第一个测试用例对应于图中的初始状态。两个测试用例之间没有空行。在结束输入的最后一个测试用例之后，给出一行，包含单个“0”。

输出

对于每个测试用例，输出两行。第一行给出到达最终状态所需要进行的所有移动。每个移动都是一个 A ～ H 中的字母，行中的字母之间没有空格。如果不需要移动，则输出“No moves needed”。第二行给出在这些移动之后在中心正方形中的块的符号。如果有多个解决方案，则输出最少移动次数的解决方案。如果仍有多个解决方案，则按移动字母的字典顺序为输出最小的解决方案。在测试用例之间不要输出空行。

样例输入	样例输出
1 1 1 1 3 2 3 2 3 1 3 2 2 3 1 2 2 2 3 1 2 1 3 3 1 1 1 1 1 1 1 1 2 2 2 2 2 2 2 2 3 3 3 3 3 3 3 3 0	AC 2 DDHH 2

试题来源：ACM Shanghai 2004

在线测试：POJ 2286，UVA 3265

 **试题解析**

本题采用 IDA* 算法求解，分析如下。

（1）定义当前状态 v 的估价函数值 $f(v)$ 和阈值 deep

估价函数值 $f(v)$ 为初始状态经由当前状态 v 到达目标状态移动步数的预估值 $f(v)=g(v)+h(v)$；其中，$g(v)$ 定义为已完成的操作次数，显然初始时 g(初始状态)=0；$h(v)$ 定义为

8 – an（an 为当前状态 v 的中间 8 个块中数字 1、2、3 中最多数字的数目）。由于目标是使中间 8 个块具有相同数字，因此将最高频率的那个数字填满中间 8 个块的移动次数最少。而不同于该数字的数字个数为 8 – an，每次移动最多增加一个相同的数字，由此得出 $h(v)=8-$ an。显然，如果 h(初始状态)=0，则说明中间 8 个块中数字相同，无须计算移动方案。

阈值 deep 为移动总步数的上限，当估价函数值 $f(v)$ 超过 deep 时，当前状态就要被剪枝。初始时 deep=0，每次增加 1 并判断阈值 deep 下是否存在可行方案。显然，如果操作次数 g 达到 deep 且 h 值为 0，则说明存在 g 次操作的可行方案，操作次数 g 一定是最少的（第一种情况）；或者，如果当前状态 v 的估价函数值 $f(v)=g(v)+h(v) \leqslant$ deep 且继续操作下去可达到目标状态，则得出的操作次数也一定是最少的（第二种情况）；除上述两种情况外，则不存在可行方案。

（2）使用 DFS 判断当前阈值 deep 限制下是否存在可行方案

使用递归函数 dfs(g) 判断阈值 deep 限制下存在答案的可行性，其中递归参数 g 为已完成的操作次数。

```
int dfs((g)  // 从已完成的操作次数 g 出发，计算阈值 deep 限制下的可行方案
{
    if (g == deep)                          // 处理第一种情况
    {
        if (h 值 ==0) return 操作次数 g;
        return 失败标志 0;
    }
    计算 h(v);
    if (g + h(v)> deep ) return 失败标志 0; // 剪枝
    for (8 种操作 )                          // 依次枚举 8 种操作。
        {
            计算第 i 种操作后的状态 v;
        // 处理第二种情况：若 v 的估价函数值未超阈值，说明有可能找到答案，则允许递归
        if (h(v) + g <= deep)
        {
操作次数 m 赋初值 0;
            将第 g 个操作符添入方案串尾;
            if (m = dfs(g+1))                 // 若继续操作下去可找到答案，则记下和返回操作次数
                { return m; };
        }
        恢复第 i 种操作前的状态;
    }
    return 失败标志 0;
}
```

（3）IDA* 算法

IDA* 算法就是不断增加阈值 deep，通过 dfs(g) 判断阈值 deep 下解的可行性。若可行，则得出的操作方案串和中间块数字就是答案，具体方法如下。

```
if (h( 初始状态 )==0) { 输出 "No moves needed" 和中间块数字 ;}
   阈值 deep 初始化为 0
    while(true)                         // 循环，直至在某阈值 deep 限制下可行
      {
        阈值 deep++
        // 若在阈值 deep 限制下可由初始状态达到目标状态，则返回操作次数 m 并退出
        if(m = dfs(0)) { break;}
      }
      输出操作方案串中的 m 个字符
  }
```

参考程序

```
#include <stdio.h>
using namespace std;
int deep = 0;                          // 阈值初始化
int a[25];                             // 第 i 个方块的数字 a[i]
int p[8] = {6,7,8,11,12,15,16,17};     // 中间 8 个块对应的位置序号
int rev[8] = {5,4,7,6,1,0,3,2};        //i 操作方向的相反方向为 rev[i] (A-F B-E C-H D-G)
int ans[110];    // 到达最终状态所需要进行的移动，其中第 i 个移动数为 ans[i]
int op[8][7] = { 0,2,6,11,15,20,22,    //A 操作的原始顺序
            1,3,8,12,17,21,23,         //B 操作的原始顺序
            10,9,8,7,6,5,4,            //C 操作的原始顺序
            19,18,17,16,15,14,13,      //D 操作的原始顺序
            23,21,17,12,8,3,1,         //E 操作的原始顺序
            22,20,15,11,6,2,0,         //F 操作的原始顺序
            13,14,15,16,17,18,19,      //G 操作的原始顺序
            4,5,6,7,8,9,10};           //H 种操作的原始顺序
int h()                                // 计算和返回 h 值（即预估的移动次数下限）。由于目标是
    // 使中间 8 个块具有相同数字，而每次移动最多增加一个相同的数字，因此预估移动次数的下限是 8 –
    //an，其中 an 为中间 8 个块中数字 1、2、3 的最高频率
{
    int x[]={0,0,0,0};                 // 中间块中数字 i 的频率为 x[i]
    for (int i=0;i<8;++i)              // 统计中间 8 个块中每个数字的频率
        x[a[p[i]]]++;
    int an = 0;                        // 数字 1、2、3 的最高频率初始化
    for (int i=1;i<4;++i)              // 枚举数字 1、2、3 的频率，选取其中最高的频率 an
        if (x[i] > an ) an = x[i];
      return 8 - an;                   // 返回预估的移动次数下限 8 - an
}
void change(int n)    // 进行第 n 种操作，即 n 方向上的 7 个方块的数据循环移动一个位置
{
  int t = a[op[n][0]];                 // 暂存头数据
  for (int i=0;i<6;i++)                // 相应方块带的 7 个数据向操作 n 方向移动一个位置
a[op[n][i]]=a[op[n][i+1]];
    a[op[n][6]] = t;                   // 暂存的头数据移入尾方块
}
int dfs (int g)    // 从已进行过的操作次数 g（前驱值）出发，计算阈值 deep 下的可行方案
{
   if(g == deep)                // 若当前深度等于阈值 deep
   {
        if (h()==0) return g;   // 若 h 值为 0，则返回操作次数 g；否则返回失败标志
        return 0;
   }
  if (g + h() > deep ) return 0; // 若当前估价函数值超过阈值，则返回失败标志
  for (int i=0;i<8;++i)         // 依次枚举 8 种操作
   {
        change(i);              // 计算第 i 种操作后的状态
        if (h()+g <= deep)      // 若当前估价函数值未超阈值，则说明递归下去有可能找到答案
        {  int m = 0;           // 答案中的操作次数初始化
           ans[g] = i;          // 记下第 g 次操作的序号 i
           if (m = dfs(g+1)) {return m;};  // 若继续操作成功，则记下和返回递归结果
        }
        change(rev[i]);         // 恢复第 i 种操作前的状态，继续尝试其他操作
   }
   return 0;
}
void putans (int m)             // 输出答案：m 个操作符和中间块数字
{

    for (int i = 0;i<m;++i) printf ("%c",ans[i]+'A');
```

```
    printf ("\n%d\n",a[15]);
}
int main ()
{  int m = 0 ;                              // 操作次数初始化为 0
 while(scanf ("%d",&a[0])==1 && a[0])  // 反复输入测试用例，直至输入 0
   {
      for (int i = 1;i <= 23;++i)  // 按自上而下、由左而右的顺序输入初始状态中 24 个块的符号
           scanf ("%d",&a[i]);
 // 若初始状态的 h 值为 0( 中间方块的 8 个数字相同 )，则输出不需移动和中间块的数字
    if (h()==0) { printf("No moves needed\n%d\n",a[17]);continue;}
    deep = 0;                          // 阈值初始化
    while(true)                        // 循环，直至在某阈值 deep 下可行
           {
               deep++;                 // 阈值 deep+1
               // 若在 deep 下可由初始状态达到目标状态，则记下操作次数 m 并退出
               if(m = dfs(0)) { break;}
           }
           putans (m);                 // 依次输出方案中的 m 个操作符
      }
    return 0;
}
```

【15.2.4.3　Jaguar King】

在森林深处，一场大战即将开始。和其他动物一样，美洲豹们也在准备这场终极大战。它们不仅有力量、强壮、速度快，而且相比其他动物，它们还有一个额外的优势：它们有一个智勇双全的豹王 Jaguar King。

豹王知道，只有速度和力量，要赢得这场大战还是不够的。他们必须组成一个完美的队形。豹王设计了一个完美的队形，并按照这一队形安排了所有美洲豹的位置。N 个美洲豹（包括豹王）有 N 个位置。豹王被标志为 1，其他美洲豹的标志从 2 到 N。在完美队形中，美洲豹根据它们的编号被安排在队形中。

豹王意识到，要使得一个刚形成的队形完善和有效，一些位置应该有比较强壮的美洲豹，而另一些位置应该有速度更快的美洲豹。由于所有的美洲豹的力量和速度都是不同的，所以豹王决定改变一些美洲豹的位置，使得队形成为完美队形。聪明的豹王知道每一只美洲豹的能力，所以他决定的队形是完美的队形，但问题是如何改变刚形成的队形中美洲豹的位置。

一只聪明的美洲豹给出了一个想法。这个想法很简单。所有的美洲豹都等待豹王的信号，所有的眼睛都看着豹王。假设豹王在第 i 个位置。豹王跳转到第 j 个位置时，在第 j 个位置的美洲豹看到豹王来了，它立即跳转到第 i 个位置。豹王重复这个过程，直到完美队形形成。那么现在就存在另一个问题，即在跳跃的时候，碰撞可能发生。于是，一些聪明的美洲豹制订了一项跳跃方案，使得碰撞不可能发生。该方案说明如下。

如果豹王在第 i 个位置：

1）如果 $(i \% 4 = 1)$，则豹王可以跳转到的位置是 $(i+1)$、$(i+3)$、$(i+4)$、$(i-4)$；

2）如果 $(i \% 4 = 2)$，则豹王可以跳转到的位置是 $(i+1)$、$(i-1)$、$(i+4)$、$(i-4)$；

3）如果 $(i \% 4 = 3)$，则豹王可以跳转到的位置是 $(i+1)$、$(i-1)$、$(i+4)$、$(i-4)$；

4）如果 $(i \% 4 = 0)$，则豹王可以跳转到的位置是 $(i-3)$、$(i-1)$、$(i+4)$、$(i-4)$。

在 1 和 N 之间的任何位置是有效的。

其实，在这些位置之间，豹王能跳得很高，所以碰撞不会发生。现在，你是囚犯之一（实际上，在大战结束后，它们要吃了你）。现在你有机会活着出去。你知道它们所有的想法

和刚形成的新队形。如果你能告诉豹王，产生完美队形的最少跳跃次数，它们就会慷慨地放了你。

输入

输入包含多个测试用例，测试用例的总数小于 50。每个测试用例描述如下。

每一个测试用例首先给出一个整数 N（$4 \leqslant N \leqslant 40$），表示美洲豹勇士的总数。本题设定 N 是 4 的倍数。下一行给出 N 个数字，表示美洲豹刚形成的队形。连续的数字之间用一个空格隔开。

N=0 表示输入结束，程序不必处理。

输出

对每个测试用例，输出从 1 开始的测试用例编号。下一行给出产生完美队形，豹王必须跳跃的最少次数。

输出格式如样例输出所示。

样例输入	样例输出
4 1 2 3 4 4 4 2 3 1 8 5 2 3 4 8 6 7 1 8 5 2 8 3 6 7 1 4 0	Set 1: 0 Set 2: 1 Set 3: 2 Set 4: 7

试题来源：Next Generation Contest III

在线测试：UVA 11163

试题解析

本题题意：有 N 只美洲豹，完美队形为 1…N，N%4=0，其中编号为 1 的为豹王，只有豹王才可以和别的美洲豹通过跳跃交换位置；豹王跳跃有限制，设当前豹王位置为 i：

1）如果 (i % 4 = 1)，则豹王可以跳转到的位置是 (i+1)、(i+3)、(i+4)、(i−4)；

2）如果 (i % 4 = 2)，则豹王可以跳转到的位置是 (i+1)、(i−1)、(i+4)、(i−4)；

3）如果 (i % 4 = 3)，则豹王可以跳转到的位置是 (i+1)、(i−1)、(i+4)、(i−4)；

4）如果 (i % 4 = 0)，则豹王可以跳转到的位置是 (i−3)、(i−1)、(i+4)、(i−4)。

这 N 只美洲豹要通过豹王和别的美洲豹交换位置产生完美的队形；输入美洲豹刚形成的队形，问豹王最少要跳几次才能把刚形成的队形转变为完美队形，即美洲豹排序为 1…N。

所以，本题可以视为一个排序问题，而且每次仅有豹王和一只美洲豹可以交换位置，这与经典的 8 拼图问题相似。因此，首先建立一个常量表 dx[i][j]，其中 i 为豹王的位置对 4 的余数（$0 \leqslant i \leqslant 3$），每个余数对应一种跳跃方式，$j$ 为当前跳跃方式的位移序号（$0 \leqslant j \leqslant 3$），则根据题意，int dx[4][4] = {{−3,−1,+4,−4},{+1,+3,+4,−4},{+1,−1,+4,−4},{+1,−1,+4,−4}}。显然，豹王在位置 k 可跳至 4 个位置，其中，第 j 个位置为 k+dx[k %4][j]，$0 \leqslant j \leqslant 3$。

和 8 拼图问题一样，我们给出 IDA* 算法的一个估价函数：

$$f(v)=g(v)+h(v)$$

其中，$f(v)$ 为豹王从初始状态（刚形成的队形）经由位置 v 到达完美队形的步数估计值；$g(v)$ 为豹王由刚形成的队形跳跃至位置 v 的步数；初始时，对于豹王的位置 x，g 的值为 0；$h(v)$ 为豹王从位置 v 跳跃至队形排序成功（即美洲豹排序为 $1\cdots N$）的预估步数；初始时，对于豹王的位置 x，$h(x)$ 是累计 $n-1$ 个非豹王的美洲豹使用豹王的跳跃规则 dx[i %4][0..3]，从最终的完美队形的位置跳跃到初始时刚形成队形时位置的最少步数，即 $h(x)=\sum$ dist[i][A[i]]，其中，$A[i]$ 为刚形成队形时在位置 i 的美洲豹的序号，且 $A[i]\neq 1$（非豹王）；dist[i][A[i]] 表示位置 i 的非豹王的美洲豹 $A[i]$ 使用规则 dx[i%4][0..3] 反向归位到位置 $A[i]$ 的最短路长。显然，$h(x)$ 表示 $n-1$ 个非豹王的美洲豹反向归位到刚形成队形时的位置需要跳跃的次数。在使用 IDA* 算法前，先使用 floyd 算法计算 $h(x)$。

在 IDA* 算法中，设状态为 (x, prev, dep, hv)，其中 x 为豹王的当前位置，初始时，x 为在刚形成的队形中的豹王位置；prev 为前驱位置，即豹王上一步是从位置 prev 跳至位置 x，初始时，prev=−1；dep 为豹王从初始位置跳至位置 x 的步数，即 dep 代表 g 的值，初始时 dep=0；

hv 为豹王从位置 x 跳至完美队形排序完成的步数估计值，即 hv 代表 h 的值。计算过程中，豹王从位置 x 跳至位置 tx，则在位置 tx 的美洲豹就跳至位置 x，hv 的值进行调整：hv=hv+dist[x][tx]-dist[x][A[tx]]。显然，对于完美队形，即排序成功的标志为 hv==0。

在递归状态 (x, prev, dep, hv) 后，得出目前为止豹王跳跃的最少次数 mxdep。为了提高算法效率，我们采取了如下优化措施：

1）采用定界技术，将目前为止豹王的最小跳跃次数 mxdep 设为界。按照估价函数的定义，豹王经由 x 要达到完美队形状态，即排序成功，最少跳跃步数估计为 dep+hv。显然，若 dep+hv>mxdep，则搜索下去，不可能得出更优解，因此直接返回 dep+hv。这样做，可保证每次递归后豹王的跳跃次数趋小。

2）若豹王在位置 x 又跳回前驱位置 prev，则换下一个跳转位置，避免重复，陷入死循环。

3）由于豹王从位置 x 出发跳跃，有 4 个可能到的位置，因此最多子状态有 4 个，递归结果取其中的最优值 submxdep=min{ 递归第 i 个跳转位置的结果值 | 豹王能够从 x 跳至 (x+dx[x%4][i])，$0\leqslant i\leqslant 3$}。

计算递归函数 mxdep =IDA(x, prev, dep, hv) 的具体过程如下：

```
if (hv==0) 返回豹王的跳跃次数 dep 和成功标志;
if (dep+hv> mxdep) 返回豹王经由 x 至排序成功至少跳跃 dep+hv 次;
submxdep= ∞;
枚举豹王在位置 x 的 4 个跳转位置 tx(tx = x+dx[x%4][i], 0 ≤ i ≤ 3):
{
     if (tx 在界内)&&(tx ≠ prev)    // 注: 位置 tx 的美洲豹 A[tx] 先跳至 x 位置后再归位
     { 计算未归位美洲豹需要跳跃的步数 shv= hv+dist[x][tx]-dist[x][A[tx]];
         递归子状态 (tx, x, dep+1, shv), 得出豹王的跳跃次数 tmp;
              submxdep= min(submxdep, tmp);
     }
};
返回 submxdep;
```

如果在排序成功前，预测到接下来豹王无论怎么跳，其步数不可能更优（dep+hv>mxdep)，则必须放弃当前方案。因此可能需要多次调用函数 IDA（x, −1, 0, $E(s)$)，计算和调整豹王的跳跃次数 mxdep，直至排序成功为止。

由于问题规模不大（$4\leqslant N\leqslant 40$），按上述方法反复迭代深搜，能很快通过测试数据。

**参考程序（略。本题参考程序的 PDF 文件和本题的英文原版均可从华章网站下载）**

15.3　在博弈问题中使用游戏树

在两方对弈的各类全息零和游戏中，我们通常使用游戏树（Game Tree）和极小化极大（MinMax）算法来寻找某赛局的最佳步法。

所谓“全息”，就是对弈双方的赛局信息都是透明的，对方可以看到你怎么走。井字游戏、五子棋、中国象棋、国际象棋、围棋等都属于全息游戏；而扑克牌就不是全息游戏。所谓“零和”，就是双方的利益总和是 0：如果你胜，积 1 分，则意味着我输，减 1 分，相加就是 0。而极大极小的概念是相对的：我走棋，希望对我的利益的帮助是最大的，而对你的利益的帮助是最小的。

游戏树是用于表示一个对弈赛局中各种后续可能性的树，一棵完整的游戏树会有一个起始节点，代表赛局的初始情形，接着下一层的子节点是原来父节点赛局下一步的各种可能性，依照这一规则扩展直到棋局结束。游戏树中形成的叶节点代表各种赛局结束的可能情形，例如井字游戏会有 26 830 个叶节点。对于简单的游戏，通过游戏树可以轻而易举地找到最佳解并做出决策，但对于象棋、围棋这一类大型博弈游戏，要列出完整游戏树是不可能的，通常会采用限制树的层数、剔除不佳步法来进行搜寻。一般而言，搜寻的层数越多，能走出较佳步法的机会也越高。

游戏树是一棵搜索树。在游戏树中搜索最佳步法的直观思路如下。

假设 *A* 和 *B* 对弈，轮到 *A* 走棋，那么我们会遍历 *A* 的每一个可能的走棋，然后对于 *A* 的每一个可能的走棋，遍历 *B* 的每一个可能的走棋，然后接着遍历 *A* 的每一个可能的走棋，如此下去，直到得到确定的结果或者达到搜索深度的限制。

在棋盘的规模较小、搜索深度不大的情况下，我们可以从 *A* 先走的初始棋局出发，通过 DFS 搜索双方的所有可能走法。如果 *A* 的后继中有一个使得 *B* 方败的棋局，则肯定 *A* 方必赢，即 *A* 的后继中有必杀手（forced win）。

【15.3.1　Find the Winning Move】给出了游戏树必杀手的实验。

【15.3.1　Find the Winning Move】

4×4 的井字棋（tic-tac-toe）是在一个 4 行（自顶向下编号从 0 到 3）和 4 列（从左向右编号从 0 到 3）的棋盘上玩的游戏。有两个玩家，*x* 方和 *o* 方，*x* 方下先手，交替进行。游戏的赢家是第一个将 4 个棋子放置在同一行、同一列或同一对角线的那位玩家。如果棋盘已经摆满了棋子，而没有玩家获胜，则游戏是平局。

假设现在轮到 *x* 方走，如果 *x* 方走的这一步使得以后无论 *o* 方怎样走，*x* 方都可以赢，我们称之为必杀手（forced win）。这也并不一定意味着 *x* 方在下一步棋就会赢，尽管这也是有可能的。这意味着，*x* 方有一个取胜的策略，将保证最终的胜利，无论 *o* 方做什么。

请你编写一个程序，给出一个部分完成的游戏，*x* 方将走下一步，程序将确定 *x* 方是否有一个取胜的必杀手。本题设定每个玩家都已经至少走了两步，还没有被任何一个玩家赢得这场游戏，而且棋盘也没有摆满棋子。

输入

输入给出一个或多个测试用例，然后，以在一行中给出“$”表示输入结束。每一个测试用例的第一行以一个问号开头，接下来用四行来表示棋盘，格式如样例所示。在棋盘描述中所使用的字符是句号（表示空格）、小写字母 *x* 和小写字母 *o*。

输出

对于每一个测试用例，输出一行，给出 *x* 方的第一个必杀手的位置（行，列）；或者，如果没有必杀手，则给出"#####"。输出格式如图样例所示。

对于本题，第一个必杀手是由棋盘的位置决定的，而不是取胜所要走的步数。通过按顺序检查（0，0），（0，1），（0，2），（0，3），（1，0），（1，1），…，（3，2），（3，3）来搜索必杀手位置，并输出第一个找到的必杀手的位置。注意，下面给出的第二个测试用例中，在（0，3）或（2，0）*x* 可以迅速取胜，但在（0，1）仍然确保胜利（虽然有不必要的延迟），所以第一个必杀手的位置是（0，1）。

样例输入	样例输出
? .... .xo. .ox. .... ? o... .ox. .xxx xooo $	##### (0,1)

试题来源：ACM Mid-Central USA 1999

在线测试：POJ 1568，UVA 10111

试题解析

4×4 的井字棋共有 16 个格子，每个格子有 3 种可能：空地、被 *x* 方占据、被 *o* 方占据。因此，使用"状态压缩"的索引技术，用一个十六位的三进制数 state 代表棋盘，毕竟 3^{16}= 43 046 721，不算太大。其中 state 的第 *i**4+*j* 位代表 (*i*, *j*) 格的状态：

1）若 (*i*, *j*) 为"x"，则 state 的第 *i**4+*j* 位为 1，即 state |= 1UL<<((*i**4+*j*)*2)；

2）若 (*i*, *j*) 为"o"，则 state 的第 *i**4+*j* 位为 2，即 state |= 2UL<<((*i**4+*j*)*2)；

3）若 (*i*, *j*) 为"."，则 state 的第 *i**4+*j* 位为 0，运算略过。

双方的胜态各有 10 种情况：行占满的 4 种情况 + 列占满的 4 种情况 + 左右对角线占满的 2 种情况。*x* 方的 10 种赢局情况存储于 xw[10]，*o* 方的 10 种赢局情况存储于 ow[10]：

1）计算行和列占满的 8 种赢局。

计算行占满的 4 种赢局（0 ≤ *i* ≤ 3）：

```
for(j = 0; j < 4; j++) {
    xw[n] |= 1UL<<((i*4+j)*2);                  // 对 x 方来说，第 i 行全为 1，则赢
    ow[n] |= 2UL<<((i*4+j)*2);                  // 对 o 方来说，第 i 行全为 2，则赢
}
n++;                                            // 必赢情况数 +1
```

计算列占满的 4 种赢局（0 ≤ i ≤ 3）：

```
for(j = 0; j < 4; j++) {
    xw[n] |= 1UL<<((j*4+i)*2);                   // 对 x 方来说，第 i 列全为 1，则赢
    ow[n] |= 2UL<<((j*4+i)*2);                   // 对 o 方来说，第 i 列全为 2，则赢
}
n++;                                             // 必赢情况数 +1
```

2）计算左对角线占满的 1 种赢局。

```
for(i = 0; i < 4; i++) {
        xw[n] |= 1UL<<((i*4+i)*2);               // 对 x 方来说，左对角线全为 1，则赢
        ow[n] |= 2UL<<((i*4+i)*2);               // 对 o 方来说，左对角线全为 2，则赢
    }
    n++;                                         // 必赢情况数 +1
```

3）计算右对角线占满的 1 种赢局。

```
for(i = 0; i < 4; i++) {
        xw[n] |= 1UL<<((i*4+3-i)*2);             // 对 x 方来说，右对角线全为 1，则赢
        ow[n] |= 2UL<<((i*4+3-i)*2);             // 对 o 方来说，右对角线全为 1，则赢
    }
    n++;
```

为了避免重复搜索，我们为每个状态建立一个胜态标志的索引 *R*[]：若 turn 方棋局 node 为赢局，则 *R*[node]=1；否则 *R*[node]=0。

由于棋盘的规模较小，搜索深度不会很大，因此没有必要估计每个节点输赢的可能性。*x* 方必赢，则后继中必然有一个使 *o* 方败的棋局，即 *x* 的后继中有必败点的为必胜点。

我们使用递归函数 dfs(node, rx，ry，turn) 来计算 turn 方的输赢情况；其中，node 表示棋局，初始时为输入棋局；turn 表示接下来换谁，1 代表 *x* 方，2 代表 *o* 方。显然 turn 方走棋后，接下来换 3-turn 方走。turn 的初始值为 1，*x* 方先走；rx, ry 为必杀手位置，初始时为 (−1,−1)。

dfs(node, rx，ry，turn) 的返回值代表 turn 方的输赢情况：若返回 0，则 turn 方输；若返回 1，则 turn 方必赢，并返回能赢的最小坐标 (rx, ry)。

这个计算过程十分简单：

```
dfs(node, rx, ry, turn);
{
    if (棋局 node 先前生成过) 返回 R[node];
    if (棋局 node 属于赢局) 返回 turn 方输标志 0;
    顺序搜索棋盘中每个空地 (i, j)（0 ≤ i, j ≤ 3, node>>((i*4+j)*2))&3==0）:
        { 递归 dfs(node', rx, ry, 3-turn); // turn 方的棋子走入 (i, j)，形成新棋局
              //node'=node|(turn<<((i*4+j)*2))，接下来 3-turn 方走
            if (dfs 函数返回 0){                 // 即 3-turn 方输，turn 方在棋局 node' 为赢局
                将 (i, j) 记为第 1 个必杀手位置 (rx, ry);
                R[node']=1;                      // 标志棋局 node' 为赢局
            return 1;                            // 返回 turn 方赢标志
        }
    }
    return 0;                                    // 返回 turn 方输标志 0
}
```

参考程序

```
#include <stdio.h>
#include <string.h>
#include <map>
```

```
using namespace std;
map<unsigned int, int> R;                     //关联式容器R，其中R[x]为棋局x的索引
unsigned int ow[10] = {}, xw[10] = {};        //xw[10]存储x方的十种必赢情况，ow[10] 存储o
                                              //方的十种必赢情况。初始时为空
int check(unsigned int node) {                //计算当前棋局node的输赢结果check(node)=
                                              //   ⎧0  胜负未定
                                              //   ⎨1  x方胜
                                              //   ⎩2  o方胜
    int i;
    for(i = 0; i < 10; i++)                   //若当前棋局属于x方的十种必赢情况中的任一种，
                                              //则返回1
        if((node&xw[i]) == xw[i]) return 1;
    for(i = 0; i < 10; i++)                   //若当前棋局属于o方的十种必赢情况中的任一种，
                                              //则返回2
        if((node&ow[i]) == ow[i]) return 2;
    return 0;                                 //返回胜负未定标志
}
int dfs(unsigned int node, int &rx, int &ry, unsigned int turn) {   //从当前棋局
    //node和走棋方turn出发，计算和返回输赢情况：若返回0，则没有必杀手；否则turn方赢，
    //(rx,ry)即为turn方的第1个必杀手位置
        if(R.find(node)!=R.end())return R[node];      //若棋局node先前生成过，则返回棋
                                                      //局node的索引
        int f=check(node);                    //检查棋局node是否属于必赢态。若是，返回标志0
        if (f) return 0;
        int i, j;
        int &ret = R[node];                   //取棋局node的索引
        for(i = 0; i < 4; i++) {              //自上而下、自左而右寻找空地
            for(j = 0; j < 4; j++) {
                if((node>>((i*4+j)*2))&3) continue;//若(i,j)非空地,则继续寻找；否
                    //则turn方走至空地(i,j),形成新棋局node|(turn<<((i*4+j)*2)),下一
                    //步3-turn走
                f = dfs(node|(turn<<((i*4+j)*2)), rx, ry, 3-turn);  //递归新棋局
                if(f == 0)                  { //若新棋局turn方赢，则(i, j))作为x方的第1
                                              //个必杀手位置
                rx = i, ry = j;
                ret = 1;                      //设置新棋局的索引为1
                return 1;                     //返回turn方赢的标志
            }
        }
    }
    return 0;                                 //返回turn方输的标志
}
int main() {
    char end[10], g[10][10];
    int i, j, n = 0;                          //赢局数n初始化为0
    //x->1, o->2
    for(i = 0; i < 4; i++) {                  //计算行占满的4种赢局和列占满的4种赢局
        for(j = 0; j < 4; j++) {
            xw[n] |= 1UL<<((i*4+j)*2);        //对x方来说，第i行全为1，则赢
            ow[n] |= 2UL<<((i*4+j)*2);        //对o方来说，第i行全为2，则赢
        }
        n++;
        for(j = 0; j < 4; j++) {
            xw[n] |= 1UL<<((j*4+i)*2);        //对x方来说，第i列全为1，则赢
            ow[n] |= 2UL<<((j*4+i)*2);        //对o方来说，第i列全为2，则赢
        }
        n++;
    }
    for(i = 0; i < 4; i++) {                  //计算左对角线占满的一种赢局
        xw[n] |= 1UL<<((i*4+i)*2);            //对x方来说，左对角线全为1，则赢
```

```
        ow[n] |= 2UL<<((i*4+i)*2);         // 对 o 方来说，左对角线全为 2，则赢
    }
    n++;
    for(i = 0; i < 4; i++) {               // 计算右对角线占满的一种赢局
        xw[n] |= 1UL<<((i*4+3-i)*2);       // 对 x 方来说，右对角线全为 1，则赢
        ow[n] |= 2UL<<((i*4+3-i)*2);       // 对 o 方来说，右对角线全为 1，则赢
    }
    n++;
    while(scanf("%s", end)==1) { // 反复读测试用例的开头标志，直至读入结束标志“$”为止
        if(end[0] == '$') break;
        for(i = 0; i < 4; i++) scanf("%s", g[i]);  // 读 4 行信息
        unsigned int state = 0;            // 初始状态为 0
        for(i = 0; i < 4; i++) {           // 自上而下、由左而右构造初始状态
            for(j = 0; j < 4; j++) {
                if(g[i][j] == '.') {}      // 若 (i, j) 为“.”，则略过
                else if(g[i][j] == 'x')    // 若 (i, j) 为“x”，则 state 的第 i*4+j 位为 1
                    state |= 1UL<<((i*4+j)*2);
                else                       // 若 (i, j) 为“o”，则 state 的第 i*4+j 位为 2
                    state |= 2UL<<((i*4+j)*2);
            }
        }
        int rx = -1, ry = -1;              // x 第一个必杀手位置初始化
        int f = dfs(state, rx, ry, 1);
        if(f == 0)                         // 输出没有必杀手的信息
            puts("#####");
        else
            printf("(%d,%d)\n", rx, ry); // 输出 x 第一个必杀手位置 (rx, ry)
    }
    return 0;
}
```

在【15.3.1　Find the Winning Move】的必杀手的基础上，论述极小化极大算法如下：极小化极大算法就是一个树形结构的递归算法，每个节点的子节点和父节点都是对方玩家，所有的节点被分为极大值（本方）节点和极小值（对方）节点。极小化极大算法使用 DFS 遍历游戏树来填充树中节点的启发值，节点的启发值通过一个评价函数来计算。

极小化极大算法的两个迭代过程需要进行玩家判断，因为我们需要最小化对方的优势，最大化本方优势，所以，在搜索树中，表示本方走棋的节点为极大节点，因为本方会选择局面评分最大（即对自己最为有利）的一个走棋方法；即本方的当前步，需要返回找到的极大值 max。表示对方走棋的节点为极小节点，因为对方会选择局面评分最小（对本方最为不利）的一个走棋方法；即对方的当前步，需要返回找到的极小值 min。这里的局面评分都是相对于本方来说的。

假设本方为 A，对方为 B，双方都会在有限的搜索深度内选择最好的走棋方法（如图 15.3-1 所示）。

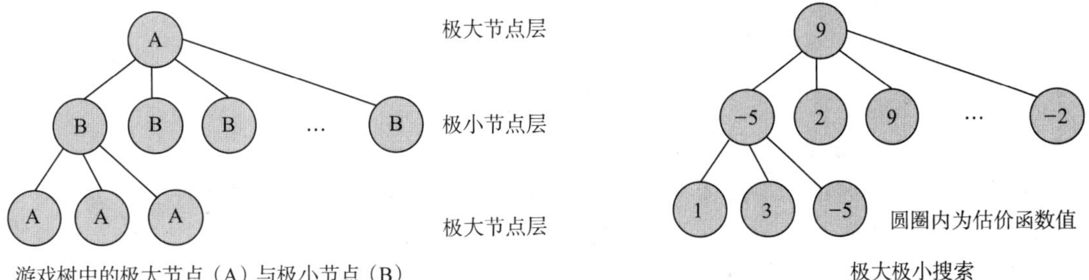

游戏树中的极大节点（A）与极小节点（B）　　极大极小搜索

图　15.3-1

对于一些搜索深度比较大的游戏，必须限定搜索深度，在达到了搜索深度限制时无法判断结局如何，就根据当前棋局由评价函数计算启发值。不同评价函数差别很大，需要很好的设计。因此，极小化极大算法的递归函数有两个边界条件：到达搜索层数限制，即 depth 为 0；已经递归到叶节点，在博弈中体现为“死棋“或者有一方已经确定获胜或者失败。

极小化极大算法思想的伪代码描述如下：

```
function minimax(node, depth)    // 从当前状态（包括节点 node 和搜索层数限制 depth）出发，
    // 计算和返回叶节点或搜索层数到达上限的节点的启发值
{   if (node 是叶节点 or depth == 0)       // 递归边界
        return node 的启发值;
    if (node 为极小值节点（对方玩家走棋）)
    {     α = + ∞;                          // 启发值的最小值初始化
          for each node 子节点              // 计算对方玩家每一可能走步的启发值的最小值
              α = min(α , minimax(child, depth-1));
        }
    else                                    // node 为极大值节点（本方玩家走棋）
        {  α  = - ∞;                        // 启发值的最大值初始化
          for each node 子节点              // 计算本方玩家每一可能走步的启发值的最大值
              α  = max(α , minimax(child, depth-1));
        }
    return α
}
```

然而，对于一些规模较大的游戏，为了更快地判别游戏树的输赢，我们采用了一种启发式搜索策略，在游戏树中使用基于 α-β 剪枝（Alpha Beta Pruning）的 DFS，剪掉那些不可能影响决策的分支，依然返回和极小化极大算法同样的结果。

（1）α 剪枝（α cut-off）

在对游戏树采取 DFS 的搜索策略时，从左路分支的叶节点倒推得到某一极大的节点 A 的启发值，表示到此为止得以“落实”的步法的最佳启发值，记为 α。显然，该值可作为节点 A 步法的启发值的下界。

在搜索节点 A 的其他子节点，即考虑其他步法时，如果发现一个回合（2 步棋）之后启发值变差，即存在一个孙节点，其启发值低于下界 α 值，则便可以剪掉此枝（以该子节点为根的子树），即不再考虑以后的步法，如图 15.3-2 所示。

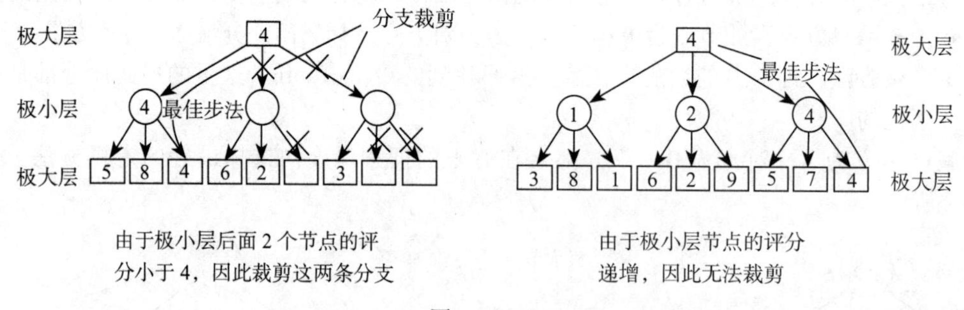

图　15.3-2

（2）β 剪枝（β cut-off）

同理，由左路分支的叶节点倒推得到某极小层中节点 B 的启发值，可表示到此为止对 A 步法的钳制值，记为 β。显然，β 值可作为极大层方无法实现步法的启发值的上界。

在搜索节点 B 的其他子节点，即探讨另外步法时，如果发现一个回合之后钳制局面减弱，

即孙节点评分高于上界 β 值，则便可以剪掉此枝，即不再考虑以后的步法，如图 15.3-3 所示。

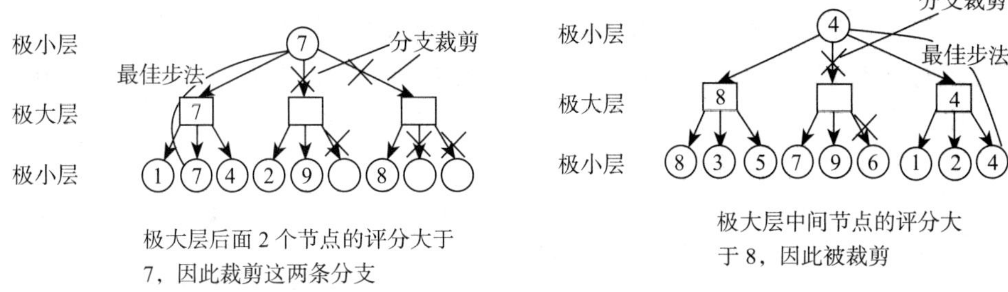

极小层
极大层
极小层
最佳步法
分支裁剪
极大层后面 2 个节点的评分大于 7，因此裁剪这两条分支
极大层中间节点的评分大于 8，因此被裁剪

图 15.3-3

α-β 剪枝是根据极小化极大算法的极大 – 极小搜索规则进行的，虽然它没有遍历某些子树的节点，但仍不失为穷举搜索。

从 α-β 剪枝原理中得知：α 值可作为极大层方可实现步法指标的下界；β 值可作为极大层方无法实现步法指标的上界，于是由 α 和 β 可以形成一个极大层方候选步法的窗口。

定义极大层的下界为 α，极小层的上界为 β，α–β 剪枝规则描述如下：

1）α 剪枝。若任一极小值层节点的 β 值不大于它任一前驱极大值层节点的 α 值，即 α（前驱层）$\geqslant \beta$（后继层），则可终止该极小值层中这个 MIN 节点以下的搜索过程。这个 MIN 节点最终的倒推值就确定为该 β 值。

2）β 剪枝。若任一极大值层节点的 α 值不小于它任一前驱极小值层节点的 β 值，即 α（后继层）$\geqslant \beta$（前驱层），则可以终止该极大值层中这个 MAX 节点以下的搜索过程，这个 MAX 节点最终倒推值就确定为该 α 值。

α – β 剪枝算法的伪代码如下：

```
function alphabeta(node, depth, α, β, Player)   // 从当前状态出发，递归计算走方 Player
    的估价函 // 数值（当前状态包括节点 node、层数限制 depth、α 和 β 值、走方标志 Player）
{   if  (node 是叶节点 or depth == 0)                 // 递归边界
        return node 的启发值;
    if  (Player == MaxPlayer)          // 若 node 为极大值节点（本方玩家），则枚举极小层节点
    {  for each node 的子节点 child      // 计算对方玩家每一可能走步的启发值的最大值 α
        {   α = max(α, alphabeta(child, depth-1, α, β, not(Player) ));
                if (β ≤ α) break;    // 若极大节点的值≥ α ≥ β，则 β 剪枝，因为该极
                    // 大节点搜索到的值肯定会大于 β，因此作为后继的该极小节点不会被选用
            }
        return α;                       // 返回极大层的下界 α
    }
    else                                // 对于极小值节点 node（对方玩家），则枚举极大层节点
    {    for each node 的子节点 child    // 计算对方玩家每一可能走步的启发值的最小值 β
        {   β= min(β, alphabeta(child, depth-1, α, β, not(Player) ))
                if (β ≤ α) break;    // 若极小节点的值≤ β ≤ α，则 α 剪枝，因为该极小节
                        // 点搜索到的值肯定会小于 α，因此作为后继的该极大节点不会被选用
        }
        return β;                       // 返回极小层的上界 β
    }
```

初始时，调用 alphabeta(origin, depth, -infinity, +infinity, MaxPlayer)。

【15.3.2 Triangle War】

Triangle War（三角战争）是在如图 15.3-4 所示的三角网格上进行的两人游戏。

两个玩家 A 和 B，轮流填充连接两个点的虚线为实线，A 先开始。一旦一条虚线被填充，就不能再被填充。如果一条虚线被一个玩家填充，并且与另外相邻的实线组成了一个或多个单位三角形，那么这些实线构成的单位三角形就被标记为该玩家所拥有，并且这位玩家还被奖励再填充一条虚线（即对手跳过这一轮）。到游戏结束时，所有的虚线都被填充好了，拥有三角形多的玩家获胜。两个玩家拥有的三角形数量的差并不重要。

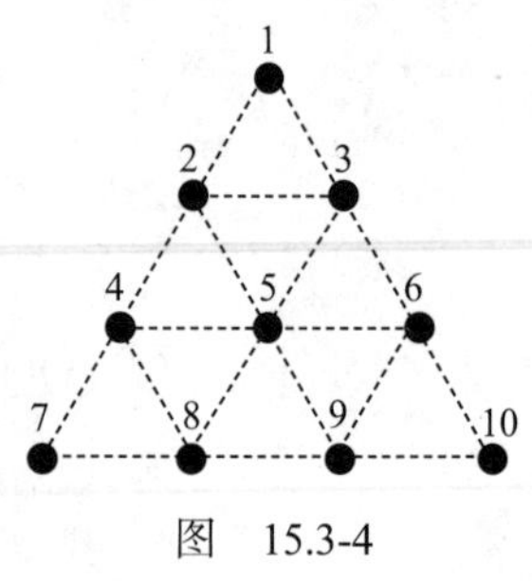

图　15.3-4

例如，如果 A 在图 15.3-5 左侧的三角形网格中填充 2 和 5 之间的虚线：

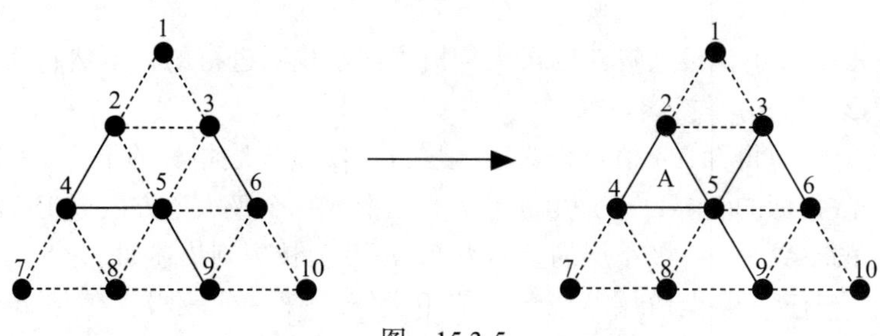

图　15.3-5

那么，A 就拥有一个标记为“A”的三角形；然后，A 被奖励，A 填充 3 和 5 之间的虚线。这样，如果 B 愿意的话，B 可以拥有 3 个三角形：首先，填充 2 和 3 之间的虚线；再填充 5 和 6 之间的虚线；然后，填充 6 和 9 之间的虚线；最后，B 再填充一条虚线，然后才轮到 A 来填充。

在本题中，给出一些在三角网格上的填充。基于给出的已经进行到中盘的游戏，请你确定哪个玩家会赢。本题设定，两个玩家都采取最优策略，总是能够做出为自己带来最佳结果的选择。

输入

输入给出若干游戏实例。输入的第一行是一个正整数，表示游戏实例的数目。每个游戏实例首先给出一个整数 m（$6 \leqslant m \leqslant 18$），表示在游戏中已经做了的填充的次数。接下来的 m 行表示两个玩家按顺序所做的填充，每行给出 $i\ j$（$i<j$），表示填充了 i 和 j 之间的虚线。本题设定所有的填充都是合法的。

输出

对于每个游戏实例，将游戏编号和结果在一行里输出，如样例输出所示。如果 A 赢了，则输出“A wins.”；如果 B 赢了，则输出“B wins.”。

样例输入	样例输出
4 6 2 4 4 5 5 9 3 6 2 5 3 5	Game 1: B wins. Game 2: A wins. Game 3: A wins. Game 4: B wins.

（续）

样例输入	样例输出
7 2 4 4 5 5 9 3 6 2 5 3 5 7 8 6 1 2 2 3 1 3 2 4 2 5 4 5 10 1 2 2 5 3 6 5 8 4 7 6 10 2 4 4 5 4 8 7 8	

试题来源：ACM East Central North America 1999

在线测试：POJ 1085，ZOJ 1155

试题解析

简述本题题意：玩家 A 和玩家 B 轮流在一个含有 9 个小三角形的三角网格中填充虚线，当某玩家填充一条虚线后构成一个由实线构成的单位三角形，该玩家就拥有这个三角形，得 1 分，还被奖励再填充一条虚线。最后，谁拥有的三角形多，谁就赢。

本题是 α-β 剪枝的基础题。

三角网格有 18 条边，每条边用 0 ～ 17 中的一个整数来编号，如图 15.3-6 所示。

在图 15.3-6 中，连接 1 和 2 之间的边表示为 2^0=1，连接 2 和 3 之间的边表示为 2^1=2，连接 1 和 3 之间的边表示为 2^2=4，以此类推。在图 15.3-7 中，填充虚线而构成的单位三角形的状态值为 2^3+2^4++2^5=56。

所以，自上而下、由左而右的 9 个单位三角形的状态值依次为 7、56、98、448、3584、6160、28672、49280、229376。

所有被填边“|”运算的结果形成当前局面的状态值 cur_state。若填入值为 edge 的边，则形成新局面状态值 new_state= (cur_state | edge)，由此得出所有边均被填充后的最终状态值 end_state= 2^{18} – 1。对于当前局面 cur_state 来说，剩余边集的局面值为 (~cur_state) & end_state)。

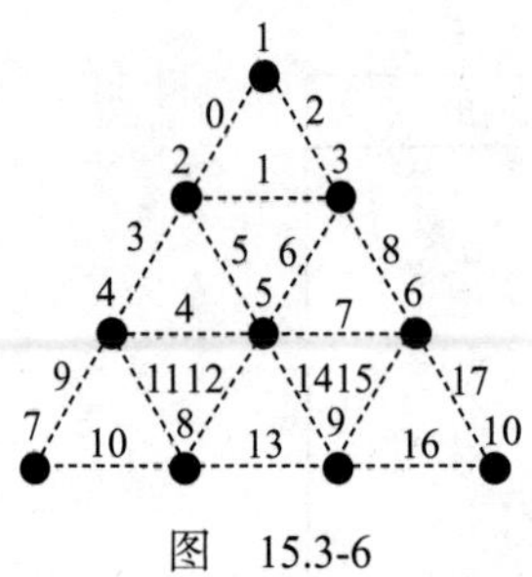

图　15.3-6

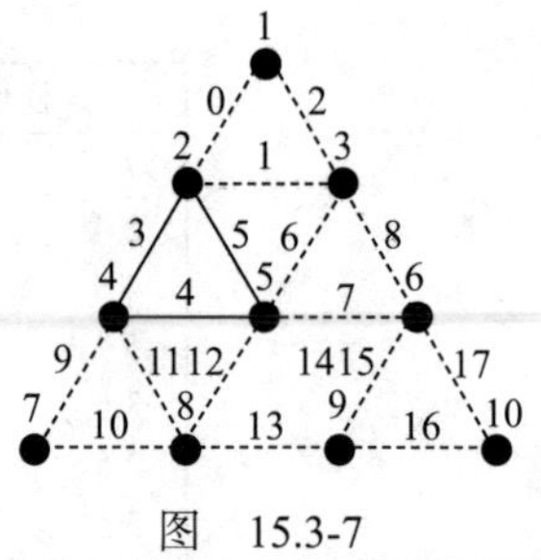

图　15.3-7

由于三角网格中共有 9 个单位三角形，因此，当某玩家拥有了 5 个单位三角形时，就决出了胜负。

本题通过极小化极大算法搜索和 α-β 剪枝来求解，判断 A 和 B 谁胜。首先，计算填了 *m* 条边的局面值 cur_state；然后，调用递归函数 α_β() 搜索。对于本题，*α* 值为 1 表示 A 可以赢，也就是说，若函数值返回是 1 的时候，其他的就不用再搜了；*β* 值为 −1，表示 B 可以赢，同理进行剪枝。

```
int  α_β (走方标志 , 当前局面的状态值cur_state, α , β , A得分ca, B得分cb) ;
{
    if(ca ≥ 5) return 1;            //若玩家A得到 5 分以上，则返回A赢标志
    if(cb >= 5) return -1;          //若玩家B得到 5 分以上，则返回B赢标志
    计算剩余边集remain = ((~cur_state) & end_state);
    if( 玩家A走 ){                  //当前为极大值节点
    while(remain集非空 ){           //枚举计算极小层节点的状态
                计算可添边 move = (remain & (-remain));
                计算A方添move边后的新局面状态值new_state和得分ta;
            if(ta >ca) val=α_β(A走标志,new_state,α,β,ta,cb); //如果A 得分,
                //则A 继续填边
            else val = α_β(B走标志, new_state, α , β , ca, cb); //否则轮到B填边
                    if(val > α ) α = val; //调整和返回极大节点的值
            if(α >= β ) return α;
            remain -= move;                   //把边move从可选边集remain中移除
        }
        return α;                             //返回极大节点的值
    }
    else{                                     // 轮到B 走，即当前为极小值节点
        while(remain集非空 ){                 //枚举计算极大层节点的状态
            计算可添边move = (remain & (-remain));
            计算B方添move边后的新局面值new_state和得分tb;
            if(tb > cb)                       //如果B得分了，则 B继续填一条边；否则
                                              //轮到A填边
                      val = α_β(B走标志 , new_state, α , β , ca, tb);
          else  val = α_β(A走标志 , new_state, α, β, ca, cb);
            if(val < β ) β = val;             //调整和返回极小节点的值
            if(α >= β ) return β;
            remain -= move;                   //把边move从可选边集remain中移除
        }
        return β;                             //返回极小节点的值
    }
}
```

参考程序

```
#include <stdio.h>
#include <stdlib.h>
```

```
#include <string.h>
int edge[11][11]={                                    // 相邻矩阵存储各边状态值中 2 的次幂
    {0, 0, 0, 0, 0, 0, 0, 0, 0, 0, 0},
    {0, 0, 0, 2, 0, 0, 0, 0, 0, 0, 0},
    {0, 0, 0, 1, 3, 5, 0, 0, 0, 0, 0},
    {0, 2, 1, 0, 0, 6, 8, 0, 0, 0, 0},
    {0, 0, 3, 0, 0, 4, 0, 9, 11,0, 0},
    {0, 0, 5, 6, 4, 0, 7, 0, 12,14,0},
    {0, 0, 0, 8, 0, 7, 0, 0, 0, 15,17},
    {0, 0, 0, 0, 9, 0, 0, 0, 10,0, 0},
    {0, 0, 0, 0, 11,12,0, 10,0, 13, 0},
    {0, 0, 0, 0, 0, 14,15,0, 13, 0, 16},
    {0, 0, 0, 0, 0, 0, 17,0, 0, 16,0},
};
int tri[9] = {7, 56, 98, 448, 3584, 6160, 28672, 49280, 229376}; // 第 i 个单位三角形
    // 代表的数字为 tri[i]
int end_state = (1<<18)-1;     // 所有边均被填充时的终结状态 2^18 - 1，用于计算未填的边集
int inf = (1<<20);             // 定义较大值
int next_state(int cur_state, int edge, int *cnt)    // 函数参数包括：当前局面值 cur_
    //state，待添的边状态值 edge，走的一方添边前的得分 cnt。计算结果为：由函数值返回添边后的局
    // 面值，由变参 cnt 返回走的一方添边后拥有的得分
{
    int i;
    int new_state = (cur_state | edge);          // 当前局面并上待添边状态后形成新局面值
    for(i = 0; i < 9; i++)                       // 如果新局面能形成一个单位三角形，则得分
        if(((cur_state & tri[i]) != tri[i]) && ((new_state & tri[i]) == tri[i]))
        (*cnt)++;
    return new_state;                            // 返回新局面值
}
int alpha_beta(int player, int cur_state, int alpha, int beta, int ca, int cb)
    // 计算和返回谁赢的标志：A 赢为 1；B 赢为 -1（参数：player 为走方标志，cur_state 为当前局面值，
    //alpha 和 beta 为 α 和 β 值，ca 和 cb 分别为 A 和 B 的得分）
{
    int remain;                                  // 剩余边集
    if(ca >= 5) return 1;                        // 若 A 得到 5 分以上，则 A 赢
    if(cb >= 5) return -1;                       // 若 B 得到 5 分以上，则 B 赢
    remain = ((~cur_state) & end_state);         // 计算剩余边集
    if(player){                                  // 若 A 走
        while(remain){                           // 循环，直至无边可走为止
            int move = (remain & (-remain)); // 选择一条可走的边 move
            int ta = ca;                         // 走后得分初始化
            int val;
            int new_state = next_state(cur_state, move, &ta);    // 计算走后分 ta
            if(ta > ca)                          // 如果 A 得分了，则 A 继续填一条边
                val = alpha_beta(player, new_state, alpha, beta, ta, cb);
            else                                 // 否则轮到 B 填
                val = alpha_beta(player^1, new_state, alpha, beta, ca, cb);
            if(val > alpha) alpha = val;         // 调整和返回极大节点的值
            if(alpha >= beta) return alpha;
            remain -= move;                      // 把边 move 从可选边集 remain 中移除
        }
        return alpha;                            // 返回极大节点的值
    }
    else{                                        // B 走
        while(remain){                           // 循环，直至无边可走为止
            int move = (remain & (-remain)); // 选择一条可走的边 move
            int tb = cb;                         // 走后得分初始化
            int val;
            int new_state = next_state(cur_state, move, &tb); // 计算走后分 tb
            if(tb > cb)                         // 如果 B 得分，则 B 继续填边；否则轮到 A 填边
                val = alpha_beta(player, new_state, alpha, beta, ca, tb);
```

```
                else val = alpha_beta(player^1, new_state, alpha, beta, ca, cb);
            if(val < beta) beta = val;          // 调整和返回极小节点的值
            if(alpha >= beta) return beta;
            remain -= move;                     // 把边move从可选边集remain中移除
        }
        return beta;                            // 返回极小节点的值
    }
}
int main()
{
    int T, w = 0;                               // 游戏编号初始化
    scanf("%d", &T);                            // 输入游戏实例数
    while(T--){                                 // 依次处理每个游戏实例
        int i;
        int n;
        int ans;
        int cnt = 0;                            // 走的步数：偶数轮到 A 走，奇数轮到 B 走
        int cur_state = 0;                      // 当前局面值初始化
        int ca = 0;                             // A方和B方走后的得分(拥有的三角形数)初始化
        int cb = 0;
        int ta, tb;                             // A方和B方走前的得分（拥有的三角形数）
        int alpha = -inf;                       // α 和 β 值初始化
        int beta = inf;
        scanf("%d", &n);                        // 输入游戏中已经做了的填充次数
        for(i = 0; i < n; i++){                 // 依次输入填充的信息
            int u, v;
            ta = ca;                            // 设定第i次填充前A方和B方拥有的三角形数
            tb = cb;
            scanf("%d%d", &u, &v);         // 第i次填充了u和v之间的虚线
                // 计算填充后的局面值cur_state以及走的一方的得分(cb或ca)
            cur_state = next_state(cur_state, 1<<edge[u][v], (cnt & 1) ? (&cb) :
            (&ca));
            if(ta == ca && tb == cb) cnt++;  // 若不得分，则轮到对方走
        }
        // 若轮到B走，则计算和返回极小节点值ans；否则轮到A走，计算和返回极大节点值ans
        if(cnt & 1) ans = alpha_beta(0, cur_state, alpha, beta, ca, cb);
        else ans = alpha_beta(1, cur_state, alpha, beta, ca, cb);
        // 游戏编号w+1。输出第w盘游戏结局：若函数返回值为正，则A赢；否则B赢
        if(ans > 0)               printf("Game %d: A wins.\n", ++w);
        else  printf("Game %d: B wins.\n", ++w);
    }
    return 0;
}
```

【15.3.3　The Pawn Chess】

给出如下的迷你版国际象棋：一个4×4的棋盘，四个白兵在第一排（输入中底部的一行），四个黑兵在最后一排。本游戏的目标是玩家将他的一个兵抵达对方的底线（对于执白的玩家，白兵抵达最后一排；对于执黑的玩家，黑兵抵达第一排），或将对方逼得无路可走。一个玩家无路可走，就是说，如果轮到他走的时候，他无法移动任何棋子（包括被全歼，已经没有棋子可以走了）。

兵的移动和一般下象棋一样，但兵不能移动两步。也就是说，如果一个兵前方的方格是空的，这个兵既可以向前迈进一步（也就是向着对方的底线迈一步），也可以斜着走去吃掉相反颜色的兵（也就是向前向左或向前向右），被吃掉的兵要从棋盘上移走。

给出在棋盘上的兵的位置，请你确定谁将会赢得比赛。假设两个玩家发挥了他们的最佳水准。你还要确定，比赛在最后确定胜负之前，还要走多少步（本题设定赢家会努力地尽可

能快地赢得比赛，而输家也会使得失败来得尽可能地慢）。执白者先走。

输入

输入的第一行给出测试样例的数目（最多 50）。每个测试用例用 4 行来表示棋盘，测试用例之前有一个空行。这 4 行中的第一行是棋盘的最后一排（初始时黑兵的出发点）。黑兵用“p”表示，白兵用“P”表示，空格用“.”表示。每种颜色的兵的数量有 1 ～ 4 个。初始的态势不会是游戏的最终态势，白方至少可以走一次。注意，输入的棋盘态势不一定是一个从游戏开始时通过合乎规则的步骤产生的态势。

输出

对于每个测试用例，输出一行，如果白方获胜，则该行给出 white (xx)；如果黑方获胜，则该行给出 black (xx)。其中 xx 是移动的数目（如果白方获胜，则是一个奇数；如果黑方获胜，则是一个偶数）。

样例输入	样例输出
2 .ppp .... .PPP ....p ...p pP.P ...P	white (7) black (2)

试题来源：ACM ICPC World Finals Warmup 2（2004-2005）

在线测试：UVA 10838

试题解析

试题要求获胜方的最少步数，这是一种很传统的博弈问题。一般而言，可以使用划分状态最小化的方法，但效率会很差。因为状态分化的太多，必须遍访所有状态才能知道结果。基于此，本题采用 α-β 剪枝求解，虽然这种剪枝相当依赖访问顺序，搜索也颇为费时，但从另一个角度看，α-β 剪枝提供了相当不错的思路，在这个策略的基础上稍作调整，可使搜索效率显著提高。

我们通过 DFS 构建一棵游戏树，树中的节点代表棋局状态，其中输入棋局为根节点，对方全歼或者我方有兵抵达对方底线的棋局为目标节点，无棋子可移的棋局为叶节点，中间棋局为分支节点。

游戏树根的层次定义为 depth=36，每往下一层，--depth。显然，偶数层先手走，奇数层后手走。根据博弈理论，游戏树的构建过程自上而下，偶数层要取最大，奇数层要取最小，交错进行。

设 alpha(v) 为先手从 v 至叶节点的步数。alpha(v)= $\max\limits_{u\in v\text{的儿子}}\{u\text{至叶节点的步数}\}$。由于先手

要最大化 alpha，因此 alpha 的初始值设为 −9999。

beta(*v*) 为后手从 *v* 至叶节点的步数。beta(*v*)= $\min_{u\in v\text{的儿子}}\{u\text{至叶节点的步数}\}$。由于后手要最小化 beta，因此 beta 的初始值设为 9999。

树上各个节点的 alpha 值（或 beta 值）是从树叶成本往上倒推的，因此当白方对叶节点时返回 -depth；面对中间节点时返回 alpha；黑方对叶节点时返回 depth；面对中间节点时返回 beta。

在计算 alpha(*v*) 和 beta(*v*) 的过程中：父节点 *v* 会将已经找到的部分解传递给孩子继续搜索。假设父亲 *v* 是取最大值 alpha(*v*)，则所有孩子要取最小的 beta 值。如果 *v* 的其中一个孩子 *u* 的最小值 *p* 已知 (beta(*u*)=*p*)，另一个孩子 *u*'（*u*' ∈ *v* 的儿子）搜索到一半时，发现 *u*' 的一个孩子 *u*" 回传 $q<p$，其实可以裁剪以 *u*' 为根的子树。因为这一层还要取最小，往上回父亲处则要取最大，不可能比 *p* 更大。

这个递归过程直至搜索至目标状态为止：

1）若递归结果值为正，则表明白方赢，最少移动步数为 36− 递归结果值。递归结果值越大，先手获胜的步数越小；

2）若递归结果值为负，则表明黑方赢，最少移动步数为 36 + 递归结果值。递归结果值越小，后手获胜步数越小。

参考程序（略。本题参考程序的 PDF 文件和本题的英文原版均可从华章网站下载）

【15.3.4　Stake Your Claim】

Gazillion Games Inc. 的设计师们设计出了一款新的相对简单的游戏，名为“Stake Your Claim”。两个玩家 0 和 1，初始时给出两个值 *n* 和 *m*，建立一个 *n*×*n* 网格，在网格上随机放置 *m* 个 0 和 *m* 个 1；然后，玩家 0 走先手，两个玩家交替地将自己的号码（0 或 1）放在网格上的一个空网格中。在网格被填满后，每个玩家的分数等于在网格上填了这个玩家号码的最大连通区域。所谓连通区域，是在这个区域中任何两个网格之间存在仅由向北、向南、向东、向西移动组成的路径。得分高的玩家获胜，而且他的分数和另一位玩家分数的差作为胜者的奖励点数。图 15.3-8 给出了两个已结束的游戏的实例，标出了每个玩家的最大连通区域。请注意，在第二个示例中，两个各有 2 个 0 的区域之间没有连通。

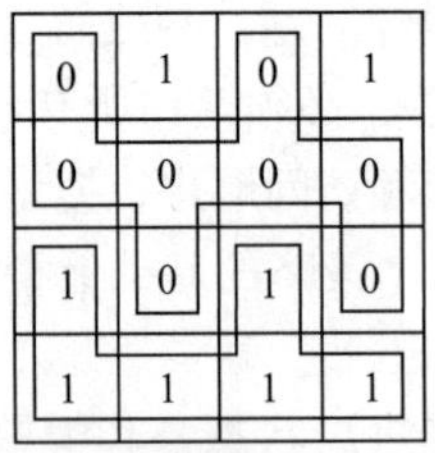

玩家 0 的分数：8
玩家 1 的分数：6
玩家 0 被奖励 2 个点

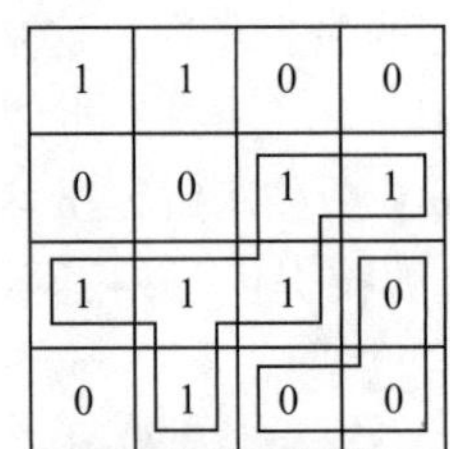

玩家 0 的分数：3
玩家 1 的分数：6
玩家 1 被奖励 3 个点

图　15.3-8

为了测试这个游戏，Gazillion 雇用你编写一个玩这个游戏的程序。给出一个初始的放置，要求程序确定当前玩家最佳放置的位置坐标，即最大化当前玩家的得分（或最小化对方玩家的得分）。

输入

输入将由多个测试用例组成。每个测试用例的第一行给出一个正整数 n（$n \leqslant 8$），表示网格的大小。接下来是 n 行，给出当前网格的放置（首先给出第 0 行，然后给出第 1 行，以此类推）；这些行中的每一行都给出 n 个字符，字符分别取自“0”“1”和“.”其中“.”表示一个空的网格。第一个字符在第 0 列，第二个字符在第 1 列，以此类推。网格上的 0 的数量要么等于 1 的数量，要么比 1 的数量多 1 个，并且有 1 到 10（包括 10）个空网格。在最后一个测试用例后面跟着一行，该行给出 0，表示输入结束，程序不用处理。

输出

对于每个测试用例，输出一行，给出两个项：当玩家的最佳放置的网格坐标，以及该玩家获得的最佳点数。如果存在多个解，则按字典顺序输出第一个位置。使用样例输出中的格式。

样例输入	样例输出
4 01.1 00.. .01. ...1 4 0.01 0.01 1..0 .1.. 0	(1,2) 2 (2,2) -1

试题来源：ACM East Central North America 2006

在线测试：POJ 3317，UVA 3731

试题解析

本题分析如下。

1）状态的表示。

由于玩家轮流给空网格填数，而空网格数不大于 10 个，因此，记录哪些空网格被填数，以及填了什么数，是最经济实用的记录方法。

一个二进制数 state 用于记录空网格是否被填数的情况，其中，第 i 个二进制数 $\text{state}_i=\begin{cases}1 & \text{第}i\text{个空网格未被填数}\\0 & \text{第}i\text{个空网格已被填数}\end{cases}$。

初始时，网格含 m 个空网格，$\text{state}=2^m-1$。

一个三进制数 now 用于记录空网格的处理的情况，其中第 i 个三进制数 $\text{now}_i=\begin{cases}0 & \text{第}i\text{个空网格未被填数}\\1 & \text{第}i\text{个空网格被填0}\\2 & \text{第}i\text{个空网格被填1}\end{cases}$。

2）α-β 剪枝。

在搜索某个节点的子树过程中，发现当前子树怎样也无法得到比“当前已搜索过的子树得到的结果”（alpha 或者 beta）更优的结果时返回。

还要注意的一点：当前玩家不一定是走先手的玩家 0。

参考程序（略。本题参考程序的 PDF 文件和本题的英文原版均可从华章网站下载）

15.4 相关题库

【15.4.1 The Most Distant State】

八数码是在一个正方形的方格中放置 8 个小正方形方块，剩下第 9 个小正方形没有被覆盖。每个小方块上有一个数字。相邻于空格的小方块可以滑入到空格中（如图 15.4-1 所示）。八数码游戏给出一个起始状态和一个特定的目标状态，通过移动（滑动）方块将起始状态转化为目标状态。八数码问题要求你用最少移动次数进行转换。

2	8	3
1	6	4
7		5

起始状态

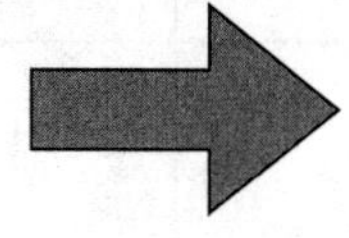

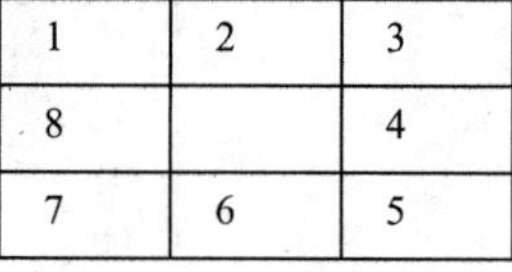

1	2	3
8		4
7	6	5

目标状态

图　15.4-1

然而，本题有点不同。在本题中，给定一个初始状态，要求你寻找这样一个目标状态：从给出的初始状态出发，在所有可以到达的状态中，距离最遥远（移动次数最多的）的状态。

输入

输入的第一行给出一个整数，表示测试用例的数量。接下来给出一个空行。

每个测试用例由 3 行组成，每行 3 个整数，表示一个八数码的初始状态。空格用 0 表示。每一个测试用例后给出都有一个空行。

输出

对于每一个测试用例，首先输出测试用例的编号数字。接下来的 3 行每行包含 3 个整数，表示从给出的起始状态可以到达的最遥远的状态中的一个。接下来的一行给出从起始状态转换的最短的移动序列。移动用空格四个方向的移动来表示：U（向上）、L（向左）、D（向下）和 R（向右）。在每个测试用例处理后输出一个空行。

样例输入	样例输出
1	Puzzle #1
	8 1 5
2 6 4	7 3 6
1 3 7	4 0 2
0 5 8	UURDDRULLURRDLLDRRULULDDRUULDDR

*试题来源：*BUET/UVA World Finals Warm-up

*在线测试：*UVA 10085

提示

简述题意：本题是一种特殊的八数码问题。一般八数码问题求的是初始状态到达目标状态的最少步数；而本题仅有初始状态，没有指明目标状态，允许方块任意滑动，要求找出移动次数最多的那个状态，不能重复。

八数码问题一般采用 BFS 算法求解，其中的 while 循环是在遇到目标状态时退出的；而求解本题的 BFS，其 while 循环只能在队列空时退出，以保证在搜索完所有可能状态的基础上得出移动次数最多的状态。

队列 q 存储状态，状态为一个结构体，包括：

- 棋盘状态 ch[3][3]，对应状态值为 9 位九进制整数；
- 0 方块所在的位置 (x, y)；
- 初始状态至当前状态的操作序列串 str。

设立重合标志 m []，$m[p]=\begin{cases}1 & \text{状态值}p\text{重合}\\0 & \text{状态}p\text{未出现过}\end{cases}$。注意下标为长整型，可采用关联式容器，即定义：

```
map<long long,int> m;
```

我们使用 hash (p) 函数计算 p 对应的 m[] 值，并判断其是否重合：

```
int hash( p ) {
    long long cnt, k;
    cnt=k=0;
    for(int i=0;i<N;i++)     // 计算 p 的状态值 cnt
        for(intj=0;j<N;j++) cnt+=p.ch[i][j]*pow(9,k++);
    if (!m[cnt]) {           // 若 cnt 先前未出现，则标志该数重合，返回先前 cnt 未出现的信息
        //（1）；否则返回 cnt 与先前重复的信息（0）
        m[cnt]=1;
        return 1;
    }
    return 0;
}
```

使用 BFS 求解本题的伪代码如下：

```
void bfs() {
    初始状态 s t 入队 q；
    while( 队列 q 非空 ) {
        取出队首状态 st;
        枚举四个方向（0 ≤ i ≤ 3）:
        {
            计算（st.x, st.y）的空格沿 i 方向滑动的位置（x1, y1）;
            if ((x1, y1）在界外）continue;
            st1=st;   // 计算新状态 st1
            st1.ch[st1.x][st1.y]=st1.ch[x1][y1];st1.ch[x1][y1]=0;
            st1.x=x1;st1.y=y1;
            st1.str+= i 方向滑动的操作符 ;
            if (hash(st1)) q.push(st1); // 设置 st1 重合标志。若该状态先前未生成过，则入队
        }
    }
}
```

在主程序中，先进行初始化：

- 重合标志初始化（m.clear() 命令）；
- 边输入信息边构造初始状态 st（注：st.str 为空）；
- 设置 st 重合标志（hash(st)）。

然后执行 bfs() 函数，搜索所有可能状态。

按照试题要求的格式输出最后出队状态的棋盘 st.ch[3][3] 和操作序列 st.str。

【15.4.2　15-Puzzle Problem】

15 数码是一个非常受欢迎的游戏，即使你不知道它的名字，你也看到过它。它是由 15 个可以滑动的方块组成，每个方块上方有一个数字，由 1 到 15，所有的方块都放置在一个 4×4 的正方形框架中，有一个方格是空格，没有方块。15 数码的目标是移动方块使方块排列如图 15.4-2 所示。

图　15.4-2

15 数码唯一能进行的合法操作是将空格与同它共享一条边的方块交换位置。图 15.4-3 中的例子给出改变状态的一个序列。

a）

b）

c）

d）

图　15.4-3

图 15.4-3a 是任意的一个 15 数码的状态；图 15.4-3b 是空格向右移动和交换，用 R 标示；图 15.4-3c 是空格向上移动和交换，用 U 标示；15.4-3d 是空格向左移动和交换，用 L 标示。在图 15.4-3 中，用字母标示每一步空格的移动和交换，合法的字母是 R、L、U 和 D 分别表示 RIGHT（向右）、LEFT（向左）、UP（向上）、和 DOWN（向下）。

给出一个初始的 15 数码的状态，请你确定到达目的状态的步骤。输入的 15 数码在裁判解答中至多 45 步来解决。因此，要求你不能使用超过 50 步来解决一个测试用例。如果给出的初始状态是不可解的，请你输出 “This puzzle is not solvable.”

输入

输入的第一行给出一个整数 N，表示有多少个 15 数码状态问题要解。接下来的 $4N$ 行，输入 N 个测试用例，也就是 4 行表示一个测试用例。零表示空格。

输出

对于每一个测试用例，请你输出一行。如果输入的 15 数码问题是不可解的，则输出 “This puzzle is not solvable.”；如果输入的 15 数码问题是可解的，则输出解决这个测试用例的如上所述的移动序列。

样例输入	样例输出
2 2 3 4 0 1 5 7 8 9 6 10 12 13 14 11 15 13 1 2 4 5 0 3 7 9 6 10 12 15 8 11 14	LLLDRDRDR This puzzle is not solvable.

试题来源：2001 Regionals Warmup Contest

在线测试：UVA 10181

 提示

简述题意：将 4×4 的初始棋盘中杂乱的 0 ～ 15，通过空格（数字 0）上、下、左、右移动最少的次数，使之按数值递增顺序排列。

我们按照由上而下、由左而右的顺序定义方块的位置值 0 ～ 15。显然，方块位置 p 的坐标为（x,y）=（$p/4$，$p\%4$）（$0 \leqslant p \leqslant 15$），方块的位置值 p 与其坐标（x, y）一一对应且可互相转换。

（1）直接判断无解的情况

当移动空格时可以发现，左右移动不改变这 15 个数字对应的序列，而上下移动会将 4 个数字的位置改变，这样会导致逆序数的奇偶性改变（±3 或 ±1）。同时我们还要让空格移动到右下角的位置，由此得出 15 数码有解的条件为：

S= ∑ 15 个数字的逆序数 + 空格移动到右下角需要的行数

S 与目标状态的逆序数的奇偶性相同。由于最终状态的逆序数是偶数，因此 S 也应该是偶数。

我们在输入初始局面后，可运用上述原理直接判断这个初始局面是否有解。设 e 为空滑块所在的行；

n_i 为 i 的逆序数，即在数值 i 的滑块之后出现小于 i 的滑块数；计算 $N=\sum_{i=1}^{15}n_i=\sum_{i=2}^{15}n_i$。如果 $N+e$ 为偶数，则当前局面有解；否则无解。

如以下局面所示：

13	10	11	6
5	7	4	8
1	12	14	9
3	15	2	0

空滑块在第 4 行，故 e=4；小于 13 并在之后出现滑块的数目为 12，记为 12（13），小于 10 并在之后出现的滑块数目为 9（10）。类似地，可以得到其他滑块分别为 9（11）、5（6）、4（5）、4（7）、3（4）、3（8）、0（1）、3（12）、3（14）、2（9）、1（3）、1（15）、0（2）。所有 n_i 值的和 N=59，$N+e$=63，为奇数，显然以上局面不可解。

若 $N+e$ 为奇数，表明初始局面不可解，在输出“This puzzle is not solvable.”后直接退出算法；否则需要计算移动序列。我们设计一个判别是否有解的布尔函数，其中 puz[i] 为位置 i 的数字（$0 \leqslant i \leqslant 15$）：

```
bool solvable()                          // 计算有解标志
{
    int cnt = 0;
    for(int i = 0; i < 16; ++i){         // 枚举每个位置
        if(puz[i]==0)cnt+=3-i/4;         // 找出空滑块所在的行（注：puz[i] 为位置 i 的数字）
        else{
            for(int j=0; j<i; ++j)   // 累计逆序数
                if(puz[j] && puz[j] > puz[i]) cnt++;
    }
```

```
    }
    return !(cnt&1);                          //若为偶数，则返回 true；否则返回 false
}
```

下面，我们介绍三种计算移动序列的方法。

（2）使用 DFS 算法求解

DFS 算法属于一种盲目的搜索，它不断地向前寻找可行状态，试图一次找到通向目标状态的道路，它并不会两次访问一个状态。由于 DFS 搜索过程中可能产生大量的棋面状态，因此只有在最大搜索深度固定的情况下，DFS 算法才具有可行性。搜索深度的设定在一定程度上影响是否能得到解，因为在一个状态离最终解局面只差几步的情况下，由于达到了最大搜索深度而被放到了闭合集中，则不可能再次对此棋面状态进行扩展了，即使之后 DFS 搜索在较早的等级访问到这个状态，它也不会继续搜索，因为这个状态已经在闭合集中。本题给定的条件是所有可解的局面都可在 45 步之内解决，解的长度不应超过 50 步，因此设最大搜索深度为 50。

DFS 算法的关键，是如何高效地得知一个棋面状态是否已经访问，因为整个算法的大部分时间都会用于在闭合集中搜索一个元素是否存在的过程中。为了节省内存并高效判断两个棋面状态是否等价，我们将任意棋面状态考虑为一个十六进制整数，这个十六进制整数唯一对应一个棋面：每个滑块作为一个数位，按从左到右、从上至下的顺序排列。前面的棋面状态可表示成这样一个整数：

$13\times16^{15}+10\times16^{14}+11\times16^{13}+6\times16^{12}+5\times16^{11}+7\times16^{10}+4\times16^{9}+8\times16^{8}+1\times16^{7}+12\times16^{6}+14\times16^{5}+9\times16^{4}+3\times16^{3}+15\times16^{2}+2\times16^{1}+0\times16^{0}=(DAB657481CE93F20)_{16}=(15759879913263939360)_{10}$。

如果两个棋面有着相同的状态值，那么这两个棋面状态是等价的，棋面状态重合。为了提高判重效率，一般使用散列技术。

DFS 算法的伪代码如下，其中 path[] 为移动序列：

```
Viod  dfs(p, d)          //0 所在位置 p，准备扩展深度 d 的棋盘状态
{
    if(d > 50) 返回失败信息；
    if（puz[] 为目标棋盘）输出 path[] 并返回；
    计算空滑块的坐标（x,y）；
    枚举 4 个方向（0 ≤ i ≤ 3）：
        {
            计算空滑块沿 i 方向滑动后的坐标（x',y'）和对应位置值 p'；
            If （(x',y') 在界内）{
            puz[p] 与 puz[p'] 交换；
            计算 puz[] 的状态值 s 和散列函数 h(s)；
            If（散列表 hash[h(s)] 链中不存在值为 s 的状态））{
                path[d]= 方向 i 的操作符；         // 记下第 d 步的操作符
                dfs(p',d+1,)                    // 递归计算下一步
                puz[p] 与 puz[p'] 交换；         // 恢复递归前的状态
                path[d] ='';
            }
        }
    }
}
```

主程序：

```
输入棋盘状态 puz[]，计算空滑块所在的位置值 p；
if(solvable()) dfs(p,0);                    // 若有解，则通过 DFS 算法计算和输出解
else 输出 "This puzzle is not solvable.";
```

上述 DFS 方法在移动步数较少（15 步左右）时，可较快地得到解，但随着移动步数的增加，得到解的时间及使用的内存都会大大增加。所以对于本题来说，DFS 算法不是有效的解决办法。是否能得到解与解的深度限制有关，如果选择的深度不够大，可能不会得到解；若过大，将导致搜索时间成倍增加。

（3）使用 BFS 算法求解

BFS 算法尝试在不重复访问状态的情况下，寻找一条最短路径。如果存在一条到目标状态的路径，那么 BFS 算法找到的肯定是最短路。DFS 和 BFS 唯一的不同就是 BFS 使用队列来保存开放集，而递归的 DFS 使用的是系统栈。每次迭代时，BFS 从队首取出一个未访问的状态，然后从这个状态开始，计算后继状态。如果达到了目标状态，那么搜索结束，任何先前已访问过的后继状态会被抛弃。剩余的未访问状态将会放入队尾，然后继续搜索。BFS 算法的伪代码如下：

```
队列中存储状态，状态定义为结构体，包括棋面 ch[][]，空滑块所在位置 (x,y)，初始状态至当前状态的操作
  序列 str；
构造初始状态 st：直接输入棋面 st.ch[][]、计算空滑块所在坐标（st.x,st.y），操作序列 st.str='';
If ( 棋面无解 ) 输出 "This puzzle is not solvable.";
  else {
    初始状态 st 入队 q
    while( 队列 q 非空 ) {
      取出队首状态 st;
      If (st 为目标状态) { 输出 st.str；break;}
      枚举四个方向（0 ≤ i ≤ 3）:
        {
          计算（st.x，st.y）的空格沿 i 方向滑动的位置（x1，y1）;
          if ((x1，y1) 在界外) continue;
          st1=st;   // 计算新状态 st1
          st1.ch[st1.x][st1.y]=st1.ch[x1][y1];st1.ch[x1][y1]=0;
          st1.x=x1;st1.y=y1;
          st1.str+= i 方向滑动的操作符 ;
          if (散列表中不存在状态 st) st1 进入散列表和队列;
        }
    }
}
```

BFS 在移动步数较少（15 步左右）时可较快地得到解，但随着移动步数的增加，得到解的时间及使用的内存都会大大增加，所以对于本题来说，BFS 算法也不是有效的解决办法。

（4）使用 IDA* 算法求解

1）设计限制深度的启发性函数。

DFS 和 BFS 都是盲目搜索，并没有对搜索空间进行剪枝，导致大量累赘信息必须被检测。而 IDA* 依赖于一系列逐渐扩展的有限制的 DFS。对于每次后继迭代，搜索深度限制都会在前次基础上增加。IDA* 实质上就是在 DFS 算法上使用启发式函数对搜索深度进行限制。本题的启发式函数如下：

$$f^*(n)=g^*(n)+h^*(n)$$

其中 $g^*(n)$ 为从初始棋盘到当前棋盘 n 的最短移动次数，直接由程序运行得到；$h^*(n)$ 为当前棋盘 n 至目标棋盘的最少移动步数，即 n 中每个数字到目标位置的曼哈顿距离之和。

```
int h()                                  // 计算 h 函数，即每个数字到目标位置的曼哈顿距离之和
{
    int s = 0;
    for(int i = 0; i < 16; ++i){    // 枚举每一格
```

```
        取出第 i 格的数字 x;
        if(x == 0) continue;
        s+= abs(i/4- 目标棋盘中 x 所在的行号 )+abs(i%4- 目标棋盘中 x 所在的列号 );
    }
    return s;
}
```

2）判断当前棋盘在深度限制的情况下是否有解。

本题 IDA* 算法最重要的一个优化，就是取消了判重函数，而是下一步禁止向上一步的反方向移动。如果这样的话，就回到了原局面，会大大增加搜索树的分支，降低效率。

下面，我们通过一个布尔函数 dfs(p, pre, g, maxd)，判断在当前深度 g、深度限制 maxd 的情况下是否有解，其伪代码如下：

```
bool dfs(p,pre,g,maxd)            // 空滑块位置为 p，上一次使用的方向数为 pre，当前深度为 g，
                                  // 深度限制为 maxd
{
    if(g+h()>maxd) return false;  // 若搜索下去势必超出深度限制，则返回失败信息
    if(g == maxd)                 // 若当前深度达到上限，则返回当前棋盘与目标棋盘的比较结果
        return memcmp( 当前棋盘 , 目标棋盘 ,sizeof( 目标棋盘 ))==0;
    计算空滑块的位置 (x, y)        // x=p/4, y=p%4
    枚举 4 个方向（0≤j≤3）:
        If (pre+j==3)continue;  //若j方向为上一步的反方向，则换一个方向计算空滑块沿 j 方向移
            // 后的坐标 (x',y') 和位置值 p';
        if ( 移后坐标 (x',y') 在界内 ){
            p 位置的数字与 p' 位置的数字交换;
            path[g]= 方向 j 的操作符 ;                   // 记下第 g 步的操作符
            if(dfs(p', j, g+1, maxd)) return true; // 若搜索下去有解，则返回 true
            p 位置的数字与 p' 位置的数字交换;             // 恢复递归前的棋盘状态
        }
    }
    return false;
}
```

3）主程序。

dfs(p, pre, g, maxd) 是 IDA* 算法的核心程序。有了它，便可以在搜索深度限制 maxd 递增的情况下求解，由此得出主程序的伪代码如下。

```
输入初始棋盘，记下空滑块的位置值 p;
if(solvable()){
    int maxd = 0;                          // 搜索深度限制初始化
    for(;!dfs(p,-1,0,maxd); ++maxd);       // 在 maxd 递增的过程中寻找解
    path[maxd]=0,
输出移动序列 path[];
}
Else  输出 "This puzzle is not solvable.";
```

IDA* 比单纯的 DFS 或 BFS 要高效得多，因为每次扩展出新状态后都要通过计算启发式函数值，估算初始棋盘经由当前状态到达目标棋盘的步数上限，一旦超过深度限制便剪枝。由于深度限制是逐一递增的，因此找到目标棋盘的移动步数肯定最少。

【15.4.3 Addition Chains】

整数 n 的加法链是一个满足下述四项特性的整数序列 $<a_0, a_1, a_2, \cdots, a_m>$：

- $a_0 = 1$
- $a_m = n$

- $a_0<a_1<a_2<\cdots<a_{m-1}<a_m$
- 对每个 k ($1\leqslant k\leqslant m$)，存在两个不一定不同的整数 i 和 j ($0\leqslant i, j\leqslant k-1$)，使得 $a_k=a_i+a_j$ 。

给出一个整数 n，请你构造一个具有最小长度的 n 的一个加法链。如果有一个以上的这样的序列，任何一个序列都是可以接受的，例如 <1,2,3,5> 和 <1,2,4,5> 都是 5 的加法链的有效解。

输入

输入包含一个或多个测试用例。每个测试用例在一行中给出一个整数 n ($1\leqslant n\leqslant 100$)。输入以 n 为 0 结束。

输出

对每个测试用例，输出一行，给出所要求的整数序列，数字用空格分开。

注意：本题有时间限制，要使用适合的中断条件，以减少搜索空间。

样例输入	样例输出
5 7 12 15 77 0	1 2 4 5 1 2 4 6 7 1 2 4 8 12 1 2 4 5 10 15 1 2 4 8 9 17 34 68 77

试题来源：Ulm Local Contest 1997

在线测试：POJ 2248, UVA 529

 **提示**

简述题意：构造这样一个数字链，链首数字为 1，链尾数字为 n，链中数字递增且每个数字为前面两个数字之和，要求链长最短。

显然，可以直接采用 DFS 算法的纵深搜索策略，逐项扩展加法链。但这种“蛮力”的方法效率很低，无法在竞赛规定的时限内得出解。为了避免不必要的搜索，让扩展数尽可能快地逼近 n，不妨采用 IDA* (DFS+ 剪枝) 算法求解。

设 best 为目前为止得出的最佳链长 ,DFS 前 best= ∞；槛值序列为 d[]，其中 d[i] 为加法链中数字 i 后可扩展的最多数字个数：

$$d[i]=\begin{cases}0 & n\leqslant i\leqslant 2\times n\\ 1+d[2\times i] & i=n-1\cdots 1\end{cases}$$

我们从 a_0=1 出发逐项扩展加法链。为了使得目标链长最短，最简单的办法就是扩展时尽可能选大的数去相加。长度为 k+1 的序列，最大元素必定是链尾的 a_k（单调递增性）。由此可得，a_{k+1} 的最大值为 $2\times a_k$。显然，扩展出 a_k 后加法链的长度上限为 $k+d[a_k]$。

使用 IDA* 求解本题的过程如下：

```
void DFS(k)                                 // 从第 k 个元素出发，递归扩展加法链
{
    if (k+d[a[k]]>=best) return;            // 若 a[k] 扩展下去，无论如何都不可能产生更短的加法链，
                                            // 则回溯
    if (a[k]==n)                            // 若产生加法链，则记下长度和当前加法链并回溯
```

```
        {
            best = k;
            a[]记入b[]; ;
            return;
        }
    for (i=k; i>=0; i--)              // 枚举a[k]…a[0]间的任一对数a[i]和a[j]
        for (j=k; j>=i; j--)
            {
                a[k+1]=a[i]+a[j];     // a[k+1]为a[i]和a[j]之和
              if(a[k+1]>a[k]  &&  a[k+1]<=n)DFS(k+1);   // 若a[k+1]满足递增要求且未超
                  // 出上限，则从a[k+1]出发继续扩展加法链
            }
}
```

主程序伪代码如下：

```
递推槛值序列d[];
best = ∞ ; a[0] = 1;
DFS(0);   // 从链首元素出发，递归计算n的加法链
输出b[0]…b[best];
```

【15.4.4　Bombs! NO they are Mines!!】

现在是3002年，机器人“ROBOTS 'R US (R:US)”已经控制了世界。你是极少数活下来的幸存者之一，成了机器人的试验品。不时地，机器人要用你来测试它们是否已经变得更聪明，你是一个聪明人，也一直成功地证明，你比机器人更聪明。

今天是你的大日子。如果你能在IRQ2003试验场打败机器人，你就可以获得自由。这些机器人是智能机器人。然而，它们无法克服它们在物理设计上的一个主要缺陷——它们只能在4个方向上移动：向前（Forward）、向后（Backward）、向上（Upward）和向下（Downward）。它们行走1单位距离需要用1单位时间。你有一个机会，就是你可以完整地进行预先规划。机器人们安排了一个最快的机器人来看管你。你需要安排另一个机器人带你走过崎岖的地带。你的计划的一个重要部分，是求解出看管你的机器人需要多少时间才能到达你所在的地方。如果你能打败它，你就过关了。

样例输入如图15.4-4所示，S（Source）为机器人看守的出发地，D（Destination）为机器人看守要到达的目标。

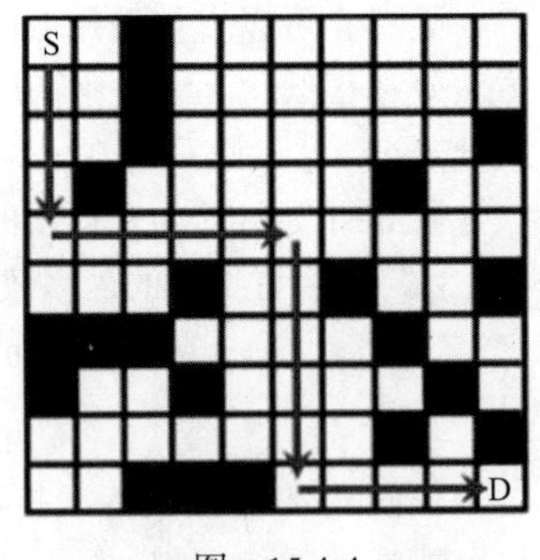

图　15.4-4

但要告诫你的是，IRQ2003试验场不是一片可以轻松漫游的地方。在机器人入侵人类社会时，它们投下了无数的炸弹，大多数炸弹爆炸了，但还有一些炸弹没有爆炸，成了地雷。我们获得了一份地图，标出了IRQ2003试验场的不安全区域，你的看守也有这张地图的一份拷贝。至多有40%的区域是不安全的。如果你要打败你的看守，你就必须在看守找到最快路径的长度之前就找到最快路径的长度。

输入

输入包含若干测试用例。每个测试用例首先给出两个整数R（$1 \leqslant R \leqslant 1000$）和$C$（$1 \leqslant C \leqslant 1000$），分别表示试验场网格地图的行数和列数。然后给出炸弹的网格位置，先给出含有炸弹的行的数目rows，（$0 \leqslant \text{rows} \leqslant R$）。对于有炸弹的每一行，有一行输入，先给出行号，然后给出在该行中炸弹的数量。再然后给出在那一行的那些炸弹的列位置。测试用例在结束的时候给出看守的起始位置（行、列）和你所在的位置（行、列）。区域内所有

点的范围是从（0,0）到（$R-1$，$C-1$）。输入以 R=0 和 C=0 的一个测试用例结束，你不必处理这个测试用例。

输出

对每个测试用例，输出看守从起始位置走到目标位置所需要的时间。

样例输入	样例输出
10 10 9 0 1 2 1 1 2 2 2 2 9 3 2 1 7 5 3 3 6 9 6 4 0 1 2 7 7 3 0 3 8 8 2 7 9 9 3 2 3 4 0 0 9 9 0 0	18

试题来源：UVa Local and May Monthly Contest (2004)

在线测试：UVA 10653

 **提示**

简述题意：给你一个 $R \times C$ 的平面图，一个机器人在上面按照四个方向移动，平面图中有一些格子不可逾越（存在炸弹），要求计算初始位置至目标位置的最短路径。

显然，这条最短路径可直接利用 BFS 算法求得。设状态（x，y，s），其中当前位置为（x,y），距离值（初始位置至该位置的最短路长）为 s；访问序列为 Vist[][]，其中 Vist[x][y] 为（x,y）已被访问的标志。

BFS 搜索的伪代码如下：

```
初始状态（起始位置，0）入队；
Vist[ 起始位置 ]=1；
  while ( 队列非空 ) {
      队首元素 p 出队；
      枚举四个移动方向（0 ≤ i ≤ 3）：
      {  计算新状态 q：沿 i 方向移动后的坐标（q.x,q.y）和距离值 q.s(=p.s+1)；
         if( （q.x,q.y）在界内 )&&(! Vist[q.x][q.y]) )&& （（q.x,q.y）未有炸弹）
         {
            Vist[q.x][q.y]=1；
            新状态 q 入队；
         }
         if ( （q.x,q.y）为目标位置 ) return q.s;
      }
  }
```

【15.4.5　Jugs】

在电影《Die Hard 3》中，Bruce Willis 和 Samuel L. Jackson 面对下述问题。给他们一个 3 加仑的壶和一个 5 加仑的壶，要求在 5 加仑的壶里注入恰好 4 加仑的水。本题将这一问题推广。

给出两个壶 A 和 B，以及无限量的水。你可以做下述 3 个动作：你可以向一个壶注水；你可以倒空一个壶；你可以将一个壶里的水倒入另一个壶中，如果第一个壶空了或者第二个壶满了，则倒水停止。例如，如果 A 有 5 加仑水，B 容量为 8 加仑，有 6 加仑的水，则将水从 A 倒入 B，则 B 满，A 中剩下 3 加仑的水。

本题给出一个三元组 (Ca, Cb, N)，其中 Ca 和 Cb 分别是 A 壶和 B 壶的容量，N 是目标数。解答是一个步骤系列，使得正好 N 加仑的水在 B 壶中。可能的步骤如下：

fill *A*

fill *B*

empty *A*

empty *B*

pour *A B*

pour *B A*

success

其中，“pour *A B*”表示将 A 壶中的水注入 B 壶，“success”表示目标已经达成。

本题设定，给出的输入有解。

输入

输入给出若干测试用例，每个测试用例一行。给出三个正整数 Ca、Cb 和 N。Ca 和 Cb 是 A 壶和 B 壶的容量，N 是目标。本题设定 $0 < \mathrm{Ca} \leqslant \mathrm{Cb}$，$N \leqslant \mathrm{Cb} \leqslant 1000$，并且 A 和 B 彼此互质。

输出

程序输出由一系列步骤组成，这些步骤使得恰好有 N 加仑的水在一个壶中。输出的最后一行是“success”。输出行从第一列开始，没有空行和多余的空格。

样例输入	样例输出
3 5 4 5 7 3	fill B pour B A empty A pour B A fill B pour B A success fill A pour A B fill A pour A B empty B pour A B success

试题来源：ACM South Central USA 1997

在线测试：POJ 1606, UVA 571

 **提示**

简述题意：给你两个容器，求出获得指定量水的步骤。注意：倒水的方法可能不一样，

但步数一定是最少的。

（1）数学方法

将倒水过程抽象为方程：$ax-by=c$。其中 a 为 A 壶容量，b 为 B 壶容量，x、y 为向两个容器倒水的次数，c 为 B 壶最终剩下的水量。

每次都往小的容器倒水，再把水倒入大的容器，其最小整数解即为答案。

我们用模拟法解这个数学方程：

```
两壶初始时为空;
while (B 壶的水量非 n)
{
  if (B 壶满 ){
    B 壶空 ;
    输出 "empty B";
    }
  else if (A 壶空 )
      {
        A 壶满 ;
        输出 “fill A” ;
      }
      else
      {
          A 壶的水全倒入 B;
        A 壶空 ;
        if (B 壶的水量超过容量 )
        {
          超出的水量倒入 A 壶 ;
          B 壶满 ;
        }
        输出 "pour A B";
      }
    }
  输出 "success";
}
```

（2）采用 BFS+ 路径输出的算法

1）定义顶点结构体和访问标志。

顶点 p 的信息包括：

①状态（a,b,opr)，其中 $p.a$ 和 $p.b$ 为 A 壶和 B 壶的当前水量；p.opr 为操作类别 0 ～ 5，指出操作数组串（“fill A”“fill B”“empty A”“empty B”“pour A B”“pour B A”）的下标。

②前驱指针 p.pre：即前驱指针指向的状态经过 opr 操作后使两壶水量为 a 和 b。有了 p.pre 指针，便可以在搜索到目标状态（a,n, opr）时，从该顶点的前驱指针出发反向递归，输出由初始状态至该状态的操作序列：

```
void Outpath(p);
{
    if (p.pre != NULL)Outpath(*(p.pre));
    输出由 p.opr 为下标的操作串 ;
}
```

③访问标志 vis[][]，其中 vis[a][b] 标志两壶水量为 a 和 b 的状态已被访问。

2）设计子状态的入队子程序。

设计一个子程序 Push（&t，h，a，b，opr)，其中 t 为队尾指针，h 为队首指针。该函数将状态（a,b,opr）送入队尾，其前驱指针指向队首顶点，并设 vis[a][b]=1，t++。

3）使用 BFS 算法计算最佳操作步骤。

由于进行一次操作可产生一个子状态，因此倒水过程形成一个边长为 1 的图。试题要求从两个空壶出发，计算到达 *B* 壶水量为 *n* 的最短路径。显然，BFS 算法是最适宜的搜索方法。BFS 算法的伪代码如下：

```
初始状态 p (p.a=p.b=0,p.opr=-1) 进入队列，前驱指针 p.pre 设为空，vis[0][0] = 1;
while (队列非空)
{
    取出队首顶点 p;
    if (p.b==n)
        {
                Outpath (p);                    // 从 p 出发递归输出操作序列
                输出 "success";
                return;
            }
        if(!vis[ca][p.b])push(t,h,ca,p.b,0);    // 若 A 壶非满，则进行 fill A 操作
        if(!vis[p.a][cb])push(t,h,p.a,cb,1);    // 若 B 壶非满，则进行 fill B 操作
        if(!vis[0][p.b])push(t,h,0,p.b,2);      // 若 A 壶非空，则进行 empty A 操作
        if(!vis[p.a][0])Push(t,h,p.a,0,3);      // 若 B 壶非空，则进行 empty B 操作
        ta=p.a; tb=p.b;
// 进行 pour A B 操作：若目前两壶的水量未超出 B 壶的容量，则 A 壶的水全部倒入 B 壶；否则将 B 壶倒满
// 为止
        if (ta+tb<=cb){tb+= ta;ta = 0; }
        else ta-=(cb - tb);tb=cb;
        if (!vis[ta][tb]) Push(t, h, ta, tb, 4);
// 进行 pour B A 操作：若目前两壶的水量未超出 A 壶的容量，则 B 壶的水全部倒入 A 壶；否则将 A 壶倒满
// 为止
        if (ta+tb<=ca){ta+=tb;tb=0; }
        else{tb-=(ca-ta);ta=ca;};
        if (!vis[ta][tb])Push(t, h, ta, tb, 5);
    h++;                                        // 队首指针 +1，队首顶点正式出队
}
```

【15.4.6　Knight's Problem】

你一定听说过骑士周游问题（Knight's Tour problem）：一个骑士被放置在一个空的棋盘上，请你确定，骑士是否可以访问棋盘上的每一个方格一次且仅一次。

我们考虑骑士周游问题的一个变形。在本题中，一个骑士被放置在一个无限的平面上，并做规定的移动。例如，骑士被放置在（0，0），骑士可以做两种移动：骑士的当前位置是 (X, Y)，它只能移动到（X+1，Y+2）或（X+2，Y+1）。本题要求，骑士要尽快到达目的地位置（也就是说，移动次数要尽可能少）。

输入

输入的第一行给出一个整数 T（$T < 20$），表示测试用例的数目。每个测试用例的第一行给出 4 个整数：fx fy tx ty（$-5000 \leq$ fx，fy，tx，ty ≤ 5000）。骑士的初始位置是 (fx，fy)，(tx，ty) 是骑士要到达的目的地位置。

接下来的一行给出一个整数 m（$0<m \leq 10$），表示骑士可以做几种移动。以下 m 行，每行为两个整数 mx my（$-10 \leq$ mx，my ≤ 10，|mx|+|my|>0），表示如果骑士在 (x, y)，它可以移到 (x+mx，y+my)。

输出

对每个测试用例，输出一行，给出一个整数，表示骑士从起始位置到目的地位置所需要的最少移动的次数。如果骑士不能到达目的地位置，则输出“IMPOSSIBLE”。

样例输入	样例输出
2 0 0 6 6 5 1 2 2 1 2 2 1 3 3 1 0 0 5 5 2 1 2 2 1	3 IMPOSSIBLE

试题来源：ACM 2010 Asia Fuzhou Regional Contest

在线测试：POJ 3985, UVA 5098

提示

简述题意：在无限大的棋盘上给定起点和终点的坐标和 n（$0 \leqslant n \leqslant 10$）个移动向量，求从起点走到终点最少步数是多少。

骑士每移动一步，相关格子间连一条长度为 1 的边。本题要求计算起点（sx, sy）至终点（tx,ty）间的最短路。显然可采用 BFS 算法求解。但问题是，直接采用简单的 BFS 可能导致错误结果。可以想象，任意一条最短步数形成的路径交换任两个移动向量会形成另一条路径，那么一定能够找到离直线（sx, sy）→（tx,ty）最近的一条路径，只要找到这条路径即可。

因此，我们采用 BFS+ 剪枝的算法。

队列中的顶点为一个结构体，包括坐标（x, y），距离值 s 即当前顶点与初始顶点间的最短路长。

每取出一个队首顶点 p，依次尝试 n 个移动方式。若移后位置（x', y'）合法且不在队列中，则产生的新顶点 q（$q.x=x'$，$q.y=y'$,$q.s=p.s+1$）入队，否则剪枝。

怎样判断移后位置（x,y）是否合法呢？设最大移动距离 $d=\max\limits_{1<i\leqslant n}\{(\mathrm{mx}_i^2+\mathrm{my}_i^2)\}$，

a=ty−sy，b=sx−tx，c=sy × tx−sx × ty：

1）若（x, y）与起点（sx,sy）间欧几里得距离的平方（$(x-\mathrm{sx})^2+(y-\mathrm{sy})^2$）不超过 d，则 (x,y) 合法；

2）若（x, y）与终点（tx,ty）间欧几里得距离的平方（$(x-\mathrm{tx})^2+(y-\mathrm{ty})^2$）不超过 d，则 (x,y) 合法；

3）若 (x, y) 背离起点，即 $(\mathrm{tx}-\mathrm{sx})\times(\mathrm{x}-\mathrm{sx})+(\mathrm{ty}-\mathrm{sy})\times(\mathrm{y}-\mathrm{sy})<0$，则 (x, y) 非法；

4）若 (x, y) 背离终点，即 $(\mathrm{sx}-\mathrm{tx})\times(\mathrm{x}-\mathrm{tx})+(\mathrm{sy}-\mathrm{ty})\times(\mathrm{y}-\mathrm{ty})<0$，则 (x, y) 非法；

5）若（x, y）与直线（sx,sy）→（tx,ty）的距离未超过 d，即 $(a\times x+b\times y+\mathrm{c})^2/(a^2+b^2)\leqslant d$，则 (x, y) 合法；

6）其余情况非法。

图的容量上限约为 400 000。我们采用散列技术存储扩展出的非重合顶点，散列表 head[] 的容量为素数 999 997。(x,y) 的散列地址为：

$h(x,y)$=((x<<15)^y)% 999 997+999 997)% 999 997

注：(x<<15)^y 产生 32 位二进制整数，其中前 16 位为 x，后 16 位为 y，h(x,y) 为正整数。

每产生一个移后位置 (x,y)，检查 head[h(x,y)] 对应的链表中是否存在 (x,y)。这样做可显著提高判重效率。

【15.4.7　Playing with Wheels】

本题我们考虑一个用 4 个齿轮玩的游戏，连续的数字从 0 到 9 按顺时针顺序被印在每个齿轮的外围。每个齿轮在最高处的数字一起构成一个四位数。例如在图 15.4-5 中，齿轮构成的整数为 8056。每个齿轮有两个按钮，按标志左箭头的按钮，齿轮将按顺时针方向移动一位；按标志右箭头的按钮，则齿轮沿相反的方向移动一位。

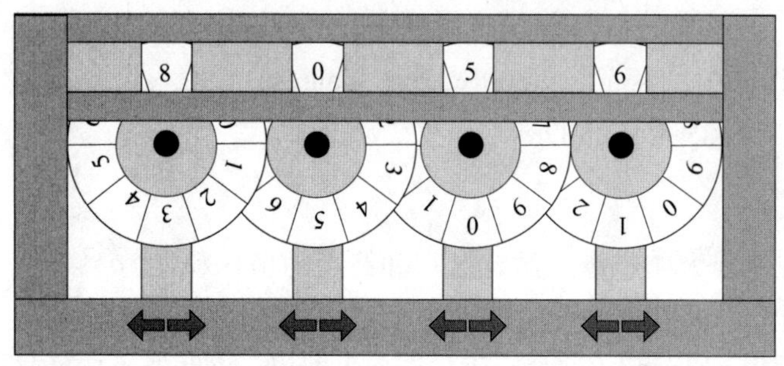

图　15.4-5

开始时，齿轮的顶端数字构成整数 $S_1S_2S_3S_4$。给出 n 个禁止的数字 $F_{i1}F_{i2}F_{i3}F_{i4}$（$1 \leqslant i \leqslant n$）和一个目标数字 $T_1T_2T_3T_4$，要求从初始数字出发，在中途不会产生禁止数字的情况下，尽量少地按下按钮来得到目标数字。请你编写一个程序来计算按下按钮的最少次数。

输入

输入的第一行给出一个整数 N，表示测试用例的数量。

每个测试用例的第一行用四个数字描述了齿轮的初始状态，其中每两个相邻的数字用一个空格隔开。接下来的一行为目标数字。第三行给出一个整数 n，表示禁止数字的个数。接下来的 n 行每行给出一个禁止数字。

在相邻的两个测试用例之间有一个空行。

输出

对于每个测试用例，输出一行，给出需要按下按钮的最少次数。如果目标数字无法到达，则输出“-1”。

样例输入	样例输出
2 8 0 5 6 6 5 0 8 5 8 0 5 7 8 0 4 7 5 5 0 8 7 5 0 8 6 4 0 8	14 -1

（续）

样例输入	样例输出
0 0 0 0 5 3 1 7 8 0 0 0 1 0 0 0 9 0 0 1 0 0 0 9 0 0 1 0 0 0 9 0 0 1 0 0 0 9 0 0 0	

试题来源：BUET/UVA Occidental (WF Warmup) Contest 1

在线测试：UVA 10067

 提示

简述题意：一个机器有 4 个循环的轮子，每个轮子由连续数字 0 ～ 9 按顺时针顺序围成。给出初始时和结束时 4 个轮子最高处的四位数字（简称初始数和目标数）以及游戏过程中不能出现的数字（简称禁止数）。每一分钟可以拨动一个数，问至少需要多少时间。

我们用一个四位数代表顶点。由于每个四位数通过按动左右箭头可以变成其他八个数，因此每个顶点的度数为 8。游戏过程构成了一个无自环的无向连通图。

（1）如何计算 8 个子顶点的值

按动左箭头按钮，相当于每位十进制数 +1 后求对 10 的余数；按动右箭头按钮，相当于每位十进制数 +9 后求对 10 的余数（加 9 是保证右旋后该位数为 0 ～ 9 的正整数）。

（2）两种解法

1）使用 BFS 算法计算最少按钮次数。

按钮一次扩展出一个子顶点，顶点间的边长为 1。从初始数出发寻找目标数，相当于求解指定顶点对之间的最短路径。显然，完全可以通过 BFS 计算最短路。

由于在中途可能得到禁止数，因此可事先将所有禁止数代表的顶点从图中去掉后，再通过 BFS 寻找最短路径。时间复杂度为 O（n^2）

2）使用离线方式和 SPFA 算法计算测试用例组。

①采用离线方式提高求解测试用例组的效率。

测试用例组中的测试对象可能有多个，需要用同一算法求解每个对象。为了提高求解整个测试用例组的效率，我们采用离线方式：预先计算出由 0 ～ 10 000 的 4 位整数组成的无向连通图。以后每输入一个测试对象，将禁止数对应的顶点和连边从图中删除，计算和输出指定顶点对之间的最短路；然后重新添入被删除的顶点和边，恢复原图，以处理下一个测试对象。为了提高删除和计算操作的效率，我们采用对象数组 *v*[] 存储顶点，其中 *v*[*i*] 包含两个域：顶点 *i* 的值 *v*[*i*].*x* 和边长 *v*[*i*].len。这样，如果顶点 *i* 是禁止数，我们可以直接用命令 *v*[*i*].clear() 释放其内存。显然，这样做比每输入一个测试用例须构造一张图的做法，效率提高不少。

②采用 SPFA 算法提高求解当前测试对象的效率。

设距离数组为 $d[]$，其中 $d[v]$ 记录初始顶点至顶点 v 的最短路径估计值，初始时为 ∞；用邻接表来存储图 G。

计算最短路方法采取的是动态逼近法：设立一个队列用来保存待优化的顶点，优化时每次取出队首顶点 u，并且用 u 点的距离值对 u 的 8 个子顶点进行松弛操作：如果子顶点 v 的最短路径估计值有所调整（若 $d[v]>d[u]+1$，则 $d[v]$ 调整为 $d[u]+1$）且 v 点不在当前队列中，就将 v 点放入队尾。这样不断从队列中取出队首顶点来进行松弛操作，直至队列空为止。此时若 d[目标顶点]= ∞，则无解；否则按下按钮的最少次数为 d[目标顶点]。

SPFA 算法的时间复杂度为 $O(ke)$，其中 k 为所有顶点进队的平均次数，一般 $k \leq 2$。

【15.4.8　Be Wary of Rose】

你为你获奖的玫瑰园非常骄傲。然而，一些嫉妒的同行园丁要不择手段地对付你。他们绑架了你，将你蒙上眼睛，并给你戴上手铐，然后将你丢在你所珍爱的玫瑰花丛中。你要逃出去，但你不能确保你可以不践踏珍贵的花朵。

幸运的是，你将你花园的布局记在脑中。这是一个 $N×N$（N 为奇数）的平方图，在其中的一些方格中种有玫瑰。你正好站在平方图正中心的大理石基座上。不幸的是，你已经完全迷失了方向，而且不知道你所面对的方向。大理石的基座可以让你调整你的方向，使得你朝向北、东、南或西，但你没有办法知道当前朝向哪个方向。

无论你最初面朝哪个方向，你必须想出一个践踏尽可能少的玫瑰的逃离路径。你的路径必须从中心开始，只能水平和垂直移动，以离开花园作为结束。

输入

每个测试用例首先在一行中给出平方图的大小 N（$1 \leq N \leq 21$），然后的 N 行每行 N 个字符，用于描述花园。“.”表示方格中没有玫瑰，“R”表示方格中有玫瑰，而“P”代表在中心的大理石基座。

输入以 $N = 0$ 为结束标志，程序不必进行处理。

输出

对于每个测试用例，输出一行，给出在你逃离的时候要踩在玫瑰上的最少的次数。

样例输入	样例输出
5 .RRR. R.R.R R.P.R R.R.R .RRR. 0	At most 2 rose(s) trampled.

在线测试：UVA 10798

试题解析

按照题意，你被蒙上眼睛而迷失方向，是借助位于花园正中心的大理石基座辨别方向的。假如你位于 (x, y)，则 (x, y)、$(n-1-y, x)$、$(y, n-1-x)$ 和 $(n-1-x, n-1-y)$ 组成一个正菱形，$(n-1-y, x)$、$(y, n-1-x)$ 和 $(n-1-x, n-1-y)$ 分别代表三个方向上的格子。如果你沿某个方向移动至相邻格 (x', y')，则形成了由 (x', y')、$(n-1-y', x')$、$(y', n-1-x')$ 和 $(n-1-x', n-1-y')$ 组

成的新正菱形，由于 x 与 x' 仅差 1 个绝对值或者 y 与 y' 仅差 1 个绝对值，因此 (x, y) 与 (x', y') 相邻、$(n-1-y, x)$ 与 $(n-1-y', x')$ 相邻、$(y, n-1-x)$ 与 $(y', n-1-x')$ 相邻、$(n-1-x, n-1-y)$ 与 $(n-1-x', n-1-y')$ 相邻，四对相邻格分别代表了 4 个移动方向。图 15.4-6 给出了 (x, y) 向下移动至 $(x+1, y)$ 的情况。根据对称性，其他移动方向的结果也是一样的。

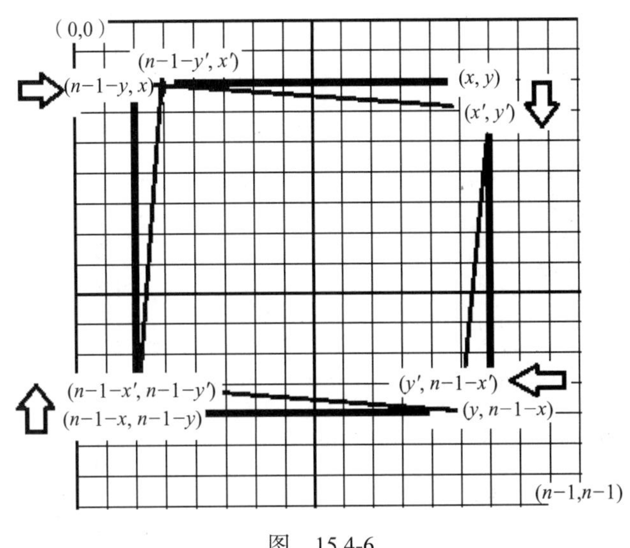

图　15.4-6

这样，我们就得到了转移函数。假设由 (x, y) 移动至相邻格 (x', y')：

1）若 (x', y') 格种有玫瑰，则 (x', y') 方向 1 上的玫瑰数 $=(x, y)$ 方向 1 上踩到的花数 +1；

2）若 $(y', n-1-x')$ 格种有玫瑰，则 (x', y') 方向 2 上的玫瑰数 $=(x, y)$ 方向 2 上踩到的花数 +1；

3）若 $(n-1-x', n-1-y')$ 种有玫瑰，则 (x', y') 方向 3 上的玫瑰数 $=(x, y)$ 方向 3 上踩到的花数 +1；

4）若 $(n-1-y', x')$ 有玫瑰，则 (x', y') 方向 4 上的玫瑰数 $=(x, y)$ 方向 4 上踩到的花数 +1。

显然，4 个方向上踩到的花数中的最大值 val 即为到达 (x', y') 需践踏的花数上限。

我们使用记忆化的 BFS 搜索方法，计算逃离时要踩在玫瑰上的最少次数。为了更快地得到逃出花园需践踏的最少花数，我们采用贪心策略：每次取 val 值最小的状态进行扩展。为此，存储结构非一般的“先进先出”队列，而是采用优先队列，优先队列是以 val 为优先级的小根堆。

扩展过程采用了记录技术，对当前状态进行封装，被封装的状态元素有：当前大理石基座坐标 (x, y)、4 个方向上踩到的花数（up、left、down、right）和其中的最大值 val。并使用一个布尔数组 vis$[x][y][d_1][d_2][d_3][d_4]$ 标志 (x, y)，上、右、下、左 4 个方向踩到的花数分别为 $d_1d_2d_3d_4$ 的状态已经搜索过。一旦发现生成的新状态先前扩展过，则采用剪枝技术，放弃该状态（该状态不再进入优先队列），以避免陷入死循环的厄运，提高搜索效率。

参考程序

```
#include <cstdio>
#include <cstring>
#include <algorithm>
#include <queue>
using namespace std;
```

```
const int N = 21;                                                          // 花园的规模上限
const int d[4][2]={{1, 0}, {-1, 0}, {0, -1}, {0, 1}};  // 四个方向的垂直位移和水平位移
int n, vis[N][N][11][11][11][11];    // 记忆表,其中 vis[x][y][d1][d2][d3][d4] 为行至
    //(x, y)，上、右、下、左 4 个方向踩到的花数分别为 d1d2d3d4 的标志
char g[N][N];                                                              // 平方图
struct State {                                                             // 状态的结构定义
    int x, y, val;        // 当前大理石基座坐标为 (x, y)，4 个方向上踩到花数的最大值为 val
    int up, left, down, right;                                             // 4 个方向踩到的花数
    State() {x= y=up=left=down=right=0;}  // 封装初始状态（出发位置（0, 0)，4 个方向踩
        // 到的花数为 0
    State(int x, int y, int up, int left, int down, int right) {  // 对当前状态进行
        // 封装，即记录当前大理石基座坐标 (x, y)、4 个方向上踩到的花数（up、left、down、
        //right)，其中最大值 val 作为到达 (x, y) 需践踏的花数
        this->x = x;
        this->y = y;
        this->up = up;
        this->left = left;
        this->down = down;
        this->right = right;
        val = max(max(max(up,left), down), right);
    }
    bool operator<(const State& c)const {                       // 定义状态优先级：需践踏的花数
                                                                //val 越小，优先级越高
        return val > c.val;
    }
} s;                                                                       // 状态 s
void init() {                                                              // 输入玫瑰园信息，记录大理石基
                                                                           // 座的坐标
    for (int i = 0; i < n; i++) {
        scanf("%s", g[i]);                                                 // 输入第 i 行的信息
        for (int j = 0; j < n; j++)                                        // 记录第 i 行中大理石基座的坐标
          if (g[i][j] == 'P') s.x = i, s.y = j;
    }
}
int bfs() {                            // 通过记忆化的 BFS 搜索计算逃离时踩在玫瑰上的最少次数
    memset(vis, 0, sizeof(vis));       // 记忆表初始化为空
    priority_queue<State> Q;           //Q 为存储状态的优先队列，优先级为践踏的花数 val
    Q.push(s);                         // 初始状态入队
    vis[s.x][s.y][0][0][0][0]=1;       // 初始状态进入记忆表
    while (!Q.empty()) {               // 若队列非空，则队首状态 u 出队
        State u = Q.top();
        Q.pop();
        if (u.x==0||u.x==n-1||u.y==0||u.y==n-1)return u.val;  // 若逃离出玫瑰园，则返
            // 回踩在玫瑰上的最少次数
        for (int i = 0; i < 4; i++) {          // 枚举 4 个方向
            int xx = u.x + d[i][0];            //计算i 方向上的相邻坐标(xx, yy)
            int yy = u.y + d[i][1];
            int up = u.up;                     // 记下原先 4 个方向上踩到的花数
            int left = u.left;
            int down = u.down;
            int right = u.right;
            if (g[xx][yy] == 'R') up++;        // 累计 4 个方向上踩到的花数
            if (g[n - 1 - yy][xx] == 'R') left++;
            if (g[n - 1 - xx][n - 1 - yy] == 'R') down++;
            if (g[yy][n - 1 - xx] == 'R') right++;
            if (!vis[xx][yy][up][left][down][right]) { // 若新状态未曾访问过，则进入记
                                                        // 忆表和队列
                vis[xx][yy][up][left][down][right] = 1;
```

```
                Q.push(State(xx, yy, up, left, down, right));
            }
        }
    }
}
int main() {
    while (~scanf("%d", &n) && n) {    // 反复输入平方图大小 N，直至输入 0 为止
        init();                        // 输入玫瑰园信息，记录大理石基座的坐标
        printf("At most %d rose(s) trampled.\n",bfs());  // 计算和输出逃离时踩在玫瑰
                                                         // 上的最少次数
    }
    return 0;
}
```

本篇小结

本篇的编程实验主要围绕着图的算法展开。图是表述不同事物间“多对多”关系的数学模型。图的存储方式一般可按照存储节点间相邻关系或存储边信息进行分类：存储节点间相邻关系的数据结构用相邻矩阵；存储边信息的数据结构用邻接表。至于具体选择哪一种存储方式比较合适，主要取决于具体的应用场合和要对图所做的操作。

通过图的遍历可以将图的非线性结构转化为线性结构。本篇展开了图的两种基本遍历方式的编程实验：

1）采用逐层访问的 BFS 策略，引导读者按照与源点的接近程度依次扩展状态；

2）采用纵深访问 DFS 搜索的 DFS 策略，引导读者按照由上而下、由左而右的顺序依次访问由源点出发的每条路径。

本篇的许多图论算法都以 BFS 和 DFS 为基础。例如，计算无权图的单源最短路和连通子图一般采用 BFS 算法；求解最小生成树的 Prim 算法、最短路径的 Dijkstra 算法和 SPFA 算法亦采用了 BFS 的计算策略；DFS 的应用更广，可以借助 DFS 计算图的拓扑排序、分析图的连通性。即便是计算二分图或网络流中的可增广路，通常也是采用这两种算法计算的。

本篇展开了计算最小生成树的编程实验，引导读者如何在一张带权的无向连通图中计算各边权和为最小的生成树。现实生活中的许多问题可抽象成带权连通图，并可转化为求边权和最小的生成树的数学模型。计算最小生成树采用的是贪心策略，本篇列举了两种贪心策略的实现方式，即 Kruskal 算法和 Prim 算法，其中时效为 $O(E\times \ln E)$ 的 Kruskal 算法适用于稀疏图，时效为 $O(V^2)$（若采用小根堆存储优先队列，则时效可提高至 $O(V\times \ln V)$）的 Prim 算法适用于稠密图。

如何在一个赋权图中计算长度最短或最长的路径是现实生活中经常遇到的图论问题。本篇从以下两个方面展开了最佳路径的编程实验。

1）应用 Floyd-Warshall 算法计算任意节点对之间最佳路径的实验。由于 Floyd-Warshall 算法的基础是计算图的传递闭包的 Warshall 算法，因此本篇也给出了 Warshall 算法的编程实验。需要提醒的是，Floyd-Warshall 算法虽然能够解决任何最佳路径问题（包括单源最佳路和每一对节点间的最佳路），但时间效率低下（$|V|^3$），且在求最短路径时不允许出现负权回路，在求最长路径时不允许出现正权回路，否则会使算法陷入死循环。

2）应用 Dijkstra 算法、Bellman-Ford 算法和 SPFA 算法计算单源最短路的编程实验。虽然这三种算法都可用于解决单源最短路问题，解题策略都是贪心法，但应用场合和效率各不相同：

① Dijkstra 算法要求图所有边的权值非负，其计算效率取决于最小优先队列的存储结构：若用数组存储最小优先队列 Q，则总花费时间约为 $O(V^2)$；若最小优先队列 Q 采用二叉堆，则总花费时间约为 $O(E\times \ln V)$；

② Bellman-Ford 算法和 SPFA 算法允许边的权可以为负，但允许不出现负权回路。Bellman-Ford 算法可以报告图中存在负权回路的情况。Bellman-Ford 算法的运行时间取决于图的存储方式：若用相邻矩阵表示，则运行时间为 $O(n^3)$；若用邻接表表示，则运行时间为 $O(e\times n)$；SPFA 算法只能运行于未有负权回路的图，期望的时间复杂度为 $O(ke)$（k 一般小于等于 2）。

二分图的匹配是分析两类不同事物间联系的数学模型。本篇展开了匈牙利算法的实验，引导读者学会如何在无权二分图中寻求边数最多的匹配，即最大匹配。在加权完全二分图中计算权和最大的匹配称为最佳匹配，有两种算法可以计算，即 KM 算法和网络的最小费用最大流算法，后一种算法的计算效率要优于前一种算法。

当一个单源单汇的简单有向图引入流量因素，且要求计算满足流量限制和平衡条件的最大可行流时，产生了最大流问题。最大流算法的核心是计算可增广路。寻找一条可增广路径的常用方法有 DFS、BFS 和标号搜索 PFS，这些算法每次改进可增广路径后通常仅增加一个流量，因此在最大流量为 a、寻找可增广路径的时间为 m 的情况下，计算最大流的时间复杂度为 $O(a\times m)$。

从现实生活中抽象出的网络流模型是多样的。例如，网络的源和汇不止一个，或者增加了容量下界、费用等因素，要求计算可行流或最大最小流量。一般方法是将原网络转换成对应的标准网络，然后通过最大流算法或者最大流算法与其他算法并用来求解。本篇介绍的计算最小费用最大流的方法，就是最大流算法与计算最短路的 SPFA 算法并用的方法。

最后，我们回到起点，从宏观、全局的角度综合各种图的搜索方法：若将图的节点表述为状态，则扩展过程中衍生的子状态及其互相关系组成了一个状态空间。本篇中列出的所有搜索方法被称为状态空间搜索，其中当前最典型、最基础的状态空间搜索当属 DFS 和 BFS。

本篇最后介绍了构建状态空间树的一般方法，给出了优化状态空间搜索的六种策略（建立分支、记录、索引、剪枝、定界和启发式搜索，并详述了一种用于博弈问题的状态空间树——游戏树，以及在该树中进行启发式搜索的策略——基于 α-β 剪枝的 DFS。这些知识，尤其是优化状态空间搜索的策略，为我们求解非规则的特殊图模型提供了有益的思路。